中国油气田与长输管道
无人值守站建设技术交流会
论文集

ZHONGGUOYOUQITIANYUCHANGSHUGUANDAO
WURENZHISHOUZHANJIANSHEJISHUJIAOLIUHUILUNWENJI

中国石油学会石油储运专业委员会◎编

中国石化出版社
HTTP://WWW.SINOPEC-PRESS.COM

图书在版编目(CIP)数据

中国油气田与长输管道无人值守站建设技术交流会论文集／中国石油学会石油储运专业委员会编．—北京：中国石化出版社，2021.3

ISBN 978-7-5114-6180-3

Ⅰ．①中…　Ⅱ．①中…　Ⅲ．①油气田-长输管道-无人值守-技术交流-中国-文集　Ⅳ．①TE973-53

中国版本图书馆 CIP 数据核字(2021)第 045786 号

中国石化出版社出版发行

地址：北京市东城区安定门外大街 58 号

邮编：100011 电话：(010)57512500

发行部电话：(010)57512575

http://www.sinopec-press.com

E-mail:press@sinopec.com

北京艾普海德印刷有限公司印刷

全国各地新华书店经销

*

880×1230 毫米 16 开本 36.5 印张 1087 千字

2021 年 3 月第 1 版　2021 年 3 月第 1 次印刷

定价:220.00 元

前　言

　　信息化是提升企业实力和核心竞争力的重要手段，随着国际国内工业化格局进一步调整转型，推进信息化和工业化深度融合已是大势所趋。油气能源行业作为典型的传统工业，在目前油价震荡波动的形势下，面临着诸多的效益发展难题，特别是油气企业在实现高质量发展，迈向"世界一流"的征程中，如何围绕主营业务，加快自动化智能化等技术研发应用，已成为一项需要从战略、战术多层面综合探索实践的问题。

　　面对油气能源行业发展的新形势，我国油气田及长输管道企业积极促进新一代信息技术与油气主营业务融合发展，坚定不移地走新型工业化、信息化道路。诸多企业克服自动化系统与物联网建设标准的差异，积极实施"无人化"建设，而"无人化"运营也逐渐成为油气田与长输管道企业数字化转型、智能化发展，强化本质安全、提高系统效率、控降运营成本、实现高质量发展的关键支撑。为了全面提高油(气)田与长输管道企业无人值守建设水平，助力解决无人值守建设与应用中所面临的瓶颈问题，促进无人值守复合型人才培养和创新能力提升，中国石油学会石油储运专业委员会、国家石油天然气管网集团有限公司西气东输分公司、国家石油天然气管网集团有限公司华东分公司等单位定于2021年3月联合召开"中国油气田与长输管道无人值守站建设技术交流会暨无人机技术专题会"。

　　此次会议以"全面强化无人值守建设与应用，助推油气田与管道业务高质量发展"为主题，全面了解油气站场无人值守相关的远景目标、关键内容、人才培养、运作模式和发展趋势，尤其针对无人值守理念认识的差异，关键监测技术难以完全替代人，缺乏技术突破等制约现场实现完全无人值守的短板问题展开深入的研讨。

　　本次大会得到了中国石油、中国石化、中国海油、国家管网、延长石油、大专院校和科研院所等单位和领导的大力支持和帮助，共征集230余篇学术论文，优选高质量论文122篇公开出版论文集，主要涉及的方面有：无人值守顶层设计、无人智能井/站/库/工厂、油气管网智能控制与优化、机器视觉智能应用、设备智能监测诊断、智能巡检、智能安保、传感监测、智能检测、无人机智能测量/智能巡线、工控网络安全、工业物联网、大数据、人工智能等技术，以及无人化发展趋势、无人/少人化管理模式与人才培养等应用探索，论文整体上反映和代表了当前我国及全球石油石化行业无人值守建设和无人机技术领域的最新研究成果、技术、方法、工艺、新产品、新应用实践等进展，具有较高的学术水平和实用价值。

本书编委会

2021年3月

目　录

基于多视角视频的油气田建模应用研究

鲁玉庆[1]　常　波[1]　刘　强[2]　康亮亮[2]

(1. 中国石化胜利油田分公司；2. 山东远讯智能科技有限公司)

摘　要　数字孪生技术是油气田实现无人值守的关键技术，但常规三维建模存在建设周期长、费用高等问题，制约了数字孪生技术的应用，通过研究基于多视角视频的三维建模技术，实现低成本下快速的建模应用，支撑油气田站库"集中监控，无人值守"，助立油田提质增效高质量发展。

关键词　无人值守，实景建模，倾斜摄影，单体化，Cesium，WebGIS

1　引言

1.1　背景

油田开发已进入中后期，面临国际油价持续低迷、开发成本居高不下、劳动用工自然减员加剧、传统管理手段无法适应新型组织形式等问题，急需通过新型技术手段进行解决。通过基于多视角视频的油气田建模技术，实现低成本下快速的数字孪生建模，将工控数据、监控视频与虚拟模型进行深度关联，探索油气生产数字孪生解决方案，支撑油气田站库"集中监控，无人值守"，持续深化生产与信息融合应用，助立油田提质增效高质量发展。

1.2　现状与不足

油气生产虚拟模型一般采用传统手工建模方法，运用 3DMAX 等三维建模工具进行人工建模。此方法对象控制性强，可进行选择建模，对精细程度可进行控制，但是也存在不足。首先是成本高，需要精通并熟练三维建模软件操作的人员，需要现场拍摄纹理图片，需要后期的美工处理与设计，导致生产成本居高不下。其次是生产周期长，一个 10 人左右的建模团队完成 50~80 平方公里的油区三维场景建模大约需要三个月的生产周期，严重影响了手工建模三维场景的更新速度。

1.3　技术趋势

倾斜摄影测量技术是国际测绘领域近年来发展起来的一项技术，颠覆了以往正射影像只能从垂直角度拍摄的局限，传统航空摄影一般指的是垂直摄影，即在飞行平台上搭载一台传感器，在像片倾斜角为 0 的情况下垂直向地面进行拍摄，完成航空影像的采集。而倾斜摄影测量则是在一架飞行平台上搭载多个传感器，同时从前、后、左、右及垂直等多个角度进行对地观测，从而进行航空影像的采集[1]。通过实景三维建模软件自动批量建模，实现快速地、直观地从一组标准的、无序的二维相片构建全要素的、精细的、带有纹理的三维网格模型，快速还原真实世界(表 1)。

表 1　倾斜摄影方法与传统建模方法对比

对比项	倾斜摄影方法	传统建模方法
使用资料	倾斜影像飞控数据	大比例尺航摄相片、数字线划图、数字高程模型、数码照片
成果	可以生产 4D 产品、三维模型	面片结构数据
表现内容	全要素(建筑、道路、树、标志牌……)	主要的、大型的建筑
生产周期	速度快	周期较长、成本高
工艺流程	1. 无需要人工干预；2. 地物纹理由倾斜航片一次获取；3. 自动生成全地物真实三维模型	1. 人工三维建模；2. 人工现场拍摄获取纹理；3. 人工将纹理和模型叠加和融合
特点	1. 实时生成真实的三维场景；2. 所见即所得；3. 具有可量测性；4. 简单，高度自动化，大大减少了人工采集、编辑数据的工作密度	1. 大多是人造虚拟三维模型；2. 大多是有限量测和不可量测；3. 繁琐，自动化程度低，三维模型数据加工是典型的劳动密集型生产方式
用途	实时生成真实、大范围、可量测的真三维场景，为智慧城市建设提供有价值的服务和应用	三维模型缺少真实性、可量测性、不完整，更多是给人虚拟的视觉感受效果

以 50 平方公里的中等城市为例，实现大于 1 米的地物建模，倾斜自动建模效率可达人工建

模的 30~50 倍。传统建模外业摄影采集最少需要 10 人/月，模型生产 300 人/月，采用倾斜摄影数据采集仅需要 4 人 2 架无人机 1 天就可以完成，模型生产 60 个节点仅需 7 天完成。

2 探索与应用

2.1 技术理论

倾斜摄影建模虽然建模成本减少，但是存在采集的模型数据 TIN 格式没有模型对象化的问题，无法达到三维数据共享，无法进行智慧化的管理，每次更新都需要重新建设。其次，倾斜摄影建模要达到现实油田生产过程的全面展现，数据精度要求高，才能更好反映客观现实。

针对以上几方面考虑，结合油田具有生产区域分散，大型设备装置众多，工艺流程复杂等特点，采用单一建模方法，往往无法满足油气生产现场快速准确进行建模需求，通过分析和实践，我们总结多元融合建模方法，采用多种建模方式相结合的方法建模：

对于室外三维地理信息建模，采用倾斜摄影测量的方法完成，具有真实、空间地理信息丰富的优势，能够满足后期信息化管理的要求。对于小型仪表、通用设备、地下管线等通用设备通过手工建模完成，后期直接从模型库直接调用。对于数字化交付工程的内容，直接导入三维模型成果，避免重复建设。模型的后期美化与修复通过 3DMAX 进行后期处理。应用多元融合建模方法后，加快了建模速度，减少了建模的周期和费用。

2.2 模型设计思路与制作

2.2.1 倾斜摄影三维模型生产

相比于倾斜摄影测量技术的快速发展，倾斜摄影影像处理软件发展相对比较缓慢。目前市场上倾斜摄影建模软件主要有 ContextCapture、PIX4D、Mirauge3D[2]。ContextCapture：快速，简单，全自动建模效果佳，空三能力偏弱，数据量 1.5W 左右；PIX4D：小面积数据首选软件，操作方便快捷，数据量大概 4K 以内，DOM 正射影像生成更胜一筹，更适用于来做测绘工作；Mirauge3D：空三能力突出，特别是遇到大面积、弱纹理、高差大等问题数据，空三能力对比其他软件优势很大，相对来说建模能力较弱。

结合油田实际情况，需要精度较高的模型（分辨率 1cm）；我们选用 ContextCapture 进行建模，该软件在数据处理速度和自动化程度方面最优。

倾斜摄影建模流程如图 1 所示。我们以油田某联合站及部分井场倾斜影像数据为例，使用无人机搭载五镜头相机获取影像数据，采用 ContextCapture 软件处理倾斜影像数据生成实景三维模型。生成的三维模型数据保存为 OSGB 格式，OSGB 格式是一种二进制文件格式且自带 LOD，加载速度快。模型输出为 OSGB 格式，包含 6 级 LOD，总大小为 1G。

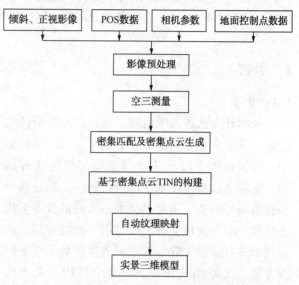

图 1 倾斜摄影建模流程

倾斜摄影测量技术以高精度、大范围的方式全面感知复杂场景，生成"全要素、全纹理"的包含高精度具有量测性的实景三维模型，实景三维模型更符合人们的认知。但倾斜摄影三维模型是"一张皮"，各地理要素无法单独处理，不便于模型与现实中设备的绑定，使得倾斜摄影三维模型的应用仅局限于场景浏览。为了解决这一问题，我们对倾斜摄影模型单体化进行了探究（图 2，图 3）。

图 2 联合站整体实景三维效果

图 3 定量装车功能区效果

2.2.2 倾斜摄影三维模型优化

2.2.2.1 单体化

"单体化"其实指的就是每一个我们想要单独管理的对象,是一个个单独的、可以被选中的实体,可以附加属性,可以被查询统计等等。只有具备了"单体化"的能力,数据才可以被管理,而不仅仅是被用来查看。

对于倾斜摄影自动化建模而言,构建出来的是一个连续的 Tin 网,并不会把建筑、地面、树木等地物区分出来。因此,对于这样的数据,本身是无法选中单个建筑的,需要进行一定的处理才能实现"单体化"。

倾斜摄影模型实现单体化的技术思路有三种:切割单体化、ID 单体化和动态单体化[3],比较如表 2 所示。

表 2 倾斜摄影模型单体化方法对比

单体化方法	技术思路	预处理时间	模型效果	功能	小结
切割单体化	预先物理切割把地物分离开	长	差,锯齿感明显	弱	非特殊情况不推荐
ID 单体化	给对应地物的模型赋予相同 ID	一般	一般	一般	在不支持动态渲染的环境中使用
动态单体化	叠加矢量底面,动态渲染出地物单体化效果	无	好,模型边缘和屏幕分辨率一致	强,所有 GIS 功能都能实现	推荐使用

"动态单体化"是在三维渲染过程中,动态地把对应矢量底面套合在模型表面之上,无需提前预处理,只需要三维 GIS 软件和所运行的设备上支持该渲染能力即可;套合后的模型底边的平滑度和显示器屏幕分辨率一致,展示效果好。另外动态单体化由于是把二维矢量面和三维倾斜摄影模型结合起来了,因此可以充分利用二维 GIS 平台对面数据的查询计算分析等能力,各类 GIS 能力都能充分发挥出来,如查询井场周边地物等等。

我们利用地物轮廓矢量数据加工生成模型包围盒 3D Tiles。使用倾斜摄影软件生成的正射影像或高精度时效性高的遥感影像作为底图,基于 QGIS 软件描绘出地物边界生成矢量数据,同时录入矢量数据的属性数据,同时,属性数据中必须包含地物的高度,对于设备的高度,可以从倾斜摄影三维模型中测量。最后,将生成的包围盒 3D Tiles 叠加至倾斜摄影模型上实现单体化。其流程如图 4 所示:

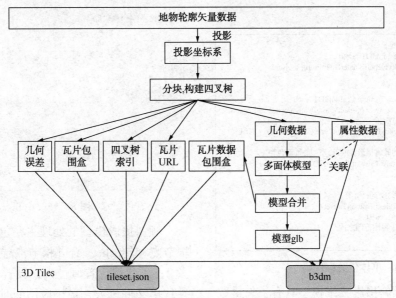

图 4 矢量数据构建 3D Tiles 流程

实现的分类 3D Tiles 瓦片生成软件如图 5 所示。使用 MFC 制作用户交互界面，数据转换软件使用 GDAL 库读取 shp 矢量数据和投影变换，模型数据创建 gltf 对象使用 tinygltf 库，生成输出瓦片集描述 json 文件使用 nlohmann JSON 库。输入 shp 文件路径和成果输出路径，指定 shp 文件属性表中哪一字段存储的是要素的高度数据，指定要素数据所处位置的高程。

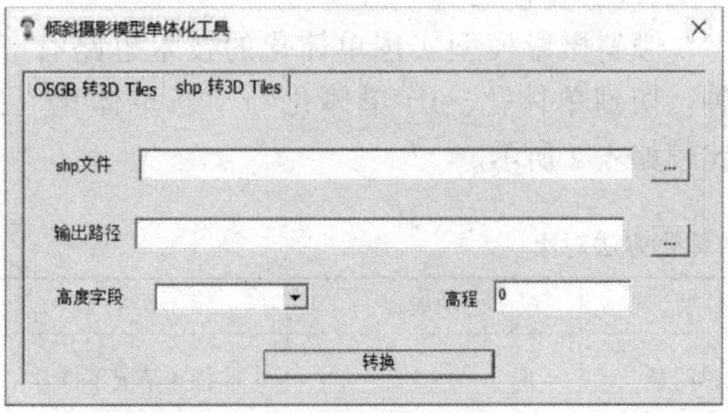

图 5　单体化工具

我们从油田公共模型库下载建筑物矢量数据，测试 shp 转 3D Tiles 软件工具，将油罐、油井、水井等设备矢量数据根据高度属性拉升生成 3DTiles 瓦片数据。转换后的模型都是单独的一个个体，可以被高亮拾取查看属性信息。

实现 3D Tiles 数据的单体化是将分类瓦片文件叠加在 3D Tiles 模型数据之上，3D Tiles 模型高亮显示达到单体化效果。Cesium 实现单体化关键代码如图 6 所示，指定 3D Tiles 瓦片数据 url 和 3D Tiles 分类瓦片数据 url，同时加载分类瓦片时需要指定分类瓦片是应用于哪种数据上，最后将分类瓦片数据和 3D Tiles 瓦片数据都加入到场景之中。

```
//指定倾斜摄影3D Tiles模型
var tileset = new Cesium.Cesium3DTileset({
    url: http://localhost:8080/webGIS/data/HuanPu/tileset.json'
});
//指定3D Tiles分类模型
var classificationTileset = new Cesium.Cesium3DTileset({
    url: "http://localhost:8080/wcbGIS/data/classification/classfication.json",
    //指定分类应用于3D Tiles
    classificationType: Cesium.ClassificationType.CESIUM_3D__TILE
});
//指定位于分类模型内部的倾斜摄影3D Tiles模型叠加颜色
classificationTileset.style = new Cesium.Cesium3DTileStyle({
    color: 'rgba(255, 0, 0, 0.2)'
});
//加载分类模型和倾斜摄影3D Tiles模型
viewer.scene.primitives.add(classificationTileset);
viewer.scene.primitives.add(tileset);
//调整相机位置，使设备位于视图范围之内
viewer.zoomTo(tileset);
```

图 6　单体化关键代码

单体化后的倾斜摄影三维模型具有了矢量数据特性，我们将模型与现实设备进行了绑定，如图 7 我们将抽油机进行了单体化，加入了点击事件，点击后弹出抽油机的详细信息。使倾斜摄影三维模型数据成为真正的 GIS 数据。

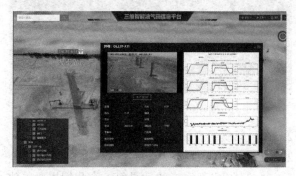

图 7　单体化后的某油井

2.2.2.2　数据优化

倾斜摄影数据的伴随着数据量的增加，导致网络客户端访问三维数据的效率下降，以油田某采油厂为例，油井就有 200 多口，平均每口井的模型数据大小约 1.5G，使用 Web 端进行倾斜摄影数据的浏览应用需要对倾斜摄影数据进行优化，模型切片，分块加载，以达到最佳的访问效果。

大数据的情况下，我们采用多层文件结构的方式组织数据，将数据进行合理的分块，方便后续处理的多机并行处理，提高处理效率。数据这样组织的前提需要所有模型的中心点坐标相同，如果不同需要对中心点进行修改，当前修改模型中心点只支持投影坐标系。数据这样组织的前提需要所有模型的中心点坐标相同，如果不同需要对中心点进行修改，当前修改模型中心点只支持投影坐标系(图 8)。

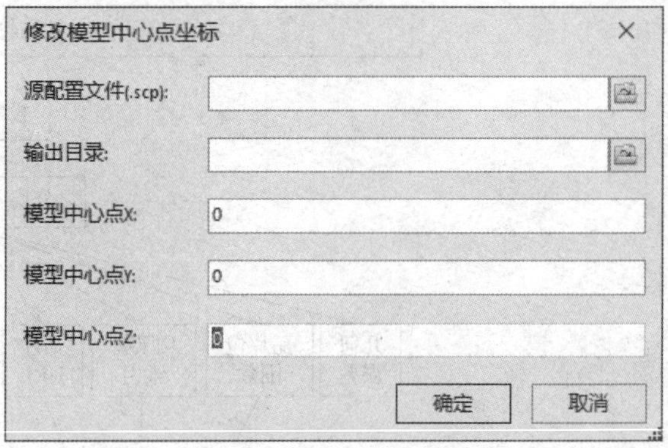

图 8　修改中心点

倾斜摄影模型的处理主要包括两部分：合并根节点和转 s3m。合并根节点层级通常设置 1 或者 2，不建议设置值过大，设置过大的情况下会导致单文件过大，最终应用的时候效率不高，适得其反的效果(图 9)。

图9 合并根节点

数据是分块处理的,如果分别每块作为一个图层进行加载,会导致图层数量非常多,反而加载性能不高,所以需要对图层进行合并。当前还只能手动对 scp 文件进行合并,在块的最外层新创建一个 scp,然后手动将 scp 中的文件路径节点拷贝到新 scp 中,在这个过程中需要注意保证相对路径正确。

2.3 模型应用

模型完成后,将其导入基于 Cesium 框架设计和实现了的一个三维 WebGIS[4] 系统,用户通过浏览器即可漫游三维场景、倾斜摄影单体化模型查询和缓冲区分析功能。降低了系统使用门槛,提升了共享性和实用性。

2.3.1 设备实时信息展示

实时监测数据,实时数据面板根据不同类型的设备,对不同关键指标实时绘制趋势图,同时在基础模型上绘制数据展示出来,如罐外围的液位标识柱体,安全液位,关键指标旗标等,从而实现对设备运行状况实时的监控(图10)。

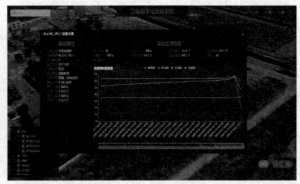

图10 模型关联设备实时数据与趋势

2.3.2 智能巡检与预警

将现实世界抽象成数字三维模型,可以从各角度观察其逼真的效果,但是目前对三维场景的渲染往往侧重于模型数据的获取处理、组织表达等内容,其实时性并不高,所以很难满足油田生产中例如管道漏油、设备预警等需要时效性很高的业务场景。

针对以上问题我们开发自动巡检控件,可自定义巡检路线,实现对联合站整个运行状况实时的监控、对各种可能不利场景的预测以及实现基于时间的设备检维修周期提醒,减少非异常停机。设备发生报警信息时在三维场景中对报警位置高亮显示,同时将设备绝对位置信息以及方位信息发送到与之绑定的摄像头对应接口,可快速定位至报警位置,图11为辅助工作人员快速定位报警点,大大提高了故障处理效率。

实时监控视频流可以实时、动态地显示真实场景的变化,三维模型则能精准、真实地反映现实世界的空间特征。将实时监控视频流与被监控场景的三维模型进行实时融合,解决了实时视频和场景三维模型在时空上的一致性,使工作人员第一时间了解到现场情况,大大提高了工作效率。

图11 加热炉预警

3 结语

通过分析和实践,采用基于多视角视频的多元融合的建模方法,加快了建模速度,减少了建模的周期和费用,和传统单一手工建模方式相比建设周期缩短了 3/4,费用减少 2/3,支撑了油气田站库"集中监控,无人值守",为数字孪生技术应用进行了有益的探索,具备较好的生产实践价值。

参 考 文 献

[1] 赵宏，杜明成，吴俐民等. 基于倾斜摄影测量技术的智慧城市 5D 产品制作工艺实现[J]. 测绘工程，2016，25（9）：73 - 76. DOI：10. 19349/j. cnki. issn1006-7949.2016.09.016.

[2] 李策. 基于 ContextCapture 倾斜摄影三维建模关键技术研究[D]. 华北理工大学，2019.

[3] 李泉洲. 基于 Cesium 的倾斜摄影三维模型单体化研究与实现[D]. 长安大学，2019.

[4] 宁晓红. 基于 WebGIS 的油田地面工程地理信息系统研究与实现[D]. 长安大学，2014. DOI：10. 7666/d.D558030.

省级天然气管网智能控制系统研究与应用

季寿宏 沈国良 陈迦勒 蔡 坤 丁 楠

(浙江浙能天然气运行有限公司)

摘 要 对于省级天然气管网来讲，自动控制水平的高低直接衡量着其在长输天然气管道上的技术能力和运营成本。近年来，随着人工智能技术、分布式云技术的发展、以及先进控制算法的研究，省级天然气管网控制技术也得到了重大革新。通过新技术的引入和应用，浙江省级天然气管网打造了一个输配全自动化控制、数据分散式云部署的私有云控制平台，并实现了监控远程集中化、调度综合智能化、运维管理区域化的高效率生产模式。本文主要以浙江省天然气智能化站场建设为案例，着重描述其在工控系统的智能化过程中，基于传统控制系统所进行的技术改造及技术革新。

关键词 私有云，数据采集，组分分发，先进控制，计划调度，运维模式

浙江省级天然气管网近年来飞速发展，截至2020年营运管道里程达到2000km，输气站场达到90余座。随着管网规模进一步扩大，传统运行模式暴露出了诸如调度负荷呈指数级增加、人员需求矛盾突出、故障应急响应时间长等弊病，无法适应精细化、现代化的管理需求。同时为解决管网安全运行与经济效益的矛盾，浙江浙能天然气运行有限公司(以下简称浙能公司)对传统管理运行模式进行创新，提出"区域运维管理+调度集中调控"的新模式，由此对天然气控制系统的自动化程度也有了更高、更全面的要求：一是要构建一个高效、稳定的数据和系统平台，并且契合公司生产管理体系；二是要解决集中监控后，海量数据分析及报警管理与监控人员需求之间的矛盾，完成人机交互功能设计；三是要实现全自动输配功能，同时提高输配系统的稳定性以及实现对输配工况的实时监测；四是要根据大量供气用户的需求，制定安全、准确、可行的供气计划，并设计系统来按时按需制定输配任务。

1 管理模式

传统的省级天然气管网主要分为本地站场和调度中心两级监控，并设置为主辅关系，站场和调度均设置若干人员进行24小时值班；2018年浙能公司率先实现了"区域中心站"集中监控的运行模式[1]，并实现了运维一体化管理；2019年，在"集中监控——运维一体化"的基础上，通过对站场和调控的智能化改造，进一步实现了"调度集中监控、区域运维管理、就地应急处置"的生产模式，并全网应用(图1)。

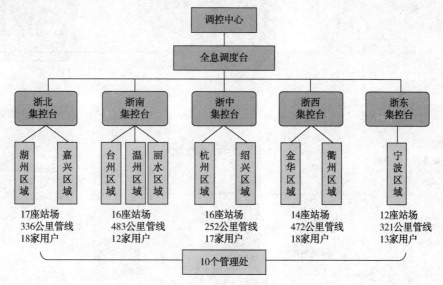

图1 浙江管网管理体系

① 调度集中调控：在杭州设有调控中心，负责省级管网的统一调度指挥、远程监控操作、应急保供协调等。基于"多气源、一环网"的管网格局，调控中心采用"全局调度、分区监控"的管理模式，在业务上分为调控和集控两部分。其中，根据省级管网运行工况和用户地域分布，将全网分为浙东、浙西、浙南、浙北、浙中五大集控区，每个集控可以远程控制所辖区域内的站场阀室；而调控功能将从原来的面向设备中脱离出来，不再对设备进行控制，但保留全网的数据采集和监视功能，通过全息调度台对全网的气量负荷进行监控、用户管理和计划量下达、管网运行工况分析和管网安全报警管理等功能。

② 区域运维管理：以省内地级市为单位，将其所属的站场运行、维护人员与管道保护人员整合，共成立10个管理处(杭州、湖州、嘉兴、绍兴、宁波、台州、温州、丽水、金华、衢州)，负责所辖区域内设备设施、管道线路的巡检、维修、保护和应急响应等，负责辖区生产任务组织、属地政策处理和业务对接。

③ 就地应急处置：根据站场地理位置、用户响应要求，在相应的就地站场设置2名工作人员，在"运维一体化"的背景下，工作人员一方面作为就地站场的备用监控人员，与调度中心形成互备关系；另一方面作为设备故障时的第一现场人员，起到应急处置的功能。另外应政府安保要求，将工作人员同时作为反恐防暴人员进行配备，从而实现人力资源的充分利用。

2 系统构架

浙江省级天然气管网智能控制系统主要分为上位和下位两部分，其中就地站场(包括无人站和驻守站)的下位系统均采用PLC控制器，主要为施耐德昆腾及M580系列、罗克韦尔Controllogix系列，阀室采用小型RTU控制器，包括Micro850、T-BOX、M340等。上位系统主体由一个分布式私有云平台和一个工程管理中心组成，但在功能应用上分为本地站场监控系统和调度&区域监控系统两部分，HMI软件统一采用AVEVA公司的SYSTEM PLATFORM(简称IAS，下同)以及INTOUCH系列。整套系统设计调度中心、区域管理中心(处)控制、本地站控三级控制，同时具备现场设备的就地手动控制功能。

2.1 数据传输

浙江天然气管网随同管道敷设有伴行光缆，同时通过SDH和网络交换设备组成了一个管网专用的省级通信网络。在数据传输层面主要将网络分为站控和中控两个网络，其中站控网络为一个本地局域网，站控系统就地采集、处理、显示和指令下发，属于备用功能；中控网络为省网的主体，连接本地站场、管理处和调度中心，也是云平台的数据交互的基础链路(图2)。

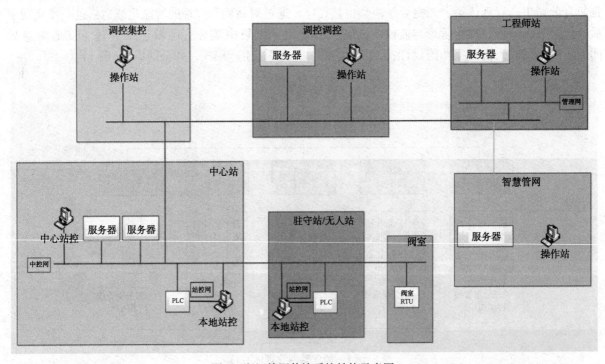

图2 浙江管网传输系统结构示意图

中控网络中的数据流向由 PLC 及 RTU 开始，在管理处汇聚入私有云平台，经 IAS 的数据采集处理后形成实时、历史、报警三种数据，分别向调度中心和管理处监控系统传递数据，同时接受远控指令，控制现场设备，从而实现集控功能。另外衔接设备网，为后端的大数据分析系统提供样本，并为技术人员提供全面的设备信息用于远程诊断(图3)。

2.2 分布式云平台

在网络系统的基础上，采用传统的服务器+存储的方式，在每个管理处部署硬件节点建设云平台[2]，一是利用服务器之间的 HA 设置，实现服务器故障时的无扰切换功能；二是在全网划分四个负载互备区域，利用云的 Vmotion 功能，实现区域内各节点负载的相互迁移[3-4]，解决节点容灾问题(图4)。

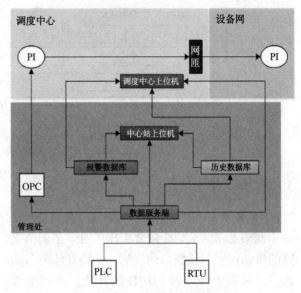

图 3　中控网络数据流向示意图

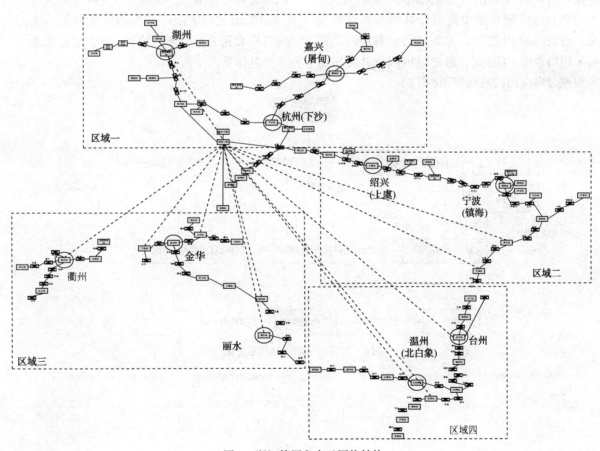

图 4　浙江管网私有云网络结构

整体层面上，平台共分为四层，自下而上分别为基础硬件层、软件载体层、操作系统层和应用软件层。基础硬件层有服务器群和相应的通信网络组成；软件载体层采用 VMware vSphere 及 ESXI 体系结构[5-6]，同时连接各硬件节点，形成一个统一的平台；操作系统层主要 Windows 操作系统；应用软件层主要为一个统一的 IAS 架构，并包含数据采集、数据处理、历史存储、报警记录、备份管理、组分分发等功能；此外在调度中心设置一个工程管理中心，主要负责对云平台、网络系统、工控软件进行远程、统一开发及管理(图5)。

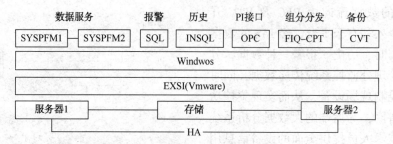

图 5　私有云平台软件层

3 技术特点及功能

3.1 智能调节

调节支路联动智能调节实现了对多条调节支路的协调控制、负载自动分配、支路补偿调节功能[7]。区别于传统的 PID 控制算法,在调节算法的改进上主要包括三个方面,一是通过随机森林模型建立流量预测模型,对流调过程中的流量变化起到预测的作用;二是根据模型预测流量变化趋势,在模糊算法中提前计算误差和误差变化,对底层的 PI 控制器参数进行计算;三是底层采用增量型 PI 控制,通过输出阀位开度增量来实现对多支路的联动控制(图6)。

通过智能控制算法的动态调节,能够良好的适用在供电厂用户、供城市燃气用户、供工业用户等多种业务场景,满足多种类型的自动化控制需求,并具有以下几个特点:

①实现流量的精准控制和压力的高品质调节性能;

②支路联动控制解决了多支路调节过程中的耦合问题,同时实现了主支路故障时备用支路的动态补偿功能;

③通过设定限压调流和限流调压功能,实现对压力和流量的同时控制,满足监控需求。

具体见图 7 所示。

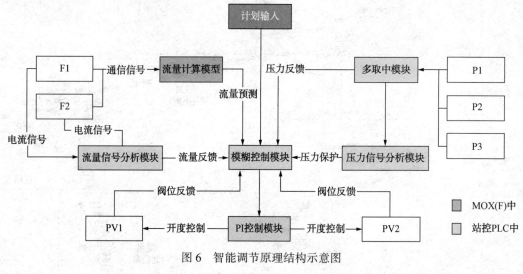

图 6　智能调节原理结构示意图

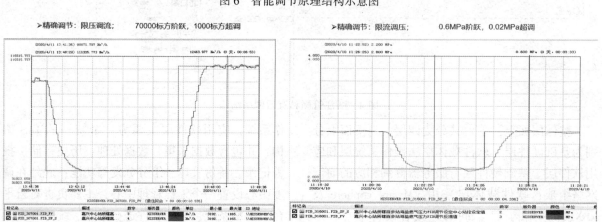

图 7　智能流量调节(左)和压力调节(右)阶跃测试结果

3.2 计划调度

计划调度功能实现了对调度用户日供气计划量的精确智能控制，其主要原理为通过数据分析，将各用户的日计划量转换成24个小时输配量，然后进入管网仿真模型进行计算，校核及验证管网的负荷变化和剩余能力，最后将各小时计划量下发至站点控制系统进行精准控制，同时自动实时计算计划量与实际输气量的偏差，并进行纠偏(图8)。

计划调度功能包括两个模型：一是计算模型，采用时间序列学习网络模型[8-10]及移动平均算法，分别设置月、日、小时为层级的连接结构，同时将小时流量进行降噪；训练结束后通过当前时间(月、日和用户的日计划量)，即可计算出小时计划流量；二是验证模型，计算模型得出的数据与实际生产业务契合度也是影响计划调度功能的重要因素，利用水力仿真软件的离线模型，对计算模型所得的数值进行验证计算，同时由调度人员评估管网状态是否满足生产需要，再将数据下发到控制系统进行流量调节，并实时反馈输配误差，同时每两小时进行修正调节，以减少计划量误差(图9)。

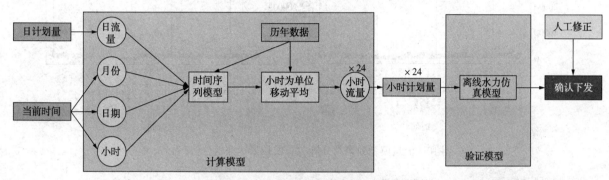

图8 计划调度任务计算原理示意图

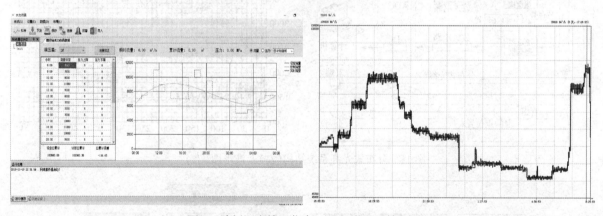

图9 计划调度输配仿真(左)及实际反馈(右)

3.3 工况分析

工况分析是以单个站场为单位对站场输配生产中的相关参数和状态进行综合分析，判断生产工艺是否存在异常，起到预警和智能监控的目的，以减少运行人员的监盘工作量。分析系统主要包含两部分，一是直接从设备、系统中直接获取的故障信息，并结合所属的工艺设备的关键性进行分级报警；二是对生产工艺参数进行分析，包括：①智能调节功能中的流调模型，实现对压力、流量、阀位的综合分析判定工况状态[11]，②考虑流量的敏感性，针对实时工况流量建立监督模型，监控流量计状态的同时，辅助判定生产状态(图10)。

3.4 线路保护辅助监测

浙江省天然气管网的线路保护在运行监测端设置了三个系统用于辅助决策，一是基于管道伴行光缆开发的分布式光纤监测系统，二是线路上气液联动阀的 LBP 控制系统，三是用于异常压降判别的线路压降监测模型。通过建立三者之间的联动机制来实现对管道泄漏进行综合分析。

分布式光纤主要采用 φ-OTDR 光纤传感技术，利用光在传感光纤中的瑞后向散射原理，把具有一定周期的脉冲光传入传感光纤后产生后向瑞利散射光，当传感光纤受到外界振动时，光相位在振动位置发生改变，最终导致瑞利散射信号的振幅发生改变，因此通过解调探测散射信号的振幅变化,可实现对振动源的位置定位和还原振动源的振动特性[12-13],提取特征波形来判定管道周边是否受到侵害(图11)。

而压降模型是模仿 LBP 的计算方法,同时基于历年数据根据不同的管网情况建立压降阈值库,达到对异常的压降情况进行识别和报警的目的(图12)。

线路上气液联动阀的 LBP 单元触发后,传统情况下无法有效判定管道是否发生泄漏,因此一方面通过压降模型的识别技术,可以对管道泄漏判别起到辅助决策的作用,另一方面通过分布式光纤技术来监测相应的管线位置有无外部破环,最大限度的为运行人员提供决策数据支持。

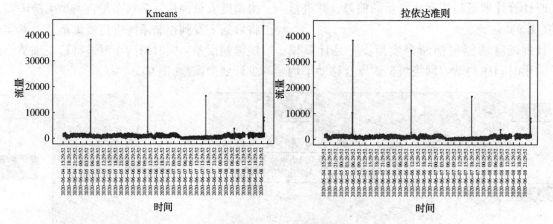

图10 流量模型的聚类分析(左)及拉依达准则分析(右)

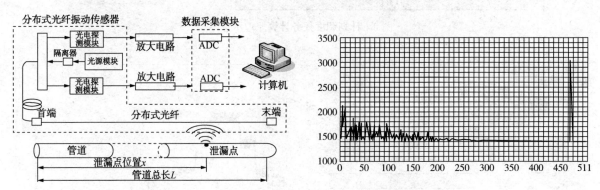

图11 分布式光纤系统结构(左)及波形图(右)

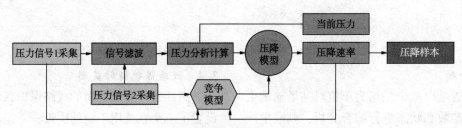

图12 压降模型结构示意图

4 结束语

随着自动化水平的提高和先进控制技术的发展,天然气行业也由传统的人工就地操控模式向集中自动控制模式转变,同时大量人工智能技术的引入和应用,也为管网的智能化和站场的无人化提出了新的方向,并逐渐成为行业发展的方向和趋势[14-16]。近年来浙江天然气管网在智能化建设方面进行了深入的研究和开发,已基本建成了一套集决策、分析、诊断、监控、计划、输配、管理为一体的天然气站场智能调度控制系统,实现了对省级天然气管网的初步智能化控制,大大缓解了管网和人力的矛盾。但是要全方位实现管网的无人化运行,还需要在智能巡检、深度感知、行为分析、灾害预防等多个方面进行深度开发,其中的技术难题和科研投入,更需要多个企业或者多个行业共同研究,以实现技术的实际应用。

参 考 文 献

[1] 滕卫明，季寿宏，刘承松，王睿，吴欣桐. 输气站区域集中监控与运维一体管理模式研究[J]. 天然气技术与经济，2018，01.

[2] 黄梁，陈鲁敏，王加兴，丁书坤. 企业私有云平台建设研究[J]. 机电工程，2014，08，028.

[3] 叶红良. 面向私有云的业务迁移部署方法的探讨[J]. 电子世界，2016，23，108.

[4] 李罡. 构建基于 VmWare ESX 虚拟化平台的企业私有云[J]. 科技视界，2013，25，066.

[5] 杨娟，沈明辉，刘波，胡勇. 基于 VMware 的私有云数据中心研究与实现[J]. 科技创新与应用，2017，18，057.

[6] 沈国良，季寿宏，谭汉，邵迪，杨雪峰. 基于曲线跟踪法的模糊增量型 PI 控制器设计及应用[D]. 天然气技术与经济，2019，01，016.

[7] 邢立宁，陈英武，刘荷君. 基于多规则实时学习神经网络的时间序列预测模型[J]. 计算机工程，2006，12.

[8] 崔馨心. 基于深度神经网络的经济时间序列预测模型[J]. 信息技术与信息化，2018，11，049.

[9] 龚朝阳，张晨琳，龚元，饶云江. 光纤微流传感技术研究进展[J]. 光电工程，2018，09，011.

[10] 张晓烨，郭东，许明. 智能化控制在大型天然气场站中的应用[J]. 化工管理，2019，15.

[11] 张世梅，张永兴. 天然气长输管道无人站及区域化管理模式[J]. 石油天然气学报，2019.

[12] 高皋，唐晓. 天然气无人值守站场管理方式研究[J]. 化工管理，2017，07.

山地管道无人值守站顶层设计的思路与方法

艾力群　姜海斌

（国家管网集团西南管道有限责任公司）

摘　要　结合山地管道地域和站场布局特点，通过与国内外石油管道企业的同业对标管理，开展山地站场无人值守站顶层设计的思路和方法。作者基于参与西北油气管廊带内实施无人值守模式研究，管廊带作业区160~180公里管辖半径，提倡运检维一体化。结合西南三种介质管道系统的外部环境及地区经济社会发展水平与合规要求，西南管道具有突出的、鲜明的山地管道特点，独有的运行风险。山地管道建立作业区应充分考虑应急响应时间，确定到达管辖范围内的时间原则上不超过3h，保护站原则上管辖范围不超过1h，能够形成1h管道线路控制圈、3h维修作业及前期抢险控制圈的作业区域，首倡运维抢一体化。

本文更深入探讨了传统站场5级岗位模式，将山地管道百座站场归纳为四类运维站。提出了倒班运行、以维代巡、运维抢一体化三种无人值守站升级过渡模式，最终形成了"1+6+31"模式。总之，从运检维一体化到运维抢一体化，是山地管道无人值守站应急联动机制是一项创造性工作、具有重要的理论和现实意义，为国家油气管网的运营管理提供了新思路、新办法，具有良好的借鉴意义。

关键词　山地管道，无人值守，以维代巡，运维抢一体化

1　山地管道概述

1.1　山地管道无人值守站项目研究背景

近年来，各管道企业纷纷对油气管道管理体制进行调整，由按线管理调整为按区域管理，将以油或以气为主的管道运营公司逐步建成输送介质多元化、管理区域化的综合性管道运营公司，明确实施集中调控、区域化管理，建设智能管道、智慧管网。区域化管理，是管道企业发展到一定阶段所要求的先进管理模式，是生产组织方式必须适应管道运营生产力发展的现实需要，有着强大的信息技术支撑。

西南管道公司正从边建设、边投产、边运营的快速成长期过渡到稳定运营、管理提升的关键期，制定了中长期发展的奋斗目标定位为：建设一流的油气管输服务企业。在这个愿景下，深入系统地与国内外管道运营企业进行对标，制定追赶跨越的战略规划，以适应管道运营新的生产力发展。

目前山地管道所辖管道在设计和设施上比较先进，主要设备和系统硬件基本达到国内外先进水平，基本满足区域化管理要求，但由于建设时间以及设计理念的不同，实现集中调控的管道，仍采用站场倒班运行、2~4小时巡检、24小时实时监屏、现场手工计量交接的传统运行模式，导致过多的人员投入到管道运行调度及监视工作

中，无法了解和研究维护、维修、抢修的相关知识，不利于一线员工掌握核心技术，不利于运维抢一体化深入开展，同时现有基层岗位设计层级过多，"重岗位、轻专业"，"官本位"色彩较浓，"学技术、管设备"意识较弱，技术技能人才建设不足，员工职业晋升通道狭窄，绩效考核"大锅饭"问题突出，岗位设置不利于人才与企业的长期共同发展。另一方面目前站队管理运行与维修分离，站场只负责所辖设备管道的监视巡检运行，设备管道的维护、维修、抢修工作均由维抢修队、代维队伍实施，造成站场专业技术人员、操作人员动手意识不强、动手能力不够、应急处置能力不足。传统运行调度人员多，维护维修抢修、专业技术人员少，员工素质与现代管理不适应。随着油气战略通道、管网、管廊的建设发展，西南管道有效管控区域幅度内目前仍然一站一点、分散割据，存在管理交叉，传统的资源配置造成人力、物力等资源集中、协同共享、区域联动不足，保障能力与管控水平提升较为困难，资源配置与运营需求不匹配。

西南管道公司所辖管道70%以上位于西南山区，沿线山高谷深、地形地貌复杂，地震地灾、水工水保等问题突出，社会依托资源少，管道管理难度大，安全环保风险高，需要可持续的投入关注，推进智慧管道企业建设，实现山区管道及安全生产风险管控强度有效提升，建设世界

一流的山地管道企业。

为了有效推进国内一流的油气管输服务企业建设,结合西南山区管道地域和站场布局特点,按照"区域化管理、运维抢一体化、集中监控、集中巡检"的总体思路,加快转型、主动变革,全面探索无人值守站管理模式实现生产运行管控强度、山区管道管控强度、员工技能素质能力、设备可靠技术创新、安全风险应急体系、经济效益价值创造六个有效提升。

1.2 山地管道无人值守站研究范围

西南管道公司负责的西南地区原油、成品油、天然气管道,目前所辖管道总长1.01万公里,其中输油气管道干线11条;原油和成品油注入支线和分输支线18条,天然气分输支线17条;各类站场91座。2020年新划转4家二级单位及相关站场。

1.3 山地管道无人值守站规划目标

1) 大力推进管道运营管理信息化工作,高标准地完成成都分控中心建设,提高西南管道公司所辖油气管线的远程控制、通信系统、电力系统、消防火气、泄漏监测系统、站库安保系统水平,实现调控与运行分离、监管分开,达到集中调控、集中监视的目标;

2) 完善站场工艺主要设备如流量计、压缩机、泵等远程监测,计量交接电子化、报表记录自动化等设置,提高站内主要设备的可靠性;

3) 生产运行调度、监视、控制、计量、巡检、维修、应急等率先实现数字化、信息化,逐步提高精细化、智能化管控水平,逐步实现数据实时采集、状态实时监测、业务实时分析、信息实时交互、决策智能支持、管控精准高效;

4) 依据站场所承担的业务及依托条件,对各条管道的站场进行统一分类,实施区域化管理,针对不同类别站场提出相应的建设规划目标和要求;

5) 管道应急抢险能力是西南管道公司的一项核心竞争力,在推进区域化管理过程中重点考虑管道应急能力的建设和布局,抢修队伍专业化,持续提高山地管道为重点的应急抢险能力,健全完善维抢修体系和专业力量配置,提高应急响应速度和抢维修效率,确保输油气管道应急处置的有效性,山地管道应急抢险能力达到国内一流;

6) 优化现有管道运行管理体制,重建适应先进管道生产运行、维护管理体系,作业区巡检

维一体化,抢修队伍专业化,管道应急分布式管控的目标,达到以人为本、高效可靠运行的生产管理新模式,实现"运维抢一体化"的目标;

7) 山区管道运营核心技术和信息化体系建成,保障输油气管道生产的可靠性;保障输油气管道运行的高效性;管网整体运行达到国际先进水平。

2 传统站场值守管理现状

传统站场运维任务管理体系采用5级管理体系,各个环节详见图1。

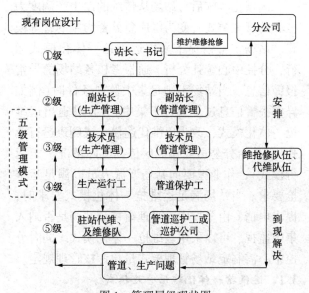

图1 管理层级现状图

根据图1可以看出,目前各个管理体系为5级管理,维修、抢修作业处理相对滞后,在时效性上相对落后,特别是对于抢修作业,虽然能够基本满足抢险作业要求,但总体管理模式相对冗繁。

3 山地管道无人值守站

目前,西南管道公司所辖输油气管道站场基于以生产调度为核心,维护维修依托维抢修队及第三方代维单位的生产管理模式,区域化管理实施后,按照区域化管理、运维抢一体化、集中监控、集中巡检的要求,在倒班运行模式的基础上新提出运维抢一体化模式以及以维代巡模式。

运维抢一体化模式:不派驻或少派驻综合值班人员(分输站1人、泵站2人、压气站3人),站场采用集中监控、报警信息畅通,站控不再24小时监视,主要设备中控操作;作业区实行巡检维一体化;站场派驻综合值班人员负责应急、巡检、监护任务。

以维代巡模式：现场至少派驻 3 人倒班运行，运行参数站控监视，远程操作现场监护；现场每天巡检 2 次，晚上没有工作任务时可以休息，作业区实行巡检维一体化；站场派驻综合值班人员负责应急、巡检、监护任务，作业区负责维修。

倒班运行模式：现场至少派驻 3 人传统倒班，运行参数站控 24 小时监视，远程操作现场监护；现场每天定时巡检，作业区实行巡检维一体化，并负责站场检修、维护任务；站场派驻综合值班人员负责应急处置。

区域化实施后，站场从传统的以生产调度为核心的管理模式转变为以应急处置为主的管理模式。站场正常情况下采用运维抢一体化模式运行，分控中心统计分析、通报考核各站场的异常报警信息。当站场不满足集中监视条件时（例如异常报警信息过多或过于集中），自动退出运维抢一体化模式，改为以维代巡模式或倒班运行模式（具体由分公司或作业区依据实际情况决定运行模式），作业区要向站场增派人员以满足运维抢要求。当站场满足运维抢一体化模式要求时，提出申请，由分控中心受理审核该站场是否纳入集中监视、可以采用运维抢一体化模式。同时分控中心需制定站场管理模式量化考核管理规定。

3.1 运维抢一体化站场管理模式

考虑到站场所承担的业务、功能、配套设施及依托条件不同，将运维抢一体化站分为如下 4 类站场：

一类运维站，即油库，考虑到油库重要性高，生产工艺流程复杂，且与下游用户联系紧密，计量交接任务多，故将油库单独分为一类运维站。依据目前油库自动化程度、运行维护现状、人员配置及辅助系统设置等情况。通过对设备和辅助系统的改造完善及可靠性分析，使该类站场能够实现现场动态派驻综合值班人员 5~10 名，确保调度报警信息畅通，现场应急处置，站场远程高清可视、运行参数远程监视；设备中控操作，现场每天巡检两次，重要操作有人现场监护；作业区实行每周/月巡检、计划性维护维修。油库设计量化验人员，倒班。

二类运维站，依据目前站场自动化程度、泵和压缩机运行情况、运行维护现状、人员配置及辅助系统设置等情况。通过对设备和辅助系统的改造完善及可靠性分析，使该类站场能够实现现场动态派驻综合值班人员 2 名（泵站）或 3 名（压缩机站场），确保调度报警信息畅通，现场应急处置，站场远程高清可视、运行参数远程监视；设备中控操作，现场每天巡检两次，重要操作有人现场监护；作业区实行每周/月巡检、计划性维护维修。

三类运维站，依据目前站场自动化程度、计量设施运行情况、运行维护现状、人员配置及辅助系统设置等情况。通过对设备和辅助系统的改造完善及可靠性分析，使该类站场能够实现现场动态派驻综合值班人员 1 名，确保调度报警信息畅通，现场应急处置，站场远程高清可视、运行参数远程监视；设备中控操作，现场每天巡检 2 次；作业区实行每周/月巡检、计划性维护维修；实现计量交接电子化、计量设备远程诊断后不设计量人员。原油分输站仍需设计量化验人员，倒班。

四类运维站，依据目前站场自动化程度、运行维护现状、人员配置及辅助系统设置等情况。通过对设备和辅助系统的改造完善及可靠性分析，使该类站场能够实现现场可不派驻综合值班人员，有人管理，确保调度报警信息畅通，保证第一时间、第一现场应急处置，站场远程高清可视、运行参数远程监视；设备中控操作，作业区实行每周/月巡检、计划性维护维修的目标。

该模式站场管理职责如下：

（1）运行管理：

控制：管道实现集中调控，站场备控、监护；确保站控与北京调控中心、成都分控中心的信息畅通。

监视：站控不再 24 小时实时监视，报警信息分级分类上传至成都分控中心，实现站场、成都分控中心对设备设施异常状态的两级监管；提升报警的完整性、完好性、功能性、有效性，实现异常报警信息的量化考核。

巡检：生产现场采用集中巡检，每月/周由作业区组织专业人员与综合值班人员负责对站场设备、设施进行巡检；站场以维代巡，白天联合巡检、晚上重点巡检。

计量：通过 PPS 信息系统自动采集、推送、确认计量数据，将传统的现场人工交接、手工填报凭证转变为远程计量交接、线上流转电子凭证。

值班：站场值班为应急值班。站场每日一名员工应急值班，配备防爆通信设备，接受中控指令，确认和处理集中监视报警（设备设施异常状态），参与联合巡检、重点巡检，负责生产现场的应急处置，负责主要设备远程启停的监护，并负责中控的备控职能。

维修：站场负责应急处理；作业区负责维修。

3.2 以维代巡管理模式

站场采用以维代巡管理模式运行时，该站场管理职责如下：

（1）运行管理：

控制：管道集中调控或站场控制；管道集中调控时确保站控系统与北京调控中心（一级调控管道）、成都分控中心（二级调控管道）的信息畅通。

监视：站控监视。

巡检：生产现场采用集中巡检，每月/周由作业区组织专业人员与综合值班人员负责对站场设备、设施进行巡检；站场以维代巡，白天联合巡检、晚上重点巡检。

计量：通过 PPS 信息系统自动采集、推送、确认计量数据，将传统的现场人工交接、手工填报凭证转变为远程计量交接、线上流转电子凭证。

值班：站场至少 3 人倒班运行，配备防爆通信设备，接受调控中心的指令，参与联合巡检、重点巡检，参与生产现场的应急处置，负责主要设备远程启停的监护，并负责远程控制的备控职能。晚上没有工作任务时可以休息。

维修：站场负责应急处理；作业区负责维修。

3.3 倒班运行管理模式

站场采用以倒班运行管理模式运行时，该站场管理职责如下：

（1）运行管理：

控制：管道集中调控或站场控制；管道集中调控时确保站控系统与北京调控中心（一级调控管道）、成都分控中心（二级调控管道）的信息流程畅通。

监视：站控 24 小时实时监视。

巡检：站场每天定时巡检。

计量：通过 PPS 信息系统自动采集、推送、确认计量数据，将传统的现场人工交接、手工填报凭证转变为远程计量交接、线上流转电子凭证。

值班：站场至少 3 人传统倒班运行，配备防爆通信设备，接受调控中心的指令，参与每天定

时巡检，参与生产现场的应急处置，负责主要设备远程启停的监护，并负责远程控制的备控职能。晚上不可以休息。

维修：站场负责应急处理；作业区负责维修。

4 运维抢一体化站场分类

依据运维抢一体化管理模式规划，将所辖 91 座站场划归到运维抢一体化模式的 3 类站场中，具体如下：

1）一类运维（3 座）

一类运维站包括站库合建站（油库）。

站库合建站（重庆末站、安宁首站、兰州首站等）。

2）二类运维站（27 座）

二类运维站包括站为输油泵站、压缩机站。

该类站主要功能为：接受上站来油/气经过加热、增压（或者减压）后外输至下游站场。

输油泵站、压缩机站（如兰成渝成都泵站、保山油气合建站、南充压气站）。

3）三类运维站（55 座）

三类运维站包括中间热站（只具有加热炉的中间站）、天然气分输站、成品油分输站、原油分输站。

该类站主要功能为：接受上站来油、气经过加热后外输的中间热站，或者具有计量业务的分输计量站。站内设有加热炉、计量调压等设备，但是未设输油泵、压缩机等关键设备的中间站。

中间热站（只具有加热炉的中间站，例如兰成原油陇西加热站）；天然气分输站（例如贵阳北输气站、玉林末站、南部、武胜分输站）；成品油分输站（例如兰成渝彭州分输站）；原油分输站（例如兰成原油彭州末站）。

4）四类运维站（6 座）

四类运维站主要包括中间清管站、有依托的分输站场、减压站。

该类站场主要功能为收球及发球清管、减压阀（由北调直接操作）、或计量分输设备（有依托，平时不需要人员操作），站内不设输油泵、压缩机等关键设备。

中间清管站（例如中缅线凯口分输清管站等）；减压站（例如兰成原油小川减压站等）；加热站（例如陇西减压热站）：加热炉停用、或者部分季节不用；有依托的分输站场（例如广南线贺州支线苍梧分输站等）。

5　作业区总体划分情况

根据目前情况，西南管道公司管辖管道根据划分原则设置为31个作业区。

作业区成立兰州、定西、临洮、武山、固原、天水、陇南、广元、江油、成都、内江、南充、重庆、江津、遵义、瑞丽、保山、大理、禄丰、安宁、玉溪、曲靖、安顺、贵阳、都匀、河池、柳州、贵港、梧州、南宁、钦州31个作业区，并按作业区辐射范围确定管辖范围。

对于没有维修力量的作业区，应增加相关维修力量作为应急处置人员，以保障站场及管道的安全平稳运行。并在作业区内按照管道保护原则，设置管道保护站，满足1h/3h作业原则。

天然气站场无人化发展现状及优化分析

牟文昌加 张天航

(国家管网集团广东省管网有限公司)

摘 要 随着经济社会发展，我国天然气需求量不断加大，天然气管道和站场建设也不断加快，预计到 2025 年我国管道建设里程将达到 $24×10^4$ km。目前我国天然气站场仍处于无人站探索阶段，由于受建站选址、周边交通以及设备、通讯、智能操作等技术水平和可靠度的影响，我国天然气站场普遍采用"有人值守、无人操作"的管理方式，距离"无人值守、无人操作"的真正站场无人化管理还有一定距离。但通过对国外先进管理理念的不断学习和国产化设备的发展，以及 5G 等信息技术的发展应用和对相关人才的培训，我国天然气站场正在逐步实现真正的无人化，完成天然气站场的智能化和信息化管理和对需求端的安全、可靠的供应。随着国家管网集团的成立和发展，我国站场无人化管理会不断向更好的方向发展。

关键词 发展现状，管理，智能化，信息化

2017 年国家能源局和发展改革委发布的《中长期油气管网规划》指出：目前我国油气管道的运营里程达 $12×10^4$ km，预计到 2025 年运营里程将达到 $24×10^4$ km，届时将形成主干互联、区域成网的油气管道全国网络[1]。2020 年初，新冠肺炎疫情的蔓延和国际油价的剧烈波动对全球的天然气产业产生了重大影响，据 IEA（国际能源署）在 2020 年 6 月发布的《2020 年天然气报告》预测指出，2020 年全球天然气需求将减少约 1500 亿立方米，同比下降 4%，这是有史以来的天然气消费量下降最大的年度[2]。优化管道运输企业主要生产单元及劳动组织结构，运用无人化管理模式降低企业运营成本，同时通过产业技术升级带动天然气管输设备国产化从而减少设备采购等建设成本，从而减少天然气建设和运营企业投资就显得尤为重要(图1)。

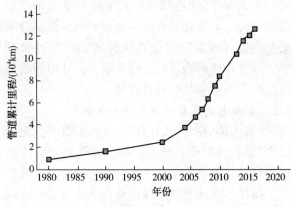

图 1 中国油气管道历年里程变化趋势图

1 我国无人站发展现状分析

1.1 无人站基本形式

天然气无人值守站场形式一般可分为两种。"有人值守、无人操作"模式：站场配备专人值守，出现异常时由维护人员到站操作，正常运行时主要由调控中心远程控制，目前中国大部分天然气站场采用此种形式设置；"无人值守、无人操作"：正常运行时站场不设置值守人员和维护人员，全部采用调控中心远程控制、区域中心远程集中监视的区域化管理模式，以集中待班、周期巡检的方式进行维护保养和应急处理，国外发达国家一般采取此种形式进行站场整体布置。根据目前技术发展水平，除压缩机站外，其他类型的站场均可实现"无人值守，无人操作"[3]。

1.2 无人站管理理念

由于中国目前天然气站场普遍采用"有人值守，无人操作"的形式进行布置运行，相应的无人站场管理形式一般按调控中心、地区管理处、作业处这种调控中心与区域相结合的方式进行管理[3]。调控中心负责整体的输气调运和监控。地区管理处和地区管理中心（作业处）负责整个区域的管理，地区管理处配置一般包括管理人员、维护人员、巡检人员、看护人员，通常一个管理处下辖 3~4 个地区管理中心。地区管理中心（作业处）设置在中心站，管理范围一般为 80~100km 范围内（1~2 小时内能够到达）[4]，管理 4~10 个站场。"有人值守，无人操作"模式下

的大部分站场虽然可以实现调控中心远程控制，但一般仍然保留站场级别控制，安排人员7×24h倒班运行，系统自动化优势得不到充分发挥。根据中国典型设计方案，一般输气管道分输站配置日常驻站人员12人。目前，中国管道人均管理里程为1~5km/人，人员数量、劳动强度与国外先进水平相比差距较大。

在日常运行操作管理方面，国内主要依托地区管理中心来监控管道运行的流量、压力及设备状态等参数，并进行必要的远程操作，辅以周期性切换流程、现场巡护等就地手动操作进行管理。地区管理中心及总调控中心对站场安防数据实行远程监控管理，以便及时发现和控制危险因素。站场采用定时巡检的传统模式，同时配备维护保养人员，另有区域维抢修中心和维抢修队人员24h值班待命。较大规模的应急抢险等依托自建的专业维抢修队伍（抢维修中心）或第三方服务商。

20世纪90年代开始以北美为代表的国外先进管道和管网公司逐步实现了站场的无人化、集中调控及区域化运行维护，管道运行完全由调控中心负责，典型的调控中心一般配置6个调度班组，每套班组2~4名调度员，管道无人站设计比例较高，很多管道的中间站也按无人站进行管理，如Explorer管道总长3040km，输送油品种类多、工艺复杂，但全线41个泵站中有近30个无人值守；管道压气站内无调度运行人员，配置为5~7名技术员和操作员，非工作日和夜间完全实现无人值守，管道运行自动化水平非常高，人均管理历程达到10km/人以上[1]。

国外管道和站场的维护普遍采用区域维护中心的模式，一个区域维护中心配置10~20名维护人员，负责约400km管道和站场的维护，如Vector管道总长560km，只有13名维修维护人员负责站场管理，而且不常驻站场，仅在白天巡检并开展维检修作业[1]。

国外这种调控中心加区域维修中心的模式相比较于国内普遍采用的调控中心加区域管理中心加地区管理中心的模式，能够极大节约人力物力实现站场"无人值守，无人操作"的管理模式。相比之下，由于系统自动化水平、可靠性、管理理念等原因，中国的管道运行维护模式比较落后，运行和维护尚未完全分离。

1.3 综合能耗率

综合能耗率是管道总体耗气总量与管输量的比值。综合能耗指标是分析评价油气管网运行情况的重要依据，体现了管网运行效率、合理配置管道路由和重要耗能设备的节能水平。中国天然气管网能耗率为0.5%~6%，北美油气管网能耗率为2%~3%，中国管网总体能耗率与国外相差不大，但各管道能耗水平差别较大。国外管道较为老旧，美国长输管道2000年以后新建比例仅为10%左右，约50%的管道建于1950~1969年，近30%的管道口径小于400mm，因而为管网优化带来极大挑战。2000年中国管道里程为$2.46×10^4$ km，2016年中国管道里程达到$12×10^4$ km，2000年以后建设管道里程超过80%，而且多为1016mm、1219mm大口径管道，同时压力等级较高，设备条件较好，采用的Solar、GE等公司的设备效率也有所提升[1]。虽然中国管网的能耗率与国外相差不大，但目前中国管网主要以单管运行或双管联合运行为主，尚未实现管网的全局优化，仍有较大的优化提升空间，尤其在站场配置方式上有很大的优化空间，采用合理的管道站场运行方式可以很大的减少管道能耗，进而节约管道运输费用增加效益。2019年底成立的国家管网集团正式我国整合资源全局优化的一个重要举措。

2 无人站实现优化措施

2.1 优化运行管理模式

管理模式是无人值守站场建设的框架，建立符合无人值守站场运行管理的控制模式，将会影响到站场设计、建设、运行、维护整个生命周期的可靠管理，目前无人化站场的建设要按照智能化、信息化的原则来执行。从"有人值守，无人操作"逐步向"无人值守，无人操作"站场管理模式发展。从试点到全面推广方向发展。"无人值守，无人操作"站场管理模式下最主要的是站场应急和突发事件处置程序的搭建实施，要结合站场和周边环境实际情况指定详细的应急处置程序，并在严格的测试后进行实施，保证出现紧急情况时有一套完整的处置程序。

2.2 全面利用自控逻辑代替人工操作

"有人值守，无人操作"向"无人值守，无人操作"站场管理模式转变的核心就是利用自控逻辑和信息技术手段结合站场自动化设备全面替代人工操作，全面实现站场控制自动化主要采取以下措施[5]：

（1）构建智能监测报警系统

采用智能检测设备实时监测测天然气站场运行及周界环境状态，建立站场智能监测平台，同时辅以机器人等智能设备的周边巡检，从而实现站场全天候巡检、监测和动态识别、报警、记录，减少人工巡检次数。同时阀门应全部具备SIS系统（安全仪表系统）并在带气管道阀门上全面配置 LineGuard 系统，降低自动化生产系统出现异常时，事故发生的可能性。

（2）构建远程诊断维护系统

远程诊断维护是目前国内天然气站场最为薄弱的一个环节。站场工艺装置、系统的远程诊断和维护需通过物联网技术搭建远程诊断维护系统，采用智能机器人等操作手段，实现站场工艺装置及系统的远程诊断和维护，特别是站场运行的重要装置和设备实施的诊断，应采用智能设备加强检测，最大程度降低站场关键设备设施运行失效风险。

（3）工艺设备全自控

加强调控中心的管理介入，全面采用SCADA系统控制工艺装置操作流程，使站场最大程度上按照调度中心远程控制程序、指令自动化运行，降低人为操作带来的安全隐患，提高站场工艺装置运行效率和可靠性。

2.3 采用可靠的数据传输设备

数据是无人站发展的基本要素，数据传输设备的可靠性直接影响了数据的准确性，采用可靠的数据传输设备是保证数据稳定的关键。涉及安全控制的执行机构和重要的部件如电磁阀等采用SIL2标准。工控信号、安防信号采用不同的纤芯传输，以保障工控网传输带宽和稳定性。利用EPA工业以太网技术，工控系统采用双光纤环网设计，确保SCADA信号和ESD信号的可靠无缝传输。同时采用多重以太网连接形式保障视频、门禁等安防信号的传输通畅和可靠性。

采用5G传输技术构建与调控中心的数据连接，5G传输具备大带宽、广覆盖、低时延、低功耗等优点，可实时采集站场的各种生产数据，建立工况诊断、生产趋势预测和生产参数优化等业务模型，对在线压力变送器、温度变送器、流量计、路由、摄像头、有害气体检测仪可燃气体检测等物联网终端设备的状态和运行情况数据进行监控和传输。构建与调空中心的低延时、高质量的信息化无缝结合，使控制更具灵活性和可操作性[6]。

2.4 采用多重安防保障

天然气站场地理位置一般较偏远且交通不便，"无人值守，无人操作"站场管理模式下站场周边环境危险因素对无人站有着极大的影响，搭建可靠无人值守站场多重安防体系是保障无人值守站场的重点，具体包括以下几点：

（1）搭建站场数字化安防系统

视频监控、远程对讲、周界报警、门禁、火灾及可燃气体报警等单个或联动系统，及时发现危源，对非法闯入的通过语音对讲及应急广播系统实时警告。

（2）搭建政企联动系统

通过站场智能化技术，与当地的公安、消防及治安等部门建立联动机制，将报警信息及时接入政府公共安全系统，使危险能得到及时有效的处置。保障站场的安全防护[7]。

（3）巡检定期环绕巡视

定期环绕巡视可以有效的发现站场周围自然性危险源及站场应急抢险道路的通畅性检查，加强对周边社会人员的宣传和天然气站场保护的贯彻力度，防患于未然。

（4）定期进行HAZOP分析

定期开展HAZOP分析，制定针对设备故障、环境危险源出现的应急处置预案。由于危险源和设备故障导致供气中断时，能得到及时专业化处置并能及时恢复供气。

2.5 培养专业技能型人员

人的不稳定因素站场发生意外的重要原因，提高专业技术人员的技能水平，降低生产安全事故发生的概率，是实现无人值守站场安全运行的最基本条件，无人值守站场的推广使得企业管理人员人均管理里程进一步加大，这对于调控和应急管理人员的管理水平和操作技能是一个巨大的考验。专业技术人员的培养主要在几个方面[8]：

（1）建立专业技术人员培训标准

建立有效的培训与资质认证体系，提高专业技术人员的职业素养。其次要打破站场专业工种分工，开展基于维护、维修、保养作业的培训，培养复合型专业技能人员。在一定程度上弱化岗位的不可替代性，更大程度上实现操作人员"谁在场，谁能处理"。

（2）引进专业管理人员

引进专业管理人员担任团队负责人，引导团队向专业化方向发展，激发团队的创新和应急管理能力，使整个团队在相对和谐的工作环境中获得成就感。

（3）建立考核评估机制

建立一套符合实际的考核评估和奖惩机制，构建一套员工满意的薪资和绩效管理体系，最大限度的激发专业技术人员的工作积极性，提升整体管理水平。

3 结论及建议

大数据、物联网等技术在天然气站场无人化的浪潮中发挥着重要的作用，中国也正在开展积极开展管道智能化试点、示范工程建设，逐步缩小与国外先进油气管道运行管理的差距。国家管网集团的成立正是在引领中国这一潮流，优化我国的管道天然气结构。

对于新规划的天然气站场，建议在设计阶段即明确针对整条管道的无人站设计管理目标，后续相关工作均在此目标框架下进行，采取"无人值守，无人操作"的方式进行站场布置。对于已建成的管道，建议在有条件的情况下，在保障安全运行的前提下，逐步加以探索、实践及推广实施。实施无人站可以有效简化管理和操作流程，提升运行操作的精准度，有效降低管道运行成本。在科学技术和我国天然气行业高速发展的今天，实现无人站的管理已不再是技术问题，更多的是受制于管理理念、设备性能、社会环境等因素的影响，随着广大行业人员的不断探索和实践，最终一定能构建一个高效、先进的无人站建设运行管理方案，从而提高管输负荷率并均衡配置，解决我国天然气管道产能冬夏不均、夏季过剩的状况[9]。

参 考 文 献

[1] 李柏松，王学力，徐波，孙巍，王新，赵云峰. 国内外油气管道运行管理现状与智能化趋势[J]. 油气储运，2019，38（3）：242-243.

[2] 常毓文，郜峰，王曦，王作乾，何欣. 天然气发展趋势研判[J]. 中国石油石化，2020，23：41-42.

[3] 高皋，唐晓雪. 天然气无人值守站场管理方式研究[J]. 化工管理，2017，2.

[4] 于丽丽，周博，解宏伟. 天然气输气站场管理现状及存在问题分析[J]. 辽宁化工，2019，48（9）：905-906.

[5] 汪宏金，邢克，夏钦锋. 涪陵页岩气田无人值守集气站建设[J]. 计量自控，2019，38(3)：70-73.

[6] 王笑鸣. 5G技术在智慧油田建设中的研究与应用[J]. 工艺技术，2020，5：255-256.

[7] 段崇伟. 关于天然气站场实施无人管理模式的探索[J]. 科学技术创新，2019，20：26-27.

[8] 崔勋杰. 天然气无人值守站场建设模式探索[J]. 辽宁化工，2020，49（6）：733.

[9] 汤楚宁. 天然气管道运输行业改革发展研究[J]. 企业改革与管理，2020，（17）：222-224.

陕京管道天然气用户分输
自动控制技术运行分析与优化研究

朱　峰　吴晓飞

(中国石油北京天然气管道有限公司)

摘　要　随着陕京管道各分输站自动分输控制技术的全面投用,大部分站场已经由有人值守站场的管理模式转变为无人站场管理模式。作者依据陕京管道多座站场当前自动分输控制技术的运行情况,针对无人站运行过程中出现的几个典型问题,分析了不同工况下不同用户的用气特点,提出了具体优化方案,并经过现场验证效果良好,可以推广使用。

关键词　天然气管道　无人站　自动分输　优化方案

近年来,随着陕京管道不断发展,精准化控制要求也不断提升,为了提高用户分输控制水平和控制精度,陕京管道各站场均开展了自动分输控制技术功能改造,并根据不同用户的特点,选择不同的控制模式进行分输控制,收效明显,为实现无人值守站场奠定了重要基础。但随着下游用户工况越来越复杂,特点越来越突出,自动分输控制技术还是有一些问题显现,本项目旨在通过对陕京管道各下游用户用气方式和自动分输功能的分析,提出了具体的问题优化方案,完善自动分输控制技术内容,提高自动分输运行可靠性和管道整体运行水平。

1　自动分输控制技术简介

陕京管道下游用户众多,类型丰富,针对不同用户特点将供气方式分为:恒压控制法、剩余平均法、不均与系数法等三种自动分输控制方式,从而实现日指定量的自动精准控制。

恒压控制法:主要针对稳定供气的用户,采用设定的压力值进行恒压供气。

剩余平均法:主要适用于各时间段用气相对稳定且无压力限制的用户。供气时将每天划分为24个时段,并将日指定量减去当前已经完成的输气量,平均到剩余的时间段内,剩余平均气量实时计算次并每小时开始时更新到流量设定值中。

不均匀系数法:类似剩余平均法将每天划分为24个时段,根据过去7天的用气规律,计算出每个时段的输气量比例系数,并将当前天输气气量按照计算的比例系数分配至24个时间段进

行输气。

2　运行过程中问题和优化方案

自动分输控制技术一经投用,收效良好,但是随着用户工况的改变和用户特点的增加,还是产生了一些问题,影响自动分输功能的使用,具体问题如下:

(1)问题:早上自动分输指令下达后,出站阀门产生过扭矩报警,自动分输功能启输失败,需要人员去现场消除报警后,手动重新启输。

原因分析:到量停输关阀后,下游用户依然持续用气,我方站场流量控制阀到下游用户进站阀门之间管存压力下降,导致第二天自动启输时出站阀门两端压差过大,产生过扭矩报警,造成自动启输失败。

优化方案:通过行政管理干涉,上下游同步关阀的方法,避免管存压力下降,降低流量控制阀产生过扭矩的概率。具体操作是输气量到达日指定量的99.8%时通过远维系统发送短信报警给下游用户,让其做好关闭入口阀门的准备,当输气量到达日指定量后,我方站场触发自动关阀逻辑,自动关闭流量控制阀,同时发送短信给下游用户通知其关闭站场入口阀门,避免两站之间管存压力下降。

(2)问题:出站温度低于管材低温脆性转变温度,容易造成爆管事故。

原因分析:非恒压模式下,下游用户用气量增大,流量控制阀流量限制导致出站压力下降,流量控制阀两端压差增大,出站温度相应下降。

优化方案:当用户出站温度连续30s低于温度保护值时,将当前出站压力作为压力设定值,

将管路最大流量作为流量控制值，增大瞬时流量，逐步提高出站压力，使出流量调节阀两端压差减小，出站温度缓慢回升。

（3）问题：部分站场过滤、计量、调压管路回路切换频繁，造成下游用户用气波动剧烈。

原因分析：自动分输流量设定值达到回路流量限值，自动增开一路；增开后回路流速又过低又导致减关，如此反复。回路流量限值的是按照设计的最低工作压力设定的，但当前实际工况已经发生很大改变，随着工况压力的升高，设备通过能力也相应增加，流量设定限值没有调整，因此回路限值的设定与实际工况不符。

优化方案：每个回路所允许通过的最大流量，需综合考虑并计算回路上过滤器、阀门、流量计、管路等所有设备的最大流量要求，取其中最小值作为该回路的流量上限保护值，重新核定当前工况下的回路限值后修改参数。

3 实际应用

（1）以高阳站虒志燃气分输方向为试点进行试验，之前自动分输到量关阀后，下游用户继续用气使流量控制阀后管段内压力仅剩 2MPa，而流量控制阀上游压力约为 6MPa～8MPa，第二天早上自动分输投用后，流量控制阀因两边差压较大，产生过扭矩报警，自动分输功能投用失败，需要作业区人员驱车 1.5h 抵达现场后消除报警，然后手动重新启用自动分输功能。经过现场分析并优化运行方式后，由于流量调节阀前后没有明显差压，当天到量关阀后，第二天早上自动分输功能启动时，流量调节阀顺利开启开始输气，优化前后比较效果明显。

（2）以高阳站昆仑燃气分输方向为试点试验，之前自动分输投用后，下游用气量增大时，出站温度持续下降，当出站温度接近管材低温脆性转变温度时只能人工介入手动调整流量，避免温度进一步下降。优化后，通过修改程序，改为自动判断温度，自动启动低温保护逻辑，减少人员监控时间和降低人员操作错误率，效果良好。

（3）以西沙屯分输站为试点试验，之前回路切换频繁，过滤、计量、调压管路不停的增开减关，造成下游用户用气波动剧烈，流量波动情况如图 1 所示。

通过优化分析，重新核定当前工况下的回路限值，并进行参数修改后，波动明显减少，如图 2 所示。

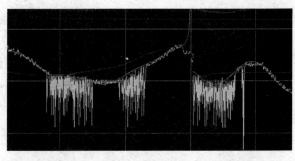

图 1

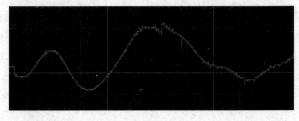

图 2

4 结论

（1）自动分输控制技术运行后，用户日指定量与实际完成量偏差控制在 1% 以内，不但降低了人工监控分输气量的工作量，而且提高了输气量的完成精度。

（2）随着下游用户工况的变化和用气特点的变化，带来的新的问题，经过对典型问题有针对性的分析，重新优化工艺或者修改控制程序，可以使自动分输控制技术更加完善，有较高的参考价值和现实应用价值，可以推广使用。

参 考 文 献

[1] 孙晓波. 天然气管道自动分输模式及应用[J]. 天然气技术与经济. 2019，4：69-73.

[2] 叶萌，王健等. 天然气精确日指定分输技术研究[J]. 化学管理. 2018，7：164.

[3] 刘恒宇. 天然气管道分输用户远控自动分输技术探析[J]. 天然气技术与经济 2018，12(2)：59-61.

陕京管道兴县压气站"一键启停"技术介绍

薛小军

(中石油北京天然气管道有限公司)

摘　要　陕京管道共有四条输气管道,压气站13座,目前在用压缩机组50台,总装机功率850多MW。兴县压气站隶属于山西输气管理处管理,是陕京二线的第二座压气站,于2009年投产运行,目前有三台CONVERTEAM电机驱动的德莱赛兰压缩机组,单台机组功率为17.2MW,本文主要介绍兴县压气站机组负荷分配情况,站控系统控制要求等内容,最终实现整改站场的"一键启停"目标。

关键词　离心式压缩机,负荷分配,站控系统控制,一键启停

1　引言

随着我国长输天然气管道的不断发展,智慧管网建设理念的不断推进及天然气管道生产管理模式的变革,压气站区域化管理模式的不断推广,对输气管道的控制水平及控制功能提出了更高的要求。压气站作为长输天然气管道的重要组成部分,需要在站场无人干预的前提下,实现北京油气调控中心对压气站的集中、自动控制功能,实现压气站的"一键启停"控制功能,"一键启停"技术推广和实施也符合天然气管道管控模式从分散调度到集中调控,从集中调控到全面远控,从全面远控向智能调控迈进的发展规划,因此开展"一键启停"工程建设是十分必要的。

我公司选取兴县作业区为第一座一键启停试点站,通过一年的项目实施,已经完成了兴县站的调试工作,为后续压气站的一键启站积累了一定的经验,具有很好的推广价值,为智能管道、智慧管网建设打下坚实基础。目前我公司可实现一键启停控制的作业区比较多,并且具备改造的条件。陕京四线压气站为国产压缩机组,在负荷分配方面还需要改进,通过这次改造,给国产机组负荷分配提供了解决思路,也为我公司在其他压气站一键启停提供了解决办法,这次兴县站一键启停工作的完成具有很大的现实意义。

本项目主要对兴县压气站进行了一键启停、自动负荷分配的实施,本项目分为项目的立项,设计,实施以及项目的验收四个阶段,通过实施,目前兴县站已经全部完了一键启停的改造工作。分三个方面分别实施,分别为站控系统程序修改调试,机组UCP及负荷分配系统程序的修改调试和设计院对修改后的工艺部分进行HAZOP分析。

2　控制系统实现的控制要求

自动控制的总体目标为"一键启停,远程控制,有人值守,无人操作"。

"一键启停"包括"一键启站"和"一键停站"两部分功能,"一键启站"是指站控系统接受调控中心下发的一键启站命令后,工艺流程自动导通、压缩机组外围辅助系统自动启动、压缩机组自动启动、负荷分配功能自动投用、机组自动并网。整个启站过程可在1.5~2.5小时内自动完成,全程无需人为干预。"一键停站"操作中应包括:停压缩机组切换至压力越站流程、正常停站切换至全越站流程、全站ESD等主要停站方式。

"远程控制、无人操作"是指在功能上能够达到调控中心在正常工况下兴县压气站主工艺设备实现远程操作,无需现场人工干预。

"有人值守"是指站场有人值班,一旦调控中心控制出现故障,经授权由站内值班人员接管,转为站控。同时,站内值班人员负责站内设备的就地巡检,发现问题及时采取措施并上报管理部门。维抢修队负责管道及站内设施的维修、抢修工作,站内值班人员负责设备及站场水、电、气、暖等生活设施的日常维护。清管、排污等工作属于维护人员保养工作职责范围,需要有操作人员介入。

本工程压气站按有人值守、无人操作、远程控制设计,SCADA系统的控制分为三级:

1) 调控中心控制级;

2) 站场控制级;

3）就地控制级。

在通常情况下，站场无需人工干预，站控系统在调度控制中心的统一指挥下完成各自工作。控制权限由站控系统确定，控制权限切换至站控系统时，才允许操作人员通过站控系统对站场进行授权范围内的工作。当数据通信系统发生故障或调控中心的系统检修时，由站控系统自动获得控制权限并完成对本站的监视控制。在进行设备检修或其他特殊情况下，可实施就地控制。

3　增加的控制逻辑

本次技术改造共增加七个控制逻辑，分别是站启动、站关闭、停压缩机组、增启一台机组、减停一台机组、增启两台机组及机组切换逻辑，未增加机组故障自动启动机组逻辑。各个逻辑在选择必要的指令要求后，只需要点击确认，实现一键操作。

图1为上位机最终的控制画面。

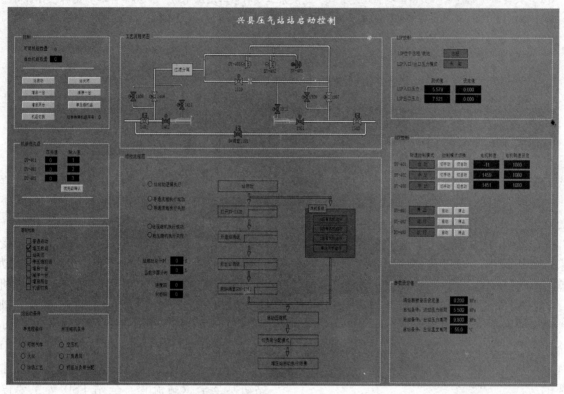

图1　上位机最终的控制画面

图片说明：

（1）图片左上角为操作区域，分别是站启动、站关闭、增启一台、减停一台等工作，操作人员可以通过此操作对话框进行操作；

（2）左边往下部分可以预设机组启停的优先级，有站控人员根据生产实际预先输入值；

（3）右边在往下为机组各个操作的顺序画面选择，画面在中间靠下部分，可以看到整个顺利逻辑执行情况；

（4）右边在往下为站场运行启动的条件，条件满足时为绿色；

（5）中间靠上部分为站场的工艺情况，在触发启动操作后，此工艺流程可以清晰的反映出当前的工艺情况。随着触发内容的不同，工艺会跟着变化；

（6）右边上面部分为预设的压力值，可以同时输入入口压力和出口压力；

（7）右边的中部为机组单台的控制。

增启一台控制逻辑展示，其他逻辑不在详细展示。

① 顺控序列图（图2）

② 顺控序列动画链接（图3）

4　负荷分配

兴县压气站已设置一套德莱塞兰负荷分配控制系统，设置1面独立负荷分配控制柜（LSCP），控制器选用 GE 的 Fanuc 90-30 系列产品。负荷分配控制软件已采用德莱塞兰负荷分配控制软件，现有负荷分配系统可以实现压缩机组入口压力和出口压力2种负荷分配控制设定模式。目前负荷分配系统无转速控制和压力步长设定功能。

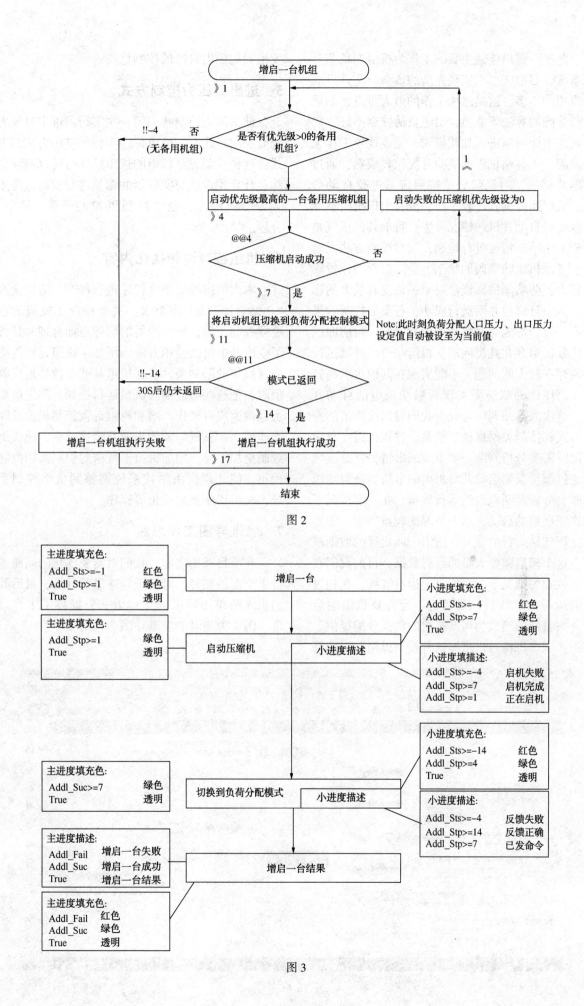

图 2

图 3

此次一键启停最主要的工作为机组的负荷分配系统，目前能真正实现完全的负荷分配并且成熟应用的不多，这是这项工作的最大难点，如果负荷分配的算法不成熟，机组负荷控制不好，启动机组不能顺利进入加载模式，完成这项工作无从谈起。兴县站机组的负荷分配比较成熟，通过精确的算法，对机组负荷按照流量进行自动分配，机组速度调整比较平稳，没有出现机组不能加载或者自动并机的情况发生。目前其他压气站普遍采用喘振裕度进行控制，这种控制方法没有完全考虑机组防喘阀的状态，受防喘阀的位置影响较大，防喘阀的回流量对喘振裕度有较大的影响，但一旦机组并网运行成功，各类的控制效果基本一致，都能完成自动的负荷分配。目前四线的沈鼓机组存在此类问题，机组在自动并网过程中还存在较大的问题，不能实现在其他机组高转速、高压比的状态下实现新启动机组的自动并网，这次兴县站调试完成，我们对四线机组的控制方式和控制思路提供了依据。过程机组在负荷分配时需要分析判断一个重要的事情，就是压气站通过流量需要启动几台机组的事情，新启动机组时，分析判断机组的运行数量，在一定情况下允许新机组的启动，这个情况比较难判断，需要建立压气站运行的流量、压力、压比等的数据模型，这个模型需要大量的运行数据，目前我们在没有数据的情况下，只能设定运行红线，在超过我们运行的红线后，我们就不允许新机组的启动。兴县站的模式为国产机组的负荷分配提供了依据，国产机组可以借鉴这种控制思路，以便开发出我们国内自己的控制思路。

5　进出口压力控制方式

此次压力控制我们第一次实行了进出口压力同时控制模式，其他单位还实行单一压力控制方式，这种控制思路机组的进出站压力可以相互制约，计算预设值与实际值的偏差进行控制，防止人为的误操作，也使控制更加的平稳、科学、合理。

6　机组控制逻辑优化内容

本次机组控制系统程序进行修改，适应这次"一站启停"的工作要求，主要修改了机组的空冷器控制逻辑，使空冷器的启停更加合理并延长了空冷器电机的使用寿命。增加了机组远程提速或者操作的限制条件，在机组某些参数接近报警值时，把这些参数纳入机组运行控制，限定机组远程调速或者操作。增加机组远程控制提速及降速速率，调整机组就地提速及降速速率，使机组控制更加平稳。增加机组干气密封控制阀门控制逻辑，使此逻辑由站控系统调整到机组控制系统，机组程序更加优化等程序。

7　思维导图工作思路

在项目开始之前，我们对需要优化的问题进行了全面的梳理，对每个问题进行分析，最后我们引入的思维导图的工作方式，提高了工作效率，图4为当时的思维导图。

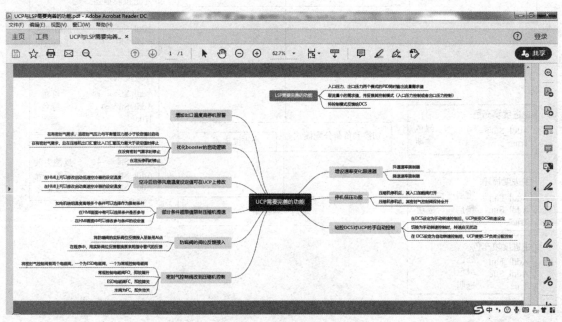

图4

8 结论

国内一键启停压气站项目刚刚开始，其他管道公司也正在试点推进，盖州站首次完成了一键启停工作。国外目前已经实现了压气站的远程控制，我国与国外控制还存在一定的差距，通过国内站场的逐渐实施，这种差距会越来越小。兴县压气站"一键启停"改造工作的完成，是向智能管道、智慧管网方向迈进了一步，我们公司也继续总结好的经验，逐步的在公司的其他压气站进行推广，使后续的控制更加的优化，为早日实现智能管道、智慧管网做出贡献。

无人机在复杂山区气田管道巡检的应用

周小飞[1] 黄伟[1] 崔小君[1] 马自伟[2] 段黎明[1]

(1. 中石化西南油气分公司；2. 西安因诺航空科技有限公司)

摘 要 元坝气田属于高含硫气田，处理和输送的介质为高温、高压、高含硫介质。气田所在地区均为丘陵多山地带，海拔高程差超过 500 米，并且元坝酸气管道多处无巡检便道，人工巡护难度大，部分管道无法人工巡检。无人机巡检主要针对中继传输通信技术、激光甲烷探测+智能点火技术的气体泄漏处置进行技术创新与试验，成功实现使用多旋翼无人机对气田集输管道、场站、重要巡检点等进行监控巡查；利用无人机挂载"激光甲烷探测+智能点火装置"处置管道泄漏。打造出全方位的陆-空立体监督管理网络，使得气田集输管道监控多维可视化。

关键词 无人机，复杂山区，中继传输通信技术，巡检，应急处置

1 研究背景

元坝气田属于高含硫气田，处理和输送的介质为高温、高压、高含硫介质，存在着很大的泄漏、火灾、爆炸等危险性。事故一旦发生，不仅企业会造成巨大经济损失，周边人民的生命、财产、生活安全也将受到严重威胁；并且泄漏、火灾、爆炸后会产生大量的有毒有害气体，对周围十几平方公里乃至更远范围内的大气、土壤、水质都会造成严重污染。

目前元坝气田主要采用人工巡检的方式，引进无人机巡检初期主要辅助人工巡检。随着时间推移，后期将不断摸索无人机巡检方式优缺点，逐步增加无人机巡检频次，减少人工巡检频次。

最终实现元坝气田全区域常态化巡检，即满足飞行条件，多旋翼无人机挂载双光吊舱采取"A 起 B 降"模式进行控制飞行巡检；挂载高清相机每月完成一次全覆盖正射拍摄巡检，并进行拼图，对比管道周边地形地貌变化。

2 无人机巡检系统

2.1 无人机系统组成

元坝气田无人机巡检系统由无人机作业系统与智能图像处理系统构成，其中无人机作业系统主要由无人机平台、飞行控制、通信链路、任务载荷、地面站等系统组成；智能图像处理系统由智能识别检测软件、图像快拼软件组成（图 1）。

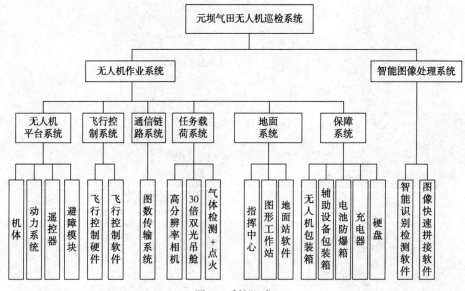

图 1 系统组成

2.2 多旋翼无人机主要技术参数

结合气田实际情况，推荐使用多旋翼无人机为电驱动六旋翼无人机，具体见表1。

表1　多旋翼无人机主要技术参数

参数名称	参数指标	备注
对称电机轴距	1600mm	
空机重量	≤12kg	
最大载荷	≥5kg	
上升速度	≥5m/s	
下降速度	≥2m/s	
最大飞行速度	≥50km/h	
定位精度	≤±1.5m	
控制半径	≥10km	无中继站
图传半径	≥10km	无中继站
续航时间	≥45min	挂载吊舱巡检
最大抗风能力	6级	

3　关键技术

3.1　基于模块化的多任务载荷快拆设计

采用电气机械一体化快拆模块设计，方便快捷，满足现场操作人员使用(图2)。

3.2　基于运动恢复结构技术的无人机航拍图像场景三维重建

基于运动恢复结构技术，是在建立二维图像的基础上进行网格重建和纹理贴图，实现无人机航拍图像场景准确三维重建，具备处理速度快、重建效果好、硬件配置要求低以及作业效率高等优势。针对无人机航拍图像场景三维重建问题，首先对原始航拍图像进行预处理、特征提取与特征匹配，利用SfM技术求取场景的稀疏点云以及相机位姿，然后对稀疏点云数据进行切块处理，再循环对每个切分小块进行处理，直接在稀疏点云基础上进行网格重建以及纹理贴图的操作，最终将各个小块生成的二维正射图和数字高程图进行合并，完成结果输出。

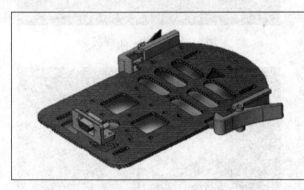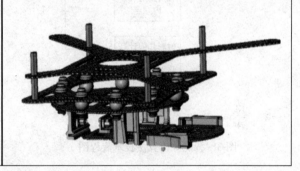

图2　载荷快拆结构

具有如下技术优势：

拼图处理速度快：通过对整体流程和算法细节的优化，在保证拼图效果的基础上处理速度得到了极大提升。

辅助定位精度高：融合了图像信息和GPS信息，可以有效地辅助定位，建立原始输入图像与经过拼图得到的整体地理坐标之间的关系，其定位的准确性与GPS精度基本保持一致。

拼图细节保持较好：由用户指定拼图结果输出的分辨率大小，分辨率越大细节表现越好，能够构建准确的高程图以及正射图，并输出对应分辨率的所有细节信息。

对硬件配置和输入数据要求较低：内部加入了内存自适应机制，在算法处理过程中会根据硬件配置自动调整每次处理数据的大小，有效的避

免了内存不足问题。输入数据只需包含重叠度65%以上的航拍图像以及每张图像对应的GPS数据(经度、纬度、高度)即可。低重叠率确保无人机的作业效率，而精简的输入数据则保证软件的适用性。

3.3　基于深度学习卷积神经网络的目标自动检测算法

通过基于深度学习卷积神经网络算法对管道警戒区域进行自动分析，实现对异常车辆、占压、第三方施工等威胁管道安全的目标识别。

深度学习卷积神经网络算法实现过程中，采用VGG作为基底的卷积神经网络，将原始输入图像中的信息进行提取并整理为更抽象和结构化的逻辑信息，并将该逻辑信息传输给后续分类器

完成当前目标所属类别的判定和目标在图像中位置的判定。

为了提高卷积层的性能，在卷积层结构中还添加了 res 层来增强卷积层对数据的拟合能力。最后在网络的特征交互层中实现卷积层提取的局部特征的交互。再将得到的结果映射回原始的航拍图像中，生成最终的检测结果。

训练机制采用搜索与分类同步进行的端对端方式，利用加密网络尺寸的方式来检测更小像素的做法来提高检测率，同时该结构提供了快速的检测手段使得 8000 ＊ 6000 无人机遥感采集数据的米级目标在秒级时间检测出来(图 3 ～ 图 8)。

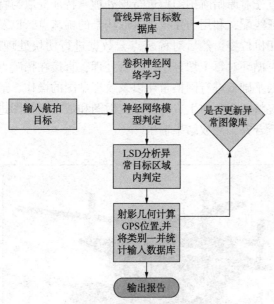

图 3　智能分析算法技术流程图

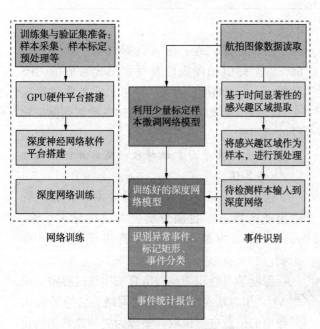

图 4　机器深度学习平台搭建示意图

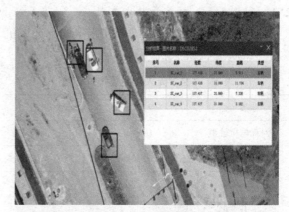

图 5　异常识别：管道周边车辆

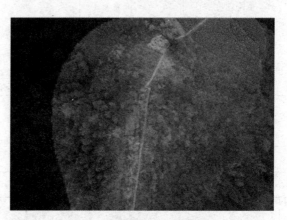

图 6　异常识别：土壤翻动

图 7　异常识别：管道坑洞

图 8　异常识别：管道占压

3.4 基于多模式基站的数据图像中继传输技术

由于无人机数据链路依托地面站，覆盖半径有限，利用元坝气田已建通信基站建设无人机中继通信站，负责与无人机机载通信终端进行通信，扩大覆盖半径，从而实现全气田覆盖（图9~图11）。

在通信铁塔上架设多模式通信基站，实现无人机智能巡检的统一网络覆盖。中继通信站的主要作用如下：

（1）无人机通信链路延伸拓展，将无人机巡检视频和无人机飞行状态数据实施传送至指挥中心；

（2）可接收气田内部生产运行固定或移动监视设备，将视频实施传送至指挥中心；

（3）可接收现场人员携带自组网巡检设备，将巡检状态传送至指挥中心。

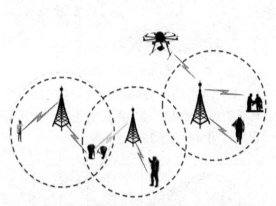

图9 多模式通信基站通信覆盖示意图

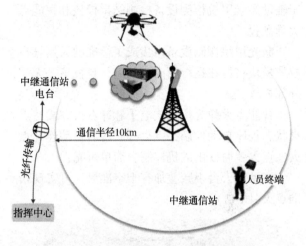

图10 多模式通信基站功能示意

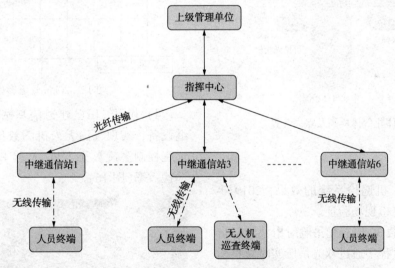

图11 气田通信覆盖系统拓扑图

采用无线专网通信，建设、维护方便、运行稳定可靠。多个中继站基站以蜂窝形式完成对气田的全区域无线覆盖。多基站联网，在气田内跨基站无缝漫游。油田内人员、无人机携带自组网终端，以无线形式与基站设备直接连接，实现全覆盖区域内的连续、宽带、动中通通讯。

高带宽、通信流畅，先进的调制技术，保证在远距离时仍有足够的高带宽，无人机、人员应急移动通讯，为无人机日常巡检提供链路支持。无人机可以在全气田内实现不间断通讯，有效延长和拓展无人机作业区域。

通信基站设备可以利用已有的光纤连入指挥中心网络，同时在指挥中心配置中心基站，中心基站支持无人机视频实时查看，并存储管理。同时，气田指挥中心，及上级管理单位，均可实时查看无人机巡检视频，及时获知运行状态。

3.5 基于激光甲烷探测+智能点火技术的气体泄漏巡检

激光甲烷遥测仪基于可调谐激光吸收光谱（TDLAS）技术，依据朗伯比尔定律，激光发射甲烷气体特征波长的光,光经过反射后被接收,测量该过程中甲烷气体对光强的吸收可测得甲烷气体浓度。激光甲烷遥测仪可以实现远距离非接触测量待测气体,测量结果较为准确,不受环境因素影响。

利用基于机载的激光甲烷探测设备进行气体泄漏检测,同时配置智能点火弹及可见光云台,智能点火弹用于泄漏天然气点火,可见光云台用于辅助激光甲烷检测设备检测结果校核和智能点火弹抛投。

激光甲烷探测设备内集成了标准的天然气自校核模块,可在运行期内自动进行自校核,无需外部校核。

智能点火弹为抗风式电子脉冲点火方式,点火状态程序自动控制,点火弹脱落后自动连续点火,点火弹抛投由舵机控制,简单可靠;

可见光云台视频叠加有十字准星,可实现精准点火(图12)。

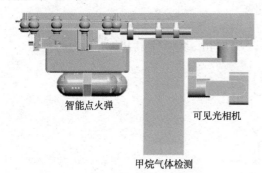

图12 一体化气体检测及点火装置

4 应用效果

为了验证无人机巡检系统的效果,2019年以来在气田进行巡检现场验证。

1)无人机搭载30倍双光吊舱对桁架进行自主巡检,在飞行过程中通过双光吊舱实时观察桁架情况,发现异常时无人机悬停,通过变焦进行细节查看(图13)。

图13 30倍双光吊舱桁架巡检

2)无人机搭载高分辨率相机对地质灾害点进行正射影像建模,能清晰分辨地灾点表面地貌变化(图14)。

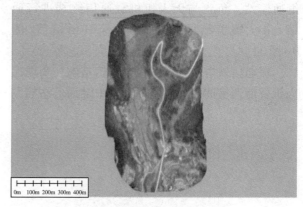

图14 地质灾害点拼接图

3)无人机搭载高分辨率相机对约20km管道进行正射影像建模,能对第三方施工、占压等进行智能检测分析(图15)。

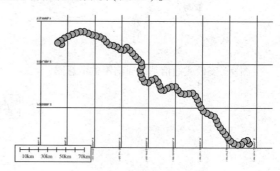

图15 20km管道影像图

4)利用气田已建通信基站,再架设通信中继设备,实现气田无人机图数传链路无缝漫游,远程控制多旋翼无人机"A起B降",有效提高巡检效率(图16)。

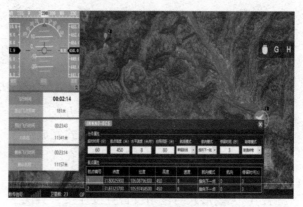

图16 基于基站链路的无人机飞行

5)利用多旋翼无人机挂载点火装置,实现精确定位,快速点火。通过多次模拟泄漏进行点火试验,可实现精确投弹与成功点火(图17)。

图17 点火装置

5 结语

针对复杂山区集输管道的巡检,建议首选多旋翼无人机。通信链路通过中继传输技术——多基站接力模式,满足多旋翼无人机航程飞控与信息传输,实现无限距离漫游或全气田覆盖。同时采用多种任务载荷巡检,数据多源化,使得巡检工作更具针对性,更高效快速、准确全面,能够降低人工劳动强度,最终实现统一管理调度、应急响应,从生产运维、经营管理等方面提高油田信息化建设水平,有效提升运维效率。

建议针对"激光甲烷探测+智能点火"技术进一步研究,使其在天然气泄漏应急处置时,实现精确定位和多种点火方式。进一步探索中继传输技术——多基站接力模式在复杂山区气田的应用。

参 考 文 献

[1] 姜孟津,任一支,段晨健,徐家豪,余彩霞.无人机在次生灾害巡查中的优化运用[J].数学的实践与认识. 2018(15).

[2] 孙琳,李丹.搭载无人机的翅膀飞出新"视"界—无人机在影视航拍中的应用与展望[J].影视制作. 2018(05).

[3] 汤坚,杨骥,宫煦利.面向电网巡检的多旋翼无人机航测系统关键技术研究及应用[J].测绘通报, 2017(5):67-70.

[4] 彭向阳,陈驰,饶章权,杨必胜,麦晓明,王柯.基于无人机多传感器数据采集的电力线路安全巡检及智能诊断[J].高电压技术, 2015(01):159-166.

[5] 杨启帆.基于无人机红外热成像的架空输电线视觉跟踪巡检研究[D].甘肃省:兰州理工大学,2017.

高含硫天然气净化厂"集中监控，少人值守"配套技术研究应用

李长春 李林龄 陈 镭 李跃杰

（中石化广元天然气净化有限公司）

摘 要 高含硫天然气净化厂具有高危、连续运行的特点，信息化技术与工业生产有机结合的研究是实现工厂安全高效运行的重要手段。本文针对高含硫净化装置的安全生产管理，通过对自控系统、安全管理系统、任务流管理系统等的实践应用探索，结合巡检机制优化，实现了高含硫天然气净化厂"集中监控，少人值守"目标。

关键词 净化厂，监控，少人值守

元坝气田开发建设，是中国石化"十二五"期间重大建设工程，元坝净化厂负责处理气田高含硫天然气，同时将硫化氢、有机硫等回收转化为工业硫磺。元坝净化厂年处理高含硫原料气能力 $40×10^8m^3$，年产净化气能力 $34×10^8m^3$，年产硫磺能力 $30×10^4t$。共建设 4 列日处理能力 $300×10^4m^3$ 的天然气净化装置及相应配套的水处理、动力站、变电站、化验分析、维护维保、硫磺成型等生产辅助单元，实体单元装置 52 套。

元坝净化厂作为国内第三个高含硫天然气净化厂，具有以下四个方面的特点：①行业特色非常鲜明，原料天然气具有易燃、剧毒、压力高的特点。②配套的单元装置多达 66 套，大多数单元装置采用 4 班 3 倒、全天候连续值守，企业人工成本高。③涉及专业多、技术高度集成，对员工素质的要求高。净化厂属于高压、剧毒、易燃、易爆、易腐蚀的甲级要害单位，工厂建设、运营涉及 24 个专业技术领域，对员工的知识结构、业务素质、应急处置能力、配备数量等要求都比较高。④工厂必须连续运转，对配套保障的要求高。

因此，为保障装置安全生产平稳运行，开发信息集成处理技术，实现装置集中监控，现场少人值守，具有重大意义。从高含硫气田开采和净化处理安全生产风险管控一体化的需求出发，积极探索通过信息化手段提高高含硫气田净化厂安全生产管理水平的方法[1]。降低工厂在生产过程中的安全风险，加快企业两化深度融合，创新安全管理模式（由传统的被动管理模式向主动管理转变）势在必行。充分利用工厂已有的基础信息物理系统[2]，通过物理信息融合技术，克服各类孤立信息物理系统的应用离散、告警信息离散、综合分析缺乏、安全管理信息多头不一致、人为疏漏等安全管理水平低的弊端，突出 HSE 管理创新，为工厂各项管理水平的提升奠定了坚实基础[3]。

1 自控系统应用

（1）DCS 系统。通过 DCS 系统对工艺过程进行集中控制、监测、记录和报警。DCS 显示全面直观、控制可靠、操作方便、配置灵活、修改容易，并且为全厂实现计算机数据处理和生产管理创造条件。净化厂集中设置一套 DCS 控制系统，主要包括 Delta V-过程控制系统、AMS-现场智能仪表管理系统、GDS-可燃及有毒气体检测系统、RTU（远程 IO）和 PLC（可编程逻辑控制器）。DeltaV 系统是 DCS 系统的核心部分，负责过程控制，由现场设备网络、中控室网络和对外信息网络构成独立的局域网保证安全。Delta V 系统结构复杂，由工作站、控制器、I/O 子系统、组态工具、操作工具、系统诊断工具、事件记录、连续历史记录、报表软件、报警管理、OPC 服务器等软硬件部分构成。能够实现系统数据库组态及组态维护、各项数据输入与读取以及历史数据的存放和对外传递数据等功能，管理所有在线 I/O 子系统、控制策略的执行和通讯网络的维护，组态和操作画面等的编辑，对外传递数据，各个报警事件和所有历史的记录以及自诊断等功能。

（2）SIS 系统。安全仪表系统（SIS）独立于 DCS 系统，用于完成工艺装置与安全相关的紧急停车和安全联锁保护功能。SIS 系统以联合装置为单位独立设置。此外，中心控制室单独设置一套安全仪表系统，用于各联合装置 SIS 系统、净化厂 SIS 系统与集气总站 SIS 系统及元坝首站 SIS 系统之间硬线联锁信号的连接。SIS 系统采用三重化或四重化模块的冗余容错技术，具备高可靠性，系统的可利用率（availability）不低于 99.99%，安全度等级应达到 SIL3 级，SIS 系统和 DCS 系统之间采用冗余串行通讯接口 RS485（ModBus RTU 协议）的方式进行。

（3）中心控制室。中心控制室承担集输、净化、增压以及联络线内操业务以及气田一二级联锁的调度功能，系统较多，岗位多，设计主要从管理模式、控制系统、功能要求等方面综合考虑，设置四个花瓣，承担净化厂四套联合装置和公用工程、集输系统阀室和集气总站、增压和联络线系统内操业务，元陆区块数据采集，以及气田安全系统一级、二级联锁。集输、净化、增压三大系统一体化考虑，分开建设，使用的控制系统不一致，为了避免人员和操作控制的交叉，中心控制室分区域进行设计。第一个花瓣供一二联合装置内操使用，第二个花瓣供三四联合装置内操使用，第三个花瓣的 2/3 供公用工程内操使用，剩下 1/3 供增压站和联络线内操使用，第四个花瓣供集气总站和集输系统内操使用。可实现生产运行、应急联锁、应急处置一体化管理。

2 高含硫天然气净化厂安全管理系统开发及应用

2.1 技术背景

国内炼油化工企业安全相关信息[4]的获取普遍存在以下的问题：①建设高度自动化的过程控制系统和安全仪表系统是为保障生产装置安全，不能完全依靠该类系统进行各类安全生产相关信息全面收集、管理和分析。②各类安全预报警系统信息孤立、分属于不同管理部门，集中化管理案例少有。③大多数生产企业厂区生产、安全一体化的管理的手段欠缺。④各类预警系统与视频监控系统不能完全的联动，事件多维相关性分析尚属空白。⑤安全生产视频监控系统大多仍然是被动监视（固定监视）。

为增强高含硫气田净化厂安全生产风险的

预警处置能力，有效的防范隐患升级演变为事故或灾难，控制、减少安全事故。构建起又一道更加直观、高效的安全保证和重大事故防范屏障，实现厂区安全生产管控一体化意义重大。

2.2 技术内容

依托工厂已有的设备设施，分析工厂安全管理的要素，最大限度融合过程控制信息、消防信息、通讯信息、安防信息、视频信息、环境信息、计算机系统信息等 7 大类信息，共 17 个子系统安全生产相关信息。实现了工厂报警信息的集中的监测、监视、预警。实现了复合信息的综合分析。构建了工厂安全管理各相关子系统整体联动的"一体化风险管控体系"。做到了第一时间全面了解警情，第一时间正确判断事件、第一时间科学应急处置，将报警事件消灭在萌芽状态，确保工厂运行安全。解决厂区分散节点的安全管理联网、资源整合与报警联动的复杂问题。形成了复合信息聚合分析技术（报警信息、事件确认、预案升级自动分析响应及处置技术），实现系统操作流程的顺序逻辑、判断选择逻辑和自动研判逻辑多种预警及处置的控制流程，开发了联动式工业安全管理指挥系统，系统集成体系框架结构如图 1 所示。

（1）开发一种中心系统实现不同功能系统联动的信息驱动需求，比选确定最佳通讯协议实现数据集中处理。各子系统安全相关信息的采集分类如表 1 所示。

（2）建立不同级别的报警信息处置机制。将单点报警、多点报警、多相关点报警，通过空间关联和时间相关性，结合气象信息进行复合信息聚合分析，提高系统智能化程度。

（3）通过虚拟化技术实现多端报警、接警、处置的多端一致性，将信息的处理通过分类、分级、相关性预设的方式提高系统的响应实时性。信息处理模型见图 2。

2.3 技术先进性

① 红外高清透雾摄像机对火炬的燃烧情况进行观测，监视净化厂火炬系统；实际估算可达：人可视范围 20~25 倍以内的透雾。

② 摄像机内置光端机解决了信号高效传输的问题。光电综合电缆首次（全厂性）工程应用，有效的解决了摄像机现场取电的难题，不仅减少的施工布线，而且集中管理供电方便故障排查及检维修。

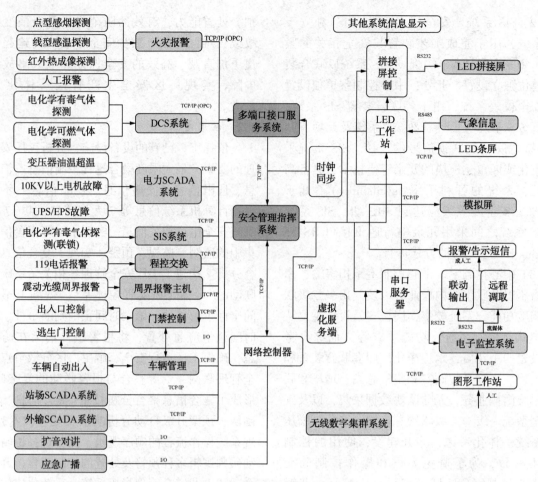

图 1　系统集成体系框架结构

表 1　各子系统安全相关信息采集分类

序号	信息分类	系统名称	采集信息种类
1	过程控制信息	DCS 系统	
2		SIS 系统	
3		电力 SCADA 系统	
4		站场 SCADA 系统	
5		外输 SCADA 系统	1. 环境感知信息：硫化氢、可燃气体、硫化亚铁自燃、建筑物火灾、电缆超温、不间断电源/应急电源、变压器油超温、10kV 以上电机故障报警等报警
6	消防信息	火灾报警系统	
7		扩音对讲系统	2. 安防管理信息：周界、门禁、火警电话等报警
8	通讯信息	应急广播系统	
9		程控电话交换系统	3. 自然环境信息：风速、风向、降雨量、温度、湿度、气压
10		无线数字集群系统	
11	安防信息	车辆管理系统	4. 静态基础数据：报警点的相对地理坐标、厂区道路、装置设备、厂区平面布置、厂区建筑物
12		门禁系统	
13		周界报警系统	5. 人员及应急通讯信息：通讯录、地方应急相关单位、厂内人数
14	视频信息	电视监控系统	
15	环境信息	气象信息系统	6. 应急处置资源信息：装备、物资、人员、联动的设备、联动的场景
16	计算机中心处理系统	模拟屏控制系统	
17		多端接口服务系统	
		安全管理指挥系统	
		处理矢量地图	

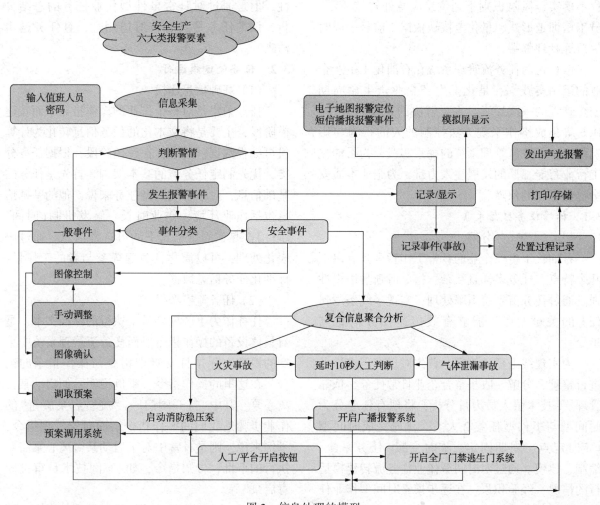

图2　信息处理的模型

③ 为有效的探测工业固体硫磺火灾早期特征、及时的发现火灾警情，高效可靠的发出火灾报警信号，为人员疏散、防止火灾蔓延和启动扑救灭火应急预案提供有效的消防监控系统；选择红外热成像技术，对火灾参数（温参数）进行检测，将硫磺着火的警情发现在萌芽阶段，有效的预防硫磺意外着火导致的火灾。

④ 高分贝扩音对讲系统。红装置区内扩音对讲系统采用国内目前最高声压测试设备，实测可达 121 分贝；有效的避免了装置区内设备噪音对广播声的抑制。

⑤ 整体集成联动。报警信号毫秒级传输，报警信息处理机制；双坐席操作，成功实现；操作一键化，高效联动现场视频。

2.4　技术效果

元坝净化厂安全管理信息系统的建立为高含硫净化厂增加了又一道更加直观、高效的安全保证和重大事故防范屏障。实现了在元坝净化厂安全生产管控一体化目标；精简专职安全监管人员，归一化管理使得事件的处理更为高效；系统

的建成投用，也成为工厂开工期间安全条件确认的必备环节；减少设备和电（光）缆投资以及节约安全环保费用累计降本数千万元的管理成效；加强了安全环保管控，运行两年以来，该系统全天候投用率 100%，着重针对生产操作现场和直接作业环节进行主动监视。

3　生产企业任务流管理系统实践

通过信息化管理系统，将设备基础信息、基层岗位、任务工作、安全管理有机融合，改变传统"事–人–岗"的任务派发机制，创新本质安全管理手段，创新工厂本质安全的管理手段，把被动的任务、设备、安全管理模式转换为信息化数据的主动管理模式，以实现岗位价值提升、监督实效提升，企业三基提升。任务流管系统是将日常周期性、事件触发型作业任务，通过的数据采集、作业编写、建模运行，有效集成于信息化平台，依托数据库推送，实现传统管理"由人找事向事找人"、"由管正常向管异常"的转变。改观现有任务安排靠记忆、操作执行凭经验、制度规

程不落实、风险识别不到位、应急处置忙慌乱、员工培训走形式、量化考核缺依据、监督手段时效差等管理弊端。

信息化的任务流管理系统在石油化工生产企业的运用实践[5]，是化工生产企业全生命周期安全管理的一次探索，主要解决的是现有ERP、DCS等集成操作系统无法控制的人的行为与影响因素。任务流管理系统的探索实践，为石油化工行业智能工厂的发展注入力量，为企业本质安全提供了新的保障。

3.1 标准任务数据采集

（1）生产任务分解

石油化工生产企业的日常工作管理具有以下几个特点，任务多样且复杂、指令清晰且逻辑性强。通过任务流系统引擎处理，实现多线条逻辑任务的关键，在于能够有效传递任务信息与指令。

为实现线上任务管理，首先对现有需求任务进行整理、分解。收集整合企业日常任务，依靠管理层–技术层人员力量分析，将现有任务分为时间型与事件型任务2大类。优先完成时间型（定时定点、周期固定、临时变频）任务采集、编制、建模。通过对时间型作业任务流转建模运行的情况，经验积累，在逐步摸索时间型作业任务建模运行方式。

（2）时间型任务采集

时间型任务即是按照预设的定时触发规则，按照时间的推移自动的触发作业任务。根据生产实际，划分最小任务单元，组合形成周期性强、规律性强的定时任务。按照设备机动代码分类，以石油化工常用设备。形成了以操作、检验、维保任务为主的29类基本任务类型（图3）。

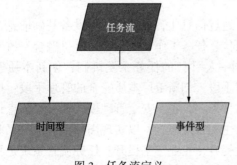

图3　任务流定义

（3）事件型任务采集

事件型任务一般定义为生产过程中为满足某时刻具体设备或参数变化而对应产生的指令作业，该类型任务规律性较弱，具有偶然性、突发性。但是通过对日常事件型作业任务的总结分析，该类任务是具有普遍适用性，且任务逻辑清晰。

3.2 任务流建模运行

（1）基础信息建模

任务采集是对整个作业的操作指导，而在建模阶段，主要是将文本化的任务信息转化为计算机可编程数据。所以，在建模阶段，根据任务分类，优先制定任务流的基本架构。首先是任务的基础信息，对于不同类型任务来说，他的基础信息包括作业环境、作业时长、触发机制（时间、事件）都是在固定格式下的可选信息。通过码表化处理，可以简化任务建模参与者的工作量，标准化任务信息数据。

（2）任务流模型搭建

任务作为生产现场员工执行的标准文本，是对具体设备的操作指令。而任务流管理系统中生产的模型实际是日常管理指令与操作指令的组合。在这里的操作指令，举例说明，如启动某台离心泵，其中"打开阀门"、"旋转启泵旋钮"的作业步骤是我们的操作指令。而对于管理指令，举例来说，则是日常中对于启动某台离心泵需要执行的审批、告知指令，如"车间技术员审批同意启泵"等。

同时，通过岗位+属地+任务模型的组合，还能够实现同类型任务的跨岗位、部门运用（图4）。

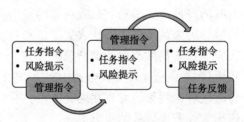

图4　任务流模型

3.3 任务流管理系统运用实数

（1）任务流系统运用情况介绍

生产管理系统，其中任务流管理系统力求通过信息化手段，打通基层生产管理全流程，将原有"人找人，人找事"的经验管理模式转化为"物找人、事找人"的信息化推送模式。该系统以生产装置设备为核心管理对象，通过近两年时间，参与技术人员共采集设备17万台，基础信息近100万条。属地+岗位匹配，助力基层生产安全管理。

（2）本质安全管理

现在，基层岗位管理人员，每天通过手机

APP端，就能对当天所有任务的完成情况，完成时间进行查询，再也不用一个个的去找人落实。"通过新开发的生产安全监督系统，元坝净化厂根据自身员工工作性质及业务流转需求，建立了对"属地+岗位"的运营模式。保证复杂性作业流程任务流转，对个岗位任务进行属地及责任人挂钩，确保生产作业流转高效的同时，达到对生产运行痕迹化管理。

① 作业标准化指导

任务流程标准化，作业步骤标准化是任务流管理系统的一个重要特性。传统工作模式下，员工培训为理论和实操培训结合，但是运用到实际生产中，员工在操作时主要还是依靠个人对作业的熟练度和经验。所以对于新入职不久的员工以及岗位老员工来说，经验主义作业的弊端就是容易忽略或者遗漏某一项作业步骤，严重时会对安全生产造成影响。

通过任务流系统的标准任务采集与发布，可以对员工现在作业起到指导、提示的作用，提高安全操作可靠性。

② 任务风险识别

作业任务本质安全的另一项内容既是作业过程前后的风险危害识别。类似于目前化工生产过程中常用的JSA分析、LEC风险识别矩阵。在线下的风险辨识寄语头脑风暴法等措施，可以完善穷举任务作业中可能存在的风险因素。但是，这种传统风险识别法局限有在作业前进行集中讨论，无法对作业全流程起到时时提醒的作用。而将风险辨识与应对措施融入任务流管理系统，通过作业过程中的风险提示，时刻警醒基层岗位员工，保证作业安全。

通过上述运行情况和效果分析，石油化工企业生产信息化安全系统的推行，不仅能够有效提高生产管理机制，而且能够为生产本质安全提供多维度保障。

3.4 技术效果

（1）依托标准任务采集、建模的方式，将传统经验作业的模式转变为"物找人、事找人"的信息化推送模式，形成定时、定人、时时监督的精准管理。一方面有利于基层管理人员掌握和了解每日生产任务完成情况，另一方面可以做到任务痕迹管理。

（2）为化工生产本质安全提供了多维度保障。一是标准化操作时时指导，另一方面是全过程融入风险识别，提高风险辨识及应对能力。

（3）由于本系统属于任务类管理系统，任务流管理仅是面向生产作业过程的一次实践。基于任务流推送的经验，结合现有标准任务、安全风险的数据内容，还可以在员工培训、岗位绩效考核等方面做出相融合的尝试，为未来综合性更强的信息化平台打下基础。

4 巡检优化

净化厂装置为高含硫区域，根据《含硫化氢的油气生产和天然气处理装置作业的推荐作法》（SY/T 6137—2005）要求"对涉硫岗位员工操作需一人操作、一人监护的要求"。单个作业需两名外操完成；同时根据行业及企业相关规定，装置需每2小时进行一次巡检，单次巡检时间约1小时，完全由外操进行巡检则将面临极大的人工成本问题。

由此净化厂开辟提出了"多维度，全覆盖，专业化"的巡检模式。主装置巡检路线由外操岗位巡检、班长岗巡检、值班技术岗巡检三级巡检为主，以现场仪表、动设备、静设备等维护技术岗巡检为辅，搭建了全流程巡检体系。其中外操岗巡检路线4条，每个联合独立成为1条路线，每条路线有5个扫码站点；班长岗巡检路线2条，一、二联合组成为路线1，三、四联合组成路线2，每条路线有8个扫码站点（每个联合4个）；技术管理岗巡检路线1条，贯穿4套联合装置，路线共有16个扫码站点（每个联合4个）。

利用已有的多维度人员结构合理匹配优化，形成了满足规范要求、安全可靠性高、人力成本可控的巡检模式，降低了净化外操岗人力成本。

5 结论及建议

元坝净化厂通过DCS系统、SIS系统、安全管理控制系统、任务流管理系统等信息化系统的实践应用，以及"多维度，全覆盖，专业化"巡检模式的实施，成功实现了工厂的"集中监控，少人值守"。所有工艺参数可通过DCS系统于中心控制室集中监控，关键安全环保质量环节可通过SIS系统联锁保障，安全管理应急指挥集成系统实现多参数、多维度可视化实时报警展示，异常预警联动处置，克服了报警事件信息孤立、设备和系统离散、人为疏漏等安全管理水平低的弊端，提高了安全生产系统完整性、可靠性和技术保障水平。

参 考 文 献

[1] 李德芳. 企业信息化组织与管理[M]. 北京：化学工业出版社，2007.

[2] 刘永立，王海涛，孙维民，郭春山. 基于基础数据库的煤矿应急救援指挥信息系统[J]. 黑龙江科技学院学报，2010，20(1)：44-47.

[3] 朱天涛，刘玮，周玉英，常志波，刘银春，杨家茂

等. 苏里格气田数字化集气站建设管理模式[J]. 天然气工业，2011，31(2)：9-11.

[4] 王铃丁，张瑞新，赵志刚，张伟，刘煜. 煤矿应急救援指挥与管理信息系统[J]. 辽宁工程技术大学学报，2006，25(5)：655-657.

[5] 谭文胜，魏志鹏，徐瑞明，周晓录. 五凌公司大坝安全管理信息系统开发与应用[J]. 水电自动化与大坝监测，2009，33(4)：44-47.

川西管道 GPS 智能巡检系统的优化与应用

周素琴

（中国石化西南油气分公司）

摘　要　通过对川西管道 GPS 智能巡检系统地理信息、关键点、隐患点管理模块、自动报警模块等的优化和完善，实现有效管控管道巡护过程中现场巡检人员巡护质量及巡护到位率，满足巡检数据实时采集与远程监控。为管道的安全运行提供保障，确保了管道巡护质量，减低了管道事故率，提高了管理效率。

关键词　天然气管道，管道巡护，巡检系统，管理效率

川西管网纵横交叉，担负着川西平原成都市、绵阳市、德阳市等 20 余个县市，150 余个乡镇的生活和生产用气的供气任务。由于管道沿途埋设地理环境复杂、城镇建设进程快、人为影响等因素，一旦发生泄漏、燃烧爆炸等事故，将严重威胁周边人员的生命安全，造成重大的经济损失和负面社会影响，不断优化和完善管道智能巡检是做好管道巡护，保障管道安全重要措施之一。

1　川西管道巡护现状

目前管道巡护采取"周巡+日巡+车巡"相结合的模式，巡护人员采取"自有员工+劳务用工+业务外包"相结合的方式，对巡护要求及考核标准有待加强，原有管道巡检系统已不满足现有的管道巡护模式和管控要求，需要进一步完善和优化。

2　管道智能巡检系统存在的问题

"川西管道 GPS 智能巡检系统"以地形图和影像数据为背景，基于卫星定位系统、地理信息系统和 4G 无线传输系统技术，实时掌握巡检人员的行踪和巡线人员现场发现的事件，从而实现对巡检人员的远程管理，实现管道事件数据的实施采集传输，并进行各类查询、统计、分析。系统在运行过程中，存在以下问题。

（1）随着地方经济快速发展，管道沿线施工活动增多，管道周边地方建设各种设施增多，管道近年的迁改较多，管道信息、管道坐标等有待更新。

（2）巡管模式发生变化，目前有周巡、日巡、车巡三种巡护方式，针对该情况急需增加

隐患点、关键点等功能模块，完善考核功能。

（3）手动查看巡检轨迹、偏差较大。

（4）由于管道巡护队伍不断壮大，APP 巡线端口接入量增大，目前暂只能接入 100 台以内的用户接口，如果进行图片和视频发送，数据量大，数据通道宽度有限，会出现卡顿现象。

（5）由于原有的手持终端机老旧且为 2G 网络速度较慢，常常出现传送速度慢、卡顿现象。

（6）由于原系统在外网存在安全泄密漏洞。

（7）目前管道巡护单位增多，队伍不断增大，系统无权限层级管理，各单位无法查看所辖管道巡护信息。

3　管道智能巡检系统的优化

原有巡检系统存在泄密漏洞、无巡护关键点和隐患点管理模块，无考核功能模块，为进一步提高管道巡护到位率，提升管道巡护质量，提升管道管理水平，对系统进行完善和优化。

（1）更新完善地理信息、新建或改扩建等信息，实现系统路径与巡管路径一致。

通过现场数据采集将管线数据进行完善更新，针对内网环境重新发布地图服务至内网地址，保证内网环境正常查看，避免管道巡护和系统不一致的情况，提高管道巡护监控到位率。支持矢量地图及影像地图两种浏览方式，满足不用浏览需求(图 1)。

（2）新增关键点、隐患点管理模块，提高管道巡护到位率和管理工作。

①强化隐患点、关键点在线管控，保证管道运行风险可控。完成"隐患管理"功能部署，可满足隐患上报、隐患分析统计、隐患处理等环节，管道巡护工一经发现隐患使用手持终端拍照

后及时上报，管理人员在web端会收到隐患重要提醒，同时安排专业人员赴现场处理，并对该隐患进行跟踪处理，实现了隐患发现、处理、闭环管理。隐患点纳入绩效考核，进一步调高管道巡护监控到位率(图2)。

图1　系统地图界面

图2　系统隐患点界面

②将泄漏点设置为关键点考核，对泄漏点精准定位，可在线查看泄漏点处理信息，实现管道泄漏全过程管控，提高后期管道检维修效率(图3)。

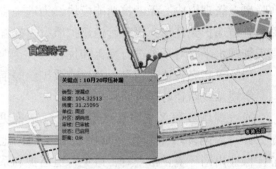

图3　系统关键点界面

(3)新增"三超"功能，新增自动报表模块，提升管道巡护质量，增加考核依据(图4)。

实施"三超"报警，智能化生成报表。完成"三超"【超时(30个巡检点不动)、超速(连续10个点超过3m/s)、超距(巡检点50m为合格，巡检点20m为优秀)】报警功能部署，使管理员能及时了解巡检工的巡检质量，规范巡护路径、进一步提高管道监控到位率，并能及时生产报表，

加强了管道巡护管理工作(紫色线为合格，绿色线为优秀)。

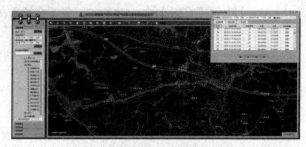

图4　系统"三超"界面

(4)增加接入端口数量，拓宽数据传输通道。

(5)启用内部4G、SIM卡；更新手持终端机，并进行逐一内网调试。

(6)升级完善巡检系统，在程序中彻底规避SQL注入漏洞、信息泄漏漏洞；登录密码重新设置并定期修改，规避后台弱口令漏洞；将原有的外网IP以及端口更新为内网IP，采用4G网络传输巡检点，进一步确保系统安全、稳定、传送数据100%。

(7)实现层级管理，设置各单位用户名及密码，实现对所辖管道巡护轨迹的查看。

4　应用效果

通过对巡检系统的整改维护，新增"三超"模块，能直观反映巡线到位率情况，有效的管理巡管路径，增强巡管工的考核指标；完善基础数据，增加了层级管理，优化了报表内容以及引入天地图矢量地图，界面更清晰，使管道巡检管理提升一个台阶，自巡检系统完善后，巡检到位率从94.47%提升到98.89%，及时发现处置管道第三方施工和管道附属设施隐患，有效确保管道运行安全。

5　结论

通过对GPS巡检系统优化和完善，解决系统漏洞，使系统更安全、更稳定，对管道坐标数据更新、增加"三超"功能，增加隐患点关键点功能，优化后的管道巡检系统，提高管道巡护到位率，提升考核管理标准，使系统界面清晰，操作简单，上传巡检点速度更快。

参 考 文 献

[1] 高海康，徐杰，秦龙龙，贾永海，吴官生，刘天尧. 基于移动GIS的油气管道智能巡检系统研究与应用[J]. 信息系统工程，2020(08)：76-79.

边远气井井口智能生产控制技术的应用实践与探索

周兴付[1]　严小勇[1]　王林坪[1]　张　云[1]　乔　飞[2]

(1. 中国石化西南油气分公司采气四厂；2. 西安安森智能仪器股份有限公司)

摘　要　为解决边远井管理难、管理成本高等问题，提高边远井的生产和管理效率，本文详细阐述了井口智能控制系统中数据采集、数据传输、远程控制、以及智能辅助技术等技术原理，在深层页岩气田边远井进行应用，实现了对边远井的实时监测、报警推送、远程控制等功能，为边远井无人值守提供了有力的支撑，彻底打破传统的人员驻井值守管理模式，新型的智控管理模式具有广阔的推广应用前景。

关键词　边远井，井口智能控制系统，数据采集，远程控制，无人值守

随着深层页岩气勘探开发的大范围推进，在丁山、林滩场、永川等勘探评价区块，形成了较为分散的试采井，这些井普遍具有以下特征：①生产动态具有三低。气井产气量、产液量、压力低，日产气量低于 $0.5 \times 10^4 m^3$，日产液少于 $1m^3$，井口压力普遍不高于 10MPa；②地面较简单，相应配套不完善。地面流程仅有井口采气树、分离器、储液罐及计量装置，现场无市电、无有线通讯；③生产不平稳。外输主要是通过当地燃气公司用于发电或供居民生活用气，气井生产极不稳定，需要频繁的调整气井工作制度，实行昼夜开关井；④人员值守存在诸多不便。由于气井分布较为偏远，距乡村较远，采用长期人员驻井管理的方式，驻井人员生活存在诸多不便；⑤开采效益不高。由于气井产量低，单位产量下投入的人力较高，加之相应的生活配套设施，使

得单井经济极限产量较高，当前的日产气量难以匹配。因此探索一种边远井远程智能控制技术，改变传统的人员驻井管理模式，实现边远井的无人值守管理，实现气井开采管理的降本增效，对气田可持续发展具有重要的现实意义。

1　井口智能生产控制系统的构成

井口智能生产控制系统主要由主控制器和辅助模块(供电模块、数据采集模块、通讯模块、用电管理模块、视频布防模块)构成，支持有线、无线多种通讯方式模式，可扩展多个口，该系统有别于普通单井远传数据系统，融合了最新的物联网技术理念，系统优化了结构及电路设计，从而有效地降低系统及后期维护成本，增加了设备的可靠性、稳定性(图1)。

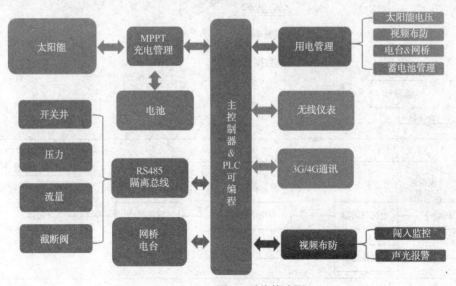

图1　系统构成图

2 井口智能生产控制主体技术

2.1 井口数据采集及无线传输系统

在天然气井（无源无缆）的采气生产过程，采用了一体化智能采集控制系统，主要实现数字化生产过程的数据采集、数据传输、现场监控与控制、光伏板和电源控制。

井口一体化智能采集控制系统主要由井口数据采集设备、系统控制柜、数据传输设备[1]构成。井口数据采集设备数据采集除了井口压力变送器（采集井口油压、套压）、流量计（采集气井流量）、阀位状态（采安全截断阀开关状态）、井场实时图像信息外，采集智能可调式智控阀开度及工作状态。井口设置终端RTU，用于数据采集、井口智能管理。同时采气光伏板和电源用电信息。

数据传输方式采用有线传输、无线传输混合使用见图2。井站数据传输采用有线传输模式，智能控制器和其他数据采集设备均具有兼容ModbusRTU协议的RS485通信接口，且设备之

间距离较近，因此井口采用两线制RS485通讯；井站至集气总站采用无线传输方式，由于西南地区山地居多，高山遮挡物多，且供电、山区环境变化决定了无线网桥传输方式并不适合，因此针对西南页岩气工区采用APN4G传输，减少了无线网桥建设成本问题，也很好的适应了该区域环境要求。数据通过4G无线传输至信息中心，再从信息中心通过专线传输至集气总站，并对其在管理平台上组态，从而实现集气总站对采气平台的远程监控和管理。

2.2 远程开度调节控制系统

开度调节控制系统由传感器和控制器组成，首先智能控制器需要采集压力变送器和位置传感器的数据，然后根据控制器内部已经设置完成的工作模式或远程发送的控制指令来驱动电机，最后电机通过减速器和齿轮传动放大输出扭矩驱动阀门，从而进行相关的开、关、开度调节动作。在此过程中智能控制器需要实时采集压力变送器和角度传感器的数据，从而实现闭环控制（图3）。

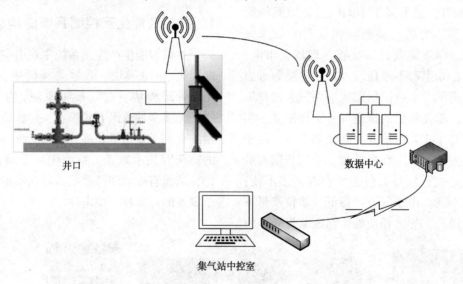

图2 数据传输图

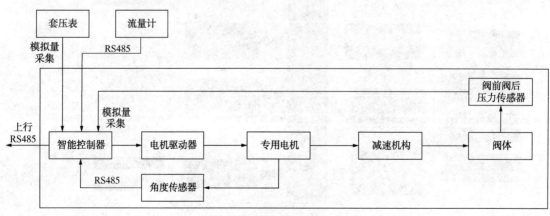

图3 控制原理图

2.2.1 远控截断阀

远控紧急截断阀采用纯机械保护机构，阀门开关的动力来自于蓄能弹簧储存的能量，与井口电磁截断阀不同，不需要外部供电可实现超欠压保护功能。相较于电磁阀，截断阀关闭速度快，对于气井出砂、冰堵都有很好的抗击能力，但远程控制效果不如电磁阀，因此将其作为紧急情况下的保护措施。

2.2.2 智控电磁阀

智控阀为一种自动化控制设备，它主要由智控阀和智能电动执行机构组成。其中智能电动执行机构由智能控制器、压力传感器、角度传感器、专用电机、减速器等组成。智能控制器内设多种控制模式，包括常开常关模式、定时开关模式、定压开关模式、手动设置模式和暂停控制模式。智控阀可以通过软件设置运行参数的高值和低值，当超出运行范围设定值时，系统自动发出指令，实现压力超高、超低保护，同时也可以根据流量大小自动调节阀门开度，也可以通过远程手动对阀门的开关状态进行切换，从而做到定时或定量生产。

2.2.3 参数设置

控制系统可以从时间、开度、压力、流量等四个方面对系统进行设置，分别对应以下几种模式：定时模式、开度模式、定压模式、定产模式具体设置见表1。

表1 参数设置表

参数名称	描述	默认
模式	可设置的工作模式有：暂停、定压、常关、常开、定时、手动	暂停
开井时间	定时模式下的开井时间，注：可设置1~60000min	1min
关井时间	定时模式下的关井时间，注：可设1~60000min	1min
手动开度	开度模式下的开井开度，注：可设置0~100%	0
管压保护压力	在开阀过程中的管压保护压力值，注：可设置0~999.99MPa	4.8MPa
管压回落压力	管压保护时允许的管压回落压力，注：可设置0~999.99MPa	0.1MPa
目标流量	设置目标流量值，注：可设置-99999.9~99999.9m³/h	-99.9m³/h
回落流量	设置允许的回落流量，注：可设置-99999.9~99999.9m³/h	0m³/h

3 井口智能生产控制辅助技术

3.1 太阳能供能装置

太阳能供电为现场设备提供了电源，解决了设备供电难问题，太阳能供电系统主要由太阳能电池组件、控制器、蓄电池组成，晴朗天气有日照时太阳电池向负荷直接供电，同时补充无日照时由蓄电池向负荷供电所放电量；无日照、阴雨天由蓄电池放电供通信设备用电，还可根据需要定期对蓄电池组进行补充充电，在无外电情况下可用40d。

3.2 电子巡井系统

生产物联网系统以智能网关为核心，进一步完善智能仪表、RTU（远程终端单元）、网络通信等智能设备的状态数据采集和接入，并与DCS、视频安防管理系统进行融合对接，实现设备健康状态自动诊断分析、自动电子巡检等功能

3.3 周界与语音喊话

井站周边安装智能摄像机，实现全天候监视，通过智能分析模，具备检测、跟踪、行为分析能力，并和周界管理平台实现联动报警。

周界防范的综合管理平台软件，基于网络全数字化的信息传输和管理系统，结合了视频流媒体传输技术、流媒体储技术、智能检索、三维地图显示和虚拟现实漫游技术，采用模块化的软件设计理念，以集中管理和网络传输为核心，完成信息采集、传输、控制、管理、GIS地图和存储，智能识别井站周围的闯入风险，并形成联动报警，辅以语音喊话系统给予驱散、警告，有效保证井站周边安全。

周界防范系统作为实现重要区域无人值守、智能跟踪、预警示警的重要环节都，为有效保障气井生产安全提供强有力的支撑

4 现场应用效果

威荣页岩气田单平台井—WY1目前井口压力2~10.5MPa，日产气0.35×10⁴m³，日产液1.2m³。该井直接外输民用，用气波动较大，瞬时产气0~630m³/h（图4）。每天6：00~22：00开井，其余时间关井，开井期间，在早、中、晚做饭时间段，用气较高，其余时间用气较少，需不断的调整阀门的开度，以匹配用户用气量。

将该井采气树针形阀替换成智控阀，部署了5个压力传感器，采集井口油套压、节流阀上下游压力以及出站压力；在分离器及储液罐上安装

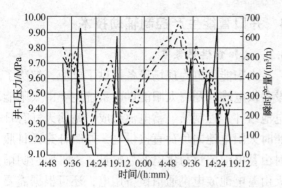

图4 WY1 瞬时压力的产量变化

超声波液位计，在分离器上安装电子流量计，并部署视频，各采集设备通过有线的方式连接至控制器上，实现了以下功能。

（1）井口数据实时采集。井口油、套压、流量等数据可在中控室实时获取，并带有报表自动生成、历史数据查询、重要参数超限报警等功能。

（2）智能调整流量。集成多种气井管理算法，包括间开、柱塞和增值算法；可结合压力、流量、时间实现开度智控，能有效将井底积液带出。

（3）远程自动控制。可根据设定目标参数，远程对智控阀进行开、关、调节等操作，实现边远井间歇性开、关井或产量调节等作用（图5、图6）。

（4）电子巡检。通过摄像头实现对井场周边情况实时监控，发现异常联动监控管理平台报警，对采集的数据实时分析，并通过智慧气井管理平台组态，实现对现场实时感知。

数据管理平台如图7用于监控采气站流程和数据变化，同时也对采集的数据进行分析和处理，通过软件和内置算法对数据进行异常报警、预警或自动关断，并提供日常报表、历史趋势记录等多种功能。

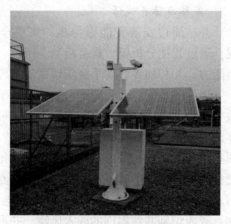

图5 WY1 井控制系统

图6 WY1 井口控制阀

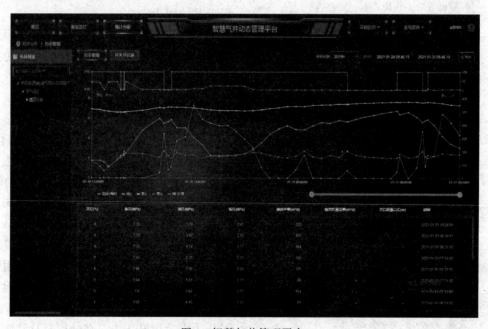

图7 智慧气井管理平台

在集气总站部署上位机，设定出站压力0.5~2.0MPa，智能的在压力高限进行关井、低限进行开井，根据流量智能的进行智控阀开度的调节，基本无需人员操作；站场管理的数据及视频可远程监控，一旦有闯入，可实现报警，远程可进行语音喊话。

5　下一步探索方向

5.1　天然气泄漏的红外探测技术

红外气体检测技术具有极高的准确性和灵敏度，同时具有动态测量范围大、响应时间快、不易受其他气体干扰等优点。红外气体检测是目前天然气管道泄漏检测非常有效的方法。基于甲烷气体红外吸收原理的远距离遥感探测方法，可以在高空或近地表处实现对泄漏区域附近的甲烷探测，从而确定泄漏位里，为抢修提供最及时的帮助。

5.2　摄像头识别异常的自动追踪

摄像机在捕获异常后检测输出最大异常目标的中心位置，并根据目标的大小和在视野中的位置输出摄像机镜头变倍控制量，云台控制单元在向监控中心报警的同时控制云台转动，使安装在云台上的摄像机的光轴指向检测到的异常目标，并自动调节摄像机镜头放大倍数使监控中心得到异常目标清晰、完整的视频图像，实现了对入侵目标的快速检测与跟踪。

5.3　生产管理的辅助推送

根据气井的生产情况，自动推送气井维护措施以及措施实施的具体时机，辅助现场施工决策；自动检测设备的运行状态，发现异常推送给相关人员，辅助现场人员检修；预测气井的产液量，根据产液量情况推送至相关人员实施拉运。

6　结论

（1）气井井口智能控制系统将数据采集、数据分析、可视化操作界面各个环节联合起来，能迅速的判断气井生产情况，并根据设定参数做出相应的响应，实现了气井的远程控制。

（2）智控管理模式应用后，打破了传统的气井管理模式，建立了新型的智控管理模式，在气井精细管理上、工作效率提升上、本质安全管理上、降本增效上都取得跨越式发展。

（3）在当前的智控管理系统的基础上，下步完善相应的红外探测、图像异常识别、辅助智能分析后，在气田开发管理上具有重要的现实意义，具有广阔的推广应用前景，将推动数字气田向智能化气田迈进。

参 考 文 献

[1] 陈文，齐宝军，慕红梅，等. 仪器仪表用户[J]. 2015，5.

[2] 吴革生，王效明，宋汉华，等. 气井井口智能生产控制系统[J]. 新疆石油天然气，2008（B08）：126-132，136.

[3] 贾艳娜. 气井井口智能生产控制系统. 中国石油和化工，2016（S1）：211.

[4] 窦武，王冀川，李洪涛，等. 煤层气井智能排采控制技术优化与提升[C]//2016 年全国天然气学术年会. 2016.

[5] 李黎，王一丁，李树维，等. 天然气工业[J]. 2011，1.

"中心站+无人值守"
条件劳动组织架构与模式建立

李峰 何丹 张强 龚云洋 杨哲

（中国石化西南油气分公司）

摘 要 中石化西南油气分公司采气三厂在信息化建设的基础上，构建以数字化管理为核心的新型劳动组织架构，率先推行"厂管站"改革，在生产现场通过改造无人值守站形成"中心站+无人值守"的劳动组织架构和生产运行方式，操作人员相对集中，员工工作生活环境得到改善，降低了安全生产风险。中江气田数字化建设完成了生产数据自动采集、视频监控、数据分析等功能。随着远程控制设备的规模化应用，大量的人工操作被代替，形成了生产运行无人值守扁平化管理模式，使业务流程和管理流程相统一，降低操作成本，精简人员机构，提高工作效率。

关键词 数字化建设，厂管站，无人值守，扁平化管理模式

1 概况

中国石化西南油气分公司中江气田包含中江、高庙、合兴场 3 个主力气田和东泰、丰谷、石泉场等外围气田（图 1），区块分布于 2 市 4 区 2 县，东西跨越约 50km，南北跨越约 100km，探矿权面积约 4600km²，采矿权面积 404.8km²。

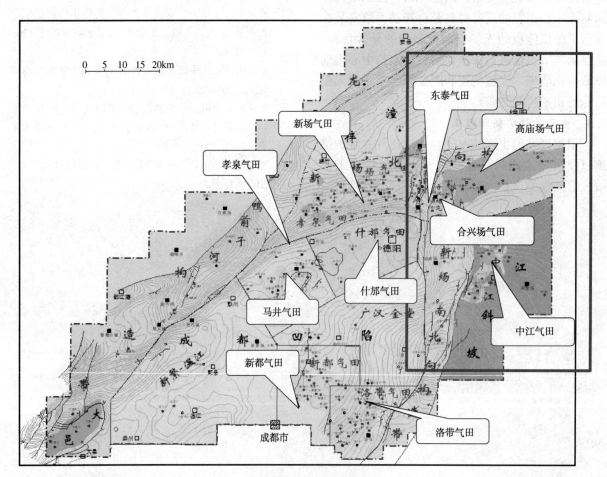

图 1 中江区块位置示意图

自2016年中江气田开始快速建产以来，地面设施的刚性增长与劳动用工总量不增的矛盾日益突出，员工劳动强度不断增大，现场维护效率相对降低。面对此类矛盾，西南油气分公司上下不断探索，深化数字化应用，通过完善基础网络，优化监控体系，对气田内部局部工艺设施的自动化改造，提升仪表的可靠性与稳定性，全面提高采气现场自动化、智能化、数字化水平，实现了站场远程监控与无人值守。

西南油气分公司采气三厂在信息化建设的基础上，构建以数字化管理为核心的新型劳动组织架构，率先推行"厂管站"改革，将原来的"厂-机关-管理区-井区-井站"管理层级运作模式优化为"厂-中心站-井站"扁平化管理模式，使业务流程和管理流程相统一，降低操作成本，精简人员机构，提高工作效率。在生产现场通过改造无人值守站形成"中心站+无人值守"的劳动组织架构和生产运行方式，操作人员相对集中，员工工作生活环境得到改善，降低了安全生产风险。通过以上改革中江气田迈上了"增产不增人"的高速发展通道。

2　数字化井站无人值守建设内容

无人值守井站是通过生产流程自动化再升级配合相应的控制系统，达到生产现场远程视频和数据监控、电子巡检和远程应急处置等功能，从而实现现场无人值守，后台远程管理的生产运行模式，促进劳动组织架构优化。

2.1　生产现场

在生产现场数据采集遵循实事求是、全面准确的原则，对在用设备状态进行相关数据采集。

井站部分生产信息化建设主要包括井站参数采集、井站视频监控及数据传输，主要包括站内生产井、长停井、加热炉、分离器、污水罐以及计量装置的生产参数采集，如图2所示。

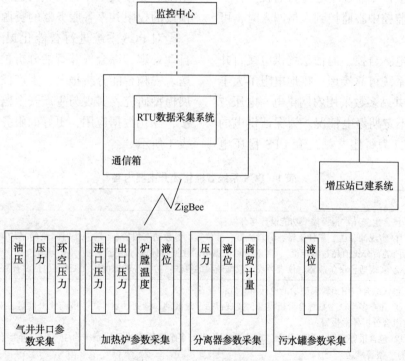

图2　井站信息化数据采集系统

（1）站内井：包括生产井和长停井，主要采集井口油压、套压，对于存在环空起压的气井需采集环空压力。气井油压、套压及环空压力检测选用无线压力变送器，与RTU数据采集系统间的无线通信采用ZigBee方式。

（2）加热炉：用于将井口采集的气、水混合物加热至工艺所需温度，满足集输输送的需要，主要采集加热炉进口压力、出口压力、炉膛温度、水浴液位。加热炉进口压力、出口压力检测选用无线压力变送器，炉膛温度检测选用无线温度变送器，水浴液位检测选用无线液位计，与RTU数据采集系统间的无线通信采用ZigBee方式。

（3）分离器：来气进入分离器进行气液分离后外输，分离出的液体通过分离器底部排污口排至污水罐，分离器主要采集分离器本体压力与分离器液位。分离器本体压力检测选用无线压力变送器，液位检测选用无线液位计，与 RTU 数据采集系统间的无线通信采用 ZigBee 方式。

（4）储液罐：分离器分离出的污水进入储液罐，地层水通过回注泵回注或者通过其他方式运走，储液罐主要采集油水液位，液位检测选用无线液位计，与 RTU 数据采集系统间的无线通信采用 ZigBee 方式。

（5）计量点：主要采集静压、差压、温度、瞬时流量、累计流量等计量参数。检测选用一体化流量参数远程采集仪，商贸计量点选用准确度等级达到 1 级及以上的仪表，单井（合输井）计量点选用准确度等级达到 2 级及以上的仪表。一体化流量参数远程采集仪与 RTU 数据采集系统间的无线通信采用 ZigBee 方式。

（6）视频监控：每座井站设置视频监控 2 套，对站内进行实时监控。采用智能球机（带闯入报警及智能分析），安装于非防爆区域的金属通信杆上，信号上传至监控中心进行监视。杆上设置防水音箱，监控中心监控到人员闯入时，可进行远程告警。

（7）系统供电：自控、通信系统供电接自井站内已建电源，系统可靠接地，接地电阻不大于 4Ω。另外，由于井站多数采用农网供电，电压波动较大，且存在不定期停电情况。为保证供电的可靠性和稳定性，为每座井站配套 UPS 稳压电源，保证停电及破坏情况下数据能够正常传输。

2.2 控制系统

生产管控平台是油气生产信息化的终端功能应用平台，主要负责气井生产过程的实时监控，异常预警与报警的分析、处理，各个重点生产部位的视频图像监控和生产运行管理。

系统采用中国石化西南油气分公司统一部署的生产运行指挥系统（简称 PCS 系统）和 SCADA 系统，实现在生产管控平台控制室对区块内生产运行数据自动采集、监测和统一生产调度控制。PCS 系统是油气生产信息化建设项目的中枢，它对区块进行连续的监测和管理。系统确保数据采集、储存的完整性、及时性、准确性、安全性和可靠性，同时支持系统平台的开放性，支持用户开发、补充和完善应用功能。

PCS 系统按客户机/服务器结构设置，支持分布式多服务器结构。服务器和操作站采用标准、可靠、先进、高稳定性版本的 Windows 操作系统。操作员工作为局域网上的一个节点，根据预设的权限共享各服务器的资源。

对 PCS 系统进行智能化提升。从生产参数自动处理、综合气井智能分析预警、报警分层推送、视频智能分析报警、生产任务推送等方面开展模型研究，实现与生产安全监督管理系统的对接，深化数据应用，更好的服务于生产管理，如表 1 所示。

表 1 PCS 系统智能化提升主要内容

序号	工作内容	详细说明
1	生产参数自动处理	包含生产异常报警模型功能设计与开发； ① 实现油套压、累计流量、瞬时流量、液位等单参数动态报警（当前一个时间段的平均值与历史时间段的平均值的百分比值超过特定值），时间段可根据不同数据指标进行设置； ② 实现适合设备故障、仪表掉线、数据断传的算法：数据一段时间内无变化（包括没有数据）报警。
2	综合气井智能分析预警	包含综合应用预警模型功能设计与开发； ① 建立多生产参数综合分析模型，实现包括产量波动、措施计划推送、措施效果推送、安全运行跟踪等多参数组合分析异常报警； ② 包含报警类别、参数设计、原因预判（可以有多个原因，为日后系统自主学习、异常事件指导提供精准指示）、报警推送
3	报警分层推送	分级推送模型功能设计与开发，实现分级（4 级）报警推送，根据分级推送给井站前线值班人员、管理区技术信息室值班人员、采气厂生产技术科值班班人员、生产管理部值班人人员，如超时未处理，再推送相应的上层领导。参考工程管理一体化报警分级推送
4		报警合并及有效性过滤，根据报警原因关联分析，实现同原因报警的合并或报警过滤，减少重复报警
5		报警推送配置功能，实现报警级别定义及每级报警接收人员配置（按照参数值区间定义，具体操作办法，完成软件设计再与之结合，然后根据系统提供的功能设置对应参数值）
6	视频智能分析报警	实现报警接收接口与报警信息提醒、处置
7	生产任务推送	统一推送分公司个人工作平台和消息中心，并与各业务平台实现对接

2.3 保障制度

为保障无人值守后现场能够安全稳定运行，采气三厂根据现场实际情况，精简班站台帐类型，不断完善管理机制，修订《中江气田气田无人值守井站实施规范(试行)》，细化《中江气田气田无人值守井站巡井记录》，制定《中江气田气田无人值守井组突发事件应急预案》、《中江气田气田数字化系统实施规范(试行)》等方案和制度。

根据压扁管理层级带来职能转变、管理幅度、工作强度、岗位设置等变化，重新定义岗位划分标准，并修订完善岗位责任制和HSSE责任制，重点对信息化岗位职能和安全责任进行界定。同时建立相应的配套制度，保障各项生产、经营、安全、管理等工作有序推进，顺利过渡。

3 劳动组织架构建立

通过现场信息化改造和相应系统的配合，中江气田管理模式逐步由"单井散点式"过渡为"集中监控、片区巡检"模式，气田生产运行管理由内操班组、运维班组和采气班组共同配合，实行"厂-中心站-井站/无人值守站"的劳动组织架构，形成扁平化的中心站管理模式，提高工作效率，进一步精简组织机构，节约人力资源。

3.1 采气中心站

中心站是无人值守站建设的核心，是区域性生产管理、运行维护、应急处置和远程指令执行的核心，主要完成作业区调控中心作业指令，对所辖井组、管线、站点进行日常管理与集中监控。

结合中江气田各井站地理位置、道路情况及井站数量，共划分为8个中心站，负责各自辖区巡检站和值守站管理，每个中心站管辖井站10~14座，平均12座；管辖生产气井20~50口，平均29口；管辖管线12~14条，平均20条；管线里程18~83km，平均50km。

每个中心站按照巡检和值守井站的数量不同，人员配置有所差异。在巡检人员配置方面，依据目前熟练操作人员在正常情况下操作所需的时间，并结合拟巡检井站现有各项工作的工作量和操作时间估算，每个班组拟配置巡检人员18人。在值守人员配置方面，为了确保风险可控，拟对高井控风险井站、直输小用户井站、重大交接点井站、混合液临时处理站、地层水应急存储站和增压井站安排人员值守，每站配置员工2~4

人。通过"中心站巡检+无人值守+重点站有人值守"的方式完成了采气中心站劳动组织架构的建立。

3.2 专业化保障班组

为保障"中心站+无人值守"模式顺利开展，建立内操班并配备相应运维队伍作为支撑。内操班负责24h生产值班及应急调度，对视频生产数据进行实时监控和定期电子巡检，跟踪处置报警预警数据，下达生产调度指令、跟踪处置并记录，收集、上报采气中心站反馈的异常生产情况并跟踪处置，油、水拉运调度管理及资料上报以及日常生产数据的收集、整理及上报等工作。

运维队伍负责在内操班指挥下开展泡排、解堵等常规作业，对现场信息化设备仪表的检维修和调校送检，开展施工监护、维修、应急处置，对站场设备检维修与故障处理，对废旧物资进行回收并开展修旧利旧以及物资库房管理及配送业务。

在交通工具保障方面，根据井站工作量测算，每个巡检班组需要配置生产用车2辆以及驾驶员2人。

4 管理运行模式

无人值守模式使得管理机构人员数量得到进一步精减，维护人员集中组成巡检班，及时处置生产过程中各类突发情况，建立"电子巡井、人工巡检、中心值守、应急联动"的生产运行与生产管理相统一的生产组织方式，达到了油水井、站点的统一协调、应急指挥、多级监视、智能决策、预警报警、远程监控、报表自动生成的生产运行方式，实现了生产运行扁平化一站式管理。

4.1 现场环节可视化

利用产能建设配套视频监控+太阳能视频监控+4G执法记录仪方式，对井站进行全方位24小时监控，以视频巡检代替人工巡检，如图3所示。保障现场生产环节在掌控之中。

4.2 数据采集智能化

利用站内信息化设备，遵循实事求是、全面准确的原则，对在用设备状态(采气树、水套炉、分离器、计量装置、污水罐等)进行相关数据采集，如图4所示。通过内部专线网络传输至局、分公司服务器，最后在油气生产运行指挥平台进行数据展示，方便生产部门对现场数据进行精细化管控。

图3 JS104HF井站界面

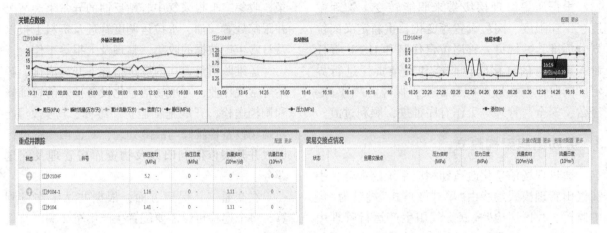

图4 JS104HF井站数据采集界面

4.3 现场管理模式化

利用PCS系统平台报警预警功能，实现井站异常第一时间推送，相关人员收到异常后第一时间处理，达到异常处置快速、高效的目的。

经过近一个月的综合运行测试，实现了现场巡检执行、数据自动录入发送、到后台系统数据查询整个流程的闭环应用测试，系统试运行中，对发现问题立即调整，从而进一步完善系统平台建设内容。通过对实际运行中系统功能与性能的全面测试，系统平台在长期运行中的整体稳定性和可靠性达到预期要求。

5 认识与体会

（1）中江气田数字化建设完成了生产数据自动采集、视频监控、数据分析等功能。随着远程控制设备的规模化应用，大量的人工操作被代替，形成了生产运行无人值守扁平化管理模式，进一步精减了组织机构，提高了生产管理效率、降低了现场操作安全风险，降低了劳动强度。

（2）在信息化建设的基础上，采气三厂构建了以数字化管理为核心的新型劳动组织架构，推行"厂管站"改革，气田生产运行管理由内操班组、采气班组和运维队伍共同配合，将原来的"厂-机关-管理区-井区-井站"管理层级运作模式优化为"厂-中心站-井站"扁平化管理模式，建立了"中心站+无人值守"的劳动组织架构。

（3）通过"电子巡井、人工巡检、中心值守、应急联动"的生产运行与生产管理相统一的生产组织方式，实现了生产运行扁平化一站式管理，现场运行的整体稳定性和可靠性达到了预期要求。

参考文献

［1］雍硕. 数字油田井站无人值守管理模式的应用研究［J］. 中小企业管理与科技，2017（26）.

［2］田彬傧. 无人值守井站工艺流程配套优化研究［J］. 化工设计通讯，2017（4）.

［3］黄文科，薛媛竹，代恒，等. 数字化无人值守站气井管理及生产制度优化［C］//低碳经济促进石化产业科技创新与发展——第九届宁夏青年科学家论坛石化专题论坛.

［4］刘丹丹，杨玉林，牛双平，等. 无人值守集气站气井管理探讨［J］. 工业，2014，000（011）：P. 221-222.

［5］姜连田. 浅谈天然气无人值守场站发展及探索［J］. 石油石化物资采购，2019（3）：46-47.

［6］李健，任晓峰，冯博研. 油田数字化无人值守站建设的探索及实践［J］. 自动化应用，2018（05）：160-161.

元坝气田"集中监控、片区巡检"建设与管理实践

崔小君 曾 力 曾 欢 赵 羽 班晨鑫

(中国石化西南油气分公司)

摘 要 元坝气田建有高度自动化的 SCADA 系统、通信系统、安防系统,可实现系统自动调节运行参数、自动纠错恢复、远程实时监控,具有良好的无人值守硬件条件。根据生产实际,将气田划分为集中监控和片区巡检两个模块进行管理,集中监控部分负责远程监控数据、调节参数;生产现场划分为若干个片区进行管理,巡检组对片区内场站进行巡回检查,两者通过数字集群系统实时通信。运行过程中采用扁平化管理方式,区调度室是信息上传、下达的统一归口。该模式下有效的节约了人力物力,保障了生产运行平稳。

关键词 元坝气田,集中监控,片区巡检,安防系统

随着工业化、信息化的不断融合,油气田集输工艺自动化程度越来越高,利用 SCADA 系统进行远程数据采集、监控和应急处置已越来越成熟;同时工业视频监控技术、网络传输技术、智能安防技术的发展,使得远程监控变得越来越便捷可靠。另一方面,由于油气田区块自然环境恶劣、交通不便利、倒班轮换周期较长等条件的限制,随着油气田事业的发展,用工成本高、用工人力资源紧张矛盾逐步凸显,国内无人值守模式在这种情况下应运而生。通过建设无人值守站,可以避免员工暴露在高风险环境之中,提高了人的安全性;采用计算机操作提高了运行的可靠性和效率,从而达到安全、可靠、高效的基本要求。在油气田信息化建设中,实现站场无人值守已成为大多数油气田信息化建设的主要方向。

1 元坝气田简介

元坝气田位于四川省苍溪县及阆中市,气田气藏平均埋深约 6700m,气体组分硫化氢平均含量 5.22%,二氧化碳平均含量 6.43%,是目前国内已发现的埋藏最深、地质情况比较复杂的高含硫生物礁气田。气田于 2011 年 8 月开工建设,2014 年 12 月试采工程投产,2015 年 10 月滚动建产工程陆续中交投运,目前已投运 34 口开发井、污水处理站 2 座、污水回注站 2 座,天然气生产规模达到 1200 万方/天。

地面集输系统采用了改良的全湿气加热保温混输工艺,地面工程具有采气、分离、加热、节流、保温、计量、放空、收发球等功能。

2 集中监控、片区巡检模式建设与现状

2.1 模式的提出

2014 年中国石化先后下发了《关于推进油公司体制机制建设的指导意见》《油气生产信息化建设指导意见》等文件,要求:"针对海上油田、高含硫气田推进智能化""对油气生产管理分类实施可视化改造、自动化升级和智能化建设"。元坝气田作为高含硫气田代表之一,在建设之初即按高度信息化、自动化理念设计建设。为充分发挥已建自动化系统功能,优化人力资源配置,避免因人为因素导致的操作失误,随着气田生产逐步稳定,气田将由"单点分散"管理模式转变为"集中监控、片区巡检"管理模式。

集中监控、片区巡检是指将气田数据监控和日常巡检深入融合的一种新型管理模式。集中监控室(站)通过 SCADA 系统实现对所有场站生产数据的 24h 集中监控;将生产现场划分为若干个片区进行管理,单个片区内按需设置巡检组,每个巡检组对多个场站进行巡回检查(表 1)。

表 1 不同场站管理模式优缺点对比表

	单点分散管理模式	集中监控、片区巡检模式
主要优点	① 出现报警后站场操作人员能迅速现场确认和处置; ② 有类似工程经验,工程运行安全性较高。	① 集中监控,方便管理和调度; ② 操作人员少,运行成本低; ③ 站场关断迅速,避免事故扩大化

	单点分散管理模式	集中监控、片区巡检模式
主要缺点	① 操作人员较多，运行成本高； ② 人员长期暴露于潜在硫化氢危险环境，人员安全风险较大； ③ 存在人为误操作风险	① 增加可能关断的次数； ② 巡检工作量大，存在山区交通安全风险

2.2 主要建设内容

自动化系统。通过 SCADA 系统可以实现集输系统压力、温度、流量、液位、阀门、机泵等数据的远程监控，并配备完备的预警功能，自控阀、机泵均采用自动化调节+人工辅助调节两种方式工作。正常工况下，由系统自动调节运行参数、自动纠错恢复，实现平稳运行；异常工况下可转为人工手动远程调节(图1)。

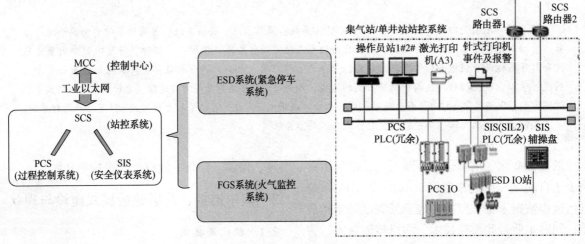

图1 元坝气田自动化控制系统架构示意图

通信系统。场站与集中监控采用光缆(埋地+架空两路冗余)传输作为主要通信方式，组成A、B两个环网，交换机具有自主选网切换功能；同时，租用公网链路作为自控系统的备用通信方式。依托光缆组成2套信息传输平台，1套单独用于为 SCADA 系统提供数据传输通道，1套用于其他信息化系统数据交换。此外，还建有通信基站数字集群系统，可实现工区无线对讲信号全覆盖，基站采用主备两种传输链路连接，主用链路采用光纤连接至就近场站，备用链路采用基站与基站之间的 5.8G 无线网桥。

安防系统。元坝气田的安防系统由工业视频监控系统、周界防御系统、语音广播系统、火气监测系统、应急疏散系统构成。

工业电视监控系统主要用于对工艺站场内工艺设备、控制仪表、火炬和室内重要岗位等的生产情况的监视，以及预防意外闯入和及时发现险情给予报警及火灾确认等。采用网络数字化监控模式，具备本地级显示、存储和控制，同时实现在中控室监控中心的远程监控，可实现在各种气象条件下的昼夜监视、图像传输等。

周界防御系统是指在站场四周每面围墙安装激光对射探头，形成封闭的周界警戒系统，激光对射采用光电采集和处理技术，在人眼不可见的情况下，实现对对外来入侵者穿越防区的自动报警。周界防御系统可与工业电视监控系统、站场广播对讲系统联动，实现在周界防区被入侵时，联动摄像机到预设位置，对该区域进行实况监控、语音自动告警驱离。

根据事故状态下硫化氢逸散的计算模型，在气田建设时设定管道及场站两侧1300m应急反应区域(EPZ)，内设应急疏散广播(安装到户)、防空警报、大功率号角，依托通信基站可实现全覆盖，应急情况下可及时启动广播、警报通知人员撤离(图2)。

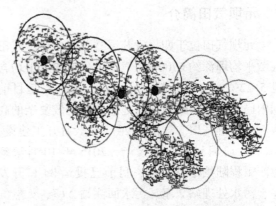

图2 元坝气田应急疏散广播划分示意图

在以上安防系统之外，还与地方政府签订了企地共管协议，建立了油气设施共管、应急联动、事件处理、协调保障、宣传教育等合作机制，在气田范围内居民实现网格化分工管理，形成全天候、全方位场站、管线周边异常信息联络通报机制。

火气监测系统分为固定式探头和开放空间气体监测两部分组成，分布于场站工艺流程区，可有效监测气体泄漏、火灾等异常情况，并根据不同的情况实现自动报警、关断、泄压放空点火等功能。火气监测系统可与工业电视监控系统、站场广播对讲系统联动，实现在发现气体泄漏、火灾时，联动摄像机到预设位置，对该区域进行实况监控、语音告警周边无关人员远离。

2.3 运行情况

结合各场站地理位置、道路情况及井站数量，元坝气田"集中监控"部分设一个集中监控站、一个中控室；"片区巡检"部分设5个巡检片区，13个巡检组，另设1个维保站，负责日常应急处置及应急值守。

中心控制室主要负责集气总站、管道线路、隧道阀室数据监控，执行 ESD-1、ESD-2 关断操作；集中监控站设立与片区相对应的集中监控操作台，每个巡检组对应1个操作台。巡检组负责场站日常巡检、现场操作及设备日常维护保养，集中监控站负责场站的远程监控。

需要特别注意的是，集中监控、片区巡检并不是严格意义上的无人值守；即便在正常工况下，每个巡检组仍需要按照固定路线和时间间隔对多个场站进行巡回检查；巡检组和监控中心采取实时无线通信方式沟通对接，实现对场站的无缝日常管理和联合应急处置。运行过程中采用扁平化方式，区调度室是信息上传、下达的统一归口（图3）。

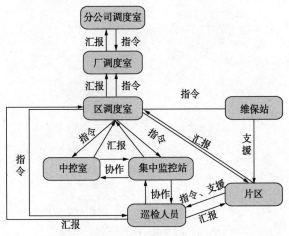

图3 元坝气田集中监控、片区巡检模式运行方案图

运行期间，总体上设备设施工况良好，自控系统可靠，通信系统平稳，调度系统顺畅，集中监控和巡检人员分工明确，配合互补得当。出现了生产应急事件，在完善的应急响应制度下，通过调度系统的功能发挥，集中监控站与巡检组员的协同配合，响应及时，及时完成了处置，体现了资源集中优化使用的优势（表2）。

表2　集中监控、片区巡检模式下应急处置事件统计表

事件	应急处置时间/min	处置过程
某井站压力波动	13	① 集中监控人员发现异常后立即远程活动节流阀，控制压力波动幅度；同时通知巡检人员赶赴现场； ② 13min 后，巡检人员到达现场，开展热水浇淋，井口阀门控制等应急处置，随后恢复正常
下游净化联合跳车	15	① 接调度指令，下游净化联合跳车，需要紧急降产；集中监控站立刻对末端井站执行远程关井（远程关地面安全阀、远程关水套炉温控阀）；同时通知巡检组，赶赴现场，做好复产准备； ② 15min 后，巡检组赶赴进站，开展复产条件确认，5min 巡检组复产条件确认完毕，30min 后，接调度指令，巡检组与集中监控配合完成开井
某井场外围起火	15	① 接第三方电话报警，某井场外围约40m处发现明火，火势朝井场蔓延；集中监控站立刻调整摄像头，对起火点进行实时监控，并通知巡检组赶赴现场，同时通知应急救援大队； ② 15min 后，巡检人员赶赴现场，利用井场灭火器进行灭火，因火势较大无法完全扑灭，巡检人员建立隔火带；随后应急救援大队到来完成灭火

3 建议及展望

无人值守是对场站系统、设备仪表、工况高度掌握情况下推出的新型值守模式，其初衷是减少工作人员在潜在危险环境下的暴露时间，优化人力资源配置。在推行该模式时，应当进行安全、经济、技术等方面的综合评价。技术方面，要充分评估设备、仪表的可靠性，自动化水平是否能够应对各类异常情况，鉴于设备仪表存在老化、损坏等自然趋势，无人值守模式应当定期进行复评价。经济方面，要结合场站运行经验，对比有人值守和无人值守之间的投资、成本差异，评估有人值守的成本增加和无人值守下产量恢复滞后带来的产量损失之间的差异，尤其是高产井、异常频次较高的井，需要重点注意。安全方面，需要重点评估公共安全风险是否可接受，对于输送有毒介质、位于人员密集区、油地关系复杂、外部风险（洪灾、地灾、火灾、人员闯入）较高的场站，往往异常频次高、事故后果严重；现有的自动化系统、安防系统仍然无法代替人员的预判性、应急机动性，应慎重考虑。

参 考 文 献

[1] 张玉恒，范振业，林长波. 油气田站场无人值守探索及展望[J]. 仪器仪表用户，2020，27（02）：105-109.

[2] 李海林，王自龙，王宏力，等. 试析无人值守的天然气井站监控系统的分析与设计[J]. 化工管理，2019(03)：96.

[3] 李健，任晓峰，冯博研. 油田数字化无人值守站建设的探索及实践[J]. 自动化应用，2018（05）：157-158.

[4] 马永生，蔡勋育，赵培荣. 元坝气田长兴组—飞仙关组礁滩相储层特征和形成机理[J]. 石油学报，2014，35(06)：1001-1011.

[5] 李杰，徐汇川，林铭，等. 无人值守站场安防系统的研究[J]. 信息通信，2016(7)：113-115.

[6] 梁国强，杨志，黄富君，吴非. SCADA系统在油气田生产中的应用[J]. 内蒙古石油化工，2013，39（23）：17-18.

无人值守巡检方法与系统

罗昊 周勋

(中国石化西南油气分公司)

摘 要 生产信息化建设和系统应用是无人值守的必要条件。采气一厂目前已基本完成气田信息化现场建设、PCS系统部署,实现了生产数据及视频的实时回传。通过深化数据应用,建立优化智能预警模型,有效提升了无人值守条件下气井措施维护效果的评价和优化时率。以信息化建设为依托,开展站场撤并优化,实施视频监控智能识别研究,提升无人值守现场安全管控水平。通过建立信息化条件下巡检管理、应急处置制度,将无人值守井站数据、视频双重监管落到实处,切实提升应急处置效率。

关键词 生产信息化,应用系统,智能预警模型 站场撤并优化,制度

2014年中国石化总部提出了"大力推广油公司模式"的举措,并下发了《关于推进油公司体制机制建设的指导意见》。基于总部"油公司模式"改革举措、生产信息化建设指导意见、技术要求和"三不实施"原则,采气一厂对什邡采气管理区开展生产信息化建设与跟踪研究,于2016年6月启动什邡生产信息化现场建设工作,2017年8月3日通过项目专项验收,系统进入正式运行阶段,配套制度逐渐完善,信息化改造建设标准初步形成。为进一步提高川西气田开发中后期油气生产管理水平,提高劳动生产效率及安全防控能力,在总结什邡采气管理区生产信息化建设经验的基础上,2019年10月启动德阳、金堂采气管理区油气生产信息化建设,2020年

12月完成建设,信息化系统正式运行,为下步采气一厂井站无人值守管理奠定了基础。

1 气田集输概况

采气一厂生产区域横跨成都、德阳、绵阳等18个市县,管辖孝泉、新场、马井、什邡、金堂等10个气田和区块,共有各类油气井1298口,其中生产井933口、长停井47口、废弃井318口,系统呈现出井多、区域广、管理难度大的特点。目前共有三个采气管理区:德阳、什邡、金堂采气管理区(图1),管理井站242座,其中采气井站232座,增压站10座,管理管道710条共计1452km。2021年年初井口日产气量约300×10^4 m^3。

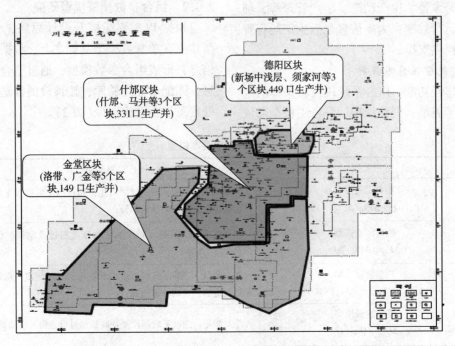

图1 采气一厂开发现状一览图

2 气田信息化建设

2.1 数据采集

通过对川西地区场站生产工艺参数进行跟踪分析,识别场站关键点位,形成了一套川西地区适用的信息化采集标准。针对在用设备(采油树、水套炉、分离器、计量装置、地层水罐等)进行数据采集,满足安全生产所需。

目前采气一厂已完成 203 座井站、26 座阀室、953 口气井共计 7000 余条数据的接入工作,涉及压力、温度、液位、流量等生产参数,实现数据自动采集与集中展示。

2.2 视频采集

为提高无人值守后现场监管能力,对所辖井站进行了视频监控部署。针对具有节流、计量功能等有流程的井站,对全站场无死角覆盖监控,现场配置音箱,可对非法闯入人员进行远程告警、驱离。

目前,采气一厂共有视频监控井站 200 余座,安装摄像头 600 余台,均已回传至视频监控平台。

2.3 油气生产指挥系统部署

按照"顶层设计、统一平台、信息共享、多级监控、分散控制"的原则,油气生产运行指挥系统(下称 PCS 系统)部署紧跟地面工程建设进度,通过数据采集、应用软、硬件环境的搭建与部署,实现生产运行数据实时采集、自动传输和集中展示。开展系统应用上线,功能模块覆盖生产监控、报警预警、生产动态、生产管理等,辅助提升生产运行效率,为厂信息化后生产运行管理模式转变提供支撑。

2.4 PCS 系统智能应用提升

信息化建设初期,PCS 系统仅仅将采集的生产数据进行了展示,气井维护、分析工作全部依赖人工分析,管理效率较低,异常信息发现不及时,措施效果反馈滞后。2018 年以来,随着 PCS 系统智能分析模块推行,开展全方位的数据分析挖掘,初步实现了异常信息智能分析、预警推送与处置和视频智能判断,生产运行效率大幅提升(表 1)。

表 1　PCS 系统智能提升具体内容

内容	功能说明
生产参数自动处理	① 实现油套压、累计流量、瞬时流量、液位等单参数动态报警; ② 建立适合设备故障、仪表掉线、数据断传的算法:一段时间内数据无变化(包括没有数据)报警
智能分析工况异常	① 建立多生产参数综合分析模型,实现包括产量波动、措施计划与效果推送、安全运行跟踪等多参数组合分析异常报警; ② 包含报警类别、参数设计、原因预判、报警推送
视频智能分析报警	实现报警接收接口与报警信息提醒、处置

2.4.1 单参数预警模型研究

现场异常情况往往伴随着单个或多个生产参数的异常变化。通过对气井油套压差、瞬时流量、累计流量、液位等参数统计数据进行算法分析,预测生产是否出现异常,研究形成 6 类基础预警模型:油套压差异常、瞬时流量异常、累计流量异常、液位异常、以及数据定值和空值模型(表 2)。

2.4.2 组合参数预警模型研究

根据 PCS 智能提升设计思路,组合参数模型建立在单参数模型基础之上。根据单参数预警信息,形成组合参数模型,通过组合参数报警信息,匹配工况经验库,按预设值推送异常情况和处置意见至对应岗位(图 2)。

表 2　异常判断基本模型

模型类别	公式	判断逻辑
油套压差异常模型	相对压差模型: $\Delta P_{相} = (1 - \Delta Pt_1/\Delta Pt_0) \times 100\%$	相对压差:当前某时间段平均压差超过历史时间段平均压差的百分比值的设定值,自动推送预警;
	绝对压差模型: $\Delta P_{绝} = \Delta Pt_0 - \Delta Pt_1$	绝对压差:当前某时间段的平均压差超过设定值,自动推送预警信息
瞬时流量异常模型	相对瞬量模型: $\Delta Q_{i相} = (1 - Q_i t_1/Q_i t_0) \times 100\%$	相对瞬量:当前某时间段平均瞬量与历史时间段平均瞬量百分比值超过设定值,自动推送预警;
	绝对瞬量模型: $\Delta Q_{i绝} = Q_i t_0 - Q_i t_1$	绝对瞬量:当前某时间段平均瞬量超过设定值,自动推送预警信息

模型类别	公式	判断逻辑
累计流量异常模型	相对累量模型： $\Delta Q_{c相}=(1-Q_ct_1/Q_ct_0)\times100\%$	相对累量：当前某时间点当日累产量与历史同期平均累量的百分比值超过设定值，自动推送预警；
	绝对瞬量模型： $\Delta Q_{c绝}=Q_ct_0-Q_ct_1$	绝对累量：当前某时间点当日累计产量与历史时间点累量的波动超过设定值，自动推送预警信息；
液位异常模型	分离器液位超限模型： $\Delta T_分=T_分t_1-T_分t_0$	分离器液位超限：分离器液位超限时间超过设定值，自动推送预警；
	地层水罐液位超上限/下限模型： $\Delta T_罐=T_罐t_1-T_罐t_0$	地层水罐液位异常波动：地层水罐液位超限时间超过或低于设定值，自动推送预警信息；
数据定值模型	$\Delta P=(P_{ti}-P_{t0})=0$	数据定值：任一数据采集设备回传数据为某一常量，超过预设时间，自动推送预警信息
数据空值模型	$P_{ti}=null$	数据空值：井场数据采集设备未回传数据，超过预设时间，自动推送预警信息

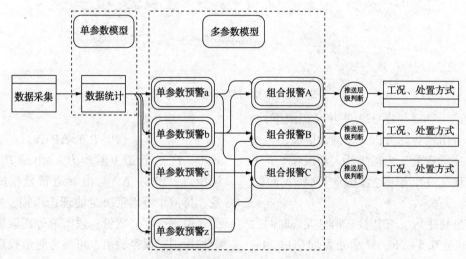

图 2　组合参数预警模型原理图

目前，PCS 实现气井工况异常诊断、管网运行异常诊断、设备运行异常自诊断 3 大类组合参数报警模型的配置应用，在不同气井、管线、设备上开展配置共计 476 个，模型配置符合率达 96.5%。

（1）气井工况诊断模型。

气井在生产后期低压低产通常伴随积液严重，通常体现在井口油压、套压、油套压差，流量等生产参数波动异常。通过实时开展气井生产动态跟踪，总结什邡气田气井的生产异常类型，重点建立了气井井筒积液，气井水淹、井堵等模型，助力稳产措施有效开展，降低气井综合递减率，提升气井精细化管理水平（表 3）。

① 气井井筒积液模型。同时满足条件 1、条件 3 和条件 4，PCS 推送该气井井筒积液报警。

② 气井水淹、井堵模型。同时满足条件 2、条件 3 和条件 4，PCS 推送该气井井堵或被水淹的报警。

表3　气井井筒积液与气井水淹模型配置

项目	参数	预警条件	
		气井井筒积液模型	气井水淹、井堵模型
条件 1	油套压差	持续增大超过积液阈值	/
条件 2	油压、套压	/	持续增大超过水淹阈值
条件 3	瞬时流量	下降低于积液阈值	下降低于水淹阈值
条件 4	累计流量	同比下降超过积液阈值	同比下降超过水淹阈值

通过持续跟踪什邡气田 279 个气井工况诊断模型，常规气井的报警符合率为 92%，而对于水平井、多层合采井等非常规井报警符合率不足 50%，对此类气井生产异常诊断还需深度挖掘数据特征，丰富气井工况经验库，提升模型报警符合率。

主要应用场景以川孝 323 井为例。

气井概况：川孝 323 井为川孝 109 井站站外井，与孝沙 3-1HF 井在分离器进行合输计量后外输新什线，可通过油套压差初步判断该井是否存在气井积液情况。

模型信息：①模型种类：气井井底积液模型；②报警条件：当前 1 天，油套压差平均值增大至 1.9MPa；③处置建议：川孝 323 油管投棒 XHG-10A0.8Kg，提液。

事件分析：2019 年 12 月 13 日上午 8：28，PCS 系统推送报警，提示川孝 323 井油套压差达 2.03MPa，存在井底积液。9：20 巡井人员赶至现场，根据处置建议加注固体泡排后提液。10：15 气井出水，油套压差降至 0.8MPa，恢复正常生产（图 3）。

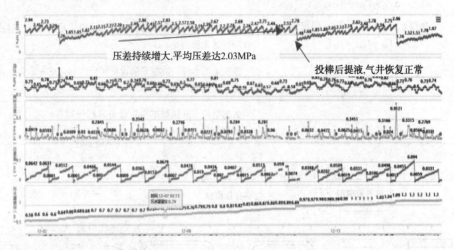

图 3　川孝 323 井综合采气曲线图

措施结论：针对川孝 323 井井底积液事件，系统实现异常信息智能分析，按预设值成功推送异常情况和处置意见，大幅降低人为跟踪气井工作强度，实现气井维护由"管正常"向"管异常"的转变。

借助信息化手段，气井异常信息发现时间由 24~48h 缩短至 0.5~3h，异常处置周期由 24~48h 缩短至最快 1 小时，气井措施维护方案优化周期由 1~3d 转变为实时，有效提升措施维护效果的评价和优化时率。

（2）管网运行诊断模型。

气田采集气管道长时间使用后，管输气携带的液体及其他杂质会逐渐在管道底部聚集，造成管线压损增大，影响管线平稳输气。此外，这些杂质随气流对管壁的冲刷，以及形成的水合物对管壁的腐蚀，导致管道长时间运行后存在泄漏风险。通过 PCS 实时监控管线上下游压力、流量，建立管道积液、堵塞模型，实现管线运行异常自动报警和清管作业推送，降低管线运行安全风险。

采集气管道积液、堵塞模型。

算法设计：管道上下游压力差值变化情况。

判断逻辑：管道积液、堵塞，当前时间管道上下游压差大于预设值，PCS 自动推送管道积液、堵塞预警信息。

模型：

$$(P_0-P_1)>\Delta P+N \tag{1}$$

式中，P_0 为管道上游压力，MPa；P_1 为管道下游压力，MPa；ΔP 为由管道管径、长度、输气量、持液率等因素决定的理论压损，MPa；N 为受管道水平度、弯管、段塞流等因素影响产生的附加压损，属经验值，可参考管道投运初期或清管后的压损初步确定，MPa。

2020 年针对 16 条重点管道设置了积液、堵塞模型，累计触发管道积液预警 11 次，报警准确率 100%，影响 37 口气井生产，现场员工及时开展管线吹扫作业，确保了气井和管道输气畅通，提高了气井产气量，累计增产 15.32×10⁴m³，按照天然气价格 1.7 元/m³ 计算，获得 26.044×10⁴元人民币的经济效益。主要应用场景以孝蓬 104-1HF 至马蓬 86-2H 阀室管道为例。

① 管道上下游压力采集设备概况：压力变送器，通过 RTU、数据卡进行数据传输。

② 模型信息：模型种类——管道积液、堵塞模型；报警条件——当前一小时，管道压差增大至 0.6MPa；处置建议——进行管道吹扫作业。

③ 事件分析：2020 年 7 月 13 日，PCS 推送孝蓬 104-1HF 至马蓬 86-2H 阀室管道积液的异常信息，巡井人员接到短信后于当天开展了管道

吹扫作业，上下游压差缩小至0.15MPa，瞬产上涨$0.65×10^4m^3$，日产上涨$0.35×10^4m^3/d$。

④措施结论：利用PCS管道积液、堵塞模型，自动诊断管道运行异常情况，提高异常情况处置效率。

(3)设备运行自诊断模型。

现场数据采集设备在缺电、网络中断的情况下，PCS平台数据会呈现定值或空值。经过前期大量数据跟踪与现场核实，确定：数据呈现定值主要由于采集设备电量耗尽；数据呈现空值主要因井站断电、断网，导致整个井站数据不能及时上传，从而在PCS采气曲线上有一段时间数据中断。利用PCS实时数据，建立了数据定值、空值预警模型，用于辅助诊断现场网络与数据采集仪表运行异常，实现从而提升信息化运维效率和生产数据及时性、准确性。

①采集设备缺电模型。

条件1：当前时间段，井场接入RTU的任一采集设备回传数据为某一常量。

条件2：接入同一RTU的采集设备有一台或一台以上数据正常回传。

若同时满足条件1和条件2，PCS自动推送该设备缺电报警。

②信号延迟模型。

条件1：当前时间段井站RTU采集参数存在空值或零值。

条件2：当前时间段视频流不连续。

若同时满足条件1和条件2，PCS自动推送信号延迟报警。

③网络中断模型。

条件1：当前时间段井站RTU未采集到任何参数。

条件2：当前时间段没有视频流。

若同时满足条件1和条件2，PCS自动推送网络中断报警。

通过对什邡气田8口气井16台井口油、套压变送器配置缺电模型，8座井站进行网络异常模型配置跟踪，累计发生设备缺电报警34次，信号延迟报警78次，网络中断报警25次，异常信息发现时间由平均36h缩短至2h，处置周期由36h缩短至最快1h。以马蓬36-1井套压回传数据呈现定值为例。

采集设备概况：马蓬36-1井井口安装一体化压力数据采集终端，采用数据卡进行数据传输。

模型信息：模型种类——数据定值模型；报警条件——当前6h套压为定值；处置建议——更换套压电池或维修套压传感器。

事件分析：2019年12月8日，PCS推送马蓬36-1井套压异常的报警信息，经监控人员确认，马蓬36-1井采气曲线显示该井套压当前6h无任何波动。运维人员现场核实，该井套压传感器指示灯熄灭，初步判断该设备电量耗尽。更换电池后，数据恢复正常。

措施结论：数据定值、空值模型实现了采集设备数据停传、数据中断等异常自动推送，辅助快速诊断现场网络与设备异常，有效提升设备维护时效和数据采集齐全率(图4)。

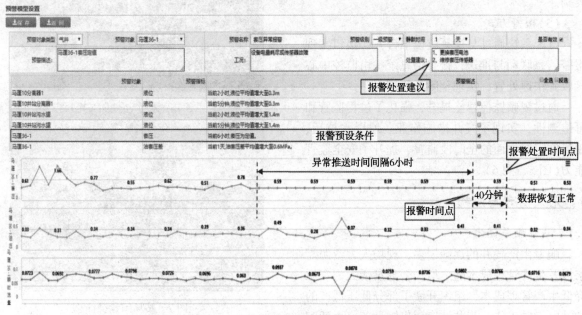

图4 马蓬36-1井设备异常诊断模型配置与采气曲线图

2.4.3 视频监控智能识别研究

信息化后大量站场改为无人值守，视频监控系统自带的区域入侵报警功能无法划定报警区域，无法识别闯入对象类型，误报率高可靠性差，全靠人工肉眼判断，无法及时快速发现现场异常。通过增加周界报警、行为分析智能服务器并与 PCS 系统实现接口联动，预设报警区域与行为分析对象，过滤蚊虫、光线、物体等干扰，只在人员闯入划定区域后才形成有效报警，报警信息直接推送至监控中心和个人工作台，大幅降低误报警率，提升现场安全管控水平。

（1）周界报警模型。

对站场的重点监控区域，如大门、地层水罐等划定报警区域，当有非法闯入时，系统能自动分析判断报警并实时跟踪，快速定位显示非法闯入站点区域视频，现场与监控中心均启动声光报警，同时能自动过滤小动物、蚊虫等干扰。摄像头转动后能通过预置点为自动归位，确保周界报警功能连续运行。

（2）行为分析识别模型。

对通用不安全行为进行智能分析与识别，如：未带安全帽、未穿工作服等以及非通用不安全行为，如：人员倒地，正常速度行走的人产生突然加速，速度超过警戒值等。经系统判定为不安全行为，触发报警，并通知监控中心对现场情况进行核实。若核实为正常行为，则人工消除报警信息；若核实为不安全行为，则启动现场扬声器进行警告。模型分析识别具备 AI 学习功能，后期可通过自学习增加不安全异常行为分析类别。

（3）报警方式。

PCS 系统通过与视频监控平台 API 接口实现报警信息联动与推送，报警信息统一由监控中心接收并快速处置，实现全闭环管理。

通过视频监控智能提升，强化了过程监管和可追溯性，实现了气井措施作业、地层水拉运、现场施工等方面的全时段监督，提升了安全监管能力（图5、图6）。

3 无人值守与巡检

3.1 站场撤并优化

随着生产气井的逐渐增多，现场人力资源需求以及生产管理成本随之增长，为盘活人力资源降低生产管理成本，组织开展了部分低压低产的井站的撤并工作，将井站地面集输设备、生活配

图 5 人员闯入报警信息推送

图 6 视频监控自动识别作业人员

套拆除，值守人员撤离，采用多井集输模式进行统一管理。通过撤并站的开展，盘活了老区人力资源，节约大量生产管理费用，促进了我厂新井建设、增压站投产等各项工作的顺利开展，起到重要的节能降耗的作用（图7）。

图 7 站场闲置设备

3.1.1 撤并站模式优化

结合气液混输研究成果，根据站场高程差异、气井产量、气井气水比差异、下游站距离等提出完全撤并、管理撤并、利旧撤并三种撤并站模式，适应川西不同地貌、工况气井。

（1）完全撤并模式。

针对可气液混输的气井，建议实施完全撤并模式，即将井站地面集输设备、井站生活配套完全撤除，值守人员撤离，撤并后改为气液混输，根据气井产水情况采取井口计量或者下游站轮换计量。推荐工况和地貌特征见表4。

表4 完全撤并模式推荐工况

撤并模式	集气量/(10⁴m³/d)	气水比/(m³/m³)	外管长度/km	高差/m	备注
完全撤并	<5	>5000	<5	<50	同时满足

该模式可最大程度的回收利旧设备并腾出值守人员，取得降本效益明显。

（2）管理撤并模式。

针对无法开展气液混输的气井，实施管理撤并模式，保留站场集输流程，撤离值守人员及生活配套，撤离后实施巡井管理，推荐三类工况（表5）。

表5 管理撤并模式推荐工况

撤并模式	工况参数		
	工况一	工况二	工况三
管理撤并模式	5×10⁴m³/d<集气量<10×10⁴m³/d，且终点站不高于起点站50m	气水比<5000m³/m³，且终点站不高于起点站50m	5km<外管长度<10km，且终点站不高于起点站50m

该模式撤离了值守人员，节约了人力资源并降低了维护管理成本。

（3）利旧撤并模式。

针对高气液比井站、高产井站或者边远井站，实施利旧撤并模式，即只拆除站内闲置停用设备，站场生产模式不变，推荐三种工程（表6）。

表6 利旧撤并模式推荐工况

撤并模式	工况参数		
	工况一	工况二	工况三
利旧撤并模式	集气量>10×10⁴m³/d	终点站高于起点站50m	外管长度>10km

该模式主要为盘活站场闲置设备，用于工程建设，同时不影响站场原生产集输。

3.2 巡检管理
3.2.1 电子巡检

根据采气一厂生产信息化建设部署情况，目前电子巡检由视频巡检和数据巡检两大部分组成。

视频巡检：监控中心监控人员利用视频监控平台对站场生产设备状态及站场生产、安全环保及周边情况进行巡检。

（1）自动滚屏巡检：为全摄像头视频监控全屏定时巡检。发现外来车辆人员闯入、井场周边出现不安全因素等情况时立即通知相关部门，并对事件过程进行跟踪。

（2）人工电子巡检：分为人工逐屏和人工专项巡检。

人工逐屏巡检为监控人员在专机上进行逐摄像头视频定时巡检，巡检频次为1次/4h。人工专项巡检是指监控人员在专机上对报备的作业现场或者异常信息进行专项监控。相关人员于每日17：00之前，将次日专项巡检的现场作业计划报送至监控人员，监控人员根据报备的作业计划，在作业前10min将施工站场视频调入专项监控工作平台，对外来车辆人员进入、人员劳保着装、施工情况进行巡检。

数据巡检：监控人员通过PCS系统"气井巡检"和"集气站巡检"两个专用巡检模块进行电子巡检。

有流程的站场数据巡检周期为4h，巡检内容包括分离器压力、计量管段瞬时流量、进出站压力和地层水罐液位。

无流程站场巡检周期8h，巡检内容包括井口油套压、瞬时流量数据、日累产量。

每口气井巡检时间不少于10s，集气站巡检时间不少于30s。对发现的异常情况及时上报相关部门并跟踪记录处置进度。

3.2.2 人工巡检

信息化改造前，巡检内容以产量计算、数据记录和现场巡查等辅助生产类工作占比较大，气井维护、措施作业等主营生产工作占比较小。

信息化改造后，生产数据、现场视频实现自动采集，人工巡站由每天一次延长至每周一次，巡检内容调整为检查流程设备运行状态，井站围墙（围栏），井站电路、网络设施运行状态，井场周边、道路状况等信息化巡检未涉及的部分，员工的工作重心转向气井维护作业（表7）。

巡井工作日均耗时对比统计表**

现场日 工作类型	原有管理 模式耗时/h	现有管理 模式耗时/h	备注
现场巡查	3	0.5	对非连续 性安排取均 值统计
数据记录	1	0.5	
产量计算	1	0	
措施作业	2	6.5	
其他作业	1	1	

3.3 管理流程优化

3.3.1 压缩管理层级

在实施信息化建设之前,管理区下设生产运行中心、技术信息室、综合管理室和经营管理室。完成信息化改造后,进一步开展岗位职能合并,提升生产管理组织效率(图8)。

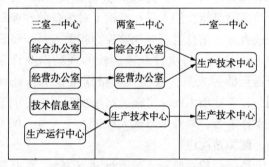

图8 组织机构优化对比图

3.3.2 一线班组优化

开展信息化建设之前,管理区以联合站+承包站结合的传统管理方式为主,管理效率低下,管理风险成本高。完成信息化建设后,取消有人值守模式,实行专业化班组+井区(中心站)的方式实现生产现场统一集中管理。经过细化分工,一线班组的处置效率得到进一步提升(图9)。

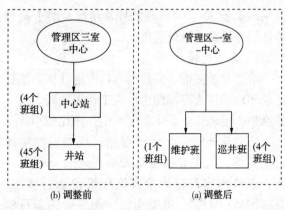

图9 一线班组机构优化

3.3.3 异常处置流程简化

为满足生产信息化管理需求,重建了"生产

跟踪、运行调度、现场管理"3项现场管理流程,梳理评估了安全风险和应急处置程序,简化了处置流程,提升风险处置能力。根据无人值守站管理特点和前期运行异常情况统计,并结合各集中居住点应急响应时间,对各类型异常情况进行梳理,重点对潜在风险进行了再识别,现场处置效率全面提升(图10)。

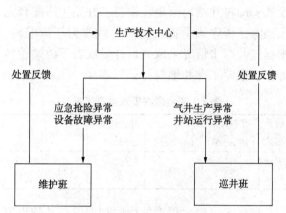

图10 生产异常情况处置流程图

4 信息化运行效果总结

以我厂信息化运行较为成熟的什邡采气管理区为例,该管理区于2017年实现井站无人值守,依托于生产信息化的推广应用,生产运行效率大幅提升。

4.1 现场作业效率提升

4.1.1 巡井效率提升

优化巡井周期及车辆路线,提高巡井效率,保证特殊井重点井的维护质量。2016—2020年期间,经不断优化巡井周期和巡井路线,车辆行车里程减少2.25×10^4 km/年,里程降低49.52%。

4.1.2 地层水拉运效率提升

实时监测地层水罐存,生产技术中心统筹调度拉运车辆。2016年出车365车次,有效拉运率78.57%。优化后,2020年全年出车244车次,下降33.2%,有效拉运率提升至95.8%。

4.1.3 运维时效提升

通过专业化班组调整,设备修理工作由维护班独立负责,设备维修处置效率得到大幅提升。信息化前站场设备故障处置时效约72小时,正式成立维护班后,处置时效逐步降低至4小时以下。依托设备运行自诊断模型,实现现场仪表电池剩余电量提前预警、现场采集设备故障快速排查,2016年站场设备报修工作量约234台次,2020年报修工作量降至88台次,降幅达62.4%。

4.2 气井维护效率提升

生产数据实时跟踪，气井实现精细化管理，措施有效率由 2016 年的 79.1% 提升至 2020 年的 91.1%，有效井次由 2016 年的 1110 井次升至 2020 年的 1502 井次，生产年综合递减率由 2016 年的 16.12% 逐年下降至 2020 年的 6.24%，稳产效果显著。

4.3 安全管理水平提升

通过数据和视频的双重跟踪，强化了过程监管和可追溯性，实现了气井措施作业、地层水拉运、现场施工等方面的全时段监督，提升了安全监管能力。2020 年监控人员进行施工作业专项监控 120 余站次，制止现场违章作业 10 余次。

4.4 经济效益提升

4.4.1 用工人数显著下降

通过组织机构调整、岗位职责优化、专业化班组建设，总人数由 147 人减至 102 人，其中一线操作工从 122 人降至 83 人。

4.4.2 非人工成本明显下降

信息化建设后，通过优化人力配置、优化工艺措施、推广无纸化、井站无人值守等措施，人员、站场相关运行管理费用明显下降。2020 年非人工成本较 2016 年降低 100.5 万元。

复杂环形多压气站管网压缩机组智能优化运行技术探讨

彭阳 程华 陈敬东 别沁 刘颖 张启超 康鹏程

(中国石油西南油气田分公司)

摘要 国内天然气管道"互联互通"格局已基本形成，天然气输送方式更加灵活多变，但也出现了部分供气区域受现有管线、压气站限制，不能够最大程度实现智能化运行及节能降耗的问题。以川渝复杂环形天然气管网为例，为了满足长期需求，将陆续新改建5座压气站，但随着压缩机数量增加，能耗也大幅上升，仅靠经验操作已不能够适应今后压气站的无人化值守要求。随着川内页岩气上产势头强劲、上载外部管道气量增大，给管网内多压气站的联合运行带来了新挑战；而不断增大的天然气管网规模及日益复杂的运行条件，则对管网高效、智能的运行提出了更高要求。为了保证管网内多压气站高效率、低能耗运行，有必要开展压缩机组的智能优化技术研究。为此，首先调研了天然气管网及压气站优化运行技术应用现状；其次，介绍了川渝复杂环形管网构成及压缩机组优化运行亟需解决的问题；最后，针对复杂环形多压气站管网的智能优化运行技术，从压气站内压缩机组优化启停模型建立、管网整体优化模型建立和多压气站联合智能优化运行技术三个方面进行了探究，以期能够为今后天然气管网的高效、低耗、无人值守与运行提供技术思路。

关键词 天然气，环形管网，多压气站，智能优化，离心式压缩机，联动，节能降耗，无人值守

中国非石化能源和天然气消费量占比超过能源消费总量68%，由此加速了天然气管道建设。国内天然气主干管道已达 $6.4×10^4$ km，已建成西气东输、川气东送、陕京线、中俄东线、中缅油气管道和中贵线等天然气输送联络线，且省级区域管道网络日臻完善，从而使得"主干互联、区域成网"的格局逐渐形成。通过"互联互通"实现了输气通道多元化，提升了国内天然气整体调配、调峰的能力。为此，保障天然气管网安全、高效、经济的运行迫在眉睫。2019年年底，国家石油天然气管网集团有限公司(国家管网公司)正式挂牌成立；2020年，新增天然气探明储量保持高增长，页岩气产量跃上新台阶。这给国家管网公司提供了良好发展环境，但也带来了新的技术挑战。

虽然隶属于中石油西南油气田公司的川渝输气管网暂未被纳入国家管网公司统一管理，但是其与中贵联络线存在多处联接点。为能顺利实现"外气入川""川气出川"和满足国家天然气战略需求，西南油气田已投运4座大功率离心式压站，共计9台压缩机，用于川南页岩气外输增压、川中产气上载国家管网及相国寺储气库注气。由于川渝管网属于"三横三纵三环"的复杂环形管网，供气点、出气点多，压力分布不均衡，因此产销平衡气量和压力调配存在较大的季节性波动。"十四五"期间，为了配合公司上产 $500×10^8$ m^3 的需求，将陆续新改建5座压气站，规模将达到 $4000×10^4$ m^3/d，但随着压缩机数量增加，能耗也大幅上升，预计年总费用支出近2亿元。因此，仅靠目前调度人员的经验操作已不能够适应今后压气站的无人化值守要求。

1 天然气管网及压气站优化运行技术研究现状

管网和压气站构成完整的水力学系统。天然气管输能耗费用受气源供气量、天然气分配量、管段压力、能耗单价和压缩机类型等因素影响，而压缩机能耗费是天然气管道的主要运行费用。为了整体上达到能耗最小，通常是在满足负荷需求、机组安全与启停限制等约束条件下，优化各时段参加运行的机组数量，并确定机组启停时间。为此，开展了相关技术与方法调研。

首先，在天然气管网优化运行技术研究方面，基于管网"互联互通"情况，结合实际管网工况变化，开发了压气站方案制订软件；以管网能耗费用最低为目标函数，建立了管网内单条管道输气量与能耗之间的数学关系，确定出了气量分配和各管道启机的优化方案；运用最优化技

术，以管道压气站负荷分配、单条输气管道及复杂输气管网运行方案为对象，建立了相应最优化模型。

其次，在压气站内压缩机组优化启停方面，李博等建立了混合整数非线性规划模型，研究了求解方法。冯亮等采用枚举法研究了压气站的最优运行费用。邢艳萍改进了压缩机组的控制方案，使其各段出口压力均实现了自动控制且回流阀可全部关闭。方兴等提出了一种多级离心式压缩机优化并机启停方法。邵军等分析了长输管道压气站运行的平稳、启机、停机和特殊工况。刘可真等提出了确定机组最优启停费用的改进动态规划法。孔令伟利用 HYSYS 软件建立了并联离心压缩机开车过程的动态模型。马凯等提出"一键启动控制"及"负荷分配控制"方法，提高了压缩机的智能化水平。

最后，在天然气管道与压气站联合运行技术研究方面，杨道广利用 SPS 软件进行了中贵联络线中间站注入正输与全线反输工况模拟。文昊昱等研究了压缩机组和管道的联合运行特性。屈静等设计了基于等负荷率原理的布站和压缩机组适用性分析方法。周大伟等提出了大管网枢纽站的压缩机配置方案。李明菲等提出了管网系统可靠性的评价指标。王怀义等给出了压缩机组远程控制设计原则、方案和控制系统。王希勇则对天然气长输管道运行优化、压气站负荷调度和联合工作特性开展了详细研究。

综上，国内关于天然气管道及其压气站的优化技术集中于单条长输管道，较少涉及到环形管网与压气站的整体优化；压缩机组的优化技术侧重于单个压气站内的压缩机组启停方法，未涉及到多压气站的联合智能优化运行技术；而在天然气管道与压气站联合运行特性研究方面，则集中于单条管线及其压气站的联合特性分析、布站方式优化和可靠性评价，没有考虑到环形管网内部多压气站之间的联动特性。

2 川渝复杂环形多压气站管网运行状况分析

2.1 管网构成及运行简介

川渝管网形状基本构成为"三横三纵三环"，如图 1 所示。南部站、铜梁站和江津站与中贵线存在接点：南部站从中贵线下载天然气；铜梁站将一部分川中产气增压后上载中贵线，另一部分则注入相国寺储气库和供水土末站消耗；江津站

将宁纳线、江纳线来气增压后上载中贵线；忠武线外输湖北省。环网内目前包含有 4 座大功率离心式压气站：兴文（1 台）、纳溪西（2 台同型号）、江津（3 台同型号）和铜梁压气站（3 台同型号）。兴文、纳溪西、江津压气站和中贵线的江津增压站处于相互连接的一条长输管道上，且不同压气站之间的压缩机组型号不一致，故进出口压力、压缩机组功率及能耗会相互影响。此外，铜梁、江津压气站同时向中贵线上载气，不同的输量分配方案会影响到两个压气站内压缩机组的启停情况，尤其是江津站的上载气量，会对上游纳溪西、兴文压气站产生影响。

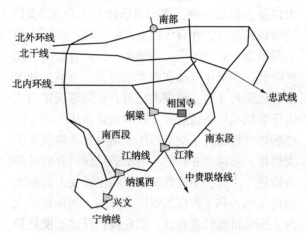

图 1 川渝复杂环形多压气站管网示意图

随着川内页岩气上产势头强劲，给管网内多压气站的联合运行带来了新挑战；而不断增大的天然气管网规模及日益复杂的运行条件，则对管网高效、智能、集中调控提出了更高的要求。

2.2 亟需解决的问题

在"互联互通"背景下，川渝管网与外部输气干线紧密连接，上下载中贵线及外输武汉的气量变化大、存在不确定性周期；同时，各个矿区产量快速上升，管网建设规模不断扩大，部分管线、输气站和压气站的运行状况已经不能满足公司关于节能降耗、智能化、数字化、无人化的总体要求，因而需要进行调整、改造和优化。面临的主要技术问题包括：①压气站内压缩机组启停优化；②复杂环形管网及压气站的整体优化；③多压气站联合启动时压缩机组的智能优化运行方法。

3 环形多压气站管网智能优化运行技术分析

3.1 压气站内压缩机组启停优化方法

对于以控制增压气量为目标的川渝天然气管

网，调度人员根据计划输量、各个压缩机的总开机时间长来确定出开机数量和组合方式。为减少经验性操作带来的偏差，提高压气站运行效率、启停智能化水平，并达到节能降耗的目的，需要建立优化计算模型，并将结果作为自动控制系统的最佳方案决策。

以单位时间内整个压气站运行费用最低为目标，根据压气站的进站流量、压力、温度、出站压力，可以确定出压气站的开机组合与流量分配，其最优化计算模型详见文献。该方法适用于包含3台压缩机的江津和铜梁压气站。江津压气站能耗受上游纳溪西站出口压力、下游中贵线压力以及上载量影响，即：当压比与上载量大时，压缩机转速快，开启台数多，能耗高；当压比与上载量不大时，压缩机转速慢，开启台数少，能耗降低。铜梁压气站在中贵线压力、上载量和上游管线运行压力、温度确定时，也能够确定出站内压缩机组的最优启停方式与能耗费用。因宁纳线的输气量超过了纳溪西压气站每台压缩机的最大输量，故两台并联的压缩机必须同时开启且均分输量。由此，纳溪西站的能耗主要受上游兴文站出站压力和下游江纳线压力影响：当压比较大时，压缩机组转速较快，能耗高；反之，能耗较低。而兴文压气站只有1台压缩机，其进能耗大小直接受到上游矿区产量和压比的影响。

综上，当产气量、上载气量与压力任务下达后，兴文压气站的进口压力和流量、江津压气站的出口流量和压力确定；铜梁站的出口流量和进/出口压力确定。此时，兴文和纳溪西压气站的出口压力将会直接影响到整条管线3座压气站的能耗大小；江津、铜梁压气站内压缩机组的开启方式与能耗则可以通过优化模型，按照各站分配的上载气量分别确定。因此，4座压气站的能耗是否整体达到最优，需要同时考虑3座压气站的联动效应和2个上载点的输量分配大小。

3.2 天然气管网优化模型建立方法

对单条天然气管道中的多个压气站，当已知气源量、压力、温度及外输量与压力，通过计算各个压气站的出站压力及站内负荷分配，可以得出总的压气站能耗费用最低，具体计算模型及求解方法参见文献。

由于川渝管网具有多个环状结构，存在环内流量动态分配问题，因此管网模型构成及计算复杂程度要远高于上述单条管道，并且动态规划法将不能直接应用于模型求解，可以尝试采用其他计算方法进行求解。但是，复杂环形天然气管网运行优化问题运算规模庞大、结构复杂、计算时间长，因而关键是结合实际问题特点选择合适的简化方法、优化算法和仿真软件作为辅助工具。

3.3 多压气站联合智能优化运行技术探究

复杂环形多压气站管网压缩机组的智能优化运行技术的实施，需要首先确定单个压气站内压缩机组优化启停方案；然后，根据管网整体的上载量确定出各上载点的分配量，进而确定出多压气站存在联动效应时管线的优化运行方案；再次，通过考虑环网沿线的供需及上载量总体要求，对比不同的环形管线输量分配方案计算结果，从而确定出能耗最低的压缩机组启停方案；最后，通过布置沿线各压气站的自动运转控制系统，最终实现智能优化启停，使得管网的整体能耗最低，达到压气站无人值守的初步要求。如今，随着人工智能技术的快速发展，给管网优化技术增加了新的解决方案，但由于管网系统的复杂性及不确定性因素多，人工智能技术在管道系统内成熟应用还需开展许多相关工作。

4 结束语

国内目前关于复杂环形管网多压气站情况下的优化运行技术研究较少，而川渝环形管网的构成形式存在特殊性，需同时考虑多压气站联动效应和不同上载点的输量分配，并合理制定管网内压缩机组的优化运行技术方案。此外，随着如今人工智能技术的快速发展，能够给此类复杂环形多压气站管网的最优化技术增加新的解决途径。希望通过本文相关技术文献调研与实际案例分析，能够为今后全国天然气管网的高效、低耗及站场的无人值守与运行提供技术思路。

参 考 文 献

[1] 杨建红. 中国天然气市场可持续发展分析[J]. 天然气工业, 2018, 38(04): 145-152.

[2] 王小强, 王保群, 王博, 林燕红, 郭彩霞. 我国长输天然气管道现状及发展趋势[J]. 石油规划设计, 2018, 29(05): 1-6, 48.

[3] 徐铁军. 天然气管道压缩机组及其在国内的应用与发展[J]. 油气储运, 2011, 30(05): 321-326, 313.

[4] 邹才能, 赵群, 陈建军, 等. 中国天然气发展态势及战略预判[J]. 天然气工业, 2018, 38(04): 1-11.

[5] 吕淼. 对加快我国储气调峰设施建设的思考[J]. 国际石油经济, 2018, 26(06): 10-14.

[6] 艾慕阳，柳建军，李博，等. 天然气管网稳态运行优化技术现状与展望[J]. 油气储运，2015，34(06)：571-575.

[7] 胡奥林，汤浩，吴雨舟，等. 2018年中国天然气发展述评及2019年展望[J]. 天然气技术与经济，2019，13(01)：1-7，81.

[8] 高芸，王蓓，蒋可，等. 2019年中国天然气发展述评及2020年展望[J]. 天然气技术与经济，2020，14(01)：6-14.

[9] 陈利琼，高茂萍，王力勇，等. 极限工况下的管网"互联互通"改进方案[J]. 天然气工业，2020，40(02)：122-128.

[10] 徐育斌，冷绪林，安云朋，等. 基于优化运行数据库的干线天然气管网优化研究[J]. 油气田地面工程，2019，38(09)：65-68，75.

[11] 李博，张忠东，康阳，等. 天然气管网运行最优化探讨[J]. 油气储运，2018，37(10)：1147-1152.

[12] 李博，康阳，何淼，等. 输气管道压气站内压缩机组开机方案的优化方法[J]. 油气储运，2017，36(04)：416-420.

[13] 冯亮，曾昭雄，孙啸，等. 某压气站最优运行费用计算规律[J]. 油气储运，2016，35(07)：754-758.

[14] 邢艳萍. 压缩机组智能控制与节能增效[J]. 石油化工自动化，2018，54(05)：40-42.

[15] 方兴，李星星，柯汉兵，等. 多级离心式压缩机并机启停优化及热回收分析[J]. 热能动力工程，2020，35(07)：159-167.

[16] 邰军，姜希彤，秦伟，等. 长输天然气管道压气站运行分析[J]. 油气田地面工程，2020，39(08)：38-42.

[17] 刘可真，高峰，束洪春，等. 一种实用的机组最优启停计划方法[J]. 昆明理工大学学报(理工版)，2002(01)：73-77.

[18] 孔令伟. 天然气压气站离心压缩机开车过程动态模拟[J]. 石油工程建设，2019，45(06)：12-16.

[19] 马凯，张庆，赵林涛，等. 电驱离心管线压缩机先进控制方法及应用[J]. 工业仪表与自动化装置，2019(05)：107-109.

[20] 杨道广，杨大珂. 中贵联络线运行灵活度探讨[J]. 中国化工贸易，2018，10(23)：181-182.

[21] 文昊昱，朱曦. 天然气长输管道压气站与输气管道联合运行特性分析[J]. 化工管理，2016(22)：180.

[22] 桑元明. 天然气长输管道压气站与输气管道联合运行的特性探析[J]. 数字化用户，2019，25(14)：189.

[23] 杜世勇，冯勇，李景顺. 天然气长输管道压气站与输气管道联合运行特性分析[J]. 中文科技期刊数据库(引文版)工程技术，2016-10-11：245.

[24] 屈静，段轶，吴翔，等. 天然气长输管道布站设计方法的改进[J]. 油气储运，2015，34(08)：909-912.

[25] 李广群，孙立刚，毛平平，等. 天然气长输管道压缩机站设计新技术[J]. 油气储运，2012，31(12)：884-886，894，967.

[26] 周大伟，巴亮，邢俊强，等. 天然气枢纽站(压气站)的一般设计思路[J]. 现代化工，2015，35(11)：193-196.

[27] 李明菲，薛向东，马健，等. 复杂天然气管网系统运行期可靠性评价体系[J]. 油气储运，2019，38(07)：738-744.

[28] 王怀义，杨喜良. 长输天然气管道压缩机组远程控制系统设计[J]. 油气储运，2016，35(12)：1360-1364.

[29] 张小虎，蒋丽琼. 长输天然气管道站控系统工控安全方案设计与研究[J]. 信息安全研究，2019，5(08)：740-745.

[30] 王希勇. 天然气长输管道运行优化及压气站负荷调度研究[D]. 西南石油学院，2004.

[31] BORRAZ-SANCHEZ C, RIOS-MERCADO R Z. Improving the operation of pipeline systems on cyclic structures by tabu search[J]. Computers & Chemical Engineering, 2009, 33(01): 58-64.

[32] HAWRYUK A, BOTROS K K, GOLSHAN H, et al. Multiobjective optimization of natural gas compression power train with genetic algorithms[C]. Calgary: 8th International Pipeline Conference, 2010: 21-29.

信息化技术在无人值守站的应用

曾云帆　汪　洋　高　玥　周琼瑜　董铜云

（中国石油西南油气田公司）

摘　要　当前川东北气矿已开始推广无人值守站管理模式，对于无人值守站场管理创新也处于探索阶段。随着天然气生产领域信息技术的不断发展，设备的智能化与可靠性进一步提升，天然气无人值守场站逐步发展起来，成为未来站场生产运行的一种主流趋势。为了提升效益与实现安全管控，无人值守站场信息化手段的应用与提升尤为重要。本文介绍了川东北气矿无人值守站的现状与创新管理模式，对气矿在无人值守站的信息化建设、现场信息化设备设施管理，以及应急处置方面的应用情况进行了系统介绍。

关键词　无人值守站，信息化，自动采集与控制，信息化应用平台，应急处置管理

1　背景概述

在全社会信息化、智能化高速发展的背景下，川东北气矿结合自身特点和业务需求，将信息化作为气矿生产安全管控、高质量发展的有力手段。气矿物联网建设项目完成后，智慧气田的硬件基础已初步具备。加快企业内部业务流程重塑、实现管理模式转变等工作已势在必行。

对照数字化气田"生产数据自动采集""生产现场实时监控""生产异常自动预警""业务信息协作共享"的四个主要标志，利用信息化手段在天然气开发生产过程中提高自动感知认识能力，增强安全管控能力，实现一线生产数据和管理数据全面采集，实现场站管道阀室关键设备的自动关断操作，全面提升无人值守场站安全受控水平。

以生产业务管理和一线场站基础工作标准化成果为基础，借助于物联网、移动应用和大数据技术，建立基础工作闭环管理与生产运行安全环保受控管理模式，实现基础工作和业务管理的规范化操作、数字化管理和量化考核，全面提升数字化管理水平，推动生产组织优化、强化安全生产受控，全面提升气田生产效率和效益。

2. 管理现状

2.1　无人值守站现状

通过将一线站场分散、多级的传统生产组织模式向"中心站管理+单井无人值守+远程控制"转变，原20余座有人值守井站，整合到4座中心站集中管理，节约劳动定员30余人。生产管理由传统的"人工模式"逐步向"自动模式"转变，实现了"生产数据自动采集监视、生产过程自动联锁截断、工艺流程可视化监视、生产区域自动布防"等功能，信息化设备设施的应用促进了开发生产管理效率大幅提升。

2.2　管理模式改革创新

根据风险等级、自动化程度等对井站进行片区划分，形成"员工集中管理、单井无人值守、片区集中调控、远程支持协作"的管理模式，将安全生产管理、作业许可管理、员工培训、应急处置、地方协调等12项职能"下沉"至中心井站，将生产调度、设备周期巡检/维保、自控通讯运维、气井动态分析等管理职能"上移"，实现中心井站集约化管理；同时充分运用信息化建设成果和技术手段，创新"直线调度"管理模式，压减管理层级，变"三级调度"为"两级调度"，调控中心成为气矿唯一的"信息收集中心、指令发出中心和远程控制中心"，确保生产、作业"两个现场"更加安全受控。

（1）优化管理程序，提高管理效率。

调度管理层级由"井站-作业区-气矿"三级转变为"中心站-气矿"两级，精简组织机构，压缩管理层级，降低指令和信息传递中的衰减，提高气矿生产运行管理效率；通过气矿前期试运行取得了良好的效果，使信息传递和问题处置时间明显缩短。

（2）扩展调度管理职能，丰富调度管理内容。

调度管理从之前信息传递与指令下达的单一职能，向"两个现场"安全管控、工作质量监督、远程控制、应急指挥等综合职能转变，生产安全管控关口向调控指挥中心前移，强化了"两个现

场"的安全管控能力。

3 无人值守信息化技术应用

3.1 信息化设施建设概况

以生产管理的实际业务需求为驱动，制定无人值守站、非生产井信息化配置标准，从自控设备是否满足无人值守条件，是否满足生产安全可控，是否适应扁平化管理，是否满足应急管理4个方面开展安全评估，匹配项目完善自动化控制、视频安防等数字化气田基础设施。

3.1.1 基础设施

经过不断改造，目前关键控制设备设施有RTU系统70余套、PLC系统30余套、关键截断阀执行机构120余套、井口安全截断系统60余套，实现远程可控数字化场站约60座。含硫生产场站数字化系统覆盖率达100%，实现气矿生产数据实时采集与生产过程远程监控；高含硫区块站场远程控制覆盖率达到100%，实现区域整体联锁控制功能。

3.1.2 视频与安防

通过持续完善，目前生产场站视频监控覆盖率83%、监控阀室视频监控覆盖率100%，安防系统覆盖率为77%，实现"两个现场"7×24全天候自动监控。

3.1.3 数据传输

目前建成以自建光缆为主、租用线路及3G通讯卡为辅的网络通信传输系统，用以实现井站—作业区—气矿间的语音通信、生产数据传输业务、视频信号传输业务及办公网络通信业务等实时通讯需求。

3.2 现场信息化管理

3.2.1 自动化采集与控制

随着数字化气田的建设，气田的生产操作模式在逐步从传统向数字化转变。现场生产数据的自动采集，使得井站员工从传统的现场巡检抄录数据转变为远程电子监控；自动化设备的投用，使得在异常情况下气源的截断从传统的员工现场手动关闭截断阀转变为现场阀门自动联锁关断或者员工通过站控系统及上位机远程关断；数据的远程使得气田日常生产报表从传统手工填写转变为系统自动生成。

井站生产管理逐步从单井控制升级到气田整体控制，站场远程控制覆盖率约80%。从单井井口安全截断阀的设备单体控制到井下安全阀、井口安全截断阀、支线进出站截断阀联锁的单井

控制。在龙会气田整体联锁控制，实现井下安全阀、井口安全截断阀、支线进出站截断阀、干线截断阀的安全联锁，大大降低安全生产风险，有效控制事件事故发生。

3.2.2 信息化应用平台整合

大力推进"作业区数字化管理平台"应用，通过在一线站队建立"一站一案、一线一案、两书一卡"等标准规范，落实作业区班组岗位责任制、工单任务流程化两大管理目标，进而全面提升作业区数字化管理水平，推动生产组织优化、强化安全生产受控，提高油气田生产效率和效益。

目前已基本完成作业区数字化管理平台的推广应用工作。生产场站配置作业区数字化管理移动终端60余套，覆盖各中心站、无人值守站、有人值守站，气田生产管理在现有数字化管理的基础上进一步得到提升(表1)。

**表1 "作业区数字化管理平台"的
应用带来管理模式转变**

业务流程	现场管理	平台应用管理
巡回检查	现场巡检填写纸质档巡检资料，人工整理为电子档	通过手持终端进行现场巡检，系统自动生成相关资料并保存
隐患管理	电话汇报→调度→专业技术岗→现场整改→井站员工现场确认→问题闭环	手持终端上报→调度员发起分析处理任务→专业技术人员→外委或者自行处理→专业技术人员完善资料→问题闭环
维护保养	员工现场维护保养后将纸质档整理成电子档保存	完成手持终端中的维护保养任务，系统自动生成相应维护资料并保存
准入管理	人工填写安全教育卡及入场登记表	在手持终端中以准入码、智能工牌、AD域账号进行登记入场
考核管理	以纸质或电子资料为依据进行考核	以作业区数字化管理平台中的任务统计数据及完成质量为依据进行考核

3.2.3 视频监控系统深化应用

气矿已对站场实现视频监控全覆盖，并针对第三方施工、高后果区、地质灾害敏感点、阀室等风险较高区域，已增设50余套视频监控系统，实现了100%全覆盖连续监控，依托人形识别、闯入报警、跟踪抓拍等功能，以达到对现场信息的不间断采集及资料收集，避免事故发生。

结合视频监控系统存在的不足，下步气矿将持续对视频监控系统进行升级改造，使之具

备 AI 识别功能, 能更加精准的识别动作、机具, 降低误报, 更好的提升现场风险管控能力。

3.3 应急处置信息化管理

完善站场、管道生产信息化设备、设施, 深入推广电子沙盘等信息系统应用, 实现无人值守站场电子巡检、管道巡检、高风险点周边环境监控、管线气源远程截断控制等业务流程的优化, 完成管理模式从"线下"到"线上"的转换, 提高站场与管道管理业务工作效率。通过电子沙盘系统, 汇聚气矿资源、场站、管道、附属设施、双高区域、三桩一牌、阀室阀井、高后果区、高风险段、地灾敏感点、应急资源等各类空间数据, 结合 SCADA 实时数据、现场监控视频、高清影像、三维全景等, 应急处置人员可快速、准确的掌握事件现场情况, 为事故事件处置提供决策支持。

3.3.1 电子沙盘系统

川东北气矿电子沙盘系统是在无人值守场站与管道管理系统基础上的深化应用。该系统基于 CGCS2000 坐标系, 汇聚勘探开发、管道场站、高后果区、安全风险、应急资源、周边环境等各类数据, 通过三维场景、数据分层、综合查询、数据挖掘等功能, 实现全方位、多角度的数据可视化和管理数字化。

在电子沙盘系统基础上, 加载了重点生产场站和高后果区高清影像、全景、视频等数据, 并以管道场站全流程应急指挥管理和决策为目标, 建立安全通 APP 和应急管理系统, 提供小程序一键报警、接警快速分析、事件智能分级、大数据协同指挥等功能, 通过应急指挥操作端、指挥端、小程序辅助端, 实现协作响应和资源共享, 确保气矿、作业区、现场指挥部的统一指挥、协调、调度, 全面提升应急指挥的能力和水平(图1)。

应急管理系统大屏　　　实时通话　　　安全通App

图 1　应急管理系统

3.3.2 无人机应急处置应用

气矿近年来积极探索无人机扩展应用, 利用无人机开展无人值守站巡检、场站空中监视、空中喊话警戒、气体激光泄漏检测、远距离点火、热成像人员搜救、应急物资投等各项应急系统功能, 组织开展日常演练、实战演练、突发应急处置工作。持续开展现场应用试验, 对不同应急功能无人机在不同的现场环境(地形、时间、气象等因素)的使用效果进行分析, 优化各项功能现场运用范围, 大幅提升了应急处置能力(图2)。

图 2　无人机大变焦镜头无人值守站场巡检

4　结束语

随着区域化管控模式的逐步深化应用, 无人值守站运行管理模式趋于成熟。无人值守站的推广已成为一种趋势, 将大幅提升管理效率, 给生产管理模式变革创造条件。但是随着无人值守站运行、深化及优化的需求和问题逐步凸显, 还需要持续完善无人值守站基础设施, 提升安全管控能力。不断探索改进管理模式, 提高工艺设备系统的数字化水平和信息化程度也将成为必然。今后, 川东北气矿将紧紧围绕提质增效、数字化转型要求, 全力推进管理模式创新试点工作, 打造"油公司"模式下的专业化油气开发生产业务, 实现高质量发展。

参 考 文 献

[1] 崔勖杰. 天然气无人值守站场建设模式探索[J]. 辽宁化工, 2020, V.49; NO.464(06): 732-733+746.
[2] 巩延, 刘延辉. 基于数字化视角的无人值守站的推

广与应用[J]. 化工管理，2019，NO. 519（12）：213-214.

[3] 姬文花，杨宁. 天然气无人值守站远程监控终端的设计与实现[J]. 化工管理，2018，NO. 480（09）：182.

[4] 高皋，唐晓雪. 天然气无人值守站场管理方式研究[J]. 化工管理，2017，NO. 441（07）：152.

[5] 黄冬冬. 天然气无人值守站远程监控终端的设计与实现[D]. 西南交通大学，2015.

油气生产工业互联网网络安全防护体系建设与应用

米 杰 刘海峰 丁 阳 廖 欣

(中国石油西南油气田分公司)

摘 要 在网络安全环境不断恶化的今天，随着云大物移等新技术的广泛应用，油气生产工业互联网安全面临严峻的安全挑战。本文重点分析了西南油气田油气生产工业互联网网络安全面临的风险与挑战，提出了网络安全防护系统建设需求，结合现状给出了建设方案，构建了西南油气田油气生产工业互联网网络安全多级风险监测系统，建立了一套能够快速发现、分析、定位安全事件的信息安全基础防护体系。

关键词 工业互联网，网络安全，油气生产，SCADA 系统

随着计算机和网络技术的发展，特别是信息化与工业化深度融合以及工业互联网的快速发展，多样性、智能化的工业病毒在向工业控制系统扩散，工业互联网网络安全问题日益突出，传统的被动安全防御体系已经根本无法抵御日益频繁的工业互联网网络攻击，造成生产中断、核心数据资产外泄等不可估量的事故发生。国家工信部也下发了《工业控制系统信息安全防护指南》，提出了"工业控制系统信息安全事关工业生产运行、国家经济安全和人民生命财产安全"必须"切实加强工业控制系统信息安全管理"的要求，从信息安全战略层面，明确了工控安全的重要性。

1 工业互联网网络安全发展趋势

工业互联网丰富的现实场景将会成为新兴技术应用的重要载体，随着大量新兴技术的应用，工业互联网网络安全风险也随之而来，因此也成为工业互联网网络安全研究方向和发展趋势。

（1）5G 高带宽、低时延等特性考验安全应急响应能力。5G 可以解决传统无线传输技术带宽不够、扩展性、抗干扰能力不强等一系列问题。但是海量连接特性拓展连接对象的范围和深度的同时，也导致网络攻击入口和攻击对象增多，毫秒级的传输速度对应急响应能力提出了更大考验。

（2）边缘计算带来物联网安全风险增加。边缘计算通过过滤和压缩数据，节省了核心网资源，满足特定应用场景对低时延的需求。边缘计算一定程度上减少了敏感数据传输过程中可能的泄漏风险，但边缘计算分布广、数量大、系统复杂，传统网络安全已不能完全适应边缘计算的防护需求。

（3）人工智能（AI）、大数据等技术导致攻击更精准、更高效。在 AI 技术为工业生产带来便捷的同时，黑客也可运用 AI 技术更容易地发现目标系统中的漏洞，并通过被感染设备的自主学习机制发动攻击。大数据、区块链等技术手段都在工业互联网发展中拥有广阔的应

用前景，也可能为潜在的攻击者提供了更高效、更精准的技术手段。

2 油气生产工业互联网网络安全现状

2.1 网络安全现状

西南油气田网络总体架构划分为企业办公网和油气生产工业互联网，网络架构图如图 1 所示。办公网部分主要用于日常办公及业务管理系统的使用，如生产运行管理平台、设备管理平台等。油气生产工业互联网是在油气矿、净化厂、处理厂等油气生产场所用于连接各类现场设备、控制系统、信息系统等的网络，主要油气生产场及中心站以上油气生产工业互联网采用自建光通信方式为主，部分场站采用租用 2M 电路及 3G、4G 无线传输方式。油气生产互联网由油气生产场所到区域控制中心到地区调度中心逐级汇集，仅在总调度指挥中心通过单向网闸实现生产数据单向跨网传输，由此可见西南油气田油气生产工业互联网。

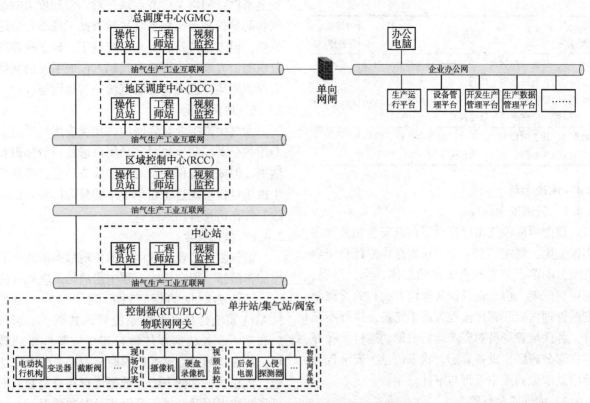

图1　西南油气田油气生产工业互联网网络架构图

2.2 SCADA 系统现状

SCADA 系统是西南油气田油气生产工业互联网的核心生产系统，具备数据采集、数据转换、生产控制等核心功能，在生产网生产管理作业中有着极其重要的作用和意义。

SCADA 系统涉及范围包括从单井站到总调度指挥中心 4 个层级，涵盖各类服务器、客户端及现场生产控制设备。业务流包括各层级之间和层级之内的交互流量，涉及的协议包括MODBUS、TCP/IP、标准 OPC 以及 telvent 私有SRCC 协议等协议的传输。

SCADA 系统主要业务流量分为数据采集上传、指令下发控制。其中，数据采集展示流程中是使用一个自下而上的传输流程，而指令下发控制的过程中，RCC 调度终端通过 SRCC 协议将指令下，然后再通过 MODBUS 协议和 OPC 协议进行 RTU 及 PLC 等生产控制设备的管控。此外SCS 层的上位机可直接对现场生产控制设备进行指令下发。

2.3 安全能力现状评估

经调研发现，目前国内外还没有专门针对油气行业工控网络信息安全的标准和规范。结合西南油气田油气生产工业互联网网络信息安全现状，同时参考《工业控制系统信息安全防护指南》、《信息系统安全等级保护基本要求》以及其他行业工业控制的现行标准、规范，形成《油气生产工业互联网网络安全评估大表》，从安全管理、物理环境、网络环境、主机、数据、业务及应用等六个层面开展安全能力评估，共涵盖 113项控制点，175 项详细技术指标，具体评估能力指标及评估结果如表 1 所示。

表1　西南油气田油气生产工业互联网网络
信息安全能力评估清单及结果

安全能力	能力指标	评估符合率/%
管理安全	共 34 项控制点，96 项技术指标。内容包括安全管理机构、安全管理制度、人员安全管理、系统建设管理、系统运维管理	60.36
物理安全	共 10 项控制点，19 项详细技术指标。内容包含物理位置选择、物理访问控制、防盗窃和防破坏、防雷击、防火和防潮、防静电、温湿度控制、电力供应、电磁防护	80.37
网络安全	共 7 项控制点，18 项详细技术指标。内容包含结构安全、访问控制、安全审计、边界完整性检查、入侵防范、恶意代码防范、网络设备防护	53.13
主机安全	共 7 项控制点，19 项详细技术指标。内容包含身份鉴别、访问控制、安全审计、剩余信息保护、入侵防范、恶意代码防范、资源控制	6.45

安全能力	能力指标	评估符合率/%
应用安全	共5项控制点，19项详细技术指标。内容包含身份鉴别、访问控制、安全审计、剩余信息保护、通信完整性、通信保密性、抗抵赖、软件容错、资源控制	46.67
数据安全	共3项控制点。4项详细技术指标，内容包含数据完整性、数据保密性、备份和恢复	67.86

2.4 风险分析

2.4.1 管理安全风险

目前西南油气田已建立了信息安全相关管理实施细则，制定信息安全工作的总体方针和安全策略，明确了信息安全工作的总体目标、范围、原则和框架。但在现场设备操作方面相关管理制度的管理内容和管理流程方面不完善，执行不充分，各区域管理员对资产运行数量、运行状况等存在部分盲区，设备日志、状态信息、安全告警等信息未做到集中管理与审计。

2.4.2 物理安全风险

由于油气生产场所的特殊性，大部分生产现场均建有设备间或撬装设备房，汇集交换机、核心路由器及服务器等重要设备均安装在机房内，安装物理位置和物理环境基本满足相关要求。

2.4.3 网络安全

西南油气田油气生产互联网网络架构在建设初期已进行了统一规划设计，并对IP地址网段进行了划分，核心网络带宽及关键设备处理能力具备冗余空间，能满足业务高峰期需要，但存在以下几点问题：①整张网络无清晰的访问控制域，无法规划分区域安全工作环境；②网络边界部署有访问控制设备，但未启用访问控制功能，无法识别并阻断非授权地址的访问；③用户对受控系统进行资源访问，未实现最小权限访问控制，无法控制越权操作风险；④无会话状态信息识别机制，未达到提供允许/拒绝访问的能力。⑤未对重要网络及安全设备管理员登录地址进行限制管理

2.4.4 主机安全

工控网络对指令性消息传输的时效性提出了更好的要求，为保证工控网络的畅通，目前油气生产工业互联网中的网络设备、安全设备、服务器等多种设备均未开启审计策略，无法掌握网络设备运行状况、网络流量、用户行为等信息，缺少对安全事件等审计记录措施，无法判断并定位

安全事件；网络关键节点缺乏对入侵和攻击的检测和防护机制；操作系统虽然遵循了最小安装的原则，但未保持及时更新系统补丁，缺乏病毒防范机制，容易产生因恶意代码入侵而引发的网络大面积瘫痪，且无病毒防范统一管理措施。

2.4.5 应用安全

油气生产工业互联网中的相关应用均设立了专用的登录控制模块对登录用户进行身份标识和鉴别，但缺少身份鉴别复杂度检查功能，容易发生由于身份鉴别过于简单带来的暴力拆解入侵风险，存在信息冒用风险；

2.4.6 数据安全

油气生产工业互联网中的传输数据虽然未采用加密措施，但在传输过程中走的是系统私有协议，可认为数据的保密性得到了保障。另外SCADA系统自身具备对系统管理数据、鉴别信息和重要业务数据在传输过程中完整性受到破坏，并在检测到完整性错误时采取必要的措施功能，但在数据存储方面，数据库存在身份鉴别不可靠，数据库漏洞补丁升级不及时的情况。

3 油气生产工业互联网网络安全防护需求

结合西南油气田工业互联网网络架构和SCADA系统应用实际，对应的网络安全防护需求应满足以下要求。

（1）网络边界访问控制。在网络边界根据访问控制策略设置访问控制规则，保证跨越网络边界的访问和数据流通过边界防护设备提供的受控接口进行通信。

（2）数据传输完整性保护。采用适应区域内外部网络特点的完整性校验机制，实现对网络数据传输完整性保护。

（3）网络入侵防范。在关键网络节点处检测或限制从节点内外侧发起的网络攻击行为。

（4）网络访问控制。在关键网络节点处对进出网络的信息内容进行过滤，实现对内容的访问控制。

（5）非法外连检测。对工厂内部网络中的用户或网络设备非授权连接到工厂外部网络或因特网的行为进行限制或检查，并对其进行有效阻断。

4 油气生产工业互联网网络安全防护体系建设方案

4.1 设计原则

油气生产工业互联网网络安全防护体系建设

是一项长期的工作，需要从全局出发、从长远的角度进行统筹规划和统一架构设计，尤其是系统建设结构、数据模型结构、数据存储结构以及系统扩展规划等内容，因此在建设方案设计方面应遵循以下几点原则。

4.1.1　适度性原则

安全是相对的，网络安全防护体系建设需要综合考虑资产价值、风险等级，实现分级适度的安全。西南油气田油气生产工业互联网网络安全防护体系建设应运用等级保护的思想，制定和落实与网络和系统重要性相适应的安全保护措施要求，坚持运用风险评估的方法，提出相应的改进措施，对网络和系统进行适度的安全建设。

4.1.2　适用性原则

工业控制系统强调"可用性"，对实时性的要求远远高于传统信息系统，其自身特点就决定了传统的信息安全产品无法完全适用于该环境，因此在设计中必须考虑安全技术和产品在工控系统中的适用性，安全策略和措施的采用不能影响系统的正常运行。

4.1.3　兼容性原则

根据工业控制系统的特点，设计工控安全方案时必须重点考虑安全技术措施、管理措施在实际环境中的兼容性，尽量采用成熟技术、成熟产品以及最佳实践的成果，谨慎使用没有经过最佳实践的技术、产品。通过风险评估尽量考虑最影响安全生产的网络安全重点因素，充分考虑可扩展性和可持续性。

4.2　总体架构

油气生产工业互联网网络安全防护体系总体架构按照"垂直分层、水平分区、边界控制、内部监测、全局管理"思路进行设计，总体架构如图2所示。"垂直分层、水平分区"即对工业控制系统根据分公司生产网的业务属性垂直方向化分为四层：现场设备层、现场控制层、监督控制层、生产管理层。水平分区指各层级单位的系统之间应该从网络上隔离开，处于不同的安全区。"边界控制，内部监测"即对各系统边界即各操作站、工业控制系统连接处等要进行边界防护和准入控制等。对工业控制系统内部要监测网络流量数据以发现入侵、业务异常、访问关系异常和流量异常等问题。"全局管理"即通过各层级安全信息、网络信息、终端信息的收集加强全局监控管理，提高信息的统一性、集中性。并通过收集的数据进行安全风险预警，安全事件溯源。

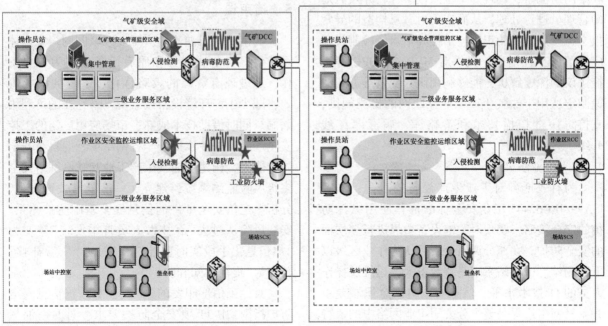

图2　西南油气田油气生产工业互联网网络安全防护体系总体架构

4.3 建设内容

4.3.1 建立安全域模型

采用国际上通用的按照系统行为进行网络安全域的划分方法，将西南油气油气生产工业互联网生产网按照实时数据流和控制信号流的路由情况进行严格安全域划分，形成 1 个"GMC + BGMC"安全域和 6 个"矿区级生产单位"安全域。

通过网络安全域的划分，可以方便理顺网络架构，明确各区域防护重点，把复杂的、大型的工控网络系统安全问题转化为较小区域的安全保护问题，从而简化网络安全的运维工作，并可有的放矢地部署网络安全防护设备、网络安全审计设备和配置合理的设备安全策略，有效控制病毒的扩散范围，降低非授权访问的风险。

4.3.2 原有设备安全基线加固

为提高主机及应用的安全防控能力，有必要根据安全风险策略对系统及应用进行必要的配置修改、补丁更新等操作。但在操作过程中有可能对系统和应用产生未知的影响，需在加固服务前对系统进行详细的调查，对可能出现的问题进行分析，进行详细的测试，并对系统进行备份；在加固过程中一旦发现问题，立刻对系统进行还原，对出现的问题进行详细调查以避免再出现类似问题，确保系统与应用能够保持正常运行。

4.3.3 工控异常入侵检测

通过旁路安装工控异常入侵检测设备，按照收集网络流量，发现和定位入侵事件，并及时通知管理员进行处理，从而实现对恶意构造的异常报文、畸形报文的识别。工控异常入侵检测设备应能解读工控语言，提供对 Modbus、OPC 等工控协议的深度解析，能够利用函数变量等方式快速制定适用于油气生产工业互联网的检测规则，支持防病毒扫描技术和策略库、病毒库离线升级。

4.3.4 工业防火墙

为有效抵御对工业生产设备的攻击，参考 ISA99/IEC62443 工业安全标准推荐使用纵深防御的安全策略，实现对关键设备边界进行多层面的安全防护。在充分调研分析后认为作业区级以下的场站、中心站系统终端数量大，运维及操作人员的 IT 技术水平、信息安全防护意识参差不齐，其网络边界是整个分公司工业网络中的最特殊的节点，经可行性研究和投资分析后将工业防火墙部署在作业区级网络边界，实现对场站、中心站到作业区的访问数据进行严格控制。

另外，工业防火墙针应具有对工业协议的安全防护，除了白名单访问控制等基本功能外，还应对工业协议有应用层的理解与控制，可以实现对工业指令的过滤，支持基于 Modbus/TCP、Modbus/RTU 等协议的深度过滤功能。

4.3.5 工控运维审计系统（堡垒机）

工业控制系统设备多、厂商多、部署区域广，造成了运维人员复杂、运维方式多样的特点，难以对运维人员的操作进行有效监管，因此 SCADA 系统现场运维带来的风险，是工业控制风险引入的主要途径之一。通过部署移动工控运维审计系统（堡垒机），实现运维设备与被运维设备的安全隔离，并全程记录现场运维人员对运维设备的操作行为，防范恶意代码有意或无意的传播。

4.3.6 集中管控系统

"看得见"是网络安全防护的重要能力，只有具备"看得见"能力才能更好地了解正在发生的各种安全行为，了解哪些才是真正有威胁的攻击行为。通过在各矿区级单位部署分布式采集器，并搭建统一集中管控系统，实现全网网络设备、安全设备事件采集分析，形成全网整体安全态势感知能力。集中管控系统具有资产管理、拓扑图生成、威胁感知、攻击感知、漏洞扫描、威胁溯源定位、安全配置核查、事件管理等主要功能。

5 结束语

西南油气田油气生产工业互联网网络安全体系建设以安全域划分和原有设备加固为首要工作，通过现有资源的策略优化、系统加固等方式，减少生产环境设备或系统本身存在的可利用漏洞。同时借助技术成熟、市场应用广泛的工控安全产品，进一步提升了各网络单元的自身安全防护能力，构建了油气生产工业互联网网络安全多级风险监测系统，建立了一套能够快速发现、分析、定位安全事件的信息安全基础防护体系。安全风险从过去"靠技术人员自主发现"转变为"靠信息化手段实时监控"，从过去"事后补救"转变为"提前预知和防护"。

对标工信部印发的《工业控制系统信息安全防护指南》中 11 项安全防护要求，对西南油气田油气生产互联网网络安全防护体系建设前后的防护能力进行了测评，测评结果如图 3 所示。从图中可以看出，通过安全防护体系的建设，油气生产工业互联网网络安全各项防护能力指标均有显著提升，为油气安全生产提供了坚实的网络安全保障。

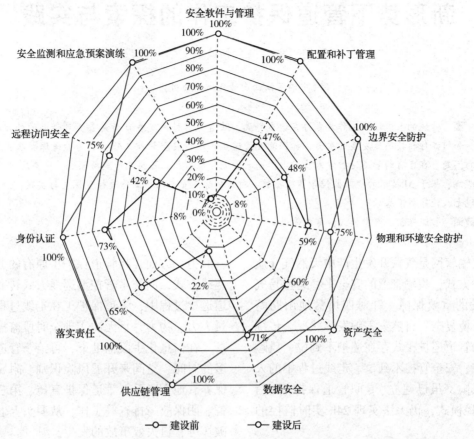

图3 油气生产工业互联网网络安全防护
体系建成前后安全能力对比

参 考 文 献

[1] 解旭东. 工业互联网安全监测审计及态势感知技术研究[J]. 信息安全研究, 2020(11)：996-997, 6.

[2] 何光虎, 许婷. 浅谈基层网络安全防护的重要性[J]. 网络安全技术与应用, 2019(1)：5, 17.

[3] 王孝良, 崔保红, 李思其. 关于工控系统信息安全的思考与建议[J]. 信息网络安全, 2012(8)：36.

[4] 闫寒, 李端. 工业互联网安全风险分析及对策研究[J]. 网络空间安全, 2020(2)：85-86, 11.

新形势下管道保护工作的探索与实践

韦 颖 杨鸿淋

(中国石油西南油气田分公司)

摘 要 传统的人工巡线工作方式存在诸多弊端。随着当前科技发展日新月异，可借助的外部手段日渐增多，如何抓住科技高速发展的机会，加强油气管道生产运行安全管控工作，成为管道保护从业人员共同思考的问题。在已有的管道巡护方式基础上，创新管道管理方式，引入光纤震动预警、次声波泄漏监测、无人机巡线、基于 AI 技术的视频监控等多项措施，对新形势下管道保护工作进行了探索与实践，为天然气管道实现无人值守打下基础。

关键词 管道保护，巡护模式，智能管道

气田集输管网是气藏开发生产中天然气介质的主要运输方式，集输管道的安全平稳运行是气藏高效开发的重要保障。针对四川盆地山路崎岖、人居环境复杂、自然灾害频发等状况，传统人工巡检的管道巡护模式存在巡护不到位、风险识别不到位、安全管控不到位、走线过程中的人身伤害等风险。虽已建立"专职管道保护工＋信息员"的监控模式，仍无法实现 24h 实时监控的效果。

磨溪气田龙王庙组气藏属于含硫气田，共有管道 154 条，总里程 843.755km。途径遂宁市、安岳县及重庆市潼南区境内 30 个乡镇，管道沿线人口密集、活动频繁，第三方施工频发，沿线区域地形地貌复杂，山丘密布，一旦发生天然气管道泄漏事故，后果不堪设想。在有限的人力物力条件下，为了切实提高管道管理水平，把控管道生产运行风险，大力推进管道完整性管理，川中油气矿借助新科技，多举措探索管道巡护新模式。

1 管道巡护新模式探索

在当前科技形势驱使下，一方面通过借助外部监控手段，开展集输气管道信息化改造。通过光纤震动预警、基于 AI 技术的视频监控对管道外部环境异常情况进行监控；通过无人机巡线对管道沿线人居情况、构筑物情况、第三方施工情况进行监视；通过破管检测系统、次声波泄漏监测系统对管道运行状态进行检测；通过阴保电位远程对管道阴极保护状况进行在线检测。从而实现对管道安全生产从内至外的全天候、不间断监控，以达到无人值守的目的。

另一方面，将管道保护工原有的劳动密集型巡线方式，向技术管控型巡线方式转变。传统管道巡检过程中，管道保护工在走线过程中花费大量人力、物力，且无法实现全时段监控。

在信息化手段辅助下，可给予管道巡护工更多的时间、空间来开展风险识别、附属设施维护保养、地企联系、管道保护宣传、第三方施工监督、阴保故障排查等工作，从源头上遏制第三方破坏等管道失效事故的发生。

通过"有人巡检＋无人值守＋沿线信息员监护"的工作模式(图 1)，全方位保障油气水输送管道的本质安全。

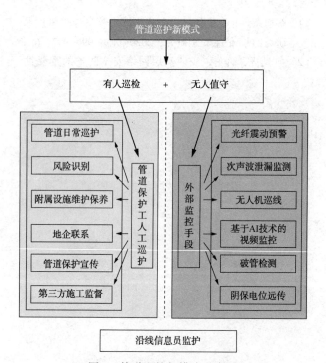

图 1 管道巡护新模式示意图

2 外部监护手段

2.1 光纤震动预警

光纤震动预警系统是基于光的干涉原理，当有光缆受到外界侵扰时会产生振动波，微小的振动使得光缆的相位发生变化，通过 AI 智能数据分析，从而实现了对入侵、破坏事件的智能识别。系统具有全天候实时监测、精准定位等特点。

龙王庙组气藏同沟光纤覆盖率达 90%，有利于该项预警手段的推广应用。目前已在西眉清管站至磨溪联合站管线试点安装光纤震动预警系统，能够直观地反应出管道沿线施工点是否存在持续震动等外部入侵情况，并能够对异常点进行精确定位(图 2)。

图 2 光纤震动预警危害事件告警示意图

2.2 次声波泄漏监测

次声波泄漏监测系统是一种基于次声波传感的天然气泄漏监测技术，次声的声波频率在 20Hz 以下，具有传播距离远，衰减小等特点。

当管道泄漏时，介质通过泄漏点会与管道壁剧烈摩擦，会产生一定频率的次声波，这些次声波通过介质或管壁向管道两侧传递，结合针对次声波不易衰减的特性，在单根管线两侧(单根管道无法兰节点或阀门)安装检测元件，通过无线传输到主站中央处理器计算处理，最后直观的呈现在监控室。

在西眉清管站至龙王庙集气总站管线对次声波泄漏监测系统进行了试点应用，通过测试，能够敏锐地捕捉到 5mm、3mm 甚至 2mm 孔径的管道泄漏情况，写泄漏捕捉成功率达到 95%，且具有自动弹窗报警提示功能、泄漏位置指示功能等，在人机交互界面上植入了声光报警功能，能够使值班员工第一时间发现管道泄漏，并根据泄漏位置提示找到事故点(图 3、图 4)。

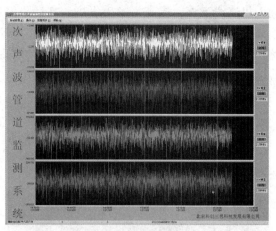

图 3 管道正常运行的显示界面

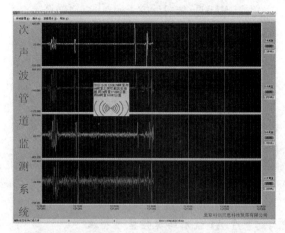

图 4 管道发生泄漏时的报警显示界面

2.3 无人机巡线

随着油气田生产开发区域的不断扩大，数字化、信息化技术也随着油气田发展持续深入应用，部分井站已实现了"无人值守、有人看护"的新的管理模式，但是在油气田生产开发过程中还存在一些需要耗费大量人力物力来完成的工作，如管线巡护。

同时，随着无人机应用技术的不断进步，使传统的巡检管理方式数字化、科技化，实现巡检数据的存储、查询、分析、处理及统计，使巡检管理工作一目了然，大大增强管线线路巡检效率和巡检效果，实现管道巡检电子化、信息化、标准化，为油气管线巡护工作提供一种先进的、有实用价值的技术手段。

龙王庙组气藏集输管道具有输气量大、压力高、输送介质易燃易爆等特点。途径区域地貌特征主要为水田、山丘、旱地及河流，目前仅能依靠专职巡线工按 1 次/周的频率进行徒步巡护，部分山丘、水田、河流等人员难以到达的区域难以保证隐患及时发现。为保障管道的巡护质量，川中油气矿在龙王庙西干线等重要管线试点开展无人机巡线工作，提高了隐患发现、高后果区、地质敏感点识别的准确性，同时防止了人工巡检摔伤、动物咬伤等风险，即节省人力，又为实现智能化管道管理提供了技术支撑(图5、图6)。

图5 MX009-4-X1至龙王庙西区集气站巡线

图6 龙王庙西干线巡线

2.4 基于AI技术的视频监控措施

随着人工智能技术的日趋成熟，沉睡的视频数据潜力有望被深度挖掘，视频数据所释放的潜力，对管道沿线环境监控中最重要的三要素"人、车、物"可进行精细化的管理，基于最新的大数据技术、数字孪生技术，有望构建全新的管道沿线监控形态。

目前视频智能分析系统已在城市管理、公共安全管理、高速公路管理等领域得到广泛应用。在大坡高后果区尝试性应用了基于AI技术的视频监控系统，该系统的应用可实现系统定时自动巡检、异常行为识别、异常车辆识别、摄像头转动聚焦等功能，为管道周边环境的实时监控搭建起信息化平台(图7、图8)。

图7 可疑人员逗留识别

图8 工程车辆识别

3 总结

随着管道完整性工作的深入推进，油气水管道生产运行在外部质安环境、自然灾害防治、管道巡护工作体制等多方面已取得了长足的效果，但仍存在外部质安环境不稳定、自然灾害及管道自身因素影响管道安全、第三方破坏安全隐患时刻存在、个别地方政府管理职能发挥不到位等情况存在。

川中油气矿借助有利的外部条件，搭建起光纤震动预警、次声波泄漏监测、无人机巡线、基于AI技术的视频监控等数字化系统平台。可大大改善管道管理单位疲于应对管道第三方破坏风险和管道保护环境不完善的现状；为推动管道巡护人员预警效率的改善、遏制管道事故发生提供技术支撑；为第三方施工风险削减、保障管道安全平稳运行争取了主动；让管道外部风险中的不确定因素"转危为安"；为构建起"有人巡检+无人值守+沿线信息员监护"的三位一体工作奠定了良好的基础；为新形势下打造智慧管网进行探索与实践。

4 建议

目前想要达到管道无人值守的智慧化管控水平，还需要在人、物、环境等多个方面进行不断加强与探寻。

(1)管道保护工综合技能有待提升。新形势下的管道保护工作不再以线路巡查为主，而是通过运用诸多外部监控手段对管道运行安全进行把控的前提下，结合完善的管道附属设施、密切的地企联系、完善的管道保护宣传、周全的第三方施工监督、有效的阴极保护及腐蚀速率控制等多方面因素，来开展管道保护工作。就需要管道保护工具备较高的系统运用、沟通交流、工作执行等全方位的能力。

(2)部分数据仍无法达到自动采集效果。譬如目前阴保数据测试工作仍需人工测量，成套的智能测试桩造价过高，无法达到大面积推广应用的效果，如何寻找一套成本低、效果好的阴保数据自动测试方法成为实现管道无人值守道路上亟待解决的问题。

（3）系统完善整合程度需要提高。目前各系统之间相互独立运行，是否能让各系统实现联动，将直接影响智能管道的智慧程度。譬如当光纤检测到管道附近有异常震动时，临近视频监控能自动对相应区域进行智能识别，配套无人机等系统能跟随定位分析等。

5　结束语

油气管道安全运行面临的形式依然严峻，要实现安全运行，就必须跟随时代的发展，借鉴国内外各行各业的先进经验及技术，不断革新管理方法，用先进的理念提升管理水平，以适应油气行业的快速发展的需要，为油气区块增储上产提供有力的管输环境保障。

参 考 文 献

[1] 史玉锋，姜旭波，姜旭涛. 光纤震动预警技术在通信光缆防外力破坏中的应用[J]. 应用技术，2018（2）：124-125.

[2] 刘良果，梅茜迪. 次声波的输气管道泄漏监测技术综述[J]. 石化技术. 2018（12）：203.

[3] 杨伟，杨帆. 无人机在长输管道常规巡检中的应用[J]. 能源与节能，2015，11（6）：132-133.

[4] 史锋，张航，徐能健，等. 视频智能分析系统在城市管理领域的应用[J]. 物联网技术，2019（6）：65-67.

沙漠环境下基于分布式光纤的
管道悬空应力实时监测方法研究

滕建强

（中国石化西北油田分公司）

摘　要　塔克拉玛干沙漠腹地，流动沙丘地段，沙丘年移动距离为20-30m，管道悬空的可能性非常高，随着悬空长度的不断增加将可能导致管道断裂，但是目前还缺乏管道悬空灾害的实时监测技术。根据管-土相互作用机理，提出了一种基于分布式光纤监测管道悬空状态的方法，并通过模型试验对方法的有效性进行验证。试验结果表明：该方法能够实时监测管道任意位置的纵向应变，并且可以根据应变数据的分布特征准确识别管道悬空的发展变化情况。该方法为管道悬空灾害的实时监测和科学预警提供了有效手段。

关键词　沙漠地区管道，悬空，分布式光纤传感器，实时监测

一般而言第三方破坏、腐蚀、误操作等因素是导致管网失效的主要原因，但是对于存在地质灾害风险的区域，因滑坡、侵蚀、沉降、流动沙丘以及洪水等地质或自然灾害造成的管道断裂却频繁发生，且后果远较一般地区更为严重。

滑坡、侵蚀、流动沙丘等地质灾害通常导致管道发生悬空，引起管壁出现较大的弯曲应力，严重时造成管道断裂事故。但是对于沙漠，管道悬空的及时发现却极其困难。尽管激光雷达（Li-DAR）和无人机（UAV）等新技术已经在管道完整性检测中得到应用，但是这些技术存在无法实时监测、成本高、数据解释困难的问题，还不能满足长输油气管道悬空监测和预警的要求。近年来，分布式光纤传感技术逐渐应用于埋地和海底管道，它具有实时监测、远程传感、分布式测量的优势，可以在线获得管道任意位置应变和泄漏等在位状态。本文基于悬空管道的力学响应机理，提出一种监测管道悬空灾害的分布式光纤监测方法，并通过一系列的模型试验研究方法的有效性。

1　监测方法

1.1　埋地管道悬空监测原理

埋地管道在自重、覆土荷载、交通荷载等作用下，与地基土体之间将发生复杂的相互作用。为了描述管-土相互作用，通常将埋地管道视为受到弹簧约束作用的无限地基梁，其中最为常用的是 Winkler 模型。在 Winkler 模型中，地基土

体的约束作用由一系列等间距排列、相互独立的弹簧所代替，每一个弹簧向管道提供法向或切向的抵抗作用，其作用可用单参数、双参数或三参数来描述。若只考虑竖直面内的管-土相互作用，则系统的控制方程可写为：

$$EI\frac{d^4 w(x)}{dx^4}+k_s w(x)=\bar{p}(x) \tag{1}$$

式中，x 为沿管道总线的位置；EI 为管道的抗弯刚度；k_s 为土弹簧刚度；$\bar{p}$ 为作用于管道的竖向分布荷载；w 为管道的竖向位移。根据式（1）可以获得管道在差异沉降或竖向荷载作用下的变形、应力等反应。

而管道一旦因引言所述的各种原因形成悬空[图1（a）]，则难以利用 Winkler 模型获得管道力学响应的分析解答，但是我们仍然可以根据管-土相互作用的基本原理，考察悬空管道的力学行为。假设管道非悬空部分仍为弹性地基上的无限长梁，在悬空段由于土体支撑作用的丧失，管道在自重作用下发生向下的挠曲变形，挠度在悬空段中点达到最大。随着位置向两侧土体趋近，管道挠曲变形逐渐减小。当管道由悬空段进入两侧土体后，土体仍然向管道提供约束作用，挠曲变形进一步减小，但是由于变形协调，其变形的方向将发生变化，并且随着位置逐渐远离悬空段，反方向的挠曲变形先增加后减小，直至消失，在变形消失处形成了两个"锚固点"，我们将悬空段两侧坡肩至锚固点的范围定义为"转换段"。在转换段内，土体仍可被视作 Winkler 模

型的土弹簧,若将该段土体约束作用离散为等间距的土弹簧,则管道悬空段和转换段的力学模型见图1(b)所示,于是这三段管道便成为一个具有弹性支撑的连续梁,其边界条件(锚固点)为简支。根据结构力学原理可知,悬空导致的附加弯矩分布见图1(c)。其中,锚固点以外的管道不会因悬空而产生附加弯矩;悬空段会在跨中形成最大正弯矩,然后向两侧逐渐减小,并且在靠近转换段处形成负弯矩区;在转换段的起点即坡肩处,负弯矩达到最大值,形成反弯点,然后负弯矩逐渐减小,至锚固点处则完全消失。图1(c)所示的附加弯矩分布给出了悬空导致的管道应变/应力变化曲线,如果通过监测获得两个相继状态的管道应变分布曲线具有图1(c)的形状,就可以判断管道出现了悬空,并且可以判断管道悬空段和转换段的位置和长度。

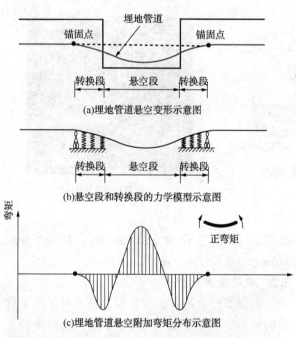

(a)埋地管道悬空变形示意图

(b)悬空段和转换段的力学模型示意图

(c)埋地管道悬空附加弯矩分布示意图

图1 埋地管道悬空变形与附加弯矩分布式示意图

1.2 埋地管道悬空分布式光纤监测方法

目前,国内外较为成熟的分布式应变监测技术是基于Brillouin散射原理的分布式光纤应变传感方法,实现了埋地管道弯曲应力、整体屈曲和局部屈曲的精准识别与定量评价。

为了完整获得管道的空间变形和应变分布,可采用螺旋布设和平行布设两种方式安装分布式光纤传感器,然而前者对传感器的安装位置要求极其严苛,并且布设困难、施工效率低下,后者虽然需要平行布设3条分布式光纤传感器,但是传感器均沿管道纵向布设,比较便于施工,因此本文采用这种传感器布设方式,其具体布设位置

如图2所示,即在截面的12点钟、3点钟和9点钟位置分别沿管道纵向布设3条Brillouin光纤应变传感器。

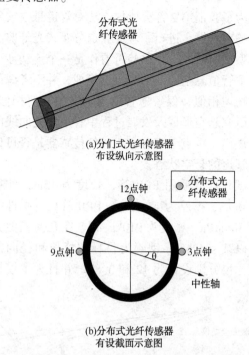

(a)分们式光纤传感器布设纵向示意图

(b)分布式光纤传感器有设截面示意图

图2 埋地管道分布式光纤监测方案示意图

沿管道纵向布设的分布式光纤传感器并不能直接得到管道的弯曲应变,测量结果是弯曲应变和轴向应变叠加的结果,并且由于施工以及管道空间变形等原因,传感器与管道中性平面之间也可能存在一定角度。针对上述问题,笔者已经建立了根据分布式光纤应变监测数据提取管道弯曲和轴向应变的方法,具体计算公式如下:

$$\varepsilon_b(x) = \frac{\varepsilon_L(x) - \varepsilon_R(x)}{2\sin\theta}$$

$$\varepsilon_a(x) = \frac{\varepsilon_L(x) - \varepsilon_R(x)}{2}$$

$$\theta = \tan^{-1}\frac{\varepsilon_L(x) - \varepsilon_R(x)}{2\varepsilon_t(x) - \varepsilon_L(x) - \varepsilon_R(x)} \quad (2)$$

式中,x为管道纵向的任意位置;$\varepsilon_t(x)$、$\varepsilon_L(x)$和$\varepsilon_R(x)$分别为管道纵向x处截面上12点钟、9点钟和3点钟位置的传感器所获得的应变观测值;θ为管道中性平面与水平面的夹角;$\varepsilon_b(x)$和$\varepsilon_a(x)$分别为x处管道的弯曲和轴向应变。当利用图2中所示的Brillouin光纤应变传感器获得管道纵向应变数据后,即可根据式(2)完整获得管道的弯曲应变和轴向应变,进而将弯曲应变数据根据图1(c)的特征进行管道悬空状态判别。

2 模型试验

2.1 试验装置

为了验证第 2 部分所提方法对管道悬空灾害监测的有效性，进行了埋地管道分布式光纤监测的模型试验研究。该试验可看作是一个流动沙丘作用下管道悬空监测的小原型模拟，并不考虑严格的物理相似，仅考虑管道与土体的几何相似，着重研究悬空形成及发展过程中管道应变曲线的变化规律，重点考察分布式光纤传感器是否可以监测管道的悬空状态。

试验管道采用 PPR 管，长度为 12m，外径为 110mm，壁厚为 15.1mm。PPR 管材的弹性模量为 808MPa，密度为 910kg/m³。在几何相似方面，以某 Φ426mm 钢管为目标，管长和径向的几何比尺分别设计为 12 和 3.87。并且为了模拟

管道和内部流体的重力效应，也对管道进行了配重。

试验在图 3 所示的大型管道试验箱（长 12m×宽 1m×高 1.7m）内进行，首先在试验箱内铺设厚度为 1m 的碎石和土体并进行夯实，然后铺设 30cm 厚的细沙，接着将管道平铺在沙床上，当完成传感器布设后在试验箱内填埋细沙。考虑流动沙丘的情况，管道上部覆沙可能已经减薄，因此埋深约为 10cm（表面至管顶），根据几何比尺换算后的实际覆沙厚度约为 38.7cm。试验中，悬空的模拟是由管道中心开挖，然后逐渐向两侧扩大，但悬跨内悬空高度一致，仅设置为 3.5cm，根据几何相似，实际悬空高度约为 14cm。需要说明，试验并未考虑悬空长度和高度的极端情况，仅为验证监测方法的可行性。

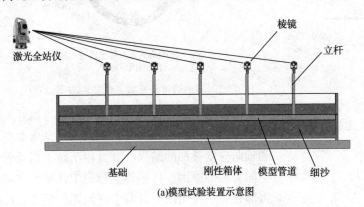

(a)模型试验装置示意图　　　　(b)模型管道与试验箱

图 3 管道悬空监测试验装置

按照图 2 所示的位置将分布式光纤应变传感器固定在管道上，同时为了进行数据比对，在管道底部增设了一条分布式光纤应变传感器，共沿管道长度方向平行布设了 4 条分布式光纤传感器。同时为了保证光纤监测数据的可靠性，也在模型管道的 1/6、1/3、1/2、2/3、5/6 长度处，在管顶和管底分别等间距布设电阻应变片。在这些位置上，也布置了轻质刚性立杆，作为管道关键断面的变形监测靶点，通过激光全站仪观测不同试验工况下管道的变形状态。

分布式光纤传感器的数据采集采用 NBX-6050A 光纳仪，空间分辨率设置为 10cm，距离分辨率 5cm，形成分布式的应变测量。电阻应变片的测量采用 cDAQ 多通道数据采集系统，应变片为 1/4 桥连接。管道变形采用 RTS11R6 激光全站仪进行测量。

试验工况共包括 8 种，即以管道中点为对称中心向两侧等长度开挖，形成管道悬空。8 种工

况对应的悬空长度分别为 1m、1.5m、2m、2.5m、3m、3.5m、4m 和 4.75m。

2.2 试验结果分析

根据 5 处全站仪监测数据，将 8 种工况下管道的变形情况绘于图 4。可以发现，在前 4 种工况下，管道在悬空段及其附近区域出现了向下的挠曲变形，每种工况均为跨中挠度最大，并且随着悬空段长度增加，挠度也呈现递增趋势，但是变形数值均较小，即使在悬空长度达到 2.5m 时（工况 4），跨中挠度也未超过 0.2cm；在第 5 种工况后，跨中挠度增加明显，并且随着悬空长度的增加，挠度也不断增大，并且其影响范围也逐渐扩大；在第 8 种工况时，悬空长度达到 4.75m，跨中挠度达到 3.5cm，已经观察到管道触底现象。在图 4 中，管道挠曲变形基本以跨中为中心对称，但是实际中难以保证两侧土体约束条件完全一致，并且每种工况的开挖扰动客观存在，因此图中挠曲线的对称性也存在一定程度的偏差。

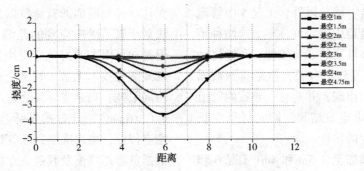

图 4　不同悬空长度下管道挠曲变形监测数据

在每种工况下，都分别利用分布式光纤应变传感器和电阻应变片，监测悬空导致的管道应变变化情况。试验中，位于管道截面3点钟和9点钟的分布式应变数据分布趋势基本一致，并且数值都在±50με范围内波动，因此认为管道轴向应变较小，数据仅与测量误差和试验扰动有关，本文限于篇幅不再列出，重点讨论与弯曲应变主导的管顶和管底的分布式应变数据（图5）。同时，为了检验分布式应变数据的可靠性，在图5中也分别绘制了电阻应变片的测量结果。对比二者数据可以发现，所有工况中控制截面的测量结果均吻合较好，说明分布式光纤传感器可以较为精确地测量管道应变，但是如图所示，分布式光纤传感器可以获得管道任意位置的纵向应变，而电阻应变片却只能得到有限个离散测点的数据，显然无法满足管道悬空监测的需要。

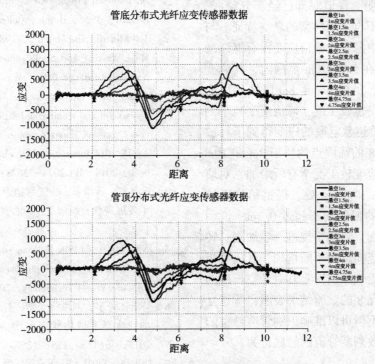

图 5　不同悬空长度下管道分布式应变监测数据

图5显示，在前4种工况中，无论是管顶管底的分布式应变数据均非常小，无法明显观测到图1中的悬空特征，结合图4中的挠曲线进行分析，当悬空长度不超过2.5m时，管道的变形较小，相对应的，管道的应变响应也应较小，因此还无法利用分布式应变数据判别管道悬空的出现。

当悬空长度增加至3m时（工况5），图5显示管顶和管底的分布式应变数据都出现了明显的悬空特征，即在悬空段形成正弯矩（管底最大拉应变约为451με），在悬空段两侧出现负弯矩，负弯矩逐渐增加然后减小，可判断该范围为转换段。转换段的应变在约3m和9m处减小为0，然后至管道两端均无应变反应，说明3m和9m为锚固点，悬空对其以外的区域没有影响。与实际悬空长度相比，工况5的分布式应变监测数据显示，左侧负弯矩峰值约位于4m处，而左侧坡肩在4.5m处，右侧负弯矩峰值约位于7.5m处，基本与右侧坡肩重合。除此以外,工况5中管道的应变分布也未以管道中点对称分布。这两种情况应与悬空两侧土体性质的非一致性、开挖扰动以及复杂的管-土相互作用有关,但是监测数据可以准确判断悬空的出现,并对悬空导致的管道应变(应力)分布给出定量结果,同时对悬空长度也可给出一定精度的估计。

随着悬空长度增加至3.5m和4m(工况6和7),分布式应变数据的形状都具有清晰的悬空特征,并且悬空段的峰值应变也明显增加,工况6和7悬空段的峰值应变分别达到716με和1075με。在转换段内,负弯矩峰值对应的应变数值也逐渐增加,同时锚固点位置不断外扩。在这两种工况中,负弯矩峰值点的位置都稍位于坡肩外侧,但是差别均不超过0.5m,说明监测数据对悬空长度的识别也基本正确。

悬空长度达到4.75m时(工况8),图4的跨中挠度监测结果表明,管道底部已经部分触底,因此应变分布曲线不再呈现典型的悬空特征。与工况7比较,图5中悬空段峰值应变没有继续增加(1051με),并且在5m至6m范围内,其应变数值反倒明显降低,虽然6m至8m区域的应变数值有所增大,但是也较工况7峰值应变减小约50%,说明触底使管道悬空段的应变得到了释放和重新分布。工况8的锚固点约位于2m和10m处,转换段的峰值应变较工况7有所增加,对应的位置分别为3.2m和8.6m处,仍稍稍位于坡肩外侧,但与坡肩的偏差均不超过0.3m,说明随着悬空长度的增加,管道下挠进一步加剧,转换段对管道提供的竖向反力不断增加,其负弯矩峰值的位置更加接近理想情况,其对悬空长度的识别更加精确。工况8的试验结果表明,所建立的悬空监测方法,不但可以准确识别管道悬空的发展,而且可以有效判断管道的触底行为。

3 结论

沙漠地区流动沙丘可导致埋地管道发生悬空,威胁管道安全运行。实时监测管道悬空的形成与发展,可以为管道安全预警提供科学依据。根据悬空管道响应机理,提出了一种利用分布式光纤应变传感器监测悬空附加弯矩曲线的方法,建立了管道悬空的识别技术。该方法的特点是可以对管道任意位置的纵向应变进行实时监测,通过数据分析获得管道悬空的发展变化情况。模型试验结果表明:分布式光纤应变传感器与电阻应

变片在控制断面的监测数据基本吻合,说明该方法对于管道纵向应变的监测具有较高的可靠性,但是却可以有效避免应变片和光纤光栅(FBG)等点式测量技术无法对管道全长任意位置进行监测的局限性;当悬空导致管道产生一定的挠曲变形后(≥6mm),分布式光纤监测数据呈现典型的悬空特征,可以准确判断管道悬空的出现,并且根据负弯矩峰值及其消失点的位置,可以定量识别悬空长度及其影响范围(转换段);分布式光纤传感器提供了管道全长的应变分布情况,可以实时评估管道的弯曲应力状态,为悬空灾害导致的管道失效提供预警数据。

参 考 文 献

[1] Cardenas A. G., and Gutierrez E. The challenge of crossing the Andes, a data base analysis and Peru LNG project description [C]. Proceeding of the ASME 2013 International Pipeline Geotechnical Conference, 2013, IPG2013-1951, Bogota, Colombia.

[2] Hall Minard. The March 5, 1987 Ecuador Earthquake-Mass Wasting and Socioeconomic Effects [M]. The National Academic Press, Washington D. C. 1991.

[3] Moya J. M., and Sota G. M. Alternative geohazard risk assessment and monitoring for pipelines with limited access: Amazon Jungle example [C]. Proceeding of the ASME 2014 International Pipeline Geotechnical Conference, 2014, IPG2014-33628, Alberta, Canada.

[4] 郑洪龙, 黄维和. 油气管道及储运设施安全保障技术发展现状及展望 [J]. 油气储运, 2017, 36(1): 1-7.

[5] INAUDI D, GLISIC B. Long-range pipeline monitoring by distributed fiber optic sensing [J]. Journal of Pressure Vessel Technology, 2010, 132, 011701-9.

[6] 冯新, 张宇, 刘洪飞, 等. 基于分布式光纤传感器的埋地管道结构状态监测方法 [J]. 油气储运, 2017, 36(11): 1251-1257.

[7] 刘洪飞, 韩阳, 冯新, 等. 埋地管道微小泄漏与保温层破坏分布式光纤监测试验 [J]. 油气储运, 2018, 37(10): 1114-1120.

[8] 冯新, 王子豪, 龚士林, 等. 供热管道应力分布式实时监测方法与原型试验 [J]. 煤气与热力, 2019, 38(2): A01-A07.

[9] FRINGS J, WALK T. Distributed fiber optic sensing enhances pipeline safety and security [J]. Oil Gas European Magazine, 2011, 37(3): 132-136.

[10] Wang Y., and Moore I. D. Simplified design equations for joints in buried flexible pipes based on Hetenyi Solutions [J]. Journal of Geotechnical and Geoenviron-

mental Engineering, 2014, 140 (4): 04013020 - 1-14.

[11] FENG Xin, WU Wengjing, Li Xingyu, et al. Experimental investigations on detecting lateral buckling for subsea pipelines with distributed fiber optic sensors [J]. Smart Structures and Systems, 2015, 15(2), 235-248.

[12] FENG Xin, WU Wengjing, MENG Dewei, et al. Distributed monitoring method for upheaval buckling in subsea pipelines with BOTDA sensors [J]. Advances in Structural Engineering, 2017, 20(2): 180-190.

[13] 李兴宇, 卢正刚, 吴文婧, 等. 一种侵蚀坑作用下承插式埋地管道完整性评价方法[J]. 水利与建筑工程学报, 2016, 14(3): 25-31.

[14] 张晓威, 刘锦昆, 陈同彦, 等. 基于分布式光纤传感器的管道泄漏监测试验研究[J]. 水利与建筑工程学报, 2016, 14(3): 1-6.

[15] 武扬, 吴文静, 李敬松, 等. 基于分布式光纤传感器的损伤监测研究 [J]. 水利与建筑工程学报, 20146, 12(4): 208-212+221.

无人值守计转站在西北油田的实践应用分析

董文进　韩　钊　谢发军　宋正聪　杨振东

(中国石化西北油田分公司)

摘　要　随着国家提出工业化向信息化转变的号召,西北油田分公司积极响应号召,将采油三厂作为先行试验单位,以降本增效、节能减排、本质安全、智能油田为建设目标,在已完成单井信息化提升,积累了一定经验的前提下,将计转站改造为无人值守作为第二阶段的尝试改造目标,采油三厂选取8-2计转站作为首个试验站,以下就以8-2计转站作为示例进行经验分享及综合评价。

关键词　油气集输,自动化改造,无人值守

8-2计转站无人值守站建设采用中心站管理模式,以集输中心站8-3计转站为控制站,采用人员定期巡检和故障巡检的模式为思路打造无人值守站。对人员需要频繁进行的操作进行自控系统改造,并对视频安防系统进行升级,2018年7月改造完成,实现无人值守,运行良好。

1　改造前8-2计转站生产运行情况

1.1　站库概况

8-2计转站位于塔河油田西南部,属于单井生产集输站库,该站占地90m×77m(折合10.395亩),该站于2004年年底建成并投产。其最计年处理规模为:处理液量45×10⁴t/a;处理油量40×10⁴t/a;伴生气处理规模4.0×10⁴m³/d,所辖单井32口。其主要功能为原油加热、油气分离、产液计量、流程伴送加药(破乳剂、缓蚀剂等)、加压外输。改造期间日外输液量1000m³左右,油量120t,外输液综合含水85%左右,伴生气约2000m³/d。

1.2　站库主要工艺流程

具体见图1、图2。

图1　8-2计转站俯视图

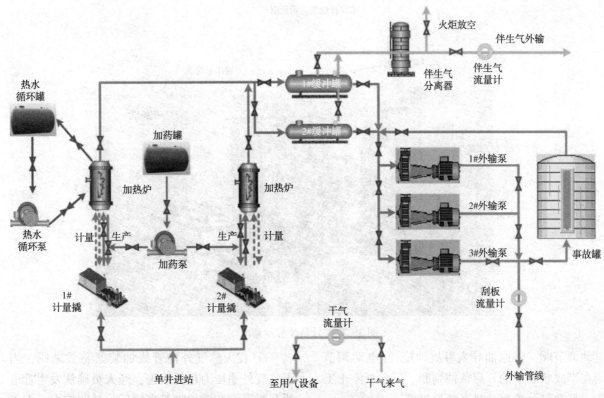

图2 8-2计转站流程图

流程具体描述：单井原油进入计量撬计量完毕后通过生产汇管进入相变加热炉加热至60℃左右后，进入油气分离缓冲罐进行油气分离，分离后外输泵增压至1.0MP外输至8-3计转站。

主要设备及功能：泵房一座：为原油进行加压外输至长输管道（包含外输泵三台，其中双螺杆泵2台，离心泵1台）；水套加热炉两台：为原油加热降低粘度从而降低外输压力（1200KW双盘管水浴加热炉）；油气分离缓冲罐两座：对混合液进行脱气处理，液进入外输泵房外输，伴生气自压外输（圆柱形储罐，罐容30m³）；天气分离器一台，分离天然气；加药间一座：（包含加药泵2台、药剂储罐1个）加注药剂调节生产；热水循环间一座：（包括热水循环泵、热水循环罐）为站内冬季生产保证房间温度适宜；应急事故罐一座：罐容500m³常压储罐，连接外输管线前端，若站内发生故障可临时存储产液，减少产液损失；放空火炬一座：（20m火炬一座，手动点火装置1套），应急情况伴生气放空燃烧，减少损失，降低污染；进站阀组间一座（改造后停用）通过开关阀门切换进站井开关状态；污油包一座，伴生气阀组一座，干气阀组一座，配电室一座，中控室一座，阴极保护间一座。

1.3 运行模式

该站人员配备6人，采用倒班制模式（白班

2人，夜班2人，休假2人），由采油管理区直接管理，站内人员根据指令负责站内各类设备操作，安保异常情况处置，报表填写等工作；

2 无人值守工艺改造内容

2017年为实现无人值守开始对该站进行自动化升级改造（图3），改造的内容包括以下几点。

（1）中控室改造：新增大功率UPS不间断电源1台，为中控室PLC控制柜、现场监控仪表探头及应急切断电动阀门及视频监控和网络系统供电。

（2）计量阀组区域改造：将该站进站阀组间管线进行切改，阀组间废弃，新增16井式自动计量撬两座，将计量撬数据接入PLC控制系统。在该站实现无人值守后，由中心站中心站中控远程切换计量操作。

（3）外输系统改造：将外输泵和油气分离缓冲罐液位连锁系统更换修复；将两台螺杆泵（TH04-3-P-0201B/C）更换为离心泵，在离心泵出口新增压力远传与电动调节阀，并与压力联锁PID控制；新增外输泵的远程启停和自动切换泵。

（4）原油事故流程改造：将已建的油气分离缓冲罐至事故罐管线上的2套手动闸阀换成一套电动开关阀与一套电动调节阀，事故状态时开启

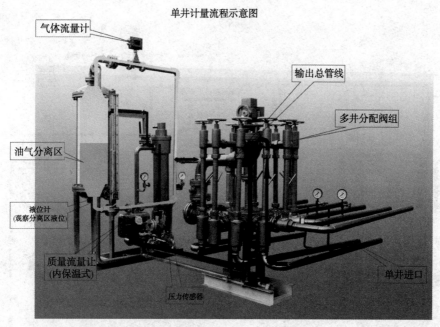

单井计量流程示意图

图3 单井计量流程示意图

电动调节阀,将原油导入事故油罐。(电动调节阀在事故状态下的开启条件判断:三台泵停止工作,且油气分离缓冲罐高液位报警)。

(5)原油事故恢复流程改造:在外输泵进口管线设置电动开关阀,事故排除后,通过在中心站监控主机软件组态实现远程启停泵。远程打开电动开关阀,远程启动外输泵外输,将事故罐中临时存储的原油通过外输泵输至集输管道,人员根据事故罐液位远程停泵。

(6)污油罐排液流程改造:增加污油罐液位检测远传仪表,信号上传8-2计转站PLC系统,通过PLC输出数字量开关信号至配电室,新增液位联锁启停污油提升泵;液位高时联锁启提升泵,液位低时联锁停提升泵。

(7)加药装置改造:为实现加药装置远程启停,将加药装置的药剂罐就地液位计改造为带远传功能的液位计,与泵进行联锁,低液位启泵,高液位停泵。

(8)天然气事故流程。

① 在已建的天然气去往放空管线上增加电动开关阀(ROV-005),天然气外输至中心站管线加装紧急关断阀(SDV-006),ROV-005、SDV-006与原有压力远传:B0301联锁,当天然气外输压力超低(0.15MPa)或超高(0.45MPa),SDV-006关闭,ROV-005开启,经人员确认发生管道泄漏或下游装置故障等事故排除后,从监控中心人工远程开启,正常情况下SDV-006开启,ROV-005关闭。

② 在天然气外输管线加装紧急关断阀,当天然气外输压力超低报警,经人员确认发生管道泄漏或下游装置故障等事故后,从监控中心人工远程关断。

③ 火炬加装自动点火装置,当检测到火炬处有可燃气体时,实现自动点火。

(9)热水循环泵房改造

① 热水循环泵出口阀门改造为电动调节阀,远程开关和调节启、停泵。

② 补水泵、热水循环泵设远程启停,且补水泵及热水循环泵与加热炉液位计联锁,低液位补水泵开,热水循环泵关闭;高液位补水泵关,热水循环泵开。(10)视频监控升级:站内新增周界摄像头4部,并将原有的摄像头由720P升级为1080P全景云台摄像头,新增硬盘录像机,视频存储90d,便于监控站内各项异常。

3 改造后运行状况及效果评价

该站于2018年7月份完成全部改造内容并投入试运行,改造后初期维持人员值守,站内参数、视频监控都远传至中心站,试运行3个月后人员撤离,改为故障巡检模式。由中心站人员负责日常监控和远程操作,异常情况交由巡井人员处置。

在改造完成后的试运行阶段,管理区根据生产状况变化重新编订了《无人值守站岗位人员操作规程》《无人值守站设备操作及维护保养规程》《无人值守站检维修制度》《无人值守站应急处置预案汇编》等一系列配套制度。

该站无人值守后试运行期间可实现自动切井计量记录结果、温度连锁调控加热炉外输温度、缓冲罐液位自动连锁变频及启停泵、应急自动切事故流程及自动放空、加药量自动监控报警、视频巡检等功能，该站在改造完成后无人值守运行至今已超过 2 年，未发生重大异常，各项功能运行良好，无人值守成功实现。

4 完善改进提升方面

（1）由于站库初期设计规模未全面考虑到油田长远开发大规模提液的可能性，导致站库外输系统超负荷运行，流程及设备升级改造难度大。建议在油田站库建设初期长远考虑，各类设备及自控网络系统等至少留有 30% 的性能冗余，以适应后期油田发展需要。

（2）出于成本考虑，在无人值守改造时并未对关键设备添加冗余，并且也未对生产进出站阀组开关、各设备间跨设备流程切断阀等全部改造，部分非常用阀门仍由人员手动控制，导致开关井阀门仍需要人员到现场操作，且应急情况例如管道泄漏等事故也无法利用远程控制第一时间进行处置，必须由巡检人员赶往现场，应急处置响应效率不高，环保风险控制不足，未实现全面无人值守状态。

（3）无人值守模式下管理水平需要达到更高的要求，但由于现场人员长期以来已经适应了传统的巡检和操作方式，计划性的知识培训不足导致现场员工对新技术的运用和新管理模式适应慢，人员技能水平和思想需要转变提升无法紧跟生产方式的转变；

（4）在无人值守的模式下，控制系统和设备仪器仪表需要更高的可靠性，故在建设初期对设备仪表的选型需要建立全生命周期管理的概念，并且应加强设备维护保养的力度，才能够保证运行稳定和无人值守成果的持续周期。

（5）由于站库运行年限较长，各类管道设备腐蚀老化，但站库并未采用泄漏检测技术，无人值守管理模式下，应当建立红外、可见光、声音、气体等智能检测设备，通过智能红外探测、可见光探测、声音探测、气体探测替代人工定时定点检测，对可能发生泄漏的区域如管道接头等处安装检测设备并设立报警阈值，通过对改声音进行频域分析、采样、比对，检测刺漏情况发生，站内智能气体监测能够及时发现气体泄漏，

并进行报警。

（6）目前的无人值守设计往往局限于运行参数的全面采集和常用设备、阀门的远程控制及联锁保护等，缺少对真正技术层面和日常运行、突发情况处理等运营管理层面的需求分析及把控。同时，由于缺乏充足的数据和需求分析依据，对设计方案是否真正能够做到无人值守缺乏充足的说服力。

5 取得的经验和成效

5.1 优化用工，实现无人值守站定期巡检

实现无人值守后 8-2 计转站人员配置由 6 人减少至 2 人巡检管理，单站节约人员费用近 40 万元/年；若将该模式进行推广则可以进一步提高费用节约力度；并且成熟的自动化逻辑和高效的条件控制规则可以避免人员因素导致的误操作等造成的损失，人员撤出高风险区域也有利于降低安全风险。

5.2 探索实现无人值守管理模式

8-2 计转站是西北油田分公司首次真正意义上实现无人值守运行平稳的计转站，达到了优化用工、减轻工作强度的目的。无人值守的实现提升运行了效率、降低了管理风险，同时创新管理模式，为后续无人值守站建设推广增加实践经验和建设标准，推进了智能油田建设进程。

6 结束语

通过积极地尝试和经验摸索，在工业控制技术飞速发展的时代，更多的先进技术会逐渐渗透到油田发展的方方面面。例如工业无人机代替人员巡线、机器人巡检等。只有将传统的固化思维模式打破，在实践中不断开拓创新才能在困局中脱颖而出，在智能油田规划指导下，油气田智能化建设从初期的无人值守、定时巡检的控制水平逐渐过渡到无人值守、智能巡检，最终实现无人值守、智能巡检、智能优化和智能管理。

参 考 文 献

[1] 王同强. 大庆油田无人值守变电站的微机综合自动化系统改造[J].

[2] 徐健. 电气自动化技术在油田生产中的应用[J]. 仪表电信, 2015, 34(2).

[3] 乔亚捷. 探讨智慧油田下的无人值守技术[J]. 信息系统工程, 2019, 05.

[4] 张玉恒. 油气田站场无人值守探索及展望[J]. 仪器仪表用户, 2020, 27(2).

机器视觉技术研究及在站场的应用展望

李鸿鹏　石　鹏　雷雅惠　孙勇泉　丁建军　韩贺斌　戴建炜

（国家管网集团西气东输公司厦门输气分公司）

摘　要　机器视觉技术作为人工智能的核心要素之一，随着计算机技术和嵌入式系统的发展而得到快速发展，并在工业、农业、医学和军事等领域得到了较广泛的应用。综述了国内外机器视觉技术的研究发展现状，对机器视觉的关键技术进行了总结归纳，并对机器视觉技术在无人值守场站建设中的应用加以展望。

关键词　机器视觉，图像采集，图像分析，无人值守场站

机器视觉是一种无接触、无损伤的自动检测技术，是实现设备自动化、智能化和精密控制的有效手段，具有安全可靠、光谱响应范围宽、可在恶劣环境下长时间工作和生产效率高等突出优点。机器视觉检测系统通过适当的光源和图像传感器（CCD 摄像机）获取产品的表面图像，利用相应的图像处理算法提取图像的特征信息，然后根据特征信息进行表面缺陷的定位、识别、分级等判别和统计、存储、查询等操作。

美国机器人工业协会（RIA）对机器视觉下的定义为："机器视觉是通过光学的装置和非接触的传感器自动地接收和处理一个真实物体的图像，以获得所需信息或用于控制机器人运动的装置。

机器视觉技术涉及计算机视觉、图像处理、模式识别、人工智能、信号处理、光机电一体化等多个领域，作为一门新兴技术，伴随着人工智能技术的快速发展，不仅有利于提升生产效率，相对于人工机械重复性劳动，机器视觉在工作质量、速度和精确度方面都有着较大的优势。

1　机器视觉技术国内外研究现状

从 20 世纪 80 年代中期开始，机器视觉技术在国外获得了快速发展，并在 90 年代进入高速发展期，提出了多种新概念、新方法、新理论，至 2006 年，伴随着深度学习概念的提出，卷积神经网络、循环神经网络等算法的推广应用，机器可以通过训练自主建立识别逻辑，图像识别准确率大幅提升，机器视觉发展进入一个新的阶段。至今机器视觉技术在机器人、3D 视觉、工业传感器、影像处理技术、机器人控制软件或算法、人工智能等方面领域得到了广泛的应用。

机器视觉技术与工业机器人在生产中的结合，成为越来越受关注的研究领域。随着研究的不断深入，国内外涌现出了许多优秀的研究成果，在各个领域的生产应用中取得了良好的效益。

目前机器视觉行业已经处于成熟期，2018 年全球机器视觉市场规模达到 56.33 亿美元，产业分布主要集中于北美地区，占全球 26.22%，其次为欧洲和日本，分别占比 9.32% 和 4.28%。主要在自动驾驶、虚拟现实、图像自动解释、物体自动识别、医学领域、智能安防、人机交互和工业视觉八大领域应用。

我国对机器视觉相关技术的发展在近几年得到重视，机器视觉行业发展开始进入快车道。视觉研究已经渗透了产业的各个方面，国内大多研究主要集中在识别、检测、测量的工业应用领域。

2　机器识别关键技术

机器视觉是一个众多学科结合在一起的交叉领域，与图像处理、图像理解、控制技术、计算机软硬件技术、模拟与数字视频技术等领域紧密相关；机器视觉系统的目标是从图像中创建一个真实世界的模型。机器视觉系统从场景的二维投影中转化成有效信息。由于所采集图像是三维世界的二维投影，图像信息要经过恢复之后才能够被使用，要求一个多对一映射的逆变换。为了恢复图像中的信息，需要场景中的目标物体信息及其投影几何。

机器视觉通过将获得的图像信息进行处理，然后完成一个与视觉相关的任务。机器视觉是指通过机器视觉产品，即图像摄取装置，获取当前

环境下的目标物体的图像，然后利用图像卡将该图像信息进行模/数转化，使图像数字化，然后将数字化图像传输给计算机，图像处理系统对这些数字信号进行运算来抽取目标的特征，进而根据对目标特征的识别判断来控制现场的设备，并根据特定的场景和需要做出不同的反应，实现自动识别功能。

典型的机器视觉系统主要由图像信息采集、数据传输及图像处理三大系统构成，如图1所示。

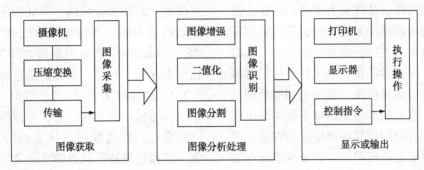

图1　典型机器视觉系统构成

2.1　图像采集系统

目标物体图像的获取是机器视觉系统的先决条件。原始图像的获取通常有照相机或摄像系统完成，分成照片系统、图像聚焦光学系统、图像敏感元件和视频调制三部分。

图像传感器可以分为 CCD 相机和 CMOS 相机，视觉检测中常用的图像传感器是 CCD 相机，CCD 具有体积小、重量轻、检测灵敏度高、抗强光、畸变小和动态性好等优点。CMOS 传感器是互补金属氧化物半导体（Complementary metal oxide semiconductor）的简称，相机静态功耗低、响应速度快、抗干扰能力强。但是 CMOS 相机与 CCD 相机相比，其成像质量较差，而且动态性不好，一般应用在图像质量要求不高且静止的环境下。相比较而言，CCD 相机更适合用于机器视觉检测。CCD 相机有线阵和面阵两种类型，线阵 CCD 与面阵 CCD 相比，其优点主要体现在结构简单，成本较低，实时性好，对光照条件要求低，响应速度快，可以在动态环境下进行测量等特点，这些优点正适合在复杂生产环境下进行工作的要求。

2.2　图像分析技术

图像分析是整个机器视觉的关键技术，也称之为图像处理，利用数字计算机或其他数字技术对图像进行处理，它包括了图像编码、图像分割、图像恢复、图像增强、图像理解、图像特征提取等，使得经过处理的图像满足实际需求应用的目的，并且计算机能够识别和处理，主要包含以下内容：图像采集、图像传输、图像预处理、边缘检测、线条拟合和建立线画图、物体建模和匹配等环节。

2.2.1　图像灰度处理

相机采集的图像是 RGB 彩色图像，由于彩色图像包含的信息量大，处理难度较大，需要滤除一些信息，把彩色图像转换成灰度图像，以便后期的图像处理，一副完整的彩色图像由红色、绿色、蓝色三个通道组成的；如果将红、绿、蓝三个通道都用灰度来表示，就成了灰度图像。将彩色图像转化为灰度图像，不会丢失其中的数据信息，却会大幅减少图像处理的计算量，提高效率。在用计算机进行图像处理时，黑白图像要处理的信息非常少。

灰度化的方法可以概括的分成两种：局部映射法和全局映射法。全局映射的方法在视觉效果上会有较好的处理效果，但需要一系列繁杂的计算。

局部映射法，使得同一种颜色在不同位置变成不同的灰度，该方法的处理效果也不符合我们对灰度图像的要求。最大值法、平均值法以及加权平均值等方法是最为常见的灰度化处理方法。

最大值法是比较彩色图像每个像素的 R、G、B 三个分量值，从中选择最大的一个值，然后对三个分量同时赋予这个相同最大值。

平均值法可以理解为由 R、G、B 三个像素分量建立一个三维坐标系，每一个像素点就会对应坐标系中一个点的位置，该像素点的灰度值则是原点到坐标系该点的向量在其对角线上的投影值。

加权平均值法使彩色数字图像实现灰度化的同时，避免了最大值法和平均值法灰度处理后图像失真的问题，不仅保留了图像原有的信息，而且处理后的灰度图像边缘亮度噪声少，平滑效果好。这样既达到了预期结果，又给图像的后续处理提供了有利条件。加权平均值法根据重要性或其他指标给 RGB 赋予不同的权值并把 RGB 的值加权。

2.2.2 图像滤波

我们获取的图像，往往会有噪声的存在，这些噪声主要表现为图像像素的一些极值，这些极值存在于正常像素点之中，会产生忽亮点、忽暗点的噪声影响，图像的质量就会大打折扣，对接下来的图像滤波、边缘检测、特征识别等处理工作的进行干扰，造成处理结果精度不够或是出现错误结果。一种有效的抑制噪声滤波器表现在两个方面，不仅要对待处理图像中的噪声进行有效的抑制和弱化，而且还要很好地保护、保留图像中目标的信息特征，比如轮廓、区域、位置以及几何特征。图像滤波的目的，就在于在尽量多的保留图像中目标各种特征的同时，对图像中的噪声干扰进行最大限度的弱化，以提升后续图像处理和分析的有效性和可靠性。

常用的图像滤波处理方法有高斯滤波和双边滤波。高斯滤波的基本原理是邻域内像素值的加权平均，这种邻域内的平均会使一些边缘被平均掉，使得整个图像出现模糊。双边滤波是一种非线性的滤波方法，它是同时考虑图像像素点之间物理距离和邻域内像素点值相似度两方面因素的综合处理方法，这种方法带来的好处就是可以在保留边缘信息的情况下去掉噪声干扰。

一般情况下高斯滤波在进行采样时主要考虑了像素间的空间距离关系，但是并没有考虑像素值之间的相似程度，因此，我们得到的图片处理结果通常是整张图片全部模糊。

2.2.3 图像二值化

图像二值化就是将图像上的像素点的灰度值设置为 0 或 255，不再有其他的灰度值出现，处理之后整个图像表现为黑白效果，即将原有的 256 个级别的灰度图像，通过合理的方法确定阈值，将图像进行黑白处理，得到一幅二值化后的黑白图像，此时图像仍保留了整体和局部的特征。图像的二值化使图像变得更加简单，二值化后有利于在对图像做进一步处理时，图像的特征属性只与两个像素大小点的位置有关，不会出现多个像素值对应一个特征属性的情况，不但能突显出感兴趣目标的轮廓，还能减少数据处理量。

常用的二值化方法有固定值法和大津法等。固定值法图像二值化是通过设定一个限定值，根据这个值把图像不同级别的灰度值分为黑白两个灰度值的二值化图像。大津法(Otsu)是一种自适应的阈值确定方法，由日本人大津于 1979 年提出，又叫最大类间方差法，计算简单，不受图像亮度和对比度的影响。其基本原理是根据图像的灰度值，将图像分成两个不同灰度值像素集的部分。两个不同的灰度值集合之间的数学方差越大，说明这两个灰度值集合之间的差异越明显，找出差异最大的两个部分正是这种方法的目的。

2.2.4 边缘检测方法

在图像中的边缘附近，图像的亮度应该发生急剧变化，即边缘附近像素点的灰度值急剧变化，图像边缘特征检测的本质是将图像中那些灰度值呈现差异变化的像素点提取出来，目前比较成熟的、应用比较广泛的边缘检测算法有 Roberts 算法、Prewitt 算法和 Sobel 算法等。

（1）Roberts 算法。

由 Roberts 提出的算子是一种利用局部差分算子寻找边缘的算子，主要检测两个对角线方向和水平与垂直方向。采用两相邻像素之差来表示信号的突变，该算法对图像定位精度比较高，对噪声非常敏感，检测出的边缘较细。Roberts 边缘检测算子不包含平滑，故不能抑制噪声。

（2）Prewitt 算法。

Prewitt 边缘算子是的基本思想是将理想状态下的边缘子图拼接在一起来表示边缘样板。采用该边缘样板的方式来对图像进行检测，并且将得到的最大值赋给与待检测区域相似度最高的样板，最后再用这个最大值作为算子的输出值，进而得出图像的边缘像素。

（3）Sobel 算法。

Sobel 提出一种将方向差分运算与局部平均相结合的方法，Sobel 算子对目标图像中的任何一个像素的上、下、左、右四个方向上的邻域进行灰度值加权求和运算，与之临近的邻域的权值最大。

3 机器视觉技术在站场应用设想

随着信息技术的发展，管道行业的发展也开始逐渐向"数字化、智能化"方向发展，西气东输管道已开展的"集中监视+作业区"模式也助推了无人值守场站的发展，巡检机器人等诸多新技术也开始推广使用，机器视觉与智能机器人在生产中的结合应用，也成为了研究热点。机器视觉技术与物联网、大数据、云计算/存储等学科的交叉应用，也势必在智慧管网建设过程中发挥愈发重要的作用。

视觉分析相关数学算法日益完善，计算机技术迅速发展和嵌入式飞速迭代更新，也为机器视觉的进步提供了有利条件；伴随着智能管网建设的加速，机器视觉在站场焊缝检测、一次仪表读数读取及预报警、设备位移/沉降检测等诸多方面也将迎来更好地应用契机。

参 考 文 献

[1] 汤勃，孔建益，伍世虔. 机器视觉表面缺陷检测综述[J] 中国图像图形学报，2017，22（12）：1640-1663.

[2] Bharath A，Petrou M. Next Generation Artificial Vision Systems：Reverse Engineering the Human Visual System[M]. London，UK：Artech House Publishers，2008.

[3] 成文. 基于机器视觉技术的机械制造自动化技术应用研究[J]. 科技展望，2017，27(4)：260.

[4] 宋春华，彭泫知. 机器视觉研究与发展综述[J]装备制造技术，2019，32(6)：213-216.

[5] 朱良. 机器视觉在工业机器人抓取技术中的应用[D]，中国科学院大学，2016.

[6] 欧阳智，肖旭. 机器视觉在智能制造中的应用[J]. 大数据时代，2018，12(3)：11-14.

[7] 杨雪. 机器视觉中图像检测算法的研究与应用[D]，江南大学，2013.

[8] 黎绍鑫. 线阵CCD工业相机数据采集系统设计与研究[D]. 南京理工大学，2012.

[9] 乔杨，徐熙平，卢常丽，等. 机器视觉远距离目标尺寸自动标定测量系统研究[J]. 兵工学报，2012，33(6)：759-763.

[10] 陈锻生，宋凤菲，张群. 一种彩色图像灰度化的自适应全局映射方法[J]. 计算机系统应用，2013(9)：164-167.

[11] 彭澈汐，赵冠先，王志前. 基于图像识别系统的灰度化算法研究与效率分析[J]. 电子世界，2014(7)：105-105.

[12] 王玉灵. 基于双边滤波的图像处理算法研究[D]. 西安电子科技大学，2010.

[13] Cheng F S，Denman A. A study of using 2D vision system for enhanced industrial robot intelligence [C]. Mechatronics and Automation，2005 IEEE International Conference. 2005：1185-1189 Vol. 3.

[14] 吴辰夏. 二值化图像特征及其应用[D]. 浙江大学，2013.

[15] 吴佳鹏，杨兆选，韩东等. 基于小波和Otsu法的二维条码图像二值化[J]. 计算机工程，2010，36(10)：190-192.

[16] 刘国阳. 基于机器视觉的微小零件尺寸测量技术研究[D]. 哈尔滨工业大学，2014.

[17] 邹斌. 几种图像边缘提取算法比较[J]. 重庆文理学院院报(自然科学版)，2010，29(5)：44-46.

[18] 王新霞，李国梁. 图像边缘检测分析与比较[J]. 软件导刊，2009，8(5)：185-187.

[19] 邢军. 基于Sobel算子数字图像的边缘检测. 微机发展[J]，2005，15(9)：48-50.

塔河油田传统站场向
无人值守站场的突破与探索

陈鹏飞 韩 钊 陈 伟 李 俊 李 娟

(中国石油化工股份有限公司西北油田分公司采油三厂)

摘 要 中石化西北油田采油三厂位于新疆维吾尔自治区库车县境内，天山南麓、塔里木盆地北缘。管辖区块跨库车、沙雅两县，地表植物以胡杨、红柳为主。场站管理主要依赖于代运行人工驻站管理，受制于场站分布点多面广，若采取远程监控参数、人工轮巡处理的方式，人员从接收生产指令到到达现场作业耗时长，生产指令执行落实及时率低、异常处置周期长，场站异常无法得到及时有效的控制，无法保证场站安全高效运行；传统场站亟待进行自动化改造，从而转为无人值守、远程报警、自动处置、故障巡检的运行模式。

关键词 油田，自动化，模式

随着自动化技术发展成为时代发展的潮流，在工业领域以及建筑领域等有着广泛的应用。尤其是油田建设，自动化建设不仅仅实现了油田企业的生产和决策，同时也做好油田企业的决策性管理，融合多种技术支持，做好油田自动检测和管理，实现数字油田的规划建设，提供更加准确和齐全的信息，进而提升油田企业的核心竞争力。

1 传统场站运行模式

传统场站在工艺流程方面，环节多、自动化程度低，原油自单井管道进入站外阀组、经缓冲罐到加热炉升温，后进入计量装置，再由分离器处理后经外输泵入联合站管线。整个流程各节点均是手动操作、完全依赖于人工操作。

在人员用工方面，采用两班倒每班两人驻站运行模式，报表采用纸质班报表，每小时记录巡检数据、查看流程运行情况、检查跑冒滴漏等内容。

传统场站的运行模式，工艺流程处于不可控的情况，对突发情况的应对能力差，人员用工费用高、工作量大，且可能会出现人身伤害，向无人值守场站的改造提升已成为增强油田企业核心竞争力的重要手段。

2 无人站点改造内容

在采油厂建立生产指挥中心，部署 SCADA 系统进行集中管控。各场站的所有生产参数最终要通过工控网传送到采油厂或管理区生产运行指挥平台的 SCADA 系统，利用 SCADA 系统实现安防保障、生产参数的采集、生产过程的监控、故障报警、远程生产指挥等功能。

2.1 站库系统安全保障

计转站是油田生产的重要组成单元，相较于无人值守井站，计转站内有进站阀组、缓冲罐、分离器、计量撬等设备，站内设备多、工艺流程复杂、相对空间小、压力环境复杂，出现异常问题后治理难度大，因此计转站的无人值守运行首当其冲要保证设备的可持续稳定性运行、系统有着较高的可控的安全运行逻辑，因此首先需要在全流程各节点进行自动化改造、增设必要的硬件设备，并辅助工控软件，实现设备的远程可监、可控，且在一定程度上可按照预设逻辑进行自动控制。

2.2 硬件保障

2.2.1 外输泵改造

将已建的外输泵和油气分离缓冲罐液位连锁系统进行更换修复，将两台螺杆泵(TH04-3-P-0201B/C)更换为离心泵，并在离心泵出口新增压力远传与电动调节阀，电动调节阀与压力联锁；新增外输泵的远程启停和自动切换泵。

2.2.2 原油事故流程改造

将已建的油气分离缓冲罐至事故罐管线上的2套手动闸阀更换成一套电动开关阀与一套电动调节阀，事故状态时开启电动调节阀，将原油导入事故油罐。(电动调节阀在事故状态下的开启条件判断：三台泵停用+分离缓冲罐高液位报警）。

2.2.3 原油事故恢复流程改造

在外输泵进口管线设置电动开关阀，事故排除后，通过在管理区监控主机软件组态实现远程启停泵。远程打开电动开关阀，远程启动外输泵外输，根据事故罐液位远程停泵。

2.2.4 污油罐排液流程改造

增加污油罐液位检测远传仪表，信号上传至计转站PLC系统，通过PLC输出数字量开关信号至配电室，新增液位联锁启停污油提升泵；液位高时联锁启提升泵，液位低时联锁停提升泵。

2.2.5 除油器排液流程

增加除油器液位检测远传，信号上传PLC系统，并将除油器出液管道增加自动调节阀，由液位信号联锁控制调节阀开度。

2.2.6 加药装置改造

为实现加药装置远程启停，将加药装置的药剂罐就地液位计改造为带远传功能的液位计，与泵进行联锁，低液位启泵，高液位停泵。

2.2.7 天然气事故流程

（1）在已建的天然气去往放空管线上增加电动开关阀（ROV-005），天然气外输管线加装紧急关断阀（SDV-006），ROV-005、SDV-006与原有压力远传：B0301联锁，当天然气外输压力超低（0.15MPa）或超高（0.45MPa），SDV-006关闭，ROV-005开启，经人员确认发生管道泄漏或下游装置故障等事故排除后，从监控中心人工远程开启，正常情况下SDV-006开启，ROV-005关闭。

（2）在天然气外输管线加装紧急关断阀，当天然气外输压力超低报警，经人员确认发生管道泄漏或下游装置故障等事故后，从监控中心人工远程关断；

（3）火炬加装自动点火装置，当检测到火炬处有可燃气体时，实现自动点火。

2.2.8 热水循环泵房改造

（1）热水循环泵出口阀门改造为电动调节阀，远程开关和调节启、停泵。

（2）补水泵、热水循环泵设远程启停，且补水泵及热水循环泵与加热炉液位计联锁，低液位补水泵开，热水循环泵关闭；高液位补水泵关，热水循环泵开。

2.3 通信保障

计转站通信系统既是数据采集通道，也是远程控制通道和监视通道。通信中断会造成远程控制失效，数据中断乃至永久性丢失，操作人员与现场处于"失联"状态。由于计转站PLC和ESD控制系统可以单独运行，现场安全控制可以基本保障。为确保工控网网络安全和传输的可靠性，采用自建光纤环网传输方式，做到光纤全覆盖，自建光纤网络与其他网络物理隔离，工控信号、安防信号采用不同的纤芯传输，以保障工控网传输带宽和稳定性。利用EPA工业以太网技术，工控系统均采用双光纤环网设计，确保SCADA信号和ESD信号的可靠无缝传输。全油田按照计转站布局建设1个安防环网，保障视频、门禁等安防信号的传输通畅和可靠性。设备配置方面，工控网2台核心交换机互为主备冗余，启用VRRP（虚拟路由冗余协议），为汇聚层网络提供唯一的网管地址。当主用交换机失效，备用交换机迅速切换成主用交换机，保障核心层网络稳定。

2.4 安防保障

无人值守情况下计转站的安防保卫工作须依靠信息化手段结合人工巡检来完成。

计转站安防系统由工业电视监控系统、周界防御系统、语音对讲及应急广播系统、门禁系统、电子巡检系统构成。监控中心建有综合安防管理平台，平台通过网络层集成各子系统，通过一个统一的管理平台界面，实现安防系统所有报警/事件的集中监视，对重要前端设备进行远程控制及各安防子系统间的联动。

在生产工艺参数波动超限、非法闯入等异常情况下均有语音告警及视频画面跳转，将报警现场展示出来，并且有相应的文字提示，以方便操控人员及时判断和处理。周界防御系统联动可实现周界防区被入侵时，联动摄像机到预设位置，对该区域进行实况监控、语音自动告警驱离；门禁系统联动可实现在计转站、RTU阀室的门禁系统发生非法刷卡、门无故开启、超时未关门事件时，联动摄像机到预设位置，对该区域进行实况监控、语音自动告警驱离；语音对讲系统联动可实现在某计转站与监控中心建立对讲通话时，监控中心的视频监控窗格会自动实况到对应（图1）。

2.5 软件设计

自动控制与数据采集系统顶层设计

油田采用"SCADA+ESD"自动化系统进行顶层设计，按照中石化油田智能化发展方向部署自

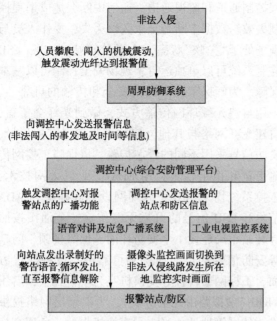

图 1　周界防御联动系统

动控制及数据采集系统。数据是智能化油油田的基础与关键，系统可按秒、分、时获取高频实时数据，应用 MODBUS 或 TCP/IP 将监测数据实时传输到数据管理系统，实现油田一体化实时管理，即实现实时远程控制、实时数据共享、实时动态监测、实时调整运行与实时决策修正，最大限度地满足油田生产、环境安全及采输工艺要求，完成计转站无人值守情况下油田的自动化控制。ESD 系统设计充分考虑非正常生产情况下的自动响应与应急处理，保障现场生产装置、设备及管网的安全运行；控制系统采用冗余设置，计转站 PLC 及 ESD 机柜均安装 2 套控制器和电源，现场温度、压力、液位、流量等仪表及执行机构均自动化，以保证运行平稳可靠。系统可进行预警及报警，井站及油田报表自动生成，并可根据不同需求个人定制报表及生成所需的趋势曲线。

3　无人值守站场运行模式优势

3.1　支撑油公司体制、机制改革

通过油气生产自动化深化应用变革传统的油气生产组织模式，推动油公司体制机制建设提供支撑，奠定了企业在低油价下探索创新创效与系统应用的深度融合的基础。

3.2　减少环境污染，提升安防能力

通过数据自动采集、视频监控，可实现生产报警分析、预警分析，能够及时发现安全隐患，减少油田物资设备被盗事件，提高拦截闲杂人员进入井站概率；降低爆管等恶性安全事故，减少环境污染；减少现场巡检时间，降低暴恐风险，确保职工安全。

3.3　改善职工工作环境，确保身心健康

通过油气生产信息化深化应用，提升了油田智能化管控水平，尽量减少职工现场停留时间，同时，可以将部分一线职工转移至条件较好的工作场所，改善油田恶劣环境下的职工工作环境，确保职工身心健康。

参 考 文 献

[1] 李杰，徐汇川，林铭，等. 无人值守站场安防系统的研究[J]. 信息通信，2016(7)：113-115.

[2] 吴扬，解海龙. 基于 MODBUS 的新型单井数据传输系统优化及应用[C]//中国石油石化企业信息技术论文集. 北京：中国石油学会，2017：327-340.

[3] 陈曦，周峰，林昕. 我国 SCADA 系统发展现状、挑战与建议[J]，工业技术创新，2015，2（1）：103-114.

[4] 刁海胜，王军辉. 采油作业区 SCADA 系统数据的综合应用研究[C]//2016 中国石油石化企业网络安全技术交流大会论文集. 北京：石油工业出版社，2016：104-109.

建设油气站场无人值守设想

韩培津　陈嘉湧

(国家管网集团西气东输公司厦门输气分公司)

摘　要　在物联网技术的普及应用成果，在保证天然气输气站安全运行的前提下，分析输气站转无人值守的可行性。结合城镇燃气无人值守场站的成功经验，以减少操作人员、降低运行成本为出发点，对有人值守场站输气工艺流程、监控系统结构、通信系统进行优化，适应站场无人值守管理要求。

关键词　无人值守，油气站场，远程操作，自控系统，SCADA 系统，安保系统

由于各油气场站的位置相对较偏僻、交通不便利、且自然环境恶劣、轮换休假周期长等条件限制，场站内运行人员产生了生理及心理的压力。建设无人值守站场，员工避免暴露在高风险作业环境中、提高人身安全，依靠监控与数据采集系统(SCADA)，将现场的操作转变成中控远程操作、监控管理。对天然气站场智能化、无人化系统建设中进行设想，有效降低运行人员作业强度，又能降低场站的运行成本提高了站场效益，从而达到安全、智能、降本增效的基本要求。

1　无人值守管理模式

无人值守管理模式目前较为成熟的主要有以下几种：中心站场模式、集中管理模式、高水平无人值守模式。

(1) 中心站场模式以厦门作业区同安站为代表，是依托中心站场，实现对周围几座站场的监控和巡检，便于快速事故处理，多用于高危险站场或复杂站场。

(2) 集中管理模式以西气东输集中监视系统为代表，采用集中监控，集中或分区域管理，适用于流程相对简单、依托条件较好的站场。

(3) 高水平无人值守模式以海外部分无人值守平台为代表，除了无人值守及远程控制外，不需要例行巡检，每年只巡检有限次数即可。

(4) 无人值守站技术要求通过对场站运行、岗位设置、运行的调查，对需要经常人工操作的地方进行自动控制和改造，实现无人值守。

2　安防方面设想

无人值守站场应完善相应的视频监控系统及安保防控系统，实现生产运行情况的监控、非法入侵报警、智能巡逻等主要功能。监控视频和安防周边系统信号应能传输到监控中心。防区的规划设计应做到避免盲区和死角，才能做到报警时的准确定位，视频监视和安防系统应设置成联动，技术措施允许时可设置视频与110报警中心的联动。从而实现全站的自控系统、视频系统、安防系统联动，达到智能安防的目标。根据摄像头的现场部署，对视频画面进行布局及显示内容进行组态、关联组态，添加并关联巡检路线，配置并关联异常事件组态等。以及常规的云台控制、抓拍、录像等。

3　设计及运行方面设想

(1) 建设前开展评估分析如 HAZOP 分析，项目设计和实施根据分析结果进行，经验被分析数据所取代。对工艺流程进行优化从而提高站场可控制性、安全性、可操作性，做到简化工艺流程，合理配置执行机构，适当增加监测点，简化辅助系统设计。对于全新建设的无人值守站场可在设计之初进行综合考虑。

(2) 简化站场设计如合并站控室、机柜间、阴保、UPS 间，简化布局集成化。提高场站综合监控能力如：增加电力设备运行监控、增设露天可燃气体检测仪、增加通信监控设备、视频监控做到全场区覆盖、门卫门禁等，提高有效的辅助远程综合监控手段。提高 SCADA 站场运行工艺控制、流程及设备操作，实现站场自动逻辑控制、报警管理、ESD 关断和事故处理，实现远程设备诊断，减少了人的误操作造成的不确定性和不安全因素，提高站场的管理水平。通过无人值守站场建设，可有效促进管理模式的提高，压

减管理层级，实现运维队伍的专一化、专业化。由各站的分散管控变为集约化的集中管理/中心站管理模式。

（3）无人值守站场应设计数据采集及控制系统，负责采集控制站场内的：电动阀门及各个远传仪表的参数，各仪表设备应具有就地显示功能和信息远传及数据异常报警三重功能。在有人值守站场控制系统关键阀门通常采用远程手动模式，如流程的切换、手动阀门的开关等。这样的目的是为了操作灵活，监控人员可以根据生产需求灵活控制阀门的开关、设备的启停。当采用无人值守时，当设备出现故障时，这些操作都需要由自控系统来完成。因此需要在控制功能、检测信号环节进行优化。

（4）此外，无人值守站的推广，可以有效缓解劳动力和劳动成本不足的问题，也可以为实现智能化打下坚实的基础。无人值守站设计需要注意的是有人值守和无人值守最大的区别在于是否有人常驻现场，无人值守模式对现有的控制系统及管理水平提出了更高的要求。因此，为实现高水平的无人值守，需要满足以下条件：实现无人操作、远程控制、及时有效的故障处理措施、智能巡检技术的应用。实现无人操作，远程控制自动化程度高、仪表控制系统及通信网络具备高可靠性，实现站内生产运行过程中现场数据的实时采集、生产运行时工作状态的实时监控、紧急情况时管线的紧急切断和隔离放空、重点设备的远程管理及控制、智能预警等，以确保站场安全平稳运行。

（5）通过视频、红外热成像以及激光扫描式可燃气体检测技术，识别跑冒滴漏、设备超温、阀门卡堵、法兰腐蚀、保温层脱落和微小泄漏等。

① 智能红外热成像与视频结合技术，工艺区的温度变化关乎着事故隐患的产生，如跑冒滴漏、高温、火气等异常情况均会在事故源周围产生不同情况的温度变化。通过红外热成像图像识别，可以比目测更有效地判定环境温度。可以有效弥补可见光视频监控的不足，及时发现隐患和事故。

② 激光扫描式可燃气体检测系统，站场无人值守后，日常巡检中难以早期发现的微小泄漏，如引压管、螺纹接口、压力表根部阀等，存在酿成大事故的可能。在站场开放区域安装的点式可燃气体探测器只能探测较大泄漏或恰巧在探测器旁的小泄漏。因此，建议安装可燃气体微泄漏监测手段。实现大范围的实时监控，发现异常情况，及时提醒操作人员处理。

4 结论

无人值守场站的推广可以从原有的人工值守、人工巡视等常规的场站管理模式进行了改革，当然我们也知道无人值守的天然气站场系统设计是非常复杂的，在实际设计过程中，还要结合实际情况对各项内容进行优化和完善，这样才能更好地确保其性能得到有效的发挥。

参 考 文 献

[1] 吕泽锋. 大型输气站场自控系统设计[J]. 中国仪器仪表, 2014(12): 40-42.

[2] 陈杰. 关于油田无人值守站场自动化运行的研究[J]. 电子技术, 2015(11): 5-7.

[3] 李健. 油田数字化无人值守站建设的探索及实践[J]. 自动化应用, 2018(5): 157-158.

[4] 郑轶群. 浅谈智慧油田行业解决方案[J]. 仪器仪表用户, 2017, 24(1): 84-86.

油气管道 SCADA 系统
网络优化改进思路和措施

冯军

（国家管网集团西部管道有限责任公司）

摘　要　SCADA 系统是监视控制与数据采集系统，主要由主站计算机、远程终端设备、控制盘、数据显示系统与外围设备共同构成。该系统支持自我诊断与集散控制等多项功能，管理模式由原来集中管理、集中控制转变为集中管理、集散控制，主机不需以实时化的状态运行，也能够进行分析与采集数据的工作。现结合油气管道 SCADA 系统实际，探讨改造相应的 SCADA 系统网络的情况。

关键词　SCADA 系统，网络改造

油气管道生产信息网主要负责对 SCADA 业务进行承载，属于 IP 网络，当前网络中运用了不少思科设备，系统由接入层与核心层构成。网络核心层中的设备主要被安装到处于乌鲁木齐的中心调控机房，包括数台接入交换机、核心交换机、防火墙与核心路由器。网络接入层所用的设备则被安装到各个场站机房中，包括接入交换机与接入路由器，形成网络系统。现研究网络改造要点。

1　主要改造问题

在该网络系统中，调度中心的接入路由器与核心路由器主要借助自建传输链路来保持互联，天然气核心路由器装置与鄯乌气线中的各个站点内部的设备进行连接，本次待改造完善的网络系统与天然气核心相互连接。现网组网图见图 1。从系统中的接入型路由器到核心交换机均采取三层组网形式，进行路由传递时，需要借助思科提供的路由协议，协议范围见图 2。

对 SCADA 网络在当前的应用情况展开调查后，发现了一些问题，必须在实施改造活动时，关注以下三方面的问题。

1.1　三层网络系统的供应商受到限制

EIGRP 组网支持接路由器、核心路由器、防火墙与核心交换器，该组网属于思科私有化的协议，如果网络系统中有设备产生使用问题，必须立即进行替换，但是仍旧需要运用思科公司提供的设备，企业在对网络供应商进行选择时将会受到限制。

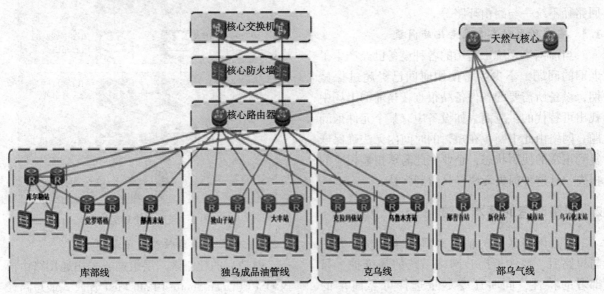

图 1　现网组网图

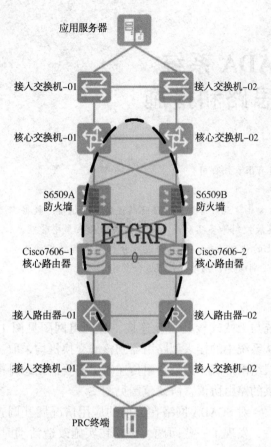

图2 协议范围

1.2 私有协议组网未满足系统的发展需求

EIGRP 这种私有化协议所要求运用的组网方式相对特殊，现网三层路由组网的可扩展性、兼容性与稳定性均比较差，如果需要联通三层网络组网与其他不同品牌提供的三层设备，必须通过路由来对相应的技术进行注入，这种技术性操作会导致网络遭受更多的影响，出现持续性的不稳定问题，常见的网络问题有地址漂移、数据来回路径不统一与路由环路等。

1.3 当前所用设备存在老化的问题

当前网络系统中运用的各种设备已经产生了老旧的问题，不少设备使用时间已经超过保修期，设备所需要的备件备品很难在当前的市场中找出可替代的供应商，如设备中有某个元件形问题，网络由此中断，在短暂的时间内无法确保恢复到正常的使用状态，企业在此需承担显相应的损失，且这种损失无法轻易得到弥补。

2 网络改造的基本思路

结合网络系统的情况来看，确定改造方法与思路后，要注重提升网络系统的易维护、易部署的特性，同时还要尽量选择可靠简单的方法。

2.1 主要设计原则

进行改造设计时，必须注重以下原则：注意层次化原则，避免过高地提升改造网络的难度，采取接入层、汇聚层与核心层的设计方法，确保每个层次上都有稳定的架构，同时功能也很明确，维护与扩展都很容易实现。坚持模块化原则，对网络系统中的各个部门、功能区与场站进行划分，分解为多个模块，在模块内研究网络系统应用问题，调整幅度偏小，可精准定位技术问题；在冗余性原则的指导下，针对关键设备选择双节点式的设计方式，针对关键链路选择 Trunk 方式，进行分担负载挥着备份冗余，核心设备所运用的主控板与电源等一系列的重要部件均需进行冗余备份处理，网络系统因改造措施将变得更加可靠。在网络系统内部应开展安全控制与隔离工作，按照权限与业务落实分区化的逻辑隔离活动，面对比较重要或者特殊的业务时需采取屋里隔离的方式；实施改造后，还应强化网络系统的可维护性与客观理性，选择产品时主要运用模块具有通用性以及集成程度偏高的产品。

改造后的物理组网见图3。

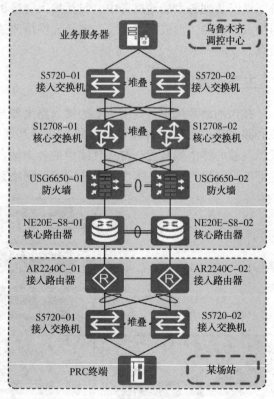

图3 改造后物理组网图

2.2 展开网络兼容性改造活动

改造后的核心区三层组网，采用通用路由协议 OSPF(Open Shortest Path First 开放式最短路径优先)路由器协议传递路由信息，OSPF 路由协议是一种典型的链路状态（Link-state）的路由协议，在路由器之间通告链路状态组播数据 LSA（Link State Advertisement），在同一个自治系统的路由器，依靠获得的 LSA 来计算到达目的网络的最短路径，几乎所有厂家的企业级路由器都支持 OSPF 协议。在油气管道 SCADA 网络系统中的核心区域三层设备上运行只需要运行一个 OSPF 进程 1 核心区所有设备在 area0 中。在网关设备上使用 VRRP 协议网关冗余协议实现虚拟网关冗余。堆叠后的两台交换机在逻辑上可看作一台交换机。通过链路聚合技术将冗余的多条物理链路在逻辑上组成一条链路，实现增大链路带宽，增强链路可靠性。

经过改造后形成的逻辑组网见图 4。

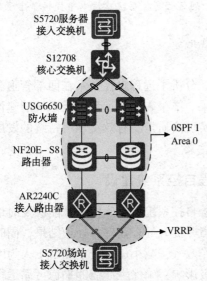

图 4　改造后的逻辑组网图

2.3　选择核心区域的设备

选择华为提供的敏捷性交换机设备为核心交换机，具体为 S12708，这一交换机设备内部设有华为企业自主研发的通用型路由器平台与处理以太网络的设备，提供性能优越的 L3/L2 交换服务，同时也能够检测所有业务流逐点，以此来

精准管理网络系统中的业务，同时也能够以平滑化的演进方式抵达 SDN 网络。网络系统内部使用的核心路由器同样出自于华为企业，选择综合业务化的承载路由器，设备中设置了华为企业通过自主研发而得到的 NP 芯片，以此确保提供高性能水平的承载型业务；可支持具有创新化价值的硬件 BFD 与 IP FPM 技术，进而满足检测服务与定位故障问题的需求；支持软件与硬件全面高度可靠化技术，电信级可靠性也达到较高水平，通过新型 SDN 架构系统，应对原来的网络流量存在的负载不均现象，将网络带宽利用率切实提升。接入路由器选择的是华为生产的企业级路由器，采取无阻塞、多核 CPU 的交换架构，可对安全、语音、交换与路由等多种业务进行融合，应用网络系统时，可自由地调整主控板。

3　结论

西部油气管道设置的 SCADA 网络在整个油气管道系统中都占有极为关键的位置，尤其是在回传监控与工控获取数据时，系统显得极为重要。完成改造工作之后，油气管道网络系统可具备更强的可扩展性、可靠性与稳定性，除了发挥改善性能的基本作用之外，还使回传数据的活动更具安全性，以此将运用的 SCADA 系统所具备的转发数据能力增强，使其被更好地运用到油气管道 SCADA 系统的管理工作中。

参 考 文 献

[1] 王攀. 天然气长输管道 SCADA 系统网络构成与拓扑实现[J]. 中国科技博览，2011(1)：211.

[2] 刘功银. SCADA 系统典型通信故障处理方法浅谈[J]. 中国化工贸易，2015(21).

[3] 王哲徽. 西气东输二线 SCADA 系统仿真平台的搭建及应用[J]. 化工管理，2014(27).

长输油气管道远程自控
系统建设实践和应用

马光田　邱姝娟　杨军元　张　晓

（国家管网集团西部管道有限责任公司）

摘　要　随着我国油气管网的发展，远程自控技术在油气管网现代化运营中发挥的作用越来越大，是油气管网实现智能化的基础。为加强对不同建设时间和背景的油气管道的整合和集中管理，西部管道公司结合自身特点，建设了以远程监视、集中监视、数据监控为核心的远程自控系统。将远程自控系统应用于西部管道公司所运营石油天然气管网，结果表明：在远程自控系统的技术支持下，公司优化了调度模式，提高了管网运营效率；削减了人员冗余，提升了专业人才素质；根据实际需要，优化了巡检模式。西部管道公司建设长输油气管道远程自控系统的实践为提升长输油气管网远程自控系统建设水平提供了宝贵的经验。

关键词　远程自控系统，远程监视，集中监视，数据监控，优化

随着国家经济的蓬勃发展，我国油气管网已经进入快速发展阶段，截至 2017 年底，中国油气管道总里程已达 12.38×10^4 km。在此过程中，油气企业在管道建设、施工、设备等诸多领域积累了先进的经验并取得了丰厚的成果，在技术和设备上实现了管道的现代化。在长输油气管道的运行过程中，为了使原油输送过程中的质量保持稳定，保障油气输送能够顺利进行，提高生产的安全性，同时支持多个管道的优化控制和生产管理的实时决策优化，则建立起完善的监控系统和数据管理系统是很有必要的，从而能够实现对生产过程的有效监控和数据采集。为了满足油气输送生产过程现代化和生产管理自动化的需求，必须建立自动化控制下的数据管理系统和监控系统，从而实现长输油气管道的高效运营和自动化生产。

作为西部地区油气管道的运营管理单位，西部管道公司承担着中国西北地区中石油所运营的油气管道的运行、维护和管理等任务。西部管道公司运营的不同管道的建设背景和时间不同，使得不同种类的、不同厂商的、面向不同装置与设备的监控系统分布于整个过程控制网络。这些监控系统只能管理或采集相应装置或设备在运行过程中产生的部分实时数据。因此，建立一个用于支持对多条管网的优化控制和生产管理进行实时的决策优化的完整的、统一的、企业级的实时监控和数据管理平台是非常有必要的。

本文介绍了西部管道公司远程自控系统的建设过程，分析了远程自控技术在西部管道公司的应用效果。结果表明，远程自控系统的建设对管道公司实现高质量、有效益和可持续的发展具有重要的意义。

1　远程自控系统建设

远程自控系统可以确保场站能够及时地发现现场故障并提升处理效率和处理结果，同时能够提高工作效率，减小运行成本和由于人为因素导致的消极影响，确保生产能够平稳可靠运行。

1.1　建立电气远程监视系统

西部管道公司以安全可靠、先进实用、开放与可扩展、可管理易维护、自主创新为原则，建成一套具有完全自主知识产权、满足国家产业发展要求的电气远程监视系统（图1）。

该系统包括以下几部分。

（1）一体化支撑平台。

基础平台是调控一体化主站系统开发和运行的基础，其主要用于服务不同种类的应用并为其开发、运行和管理提供可靠且有效的技术支撑，为整个系统的集成和高效可靠运行提供保障。具体涵盖了系统运行管理软件、历史数据库管理系统软件、CASE 管理软件、计算机网络管理系统软件、实时数据库管理系统软件、用户开发环境、人机界面管理、图模库一体化软件、数据备份与恢复、报表管理、权限管理、告警管理、CIM 模型交换等。

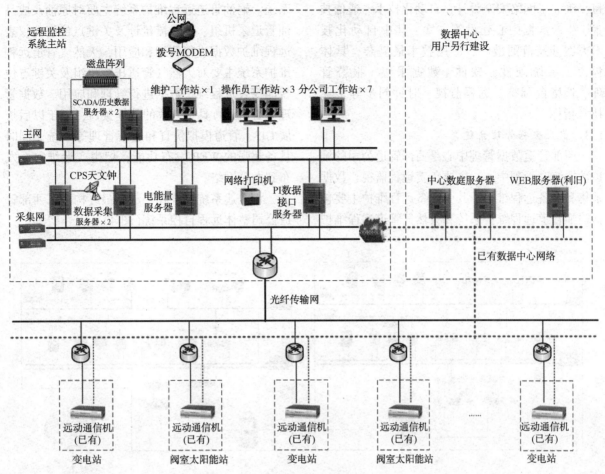

图 1　远程监视系统拓扑图

（2）实时监控与分析类应用。

实时监控和分析类应用是电气网络实时调度业务的技术支撑。主要实现必要的运行监控基本功能和集控一体化运行监视，综合利用一、二次信息实现在线故障诊断与智能报警，实现智能分析、辅助决策和网络分析等应用，为电网安全经济运行提供技术支撑。实时监控与分析类应用主要包括：运行分析与评价、智能分析与辅助决策、调度员培训模拟、实时监控与智能告警和辅助监测等七项。

（3）调度计划类应用。

调度计划类应用综合考虑电力系统运行的安全性和经济性，为系统安排未来的运行方式提供技术支持。调度计划类应用主要包括电能量计量、检修计划、预测等四个应用。

（4）其他系统接口。

1.2　建立集中监视系统

集中监视是指在集中巡检的基础上，通过采集现场关键工艺设备的报警数据并上传到生产调度中心，实现站场、调度中心对设备设施异常状态的两级监视，及时发现和处置异常工况。集中巡检是指通过白天联合巡检、夜间重点巡检来提高巡检工作质量，由每天的集中巡检代替站内长期驻守人员。

目前西部管道在建的集中监视系统（图 2）与 SCADA 系统设备远维系统共用一套硬件，集中监视系统软件在 VMware 虚拟化平台上搭建，该平台由多台虚拟机及虚拟机上的应用程序组成。2018 年，西部管道公司针对西二线、西三线、涩宁兰管道及二级调控管道启动了集中监视项

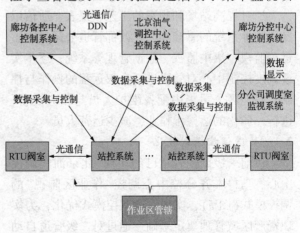

图 2　集中监视系统架构图

目，确立了网络安全设计、自动化技术、通信技术、生产数据中心建设等方案。其中自动化技术方案涉及范围最广，应用技术最复杂，具体包含了系统硬件、软件、数据采集、报警管理、调度台调整、远程监视、时钟同步等多项技术指标。

1.3 建立数据管理系统

西部管道数据管理中心是西部管道公司的维护数据综合管理中心，主要负责远程监视、数据采集和设备远程维护，其中设备远程维护主要包括输油管道远程维护系统和天然气管道远程维护系统。输油管道远程维护系统主要对原油及成品油管道泵机组、质量流量计及关键点位智能仪表远程维护数据进行管理和应用，天然气管道远程维护系统主要对天然气管道压缩机组及关键点位智能仪表远程维护数据进行管理和应用。数据管理中心(图3)具备开放的数据接口，便于以后扩展 GIS、管道模拟仿真和运营管理等系统，同时具备超强的 WEB 发布功能，把生产运维数据发布到办公网络。

将上述系统整合在一起，最终构成了西部管道公司整体远程自控系统(图4)。

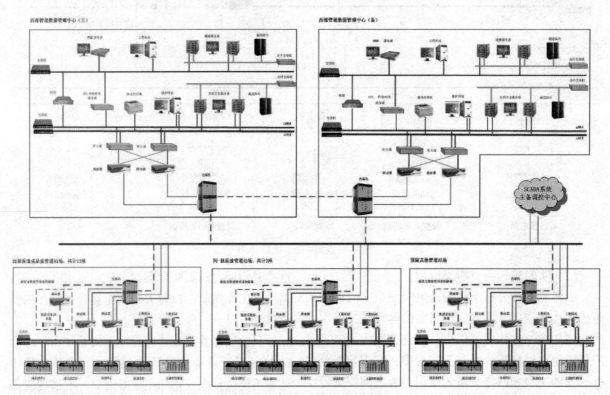

图 3　西部管道数据管理系统结构图

2 远程自控系统的应用

通过提高站场和阀室的工艺、仪表、通信以及电力等系统的感知能力，西部管道公司建立了远程监视、集中监视、数据管理等系统，逐步实现调度控制中心对管道进行全权远程的操作与控制。各地区公司集中配备维护人员与相应设备，进行一体化的运检维作业，减少运营人员。

2.1 管道调控模式优化

目前一级调控管道已经实现"北京油气调控中心、乌鲁木齐分控中心调控-作业区监视"的调控模式(图5)，实现管道调控模式优化，为实现资产区域管理奠定基础。通过对二级管道自动化升级改造，西部管道公司实现了二级管道生产运行及关键设备系统化的集中调控。结合现场改造，数据中心采集了现场所有系统的运行参数，通过数据的运算，替代了人员现场巡检。数据中心除对机组关键参数进行监测和诊断外，通过长期对燃机运行负荷、内部气流温度、压力及转速数据分析，实现了燃机性能衰减、热端部件等效运行时间的计算，为未来燃机寿命监测、机组视情维修提供了支持。

2.2 人员结构优化

推行站场区域化运维，中间站场实现无人值守后，作业区由原来侧重运行监护转变为侧重维护检修，工作职责和任职资格要求发生了改变，无人值守中间站的实施使得占站场50%以上的调度人员从岗位解放出来，人力资源解放与岗位

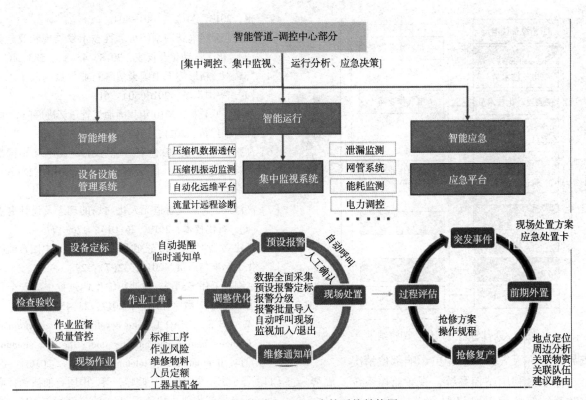

图 4　西部管道公司远程自控系统结构图

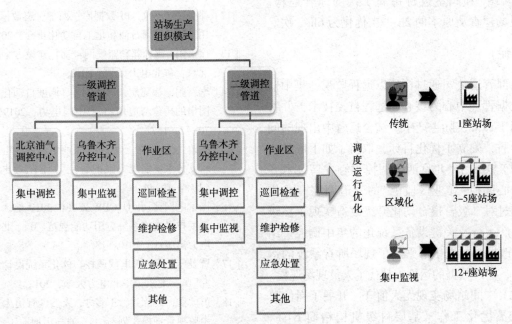

图 5　西部管道公司调控模式

需求变化要求必须建立适合区域化运维模式下的岗位建设工作。为了适应管控模式的调整，公司积极推行新型岗位体系，简化基层岗位设置，将作业区、维抢修队专业技术、技能操作等 27 个岗位，整合为 6 类作业岗位(图 6)。

随着站场区域化运维及无人值守中间站的实施，岗位整合及定员优化工作的开展，人员大幅减少，基层科级机构精简 64%，用工总量下降 36%，人均管道里程由 2.47km 提高到 5.25km，

人均劳动生产率由不到 100 万元增至 550 万元。

2.3　巡检模式优化

建立了"1+3+特殊"的巡检机制，具体如下。

(1) 综合巡检 1 次：由作业区领导带队，各专业人员参加，重点检查主要生产设备设施情况。

(2) 常规巡检 3 次：由值班干部组织，重点检查关键设备、要害部位和检修作业情况。

(3) 特殊巡检：根据实际需要进行，重点检

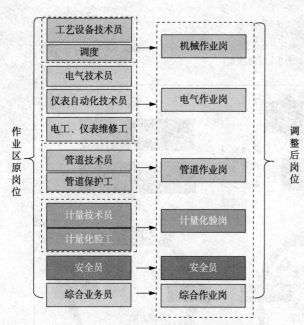

图6 西部管道公司岗位调整结果

查异常灾害天气、工艺变更影响部位情况。

作业区利用站控系统、视频监控系统、周界安防系统等技术手段每2h进行一次检查，对所辖"无人站"和阀室进行每周1次的综合巡检。站场现场检查从原本的2h一次优化为6h一次。

3 结论

西部管道公司通过构建以远程监视、集中监视、数据管理中心为核心的远程自控技术，并将其应用于日常实际生产中。结合运营中出现的问题和矛盾，确立了优化目标，取得了如下成果。

(1) 实现了"北京油气调控中心、乌鲁木齐分控中心调控-作业区监视"的管道调控模式优化，通过对二级管道自动化升级改造实现了二级管道生产运行及关键设备系统化的集中调控。结合现场改造，数据中心采集了现场所有系统的运行参数，通过数据的运算，替代了人员现场巡检。

(2) 中间站场实现无人值守，开展了岗位整合及定员优化工作，基层科级机构精简64%，用工总量下降36%，人均管道里程由2.47km提高到5.25km，人均劳动生产率由不到100万元增至550万元。

(3) 建立了"1+3+特殊"的巡检机制，优化了巡检周期。

参 考 文 献

[1] 冯翠翠. 新形势下长输油气管道管理模式探讨[J]. 当代化工研究, 2018(09)：50-51.

[2] 黄维和. 大型天然气管网系统可靠性[J]. 石油学报, 2013, 34(2)：401-404.

[3] 张鑫. 天然气管网系统可靠性技术发展现状及趋势[J]. 化工自动化及仪表, 2018, 45(8)：583-587.

[4] 陈耀双. 新形势下中国天然气行业发展与改革思考[J]. 中国市场, 2016(50)：61.

[5] 蒲明, 马建国. 2010年我国油气管道新进展[J]. 国际石油经济, 2011, 19(3)：26-34.

[6] 高鹏, 王海英, 朱金华, 等. 2011—2013年中国油气管道进展[J]. 国际石油经济, 2014, 22(6)：57-63.

[7] 高津汉. 天然气管道无人化站场的理念及设计要点[J]. 石化技术, 2019, 26(01)：176-177.

[8] 张建立. 油气集输工艺和自控系统[J]. 中国石油和化工标准与质量, 2012, 32(7)：298.

[9] 赵刚, 王伟, 刘虎. 原油集输生产过程中的安全管理措施[J]. 数字化用户, 2017, 23(48)：142.

[10] WANG Z, ZHAO L. The development and reform of China's natural gas industry under the new situation [J]. International Petroleum Economics, 2016.

[11] 谭东杰, 李柏松, 杨晓峰, 等. 中国石油油气管道设备国产化现状和展望[J]. 油气储运, 2015, 34(9)：913-918.

[12] 郭亮, 边学文. PI数据库在西部管道数据中心的应用[C]//中国石油和化工自动化年会, 2012.

[13] 徐天阳. 锡林郭勒盟配网自动化建设方案研究[D]. 北京：华北电力大学, 2018.

[14] 李新鹏, 徐建航, 郭子明等. 调度自动化系统知识图谱的构建与应用[J]. 中国电力, 2019, 52(2)：70-77, 157.

[15] 张涛, 吴瑜晖, 孙玉婷. 陕西地区智能电网调度技术支持系统实现方案的研究[J]. 陕西电力, 2010(10)：41-44.

[16] 国家电网公司. Q/GDW Z 461-2010 地区智能电网调度技术支持系统应用功能规范[M]. 北京：中国电力出版社, 2010：13.

[17] 曹晏宁. 阿拉善电网调控一体化系统设计与应用研究[D]. 北京：华北电力大学, 2012.

[18] 彭太翀, 裴陈兵, 王多才. 天然气管道生产运行集中监视管理模式创新[J]. 油气田地面工程, 2018, 37(02)：75-77.

[19] 高洁, 李蛟, 梁建青, 等. 油气管道地区公司集中监视系统及其应用[J]. 油气储运, 2017, 36(09)：1099-1102.

[20] 魏文辉, 金一丁, 赵云军, 等. 智能电网调度控制系统调控运行人员培训模拟关键技术及标准[J]. 智能电网, 2016, 4(6)：626-630.

[21] 张晓. 基层站队劳动组织优化[J]. 石油人力资源, 2019(01)：60-64.

天然气站场大口径埋地工艺管道内检测技术应用

贾海东　阙永彬　陈翠翠

(国家管网集团公司西部管道有限责任公司)

摘　要　长输管道内检测技术是缺陷检测的高效有效手段。天然气站场埋地工艺管道检测一直是困扰管道运营商的难题。常用的外部超声导波检测有诸多限制和不足。而站内埋地管道内检测受限于管道路由复杂,管道与站内设备、管件相连,缺乏必要的检测入口等限制条件。本文就国内外站内工艺管道典型的内检测机器人技术进行了介绍和对比,并对该技术进一步发展应用进行了展望。

关键词　天然气站场,埋地工艺管道,内检测,应用

天然气站场埋地工艺管道检测一直是困扰管道运营商的难题。与站内埋地管道管体缺陷相比,焊缝缺陷的检测更加困难。站场常用的超声导波检测,易受到三通、弯头、埋地土壤等影响,导波信号会衰减,实际检测距离短,仅能检测管道截面积3%以上管体缺陷,不能对焊缝进行检测。对于西气东输一线、二线、三线站场大口径厚壁埋地管道,检测精度不高且不能对缺陷周向进行精确定位。为了实现对站内工艺管道管体及焊缝全面检验,当前仍采用大开挖检测手段。管道开挖后,进行目视、超声、射线等无损检测。

天然气长输管道内检测技术目前已非常成熟,变形内检测,漏磁内检测已普遍开始应用。不少管道运营单位也积极开展了轴向应变、超声测厚、超声裂纹等内检测新技术研发及推广应用。站内埋地管道不同于长输管道,其路由复杂,并与收发球筒、过滤器、压缩机、阀门、三通、弯头等站内设备、管件相连,部分三通处设置了挡条,管道水平和垂直交错布置。这些限制条件增加了站内埋地工艺管道内检测的难度。本文就国内外站内工艺管道典型的内检测机器人技术进行了介绍和对比,并对该技术进一步发展应用进行了展望。

1　站内工艺管道内检测机器人研究进展

国内外站内工艺管道内检测机器人主要有两类产品。一类为需要全站放空后开展检测的产品,这部分产品当前占绝大多数。另一类为不需要全站放空也可实现检测的产品。

1.1　放空管道检测机器人

广州普远科技有限公司开发了拖缆内窥检测机器人(图1)。该设备用管道闭路电视实时采集的视频对管道内部状况进行检测和评估。该设备具备防爆性能,配置爬行系统、摄像头、照明以及远传遥控模块,可以实时进行设备遥控和视频影像监测记录,也可根据检测需求搭载无损检测模块对管道缺陷进行进一步检测、分析。该系统通过一根电缆实现供电、信号传输。

图1　内窥检测机器人

德国管道超声检测爬行器(图2)集成搭载了超声检测技术、激光技术和高清视频技术。检测时需放空管道检测。爬行器可通过1.5D曲率连续弯管,可双向通行,可以上下90°立管,超声最长检测距离300m,自带驱动力,无需介质,可采集实时数据,直接识别和测量缺陷。

美国电磁超声检测(EMAT)爬行器(图3),可检测管径范围:8～54in。可通过垂直立管,需放空实现检测。最长检测距离500m。高分辨率设备长宽深检测阈值分别为≥1mm,≥20mm,≥10mm,检测精度分别为±0.5mm,±3°,±10mm。最小未融合和裂纹开口宽度≥0.01mm。可检测与管道轴向夹角±5°以内裂纹缺陷。

图 2 德国管道超声检测机器人

图 3 美国电磁超声检测机器人

俄罗斯 IntroScan 公司研制出超声波扫描探伤仪 A2072 站内检测机器人(图 4)通过锂电池供电,可以通过直管、三通、弯管,并且能够检测外径大于 500mm 的管道,最远可到达 1km(双向)的范围内进行检测。

系统由多功能主机、检测模块及数据数理系统三部分组成。多功能主机是通过电池驱动运动模块上的永磁体磁轮吸附在管道内外壁上,利用无线遥控的方式控制其在管道内任意位置检测。检测模块由视觉检测模块(VT)和超声检测模块(UT)组成。

数据处理系统由现场控制系统和后台云计算的服务器组成,现场控制系统可对无线控制信号、视频信号、超声采集信号进行实时的处理,后台云计算系统可对所有采集的信号进行存储及缺陷分类。

UT 模块可采用干耦合点接触阵列超声或电磁超声探头对管道本体和焊缝进行无损检测,同时还可以携带激光投影仪,甲烷传感器等对管道内部情况和气质进行检测。该设备需要全站放空后实施检测,目前已在俄罗斯进行了大面积应用。

干耦合阵列超声采用压电超声探头,利用脉冲激发晶片震动产生超声波,应用 20~800kHZ 范围内的低频超声。探头前端采用耐磨的陶瓷设计,通过接触法来进行超声检测,可对管道本体内外壁金属缺陷、管线壁厚变化测量,可对腐蚀和裂纹缺陷类型有效检测。在金属缺陷检测过程中,采用 60kHZ 时,可测量金属 ≥15% 壁厚缺陷;采用 300kHZ 时,金属 ≥5% 壁厚缺陷。

(a)多功能主机   (b)云台相机   (c)干耦合超声阵列

图 4 A2072 站内检测机器人

1.2 不需放空管道检测机器人

在北美使用了管道漏磁检测爬行器(图 5)。他是一种集成了高清视频技术、激光技术和高清漏磁技术的新型管道爬行器。采用前后双摄高清镜头,可在线充电,不需要收发球筒,不密封管道,自带动力,可不放空实现站内管道在线检测。管径范围 10~36in,可通过背靠背弯管,可通过 50%缩径。

1.3 对比分析

对上述 5 种站内内检测机器人主要性能进行对比(表 1),其中 2 种采用拖缆进行供电和通讯,其他 3 种自带电源提供运行动力。2 种通过无线方式传送实时视频图像。最长检测距离从

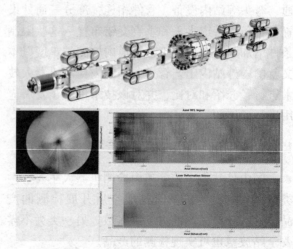

图 5 北美管道漏磁检测爬行器

300m到1km，北美管道漏磁检测爬行器可在线充电。运行距离受限于缆绳长度和机器人电源能力。在检测能力方面，主要依赖机器人所携带的检测单元能力，一般都集成了激光、高清视频成像等功能。

表1 站内内检测机器人性能对比表

序号	项目	是否放空管道	供电方式	通讯方式	通过能力	检测能力	最长检测距离
1	内窥机器人	是	拖缆	拖缆	30°斜坡	可携带检测单元	1km
2	德国管道超声检测爬行器	是	拖缆	拖缆	1.5D连续弯头，立管，双向通行	携带超声检测单元、激光、高清视频	300m
3	美国电磁超声检测	是	自带电源	/	垂直立管	管体金属损失、环焊缝缺陷	500m
4	俄罗斯站内检测机器人	是	自带电源	无线	500mm口径以上管道、三通、立管	管体金属损失、环焊缝缺陷	1km
5	北美管道漏磁检测爬行器	否	自带电源	无线	可通过背靠背弯管，可通过50%缩径	管体金属损失、环焊缝异常	可在线充电

除内窥机器人仅能通过30°斜坡外，其余4种均可通过垂直立管、三通等。以西气东输二线、三线合建的某压气站为示范站场，分析了可投入管道内检机器人的接口及可检测的管道长度。

(1) 检测机器人从收球筒或发球筒进入，可实现从收发球筒到进出站之间的管道的检测。由于进出站三通有挡条，不能通过三通对进入站内工艺管道进行检测。

(2) 检测机器人从压缩机进口法兰处进入，汇管三通无挡条。可在压缩机大修时，拆卸进口法兰，在通讯允许的条件下，完成进站过滤器后管道到压缩机进口之间的管道检测。

(3) 检测机器人从西三线压缩机出口汇管的预留管线设置临时收发球筒进入，实现西二线、西三线压缩机出口管线至空冷器一直到发球筒部分主工艺管线检测。

(4) 检测机器人可以通过过滤分离器盲板进入，实现西二线、西三线进站三通到过滤分离器之间的管道检测。

(5) 全越站管道无法通过拆卸方式进行内检机器人检测。西二线进站三通-1101阀-出站三通之间的管道未找到可拆卸入口(约120m)。西三线情况类似。

通过上述分析，现有站场可借助收发球筒、压缩机检修期进出口法兰、压缩机预留管线、过滤分离器盲板等投入管道内检机器人，基本可以覆盖约90%以上主工艺管道。

4种机器人只能进行离线检测，仅1种机器人可实现在线检测。

2 现场应用效果

2.1 管道内窥机器人应用

对某天然气管道进行内检测时，发现清管器及变形检测器在发球筒至出站管道间出现卡堵情况。通过对变形内检数据进行分析，将卡堵位置定位在发球筒后三通处。2020年10月，利用广州普远公司开发的内窥检测机器人对某站内发球筒至三通处管道进行内窥。内窥机器人运动平稳，实时视频图像传输稳定，发现三通挡条存在凸台(图6)，导致清管器和变形检测器卡堵。通过该技术应用，成功发现卡堵原因，为后续内检测器改造提供了重要资料。

图6 内窥视频图像

2.2 俄罗斯站内检测机器人应用

应用俄罗斯超声波扫描探伤仪A2072站内

检测机器人在某牵拉试验场进行了应用和验证。预制了模拟站内工艺管道的包含同心大小头、直管段、三通、弯头、立管的管道1座(图7),用于机器人通过能力及视频传输、通信能力验证。结论如下。

(1)可自由通过DN500以上的直管段、弯头、变壁厚、三通和立管,但在DN500管道中转向、掉头困难。

(2)在7.9mm壁厚的管件上有滑落现象发生,大于8.0mm壁厚的管件上吸附牢固。

(3)可通过连续弯头,可控制行进方向,管道内有铁锈等杂质时,永磁体吸附杂质后,影响其爬行、回退能力。

(4)可实时传输视频图像和超声检测图像,可以发现环焊缝内表面成型状况和管道内壁加工的沟槽缺陷(图8)。

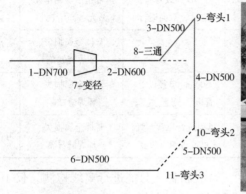

图7 通过能力验证管列

图8 视频图像

在缺陷检测方面,在某DN1016标准样管中进行了验证。标准样管加工了管体金属损失和未熔合、气孔、夹渣等环焊缝缺陷,通过验证发现,可以检出部分管体金属损失和环焊缝缺陷(图9),但也存在部分缺陷漏检。对其检测能力还需进一步验证。

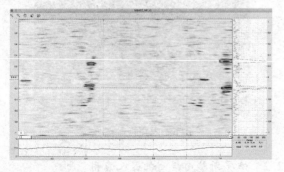

图9 25%金属损失缺陷检测信号图

3 展望

站内埋地工艺管道内检测技术有非常广阔的应用前景和应用需求,当前该技术仍处在研究和应用阶段,开发出一种高可靠性站内工艺管道内检测载体,在其上搭载各种成熟的无损检测单元,进行各项检测技术的集成是今后该技术的进一步发展方向。

站内工艺管道天然气在最大流量条件下,各站进出站管道、全越站管道、压缩机进出口汇管介质流速在10m/s以上,最高达到15.1m/s。在运行条件下开展在线检测易受到气体流动影响更加困难。国内西二线站场与西三线合建,进出站和压缩机组进出口增加了连接管线,其站内管容积约为1150m³,一般合建站场的管容积约为

2250m³。正常运行情况下，压缩机组上游压力约为 8.3MPa，压缩机组下游压力为 11.8MPa，根据管容和工作压力，计算得出合建站场站内管存气量约为 $22×10^4Nm^3$。对全站放空和置换目前尚未进行过相关操作，会造成天然气损失和额外氮气费用投入，放空条件下开展站内内检机器人检测可行性较低。如何保证站内内检测机器人在站场停输条件下带压运行检测是后续可开展研究的关键技术。

参 考 文 献

[1] 冯庆善，张海亮，王春明，等. 三轴高清漏磁检测技术优势及应用现状[J]. 油气储运，2016，35（10）：1050-1055.

[2] 王富祥，冯庆善，张海亮，等. 基于三轴漏磁内检测技术的管道特征识别[J]. 无损检测，2011，33（1）：79-84.

[3] 王富祥，冯庆善，王学力，等. 三轴漏磁内检测信号分析与应用[J]. 油气储运，2010，29（11）：815-817.

[4] 冯庆善. 在役管道三轴高清漏磁内检测技术[J]. 油气储运，2009，28(10)：72-75.

[5] 杨理践，邢磊，高松巍. 三轴漏磁缺陷检测技术[J]. 无损探伤，2013，37(1)：9-12.

[6] 杨理践，耿浩，高松巍. 长输油气管道漏磁内检测技术[J]. 仪器仪表学报，2016，37(8)：1736-1746.

大庆油田天然气长输管道智能化创新实践

聂红培

(中国石油大庆油田有限责任公司天然气分公司)

摘要 大庆—齐齐哈尔天然气长输管道6座阀室、2座站场均地处人烟稀少的荒原地带，具有线长、点多、面广、自然环境复杂、管理难度大等特点，且自动化水平低、控制系统不完善、通信不畅等问题，日常巡检维护工作量大，同时无法进行远程和集中监控。针对6座阀室、2座站场既要实现阀室、站场满足本地安全可靠控制，又要实现生产指挥中心、红岗首站、昂昂溪末站互为备用控制等功能，提出对庆齐管道6座阀室、2座站场进行数字化改造，建设专用通信线路，实现庆齐管道阀室及场站的集中监控功能，同时提出了不同以往项目的创新理念。

关键词 数字化建设，监控，通信，改造，理念

1 建设现状

大庆油田庆齐天然气长输管道[$\Phi400mm\times(5.3\sim155.717)$km]设有红岗首站、昂昂溪末站及6座中间阀室。管道横跨大庆红岗、大同、杜蒙、齐齐哈尔泰来、昂昂溪区两市5县（区），沿线周边环境复杂，站场、阀室（无人值守）均地处人烟稀少的荒原地带，具有线长、点多、面广、自然环境复杂、管理难度大等特点，既要实现站场、阀室既满足本地安全可靠控制，又能实现分公司生产指挥中心、红岗首站、昂昂溪末站互为备用控制成为技术难题(图1)。

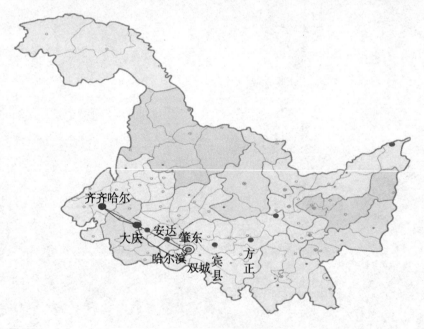

图1 天然气长输管道分布图

1.1 红岗首站现状

庆齐管道红岗首站现有6台电动开关阀、1台气液联动阀、2台涡轮流量计、1台压力变送器和1台温度变送器，均未实现远传功能，只能手动开关阀、手抄表底数，大大增加了工人的劳动量，降低了劳动效率。同时无法监测庆齐管道6座阀室的生产运行状态，不能实现精准输送。

1.2 庆齐管道6座阀室现状

庆齐管道6座阀室地处人烟稀少的荒原地

带,阀室无人值守,缺少安全监控设施,同时阀室内气液联动阀不具备远程操作功能,一旦出现紧急情况无法在第一时间发现并及时处理;庆齐管道6座阀室无RTU控制系统,无法实时采集生产参数,不能及时准确对参数做出调整,影响管道正常平稳运行(图2)。

1.3 昂昂溪末站现状

昂昂溪末站现用的SCADA、ESD系统硬件采用美国AB公司的controllogix5000 PLC系列,上位软件采用北京康吉森油气过程控制设备有限公司自行开发的CTC-2100 SCADA系统软件。该控制系统硬件厂家已不再生产,扩展功能困难,控制程序无备份,新增数据点困难。

1.4 分公司监控中心现状

分公司监控中心现无法采集庆齐管道红岗首站、昂昂溪末站及6座阀室的生产数据和视频监控,不能形成完整长输管道的实时数据监控,不利于长输管道区域性管理。

1.5 庆齐管道通信系统现状

分公司庆齐管道6座阀室、2座站场无网络数据传输通道,无法将庆齐管道6座阀室、2座站场的生产数据、视频监控数据上传至红岗首站、昂昂溪末站、分公司监控中心,不能实现红岗首站、昂昂溪末站、分公司监控中心互为备用功能,并具备控制授权功能、操作记录功能。

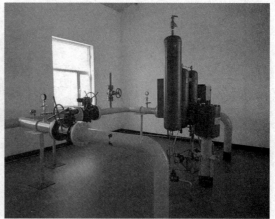

图2 庆齐长输管道无人值守阀室

2 管道智能化发展背景与内涵

现如今,以人工智能、大数据、云计算、物联网开启了智能时代的序幕,面对智能化发展浪潮,我们利用天然气开发利用的广阔市场,从传统管道向数字管道的升级转变,实现长输管道在管网规模、集中调控能力、信息系统建设、自动化控制、完整性管理,推动长输管道向更高阶段的信息化与智能化发展加速迈进,是大势所趋,也是必然选择。2020年已完成庆齐长输管道数字化建设试点。

3 庆齐管道数字化建设

庆齐管道设有2个站场、6个阀室,为构建适合分公司的"1233"长输管道智能化基本构架。即:设置1个操控中心(生产指挥中心)全线集中监控,统一调度授权;2个中心站(红岗站、昂昂溪站)接收授权,独立操控,互为备用;3个核心功能"集输过程自动化、设备管理智能化、统筹管理信息化";3个管理层级达到"分级操控、在线调度、协同管理"。主要从以下4个方面进行研究:

3.1 红岗首站PLC控制系统优化研究

经对庆齐管道已建3#分输站控制系统现场勘查,制定了红岗首站新建控制系统、视频监控系统与已建3#分输站控制系统同时运行的运行模式,这种运行模式具有数据互补的优势,同时设计采用此运行模式制定方案并开展设计,基建部门也据此开展工程建设,工程的成功实施,实现了红岗首站电动开关阀、气液联动阀的远程操控和涡轮流量计数据采集上传功能;同时在红岗首站新建7只急停按钮,实现紧急切断红岗首站、昂昂溪末站及6座阀室的出口切断阀的功能,增强了阀室长周期运行的安全性。

3.2 昂昂溪末站PLC控制系统、ESD系统优化技术研究

根据昂昂溪末站原有的控制系统I/O点数、控制系选型及配置要求,完成了昂昂溪末站PLC

控制系统、ESD 系统升级改造，同时在昂昂溪末站新增 8 只急停按钮，实现紧急切断红岗首站、昂昂溪末站及 6 座阀室的出口切断阀的功能，增强了阀室长周期运行的安全性(图3)。

3.3 阀室控制系统优化、参数采集及远程监测控制气液联动阀技术研究

根据各阀室实际情况，新建 6 套 RTU 系统、4 套太阳能供电系统、6 套周界及视频监控系统、6 套广播系统，实现了阀室管道压力、可燃气体报警、等电位、恒电位仪等参数采集、气液联动阀远程监测控制和阀室的远程监控功能；新增便携式触摸屏 1 套，便于巡检人员实时读取阀室生产数据(图4)。

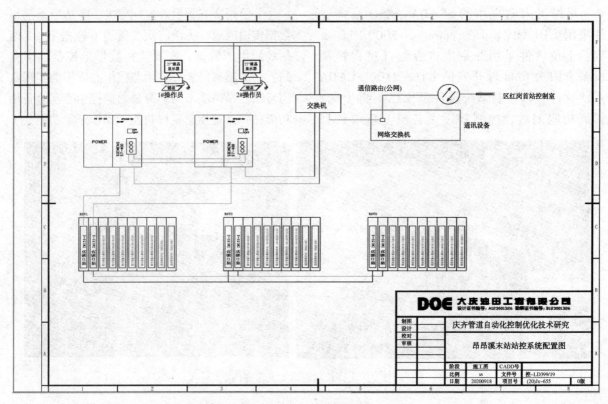

图 3　昂昂溪末站 PLC 控制系统配置图

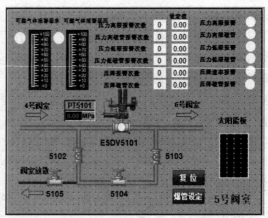

图 4　阀室 RTU 系统及采集数据画面

3.4 阀室、站场数据传输通信技术研究

通过对偏远站场、无人值守阀室目前使用的无线传输和有线传输 2 种通信方式进行综合对比，确定采用移动公司数据专线网络作为主要通信方式，无线传输为备用通信方式，将站场及阀室的生产、视频监控数据分别上传至分公司监控中心，红岗首站、昂昂溪末站，实现了 1 个操控中心、2 个中心站既可独立操控又互为备用的功能。

昂昂溪末站数据设备通过移动传输网将数据

上传至红岗首站数据设备，实现昂昂溪末站数据 设备至红岗首站数据设备的互传(图5)。

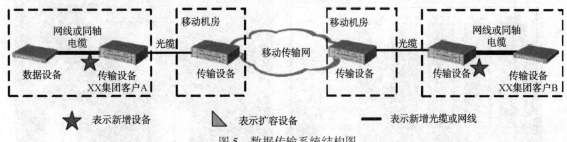

图 5　数据传输系统结构图

4　庆齐管道智能化运营

全智能化运营是基于管道自身业务特点，通过提高管道核心控制系统的自动化操作水平，加强管道对各类风险隐患的感知预警能力，创新实施集中监视、集中巡检、集中维修的远程运维智能新模式，带动管道运营管理水平与运行综合效益的全面提升。

4.1.1　站场无人操作支持技术

利用 SCADA 系统优化技术使庆齐管道按照集控中心的远程控制指令运行，有效代替现场操作人员，自动完成预设的控制逻辑目标，实现无

人值守站场、阀室的自动运行、远程控制。

(1)实现"一键启输、一键停输"功能。昂昂溪末站控制系统将成熟的操作步骤利用逻辑组态方式固化成规范的流程，在启、停输过程中的大量阀门开关、参数设置、设备切换、启停等，全部由控制系统按照预设的控制逻辑顺序自行判断并进行操作，实现了旋风分离器、过滤分离器、流量计、调压撬等多个系统顺序投运和停止，即可自动完成一键启输、一键停输的所有过程，无需人为操作与干预。简化了运行人员操作流程的同时，也避免了人为操作失误的可能，极大提高了管道的安全可靠性和经济效益(图6)。

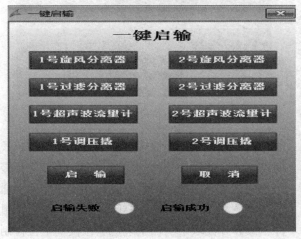

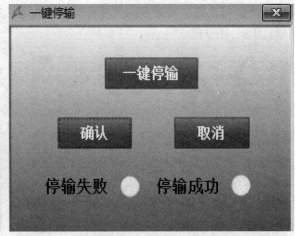

图 6　昂昂溪末站一键启输、一键停输画面

(2)"一键调控切换"功能，实现天然气管道自动分输。为实现冬季保供时，气量的精准控制，增加了日指定气量设定功能，可按照调度指令对全天输送气量、高峰时段用气比例等进行设定，进而根据设定值，自动计算全天各时段的供气流量，自动进行调节；另外，新增供气压力、流量自动调节方式切换功能，可根据不同工况需求，灵活选择；上述功能，大大降低了冬季保供等特殊时段操作人员的操作压力及难度，降低了劳动强度，供气量更加精准，操作适应性更强

(图7)。

(3)实现计量电子化。庆齐管道 2 个站场，针对流量计计量实现了流量计组分管理功能，根据操作权限，技术人员可远程在线修改流量计相关组分参数，真正实现流量计的远程监视监控；参数在线设定功能，根据操作权限，技术人员可远程在线修改量程、报警值、联锁值，避免修改相关逻辑程序，保证了程序的正确性和稳定性，可维护性更强，操作更加便捷；计量报表自动采集功能，可自动生成小时及日输气量相关报表，

避免了人工记录中出现的误差，确保了数据管理的实时性、精准性。

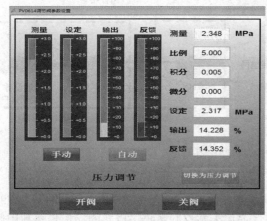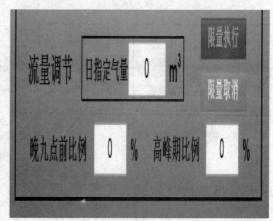

图7 昂昂溪末站调控功能画面

4.1.2 阀室智能化管理

（1）阀室智能视频巡检及语音喊话功能。庆齐管道6座阀室分别建立阀室RTU系统、视频监控系统及语音喊话功能，并通过移动专线将生产数据、视频画面传输至昂昂溪末站、红岗首站、分公司监控中心，可实时监测阀室内天然气管道生产运行状态、视频查询及视频历史回放等功能（图8、图9）。

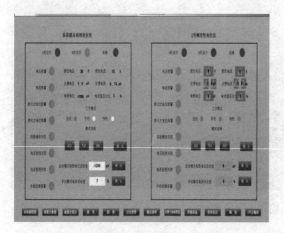

图8 阴极保护系统数据采集画面

（2）实现周界入侵智能安防。庆齐管道3#分输站采用振动光纤周界入侵报警系统结合终端反射模块的周界入侵报警系统方案。振动光缆安装在围墙周界处，终端反射模块安装在各防区单元，站场出入口处利用监控系统设置的前端摄像机作为补充，监控终端可实现与工业电视监控子系统的联动。

（3）实现智能阴保远程监控。庆齐管道在昂昂溪末站、2#阀室分别安装了阴极保护测试桩，

图9 阀室恒电位仪未改造前就地操作

阴极保护系统做为长输管道的重要保护设备，长期以来只能通过就地的方式对其进行监控，预警信息的读取、参数的调整等时效性存在滞后，通过技术人员自主钻研，并新增2套恒电位仪组件，破译并读取了阴保系统恒电位仪的上位控制程序，将其引入阀室新建RTU系统，实现了恒电位仪远程手/自动切换，输出电压、电流远程设定，运行状态、额定电压、电流、异常报警状态等远程监测、控制功能，提升了管道阴保系统的远程监测与专业化管理能力。

（4）实现泄漏智能检测。对于阀室封闭空间，设置了红外点式与线型光束式2种可燃气体检测器；检测精度达到ppm预警级别，一旦达到设定值，阀室RTU系统会自动报警，操作人员可采取相应措施。

（5）气液联动阀改造，实现远程操控功能。阀室气液联动阀只能就地控制，进口控制板维修

难度大、费用昂贵等问题；为此，分公司技术人员在充分解读说明书的基础上，反复论证，编制了可靠的控制逻辑，实现了压降速率大或压力高、低波动自动爆管切断功能，经过实际测试，达到了设计要求；另外，增加了阀位反馈开关，实现了对阀位状态的实时监控。

① 压力波动爆管切断：间隔5S采样管道压力，若连续10个周期采样压力超过设定值，触发联锁。

② 压降速率大爆管切断：计算相邻两次采样值的变化速率，若连续10个周期下降速率>设定值，触发联锁。

③ 压力联锁触发爆管切断后，将联锁关断上下游相邻阀室切断阀(图10、图11)。

图10　阀室气液联动阀改造现场

图11　阀室气液联动阀改造后监控画面

5　关于管道智能化发展的思考

智能管道建设需要有信息技术、数字技术、智能技术的助力加持，更离不开管道专业领域一系列单项关键技术的创新突破。目前，中国管道建设与运营水平总体跻身世界先进行列，部分技术与装备甚至达到国际领先水平，但不可否认的是，还有相当一部分瓶颈技术尚未取得实质性突破。

（1）实现安全预警与泄漏监测。研发新一代光纤预警技术，定位精度达100 m，可准确识别人工挖掘、机械挖掘等5类外部干扰，有效遏制第三方施工损伤事件的发生。针对管道沿线三级地区可能形成泄漏的潜在危险源,应用分布式光纤温度监测系统,通过实时监测周边土体温度场分布,及时预警及跟踪定位管道泄漏事故。

(2)实现地质灾害远程监控。通过管体应变监测与土体位移监测,及时掌握地灾发展情况及管体受力情况;结合 PIS 系统提供的累计降雨量及降雨预报信息,科学预测土体位移变化趋势,指导实施应力释放等措施,确保地灾区内管道风险受控。

(3)推广应用管道无人机巡护。在两高地区(高后果区与高风险段),以人工巡护为主,无人机巡护为辅;针对特殊地段(通行困难等)、特殊时段(汛期等)、特殊情况(突发自然灾害等),以无人机巡护为主,人工巡护为辅。

(4)腐蚀防护。对于管道内、外检测数据,尚缺乏充分、深入的对比研究,对管道内、外腐蚀风险及腐蚀发展趋势尚无成熟可靠的预测模型;关于管道应力腐蚀开裂及微生物腐蚀机理的研究仍处于起步阶段,对于这方面的腐蚀风险还缺乏有效的识别手段;对于防腐层剥离屏蔽区及穿越段管道的腐蚀控制,也缺乏有效的检测及评价手段。

(5)天然气管道减阻增输。现有管道内涂树脂性能单一,尚需加强低表面能减阻的作用机理研究,以指导更优性能的产品开发。在役天然气管道内表面施工技术难度大,缺乏相关技术及成套装备,通过内表面加工提高在役管道输送的减阻增输能力,仍属技术空白。

6 结束语

在信息标准化和信息安全支撑下,借助先进的自动化技术、物联网技术,通过自主设计、自主编写自动控制程序、自主实施的方式,圆满完成了庆齐管道智能化建设任务,并探索出了适合分公司自身需要的智能化长输管道的相关技术路线和建设标准,形成了用的起、易维护、有实效、可复制、可推广、低成本的智能化管道技术模式。

涪陵气田无人值守集气站建设

夏钦锋　汪宏金

(中国石化重庆涪陵页岩气勘探开发有限公司)

摘　要　中石化重庆涪陵页岩气田为国家级示范区，从气田产能建设开始就以信息化气田为起点，采气井场和集气站均按照无人值守设计。无人值守站场需凭借高可靠的供电系统、自动控制系统(包括 ESD 系统)和信息传输系统才能实现真正意义上的无人值守。尤其要做到系统的本质安全，确保在异常情况下无人现场的监视监控、自动关断和压力泄放；必须设计周密完善的气田因果控制关断逻辑，使气田在紧急情况下分片区进行自动关断，确保管网和集气站装置的安全，有效控制事态的扩散。

关键词　无人值守，集气站，建设，保障，顶层设计

在油气田信息化建设中，实现站场无人值守已经成为大多油气田的信息化建设主要内容。集气站无人值守建设由于受诸多条件限制，安全风险较大，实施难度较大。涪陵页岩气田所生产的页岩气纯度极高，甲烷含量高达 98%，而且不含硫化氢等剧毒成分，给建设无人值守集气站创造了条件。通过通信系统、安防系统、SCADA 系统及信息系统等系统建设，目前一期产能建设的 53 座集气站全部达到无人值守条件，45 座集气站实施了无人值守。本文就涪陵页岩气田无人值守集气站建设实践及有关技术方面进行了研究和探讨。

1　顶层设计

气田采用"SCADA+ESD"自动化系统设计，按照中石化气田智能化发展方向，部署自动控制及数据采集系统。数据是智能化油气田的基础与关键，系统可按秒、分、时获取高频实时数据，基于 MODBUS 或 TCP/IP 将监测数据都实时传输到数据管理系统，实现气田一体化实时管理，即实现实时远程控制、实时数据共享、实时动态监测、实时调整运行与实时决策修正，最大限度的满足气田生产、环境安全及采输工艺要求，完成集气站无人值守情况下气田的自动化控制。ESD 系统设计充分考虑非正常生产情况下的自动响应与应急处理，保障现场生产装置设备及管网安全运行；控制系统采用冗余设置，集气站 PLC 及 ESD 机柜均安装两套控制器和电源，现场温度、压力、液位、流量等仪表及执行机构均采用智能化仪表，以保证平稳可靠运行。

2　安全控制

集气站是气田重要的生产单元，采用标准化工艺流程见图 1，流程为井口来气→除砂→加热→集气汇管→分离→计量→集气支线。集气站主要设备为水套加热炉撬、集气汇管撬、分离器撬以及燃气调压撬等。集气站设计压力 6.4MPa，实际运行压力为 5.0~5.5MPa，外输温度控制在 30℃左右。

集气站又是气田地面流程的中间环节，气田采用高压采气、中压集气、集中脱水的工艺技术路线。气田地面工程的主导工艺是采用"采气丛式井场→集气站→脱水站"两级布站模式，集气站与采气平台合建，页岩气进脱水站集中处理后外输见图 2。

集气站能否安全运行直接关系到气田的生产安全和经济效益。因此无人值守集气站必须能够实现生产的自动和远程控制，实现在压力波动超限、气体泄漏、设备故障等任何异常状况下的报警、关井、集气站出口关断、放空泄压等操作，实现集气站出口关断、放空泄压、井安系统联动连锁控制，保证气井和集气站设备及管网的安全，保障气田安全平稳运行。为此每座集气站均设置有 PLC 和 ESD 控制系统，在市电及通信中断情况下可独立运行，涉及安全控制的执行机构和重要的部件如电磁阀等都必须达到 SIL2 标准。在调控中心搭建了应急联动平台和辅助操作平台，实现事故紧急关停、超压自动放空、气田的一键关停。调控中心通过辅助操作平台实现分区域、支线的一键式紧急关断。

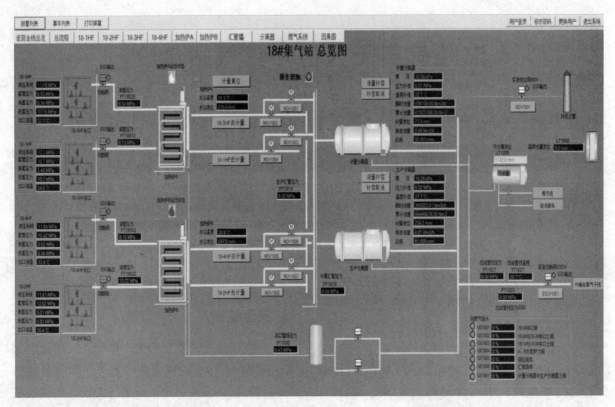

图 1 集气站工艺流程

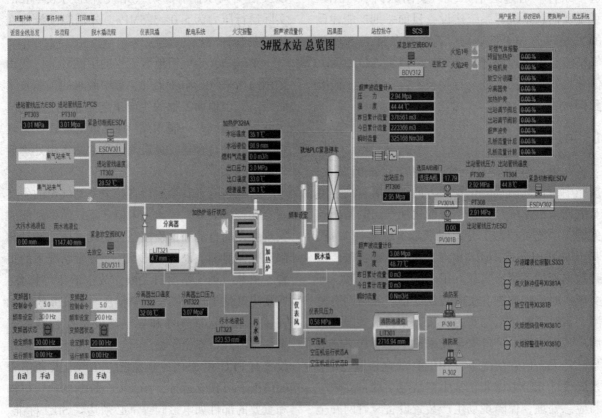

图 2 集输工艺流程

气井是高压易燃易爆场所，也是气田的生产源头。井场至集气站加热炉间为高压管线输气，井口一般没有节流。井口是页岩气的地面出口，是第一道也是最关键的一道关口。在任何故障情况下，都必须保证能够切断气源，关闭井口，杜绝灾害发生或蔓延。在每一口井都安装有井口安全截断阀及控制系统即井安系统，井安系统除接受上位机控制、人为远程控制外，井安系统本身也设定有上下限关井压力，达到阀值后也会自动关井。为确保安全，关井后的恢复，必须由人工现场检查确认后进行复位，方可打开井口开始供气。另外，井口还设置有可燃气体检测仪，当页岩气泄漏达到一定浓度时进行报警或关井；集气站设置多个温度压力检测及可燃气体检测点，出站（包括脱水站进出站）部分设置有 ESDV 紧急关断阀和 BDV 紧急泄放阀见图 3，并与井口控制系统联动；集气站加热炉设置有火焰探测和多点温度压力检测，在紧急情况下自动停炉，加热炉除自身具有 PLC 控制单元外，还接受站内 ESD 系统的控制。加热炉自用气也配备有调压及自动切断装置；分离器污水排放采用疏水阀控制，由于污水中含有较多的杂质，长期运行有可能会使疏水阀关闭不严造成天然气泄漏，在疏水阀出口安装超声波检漏设备，将信号接入站控系统，实现远程在线监控；对于存在压缩机进行增压的集气站点，集气站站控系统采用 MODBUS 通信协议与压缩机橇站控系统相连，完成压缩机组运行参数采集、显示、运行状态监测等功能。通过与采气工艺密切结合，结合并利用压缩机自身控制逻辑对压缩机进行停机等操作，实现集气站站控系统（PCS&ESD）对压缩机橇的控制，保障集气站点安全平稳生产，异常情况自动、远程关停设备，达到增压站点无人值守基本要求。井场、集气站的异常报警及关断停车均与视频监控系统进行联动，调控中心可直观的监视现场状况。

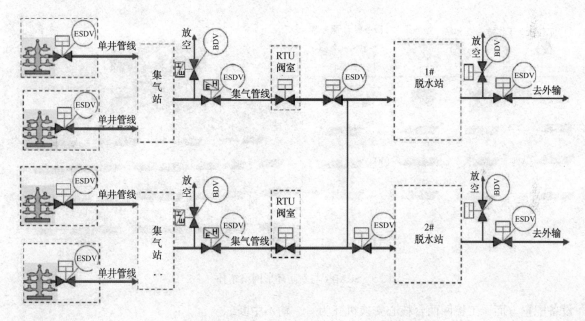

图 3   ESDV、线路截断阀和 BDV 阀布置图

为了确保人员、财产、环境安全，防止事故危险性的扩大，设计了气田的关断等级及关断范围。全气田关断等级按三级划分。

一级关断：全气田关断，即井口、集气站出口、线路阀室、脱水站进出口关断并紧急泄压放空。适用于脱水站火灾，外输管线爆裂，自然灾害如强烈地震等。

二级关断：装置关断，适用于脱水装置单列故障，集气支干线重大故障，集气站火灾等。

三级关断：单元关断，适用于单台设备故障，单井压力异常等。

在紧急情况先下，除系统自动关断外，调控中心操作人员根据权限也可在辅助操作台上进行相应的手动操作见图 4。

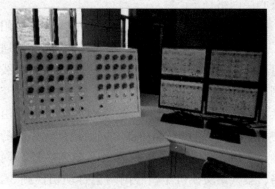

图 4   调控中心紧急关断辅助操作平台

3 供电保障

由于集气站无人值守，必须保证在市电缺失的情况下的正常生产。万一集气站供电中断，集气站站控系统将会进行一系列的自动操作，井口及集气站出口将自动关闭，全站自动停产，但不会影响其他井站的正常生产。为此气田架设了供电专线，集气站 PLC 及 ESD 机柜、通信机柜均采用 UPS 及市电供电双电源供电接入，UPS 供电及市电供之间可实现无扰动切换。每个集气站采用两台工频 UPS 电源并机运行，UPS 工作状态及市电工作状态信号均接入站控系统，实现远程监控，确保集气站的不间断供电，生产安全平稳运行。

4 通信保障

集气站通信系统既是数据采集通道，也是远程控制通道和监视通道。通信中断会造成远程控制失效，数据中断乃至永久性丢失，操作人员与现场处于"失联"状态。由于集气站 PLC 和 ESD 控制系统可以单独运行，现场安全控制可以基本保障；为确保工控网网络安全和传输的可靠性，气田采用自建光纤环网+3G 无线通信备份的传输方式，做到气田光纤全覆盖，自建光纤网络与其他网络物理隔离，工控信号、安防信号采用不同的纤芯传输，以保障工控网传输带宽和稳定性。利用 EPA 工业以太网技术，工控系统均采用双光纤环网设计，确保 SCADA 信号和 ESD 信号的可靠无缝传输；全气田按照集气站布局建设四个安防环网见图 5，保障视频、门禁等安防信号的传输通畅和可靠性。

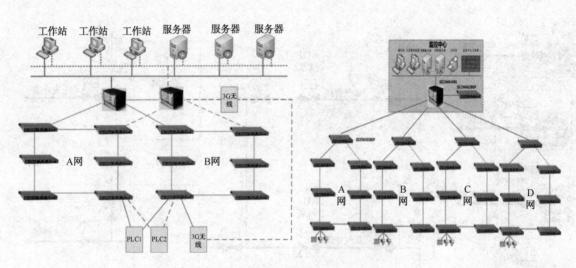

图 5　SCADA 与安防环形网络拓扑

设备配置方面，工控网两台核心交换机互为主备冗余，启用 VRRP(虚拟路由冗余协议)，为汇聚层网络提供唯一的网管地址。当主用交换机失效，备用交换机迅速切换成主用交换机，保障核心层网络稳定。

有线网 A 采用二层交换机搭建，通过启用二层环网协议 DRP，达到环网保护功能，并通过 DRP+，由两条链路上传至核心交换机；有线网 B 采用三层交换机搭建，接入 3G 路由器。交换机与交换机之间采用高优先级 OSPF 动态路由协议，交换机与 3G 路由器之间启用低优先级的静态路由。当有线网 B 的路由不能到达核心网络，集气站交换机至核心网络会自动切换到 3G 无线网传输。通过多种路由保障数据不丢失，传输不中断。

5 安防保障

无人值守情况下集气站的安防保卫工作须依靠信息化手段结合人工巡检来完成。集气站安防系统由工业电视监控系统、周界防御系统、语音对讲及应急广播系统、门禁系统、电子巡更系统构成。调控中心建有综合安防管理平台，平台通过网络层集成各子系统，通过一个统一的管理平台界面，实现安防系统所有报警/事件的集中监视，对重要前端设备进行远程控制，及各安防子系统间的联动。在生产工艺参数波动超限、非法闯入等异常情况下均会有语音告警及视频画面跳转，将报警现场展示出来，并且有相应的文字提示，以方便操控人员及时判断和处理。

周界防越系统联动可实现在集气站、RTU阀室的周界防区被入侵时，联动摄像机到预设位置，对该区域进行实况监控，语音自动告警驱离；SCADA系统联动可实现在集气站的SCADA系统发生报警事件，摄像机自动联动到预设位置，对该区域进行实况监控；门禁系统联动可实现在集气站、RTU阀室的门禁系统发生非法刷卡、门无故开启、超时未关门事件时，联动摄像机到预设位置，对该区域进行实况监控，语音自动告警驱离；语音对讲系统联动可实现在某集气站与调控中心的建立对讲通话时，调控中心的视频监控窗格会自动实况到对应的集气站见图6。

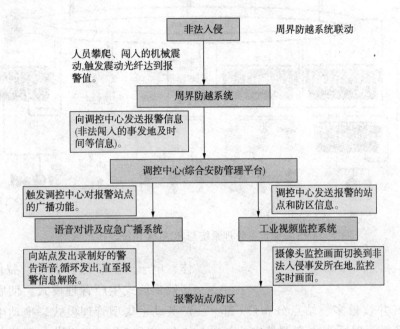

图6　周界系统防越系统联动框图

工业电视监控系统采用视频监控平台集中管理，该平台具有PTSQ高效可伸缩编码、分布式信源编码的多路视频差错控制和联合差错恢复、多标签近邻传播的检索、实时视频流组播承载等特点，融合了生产监控和安防监控系统，实现了生产监控和安防监控的业务独立，资源供共享；对生产及安防预警和报警通过远程查看现场情况，对异常情况的程度进行确认。选用具有光通信功能的高清摄像机，避免光电转换带来的信号衰减及电子元件损坏；周界防御光采用光缆监测技术即网络型光缆振动探测报警系统，符合GB/T 10408.8《振动入侵探测器》国家标准，系统采用光缆作为无源探测器，误报率小于2%，加速度感应精度为1 m/s^2，实时响应光缆中断报警。光缆具有较高的灵敏度，可有效避免了雷电干扰，适合于集气站及井场易燃易爆场所，也适用于山区各种复杂地形，对规则区域防区探测，可采用红外摄像机设置防区；对不规则周界防区的探测，将光缆直接铺设在井场和集气站围栏铁网上。各集气站的光缆振动探测报警系统将报警信号传输至调控中心；门禁系统可实现远程控制进站大门及站内仪控室、配电室门的开启，并可记录持卡人基本信息和进出时间信息。

6　仪表安全

通过建设AMS智能仪表管理系统，针对智能仪表、智能阀门定位器等在线集中组态、调试、校验管理、诊断及数据库数据记录的一体化方案。它为预防性维修、预测性维修及前瞻性维修提供诊断工具和判断依据。利用气田现有的控制系统、传输网络以及数据库，开发气田系统诊断模块，实现系统软、硬件故障诊断及自诊断功能，并集中存储、显示，便于操作人员使用与查询。它将预防性维护应用、性能检测和调整优化为一体，预防性维护是该系统要实现的最核心目标，通过在线诊断和分析充分了解现场设备的实时运行状况，预测仪表在未来一段时间内可能出现的故障，及时对仪表做出适当的维护措施，减少设备运行造成的流程波动和停车(图7)。

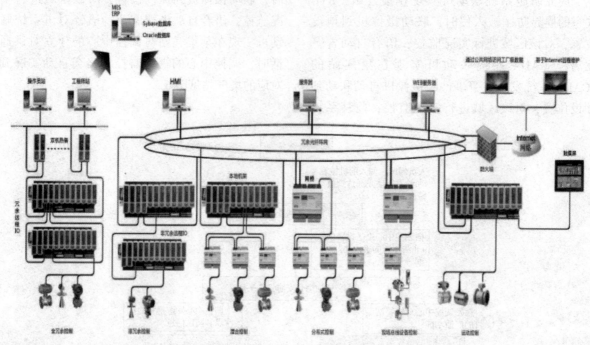

图7　AMS智能设备管理系统与SCADA系统连接示意图

7　配套管理

气田呈现出气井数量多、站点分布广(部分集输站点距离采气管理区和生产调控中心较远，管理人员到达现场接近1h)、气井调产频繁等特点。因此涪陵气田采用无人值守站+巡检站的模式对集气站点进行管理，形成一个生产管理单元相对集中，对周边无人值守站点实行统一管理的一种模式。

巡检站点建设原则遵循地面、地下相对统一；应急处置到达现场时间小于15分钟；集气井站数量、产量、集输管网科学管理等原则。一方面能够使管理单元更加符合生产实际，生产指令执行及日常巡护更加高效；另一方面能够在集气站点生产出现异常情况时，管理巡护人员能及时到达现场，便于应急处置工作开展，降低安全管理风险。

8　结语

凭借可靠的安全、通信、供电及安防系统保障，科学全面的气田自动控制与数据采集系统设计，涪陵页岩气田实现了集气站无人值守。通过完成数据的采集、动态分析、过程控制，实现数据信息的共享。正在践行"井站一体、电子巡护、远程监控、智能管理"的新型高效集约式生产管理模式，彻底改变传统的生产劳动密集型管理模式。推动生产和管理向网络化、数字化、自动化、智能化转变，井站管理从定点定时管理变为24h不间断集中管理。气田实现集气站无人值守后，节约用工约80余人，节约人力成本超760万/年，减少集气站操作人员生产生活配套设施直接投资1300余万元。

参 考 文 献

[1] 王欣，罗学刚，伍昌臣，等，涪陵页岩气田焦石坝区块产能建设信息化工程设计方案[ED/OL].(2013)[2018].内部资料

[2] 宋丽梅，唐玮，等，油田小型站场无人值守的设计[J]，油田信息化技术装备(全国石油石化企业信息化与信息安全研讨会专刊)，2015，(7)：179-182.

[3] 夏太武，周丹，蒋伟.西南油气田无人值守站场稳定电源的适应性研究[J].油气田地面工程，2016，35(10)：71-73.

[4] 李杰，徐汇川，林铭，等.无人值守站场安防系统的研究[J].信息通信，2016(7)：113-115.

[5] 吴扬，解海龙，等，基于MODBUS的新型单井数据传输系统优化及应用[C]//中国石油石化企业信息技

术论文集，北京：中国石油学会，2017：327-340.

[6] 陈曦，周峰，等，我国 SCADA 系统发展现状、挑战与建议[J]，工业技术创新，2015，2（1）：103-114

[7] 刁海胜，王军辉，等，采油作业区 SCADA 系统数据的综合应用研究[C]//2016 中国石油石化企业网络安全技术交流大会论文集，北京：石油工业出版社，2016：104-109.

[8] 金岩，三维 GIS 在油气站场中的应用[C]//第二节中国石油石化产业"互联网+"应用发展大会论文集，宁波：中国石油企业协会，2016：872-875.

[9] 王建国，贺利刚，黄晓东，等.油田站场三维地理信息系统的建设[J].信息系统工程，2014（10）：16-16.

[10] 杨世海，高玉龙，郑光荣，等.长庆油田数字化管理建设探索与实践[J].石油工业技术监督，2011，27（5）：1-4.

[11] 贾爱林，郭建林.智能化油气田建设关键技术与认识[J].石油勘探与开发，2012，39（1）：118-122.

14×14×17.5BHSB 型原油长输管道输油泵故障诊断技术应用研究分析

邵春明

(国家管网集团西部管道有限责任公司)

摘　要　输油泵制造质量决定着其性能的优劣，有效的针对性维修能够保障输油泵故障后功能及时恢复，使输油泵持续发挥提供动力的作用。本文针对在用原油长输管道输油泵故障进行故障分析、查找问题、提出整改措施，为加强日后管理提供技术支持。

关键词　输油泵，轴瓦磨损，故障维修，性能恢复

输油泵是原油长输管道的重要设备，其制造质量是其能否长效运行的关键因素，其运行期间有针对性的故障维修能够及时必得其性能，对确保其全寿命周期管理也起着必要作用。

西部某原油管道长距离输送多品种原油，其中间某站接收上游来油后密闭分输到就近石化厂，并将余量输往下游，整条管线为一个水力系统。

1　本站输油泵运行状况

1.1　本站输油泵性能状况

本站安装有 5 台串联输油泵，全部为定转速（2980 r/min）电机驱动；1 号泵额定流量 1500m³/h，额定扬程为 250m，优先工作区为 1050～1650（m³/h），允许工作区为 620～1800（m³/h），额定功率 1021（kW），效率 83 %；其余泵型号相同，额定流量 1500m³/h，额定扬程为 400m，优先工作区 1050～1750（m³/h），允许工作区 400 至 1750（m³/h），额定功率 1652.7（kW），效率 82 %。鉴于原油的输送特性及尽可能地低耗能输送，更多地启动 1 号泵进行输送。

1.2　1号输油泵故障现象

根据输油泵履历记录反映，1#泵自 2012 年 12 月 4 日投用，截止 2018 年 12 月底发生 12 次停机，同期投用的 2~5#泵均正常运行。

1 号泵 12 次停机现象具体是：振动超标停机 3 次，润滑油变色停机 4 次，机械密封失效停机 3 次，软启动柜保护报警停机 1 次、泵壳温度变送器异常造成停机出现 1 次。

该泵前 11 次故障维修后，运行一段时间又发生停机，仅暂时排除故障现象，不能有效解决油泵故障根本问题，不能确保其长期稳定运行。

2018 年 10 月 23~31 日对该泵大修，大修完成后，即启动该泵运行，截止到 12 月 20 日，该泵已连续平稳运行 1100h，超过泵维修后稳定运行 72h 的测试运行时间。

2　1号输油泵故障维修技术应用

2.1　1号输油泵故障维修处理

该泵近三次故障突出表现为轴瓦磨损所致。现对这三次维修处理过程进行分析。

（1）2018 年 6 月 21 日~7 月 2 日，因输油泵非驱动端润滑油严重变色，对其解体检查发现：①非驱动端下轴瓦磨损，内衬巴氏合金严重受损，内表面有多道深度划痕，内表面靠泵侧大块龟裂，多处脱落。详细情况见图1。②其他配件无受损，各配件装备间隙无超标准值现象。

图1　磨损的非驱动端上（左侧）、下（右侧）轴瓦

此次维修中分析，认为造成轴瓦严重磨损的原因是凭经验对下轴瓦刮瓦，造成此处过大间隙，不能形成稳定油膜，导致轴与轴瓦干磨。本

次回装轴瓦时，不对新换轴瓦处理，严格执行《HSB 轴向剖分单级泵安装操作维护手册》，回装输油泵各配件。

此次维修后，于 2018 年 7 月 27~28 日，对该泵解体检查，测试发现"泵驱动端、非驱动端上下轴瓦运行正常，未发生磨损；泵轴承对中端面圆偏差实测值竖直方向 0.04mm，水平方向 0.02mm；径向圆偏差实测值竖直方向 0.05mm，水平方向 0.02mm，均≤0.05 mm 标准值；更换后的轴承箱润滑油无明显变色现象"，其他各配件均运行正常，判断此次维修达到效果，随后启动该泵运行。维修后的非驱动端上、下轴瓦测试检查情况见图 2。

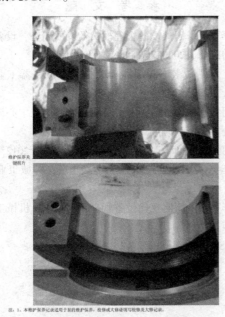

图 2　维修后的非驱动端上、下轴瓦运行情况

（2）2018 年 9 月 16 日~24 日，该泵进行 35K 维护保养时发现其非驱动端机械密封泄漏量超过标准值，其他部件正常，维保后更换泵非驱动端机械密封和止推轴承，严格按油泵安装操作维护手册回装。随后启动该泵。

（3）2018 年 10 月 20 日，该泵又出现非驱动端润滑油变黑现象，更换润滑油后，泵因 X 轴振动报警不能启动。该输油泵 X 轴振动报警保护情况详见图 3。

此次对油泵进行解体大修，发现非驱动端下轴瓦与相对应的轴承座面不在同一平面，解决此问题后，启动该泵，于 10 月 31 日~11 月 1 日测试该泵机组性能，其各项指标合格，其后该泵连续运行至 2018 年 12 月 20 日，再未出现故障现象。

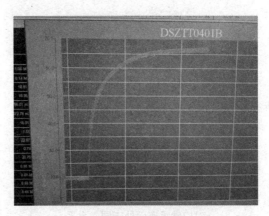

图 3　输油泵 X 轴振动报警保护

2.2　1 号输油泵故障维修处理结果分析

2018 年 10 月 20 日，对泵解体大修时，回装非驱动端径向轴承上下轴瓦时，发现上下轴瓦接合面与其相对应的轴承座面不在同一水平面，一边轴瓦接合面始终高出对应轴承座面 0.5mm，并无法调整平齐，具体情况详见图 4。采取技术措施检查发现，下轴瓦仅局部位置与瓦座接触，瓦座面不规则，造成仅接触面受力，在接触面处不断磨损，接触面磨平后，不断形成新的接触面，期间引发轴与轴瓦间隙偏移，最终反映为非驱动端振动超标、温度超标、润滑油变色，并进而引起机械密封失效等故障现象。

图 4　回装时不在同一水平面的非驱动端下轴瓦与对应的轴承座

此次维修，将润滑油均匀涂抹至轴承箱瓦座内圆面上后，对此处进行研磨，直到下轴瓦接合面与其相对应的轴承瓦座面处于同一水平面后，回装恢复泵体。维修后的下轴瓦与对应轴承座面情况详见图 5。

在回装安装泵下轴瓦时，下轴瓦可环抱轴有微小转动，安装上轴瓦后，定位销固定上下轴瓦，并确保轴瓦与轴承座装配间隙在 0.05mm 范围之内；下轴瓦允许转动，做微小调整，上下轴瓦两边接合面与对应瓦座接合面是否水平极不易

图5　维修调整后非驱动端下轴瓦与
对应轴承座面处于同一水平

检测，并常被忽视。此问题实际是制造质量缺陷问题，由此引发油泵后期的一系列故障，可见油泵的制造质量对其寿命周期管理起着根本决定作用。

3　结论

以某站1#号输油泵运行故障为研究对象，根据其故障处理过程进行分析，发现影响该泵长期稳定运行的根本原因，结论如下。

（1）输油泵制造质量决定其性能是否优劣，对其长效稳定运行起着关键作用，决定了输油泵全寿命周期内是否能够稳定运行，因此尤其要加强输油泵制造过程的质量监管。

（2）输油泵维修要有针对性地解决故障。输油泵的定期检查、维护保养、预期维修、故障维修内容要明确，才可真正发挥出各次维修的作用，使输油泵性能稳定，长期发挥作用。

（3）掌握输油泵的运行性能。对各类设备，尤其是要掌握关键设备的运行性能，为其长期使用及故障维修恢复后的性能对比，提供参考依据。因此要重视并利用好设备设施系统中设备履历功能。

（4）发现该泵故障原因后，进行了及时维修处理，输油泵性能恢复，但为确保该泵的问题彻底解决，必须更换非驱动端轴承座。

参 考 文 献

[1] 李葆文．国外设备管理模式及发展趋势，设备管理与维修，2000.7.
[2] 王汉功．装备全系统全寿命管理，兵器工业出版社，2003.5.
[3] 阿独乌原油管道调度手册北京油气调控中心调度二处2012年9月
[4] 阿独乌原油管道工程工艺施工技术说明2012.3
[5] 李锦秋．设备技术经济学，北京，机械工业出版社，1999.
[6] 李葆文．简明现代设备管理手册［M］．机械工业出版社2004.1
[7] HSB轴向剖分单级泵安装操作维护手册．

西二线、西三线 TMEIC 变频器 PWM 控制切换方式差异性分析

张 伟

（国家管网集团西部管道有限责任公司）

摘 要 2019 年西二线永昌压气站 4#机组变频器因启动过程中转速到达 2200rpm 多次出现过流导致启机失败，通过研究发对 4 项参数进行优化后，启机过流现象消失。2020 年 8 月西三线玛纳斯压气站 2#机对参数进行修改后出现 U 相 P 侧过电压跳机。本文结合玛纳斯站 2#机停机问题对此次参数优化进行研究分析，对西二线、西三线变频器 PWM 控制切换方式差异性进行研究，分析出存在的差异。

关键词 变频器，过电压，参数优化

2020 年 8 月 12 日 15 时 19 分，西三线玛纳斯压气站 2#电驱压缩机出现"直流过电压报警"，最终导致机组安全 PLC 保压停机（图 1）。

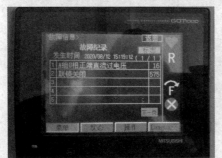

图 1 变频器报警信息

具体报警信息如下：①A 组 U 相正端直流过电压；②联锁关闭。

1 故障原因分析

由报警信息可知 U 相 P 侧直流过电压，通过故障波形可以发现 U 相 P 侧电压超过停机报警值 134%，最高为 134.73%，确实存在过电压现象；U 相 N 侧电压在 80% 左右，最低为 76.33%，P 侧和 N 侧电压差最大为 58.4%。通过查看 V、W 相直流电压发现，偏差虽没有 U 相大，但均存在一定程度的偏差，正常运行时 P 侧和 N 侧电压应基本持平，如图 2 所示。

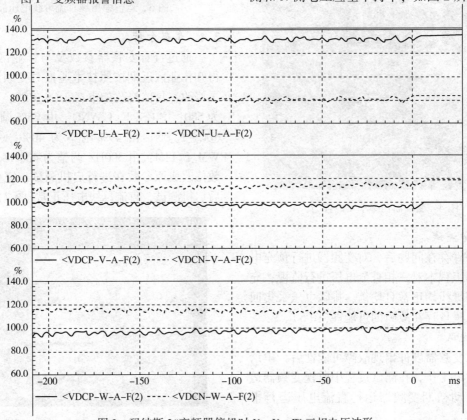

图 2 玛纳斯 2#变频器停机时 U、V、W 三相电压波形

经过检查变频器功率单元、熔断器、电压信号采集回路、出线电缆等均正常，结合近期作业区对变频器参数进行过修改，综合分析是因为参数修改导致的变频器内部控制发生变化导致变频器 U 相 P 侧直流过电压。

2 故障处理经过

2.1 硬件回路排查

对变频器电缆及各柜内进行停机后检查，发现变频器内部驱动板、内部断路器状态，隔离变至变频器电缆线及接线处外观检查无异常；变频器柜内速断保险等均正常；检测同步电机励磁机电缆及内阻无异常，排除同步电机与变频器内部硬件出现故障的可能性（图3、图4）。

图 3　电缆绝缘检测

图 4　变频器功率单元检查

2.2 预充电测试

排除硬件存在问题后，对变频器进行预充电测试，并用工程本对三相直流电压进行监视，充电后，三相母线均正常且均衡，排除电压采集回路、电压采集板存在故障的可能性（图5）。

2.3 启机测试

在排除变频器硬件出现故障可能性后，申请开展启机测试工作，在测试过程中监视变频器运行电压，启动初期变频器运行直流电压运行平

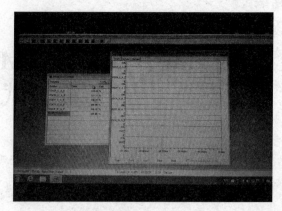

图 5　预充电波形监测

稳，但带着运行半小时后，突然出现直流电压波动较大，同时伴随有谐波增大。随即停运机组，压缩机停机后，变频器直流母线电压也恢复了平稳（图6）。

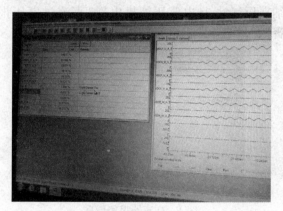

图 6　运行中出现直流母线电压波动

2.4 参数分析

通过查看变频器参数及与作业区进行了解，得知作业区近期按照技术通报对变频器参数进行了修改，具体修改如下：①CS_PPS：由 600 调整为 580；②CS_F_CSYNC：由 25% 调整为 30%；③CS_F_PNT：由 49% 调整为 40%；④CSYNC_PWM_L_LIM：由 300HZ 调整为 400HZ。建议将参数修改成原参数在进行启机测试，完成参数修改后启机测试，直流母线电压正常（图7）。

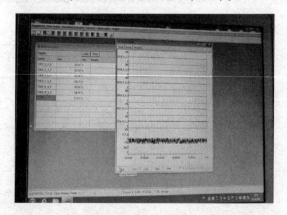

图 7　参数恢复后变频器运行直流母线电压波形

3 变频器参数优化的过程及分析

3.1 参数修改背景

西二线永昌压气站 4#机组变频器在启机过程中转速升至 40%约 2200rpm 时多次发生过电流导致启机失败。故障记录见图 8。

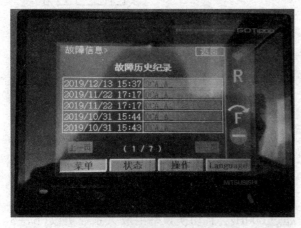

图 8 永昌 4 号变频器故障记录

将故障波形发送至厂家技术人员后，经过分析建议对参数进行修改，具体修改参数为：①CS_PPS:由 600 调整为 580；②CS_F_CSYNC：由 25%调整为 30%；③CS_F_PNT：由 49%调整为 40%；④CSYNC_PWM_L_LIM：由 300HZ 调整为 400HZ。修改后运行至今未发生启机过电流失败现象，各项运行数据正常。

后续西二线瓜州压气站也发生类似问题，厂家建议根据技术通报进行修改。2020 年 8 月初，玛纳斯压气站根据技术通报对变频器参数优化后启机运行后出现 U 相 P 侧过电压跳机。

3.2 参数修改原理介绍

变频器在运行过程中为了达到设备最优 PWM 的运行条件，输出脉冲模式需要根据电机运行控制速度不同进行输出电压的频率控制切换，切换过程称为 PWM 控制模式切换。TMEIC XL-75 型变频器在运行过程中在不同电机转速阶段下采用不同 PWM 控制模式，电机启机过程中从低速到高速先后会采用 PWM 异步控制模式，PWM 同步控制模式，PWM 固定脉冲控制模式，如图 9 变频器控制逻辑图所示。

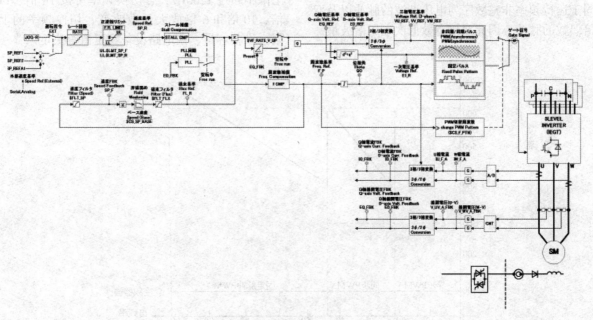

图 9 变频器控制逻辑图

3.2.1 PWM 异步控制模式

PWM 异步控制模式的脉冲波形如图 10 所示。脉冲的宽度由虚线中的电压基准值产生，该频率称为载波频率，等于开关频率。载波频率在 PWM 异步控制模式中是不变的。因电压基准值的正弦波根据输出频率发生改变，载波频率不发生改变，因此两者变的不同步。每个周期内的波形形状都有所不同，非整数运行频率列会产生电压谐波。此模式用于启动低转速阶段，保证电机恒转矩启动。

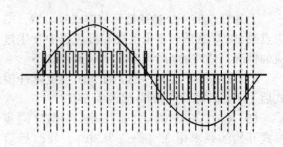

图 10 PWM 异步控制模式脉冲波形示例图

3.2.2 PWM 同步控制模式

PWM 同步控制模式的脉冲波形示例如图 11 所示。在 PWM 同步控制模式中，载波周期范围的脉冲数量对于正弦波电压基准值来说恒定。如图示例中，一个周期被分为 10 个脉冲载波周期。同模式中载波周期和一个脉冲波形周期的形状一致。理论上操作频率的非整数序列和双倍偶数不会产生电压谐波。此模式用于电机升速阶段，用于过临界转速。

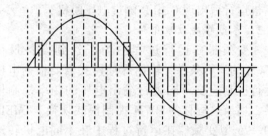

图 11　PWM 同步控制模式脉冲波形示例图

3.2.3 固定脉冲模式

固定脉冲模式的脉冲波形如图 12 所示。固定脉冲模式中，载波周期是可变的。载波频率不同于运行频率非整数序列电压谐波的脉冲以及双倍偶数的脉冲，因此双倍奇数低次电压谐波最

小。脉冲模式因此由电压基准值决定。用于高速阶段，正常运行时采用此模式。

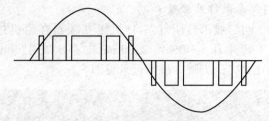

图 12　固定脉冲 PWM 模式脉冲波形示例

TMEIC XL-75 型变频器根据输出频率切换上述 3 种 PWM 模式，如图 13 所示。水平轴是操变频器输出频率，垂直轴是切换频率。切换频率等于 1s 内在相电压波形上出现的脉冲数量。

（1）异步 PWM 模式中，不论输出频率为多少，切换频率都恒定。

（2）同步 PWM 模式中，切换频率的上限不超过 600Hz，且切换频率由放大系数更改（$6n+3$ 倍，n 表示至少为 1 的整数值）。

（3）在固定脉冲模式中，无电平切换频率的上限不超过 1200Hz，且切换频率可按 18 倍、14 倍、10 倍和 6 倍放大系数改变。切换频率的上限由设备容量、主电路设备额定值等决定。

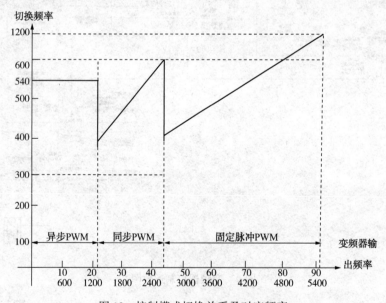

图 13　控制模式切换关系及对应频率

上述修改的 4 个参数是三种模式的起始、结束点及 PWM 载波频率来解决起机过程中发生过流的情况，修改的四个参数的具体解释如下。

（1）CS_PPS = 600→580　PWM 固定脉冲模式后 1s 的脉冲式数由 600 修改为 580。

（2）CS_F_CSYNC = 25%→30%　PWM 同步模式开始的频率由 25% 修改为 30%，修改后启机过程中频率达到 27.3Hz，即转速到达 1638rpm

时切换成 PWM 同步模式（修改前启机过程中频率达到 22.75Hz，即转速到达 1365rpm 时切换成 PWM 同步模式）。

（3）CS_F_PTN = 49%→40%　PWM 固定脉冲模式开始的频率由 49% 修改为 40%，修改后启机过程中频率达到 36.3Hz，即转速到达 2184rpm 时切换成 PWM 固定脉冲模式。（修改前启机过程中频率达到 44.59Hz，即转速到达

2675rpm 时切换成 PWM 固定脉冲模式）。

（4）CSYNC_PWM_L_LIM＝300Hz→400Hz
PWM 同期模式和固定脉冲模式的最低频率由
300 HZ 修改为 400HZ。

由于此 4 个参数的修改是 TMEIC 针对永昌
站 4#变频器启机过程中过电流相关波形给出的
优化建议。因西二线永昌压气站站，瓜州压气
站，乌鲁木齐压气站 12 台变频器参数设置基本
一致，如发生在启动过程中升速到 2200rpm 右的
时候发生过流的情况下更改此参数可以有效
解决。

因西三线变频器比西二线结构发生了变化，
增加了电容柜，因此西三线变频器参数设置与西
二线不完全一致，上述 4 项参数中西二线与西三
线玛纳斯站未更改之前设定也存在差异，其中
CS_F_CSYNC 西二线设定为 25%，西三线玛纳
斯站设定为 45%，存在明显差异。由于西三线
玛纳斯站未出现过启机过程中 2200rpm 时过电流
现象，更改上述 4 项参数后，改变了原有正常运
行点的切换频率和脉冲数，脉冲数是有电压基准
值确定的因此会导致电压控制发生改变，具体改
变关系如图 14 所示。

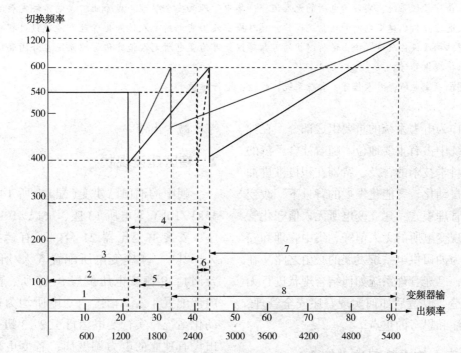

图 14　参数更改前后控制模式切换关系及对应频率
1—西二线更改之前异步 PWM 运行模式；2—西二线更改之后异步 PWM 运行模式；
3—西三线玛纳斯站异步 PWM 运行模式；4—西二线更改之前同步 PWM 运行模式；
5—西二线更改之后同步 PWM 运行模式；6—西三线玛纳斯站同步步 PWM 运行模式；
7—西二线更改之前、西三线玛纳斯站固定脉冲 PWM 模式；
8—西二线更改之后固定脉冲 PWM 模式

4　总结

虽然西二线、西三线试用的变频器为同一型
号变频器，但由于不是同一批次产品，控制算法
及硬件存在部分差异，因此在做参数优化时不能
一概而论，需要对差异性进行分析，充分理解参
数优化后对变频器运行存在的影响后，再有针对
性的开展优化。

变电所无人值守管理系统在朝阳沟油田的推广研究

王鑫鑫 张晓羽

(中国石油大庆油田有限责任公司)

摘 要 在积极推进油田数字化、自动化、智能化发展的背景下，改变已建变电所管理模式，建立变电所无人值守管理系统，实现变电所的无人值守、集中管理和安全管理，成为油田供电系统发展的必由之路。本文通过分析已建变电所管理系统现状，总结提出油田变电所无人值守化管理系统建设过程中，要进行的管理结构及设备改造，给出运行维护的可靠建议，可为变电所无人值守化管理系统在外围油田的建设与后期维护提供参考。

关键词 变电所，无人值守，管理系统，改造，运行维护

变电所作为电力系统的重要组成部分，在油田供配电系统中占有重要地位。随着社会经济的发展，先进科学技术的普及，特别在积极推进油田数字化、自动化、智能化发展的背景下，改变已建变电所管理模式，建立变电所无人值守化管理系统，实现变电所的无人值守、集中管理和安全管理，成为油田供电系统发展的必由之路。在这一过程中，已建管理系统如何结合现状进行无人值守化改造、改造后如何实现有序安全管理，成为需要关注和思考的重点。

1 变电所无人值守管理技术简介

无人值守变电所是指变电所内不设置固定运行值班人员，运行监测与主要控制操作由远方控制端进行，通过综合运用数字化图像技术、计算机技术以及通信技术，实现"四遥"即："遥测、遥信、遥控、遥调"的变电所。变电所的运行状态及变电所环境等信息，经变电所的微机远动终端装置 RTU 处理后，再经远动通道转送至上一级综合管理中心平台，并在监示器和系统模拟屏上显示出来，供调度值班人员随时监视查询，然后作出相应的信息处理、分析和终端控制。在综合管理平台的电脑操作端即可完成原有变电所运行值班人员的职责，大大减少了人工操作工作量和人员需求量。无人值守化管理系统相比常规管理模式，具有架构先进，功能更强的特点，同时由于管理集成度高，在节省人力成本的同时，更便于信息的采集与分析处理，能够提高管理效率，减少出错率。

2 辖区建设现状

朝阳沟油田已建变(配)电所 14 座，其中，35kV/10kV 变电所 13 座，66kV/10kV 变电所 1 座，安装主变压器 21 台。现有运行人员 109 人，其中，4 座变电所配置 6 人/所(岗位均为合岗)；9 座变电所配置 9 人/所；配电所 1 座内部配置 4 人。辖区内变电所均为微机综合自动化系统，实行变电运行工 2~3 班倒班制，油田设有独立的电力调度岗，各变电所与调度中心间信息传递主要依靠电话，电力调度通信系统基本空白。

存在着：生产用工多，人力成本居高不下；调度获取信息滞后，存在周期性管理盲区；故障预警、分析及判断不及时，故障处理被动的问题，难以为油田电网的运行管理提供高效的系统保障，有必要进行无人值守改造，优化管理模式。

3 变电所无人值守管理系统建设

3.1 建设基本原则

实现变电所无人值守化管理要满足以下条件：①可靠的继电保护，只有具备可靠的保护，变电站的安全运行才有意义。②具备"四遥"功能，这是实现远方监控的有力保证。改造无人值守变电所是在原有变电所继电保护的基础上，通过增加具有"四遥"功能的 RTU 来实现。经过综

合分析已建常规变电所现状,结合电力系统自动化技术的应用情况,变电所无人值守化管理系统建设的基本原则为:①充分利用原有设备进行技术改造;②尽可能降低改造成本,同时尽可能增强"四遥"等各项功能;③满足变电站安全、经济运行的要求。

3.2 管理系统建设主要内容

3.2.1 无人值守管理系统结构改造

变电所无人值守化管理系统分为管理层和操作层两部分,有人值守与无人值守供配电系统管理流程对比如图1所示。

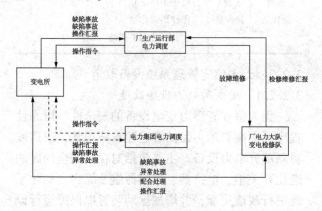

(a)有人值守供配电系统管理流程图

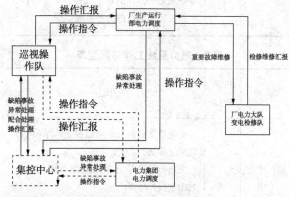

(b)无人值守供配电系统管理流程图

图1 有人值守与无人值守供配电系统管理流程对比图

无人值守改造前,管理层为厂、集团公司电力调度,负责对厂电网进行统一指挥,协调管理,组织故障处理。电力大队变电检修队、变电所作为操作层,依据管理层指令进行操作。执行无人值守管理模式后,管理层及操作层仍需分开设置。与有人值守管理系统相比,无人值守管理系统的管理层不变,操作层取消变电所,增加了集控中心与巡视操作队两个职能部门。其中,集控中心为操作层核心,负责对变电所进行"四遥"操作,实施视频及火警监控,向电力调度汇报变电所缺陷、事故,并配合处理、传达或执行操作指令;巡视操作队负责执行所有变电设备的就地操作,包括巡视巡检、倒闸、事故及异常处理,以及变电所设备台帐、档案资料、工器具、钥匙、消防及安防等设施管理等工作。

3.2.1.1 集控中心建设

集控中心建设一般利旧已建建筑,除必要的土建改造外,为保证集控中心持续安全运行,集控中心需采用双网双备、主备实时切换的工作模式,在集控中心间敷设通信光缆,实现与其他集控中心互为热备用。此外,需在集控中心内部配置电力调度服务器2套及系统工作站1套(电力调度服务器及系统工作站具体配置如表1、表2所示),以实现信息储存、传输、接收及安全防护。参照其他油田集控中心建设经验,每座集控中心建设费用近600万元,运维管理人员配置12人,建设成本较高。

表1 集控中心电力调度服务器配置表

服务器名称	数量/台	功能简述
前置通信机	2	数据采集服务器,把由通讯服务器汇集起来的通道信息接收,并进行必要的处理
SCADA服务器	2	SCADA服务器接收通信机和其他子站传送的数据,维持一个完整的实时数据库(数据库的SCADA部分)。该服务器还要完成状态量报警处理、模拟量越限检查、数据库的数据指定计算、实时数据传播到其他服务器和工作站等任务
历史数据库服务器	2	作为历史数据服务器用于存贮、管理各种历史数据、登录信息、用户信息、设备信息、电网管理信息等
WEB服务器	2	配置Web服务器,使其成为企业网中的配电管理实时信息节点,便于相关部门通过浏览器查询基于变电、配电和用电管理等网络有关数据。Web服务器还提供防火墙功能以防止外部系统病毒的侵入。供其他机器或系统,对电力调度系统进行实时浏览

服务器名称	数量/台	功能简述
GIS 服务器	2	用于存储 GIS 配网及相关电力数据,提供地理信息地图及电力线路图服务以及以油田配电网相关生产工作为中心的各系统运维,包括 6kV 线路、调度指挥、操作队管理等在内的各系统

表 2　电力系统工作站配置表

单体	机器数量	用途
集控中心 1 座	5 台/座	变电所综合信息采集监控工作站(运行监护工作站) 3 台 变电所综合信息采集监控系统(报表、数据上报) 1 台 油田电网 GIS 数字化监控控制系统工作站 1 台

此次变电所无人值守化改造,朝阳沟油田与其他油田是整体规划、同时进行的,为此次改造的一部分。从可行性、合理性、经济效益层面分析,除独立新建集控中心外,朝阳沟油田辖区内变电所还可依托其他外围油田集控中心进行集中监控,以节省建设投资及人力资源成本,实现效益最大化。

3.2.1.2　巡视操作队建设

巡视操作队办公地点利旧已建房屋,内部配置巡视操作队工作站,工作站配置如表 3 所示。人员配置方面,借鉴其他采油厂巡视操作队配置经验,巡视操作人员可配置管理人员 3 名:队长 1 名、副队 1 名、经管 1 名;巡视操作人员 32

名(2.5 人/所);巡视操作队总人数:35 人。

表 3　巡视操作队工作站配置表

单体	机器数量	用途
巡视操作队	3 台/操作队	变电所综合信息采集监控工作站(运行监护工作站) 1 台 操作票工作站 1 台 企业办公网工作站 1 台

3.2.2　无人值守管理系统设备改造

3.2.2.1　变电所电力设备改造

无人值守管理对变电设备的安全性、可靠性提出了更高要求,需结合已建设施现状,改造或更新部分电力设备。主要包括对存在安全问题的老化开关柜、电抗器、电容器组及综合自动化系统进行改造更新,并增加远动装置以保障运行设备状态监测、信息采集、远程控制的实时性、有效性。

3.2.2.2　火灾自动报警系统建设

为保证变电所运行安全,还需建设火灾自动报警系统,该系统配置如图 4 所示,主要在变电所高压开关室和主控室等房间设置点型光电感烟火灾探测器;变压器室设置感温探测器;高压开关室、走廊、主控室室外设置手动报警按钮和声光警报器;主控室设置火灾显示盘及输入输出模块,该模块可将采集的火灾信号经通信通道上传至集控中心并接收控制命令。此外,在相应站场附近仪表值班室设置火灾报警控制器,火灾发生时,在上述房间和相应站场的火灾报警控制器(联动型)上进行声光报警,有效提升灭火救援效率(图 2)。

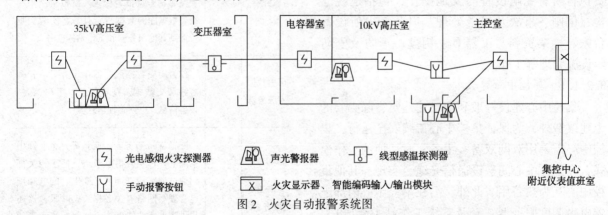

图例	名称	图例	名称	图例	名称
	光电感烟火灾探测器		声光警报器		线型感温探测器
	手动报警按钮		火灾显示器、智能编码输入/输出模块		

图 2　火灾自动报警系统图

3.2.2.3　视频监视系统建设

要实现变电所"无人值守,远程监控",视频监视系统建设必不可少,该系统主要依靠数字

化摄像机进行现场信息采集实现,主要监视开关场、高压室、主控室等关键位置,每座变电所设置 5 台监控摄像头,分别为开关场区 2 台、

10kV 高压室 2 台、主控室 1 台，可直观地以图像、声音的形式记录变电所现场情况。采集的图像信号，通过打包处理经由通信通道实时上传至集控中心。对无人值守变电所可减少巡视人员工作强度，弥补变电所取消值班人员后，变电所运行维护直观性不强的弱点，提高了无人变电所安全运行水平。

3.2.2.4 通信传输系统改造

无人值守变电所远程监控信号传输方式如图 3 所示，各变电所电调数据传输系统、工业电视监控系统、火灾报警系统等采集的信号经远动通讯管理机、交换机处理后，均需将通讯接口连接到 SDH 传输设备上，通过光缆传输网络在变电所与集控中心、电力调度间进行信号上传与接收。

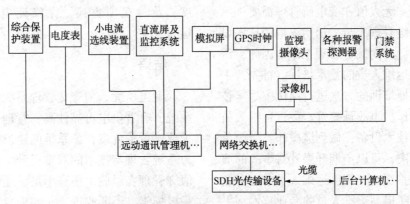

图 3　远程监控信号传输系统图

变电所无人值守化改造中，通信传输系统主要改造内容为：①在改造的每座变电所新建 SDH 通信设备 1 台；②敷设通信线路，构建光传输网络，保证信息传输信道通畅。考虑经济效益及建设周期等因素，光传输网络可在充分利用已建企业生产网的光缆剩余芯数、通信杆路基础上，沿已建电力线路、通信杆路线路加挂通信线路，新建部分通信线路的方式建设。

3.2.2.5 厂电力调度设备改造

为实现变电所管理的网格化、现代化管理，需对电力调度设备进行改造，在原有基础设施基础上，增设调度自动化系统工作站、线路模拟屏。工作站配置如表 4 所示，通过改造，可实现对变电所设备状态信息的运行监控、负荷采集、数据上报，故障点定位等功能。

表 4　电力调度工作站配置表

单体	机器数量	用　途
电力调度中心	6 台/调度中心	① 变电所综合信息采集监控工作站（运行监护工作站）1 台； ② 变电所综合信息采集监控系统（报表、数据上报）1 台； ③ 油田电网 GIS 数字化监控控制系统工作站 1 台； ④ 操作票工作站 1 台； ⑤ 负荷采集工作站 1 台； ⑥ 应急预警工作流工作站 1 台

3.3 经济效益分析

实行变电所无人值守化管理系统，可大幅减少变电所相关定员，有效缩减油田电网运行成本，同时消除部分变电所综保设备、直流屏等设备老化及缺少火灾报警系统等变电所运行隐患，运行状态实时监控，隐患分析、故障定位及时，供配电系统可靠性明显提高。

变电所无人值守化管理系统建成后，朝阳沟油田所辖变电所取消运行值班人员 109 人，新建巡视操作队配置人员 35 人，此次无人值守化建设共核减 74 人，按每人每年人工成本 15 万元计算，每年可创效 1110 万元（表 5）。

表 5　朝阳沟油田无人值守变电所定员对比表

变电所数量	现有员工	现有定员/（人/所）	无人值守后人员配置	核减人员
14	109	7~8	35	74

4　变电所无人值守管理系统维护建议

4.1 改变观念

无人值守并不是不需要任何技术措施的无人管理，相反，无人值守变电所对于运维人员的数量需求降低，却因管理的集中化，需要运维人员投入更多的细心与耐心，去监控每个变电所的设备运行状态，与多个部门密切配合，确保及时发现隐患，排除故障，避免越级跳闸等大规模停电事故的发生。因此，运维人员要正确认识"无人值守"，摆正自身的工作定位，在工作中保持严谨细致的工作态度，保证操作水平的规范性、专业性、稳定性，为无人值守变电所的维护提供有力的人力保障。

4.2 加强培训

运维人员的专业素质高低直接关系到变电运行系统的安全，无人值守变电所管理需要训练有素的高素质运维管理人员，运用先进的技术设备相互协调配合，共同搞好管理工作。因此，需不断加强对变电运维人员的技术培训。首先，采取结合实际、就地培训的方法进行岗位练兵、技术讲课、模拟操作、事故预想等，促进运维人员熟悉变电所新增技术设备，做到懂操作，会简单的故障维护；其次，可以定期开展针对事故的演习竞赛并进行经验交流，调动运维人员学习专业知识的热情，不断提高运维人员的专业技术水平和职业素质。

4.3 重视设备检修巡视

变电所实现"无人值守"依赖众多技术设备，需要工作人员要定期巡检，按计划检修，以降低故障发生频率。

巡视检查应不低于每周 2 次，其中红外检测巡视不低于每 2 周 1 次，夏季和大负荷运行期间不低于每周 1 次。异常天气、过负荷等特殊情况，还应进行特殊巡视或增加巡视次数，必要时，暂时转有人值守管理。设备检修每座变电所每年应不低于 1 次，检修过程要紧密结合调度、集控中心反馈的变电所运行状态，及时发现设备缺陷，排除隐患，防患于未然。

4.4 及时更换老化设备

执行无人值守化管理后，随着油田电网的持续运行，变电所内投运电气设备，特别是投运超 20 年的老旧设备，将逐渐出现老化，导致设备性能下降，故障增加，维护保养困难等问题，甚至引发火灾，影响供配电系统运行的安全性和可靠性。运维管理人员应当做好设备台账等原始资料的收集和整理，建立老化设备台账，加强对薄弱环节的监视管理，及时检查、准确判断老化程度，及时立项更换，保障变电站的安全稳定运行。

5 结语

变电所无人值守化管理系统相较于常规管理系统，有着供电可靠性高，管理效率高，运行维护成本低的优点，该系统的建设推广，是油田电力系统管理与技术的双重提升。油田变电所无人值守管理在经验上稍有不足，还需在运行实践中积极摸索，不断改进。

参 考 文 献

[1] 白奕. 无人值守变电所远程控制与管理[J]. 化学工程与装备，2018，2(2)：237-238.

[2] 赵德君. 浅论无人值守变电站的运维管理技术[J]. 化工管理，2019(20)：130.

[3] 李启达. 杏北油田 35kV 变电所无人值守改造设计[J]. 油气田地面工程，2017，36(11)：71-73.

[4] 孙振杰. 企业无人值守变电站可行性探讨[J]. 产业与科技论坛，2019，39(2)：181-183.

[5] 高薇. 变电所无人值守化改造实施与思考[J]. 黑龙江科技信息，2015(12)

[6] 陈媛媛. 浅谈无人值班变电站的建设和改造[J]. 安徽电力，2004(1)，26-28

液化天然气长距离输送关键技术探讨

邱姝娟

（国家管网集团西部管道有限责任公司）

摘　要　天然气作为一种高效清洁的能源，在世界能源市场结构中的比例将显著增加。天然气液化输送相对于气态输送来说，可以继续保有 LNG 的优点，输送同体积的天然气可节省大量的压气机输送能耗，也可在管道输送末端利用其冷能等显著优点，新材料和新工艺技术的发展使得天然气的液化输送成为可能。文章从 LNG 的特点出发，就 LNG 运输方式进行了调研比选，最后对 LNG 的管道输送站场工艺设计和工艺计算软件等方面作了介绍和比选。

关键词　液化天然气，段塞流，相态，泵站，冷泵站

随着天然气在能源需求结构中的占比逐渐增加，根据国际能源署的预测，2020 年中国在全球能源的需求中可能会占到增长的 30%，在"十四五"期间天然气进口量和消费量均将快速增加。我国天然气陆上入境口岸、国内天然气产地与天然气主力用户的距离都在千公里以上，因此，在可预见的未来，天然气在国内以大输量、长距离的方式输送是一个必然的持续趋势。天然气的陆上输送方式主要有气态管道输送、CNG 槽车运输和 LNG 槽车运输三种方式，其中气态管输是采用最多的输送方式，目前管输费为 0.2 元/m³，CNG 槽车运输只适用于距离较短的城市输配气，物流成本为 0.385 元/m³；液化天然气（LNG）已成为目前暂时无法使用管道天然气供气城市的主要气源或过渡气源之一，用于修建管线不经济的中小城镇和工厂或等车辆加气站终端用户供气，同时，也是许多使用管输天然气供气城市的补充气源或调峰气源。液化天然气技术也已成为天然气工业中一个极其重要的部分。鉴于液化天然气（LNG）体积约为天然气体积的 1/600，体积能量密度是汽油的 72%，与输气管道比较，输送相同体积的天然气，LNG 输送管的直径要小得多，LNG 泵站的费用要低于压气站的费用，LNG 泵站的能耗要比压气站的能耗低若干倍，随着低温材料和设备技术的发展，建设长距离 LNG 管线在技术上是可行的，在经济上是合理的，且安全性能够得到较好保障。因此，天然气的低温液化技术逐渐占据主流，LNG 长输管道建设势在必行。

1　液化天然气（LNG）能源特点及应用前景

LNG 是液化天然气（Liquefied Natural Gas）的缩写，主要成分是甲烷，是地球上最干净的化石能源。LNG 是天然气经压缩、冷却至其沸点后变成液体，无色、无味、无毒且无腐蚀性，其体积约为同量气态天然气体积的 1/625，重量仅为同体积水的 45% 左右。通常储存在 -161.5℃、0.1MPa 左右的低温储罐内，用专用船或罐车运输，使用时重新气化。

LNG 燃点 650℃，比汽油高 220℃，比柴油高 380℃；爆炸极限为 5%~15%，上下限均高于汽柴油；同时比空气轻，即使泄漏，也能迅速挥发扩散，在开放的空间里不宜达到爆炸极限。在发动机功率、车辆配置、运行状况基本相同的情况下，使用 LNG 与使用柴油相比可节约 10%~20% 的燃料费，较适合于长距离行驶的城市公交、重型卡车和城际巴士等大型车辆。

2　液化天然气（LNG）运输方式现状

LNG 的输送方式主要有公路和铁路运输两种。公路运输液化天然气罐车有 30m³、40m³、45m³ 等几种规格，国外液化天然气罐车容积约为 90m³，我国自主研制的规格为 45m³ 的国产 LNG 槽车已投入使用。美国加州能源委员会报告中，容积为 90m³ 的罐车单程运费为 1.5~3.0 美元/km，需要公司具备《危险化学品经营许可》《道路运输经营许可证》和《燃气经营许可证》。

铁路运输 LNG 的容器主要朝 LNG 罐式集装箱方向发展，它的结构与 LNG 槽车相同。与

LNG 槽车相比，LNG 罐式集装箱具有装卸灵活、尺寸适合铁路的特点，可降低运输成本，使得铁路比公路槽车长距离输送 LNG 更经济。

LNG 船是载运大宗 LNG 货物的专用船舶，目前标准载荷量在 $13 \sim 15 \times 10^4 \mathrm{m}^3$ 之间，一般船龄为 $25 \sim 30$ 年。

目前只有在 LNG 调峰装置和油轮装卸设施上有 LNG 低温管线。国外专家研究表明，随着低温材料和设备技术的发展，建设长距离管线在技术上是可行的，经济上合理。据报道，文莱有 LNG 海底低温管道，距离 32km；日本将建一条从新岛至仙台的 LNG 管道，直径 24in，全长 358km，约用钢材 35000t，约投资 600 亿 ~ 700 亿日元。

表 1　LNG 接收站进站管道主要技术参数表

序号	内容	规格	备注
1	长度	≤ 2.0km	唐山 1899m，江苏 1970m，扇岛 2000m，Cove Point1947m
2	管径	≤1118mm	唐山 1067mm，深圳 1118mm，江苏 LNG1016mm
3	设计压力	≤1.79MPa	
4	材质	304/304L 不锈钢	
5	保温	聚异氰脲酸酯 PIR	唐山、江苏、深圳、江苏等 LNG 接收站
6	热力补偿	U 型补偿器	
7	敷设方式	架空敷设、隧道敷设	唐山、江苏、大鹏（架空敷设）深圳、扇岛、Cove Point（隧道敷设）

3　管道输送工艺设计

LNG 长距离输送管道的设计一般可参照美国 NFPA59A-2001《液化天然气（LNG）生产、储存和装运标准》（Standard Production，Storage and Handling of Liquefied Natural Gas（LNG））。2006 年国家质量监督检验检疫总局和国家标准化管理委员会联合发布了《液化天然气（LNG）生产、储存和装运》（Production，Storage and Handling of Liquefied Natural Gas（LNG）），该标准在翻译前者的基础上做了编辑性修改，两者的使用效力等同。

3.1　相态的选择

LNG 为低温液体，如管道沿线漏热将加热管道内的 LNG，使之气化，管道内形成气液两相流动，不仅增大沿线阻力，而且还会产生气体段塞流动现象，严重影响管道的输送能力及运行安全。因此在长距离 LNG 管道采用单相输送工艺需要防止液体气化，实现液体单相流动，即将管道操作压力控制在临界冷凝压力之上，管道内流体温度控制在临界冷凝温度之下，使得管道运行工况位于液相区，保持液体单相流动，具体如图 1 所示。

为了控制 LNG 处于液相区，必须在管道沿线设置冷站降低温度，通过对 LNG 单相和两项输送进行了优缺点比选（表 2），推荐单相输送方式。LNG 管道输送工艺与原油加热输送类似，需在管道沿线建 LNG 泵站克服沿线摩阻损失及高差，需建 LNG 冷站保持 LNG 的温度低于泡点温度，工艺设计布站时泵站和冷站可合并为冷泵站。

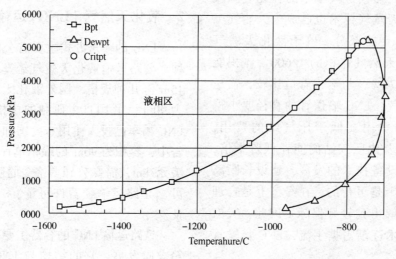

图 1　LNG 相图

表2　单相输送和两相输送的优缺点对比表

输送方式	优点	缺点
单相输送	成熟的输送方式，不会出现段塞流动现象	需严格控制沿线的压力和温度，设置泵站和冷泵站，投资较大
两相输送	不需设置冷泵站，投资较小	此输送方式没有实例应用，两相流动时，管道流量将减小，阻力增大，甚至还会产生气塞现象，管道压力激增，严重威胁管道的安全

3.2　站场设计

LNG 液态输送采用"从泵到泵"的密闭输送系统，在首站将液化天然气送入管道，经中间泵站或冷泵站后，进入末站，如图2所示，分别提供 LNG 正常运输所需要的冷量和能量。考虑安全需要，特殊地段设置截断阀室。

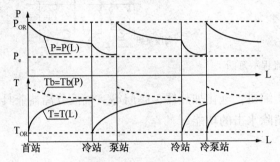

图2　管道布站示意图

首站主要包括 LNG 外输及 BOG 液化两部分，LNG 从储罐中输出，其中生成的 BOG 经压缩机增压，进入再冷凝器与储罐内经低压泵输出的 LNG 混合，再冷凝为 LNG 进入高压泵，一同加压进入管道。首站的主要设备包括 LNG 储罐、LNG 低压泵、LNG 高压泵、BOG 压缩机、再冷凝器、火炬分液罐、火炬、阀门等。

在输送过程中，LNG 的压力不断降低，同时由于吸热及摩擦生热使其温度升高。当温度和压力分别升高和降低到一定程度时，LNG 将部分气化，影响管道安全。对于 LNG 长距离输送管道，沿线除设若干加压站外，每隔一定距离还设冷却站，降低 LNG 的温度。为了使其更经济可将冷站和泵站设置到一起。上游来液通过气液分离器，将产生的 BOG 增压，进入制冷系统将其液化为 LNG，为确保冷量足够，还需将部分 LNG 也通过制冷系统，后将二者与其余部分 LNG 混合后进入高压泵，加压进入管道，其流程图如图4所示。其主要设备包括气液分离器、BOG 压缩机、制冷设备1套(压缩机、膨胀机、冷却器、换热器)、LNG 缓冲罐、LNG 高压泵、火炬分液罐、火炬、阀门等。气液分离器兼具消除水击的功能。

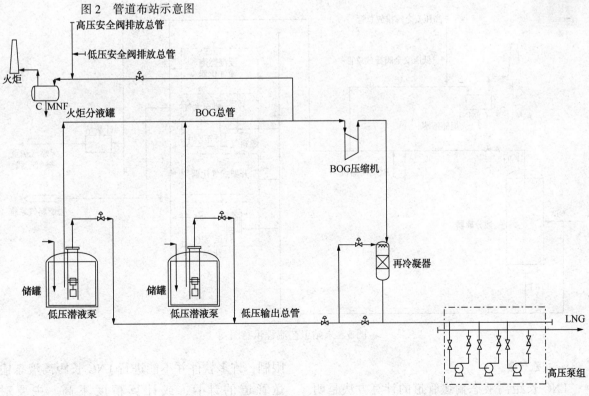

图3　首站工艺流程示意图

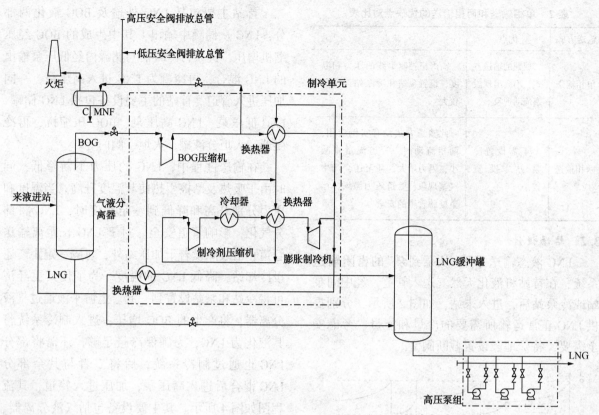

图 4　冷泵站工艺流程示意图

进末站后稳定外输的要求，则在通过气液分离器后，将 LNG 直接气化外输；BOG 通过压缩机后外输(图 5)，主要设备为气液分离器，BOG压缩机，气化加热器，阀门等。气液分离器兼具消除水击的功能。

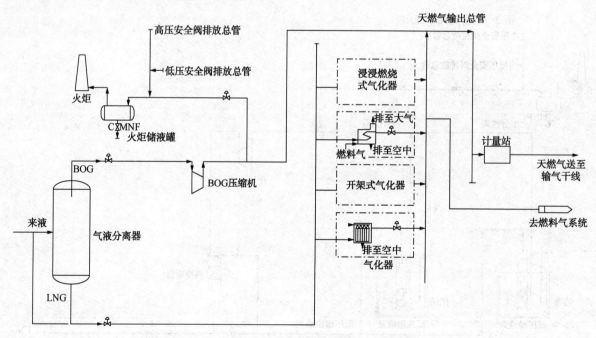

图 5　末站工艺流程示意图

3.3　工艺计算

LNG 长距离液态输送管道的计算方法是明确的，但受到 LNG 低温物性特点及变化规律的限制，许多软件并不能进行 LNG 长距离液态输送管道的计算，或计算精度不高。主要对 HYSYS、PIPEPHASE、PIPESIM 和 PIPELINE

STUDIO 筛选(表3)。

表3　工艺计算软件优缺点对比表

方法	优点	缺点
Hysys 软件	LNG 液化厂和接收站模拟计算常用软件,有 LNG 低温物性数据库,可计算 BOG 气体量	不是常用的长距离管道模拟计算软件
Pipephase 软件	集输管道专用计算软件,多相流计算精度较高	输送介质温度范围为-51.11~426.67℃
Pipesim 软件	复杂集输管网计算稳定性高,界面友好	温度有最低温度-130℃的限制
Pipeline studio 软件	具有较完备的动静态长输管道计算模块	不能使用组分模型;粘温曲线模型不适于 LNG、LPG;密度变化较大时,软件无法正常工作

通过综合比选,推荐选用 HYSYS 作为 LNG 长距离液态输送管道的计算软件。

4　结论

随着我国能源结构的调整,LNG 必定会得到长足应用和发展,LNG 长输管道也将步入新的发展阶段。因此,在总结和吸取国外技术和经验基础上,国内应加强 LNG 长输管道输送技术的研究和实践,在管道结构、材料、输送工艺和施工技术以及控制检测等方面尽量形成自主路线和成果,推动我国 LNG 长输管道的健康发展。

参 考 文 献

[1] 矫德仁. 试论液化天然气储运的安全技术及管理[J]. 化工管理,2019(26):86-87.
[2] 熊光德,毛云龙. LNG 的储存和运输[J]. 天然气与石油,2005(2):17-20.
[3] 梁光川,郑云萍,李又绿,等. 液化天然气(LNG)长距离管道输送技术[J]. 天然气与石油,2003,12(2):8-10.
[4] 中国石油唐山液化天然气项目经理部. 液化天然气接收站重要设备材料手册[M]. 北京:石油工业出版社,2007.
[5] Sylvie Cornot - Gandolphe, Olivier Appert. The Challenges of Further Cost Reductions for New Supply Options (Pipeline, LNG, GTL)[C]. 22nd World Gas Conference, 2003 (5):1-17.
[6] 施林圆,马剑林. LNG 液化流程及管道输送工艺综述[J]. 天然气与石油,2010,28(5):37-40.
[7] GB/T 20368-2006,液化天然气(LNG)生产、储存和装运[S].
[8] 钱成文,姚四容等;液化天然气的储运技术[J]. 油气储运,2005,24(5):9-12.

油气管道集中监视系统创新开发和应用

王柏盛　陈超声　王淑英　赵　云

（国家管网集团西部管道有限责任公司）

摘　要　国家管网集团西部管道有限责任公司西部管道公司（简称西部管道公司）探索推行"区域化"管控模式，管道运行由北京油气调控中心负责调度与控制，作业区及独立站场负责运行监视，现场设置监视人员，为进一步将现场人员从值班监屏工作中解放出来，充实到运检维工作中，西部管道公司推行集中监视模式，公司监控中心通过开发的集中监视系统集中监视站场、阀室生产运行状况。集中监视系统是在现场增加通讯服务器，直接采集站场和阀室关键生产数据，将上传报警信息进行分级管理，开发语音播报功能，实现中心和站场报警的及时播报，同步实现关键运行参数预设报警功能，对参数变化实时进行监视。应用表明：该系统的建立使公司监控中心能够快捷、清楚地了解各站场及阀室的关键报警信息，提高了公司管控效率，站场实现应急值班，实现公司降本增效的目的。

关键词　区域化，集中监视，语音播报，一键预设报警

目前，我国输油气管道均采用 SCADA 系统对生产运行情况进行监视、控制及管理，基本形成调控中心、站场、就地控制三级控制模式，调控中心承担管道调控运行，主要负责集中调度指挥、远程操作等，站场负责接收上级调度指令、流程操作、设备设施巡检及维护，调度人员对 SCADA 系统生产运行参数监视。西部管道公司结合管理管网成管廊特点，通过对管道调度运行、巡检、维检修的合理优化，探索推行了以调控中心集中调控，地区公司监控室集中监视，作业区集中巡检、集中维修的"区域化"管控模式，实现基层站场"无人操作、无人值班、有人管理"无人站建设。

1　集中监视系统概述

为实现集中监视的需求，满足地区公司调度室能够快捷、清楚地了解各站场及阀室关键生产运行情况及设备设施异常报警，需开发一套集中监视系统，区别于传统 SCADA 系统功能，集中监视系统仅作为生产数据监视使用而不需具备远程调控功能。西部管道组织相关 SCADA 系统承包商开发出一套集中监视系统。通过硬件改造，监控中心集中监视系统直接采集站场 SCADA 系统数据，站场增加声光报警器，通过对采集数据进行分级管理，关键数据报警驱动站场声光器并通过系统自动向站场拨打报警电话，语音播报报警信息，提示站场应急值班人员及时准确掌握异常信息，同时还开发出一键预设参数报警功能，

选取站场关键生产运行参数，一键对全线站场当前运行参数值设置一定浮动范围，超出浮动范围后即显示报警，提示地区监控值班人员关注或干预。

2　系统组成

2.1　系统构架

在监控中心、站场增加相关设备，如通信服务器、路由器、交换机、串口服务器、实时服务器、历史服务器、操作员工作站等，建立集中监视系统（图 1）。监控中心集中监视系统从站场通信服务器采集数据，站场的通信服务器将负担协议转换的工作，将数据由 CIP 协议转换为 IEC-104 协议通过已建的生产数据网（各站场与监控中心之间已有的光通信路由）上传至监控中心通信服务器，监控中心通信服务器通过 IEC-104 协议将数据上传至集中实时服务器。

2.2　数据采集

集中监视系统从站场直接采集 SCADA 数据。为了保证不影响 SCADA 系统安全平稳运行、不降低 SCADA 系统数据采集与监控质量，在站场端新设置通信服务器，与站场 PLC、串口服务器通信，采集 SCADA 数据，并通过已建生产数据网将数据上监控中心。

集中监视通信服务器从站控 PLC 采集 SCADA 数据，为了采集第三方设备数据，新增 2 台串口服务器，冗余配置，第三方设备数据均集

中汇总到串口服务器，通过串口服务器将数据上传至集中监视通信服务器。集中监视站场通信服务器将承担协议转换的工作，将数据由 Modbus TCP/IP 协议转换为 IEC-104 协议，通过已建的生产数据网上传给监控中心通信服务器，再通过 IEC-104 协议将数据传给实时服务器。站场通信服务器两台互为冗余，能做到自动切换。主、备

通信服务器均与监控中心的中心通信服务器建立通信链路。工作时，站场主通信服务器将和中心主通信服务器实时交换数据，当链路故障时，站场主通信服务器将与中心虚拟备通信服务器通信。同样，当站场主通信服务器故障时，将切换到站场备通信服务器通信。

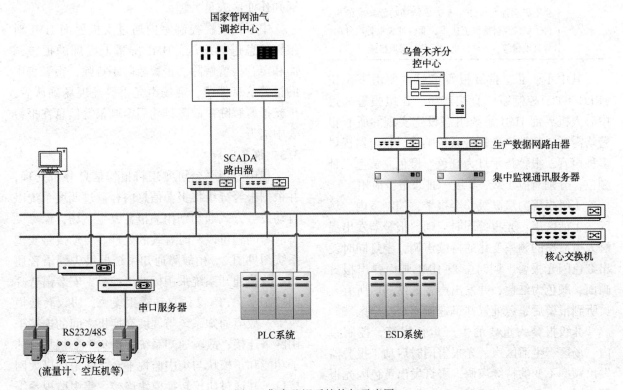

图 1 集中监视系统构架示意图

3 报警管理

3.1 声光报警器

集中监视实施后，站场实现应急值班，即站场不再保留专职调度人员，设置 24 小时应急值班，应急值班人员不再固定在值班室，可以开展其巡检、维检修等工作，为保证站场发生异常报警能及时通知现场应急值班人员，在站场新增报警 RTU、声光报警器等设备。声光报警器设置不同的报警声音和灯光颜色，作为不同等级报警的提示音及灯光提醒现场应急值班人员处置。

报警 RTU 从新增通信服务器获取报警信号，对各种报警进行分类管理，其相应的报警控制逻辑在报警 RTU 中实现。当发生报警时，通过报警 RTU DO 输出信号，驱动声光报警器及警笛，提示站场运检维值班人员。同时如报警管理发生变化，也只需在报警 RTU 中重新组态调试，无需对站控 PLC 做更改，保证了站场运行的可

靠性。

3.2 报警分级

根据地区公司集中监视报警分级及响应原则，集中监视系统报警/事件信息分为四级：Ⅰ、Ⅱ、Ⅲ、Ⅳ级报警，详见表 1。

表 1 SCADA 报警分级

报警级别	含 义
Ⅰ级报警	指发生直接影响站场人员安全或设备损毁的事件，主要包括站场发生重大泄漏、火灾、爆炸、地震等事件引起的触发站场 ESD，事件发生后应启动全站 ESD 系统，人员迅速撤离
Ⅱ级报警	指造成管线停输，严重影响油气输送安全的事件，触发事件有区域 ESD、单体 ESD、输油主泵及压缩机等关键设备的异常启停、管线水击、火气系统报警、调节阀及远控线路截断阀不在正常位置等会造成全线停输的关键参数报警，事件发生后需立即进行紧急处理

报警级别	含 义
Ⅲ级报警	指不影响油气输送，工艺设备功能性产生故障的事件，触发事件有站场主要设备故障、输油主泵及压缩机等关键设备的正常启停、数据通信线路中断、工艺及设备参数超过高高限/低低限、站场锁定阀门状态改变等，事件发生后需迅速采取措施
Ⅳ级报警	指普通生产事件报警及预报警设置，主要为发生不影响油气输送、不造成站场功能缺陷的事件，触发事件为除上述Ⅰ、Ⅱ、Ⅲ级报警以外的等其他报警，事件发生后需及时采取措施

其中Ⅰ、Ⅱ、Ⅲ级报警信号主要由下位机（PLC/RTU）控制系统直接产生，Ⅳ级报警通过中心人机界面 HMI 系统组态设定实现。所有报警均需通过站控声光报警系统响应，报警器提供多种声音，报警指示灯为红色、橙色、黄色三种颜色，分别对应Ⅰ级、Ⅱ级、Ⅲ级报警应用。

Ⅰ级报警为最高级安全报警，控制室内、场区、生活区声、光报警同时启动，报警器发出提醒人员撤离的频率变化的持续声调，警灯同时发出红色闪光报警，同时中心 HMI 画面弹出报警画面，颜色为红色，并发出声音。站场内所有人员听到报警后紧急处置并迅速撤离至安全区域。

Ⅱ级报警为重要的生产运行报警，控制室内、场区、生活区声、光报警同时启动，报警器发出频率不变的持续声调，警灯发出黄色闪光报警，同时中心 HMI 画面弹出报警画面，颜色为橙红色，并发出声音。中心调度对报警立即响应，通知作业区紧急采取处理措施。

Ⅲ级报警为次重要的生产运行报警，驱动站场声光报警器，中心 HMI 报警画面闪烁显示，颜色为黄色，并发出声音。中心调度对报警立即响应，通知作业区及时采取处理措施。

Ⅳ级报警为普通生产运行报警，不驱动声光报警器，中心 HMI 报警画面闪烁显示，颜色为绿色，并发出声音。中心调度对报警进行响应，通知作业区人员处理。

中心调度在控制室内通过人机界面 HMI 对报警信息进行确认，HMI 屏幕上闪烁的报警画面和声音报警解除。报警故障不排除，报警表中的报警信息保留，现场声光报警经现场确认后，声光报警解除。故障排除后，则报警信息在报警表中消失。

3.3 报警通知

集中监视平台可实现将报警信息分析处理，并根据报警分级将报警信息内容通过调度系统以自动拨号方式通知到相关报警发生站场，保障设备故障问题可以及时有效的处理。自动拨号实现系统图见图2。由故障通知系统提供告警语音通知，故障通知系统采用标准工控机，安装语音呼叫控制卡，TTS 文语自动播报模块，协议转换模块等。故障通知系统与调度交换机之间的连接采用网络连接；故障通知系统作为集中监视平台的子功能和子模块与集中监视平台之间采用以太网接口，并通过协议转换模块连接。集中监视系统与报警通知系统之间的数据传输方式为 restful 方式，协议为 HTTP 协议。

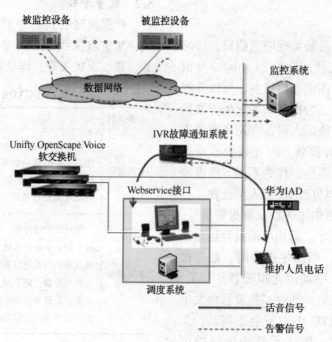

图 2　自动拨号实现系统图

自动语音拨号功能实现发生报警后，集中监视系统将报警信号输出至报警通知系统，报警通知系统可通过对报警信号识别，以自动拨号的形式呼叫报警发生站场，自动连通总部和站场之间的话音链路，通过总部值班调度人员将报警内容通知到发生报警站场值班人员；如果总部值班调度人员未摘机，站场值班人员摘机，则将集中监视平台反馈过来的报警文本信息转换为语音信号，并自动播放，当总部调度人员摘机后可自动切换为人工对话；被报警站场值班人员听完报警通知后应按键表示清楚接收报警信息，报警通知系统能够自动记录该确认信号并反馈至集中监视系统。集中监视系统通过报警通知系统可在HMI上显示当前拨出的号码和状态，对于报警导致的调度人员与站场人员之间的对话录音可以随时调取；集中中监视系统产生的报警信号能够通过短信转发平台发送到相关责任人的手机。

4 结束语

西部管道公司基于集中监视系统无人站管理模式下的报警分级分类设计以及报警预设，实现黑屏自动化操作；通过集中监视及控制系统与话音调度平台的联动，首次实现语音自动拨号方式通知运维人员。实施集中监视模式后撤销输油气站场 SCADA 监视人员配置，生产运行监视职能由分控中心承担，实现劳动组织优化，强化维检修职能，实现站场人员职能转型，增强了设备维检修能力。

参 考 文 献

[1] 曹旭，徐宗亚，彭云飞，等．油气管道地区公司集中监视系统及其应用[J]．油气储运，2017，36（9）：1099-1102.

[2] 梁现华．天然气长输管道 SCADA 系统建设与改进[J]．油气储运，2014，33(10)：1113-1116.

[3] 梁帅 天关于集中监视系统在调控中心的应用[J]．网络与信息工程，2018，14(30)：64-65.

[4] 艾立群，宋军佳．SCADA 系统在输气管道建设中的应用[J]．化学工程与装备，2016(1)：94-96.

[5] 韩波，刘巍．中国石油输气管网 SCADA 系统建设浅析[J]．天然气勘探与开发，2004，27（3）：61-67.

[6] 王建国．SCADA 系统在天然气管道的集成应用[J]．自动化与仪表，2008，23(12)：35-38.

应用智能机器人保障转油站无人值守的探索

林墨苑　辛　璐

（中国石油大庆油田有限责任公司）

摘　要　随着油田的开发规模的扩大，油田生产用工需求增多与在职员工自然递减的矛盾日渐凸显。油气生产数字化建设是促进生产组织模式优化进而提高人力资源利用率、解决生产用工需求的有效方式。通过技术手段，使集输系统中的转油站在无人值守模式下安全运行，一方面降低用工数量，解决油田生产用工的需求。另一方面降低转转油站运行风险，提高数字化建设的效果。在转油站无人值守模式建设及运行中，存在的设备监测、生产控制等主要风险，运用智能巡检机器人的基本功能，使其在无人值守转油站中的安防、设备监护及巡检值守等生产运行方面进行应用，降低了转油站无人值守模式下的安全运行风险，为转油站无人值守提供了技术保障。

关键词　转油站，无人值守，安全风险，智能巡检机器人，技术保障

目前采油二厂已建成了规模庞大的油气生产系统，随着生产规模的不断扩大，对生产用工的需求也在逐渐增多，全厂人力资源紧张的矛盾日渐凸显。另外根据开发安排，未来几年还将增加上千口油水井，人员的需求量将进一步增大，在自然减员的大形势下，若仍采用现有的建设和管理模式，人力资源将严重不足。只有加快推进数字化建设，提高生产控制能力，转变管理方式，才能进一步提高人力资源的利用效率，满足未来油田发展的需要。

通过实施油田数字化建设，将工作由高频、手动、人工向适度、自动、智能转变，在确保生产经营管理水平稳步提升的前提下，最大限度的降低员工劳动强度，提高劳动生产效率。通过信息化管理，促进生产组织模式和劳动组织结构优化，提升科学决策和管理水平。

1　油气生产数字化建设目标

提供生产依据，提高管理水平。对各类参数变化规律进行分析，及时掌握生产运行工况，及时制定措施，实现精细化生产；对生产计划、任务、趋势等生产动态进行跟踪，及时提供决策依据。

整合管理要素，优化管理模式。实现值守、巡检和维保专业化，技术和后勤保障专业化。小队、班组适应信息化模式重组转型，变看护管理为智能化管理。

优化劳动组织结构，提升管理效率。通过井、中小型站场区域巡检、无人值守，大型站场集中监控，达到员工集中管理、运行集中控制、数据集中处理。

2　转油站无人值守模式存在的安全风险

转油站是集输系统中二级布站或三级布站的中间站，主要功能是对站外来液进行油气分离并转输至脱水站进一步处理。

主要工艺如图1所示。

考虑到转油站处理介质含油气等易燃易爆介质，事故的损失和危害均较大，实施无人值守的风险高、难度大等因素，故目前油气生产数字化建设在转油站仍采用有人值守模式。转油站实施无人值守模式风险主要有以下几个方面。

一是在无人值守的情况下，无应急的事故流程，转油站内可能出现易燃液体从容器中溢出、天然气输送管道超压等异常危险情况。冬季时，前后端工艺管道可能出现原油凝固冻堵，导致所辖井及站场的停产。

二是站内工艺设施已建成，新增仪器仪表安装因工艺设施结构、安装空间以及开孔动火等因素，造成施工风险高、难度大，使转油站内部分生产参数采集、执行设备无法安装，无人值守模式下无法有效监控生产运行状况，建设及生产运行中存在安全风险。

三是目前油气生产数字化建设仅设置了对机泵及加热炉等站内核心设备运行中的安全保护，对各类机泵、加热炉本身未实现较为完整的监护，在设备本身故障时难以及时发现，易造成全站停产，可能发生原油、天然气等可燃物质泄漏

甚至火灾爆炸等安全风险。

四是转油站外输、掺水、热洗工艺流程控制基本为手动，控制力不足[3]。在日常工艺参数调整或特殊工况下的紧急处置时，无法实现远程及时控制[4]，严重时可能出现易燃液体从容器中溢出、天然气输送管道超压等异常危险情况，甚至发生爆炸、火灾等严重的安全事故。

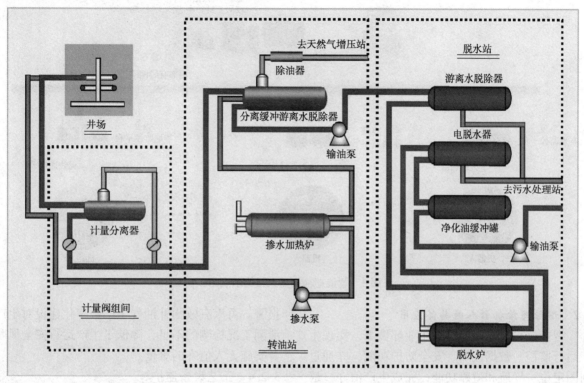

图1 转油站工艺流程示意图

五是目前油气生产数字化建设主要参照《油气田地面工程数据采集与监控系统设计规范》、《大庆油田原油生产站场集中监控设计规范》等标准及规范，但在实现转油站无人值守方面均未做相关规定，同时缺少技术及设计经验。

3 智能巡检机器人在无人值守转油站的应用

3.1 智能巡检机器人的功能及构架

智能巡检机器人具备图像识别、红外热成像、声音识别、气体状态检测等功能。能够在工业环境下，完成生产运行的监控、报表录取、工况风险识别等工作[5]。同时，自身运行具备制图定位、导航和避障功能，可完成日常自动巡检、数据读取、安防等工作。

智能巡检机器人的基本组成及功能如图2所示。

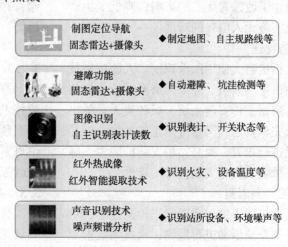

图2 智能巡检机器人基本组成及功能示意图

智能巡检机器人的基本架构如图3所示。

通过远程的平台支持，在转油站可实现日常巡检、值守，生产数据数字化，安防管理，工艺泄漏监测，设备的监护，日常巡检值守等功能应用，进而降低转油站运行的安全风险，实现无人值守。

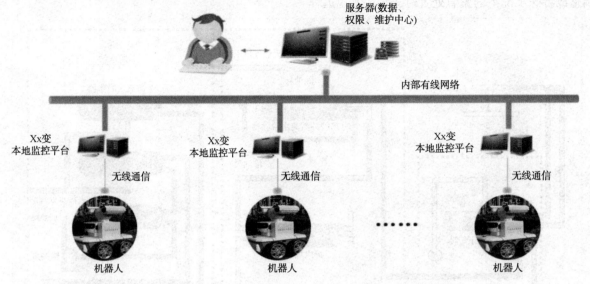

图3　智能巡检机器人架构示意图

3.2　智能巡检机器人的具体应用

智能巡检机器人能够在工业环境下，实现生产运行监控、数据读取、安全防护功能，并通过制图定位、导航和避障功能，完成生产值守、巡检等工作。其在转油站无人值守模式的应用主要有以下几个方面。

3.2.1　生产数据数字化

智能巡检机器人使用图像识别技术，实现生产所需各类指针式仪表、数字式仪表数值的智能读取，完成数据的分类记录、存储。通过站内网络与站库系统数据整合，补充系统数据的不足，形成完整的电数字格式数据。可以有效弥补生产参数检测的不足，解决因现场实际条件限制传感器无法安装，导致生产运行监控不足的问题，最大限度的减少了改造对生产的影响，降低了生产运行风险及实施无人值守的难度。

3.2.2　安防管理

智能巡检机器人使用图像识别、人脸识别技术，实现油田生产人员、外来人员及其他物体的智能识别，数据上传安防系统，对各类人员的出入情况形成完整日志和图像等信息的备份，对异常闯入情况进行报警，提高站场安防的能力，降低生产安防风险及实施无人值守的难度。

3.2.3　工艺泄漏监测

智能巡检机器人使用泄漏状态检测技术，可对站场内各种介质泄漏进行监测，通过系统形成生产监测日志，预判风险等级，进行及时的远程报警。可以有效弥补油气生产数字化建设对生产泄漏工况检测的不足，降低了生产运行安全风险及实施无人值守的难度。

3.2.4　工艺设备监护

智能巡检机器人使用红外热成像、声音识别等技术，对机泵的运行温度，震动情况进行监测，完成设备运行数据的分类记录、存储，并形成生产检测日志，实现了对机泵运行有效监测，进一步实现故障的预判，及时发出预警，有效避免设备损坏及生产事故。

另外，智能巡检机器人使用可视化温度识别技术，实现转油站变压器运行油压、温度、配电屏内母线、开关的温度等变配电主要设备的运行参数的监测，完成设备运行数据的分类记录、存储，并形成生产检测日志，在设备异常运行及时报警，提高了设备故障排查、维护效率，有效避免电气设备损坏及供电事故。

3.2.5　日常巡检及生产值守

智能巡检机器人使用制图定位导航、智能避障技术，通过高通过率的地盘设计，正常情况下按照预定程序在站内进行自由巡检，巡检后回到值班室值班，监控站库系统运行，当系统异常时及时报警，替代了员工的巡检值班工作。

3.3　无线通信网络

智能巡检机器人可使用5G通信或建立站内局域无线网络，实现数据通信。为了降低外网入侵风险及相关保密要求，可在站内自行搭建无线通信网络，实现站内无线通信覆盖，费用估算为5.04万元。主要建设内容如表1所示。

表1　无线网络费用测算表

序号	设备名称	数量	费用估算/元
1	路由器	1	9000
2	无线AP统一控制器	1	12000
3	带POE供电交换机	4	5000
4	室外无线AP	4	8800
5	室内无线AP	4	8800
6	室外网线	500	2000
7	室内网线	400	800
8	天线安装	4	4000
合计			50400

4　费用测算

在转油站内采用单个智能巡检机器人，并建立机器人的管理平台，同时站内进行各房间之间廊桥搭建，室外地面平整处理等场地辅助设施进行完善，即可保障无人值守转油站运行。该模式的基本投入约132.08万元。具体投入统计如表2所示。

表2　智能巡检机器人费用测算表

序号	项目名称	单位	数量	费用测算/万元
1	防爆轮式机器人	台	1	84.44
2	运维管理云平台	套	1	19.6
3	客户端	套	1	3
4	通信网络建设	项	1	5.04
5	场地辅助设施	项	1	20
合计				132.08

5　认识和体会

转油站是油田生产主要的单元之一，具有影响安全运行的因素多、风险高，事故损失大、破坏性强的特点。通过的应用智能巡检机器人保障转油站无人值守的分析研究，取得了以下几点认识。

（1）智能巡检机器人可弥补无人值守模式下数据采集不全的不足，可以替代人工巡检和值班。

（2）智能巡检机器人对生产环境的适应能力较强，可以在不同工况和基础设施条件下运行，不需对站场进行大规模改造。

（3）可根据需要配置不同的传感器，通过移动方式解决特殊节点、特殊生产参数的检测。

（4）可以作为无人值守转油站的运行保障，降低无人值守模式下安全运行风险。

参 考 文 献

[1] 刘立君，宛辉，刘晓燕，等. 特高含水原油集输转油站效率及能耗研究[J]. 油气田地面工程，2007（10）：10-11.

[2] 王晓娟，马晓波，龚乃建. 转油站电子自动化控制接地抗干扰技术[J]. 油气田地面工程，2014，33（12）：62-63.

[3] 魏翼祥. 转油站节能降耗的方法[J]. 油气田地面工程，2008（05）：59+68.

[4] 谢尧，刘武，刘黎明，等. 无人值守集气站油气计量方法优化[J]. 油气田地面工程，2014，33（01）：60-61.

[5] 田蕴，李帅，王真. 智能巡检机器人的发展与设计趋势探析[J]. 工业设计，2019（11）：143-144.

[6] 赵运基，任钰航，刘晓光，等. 人工智能与嵌入式系统教学人脸识别实验平台搭建[J]. 广东职业技术教育与研究，2019（06）：80-82.

[7] 陈宁，陈本均，白冰. 基于红外视频的加油枪油气泄漏检测方法[J]. 激光与红外，2019，49（10）：1217-1222.

[8] 刘东庭，蒋彦君，毛源，等. 智能巡检机器人在配电室的应用研究[J]. 自动化与仪器仪表，2020（05）：178-180+184.

[9] 包震洲，钱泱，周卫杰，等. 基于GIS的智能机器人动态路径跟踪控制系统设计[J]. 科技通报，2019，35（12）：75-81.

[10] 余丽，何长清. PtMP无线微波技术在数字化井场建设中的优势[J]. 油气田地面工程，2020，39（06）：56-58.

喇十七深度污水、注水站无人值守技术研究

褚金金

（中国石油大庆油田有限责任公司）

摘　要　随着物联网技术的发展及相关技术的逐渐成熟，油田全面启动数字化建设。喇嘛甸油田站库建设时间较早，大部站库采用驻站管理、人工巡井的常规管理模式，岗位设置及操作人员较多，管理效率低，工人劳动强度大。近年来，我厂人均管井数大幅上升，井站用人愈发紧张，且每年退休人员较多，油田存在生产规模扩大及人员自然减少用工紧张的情况，常规的管理模式已难以适应目前油田控制生产成本、控制用工数量的形式下，油田发展的需要，急需开展油田站库无人值守技术的研究。

关键词　无人值守，自动化控制，减少劳动定员

1　喇十七深度污水、注水站建设现状

1.1　深度污水站

喇十七深度污水处理站是喇北西块唯一一座深度污水处理站，来水为喇二联污水站滤后水及普通污水滤后水，处理后深度污水输送至喇十七注水站。喇十七深度污水处理站投产于 1993 年 10 月，建站时设计规模 $2.0 \times 10^4 \mathrm{m}^3/\mathrm{d}$，2016 年改造后设计污水处理能力为 $1.64 \times 10^4 \mathrm{m}^3/\mathrm{d}$。喇十七深度污水站站内工艺流程见图 1、区域平面布置见图 2。

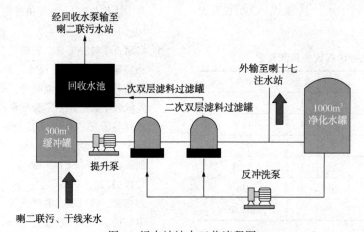

图 1　污水站站内工艺流程图

图 2　区域平面布置图

1.2 注水站

喇十七注水站于1993年建成投产，设计规模为$1.68 \times 10^4 m^3/d$，目前实际注水量为$0.81 \times 10^4 m^3/d$，负荷率为48.2%。主要工艺流程采用离心泵增压，经注水阀组调节后，输至站外注水管网。喇十七注水站工艺流程见图3、平面布置见图4。

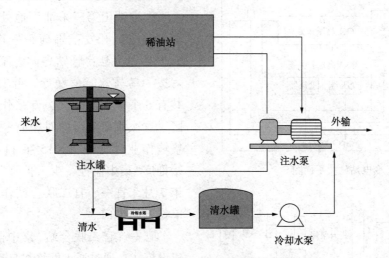

图3 污水站站内工艺流程图

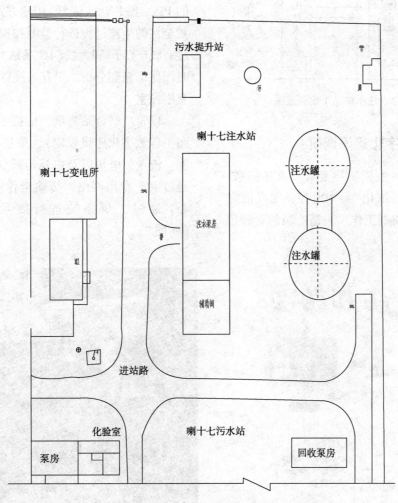

图4 污水站平面布置图

1.3 变电站

喇十七变电站于投产于1993年，变电站内建有主变$2 \times 8000 kV \cdot A$。截止到2018年底，变电所最大运行负荷为$8500 kV \cdot A$，最大负载率

53.1%，变电所为户外开关场形式，35kV 开关设备为户外布置。喇十七变电站站内平面见图5、注水、变电平面布置见图6。

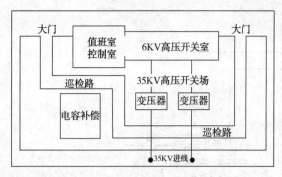

图5 变电站站内平面图

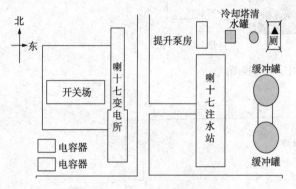

图6 变电、注水站站平面布置图

2 大港油田数字化建设调研

根据油田公司主要领导要求，要加强数字化、信息化建设，细化"集中监控、无人值守"方案，做实做细前期工作，为适应新的管理模式，我厂相关部门赴大港油田第三采油厂调研学习"集中监控、无人值守"的先进技术，为我厂数字化建设提供借鉴。

2.1 数字化建设现状

大港油田第三采油厂地处河北省沧州古城境内，油气开发范围横跨一市二县：黄骅市、南皮县和沧县；管辖枣园、王官屯、小集、段六拨、乌马营、舍女寺、叶三拨等7个油田；共有6个采油作业区、专采作业区、集输作业区。这次调研学习的对象官一、官二联合站归集输作业区管理。2015年11月，大港油田开始推广"集中监控、少人值守"模式建设。2017年7月，官一、官二联合站作为采油三厂试点单位开始推广。

官一、官二联合站"集中监控、少人值守"建设模式，通过通讯网络将自动化系统、智能设备、安防产品与中控室连接起来。联合站中控室的 PLC 通过有线（光纤）传输方式，组成生产网，对全站的生产过程进行监测和控制。视频图像通过有线（光纤）和无线（4G 基站）传输方式，将实时图像信息和分析结果存入视频服务器，并上传至中控室。

以官二联合站为例，依据中石油《油气田地面工程数字化建设规定》，采集现场的压力、温度、流量、电量以及机泵运行状态等生产参数；通过生产专用网络，传输至作业区生产监控中心，通过大屏系统进行展示，指导油田生产（图7）。

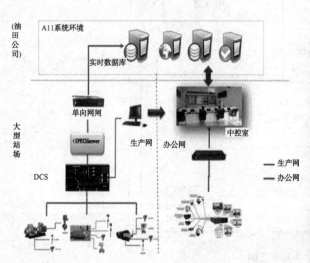

图7 官二联合站数据传输示意图、现场操作图

官二联合站部署了1套PLC，利旧扩容了2个PLC，融合了交接油RTU、加热炉燃烧器控制PLC等5个智能设备；并通过生产环网，将生产点位的信息，在中控室进行展示，对生产现场所有生产设施、机泵设备的数据采集，实现站库集中监控少人值守。

2.2 岗位设置

官二联合站采取了"集中监控、少人值守"的生产管理模式，以中控监控调度和生产巡检为主，以生产保障和后勤保障为辅，优化岗位设置。

小队班子：6人，站长、支部书记、生产副站长、管理副站长、安全员、技术员。

后勤保障：6人，材料员、经管员、门卫、食堂(材料员和经管员可以合并)。

生产巡检组：中控组5人、巡检组12人。

生产保障组：设备维修组5人、标准化组22人，重点项目推进组临时从前面两组抽调。

倒班值班方式：设备维修组、标准化组正常上白班；巡检组，注水区域每班2人，三班倒。油站区域每班1人，三班倒；中控组，每班1人，四班倒，污水注水岗位巡检时间为4h。

官二联合站采用集中监控后，队部及生产巡检两部分为联合站核心部分。今后，生产保障组可逐步减少或取消，具体工作由第三方承包，预计该联合站最终人数为28~30人。

2.3 对比分析

喇十七污水、注水站和官二联合站均属于两岗以上中型站库，符合"合岗设计、集中监控"的设计要求，对比分析如下：

相同点：控制系统均采用分散控制、集中管理的模式，通过单岗数据采集处理，传输到中控室进行统一监视控制；数据传输均采用有线生产网络，通过光纤环网将站库数据上传到上一级指挥中心。

不同点：控制点位方面，官二联合站采用集中监控常规点位设计。喇十七站采用无人值守点位设计，需增加污水、注水泵出口等点位21个；监视模式方面，官二联合站采用单岗和集中监视模式，单岗和中心室均设人员监视。喇十七站采用集中监视模式，单岗不再设置人员；联锁控制

方面，官二联合站采用集中监控紧急事故停泵控制。喇十七站根据工艺流程，设置联锁停泵，对重要工艺节点进行联锁控制。

综合对比分析，官二联合站属于集中监控、少人值守的管理模式，重要设备采用人工现场操作。喇十七污水、注水站属于集中监控、无人值守的控制模式，设备采用远端监视、控制操作。

3 喇十七深度污水、注水站无人值守技术研究

结合油田数字化整体规划建设安排，同时借鉴其他油田及我厂数字化建设的经验，以本质安全为前提，用数字化手段解决安全隐患问题，实现减员增效为目的，开展污水、注水站无人值守模式创建。将喇十七深度污水、注水站打造成布局合理、工艺先进、可借鉴、可复制的一流标准化数字化站库。

3.1 污水、注水站平面布局优化

优化前：喇十七深度污水站位于喇十七变电所及喇十七注水站南侧，污水站泵房及辅助厂房建在进站路正对面，喇十七深度污水站经过多次改造，目前平面布局混乱，建筑单体分散，且已建配电室及户外变压器与已建物理杀菌间、已建物理杀菌间及气液反冲洗间之间的距离均不符合《建筑设计防火规范》GB 50016的要求，存在安全隐患。优化前平面布置图见图8。

优化后：由于喇十七污水、注水站按集中监控、无人值守建设模式考虑，站内工艺设施应尽量采取集中布置、方便巡检。因此，布局规划上以进站路为中心，按照延伸进站路的思路将已建配电室拆除后需异地新建，规划在已建库房及维修间西侧建设新的配电室及化验室，同时恢复加药间功能、新建泵房及辅助间。优化后平面布置图见图9。

3.2 污水、注水站工艺设计优化

优化前：滤罐操作间采用半地下式设计，工艺管线及电缆位于地面以下，雨水易渗入滤罐操作间，间内积水，地下部分管线浸于水中，导致管线穿孔；地下管线距离较近，操作空间小，维修困难。

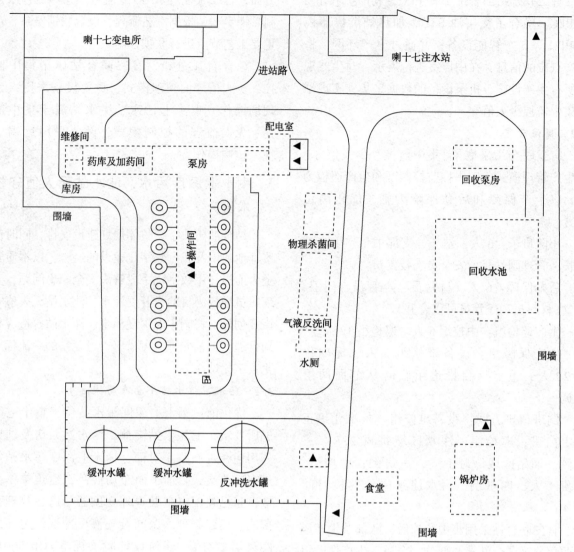

图 8　优化前平面布置图

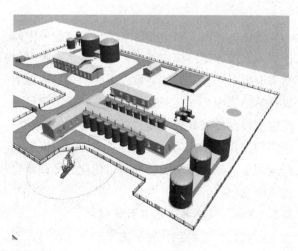

图 9　优化后平面布置

优化后：优化滤罐操作间设计，间内管线、阀门等均提升至地面，采用平台布置，缓解管道腐蚀。方便生产管理及日后维修(图 10)。

3.3　回收水池优化设计，消除安全隐患

优化前：喇十七深已建 1000m³ 回收水池 1 座，池盖板采用双 T 板结构，板下采用红砖砌筑，稳定性较差，由于冬季结霜冻胀，存在开裂、粉化、池壁坍塌的隐患，该站采用无人值守后，维护距离较远，存在池壁坍塌、污油泄漏后发现不及时的问题，存在环保隐患。

优化后：异地新建 1000m³ 回收水池 1 座，采用钢筋混凝土一体浇筑，避免了池体坍塌导致污油泄漏的隐患，同时优化新建回收水池与回收泵房距离，控制在 5m 之内，减少回收泵吸入时间，方便施工及生产操作(图 11)。

3.4　提升自动化控制，完善控制点位

目前国内油田只对单岗站库实现了远程监控无人值守，关于两岗以上站场无人值守的应用还属于探索阶段，可借鉴的经验较少。喇十七污

水、注水站无人值守取消站内集中监控室，站内不在设置岗位人员，全站的监视、控制等操作集中到矿级指挥中心进行处理，完成全站过程参数的监控、消防监控和视频监视，从而实现集中远程监控、站内无人值守的管理模式。

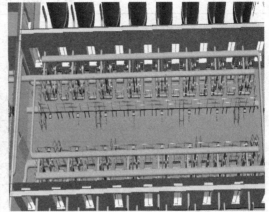

图10　优化前后平面布置

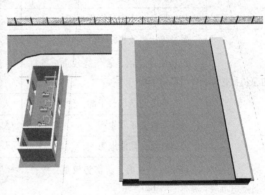

图11　优化前后平面布置

3.4.1　污水站无人值守研究

喇十七污水岗利用控制系统远程监控，取代目前人工"看、摸、听、闻"的巡检方式和现场操作设备方式，需在工艺自控中进行优化设置，对污水站关键操作节点设置电动阀，实现远程开关功能，事故时自动远程关闭，采取联锁处理并告知上游处理站场。因此，针对工艺设计上的重要节点、生产运行重要监测点、事故应急处置、全方位监视等方面进行升级改造。

（1）生产需求分析。

① 生产运行重要监测点。

为了最终真正实现喇十七污水注水站"集中监控、无人值守"，利用控制系统远程监控，取代目前人工"看、摸、听、闻"的巡检方式和现场操作设备方式，实现管理水平提升、人员配置优化的目标。

巡回检查方面：一是所有生产相关的参数均要上传到中控室 PLC 系统，如压力、温度、流量、电流、电压、振动幅度、可燃气体监测等。对重要的保护类参数，中控室 PLC 系统要具备报警和联锁停机功能；二是增加烟气监测设施，能及时发现配电设施过热、烧焦等情况。增加噪音监测设施，判断设备是否存在异动异响。

生产操作方面：一是各类机泵应具备远程停泵功能。机泵（回收水泵除外）不需要频繁启停，在常规操作时，启停泵由中控室指挥，现场操作。在出现紧急情况，需停机时，可远程停机；二是由于回收水泵是根据回收水池液位情况进行启运的，实现远程操作，降低劳动强度和污水池冒池风险；三是污水站升压泵（或外输泵）增加变频装置，储罐进口增加电动阀门，便于远程调控水量。

② 事故应急处置。

喇十七污水、注水站初次采用无人值守的建设模式，为保证站库安全平稳运行，事故应急处置方案都存在适应性等问题，需要根据工艺、自控等设计进行相应的调整。污水岗应急处置程序见表1。

表 1　污水岗位应急处置程序

序号	应急预案项目	应急处置程序	应急方式	集中控制能实现的功能	改造建议
1	双电源停电	关闭污水罐进口阀门	人工操作	双电源停电，站场信号断开，无法传输到中控监测，必须手动人工操作	增加不间断电源，给自控装置提供短期电源，可实现参数监视和电动阀操作
		关闭升压泵进出口阀门并通知注水岗污水停产	人工操作		
		汇报调度、队值班干部	人工操作		
		作好记录、来电后恢复生产	人工操作		
2	单电源停电	拉开断路器，拉开变压器出口刀闸	人工操作	必须现场人工操作	
		合上低压母联断路器，启动停运机泵	人工操作	必须现场人工操作	
		控制好储水罐来水阀门，防止发生冒罐溢流	人工操作	可在中控室实现	
		汇报调度、队值班干部	人工操作	可在中控室实现	
		作好记录、来电后恢复生产	人工操作	送电必须到现场操作	
3	机泵机械伤害	紧急停运事故机泵	人工操作	现场人工操作	巡检或维修维护时，需2人以上，便于及时应急操作；中控室实现远程停泵，增加保险系数
		现场简单救治，若伤势较重，拨打急救电话120	人工操作	现场人工操作	
		汇报调度与队值班干部、作好记录	人工操作	现场人工操作	
		处理后恢复正常生产	人工操作	现场人工操作	
4	人员触电事故	停运机泵，切断电源	人工操作	现场人工操作	
		现场简单救治，若伤势较重，拨打急救电话120	人工操作	现场人工操作	
		汇报调度与队值班干部、作好记录	人工操作	现场人工操作	
		处理后恢复正常生产	人工操作	现场人工操作	
5	污水岗火灾缓冲罐上部	汇报调度与队值班干部，关闭缓冲罐进口阀门，当无法靠近时联系关闭站外来水	人工操作	可在中控室实现	实现远程停泵和关闭进口阀门
		停运升压泵，通知注水岗污水岗停产	人工操作	可在中控室实现	
		若有人员受伤，伤势较轻，现场施救，若伤势较重，拨打急救电话120	人工操作	可在中控室实现	
		清点人数，作好记录	人工操作	可在中控室实现	
6	自控系统失灵	停运故障机泵	人工操作	到现场处理	① 所有远程控制或自动调节的系统和点位要保留切换到手动控制模式的功能，便于在故障情况下，切换为手动操作；② 现场一次仪表具有就地显示功能，并在前线站场增加二次表盘柜，在系统失灵时，为现场巡检提供保障；③ 有专业维修队伍，能够及时处理问题，恢复系统运行
		控制好污水罐、沉降池液位	人工操作	到现场处理	
		汇报队值班干部并及时上报矿仪表组	人工操作	到现场处理	
		组织相关人员查明原因并及时处理	人工操作	到现场处理	
		作好记录	人工操作	可在中控室实现	

序号	应急预案项目	应急处置程序	应急方式	集中控制能实现的功能	改造建议
7	火灾爆炸	污水岗停产,关闭污水池进口阀门	人工操作	可在中控室实现	实现远程关闭污水池进口阀门和回收水泵停泵
		在保证自身安全的情况下,用消防器材进行灭火	人工操作	到现场处理	
		若火势较大,人员疏散至安全区域,拨打火警电话119	人工操作	到现场处理	
		若有人员受伤,伤势较轻,现场简单救治,若伤势较重,拨打急救电话120	人工操作	到现场处理	
		汇报调度与队值班干部、作好记录	人工操作	可在中控室实现	
8	电气起火	紧急停泵,通知变电所切断污水岗电源	人工操作	可在中控室实现	① 实现中控室远程停泵,远程切断低压电源电源;② 建议增加消防自动喷淋设施(非导电类)
		在保证自身安全的情况下,用消防器材进行灭火	人工操作	到现场处理	
		若火势较大,人员疏散至安全区域,拨打火警电话119	人工操作	到现场处理	
		若有人员受伤,伤势较轻,现场简单救治,若伤势较重,拨打急救电话120	人工操作	到现场处理	
		汇报调度与队值班干部、作好记录	人工操作	可在中控室实现	
9	污水岗外输憋压	检查外输阀门是否正常	人工操作	可在中控室实现	污水岗升压泵(外输泵)增加变频控制,污水罐、注水罐进口增加电动阀实现远程控制。两个岗位根据水量需求,在中控室进行合理调控
		检查滤罐前后压差是否过高,如过高立即反冲洗	人工操作	可在中控室实现	
		检查物理杀菌间流程是否正常	人工操作	可在中控室实现	
		询问注水岗污水来水阀门是否正常	人工操作	可在中控室实现	
		查找原因及时处理	人工操作	可在中控室实现	
		汇报调度与队值班干部、作好记录	人工操作	可在中控室实现	
10	回收水池冒顶	立即启运回收水泵,降低液位	人工操作	可在中控室实现	① 为人员到现场处理赢得时间,可考虑:增加回收水泵排量和回收水池容量;② 回收水泵具备远程启停动功能
		检查缓冲罐是否溢流,合理控制液位	人工操作	可在中控室实现	
		检查滤罐排污阀门是否关闭	人工操作	可在中控室实现	
		汇报小队值班干部及矿调度,及时组织进行处理	人工操作	必须现场处理	
		做好记录	人工操作	可在中控室实现	

针对上述应急处置建议,结合现有控制水平,对自控点位进行相应调整,主要包括以下几个方面。

一是在立式罐出水管线上增加压力表,在液位仪表或控制系统失灵时,可以根据压力显示判断液位。

二是站内应急操作基本均需要人工操作,由于站场无人值守,但出现紧急事故时,人员到现场的时间增加。因此,对污水回收池进行扩容,增加事故缓冲时间,在出现停电、故障停泵、控制系统失灵等问题时,为组织人员进行应急处置提供缓冲时间。

三是所有远程控制或自动调节的系统和点位保留切换到手动控制模式的功能,便于在故障情况下,切换为手动操作,避免事故发生,降低对上产的影响。

四是将锅炉、可燃气体报警器等相关参数与生产控制系统分开,实现不同专业分区管理,保证在锅炉、可燃气体报警器等辅助系统故障,进行调试时,不干扰生产系统的正常运行。

五是为及时控制电器设施、机泵着火事故，增加配电系统远程切断电源功能。

③ 全方位监测。

喇十七污水站的泵房、厂区、配电室等生产现场实现无死角视频监控。在全站装设高清可移动摄像头，镜头能拉伸，做到全方位，无死角监测，包括泵房设备、罐区，污油池等所有部位。污水岗视频监控需求统计见表2。

表2 污水岗视频监控需求统计表

序号	检查地点	检查内容	检查标准	目前方式	改造建议
1	检查配电设备自控仪表	检查配电柜电流、电压表	配电柜内无烧灼变色；无异味；各接点温度无异常；记录电度表读数；检查变频器无异常响声、振动，风扇运转正常	人工巡检 2h/次	建议加烟气监测设施，能及时发现配电设施过热、烧焦等情况
		检查自控仪表	反冲洗水罐液位、缓冲罐液位、回收水池液位显示在合理范围内，与现场显示相符		视频监控需清晰看到，参数传输到中控室
		检查仪表显示。报警指示灯	各种报警指示显示正常		视频监控需清晰看到，参数传输到中控室
		检查变压器：检查油位；场地；检查引出线；听运行声音	无渗油、油位在 1/3~2/3 间、场地无杂物；引出线无过热、无异味；无异常声音，无放电及裂痕		视频监控需清晰看到
		检查各种指示数值	各种指示值正常		视频监控需清晰看到，参数传输到中控室
2	检查污水泵房设备运行及工艺状况	检查泵、电机轴承	泵前后轴承温度≤80℃、无异常声音	人工巡检 2h/次	参数传到中控室
		检查泵体、机械密封	泵体无渗漏，无异常声音；机封无漏失		视频监控需清晰看到，建议增加噪音监测设施，判断设备是否存在异动异响
		检查各连接部位螺丝	各连接、紧固端螺丝紧固		视频监控需清晰看到
		检查联轴器	联轴器无异常声音，护罩无松动		视频监控需清晰看到
		检查压力	出口压力控制：升压泵 0.2~0.4MPa 之间		视频监控需清晰看到，参数传到中控室
		检查反洗水流量计、外输流量计	流量计流量显示正常，无渗漏		视频监控需清晰看到，参数传到中控室
		检查工艺管线阀门	流程正确，工艺、阀门无泄漏		视频监控需清晰看到，参数传到中控室
		检查计量仪表	计量、自控仪表显示正常，在检定校验有效期内		视频监控需清晰看到，参数传到中控室
		检查标识	标识齐全完整		视频监控需清晰看到
3	检查一、二次过滤设备运行及工艺状况	检查过滤罐进、出口压力	进口压力在 0.2~0.4MPa 之间	人工巡检 2h/次	视频监控需清晰看到，参数传到中控室
		检查罐体及各连接部位	罐体无损坏、泄漏；各连接、紧固端各螺丝紧固，罐体接地良好		视频监控需清晰看到
		检查电动阀	电动阀电路完好，开关灵活，接地完好		
		检查工艺管线阀门	流程正确，工艺、阀门无泄漏		视频监控需清晰看到
		检查计量仪表	计量、自控仪表显示正常，在检定校验有效期内		视频监控需清晰看到，参数传到中控室
		检查过滤罐外观、搅拌装置	过滤罐无渗漏、无穿孔、搅拌装置正常		视频监控需清晰看到
		检查标识	标识齐全完整		视频监控需清晰看到

序号	检查地点	检查内容	检查标准	目前方式	改造建议
4	检查容器设备及工艺运行状况	检查反冲洗罐、检查缓冲罐。检查罐间阀室各项仪表、阀门、伴热。外部防雷接地线情况。来水压力、流量计	罐间阀室工艺流程无损坏、无渗漏；仪表显示正常。标识齐全完整。罐体保温完好，各部位连接无渗漏。反冲洗罐伴热采暖循环良好(冬季)；每次同时上罐不得超过5人，防雷接地线无松脱；罐顶人孔、呼吸阀是否正常	人工巡检2h/次	视频监控需清晰看到，参数传到中控室，液位由报警功能
		检查消防设施、器材	消防设施、器材完好，在校验有效期内		
5	检查回收泵房设备运行及工艺状况	检查回收水泵、电机运转情况	泵前后轴承温度≤80℃、无异常声音	人工巡检2h/次	参数传输到中控室
		检查泵体、机械密封	泵体无渗漏，无异常声音；机封无漏失		视频监控需清晰看到，建议增加噪音监测设施，判断设备是否存在异动异响
		检查电机轴承，检查连接部位螺丝	电机轴承≤85℃，风扇罩牢固，接地良好，无异常声音；各连接、紧固端各螺丝紧固		视频监控需清晰看到，参数传输到中控室
		检查联轴器	联轴器无异常声音，护罩螺丝无松动		视频监控需清晰看到
		检查回收水泵压力	出口压力控制：回收水泵0.4~0.6MPa		视频监控需清晰看到，参数传输到中控室
		检查工艺管线阀门	流程正确，工艺、阀门无泄漏		视频监控需清晰看到
		检查计量仪表	计量、自控仪表显示正常，在检定校验有效期内		
		检查标识	标识齐全完整		视频监控需清晰看到
6	检查回收池设备及平面管网	检查回收水池	池体完好，无破损，伴热工艺畅通；回收水池液位、淤泥高度处于正常范围内	人工巡检2h/次	视频监控需清晰看到
		检查回收水池液位			参数传输到中控室
		检查平面管网			
		检查流程	流程正确，标识齐全		视频监控需清晰看到
		检查工艺管线	工艺管线无泄漏		视频监控需清晰看到
		检查阀门	阀门灵活好用、无泄漏		视频监控需清晰看到

(2) 污水站无人值守建设方案。

① 生产运行控制点位。

实现集中监控，站内现场仪表均按新建考虑，根据《大庆油田原油生产站场集中监控设计规定》要求进行设置。同时结合生产需求、事故处置流程等，完善重要点位的监视和控制，污水站内缓冲水罐、回收水单元、部分滤罐进出口阀门等现场仪表均按新建考虑，集中监视、统一控制，从而实现无人值守(表3、图12)。

表3 污水站无人值守生产运行控制统计表

序号	检测控制参数	新建设备名称	数量
1	总来水流量	电磁流量计	1
2	1#~3#升压泵出口压力	压力变送器	3
3	1#~3#升压泵电流	电流变送器	3
4	1#~3#升压泵状态	电力专业触点	3
5	一次滤罐进、出水汇管压力	压力变送器	2
6	二次滤罐进、出水汇管压力	压力变送器	2
7	反冲洗流量	电磁流量计	1

序号	检测控制参数	新建设备名称	数量
8	一次滤罐过滤进、出口阀门	电动开关阀	16
9	一次滤罐反洗进、出口阀门	电动开关阀	16
10	二次滤罐过滤进、出口阀门	电动开关阀	16
11	二次滤罐反洗进、出口阀门	电动开关阀	16
12	反冲洗泵状态	电力专业触点	2
13	反冲洗泵电流	电流变送器	2
14	反冲洗变频器控制	电力专业变频器	1
15	外输水流量	电磁流量计	1
16	外输水汇管压力	压力变送器	1
17	外输泵电流	电流变送器	2
18	外输泵状态	电力专业触点	2
19	回收水泵出口压力	压力变送器	2
20	回收水流量	电力流量计	1
21	反冲洗水罐液位	液位传感器	1
合计			94

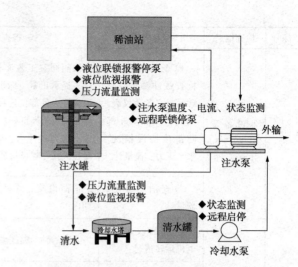

图 12　污水站工艺运行控制点位示意图

② 事故处置控制点位。

在工艺重要节点增加电动阀及调节阀,实现来水流量远程开关及自动调节,反冲洗远程控制功能。并且在污水站事故时,可远程关闭污水进站控制阀,同时告知上游处理站场(表4)。

表 4　污水站无人值守事故处置控制统计表

序号	检测控制参数	设备名称	数量	实现功能
1	1#~3#升压泵出口电动阀控制	电动开关阀	3	可实现远程起泵
2	缓冲罐进水流量调节	电动调节阀	1	储罐高液位报警时可远程关断,防止储罐溢流
3	1#~2#反冲洗泵出口电动阀控制	电动开关阀	2	可实现远程起泵
4	反冲洗罐进水流量调节	电动调节阀	1	储罐高液位报警时可远程关断,防止储罐溢流
5	1#~2#回收水泵出口电动阀控制	电动开关阀	2	可实现远程起泵
6	回收水池液位指示	液位传感器	4	防止溢流

③ 生产运行事故处置监视点位。

针对视频监控的需求较大,结合集中监控的视频点位设置,同时考虑大部分仪表显示均实现了数据远传,基本上已满足生产运行的重要监测点设置视频监控。同时采用球式高清摄像,实现360度控制监视,相对集中监控设置点位,相应增加污水站的视频监控点位共计7个。污水岗视频监控增加统计见表5。

表 5　污水岗视频监控增加统计表

序号	站、岗名称	岗位	前端摄像机数量(套)			
			室内机(防爆型)	室内机(非防爆型)	室外机(防爆型)	室外机(非防爆型)
1	含油污水站	污水泵房		3		
		加药间及药库		3		
		回收泵房	2			
		罐间阀室		4		
		配电室		1		
		场区				3
		大门入口				1
	合计			11		4

3.4.2 注水站无人值守研究

喇十七污水岗利用控制系统远程监控，实时监测现场运行数据，由于注水站采用离心式注水泵，针对该设备设置远程联锁停泵，但因操作规程等要求，设备启泵仍需人工现场操作。对注水站关键节点设置电动阀，实现远程开关功能，事故时自动远程关闭，采取联锁处理并告知上游处理站场。

（1）生产需求分析。

① 生产运行重要监测点。

为了最终真正实现喇十七污水注水站"集中监控、无人值守"，利用控制系统远程监控，取代目前人工"看、摸、听、闻"的巡检方式和现场操作设备方式，实现管理水平提升、人员配置优化的目标。

巡回检查方面：一是所有生产相关的参数均要上传到中控室 PLC 系统，如压力、温度、流量、电流、电压、振动幅度、可燃气体监测等。对重要的保护类参数，中控室 PLC 系统要具备报警和联锁停机功能；二是增加烟气监测设施，能及时发现配电设施过热、烧焦等情况。增加噪音监测设施，判断设备是否存在异动异响。

生产操作方面：停泵应具备远程控制功能。注水机组不需要频繁启停，在常规操作时，启停泵由中控室指挥，现场操作。在出现紧急情况，需停机时，可远程停机(表6)。

表 6　注水岗生产操作程序

操作项目	主要工序	操作方式	无人值守操作方式
启泵	① 调整润滑油、冷却水等系统压力，相关参数达到标准要求，相关参数达到标准要求； ② 打开进口阀门，并放空，检查润滑油杯、联轴器、盘根盒等重要部位，并盘泵； ③ 向电力调度申请启泵； ④ 开启相应保护开关，启泵操作，并调整参数	现场操作	现场操作
停泵	① 向电力调度汇报； ② 停泵操作，观察是否反转； ③ 盘泵，解除相应保护	现场操作	正常生产情况下，现场操作；紧急状态下，远程停泵，同步安排人员前往现场处置

② 事故应急处置。

喇十七污水、注水站初次采用无人值守的建设模式，为保证站库安全平稳运行，事故应急处置方案都存在适应性等问题，需要根据工艺、自控等设计进行相应的调整。注水岗位应急处置程序见表7。

表 7　注水岗位应急处置程序

序号	应急预案项目	应急处置程序	目前应急方式	集中控制能实现的功能	改造建议
1	双电源停电	关闭污水罐进口阀门	现场操作	双电源停电，站场信号断开，无法传输到中控监测，必需手动人工操作	
		如机泵发生反转，立即关闭泵出口阀门	现场操作		
		汇报调度、队值班干部	现场操作		
		作好记录，来电后恢复生产	现场操作		
2	单电源停电	如机泵发生反转，立即关闭泵出口阀门	现场操作	可在中控室实现	增加不间断电源，给自控装置提供短期电源，可实现参数监视和电动阀操作
		检查油泵、冷却泵是否完成切换，将切换开关调整到正确位置	现场操作		
		控制好储水罐来水阀门，防止发生冒罐溢流	现场操作		
		汇报调度、队值班干部	现场操作		
		作好记录，来电后恢复生产	现场操作		

序号	应急预案项目	应急处置程序	目前应急方式	集中控制能实现的功能	改造建议
3	注水泵机械伤害	紧急停注水泵	现场操作	现场人工操作	巡检或维修维护时,需2人以上,便于及时应急操作;中控室实现远程停泵,增加保险系数
		现场救治,若伤势较重,拨打急救电话120	现场操作	现场人工操作	
		汇报调度与队值班干部、作好记录	现场操作	现场人工操作	
		处理后恢复正常生产	现场操作	现场人工操作	
4	人员触电事故	停运机泵、切断电源	现场操作	现场人工操作	
		现场救治,若伤势较重,拨打急救电话120	现场操作	现场人工操作	
		汇报调度与队值班干部、作好记录	现场操作	现场人工操作	
		处理后恢复正常生产	现场操作	现场人工操作	
5	自控系统失灵	观察污水罐、清水罐液位变化	现场操作	当中控室仪器仪表信号失灵,需人员现场控制液位变化	① 所有远程控制或自动调节的系统和点位要保留切换到手动控制模式的功能,便于在故障情况下,切换为手动操作;② 现场一次仪表具有就地显示功能,并在前线站场增加二次表盘柜,在系统失灵时,为现场巡检提供保障;③ 有专业维修队伍,能够及时处理问题,恢复系统运行
		汇报队值班干部并上报矿仪表组	现场操作		
		组织相关人员查明原因并处理	现场操作		
		作好记录	现场操作		
6	机组无法停止或反转	注水泵按停止按钮无法停运时,通知变电岗切断电源	现场操作	如中控室操作无法停运机泵,需人员现场紧急与电力人员联系,电力人员手动托扣停运机泵	① 实现远程停泵功能;② 变电所无人值守后,应能实现远程整段停电操作,应对注水泵无法停运事故;③ 高压回流阀可在中控室实现开罐操作。一旦反转,中控开启高压回流电动阀泄压;④ 完善变电所整段停电应急处置方案
		注水泵反转时关闭泵出口阀门	现场操作	可在中控室实现	
		汇报调度与队值班干部、作好记录	现场操作		
7	高压管线阀门刺漏	停运注水泵	现场操作	可在中控室实现	实现远程停泵
		关闭泄漏点相关闸门	现场操作		
		控制储水罐液位	现场操作		
		汇报矿调度与队值班干部	现场操作		
		组织人员进行抢修	现场操作		
8	罐间阀室管线穿孔	停运注水机泵	现场操作	可在中控室实现	实现远程停泵和控制罐进出口阀门
		关闭储水罐进出口阀门及泄漏点相关闸门	现场操作		
		及时向矿调度及队值班干部汇报	现场操作		
		组织人员进行抢修	现场操作		

序号	应急预案项目	应急处置程序	目前应急方式	集中控制能实现的功能	改造建议
9	注水岗火灾（储水罐上部）	紧急停运注水泵，关闭储水罐相关阀门	现场操作	可在中控室实现	实现远程停泵和关闭进口阀门
		人员迅速撤离至安全区域，拨打火警电话119	现场操作	现场火灾扑救需要人员操作	
		若有人员受伤，伤势较轻，现场施救，若伤势较重，拨打急救电话120	现场操作		
		汇报调度与队值班干部、作好记录	现场操作		
10	注水岗火灾	紧急停泵，通知变电所切断注水站内电源	现场操作	可在中控室实现	建议增加消防自动喷淋设施（非导电类）
		在保证自身安全的情况下，使用消防器材进行初期灭火	现场操作	现场火灾扑救需要人员操作	
		若火势较大，人员撤离至安全区域，拨打火警电话119	现场操作		
		若有人员受伤，伤势较轻，现场施救，若伤势较重，拨打急救电话120	现场操作		
		汇报调度与队值班干部、作好记录	现场操作		
11	润滑油进水	停运注水机泵	现场操作	可在中控室实现	① 实现远程停泵，增加冷却水压高于润滑油压报警；② 建议增加润滑油在线含水监测系统，并设置联锁保护停泵
		检查进水原因，组织人员进行维修	现场操作		
		汇报调度与队值班干部、作好记录	现场操作		
		维修后，恢复正常生产	现场操作		
12	稀油站池子进水	清理稀油站池子内积水	现场操作	可在中控室实现	单独摄像头监视
		检查进水原因并处理	现场操作		
		汇报队值班干部、作好记录	现场操作		

针对上述应急处置建议，结合现有控制水平，对自控点位进行相应调整，主要包括以下几个方面：

一是当注水泵故障停运或连锁保护停运时，存在泵出口止回阀不严，高压水倒流回注水泵，导致反转的事故发生。增加高压回流阀增加电动阀门，便于远程操作泄压。

二是为保证停电事故发生时的正常远端控制，将电动阀、仪器仪表、照明等设施电力电源引入UPS电源柜，保证紧急事故的控制。

三是为保证系统失灵时，提高现场操作的及时性及安全性，注水站机柜间均保留了相应操作员站，为保证注水站系统的可靠性，注水站系统采用冗余配置。

③ 全方位监测

喇十七污水、注水站无人值守与常规站库管理模式相比，取消了岗位人员设置，利用控制系统远程监控，取代目前人工"看、摸、听、闻"的巡检方式和现场操作设备方式，存在监视不到位的风险。

注水站的泵房、厂区、配电室等生产现场实现无死角视频监控。在全站装设高清可移动摄像头，镜头能拉伸，做到全方位，无死角监测。注水岗视频监控需求统计见表8。

表8 注水岗视频监控需求统计表

序号	检查地点（部位）	检查内容	检查标准	目前方式	视频需求
1	注水机组运行及工艺状况	检查轴瓦油位、温度	轴瓦油位在回油观察看窗的1/2~2/3之间，油脂清澈；进注水机组轴瓦润滑油温度≤42℃，注水泵轴瓦温度不超过70℃	人工巡检，2h/次	视频监控需清晰看到油杯油位，参数传输到中控室，轴瓦温度、润滑油温度具备报警功能，轴瓦温度具备联锁停泵功能
		检查各运行参数	每两小时巡检一次，做好巡检记录；流量、检查泵压、进口压力、平衡压力、电流、温度(轴瓦温度、电机定子温度、电机风温)、各项参数正常，运行无异常声音		视频监控需清晰看到相应仪表参数，参数传输到中控室，定子、轴瓦温度具备报警和联锁停泵功能
		检查盘根、盘根盒下侧漏水口	盘根漏失量≤30滴/min，盘根盒下侧漏水口通畅		视频监控需清晰看到
		检查电机电缆和星点柜内电缆接点处测温贴颜色变化情况	测温贴颜色无异常		视频监控需清晰看到
		检查各部连接螺丝、联轴器护罩	各部连接螺丝无松动、损坏。联轴器护罩牢固、无损坏		视频监控需清晰看到
		检查机组是否有异动、异响	无异动、异响		建议增加噪音监测设施，判断设备是否存在异动异响
		冷却系统：	冷却系统：		
		检查冷却水进水压力	将注水机组电机冷却水进水压力控制在≤0.2MPa，冷却水进水温度≤30℃	人工巡检，2h/次	参数传输到中控室，冷却水压力和温度具备报警功能，冷却水压力具备低压联锁停泵功能
		检查冷却水机组轴承温度、电流、电压	冷却水机组轴承温度不高于80℃		参数传输到中控室，温度具备报警功能
		检查稀油站内的冷却水系统压力	稀油站内的冷却水系统压力应低于润滑油总油压		参数传输到中控室，具备报警功能
		润滑系统	润滑系统：		
		检查总油压、润滑油箱液位	总油压控制在0.15~0.25MPa之间，总油压应高于冷却水压力		参数传输到中控室，具备报警功能；视频监控能清洗看到油箱情况，并将油箱液位传输到中控室
		检查分油压	分油压控制在0.05~0.08MPa之间		视频监控需清晰看到，参数传输到中控室，具备报警和联锁停泵功能
		检查注水机组油瓦回油看窗	注水机组油瓦回油看窗油位应在1/2~2/3之间		视频监控需清晰看到
2	检查配电设备自控仪表控制盘	检查配电柜：		人工巡检，2h/次	
		用试电笔对配电柜体进行验电	配电柜体无漏电		
		检查配电柜电流、电压表及其他仪表	电流在规定范围内；进线电压(380±10)%，仪表在检定校验有效期内		参数传输到中控室，视频监控需清晰看到
		检查设备状态标识牌	设备状态标识牌与实际生产情况相符		视频监控需清晰看到

序号	检查地点（部位）	检查内容	检查标准	目前方式	视频需求
2	检查配电设备自控仪表控制盘	打开配电柜门，检查配电柜内部电气设备，刀闸、接点	配电柜内接点无烧灼变色；无异味；刀闸离合到位，与实际相符，观察测温贴颜色无异常	人工巡检，2h/次	建议加烟气监测设施，能及时发现配电设施过热、烧焦等情况
		关闭配电柜门	配电柜门关严锁紧		视频监控需清晰看到
		检查自控仪表：			
		检查仪表显示	检查仪表显示		视频监控需清晰看到，参数传输到中控室
		检查各报警开关位置	检查各报警开关位置		视频监控需清晰看到
		检查控制盘：			
		检查指示灯	指示灯指示正确		视频监控需清晰看到
		检查运行设备电流	不超过额定电流		视频监控需清晰看到，参数传输到中控室
3	检查容器区设备运行工艺状况	检查清水罐、污水罐：		人工巡检，2h/次	
		检查工艺管线、阀门、标识	罐间阀室工艺流程无损坏、无渗漏；标识齐全完整。检查储水罐各阀门灵活好用		视频监控需清晰看到
		检查法兰各连接部件	法兰各连接部位紧固无渗漏		视频监控需清晰看到
		检查罐的呼吸阀	罐的呼吸阀畅通		视频监控需清晰看到
		检查罐体、指示仪表	罐体完好，无渗漏。储水罐正常运行时，液位应保持在大罐高度的1/2~3/4范围内，液位过高或过低时，应及时调整，按时记录		视频监控需清晰看到，液位参数传输至中控室，并具备报警功能
		检查消防设施、器材	消防设施、器材完好，在校验有效期内		
		检查防雷接地	防雷接地线无松脱		视频监控需清晰看到
4	切换流程	根据工作需要倒泵、切换流程、事故应急处理		人工巡检，2h/次	中控指挥，人工操作
		检查确认备用流程	备用设备、流程完好		
		倒通流程	按照备用流程走向依次倒通流程		
		检查确认倒通流程	设备运转正常，流程畅通		
		关闭原流程	按操作步骤关闭原流程		
		汇报并记录	及时汇报准确记录		

（2）注水站无人值守建设方案。
①生产运行控制点位。
喇十七污水岗利用控制系统远程监控，实时监测现场运行数据，由于注水站采用离心式注水泵，针对该设备设置远程联锁停泵，但因操作规程等要求，设备启泵仍需人工现场操作。对注水

站关键节点设置电动阀，实现远程开关功能，事故时自动远程关闭，采取联锁处理并告知上游处理站场(见表9)。

表9　注水站无人值守生产运行控制统计表

序号	检测控制参数	新建设备名称	数量
1	总来水流量	电磁流量计	1
2	1#~2#水罐液位检测	液位传感器	2
3	1#~2#水罐高低液位报警	浮球液位开关	4
4	1#~3#注水泵注水电机电流	电流变送器	3
5	1#~3#注水泵进口压力检测	压力变送器	3
6	1#~3#注水泵出口压力检测	压力变送器	3
7	注水电机冷却水进、出口温度	温度变送器	6
8	注水电机冷却水进、出口压力	压力变送器	6
9	注水泵平衡管压力	压力变送器	1
10	1#-3#注水泵机组润滑油油压	压力变送器	3
11	1#~2#冷却水泵出口压力	压力变送器	1
12	1#~2#冷却水泵状态	电力专业触点	2

续表

序号	检测控制参数	新建设备名称	数量
13	冷却水泵出口汇管流量	电磁流量计	1
14	稀油站冷却水流量	电磁流量计	1
15	1#~2#润滑泵状态	电力专业触点	2
16	1#~3#注水泵状态	电力专业触点	3
17	注水电机定子、轴瓦温度	一体化温度变送器	6
18	注水出站干管压力	压力变送器	1
19	注水电机冷却水流量	压力变送器	1
20	稀油站冷却水进、出口压力	电力流量计	2
21	稀油站供、回油温度	液位传感器	2
合计			54

② 事故应急处置。

在工艺重要节点将注水罐进口控制阀、注水泵出口控制阀、冷却水泵出口控制阀、冷却水罐补水控制阀均改为电动阀，可以实现远程开关功能。注水站事故时，远程关闭注水泵、关闭注水罐进水阀门，并告知污水站(表10、图13)。

表10　污水站无人值守事故处置控制统计表

序号	检测控制参数	设备名称	数量	实现功能
1	1#~2#水罐进口电动阀控制	电动调节阀	2	储罐高液位报警时可远程关断，防止储罐溢流
2	1#~3#注水泵出口电动阀控制	电动调节阀	3	防止停泵后管网回压造成机泵叶轮倒转，造成机泵损坏
3	1#~2#冷却水泵出口电动阀控制	电动开关阀	2	可实现远程起泵
4	冷却水罐补水口电动阀控制	电动开关阀	1	储罐高液位报警时可远程关断，防止储罐溢流
5	1#~3#注水泵振动检测	振动传感器	6	防止泵震动超标造成机泵损坏

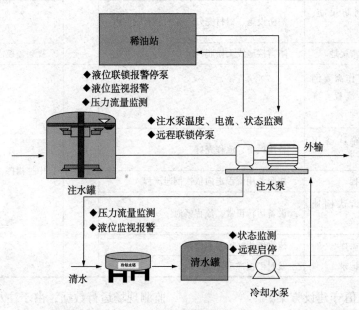

图13　注水站工艺运行控制点位示意图

③ 生产运行事故处置监视点位。

由于注水站采取人工巡检、定期操作的原则，结合集中监控的视频点位设置，同时考虑大部分仪表显示均实现了数据远传，基本上已满足

生产运行的重要监测点设置视频监控。同时采用球式高清摄像，实现 360 度控制监视，相对集中监控设置点位，相应增加污水站的视频监控点位共计 6 个。注水岗视频监控增加统计见表 11。

表 11　注水岗视频监控增加统计表

序号	站、岗名称	岗位	前端摄像机数量(套)			
			室内机（防爆型）	室内机（非防爆型）	室外机（防爆型）	室外机（非防爆型）
1	注水站	注水泵房		5		
		场区				2
		大门入口				1
		冷却水塔				1
		配电室		1		
		罐间阀室		1		
	合计			7		4

3.4.3　锅炉岗无人值守研究

喇十七锅炉岗原有 2 台热水锅炉已无法满足生产和采暖需要，为保证站内工艺及采暖用热需要，新建 2 台相变高效加热炉，配套建设加热炉控制系统 1 套，信号传输到中心控制室统一管理（表 12、表 13）。

表 12　锅炉岗无人值守生产运行控制统计表

序号	检测控制参数	新建设备名称	数量
1	1#~2#水箱液位指示	液位传感器	2
2	1#~2#水箱液位报警	浮球液位开关	4
3	天然气压力指示	压力变送器	1
4	循环水泵出水干管压力	压力变送器	1
5	补水泵入口压力	压力变送器	1
6	加热炉综合信息上传	加热炉控制柜	1
合计			10

表 13　锅炉岗视频监控增加统计表

序号	站、岗名称	岗位	前端摄像机数量(套)			
			室内机（防爆型）	室内机（非防爆型）	室外机（防爆型）	室外机（非防爆型）
1	注水站	1 注水泵房		4		
		2 罐间阀室		1		
		3 配电室		1		
	合计			6		

3.4.4　中心控制室

喇十七深度污水、注水站共设有 4 个生产岗位（污水岗、注水岗、锅炉岗、变电站），由于变电站有电力集控中心进行统一管理，因此只考虑 3 岗位的集中控制。中心控制系统的选择从安全性、可靠性、实时响应性、可维护性、可扩展性、高效性及经济性等方面综合考虑。

根据喇十七污水、注水站集中监控、合岗设

计的要求，同时结合我厂未来数字化建设的总体规划，将集控中心选在第二油矿矿部，为将来我厂污水、注水站的集中无人值守打好基础。

中心控制室作为操作人员的值班地点，完成全站过程参数的监控、消防监控和视频监视。中心控制室平面图见图 14。

（1）总体方案。

中心控制室操作人员通过操作员站可实现对

监控范围内的各站工艺过程参数进行监控及运行管理，监控范围内各站的所有监视和操作均可在中央控制室内完成。中心控制室机柜间设置 PLC 控制系统 1 套，负责采集污水站、锅炉房的数据采集、控制、联锁保护等任务。

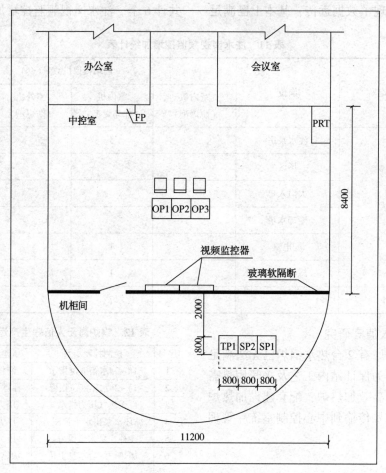

图 14　中心控制室平面布置图

（2）中心控制室。

中心控制室由 PLC 控制系统、操作员站（工程师站）、数据服务器、网络通讯设备和打印设备组成。PLC 控制系统由 CPU、电源模块、通讯模块、数据服务器、本地 I/O 模块、交换机、操作员站、打印机及必要的软件构成等。操作员站用于生产过程监视，打印机用于正常生产报表打印及报警报表打印。人机界面设计采用 B/S 结构，即浏览器和服务器结构。数据传至服务器，由操作站访问服务器模式进行统一管理。控制系统结构见图 15。

（3）火灾预警系统。

在中心控制室设置感烟探测器、手动报警按钮和声光报警器，中心控制室设置区域火灾报警控制器，当发生火灾时可在现场和中心控制室进行声光报警。火灾报警控制器预留数据上传通讯接口。

火灾自动报警系统功能：自动探测及接受火灾报警信号、手动发出火灾报警信号、显示火灾报警部位、发出火灾报警信号、火灾报警记录、火灾报警数据上传。

3.4.5　视频监控系统

为了监视生产装置区域的工作情况及周围环境，保证值班人员及时发现并确认安全隐患，本期规划在站场及围墙新建 1 套网络视频监控系统。通过光纤和工业以太网交换机组成监控系统的光纤传输环网。

系统采用基于 IP 技术、以网络硬盘录像机为核心的数字视频监控系统。主要由网络高清摄像机、网络设备、网络硬盘录像机、监控终端等组成。从前端摄像机到监控、存储、显示设备等均利用网络进行信息交互，所有设备都以 IP 地址进行标识，基于 TCP/IP 协议，实现对整个监控系统的指挥、存储、授权控制等功能。信号上传至采油二矿中控室监控中心客户端，客户端能够调用、识别、控制监控系统前端设备，录像存储时间不少于 15 天（表 14）。

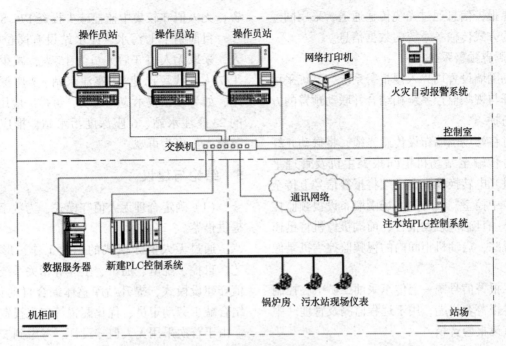

图15 控制系统结构图

表14 喇十七深度污水、注水站视频监控统计表

序号	站、岗名称	岗位	前端摄像机数量(套)			
			室内机 (防爆型)	室内机 (非防爆型)	室外机 (防爆型)	室外机 (非防爆型)
1	含油污水站	1 污水泵房		1+2		
		2 加药间及药库		1+2		
		3 回收泵房	2			
		4 滤罐操作间		2+2		
		5 配电室		+1		
		6 场区				3
		7 大门入口				1
2	注水站	1 注水泵房		1+4		
		2 场区				2
		3 大门入口				1
		4 冷却水塔				1
		5 配电室		+1		
		6 罐间阀室		+1		
3	锅炉及供热	1 采暖泵房		1		
		2 锅炉间	1			
		3 加热炉区			1	
		4 水处理间		1		
	合计		3	20(7+13)	1	8

3.4.6 通讯系统

2018年喇十七变电所沿让林路至喇二联变电所已建设24芯光缆线路,为保证数据传输的稳定性及安全性不复用该光缆,沿已建通信杆路新建1条12芯光缆链路,将各项通信业务通过直达光缆链路上传至二矿中控室。

通信设备采用工业以太网环网交换机及光缆物理环路组成传输网络,仪表数据传输、监控视频和周界报警信息通过光缆传输通道，采用同缆不同芯的方式传输各系统的数据信息。

3.4.7 周界预警系统

站场围墙设置周界入侵报警系统，系统采用振动光纤与视频监控系统相结合并联动预警的方式进行防护。

通过在站场围墙布设传感光缆，将振动光纤感应信号传输至站场机柜间报警主机及管理平台，通过光电转换及光缆成端将报警信号上传至采油二矿中控室。同时沿站场围墙布设视频监控摄像机，一旦感应触发报警，前端摄像机将迅速定位并跟踪，启动机柜间内的视频监控主机录像并存储。

周界报警信号统一上传至采油二矿中心控制室的周界报警客户端，用于远程监测及管理。中心控制室设报警音箱。

4 喇十七深度污水、注水站的价值

4.1 污水、注水站无人值守的创新性

喇十七污水、注水站无人值守与常规站库管理模式相比，取消了岗位人员设置，利用控制系统远程监控，取代目前人工"看、摸、听、闻"的巡检方式和现场操作设备方式。

目前国内油田只对单岗站库实现了远程监控无人值守，关于两岗以上站场无人值守的应用可借鉴的经验较少，针对大型离心注水泵实施远程控制也尚属首次。同时，为保证站库安全平稳运行，以满足设计规范要求为前提，立足于生产操作需求。从生产管理制度、生产操作、巡检操作、事故应急处置流程等方面，在工艺自控中进行优化设置，突破现有规范，真正做到污水站、注水站远程监视、远程控制、事故自动远程关闭等。

4.2 污水、注水站无人值守的经济性

喇十七污水、注水站无人值守与常规集中监控模式相比，由于无人值守方案集中控制室利旧矿部已建办公楼，同时取消了现场岗位员工值守及食堂，增加了部分自控仪表、通讯设备的投资，无人值守较集中监控减少投资 176.8 万元。

目前喇十七污水、注水站设有岗位员工 22 人，采取无人值守后人员为 15 人，减少劳动用工 7 人。我厂已建 24 座注水站、7 座深度污水站，如果该项技术应用成功，可推广应用于剩余的 23 座注水站、6 座深度污水站，推广前景及节省人员更为可观。

5 结论与建议

（1）确定合理无人值守模式，为数字化建设提供借鉴。

通过无人值守模式的创建工作，形成了工艺、自控、配电、通讯、土建等相关系统的无人值守建设模式，提升站库整体综合自动化控制，结合减少劳动定员、优化配置等实现投资最优化。由于首次采用无人值守设计，考虑到安全生产操作、应急事故处理等原因，本次建设投资较大，监控点位较多。随着自控技术的提升，逐步完善监控点位及功能，合理降低投资，提升降本增效的效果，为今后站库数字化建设提供经验借鉴及技术支撑。

（2）跟踪喇十七运行情况，分析无人值守的适应性。

喇十七深度污水、注水站采用无人值守的建设模式，在大庆油田实属首例，规划设计、生产运行、管理制度、管理模式等都存在适应性等问题，需在后期运行中逐步发现问题，并进行相应的调整和完善。因此，建议在投产初期采取远程监控、少人值守的运行模式，以保证站库安全平稳运行。同时，建议生产管理逐步探索适应该模式，为全厂未来无人值守管理提升提供借鉴。

参 考 文 献

[1] 张朝阳．长庆油田数字化的建设实践．数字油田[Z]．1006-6896.2011.2.002
[2] 张　跃．数字化油田建设现状及面临的挑战．中国设备工程[J]．1671-0711.2014.2.0036

数据中台在油气生产管理系统中的应用

熊文龙　郭建军　赵　栋

（中国石油中原油田信息通信技术有限公司）

摘　要　本文对油气田和油气管道的工控系统现状及需求进行分析，介绍了一种新的工控系统安全功能融合和数据通讯方式，分析了数据中台技术在构建智能化工控系统和工控网络安全防护中的技术优势和应用价值，阐述了通过数据中台技术打造利于无人值守工控系统和工控网络安全的技术方案。

关键词　油气田，油气管道，中台，工控系统，网络安全

工控系统是油气生产自动化监视和控制的主要手段，随着油气生产市场大力发展，高效、智能、安全的工控系统发展需求日益增强，油气场站无人值守理论和技术、工业互联网安全、电子作业票、智能巡检、全生命周期管理、高后果区智能监控、入侵检测等等一系列的技术和智能化应用应运而生。工控系统需求范畴已经从传统的工业控制系统扩展到能够辅助生产或者提升生产管理能力的众多系统。数据烟囱林立，油气生产管理人员面对的是日益增加的工控系统操作要求和大量工作。

数据中台技术近年由阿里巴巴提出，其出发点在于如何使企业及时响应外部市场的快速变化，虽然技术发展还在早期阶段，然而已经快速在众多行业展开应用和技术进步。通过数据中台技术既可以快速响应油气生产单位生产管理个性化需求，面向事件迅捷开发部署定制化功能，如地灾系统监测与油气生产控制系统联动实现环境告警自动调节油气生产工艺，确保安全生产，生产环境入侵检测与无人机智能巡检联动实现事前预警和巡检排查自动化等等，又可以将指定数据和联动逻辑快速组合关联，有效隔离系统间过度通讯连接，形成相对更加安全的系统通讯环境。因此，数据中台技术应用在油气田和油气管道工控系统建设和工业互联网安全防护方面是一种可供参考的思路和技术方法。

1　油气生产系统现状及需求分析

1.1　现状分析

以油气田和油气管道目前典型配置举例，系统配置情况主要包括以下几类。

（1）生产监视控制类：PCS/SCADA系统。

（2）安防监视类：视频监控系统，周界入侵系统，光缆振动预警系统。

（3）定位和地图类：GIS信息系统，GPS巡检系统，车辆GPS定位系统。

（4）生产办公管理类：档案管理、物资管理、工程管理、财务管理等ERP类系统，合同系统，协同办公系统，电子工单系统，安全信息系统、门户网站等。

（5）调度指挥类：软交换调度系统，视频会议系统等。

（6）新兴业务应用类：无人机巡检系统，智能机器人巡检系统，DTU物联网数据采集系统。

以上系统配合油气生产管理需要，实现将大量线下工作搬移到线上，但因前期系统大量传统架构和厂家封闭式技术限制，都是相互独立的运行模式，生产管理人员需要掌握多个系统的操作，并投入大量技术人员维护管理各个系统，日常工作中各类操作复杂、效率低；且部分系统厂家逐步跨界竞争，向下兼容的方式扩展系统功能，通常是将其他系统功能在自有平台上再次实现，让使用单位舍弃掉原有系统。系统功能融合投入和难度较大。

1.2　需求分析

按照图中典型配置系统统计，油气生产工业数据主要分为三种类型。

一是生产经营相关业务数据，主要产生于企业信息系统内部，包括工业控制系统、企业资源管理（ERP）、生产生命周期管理（PLM）、供应链管理（SCM）等。

二是设备物联数据，包括操作和运行情况、工况状况、环境参数等体现设备和产品运行状态的数据。

三是外部数据，主要是与企业生产活动相关的企业外部互联网来源数据。

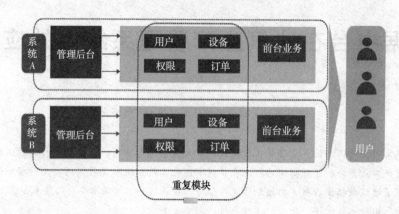

图 1   典型配置系统

传统油气生产工控系统和各种生产管理信息系统相互独立，应用和资源绑定，资源利用率低；相互间很难打通通讯，数据形成不能共享的孤岛；数据调度和查询以及功能开发存在性能瓶颈，成本较高。而随着无人值守模式对工控系统的自动化、智能化功能需求越来越高，快速开发和部署个性化功能定制需求也日益增加。

2   数据中台技术介绍

2.1   数据中台简介

数据中台就像是一个油气生产数据与业务的调控中心，所有关联业务的数据/流程统一收集，可视化分析，来实现有机统一的运营与管理。技术的核心是共性能力的抽象沉淀和共享复用。在传统业务架构下，业务种类的增多往往会带来交叉依赖、重复建设等问题。数据中台就是尝试将可能被重复开发的功能整合起来，以开放服务的形式被不同业务调用，从而避免业务创新中的重复建设现象。除了共用的业务功能之外，企业内部可以共享复用的各种能力，包括通用技术能力、数据运营能力、组织管理能力等，都可以抽象成共享服务，不断地在中台里沉淀下来，在不同业务场景中被调用和集成，支撑企业进行快速、低成本系统功能创新。

2.2   技术优势

数据中台技术相比于传统系统部署，具备以下优势。

（1）带有明显业务特征。

（2）针对生产管理控制需求更容易敏捷精准开发。

（3）能够实现多系统数据联通，数据治理降低数据重复度。

（4）实现数据高内聚、低耦合。

（5）提供功能快速定制服务。

2.3   数据中台技术原理

2.3.1   技术架构

技术架构图见图 2。

专有云平台底层应用引擎通过接入基础设施提供的计算、存储和网络资源，为数据中台中的应用、服务提供统一的容器化运行环境；结合引擎自身的部署调度能力，实现应用自动部署调度以及自动恢复；集成各类通讯中间件，为系统通讯和功能联动提供中间件相关能力支撑。

基础组件提供大量公共的基础服务，其中核心服务包括统一认证、权限、服务、功能、机构用户、字典以及审计服务，基于这些核心服务形成业务应用、服务的的统一技术标准规范体系，围绕它们在上层进行实现各项具体业务的应用。

共享组件提供了包括日志中心、搜索中心、知识中心、考培中心、资源中心、报表中心在内的共享服务组件，为业务系统建设提供公共服务组件支撑。

服务网关为专有云平台的服务提供统一的目录管理、发布管理、鉴权管理、策略管理、服务限流熔断能力。结合管理门户提供服务在线调试、日志、监控查看。提供服务编排能力，实现服务的高可用、服务依赖资源的高可用，以及多个服务间的依赖关系梳理，并借助于服务网关实现业务系统的高可用性。

统一监控告警为中台提供了覆盖主机、应用、服务、容器、JVM 的全范围监控，监控内容包括 CPU、内存、磁盘、流量、调用链路（服务）。基于统一的告警规则配置以及多渠道（邮件、短信）推送，提供统一事件告警能力。

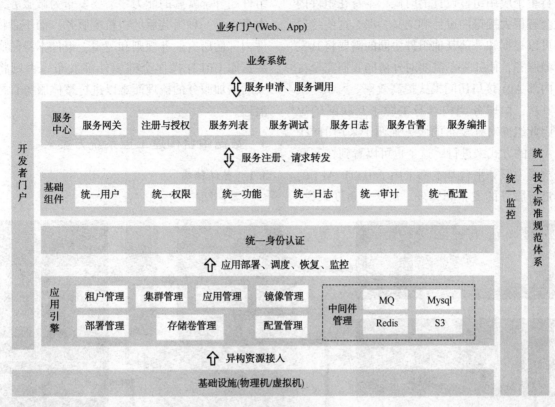

图 2 技术架构图

门户包括面向应用管理的开发者门户以及面向应用使用的业务门户，开发者门户作为中台的管理中枢，通过整合包括应用引擎、基础组件、服务网关在内的中台能力为应用开发和管理提供覆盖应用集成、部署、运维、监控的全生命周期管理的管理界面；业务门户通过结合统一功能管理，为业务试用人员提供企业信息统一展示，统一(应用)功能中心、个人中心等能力。

2.3.2 技术路线

工业互联网平台架构包含边缘、IaaS、平台、应用四大层级，通过边缘层连接工业设备、产品和系统进行工业数据汇聚，基于 IaaS 资源支持，在平台层进行数据分析处理，支撑构建各类工业创新应用。数据中台基于云容器，采用EDA 架构，使用"平台+应用"功能构建方式，将功能需求微服务化，为上层的业务应用快速创新提供强有力支撑。

（1）采用"平台+应用"功能构建方式。

通过和搭积木一样的方式快速构建应用，以平台+应用的架构模式达到建设目的，支撑业务运营和日常工作的各类应用系统，构建在一个具有高性能、高扩展、高安全、易管理的基础平台上，这个平台以"云"的概念，为整个企业提供全领域的 PaaS 服务，并通过这个平台实现工控管理应用系统一体化建设目标。各类应用可以基于油气生产单位的实际情况，运用平台所提供的各类服务，更多地专注于对业务本身的实现以及功能的完善，以实现用最优的架构和最小的代价快速响应不断变化的生产需求。

（2）支撑微服务的数据中台体系架构技术。

微服务的基本思想在于考虑围绕着油气生产业务领域组件来创建应用，这些应用可独立地进行开发、管理和加速。在分散的组件中使用微服务云架构和平台，使部署、管理和服务功能交付变得更加简单。

微服务架构强调的第一个重点就是业务系统需要彻底的组件化和服务化，原有的单个业务系统会拆分为多个可以独立开发，设计，运行和运维的小应用。这些小应用之间通过服务完成交互和集成。每个小应用从前端 web UI，到控制层，逻辑层，数据库访问都完全是独立的一套闭环逻辑开发。

首先对于应用本身暴露出来的服务，是和应用一起部署的，即服务本身并不单独部署，服务本身就是业务组件已有的接口能力发布和暴露出来的。了解到这点我们就看到一个关键，即我们在进行单个应用组件设计的时候，本身在组件内部就会有很大接口的设计和定义，那么这些接口我们可以根据和外部其他组件协同的需要将其发布为微服务，而如果不需要对外协同我们完全可以走内部 API 接口访问模式提高效率。

其次，微服务架构本身来源于互联网的思路，因此组件对外发布的服务强调了采用 HTTP Rest API 的方式来进行。这个也可以看到在互联网开放能力服务平台基本都采用了 HTTP API 的方式进行服务的发布和管理。从这个角度来说，

组件超外部暴露的能力才需要发布为微服务，其本身也是一种封装后的粗粒度服务。而不是将组件内部的所有业务规则和逻辑，组件本身的底层数据库 CRUD 操作全部朝外部发布。否则将极大的增加服务的梳理而难以进行整体服务管控和治理。

3 数据中台构建工控系统方案

3.1 整体结构

整体结构见图 3。

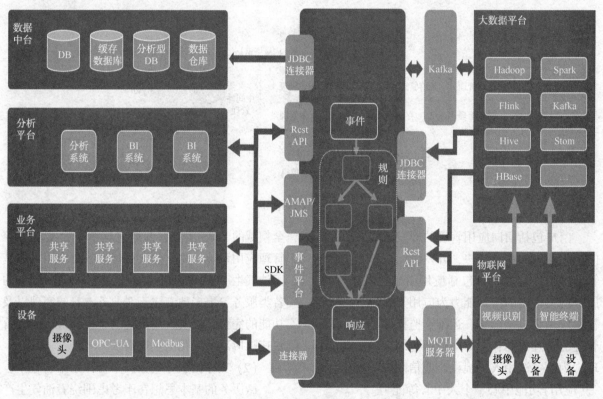

图 3 整体结构

数据中台技术结构一般分三层：技术中台、数据中台（此处数据中台不包含其他中台层，仅对各系统数据汇聚调度来命名）、业务中台。技术中台软件定义与不同系统间的通讯接口，规划系统重构结构；数据中台分条件设定各系统数据查询和调用方式，不再单独存储数据；业务中台根据油气生产需求定制不同的系统间数据通讯和控制逻辑，形成个性化功能应用服务，支撑整个上层应用。

数据中台技术整理的通讯接口资源、数据源、应用控制逻辑等均是以连接逻辑关系方式存在于数据中台，与工控系统中的上下位机点表设计原理相似，经过一次开发后，便成为系统的知识库，在以后的各类需要使用环境可以自由组合

应用和快速调用，为解决系统资源、迅捷开发功能应用创造条件。

油气田和油气管道生产过程控制系统、视频监控系统、周界防范系统、光缆传感预警系统、全生命周期系统、巡检系统等原有系统架构不变，在本地云平台上部署 EDA 类数据中台系统，通过标准的 OPC 或 MODBUS 通讯接口和协议开发工控系统专用通讯接口，通过 MQTT 协议开发物联网平台专用通讯接口，通过 REST API 接口开发 WEB 应用系统通讯接口等等，将不同系统数据以特定功能需求条件调取，在数据中台上重构数据和相互间逻辑关系，并形成执行命令，下发到具体业务系统执行动作，完成整个数据中台应用程序功能部署。

3.2 油气管道数据中台技术功能设计

3.2.1 体系建设典型技术标准规范

（1）应用前后端分离原则。

传统模式下应用大部分都采用基于 MVC 的垂直模式的单体应用，该模式在应用不断迭代过程中，功能越来越多，带来的是耦合度的升高，更新迭代慢，故障率升高（任一模块出现问题都可能会影响整体应用功能）的问题，数据中台应用基于微服务架构的前后端分离原则，对应用进行拆分解耦：

将传统应用进行前后端代码拆分，服务层再根据业务范畴不同进行拆解。因此，传统的一个应用就变成了一个前端应用+N 个后端服务的模式。拆分后的优势如下：①前后端可以根据需求和自身情况分别采用合适的技术栈进行开发，前端应用基于远程接口形式调用后端服务。②降低了耦合度。③服务升级、扩容不需要重启整个应用，升级迭代快。④不会出现由于某个功能故障导致应用整体不可用的情况，减少了故障率。

（2）应用无状态原则。

为保证基于容器化部署的应用能够依托于应用引擎能力进行自动调度、恢复、动态伸缩扩容，对中台应用提出了无状态原则：无状态简单理解即该应用运行时不要在应用内（包括本地磁盘和内存）存储任何会影响业务和逻辑流程的数据，确保同一个应用的多个实例在任何时间对于同一个请求响应结果是完全一致的。

（3）系统数据和通讯安全集中管控。

在数据中台平台上，可查询到所有注册到数据中台的服务统计和服务使用情况的监控。服务监控分环境，可通过页面切换环境，查看不同环境下的服务监控情况。

3.2.2 应用设计

图 4 是针对油气生产单位已经典型部署了上文罗列的众多信息系统设计，通过数据中台技术实现多系统联动功能，构建综合生产控制系统的应用设计思路。

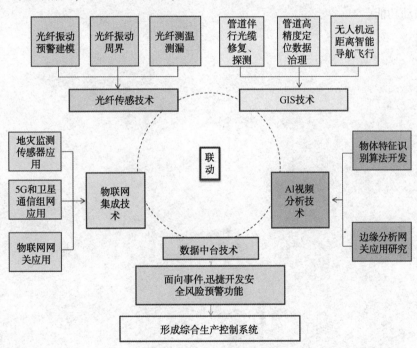

图 4　应用设计思路图

（1）生产控制系统与安防系统和物联网生产状态及环境监测采集系统数据融合。

无论油气生产企业是否实现了无人值守，都无法绕开现场环境的安全评价。无人值守技术目前大量集中在工艺流程上，配套的安全环境评价还是依靠人员现场确认方式进行。通过数据中台，融合生产数据、安防类系统检测数据、物联网环境监测数据，组合判断生产过程安全风险，为无人值守远程调度提供辅助生产决策或自动联锁，相比于单一通过生产数据判断生产风险，智能监控范围和能力显著提升。

（2）安防类系统与无人机巡检系统和 GPS 智能巡检系统功能协同。

安防类系统如光缆振动周界和光缆振动预警

系统能够实时监控油气生产场站、阀室是否存在可以入侵，监测管道线路上方是否存在第三方大型施工。但是监测数据来源于独立系统，无法自动和线上交互到 GPS 巡检系统或者无人机巡检系统，需要网管人员人工查看告警信息并以电话或者电子工单临时通知到巡线工或者驱动无人机定点飞行。主要原因是两套系统 GPS 坐标数据来源和精度不同，相互通讯和协同功能主流厂家不愿意做。通过数据中台，将安防系统数据和无人机自动飞行控制数据在数据中台上进行逻辑开发，实现功能协同可以大大简化功能协同实施难度，同时也保障了相互系统间有效的独立性。

4 结论

数据中台在油气生产管理系统中的应用，类似于工控组态厂家做好的梯形图模块和功能模块样式，可以完整重构可供统一管理的数据调用库、联动控制规则、通讯接口调用库，一次迅捷开发和部署好资源，快速地按照逻辑关系方式组合系统间事件联动功能。

这样的组网结构方式一方面大大避免了各类工控系统间重复系统功能建设和数据重复存储，降低了工业互联网络中各类工控系统联动或功能融合开发部署的难度，利用中台结合实际需要可以快速部署各类功能；另一方面特定条件的通讯和数据调用从本质上避免了传统系统间网口直连带来的很多未知端口安全隐患，物理隔绝了众多未知网络端口网络攻击，让系统相互之间通讯简单有序。

综上，数据中台可以作为工业互联网络和工控系统功能融合一种有效手段，保障油气生产管理中如无人值守、智能远程感知、事件调度和网络安全、生产安全等功能需求可以较好实现，为油气工业生产发挥越来越多的作用。

参 考 文 献

[1] 黄舍予. 工业数字化转型提速, 中台技术价值凸显.《人民邮电报》, 2020-06-23(7377).

油田无人值守站 PLC 标准程序设计与部署研究

李录兵　刁海胜　庄　号　王俊青　沈文伟　郑新军　朱文涛　章占强

(中国石油大庆油田有限责任公司)

摘　要　油田无人值守站建设是一个系统工程,是缓解目前用工紧张的重要手段,更重要的是通过深化数字化应用,提升油田开发的科技含量,提高油田开发效益,减低安全风险,形成一套安全、高效、经济的现代化管理体系。PLC 作为无人值守站的控制中枢,一套标准、高效、可维护性强的 PLC 控制程序能够有效提升无人值守站点的建设速度,数据采集稳定性,模块化的控制脚本是降低劳动强度、提高劳动效率最直接而且有效的手段。

关键词　PLC,标准程序,PID 控制,部署研究

1 油田 PLC 应用现状

1.1 油田 PLC 控制系统应用现状

1.1.1 PLC 设备应用现状

PLC 是可编程序逻辑控制器(Programmable Logic Cntroller)的简称,其实质是一种专用于工业控制的计算机。PLC 系统主要用于油田生产过程中的顺序控制,随着计算机技术、信号处理技术和控制技术的不断发展以及用户需求的不断提高,PLC 在开关量处理的基础上增加了模拟量处理及运动控制等功能。近年来,随着油田数字化、自动化要求的不断提高,PLC 控制系统在油田的生产中得到越来越多的应用,并取得较好的应用效果,提高了油田的工作效率,也保证了油田的安全生产。

油田在 2008 年开始大规模进行数字化建设以来,在油田各类站点以及关键设备的数据采集以及控制过程应用了大量的 PLC 设备,实现了现场数据的实时采集和关键生产环节的远程控制,目前油田 90% 以上的生产运行数据实现了实时采集,有效的提升了各类站点的运行的效率、安全性,降低了员工劳动强度(图1、图2)。

采油厂目前在现场应用的主要包括 4 类超过 500 台 PLC,覆盖了增压站、注水站、数字化集成增压装置、降回压橇等各类站点。

1.1.2 PLC 控制程序应用现状

一套标准的 PLC 程序是有效衔接现场设备与 SCADA 系统的桥梁,目前采油厂现场应用的各类 PLC 程序按照其开发及部署方式大致可分为 2 类。

第一类:用于整体安装的橇装设备的 PLC 控制程序,此类程序的特点是,对应标准化工艺流程的标准化程序,工厂化预制开发,随工艺设备共同部署至现场,它的优点是程序高度标准化,控制设计完善,缺点是无法随现场工艺变化对程序进行修改,此类 PLC 约占全厂总数的 25%。

第二类:各类常规站点的 PLC 控制程序,此类程序的特点是,在建设初期或进行自动化改造过程中根据流程个性化配置程序,它的优点是程序定制开发,符合站点运行需求,但程序的稳定性、控制可靠性等会根据编程水平、设计人员水平变化,不易维护。这类此类 PLC 约占全厂总数的 75%。

综合来看,在油田的不同建设阶段 PLC 的程序会根据需求进行调整,橇装站点无论在工艺还是 PLC 程序配套都是按照无人值守建设要求进行设计和部署的,而油田常规站在无人值守站点实施以前 PLC 程序主要以数据采集和简单的远程频率控制为主,未配套自动控制相关功能。

1.2 无人值守站 PLC 标准程序开发的必要性分析

无人值守站的建设为油田 PLC 控制提出了更高的要求,一方面程序要满足现场多样的工艺控制需求,另一方面新旧程序的交替要具有部署简单、快速的特点,同时后期维护要便捷,否则将会大大影响无人值守站点建设以及管理的有序开展,因此开展 PLC 标准程序开发是非常必要的。

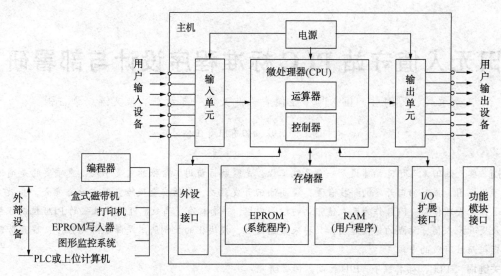

图 1　PLC 基本结构框图

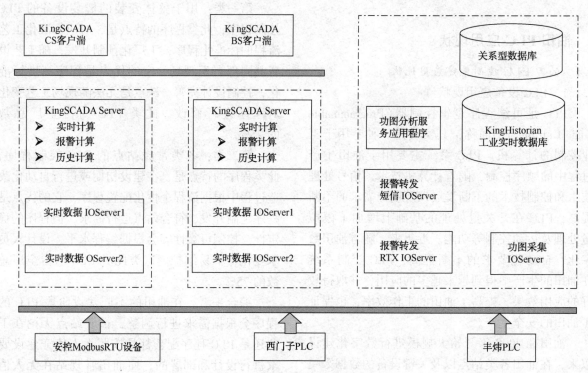

图 2　油田 PLC 应用框图

2　无人值守标准程序开发与快速部署研究

　　油田无人值守站建设是一个系统工程，是缓解目前用工紧张的重要手段，更重要的是通过深化数字化应用，提升油田开发的科技含量，提高油田开发效益，减低安全风险，形成一套安全、高效、经济的现代化管理体系。PLC 作为无人值守站的控制中枢，一套标准、高效、可维护性强的 PLC 控制程序能够有效提升无人值守站点的数据采集稳定性，多种模式的控制脚本是降低劳动强度最直接而且有效的手段。

2.1　PLC 控制程序设计原则

　　稳定性：在原程序基础上优化脚本语言，程序在运行过程中不能出现死循环等造成运行不稳定的因素。

　　标准化：设置标准程序、标准接口以及标准寄存器，为后续 SCADA 快速配置升级以及后期维护提供便利。

　　兼容性：可以兼容目前油田在用的全部智能仪表、变频器、含水分析仪、可燃气体测爆仪等设备，确保油维后增删仪表也不修改标准程序结构。

可配置：可根据站内具体仪表设置、仪表与IO通道对应关系进行现场配置，避免在无人改造程序配套过程中大规模的改动PLC内部接线。

2.2 PLC标准程序的框架与实现

基于油田设计院对站点无人值守站的基本设计，无人值守站完成的主要功能除了对日常生产过程参数的实时监控以外还包括电动阀控制，出现事故时实现正常流程和事故流程一键切换；外输泵自动输油、注水站恒压注水以及供水站恒液位供水；外输紧急截断；加药泵或者污油回收泵的联锁停泵(图3)。

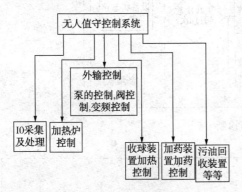

图3　无人值守PLC控制内容框图

根据现场设备的自动化硬件基础以及运行控制要求，PLC标准化程序开发需要完成的内容是完善数据采集程序的优化、完成核心控制程序的开发、预留自动化升级程序接口。因此完成改造后的无人值守站程序，应当具备部分流程的应急切换以及自动输油、供注水功能，但同时站点PLC仍以监视为主，进入或退出自动控制需要由中心站员工通过由SCADA监控平台远程确认后执行。以增压站外输控制为例，分为两种方式：以缓冲罐液位为控制目标的，分段控制+高启低停控制策略；以外输排量为控制目标的，PID控制+高启低停控制策略。

为进一步提高无人值守站的的安全运行水平，在常规的控制以及操作模式下，无人值守站PLC控制程序需要充分考虑站点在各类异常情况下的故障处置功能。因此除了上述控制点之外，新增控制逻辑。

2.2.1　关键工艺参数的报警诊断

除了监控岗员工能够通过监控平台及时发现现场工艺参数的异常报警，现场驻站员工也应当能够及时通过简易的声光报警等方式了解到站内工艺异常情况，以便进行工艺参数的查看。PLC内的工艺报警参数需要保持与监控平台参数设置一致，并且能够不依托上位机独立完成预警功能(图4)。

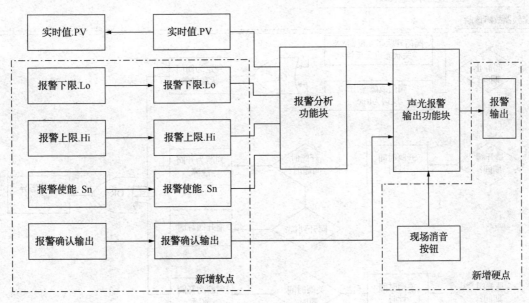

图4　工艺参数报警设计

2.2.2　生产设备的诊断分析

无人值守站的远程无人值守操作主要是通过现场各种工艺仪表和设备来保障的。所以PLC还应该完成对关键设备的诊断分析功能。主要包括站内变频器、电动阀、流量计、缓冲罐液位计的故障诊断功能。设备出现故障后，一方面在SCADA平台进行显示外，还需要通过站内PLC通过语音、报警灯等方式进行输出。同样设备故障信息不应当依托上位机能够独立完成报警输出(图5、图6)。

2.2.3 PLC设备的脱网诊断功能

PLC设备出现脱网离线后，站内PLC应该及时发现故障，并通过语音、报警灯进行输出。

能够及时提醒驻站员工加强站内工艺设施巡检，并加强与SCADA监控平台的沟通和协调(图7)。

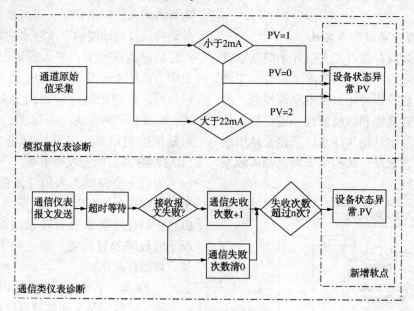

图5　常规仪表故障诊断

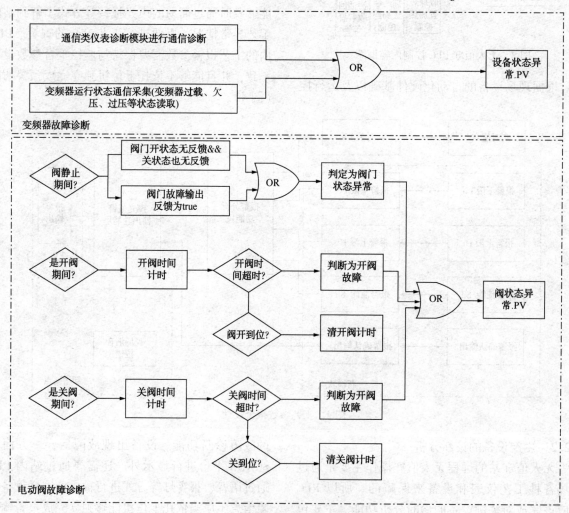

图6　变频与电动阀故障诊断

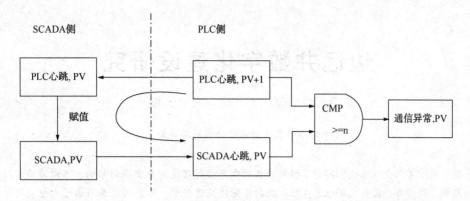

图7 通信故障诊断

2.3 无人值守标准程序快速部署研究

为了确保程序的快速部署，在新旧程序交接时不影响站点在用系统的正常运行，因此配套开发程序部署工具，实现对 PLC 通过界面配置统一寄存器地址的升级方式，实现 PLC 升级快速完成(图8、图9)。

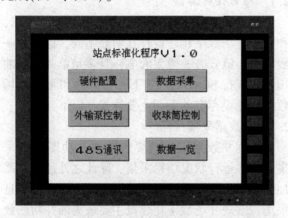

图8 程序配置界面

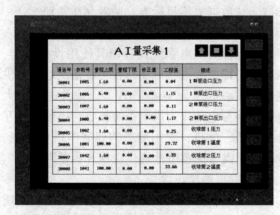

图9 数据预览界面

为了应对较长时间的网络中断以及 SCADA 系统运行故障，程序部署工具同时具备不依赖 SCADA 系统独立运行的特点，可以在本地实时读取站内数据。

3 结论

油田无人值守建设的开展，对站点 PLC 程序的稳定性以及流程控制提出了更高的要求，通过对油田 PLC 标准控制程序的设计以及部署技术研究，可以有效的将标准程序的设计思路与现场工艺以及运行需求相结合，兼顾了现场运行与数字化管理需求，同时可以很好地解决油田站点的系统快速部署和和降低运维难度等问题；随着 PLC 应用数量以及自动控制在油田应用规模的不断扩大，标准化程序以及快速部署技术的应用将在油田数字化建设中发挥更加重要的作用。

参 考 文 献

[1] 杨俊清. PLC 控制系统在油田生产中的应用. 中国高新技术企业杂志 1 月上-25

[2] PLC 可编程序控制器基础知识. 电子发烧友[2014-12-11]

[3] 什么是 PLC, 可编程序控制器的定义. PLC 之家[2014-12-11]

[4] PLC 在控制系统中的应用. PLC 之家[引用日期 2014-12-11]

[5] 可编程序控制器 PLC 的发展概况及发展方向. PLC 之家[2014-12-11]

边远井数字化建设研究

谭海峰　万　想　文　成　王绍平

（中国石油长庆油田分公司第二采油厂）

摘　要　对于石油企业来说，实时数据对企业的生产指挥调度有着重要的影响，可以为油田的生产建设、运行指挥、经营办公提供良好信息基础。在数字化建设过程中，部分偏远井场由于大电、网络不到位等因素限制，给数字化实时远程监控带来较大的困难，影响偏远井管理效率。本文对长庆油田第二采油厂边远井数字化建设进行了研究，分析了边远井数字化建设方案的设计和实施，持续完善数字化监控覆盖率和有效性，有效减少了管理盲区，取得了良好的应用效果。

关键词　边远井，数字化建设，网络通信

随着通信技术的发展，宽带无线通信技术和IP电话技术已经成熟，在油田边远井组网中我们可以充分利用这两种技术。边远井网络建设的思路是使用4G无线路由器，并在4G无线路由器上插上电话卡，可将井场主RTU数据透过网络远传到企业内网，上传到油气平台，实现数据远传功能。该网络可以实现计算机的联网，它与采油厂局域网直接相连，完成数据信息共享的功能。

1　边远井数字化建设需求

长庆油田采油二厂井场采油转运到各场站的方式主要有两种，一是通过铺设输油管线将井场原油利用压差传输到各接收站点，这类井场多建设较早，已经稳定运行了一段时间；二是先将原油储存在井场的储油罐内，再通过油罐车将储油罐内原油拉至卸油台进行卸油，这类井场多见于探井和边远地区井场，其特点是管道建设进度滞后于井场建设，抽油机常使用柴油机供电运行，随着数字化建设进行，逐步取消柴油机，改为大电带动电机采油。

从数字化建设的角度来看，边远井数字化建设主要实现两方面要求：一是油井功图数据采集，进而计算产液量，分析井下泵工况，指导油井生产运行；二是对现场视频监控、储油罐液位、动液面等数据进行监控，加强对边远井现场的管理。

为实现上述目的，在岭南作业区悦47井场和庄259井场进行试验，实现功图数据采集和现场监控，有效掌握边远井生产运行情况。

2　现场实施方案

2.1　功能设计要求

边远井数字化建设要坚持"低成本"要求，和常规井场数字化建设存在明显不同，边远井一般有专人值守，一般无大电，且多是单井。在油田公司现行SCADA系统下，边远井和常规井场数字化建设存在的不同主要体现在以下几点。

2.1.1　数据采集目标

边远井数据采集主要包括油井功图数据采集，油井运行状况信息采集，除此之外还需要添加储油罐液位、动液面、蓄电池电压及容量信息采集。常规井场数字化建设主要采集油井功图数据，油井运行工况信息，还可以采集电机运行电参数。从数据采集目标看，两者存在差别。

2.1.2　供电系统设计

常规井场供电系统设计由其使用设备决定，一般井场提供大电，可支持各类设备供电，其供电系统核心电压为交流220V。边远井井场无大电，采用蓄电池作为供电系统核心，搭载风光互补控制器，风机，太阳能板构建完整供电系统，设备选型需考虑蓄电池提供电压和容量限制。

2.1.3　数据通信设计

常规井场数字化建设多使用网桥或光缆实现井场数据远传。边远井场无大电，使用大功率网桥传输不现实，多未接入光缆，且光缆传输需要的光钎收发器大多需要交流220V电，故无法满足要求。边远井场数据远传使用4G无线路由器实现，在4G无线路由器上插上电话卡，可将井场主RTU数据透过网络远传到长庆内网，上传到油气院平台，实现数据远传功能。

2.1.4 现场实时监测设计

常规井场数字化使用云台摄像机或枪机拍摄现场视频，通过网络交换机传输回监控平台。边远井考虑到网络传输无法使用网桥或光缆，无法实时传输视频，因此使用可拍照摄像机实现数据远传，可在上位机开发程序实现井场视频定时拍照和保存功能。

2.2 设备选型

整个边远井建设最关键的部分就是设备选型，设备选型的结果将直接影响到整个项目的成败。综合考虑供电系统，数据传输系统，远传系统和摄像机拍照系统等因素，最终确定各设备厂家及产品型号。

2.2.1 供电系统设备选型

供电系统设备选型是整个系统设计的前提条件，主要考虑供电电压级别和耗电功率两个因素（表1）。

表1 主要设备供电参数

序号	设备名称	设备型号	工作电压
1	主 RTU	L201	DC24V
2	井口 RTU	L308	DC24V
3	摄像机	SXH485-L1	DC12V
4	宏电远传	H7920	DC9-36V
5	卓岚远传	ZL8303N	DC9-24V

设计之初考虑使用蓄电池、风机、太阳能板和风光互补控制器搭建整个供电系统。

从蓄电池的角度来看，电压等级主要有DC12V、DC24V、DC36V。考虑到现场使用的RTU、摄像机、远传装置等的供电电压需求，主要包括 DC12V 和 DC24V，因此首先将 DC36V 供电系统淘汰。因此有两套方案可选，方案一是选择 DC12V 蓄电池搭建供电系统，搭配 DC12V 转 DC24V 升压变压器实现 DC24V 电源供电；方案二是选择 DC24V 蓄电池搭建供电系统，搭配 DC24V 转 DC12V 降压变压器实现 DC12V 电源供电。

这两种方案各有优缺点，从以下角度进行比较。

（1）蓄电池体积：从同等蓄电池容量的角度看，DC12V 蓄电池的体积要比 DC24V 蓄电池体积大一倍。

（2）太阳能板体积：因为风光互补控制器不具备电压调节能力，则 DC12V 供电系统的太阳能板体积要比 DC24V 太阳能板体积小一半。

（3）系统安全角度：蓄电池电压等级越低一般认为安全性能越好。在这一点上 DC12V 要优于 DC24V。

综合上述因素，使用 DC12V 电压等级搭建边远井供电系统，选配 DC12V 变 DC24V 变压器实现部分设备供电。蓄电池选择铅蓄电池，单块蓄电池容量为 100AH，每个井场埋设两块电池，并联方式连接，总容量为 200AH。考虑工作电流均值为 2A 时，考虑极端天气因素，仅靠蓄电池供电，可保证连续供电至少 100h，约为 4 ~ 5d，符合系统设计要求。风光互补控制器主要有三个作用，一是将风能和太阳能存储到蓄电池里；二是将蓄电池、风能、太阳能对外输出稳定的 12V 电压，为外部设备供电；三是起到调节风能、太阳能给蓄电池供电的能力，避免过冲和过放，保障供电系统稳定运行。常用风光互补控制器控制系统图如图 1 所示。

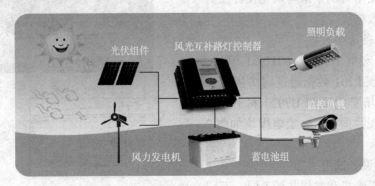

图1 风光互补控制器控制系统设备构成

系统功耗设计需要考虑设备瞬时最大耗电量，瞬时电流峰值，蓄电池能量储备，风机和太阳能日供电能力等多方面因素（表2）。

表2 本系统中所使用设备消耗功率表:

序号	设备名称	单位	数量	供电电压/V	瞬时最大耗电量/W	备 注
1	L308	台	1	DC24	10	包括功图采集系统
2	L201	台	1	DC24	10	包括通讯模块
3	动液面检测仪	台	1	DC12	10	采集数据时，最大功率10W，平时功率很小
4	储油罐液位计	台	1	DC24	1	
5	风光补偿控制器	台	1	DC12	0	几乎不耗能
6	T7920无线路由器	台	1	DC5~36	1	
7	摄像头	台	2	DC12	10×2=20	夜间拍照最大消耗功率10W，持续时间约6s
8	总计				52	

由上表得知，瞬时总功耗最大为52W。以DC12V供电系统来看，最大峰值电流约为4.3A，实际工作电流约为2A。

2.2.2 数据采集装置设备选型

整套数据采集装置选用安控设备，包括主RTU和井口RTU，主RTU型号为L201，井口RTU型号为L308。

选用安控设备主要原因是性能稳定，调试简便。L308和L201之间通过天线通讯，通讯速率为2.4GHz。L308中有模拟量端子，可用于接模拟量仪表，如储油罐液位，或动液面采集。L201通过网线向外部发送数据，可接宏电4G无线路由器模块实现数据远传。

在井口安装井口采集箱，给井口采集箱供电DC24V。L308下载程序版本为"L308_S907_S910_ZIGBEE_V3.10.bin"，在配置软件里配置地址，通道，调整冲程与实际相符即可。L201下载程序版本为"L211_SCADA_ZIGBEE_V3.31.bin"，本版本L201程序支持485仪表数据采集，增加类似安控PLC采集块功能，可实现485仪表数据远传，在实际使用中可用于采集风光互补控制器的蓄电池电压等数据。

2.2.3 远传装置设备选型

远传装置采用宏电H7920或H7921模块，搭配电信专网卡实现L201数据通过网络接入长庆内部局域网。现场实践证明H7920和H7921两种模块都可以实现数据接入。宏电模块如图2所示。

2.2.4 摄像机装置设备选型

边远井场所用摄像机和常规井场不同。不同于常规井场夜晚有大灯照射，具备较高亮度环境，供电电压无法满足大功率供电要求，数据传输不要求实时视频传输，通讯方式上无法采用光

图2 宏电模块

钎传输等。根据项目具体要求，选择尚新航电子出品的SXH485-L1串口摄像头，产品实物及尺寸如图3所示。

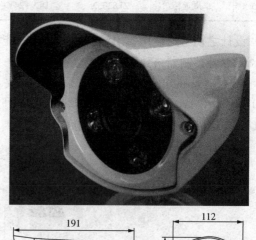

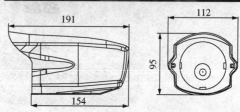

图3 SXH485-L1串口摄像头

SXH485-L1系列串口摄像头是一款具有视频采集和图像压缩功能的摄像机，具有200万象

素 CMOS 摄像头，最大分辨率可达到 1600×1200，它是一个内含有拍摄控制、捕捉、图像数据采集、图像 JPEG 压缩、SD 卡存储、串口通讯等功能的齐全的工业用图像采集设备。采用标准的 JPEG 图像压缩算法，本产品的图像输出格式与常用计算机完全兼容。同时，本产品带有红外照明功能，能够实现自动照度补偿、在黑暗的光线下仍能较好的图片质量。按照工业级标准设计的，输入电压可以支持(6~12V)直流电源。可在-40~85℃度范围内正常工作。

3 边远井数字化建设调试说明

3.1 上位机软件选型与调试

上位机组态软件选型主要从功能、费用、后期维护等角度考虑。功能上主要实现边远井数据采集显示功能，包括功图采集与显示，功图上传到油气院平台，储油罐液位、动液面数据采集与显示。费用上考虑由于是测试阶段，尽量节约软件费用，可实现相应功能即可。后期维护角度考虑主要是维护方便，操作简便。

当前采油二厂所用的上位机软件主要包括力控和亚控两种，基于完整的 SCADA 系统，二者均可以实现服务器到客户端的数据采集与传输模式，它们作为一套成熟的系统，功能强大，造价贵，维护复杂。基于上述考虑选择过渡阶段版的力控组态软件。

井口调试软件采集回功图如图 4~图 6 所示。

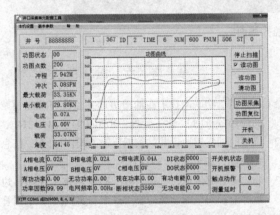

图 4 井口调试软件采集功图

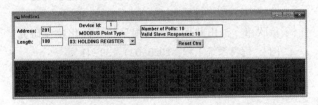

图 5 MODSCAN32 软件扫描 L201 结果

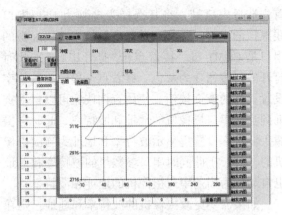

图 6 L201 调试软件触发功图扫描结果

3.2 网络传输解决方案

选用安控井口 RTU 和主 RTU 实现工图采集并转网口输出。井口采集使用安控 L308 模块，通过无线方式将工图数据传输到 L201 上，在 L201 上通过网口连接到宏电 H7920 或 H7921 上。

宏电 7920 模块和宏电 7921 模块的区别在于是否有 VPN 功能，对本项目来说，如果有专网卡，那么 VPN 专网功能借助于运营商提供的专网网络来实现，就可以不用模块本身再带有 VPN 功能了，因此选择宏电 7920 模块还是 7921 模块都可以实现要求功能。

3.3 油气院客户端安装

在边远井客户端的 D 盘可实现 ERG 文件采集，将采集回来的 ERG 文件通过油气院客户端软件上传到油气院平台，实现单井产液量的计量。通过油气院软件客户端，将 erg 功图文件上传到厂油气院平台，实现油井功图上线计量产液量，工况分析。油气院量油软件运行画面如图 7 所示。

图 7 油气院客户端运行画面

3.4 图片采集与传输

使用 485 转 232 模块加上串口线，将摄像机和笔记本电脑连接起来。打开摄像头调试软件。

首先选择串口号，将其选择为电脑为 USB 串口线虚拟的串口。本次调试时电脑给串口线虚拟的串口是 COM1 口。接着点击"打开串口"，此时打开串口按钮变为灰色。接着点击摄像头波特率设置里面的查询按钮。使用查询按钮可以自动查询到当前串口摄像机的地址和波特率。此时在摄像头波特率设置里显示波特率和地址为当前摄像机的参数。于此同时串口参数里的波特率和地址也自动变为当前串口摄像机的地址和波特率。

如果需要更改摄像机的波特率和地址，则在下图波特率和地址处填写当前的波特率和地址，然后点击保存前面的框，在新里面输入要更改的地址，然后点击设置即可，更改成功后在下方将有提示"地址更改成功"。

打开卓岚调试软件，按照如下配置，先将 5142-3 的工作模式设置为客户端模式，然后再目的 IP 或域名里填写本机电脑的 IP 地址，在目的端口处随意填写目的端口。子网掩码和网关按

照如下配置即可。IP 地址里填写的是给 5142-3 分配的 IP 地址。然后将工作模式修改为 TCP 服务器模式。在高级选项里将转化协议修改为 RE-AL-COM 协议。然后再虚拟串口里选择之前添加的串口（图 8）。

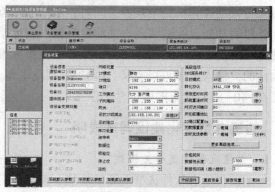

图 8　摄像机远程调试参数配置

使用网线将电脑和 5142-3 连接起来，然后使用虚拟的 COM3 口就可以对摄像机进行调试和拍照。现场采集回来的图片如图 9 所示。

图 9　现场视频监控画面

4　结束语

风光互补供电+无线宽带接入技术的应用解决偏远井数字化配套过程中的供电、通信问题，满足了油田边缘生产现场的远程监控、指挥调度、传输勘探开发数据的需求，为持续完善数字化覆盖率、减少管理盲区创造了条件。该系统作为数字化建设前端的组成部分，虽然在试验中已验证可行性，但结合油田智能化发展实际，还需持续提升和优化系统运行效率和稳定性，使系统更好地服务于油田生产。

参 考 文 献

[1] 崔苗苗. 物联网技术在油田边远井监控与节能领域的应用分析[J]. 化工管理, 2020(09)：213-214.

[2] 梁倩. 油气田边远井站数据传输方式探讨[J]. 信息化建设, 2016(7)：39-41.

[3] 杨志冬, 官洪斌, 杨靖, 等. 物联网技术在油田边远井监控与节能领域的应用探索与实践[J]. 中国管理信息化, 2015(001)：77-79.

[4] 柳晓州, 肖伟, 白龙. 油田数字化井场建设与施工分析[J]. 化工设计通讯, 2019(03)：46-46.

[5] 徐欣祎. 油田井场实时数据采传一体化建设研究[J]. 信息系统工程, 2020(02)：39-41.

气井智能解堵技术研究与应用

张 昀 苗 成 高 磊 莫燕菲

摘　要　气井生产过程中，因温度压力变化导致集气管线内形成水合物，导致管线冰堵。尤其冬季生产，人工解堵费时费力、效率低下。结合生产工艺、地理环境因素，建立堵塞预警、措施智能执行，并开展解堵自动化设备升级，提高了智能防堵解堵能力，降低了人工处置劳动强度，提升了集输运行效率。

关键词　集气管线，防堵解堵，智能注醇，定压提产，井场智能注醇

随着气井生产能力逐步下降，气流携液能力降低，冬季高峰供气期地面管线积液导致冻堵频繁，已成为影响气井平稳生产的关键问题。长期以来依靠人工进行井口预注醇、站内注醇泵启停与行程调节、站内放空带液等方式进行解堵，工作效率低、人员劳动强度大，实施效果差。迫切需要对冻堵预判与处理的人工判断经验进行提炼，分类对不同集气工艺模式下的防堵解堵人工作业进行分析，建立分析预警提醒、措施智能执行的预防和解堵系统，提高了气井平稳生产能力，降低员工劳动强度，提升天然气上游生产智能化水平。

1 气井集输工艺与解堵基本措施

目前我厂气井集输模式根据气井与集气管线从属关系，可以将集气管线划分为两种结构。

第一种结构是采用独立采气管线直接连到单井井口或是丛式井组汇管上，将气体输送到集气站（图1）。该结构下，一般在建设中随采气管线铺设了注醇管线，采取集气站向井口采气管线注醇方式来防堵或解堵。注醇解堵的原理就是按一定醇气比降低气体中所含液体组分的冰点，减少管线输气过程中因温度逐步降低而产生水合物的几率，进行防堵。但部分管线受沿途地形影响存在落差过大问题时，在低洼处产生积液，气流速度难以有些携液，受低温影响而发生液堵、冰冻的概率变大，该情况下一般采取放空下游天然气多方式，提高气体流速、强行带液排空、缓解积液影响。

第二种结构是将临近单井或井组呈分支状汇到一根管线，或在管线沿途采取拉出分支接入附近气井（图2）。该结构下，采取注醇方式不能有

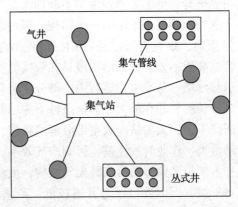

图1　独立采气管线

效将甲醇输送到井口，一般采取井下节流、降低集气压力、弱化水合物形成条件，同时对于易发生冻堵的管线，采取人工井口注醇或加密清管来防堵解堵。当干线发生冻堵时，主要解决方法也是下游放空方式，导致资源浪费和环境污染事件频发。

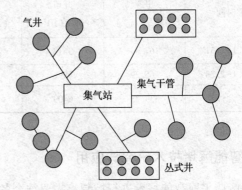

图2　井间串接插输集气

2 解堵作业智能化应用分析

目前，我厂主要开发榆林南区、子米及神木三大气田区块。各气田地理环境、集气工艺各不相同，为统一措施分析、实施和运行管理带来很

大难题。

2.1 气井解堵作业现状

榆林南气田集气采用第一种结构,地貌相对平缓,井口天然气集输管线沿途落差小,开始增压开采后集输管网系统压力进一步降低,集气管线水合物形成条件变弱。原设计的井口注醇防堵、解堵效果得到进一步提升。但在实际生产运行中受昼夜温差影响,夜间须加大白天减少注醇量。为减少无效注醇,提高经济效益,需要人工频繁赴集气站进行手动调节注醇泵行程,车辆运行成本、作业频次高与时效性差,并且不能及时根据气井生产动态合理调整注醇量,经济效益得不到明显提升,员工劳动强度却不断加大。

子米气田集气也采用第一种结构,但地理环境较为复杂,集气管线沿途高山、河流数量众多,管线高程落差大,采出水极易在管线低洼处聚积引起冰堵。冬季生产运行中,部分产液量高或管线较长的气井在最大注醇量条件下冻堵频次依然居高不下,人工站内放空带液解堵频繁,现场劳动量大、作业时效性差,影响产气效率。

神木气田属典型的第二种集气结构,虽然地势相对平缓,但因井口压力普遍较低、产量少,气流携液能力相对较弱。在采取柱塞气举排水采气工艺后,井筒积液问题得解决,地面发生液体积聚、管线冰堵的问题却更加突出。部分支干线末端或产液量较高的柱塞措施井在柱塞排液后,因措施间歇关井、井间压力不等原因,导致气体积聚,很快再次冻堵,难以持续生产切浪费巨大人力物力。

流速降低,水合物、冰堵更加频繁。目前主要依赖人工定期开展井口注醇解堵,作业效果差、时效性低。

2.2 智能解堵技术的必要性

结合表1所统计的2019年1~2月榆林南区榆12站气井解堵情况进行分析,目前人工解堵作业存在的突出问题主要表现在以下几个方面。

一是解堵依靠人工作业,劳动量极大、效率低。根据近两年的统计数据,每年10月到次年3月,平均每日解堵作业约70次需210~280人次;夜间冻堵较多,平均出车30~70次/天且交通安全风险较高。此类作业占劳动量50%以上,导致现场生产运行严重缺员,严重影响其他生产保障正常开展。在定员上产条件下,导致开发规模持续扩大与人力资源的矛盾将进一步加剧。

二是预防性冻堵缺少手段,事后作业量大、难度增加。各单位管辖井数多、气井监控数据量大,难以及时有效发现生产数据过程变化,只能在流量、压力发生告警时,才开始进行处理。由于气井距离远、路况差、赴现场耗时长,到现场时事态已发生变化,导致处置难度增加。

三是解堵成本消耗高,缺少效果保障措施、冻堵频繁。采取加大注醇、放空引流等措施,作业过程时间长,不仅浪费甲醇、天然气,而且需要员工在寒冷天气现场持续工作几小时,有时解开的气井,因缺少保持手段,很快再次冻堵,难以持续生产切浪费巨大人力物力。

表1 2019年1-2月榆12站解堵作业情况

时间	甲醇消耗量/(m³)	井口产气量/(10⁴m³)	醇气比/(m³/10⁴m³)	平均堵井频次/(d/次)	平均作业时长/(h/井次)	平均影响气量/(10⁴m³/井次)
1.1-1.31	167.94	3513	0.0478	3.2	4.3	1.0(放空0.5+
2.1-2.28	165.29	2896	0.0571	2.8	3.5	生产0.5)
合计	333.23	6409	0.0520	3	3.9	1.0

3 智能解堵技术研究与应用

解堵采取智能技术进行控制,需要结合各气田生产特征、现有设备条件以及人工经验,利用数字化技术完善设备功能,达到仿真人工作业效果,同时完善智能控制策略,实现在线分析判断,更加高效对各个气井变化进行预警、预防和高效解堵,降低员工劳动强度、减少解堵无效消耗、提高解堵效果保持率,有效提高气井生产

时率。

3.1 榆林南区注醇量智能调节

3.1.1 注醇泵自动化升级

根据注醇泵结构与参数,注醇量由行程调节旋钮以百分比形式调节,注醇量由泵行程控制,实现0~32L/h的流量调节,行程调节旋钮最大静转矩约20N·m。

根据此特征自主设计注醇泵行程调节装置(图3):采用最大静转矩40N·m、具备远程控

制功能的步进电机通过防爆支架、联轴器与原行程调节旋钮连接，并以标准 Modbus 协议、RS485 总线接口接入集气站站控系统，通过远程向步进电机下发控制指令，实现模拟人工远程调节井口注醇量(图3)。

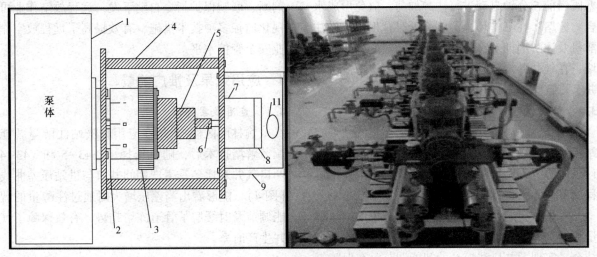

图3 注醇泵行程改造装置与现场

3.1.2 注醇量智能调节

在注醇行程远程调节基础上，为进一步降低员工分析、操作工作量，实现智能化过程管理，开发了注醇智能控制模式，即由泵行程与管线差压构成单回路控制。

管线前后差压由井口油压、进站压力只差产生，在给定差压数据条件下，测量的差压变大、注醇量增加，反之亦然。

同时为防止注醇泵不上量引起设备受损、注醇管线破裂造成环境污染等事件发生，设定了系统保护规则：注醇泵启动时间大于2min后如注醇泵出口压力与井口油压的差压小于0.5MPa，则自动停泵并将行程调节至0%；在注醇泵接收远程停泵指令后，联锁调节行程至零点，避免再次远程启泵瞬间电机负载导致设备受损。

3.2 子米气田单井进站远程放空

3.2.1 放空阀门电气化改造

单井进站后的流程分为两路，一路进入生产过程，另一路则连接到放空总管，两路流程均有阀门控制。人工放空作业时，需要关闭进站、打开放空阀，同时要根据放空总管下游气液分离器压力来控制放空流量，防止超压事件发生。

根据此特征对将进站区单井进站放空旋塞阀及放空总管调节阀改为电动控制，并增加闪蒸分液罐压力监测点，结合站控系统实现模拟人工远程控制单井放空作业，将以往人工赴现场的时间转移到快速解决问题上，有力缓解了大落差管线容易冻堵的问题。

3.2.2 放空控制智能优化

为确保远程控制单井放空带液作业安全性，制定如下远程作业智能安全保障措施。

一是闪蒸分液罐超压联锁保护。以闪蒸分液罐安全阀保护压力0.6MPa为参考值，当放空压力闪蒸分液罐的压力大于等于0.45MPa时自动关闭单井进站放空阀及放空总管调节阀，避免超压风险。

二是单井进站截断阀与放空阀状态互锁保护。单一气井的放空阀与进站截断阀不能同时开启，避免站内天然气倒回放空系统。

三是放空火炬的远程控制与可视化监控。火炬远程控制点火后，可通过站内摄像头实时监控火炬燃烧状态，实现远程放空作业全过程的可视化管控。

3.3 神木气田井口智能联动注醇

3.3.1 多井丛甲醇加注设备

神木气田井场解堵的特性决定了需要丛井场自动化注醇来替代人工作业；同时由于丛式井井场井数多、压力各不相同，采用单一注醇设备、以总管分流往往导致压力小的流量大、压力大的流量小，不能有效解决问题。

为此，引进了一机多头丛式井加药设备。该设备由储液罐、注醇泵和8路加药管线与控制电磁阀构成。可采逐一打开关闭电磁阀方式，进行取轮换式加注，也可根据需要控制各路电磁阀进行独立加注。

3.3.2 加注设备智能控制

在控制程序完善在不同气井工况下智能联动注醇控制措施：在柱塞排液后，在下一次关闭柱塞阀门前5分钟自动进行注醇加药，避免形成水合物冰堵；在冬季环境温度降低时，根据预设注醇量及注醇周期对丛式井进行自动轮巡预注醇防堵；在气井井口出现冻堵时，可远程选择注醇气井、设定注醇量远程开展解堵作业。

3.4 智能注醇技术创新点

一是在硬件设计方面，通过结合集气站现有站控系统资源，根据注醇泵设备结构特点自主设计了注醇行程调节装置，创新实现了模拟人工远程调节注醇量目标。

二是在智能调参方面，榆林南区集气站注醇量智能调节技术将气井井口与进站差压变化创新结合，实现了井口注醇量的智能调节，在保障气

井正常生产的同时降低无效注醇。

三是在智能安全保护措施方面，子米气田的集气站单井远程放空技术通过结合异常工况智能判断、联锁保护指令自动下发、远程放空作业可视化监控多项技术措施，有效提高了远程放空作业安全管控水平。

4 应用效果及推广前景

4.1 应用效果评价

榆林南区榆12站在应用集气站注醇量智能调节解堵技术后，随机选择了 Y43-5 和 Y43-4 两口气井对比冬季生产期间井口与进站压差曲线（图4），能够看出当差压增大时通过注醇量的智能调节及时缓解了管道冻堵趋势，有效保障了气井生产时率。

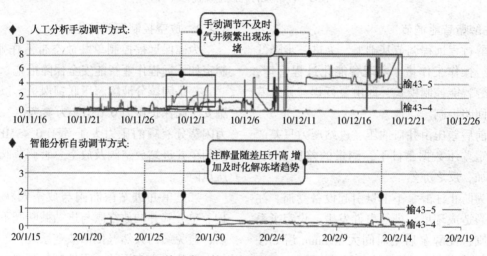

图4 榆林南区技改前后气井生产曲线对比

同时，通过智能行程调节装置代替人工现场调节，每口井可减少现场操作约60次/年。如表2所示，同期对比2个月榆12站生产情况，在

气量增产情况下有效降低了注醇消耗，醇气比下降 0.0033m³/10⁴m³。

表2 同期对比榆12站生产气量和甲醇消耗情况

榆12站	2019 年			2020 年		
时间	甲醇消耗量/m³	井口产气量/10⁴m³	醇气比/m³/10⁴m³	甲醇消耗量/m³	井口产气量/10⁴m³	醇气比/10³/10⁴m³
1.1-1.31	167.94	3513	0.0478	175.79	3893	0.0452
2.1-2.28	165.29	2896	0.0571	152.35	2840	0.0536
合计	333.23	6409	0.0520	328.14	6733	0.0487

子米气田洲3站应用单井远程放空技术后，通过同期对比洲3站洲20-23井近2年12月单

井生产油压曲线（图5），能够看出通过监控气井井口与进站压力变化趋势，远程控制进站管线放

空提产带液，能够及时有效缓解冻堵趋势，确保气井平稳生产。

远程控制放空减少了人工现场操作环节，单次气井解堵作业耗时同比减少了54.5%，作业效率显著提高。

神木气田神2站双2-36试验井场在应用井口智能联动注醇技术后，能够从冬季2个月的g气井生产油压变化曲线（图6、表3）看出，技改后气井生产趋于平稳，气井现场解堵频次、甲醇消耗量显著降低。

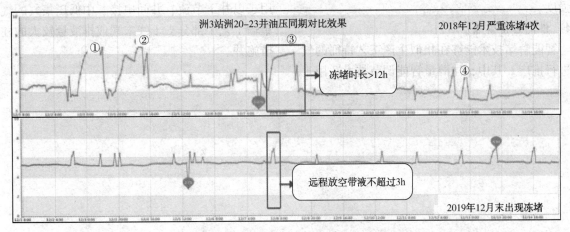

图5　子米气田技改前后气井油压曲线对比

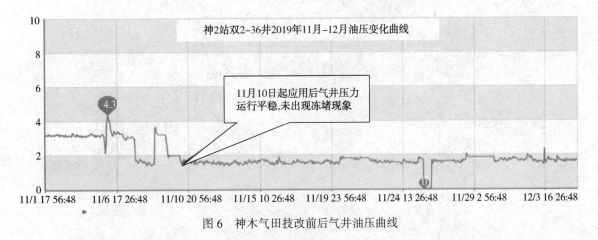

图6　神木气田技改前后气井油压曲线

表3　双2-36井场技改前后解堵及甲醇消耗情况

序号	井场	运行 模式	冬季井口注醇量	现场解堵频次	效果对比
1	双2-36 （C6井丛）	人工现场运维	人工井口预注醇约100L/d 每月甲醇消耗约3000L	8井次/月	甲醇消耗量同比降低19.1% 现场解堵频次 平均下降6井次/月
2		智能联动注醇	加药装置药箱1700L约21d 加注一次每月甲醇消耗约2428L	2井次/月	

4.2　社会效益评价

一是井生产时率得到有效保障。智能解堵技术能够根据气井生产动态提前预判、智能实现注醇量调节、远程控制地面管线放空提产带液作业有效降低了冬季管道冻堵频次，保障了气井正常生产。

二是现场劳动量大幅降低。试点区远程控制有效率100%，有效代替了人工现场作业，缓解了现场劳动量与人力资源紧张的矛盾，规避了出车交通安全风险。

三是气井精细化管理水平显著提升。有效降低了无效注醇，提升了预注醇防堵效果，降低了生产运维成本。

4.3　经济效益分析

通过2020年1-2月份，对各智能措施调研分析，应用区醇气比下降至0.0033m³/10⁴m³、远程控制有效率 100%、联动注醇降低消耗量 30%。1 站 3 井场 72 口井，气井生产时率延长 10%以上，累计增产 $430 \times 10^4 m^3$，减少人工解堵 600 余人次；系统研究和技改整体投入 146 万元，投入产出比效益显著，并能有效降低员工劳动强度。

4.4 推广应用前景

智能解堵技术能够在相似生产工艺特征的气田进行推广。其中，注醇量智能调节技术适用于系统压力较低、地面管道沿途地势较平稳的气井，能够有效降低人工作业频次、保障气井生产；集气站单井远程放空技术适用于地面管道距离长、高程落差大且依靠集气站注醇无法满足防堵/解堵效果的气井；井口智能联动注醇技术适用于以井下节流、井间串接、中低压集气的气井集输工艺中部分支干线末端或排液量较大的柱塞措施井。

浅谈以智能化手段应对低油价考验

路宽一

(中国石油长庆油田公司第九采油厂)

摘　要　动荡的油价是永恒的。纵观近十几年的国际油价,低油价的低谷期频频出现,因此,油价长期低位震荡或许是从业者不得不面对的"新常态"。石油行业的从业者不能将希望寄托在油价的快速攀升之上,而应寻找突破性的路径。本人论证了技术创新是长远应对低油价的一个极其有效的战略。要确保各种资源能够有效动用和开发,最核心的问题就是"大幅度降低吨油成本",而"大幅度降低吨油成本"的技术创新必须搭乘"智能化"这趟快车。智能化,主动把握新一轮信息技术特点和趋势,加快物联网、大数据、云计算、移动 APP、人工智能等前沿信息技术与传统油气生产深度融合,实现最大程度的自动化和智能化,优化决策,从而提高作业效率、降低成本、减少非生产时间、提高产量和采收率,实现在油气资产项目整个生命周期的价值链优化,提高全员劳动生产效率和整体竞争实力,从长远应对"低油价严冬期"。

关键词　智能化,低油价

2020 年 4 月,美国 WTI 原油一度大跌近 30%,至 12 美元/桶关口下方,布伦特原油失守 20 美元关口,时至今日,国际油价也一直维持疲软态势,加之年初以来的新冠肺炎疫情全球蔓延,中国石油面临双重"大考",其上游业务利润大幅下滑,多数油田已处于亏损状态,中国石油从上到下进入了"严冬"时期。如何应对低油价的挑战与考验,实现质量效益发展,成为石油行业上游业务迫切需要解决的问题。

随着信息时代的经历、智能时代的来临,国家和企业的发展方向也有了一定的改变。每个行业的革命性变化均来自于信息技术的融入。能够把信息技术融入到石油行业,发挥数据的基础资源作用和创新引擎作用,以智能化手段打造智能化油田,用智能化来驱动科技跨越发展,这样不仅能够为油田企业的转型发展提供一定的支撑,同时还能够推动油田企业应对长期、常态化的低油价冷冻期,能够得到长远持续发展。

1 低油价震荡常态化

1.1 目前低油价形势

今年,国际油价出现断崖式下跌,根据分析,出现暴跌,主要反映两方面原因,一个主要是全球疫情的快速蔓延,原油需求断崖式萎缩,原油库容继续趋紧,5 月合约事件仍在市场发酵;二是市场之所以波动如此剧烈,主要是原油市场仍有一些主要投机力量。本轮国际油价下跌有着速度快、冲击大、供需双向压力的特点,是自 2002 年以来最严重的下跌,比 2008 年、2014 年两次下跌的情况严重得多,对油企的影响也是前所未有的。专家预测,未来一段时间内,国际石油市场大概率处于低油价状态,石油行业进入低收益、高风险的运行状态。

1.2 低油价震荡常态化

油价是油气行业自始至终关注的重点。原油作为一种商品,总体上应符合市场规律的基本供需平衡规律,但同时与宏观经济、地缘政治紧密相连,因此,笔者认为动荡的油价是永恒的。纵观近十几年的国际油价,波峰波谷,波峰波谷,低油价的低谷期频频出现。因此,我们不难看出,低油价的震荡将会是常态化的。

大家还记忆犹新的是 2008 年的油价,出现了断崖式下跌,2009 年迅速反弹。在这之后十年,如图 1,从 2010 年至 2020 年的原油期货 K 线图中不难看出,10 年内,包含今年,油价又出现三次波谷。期间,即 2011—2014 年,油价近 4 年的稳定显得异乎寻常。但在 2014 年断崖式下跌之后,油价没有如 2009 年那样迅速反弹,而是在近 3 年的时间里都在相对低位震荡、徘徊,因此,油价长期低位震荡或许是从业者不得不面对的"新常态",油企从业者不能将希望寄托在油价的快速攀升之上。

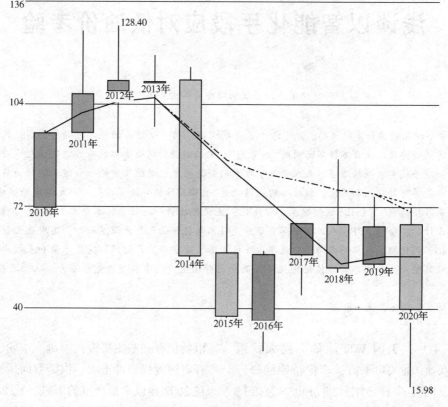

图 1　2010—2020 年原油期货 K 线图

2　为什么要用智能化手段应对低油价

2.1　美国非常规油气工业案例分析

我们分析过去两次油价大跌（2008 年、2014 年）期间的美国，即从 2006 年到 2016 年，美国推动并实现的"非常规革命"，影响深远，它彻底改变了油气行业的资源基础格局。美国非常规油气工业在油价低谷"漫漫寒冬"中表现得非常坚韧，因此，研究美国非常规油气工业的成功经验，具有非常重要的价值。

首先从市场角度分析美国油气情况。在2008 年油气价格崩盘之后，美国天然气价格就长期在低位宽幅震荡，并呈现出逐步走低的趋势。当大家专注于油价时，一个可能被人们忽视的重要事实是美国石油开采作业者已经从 2008年天然气价格的"断崖式"下跌以及较长期的低气价中积累了相当丰富的应对经验。

再来分析 2016 年美国油气生产情况。如图 2 所示，至 2016 年 9 月，在油价暴跌之后美国油井钻机数量急剧减少，但原油产量并未因此暴跌而是保持了相对稳定（图 2）。美国本土天然气价格"崩盘"从 2009 年开始，但在长期低气价的

严峻挑战形势下，美国页岩气产量保持了相对稳定的发展势头，2015 年产量是 2010 年的 4 倍以上。2016 年气井钻机数量与 2015 年相比，下降了一半以上，但页岩气产量却保持相对稳定。在钻机数量大幅度下降的情况下，美国油气产量表现出惊人的韧性和良好的发展势头[2]。

美国在低油气价格条件下实现非常规油气效益开发的关键性措施可以概括为开发战略的转变、不断的技术进步，从而实现大幅度提高产能，进一步降低生产成本，最终大幅度降低吨油成本。因此，技术进步、技术创新是长远应对低油价的一个极其有效的战略。

2.2　用技术创新降低吨油成本是应对低油价的总体方向

北美非常规油气工业具备了一定稳定健康发展的基础，技术和管理的创新是北美非常规油气开发应对长期低油气价格的关键，值得借鉴。本文着重从技术创新来讨论应对低油价的手段。

面对油价可能处于长期相对低位的这种格局，就不能回避原油生产成本问题。如表 1，20个国家的桶油成本对比和每日生产油的桶数，结合两列数据来看，基本能够反映原油开采成本相

对的总体格局，全球除中东之外的其他地区面临的一个核心挑战就是如何在长期低油价下保证充足的产量及足够的赢利能力，从而推动行业长期可持续发展。这是我们探讨技术创新的行业大背景。

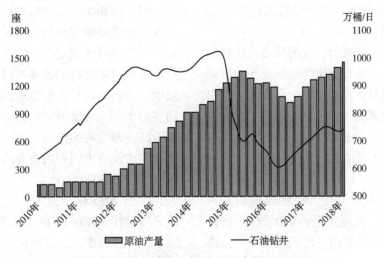

图 2　美国原油产量和美国油井钻机数量

表 1　20 个国家的桶油成本对比和每日生产油的桶数

序号	国家	地区	产油成本/（美元/bbl）	产量/（bbl/d）
1	英国	欧洲	$52.50	1000000
2	巴西	南美	$48.80	2587000
3	加拿大	北美	$41.00	4264000
4	美国	北美	$36.20	10962000
5	挪威	欧洲	$36.10	1517000
6	安哥拉	非洲	$35.40	1593000
7	哥伦比亚	南美洲	$35.30	886000
8	尼日利亚	非洲	$31.60	1989000
9	中国	东亚/东南亚	$29.90	3773000
10	墨西哥	北美	$29.10	1852000
11	哈萨克斯坦	中亚	$27.80	1856000
12	利比亚	中东	$23.80	1039000
13	委内瑞拉	南美	$23.50	1484000
14	阿尔及利亚	中东	$20.40	1259000
15	俄国	欧洲	$17.20	10759000
16	伊朗	中东	$12.60	4251000
17	阿联酋	中东	$12.30	3216000
18	伊拉克	中东	$10.70	4613000
19	沙特阿拉伯	中东	$9.90	10425000
20	科威特	中东	$3.60	2807000

根据 2019 年 7 月 15 日中国自然资源部发布的《国石油天然气资源勘查开采情况通报（2018 年度）》显示，我国陆上和浅海的常规油气资源潜力已经比较有限，更为丰富的油气资源来自于超深层和非常规，如超深层碳酸盐岩、致密油、致密气、页岩气等，2018 年完成了致密油气、页岩气、煤层气等资源关键评价参数研究。首次开展了油气资源经济性评价、油气资源生态环境风险评价，首次针对陆域深层开展了油气资源评价，报告末尾的探索创新方面显示出对我国四川、重庆、黔北等页岩气的期望，长庆油田也拿到了 300 万吨页岩油试验基地的研究，这些未来都将是我国油气从业者的主战场，但不同资源类型对技术需求的跨度极大，如超深层自然需要高精尖技术，对于常规资源，资源探明储量的有限度和开采技术进步之和已经到了一个瓶颈期，而对于超深和非常规资源的开采技术又不是一蹴而就。

综合分析，中国油气资源开发的技术特点概括起来是：油气资源品质下降，油气藏复杂性增加，对技术的要求越来越高，油气项目投资规模逐渐加大，需要较高的技术经济指标和投资水平，而价格不稳定性在增大，可能长期处在相对较低的水平。同时其他能源的竞争也日益激烈，全球油气市场环境及地缘政治的不确定性也在增大。要确保各种资源能够有效动用和开发，最核心的问题就是"大幅度降低吨油成本"，这是对技术创新总体方向的必然要求。

2.3　智能化是实现降低吨油成本技术创新的主动力

我国油气资源复杂，各种非常规油气资源要

实现有效开发需要更高的技术经济指标，提产是实现各类复杂油气藏和非常规油气藏效益开发的基本任务，因此技术创新的总目标是降低吨油成本。而"大幅度降低吨油成本"的技术创新必须搭乘"智能化"这趟快车。

正如大家已经感受到的，人类社会正在从信息化、数字化时代迈向智能化时代，围绕数字而产生的各种产品、服务、工作和生活方式等层出不穷，我们已经能够感受到智能交通、智慧医疗、智慧教育、智慧金融等等所带来的更加主动、贴心、便利的生活体验，伴随身边的一切都在发生剧烈的变化。在这些巨变背后，是基于数据的新技术和新兴技术产业，通过互联的设备和传感器，智能分析、快速反馈，如大数据分析、人工智能、云计算、物联网、虚拟现实等等，将来更多的令人耳目一新的技术和应用还会不断涌现。这些技术和与之相关联的模式，在通讯、航空、医疗、制造、研究和媒体等行业正在或者已经取得巨大成功，智能化所实现的提质增效正在释放巨大的效率红利，这一切的幕后推手是由数据、计算力和算法所驱动的智能化。已成功融入智能化的行业的经验和教训为油气工业全面进入数字化、智能化时代提供了借鉴。油气行业后来居上不是不可能的，因为已经积累了海量的数据，而数据，正是那些新技术和新兴技术产业发挥作用的基础。因此利用这些海量数据、信息化、物联网、自动化实现的智能化是长期低油价下技术创新的主动力。

3 应用好智能化手段

3.1 选择智能化手段的必要性

作为国家、企业都不可或缺的新型技术手段——智能化，用它来作为油田行业技术创新的主动力，基于数据的各种新技术和新兴技术产业，能够帮助油田行业的传统技术实现二次跨越，油气田开发高度自动化和智能化，提质增效，是大幅度降低吨油成本的最佳手段，从而实现获得最大回报。

回头看看长庆油田刚走过的数字化时代。自2009年开始，长庆油田大规模建设了数字化系统，2013年应中国石油公司同步规划建设了油气生产物联网，数字化油田发展到2019年，长庆油田智能化油田专题讨论会后，标志着长庆油田的数字化时代正式转入智能化时代。这10年，长庆油田建成了数字化油田，从最初以井、站、管线组成的基本生产单元的生产过程监控为主，完成数据的采集、过程监控、初步数据动态分析，该油田数字化管理的实质就是将数字化与劳动组织架构和生产工艺流程优化相结合，按生产流程设置劳动组织机构，实现生产组织方式和劳动组织架构的深刻变革，把油气数字化管理的重点由后端决策支持向前端的过程控制延伸，最大限度的减轻岗位员工的劳动强度，提高工作效率和安防水平。这个时间段，正好是长庆油田大发展阶段，即发展大油田，建设大气田，把鄂尔多斯盆地建设成中国石油重要的油气生产基地，实现油气当量 5000×10^4 t 时，用工总量控制在7万人，时至2013年，长庆油田实现了 5000×10^4 t，油气当量在 3000×10^4 t6万人的用工总量上仅增加了1万多的用工，这样的巨大成就主要来源于长庆油田的数字化手段。利用数字化建立覆盖全公司各类井场、站场和管道的规范统一的数字化生产管理平台，实现数据自动采集、远程监控、生产预警，支持油气生产优化管理，通过对生产流程、管理流程、生产组织方式和组织机构的优化，促进生产效率和管理水平的提升。

飞速发展的数字化世界，将会催生新的营运、管理和商业模式，使油气工业发生天翻地覆的变化；将能确保用有限的人力和资源，有效开发各种油气资源，支撑对油气的需求。通过高度的集成化、自动化、智能化，充分提高作业效率、大幅度降低非生产时间、降低日常营运流程或工作流以及相关的效率成本及维护成本。

3.2 以智能化手段实现创新发展

智能化，首先仍然要坚持对各专项或单项技术运用专业性理论和知识进行技术革新；同时对它们进行一体化集成，发挥总体技术方案的作用。充分利用与数字、数据相关的技术，如数据湖、大数据、云计算、人工智能、工业互联网等，提高仪器和设备的自动化及智能化水平，优化日常性操作流程或作业流程。通过传统专业技术与现代数字技术的结合，实现传统技术的革新化、集成化、自动化和智能化，实现传统技术的再次跨越。

其次，数据分析，可以包含从基本到高级的若干层次。不论采集了多少数据，单纯的数据采集、存储、归类和报告，不是真正的数字化和大数据分析，更谈不上智能化。真正的大数据分析，就是要把大量的个人知识和经验，转化为可重复、可继承的知识，尽可能减少人工输入，提高自动化和智能化决策能力和行动能力。将数据分析从基本层次提高到高级层次，进行大数据的挖掘应用，避免成为大数据时代的数据"泼留希金"的必由之路。

第三步，基于专业理论驱动大数据分析的高度自动化，从而以智能化手段促使油田跨越性发展。如图 3，大规模应用的各种传感器和传感技术，从地下到地面、从井口到终端的各种地质、工程、设备相关的数据，在专业数据湖里被实时采集、存储、分类。这些数据，再用科学的方法进行分析，用专业理论进行进一步解释和建模，充分结合数据科学及其相关的理论和技术，使大

量需要人工干预的任务、过程实现最大程度的自动化和智能化，大幅度提高分析和优化的速度，使决策能够具有"先见之明"，尽量避免"后知后觉"，最终形成以专业理论驱动的大数据分析体系，使井位规划、地质导向、钻井工程、油气井动态、油藏分析、安全环保、设备和油气井维护、有利区预测、区块评估等各种任务、过程，实现最大程度的自动化和智能化，优化决策，从而提高作业效率、降低成本、减少非生产时间、提高产量和采收率、降低安全风险、减少用工数目，实现在油气资产项目整个生命周期的价值链优化。

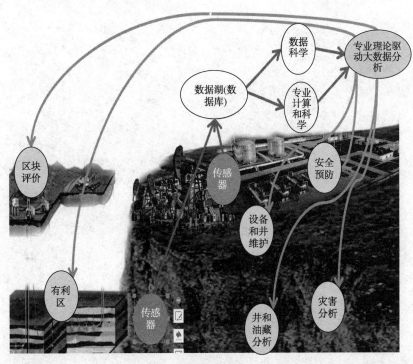

图 3　智能化油田示意图

4　总结

4.1　体会

受信息技术的飞速发展及国际油价大幅下跌的双重作用，当前油田企业的信息化建设的重心是将不断涌现的信息新技术运用到油田信息化建设中去，为油田企业转型发展提供有力支持。因此，从油田信息化发展实际状况出发，进行新型信息化技术引进，建造智能化油田，对油田企业应对长期、常态化低油价的考验，并稳定延续发展有至关重要的作用。

在长庆油田，当下应该认真贯彻落实集团公司"共享中国石油"战略部署和油田公司 2019 年智能化油田建设专题研讨会精神，加快物联网、

大数据、云计算、移动 APP、人工智能等前沿信息技术与传统油气生产深度融合，促进油气田生产方式和管理模式由传统的人工作业、现场值守向无人化生产、无人值守转变，驱动公司数字化转型、智能化发展，大幅度降低企业运行成本，提高全员劳动生产效率和整体竞争实力，提高技术创新能力，从而应对眼前这个"低油价严冬期"。

4.2　结束语

创新驱动发展，数据赋能未来。长庆油田经过十余年的数字化建设应用和智能化探索，数字化已全面渗透到油气田生产运行、技术分析、安全环保、经营管理等各方面各环节，特别是数字化、自动化技术与油气工艺流程、设备设施一些

融合，已经很大程度改变了传统生产方式和运行管理模式。随着长庆油田 2019 年智能油田建设的"326"规划设想和"三步走"的建设思路的提出，大力实施数字化、智能化发展战略，我们应该主动把握新一轮信息技术特点和趋势，争取信息化领先优势，以全面建成数字化、智能化油田为目标驱动，开展融合创新与集成应用，充分利用信息技术创新的扩散效应、信息和知识的溢出效应和数字化技术释放的普惠效应，实现在提质增效主题下，从蓝图到路径，从蔚蓝到深蓝的转变，从而达到应对低油价游刃有余的目的。

参 考 文 献

[1] 唐玮、冯金德. 油田生产经营应对低油价的思考及建议［J］. 石油科技论坛, 石油工业出版社, 2016, 02.

[2] 鲜成钢. 长期低油价下油气技术创新目标与方向探讨[J]. 石油科技论坛, 石油工业出版社, 2017, 4.

[3] 马建军, 孟繁平, 安玥馨, 等. 油田数字化系统维护培训教材[M]. 北京：石油工业出版社, 2019.

双高区管道应力与振动在线监测研究应用

苟景卫　王　良　左一楠　李　丹

（中国石油长庆油田公司）

摘　要　文章介绍了一种适应于长庆气田的高风险高后果区域管道远程管理方法，分析了目前气田长输管道管理存在的问题，剖析了管道管理的生产需求，详细介绍了如何应用多种传感器采集技术、摄像头视频无线远传技术、管道三级联锁技术形成一套全面的管道管理办法，提升管道管理的实时性、完整性、安全性，降低人工巡护的工作量，最后对应用效果进行了综合评价。

关键词　高后果区，管道管理办法，三级联锁

管道输送作为天然气开采利用最为主要和普遍的运输方式，运输介质具有高压力、易燃、易爆、易中毒等特点，沿途除了不同地质环境、地理位置因素外，穿越河流、村庄等情况也较为普遍，管道易受到自然灾害、地质灾害以及第三方施工等影响，尤其长庆大部分输气管道处于黄土高原等易发生泥石流、山体滑坡的环境，依赖人工定时巡检，难以及时发现安全隐患。

管网系统还有持续作业的特性，一旦管道受到损坏发生泄漏，不仅会影响天然气正常生产，而且极易破坏环境甚至引发火灾、爆炸等重大安全事故，导致人身伤害和财产损失。如何加强管道运况管控，有效预判、预防输气管道事故，降低风险或事故影响，是石油天然气企业所面临的重大课题。

1　运行现状及存在问题

结合管道完整性管理，分析目前管道安全运行面临风险主要表现在以下四个方面：

人工巡检难以满足时效要求。长输管道干线支线交错，常常达到成百上千公里，路线复杂、地势起伏，管道巡护工作量巨大，而气田用工形势也不容乐观，依靠人工巡护在效率上难以满足量的要求。而且人工巡护本身存在周期性，局限性，片面性，受时间、视角、气候制约，在效率上也难以满足质的要求。

第三方入侵难以及时发现。位于道路、农田、村庄甚至是荒漠之地的管道，长期受到开荒平地、山林绿化、盖房等距离管道5米以内的各种施工作业入侵，作业过程难以及时发现、快速制止，导致管道铲破，发生安全环保事件、

事故。

隐蔽环境变化缺乏检测手段。黄土高坡土质酥松，雨雪及大温差变化天气易引发山体滑坡，河流冲刷易导致河道变化，导致山沟地埋、河流穿越等环境下的管线屡发地表下土壤支撑流失、高落差底部悬空、河床处发生位移等情况，导致管道发生微形变、应力发生变化，给管道安全运行带来威胁。

管控措施不适应当前管理需求。目前管道运行状态仅依赖上下游压力、流量来辨识，异常情况依靠管道中间阀进行分段控制，而管道阀长期处于开状态运行，控制动作难以保障，异常情况下事故状态可能失控的隐患较大。

2　技术思路与对策

管道缺乏实时监测技术，核心在于对管道运行状态进行量检测，以替代人工现场巡查、测量，提高管道的管理能力，同时对各类参数进行实时监控、有效告警，在状态发生变化进行精准问题提示的基础上，还需要有针对性的控制事态扩大的策略。

2.1　管线地表变化监测

为了减少人工对高危高后果区的巡护频次，提高对双高区管道管控能力，快速掌握现场情况，对高风险高后果区域重点管段采取视频监控，对阀室清管站压力实现全面数据远传。监控人员可以通过远程操控球机旋转，捕捉现场环境动态，判断是否存在积水、塌陷、入侵等危险情况。当管道管理系统监测到数据异常时，也会主动发出告警，打开视频监控界面(图1)。

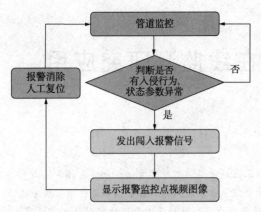

图 1　视频监控工作逻辑

2.2　第三方作业入侵监测

2.2.1　振动监测

（1）振动传感器工作原理：压电陶瓷晶体能够感应加速度，在晶体表面感应出相应的电荷量，在传感器内部集成了电荷放大器（IEPE），直接输出 $-5 \sim +5V$ 的电压信号，通过电压变化即可反映振动速度的变化。

（2）实验效果：前期实验采用振动传感器监测管道水平和垂直方向的振动速度来判断是否有车辆通过，通过一段时间的试用发现，振动传感器监测灵敏，当有车辆经过时会产生明显的高值，能够反应车辆入侵信息，但是当管道位于经常有车辆通过的桥梁、铁路、国道下方或者两侧时，振动变化过于频繁，不易于系统精准判断车辆入侵。

2.2.2　地磁监测

（1）地磁传感器工作原理：地磁传感器是利用地球磁场在铁磁物体通过时的变化来检测是否有车辆通过或者停留的，当车辆通过传感器时，磁场发生变化，由于霍尔效应，磁场变化引起传感器内电压变化，即可判断是否有车辆入侵。

（2）为了解决振动传感器存在的过灵敏问题，引入在停车场以及交通系统中使用较多的地磁传感器，通过感应磁场变化识别是否有车辆入侵；当监测到有车辆入侵时，系统可以发出告警，并且提示打开摄像头监控画面，监控人员可以通过视频确认现场情况，使用扬声器对现场人员发出警告。

2.2.3　方法对比

（1）振动监测：监测灵敏，监测范围广，同一个监测点只需要两个传感器，分别测量水平和垂直振动速度，更具经济性，但是对于经常有车辆通过的监测点，测量值变化过于频繁，预警频发，不易于精准判断车辆入侵，适用于车辆较少的农田、河畔，坡地。

（2）地磁监测：监测更具针对性，不对未通

过感应区域的车辆产生反应，为了保证管道各个方位的地磁监测，往往需要多个发射器和接收器配合使用，价格相对振动传感器较高，适用于国道旁、桥梁下的易施工区域。

2.3　隐蔽环境状态变化

（1）应力监测原理：山体滑坡、地表下管道周边地理环境变化、河床影响等因素，必然导致管道发生微变形。应力产生应变，在管道设计时，根据其材质和结构规定了应力承受上限，所以只要测得管道应力变化，就可以判断管道是否出现微变形。使用振弦传感器测量管道应力，根据 Q/SY 2013—34《长输油气管道滑坡灾害监测规范》设定三级预警，实现管道隐蔽状态变化的实时监控（图 2）。

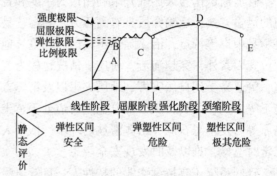

图 2　应力应变曲线

（2）振弦式传感器工作原理：随着加在传感器内部振弦两端的作用力不同，振弦的共振频率也会发生变化。通过不同频率的脉冲来激励振弦振动，引起振弦的共振，测得其共振频率，就可计算出传感器的受力情况。

2.4　异常状态联动截断

为了有效防止或控制事故状态，结合生产区域特性，将事故管控划分为管道上下游阀门、管道及上下游站点、生产相关区域等三级区域，进行分级联动连锁控制。

集气站作为最小范围联动控制，管道阀门本体控制器始终对压力 10s 内变化进行对比，当压降速率大于 0.5MPa/10s 时，立即发出关阀指令，并在人机监控界面告警提示。

在气田生产流程中，往往有多个集气站外输沿途汇总到一条管道向下游输气，为了确保类似的区域在下游管道关闭后，引发超压等事件，当管道发生异常情况时，将管道阀门动作与上下游阀门进行联动：即当压力变化触发本地阀门关闭时，监控中心根据该阀门状态信号发出指令，令该管道沿途上下游阀门立即全部关闭，阻止上下游气体向泄漏区流动，提高管道整体控制能力（图 3）。

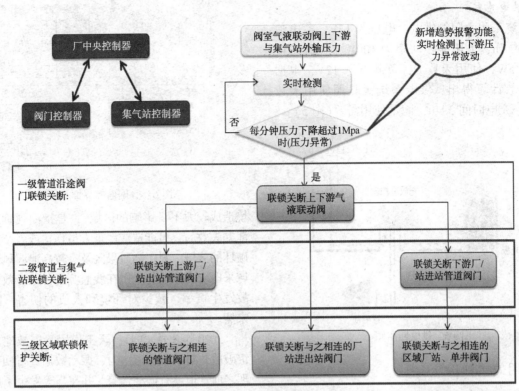

图 3　三级联锁逻辑

3　系统结构

3.1　系统构成

系统由三个部分组成，分别为：管道监测、三级联锁、视频监控，通过移动 4G/APN 专网进行通讯。中央控制器采用 BB CONTROLWAVE 控制器进行开发，与现场控制器采用 MODBUS 协议通讯，采取主从通讯模块化程序开发方式。实现数据的集中分析，指令的逐级下发(图 4)。

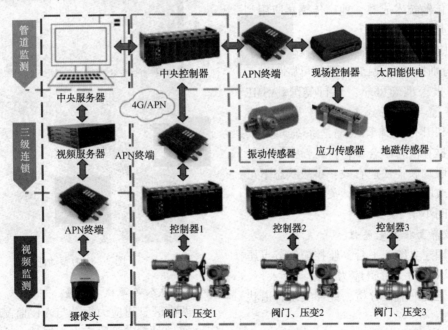

图 4　系统构成

3.2　数据传输

采用移动 4G/APN 实时传输，具有安全性高、部署快、调试方便等优点；由营运商提供的 13 位数据卡构成专网，可与生产网安全通讯。根据系统参数和数据刷新率，计算年数据量为 5.37GB，可满足使用需要。

3.3 供电系统

系统采用太阳能供电,电压为12V,蓄电池为100A·h,太阳能板功率为100W,负载功耗约为2.5W,使用天数 D,负载电压12V,根据系统参数计算得出:供电系统无日照使用天数12.5d,充电时间3.4d,满足使用需要(图5)。

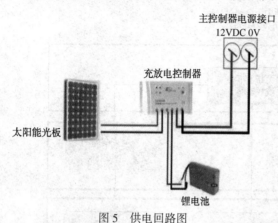

图5 供电回路图

4 应用效果评价

管道应力与振动在线监测研究应用提供了一种实时的、智能的、可靠的管道管理办法,是管道完整性管理有效技术手段,有助于提升两高区域管线安全管理水平、降低巡线作业成本、提高管道安全隐患预警能力。

4.1 技术先进性、可行性

(1)视频传输技术成熟,地磁传感器应用到管道入侵监测具有创新性;

(2)管道应力、振动数据采集精度较高:应力、振动信号误差分别为±1με及±5%,数据可靠性强;

(3)三级报警准确可靠:执行美国《ASME B31.8气体传输与管道分配系统》及《ASME B31.4液态烃和其他液体管线输送系统》标准,应力、振动数据算法科学合理;

(4)管道联动联控快速有效:事故状态下可接收一键关停或联锁保护指令,关闭管道上下游阀门,响应时间小于10s。

4.2 管网监控界面提升完整性

对管道管理建立统一平台,监控输气节点压力、阀室上下游压力、管道应力、振动、入侵、视频信息,便于统一监控分析,能够实现管道状态的全面管理。

管道应力与振动监测预警平台如图6所示,监控界面实时发布应力值及振动速度等数据,根据监测值变化设置了绿、蓝、黄、红等预警、告警提示。

4.3 预警监控能力提升安全性

高后果区定义为"管道泄漏后可能对公众和环

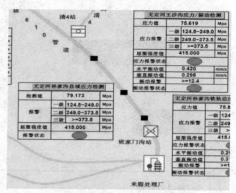

图6 管网监控界面局部图

境造成较大不良影响的区域",是指油气管道发生泄漏失效后,可能造成严重人员伤亡或者严重环境破坏的区域。对于高后果区及有较高泄漏风险的区域采取应力振动与入侵在线监测,可以有效降低事故发生概率,减少对环境和人员的伤害,防患于未然。

2020年3月12日,天王塔段管道被地方作业铲破后,对该段管道应力、振动数据进行回访,发现之前管道就有振动告警,并在当天发生了应力告警,从图7历史曲线明显可以看到,地方作业期间,管道所受应力和相应的振动出现了高值。

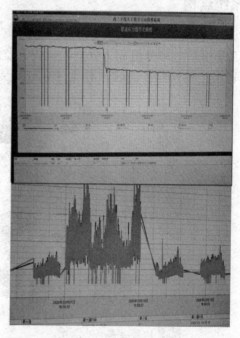

图7 应力振动曲线

4.4 降低人工巡线工作量

两高区管道应力振动与入侵监测系统运行稳定,通过对重点管段应力、振动、地磁数据的实时采集,结合视频监控现场情况,三级联锁控制现场状况,试验区域可减少人工巡线80%以上,节省车辆及人力,实现了管道在线监控,推进了智能化气田建设。

天然气处理厂智能应用提升与效果

苟景卫 苗 成 左一楠 王 良

(中国石油长庆油田分公司)

摘 要 处理厂作为天然气集中汇聚、外输的关键环节，脱水脱烃、水处理与回注以及外贸交接等工序相对复杂，部分作业过程人工操作频繁，自动化系统安全运行关系到工艺安全、外贸交接的可靠性，生产过程出现故障需要准确定位快速处置。随着投产时间延伸，这些问题更加突出，为此在生产、运行、安全三个方面对天然气处理厂进行自动化、信息化管理升级，实现了处理厂智能化控制应用的全面提升。

关键词 水处理，三维可视，工艺流程虚拟化可视，防雷预判

第二采气厂所辖气田为凝析气田，天然气处理的核心内容就是将开采出来的天然气中的水、凝析油等杂志进行分离，确保气质达到国家二级标准要求，保障管输平稳和下游用户安全用气。

在富含凝析油条件下，天然气脱水脱烃产生的采出水处理量变化幅度大，处理过程相对复杂，尤其是回注指标必须达到水质含油与杂质标准，处理装置的液位、温度等参数的控制依赖人工操作阀门控制，复杂程度带来的劳动强度不堪设想；处理厂的控制系统作为整个气田 SCADA 系统的很小的组成部分，需要与各级应用交互数据，控制网与生产网程互联互通状态，网络安全防护亟待加强。同时，处于野外环境的处理厂，员工更新速度快，对地下管道流向的掌握程度往往影响应急事件的处置效率，迫切需要采取新的技术，帮助所有人员在异常情况下的判断故障位置、实现快速处理。

在当前加快两化融合的国际国内大环境下，采取智能化手段、充分融合现场实际需求来化解处理厂所面临的问题，提升生产运行的安全性、便捷性和可靠性，降低网络影响风险、提高现场虚拟化可视能力，就显得十分必要。

1 天然气处理厂运行现状

经过多年发展，第二采气厂目前共有榆林、米脂、佳县、榆阳、神木第二处理厂共五座天然气处理厂，逐步形成了以榆林天然气处理厂为核心外输点，其他各天然气处理厂分管各自片区的天然气集输流程。

随着长庆油田二次加快发展，采气二厂连续规模开发建设，3 年来产量持续以 10 以上规模增长，为保障新投产、保障用工，实现定员上产目标，经过多次人力资源盘活，各处理厂现场工序复杂频繁作业、随设备老化维护量增加、满负荷运转应急保障等工作的紧迫性、人员短缺的矛盾逐步加剧，同时，由于现场技术应用与管理水平没有达到技术发展需要，造成简单事情复杂化，员工需时刻注意生产动态、随时处于紧张状态，导致员工值班期间十分疲态，休息难以保障，为生产安全、员工健康埋下了隐患。

2 智能化提升需求分析

结合处理厂运行管理需求，经广泛调研，迫切需要降低员工工作强度、提高监控应用水平、提升设备安全平稳运行能力等方面，采取智能化管控技术，保障安全生产、平稳运行。

2.1 *劳动强度源头*

2.1.1 现场阀门操作频次高

气田采出水处理环节阀门操作频次高，需要根据常压塔塔底液位、温度以及塔顶温度不断调整进塔原料流量以及加热蒸汽流量，因工况变化复杂，导致各流量控制阀需要不断调整。

水处理系统建设时，控制系统采用了液位、温度自动检测和自动化调节阀门，主要对含甲醇 20% ~ 43% 的气田采出水进行精馏提浓，后来更换常压塔后，液位等测量、控制参数发生变化，处理量也与之前发生巨大变化，由于各参数关联性复杂、相互制约、相互影响，导致目前甲醇回收装置的进料量、塔底温度、塔底压力、塔顶温度、塔顶压力、回流量等运行参数完全由岗位员工操作和控制，装置运行平稳性、回注达标率受岗位人员操塔经验及责任心影响较大。

为了降低员工频繁作业劳动强度、降低监控强度，需要结合塔顶、塔底各类监测数据和现有阀门进行控制系统的全面优化，实现各环节串级智能控制、快速联动调节，替代员工频繁调节阀

门，降低劳动强第。

2.1.2 管理范围增加监控难度

随着开发建设加快，单井、集气站划归处理厂进行统一监控管理的需求和现象增加，原来的站、区、厂三级监控模式不能满足发展需要，导致处理厂监控中心需要分级分屏监控，监控环节不连续，在有限的监控人员配置条件下，统一监控、集中管理存在较大困难，同时也难以及时发现异常情况存在安全风险。

为此，需要将井、站、处理厂分级分类监控有效融合，按照生产流程进行有序集成，满足集中管理需求，降低监控难度，提高监控管理水平。

2.2 系统安全管理需求

2.2.1 控制系统运行环境

由于生产监控和系统管理属于不同范畴，系统管理要有自动化与网络等应用能力，此方面的技能培养、人员配置难以达到现场需求，而系统出现问题的应急处置、恢复直接关系到自动化系统是否有效执行、生产安全能否保障。

控制系统环境安全就可保障系统更加有效平稳运行，因此需要加强机房环境的在线管理能力建设，保证人员缺少情况下系统能够有效运行。

2.2.2 仪表自动化防雷保护

对屡次的累计时间进行总结，雷击事件没有对工艺管道、设备等带来伤害，而受到破坏的主要是电器、仪表、自动化等系统，同时受到破坏后，就导致监控失灵。系统建设中，一般也配套了防雷栅、防浪涌保护等配套设施，但因施工环节复杂、地理环境变换、后期维护保养不到位等因素，导致系统保护逐渐失效。

为了加强系统保护，提升系统安全运行水平，需要加强防雷预警能力建设。

2.2.3 系统网络安全防护

处理厂工业控制网与全厂生产网互联互通，采用交换机连接，病毒防护、DDOS攻击等防御能力差，严重影响控制系统安全运行。随着外贸交接点不断增加，生产网边界数据交互越来越多，数据传输与生产网IP电话、视频监控等应用混合传输，网络应用复杂、管理难度大，安全隐患不断增加。

为了保证系统安全高效运行，需要加强网络安全管理，降低系统保障人员工作强度。

2.3 工艺故障判断与恢复

部分天然气处理厂已经运行近二十年，经多次改扩建、工艺技改，地下管线交错分布，管网系统日益复杂，再加上人员变化频繁，对精准判断异常情况位置、快速组织材料、进行故障恢复带来很大难题。

随着三维信息系统技术发展，对厂区所有设备、管网进行模拟绘制，指导分析地下隐蔽工程问题、快速辨识管网故障提供技术支持就成为新的需求。

3 应用完善

3.1 过程控制优化

3.1.1 常压塔水处理控制优化

结合人工操作频繁的控制目标为对象，选取与水处理质量有直接关系的塔顶温度作为主控制目标，结合塔顶回流罐与进塔原料换热而影响塔底温度的工艺流程，再选取塔底温度作为二次控制目标(图1)，编制串级控制程序来指导蒸汽调节阀开度。

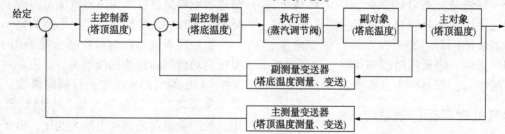

图1 串级控制逻辑

由于常压塔进出料、温度等控制阀门较多，串级调节实现了蒸汽流量调节，但液位受到塔内液体下落、进料流量等影响，进一步采取塔底液位及塔顶温度作为测量元件，对废液抽出调节阀及甲醇回流调节阀进行PID控制优化。通过现场试验，反复调整得出最佳的PID控制参数，结合实际进行多次测试，现场应用研究，不断优化控制程序，得出最终程序，实现甲醇回收装置工艺流程的自动控制。

3.1.2 一体化监控平台

结合气井到处理厂的全流程，重新布局、规划监控界面，根据监控人员和管理需求，完善井站厂监控分类告警与流程界面一体化管理。

通过建立气井生产网与处理厂的独立通信链

路，采用防火墙进行访问控制，利用无线传输方法将井口流量、压力及温度等数据传输至集气站PLC系统，在DCS系统进行统一监控组态，实现单井数据在监控界面的展示。

完善站点与管网示意流程，通过生产网将集气站生产数据集成到分布于各站的PLC系统，建立PLC到DCS的通信通道，实现了DCS监控界面完成集气站数据监控的集成。

通过一体化监控平台(图2)，增加了数据的全面性，提升了操作的便捷性，提高了响应速度，做到及早发现，及早处理。

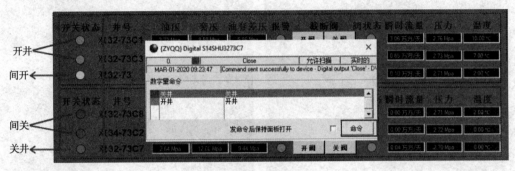

图2　气井监控界面

3.2　系统安全防御能力升级

3.2.1　机房环境实时管理

针对提高机房设备设施运行温度、湿度以及火灾等外在因素干扰的实时管理提升，在天然气处理厂中控室、机柜间及UPS间等重点区域安装感温、感烟及水浸探测器，对温度、湿度、烟雾及水浸进行采集，实现DCS监控界面集成环境状态检测，进行实时报警，为有效掌握机柜间运行状态，快速排查整改消除安全隐患提供了条件。

3.2.2　雷电预警保护

2018年8月，榆阳天然气处理厂共发生三次雷击事件，受损情况见表1，造成直接经济损失近百万元。

表1　雷击损失情况

类型	型　号	数量
仪表类	压力变送器、温度变送器、可燃气体变送器	120台
视频类	监控摄像头	22台
自控系统	串口服务器、ESD系统	1套
安防类	刀片围网报警主机、震动光缆报警主机	1套
设备类	丙烷压缩机控制主板	2块
	空气压缩机控制主板	1块
	转水泵电机	1台
	空压机排风扇风机电机	1台
	地磅(传感器、仪表)	1套
	原水变频稳压装置控制系统	1套
电气类	高压配电柜电动机保护装置	1套
	电力用直流电源监控系统	1套
	变压器数显温控控制仪	1套

为了降低雷击事件对处理厂装置、设备及仪表的损坏，通过雷电预警探测仪实时监测重点场站0~15km范围内的大气电场强度，实时分析计算监测点数据，根据雷云到达时间、闪电发生概率，进行三级预警，提醒生产管理人员提前采取应急措施，避免雷击对场站设备造成损害。

3.2.3　系统网络安全防护

DCS过程控制网与生产网数据交互、操作员站与服务器之间指令传送到信息交互中，各环节未设置访问控制和入侵防范措施，系统安全性和指令的可靠上传下达存在风险。同时随着数字化技术应用加深，系统数据量和应用范围不断扩大，控制系统与第三方设备数据交互也随之增多。

为杜绝相同网段内服务器与操作站之间的干扰，全面加强控制网之外的非正常访问，降低对系统运行可能产生的影响，采用网络安全卫士进行系统分级保护，即在服务器、工程师站、操作站中分别部署数据交互端口保护系统，由安全管理中心调度数据流通方向，并控制非授权网络、IP、用户与系统进行信息交互，提升系统安保防护能力。

对于控制网与生产网的数据单向传输，按照工业控制层与数据应用层的数据单向传输安全管控措施，在控制层向外联接的网络接口处部署工业防火墙，结合防火墙安全策略开放单IP、单端口方式，进行访问控制，防止内部网非授权用户对控制层的访问。

3.3 三维虚拟现实应用

以设计图纸和现场实际工艺流程为基础，检测地面设备设施以及地下管线走向、埋深，利用无人机摄影按比例采集场站工艺布局，完善设备设施尺寸、投运年限、承压范围以及材料材质等基础数据，利用计算机系统开发处理厂整体工艺三维仿真系统(图3)，实现对现场工艺流程、地下地上管线分布与走向、设备安装等进行信息化管理、图形化展示，达到了对处理厂工艺流程进行精细描述的目标。

图3 虚拟现实管理界面与局部放大效果

4 智能管理效果评价

4.1 生产过程控制智能化水平明显提升，员工监控强度、劳动量明显降低

经过不断优化控制参数，对运行后的一个月进行跟踪(图4)，塔顶产品合格含醇量指标≥95%，塔底废液合格含醇量指标≤0.1%，甲醇回收率达到58%以上，塔底废液达标。达到了甲醇回收装置自动化运行的目标，减少人员操作80%，员工劳动强度大幅降低。

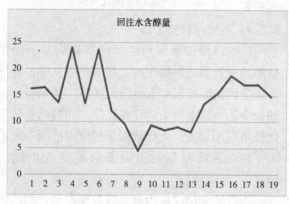
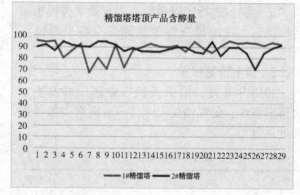

图4 塔顶产品、回注水含醇量检测结果

4.2 系统安全性得到保障，自动化控制安全可靠性得到有效加强

动力环境系统应用不仅将原每天机房巡检转变为每周检查1次，工作量下降85%，而且提高了机房实时管理能力；

防雷预警准确监测场站0~15km范围内大气电场强度，不仅比气象部门数据及时、可靠，而且在30min内准确预警雷云到达时间，便于生产管理人员提前开展应急措施。应用1年来，闪电发生30%、60%、80%概率进行三级告警，事后对比分析，信息准确率在80%以上。

网络防护安全在中石油内部同比，历经熊猫烧香、勒索病毒等多次考验，生产网无一受损案例发生。

4.3 三维虚拟现实应用，为精准判断故障位置、高效指导生产恢复提供了良好环境

三维虚拟现实能够快速还原现场实际情况，根据故障现象可实现第一时间对现场情况作出准确判断。如果地表出现塌陷、渗漏、变形等隐患状况，可直观显示该区域地下管网分布情况，查询每条管线的介质、埋深、壁厚、上下游设备等信息，以及可能发生故障的单体设备、配件以及检维修记录等信息，通过对指定对象或区域的长度、宽度、高度、周长、面积的在系统中进行测

量，得到与现场实际相符的数据，指导现场维护、改造以及新上岗人员培训等工作高效有序开展。

5 取得认识

处理厂自动化应用、系统安全管理以及三维虚拟现实等技术的应用，提高了处理厂生产安全管理效果，但作为天然气处理一个环节，现场操作、用工等问题还需要进一步加强智能化管理技术完善和提高。现场阀门、机泵等控制也需要进一步完善自动化应用。只有将简单频繁重复性工作全部采取自动化控制，处理厂的生产、安全水平将得到进一步提升。

安塞油田无人值守站场自控流程设计与应用

张 鹤 黎 成 赵晓辉 张 蓓 曹 慧

（中国石油长庆油田公司采油一厂）

摘 要 无人值守站的运行，以正常运行情况下可实现远程监控，紧急情况下可实现异常预警，应急联动为出发点。通过监控设备运行的高低限参数，出现异常时自动预警，并自动控制和切换电动阀及电动三通阀，从而实现远程起停泵、远程切换应急流程等功能，并在一定程度上根据缓冲罐液位的高低通过自动变频控制外输泵排量，实现平稳输油，继而达到站点平稳运行的目的。通过自控程序的开发，实现了无人值守站自动控制和应急联锁保护功能，缓解了用工矛盾，减少了员工出入生产现场的频次与操作频率，提升了工艺本质安全。

关键词 无人值守，远程监控，应急联动，降低风险，提升效率

1 概况

随着安塞油田的不断发展，油田开发管理面临着巨大挑战。地面设备设施刚性增长与劳动用工、低效站点与企业提质增效以及新安全生产法实施对油田开发安全环保管控提出更高要求等矛盾日益突出。为盘活劳动用工，提升生产运行效率，降低安全环保风险，2009 年起安塞油田按照油田公司"四化"建设总体思路，积极争取公司政策支持，以高度的政治使命感，全力推进数字油田建设，先后历经"示范引领、全面建设、优化完善"三个阶段，至 2015 年全面完成油田数字化升级改造，步入"数字油田 1.0"时代。新阶段、新征程安塞油田紧密围绕油田公司高质量推进"二次加快发展"目标，坚持先进的信息化技术与主营业务深度融合，大力推进数字化、可视化、自动化、智能化发展，开启了"数字油田2.0"建设阶段。

按照长庆油田"标准化设计、模块化建设"的要求，以解决劳动用工矛盾、提高工作效率、数字化建设为基础，持续完善油田场站地面工艺设施配套以及优化简化低效站点，推广应用"小型化、橇装化、集成化"设备，重组劳动组织架构，调整运行管理方式，实现工艺流程优化和布站层级压减，为无人值守管理提供工艺保障。利用智能决策支持、智能业务协同、智能生产控制、智能云数据湖等计算机软硬件技术，实现油田动态全面感知、油田活动自动操控、油田变化智能预测、油田管理持续优化、油田决策专家辅助。

2 无人值守站场自动控制流程设计

目前安塞油田依托 SCADA 系统对站场运行动态进行远程监控，现场仪表（压力、温度、液位、流量等变送器）将采集到的数据转换为 PLC 可识别的模拟信号、数字信号以及 485 信号后传输至站点 PLC 判断分析，最终输出控制信号驱动外部执行机构动作。

2.1 集输站点无人值守运行状态

通过 SCADA 系统监控缓冲罐液位低限、高限、超高限，泵进口压力低限，出口压力高限、低限，事故罐液位高限等参数，出现异常时自动预警，并自动控制和切换电动阀和电动三通阀，从而实现远程启停泵、远程切换应急流程等功能（图 1）。

（1）正常运行时输油泵采用一用一备，两台泵按照运行周期交替运行，输油泵 1 开启，出口电动阀 1 打开，输油泵 2 为备用泵处于停泵状态，出口电动阀 2 关闭；

（2）电动三通阀处于直通状态，即缓冲罐到输油泵流程导通，事故罐应急流程关闭。

2.2 缓冲罐、事故罐、输油泵应急联动

（1）缓冲罐液位超低限。

缓冲罐液位处于液位超低限时自动停泵，关

闭泵出电动阀，电动三通阀处于直通状态。

（2）缓冲罐正常运行液位。

缓冲罐液位处于正常运行液位时（根据缓冲罐液位高低通过"三段变频"自动调频，控制泵的转速和排量，实现来油和外输油量的动态平衡，达到连续输油的目的）。

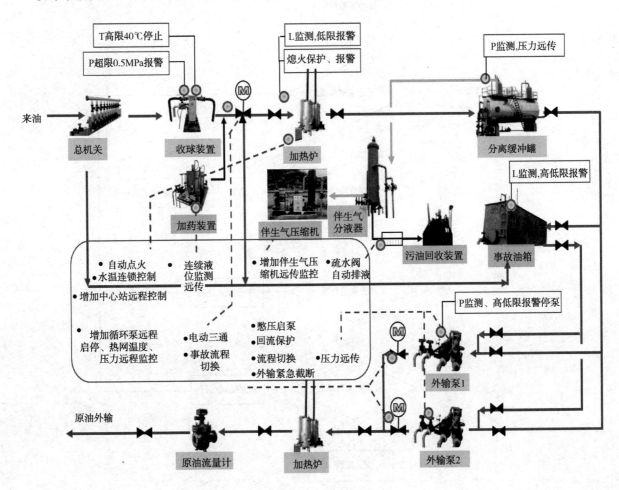

图1 无人值守站点工艺流程图

低频运行：当缓冲罐液位大于正常运行液位低限时，进入自动启泵流程（增加切换泵流程和手动启泵流程），使用低频运行。

中频运行：当缓冲罐液位大于正常运行液位高限时，切换为中频运行，液位降至正常运行液位低限时切换为低频运行。

（3）缓冲罐液位高限。

高频运行：缓冲罐液位达到高限时，当前输油泵高频运行（增加手动启泵控制界面），自动判断缓冲罐液位变化趋势，若液位持续下降至正常运行液位低限时，则切换为低频模式；若液位持续上升，则进入超高限控制流程。

（4）缓冲罐液位超高限。

应急流程：当缓冲罐液位达到超高限时，判断事故罐液位，若液位正常，电动三通阀-事故罐流程自动导通，若事故罐液位处于高限，电动三通阀-事故罐流程不导通，人员现场处置（图2）。

2.3 自动切换泵流程

输油泵设置远程启停开关、运行时间自选功能，由当班员工根据输油泵现场实际运行情况进行自动切换泵操作。

2.4 污油箱和加药装置控制流程

（1）加药装置连续液位监测，低液位报警并自动停泵。

（2）污油箱连续液位监测，对高低液位报警并联锁启停。

2.5 加热炉自动控制流程

加热炉根据油温连锁控制燃烧器及水温使能，超过设定温度则燃烧器调低火焰，低于设定温度则燃烧器调大火焰，并对加热炉锅筒温度及锅筒水位进行超限保护。

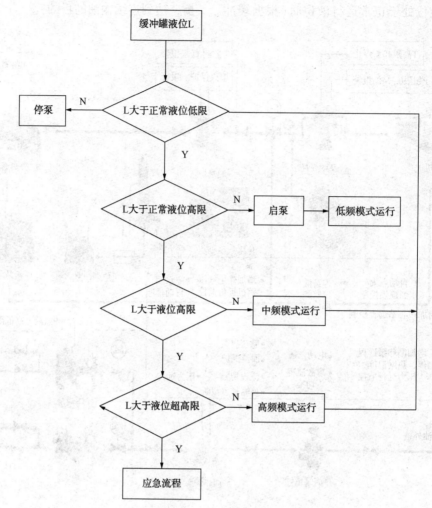

所涉及参数可根据现场
实际情况进行重新设定

图 2 无人值守站点"三段变频"控制流程图

3 应用效果评价

安塞油田外输控制是以缓冲罐液位作为被控对象的基于 PLC 的 PID 控制模式，由于现场运行存在非线性及时变不确定性，使得 PID 控制参数整定难度大，从而导致系统振荡，运行参数频繁波动，参数监控难度大。"三段变频"控制将被控对象缓冲罐液位分为三段，以低、中、高三种固定输油频率控制外输。

目前"三段变频"控制在侯市作业区实施站点 8 座，应用期间控制系统运行平稳，减少了员工出入现场的频次和操作频率，提高了生产运行效率，推动了管理模式的创新。现以侯市作业区侯七转为例进行效果分析，"三段变频"控制实际运行界面见图 3。

SCADA 系统中截取侯市作业区侯七转站点

PID 控制及"三段变频"控制两种控制方式下的输油泵变频频率、外输瞬时流量、外输压力、缓冲罐液位及输差运行曲线见图 4。由曲线对比可看出，"三段变频"变频输油未使用之前，由于缓冲罐液位的非线性、时变不确定的特性，传统 PID 变频控制效果不佳，系统参数运行不平稳，平均每天波动超过 10 次以上，没有实现真正意义上的平稳输油，无法为管道泄漏监测预警提供可靠依据。"三段变频"控制应用之后，变频器频率、外输压力、外输瞬时流量、输差等运行参数基本保持平稳，系统振荡得到明显改善。

无人值守站场自动控制流程在充分考虑原有站点设施和功能的基础上，依靠 PLC 进行现场数据的实时采集与计算处理，并将处理的结果实时显示到 SCADA 数据采集与监控平台，便于员工实时监控现场生产参数,及时处理上位机监控平台的操作指令。实现站内生产过程实时数据全面采集、生产运行状态实时监控、运行管线紧急切断、重点设备远程控制、智能预警报警、应急连锁保护等职能,以确保站场平稳安全生产。提升了工艺本质安全,降低了员工与危险源接触的范围和频次,削减了安全风险。优化了人员配置,有效缓解了油田快速发展与控制用工总量的主要矛盾,真正实现少人高效的运行效果。

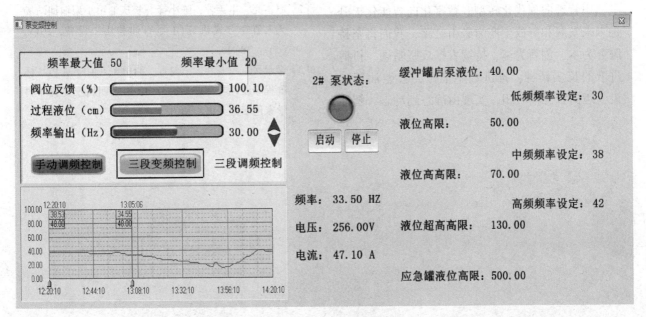

图3 输油泵控制 SCADA 系统控制界面

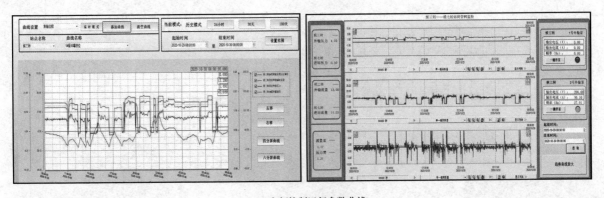

(a)PID变频控制运行参数曲线

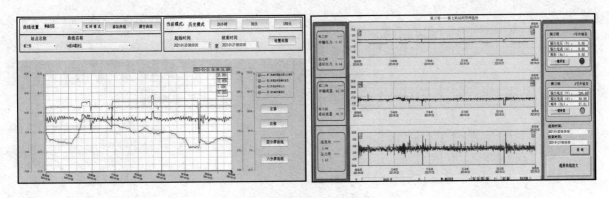

(b)"三段变频"控制运行参数曲线

图4 "三段变频"应用前后效果对比

4 结语

近年来安塞油田大力推进数字油田建设，将数字化融入到安全、生产、管理的全过程，用现代科技信息手段改造、提升石油工业水平，推动了油田管理向现代化转型。数字化向智能化提升是未来发展和解放生产力必由之路，我们将坚持服务为本、创新为魂，持续发扬攻坚啃硬、拼搏进取的长庆精神，推进数字油田、智能油田建设，迈向智慧油气田，实现由静态到动态、智能到智慧、简单到深入、被动到主动的跨越。

参 考 文 献

[1] 刘光起，周亚夫. PLC 技术及应用[M]. 北京化学工业出版社，2008.

[2] 赵雷亮，申芙蓉，陈小锋. 长庆油田小型输油站场无人值守方式研究[J]. 石油和化工设备，2013，(5)：38-40.

[3] 李录兵，刁海胜，王俊青. 油田无人值守站 PLC 标准程序设计与部署研究[C]. 第十四届宁夏青年科学家论坛论文集，2018.

无人值守集气站关键技术研究与应用评价

苗 成 张向京 李 丹 贾婷婷

（中国石油长庆油田公司）

摘 要 集气站在无人值守建设进程中，首先完成天然气生产流程关键环节阀门电气化改造，提高了过程控制自动化应用和安全应急管控能力，但在运行中需要人工赴现场作业依然频繁，集气站本质化安全能力还存在漏洞。通过对操作频次高、安全管控难点进行分析，完成动设备智能化控制设计、试验、推广，对存在安全隐患的各个环节进行监测与联锁控制，无人值守站的智能化运行水平得到全面提升。

关键词 发电机智能启停，供电智能切换，注醇泵远程控制，安全联锁控制

随着气田生产规模快速扩大，集气站数量激增，基于人工方式的日常简单、重复现场操作，不仅工作强度大，而且站点用工总量相对占比较大。按照传统运行模式，集气站用工占比达到30%以上。在定员上产条件下，新建产能气井投产数量与日俱增，老井措施量不断增加，导致用工矛盾日益加剧。迫切需要用自动化手段替代员工频繁简单重复操作，减少集气站用工总量，将有限的人力资源调整到新区投产等迫切需要劳动量的岗位上。

为减少集气站用工，结合工艺流程和生产过程主要操作区域，按照应急情况关停集气站、日常作业人工上站的思路，对所有站点进出站阀门采用气动控制方法进行自动化升级，达到了安全远程可控、减少部分作业的目标，建立了看护站运行模式，实现了集气站平均减少用工35%的目标，为苏里格东区上产、神木一期工程投产盘活用工156人。但集气站供电系统不稳定、注醇泵开关频繁以及夜间照明、压缩机压力控制等情况，导致现场作业量大，看护站驻站员工技能单一，难以保障站点有效运行，需要进一步提升集气站自动化应用水平，达到工艺流程、现场设备运行状况远程监控、智能操作，实现无人值守目标。同时，进一步提高集气站本质化安全管控能力，降低集气站用工总量，为下一步气田新区发展提供人力资源保障。

1 集气站运行现状与技术需求

集气站完成首次数字化应用升级后，单井进站阀门与外输管道出站由手动闸阀升级为气动球阀，在控制应用方面，除了控制系统PLC完善了阀门控制逻辑，并在站点配套完善了手动关停按钮开关，能够在紧急状态下达到一键关停效果。

系统投运以来，开关井作业由原来在井口或站内进行手动闸阀操作，转变为区部监控中心自动化控制。计量和生产分离器排污作业，在液位检测效果保障基础上，人工开关阀门也升级成为设定高低液位、PLC自动完成。气田采出水由原来人工每日液面测量，提升为也为远程集中监控。集气站涉及到的安全、综合治理大的方面，实现了数字化管控。

1.1 存在问题分析

看护站模式运行以来，加热炉、发电机等自用气阀门操作及发电机、UPS、注醇泵等动设备仍需要人工现场操作；站内外发生超压、失压等异常情况时，缺乏智能化的判断与联锁保护措施，导致区部集中管理难度加大，需人工紧密监视站点运行状态，随时做好远程干预准备；现场看护人员，24h值守，随时准备配合监控中心进行现场操作。

具体问题表现在以下几点。

（1）站点外部供电为农用电，品质较差，电压严重不同，高压时达到430V、低压达到260V，站内电压稳压器全量程调节难以达到安全用电要求，并且断电、停电频次高，需要人工随时做好启动发电机的准备。

（2）停电后注醇泵供电继电器自动断开，来电时需要逐个进行闭合、启动，并且随生产情况变化，进行常规启停泵作业。

（3）气动球阀动力源为压缩空气，当压力不正常时可能导致阀门动作失效，因此还需要随时

检查压缩空气压力情况,不断启动压缩机。

(4)站内照明、放空点火等要运行时间、状态,做好配合操作。

(5)单井进站或站内、外输压力异常情况下,需要关闭对应单井进站阀门。或关闭所有进出站阀门,以保障集气站安全可控。

(6)气田采出水及甲醇罐液位实现了远程监控,但液位微变化难以有效察觉,存在凝析油、甲醇等危化品泄漏、流失风险。

1.2 技术需求

为有效改变看护站运行现状,降低现场及监控中心人员紧张情绪,提高设备智能化管理及站点安全本质化水平,根据存在问题,需要从以下几方面提升技术应用。

(1)外部供电与发电机启动有效联动,保障供电系统安全。

(2)动设备远程操作,运行状态在线管理,异常情况告警提升。

(3)单井、外输及站内压力与相关阀门联锁联动,提升安全管控能力。

(4)气田采出水、甲醇存量精准管理,异常在线告警。

2 智能技术研究

以解决存在问题为导向,坚持"简洁高效实用、低投入高收益"原则,利用智能化技术手段,推进看护站向无人值守全面转型。

2.1 设备远程管理

集气站内主要动设备包括发电机、注醇泵、空压机等,常规作业主要有火炬放空点火、站内照明定时开关等,此类设备有个共同点,就是通过电路控制,达到运行或停止目的。

2.1.1 供电状态诊断与发电机自动启停

外部供电经稳压后与发电机供电电压均要控制在380V左右,两路电首先接入总供电柜,由双向切换开关进行供电选择。

外部供电状态与质量管理,需要人工定时检测线电压数值,当线电压处于340~420V范围内,则正常利用外电工作;当电压值超过该范围或为0时,则认为外部供电质量不能满足要求或停电,必须启动发电机供电,同时在发电机预热、电压正常后,利用发电机提供电力。

针对供电检测、发电、切换等作业现状,按照电压检测、发电机启动与停止、供电线路切换的需求进行电气化改造设计(图1):在PLC中开发数据采集控制程序,利用电压互感器进行数字化电压在线测量,异常情况时发出断开外电、启动发电机、等待预热5~8min、切入发电机供电等指令;外电恢复后,自动停止发电机、切换外部供电。

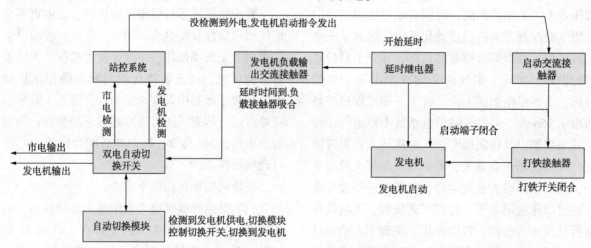

图1 发电机远程启停控制逻辑图

按照电气控制原理,在电气改造中配套对接地搭铁、启动闭合端子、预热时间继电器以及双向供电切换开关进行升级,保障发电机可在空载情况下得到充分预热后进行供电。其中,电源切换有双向手动切换开关升级为自动化控制中,为了保证外电与发电机两个电源互不影响,采用了具有可通信功能的智能化切换开关换产品,提高了PLC逻辑程序根据外电状态自动进行电源供应的安全性,达到了集气站用电平稳、安全目标。

2.1.2 注醇泵/空压机远程启停

注醇泵与空压机控制供电线路采用集成式配电抽屉柜进行管理,由供电抽屉单元向用电设备进行独立供电。在启停注醇泵时,通过操作配电抽屉旋钮开关、断电按钮或现场并联旋钮开关完成作业。

进行自动化控制电气改造(图2),在启动回路中并联启动控制继电器,关停回路中串联接入停止控制继电器,从而达到新装继电器对交流接触器的控制,而继电器则由 PLC 机柜内中间继电器进行控制。

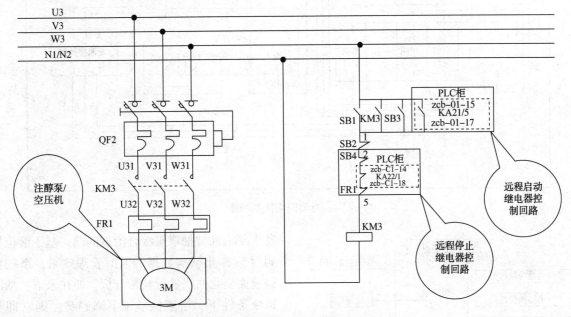

图2　注醇泵/空压机启停控制回路

远程控制操作时,通过监控界面向 PLC 发出指令,PLC 根据下达指令通过中间继电器控制继电器动作,从而达到代替员工现场操作旋钮开关的效果,实现注醇泵和空压机的远程启停。

2.1.3　火炬远程点火及站点与照明自动管理

火炬点火操作是通过控制箱向点火器供电、点火器将 220V 电压升压至 2200~2500V 后,转直流进行放电产生瞬间电火花,在此同时需要打开母火燃料阀,在电火花释放的瞬间点燃母火,完成作业过程。

远程控制改造时,在母火电磁阀和手动点火开关电路中并联继电器(图3),远程作业时,PLC 发出点火器与燃料电磁阀继电器吸合指令,并保持燃料气电磁阀处于打开状态、点火器放电持续 5~10s,如火焰正常燃烧则完成作业;如发现火炬未燃烧,则在 10s 后关闭阀门、点火器,等待 3 分钟后重新执行指令,直到完成点火作业。

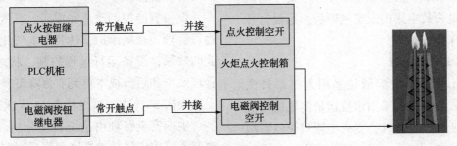

图3　火炬远程点火

自动照明定时控制,在原照明总线电路上串联接入交流接触器,新增时控开关按照设定时间对交流接触器进行控制(图4),实现定时自动照明,完成智能控制升级。

2.2　工艺过程联锁控制

在出站、放空、加热炉、火炬以及发电机等自用气的阀门电气化改造、远程控制基础上,利用 PLC 开发相应联锁保护逻辑(图5),实现了各用气环节压力、状态异常时,程序自动判断、逻辑智能执行、供气管路自动截断,提高了工艺运行安全本质化管控能力。

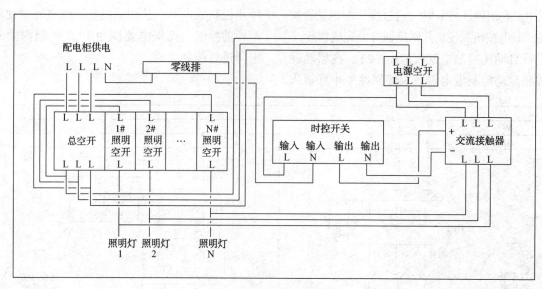

图 4 自动照明控制回路

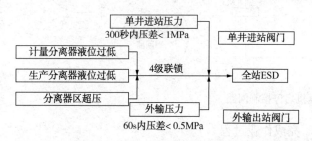

图 5 集气站工艺数字化改造

安全保护采取 4 级联锁自动控制，其中单井进站在 5min 内发生压力降低 1MPa 情况时，系统自动关闭对应单井进站阀门；当分离器液位过低时，自动向排污电动阀前的气动球阀发出紧急关断命令，截断排污流程，确保分离器内气体不外窜；当站内超压或者外输压力 1 分钟降低 0.5MPa 时，关闭所有进站阀门后，完成外输阀关闭，站内是否放空则由人工判断后，远程打开放空阀进行作业。

2.3 采出水与甲醇管理

气田采出水罐与甲醇液位采用人工每日测量、计算方式，尤其是采出水拉运量需要根据液位测量值的变化进行计算，受人工测量误差影响导致计算结果偏差较大，影响凝析油交接效率。

根据采出水罐液体由凝析油、悬浮物和水等多成分构成的现状，选用多界位测量仪进行各成分界面检测，并通过总液位与罐容积进行插值计算，替代人工液位检测和各成本变化量自动计算。

在正常情况下，总液面一般只能上涨而不可能发生降低现象，尤其是液位微小变化时，可能

发生凝析油被抽取等综合治理问题。基于液位检测为 5s 采集一次数据的实时管理效果，系统根据液面变化曲线进行异常分析，即在未下达抽液指令条件下，当液位呈现下降趋势，则立即报警，达到了对液面异常变化的在线管理，提高了采出水与甲醇的综合管理水平。

3 应用效果

经过设备智能管理、过程联锁控制、液位变化智能分析等技术应用，站内主要设备均实现了远程启停操作，站内人工操作基本消除，改造部分控制有效率达 100%，现场操作减少 90%。集气站实现无人值守运行，有效解放了劳动力，为神木、佳县上产再度盘活用工 161 人，保障了新区人力资源需求。

设备智能控制改造完成后，日常操作转变为远程管理、现场维护，达到了电气化替代人工作业的效果，设备运行远程控制、状态远程分析，管理效率和运行成本得到有效降低，平均日减少上站频次 3~5 次，减少作业 15 人次。

生产安全管理由系统自动分析、智能执行，改变了监控人员精神高度紧张、时刻关注数据变化的状态，参数变化采取分级告警、异常联锁，安全预警和安全本质化水平得到全面提升。

气田采出水和甲醇管理，达到了液面异常变化准确告警，实现对告警点预警提示与现场视频的提醒式、电子化快速掌握，综合治理的技防措施与应用水平得到有力提升。

无人值守站自动输油功能优化及应用

万　想　黄显纲　谭海峰　赵利君

（中国石油长庆油田分公司第二采油厂）

摘　要　目前在我厂站库输油过程中，外输泵启停、排量调节、液位检测控制等操作是岗位员工重要工作内容。本文详细阐述了如何利用站库已配套的数字化设备，深化应用"上位机+PLC+变频器"技术架构，对站库输油方式进行整合和优化，形成了"本地手动、远程手动、远程自动（高启低停）、PID连续变频"等多种输油方式，岗位员工可根据站库运行情况灵活选用，实现了原油自动连续平稳输送，降低了员工的劳动强度和安全风险，提升了生产效率。

关键词　PLC，自动输油，变频调速，无人值守

随着信息技术的迅速发展，石油企业对自动化和智能化的需求程度也不断提高。目前油田企业日常生产过程中，原油经过增压点（转油站）简单处理后，统一输向下游站（联合站），增压点（转油站）作为原油转输的枢纽站库，能否连续、平稳、安全的输送原油，是保证站库平稳运行的重要环节。目前传统的手动启停泵的输油方式存在电能消耗大、员工劳动强度大、生产效率低等问题，已不能满足现代企业生产管理的要求。因此，采用自动化控制、计算机集成等技术实现自动连续平稳输油已成为现代化油田企业发展的必然需要。

传统的输油方式是岗位员工根据缓冲罐液位高低情况手动启停泵进行输油，这种方式需要员工实时观察生产情况手动启停输油泵，劳动强度较大，同时可能会出现由于人为疏忽发生溢罐或抽空现象，不能保证平稳运输。为此，利用站库已配套的 SCADA 软件、PLC、变频器、传感器等现有软硬件设备，对目前输油方式进行优化升级，形成具备多种输油方式的综合输油系统，当班员工根据站库情况，灵活选择输油方式。输油过程中无需人工定时手动输油，输油泵的启动和停止、转速大小完全由程序控制，程序能够根据站库缓冲罐液位、外输排量、压力等控制对象自动启停输油泵，并根据来油量大小自动调节输油泵电机转速，实现恒液位、恒压力、恒流量输油，同时降低员工日常操作工作量，有力提升站库运行自动化程度，缓解劳动用工紧张局面。

1　系统架构

根据综合输油系统各部分的位置和信号走向，系统分为三个部分：设备区、控制区、远程监控区，设备区包括缓冲罐、输油泵、电动阀、传感器等等设备，控制区包括 PLC、变频器等设备，远程监控区主要有计算机及组态监控软件（图1）。

信号流程图如图2所示。

整个系统采用上位机监控+PLC+变频器+现场传感器的控制架构。上位机监控采用组态软件，用户通过形象的可视化界面、相应重要现场参数的实时曲线、历史曲线、报警控制等模块来掌握整个外输系统的运转情况；PLC 中输入本系统所需的核心控制程序，能够根据现场液位信号的大小和变化情况经过程序运算后输出的频率和启停信号；变频器接受 PLC 的频率控制信号，直接对输油泵电机进行转速和启停控制。整个系统控制流程清晰，运用了组态技术、PLC 控制技术、变频调速技术等成熟技术，主要实现了三种输油方式。

（1）远程手动，即当班员工通过监控 SCADA 界面参数变化情况，在 SCADA 系统中进行手动启动和停止输油泵。

（2）远程自动，即当班员工根据本站生产情况，设置高低两个液位，输油泵根据设置的参数实现高启低停，同时当班员工可以通过 SCADA 界面远程调节输油泵频率。

（3）PID 自动输油，以缓冲罐液位、外输压力、流量等参数为控制对象，当班员工提前设置期望的液位、压力、流量等参数，系统自动调节输油泵频率，实现恒液位、恒压力、恒流量外输。

上位机 SCADA 软件机泵控制界面如图3所示。

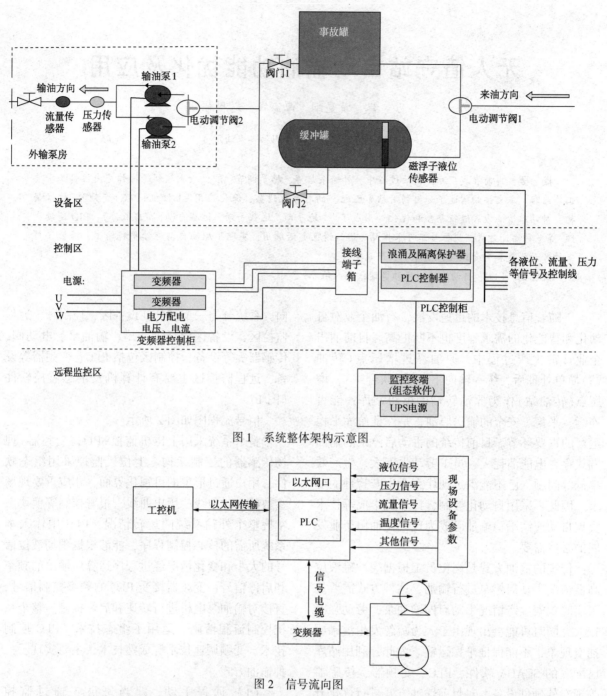

图 1　系统整体架构示意图

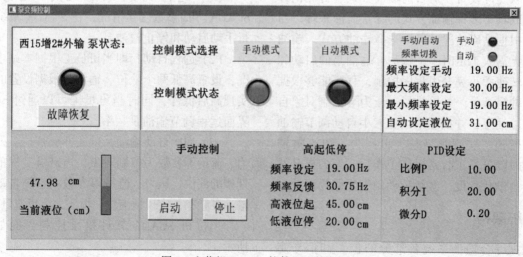

图 2　信号流向图

图 3　上位机 SCADA 软件机泵控制界面

2 系统控制结构及算法

2.1 系统控制结构

本系统是一个典型的单回路闭环控制结构，见图 4。

控制器 PLC 根据偏差信号（偏差 = 设定值 −反馈值），通过内部程序的运算得出一个频率输出值传送至变频器，变频器改变电机的转速来修正缓冲罐实际液位与设定的液位之间的偏差，最终实现现场实际值与设定值基本一致，达到一个比较精确的控制效果。

单回路闭环控制的方框图见图 5。

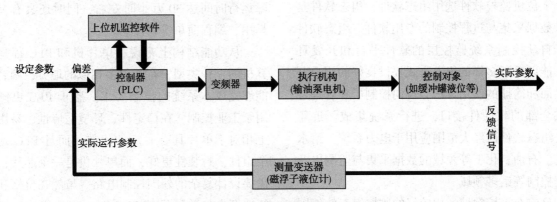

图 4 系统控制流程示意图

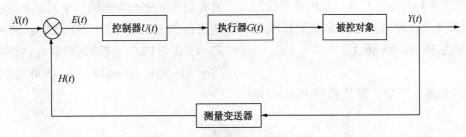

图 5 单回路闭环控制方框图

图 5 中各参数详细介绍如下。

（1）$X(t)$ 为给定值，一个恒定的与正常的被控参数相对应的信号值，也是期望值。在本系统中为设定的缓冲罐液位值或外输压力值。

（2）$H(t)$ 为测量值，它也就是测量变送器的输出值。在本系统中为缓冲罐液位或外输压力的实际测量值。

（3）$E(t)$ 为偏差值，在自动控制系统中，一般规定偏差值是给定值与测量值之差。即 $E(t) = X(t) - H(t)$。

（4）$U(t)$ 为控制器，在控制器内，将给定值与测量值进行比较，得出偏差值。然后依据偏差情况，按一定地控制规律（如 P，PI，PID 等），发出相应的输出信号 u 去推动执行器。在本系统中，对应的控制器为 PLC 装置。

（5）$G(t)$ 为调节介质，为了克服干扰，利用调节值的改变而去改变输出值大小被称为调节介质。对应于本系统，调节介质为变频器的输出频率。

（6）$Y(t)$ 为输出值。在本系统中，输出值为缓冲罐的采集液位或外输压力。

2.2 控制算法

当输油泵处于自动变频状态时，变频器输出频率 f 的大小经过 PID 程序运算决定的，其输入 $e(t)$ 与输出 $u(t)$ 的算法为：

$$u(t) = K_p \left[e(t) + \frac{1}{T_i} \int_0^t e(t)\, dt + T_d \frac{de(t)}{dt} \right]$$

(1)

系统的输出有三部分组成，分别是比例单元（P）、积分单元（I）、微分单元（D）。比例作用、积分作用、微分作用的大小分别由比例系数 K_p、积分时间 T_i、微分时间 T_d 所决定的，在系统开始投入使用时，首先必须结合站库的实际生产情况，对 K_p、T_i、T_d 的大小进行参数整定，使系统达到最好的控制效果。

3 软件和硬件设备选型

系统软件部分主要是上位机监控软件，硬件部分包括控制器、变频器、现场传感器等部分。

3.1 上位机监控软件

上位机监控软件选用组态软件，组态软件是一种数据采集与过程控制的专用软件。组态软件处于自动控制系统监控层的软件平台和开发环境，能以灵活多样的组态方式提供良好的用户开发界面和简捷的使用方法，可向控制层和管理层提供全部的软硬件接口，进行系统集成。近年来，组态软件已经大范围应用于电力系统、给水系统、石油、化工等领域的数据采集与监测以及过程控制等诸多领域。

目前在工控领域，比较好的监控组态软件国外有 intouch、Ifix 等组态软件，国内有世纪星、三维力控、北京亚控等组态软件。长庆油田按照"国产化、低成本"的原则，选用北京亚控组态软件，版本号为 35.00.00086.1。

3.2 控制器

在目前的工业生产中，单片机和 PLC 占据了控制器的绝大部分市场。单片机价格便宜、扩展灵活，广泛应用于民用市场中，我们常用的家电上都有单片机，如电视、空调、冰箱等。PLC，也叫可编程逻辑控制器，是一种专门为在工业环境下应用而设计的数字运算操作的电子装置，具有较好的可靠性和抗干扰能力，平均无故障运行时间达 30 万小时左右，同时还具有灵活易用、编程简单等特点。

从功能结构上来说，单片机和 PLC 都是计算机的一种类型，有着很多相似的地方，两者都能够完成本系统的控制要求。鉴于 PLC 更倾向用于工业控制，在稳定性、环境适应性、易用性上相对于单片具有一定的优势，而且 PLC 是一个组件，封装性更好，而单片机是一个芯片，还需要设计复杂的外围控制电路。虽然在价格和运行速度上，单片机较 PLC 有一定的优势，但作为转油站控制系统的核心部件，稳定性和可靠性是我们必须重点考虑的一个因素。采油二厂增压站控制器选用西门子 S7-200、S7-200Smart、S7-1200 等 PLC，转油站或联合站控制器选用西门子 S7-300、S7-400、S7-1500 等 PLC（图6）。

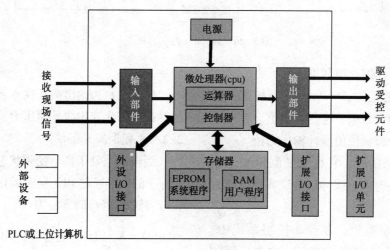

图6 PLC 装置组成结构图

3.3 变频器

变频器是利用电力半导体器件的通断作用将 50Hz 工频电源变换为另一频率的电能转换装置。在综合输油系统中，我们对输油泵的启停和转速控制采用最新的变频技术，输油泵的电机在变频器的控制下，一方面可以实现"软启动"功能，使输油泵电机转速从零开始平稳上升，降低了电机突然启动时所产生的尖峰电流的大小和对设备的冲击力，对电机起到了很好的保护作用；另一方面，由于变频器可以根据来油量的大小，通过改变电机输入电源电流的频率而改变电机的转速，使输油速度和来油量大小相适应，很好了满足了"平稳输油"的要求和节能降耗目的（图7）。

目前，采油二厂站内输油泵电机都是三相交流异步电动机。交流电动机的同步转速表达式为：

$$n = 60f(1-s)/p \qquad (2)$$

式中，n 为异步电动机的转速；f 为异步电动机的频率；s 为电动机转差率；p 为电动机极对数。

转差率 s 和极对数 p 都是电机的固有参数，电机的转速 n 与电流频率 f 成正比。

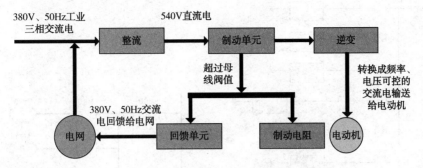

图 7   变频器工作原理图

3.4   传感器

传感器是一种能够探测、感受外界的信号并将探知的信息传递给其他设备的物理装置。本系统的现场测量部分主要是缓冲罐液位、外输压力、流量，外输泵的电压、电流、启停状态等参数。以液位控制为例，我们选用防爆电热液位计测量缓冲罐液位，防爆电热液位计能够现场数据显示，而且具有测量信号远传功能，采用压力变送器和流量变送器分别测量外输压力和外输流量。这些传感器采集回来的信号，通过信号电缆传送给 PLC，作为本系统实现实时监控和自动控制功能的基础参考值。

4   PLC 控制程序设计

PLC 作为本自动连续输油的核心控制部件，接受现场传感器的采集信号，PLC 内部程序根据采集信号的大小通过程序运算得出一个输出频率值给变频器，由变频器直接完成对现场输油泵的控制。另外，在本系统中，PLC 处于一个"承上启下"的位置，一方面能够将现场的采集信号上传到工控机监控软件中，另一方面能够接受工控机请求的操作命令。

PLC 程序分为主程序和子程序，主要的子程序有输油泵及两通阀控制、三通阀控制、模拟量采集、485 通信、PID 控制。

4.1   输油泵及出口两通阀控制程序

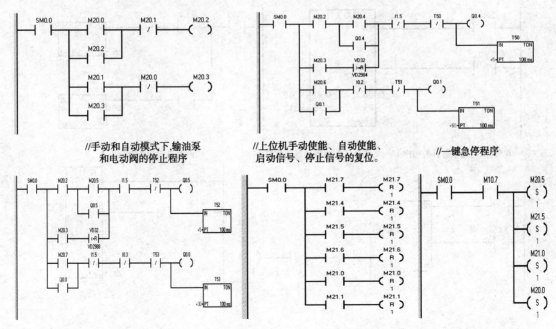

4.2 三通阀控制程序

//三通阀开度0%、50%、100%信号输出及位置状态读取   //三通阀开度0%、50%、100%输入信号的自复位程序

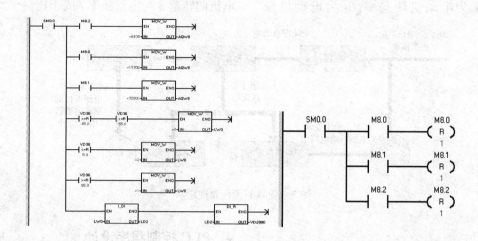

4.3 模拟量采集程序

//模拟量采集初始化程序   //模拟量采集工程值与实际值的数值转换

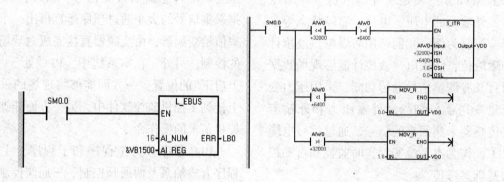

4.4 MODBUS 通信程序

//MODBUS 通信协议初始化参数设置   //1S 周期脉冲发生电路

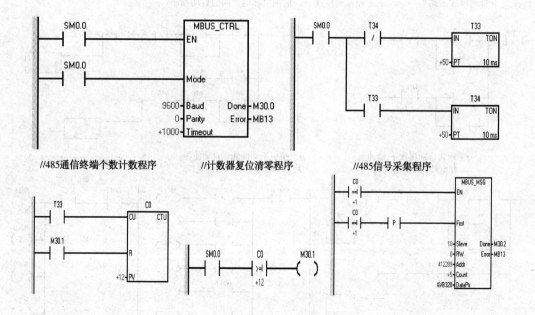

//485通信终端个数计数程序   //计数器复位清零程序   //485信号采集程序

4.5 PID 控制输出程序

//实际值采集、设定信号百分比转换

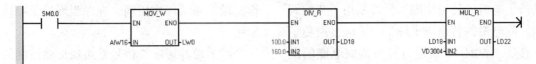

//PID控制比例、积分、微分参数给定

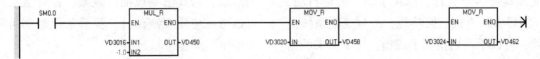

//手动变频信号给定、PID控制、变频器输出 //PID控制信号的范围限定。

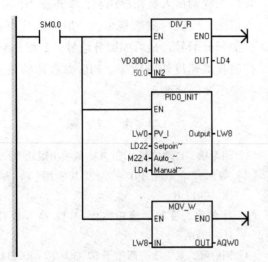

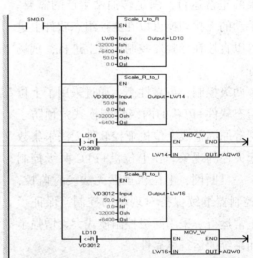

5 系统应用效果

（1）提升生产效率，降低劳动强度。通过站库综合输油系统，实现了"数据自动采集，来油实时监控，生产流程自动/手动无扰切换，油气连续平稳运输"的效果。当班员工根据本站生产情况，灵活选用输油方式，提升生产效率(图8、图9)。

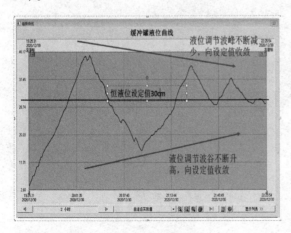

图8 PID 恒液位输油方式

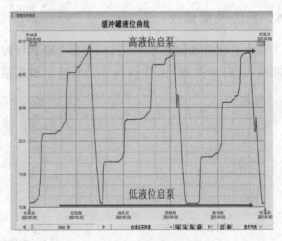

图9 高启低停自动输油方式

（2）消除安全隐患。因为系统能够根据现场情况自动启停输油泵，因此可以杜绝由于人工疏忽所造成缓冲罐溢罐等事故发生，提高了生产安全性，降低了员工劳动强度，提高了生产、管理成效，为后期劳动组织架构改革夯实基础。

（3）节能降耗，延长设备使用寿命。通过变频调速连续输油，有效减少了输油泵电机频繁启停次数。另一方面变频器具有"软启动"功能，启动时从零速开始逐渐上升，启动平稳，降低了启动时对设备的冲击，对电机起到一定的保护作用，延长了电机的使用年限。另外采用了变频调速技术，使电机的转速与来油量相适应，避免了设备一直处于50Hz工频运行时所造成电能的浪费，具有一定的节能降耗作用。

（4）系统兼容性好，实现无缝对接。本系统中输油泵具备本地运行、远程手动、远程自动、PID变频等多种方式切换功能，一旦变频系统出现故障，可以手动切换到工频档，按照原来的输油方式正常输油，这样在变频系统维修期间能保证输油泵的正常运行，满足转油站生产的需要。自动和手动的无扰切换可以在亚控组态软件上进行，也可以直接在变频器控制面板上进行，现场适用性好。

（5）两级控制，可靠性高。通过采用了上位机亚控组态软件+PLC的两级控制模式，预防了由于断网等原因造成上位机亚控软件无法采集数据而引起失控的现象。在上位机+PLC两级控制模式下，一旦断网，上位机虽然无法实时监控，但PLC控制器继续保持对现场的控制，保证了生产的正常运行。采用两级控制模式大大增强了自动输油系统的运行可靠性。

6　系统使用建议

（1）在自动输油模式（高启低停）和PID控制模式（自动变频）两种模式下，系统会根据液位情况，自动启停输油泵。在以上两种输油模式下，为保证人身安全，严禁进行输油泵检修操作。做好系统应用培训，确保当班员工熟练掌握使用。

（2）缓冲罐液位信号是实现自动控制的参考值，冬天必须做好防爆电热液位计的保温工作，要防止液位计由于温度低发生冻堵形成虚假液位的情况，造成溢罐或抽空现象。针对重点站库，可以考虑使用双液位计，提升采集数据可靠性，确保生产安全平稳运行。

（3）PID参数关系着系统使用效果，非常重要。工程调试人员在投用前，要根据不同站库运行情况，要进行参数整定。一般先加比例信号，再加积分信号，最后加微分信号，最终达到系统控制收敛速度快的效果。PID参数调整最佳后，一般不要随便改动。

参 考 文 献

[1] 胡寿松. 自动控制原理[M]. 科技出版社，2007.

[2] 陶永华. 新型PID控制及其应用[J]. 城镇供水. 2012.6

[3] 林育兹. 变频器应用案例[M]. 高等教育出版社，2007.

[4] 阳胜峰，吴志敏. 西门子S7-300/S7-400PLC编程技术[M]. 中国电力出版社.

[5] 李健. 油田数字化无人值守站建设的探索及实践. CNKI：SUN：ZDHT 2018.5.

现代化采油厂无人值守站点的创建与管理实践

张海峰 王 欢 王 兴 卢 敏 张镇雄 郭 亮

(中国石油长庆油田分公司第一采油厂)

摘 要 党的十八大提出"促进信息化与工业化融合、走新型工业化道路"的核心就是以信息化技术手段为支撑，通过工业技术与信息技术的高度融合，推动企业管理向现代化转型，提升企业竞争力。当前，我国油田生产企业面临着巨大的转型压力。随着信息化技术的飞速发展和应用，国内各大石油企业数字化油田建设体系已经日趋完善，当前主要的发展方向是在数字油田系统基础之上，深化信息技术应用，利用前沿的科技手段逐步向智能油田转变，在油田数字化系统应用完善的基础上进一步向智能化油田、智慧化油田转型是现代化石油企业发展的必经之路。因此通过无人值守站点的创建与科学有效的管理，是当前解决油田企业面对投资成本控制、长期稳产、用工机制的矛盾和国家安全环保与合规管理的新要求等各方面压力行之有效的重要手段，是持续提升油田企业信息化、智能化水平，为油田企业长期稳健发展保驾护航提供生产技术辅助支撑作用的必然选择。

关键词 现代化采油厂，无人值守

1 无人值守站点创建与管理实践产生的背景

（1）是当前缓解劳动用工矛盾的根本需要。

安塞油田位于延安革命老区，生产区域点多、线长、面广。按照长庆油田公司"十三五"发展规划，陕北油区持续稳产，油田每年需要大规模的新建产能来补充油田递减，传统的生产组织方式，需要新增一大批员工去管井、管站。2009年至2020年，安塞油田油水井由原先的5901口增加全13528口，增加6627口；井站由原先1075座增加至2261座，增加1186座（其中站点增加52座）。人员由2009年的6586人增加至6974人，人员仅增加了388人，未来5年离退休人员达456人，将达到退休高峰，劳动用工紧张的矛盾日益突出。为缓解油田长期稳产阶段用工紧缺的矛盾，提升油田发展质量，企业需要将信息化、数字化建设与生产经营的深度融合，把数字化建设与劳动组织架构变革有机结合起来，构建新型生产管理模式，提高用工效率，为油田发展质量与开发效益的双提升开辟有效途径。

（2）是安全环保管控的技术需求。

安塞油田地处延安三库四河，其中中山川水库饮用水保护区143平方公里、王瑶水库环境保护区820平方公里、桥山自然林保护区247平方公里，安塞油田管理各类站点369座，管线5841条5882km。49%以上的产量及生产设施处于三个重点环境敏感区，其中张渠、杏河、杏南、杏北、侯市、候南及王窑7个采油作业区位于污染控制区，一旦发生原油泄漏等环保事件，将直接关系老区人民的饮用水安全问题。尤其在2018年新安全生产法和环境保护法的颁布和实施下，对非煤矿山企业关键环境敏感区的监控技术提出了更高的要求，只有不断推进现代化油田，提高安全防护和应急指挥能力，充分利用现代化科技手段，强化对安全环保的全过程监控，才能够提高生产效率，减轻员工出入站点手工操作的频次，提高应急指挥能力，也是对油田企业安全环保管控技术水平提升的迫切需求。

（3）是现代物联网技术快速发展的现实需要。

随着工业4.0、工业互联网、物联网、云计算、大数据、社交网络、智能化设备、机器社区等新一轮产业变革和技术革命的快速兴起，现代工业信息化发展已迈入建设智能工厂的历史新阶段。为了紧抓这一发展机遇，在国家部署实施制造强国战略布局的背景下，企业加快推进信息技术与工业技术不断融合，一系列新模式、新业态、新特征日益凸显。安塞油田经过近10年的探索、实践与创新，数字化建设坚持立足于油气田生产流程和安全环保的关键环节，集成创新应用数字化技术，集成优化相关设备的功能，现场应用关键成熟技术6大系列22项，自主试验研究新技术 6 项，前端实现了油井功图计量、智能稳流配水、关键参数采集、橇装集成运行、设备远程操控、视频自动轮巡等主要功能，为油田的生产运行和安全环保起到了技术辅助支撑作用，中端充分利用自控软件技术、计算机网络技术、数据整合技术、数据共享与交换技术，完成了生产指挥系统和"两级" SCADA 系统平台的搭建，实现了"统一平台、信息共享、集中监控、分级控制"的数字化运行管理方式，构建了"指挥中心—调控中心—站控中心"的三级生产组织管理模式，"数字油田"基本建成，为站点的无人值守提供了技术条件，为智能化采油厂转型的目标进一步推进。

2 无人值守站点创建与管理实践的内涵

基本内涵持续完善油田老站地面工艺设施配套和低效站点治理，利用数字化技术手段实现油水井及场站的远程管理、站点主流程连续运行、数据远程在线采集、视频实时轮巡、事故状态在线诊断、确保场站环境无死角、全覆盖监控，在无人值守站点建设投入使用后，将分散场站的人员进行集中管理，进一步优化劳动组织架构、压缩管理层级、配套相关制度、工作流程、操作规范和员工培训相关内容，实践和完善无人值守模式下的运行管理方式，逐步实现由数字化、信息化采油厂向智能化、现代化的采油厂转变。

（1）现状分析。随着在数字油田理论及实践探索之路上出现的种种问题，人们开始思考，数字油田的发展趋势和未来油田信息化究竟是一种怎样的模式，进入 21 世纪以来，尤其是近几年，一些国际性的跨行业巨头开始提出了"智慧地球"的概念，而在 2009 年，当时刚刚上任的美国总统奥巴马先生主张通过"物联网"等技术来构建"智慧地球"，在这样的大背景下，很多城市开始了"智慧城市"的研究和建设工作，各个城市根据其现状和未来发展趋势，指定了较为适应自身发展的"智慧"模式，石油行业作为能源行业中的主导产业，也着力开始"智慧油田"的相关理论和实践研究。目前国际上在实践智慧油田比较领先的油田公司有挪威国家石油公司，其从 2005 年就开始了相关的探索，IBM 与挪威国家石油的合作探索和实践被 IBM 公司全球石化行业总经理 John D. Brantley 称为是其公司"在智慧油田领域研究的最佳实践"，挪威国家石油与

IBM 合作确立的目标是：通过对先进技术的应用和业务流程的优化，将其北海油田海底平台的采收率提高到 55%，固定平台的采收率提高到 65%。为此两家公司合作共同创建了全新的业务流程框架，将油田部署先进的实时传感系统并与整个系统中可以接入的强大协作分析资源有机的链接在一起，将勘探、开发、生产作为一个完整的系统进行整合运营，通过应用各种先进的技术、流程和方法，从而提高该公司油气田的采收率，增加了数以百计美元的收入，智慧油田的实践在期间取得了良好的效果和收益。

在我国石油行业中，针对智慧油田起步较早的是新疆油田公司，自 20 世纪 90 年代开始，该公司就是种把信息化建设放到与勘探开发主营业务等同的重要地位来运作，借助信息化的建设自住研发了数字化油田信息平台，并利用该平台通过业务流程定制等方式开发了数十套油田应用软件，这些软件标准统一、数据格式统一，能够很好的产生交互联系，这使得原本孤立的各专业数据"活"了起来，并使得油田应用效率发生了根本的转变。到 2008 年，其数字油田基本全面建成。目前该油田的智能油田建设已经全面启动，在原油的数字油田基础上，通过覆盖油田各业务的知识库和分析决策模型，为油田生产经营管理和决策分析提供智能化的辅助支撑作用。

（2）实践启示。随着全球信息化技术的不断发展，油田企业必须不断提升自己的信息化管理水平，因此从数字油田到智慧油田的发展，是全球石油行业信息技术和管理发展的必然趋势。安塞油田无人值守站建设是石油企业从数字油田向智慧油田过渡发展的探索与实践，以低效站点治理为基础，对站内工艺设施及数字化现有的技术进行升级改造，通过对站内加热炉、外输、缓冲罐等关键部位实施数字化设备配套，在技术上实现下游站点的远程监视目标，同时在前期试验基础上，进一步优化技术思路和设备选型，对站点的燃烧器、来油电动阀、外输泵电动阀、站内视频等关键区域设备设施进行升级改造，基本实现站点"关键参数的远程监视、关键设备的操作管理、应急状态的流程管理"，为无人值守规模推广应用奠定了坚实基础，也在企业降本增效、安全环保及缓解劳动用工矛盾方面取得了较好的成效。

3 无人值守站点创建与管理实践的主要做法

3.1 无人值守站点创建与管理前期组织与对策

3.1.1 无人值守站点创建与管理的筹划与组织

建立以厂主要领导为组长的无人值守站点建设与管理领导小组，组建厂无人值守示范区建设组织机构，制定方案工作计划，进行无人值守站点建设的宣传和培训工作。

（1）成立领导小组。

为了保证无人值守站点工作的顺利实施，实现示范区建设完成后的整体效果，成立以厂主要领导担任组长的领导小组、成立了由生产、安全、工艺、设备、基层建设、经营人员组成的审核小组，并明确各自职责。

（2）制定方案工作计划。

无人值守建设工作小组成立后，根据无人值守站点的要求和安塞油田无人值守示范区规划的实际情况，制定了方案工作计划。

（3）全面开展宣传和培训工作。

为全面适应无人值守站点模式下的劳动组织架构及运行管理发方式需要，积极动员全厂干部员工对无人值守站点建设的积极性和参与性。

一是做好领导干部培训：以讲座、举办培训班等形式，对厂党政领导、科室长及作业区（大队）领导进行培训，使各级领导明确无人值守站点建设的内容和职责。

二是管理人员和推进人员的培训，通过开展培训教育工作，使各级领导和推进员对无人值守站建设有了初步的、正确的认识，为无人值守示范区的顺利推进工作奠定了坚实的基础。

三是举办基层无人值守站建设相关知识培训班。通过各种形式的培训工作，在员工的思想上设立了无人值守运行管理模式新观念。目前全厂共举办不同层次的培训 38 期，全员培训率达 95% 以上。

3.1.2 存在的障碍及组织对策

根据安塞油田的实际情况，推行无人值守示范区过程中存在的障碍及问题主要表现在转变思想观念、认知程度、参与积极性等方面，经过厂无人值守建设领导小组、工作小组成员共同讨论分析，找出了主要障碍及问题。为此，建立了相应的组织机构。保证了生态油田建设工作的顺利开展。

3.2 以工艺优化简化为前提，完善老站地面工艺设施

无人值守站建设的前提就是要持续完善油田老站地面工艺设施配套和低效站点治理，推广"小型化、撬装化、集成化"设备，减少布站层级，优化简化地面工艺流程，对站内老化停用、配套不闪闪、无法保证站点连续输油的工艺设备进行配套完善，确保在无人值守模式下场站的安全运行，2018—2020 年安塞油田通过对王窑、王南、杏河等 13 个采油作业区 241 座站内不完善的工艺设施进行方案配套，完善站内工艺设备，达到了无人值守建设的前提条件，为无人值守站点的顺利推进奠定了坚实的基础。

3.3 以数字化技术手段为核心，实现站点的远程管理

在已建数字化增压点基础上，与常规数字化增压点相比，无人值守站技术改造增加以下主要内容：

缓冲罐出口控制、应急切换，来油泄漏检测。缓冲罐出口设置电动三通球阀，分别与输油泵进口和事故油箱进口连接，实现正常流程与事故流程一键切换；集输来油区域增加 1 台可燃气体检测装置。

外输泵远程启停、远程切换，外输紧急截断。外输泵出口设置压力远传、出口设置电动阀，实现高低限停泵，2 台泵远程切换，外输紧急截断。

加热炉熄火保护、恒温控制，低水位报警。加热炉膨胀水箱安装液位计，实现液位连续监测远传，当液位超低限报警；加热炉安装气动燃烧器/全自动燃烧器，本地实现熄火保护、负荷调节，远程实现在线监控和停炉。

关键区域增加高清视频监控、远程实时巡检。在站内生产重点区域加热炉区和集输工艺区各新增 1 台高清视频监控，实现场站区域视频监控无死角，全覆盖。同时为确保远程操作安全、可靠，新增网络交换机，实现生产网、办公网、社区网、视频四网隔离。

2018—2020 年完成王窑、王南及杏河等 13 个作业区中小型场站无人值守，截至 2020 年 12 月，无人值守覆盖率达 86.9%，累计盘活用工人数 500 余人。

利用数字化升级改造的手段实现了油水井的远程管理、站点主流程连续运行、数据远程在线采集、视频实时巡检、事故状态在线诊断、确保

场站环境无死角、全覆盖监控，为场站无人值守运行提供了技术手段。

3.4 以组织架构调整为保障，实现生产管理方式转变

（1）重构劳动组织架构。按照流程管理整合管理单元，通过无人值守盘活人力资源，通过自动控制降低劳动强度，通过自主管理提高管理效率，将油田"作业区（联合站）—增压站（注水站）—井组（岗位）"的生产组织架构调整优化为"作业区—中心站/联合站（运行维护班）—无人值守站/井场"的新型劳动组织架构，实现由单站分散管理向中心站集中管理的转变。通过无人值守示范区的建设，机构进一步精简、人员进一步压缩且更加集中，管理流程更加顺畅、高效。

（2）优化简化岗位设置。以 5 座站点或 200 口油水井为标准中心站，中心站设置管理人员 6 人，运行监控岗 9 人，运行维护班管理人员 1 人，维护岗 8 人。巡检岗定员按每标准井场 1 人核定，标准井场折算如下：3 口井以下/井场等于 0.5 个标准井场，定员 0.5 人；4~6 口井/井场等于 1 个标准井场，定员 1 人；7~9 口井/井场等于 1.5 个标准井场，定员 1.5 人；10~12 口井/井场等于 2 个标准井场，定员 2 人；13 口井以上/井场，每增加 3 口井，定员增加 0.5 人。其余中心站编制定员核定：较标准中心站所辖站±1 座或井±40 口，副站长岗±1 人，运行监控岗±1 人，维护岗±1 人；其余岗位定员同标准中心站。考虑员工培训学习、病事假缺勤等因素，中心站替补定员按中心站总定员的 10%核定。

（3）调整运行管理方式。中心站与运行维护班及所辖井、站、管线共同构成油田基本生产单元，也是油田生产组织、安全管理、运行维护、应急处置、远程控制的基本管理单元。中心站管辖上游 5 座以上无人值守站及 1 个运行维护班，主要负责落实作业区调控中心作业指令，开展所辖井、站、管线的集中监控、巡检管护、应急抢险、作业监督等工作，以及员工队伍建设和党的建设等工作。

3.5 以制度建设为抓手，建立长效考核机制

结合原有的基础工作检查标准及目视化管理标准重新修订了《无人值守管理制度》《无人值守中心站岗位职责》《无人值守中心站考核管理制度》等 3 项管理制度。结合管理实际制定站长等 9 个岗位工作职责、工作标准、岗位权限和业绩指标等 173 项。同时按照管理岗、操作岗及维护岗岗位工作内容和工作标准制定酬薪与绩效指标挂钩的考核管理办法，采取每个岗位权重 100 分，对每项工作执行情况量化进行考核，按照实际得分月底百分比兑现的方式制定相应的考核机制，督促岗位员工更好的完成本职工作。

3.6 以员工培训为基础，培养一专多能型人才

坚持"以需求为导向、以学员为中心、以技能为本位"，狠抓基础理论教育、基础知识学习、基本技能训练，组织规划灵活的人员培训计划，培养和提升技术层面人员的专业化技能水平，不断积累知识库，保障无人值守系统平稳运行。结合数字化管理岗、维护岗、中心站等不同的岗位需求，有针对性的制定培训计划，譬如设备厂家技术交流汇报、施工维护单位调试心得交流、无人值守示范点现场讲解示范等。2018—2020 年先后在公司及厂层面开展各类培训 50 余期，培训人次 300 余人。通过对无人值系统的不断培训，使员工深入了解系统，只有了解、熟悉、专业了才能让员工把无人值守各类系统应用平台管好用好，发挥无人值守模式下油田生产管理的辅助支撑作用。

3.7 以现场观摩交流为载体，宣传共享建设成果

为让全厂员工共享并推进无人值守站的建设成果，2018 年 8 月份，在第一采油厂王南作业区王六增无人值守站和王十五转中心站召开了无人值守管理现场观摩推进会，利用展板的形式介绍了无人值守站及中心站的建设内容及运行效果，同时按照无人值守运行模式演示了在生产过程中无人值守站日常工作、中心站生产指令上传下达、安全环保管控、工艺流程自动切换、应急状态下的各项远程操作功能，让广大员工充分了解无人值守运行模式对油田生产带来的巨大变化，巩固了无人值守站建设运行效果、规范相关运行管理模式，为无人值守站建设的进一步推广奠定了基础。

4 无人值守站点创建与管理实践取得的成效

4.1 提高了生产组织效率

生产组织由原来"三级"模式转变为以中心站为核心的新型管理模式，中心站依托 SCADA 系统、生产报表系统、管道泄漏监控系统、视频监控系统进一步完善了监控体系；实现远程站点无人值守、远程管理的运行模式，基本达到数字

化无人值守要求。中心站组织机构更加精简，生产组织更加高效，资源配置更加合理，基层班站自主能力显著提升，员工潜能得到充分发挥，作业区能够集中精力对生产管理、油藏开发等进行研究，进一步提升劳动生产率和管理工作水平。

4.2 提升了安全管控技术能力

实现了站点主流程、关键区域的无死角、全覆盖视频监控，现场作业不间断实时监控和远程紧急切断/换，重要危险设备运行状态实时监控，同时减少了员工出入生产现场的频次与操作频率，显著降低安全风险，提高了站点的受控程度，提升了远程操作的安全性、可靠性。

4.3 提高了生产一线的用工效率

通过无人值守示范区改造，原有井站一线用工 1178 人，按照无人值守模式下的岗位定员及标准计算（含倒班人员），现需人员 1688 人，盘活劳动用工 510 人，生产一线的劳动用工紧张的矛盾得到进一步缓解，生产效率得到大幅提升。

4.4 加快了油田智能化推进的进程

通过无人值守站点的改造，实现了关键区域高清视频监控全面覆盖、上游站点运行参数整屏集中监控、油水井生产参数远程调节控制、生产参数实时采集和置顶预警、生产技术管理报表的自动生成、关键设备运行参数的远程控制以及紧急状态远程切断和流程切换的主要功能，中心站运行后，人员集中后撤进行远程监控和管理，改善了员工吃、住、娱乐等涉及民生的关键问题，提高团队的凝聚力，为现代化企业转型奠定了坚实的一步。

5 存在问题及改进意见

5.1 无人值守管理观念转变仍需加强

油田生产环节的无人现场管理是对传统生产管理模式的彻底变革，是油田数字化建设的 2.0 升级，适应新的生产管理形式的需要。从目前来看，班站、井区至作业区层面的管理层、技术层及操作层人员对无人值守模式下的运行管理方式在思想上还没有完全转变，对新模式下的生产组织运行还没有适应，仍需进一步学习、培训和宣贯，从思想上加快解放，观念上加快转变，行动上加大摸索，步调上加快统一。

5.2 无人值守模式下的制度配套需进一步健全

新的运行管理模式必须由新的管理制度予以支撑。无人值守的运行模式搭建后，不论从工艺应用、岗位设置、运行方式都与传统的有人管理站点有较大区别，相应的工艺管理要求，设备操作规程、生产运行方式、员工岗位职责等都需要作出全新的明确，如：生产现场的巡检制度，自动燃烧器的操作规程、加药制度等。因此，要持续完善和健全无人值守运行管理模式下新的制度制度配套、岗位规范、工作标准及操作规程，同时将这些制度、规范等文件作为无人值守站点检查、考核的依据，保障无人值守运行模式始终处于有效可控的运行状态。

5.3 无人值守模式下需要培养一批复合型人才队伍

岗位减少合并和人力资源的集约化使用，是无人值守后岗位用工的显著特点。监控岗对员工计算机应用操作、信息化设备应用等提出了更高要求。维护班对员工熟悉油田生产环节、设备管理、工艺流程、特殊作业等业务开展提出了全新要求，需要员工具备独立处置、落实相关工作的能力，尽量减少同一现场，分批、分工种员工到现场作业的情况，因此，在无人值守运行模式下需要加快复合型、大工种岗位操作工的培养是无人值守员工培养的方向。

未来 5~10 年，移动应用、物联网、云计算等前言的信息技术仍然是企业信息化发展的主旋律。当前，资源的劣质化、工艺技术的适应性、用工矛盾的突出、安全环保的新要求、开发管理投资成本控制、合规管理的规范等因素都严重地制约着企业持续稳产和稳健发展，需要借力信息化技术优势，降本增效、提质增效。无人值守站的创建与管理实践，是上游石油企业从数字油田向智能化油田以及未来智慧油田发展一个重要方向，它能够帮助企业收集更多的数据信息，将物联网和云计算技术推广应用到油田生产流程中，直接参与生产一线的各项活动，掌握生产现场第一手原始信息和资料，有效规避安全风险，改善员工工作环境，为油田发展提供勘探开发一体化、生产经营一体化的业务做好辅助支撑作用。

油田无人值守建站及中心站建设与管理模式探索

刘成龙

(中国石油长庆油田分公司第九采油厂)

摘要 近年来,采油九厂油气生产物联网工作在油田公司各级领导的指导和帮助下,围绕"让准确数字说话、听权威数字指挥"理念,抓好前端建设和维护、深化中端与两级 SCADA 应用,实现数字化在生产运行、精细管理、减员增效、优化劳动组织架构方面发挥了越来越重要的作用。我厂在薛岔采油作业区探索实践了"数字化条件下中心站管理模式"。无人值守站得到应用,在压缩管理机构,盘活劳动用工方面取得了一定的效果。

关键词 无人值守站,SCADA 系统,中心站管理

第九采油厂积极探索中心站管理及无人值守站建设工作,深化数字化应用,推进扁平化和专业化管理,优化人员结构,循序实施,稳步推进,实现两提两降目标(降低劳动强度,降低安全环保风险;提高管理水平,提高劳动生产率),最终实现"厂—作业区—中心站"、三级管理模式,"厂—中心站"两级组织管理模式,形成一套安全、高效、经济的现代化管理体系。

1 示范作业区现状

薛岔采油作业区是我厂示范作业区,无人值守站、中心目前共有联合站 2 座,接转站 4 座,常规增压站 2 座,数字化增压撬 8 座,降回压装置 6 座,井场 200 余座,油水井 1800 余口。

1.1 数字化生产模式

长庆油田采油九厂,数字化建设运行,已进入第 9 年,油井覆盖率达 95%,注水井覆盖率达 97%,井场及站点覆盖率达到 100%,数字化已走向深度应用。需要解放思想,开展无人值守站的应用。

1.2 中心站模式

薛岔采油作业区于 2016 年,在长庆油田公司首先试点中心站运行管理模式,以站点集输流程归属或区域分布为出发点,强化"中心站"(接转站/联合站)生产组织及监管职能,将原油生产工作进行分解、重整合,按照集中管理模式重新配置生产资源与人力资源,压缩管理机构,实现组织机构扁平化,从而达到减员增效、提高管理效率的目的。

2 工艺改造与数字化设计原则

2.1 无人值守站的设计

远程监控站是以数字化信息平台为基础,实现增压站生产运行的无人值守和远程管理。薛岔采油作业区按照长庆油田"标准化设计模块化建设"的要求,远程监控站应在现有数字化建设的基础上,本着尽量不改变工艺流程、保留现场设备、减少改造费用、方案更加先进的理念进行方案设计,将目前增压站中加热炉控制、输油泵远程启停、管线远程紧急切换、生产关键点巡视等依赖人工完成的工序进行改造实现其自动化。

2.2 功能设计

依托作业区 SCADA 系统,通过完善基础网络保障,提升仪表可靠、稳定性,完善监控体系,确保站内安全生产,促进劳动组织架构优化配套。实现增压点、注水站、供水站无人值守、远程管理的运行模式。

紧急情况,可实现远程"一键停车";站内油气工艺流程、供注水流程尽量实现自动连续运行;将人工频繁操作和高压、危险区域工作改为自动控制完成,实现远程管理和自动操作。

3 站点改造的工艺改造

(1)对增压站内的 1 座增加热炉燃烧系统改造试验,实现熄火自动切断气源功能。

(2)对各常规增压站、数字化增压撬及降回压装置的气液分离器改造,实现自动排放凝析油功能。

(3)对总机关至应急罐、缓冲罐的工艺管线进行改造,加装电动远控三通阀门(具备就地手

动切换功能)，具备远程切换应急流程功能。

4 各类站点的数字化改造配套

4.1 增压站功能要求

常规增压站缓冲罐增加压力变送器，监控缓冲罐运行压力。

各站内 PLC 进行软、硬件升级，完善联动、PID 变频调节功能；根据生产需要在站内关键部位增加视频监控；缓冲罐：实现液位、压力连续监测，液位高低限报警，与外输泵连锁实现连续平稳外输；投产作业箱：实现液位连续监测，液位高限报警；污油回收装置：实现液位连续监测，液位高限报警，打油泵实现远程启停控制；加药装置：实现液位连续监测，并设置液位底限自动停泵；外输泵：实现连续平稳外输，压力远传、超限报警停泵、2 台泵远程切换，紧急关断。

4.2 注水站功能要求

实现注水泵、加压泵、喂水泵远程控制；检测过滤器进出口压力和压差。

4.3 供水站功能要求

实现水源井流量、压力、泵状态、动液面监控，水源井远程启停和低液面自动停泵；监控原水罐液位，与水源井和供水泵实现联动，高液位停水源井泵、低液位停供水泵。

4.4 中心站功能要求

通过 SCADA 系统实现对上游站点的检测和远程控制；通过高清视频监控实现对上游站点重点危险生产部位和井场的全面监控以及视频的存储。

4.5 软件设计要求

按照无人值守站实现功能要求，现场增加相应硬件设备后，实现系统功能的核心在于 PLC 程序的逻辑控制开发和 SCADA 系统的功能开发。PLC 控制程序按照逻辑思路进行设计可满足无人值守运行的需求。

5 无人值守站与中心站的管理模式应用

我厂目前有 2 种管理模式，厂—中心站，厂—作业区—中心站，2 种模式，我厂目前，在周湾中心站，实践厂直管中心站，已取得初步成效 2 种管理模式共存。

5.1 中心站运行管理

中心站设置产量监控岗、安全环保岗、站内运行岗，负责产量监控分析、油水井监控、生产

组织协调、安全环保监控及中心站站内运行工作。

5.2 无人值守站运行管理

无人值守站点实现变频连续输油，重点设备参数采集及视频监控，配置 1 人日常看护，白天开展加药、单量、收球等日常生产工作，执行白天 2h 巡检、夜间休息的工作制度。

5.3 运行班管理职责

运行班负责下级站点、井场及业务承包的日常管理。负责热洗、扫线、设备保养、道路维护。集油管线巡护、施工作业监督、应急处置。取样、调参、憋压等技术指令的执行。负责查夜、盘库、核罐及原油押运等工作。负责监督外包井场日常工作的开展情况。

6 无人值守站运行效果

6.1 以人为本改善员工工作生活环境

实现惠民工程。薛岔作业区位于陕北吴起老区，多处于黄土高塬地区，沟壑纵横梁峁交错，自然环境十分艰苦，生活配套设施不全，远离家人朋友，长此以往不利于员工的身心发展，也不符合以人为本的发展理念。无人值守站后，员工集中在中心站统一管理，提高员工幸福生活指数。

6.2 提质增效，提高精细化管理水平

提质增效是落实国家能源发展战略的重要保障。推动数字化无人值守的规模推广应用，努力提升公司自主创新能力和信息化水平，发挥在稳产增效中的引领和支撑作用。通过提质增效和精细化管理，助力采油九厂转型发展。实现组织机构扁平化，从而达到减员增效、提高管理效率的目的。

6.3 优化管理模式，盘活人力资源

精干作业区，取消井区，实行扁平化管理。减少管理层次、压缩职能部门和机构、裁减人员，使企业的决策层和操作层之间的中间管理层级尽可能减少，从而为提高企业效率而建立起来的富有弹性的新型管理模式。应用数字化技术管理基本生产单元后采油作业区平均万吨用工数量由节约了人力，充分体现了出了数字化管理带来的变革和效益。探索以项目、课题为导向的科研数字化管理新模式，实现数字化数据、获取、传递、共享及深度应用。

6.4 提升生产管理过程智能化水平

利用数据分析、整合、共享技术，结合各种

数学模型、经验数据、专家系统，对原油生产集输生产管理过程进行智能化指导。提升工艺过程的监控水平。

6.5 改进了安全环保监控方式

改变以往现场巡查督导，变成办公室计算机监控全厂各生产作业井站，提高了办公效率、降低了劳动强度。数字化无人值守站实现了油气站库、输油管线的压力、温度、流量、可燃气体、液位参数实时监视与控制，远程停泵、远程截断，实现风险可视化监控，可确保发生油气泄漏时"及时发现、快速处置、有效抢险"，把事故消灭于萌芽状态，将损失降低最低。

7 结束语

现在，厂直管周湾中心站、薛岔作业区中心站无人值守站开创现代油田生产新模式，实现了工业化与信息化得深度融合。数字油田应用对原油生产模式、人力资源产生巨大的变革，具备数字化支撑生产、服务生产的条件。中心站管理，无人值守站的应用极大地降低了工人的劳动强度。提高了各级管理人员决策能力和基层人员工作效率、减少了安全环保隐患、降低了生产成本、提高了经济效益。为解决安全环保、经营成本、用工紧缺与采油厂持续稳产的三大矛盾，近年来，第九采油厂通过"资源优化、制度保障、技术支撑"三大举措在各作业区践行了中心站"远程监控、集中巡护、减员值守"的生产管理模式，将"提质增效，精细管理"落到实处。

下一步将实现厂直管中心站、取消作业区，成立共享中心，替代作业区业务。节约人力、物力、财力。厂目标今年底全部实现厂-中心站管理。摸索既能有效管理又不增加采油作业区和直管中心站负担的管理方式，梳理并建立全新的管理流程，为石油行业开创新的管理模式，为下一步全油田管理积累新的经验。

参 考 文 献

[1] 杨世海，高玉龙. 长庆油田数字化管理建设探索与实践[J]. 石油工业技术监督，2011. 5.

油田站场集输工艺智能化探索

池 坤 张 平 张俊尧

(中国石油长庆工程设计有限公司)

摘 要 当前长庆油田在快速发展过程中，面临着资源品位差、作业区域分散、生产建设工作量大、安全环保风险高、运行管控难度大、用工总量刚性控制等挑战。本文在总结长庆油田数字化系统发展现状和中小型站场无人值守工程技术及经验的基础上，提出了一系列大型站场无人值守和智能化工艺改进措施，形成了一套适合长庆油田大型站场智能化升级的设计模式。有效缩减了大型站场用工总量，减少巡检频次，同时还减轻了员工的劳动强度和安全风险，提高了工作效率和工作质量，降低了站场运行成本。这些实践工作的开展对后续智能化油田的设计和建设提供了宝贵的技术支持和经验，对油气田上产稳产具有重大意义。

关键词 无人值守，智能化升级，用工控制，运行成本

在 2017—2019 年长庆油田中小型无人值守站场实施和现场验收情况来看，中小型站场切实做到了站场无人(或者仅 1 人驻站看护)，通过站内提升设备自动化、增加监控设备，远程控制等多项举措，不仅降低了员工的劳动强度，远离了高风险作业，更是对生产组织架构的优化，据统计 2017—2018 年共建成的 1019 座小型无人值守站年可节约成本 3.2 亿元。在减少管理层级，节约人力资源，降低运行成本的同时，还提高了劳动效率和工作质量。

如果说小型站场相当于油田的神经元，中心站相当于油田的大脑，那么大型站场就相当于油田的主要关节。

1 大型站场智能化升级必要性

经过对油田联合站、脱水站大型典型站场详细调研，目前油田公司大型站场大约 200 座，劳动定员约在 8000 人左右，在一线员工中占比较高，大部分联合站运行中劳动架构是由大班(3~

5 人负责站内维修倒罐等)加小班(9~16 人负责巡检报表清洁等)，一些较大型的联合站人员可达 20 多人；另外油田站场生产环节中普遍存在高风险、高强度的劳动岗位，站内多处设备装置存在每天巡检频次较高，风险操作较多，员工体力劳动较强，个别站场原油中还存在 H_2S 等有毒气体。因此在汲取中小型站场无人值守工程的技术及经验基础上，尽快开展大中型站场无人值守研究十分必要。

2 大型站场集输智能化升级面临的挑战及对策

2.1 *加药过程接触有毒有害药品，加药频次高*

长庆油田目前大多数站库，每天加药频次都很高，一天 3 次，人工加药部分都是使用手摇叶片泵从 200kg 大桶将高粘度化学药品人工摇出加注至定量桶内，手提倒入到自动计量加药装置。员工在摇药、倒药注入过程中工人与药品容易直接接触，可能带来职业病危害(图 1)。

图 1 加药操作

改进措施如下。

（1）新增自动化控制药品提升加注系统，由电动隔膜泵、控制柜、电动阀、站控部分组成。

（2）加药罐新增防爆电热液位计，实现液位远传并报警。

（3）加药数字化流程：加药开始时，控制PLC对电磁阀发出信号，打开电磁阀1，给药泵开始运转，当给药箱液位到达预定液位，PLC停止给药泵并关闭电磁阀，当破乳灌液位低于预定高度，PLC控制电磁阀2打开，给破乳灌加药。加药完成后电磁阀2关闭，电磁阀1打开，开始新一轮加药，周而复始的运作(图2)。

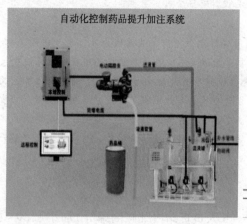
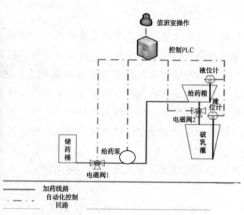

图2　自动化加药流程

2.2　伴生气分液器液位不准确

目前伴生气分液器液位监测采用机械式测量，不具备数据远传，不便于远程数据监测。根据油田数字化建设的推进以及安全生产建设的要求，对机械式液位计进行液位远传升级。使其具备数据传输功能，便于数据远传检测。

改进措施如下。

将原机械液位计改成可远传液位计，该装置采用磁敏原理，将机械运动转换为电子信号，通过液位远传装置实现就地显示当前数值与数据远传。数据远传采取 RS485 数字信号传输。也可实现无线传输(图3)。

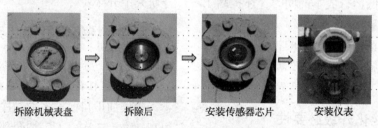

拆除机械表盘　　拆除后　　安装传感器芯片　　安装仪表

图3　伴生气分液器液位远传安装示意图

2.3　伴生气分液器排污频次高

伴生气分液器凝析液排污频次较高，尤其是冬季，需定期人工排液，站内员工操作强度大，安全风险高。

改进措施如下。

凝析液经 Y 型过滤器过滤进液杂质，疏水阀防止气体回流。凝析液进入储液装置，液位控制器探测储液装置内的液位信号，根据液位信号控制泵的启停，液体经过单向阀进入管线，排污阀进行检修前的泄压及排污。加热装置对储液装置内的液体进行温度控制。电器箱对装置进行供电及控制，并可通过站控平台对其进行远程控制

(图4)。

2.4　两台或两台以上三相分离器进液不均衡

根据现场生产运行单位反映，三相分离器三台并联运行会出现进液不均。距离总汇管入口最近的三相分离器进液量最小，距离总汇管入口最远的三相分离器进液量最多，中间三相分离器的进液量介于两者之间。进液量：Q 分支 1<Q 分支 2<Q 分支 3。第三台三相分离器满负荷或超负荷工作，而第一台三相分离器低负荷工作，导致并联三相分离器效率低下、脱水指标不合格，影响整个集输系统的运行(图5)。

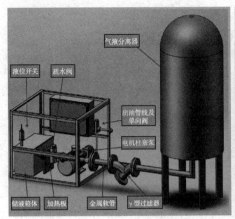

图4 伴生气分液器智能排液安装示意图

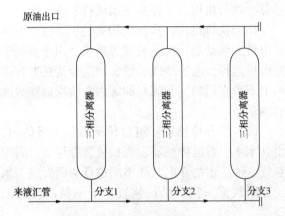

图5 并联三相分离器流程示意图

改进措施：针对三相分离器进液不平稳导致一次脱水不合格的现状，攻关研究 PID 智能控制技术，实现三相分离器流量自动调节(图6)。

工艺原理：设定三相分离器流量范围，流量计自控模块传输实时流量，PID 控制器接收并根据流量信号发出指令，自控阀接收并调节阀门开度，保持三相分离器流量始终在设定范围内(图7)。

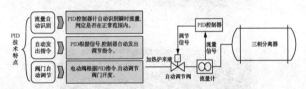

图7 并联三相分离器工作原理图

2.5 三相分离器后含水率取样检测频率高

站内小班员工每天要对每台三相分离器进行三次取样检测含水分析，频次较高，操作较耗时。

每台三相分离器的出口设含水分析仪和电动三通阀，当某台三相分离器脱水不达标时，可控制电动三通阀将不合格油切换进入事故罐(图8)。

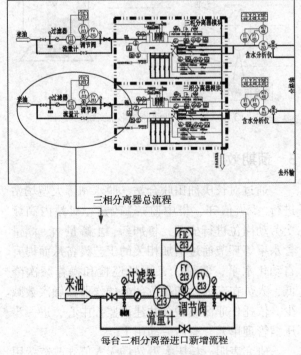

图6 三相分离器流程优化示意图

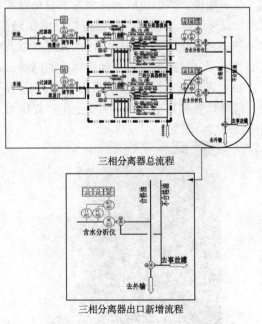

图8 三相分离器流程优化示意图

2.6 自动盘库

目前，原油储罐的计量主要通过人工测量液位、探测油水界面、乳化层厚度等，并通过人工取样化验分析含水率，计算净油量，存在人工操作频次高，易发生有毒有害气体中毒、高空坠落等风险，实现沉降罐原油计量自动化、实时化，对原油计量、安全生产具有重要作用(图9、图10)。

图 9　人工量油

图 10　人工化验

改进措施：研发沉降罐原油含水自动监控装置和计量系统，准确测量储罐液位、油层液位、水层液位、乳化层液位、罐底污油泥厚度以及各层面含水率，通过上位机自动核算原油储量，液位、油水界面和含水率超限报警，实现远程调控、精确计量和自动盘库，为安全生产提供可靠保障(图11、图12)。

图 11　原油含水自动监控装置

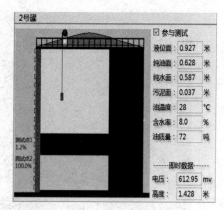

图 12　原油含水自动监控系统

技术原理：原油含水自动监控装置由组合传感器、执行机构和工控系统组成(图13)。

（1）执行机构：执行机构安装于罐顶，由步进电机、驱动器、绕线装置等组成，用于控制步进电机运行，通过绕线装置带动组合传感器在罐内上下垂直运动，实现对储罐内介质层面参数准确测量。

（2）组合传感器：组合传感器位于罐体内，由含水率、温度传感器、机械装置等组成，利用空气、油、水的介电常数不同进行层面界定，承担原始数据采集，机械装置用于测量罐底污泥高度。

（3）工控系统：自动监测各项参数，核算原油储量，支持历史数据查询打印。

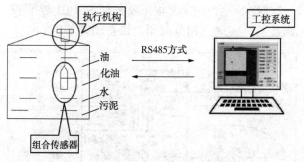

图 13　原油含水自动监控装置组成示意图

3　预期效果

通过对长庆油田联合站、脱水站等大型场站进行"少人值守、集中监控"改造；对站内高频次劳动岗位进行梳理，将加药、上罐量油、测量含水率等环节通过增加相关的工艺设备从而提升自动化水平，使得人工现场巡检和操作频次降低，人员在高风险和高危部分的作业接触次数减少。依托作业区或联合站建设监控中心，进一步压缩管理单元、盘活劳动用工。

研究表明，长庆大型站场无人值守改造费用

约为 5.01 亿元。节约人力资源约为 1160 人,用工成本约为 1.74 亿元/年,另外随人员成本的降低,用电、用水等各项损耗的成本可节约 0.5 亿元/年。

参 考 文 献

[1] 赵雷亮,申芙蓉,陈晓峰. 长庆油田小型输油站场无人值守方式研究[J]. 石油和化工设备,2013,16 (5):39.

[2] 李健,任晓峰,冯博研,油田数字化无人值守站建设的探索及实践,自动化应用,2018,5(5).

油田站库无人值守的实施与应用

赵利君　俱小华　谭海峰　刘　彬　赵文博

（中国石油长庆油田分公司第二采油厂）

摘　要　本文针对油田二次发展时期，油田生产规模持续扩大、生产成本少，用工紧张等现实矛盾，通过前端采集、控制功能完善、视频及网络升级、人机界面开优化、中心站设置等，实现油田站场无人值守，推动劳动组织架构改革和扁平化管理，切实降低一线劳动用工数量，有效缓解劳动用工紧张的局面。

关键词　无人值守，远程监控，网络隔离，人机界面，中心站

1　背景

长庆油田自 2004 年开始摸索数字化建设以来，先后经历了油田数字化先导性试验、老油田数字化升级、功能拓展深化应用三个阶段，油田数字化应用全面覆盖。

近年来，在油田二次发展时期，油田生产规模持续扩大，原油产量稳步增长，而退休员工数量大于新进员工数量，站库运行与常规运行模式定员相比，人员紧张，用工缺口较大，员工劳动强度不断增大，现场维护工作效率相对降低。面对油田持续稳产带来地面设施的刚性增长与劳动用工紧张的矛盾突出，经过多次现场调研，不断探索实践，通过优化站内部分工艺流程及设施、完善基础网络，提升仪表可靠性与稳定性，优化监控体系等，实现油田站库无人值守，减少员工劳动强度，降低安全风险，有效缓解劳动用工紧张的局面。

2　基本思路

无人值守井站建设以降低员工总量、提升工作效率为目标，依托作业区 SCADA 系统，通过完善基础网络保障，提升仪表可靠、稳定性，完善监控体系，确保站内安全生产，促进劳动组织架构优化配套，实现增压点、注水站、供水站无人值守、远程管理的运行模式。

3　预期目标

工艺自控：主流程连续运行、远程操控，事故状态在线诊断、站内外安全保障。

管理模式：站场无人值守，上传中心站统一管理，应急人员听从中心站指令实行应急操作、排除故障、定期巡检。

4　现场实施与应用

油田无人值守站场的实施，要充分结合各个站场现有设备设施和自控现状，查缺补漏，完善工艺流程和监控体系，确保站内安全生产，实现站场的无人值守，远程管理。

4.1　前端采集、控制功能完善

无人值守站场数据数据采集必须全面，重要生产点位必须达到远程控制。因此，在原有压力、温度、液位等数据采集基础上，对进站流量、压力等点位数据采集进行完善，并新增电动三通阀、疏水阀、燃烧器、污油回收装置等内容，实现站内生产过程实时数据全面采集、生产运行状态实时监控、运行管线紧急切断、重点设备远程控制、智能预警报警等功站场能，以确保站场平稳安全生产（图 1）。

4.2　视频监控与网络隔离升级

无人值守站场视频监控点位应根据生产区域的重要程度进行设置。视频监控应具有高清的监控画面、入侵报警、画面实时录制、监控区域远程控制功能。同时为确保远程操作安全、可靠，站内新增网络交换机 1 台，实现生产网、办公网、社区网隔离（图 2、图 3）。

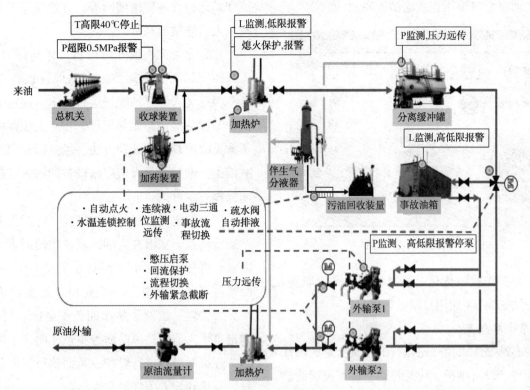

图 1　工艺自控流程图

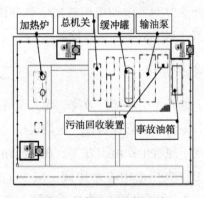

图 2　站场视频监控区域

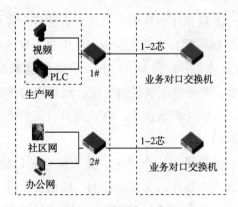

图 3　网络隔离示意图

4.3　人机界面优化

无人值守站人机界面的优化，应在原有

SCADA 系统监控的功能上，调整中心站 SCADA 系统架构。即取消无人值守站原 SCADA 监控终端、视频工作站，将流程界面、报表、预警报警及视频监控移至中心站进行集中监控、操作。

一是集中监控界面优化。需要按照生产流程，对无人值守站与中心站之间的输油流程进行集中监控，并将无人值守站所监控的生产参数，进行整合，集中在中心站 SCADA 系统进行监控。同时，实现中心站所管辖的无人值守站生产参数异常报警(图 4)。

图 4　集中监控界面

二是控制功能完善。首先，实现中心站及所辖无人值守站相关设备生产状态监控、生产流程紧急切断、一键停泵等功能。其次，按照现场生产实际，通过 PLC 控制，实现液位超高输油、超低联动停泵或恒压连续输油等功能(图5)。

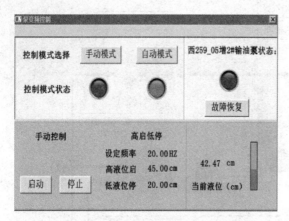

图5　高低液位连续输油

三是操作权限优化。按照中心站岗位职责,对中心站 SCADA 应用权限进行划分。

4.4　中心站设置

中心站是无人值守站运行的核实,是区域性生产管理、设备维护、应急抢险、远程控制的核心,集中管理区域内油水井及归属无人值守站点。中心站的建立,将"井区-班站-油水井"三级组织架构压缩为"中心站-油水井、远程监控站"两级,缩短了生产指挥链条,提高了管理效率的目的。形成了"中心站全面监控、日常运行集中巡检、信息双向反馈、工作指令快速下达"的一体化运行方式,使井站一体化运行更加快捷高效(图6)。

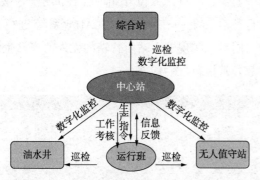

图6　无人值守站运行模式

4.5　运行体系建立

一是建立无人值守站条件下场站运行管理制度。为有效推行无人值守站,通过现场查看设备运行情况、核查站库资料、经多次讨论,自定了相应的中心站及无人值守站管理流程及基础资料优化调整意见、中心站定员意见、中心站及无人

值守站运行管理实施细则等,有效保障了中心站及无人值守站顺利推行。

二是完善无人值守山设备操作与保养规程。无人值守站要正常运行,必须保证设备正常运行。根据无人值守站现场运行要求,制定了无人值守站设备操作与保养规程,在相关规程中明确了常见故障判断与处理方法、风险因素识别及消减措施,确保了无人值守站设备的远程控制及现场操作有章可询。

三是制定安全风险防控措施。针对无人值守站运行特点,从潜在人的因素、物的因素、环境因素、管理因素四个方面对6个大类42项危害因素进行风险识别,并按照 LEC 定量评价法分类分级管理,绘制了站库四色安全风险管控图,确定了无人值守站风险防控重点,明确了防控措施,逐级对风险进行管控,从而执行相应急处置程序,达到无人值守站良性运行。

同时,结合 SCADA 控制系统,拟定了相应的应急处置方案。定期组织开展应急演练培训,为无人值守站正常生产运行护航。

5　效果评价

(1)提升了生产运行效率。无人值守站通过数字化升级,实现远程监控、定期巡检、应急联动,转变了原有生产组织方式。在中心站管理模式下,工作直接由中心站协调,减少了中间环节,组织机构更加精简,资源配置更加合理,生产组织效率大大提升。

(2)降低了劳动强度。在无人值守站建设过程中,规模配套自动化设备,员工每天现场工作量由原来的 8h 降低为 3h,劳动强度减少了62.5%,并将员工从资料填报、现场巡检等日常繁琐的工作中解放出来,有效提升员工的幸福指数(表1)。

(3)降低了安全隐患。无人值守站的建设,将频繁人工操作改为自动控制,降低员工进入危险区域的频次,物的不安全状态和人的不安全行为造成的潜在安全隐患得到控制,有效降低了员工的安全风险。

(4)盘活了劳动用工。面对巨大的人员运行压力，通过积极推行无人值守站运行，盘活站内操作员工，有效缓解油田二次发展时期劳动用工紧缺局面。

表1 工作量统计表

设备名称	实现效果	配套数量	减轻工作量计算
磁致伸缩液位计	大罐液位实时监控	35	30min×4 次 = 120min
自动排液阀	凝析液自动排放	73	10min×12 次 = 120min
电动阀	机泵远程启停、流程远程切换、变频连续输油	126	10min×6 次 = 60min
变频输油		102	

6 认识与体会

油田无人值守站场建设通过数据实时采集、设备远程控制、生产现场视频监控代替了人工现场巡检的生产情况，降低了员工劳动强度及人与不安全因素的接触。但油田无人值守站场要推广应用，劳动组织架构的优化，合理运行管理制度的配套，切合生产实际的操作、保养规程的制定、中心站员工的操作技能水平是推广应用的关键。

原油长输管道弱电驱动截断阀技术研究及试验

程世东[1,2]　李永清[1,2]　李　珍[1,2]

(1. 中国石油长庆油田油气工艺研究院；2. 低渗透油气田勘探开发国家工程实验室)

摘　要　本文分析了靖-咸输油管线远程截断阀室使用现状及生产中存在的问题，对截断阀驱动方式进行研究。针对低成本实现管道阀室数字化的难题，开展了大口径、高压力截断阀弱电驱动远程控制试验研究，对直流电机、驱动电动头结构进行优化设计，研制出一种24V直流驱动电动头，在国内首次突破了截断阀弱电驱动控制技术。通过现场试验证明，该技术完全满足生产运行需求。

关键词　原油长输管道，弱电驱动，截断阀技术

靖-咸输油管线敷设跨度大，所经地域广阔，受地形地貌限制，大部分管道附近无市电、无光缆支持，早期选用的截断阀多采用手动操作，人工巡线抄表，工作量大。同时，受管道材质、自然灾害、腐蚀穿孔、打孔盗油等各种原因影响，一旦发生泄漏事故，抢险人员赶到现场耗时长，无法将事故损失降至最低，导致环境污染，造成巨大的经济损失。靖-咸输油管线阀室工艺流程如图1所示。

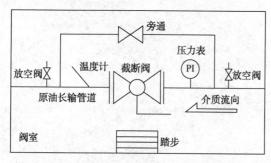

图1　原油长输管道阀室工艺流程图

原油长输管道沿线站场多数已实现数字化管理与运行，而其中只能手动操作的阀室已成为原油长输管道数字化管理与运行的盲点。开展原油长输管道阀室数字化技术研究与应用，要实现无大电地区阀室截断阀的远程开关控制，需研究一种不依靠大电的阀门驱动方式实现阀门的远程开启、关断，为此需优选出一种合适的驱动方式，对其进行深入研究，以满足需求。

1　驱动方式

1.1　驱动方式优选

大电之外的阀门驱动方式主要有气动、液压驱动、弱电驱动，下面对其进行详细介绍及评价，从中选择适合本研究的驱动方式。

（1）气动：使用气缸驱动，高压氮气瓶供气。通过减压阀减压到需要的气源压力，12V电磁阀控制，推动气缸活塞，带动阀门做90°运动，达到开关目的。

（2）液压驱动：使用液压缸驱动，蓄能器供压，液压站增压。通过液压站增压储存到蓄能罐，使用时提供给液压缸来驱动阀门开关。一个12V电池供液压站24V电机和电磁阀用电。信号由阀位开关传送到远传部分。

（3）弱电驱动：采用24V直流电机驱动，齿轮变速，与仪控系统共用同一电源。

三种驱动方式对比见表1。

表1　驱动方式比选表

驱动方式	技术特征	优点	缺点
弱电驱动	齿轮箱变速，24V直流电机驱动	结构简单，易维护，体积小，费用低	瞬间电流大，需要防爆处理
气动	气缸驱动，高压氮气瓶供气，12V电磁阀控制	结构简单，无须防爆，费用适中	气源维护量大，气量损失难控制，仍需用电，管理困难
液压驱动	液压蓄能器驱动，24V电机及电磁阀控制	全部为低压电器，用电少	控制系统及信号传输仍需用电，液压站部分相对复杂，需要经常巡视

考虑到多数阀室空间小，不适合安装大量设备，且电动工艺在油田应用广泛。因此，选择结构简单、体积小、易管理维护、可靠性高的弱电驱动方式，进一步需研究安全可靠的大功率弱电驱动电机。

1.2 弱电驱动电动头研究

弱电驱动电动头采用 24V 直流电机驱动，电机功率 0.75~1.5kW，太阳能供电，两级减速齿轮传动，可适用于 PN10MPa、DN250-DN350 口径阀门的控制。其中，24V 直流电机为攻关的难点。

直流电机由定子和转子两部分组成，直流电机运行时静止不动的部分称为定子，定子的主要作用是产生磁场，由机座、主磁极、换向极、端盖、轴承和电刷装置等组成。运行时转动的部分称为转子，其主要作用是产生电磁转矩和感应电动势，是直流电机进行能量转换的枢纽，所以通常又称为电枢，由转轴、电枢铁心、电枢绕组、换向器和风扇等组成。

（1）定子。

主磁极：主磁极的作用是产生气隙磁场。主磁极由主磁极铁心和励磁绕组两部分组成。铁心用 0.5~1.5mm 厚的硅钢板冲片叠压铆紧而成，分为极身和极靴两部分，上面套励磁绕组的部分称为极身，下面扩宽的部分称为极靴，极靴宽于极身，既可以调整气隙中磁场的分布，又便于固定励磁绕组。励磁绕组用绝缘铜线绕制而成，套在主磁极铁心上，整个主磁极用螺钉固定在机座上。主磁极结构见图 2。

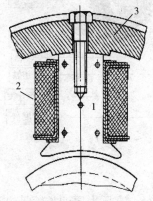

图 2　主磁极结构图
1—主磁极铁心；2—励磁绕组；3—机座

换向极：换向极的作用是改善换向，减小电机运行时电刷与换向器之间可能产生的换向火花，一般装在两个相邻主磁极之间，由换向极铁心和换向极绕组组成。换向极绕组用绝缘导线绕

制而成，套在换向极铁心上，换向极的数目与主磁极相等。

机座：电机定子的外壳称为机座。机座的作用有两个：一是用来固定主磁极、换向极和端盖，并起整个电机的支撑和固定作用；二是机座本身也是磁路的一部分，借以构成磁极之间磁的通路，磁路通过的部分称为磁轭。为保证机座具有足够的机械强度和良好的导磁性能，由钢板焊接而成。

电刷装置：电刷装置是用来引入或引出直流电压和直流电流的。电刷装置由电刷、刷握、刷杆和刷杆座等组成。电刷放在刷握内，用弹簧压紧，使电刷与换向器之间有良好的滑动接触，刷握固定在刷杆上，刷杆装在圆环形的刷杆座上，相互之间必须绝缘。刷杆座装在端盖或轴承内盖上，圆周位置可以调整，调好以后加以固定。

（2）转子（电枢）。

电枢铁心：是主磁路的主要部分，同时用以嵌放电枢绕组。电枢铁心采用由 0.5mm 厚的硅钢片冲制而成的冲片叠压而成，以降低电机运行时电枢铁心中产生的涡流损耗和磁滞损耗。叠成的铁心固定在转轴或转子支架上。铁心的外圆开有电枢槽，槽内嵌放电枢绕组。

电枢绕组：电枢绕组的作用是产生电磁转矩和感应电动势，是直流电机进行能量变换的关键部件，所以叫电枢。它是由许多线圈（以下称元件）按一定规律连接而成，线圈采用高强度漆包线或玻璃丝包扁铜线绕成，不同线圈的线圈边上下两层嵌放在电枢槽中，线圈与铁心之间以及上、下两层线圈边之间都必须妥善绝缘。为防止离心力将线圈边甩出槽外，槽口用槽楔固定。线圈伸出槽外的端接部分用热固性无纬玻璃带进行绑扎。

换向器：在直流电动机中，换向器配以电刷，能将外加直流电源转换为电枢线圈中的交变电流，使电磁转矩的方向恒定不变；换向器是由许多换向片组成的圆柱体，换向片之间用云母片绝缘，换向片的下部做成鸽尾形，两端用钢制 V 形套筒和 V 形云母环固定，再用螺母锁紧。

转轴：转轴起转子旋转的支撑作用，需有一定的机械强度和刚度，用圆钢加工而成。

（3）工作原理。

直流电机工作的原理是，外部电源给电机供电，由于载流导体在磁场中的作用产生电磁力，建立电磁转矩，拖动负载转动。

直流电机的励磁方式是指对励磁绕组供电、产生励磁磁通势而建立主磁场的方式。根据励磁方式的不同，直流电机通常可分为四类：

他励直流电机：励磁绕组与电枢绕组无联接关系，而由其他直流电源对励磁绕组供电。

并励直流电机：励磁绕组与电枢绕组相并联，共用同一电源。

串励直流电机：励磁绕组与电枢绕组串联后，再接于直流电源。

复励直流电机：有并励和串励两个励磁绕组，若串励绕组产生的磁通势与并励绕组产生的磁通势方向相同称为积复励，若两个磁通势方向相反，则称为差复励。

结论：他励方式对控制系统的使用为最佳接线方式，其直流伺服电动机主电源不换线，而对起动器做为直流伺服电动机的换相功能，其换相起动电源小，瞬间电流强度小，可克服电流过大、烧毁电机的矛盾，同时可获得更大功率。

（4）弱电驱动电动头结构。

确定了电机结构，再配以最佳的齿轮传动效率，就能由最小的能源产生最大的动力，得以实现弱电执行器驱动大口径高压力的阀门。

①0.75kW 电机的最小力矩为 5N·m；②1.1kW 电机的最小力矩为 7N·m；③1.5kW 电机的最小力矩为 9.55N·m。

电动执行器的输出力矩：

①0.75kW 电机执行器输出力矩为 5×125×0.96×1.3＝780N·m。②1.1kW 电机执行器输出力矩为 7×125×0.96×1.3＝1092N·m。③1.5kW 电机执行器输出力矩为 9.55×125×0.96×1.3＝1490N·m。

二级输出力矩：

①0.75kW 电机加二级蜗轮输出力矩为：780×5.6×0.4＝1747.2N·m。②1.1kW 电机加二级伞齿轮输出力矩为：1092×4.1×0.95＝4298N·m。③1.5kW 电机加二级伞齿轮输出力矩为：1490×5.2×0.95＝7360N·m。

以上三种输出力矩可调±50%。

最后，确定电机采用两级减速齿轮传动，弱电驱动电机结构见图3。

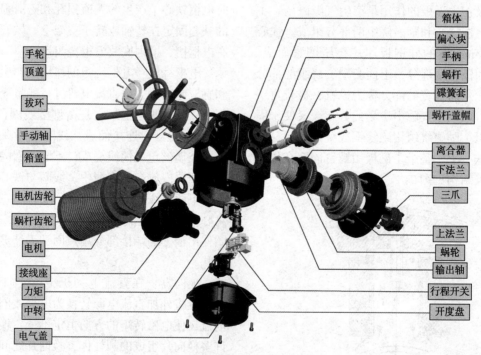

图3　弱电驱动电动头结构图

2　截断阀远程控制工艺流程

在这里给出一种原油长输管道截断阀远程控制新工艺：以较大功率弱电驱动电机为核心，集合3G无线通信系统、太阳能供电系统、视频监控系统、仪控系统等，实现无市电支持、无光缆伴行的大口径、高压力原油长输管道截断阀室的远程控制、视频监控、数据自动采集上传、报警等功能。工艺流程见图4。

主要由以下部分组成。

（1）弱电驱动系统：包括由电机及齿轮箱组成的电动头及执行机构、控制箱等，采用一种大

功率弱电驱动直流电机，配合两级齿轮减速传动，可以进行远程及就地开/关控制，实现截断

阀任意压力下开启/开闭，电机采用弱电驱动，开关阀时间为时间20-150s；

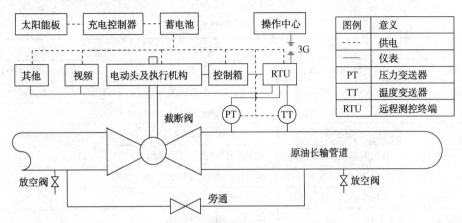

图4 截断阀室远程控制弱电驱动系统总图

（2）大功率太阳能供电系统：由太阳能电池板、充电控制器及深循环蓄电池组组成，给弱电驱动电机、仪控设备、RTU、摄像仪等供电，满足连续6~10d阴雨天电力供应，耐低温至零下30℃；

（3）远程控制与传输系统：包括RTU、3G无线通信系统、红外线摄像仪、压力变送器、温度变送器、报警等部分，可实现压力数据实时传输，温度数据实时传输，入侵信号实时传输，截断阀状态实时监控，视频信号实时传输，蓄电池

电量实时监测等；

（4）上位机操作软件，包括系统软件组态、操作平台等，支持数据的自动成表、成图、下载、打印，具备截断阀的远程控制操作功能、视频监控窗口、报警及误报等。

3 现场试验

选择靖-咸原油长输管道10座阀室进行现场试验，阀室基本情况见表2。

表2 阀室基本参数表

阀室名称	大庄科	冯庄	白家沟	一条洞	四家叉	马家湾	上官渡	走马梁	赵家洞	肖李村1#
规格	DN250	DN250	DN250	DN350	DN350	DN300	DN300	DN300	DN300	DN300
设计压力/MPa	8.0	8.0	8.0	8.0	8.0	8.0	8.0	8.0	8.0	8.0
运行压力/MPa	3.53	5.79	3.09	5.03	—	3.32	—	—	—	—
温度/℃	40.27	39.14	37.7	42.5	—	—	28.07	40.12	—	—
测算扭矩/N·m	2000	2000	2000	2500	2500	3000	3000	2200	3000	3000
位置	志丹	王窑	河庄坪	南泥湾	富县	延炼	延炼	金锁关	马额	三原

3.1 电机功率选取

阀门类型不同，计算电机功率的方式也有所区别。对照10座阀室的阀门类型及测算的扭矩，计算出各阀室电机功率，为方便统一型号与管理，取整归类后，各阀室选用电机功率见表3。

表3 阀室电机功率参数表

阀室名称	大庄科	冯庄	白家沟	一条洞	四家叉	马家湾	上官渡	走马梁	赵家洞	肖李村1#
阀门规格	DN250	DN250	DN250	DN350	DN350	DN300	DN300	DN300	DN300	DN300
阀门类型	固定式	固定式	固定式	轨道式	轨道式	固定式	固定式	轨道式	固定式	固定式
测算扭矩/N·m	2000	2000	2000	2500	2500	3000	3000	2200	3000	3000
电机功率/kW	0.75	0.75	0.75	1.5	1.5	1.1	1.1	1.1	1.1	1.1

3.2 试验数据

以赵家洞阀室试验为例进行说明，试验数据见表4。

表4 赵家洞测试记录表

试验对象	赵家洞	参加人	程世东、朱晓宇						
试验时间	2010.08.02	天气说明	阀室：晴/控制室：晴						
操作地点	未央湖控制中心	开始试验时压力	P=2.273MPa						
操作方式	远程	阀室停泵时流量							
操作人	赵宏涛	上游停泵时间	14：46						
全关1	关阀时刻	反应时间	反馈时刻	关到位时刻	反馈时刻				
1	14：51：30	1~2s	14：51：45	14：51：56	14：52：08				
全开1	开阀时刻	反应时间	反馈时刻	开到位时刻	反馈时刻				
2	14：53：04	1s	14：53：09	14：53：30	14：53：40				
全关2	关阀时刻	反应时间	反馈时刻	关到位时刻	反馈时刻				
3	14：54.09	1s	14：54：21	14：54：34	14：54：45				
全开2	开阀时刻	反应时间	反馈时刻	开到位时刻	反馈时刻				
4	14：59：26	1s	14：59：36	14：59：52	15：00：01				
关停1	关阀时刻	反应时间	反馈时刻	停止时刻	反应时间	续关	反应	关到位	反馈
5	15：00：28	1s	15：00：38	00：48	2s	03：15	1s	03：21	03：30
开停1	开阀时刻	反应时间	反馈时刻	停止时刻	反应时间	续开	反应	开到位	反馈
6	15：03：55	1s	15：04：11	04：16	1s	04：36	1s	04：44	04：48

3.3 现场试验分析

(1) 电机动作完成率：100%。

(2) 电机反应时间：1~2s。

(3) 电机动作时间：肖李村1#为27s，其余均为55~77s；轨道球阀为100~150s，均在要求范围内。

(4) 信号反馈时间：信号反馈时间均为1~2s。

(5) 视频信号延迟时间：均在6s以内，符合要求。

(6) 远程命令不消失的问题：经现场测试，试验的10座阀室均不存在远程命令保持问题。

4 结论及认识

(1) 实现了大功率24V直流电机驱动进行原油长输管道大口径、高压力截断阀的开启、关断。

(2) 降低了工人的劳动强度，减少了用工量，为企业减轻负担。

(3) 事故状态下可及时关闭截断阀，将损失降至最小，减少对环境的污染，符合HSE需求。

(4) 投资费用低，建设速度快，后期管理与维护费用低，可大面积推广应用。

浅谈油气管道的"空天地深"一体化监测应用

陈建国[1]　李　望[2]　李德斌[2]　于若男[1]

(1. 中国石化石油工程地球物理有限公司地理地质信息勘查分公司;
2. 国家石油天然气管网集团有限公司华中分公司抚州输油分公司赣州站)

摘　要　石油与天然气在我国的经济社会发展中具有重要地位, 油气管道安全巡护是管道安全运维的重要工作内容, 传统的人工巡护存在人力成本高, 人员风险大, 难于管理等现象。随着技术不断进步, 卫星遥感、无人机、光纤监测、浅地层勘查等手段逐渐被引入到油气管道巡护工作中。本文结合实际应用, 分析各项技术在油气管道安全监测中的技术方法, 根据实际应用效果, 提出各项技术的优势与不足, 给出油气管道空天地深一体化监测的应用方向。

关键词　油气管道, 空天地深, 无人机巡检, 光纤监测, 浅地层勘查

油气管道已经成为我国油气运输的主要方式, 自20世纪70年代开始建设并投入使用, 至今, 有超过50%的运输管道都已服役多达20年, 更甚者, 我国东部地区油气管道的使用长达30年之久[1]。随着运输管道的老化、地表地物的变化, 这对管道的安全运维皆存在一定隐患。再者, 由于长输管道铺设路线地形地貌各异, 环境差异较大, 管道容易受到自身或人为的侵害。因此, 为及时、有效地阻止和消除各种侵害, 加强管道巡护现已成为管道安全监测的重要工作内容[2]。

多年来, 通用的管道巡护方法常以人工巡护为主, 然而, 随着我国油气管道分布范围的逐步扩大, 管道沿线区域地物环境越来越复杂, 传统的人工巡检方式已不能有效识别油气管道沿线地物变化情况[3]。针对上述问题, 各管道企业建立多种管理制度以监控人工巡护成效, 并基于GPS、GIS等技术开发智能人工巡检系统, 但仍存在人力成本高和花费时间长等问题[4]。随着多种监测技术的发展, 卫星遥感、无人机、光纤监测、浅地层监测等多种检测技术在管道监测中的应用越来越广泛, 针对现有问题, 本文综合多种检测技术提出一种提供多角度、全方位的"空天地深"一体化监控机制, 为管道安全运维提供全方位的保障。

1　空天地深监测技术

1.1　卫星遥感监测

卫星遥感是指空对地的遥感, 即从远离地面的人造地球卫星, 通过传感器, 对地球表面的电磁波(辐射)信息进行探测, 根据不同物体对波谱产生不同响应的原理, 从中获取信息, 经记录、传送、分析和判读来识别地物[5]。

面向对象的变化检测方法以影像分割为基础, 以具有相似光谱特征和空间特征的对象作为基本处理单元, 而不是以单个像元为单元进行处理, 考虑了像元及其邻域的光谱、空间特性, 适应了高分辨率影像空间细节信息丰富、存在"同物异谱、异物同谱"的特点。通过遥感影像多尺度分割技术, 将图像分割成不同地物对象, 进而采用多特征提取与差异影像构造, 采用变化检测技术, 提取变化图斑。

基本实施流程为: 根据工作区范围和拍摄频次, 定期提交卫星拍摄计划; 对获取到的卫星遥感影像进行预处理、分析解译, 制作专题图件与分析报告。

1.2　无人机巡检

无人机油气管道监测系统由无人机平台、任务载荷、数据链和地面站等几部分组成[6], 利用无人机空中交通优势, 搭载可见光图像、视频传感器巡线, 对管道沿线随机多变的人文活动、地貌变化、管道附属设施等局部重点区域的安全监控。无人机按动力类型分为电动无人机和油动无人机, 在油气管道巡护工作中考虑安全因素, 常用电动无人机, 无人机按机翼类型主要有固定翼无人机、旋翼无人机、垂起复合翼无人机等机型, 垂起无人机能够在固定地点进行起飞和降落, 飞行时速能够达到70km/h, 具有载荷能力强、续航能力强等优势, 在油气管道巡线中得到广泛应用。

1.3 光纤监测

光纤监测技术主要是对光缆周围震动、温度的变化进行实时监测，利用光缆对震动、温变的敏感性对输油管道附近的环境状态进行监测，感知信号并准确定位。比如当管道附近有人工挖掘及工程机械在施工或钻孔时，通过土层传递的振动信号会被传感光缆感知，通过对信号的判别分析，在振动发生的时候及时报警，起到预防作用。

光纤监测预警系统采集信号的模式为采用瑞利散射光，当外界有振动发生时，背向瑞利散射光的相位随之发生变化，通过对瑞利散射光的接收，完成对振动点信号的采集。利用油气管道同沟敷设光缆中的光纤搭建基于相干瑞利散射的分布式光纤传感系统，该系统向光纤内发射光脉冲信号并接收其产生的后向瑞利散射光，系统使用的是高相干光源，与相干长度内产生的后向瑞利散射光相互干涉。在光纤没有受到外界扰动时，干涉谱恒定；当第三方行为产生的振动作用在光纤上时，导致该处干涉谱发生突变，通过检测该突变信号实现第三方行为振动信号的检测，记录突变信号。

1.4 浅地层勘查

地震频率成像技术是近年来出现的一项全新的技术，通过观测地下等效地层的固有频率，利用频率特征成像，获取地下结构信息，当地下的结构或介质参数发生变化，其固有频率将发生变化，此方法为单点观测，对弯线及地表适应性

强，天然震源，无需激发，可用于输油管线监测。此外该方法是通过部署高灵敏度地震检波器进行探测，还可以用此高精度检波器进行地表振动源定位和入侵报警。

2 一体化应用

本次试验项目位于中部某长输管道，管线全长 27km，沿线地形以山区、丘陵为主，最高海拔 281m，最低海拔 94m，最大落差 187m。沿线乡村小道伴行，道路陡峭崎岖、村庄密布，多农田、沟渠，人文活动频繁，是管道巡护的重难点区域，极具代表性。按照"空天地深"的技术路线，从四个维度开展遥感卫星周期监测、无人机精准应急、光纤实时监测、地球物理勘探浅地层评估等四个方面方法试验，试验监测三个月。

2.1 空：卫星遥感

共设计采集卫星遥感数据 9 期，每 10d 一个采集周期，以管道两侧 1km 范围内多期的卫星遥感数据为基础，进行光谱、空间、纹理、物候等方面的特征对比分析，发现管道周边地表变化信息，获得地表植被生长、建筑物变化以及管道上方占压等信息。

采用的遥感卫星数据源以 SkySat 卫星星座数据为主，通过卫星组网技术，可以极大的提高数据获取效率和有效影像（云量较小）的获取几率，在南方多云多雨区域的遥感监测应用中具有明显的优势（表1）。

表1 SkySat 卫星星座系统参数

系统参数		具体描述
卫星数量		15 颗，后续将增加至 21 颗
卫星高度		500~600km
卫星重访		每天 2 次，上午 10：30，下午 1：30
地面采样大小（GSD）		全色 0.86m，多光谱 1.0m
像元重采样		0.8m
相机		全色和多光谱 CMOS 框架相机
光谱波段	全色	450~900nm
	多光谱	蓝 450~515nm（中心波长：482.5nm）
		绿 515~595nm（中心波长：555nm）
		红 605~695nm（中心波长：650nm）
		近红外 740~900nm（中心波长：820nm）

2.2 天：无人机巡护

利用无人机空中交通优势，搭载可见光图

像、视频传感器巡线，对管道沿线随机多变的人文活动、地貌变化、管道附属设施等局部重点区

域的安全监控。实现对高后果区的定时监测，以及对试验管道巡检、应急现场情况的快速掌握。

采用旋翼无人机挂载高清摄像头进行视频采集，实施每日两巡，上午 8 点到 11 点间一次，下午 2 点到 5 点间一次，现场操作人员对无人机实时影像进行实时监控，无人机降落后，立即对采集的影像数据进行详查，关注管线周边 200m 范围内的第三方施工，水工保护情况，桩牌完好情况等内容。

2.3 地：光纤监测

通过光纤实时监测技术，对管道本体与其致灾体两方面进行监测，建立光纤监测预警模型，实现管线周缘地质安全实时监测预警。通过光纤震动信号的监测分析，发现管道周边施工作业、第三方入侵等隐患信息，进行实时监测报警。

本试验光纤监测设备采用英国进口的 optasennse，设备的原理为 Φ-OTDR 型，具体参数见表 2。为保证管道光纤监测预警统的有效运行，在进行设备安装之前需要使用 OTDR 检测设备对光纤质量进行检测，确保光纤质量符合系统要求：管道光纤监测预警系统对光纤的质量需求为光纤总损耗不大于 10dB，单个损耗点不大于 0.2dB。试验区段光纤类型为单通道 12 芯光纤，其中 4 芯在用，现场检测人员对其余 8 芯进行检测，经 OTDR 检测后第二芯的光纤损耗值最小为 0.358dB，可以满足设备监测条件，故选择第 2 芯的光纤作进行光纤熔接。完成接入后，进行光纤标定确定光缆里程和管道里程的对应关系，通过挖掘模拟测试，对报警参数进行调整，确保报警参数具有针对性，能够保证监测区域的正确报警。在完成挖掘模拟测试后，现场监测人员需根据实际使用情况对系统参数进行适当调整，以便进一步来提高报警准确率，光纤监测正式运行中执行 24h 有人值守监测 (表 2)。

表 2　optasennse 系统参数

系统参数	具体描述
采样范围	0~1250Hz
采样最小精度	2.5m
采集率	0.125ms
采集信号类别	DVS 振动信号变化、DTS 温度信号变化
设备工作温度范围	0~30℃
工作电压	220V

2.4 深：地震频率成像

通过地球物理方法，获取管道有无泄漏情况

以及周边地下浅层空间高精度的地质结构，发现滑坡体、滑脱面、塌陷、溶洞等对管道本体造成不良影响的地质体。

对试验区管线周边进行实地踏勘，根据地貌成因、地形标高和形态特征等大致可划分为构造侵蚀低山、构造剥蚀丘陵、侵蚀剥蚀岗埠、冲积平原等四种地貌类型。通过区域地质分析，排查区构造上跨扬子准地台和华南褶皱系，属扬子准地台萍乡-乐平台陷和官帽山台拱；华南褶皱系赣西南拗陷和饶南拗陷等。区内地质构造较为复杂，褶皱较发育、断裂较发育。

本次地震频率成像试验地质任务：关注输油管线沿线地下地质构造，管道下方有无疏松区，脱空区；有无断层；滑坡体调查；检测有无渗油、漏油，部署工作量见表 3。

表 3　地震频率成像部署工作量

工作内容	具体描述
测线 1	沿管线做 5km 测线 (JG7869-JG7942)，测点间距为 5m
测线 2	在 JG7879 地灾点部署垂直于管线方向测线一条 60m，点距 1m
测线 3	在 JG7915 地灾点部署垂直于管线方向测线一条 60,，点距 1m

2.5 一体化应用优势

"空天地深"管道监测技术具备五方面优势，主要体现在"五个结合"：一是表里结合，在空间上实现地表地貌变化、地形变化与地下地质结构变化监测相结合；二是实时与不定期结合，在时间上光纤 24h 实时监测，发现问题时无人机应急响应，必要时利用浅层地球物理勘探对地下地质体变化进行监测；三是探监结合，在方法上发挥地球物理勘探和光纤监测技术优势，进行优势互补、相互验证；四是数据处理与信息化结合，在成果应用上与业主方 SCADA 管理系统进行数据共享，将管道监测数据信息反馈到生产运行系统，辅助管理部门决策，实现管道监测信息化；五是拆分结合，在模式上按照业主方实际需求，根据不同条件、监测重点、投资计划，合理选用监测组合方式。

3　效果分析

3.1 卫星遥感

试验地区 6 月 20 日~7 月 30 日，天气阴雨为主。该时间段采集的影像云层覆盖比较严重，通过多天拍摄，截取云量较少区域进行拼合成图。具体见图1~图3。

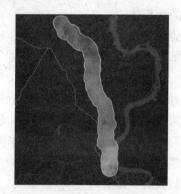

图1　7月2日影像

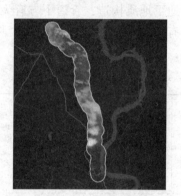

图2　7月7日影像

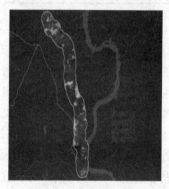

图3　多天影像合成

卫星遥感影像监测每次采集完，与上一期遥感影像进行对比分析。影像拍摄情况及解译对比分析见下表，对发现疑似变化，与无人机巡查结果进行对比，情况基本属实无误（表4、图4）。

表4　卫星遥感影像对比分析结果统计

期数	在建建筑	新增建筑	拆除建筑	合计
第一次	6	7	2	15
第二次	3	4	0	7
第三次	3	2	3	8
第四次	5	1	1	7

期数	在建建筑	新增建筑	拆除建筑	合计
第五次	12	3	0	15
第六次	10	14	5	29
第七次	18	14	13	45
第八次	26	8	2	36

图4　卫星遥感影像对比图（在建工地变化示例）

卫星遥感影像采集的范围是管线两侧各1kg，无人机巡检采集管线两侧各200m。对比分析报告中200m以内的问题点，核查无人机影像进行验证，情况属实（图5）。

图5　卫星遥感影像与无人机拍摄影像对比图

3.2　无人机巡检

无人机巡检执行每日两次巡检。现场发现问题，通知人工巡检人员进行现场核实及处置，问题严重的及时上报业主方管理人员。巡查影像实行两级查看，现场实时查看和内业复查，每日提交巡查日报(图6)。

3.3　光纤监测

管道光纤监测预警系统共计报警16处，人工过滤后判断13处为雨水冲刷，1处为机械挖掘，2处为误报。为确保管道安全，对14处报警位置进行了核实。现场核实13处为雨水冲刷，1处为机械挖掘。人工过滤干预后，报警准确率达到100%(图7、图8)。

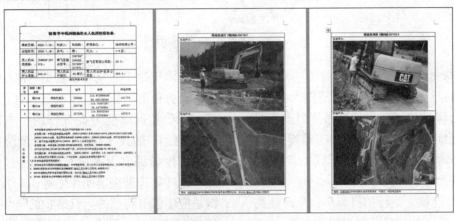

图6　无人机巡查日报

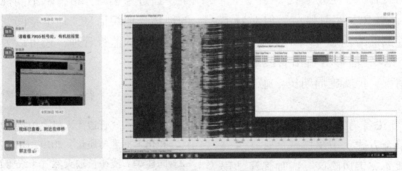

图7　光纤监测报警现场核实

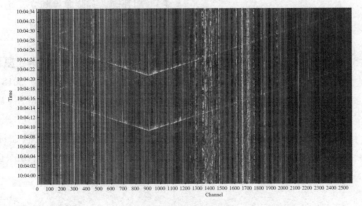

图8　光纤监测报警(清管器运行状态实时跟踪)

3.4 频率成像勘探

浅地层勘查通过频率成像勘探资料的分析，探明试验段管道粘土（素填土），强风化层，基岩面 界面清晰；基岩地层存在破碎带，垂直裂隙发育，部分破碎带疑似含水；管道特征清晰，管道沿线地下地层总体均匀，局部存在相对软弱区；发现 3 个疑似点 ，是由于地层含水原因，还是有渗漏需要进一步验证(图9)。

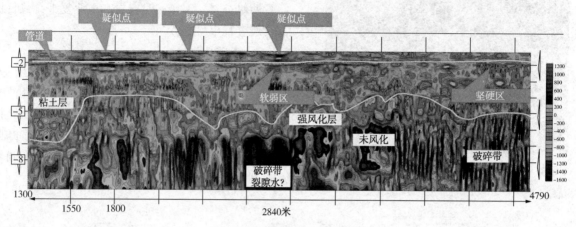

图 9　频率成像勘探分析剖面

3.5 效果与认识

① 卫星遥感影像，具有覆盖范围大对全局观察掌控能力强的优点，但是影像清晰度不足，小型地物不能准确分辨；及时性差，编程拍摄受天气影像大，时间周期长，影像下载、解译、分析需要时间长。

② 无人机巡检，飞行拍摄灵活，及时性高，反应速度快。飞行拍摄受天气影响，大风、下雨不能进行飞行，需进行人工巡检替代。

③ 光纤监测，可 24h 实时监测，但对轻微力量的地表破坏监测能力差。

④ 频率成像勘探，能够分析出管线地表以下的地质结构体情况，但实施周期长，施工难度较高。

⑤ 不同监测方法各有针对性和优势，应结合实际选择最优组合方式。卫星遥感适宜在天气条件较好地区；地质灾害风险区，应加强浅地层勘查以便掌握浅层地质变化；在人文活动不频繁的戈壁、草原等地区，使用卫星遥感影像进行周期性监测地表变化；在人口密集，环境复杂地区，应结合无人机巡检和光纤监测手段，及时发现、阻止管道上的第三方侵害。

4　结束语

随着管道安全运维管理要求的不断提升，将航测遥感、光纤监测、无人机巡护、地下空间勘查等技术应用于油气管道安全监测中，提供多角度、全方位的一体化监控机制，对管道安全具有切实的监控保障能力提升作用。本次试验按照"空天地深"的技术路线，从四个维度开展遥感卫星周期监测、无人机精准应急、光纤实时监测、地球物理勘探定期评估等四个方面试验，获得适应于管道特征的运营维护的全生命周期管理的"空天地深"一体化的纵深大空间监测技术方案。通过采集与分析，从不同视角监测线路周围的地物、地貌信息、地下空间变化，不仅适用于管道巡查的监督管理，还可以为管道维护提供决策依据。

参 考 文 献

[1] 侯磊. 油气管道无人机巡护技术应用[J]. 中国石油和化工标准与质量, 2019, (10): 251-252.

[2] 闫建军. 浅谈长输天然气干线管道的巡护[J]. 重庆石油高等专科学校学报, 2000, (3): 13-14.

[3] 胡邦国, 孙晓龙, 陈立, 纪润驰. 天地一体化地物变化监测与风险评估[J]. 中国矿业, 2020, 29(S2): 135-141.

[4] 王炜. 基于无人机技术在原油长输管道巡护中的探索[J]. 信息系统工程, 2018, (12): 15-15.

[5] 孙家抦. 遥感原理与应用[M]. 北京: 北京测绘出版社, 2003.

[6] 李器宇等. 无人机遥感在油气管道巡检中的应用[J]. 工业技术, 2014, 35 (03): 37-42.

区域数据湖关键技术创新与应用

杨克龙　彭　晖　谈锦锋　赵　咏　严昀坤　郑　丹　吴玙欣　钟佳男

（中国石油西南油气田公司川西北气矿）

摘　要　公司信息化历经十余年探索发展，历经分散建设、集中建设、集成应用三个阶段，正在迈向协同共享新阶段，努力建成"智能气田"。公司以"两统一、一通用"勘探开发梦想云为蓝图，实现上游全业务链数据互联、技术互通、业务协同与智能化发展，构建共创、共建、共享、共赢的信息化新生态为目标，借鉴数字化转型发展的技术趋势，结合公司上游数据库多、平台多、孤立应用多的"三多"现象，公司统建、自建系统多达上百个，接口上千个，数据无法共享、业务难以协同的信息化建设现状和数据应用时效，系统地研究了数据汇聚、存储和应用的层次划分，提出了逻辑统一、互联互通的公司区域数据湖方案，成功完成了试点验证，有效支撑了上游业务数据新生态的建设。

关键词　区域数据湖，数据生态，数据存储，共享应用

随着全球能源供求趋势的变化，能源价值链正在被颠覆，油气行业结构也正在发生着改变。同时，伴随着人工智能、物联网、云计算、大数据等智能技术的逐步发展，包括油气行业在内的传统制造业正走向新的数字化时代。近年来公司信息化建设取得快速发展，成效显著，信息化建设由原来的集中建设、集成应用阶段逐步迈进共享智能新阶段。2018 年，中国石油集团公司在年度工作会上提出"推进工业化与信息化深度融合，积极采用物联网、大数据、云计算、人工智能等先进技术，在建设数字化油田、智能炼厂、智慧加油站、智慧管道等方面取得新突破"的信息化建设要求。集团公司提出了"两统一，一通用"的建设蓝图，核心是建设统一数据湖和统一技术平台，搭建油气勘探、油气开发、协同研究、生产运行、经营管理和安全环保通用业务应用，实现上游业务"一朵云、一个湖、一个平台、一个门户"，提高公司的采收生产率，降低生产成本。区域湖和公司的融合，有效推进两化融合，提升数据质量、增强数据共享，提高后端大数据分析应用水平，为智能化气田奠定坚实基础。。

1　区域数据湖总体架构

区域数据湖解决数据分散、交叉管理以及交换共享能力弱问题，提供数据从采集、治理到分析全生命周期的数据管理架构和治理体系，实现数据的统一集中化管理，保证了数据在采集、治理、存储、分析应用整个过程中的及时性、准确性、完整性和一致性。数据经过治理后，可以推送到共享存储层、分析层以满足公司数据共享和上层数据分析与应用的需求。同时，提供统一、安全、标准化的数据服务，为企业的生产开发，经营分析，项目研究提供数据的快速获取服务，让各个组织机构间的研究成果数据可以继承和共享。数据湖系统从数据建设、集成、治理、服务等方面提供全方位服务，帮助企业打造全面、良性的数据生态。

按照顶层设计要求，根据区域数据湖建设思路，细化公司数据存储及数据流向，形成油田区域数据湖架构。整个数据湖系统由 5 层结构组成，分别是数据源层、贴源层、中间治理层、共享存储层和分析层。历史数据在数据源层经过 ETL 工具采集到贴源层，经过初步转换后进入中间治理层；对于系统新产生的数据按照共享存储层的数据标准进行设计，通过入湖 API 直接进入中间治理环境。数据在中间治理层进行数据质量扫描和统一治理，满足共享层数据标准的数据可以推送到共享存储层实现区域湖、主湖数据共享，在分析层通过 ElasticSearch 来满足高速索引的需求，通过 kylin 实现 OLAP 查询，通过统一数据服务供上层应用调取数据或访问分析层。数据湖系统提供入湖数据的全生命周期管理。在数据源层，提供对各类数据源（Oracle、MySQL、PostgreSQL 等）的接入。集成 ETL 工具和数据入湖 API，实现数据在区域湖各层之间的流转。整个数据治理体系纵向贯通数据源、贴源层、中间治理层和共享存储层，持续开展标准规范建设，

提供元数据管理、主数据管理、数据标准、数据质量监控等能力，并建立数据安全保障体系，提高数据湖的整体能力(图1)。

图1　区域湖总体架构图

整体来说，通过部署数据湖系统，实现数据的统一管理与治理，提高数据质量及数据应用价值。具体来说有如下几点：数据湖采集企业众多系统中的数据，并进行统一、集中化的管理，解决信息孤岛问题；通过主数据建立企业内各业务系统中数据的关联，打破数据壁垒，实现油气田业务数据全联接；挖掘隐藏的数据关系网络，从而快速了解业务相关内容，提升效率；建立企业级数据标准及业务规则，规范数据治理体系，全面提升数据质量；提供统一、标准、安全的企业级数据服务，支助力企业快速、零成本搭建数据服务。

1.1　统一数据湖逻辑架构

区域湖由专业数据库层、共享存储层和数据分析层三部分构成，具体架构见图2。

图2　数据湖逻辑架构图

专业数据库层：实现采集和业务应用专业库的统一管理，保证数据一致性与溯源能力。

共享存储层：围绕EPDM模型标准，按照业务覆盖范围持续扩展完善，建立完整的数据共享逻辑层，进一步强化逻辑统一、互联互通；同时按照非结构化数据、结构化数据和时序数据的不同的IT类型特点，选择有针对性的技术管理方案，支持对象存储和运算，更好的满足共享应用的需求。

数据分析层：在高速索引基础上，通过新建

领域知识库，在实现数据检索的同时满足知识检索应用；基于共享数据层建立能够支撑六大业务领域通用分析应用的分析库环境，通过大数据环境下的数据建模和并行计算能力建设，大幅提高运算与分析效率；基于知识检索和数据充实等智能化应用的需要，建设知识检索和数据充实相关的知识图谱，建立人工智能模型库，发布智能算法服务API。

1.2 区域湖技术架构

区域湖技术架构包括六大部分组成，分别是数据处理、数据存储、数据分析、数据安全、数据服务、管理控制台(图3)。

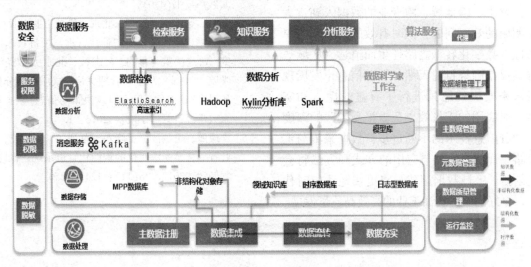

图3 技术架构图

数据处理：包括主数据注册、数据集成，数据充实和数据流转模块。

数据存储：按照应用需引入对象存储、图数据库和时序数据库技术，时序数据存储能力升级。

数据分析：包括消息总线、数据检索(ES)引擎，数据分析功能模块，满足数据分析和可视化展示需求，其中部分采用E4项目中间件功能；建立人工智能应用支持能力。

数据安全：包括数据服务授权，增加数据脱敏模块，进一步强化敏感数据安全功能。

数据服务：包括数据检索服务模块，知识检索服务、数据分析服务，并基于智能模型增加算法服务模块。

管理控制台：提升管理控制台整体性，强化数据治理功能，实现应用APP数据库元数据纳管，满足主数据、元数据等功能流程化运行管理。

2 应用效果

按照梦想云统一数据湖2.0方案，在公司进行了试点建设，取得的主要认识是：通过区域数据湖架构的引入，实现了三个维度的解耦，在最大程度上继承已有建设成果的基础上，能够改变油气田公司数据治理的格局，建立了共享的环境与氛围，能够提高平台化、微服务化的业务应用建设支撑能力，为智能化应用的快速建设奠定坚实的基础，有助于推动"智能气田"战略落地。

2.1 对原有格局产生的影响

数据资产管理流程升级，将过去传统的油气田中心主库提升为统一数据湖作为核心资产存储环境；企业统一管理的数据类型增加，除结构化数据集团统一标准管理外，增加其他类型数据存储标准要求，数据管理的边界扩大；数据治理工作力度将持续加大，随着云化应用功能的增加，对于高质量数据的需求更加具体，数据治理的工作量将持续加大。

2.2 新生的数据湖生态格局体现出巨大价值

数据共享将更加便捷：统一数据湖相关技术打通了数据共享技术壁垒，将带来更加便捷高效的数据共享应用体验。

数据质量将明显提升：由于引入了数据治理的多个层次，数据治理的责任主体将更加明确，同时通过业务中台、数据中台建设，进一步强化石油上游主数据管理，各专业数据一致性、完整性和准确性将明显提升。

智能应用将更为易建：基于良好的数据基础、更加便捷的应用通道、更高效的数据应用支撑能力，引入大数据平台技术，将为人工智能应用打下坚实基础。

3 结论

区域数据湖在多年来的勘探开发信息化建设成果积累的基础上，建成了"两统一、一通用"的平台，突破了以往存在的"数据难以共享、业务难以协同"的瓶颈，区域数据湖在标准统一的基础上，解决了跨地域、跨专业的数据入湖、大块数据调用的效率问题，同时有效地调动了各单位主动性。数字化转型之路任重而道远，区域数据湖方案仅是围绕目前天然气上游信息化发展现状和对未来发展的愿景进行了有益的探索和实践，最终对应用的支撑效果还需接受实践的深度检验。随着信息技术的不断进步，数据采集与汇聚、存储与管理、治理与应用的方式和方法将会不断地创新，区域数据湖建设将更快地适应时代的要求，更好的服务石油工业的高效高质量发展。

参 考 文 献

[1] 国家标准 GB/T 36073-2018《数据管理能力成熟度评估模型》.

[2] 中国信息通信研究院云计算与大数据研究所 CCSA TC601 大数据技术标准推进委员会《数据资产管理实践白皮书(4.0)》.

[3] 高伟 . 数据资产管理 . 北京：机械工业出版社 .

[4] 李静雯 . 输油气站场完整性管理与关键技术应用研究[A].《决策与信息》杂志社、北京大学经济管理学院 . "决策论坛——管理决策模式应用与分析学术研讨会"论文集(下)[C].《决策与信息》杂志社、北京大学经济管理学院：，2016：1.

[5] 李遵照，王剑波，王晓霖，董列武，刘道乾，李明，叶青 . 智慧能源时代的智能化管道系统建设[J]. 油气储运，2017，36(11)：1243-1250.

基于信息化的设备全生命周期管理的探索与实践

刘　晨　蔡忠伟　李　想　袁川晋　杨　钊

(国家管网集团西南管道有限责任公司)

摘　要　2014 年中国石油首次提出在油气管道建设项目中推行全生命周期管理这一理念。作为油气长输管道运营单位，其重点关注设备全生命周期中运行维护和技改报废这两个阶段。文章采用信息化技术手段探索油气长输管道运营单位的设备全生命周期管理，为在役管道智能化建设提供了一定的数据支撑和经验总结。

关键词　油气长输管道，设备全生命周期管理，信息化

我国自 1958 年底首次建成克拉玛依油田到独山子炼油厂第一条工业和长距离输油管道以来，特别是 20 世纪 70 年代东北大庆油气"八三"管道的诞生，在近半个世纪油气管道运输业的发展中，我国油气管道发展主要经历了四个阶段。第一阶段：20 世纪 80 年代前，计划经济体制下的生产管理模式。第二阶段：20 世纪 80 年代到 90 年代初，改革开放后的经营管理转型。第三阶段：1998 年后到 2000 年前的专业化管理。第四阶段：2000 年以后长输管道向"集中调控、分区管理、建管分离"方向发展，中国石油在原来管道分公司管理的管道板块业务上，重新组建了西气东输管道公司、西部管道公司、西南管道公司、油气管道调控中心、管道建设项目经理部等单位。2007 年后至今，逐步形成了"建管分离"的 EPC 总承包建设管理模式。

2011 年管道公司受中石油的委托，对长输油气管道工程建设项目全过程管理进行了立项课题研究，在此基础上，2012 年进行了基于全生命周期的油气管道项目管理课题研究，并逐步在实践中应用。2014 年，中国石油天然气集团公司首次提出在油气管道建设项目中推行全生命周期管理这一理念。

上述对全生命周期这一概念的研究及应用全部集中在前期投入期，即设计、选型、采购和安装，未在运行维护、技改报废这两个阶段应用设备全生命周期管理理念。

作为油气长输管道运营单位，其主要职责为负责长输管道的运营管理，即重在从长输管道全生命周期中运行维护到技改报废这两个阶段的管理。西南管道公司某输油气分公司于 2018 年积极推行区域化改革，稳步推进作业区建设工作。将人员集中到作业区中心站进行统一管理的同时，作业区管理设备的数量成倍增长，生产作业岗负责作业区内设备的巡检、维护、维修等职责，为了提高设备的可靠性，降低其故障率，急需采用基于信息化手段对设备全生命周期进行管理。

1　目前设备管理中存在的问题

目前设备管理建立了设备台账、技术档案等基础资料，并开展定期维护保养。但随着管理"精细化"，暴露出存在以下几项突出问题：

（1）设备台账、技术档案信息缺失、丢失。设备固有信息虽然已建立设备台账、技术档案，但是大部分信息是通过设备铭牌记录部分数据，有些基础数据无法获取，如阀门的制造日期、设备重量、尺寸等。由于技术人员素质差异，造成设备的动态信息混乱，如维修时间、故障类型、使用备品备件情况等。

（2）设备的编码管理混乱。目前，长输管道设备均采用工艺位号作为设备编码来进行管理，但长输管道管理涉及仪表自动化、电气、通信等专业，这些专业设备无具体的编码，对设备管理造成一定的障碍。

（3）设备知识库不完善。由于"建管分离"模式造成长输管道在 72 小时试运行后移交给运营方，但是设备的图纸资料、安装记录、试验报告、使用说明、检维修手册等无法及时移交，从而造成设备的知识库不完善。

（4）巡回检查质量未量化。虽然制定了巡检路线和巡检内容，但巡检未根据风险高低执行不同的巡检内容，且巡检质量情况无法进行量化。

（5）工艺操作未达到真正的标准化。工艺操

作前，由技术员编制工艺操作票，由作业区领导进行审核。此项作业完成质量的高低，完全取决于技术员、作业区领导及现场操作人员的个人经验，无法实现有效的标准化作业。

（6）预防性维护计划不完善。由于设备台账、技术档案信息缺失，设备知识库不完善，造成预防性维护计划无法全面覆盖。

2 基于信息化的设备全生命周期管理

通过重塑设备全生命周期管理体系，以信息化手段为辅助，打造设备信息共享、互通平台，用以指导设备管理，从而用以解决上述问题，延长设备故障曲线中的偶然失效期，尽可能延长设备的有效寿命，从而降低企业的运营成本。

设备基础信息的建立是设备全生命周期管理工作开展的基础数据、信息来源；是运维工作的前期规划、实施方案制定的依据；是有效进行设备能效管理、安全管理的重要依据。要完善基础数据，并考虑使用信息化手段进行支持，首先需要对数据结构进行整理。在对数据结构进行统一规划的基础上，补充设备基础信息。

2.1 完善基础信息

2.1.1 重构设备信息数据结构

根据油气长输管道线状分布及生产设备布局的特点，建立以场站、阀室为核心，向下建立以工艺区域、设备单元，向上以具体管道、管理机构相关联的设备信息数据结构。具体管理内容包括：设备分类管理、设备分级管理、设备单元管理、设备单元细分管理、站场数据结构管理、功能区域管理等。

（1）设备分类管理：依照《石油天然气行业设备分类与编码》(第四版)建立油气管输类设备分类，建立统一的长输油气站场设备设施分类标准。分类考虑了设备属性和设备工艺名称，与设备管理实际相符。

（2）设备分级管理：根据设备在生产运行中的重要程度、故障出现频率及后果，确定设备单元(回路)级别，实现设备分级管理：A类(关键设备)、B类(主要设备)、C类(一般设备)。

（3）设备单元边界划分管理：依据《石油天然气工业设备可靠性和维修数据的采集与交换》(GB/T 20172—2006)，结合输油气站场设备特点，确定压缩机组、泵、阀门、容器等设备边界的划分标准。

（4）设备单元细分管理：依据《石油天然气

工业设备可靠性和维修数据的采集与交换》(GB/T 20172—2006)，结合输油气站场设备特点，建立压缩机组、泵、阀门、容器等设备子单元、维修产品划分标准。

（5）站场数据结构管理：结合油气长输管道线状分布及生产设备布局的特点，建立以场站、阀室为核心，向下建立以工艺区域、设备单元，向上以具体管道、管理机构相关联的设备信息数据结构。

（6）功能区域管理：根据初步设计文件中划分的工艺区域，建立场站功能区域。非安装设备存放在某一地点区域。在设备更新时，原位置上的设备被放置到设备暂存区域内或报废，新设备被安装到原设备位置上。

2.1.2 设备基础信息的建立

（1）固有信息台账建立：根据设备数据结构建立设备单元，录入设备的制造商、场地、型号、编码、资产号、负责部门人员等，设备的功能、指标、参数等，如电机的功率、转速、电流、电压等级参数。

（2）动态数据的建立：建立标准操作作业卡、维修作业卡在现场指导现场工程师进行现场操作、维修，并通过信息化手段将现场数据传输至信息化系统中。同时，将SCADA系统接入信息化系统，直接从SCADA系统中提取设备的运行小时数、压力、温度、振动等技术参数，以保证数据维护的准确性和及时性。

2.2 设备运行管理

2.2.1 构建适应作业区管理模式的巡回检查制度

在实行区域化管理模式后，对作业区管理架构、岗位设置等实施了变革。因此，需要重新构建适应于作业区管理模式的巡回检查制度(图1)。

首选，制定了详细的巡回检查制度，其中包括巡检周期、巡检内容、巡检质量指标、巡检责任主体，其中巡检内容由按照不同专业、不同设备和不同周期制定了详尽的巡检内容和评判标准。总共有8个大项34小项的巡检内容(图2)。

其次，将所有站场划分为中心站场与非中心站场，为了提高巡检质量并实现有效量化管控，开发并应用了智能巡检系统。该系统可以实施站点、作业区、分公司三级计划性巡检，设备身份认证标签关联设备信息和运行标准，巡检过程中通过对实际运行状态或运行参数与电子标签中预设信息进行比对，提供分析判断数据，并对巡检率进行报表与图表自动生成，实现了巡检率统计分析、隐患系统上报等功能，达到巡检"四定"要求(定时、定人、定点、定标)。

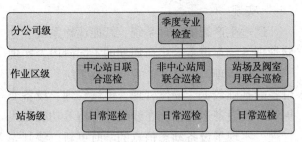

图 1　分级巡检

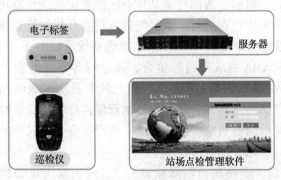

图 2　系统组成

对于设备运行中的隐患、缺陷等进行及时发现和上报，随即进入维修或技术改造程序，以进行合理的处置措施或消除缺陷作业，同时将该故障纳入故障库。通过对不断完善的故障库进行统计，深入分析故障原因，修订完善维护保养计划，形成设备失效模型，对设备进行技术改造，分析处理故障所需备品备件用以指导仓储管理。

2.2.2　设备操作管理

为了加强设备操作过程管理，编制、修订了各类操作规程100余个。编制关键设备操作标准作业卡，从作业前准备、作业分工、作业前检查、危险点分析与控制措施、工具、材料到作业步骤及标准，进行了全面梳理并逐项分解。

使用信息化手段将标准作业卡进行操作功能配置，将操作步骤、操作风险、应急处置等信息进行关联匹配，作业人员通过远程工艺与视频监控系统、佩戴AR智能设备等方式，使标准作业卡可视化，实现现场操作的"步步提示、步步确认、步步受控"。并时在信息系统中记录作业内容、时间等信息，用以更新设备动态数据。

2.3　设备维护维修管理

2.3.1　预防性维护保养

按照"定值维护"与"定期维护"两种方式，设备的预防性维护保养内容依据国家标准、行业

标准、企业标准及设备的使用手册等资料，并结合实际工况编制了《储油罐预防性维护保养计划》《电气设备预防性维护保养计划》《工艺设备预防性维护保养计划》《仪表自动化专业设备预防性维护保养计划》《通信专业设备预防性维护保养计划》《压缩机预防性维护保养计划》《计量专业设备预防性维护保养计划》。针对关键设备编制标准维护作业卡，完善维护作业质量控制指标，配套编制维护操作卡指导现场作业，通过对设备定期、不同级别的保养，"以维代修"提高设备可用率、减少维修费用与故障成本的发生。

通过信息化手段，将上述预防性维护保养计划数据化后，根据预防性维护标准，设置每台设备的切换、维护保养技术标准，并确定周期，根据设备运行记录数据，系统自动判断累计值是否达到周期值，据此自动产生维护保养预计划，并推送提醒，实现预防性维护计划全面管控。对于计划能够按照审批流程进行审批，审批完成后自动生成对应的工单；按照工单执行时有设备维护标准作业卡进行对维修人员进行指导，工单完成后计划自动关闭，系统自动产生作业记录，并自动归档至设备动态数据中(图3)。

图 3　维护作业信息化管理

2.3.2　设备维修管理

制定设备维修管理流程，维修按照工作难易程度，分为站场自行实施和作业区集中组织两种方式：非中心站场负责日常维护、维修，处理简单的跑冒滴漏等常见的、可由单人完成的故障，以及其它故障的前期处置。站场综合值班人员无法处理的故障，上报作业区，作业区通过信息系统生成通知单处置。

将信息系统中生成的通知单/工单提取到作业区信息系统，以"作业导引"为基础，将作业登记、人员、维修对象、作业卡、技术交底、工作前安全分析、作业许可票证、作业验收内容串联起来，形成完整的维修作业流程。对于典型故障形成故障处置报告，从故障描述、处置过程、

备件消耗、原因分析、改进措施、处理结果验收等方面，对维修过程进行全面管控(图4)。

图4　维修作业信息化管理

2.4　技术改造

设备的技术改造也叫设备的现代化改装，是指应用先进的技术对原有设备进行局部或者整体改变，安装或更换新部件、新装置。通过巡检、检查途径发现的工艺缺陷、设备缺陷等，当通过维修无法实现对缺陷进行消除时，需要转入技术改造以消除。

2.4.1　项目前期管理

对于需要实施的技术改造进行技术评估后，需要撰写《项目立项报告》，明确项目建设理由、项目属性、工程概况及工程量、投资估算、效益分析及结论意见。待相关部门审核确定立项后，转入项目预可研阶段。通过预可研、可研、初步设计(包含设备选型)、施工图设计阶段，最终确定项目的工程量、投资等。

2.4.2　设备采购及安装

当项目文件通过审查后，由项目建设单位根据施工图纸、各专业数据单编制《物资需求建议表》，经仓储管理系统对项目实施所需的设备、物资提出采购申请。当所需物资到货后，通过物资仓储条码系统，经验收、入库、出库完成物资信息化管理。由施工单位根据施工图纸完成设备安装，安装过程中监理单位对项目实施进行监控，项目建设单位全程参与。当设备完成安装并进行试运行后，由项目建设单位将设备录入生产智能管理系统进行统一管理，更新基础信息资料。

2.5　仓储管理

备品备件管理按照《物资储备定额测算建议书(备品备件)》对分公司所需备品备件进行了测算，设定分公司所需备件的定额。对形成的故障库进行统计分析，用以指导备件定额的调整。利用仓储管理系统，对备品备件实施条码化管理，时时掌握备品备件库存数量，根据备件定额的高线和低线进行预警。

3　应用效果

3.1　设备全生命周期管理的信息化手段基本实现

通过生产智能管理系统、智能巡检系统、仓储管理系统在设备全生命周期的不同阶段，实现了信息化管理。通过生产智能管理系统，实现了设备的基础数据、操作管理、维修管理、设备变更管理及设备运行指标在线统计分析等功能在线管理，实现了设备动态信息的实时更新。编制完成关键设备操作、维护、检修标准作业卡。

目前，西南管道某作业区信息化系统开发建设工作正在进行。该系统计划将生产智能管理系统、智能巡检系统、仓储管理系统、ERP系统、SCADA系统等进行整合，通过将各系统数据放入搭建的"数据湖"中，融合各个系统形成的信息孤岛。延伸管理触角至执行层，并将执行层数据返回各系统，从而完全实现设备全生命周期的信息化管理。

3.2　严格执行巡回检查制度，提前发现设备故障并处置

通过巡回检查发现西南管道公司某作业区6#输油主泵润滑油变色(压力、温度及振动等参数处于正常范围)。经技术处理，目前6#输油主泵正常运行，维修费1.2万元。若未通过巡回检查发现此异常现象，将有发生主轴、叶轮等输油主泵的关键部件损坏的风险，其中主轴的采购费用为24.5万元，此项节省费用至少23.3万元。

智能巡检系统应用前，西南管道公司某作业区每月发现问题平均为10项。智能巡检系统应用后，大理作业区2019年1月发现问题60项，2月发现问题数量为77项，2019年9月发现问题数量为13项，10月发现问题26项。通过智能巡检系统的应用，巡检发现问题的数量先呈现上升趋势，随着问题的整改，问题发现数量呈下降趋势。问题数量趋势的变化，充分展示了信息化手段应用的价值。

3.3　建立故障失效模型，"小改小革"提高设备运行指标

2018年由于机械密封泄漏停机报警导致甩泵18台次，通过分析故障库中输油主泵停机原因进行分析，形成输油主泵失效模型，针对失效原因对输油主泵泄漏管线进口加装过滤网，并对泄漏管线进行技术改造，加装过滤网，并对泄漏管线进行技术改造，2019年上半年未发生由于

机械密封泄漏停机报警导致甩泵，中缅原油管道输油主泵机组运行指标显著上升，在实际利用率同期(1月1日至10月31日)增加5.8%的情况下，非计划性停机下降150%、平均无故障运行时间提升150%、千小时故障停机次数下降163.5%。

4 结束语

基于设备全生命周期管理的理念，结合西南管道某输油气分公司的实际情况，利用信息化技术手段构建了油气长输管道设备完整性管理体系。通过针对每个管理环节设备信息的收集、整合、分析，将数据入湖实现信息孤岛的相互连接，为后期公司打造智能化管道提供数据支撑和经验总结。

参 考 文 献

[1] 池洪建. 对我国油气管道项目推行全生命周期管理的探讨[J]. 国际石油经济，2014，(9)：86-91.

[2] 刘海涛. 设备全生命周期管理方案研究[J]. 中国设备工程，2019，(15)：40-42.

[3] 舒钦. 基于全生命周期的天然气输配相关设备管理方案[J]. 城市燃气，2019，(02)：28-31.

[4] 刘程. 基于设备全生命周期维修管理模式的建立[J]. 装备制造技术，2013，(9)：113-1105.

[5] 郝俊斌，浅谈设备的全生命周期管理[J]. 煤炭工程，2018，(12)：109-110.

[6] 石油天然气行业设备分类与编码编委会. 石油天然气行业设备分类与编码[M]. 北京：石油工业出版社，2006，9.

[7] GB/T20172-2006. 石油天然气工业设备可靠性和维修数据的采集与交换[S].

[8] 曹三顺，晏政，靳晓兵. 乐昌峡水利枢纽设备全生命周期管理的研究与应用[J]. 海河水利，2019，(02)：59-61.

[9] 王浩礼. 机械设备预防性维护及保养研究[J]. 河南科技，2014，(19)：96.

[10] 孟阳冰. 浅谈设备管理工作的重要环节——更新改造[J]. 煤矿开采，2000，43(增刊1)：111-112.

[11] 郑海军. 石油企业仓储管理中存在的问题与方法分析[J]. 交通企业管理，2019，(5)：62-63.

[12] 陈瑜鹏. 信息条码技术在石油物资仓储管理中的应用实践研究[J]. 中国管理信息化，2018，21(10)：157-158.

[13] 郁斌. 长输管道设备完整性管理信息系统建设及应用[J]. 中国特种设备安全，2016，32(10)：65-68.

基于长输管道企业运检维能力提升的培训体系建设探索实践

李 振 阮 超

(国家管网集团西南管道有限责任公司)

摘要 近年来，我国的长输油气管道发展迅猛，需要大量的运检维相关专业人员。由于长输管道企业逐步向数字化、自动化方向发展，逐步推进区域化建设模式，实行作业区管理，不再需要大量的综合运行人员，而是需要具有运行、检查、维护保养、维修能力的"运检维"人才。但"运检维"人才的供应速度与长输管道的发展速度不相适应，专业人才不能短时间内满足，针对目前现状，就需要结合实际情况开展"运检维"人才的培养，完善人才缺口，以此提高长输管道的在新发展时期的后动。基于此情况，本文结合西南管道昆明输油气分公司的"运检维"人才能力提升培训实践，研究长输管道企业运检维能力提升的培训体系建设。

关键词 长输油气管道，区域化管理，运检维人才，培训体系

近年来，我国长输油气管道发展迅速，我国油气管道与城市管网快速发展，多省市地区已形成多个油气管网的汇集中心，并逐步建立互联互通管网，多个公司的管网并行，但同一地区的多家公司仍按照各自管线管理，造成资源重复配置。2020年10月1日，国家管网正式成立运行后，同区域内的长输管道管理权限合并，形成区域化管理。但在站场区域化管理形成之前，各站场都配置有运行人员、维检修人员，在实现区域化管理和作业区的运行模式后，运行人员就凸显冗余，维检修人员不足，维检修技术缺乏问题明显。尤其在西南管道的云南地区，由于同一作业区内有天然气、原油、成品油管线并行，压缩机、输油泵等大型复杂工艺设备并存，部分运行和维检修人员不能短时间同时具有天然气、原油和成品油运行和维检修技术。

为了尽快解决上述上述问题，西南管道昆明输油气分公司从2018年起，从作业区成立之时就着手建立作业区专业维检修小组，提出"维检修不出作业区"的方针，以达到作业区自行解决内部维检修工作的目的。截至2020年，昆明输油气分公司逐渐成立作业区工艺机械设备维检修小组和电信仪维检修小组、分公司工艺机械设备实训室和电信仪实训室、分公司创新工作室，形成了定期轮训制度，编制了内部标准化工作手册和培训教材，极大地提高维检修技术的培训效率和速度，逐步形成了运检维能力的培训体系。

本文从西南管道开展区域化管理模式以来，探讨了昆明输油气分公司运检维能力提升的培训体检建设探索实践中，按照"运检维一体化"的运行方式，从软件和硬件两个方便，总结了生产运行、人员配置、设备维检修、人员培训、实训基地建设、创新工作室成立、标准化工作手册和内部培训教材编制、轮训机制建立等多个方面的具体做法，在长输管道企业运检维能力提升的培训体系建设中起到了参考作用。

1 运检维能力提升软件建设

西南管道分公司按照中国石油天然气集团公司和中油管道公司的生产运行管理标准化建设方案，加强基层站队岗位生产运行管理的标准化和规范性管理，按照区域化建设管理模式，提出了以调控中心远程集中调控、站场调度室远程监视、作业区定期到站场巡检维护的"三位一体"运行控制与维护模式，以解决运行人员冗余，维检修人员不足的问题，以及维检修技术能力不足、维修成本较高等问题。昆明输油气分公司从软件建设方面着手，建立作业区及维检修组、编制标准化手册、编制内部培训教材，打造内部运检维能力提升基础。

1.1 建立作业区及维检修组

在实行区域化管理后，西南管道昆明输油气分公司按照天然气、原油、成品油站场、阀室及管线的地理位置分布，把分公司的13座站场分

成4个作业区，每个作业区管辖3~4座站场及其相邻的阀室和管线。目前工艺设备自动化水平高，采用的集中监视和集中巡检模式，每个运行班只需要1~2人，有大量的运行人员冗余。因此，昆明输油气分公司提出各作业区分别成立工艺机械设备维检修组和电信仪维检修组，一是解决运行人员冗余问题，二是建立内部维检修队伍。这两个小组成员由各作业区的工艺专业、机械设备专业、电气专业、通信专业和仪表自动化专业人员组成，人员从原运行人员中选拔具有一定专业知识水平和维检修技术的人员。在维检修小组成立初期，由于昆明输油气分公司取消了维修队和电信仪代维，各作业区的维检修作业需要自行完成，初步成立的2个维检修组技术水平还难以完成作业区内部全部维检修工作，经过2年多的人员能力技术培养，目前已基本达到了"维检修不出作业区"的目的(图1)。

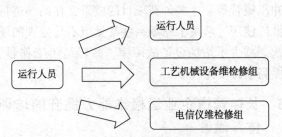

图1　建立作业区及维检修组示意图

1.2　编制标准化手册

在建立作业区及维检修组后，作业区的运行人员冗余问题得以解决，但维修队和电信仪代维队伍的取消，维检修人员的能力水平还难以适应作业区内部的维检修工作，急需开展大量的维检修人员能力技术培训，以满足人员的维检修技术提升需求。主要体现在以下几个方面。

（1）人员能力主要集中在工艺机械设备和电信仪设备的运行上，对设备及相关系统缺乏结构、原理、故障排查及维检修方面的知识和技能储备，不能完成全部的维检修工作。

（2）对维检修的流程、风险辨识及安全防控措施、维检修工器具使用等还不熟悉。

（3）缺乏系统性的指导性文件，缺少站场手册工艺相符的学习和培训课件。

因此，昆明输油气分公司在2018年10月份至2019年1月份，专门筹备了标准化手册编写小组，该小组成员由分公司生产科和作业区专业知识和技术水平较高人员组成，依据各站场、各种介质的工艺设备，结合法律法规、标准规范、

体系文件等，最终形成了《标准化手册》，该手册包含《工艺机械设备技术手册》《电信仪技术手册》《工艺机械设备操作规程》《作业活动操作规程》《电信仪操作规程》《维检修卡》。《标准化手册》编制完成后，给各作业区的运行人员和维检修组人员在日常学习和维检修时，提供一个可参考资料。同时，作业区人员在使用该手册时，也不断提出新的意见和建议，对手册进行补充和修订，让手册更加充实和完善(图2)。

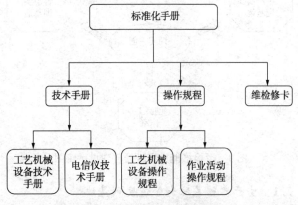

图2　编制检维化手册流程图

1.3　编制内部培训教材及建立轮训机制

在建立作业区及维检修组、标准化手册编制完成后，为了进一步推动运检维能力提升效果，更加贴合工作实际，昆明输油气分公司要求各作业区结合日常工作需求，编制了内部培训教材，教材的内容结合工艺、机械设备、电气、仪表、自动化通信、计量等专业基础知识，延伸到相关作业的流程和标准，作业和安全经验分项等，内容始终坚持围绕站场的实际设备、生产运行、安全管理、风险辨识与防控等进行编制。

为了鼓励基层员工开展内部教材编制和提升培训效果，昆明分公司还建立激励机制，选拔专业知识和技术优秀者组建内训师队伍，专项组织开展培训教材编制和员工培训，对优秀的内部培训师给与奖励。该项措施提高了内训师的积极性，同时也提高了教材编写质量和培训效果。从2019年至2020年，开展了3期内部轮训，培训范围基本达到了作业区员工全覆盖，共计开展培训300余人次，使作业区维检修人员和技术"从无到有"的跨越。2019年，昆明输油气分公司开始着手开展"低标准"问题治理、设备故障隐患问题排查与整改、设备定期维护保养、电信仪的春秋检等工作，经过2年多时间不断摸索和实践，现已基本达到了"维检修不出作业区"的

目的。

2 运检维能力提升硬件建设

在实行区域化管理和设立作业区后，昆明输油气分公司就在软件建设的同时，也开展了硬件建设，包括生产实训基地、管道实训基地和创新工作室的建立，即"两实一创"，目的在于提高员工的解决问题的动手能力(图3)。

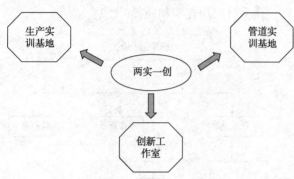

图3 运检维能力提升硬件建设示意图

2.1 生产实训基地和管道实训基地

2019年，昆明输油气分公司为了提高运检修培训效率，着手在作业区建立一个专项开展维检修技术培训的基地，主要目的是提高员工动手能力，提高维检修工器具的操作水平，提升设备结构、原理的了解，熟悉各项隐患和故障的排查和处理技能。经过2年的发展，昆明输油气分公司在作业区分别建立生产实训基地和管道实训基地，基地的功能包含了工艺机械设备、电气、仪表、通讯自动化、管道检测、阴保测试等各项功能，两个实训室的搭建均由公司内部员工完成，常用的设备和工器具配备齐全，同时还具备了员工实操培训和技能鉴定功能。

实训室建立后，结合内训师队伍、标准化手册、内部培训教材，经过2年的员工培训、技能竞赛、技能等级鉴定，不断补充和完善各项工器具、实训设备，实用性和规范性得到公司内外的肯定。

2.2 创新工作室的成立

为了进一步提升运检维能力提升效果，激发员工创新创效的潜力，昆明输油气分公司在2020年，着手率先成立"创新工作室"。创新工作室建立的初衷是"节能减排，降本增效，创新创效"，主要目的是解决生产运行中遇到的难题，研究如何降本增效，提高生产安全性。

创新工作室成立后，昆明输油气分公司从科室、作业区选拔具有创新工作精神、技术水平优秀人员组成创新小组，分别成立了工艺机械设备创新工作组、电信仪创新工作组、管道保卫创新工作组、管道防腐创新工作组、管道完整性创新工作组，创新课题立项50余项，目前已完成20余项，创新成果也已逐步在公司的生产运行中进行推广实施。如《输油气站场法兰间隙防腐蚀研究及实施》项目，研究采用一种新型材料对法兰间隙做填充处理，防止水分和杂物进入，以达到法兰间隙处防腐蚀处理效果，该项研究成果在云南成品油管道站场仪表法兰处的实际使用效果来看，此种方法可有效阻止水分和其他杂物进入法兰间隙，且材料自身保持性良好，没有因太阳暴晒而产生干裂或硬化情况，法兰间隙及螺栓表面腐蚀情况也得到了有效控制，该项创新成果获得2019年西南管道创新成果二等奖。还有带界面分析功能的超声波流量计、电缆井自动抽水装置、站控机电源冗余改造、可拆卸式不锈钢排气冲压短管等，这些创新项目的成果，在站场进行推广使用，解决了站场一些常见但不易处理的问题，减少了站场设备故障率，减轻员工工作量，提高运行安全性。

3 长输管道企业运检维能力提升的培训体系建设

西南管道昆明输油气分公司经过近3年的运检维能力提升的培训，已初步形成了较为完善的培训体系。经过公司各单位的努力，打造出基于培训教材编制、标准化手册制定、轮训机制的实施、内训师队伍的成立等软件基础，建立生产实训基地、管道实训基地、创新工作室的"两实一创"的硬件基础，从制度上、管理上、人员上、应用上都有了较为明确的思路和方法，并在生产管理模式创新、人员组织结构优化、基层员工技能培养提升等方面均取得了显著效果，全面推进了区域化建设和作业区管理模式。

一是建立了人员运检维能力提升的有效路径。由内训师队伍依据站场实际编制培训教材，定期组织开展人员技能技术集中培训，使得培训更加"接地气"，提高了培训效果，同时还节省了外聘教师和外出培训的费用。

二是编制标准化手册，提供了可自主学习和工作借鉴的资料。公司内部人员依据站场实际编制的标准化手册，使员工在自主学习中，能快速地学习到与工作实际相关的知识与技能，同时在工作中遇到可能和问题，也能提供快捷查询的资料，提高工作效率。

三是建立了完善的培训基地和创新工作室，使培训有了固定的场所，有充足的培训器材。"两实一创"的建设，让员工培训有了更加完善培训场地，不断完善的培训器材，便于员工进行实操练习，提高了设备结构原理、故障排查、维护保养等技术水平，让员工有了发挥创新能力的场所和机会，有了施展能力水平、实现自我价值的平台。

四是提高了维检修技术水平。通过建立作业区维检修组，通过定期的轮训，员工由以前单纯的巡检和操作，问题汇报，逐步形成了完成生产运行的同时，还能自主开展维检修作业，多专业协调配合，摆脱对维修队和代维队伍依赖，能独立思考解决内部问题，维检修技术显著提升。

五是降低了生产运行成本。公司取消了专业维修队，作业区在不增加人员编制的同时，还能优化人员结构，同时完成生产运行和维检修工作，人工成本降低明显，设备故障处理时间缩短，设备安全性提高，减少了放空、排污和管线停输机率，从而降低了运行成本。

4 总结

建立长输管道企业运检维能力提升培训体系，是管道企业进行区域化建设和作业区管理的重要途经，对管道企业的长久发展具有重要意义。

（1）运检维能力提升培训体系的建立，使作业区能快速组建维检修队伍，解决运行人员冗余，减少或取消了专业维修队伍和代维队伍，加快了人才储备。

（2）建立了完善运检维能力技术提升通道，有效提高了运检维技术水平，减少了维检修作业时间，减少了故障率，降低了运行成本，提高了设备运行的安全性。

（3）填补了区域化建设和作业区管理的短板，完善了员工培训管理制度。

参 考 文 献

[1] 刘猛，刘晓峰，谭剑，等．长输管道站场区域化管理的创新与实践研究［J］．专业管理，2017（20）：153.

[2] 胡文庆．油气长输管道运维作业行为安全管理探究与应用[J]．石化技术，2019，26（1）：182-183.

[3] 张德修，吴征．发电企业安全生产"区域化管理"体系建设与实际应用［J］．企业管理，2016，37（S2）：86-87.

[4] 李超男，孙俊香．油气管道区域化管理模式下的站场通信方案［J］．化工管理，2017，30(33)：178.

[5] 王志恒；孙爱萍；吴德民．聚焦操作技能人才培养探索中石油现代职教体系建设-《中国石油职业教育现状调查及对策研究》课题综述［J］．石油教育，2016，02：4-7.

[6] 张年华．"互联网+"石油企业培训体系的建立［J］．化工管理，2020，25：5-6.

[7] 艾月乔，贾立东，王禹钦，陈瑞波．输油气站场区域化管理创新与实践［J］．石油科技论坛，2018：23-27.

沙漠油田中小型场站无人值守建设探索

张春生　程美林　张炳南　唐志刚

（中国石油塔里木油田公司）

摘　要　油田通过推广少人化、无人化值守建设探索实践，逐步达到"大型场站少人化、中小型场站无人化"的目的。利用先进成熟的信息自动化技术，实现科技增效，减员增效，降低现场员工劳动强度，优化用工结构，提升油田开发效益。结合油田实际，探索适应沙漠油田中小型场站无人值守建设的要求，高质量、高效益开发建设沙漠油气田。

关键词　沙漠油田，无人值守

1　基本情况

塔里木油田位于新疆南部地区，大部分生产区域属于沙漠戈壁，地域辽阔，各油区空间距离相距遥远，作业区域遍及南疆五地州，是西气东输主力气源地。

早期建设的中小型场站由于各种原因，未采用无人值守理念进行设计，无生产数据、视频远传监控，自动化程度低，导致现场用工总量多，生产成本居高不下，人力资源利用率低。自推广中小型场站无人值守建设以来，不断完善中小场站数据采集与监控，提升中小场站控制系统水平，生产数据、生产视频采集逐步完善，打通传输通道，实现运行的生产数据、视频监控、周界等生产信息上传至区域生产控制中心，逐步提高中小场站自动化水平，满足油田高质量发展要求。

2　发展趋势

随着信息技术的发展，新技术革命深刻影响着油田常规建设和发展，国内外油气田开发企业均在探索建设数字化、智慧化油田，实现数字化转型升级。随着油田数字化、智慧化油气田建设的深入，未来油气田的建设，必将是科技技逐渐取代人的常规工作，实现现场油气生产单元少人或无人化生产运行模式。通过采用科技手段，现场运行人员将逐步减少，科技助力油田开发、实现减员增效，降低运行成本、实现少人高效。

3　油田在无人值守建设方面的探索

（1）对现有中小型场站进行无人值守改造，对新建中小型场站按照无人值守进行设计建设。

部分早期建设的油气田站外试采集中点、转油站等，由于当时投入等各方面原因，未设计为无人值守站点。随着油田推广数字化建设的发展，不断通过提升油气场站数字化水平，提升现场场站的自动化建设，逐步实现中小场站无人值守升级改造，实现减少现场值守人员，优化用工结构。

通过对中小场站进行无人值守改造，油气生产单元井、间、站的生产数据和生产视频实时上传各油气区域中心联合站、处理厂，实现了生产数据自动采集、生产过程实时监控、生产环境自动监测、大型设备的动态管理，实现了各类生产、经营、安全、设备以及综合日报自动生成；单井实时动态分析、异常状态分析、生产运行分析、油气藏区块分析；油气生产动态分析与综合预警、设备状态预警、智能视频分析预警与可视化集成展示（图1）。

图1　无人值守现场图

（2）加强无人值守场站安防系统数字化达标建设。

无人值守场站，由于场站没有人员值守，需要强化安防系统建设。油气生产区域需要进行安防系统数字化建设，实现所有油气生产场所安全可控。按照"人防、物防、技防"三防相结合为原则，做到"事前智能感知，事中精确处理，事后完整取证"进行系统集成，将周界报警联动、报警自动推送，入侵自动锁定，视频核查追踪采集、音视频实时监控报警、出入口控制、三维地图等功能于一体，借鉴和采用当今业界各种先进的技术手段及理念，采用摄像头前后端智能分析管理等先进技术，有效识别分析潜在危险因素，进行及时预警联动处置，满足地方、油田公司安防管控相关要求，实现无人值守场站运行管控一切均在掌握之中（图2）。

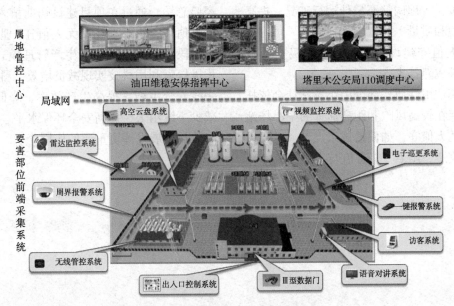

图2 油田安防工程现场实际应用

（3）推进无人值守建设，实现提质增效。

油田由于特殊的地理特征，点多线长面广，安全生产管控压力大，随着技术的发展，需要采用新的技术手段来提升现场安全管控的能力。在油田集中试采点如YM33、YM7、YT5等中小场站进行工艺、自控系统改造，设计事故流程，满足应急情况下，中小场站安全运行或切断，确保在无人值守的情况下，保持场站设计的安全应急能力和应急响应时间不降低。在无人值守改造设计后，满足场站应急处理所需要的工艺流程，自控水平及保障能力提升，相应生产视频监控等措施来保障提升现场油气安全生产。优化现场值守运行人员20人，取得较好的经济效果。

通过对供水系统的中小型场站进行无人值守改造建设，将有人值守的中小水源井站完全无人值守升级，实现所有生产数据均纳入水电调控中心，由水电调控中心统一进行远程调控，强化视频监控及周期巡检，实现统一管理，规范化运行，核减长期运行人员18人，节约了用工成本，提高了运行的效率。

（4）总结经验固化成果，规范建设。

总结油田中小型场站无人值守建设的经验，查询相关文献，通过与厂家、同行业等进行技术交流，梳理编制油田"大型场站少人值守，中小型场站无人值守"相关管理、技术文件，规范油田少人化、无人化建设。针对油田目前存在的典型问题，进行技术攻关。根据沙漠油田地面工程的特点，结合油田建设总体规划，完善基础数据采集功能，明确数据传输方式及数据流向，提升自控水平，统一设计、运行维护标准，将中小型场站无人值守设计、运维等在技术和管理上的成熟经验做法在全油田进行推广，为油田高效率、高效益开发奠定基础。

4 存在的问题及改进措施

（1）建设费用偏高，推广低成本建设待加强。

中小型场站无人值守建设，是一项长期的工作。做好信息自动化项目统筹谋划，在低油价时代，将提质增效与无人化、少人化建设结合推进，先算账后干，将宝贵的投资真正落到现场急需的地方，解决现场生产燃眉之急。

（2）加强数据应用、实现油田高效开发。

加强数据开发应用，提升自动化水平，减少危险条件下操作，保护现场员工健康、安全、实现全面监控能力，数据自动采集、预警、控制、处理，构建共享平台。建立辅助快速诊断的工作环境，利用信息自动化技术，提高应对突发公共事件(如新冠肺炎等)的能力，实现运筹帷幄，决胜千里。提升分析、研究和大数据应用，在大数据的基础上，建立基于模型的模拟、预测、优化系统，建立专家库系统，利用专家经验辅助综合研究与决策，合理调整至最佳运行工况，提高油田运行效益和质量。

（3）无人值守建设待深入，需积极交流取经，引入先进成熟技术。

由于沙漠油田性质，部分中小场站社会依托较差，运行存在较高风险和距离遥远的中小场站未完全实现无人值守，如偏远试采点等，需要进一步的升级改造。随着 5G 通信与大数据+AI 新技术逐步进入工业应用，积极引进先进、成熟的信息自动化技术，助力油田的开发建设。

5　结束语

通过对油气田中小场站无人值守设计建设探索，逐步积累适应油田油气开发规律的建设运维经验总结，通过在项目建设初期植入"大型场站少人值守，中小型场站无人值守"理念，利用技术手段，实现传统油气生产管理模式转型升级，积极探索利用科技实现减员增效，科技助力现场一线安全生产，提高生产效率、降低运行成本、减少一线用工、提高安全环保水平、促进高质量高效益发展发挥更重要的作用。

山地管道无人值守站的应急联动机制

王 庆 艾力群

(国家管网集团西南管道有限责任公司)

摘 要 结合山地管道地域和站场布局特点,通过与国内外石油管道企业的同业对标管理,开展山地站场无人值守站应急联动机制调查研究。作者基于参与西北油气管廊带内实施无人值守模式研究,管廊带作业区 160~180km 管辖半径相比。结合西南三种介质管道系统的外部环境及地区经济社会发展水平与合规要求,西南管道具有突出的、鲜明的山地管道特点,独有的运行风险。山地管道建立作业区应充分考虑应急响应时间,确定到达管辖范围内的时间原则上不超过 3h,保护站原则上管辖范围不超过 1h,能够形成1h 管道线路控制圈、3h 维修作业及前期抢险控制圈的作业区域。

本文更深入探讨了山地管道无人值守模式下各个作业区形成"1+3+6"应急联动机制,采取作业区负责管辖范围内维修作业+小型抢修作业+大型抢修作业前期处置的任务、抢修队负责管辖区域内的大型抢修、抢修分公司负责封堵作业、相关培训及特种作业的方式。形成区域化维修应急形式:1(昆明维抢修分公司)+6(兰州抢修队、成都抢修队、贵阳抢修队、南宁抢修队、成县抢修队、保山抢修队)+31(作业区)。在应对晴隆7.02、6.10事件过程中,贵阳输油气分公司设置的晴普保护站,发挥了"第一时间、第一现场"应急响应,西南管道有效调动了应急联动资源。总之,从运检维一体化到运维抢一体化,是山地管道无人值守站应急联动机制是一项创造性工作、具有重要的理论和现实意义,为国家油气管网的运营管理提供了新思路、新办法,具有良好的借鉴意义。

关键词 山地管道,无人值守,运维抢一体化,应急联动

1 西北管廊带设置油气站场管理中心

西北管廊带大多地处人烟稀少的戈壁荒滩,管廊带内站场泵、压缩机组等转动设备多,运维工作量大。在西北管廊带设置作业区,打造油气站场管理中心设置最根本的动力在于其所产生的规模经济效益,可以吸引作业区范围内的多种生产要素在油气站场管理中心聚集,有利于开展大规模、高难度运维检修作业,体现规模经济效应。当单个作业区内油气站场规模扩大到一定程度时,产生过量的运维检修作业需求,使得单个油气站场管理中心作业排班难度增大,作业人员疲于应付,机具物料短缺,难以优化重组,油气站场管理中心的规模经济效应转化为规模不经济,促使对油气站场管理中心将部分距离较远的油气站场转移出去,以保持规模经济效益的持续。因此,形成了油气管网、管廊内每一油气站场管理中心都有其服务范围或服务半径,在服务半径内可以实现运维检修规模效应,而超出服务范围则会导致成本上升、保障不力等规模不经济。

西北管廊带内设置作业区,全面考虑区域功能、地理位置,充分依靠现有的、依托较好的大型站场,对需要新建的作业区应尽量设置在沿线依托条件较好的城市、县城,充分体现安全运行、以人为本的思想和理念。作业区应充分考虑管辖站场距离及到达时间,原则管辖半径不大于80km,原则维修反应时间不超过 1h,最长维修反应时间不超过 2h。作业区的划分应充分考虑其管辖范围内的工作量,原则上管辖站场数量不超过 8 个。

2 山地管道风险与传统应急模式

2.1 山地管道风险

西南管道公司所辖管道 70% 以上位于西南山区,沿线山高谷深、地形地貌复杂,地震地灾、水工水保等问题突出,社会依托资源少,管道管理难度大,安全环保风险高,需要可持续的投入关注,推进智慧管道企业建设,实现山区管道及安全生产风险管控强度有效提升,建设世界一流的山地管道企业。

西南管道公司负责的西南地区原油、成品油、天然气管道,目前所辖管道总长 1.01 万公里,其中输油气管道干线 11 条;原油和成品油注入支线和分输支线 18 条,天然气分输支线 17 条;各类站场 91 座。2020 年新划转 4 家二级单

位及相关站场。

深入推进无人值守站，西南管道公司瞄准"管网智能运营"、"山区管道管控"等核心技术，积极主动实施管理变革和技术革新，推进观念创新、体制创新、机制创新、科技创新、信息化创新，搭建科研创新平台，加大科技攻关力度，推进信息化集成应用创新，不断增强公司核心竞争力和安全管控能力，逐步形成"1+3+6"应急联动模式。

2.2 原有运维抢模式

目前西南管道公司维抢修体系设置为四级，既：维抢修分公司、维抢修中心、维(抢)修队、站场。公司专业维抢修队伍目前有13支，其中维抢修分公司1支、维抢修中心3支、维(抢)修队9支(图1~图3)。

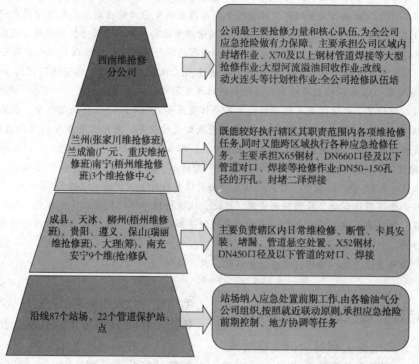

图1 公司维抢修体系层级图

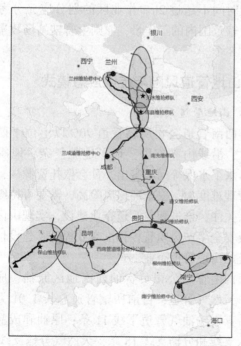

图2 公司应急处置队伍分布图

图3 维抢修分公司、中心责任区域图

3　无人值守站规划后维抢修区域化模式

3.1　实施措施

无人值守站规划后区域化建设，作业区的实施采用先试点，后推广的总体实施方案，对于维抢修体系规划，在作业区尚未建设完毕时，采用原维抢修布局方案，待作业区运行平稳安全后，在进行推广实施总体维抢修设置方案。

3.2　应急联动

在作业区出现抢险事故时，根据抢险事故等级，需要进行相邻作业区、抢修队、维抢修分公司、公司应急领导组的联动机制，特别是相邻各个作业区之间，应及时进行有效沟通、采用区域化的同时，应急有效联动，实现一方出险、周边支援配合的总体应急体系。

3.3　维抢修任务划分

（1）作业区作业任务（31个作业区）。

主要负责管道、工艺设备、电气、仪表自动化、通讯等专业的日常维护与检修工作；抢险作业的前期处置、后期恢复作业。各作业区内均设置相应运维人员，对于收发球作业、滤芯更换等小型维护、维修、检修工作，由各个作业区内运维人员负责完成。

①主要负责管道、工艺设备、电气、仪表自动化、通讯等专业的日常维护保养、故障处理和春秋检工作；②作业区内的机械设备、泵、阀、压缩机的中、小维修管理；主要包括泵及压缩机的日常维护与保养、过滤器滤芯更换及清洗、收发球作业、流量计拆卸送检与安装、阀门注脂、电器设备及仪表设备检测及维护；③作业区管辖范围内抢修作业中现场人员疏散、现场安全警戒；④作业区管辖范围内抢修作业平整进场道路、组织作业坑开挖；⑤油品泄漏前期基坑开挖引流及处置；⑥根据公司溢油安全环保材料布置，作业区负责前期围油栏设备布防；⑦油气管道小型泄漏前期处置（简易堵漏）；⑧抢险作业后期恢复作业（地貌恢复等）；⑨作业区管辖范围内防腐作业等。⑩通知保驾抢修队伍，协助抢修队伍进行其他相关作业。

（2）抢修队负责抢险作业任务（兰州抢修队、成都抢修队、贵阳抢修队、南宁抢修队、成县抢修队、保山抢修队）。

对于抢修队，主要负责作业区无法完成的抢险作业，非带压焊接作业等工作，主要如下：①油管道的开孔排油、收油，气管道的开孔、放空、

引流、置换；②管道的腐蚀补强、高压夹具堵漏、打孔盗油气的堵漏焊接；③管道切管、对口及焊接作业；④协助抢修中心完成大型事故抢修作业。

（3）昆明维抢修分公司除承担抢修队职责外，还应具备下列功能：①管道中低压封堵作业；②管道新技术的研究与实施；③抢修人员培训与演练；④水网、山区等特殊环境下的抢修作业（图4）。

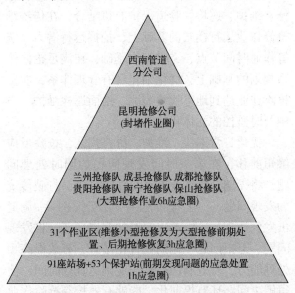

图4　西南管道公司应急抢险层级图

4　无人值守站规划后抢修应急建设

维抢修任务在区域化建设后，采取作业区负责管辖范围内维修作业+小型抢修作业+大型抢修作业前期处置的任务、抢修队负责管辖区域内的大型抢修、抢修分公司负责封堵作业、相关培训及特种作业的方式。形成区域化维抢修应急形式：1（昆明维抢修分公司）+6（兰州抢修队、成都抢修队、贵阳抢修队、南宁抢修队、成县抢修队、保山抢修队）+31（作业区）。

该种维抢修任务划分的形式，在总结管道多年来维修、抢修、大型抢修、封堵作业等任务实施的基础上，将抢险触角前移，优化了抢险作业方式，更加合理的划分了作业任务，将抢险作业时间有效分配。

建立作业区应充分考虑应急响应时间。结合西南三种介质管道系统的外部环境及地区经济社会发展水平与合规要求，西南管道具有突出的、鲜明的山地管道特点，独有的运行风险。确定到达管辖范围内的时间原则上不超过3h，保护站原则上管辖范围不超过1h，能够形成1h管道线

路控制圈、3h维修作业及前期抢险控制圈的作业区域；

作业区抢修复产由专业抢险队伍负责，结合自身抢险队伍能力(1+6)并充分利用社会抢险资源，形成外部联动抢险资源圈。

5 维抢一体化模式展望

5.1 初步规划

根据建立作业区区域化原则，将维修、检修、维护、巡检、管道保护有机结合，在传统维抢修作业运行模式的基础上，挖掘运行潜力，统筹作业时间节点，夯实工作基础，在满足抢修体系规划的基础上，优化细化现有管理体系，应急抢险作业达到地下检测监测、地面巡检维护、空中及时监控的立体化体系。

优化日常巡检、维护、维修模式，抢险反应触角前移，在第一时间发现问题的同时处理问题，将先期处置作业前移至作业区内，打破传统的发现问题——上报问题——分配任务——调遣出发到达现场——解决问题的冗繁环节，将发现问题、上报问题、先期处置相结合，有效提高预处理能力，有效利用抢险作业到达现场时间，使得解决问题环节提前化，能够有效控制抢险作业时间。

本次维抢修设计，突出前置作业，在按照股份公司发布体系对于西南地区维抢修队伍划分的基础上，各作业区自行实现维修、维护、保养、检修功能，同时负责抢险作业前期处置、后期恢复工作；抢修中心负责管道连头、换管、带压焊接等抢修作业；昆明维抢修分公司负责封堵作业、大型特种抢险作业，形成西南地区总体维抢修作业模式(表1)。

表1 维抢修作业负责任务表

序号	作业区	维修	小型抢修+抢修前期处置	大型抢修
1	兰州作业区	自行完成	自行完成	兰州抢修队
2	定西作业区	自行完成	自行完成	兰州抢修队
3	临洮作业区	自行完成	自行完成	兰州抢修队
4	固原作业区	自行完成	自行完成	兰州抢修队
5	武山作业区	自行完成	自行完成	成县抢修队
6	天水作业区	自行完成	自行完成	成县抢修队
7	陇南作业区	自行完成	自行完成	成县抢修队
8	广元作业区	自行完成	自行完成	成都抢修队
9	江油作业区	自行完成	自行完成	成都抢修队

续表

序号	作业区	维修	小型抢修+抢修前期处置	大型抢修
10	成都作业区	自行完成	自行完成	成都抢修队
11	内江作业区	自行完成	自行完成	成都抢修队
12	南充作业区	自行完成	自行完成	成都抢修队
13	重庆作业区	自行完成	自行完成	成都抢修队
14	江津作业区	自行完成	自行完成	成都抢修队
15	遵义作业区	自行完成	自行完成	贵阳抢修队
16	贵阳作业区	自行完成	自行完成	贵阳抢修队
17	安顺作业区	自行完成	自行完成	贵阳抢修队
18	都匀作业区	自行完成	自行完成	贵阳抢修队
19	瑞丽作业区	自行完成	自行完成	保山抢修队
20	保山作业区	自行完成	自行完成	保山抢修队
21	大理作业区	自行完成	自行完成	保山抢修队
22	禄丰作业区	自行完成	自行完成	昆明维抢修分公司
23	安宁作业区	自行完成	自行完成	昆明维抢修分公司
24	玉溪作业区	自行完成	自行完成	昆明维抢修分公司
25	曲靖作业区	自行完成	自行完成	昆明维抢修分公司
26	钦州作业区	自行完成	自行完成	南宁抢修队
27	南宁作业区	自行完成	自行完成	南宁抢修队
28	贵港作业区	自行完成	自行完成	南宁抢修队
29	梧州作业区	自行完成	自行完成	南宁抢修队
30	河池作业区	自行完成	自行完成	南宁抢修队
31	柳州作业区	自行完成	自行完成	南宁抢修队

5.2 维护维修体系建立

在现有维抢修体系基础上，结合本规划总体思想，总结实践经验，建立科学合理、切实可行、贴近实际的维抢修运维抢一体化体系。

5.3 特种抢险作业模式建立

目前各个分公司针对管辖范围内的管线制定了抢险预案，但是针对性和实施性有待于进一步加强。应针对特殊地段(如跨越点、地震断裂带、大陡坡等地段)进行专项研究，制定切实可行的维修抢险方案。建议增加(但不限于)如下专项研究。

跨越点抢修预案：应针对地震带区域跨越点可能出现的事故进行分析，并针对不同的事故情况进行相应的措施(如腐蚀穿孔情况处理方式、地震山石滚落伤及管道本体、跨越桥体损伤、管道整体断裂等情况)，分析产生的后果和可接受程度，并对于上述情况分析抢险措施和方案，以及后期处理措施等。

地震断裂带强化；滑坡重点危险区；水毁危险区；无人机巡护巡检等方面加强进一步研究与

应用。

抢修机具设备专项研究：针对山地管道、隧道、穿跨越点、陡坡处抢险作业调研国内外作业机具，针对西南地区管道特点，配合抢险方案进行专用机具配置研究。

高风险、高后果区专项应急预案：针对管线范围内的高风险区、高后果区进行排查的同时，应针对每个地点制定切实可行的专项应急预案（包括道路交通、特种车辆、特种机具、沿线可依托资源等）。

根据沿线地址灾害排查情况，各作业区管辖范围应结合风险分析，进行综合治理的同时，应制定相应的应急抢险预案，并加强重点区域预案演练。

5.4 外部联动

应加强与西南地区相关管道专业化施工、抢险单位的密切结合，能够有效利用社会资源，如四川地区，建议与中石油应急抢险中心西南维抢修分公司、西南油气田工程建设单位等建立长期良好沟通与交流，便于在后期抢险作业时能够多种选择，及时有效。

6 总结

晴隆7.02、6.10两次应急抢险过程中，西南管道贵阳输油气分公司作为山地管道无人值守站试点之一，按照"1+3+6"应急联动模式，变作业区为作业队，实行运维抢一体化建设，在贵州新增了6个管道保护站，前置了应急响应与应急处置力量，检验了山地管道应急区域联动的有效性。

天然气管道小流量分输用户自动控制逻辑优化

蔡忠伟　李　想　杨　新　孙小龙　徐赫男

(国家管网集团西南管道有限责任公司)

摘　要　天然气管道分输用户自动分输技术的运用，有效的提升了天然气管道智能化和精细化管理水平，增强了日指定管控力度，防止或减少因日指定偏差而造成的不必要损失。结合现场自动分输技术的运用，发现自动分输技术在小流量分输用户上运用存在一定缺陷。中缅天然气管道德宏段天然气分输用户多为小流量用户，使用涡轮流量计，由于压力、管存以及下游用户用气量导致每日需间断性进行分输，在启输过程中，由于工作调节阀阀门开关速度过快，导致涡轮流量计叶片损坏，分析得出问题原因在于控制逻辑不完善，针对该现象，在保证自动分输功能不变的前提下，分别从控制调节阀阀位开度、调整自动分输控制逻辑进行研究，对自动分输技术进行优化，测试结果表明，优化后的控制逻辑解决了阀门快速开关的问题，对保证站场的安全平稳运行有重要的作用。

关键词　天然气管道，自动分输，小流量，涡轮流量计，控制逻辑优化

天然气长输管道持续快速发展，天然气用户规模也不断扩大。手动为用户分输需要耗费大量人力且分输控制准确性不高。为了提高管道运行效率和用户分输控制水平需要里利用自动分输手段给用户供气。自动分输主要是根据分输用户的供气特点，制定不同的自动分输控制逻辑，自动完成用户分输的各项操作。借助自动分输可以降低用户日指定量和实际用气量的偏差，降低分输控制工作量。自动分输软件技术的开发应用对减轻站场、中心的负担和保障管网稳定运行有着重要的意义。

从 2019 年起，自动分输技术在中缅天然气管道德宏段开始试行，分输站场采用 PLC 增加"4+1"逻辑(不均匀系数控制逻辑、剩余平均控制逻辑、到量停输控制逻辑、恒压控制逻辑+手动模式)进行改造，阀室采用 RTU 增加"2+1"逻辑(到量停输控制逻辑、恒压控制逻辑+手动模式)进行改造。从目前运行情况来看，自动分输技术在控制方面存在如下问题：在启输时，工作调节阀瞬间全开，涡轮流量计瞬时流量过大，使流量计叶轮损坏，导致计量数据不准，影响计量交接工作，同时对下游用户的生产、居民用气等造成不同程度的影响。这无疑是站场安全、平稳运行的重要隐患。

本文对自动分输 PLC 控制逻辑进行分析，找出了问题的根源所在。通过对部分控制逻辑进行优化，消除了调节阀瞬间全开的安全隐患，提高了控制逻辑的安全可靠性，同时保障了站场设备安全平稳运行

1　分输站场用户分类及特点

中缅天然气管道德宏段分输用户为综合性用户：同时包含民用用户和一般小工业用户，有一定的基础用气，但用气量不大(多个分输用户日指定量小于 2 万方)，管存小，无调峰装置，同时需要保证最低供气压力，因为本身的特点，以及站场流量计及安全压力的限制，导致许多小用户每昼夜开关阀门多次才能完成当日指定量。同时，现场分输所用流量计多为涡轮流量计，口径为 DN80，流量范围 $13 \sim 250 \mathrm{m^3/h}$。

2　自动分输控制逻辑

天然气管网运行人员每天根据批复的用户指定量进行输气作业。运行监控系统能够自动采集当日批复的日指定量，由运行人员进行一键下发到自动分输控制系统，再由自动分输控制系统根据用户日指定量进行自动分输控制，自动分输控制功能数据流向见图 1。自动分输控制主要依靠分输调节阀的自动调节模式来实现，分输调节阀的自动调节模式有压力调节模式和流量调节模式两种控制方式。在压力控制模式下，能够自动检测当前压力和目标压力，通过调节阀门开度使得当前压力达到目标压力。在流量控制模式下，能够自动检测当前流量和目标流量，通过调节阀门开度使得当前流量达到目标流量。

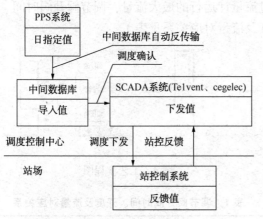

图 1　自动分输控制功能数据流向图

以芒市分输站为例，采用到量停输控制逻辑，分输用户平均每日用气 $1.5\times10^4 m^3$，下游分输最低压力为 1MPa，最高压力为 3.1MPa，每日分输，在早上 8：00，由北京调控中心将用户指定量从 PPS 录入到 SCADA 系统中。到达预设时间，开始分输，按顺序打开调压阀前电动球阀进

行输气，正常输气时采用设定值恒压供气，并具有到量停输和低流量保护功能，具体控制逻辑如下。

新供气周期开始后，当用户压力小于控制压力低限时，开始向用户供气，当日分输量未完成时，系统采用设定值恒压供气模式。

当瞬时流量连续 300s（可设置）小于最低流量限值时，自动关闭供气管路控制阀及调节阀（先关闭调压阀后关闭控制阀），当完成输气量小于日指定量的 98%（可设置）且供气压力低于控制压力低限（PL）时，重新打开供气管路控制阀及调节阀（先打开控制阀，后打开调压阀），继续进行日指定输气。

当完成输气量到达日指定量的 95%（可设置）时发出高报警，达到日指定量的 100% 时，发出日指定量完成报警，并停输。控制逻辑图如图 2 所示。

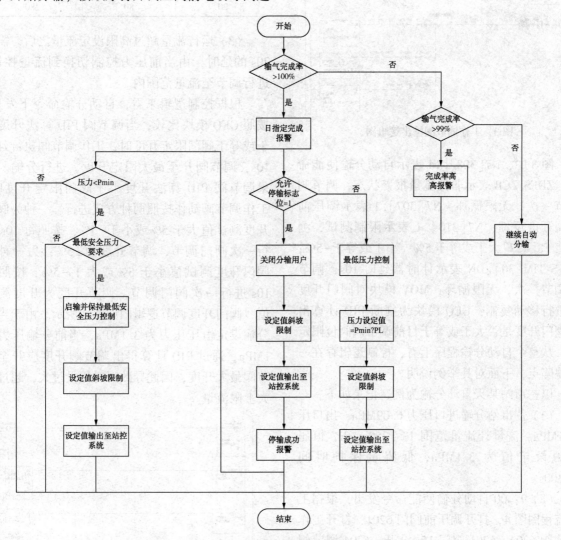

图 2　到量停输控制逻辑图

3 问题分析

中缅天然气管道德宏段分输口所用流量计多为涡轮流量计，在运行过程中压力剧烈震荡或过快的高速加压会损坏流量计，为了保护气体涡轮流量计，加到涡轮流量计上的压力升高不能超过35kPa/s，瞬时流量不得超过流量计运行最大流量，并且启输时流量计后端阀门开启速度至少持续1分钟。在自动分输时，现场阀门为远控操作，开启速度较快，约为15s，工作调节阀通过PID计算进行调节，通过逻辑程序发现，工作调节阀PID计算出的阀位大于实际限定阀门开度时，工作调节阀直接开到实际限定阀位，阀门动作用时较短，调压前后压差较大，因此导致流量计瞬时流量过大，造成流量计叶片损坏。

自动分输部分控制逻辑示意图如图3所示。

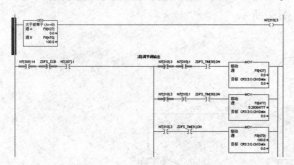

图3 工作调节阀输出逻辑图

图3中，N7[308].14表示自动分输使能命令；ZDFS_ZCB表示非低流量报警状态，调节阀调节一次，无限循环；N7[307].1表示调压前球阀开度反馈；N7[310].1表示限制测试，测试值F8[427]大于或等于5%、小于或等于-5%；ZDFS_TIM[30].DN表示计时器延时10s，调节阀调节一次，无限循环；MOV模块对阀门开度值进行移动复制；GEQ模块为判断PID计算出的阀门开度是否大于或等于目前调节阀阀位限定值。从整个自动分输程序上看，控制逻辑存在一个缺陷点，下面对其举例说明。

以芒市站某天自动分输为例，记录如下。

（1）芒市站分输进口压力6.09MPa，出口压力1MPa，流量计流量范围13~250m³/h，恒压压力设定值为3.1MPa，低流量保护时间为300s。

（2）9：00自动分输使能命令发出，根据工艺流程图图4，打开调压前阀门6201，打开工作调节阀6204，6201阀门15s全开，6204调节阀20s开至80%（PID调节），流量计瞬时量瞬间超

过流量计运行的最大流量，调节阀开阀时间、开度及流量对应关系见表1。

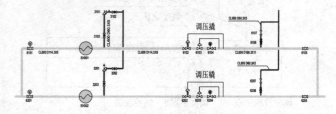

图4 工艺流程图

表1 调节阀开阀时间、开度及流量对应关系

时间/s	开度/%	流量/(m³/h)
1	10	21
5	20	42
8	30	63
10	40	84
13	50	104
15	60	121
18	70	205
20	80	280

（3）运行流量超过高限设定流量之后，需经20s的延时，由当前压力控制切换到流量控制，进行调节至流量范围内。

根据控制逻辑来看，自动分输命令下发后，按照GEQ模块比较，当调节阀PID算法开度大于或等于阀门限定开度时，工作调节阀执行延时10s，调节阀开至最大限定开度，进行分输。如果调节阀PID算法开度小于阀门限定开度时，工作调节阀动作按照两种方式进行，一种为阀门开度测试值大于5%或小于-5%，按照每10s进行一次阀门调节，调节开度为±5%；另一种为阀门开度测试值小于5%或大于-5%，按照每10s进行一次阀门调节，调节开度为开度测试值，阀门开度调节逻辑图如图5所示。由于当时分输设定恒压压力为3.1MPa，当前分输压力为1MPa，通过PID计算得出调节阀开度应开至调节阀最大开度，因此导致瞬时流量过大，超过最大上限流量。

图5 阀门开度调节逻辑图

4 优化方案试验与结果

4.1 优化方案及试验

通过以上分析,可以得出工作调节阀快速开阀是由于PID调节阀经过计算得出的所需开度大于调节阀最大开度设定,通过逻辑运算,延时10s,调节阀动作,阀门开至最大开度设定值。因此,在保证自动分输功能的情况下,为了避免调节阀快速开阀,从调节阀动作时间以及控制逻辑上进行优化,具体有以下三个方案,并通过芒市站分输进行试验,得出最优的方案。

(1)通过HMI画面上查看,工作调节阀最大限定开度可以通过上位机进行修改,通过设定一个相对限定值,可以保证在自动分输启输时瞬时流量不会超限导致计量设备损坏。

通过前期芒市站自动分输工作调节阀开阀时间、阀位开度及相应流量得出,将分输工作调节阀阀位限定在70%进行自动分输,分输流量不会超过流量计运行上限,分输时间及阀位开度、流量对应关系如表2所示。

表2 方案一调节阀开阀时间、开度及流量对应关系

时间/s	开度/%	流量/(m³/h)
1	10	20
5	20	40
8	30	60
10	40	80
13	50	105
15	60	120
18	70	200

(2)在控制逻辑中取消PID算法与阀门最大限定值GEQ比较指令,如图6所示,当自动分输启输时,工作调节阀按照程序开始执行,检测需调节的开度是否在大于5%或者小于-5%内,如果是,每10s开启调节阀门±5%,反之,则按照实际计算出的阀门调节开度每10s调节一次,经试验调节阀开阀时间、开度及流量对应关系见表3。

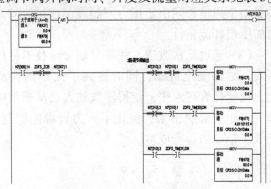

图6 逻辑修改方案二示意图

表3 方案二调节阀开阀时间、开度及流量对应关系

时间/s	开度/%	流量/(m³/h)
10	3	2
20	6	4
30	10	6
40	13	8
50	16	9
60	24	18
70	38	38
80	43	44
90	47	50
100	52	80
110	56	110
120	60	140
130	65	170
140	69	200
150	73	228
160	76	250
170	80	280

(3)如图7所示,在控制逻辑中PID算法与阀门最大限定值GEQ比较指令后增加延时150s指令输出,在自动分输启输时,如果PID算法大于或等于阀门最大限定值,触发命令,延时100s,在这100s内,工作调节阀开度调节按照每10s开5%进行调节,150s后阀门开度55%,同时完成150s延时命令,触发将工作调节阀调节至调节阀最大设定值的命令。经试验调节阀开阀时间、开度及流量对应关系见表4。

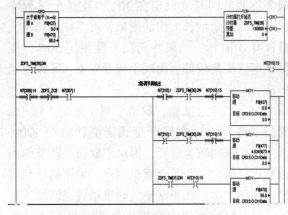

图7 逻辑修改方案三示意图

表4 方案三调节阀开阀时间、开度及流量对应关系

时间/s	开度/%	流量/(m³/h)
10	1	1
20	5	3
30	8	5
40	11	7
50	14	15
60	17	17
70	21	23
80	26	29
90	30	35
100	35	42
110	40	48
120	44	63
130	48	85
140	52	108
150	56	132
160	60	156
170	64	179
180	68	187
190	69	181

4.2 试验结果

通过上述试验方案，得出不同工作调节阀动作时间、阀位开度及对应流量，在试验中，方案一对工作调节阀阀位进行限定后启动自动分输，如果PID计算出的阀位开度大于设定开度，工作调节阀延迟10s动作，快速开至限定值，开至阀位限定值后，调节阀在该限定值下进行调节。但由于涡轮流量计一般运行范围是在流量计计量拐点以上，常用流量范围为最大流量的30%～70%，为了保证流量计运行平稳，计量准确，一般需将调节阀开度设定在70%，在这个过程中出现瞬时流量增长太快的现象，可能导致涡轮流量计叶片损坏；如果将阀门开度限定50%，流量计运行流量较低，出现小流量现象，导致计量不准。

方案二通过试验，取消了阀位限定，每10s阀门动作±5%，阀门开至预定值耗时约170s，阀门动作时间较为缓慢，但由于取消了调节阀阀位限定，同时由于是小流量用户，采用的是到量停输控制逻辑，在正常输气时采用设定值恒压供气，自动分输程序会根据工作调节阀PID算出的阀门开度一直进行调节，在这个过程中，会出现瞬时流量超过流量计最大流量范围的现象。

方案三对控制逻辑中调节阀阀位限定输出进行了优化，自动分输启输时，设定工作调节阀阀位限定值为70%，工作调节阀前150s按照每10s调节阀门±5%进行动作，150s延时结束，阀门在设定值70%下进行调节，在分输过程中，调节阀阀位稳定在65%，瞬时流量在180m³/h下进行分输可以根据实际情况修改调节阀阀门最大限度，同时也避免了调节阀初期调节过快导致瞬时流量过快，造成计量设备损坏。

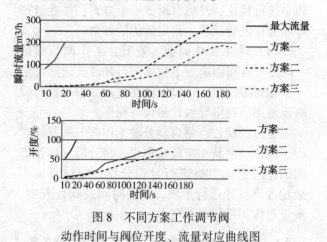

**图8 不同方案工作调节阀
动作时间与阀位开度、流量对应曲线图**

试运结果(图8)显示，优化控制逻辑，使自动分输工作调节阀开阀速度与瞬时流量得到合理优化，有效的消除了阀门动作较快，未出现涡轮流量计叶片损坏的现象，同时，试运期间未出现分输中断、和计量不准确的问题，自动分输功能均能实现。

5 结论

(1)自动分输功能的实施，有效的实现了自动分输精准的日指定量控制，同时在整过分输过程中，不需要人力进行控制，减少了人为误差。

(2)针对间断性分输的小流量用户以及分输流量计为涡轮流量计的分输站场，通过优化自动分输控制逻辑，使得启输期间调节阀缓慢开启，避免由于启输瞬间由于压力剧烈震荡或过快的高速加压损坏流量计。

(3)通过此次改造，使得自动分输技术更加高效、更加安全可靠，同时提高了站场的自动化、智能化管理水平，使得输气站人员从繁重的输气工作中解脱出来，优化了人力资源的配置，降低了企业的运行成本。

参 考 文 献

[1] 单卫国.未来中国天然气市场发展方向[J].国际石

油经济，2016，24(2)：59-62.(期刊).

[2] 孙晓波.天然气管道自动分输模式及应用[J].天然气技术与经济，2019，13(4)：69-73.(期刊).

[3] 刘恒宇.天然气管道分输用户远控自动分输技术探析[J].天然气技术与经济，2018，12(2)：59-91.(期刊).

[4] 叶萌，王健，李婉婷，等.天然气精确日指定分输技术研究[J].化工管理，2018，20：164.(期刊).

[5] 王海峰，梁建青，彭太翀，等.西气东输二线分输压力流量控制逻辑优化[J].自动化仪表，2013，34(1)：89-91，94.(期刊).

[6] 高龙.天然气管道自动分输技术开发方案[J].化工管理，2015，(3)：73-74.(期刊).

[7] 王书惠.天然气长输管道分输压力控制系统技术研究[J].石油规划设计，2012，23(1)：23-26.(期刊).

[8] 冉克辉.天然气分输管理与控制[J].云南化工，2018，45(3)：98.(期刊).

[9] 郭有强，张自军，裴学柱.天然气自动分输控制系统不稳定性研究[J].微计算机信息，2010，26(2-1)：80-81.(期刊).

[10] 孟晋.一种适用于天然气管道的自动分输方法[J].仪器仪表用户，2019，26(4)：48-49.(期刊).

[11] 张东阳.天然气输气站场PID自动分输控制特点分析[J].中国石油和化工标准与质量，2018，(17)：134-135.(期刊)

[12] 梁浩，郝一博，李海川，等.天然气分输管理与控制研究[J].天然气技术与经济.2015，9(6)：49-50.(期刊).

[13] 梁怿，彭太翀，李明耀.输气站场无人化自动分输技术在西气东输工程的实现[J]天然气工业，2019，(11)：112-116.(期刊).

天然气站场可燃气体监测系统应用研究

刘　晨　李　毅　赵元勤　李向辉　付立成

(国家管网集团西南管道有限责任公司)

摘　要　随着区域化管理改革的不断深入，油气长输管道企业站场管理模式逐步由传统的倒班模式向"无人值班"的管理模式转变，对现场设备设施的本质安全和监测报警系统的精确度、可靠性提出了更高的要求。现行国家标准对可燃气体探测器的设置要求无法满足天然气站场区域化改革发展的需要。西南管道某作业区对超声波可燃气体监测系统和激光可燃气体监测系统进行了实验应用，测试系统运行可靠性和干扰因素的影响，并对两种系统进行了比对分析，为后续此类产品选型应用提供借鉴。

关键词　区域化管理，可燃气体监测系统，超声波，激光

区域化管理是管道企业发展到一定阶段所要求的先进管理模式，是生产组织方式必须适应管道运营生产力发展的现实需要。区域化实施后，站场管理模式逐步从"传统倒班模式"转变为"以维代巡模式"，再升级为"巡检维抢一体化模式"，最终实现与欧美发达国家对标的站场"无人值守模式"。

目前，天然气站场仅在压缩机厂房、锅炉房、发电机棚及阀室内安装有点型可燃气体探测器，其他露天区域没有安装可燃气体探测器。根据《石油天然气工程设计防火规范》GB 50813—2004 之 6.1.6 规定，其他露天或棚式安装的甲类生产设施可不设气体浓度检测报警装置。主要是考虑两方面的情况：一是天然气比空气轻，泄漏出的气体不会积聚在地面，而是快速上升并随风扩散；二是露天或棚式安装的甲类生产设施场地上，如果大量设置气体你浓度检测报警装置，不仅需要增加投资，而且日常维护、检验工作量很大，会给长期生产管理造成困难。结合我国石油天然气站场目前还需要有人值守的情况，建议给值班人员配备少量的便携式气体浓度检测仪表，加强巡回检查，及时发现安全隐患。

在"巡检维抢一体化模式"下，站场综合值班人员将弱化站场的日常巡检职责，而是采用周期性的预防性专业联合巡检取代，存在站场天然气泄漏时无法及时发现的安全隐患。文章介绍在露天区域安装超声波可燃气体探头和激光可燃气体探头进行比对应用分析，并总结了两者之间的优缺点，为后续可燃气体泄漏监测产品应用提供参考。

1　超声波可燃气体监测系统

1.1　超声波可燃气体探测器工作原理

当管道中的高压气体出现泄漏时，泄漏的气体会一定频率的声波，声波频率与气体压力和泄漏孔径尺寸的大小有关。当泄漏孔径很小且声波大于 20kHZ 时，人耳就听不到了。超声波具有方向性好，几乎沿直线传播。能量易于集中，能各种不同媒介中传播，且传播距离足够远的特性。

超声波可燃气体探测器就是持续不断探测高压气体泄漏时产生的超声波，通过分析、判断实现报警。

1.2　超声波可燃气体探测器技术参数

表1　超声波可燃气体探测器技术参数

测量范围	40~120dB&25~100kHz
探测半径	<20m
响应时间	<1s
工作温度	−40~+85°C
防护等级	IP66/67
防爆认证	ATEX Ex d IIB+H2 T4
SIL 认证等级	SIL2
外壳材质	316 不锈钢

1.3　超声波可燃气体监测系统

超声波可燃气体监测系统由超声波可燃气体探头、PLC 系统及操作员工作站组成，其中 PLC 系统及操作员工作站可利用站场已有设备(图1)。

将可燃气体探测器的数字量信号和模拟量信号通过控制电缆传输至站场已有 PLC 系统，通过操作员工作站 HMI 实现声光报警。

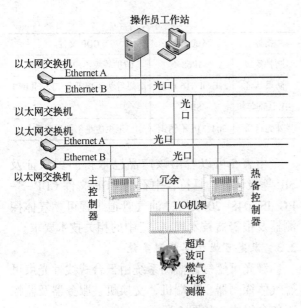

图 1　系统拓扑图

1.4　超声波可燃气体监测系统测试

2018 年 7 月在西南管道公司某站场完成现场设备安装及系统调试后,根据生产工艺特点及区域进行了分析,现场选取了 6 个不同的测试点及噪音干扰进行实际测试。超声波可燃气体探测器安装位置如图 2 所示。

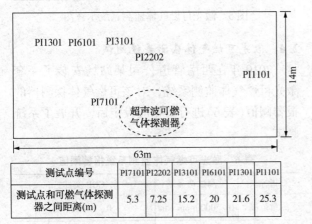

测试点编号	PI7101	PI2202	PI3101	PI6101	PI1301	PI1101
测试点和可燃气体探测器之间距离(m)	5.3	7.25	15.2	20	21.6	25.3

图 2　超声波可燃气体探测器安装位置示意图

通常超声波气体探测器有 6 个触发等级,如表 2 所示。根据表 3 中列出了该站场工艺区内背景噪声检测结果,其中计量区背景噪声最大,为 53.2dB。本次测试中超声波可燃气体探测器的触发等级设置为 3 级,即 54dB。

表 2　触发设置和分贝数

触发设置	分贝数/dB
0, 1, 2	44
3	54
4	64
5	74
6	84
7	94

表 3　环境噪声检测结果

检测点位置	检测结果/dB
过滤分离区	52.2
计量区	53.2
调压区	52.2
自用气撬区	50.7

根据欧洲天然气管道事故数据组织的事故报告,一份来自英国的统计研究报告将可燃气体泄漏进行按照泄漏率及泄漏持续时间了分类,即《OFFSHORE HYDROCARBON RELEASE STATISTIC AND ANALYSIS, 2002》附录 2 部分。

表 4　可燃气体泄漏级别分类

事件级别	泄漏率
微量泄漏	<0.1kg/s
较大泄漏	0.1~1kg/s
重大泄漏	1kg/s

根据表 4,可燃气体微量泄的指标为泄漏率小于 0.1kg/s,此参考值所对应的压力和泄漏孔径为 4.5MPa 压力和 4mm 泄漏孔径。下面就以该参考值为目标进行测试。

测试点(距离,m)	7月31日 天气情况:晴		8月2日 天气情况:小雨伴有雷电		8月14日 天气情况:小雨伴有雷电		8月16日 天气情况:晴		8月26日 天气情况:阴	
	测试点压力(Mpa)	测量值(dB)	测试点压力(Mpa)	测量值(dB)	测试点压力(Mpa)	测量值(dB)	测试点压力(Mpa)	测量值(dB)	测试点压力(Mpa)	测量值(dB)
PI7101(5.3)	5.0	83.9	5.0	82.6	5.0	76.9	5.0	68.5	5.4	77.5
PI2202(7.25)	5.0	58.8	5.0	57.3	5.0	79.7	0.4	0.0	5.0	76.9
PI3101(15.2)	4.3	64.7	4.3	67.4	4.2	66.6	5.0	66.4	5.2	69.9
PI6101(20)	4.3	64.8	4.3	64.9	4.2	63.9	4.9	65.6	5.2	60.5
PI1301(21.6)	4.1	71.7	4.0	71.2	4.0	70.7	4.9	71.1	5.0	78.9
PI1101(25.3)	5.1	0.0	5.1	0.0	5.1	0.0	5.1	0.0	4.6	67.2

图 3　泄漏测试记录

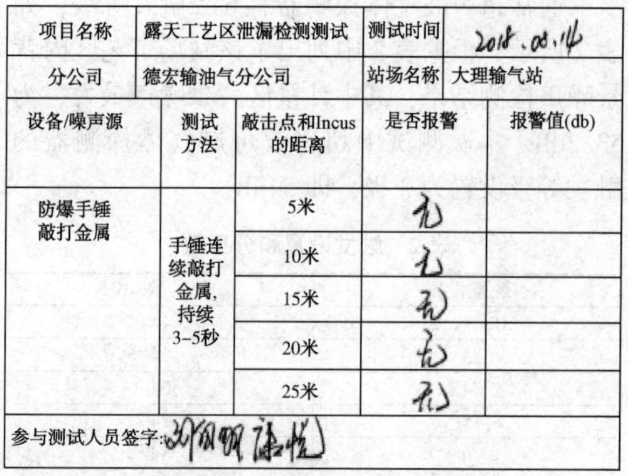

项目名称	露天工艺区泄漏检测测试	测试时间	2018.08.14
分公司	德宏输油气分公司	站场名称	大理输气站

设备/噪声源	测试方法	敲击点和Incus的距离	是否报警	报警值(db)
防爆手锤敲打金属	手锤连续敲打金属,持续3~5秒	5米	无	
		10米	无	
		15米	无	
		20米	无	
		25米	无	

参与测试人员签字：刘顺明 陈悦

图4 噪声干扰测试

对图3和图4中的测试数据进行分析：

（1）当超声波可燃气体探测器和测试点之间距离小于等于20米，且管道内介质压力大于4.0MPa时（泄漏孔径大于4mm），超声波可燃气体监测系统均可触发有效报警。

（2）雷电天气不会产生无报警。

（3）使用金属手锤（防爆）敲击不会产生误报警。

（4）对于站场内自用气撬等区域介质压力低于4.0MPa存在监测盲区。

2 激光可燃气体监测系统

2.1 激光可燃气体探测器工作原理

激光可燃气体探测器是基于光谱吸收原理，对特征气体浓度进行检测的设备。通过内部的控制电路控制激光器发出特定波长的激光，激光穿过检测区域后到达反射面并被发射回设备中的探测器，若检测区域中存在甲烷气体，激光与甲烷作用并被吸收，气体浓度越高，吸收量越大，设备中的探测器检测到的光强发生变化，并将光强信息反馈至控制电路进行处理，最终结果由信号电路输出。

2.2 激光可燃气体探测器技术参数

表5 激光可燃气体探测器技术参数

指标	测试产品	CDP 文件
测量范围	0~50000ppm·m	0~100%LEL
测量精度	100ppm·m	对于可燃气体的微小变化，应有相应的信号输出
测量误差	±10%	/
响应时间	≤0.1S	T90≤15s
测量距离	0.5~100m	60m

续表

指标	测试产品	CDP 文件
防护等级	IP68	防护等级不应低于IP65。
防爆认证	Ex Ⅱ CT6 Gb	防爆等级不应低于EExdⅡBT4
SIL 认证等级	SIL2	/
外壳材质	304/316 不锈钢	至少应是不锈钢材质

由表5可以看出该产品已取得防爆认证及SIL等级认证，且符合中石油CDP文件CDP-S-PC-IS-048-20015-2"油气管道工程可燃气体探测器及报警器技术规格书"中的相关技术要求。

2.3 激光可燃气体监测系统

激光可燃气体监测系统由云台式线性光束可燃气体探测器、光端机、交换机、服务器及监控工作台组成，如图5所示。

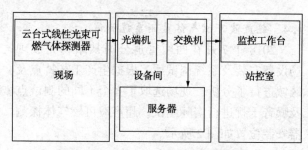

图5 激光可燃气体监测系统示意图

2.4 激光可燃气体监测系统测试

2019年在西南管道公司某站场安装了一套激光可燃气体监测系统，对该可燃气体探测器的报警阈值（表6）进行了相应设定后，开展了系统测试。

表6 激光可燃气体监测系统报警阈值

指标	测试产品	CDP 文件
测量范围	0~50000ppm·m	0~100%LEL
测量精度	100ppm·m	对于可燃气体的微小变化，应有相应的信号输出
测量误差	±10%	/
响应时间	≤0.1S	≤15s
测量距离	0.5~100m	60m
防护等级	IP68	防护等级不应低于IP65。
防爆认证	Ex Ⅱ CT6 Gb	防爆等级不应低于EExdⅡBT4
SIL 等级	SIL2	/
外壳材质	304/316 不锈钢	至少应是不锈钢材质

测试点	测试点1	测试点2	测试点3	测试点4	测试点5
测试点与探测器的距离(m)	10	30	50	70	100
探测器显示浓度(ppm)	3805	4585	4630	无	无
从泄漏开始到报警时间(s)	4	4	4	/	/
遮挡后是否报警	否	否	否	/	/
模拟雨天测试结果(ppm)	3792	4566	4407	/	/
晴天与雨天测试结果对比(%)	-0.34	-0.41	-4.82	/	/

图6　泄漏测试记录

对图6的测试记录进行分析：

（1）激光可燃气体监测系统对距离激光可燃气体探测器50m范围内泄漏的可燃气体实现有效报警。

（2）当可燃气体与激光可燃气体探测器之间有异物遮挡时，无法实现有效报警。

（3）在雨天时，会造成监测结果数值低于晴天时监测数据，并且随着测量距离的增大，该差异会逐渐增大。

3　结论

根据2018年对超声波可燃气体监测系统及2019年对激光可燃气体监测系统的测试结果进行比对分析，如表7所示。

表7　两种可燃气体监测系统比对分析表

比对指标	超声波可燃气体监测系统	激光可燃气体监测系统
是否可实时监测	是	是
测量范围	≤20m	≤50m
对管道内介质压力及泄漏孔径要求	压力需大于4.5MPa，泄漏孔径需大于4mm	无
风力影响	无	有
是否可判断泄漏位置	否	是
是否可实现可视化	否	是
噪声是否影响检测结果	是	否

（1）超声波可燃气体监测系统和激光可燃气体监测系统均可实现24h不断监测。

（2）超声波可燃气体监测系统对20m范围内，泄漏孔径大于4mm，管道压力大于4.0MPa泄漏的有效监测。

（3）激光可燃气体检测系统可以实现50m范围内泄漏的有效监测。

（4）超声波可燃气体监测系统无法有效判断泄漏位置；激光可燃气体监测系统可精确定位泄漏位置，并配合视频检测单元实现远程监控。

（5）超声波可燃气体监测系统对背景噪声有一定要求，超过阈值后会产生误报警。

（6）下雨及日光强弱会对激光监测系统造成一定影响。

（7）激光可燃气体监测系统在部署激光可燃气体探测器时需考虑管道对其光路的遮挡，否则会形成监测盲区。

（8）当管道内介质压力低于4.0MPa会形成超声波监测系统的监控盲区。

如果将激光可燃气体检测系统和超声波可燃气体检测系统根据工作原理、技术参数及其优势搭配使用，会显著提高对天然气泄漏监测的可靠性。

参 考 文 献

[1] GB50813-2004. 油天然气工程设计防火规范[S].

[2] 孙旭. 超声波气体泄漏检测仪在天然气分输站场的应用[J]. 化工设计通讯, 2018, 44(11)：188.

[3] 王春楠, 李向, 许挺挺, 等. 天然气站场超声波原理泄漏检测影响因素分析[J]. 自动化仪表, 2018, 39(3)：92-102.

[4] 范玉杨, 李红, 李季. 海洋石油平台超声波可燃气体探测器应用分析[J]. 中国修船, 2014, 27(3)：51-53.

[5] CPOH(2019)R047-01. 中国石油集团西南管道有限公司德宏输油气分公司2019年职业病危害因素检测报告[R].

[6] 吴晓南, 胡镁林, 商博军, 等. 城市燃气泄漏检测新方法及其应用[J]. 天然气工业, 2011, 31(9)：98-101.

[7] 段尚汝, 谈曾巧, 王琦, 等. 基于TDLAS的激光甲烷检测系统的研究[J]. 电子测量技术, 2018, 41(1)：101-104.

[8] 郝旭, 徐景德, 李晖.. 基于TDLAS的天然气输送管道微量泄漏检测技术综述[J]. 华北科技学院学报, 2016, 13(4)：60-64.

[9] 蒋兴富, 文红军, 唐华, 等. 移动激光甲烷遥测仪在天然气泄漏检测中的应用[J]. 石油工程建设, 2016, (12)：78-80.

[10] CDP-S-PC-IS-048-2015-2. 油气管道工程可燃气体探测器及报警器技术规格书[S].

智能安防系统在油气站场进出站管理的应用

刘　晨　张兴龙　杨　新　鲁佳琪　刘亚珍

（国家管网集团西南管道有限责任公司）

摘　要　油气长输管道作为油气产业的中间环节，尤其作为国家能源战略通道的油气管道企业，其安防的重要性更是重中之重。目前，各油气长输管道基层站场虽具有一定的安防能力，但在人员与车辆进出管理上依然采用人工检查放行的方式，存在人为误操作的安全风险，且不符合智慧管网建设的总体发展趋势。西南管道某分公司在进行作业区智能化建设过程中，对站场安防系统进行了智能化升级，从车辆和人员管控方面应用了人脸认证、车辆识别等新的安防技术，实现了人员与车辆进出站场智能管理，具备了身份智能识别、安全条件智能判断、自动通行、入场安全教育、统计分析等一体化功能，降低了人工作业成本，提高了智能化管理水平。

关键词　油气长输管道，安全防护，智能，应用

油气长输管道是防恐、反恐的重点单位，尤其针对具有能源战略通道的跨国境油气长输管道，其应该加速应用新技术、新手段升级防恐等级。目前，油气长输管道站场在进出口基本都设有电动伸缩门，伸缩门外侧安装有据马，伸缩门内侧设置便携式破胎器，保安室内部配备防暴器材及 24h 值班的安保人员，站场围墙部署有震动电缆加红外对射式等周界安防系统，站场内部安装视频监控系统，周界安防系统与视频监控系统可实现联动功能，具备一定的安防能力。在进出站人员与车辆管控方面，主要由安保人员负责管理，存在一定的安全风险。因此，加强进出站人员和车辆管控，借助新型安防技术，实现自动化、智能化安防，提升油气长输管道站场安全防护水平，是目前站场在安防管理方面应该追求的方向。

1　建设总体思路

进出站管理主要包括人员和车辆管控。基于管理需求，智能安防系统升级总体规划思路为"划分不同防护等级、采取不同防护策略、建设智能安防通道"。

1.1　人员管理

根据管理要求分类，人员分为作业区人员、受控人员和随机人员，其中受控人员分为可确定的不定期将进入站场（上级机关人员等，以下简称可确定人员）或一定时期内频繁进出站场（承包商作业人员等，以下简称频繁进出人员）人员，不同人员采取不同的通行策略。

作业区内部人员：该部分人员重点做好身份信息采集备案，每次进出站通过身份认证系统智能通行。

随机人员：具有不确定性和不可预见性，是站场外来人员管理的重点。需在可视对讲门禁系统人工确定来访单位、目的和行程后，通过明眸人员通道系统进行身份认证（人脸识别与身份证统一性排查），按要求进行劳保规范穿戴和入场安全教育，符合性（劳保着装等）识别确认后通行入站。出站时需进行身份认证和劳保归还智能识别后放行，此部分人员进出管理需人工干预。

可确定人员：对可确定人员进行身份采集备案，进站时通过可视对讲系统认证、明眸人员通道认证、安全教育、劳保着装符合性识别等三道身份识别认证，实现智能通行，不需要人工操作介入。重点是人员变更后身份信息及时在后台更新。

频繁进出人员：根据特定的工作任务确定进出站管理计划，录入确定好的人员身份信息和智能通行有效期，进站时需进行条件智能识别确认，包括组织机构（作业现场负责人、安全员、监理等到位）、安全防护（劳保着装等）等，最后一道通道需站场安全员人工确认所有条件符合（如班前安全教育等）后放行。出站时同样需要进行条件确认，所有进站人员必须同时出站，确认后方可放行最后一道通道。由于站内人员需要对该部分人员进行入场前专项安全教育等工作，需人工干预。

1.2 车辆管理

车辆分为作业区车辆和外来车辆，作业区车辆进出站同时与派车系统进行关联。

作业区车辆：车辆识别系统自动识别出站车辆和驾驶员信息，同时与派车系统中车辆和驾驶员信息进行核对，确认无误后伸缩门自动放行，进站时自动识别车辆和驾驶员信息并自动放行。外来随车人员需通过人员通道进出。

外来车辆：车辆识别系统识别到所有外来车辆不允许通行，外来车辆统一在站外专用停车场停放。如有应急车辆、物资车辆等确需进站的通过审批后人工放行。

2 新型安防技术的应用

根据国家九部委出台的关于加强公共安全视频监控建设联网应用工作的若干意见：到2020年，基本实现"全域覆盖、全网共享、全时可用、全程可控"的公共安全视频监控建设联网应用，在加强治安防控、优化交通出行、服务城市管理、创新社会治理等方面取得显著成效。因此，油气长输管道企业须加快运用人像比对、车牌识别、智能预警、无线射频、地理信息、北斗导航等现代技术，增强站场在安全防护方面的能力。文章主要阐述在油气长输管道站场进出口控制方面运用的人像比对和车牌识别技术的应用。

2.1 车辆识别系统

车辆识别系统主要由车牌识别一体机、车辆检测器、补光灯、伸缩门及管理系统组成，系统安装后如图1所示。

将站场内部车辆信息录入系统后，当车辆进入车牌识别系统抓拍区域时，会触发车牌识别一体机抓拍车辆的图像，自动识别出车牌号。当车牌号码与数据库中数据一致时，伸缩门开启后车辆自行出入。车辆中除驾驶员外其余人员下车经明眸系统进出站场，驾驶员经后台系统进行统计。

2.2 明眸人员通道系统

明眸人员通道系统采用以太网 TCP/IP 通讯方式，中心采用专业管理平台，结合身份证、人脸生物识别及计算机网络技术，通过人脸比对识别技术实现人员管理功能。

明眸人员通道系统由综合布线系统和计算机网络系统统一为明眸人员通道系统配置控制专网，实现系统的网络接入与系统数据交互。明眸人员通道管理系统总体结构如图1所示。

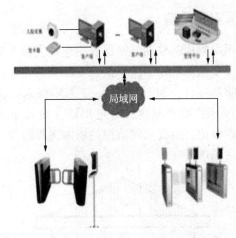

图1 明眸人员通道管理系统架构图

明眸通道管理系统由闸机、智能身份识别终端、客户端及综合安防管理平台等组成。

2.2.1 闸机

闸机采用不锈钢板冲压成型，造型美观大方，防锈、耐用，对外采用标准的电气接口，易与门禁系统平移门挂接，支持多种类型刷卡方式，可方便的将条码卡、ID卡、IC卡、指纹、人脸识别组件等读写设备集成，高寿命和高稳定性，高效防尾随，为出入人员提供有序文明的通行方式，可杜绝非法人员进出，同时为了满足消防通道的要求，在紧急情况下停电敞开，方便人员疏散。

2.2.2 智能身份识别终端

智能身份识别终端采用10.1英寸液晶触摸显示屏，屏幕比例16：9，屏幕分辨率1280 * 800，显示软件界面及操作提示，显示人脸框，实时检测最大人脸。设备支持人脸识别和刷卡识别方式，依靠人脸深度学习算法，人证比对时间小于1s/人，人脸比对时间小于0.5s/人，人脸验证准确率大于99%。智能身份识别终端用于进行人脸识别和身份证识别。

智能身份识别采用双目摄像头，结合先进的深度学习人脸算法，可有效辨识图片、视频里的"假脸"，有效防止人员以假乱真，保障人员管理系统的安全。

2.2.3 系统管理平台

综合安防管理平台是一套"集成化"、"数字化"、"智能化"的平台，包含视频、报警、门禁、访客、巡查、考勤、停车场、可视对讲等多个子系统。在一个平台下即可实现多子系统的统一管理与互联互动，真正做到"一体化"的管理，提高用户的易用性和管理效率。

3 保安室改造

西南管道某输油气站保安室包括安保人员值班室及安全保护用品间，值班室配备视频监控终端及防暴器材，如图2所示。3名安保人员执行"三班两倒"值班制度，对进出站人员和车辆进行检查登记，负责实时监控站场内视频监控，定期对站场进行安防巡检。

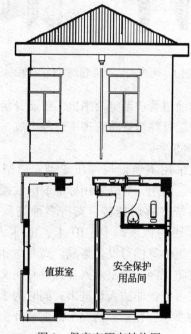

图2 保安室原有结构图

安装明眸系统需要对保安室进行整体改造，改造后如图3所示。

图3 保安室改造后结构图

改造后，进场人员首先进行人脸识别，并将身份证置于身份证识别终端，识别身份后进入劳保着装更换区穿戴劳保用品，在安全教育区接受安全教育完成后，方可进入站场。当人员离场时，在劳保着装更换区换下劳保用品，在闸机内侧摄像头进行图像识别，确认是否留下劳保用品，确认后方可离场。

安保人员在控制室进行执行"三班两倒"值班制度，在控制室进行值班，并定期进行巡检。控制室部署视频巡检系统、周界报警系统、车辆识别系统及明眸人员通道系统。

4 应用效果

4.1 车辆和人员管控

车辆识别系统和明眸人员通道系统的应用将进出站场的车辆及人员进行了有效管控。将原有由安保人员管控模式升级为系统直接管控。一方面，大大提高了人员及车辆进出效率；另一方面，确保获得数据的可靠性。

4.2 应急管理

在车辆识别系统和明眸人员通道系统对人员进行有效管控的基础上获得的有效数据，弥补了以往长期存在的在应急时对站场内现有人员统计不足的缺陷，管理系统会将人员数量及信息实时显示在控制室显示器上。此数据可为应急管理提供人员信息。

5 安防新技术应用的建议

（1）视频监控系统进行图像识别。改造或加装高清摄像机，由后天管理系统进行图像识别。实现自动识别非法闯入，报警并进行语音告警驱离；通过人工智能算法分析站场内存在的安全隐患；对进入生产区域人员的行为进行分析，确保其行为合规。

（2）车辆出入口设置联动防暴装置。将现有据马和便携式破胎器改为埋地式据马或埋地式破胎器，并于安防系统进行有效联动。埋地式据马或埋地式破胎器平时处于工作状态，当车辆管理系统识别为有效车辆时，埋地式据马或埋地式破胎器收回。

（3）建立智能综合监控平台。将车辆识别系统、明眸人员通道系统、视频监控系统、周界安防系统、可燃气体泄漏检测系统、泄漏检测系统等各系统进行无缝连接及联动集成，通过融合各系统数据，有效提升安全防范工作效率，增强油气长输管道站场全面安全防控的力度。

参 考 文 献

[1] 周志刚，郭崇.智能安防技术在油库中的应用[J].化工管理，2019，(19)：83-84.

[2] 樊玉良.现代安防技术在油库安全管理中的应用[J].化工管理，2018，(30)：60.

[3] 蔡永军.油气管道区域安全防护技术评述[J].油气田地面工程，2017，(7)：10-12.

[4] 戴联双，张华兵，赵云，等.油气管道安全防护规定：Q/SY1490-2012[S].

[5] 廖最利.厂区安防监控系统改造方案浅析[J].计算机产品与流通，2019，(10)：283.

[6] 国家九部委.关于加强公共安全视频监控建设联网应用工作的若干意见[J].中国信息安全，2015，(6)：15.

[7] 李朝振.基于汽车牌照识别的停车场管理系统[J].科技视界，2014，(7)：107-304.

[8] 郭伟林.智能安防信息化平台的设计及实际应用[J].通讯世界，2018，(3)：14-15.

[9] 季明，金淑华，南立团，等.管道运营企业基层站队劳动定员：Q/SY 1279-2010[S].

[10] 马元元，李成龙，汤进，等.视频监控场景下行人衣着颜色识别[J].安徽大学学报，2015，39(5)：23-30.

油田无人值守场站建设模式的探索研究

常季成 李晓东 张 玲

(中国石油化工股份有限公司东北油气分公司)

摘 要 目前国内油气行业正在经历由自动化向智能化方向发展的过程，智能油田是未来油田发展的必然趋势，"无人值守"正是油田迈向全面智能化时代的第一步。随着油田工业化与信息化的不断融合，"无人值守"在数字化油田的基础上，能够极大提高劳动生产效率、降低能耗成本，向着精益化管理不断迈进。文章详细介绍了无人值守场站的定义以及相关技术，探索无人值守场站的建设思路和管理模式，提出了"智能巡检+区域集中管控+指挥中心远程调度"的新型管理模式，并全面分析了无人值守模式带来的直接和间接效益，为无人值守系统的建设提供支撑。

关键词 油气行业，智能油田，无人值守，数字化油田，自动化，信息化

"无人值守"是以信息化平台为依托，数字化建设为基础，实现油气场站的无人化值守和远程控制。无人值守场站就是针对人工劳动强度大、极端恶劣天气、工作环境艰苦、安全风险等级高、环保压力大、生产效率低下等问题而建设。无人值守场站建成后，将减轻员工工作强度、降低人工操作中的风险隐患，可以远程掌握生产运行状况，实现对现场设备的远程控制、"一键停车"，提高了应急处置效率，达到缩减人工成本、提质增效的目的。

1 无人值守的概念

目前，绝大多数人仍然对无人值守概念的认识较为模糊，对无人值守的理解有所偏差，不能够深刻的领悟无人值守的核心精髓和运行模式。因此，有必要对无人值守的概念进行详细的介绍。

无人值守的概念可分为两种：一种是有人值守，无人操作。目前国内油田系统大多数采用的也是此模式，站内安排值班人员每天值班，但无需到现场亲自操作设备，可通过中控室远程控制，只有站内出现突发状况时，才需要值班人员到现场查看实际状况，进行简单的辅助操作。这种模式对站内值班人员的专业化技术水平要求较高，并具备一定的应急处置能力，但也让专业技术人员每天大多数时间处于闲置状态，造成人员浪费。这种无人值守模式利用现有技术手段能够较容易实现，在国内正逐渐普及应用。

第二种是无人值守，无人操作。场站中不需要人员值班，站内数据监测、开关控制、阀门调节等所有操作都通过远程操控实现，只有设备故障时，才需要专业人员到现场进行维修保养。这种运行模式，场站只需定期派技术人员到现场巡查一次，一周甚至一个月皆可。这是实现无人值守模式的最理想状态，也是打造全面智能油田的最终目标，现阶段实现起来较为困难，需要现代化技术的不断革新和管理模式转变的过程，任重道远。

2 无人值守技术在油田的应用

2.1 PLC 控制子系统优化

PLC 是实现无人值守模式的基础，用于现场数据的采集、存储、处理、编程，以达到场站想实现的功能。PLC 具有逻辑简单、易于操作、稳定性强、处理速度快等优点。随着油气领域自动化程度越来越高，PLC 发挥的作用越来越显著，例如注水站、联合站、中转站等，PLC 可对生产数据进行实时采集，实现注水泵自动控制、阀门紧急切断、加热炉自动点火和自动上水、分离器自动排液等功能。不仅如此，为适应油田的生产需求，PLC 还可对子系统程序进行不断优化升级，统筹规划数据管理，制订科学的措施方案，完善异常状态的应急处置功能。PLC 为实现无人值守管理提供了数据服务和技术支持，是无人值守技术的精髓和核心。

2.2 智能机器人巡检

智能机器人利用自主定位导航技术，自动或半

自动进行巡检区域路径规划，精准定位到达巡检点，结合多模态感知融合及三维信息感知与处理技术，监测场站内气体浓度、管道压力变化、设备缺陷等，发现异常可自动报警，并且可以自主提取数据信息、生成巡检报表，通过内网将实时数据和报表数据传至远程生产信息化平台，实现了无人值守的智能化巡检，解决了人工巡检效率低、效果差的问题，推动了油田无人值守模式的建设。

2.3 光纤管道振动技术

光线管道振动技术是一种分布式光纤传感系统，可以长距离连续实时获取和监测管道振动信号，通过处理和分析振动信号，并利用GIS、GPS及通信系统有效定位管道动土位置，及时向管道控制中心人员预警报警，以最快速度采取行动措施，避免安全事故的发生。此技术可很好地保障管道安全，为管道安全运行保驾护航。

2.4 场站内的智能识别与检测

智能识别与检测技术是以多项先进的传感器技术为基础，与计算机技术相结合，自主完成数据采集、计算、分析以及处理，取缔了人工检测。例如输气场站或集输处理站利用智能检测与识别技术对泄漏的气体进行探测，第一时间发现有无气体泄漏，发现泄漏立即报警，节省人工判断决策时间，保障了场站的利益；再比如付油场站可设置防溢流预警系统，提高对溢流发生判断的准确性，可减少溢流事件的发生。智能识别与检测技术大大减少了人为的主动干预，使检测结果更加准确客观，同时缓解了员工的工作压力。

2.5 视频监控的智能化应用

利用数字图像处理、计算机视觉以及模式识别三大核心技术，场站内的视频监控系统可以快速精准的捕捉到故障发生位置。智能视频监控系统可对监测目标进行智能分析，过滤掉画面中无用信息或干扰信号，自动识别目标类型，最后根据分析识别结果，判断是否发出报警信号。智能视频监控能够第一时间捕捉到有用信息并进行处理，提升了监控效率，降低了场站安全隐患。

2.6 设备的远程操作控制技术

依托物联网技术和PLC，监控人员可实现对场站设备的远程监测和启停操作。例如在注水间安装自动注水仪，通过液位传感器将液位信息传输至远程监控平台，监控人员在平台上可设置相关注水参数，根据设置值远程调配注水量，实现对注水全过程的监测和控制，确保注水间系统正常运行；同样对计量间也可实现对计量仪表的远程参数设置和预报警功能，通过设置压力、温度、流量上下限阈值，可实时获取仪表运行状态，一旦数值超限就会立刻报警，实现了对计量仪表的全方位全天候监测，保证了生产数据的准确可靠，同时减少现场值班人员巡检次数时间，使智能油田向无人值守方向更迈进一步。

3 无人值守场站建设模式的探索

近年来随着科学技术迅猛的发展，油田自动化、信息化覆盖范围越来越广，逐步实现了场站的无人值守，无人值守程度越来越高，形成了前端自动采集、中端集中管控、后端数据共享的一体化协同联动机制，推动了传统管理模式向新管理模式的快速转变，构建"智能巡检+区域集中管控+指挥中心远程调度"的新型无人值守运行系统。

3.1 数据集中监管与远程控制

不断完善场站智能仪表、PLC、网络通信等智能设备的质量和性能，确保数据采集和传输通畅，并与PLC系统、视频监控系统进行对接融合，实现生产数据自动采集、生产工艺流程可视化监控、生产过程自动联锁截断。

在自控方面，场站关键生产数据自动采集率、智能设备远程控制率和联锁可控率均达到100%；视频监控方面，以超清电子大屏为核心，对场站重点生产区域、高后果区，实现24h连续目视化监控，集成场站所有摄像头、语音对讲、非法闯入弹窗报警、主动喊话驱赶等设备，实行空间立体化动态监控。最后利用网络通信设施将PLC、视频监控系统、DCS及智能监控设备集成到物联网管控系统内，由生产指挥中心统一调度，如图1所示。

3.2 无人值守巡检新模式

想全面构建"智能巡检+区域集中管控+指挥中心远程调度"的新型无人值守管理模式，关键在于如何高效地完成"智能巡检"。我们可以利用智能油田的建设成果，采用"机器人+无人机+振动光纤+电子巡检+专人定期维护"的联合巡检模式，如图2所示。

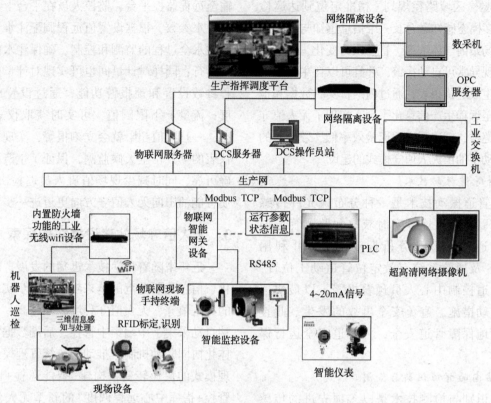

图1 无人值守运行管理模式

图2 联合巡检模式

巡检机器人按照预定路线每4h巡检1次，对关键设备、管线自动检测，读取仪表数据，自主判断数据是否异常并及时报警，巡检完成后可自动充电。

无人机主要针对长输管道进行巡检，可减少人工巡检频次，减轻巡线工工作量，帮助识别管线周边可能存在的危险隐患，同样振动光纤技术能自动识别管线周围存在的不安全行为，并精准定位。

电子巡检是定期对生产系统采集的数据进行检查，包括关键点参数、设备运行状况等，确保生产系统的平稳运行，同时通过历史大数据比对分析，及时找出异常点方便第一时间处理，这也改变了值班人员原有的两小时一次逐点查看确认的巡检方式，大大减少了员工工作量。

为了保证无人值守系统长期的正常稳定运行，充分发挥生产指挥中心的管控调度作用，可定期派专业技术人员到现场对智能仪表设备、PLC、组态系统等进行维护保养。

3.3 无人值守模式的效益分析

3.3.1 助力企业降本节能，减人增效

无人值守可以起到降低人工成本的作用。以某油田采出水处理站为例，目前站内值班人员9人，通过无人值守新模式的运行，可以将人员缩减至2人，按照人工成本每人7.3万元/年计算，每年可节约人工成本51.1万元。

同时可以节约资源，降低能耗成本。例如，某采气管理区巡井班组每天巡井数在30口左右，由于井口无电动执行器，发生突发状况或需要控制产量时，都无法对单井进行远程调控，仍需要巡井工开车到现场处置，且每口井的距离远，因

此油耗较大。按每天巡井 30 口，每天 4 次，行驶路程 400km 计算，若运行无人值守新模式，每年将节省汽油 20000L，加油费 12 万元左右。

3.3.2 优化业务流程，提高工作效率

根据"智能巡检+区域集中管控+指挥中心远程调度"的无人值守模式建设思路，生产指挥中心统一指挥调度现场工作，业务流程更加简单、清晰、高效。危险性、重复性、高强度工作全部通过自动化、智能化手段去完成，在减少员工工作量的同时，有效地提高了工作效率和生产运行效率。

3.3.3 转变安全生产模式，提升安全管控水平

通过自动化、智能化、信息化技术，实现了自动采集、远程关断、智能巡检、全方位监控、统一指挥调度，在保证场站正常生产运行的同时，也让员工远离危险、高压、有毒、有害等高风险区域，做到"安全生产+身心健康"两不误。

4 对无人值守场站建设的建议

4.1 解放全员思想，革新管理体制

不断提升全员对无人值守转型的思想认识，智能化建设和应用要由"一把手工程"转变为"全员工程"，所有人都要参与其中，投身到无人值守的建设中来，积极建言献策，将无人值守思想深入贯彻到油田的各个层次，只有让全员深刻领悟无人值守思想，将其思想与各业务融会贯通，油田的无人值守模式转型才能全面实现。

4.2 明确建设运行标准，建设标准无人值守场站

每个企业应根据场站的实际情况，建立一套统一的、符合自己发展的无人值守建设运行标准，包括前端仪表选型、中端控制系统集成、后端生产指挥平台搭建。在无人值守场站设计、建设、运维保养等全生命周期所有阶段都必须遵守这套建设标准。

建设标准要本着"经济耐用、以人为本"的原则执行，标准实施后要到实践中去验证其适用性、可靠性，可根据实际情况进行调整，以保证无人值守模式的稳定运行。

4.3 加强专业复合型人才培养，做到无人值守运行有保障

无人值守运行模式建成后，按照"机器人+无人机+振动光纤+电子巡检+专人定期维护"的巡检模式，平时的巡检可正常进行，但为了无人值守场站的平稳运行，必须定期对场站智能设备设施、网络情况、控制系统等进行定期检查。由于场站涉及各专业领域较广，因此要打破专业工种分工，培养全方位复合型技术人员，给予优厚待遇，同时建立一套合理的考核奖惩机制，激励专业技术人员工作的主动性和积极性。

5 结语

无人值守是未来发展的必然趋势，对油田精益化管理、实现高质量发展具有极其深远的意义，在国内正在逐渐普及。本文提出了一种新的"智能巡检+区域集中管控+指挥中心远程调度"无人值守管理模式，具有一定前瞻性，但仍要不断完善优化，需要在实践检验。从长远来看，无人值守的是要持续向前发展不可逆的，它对于油田场站向更高标准、更高效工作、更先进管理方式迈进有着重要的作用。

参 考 文 献

[1] 崔勋杰. 天然气无人值守站场建设模式探索[J]. 辽宁化工, 2020, 49(6): 732-733.

[2] 刘冠辰. 智慧油田下的无人值守技术[J]. 技术应用, 2020: 63-64.

[3] 贾静, 粟鹏, 魏可萌, 陈强. 气田开发生产数字化管理转型探索与实践[J]. 石油科技论坛, 2020, 39(5): 24-33.

[4] 付锁堂, 石玉江, 丑世龙, 马建军. 长庆油田数字化转型智能化发展成效与认识[J]. 石油科技论坛, 2020, 39(5): 9-15.

[5] 李国海, 董秀娟. 天然气管道无人值守站建设和站场安全运行[J]. 管道保护, 2018(5).

[6] 张玉恒, 范振业, 林长波. 油气田站场无人值守探索与展望[J]. 仪器仪表用户, 2020, 27(2): 105-109.

松南气田在建设智能化场站过程中的探索与实践

成 玉 李 晓 张 玲

（中国石化东北油气分公司）

摘 要 为保障气田安全生产、高效合理开发、降低运营成本、减少现场值守人数，松南气田不断探索气田科学开发、高效管理的新途径和新措施；通过对综合管理调度指挥平台的建设，松南气田建立起一套覆盖生产全过程的物联管控平台，实现了全厂信息共享和统一调度指挥，大大夯实了气田智能化生产管理基础。实现了"分级监控、事前预警、应急处置、闭环运行、智能调控、统筹管理"的智能化生产调控体系。

关键词 智能化，SOA 架构，少人值守，集中监控，数据整合，可视化模型

1 建设背景

2014 年，中国石化开展了智能油气田的规划工作，对智能油气田的建设愿景、建设内容及建设路线进行了规划，为松南气田的信息化建设工作提供了指导。

松南气田随着开发年限的增长、开发规模扩大，伴随产生了自动化仪表设备老化、网络传输不稳定、远程关断无法通信、开发水平难度增加等，导致安全风险可控性降低。为了安全风险可控、提升运行效率、提高劳动生产率，松南气田确定积极推进信息化建设的工作目标。

2018 年，松南气田信息化项目正式开始实施，本项目的建设基于松南气田综合管理调度指挥中心，计划通过搭建综合管理调度指挥平台，建立八部分内容：生产区 4G 专网建设、三维地理信息（GIS）建设、生产运行协同指挥、安全生产监控、设备全生命周期管控、开发生产优化、移动监控与指挥。

2 建设目标

通过搭建综合管理调度指挥平台，改变原本的生产管理模式，建立以生产调度为中心的一体化管理，提高全厂生产组织运行效率和劳动生产率，实现生产运行、安全管理、设备管理、气藏开发等方面一体化，使生产管理向精细化、扁平化方向发展，最终实现少人值守、降低成本、盘活资源、提升员工幸福感、提高劳动生产率、提高效益的目标，具体包括以下几点。

（1）少人值守：通过综合管理调度指挥平台的搭建，大量减少值守人数、降低现场安全隐患。

（2）降低成本：理清生产运行各业务环节及流程，规范生产信息的上报、协调、报送处置，实现生产调度与协调的高效运行，避免信息的散、乱、多头上报、标准格式不统一等问题，降低运营成本。

（3）盘活资源：利用智能化技术对对井场、站库、管网等的实现智能监测预警，实现站无人值守，盘活外操人员。

（4）提升员工幸福感：利用物联网技术，实现现场实时监控，减少员工巡检、操作风险隐患，提高幸福度。

（5）提高劳动生产率：优化生产组织协调的机构与岗位设置、管理模式，实现管理的提质增效，通过简化生产运行流程、实现信息自动化上报与流转，实现业务的网上运行与监控，降低前后方工作量，实现提质增效。

3 总体设计及技术路线

3.1 总体架构

系统总体架构分为数据存储层、平台框架层、应用呈现层三部分。数据存储层基于数据存储介质实现 EPBP 基础数据、实时数据、项目数据的存储。平台框架层包括平台运维管理、平台服务、数据服务、基础组件以及软件部署等。应用呈现层实现应用功能的呈现，支持 PC 端、移动端等多种终端环境(图 1)。

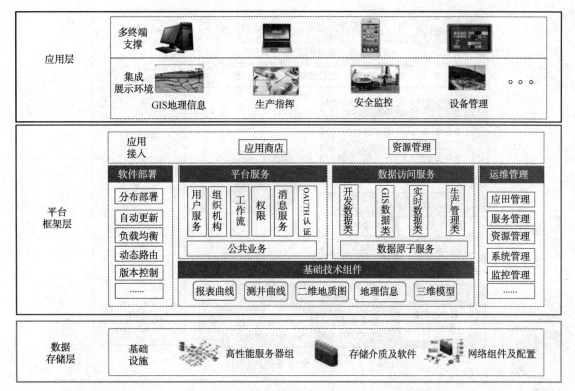

图 1　平台总体架构

3.2　技术架构

从数据、服务、应用三大层面入手，基于 SOA 技术进行开展，实现系统数据、服务、应用的简单复用，通过数据的集中管理、各功能的服务化构建、最终形成面向客户的各类应用功能，实现"四化一体"的新模式(图2)。

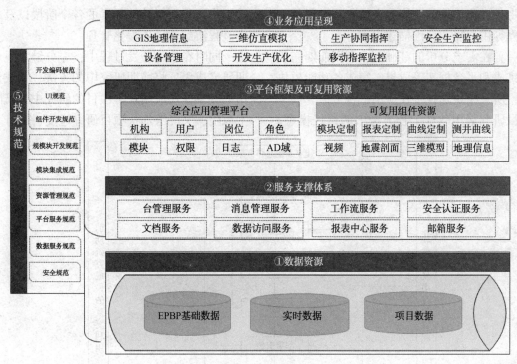

图 2　技术架构

3.3　安全设计

系统安全体系围绕云、网、端三个方面，在各自层面采用不同维度进行系统保护。整体以 PKI/CA 证书体系为基石，对云、网、端各层子系统进行签名校验和信息传递保护，从而构建系统整体的安全体系，为企业应用安全提供全方位保护(图3)。

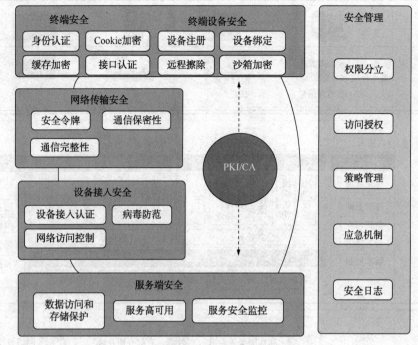

图 3　安全体系架构设计

3.4 技术路线

首先，通过对工作业务范围、职责、业务流程的分析，确定业务需求，明确软件系统实现的功能。

然后，从业务需求中逐步深入细化，编制各功能模块详细的需求说明书，在说明书中以图形和文字将各功能模块的功能、人机交互过程、工作流流程等用户需求详细描述出来。

最后，在需求分析的基础上，利用前期完成的数据集成和平台框架等成果，完成各功能模块的开发，所有模块均挂接在应用平台上。

项目研究采用软件工程方法中的迭代模型，将软件开发过程划分若干阶段，每个阶段是在上一阶段基础上的迭代，每一个阶段都能产生相对完整的软件产品，通过几个迭代过程，形成最终的软件产品。每个迭代阶段划分为需求分析、系统设计、软件实现、测试、部署安装、调试运行等工作流程，对软件开发的各个阶段以及每个工作流程实施软件工程化管理。

同时在软件开发过程中，充分继承、利用前期研究成果，将前期研究中的方法、模式及可重用的共享模块应用在本项目的研究中，既降低技术风险，又能够加快项目研究进度(图4)。

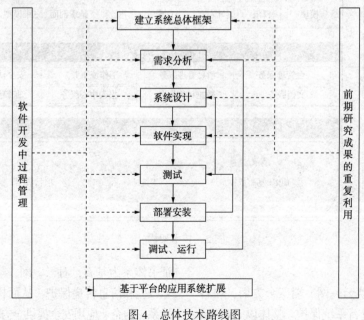

图 4　总体技术路线图

3.5 关键技术

3.5.1 可视化模型管理技术

利用可视化模型管理工具实现对数据库模型的集中管理，包括数据表、字段等，通过模型管理工具可以实现对数据库表结构的检查、修正，同时形成版本记录，将历次修改进行版本化管理。

3.5.2 可视化定制技术

为了满足数据查询需求变动快、数据结构时有更新的情况，录入界面、验证规则必须做到可定制，提供采集录入可视化定制工具，提高软件开发周期，降低对开发人员的依赖。

3.5.3 插件化开发技术

基于分布式云部署的标准和研发规范，采用插件化模块设计，基于数据服务的开发模式，并提供"插拔式"接入方式（可用第三方相同服务替换），构建开放式的微服务应用环境，为业务应用"依云而居"创造有利途径。

3.5.4 文档资料管理技术

针对成果资料采集及管理，构建了一套非结构化数据管理的解决方案，实现对文档的进行统一管理、集中保存、授权使用、方便查询，并且建立企业级的文档支撑标准，规范非结构化数据的生成、存储、开发、服务三个方面，为后续其它业务应用提供统一的文档支持，其它业务模块不需再包括文档管理模块。

3.5.5 分布式负载均衡技术

基于 Nginx＋Node. JS＋Express＋Oracle 模式，用以实现服务器端负载均衡、反向代理、高并发响应、分布式与伸缩式的集群化部署。

3.5.6 移动应用组件化技术

为加快移动应用开发，满足专业需求，开发了移动界面定制 IDE 工具，并提供了专用移动组件库，组件应用实现可视化定制模式。

4 项目建设内容及功能

4.1 硬件提升方面

为实现松南信息化提升，在已有自动化建设的基础上，充分结合实际需求，本着"充分利用现有自控基础，完善现场自动化设备"原则，对以下硬件进行提升（图5）。

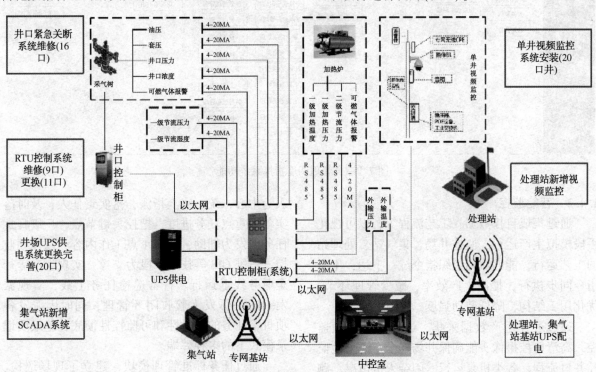

图5 硬件提升情况

（1）集气站新增SCADA系统。上位机采用霍尼韦尔DCS冗余监控系统，下位机采用霍尼韦尔C30PLC控制器，通过RTU控制系统联锁控制程序，实现井口工艺过程参数的远程数据采集、监控、管理，形成一体化的信息化管理运行模式。

（2）单井硬件设施升级改造，更新RTU控制柜11台，维修RTU控制柜9台，更换井场UPS供电系统20台。

（3）修复完成16口单井紧急关断控制柜。

（4）新增单井防爆球机视频监控20口，维修、更换远传变送器196台。

（5）处理站、集气站新增多处视频监控。

4.2 软件集成方面

基于松原采气厂综合管理调度指挥中心,搭建综合管理调度指挥平台,建立"五可"(可视、可检、可记、可巡、可报)分级立体安全及生产的监控管理体系(图6)。

生产区4G网络建设　　安全生产监控

三维仿真模拟　　设备全生命周期管控

GIS地理信息建设　　开发生产优化

生产运行协同指挥　　移动监控与指挥

图6　软件集成情况

4.3 综合管理调度指挥平台搭建

搭建综合管理调度指挥平台,共建立8大功能模块,包括三维GIS、智能监控、生产管理、HSSE管理、设备管理、应急管理、开发优化、生产报表等功能(图7)。

4.4 主要功能介绍

4.4.1 三维GIS

构建单井、集气、集输处理等比例三维仿真模型,结合Skyline平台,提供一个科学简便、形象直观的可视化分析手段,为各级管理人员提供一套简单、迅速、方便的生产可视化监控管理。

图7　综合管理调度指挥系统功能

4.4.2 智能监控

通过集成自控数据、工艺流程等,以可视化手段模拟生产运行,监控井场、集气站、处理站的工艺运行。能够做到组织指令统一下达,生产指令同步执行,提高生产效率,减少管理环节,优化用工结构,降低劳动强度。

通过远程生产数据采集、远程实时视频监控,高清可控摄像头能确保井场安全,清晰地监控井口流程、各类机泵运行、闲杂人员情况、跑冒滴漏、管线刺漏等状况。更加全面地实现了井场情况的实时监测,确保安全隐患早发现、早解决。

4.4.3 生产管理

生产运行管理模块集成了年度重点工作管理、厂级任务管理、日常任务派发管理、车辆运行管理、生产例会管理、工农关系管理、土地管理七大功能,以年初制定的年度重点工作运行大表为中心,统一线上指派,落实责任人,及时落实各项重点任务进度,把控关键节点,厂级日常任务派发为辅助,分解重点工作内容,以视频监控、三维GIS等技术手段为支撑,实现生产运行全业务线上运行。日常巡检任务上线,实现派发-执行-派发人验收闭环管理,同时因派发各项日常任务的即时性和可监控性彻底杜绝纸质记录模式下的多种弊端。

通过任务标准管理模块,建立了现场巡检、设备启动、设备关停、设备保养、设备润滑、设备油水检测、设备盘车等8大类160多小类业务标准与规范,将风险识别、防控融入操作每个步骤中,基于JSA分析、HAZOP分析识别任务风险,自动匹配任务对象,适时推送任务操作风险提示,使员工能对每一个设备、每一项操作的危险源提前识别,有效降低安全隐患。

4.4.4 设备管理

设备管理模块旨在实现设备全生命周期管理，初步建成设备完整性管理体系，通过设备主要经济技术指标、管理体制机制，使用管理、维修管理、状态监测、基础管理、物资管理等功能的实现，使设备管理更加"规范、精细、高效"，实现了设备管理业务的规范化、流程化、网络化、痕迹化，通过对设备管理环节的流程痕迹全过程记录，为设备管理留下第一手资料，提高了工作效率，提升了设备管理水平。

4.4.5 开发优化

开发优化模块主要包括生产曲线定制、单井气藏预测、开发辅助工具、单井气藏预警等功能，将原来需人工操作的模式化、固定化的工作交由信息系统操作运算，并将运行结果展现给科研人员。自动生成的生产曲线可以减少研究人员大部分制作曲线的时间，从而更好的开展气井的动态分析工作；单井气藏预警可以让研究人员及时发现异常井，并展开分析研究；单井气藏预测和开发辅助工具将原来多个开发软件的功能集于一处，让研究人员可以从数据的采集、应用与分析都在一个系统中进行。

4.4.6 生产报表

生产报表模块中包括日常工作中所使用的生产动态、能耗管理、生产运行记录等近50张各类报表及台账。相比以往纸质报表而言，信息化在生产报表中的投用，既解决了长期以来纸质报表不易保存、浪费空间的问题，又解决了原本报表数量多且类目杂，填表人员难免因失误而出现漏填、错填、忘填的问题，同时又提升数据的信息化管理能力，便于日后查询比对。

5　应用效果

（1）在线巡检提质提效，优化班组减员增效。

在线巡检改变了以往人工巡检、手填报表、线上上报数据的运行模式，故障检查为自动判断，巡检人员能够快速锁定异常问题，第一时间对异常情况进行判断、分析产生原因，实现了"现场+指挥"管理模式，单次巡检时间由120min提升至20min，劳动效率提升84%，人员由定员30人优化至24人，整合出的一部分人员分配至东岭区块开展生产运行工作，保证东岭区块平稳运行。

（2）提高指挥效率，降低了生产成本。

以年度重点工作运行大表为中心，统一线上指派，落实责任人，及时落实各项重点任务进度，把控关键节点，日常任务派发为辅助，分解重点工作内容，以视频监控、三维 GIS、GPS 等技术手段为支撑，实现生产运行全业务线上运行，全面深化大运行模式建设。

（3）提高监控质量，消除安全隐患。

安全管理人员利用高清视频监控、直接作业管理、手持机等功能，能够实现对现场作业进行远程监控、现场作业票检查等工作，做到了对现场作业、人员状态等的全程监视，降低了作业风险。

（4）提升了现场管控水平，降低了作业风险。

搭建4G网络和无线网桥，解决了单井远程紧急切断重大安全隐患，当下游站场装置停车，能通过远程关井快速截断井口气源，降低生产事故发生率，减少生产安全风险。解决了恶劣天气下数据无法传输的问题，保证了数据传输的稳定性。

（5）明确作业风险识别及对应措施，强化现场作业规范性。

通过 HSSE 重点、承包商管理、特征设备管理等，建立了统一、可量化、可追溯的台账、检查、安全作业等标准体系，按照"谁主管，谁负责"的原则，明确每一步管理流程"谁去做，做什么，怎么做"，确保每位员工的岗位职责落实到位，各项安全工作完成情况、完成质量进行监控，及时纠偏与量化考核。

6　结束语

通过信息化提升项目的建设和使用，松南气田构建了基于实际业务流程符合生产实际需要的信息化调度指挥平台，实行了以生产运行为中心的闭环管理模式，利用信息化手段保障安全全流程可控、高效合理开发、降低运营成本、提高劳动生产率、减少人员投入，取得了阶段性成果。

接下来松南气田将进一步完善系统功能、加强研究、深化应用，利用信息化、智能化的手段进一步减少用工人数、提高工作效率及管理水平。

参 考 文 献

[1] 张朝阳，王艳. 长庆油田数字化建设实践[J]. 数字油田，2011.02：3-5.

[2] 陈新发，曾颖等. 数字油田建设与实践[M]. 北京：石油工业出版社，2008.

[3] 李清辉，文必龙等. 数字油田信息平台架构[M]. 北京：石油工业出版社，2008.

[4] 刘宝军. 智能油田建设构想[J]. 胜利油田党校学报，2015.11，99-101.

工控网络系统安全技术研究与探讨

吴　军　文建国　杨　磊

(中国石油新疆油田公司采油二厂)

摘　要　本文通过分析研究采油厂工控网络系统的信息安全特点和风险，指出开展工控网络系统安全建设的迫切性，提出了工控网络系统安全防护技术方案，并从制度建设、边界防护安全、组网安全、主机安全、数据安全、物理安全、应急机制和风险评估等方面，对网络安全防护的内容进行研究和探讨。

关键词　网络，信息安全，工控系统，通讯协议，安全防护

随着工业信息化建设不断加快，为了满足"两化融合"的需求，提高企业信息化和综合自动化水平，实现生产和管理的高效率、高效益，石油企业开始对工业控制和管理信息系统进行了集成。工业控制网络逐渐的以各种方式与办公网、互联网等公共网络连接，生产网络与办公网络之间实现了数据交换，致使工控系统不再是一个独立的运行系统。工控系统正快速地从封闭、孤立的系统走向互联，日益广泛地采用以太网、TCP/IP 网络作为基础设施，将工业控制协议迁移到应用层。

工控系统开始广泛采用标准的 Windows 等商用操作系统、设备、中间件与各种通用技术。典型的工控系统——SCADA、DCS、PLC、RTU 等正日益变得开放、通用和标准化，使得办公网、互联网中的木马、病毒等安全风险正在向工控系统扩散，工控系统信息安全问题显得日益尖锐。

1　工控网络系统现状

早期采油厂工控系统主要是针对专有的封闭环境而设计，多采用专用技术网络、相对比较封闭，只用于单台设备或工艺段的生产控制，对外没有互联互通，往往处于物理隔离状态。系统在设计、实现与部署过程中，其主要指标是可用性、功能性、实时性等，没过多考虑网络攻击、信息安全等问题，面临的信息安全威胁不突出。

如今，随着计算机技术和网络技术的发展，特别是信息化与工业化深度融合，工控系统产品越来越多地采用通用协议、硬件、软件，使得工控系统的开放性越来越强。工控系统在享受开放、互联技术带来的进步、效率、利益同时，也开始面临着越来越严重的安全威胁。采油厂工控系统大部分是多年前开发的，系统大都使用专有的硬件、软件和通信协议，系统在设计上主要考虑了其性能、可靠性、灵活性方面的要求，忽略了对网络安全措施的需要。

通用以太网技术的引入让工控网络愈发透明、开放、互联，同时也使工控网络越来越多地面对以太网的通讯威胁。大量使用基于 Windows 系统 PC 机作为工程师站、服务器等的硬件平台，面临与普通 PC 类似的安全威胁。当前工控系统网络漏洞主要表现为：不恰当的网络配置和访问控制、边界安全策略缺失、网络监控和记录及应急响应制度的缺失、通信漏洞以及无线连接漏洞等。

日益发展的工控网络系统使用了越来越多的通用协议，使通讯协议的漏洞随之出现。另外，由于应用软件的多样性，很难形成统一的防护规范以应对安全问题。软件亦存在缓冲区溢出漏洞，当应用软件面向网络应用时，就必须开放其端口，攻击者很有可能利用这些安全漏洞入侵控制系统。网络安全策略和管理规程的缺失与不健全等因素，导致了包括系统安全审计机制、灾难恢复计划和配置变更管理、软件和操作系统补丁管理在内的安全策略和管理规程漏洞(图 1)。

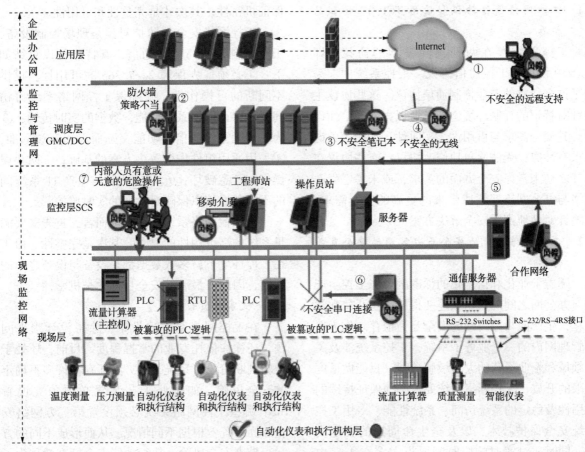

图1　工控网络系统现状

2　工控网络系统安全性特点

工控系统的安全风险来源于信息、网络技术在石油工业领域日益广泛的应用，其自身只采用标准的 IT 安全技术很难应用于工控系统下的各类控制协议、应用、设备及标准的特殊安全需求，即使是短暂的网络崩溃都足以导致产品损耗、生产中断和对人及机器产生致命的危险(图2)。

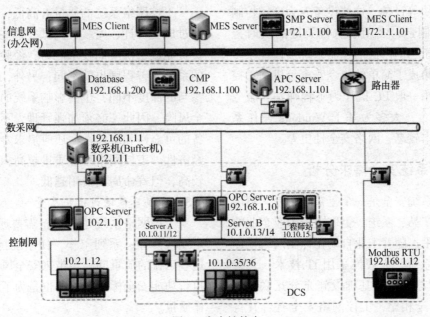

图2　安全性特点

2.1 工业网络通信协议和通用 TCP/IP 协议的共存

工控系统存在两种不同类型的协议，即 TCP/IP 协议和工控通信协议。工控系统中，采用了许多特有的工业控制通信协议。这些协议主要针对特定的控制环境，如工业以太网通信而设计，其安全需求与可用性、实时性、功能等关键需求有冲突，无法简单地修改协议；有些协议在设计之初未考虑安全方面的需求，或未考虑生产网络与办公网络互联所带来的更高的安全需求，需要针对性地部署安全解决方案。

2.2 工控网络系统的安全与办公网的安全互为依存

随着工业化和信息化的深度融合，工控生产网与办公网之间的数据互连变得越来越开放和常态化，生产网与办公网的安全互为依存。作为企业管理网内的一个业务子系统，工控系统涉及关键领域和企业运营的大量敏感数据，只能做适度有限的开放。工控网络系统要求必须保证持续的可用性及稳定的系统访问、系统性能、专用工控系统安全保护技术，以及全生命周期的安全支持。同时，对实时响应时间要求大多在 1ms 内完成。

2.3 工控网络系统长周期结构固定

工控系统与设备和生产密不可分，除非影响到正常的生产，否则长周期内稳定的工控网络系统将不会进行轻易调整。工控系统中，直接执行现场控制操作的通常为控制其、分布式 I/O、交换机、传输模块等设备。这些设备专为现场控制环境而设计、制造，多用于执行关键的实时控制。同时，由于当前广泛的控制系统多设计于多年前，多数仅集成了简单的口令安全等机制；控制系统大量使用一般 PC 机作为工程师站、服务器等的硬件平台，大多为基于 Windows 操作系统，且系统版本较老，网络安全性更差。

3 工控网络系统安全需求分析

工控网络系统安全是一个复杂的工程，不仅涉及到技术、产品、系统，更取决于工业企业的安全管理的水平。随着工业自动化控制网络正逐步演变为开放系统，大规模采用 IT 技术，其集成化网络系统与 IT 网络基础设施充分互联。与传统 IT 网络安全相比，工控网络安全有着其自身的特点，主要体现为安全防护的重点有所不同。IT 安全一般针对的是办公环境，需要首先保证机密性，其次才是完整性和可用性。

工控网络安全的防护对象是现场控制设备，工业控制（实时）网络通信，其特点可以总结如下：①必须优先保障 24/7/365 的可用性，提供不间断的可操作性，并确保工控网络系统可访问；②保证网络系统性能，数据的实时传输；③为实现无缝的通信与功能交互而采用开放标准；④采用通用组件作为解决方案的基础；⑤防止误操作与蓄意破坏；⑥办公环境与生产 IT 系统间的不间断通信以保障对生产的实时监控。

对工控网络系统信息安全而言，首先需要满足系统的高可用性的要求，其次是完整性。由于在工控环境下，多数数据都是设备与设备之间的通信，因此，最后的安全目标才是机密性。

3.1 提高方案设计质量

在工控网络系统建设中，除了设计水平问题，还往往依托专业的掌握程度。目前，还处于经验判断阶段，系统整体方案还存在许多不确定的安全风险，如哪些工艺装置必须独立设置 SIS？哪些工控网络系统必须设置第三方网络安全加固系统？根据不同情况，从而形成不同的方案，带来安全风险。执行功能安全标准就是为了提高这方面工作质量。开展工业安全风险评估，建设全面的网络安全管理；实现安全域的划分与隔离，不同安全域之间的网络接口需遵从清晰的安全规范；保护工控系统的控制单元，防御安全攻击；实现对工业控制通信的可感知与可控制。

3.2 提高系统成套设计、安装与调试质量

工控网络系统的质量有高低，建设初期必定经过成套设计、安装、调试，这些通常由供应商负责完成。供应商技术能力、经验的不同，得到的系统完善程度也就不同；另外，相关专业人员参与的深度不同，也会影响系统的质量，带来安全风险。因此，必须加强管理，不仅需要重视设备的可靠性和维修性，还应追求寿命周期费用的经济性。工控网络系统质量越高，往往采购价格较高，但寿命周期费用越低。

3.3 加强日常运行维护质量

工控网络系统建成后，需要通过日常维护、定期检修等一系列工作，使系统持续发挥功效，这些工作的质量问题会带来安全风险。同样开展执行功能安全标准的目的也是为了提升这方面工作质量。

3.4 如何面临新挑战的需求

随着两化融合的不断推进，网络新技术层出

不穷。石油工控系统深受影响，一方面石油企业信息化应用不断深入，逐渐发展到自控系统与企业信息系统的集成。基层工艺装置的自动控制回路已成为企业信息系统的一部分。企业信息化程度有了很大提高。但另一方面，由于信息化需要，出现工控系统通过各种接口技术，或者实现互联，或者与办公网络连接；既有有线连接，也有无线连接，使得工控系统网络架构越来越复杂。伴随着系统管理难度的增加，特别是工控系统信息安全面临的新挑战。工业领域迫切需要建立工控系统网络规划与标准。使得工控系统网络建设有章可循，实现可持续发展。

4 工控网络系统信息安全防护解决方案

现代工业控制网络安全防护工作要求我们在加强企业安全策略和规程建设、增强员工法制和网络安全意识、全面提高企业信息安全管理水平的同时，必须规划基础设施的安全配置，积极引入先进的安全防护设备，从不同的层面分区域、分功能、分重点的加强安全防护，通过部署多层次的、具有不同针对性的安全措施，保护关键工业控制过程与应用的安全，其特点在于：①攻击者将不得不渗透或绕过不同的多层安全机制，大大增加了攻击的难度；②安全架构中存在于某一层次上的安全脆弱性，可被其他防护措施所弥补，从而避免"一点突破，满盘皆输"的危险。建立工控网络系统纵深防御，首先需要对具体工控系统安全需求进行系统地分析，制定相应的安全规划；并对工控系统进行风险评估，切合实际地识别出该系统的安全脆弱性，面临的安全威胁，以及风险的来源。在此基础上建立、部署层次化的多重安全措施。

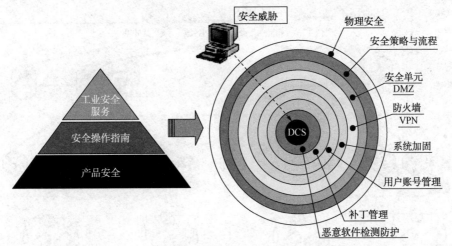

图 3   长周期结构图

4.1 建立系统的物理防护边界

物理安全是工控网络系统信息安全的前提，首先要确保系统网络处于可控的物理环境中，只有经过授权的人员才能接触网络设备。在办公网和控制网之间部署安全隔离系统，防止来自办公网的攻击行为。保护操作室和远程机房中的操作站和工程师站遭到病毒等恶意软件的入侵。并在办公网和控制网之间部署审计系统，通过协议审计办公网和控制网之间的所有数据(图4)。

4.2 建立安全的控制单元，确保系统的边界安全

在工控网络系统中，每个控制单元都是相对独立的子系统，不同的控制单元之间通过网络通信进行集成、互联。而系统的日常生产控制又相对独立于操作站、维护站等维护应用，以及HMI、

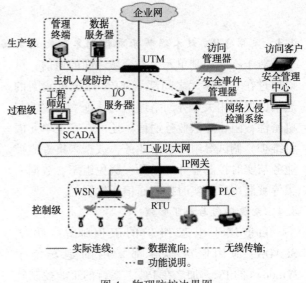

图 4   物理防护边界图

OPC 服务器、应用服务器等监控系统或应用。因此,工控系统按其用途、特点划分为不同的安全域,还可根据其应用、通信业务的不同之处,进一步将用于组态、调试、维护的操作站、维护

站等划分为一个独立的安全域,并在安全域之间的接口处部署防火墙、安全网关等隔离设备(图5)。

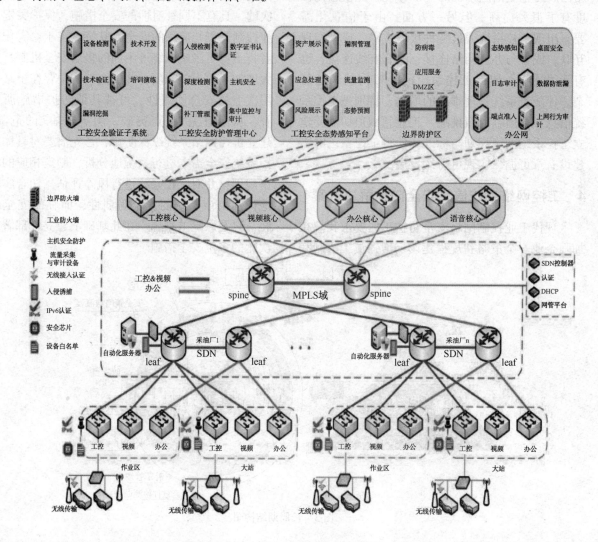

图 5　工控网络系统

4.3　采用 VPN 技术保护不同控制单元之间通信

对于不同控制单元、安全域之间的通信,可以通过在安全单元之间部署 VPN 保护单元间的通信,保证相关业务网络通信的认证、完整性与机密性,阻止非法业务通信。还可在安全单元内将维护、调试等组态通信业务,数据采集等监控业务与实时控制业务隔离开,避免组态、数据采集等被滥用后对实时控制通信产生影响。

4.4　系统加固与补丁管理

目前用于组态/维护的工程师站、OPC、SCADA、应用服务器等都采用的是安装了 Windows 的 PC,加之在 PC 上运行的工业控制软件、应用,以及相关中间件等,都可能存在相应

的网络安全漏洞,因此在条件允许的情况下,需要及时地进行补丁升级与系统加固。采用白名单方式,仅保证制造商专有协议数据通过即可,对其他基于 Windows 应用的不必要通信一律禁止。

4.5　恶意软件防护技术

对采用 Windows 系统的 PC 工作站与服务器,病毒、蠕虫等恶意软件的攻击是其面临的最普遍的安全威胁之一。不仅需要在工控网络中所有的 PC 主机上全面部署病毒监控,如有更高的安全需求,还需要在安全域的入口处进一步部署防病毒网关。建立安全日志的搜集、备案与审计机制;并建立安全事件处理及应急响应预案,做到一旦发生安全事件,能够迅速定位脆弱点,追

溯攻击源，并迅速恢复系统正常功能。从而实现对工业自动化控制通信的可感知与可控制。

5 结束语

工控网络系统安全不是一个单纯的技术问题，而是一个从意识培养开始，涉及到管理、流程、架构、技术、产品等各方面的系统工程，需要工控系统的管理方、运营方、集成商与组件供应商的共同参与，协同工作，并在整个工业基础设施生命周期的各个阶段中持续实施，不断改进才能保障工业控制系统的安全运行。

最后，与在 IT 信息安全中类似，工控网络系统的安全是一个动态过程，设备变更、系统升级等都会导致工控网络系统自身处于动态演化之中，而各种安全威胁、安全攻击技术的复杂性和技巧性也在不断演变，防范难度也会与日俱增，因此在工控网络安全也无法达到 100%，需要工控系统生命周期的各个阶段中持续实施、不断改进。

参 考 文 献

[1] 钟岚，石油化工行业工控系统安全保障实践探究. 信息安全与通信保密，2014.
[2] 李玉敏，工业控制网络信息安全的防护措施与应用. 中国仪器仪表，2012.

基于 face_recognition 的站场人脸识别技术研究及应用

赵　昱　陈亚颐　张建河　王　祥　程新忠　彭荣峰　罗李黎

(中国石油新疆油田公司准东采油厂)

摘要 油田上的许多站场已实现了自动化生产，不再需要安排人工值守，员工的任务就是定期巡检处理故障。这种生产模式降低了企业人力成本和员工劳动强度，提高了生产效率。但同时也带来了一些新的问题，由于这些站场无人值守，一些与站场工作无关的人员就有可能进入站场，造成安全和安保方面的隐患。利用基于 face_recognition 的人脸识别技术，我们可以方便地开发出站场人脸识别系统，对未授权进入站场的人员进行识别并发出告警，使我们可以在第一时间采取措施，阻止安全和安保隐患的发生。

关键词 人脸识别，Python，face_recognition，Opencv，视频监控

1　研究背景

随着油田生产自动化程度的提高，无人值守站场已经成为今后的发展趋势，这种生产模式不需要人工值守，只需定期巡检，不仅降低了员工劳动强度，而且提高了生产效率。但随着近几年的应用也暴露出一些问题，因为这些站场无人值守，一些与站场工作无关的人员有可能进入站场，并造成安全和安保方面的隐患，事后也难以追溯。针对这一实际痛点，如果能在这些站场的入口处或关键位置设置人脸识别装置，对工作人员进行自动识别和报警，则可以起到很好地预防和追溯作用。

Python 的 face_recognition 库是一个专门的人脸识别库，下面研究如何基于 face_recognition 库实现站场的人脸识别。

2　总体设计

实现进入站场人员的人脸识别，硬件需要网络摄像机和一台电脑主机，软件使用 Python 语言进行程序开发，用到 Anaconda、face_recognition 库、Opencv 库。

2.1　硬件需求

在站场入口或关键位置安装网络摄像机，通过网络和远程主机建立连接，主机运行人脸识别及告警推送程序。

2.2　软件需求

使用 Python 语言进行程序开发，用到 Anaconda、face_recognition 库、Opencv 库，Python 是近几年非常流行的编程语言，功能强大，是由 Guido van Rossum 在八十年代末和九十年代初，在荷兰国家数学和计算机科学研究所设计出来的。它有如下特点：

（1）是一种解释型语言，不用编译，配置好环境后可直接执行。

（2）是一种面向对象的编程语言，使得得软件的开发方法与过程尽可能接近人类认识世界、解决现实问题的方法和过程，也即使得描述问题的问题空间与问题的解决方案空间在结构上尽可能一致，把客观世界中的实体抽象为问题域中的对象。

（3）Python 有相对较少的关键字，结构简单，语法定义明确。

（4）Python 有一个广泛的标准库，Python 的最大的优势就是有丰富的库。

站场人脸识别就是用到了 Python 的 face_recognition 库，基于这个库开发出适用于站场的人脸识别系统。

3　开发及运行环境配置工具

Python 的开发和运行是需要一定的环境的，除了需要 Python 语言的支持外，还需要各种库的支持，要进行程序开发首先要搭建环境。

3.1　环境配置工具 Anaconda

Python 的最大优势在于有各种功能包的支持，使用 Python 时技术人员需要安装许多第三方的包及其依赖项，这项工作是比较繁琐的，其困难程度有时甚至超过程序开发本身，Anaconda

的出现为技术人员提供了一种便捷的方法，Anaconda 有如下几个优点：

（1）Anaconda 附带了一大批常用数据科学包，它附带了 conda、Python 和 150 多个科学包及其依赖项，对于一般的工作，可以不用另外安装依赖包。

（2）Anaconda 是在 conda（一个包管理器和环境管理器）上发展出来的。在数据分析中，会用到很多第三方的包，而 conda 可以很好的在计算机上安装和管理这些包，包括安装、卸载和更新包。

（3）Anaconda 在管理环境方面优势明显，可以帮助你为不同的项目建立不同的运行环境。还有很多项目使用的包版本不同，比如不同的 pandas 版本，不可能同时安装两个 Numpy 版本，这时就可以为每个 Numpy 版本创建不同的环境。

基于以上优点技术人员使用 Anaconda 作为 Python 的开发环境。Anaconda 自带 Python，安装完 Anaconda 后就不需要再安装 Python 了（图1）。

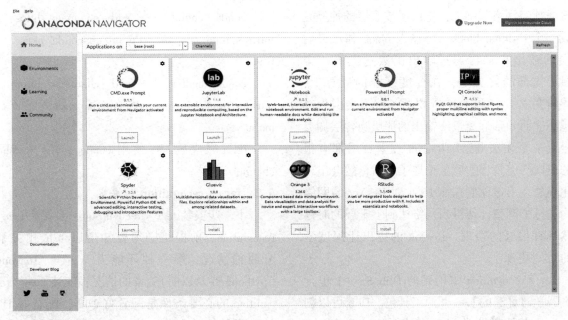

图1　Anaconda

3.2　开发工具 Jupyter notebook

程序开发可以使用 Anaconda 发行版附带的 Jupyter notebook，这是一款方便实用的代码书写工具。在没有 Jupyter notebook 之前，编写 Python 代码的工作通常是：在普通的 Python shell 或者在 IDE（集成开发环境）如 Pycharm 中写代码，然后在 word 中写文档来说明项目。这个过程很繁琐，通常是写完代码，在写文档的时候还要重头回顾一遍代码。有些数据分析的中间结果，还需要重新运行代码，然后把结果写入文档。有了 Jupyter notebook 之后，可以直接在代码旁写出叙述性文档，而不是另外编写单独的文档。可以将代码、文档等这一切集中到一处，一目了然。另外 Jupyter notebook 还可以分步执行代码，及时提示错误及中间结果。

4　依赖库

为了方便编程，先在 Anaconda 中创建一个环境，命名为 Facerecognition，然后为这个环境添加库，这个人脸识别程序需要用到 face_ recognition、Opencv 这两个库。

4.1　Opencv

Opencv 是一个基于 BSD 许可（开源）发行的跨平台计算机视觉和机器学习软件库，可以运行在 Linux、Windows、Android 和 Mac OS 操作系统上。它轻量而且高效，由一系列 C 函数和少量 C++类构成，同时提供了 Python、Ruby、MATLAB 等语言的接口，实现了图像处理和计算机视觉方面的很多通用算法。

4.2　face_ recognition

face_ recognition 是世界上最简洁的人脸识别库，可以使用 Python 和命令行工具提取、识别、操作人脸，是基于业内领先的 C++开源库 Dlib 中的深度学习模型，用 Labeled Faces in the Wild 人脸数据集进行测试，有高达 99.38%的准确率。其原理是一个具有 29 个转换层的 ResNet（残差网络）。ResNet（Residual Neural Network）由微软研究院的 Kaiming He 等四名华人在 15 年提出，并在 ILSVRC2015 比赛中取得冠军。那么，为什么要使用残差网络呢？普通深度神经网络（plain network）如果深度太深，根据梯度下降算法，离输出层越远的隐含层的乘积项会越多（通常会越乘越小），导致这些层的神经元训练会越缓慢（如果计算机精度不够的话，可能还会变 0），导致难以或无法训练。残差网络，则是在普通神经网络基础上，把两层或多层的神经元组成一个 residual block，将输入 block 和从最后一层的输出相加再通过输出函数送进下一个 block。这样的好处是，在梯度下降的计算上，偏导数变成了 1+原来的乘积项，就不会因为越乘越小，而导致远离最终输出的那层隐含层调参缓慢或甚至无法调参。ResNet 在上百层都有很好的表现，但是当达到上千层了之后仍然会出现退化现象。不过他们在 2016 年对 ResNet 的网络结构进行了调整，使得当网络达到上千层的时候仍然具有很好的表现，ResNet 的提出让深度学习的"深"更深了。

face_ recognition 中用到的 Dlib 是一个包含了机器学习算法的 C++开源工具包。Dlib 可以创建很多复杂的机器学习方面的软件。目前 Dlib 已经被广泛的用在行业和学术领域，包括机器人，嵌入式设备，移动电话和大型高性能计算环境。它有如下特点：1、文档齐全，不像很多其他的开源库，Dlib 为每一个类和函数提供了完整的文档说明。同时，还提供了 debug 模式，打开 debug 模式后，用户可以调试代码，查看变量和对象的值，快速定位错误点。另外，Dlib 还提供了大量的实例。2、高质量的可移植代码，Dlib 不依赖第三方库，无须安装和配置，Dlib 可用在 window、Mac OS、Linux 系统上。3、提供大量的机器学习、图像处理算法，包括深度学习、基于 SVM 的分类和递归算法、针对大规模分类和递归的降维方法、相关向量机（是与支持向量机相同的函数形式稀疏概率模型，对未知函数进行预测或分类。其训练是在贝叶斯框架下进行的，与 SVM 相比，不需要估计正则化参数，其核函数也不需要满足 Mercer 条件，需要更少的相关向量，训练时间长，测试时间短）、聚类、多层

感知机等。

5　库的安装

5.1　镜像设置

由于网络原因，如果在 Anaconda 中直接安装库是非常慢的，有时甚至无法安装。要解决这一问题，需要在 Anaconda 中设置镜像，清华、中科大、阿里云都是国内较好的镜像源，我们这里设置的是清华镜像，在 Anaconda Terminal 中设置：

conda config - - add channels https：//mirrors. tuna. tsinghua. edu. cn/anaconda/pkgs/free/

conda config - - add channels https：//mirrors. tuna. tsinghua. edu. cn/anaconda/pkgs/main/

配置完成后，可使用 conda config --show channels 查看。

5.2　face_ recognition 的安装

下一步安装 face_ recognition，要安装 face_ recognition，前提是必须要知道以下依赖关系，分两种情况，第一种环境为 Win 下 Anaconda（python3. 5 及以前）版本的情况：安装 face_ recognition 的必要条件是配置好 Dlib，配置好 Dlib 的必要条件是安装一次 Dlib，并且编译，安装 Dlib 的必要条件是配置好 boost 和 cmake。第二种环境为 Win 下 Anaconda（python3. 6）版本的情况：安装 face_ recognition 的必要条件是配置好 Dlib，配置好 Dlib 的必要条件是安装一次 Dlib，并且编译。我们可根据自己的环境按以上两种情况分步安装。

5.3　Opencv 的安装

然后在 Anaconda 的 Facerecognition 环境下安装 Opencv，安装完成后我们就配置好了 Python 人脸识别的编程环境，下一步就可以进行程序的开发了。

6　程序设计

6.1　设计思路

程序要实现的功能是：抓取摄像头画面中的人脸信息，与人脸库中的照片进行比对，如果出现的人是人脸库白名单中的人员则不产生告警，如果不是则输出"unknown"（图 2），我们将通过

其他程序模块弹出一个告警信息，或者直接推送到相关人员的手机。同时对人员进入的时间和脸部图片信息进行保存以备后续查证。

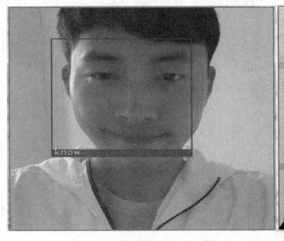

图2　人脸识别

6.2　关键代码

下面是实现人脸识别的 Python 代码，为便于理解，对程序运行主要节点的意义进行了详细注释，注释部分以"#"开头，不参与程序运行。

import face_ recognition　　#导入 face_ recognition 库。

import cv2　　# 导入 cv2 库，就是前面安装的 Opencv。

from os import listdir

#摄像头的 rtsp 地址，username：用户名，password：密码，ip：为设备 IP，port：端口

#号，codec：有 h264、MPEG-4、mpeg4 这几种，channel：通道号，subtype：码流类型。

source = "rtsp：//［username］：［password］@［ip］：［port］/［codec］/［channel］/［subtype］\ \/av_ stream"

ccd = cv2. VideoCapture(source)

route =´D：/tk´　　# 内部人员人脸图片存放的文件夹，图片应为"姓名 .jpg"格式。

name_ list = listdir(route)　　# 将人脸图片文件夹中的文件名依次存入列表。

photo_ names =［］；picture_ encodings =［］

a = 0

for name in name_ list：　　# 依次读入列表中的文件名。

　　a += 1

　　if name. endswith(´jpg´)：　　# 检查文件名，只读入 jpg 文件。

　　　　photo_ names. append(name［：-4］)　　#把文件名扩展名去掉，获取姓名。

file_ name = route +´/´+ name　　#获取待识别图片文件的位置。

　　# 获取每个图像文件中每个面部的面部编码加载到 numpy 数组中。

picture = face_ recognition. load_ image_ file(file_ name)

　# 事先知道每个图像只有一个人脸，取每个图像中的第一个编码，取索引 0 。

　　　　first_ picture = face_ recognition. face_ encodings(picture)［0］

　　　# 将人脸数据依次写入 picture_ encodings 数组。

　　　　picture_ encodings. append(first_ picture)

face_ locations =［］；face_ encodings =［］；person_ names =［］

contrast_ face = True

while(ccd. isOpened( ))：　　　# 判断摄像头是否开启。

　　non, frame = ccd. read( )　　　# 读取摄像头画面。

　　if not non：

　　　　break

　　# 改变摄像头捕获图像的尺寸，图像小，计算量少。

　　small_ picture = cv2. resize(frame, (0, 0), fx = 0. 33, fy = 0. 33)

　　# opencv 捕获的图像是 BGR 格式的，我们需要的是 RGB 格式的，要进行一个转换。

　　rgb_ small_ picture = small_ picture

```
[ :,:,:: -1]
    # 每隔一帧处理一次以缩短画面响应
时间。
        if contrast_ face:
            # 找出人脸位置
    face_ locations = face_ recognition. face_ lo-
cations( rgb_ small_ picture)
            # 取出人脸数据
        face_ encodings = face_ recogni-
tion. face_ encodings( rgb_ small_ picture, \ \
face_ locations)
    person_ names = [ ]
            for face _ encoding in face_
encodings:    # 依次取出视频图像中的人脸
数据。
            # 与照片比对是否是同一个人
脸, tolerance 为阈值, 阈值太低容易造成无
    # 法成功识别人脸, 太高容易造成人脸识别
混淆, 默认阈值为 0. 6。
            matches = face_ recogni-
tion. compare_ faces ( picture_ encodings, \ \
face_ encoding, tolerance = 0. 6)
            name = "unknown"    # 默认
为"unknown"。
            if True in matches:    # 如果
存在图片库中的人脸。
            first_ match_ index =
matches. index( True)
            name = photo_ names
[ first_ match_ index]
            person_ names. append( name)
    # 将识别出的人名写入数组 person_ names。
    contrast_ face = not contrast_ face
        # 将捕捉到的人脸显示出来
    for ( top, right, bottom, left), name in
zip( face_ locations, person_ names): \ \
        top * = 3; right * = 3; bottom
* = 3; left * = 3
            # 将脸部框入矩形框。
        cv2. rectangle( frame, ( left, top),
( right, bottom), ( 0, 0, 255), 2)
            cv2. rectangle ( frame, ( left,
bottom - 20), ( right, bottom), ( 0, 0, 255),
\ \ cv2. FILLED)
            font = cv2. FONT_ HERSHEY
_ DUPLEX
        # 给矩形框加上人名标签。
        cv2. putText( frame, name, ( left + 6,
bottom - 6), font, 0. 8, ( 255, 255, 255) \ \
, 1)
        cv2. imshow( ´monitor´, frame)
        if cv2. waitKey( 1) & 0xFF = = 27:
            break
    ccd. release( )
    cv2. destroyAllWindows( )
```

7 结语

程序开发中需注意以下几个关键点:

(1) Python 的第三方的包及其依赖项的安装工作是比较繁琐的, 如果直接安装不仅耗时长, 而且还会出现许多意想不到的错误, 导致安装不成功。Anaconda 是一个包管理器和环境管理器, 使用 Anaconda 可以方便地进行 Python 第三方包及其依赖项的安装, 不仅省时, 还可以有效避免出现安装错误。

(2) 由于图像识别非常耗费资源, 要对摄像头捕获的图像进行适当缩小以减少计算量。

(3) opencv 捕获的图像是 BGR 格式的, face_ recognition 需要的图像是 RGB 格式的, 比对前要进行转换。

(4) 每隔一帧进行一次比对可以有效缩短画面响应时间, 减少卡顿。

(5) 要调整好适当的阈值 tolerance, 在识别率和精确度之间做一个平衡。

基于 face_ recognition 库可以高效、便捷地定制开发出人脸识别系统, 应用于对油田站场人员进行甄别, 及对非法入侵自动报警。不仅可以节省外购软件开发的费用, 而且可以缩短开发时间, 在后续功能需要变更、扩展时, 可以根据需求随时完善各种功能模块, 大大缩短了从立项到投产的时间, 且功能实用易维护。

参 考 文 献

[1] MarkSummerfield[美]. Python 3 程序开发指南[M].
    北京: 人民邮电出版社出版社, 2011.

浅析准东油田无人值守站场建设探索及实践

彭荣峰　谢亚莉　陈亚颐　许相燚　古里亚·克孜尔

中国石油新疆油田公司准东采油厂

摘　要　长期以来，为了保证生产安全，油田站场必须有人值守，这种方式消耗了企业大量人力物力。准东采油厂按照"无人值守、远程监控、故障巡检"的物联网管理新模式，不断探索无人值守站场的运行方式，在巡检、控制、安全等方面做出了一系列有益探索，用信息化全面提高无人值守站场的建设水平，打造新形势下企业由"开发油田"向"经营油田"的转变，助力准东油田高质量、有效益、可持续发展。

关键词　准东油田，无人值守，站场，探索

1　实践背景

1994 年，准东油田开启了油田数字化建设历程，全国第一个沙漠整装油田彩南油田将生产自动化技术应用在油田建设中，实现了油气水井的生产自动化管理，拉开了准东油田生产自动化、数字化的建设进程。经过 30 多年的勘探开发，准东地区大部分油藏已进入开发中后期，地区油藏类型多样，剩余油藏高度分散，开发矛盾多样化，治理难度加大。同时，准东油田也面临油藏数据量庞大、数据管理分散等特点。而退休员工数量大于新进员工数量，站场运行人员缺口逐渐凸显出来。面对油田持续开发带来地面设施的刚性增长与劳动用工紧张的矛盾突出，准东采油厂不断探索无人值守站场的运行方式，在巡检、控制、安全等方面做出了一系列有益探索，助力准东油田高质量、有效益、可持续发展。

2　基本思路

想要实现站场无人值守，就必须要解决现场用工量大、工作重复率高的问题。根据油田现场生产实际调研分析，发现在资料录取、巡检、计量、控制等方面投入大量人力物力。无人值守站场的建设思路是以降低员工总量、提升工作效率为目标。实现采油现场智能化管理，并进行统一集中监控，制定一套适用于准东油田实际的方案，对需人工频繁操作可用信息化手段替代的生产过程实施自动控制改造，达到现场无人操作或操作频次减少，实现中小站场无人值守(表1)。

表 1　有人值守站场与无人值守站场的对比

	有人值守站场	无人值守站场
经济效益	低	高
自动化程度	低	高
控制方式	人工现场操作	可远程控制
巡检方式	劳动密集、驻点值守、每日巡检	无人值守、远程监控、故障巡检
事故处理	发生事故人员可立即赶赴现场	发生事故人员赶赴现场需要时间

3　预期目标

将现场生产由传统的经验型管理、人工巡检，转变为智能管理、电子巡井，降低巡检次数和巡检风险。生产管理模式由"劳动密集、驻点值守、每日巡检"转变为"无人值守、远程监控、故障巡检"的物联网管理新模式，实现油田大型站场集中监控、少人值守，中小型站场远程监控、无人值守的目标。

4　无人值守站场建设的探索

4.1　资料录取和数据采集

准东油田于 2019 年底正式启动油气生产物联网建设，根据规划 2021 年 5 月实现系统上线。因此，准东采油厂对机械式压力表统一升级成可远程传输的压力变送器，生产现场的油压、套压、油温、功图、电参、启停控制及状态等数据可以通过各类仪表代替人工抄录，并通过有线无线传输网络的搭建，将各类仪表数据上传至厂级监控中心，实现油田生产过程的全面感知(图1)。

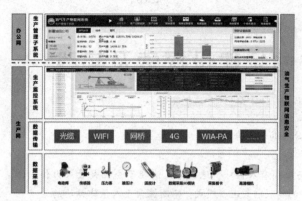

图1 油气生产物联网系统构架示意图

通过油气生产运行模式的改变，将传统管理模式转变为扁平化的管理模式，实现站场生产过程实时数据全面采集、生产运行状态实时监控、智能预警报警等功能，这将大幅度降低一线生产用工需求，实现高水平的无人值守。

4.2 视频监控和生产指挥中心

2019年，准东油田着手建立了覆盖页岩油片区的视频监控系统，布设在井场四周的枪机和球机将生产现场画面实时传输至作业区集中监控平台，并实现了高清画质、入侵报警、画面实时录制、区域鹰眼等功能。2021年，准东油田还在彩南作业区集中处理站开展 AI 智能化图像识别技术的研究应用，可以实现安全规范、设备巡检、智慧站场等功能，探索出了适合准东油田实际的无人值守站场建设过程中视频安防解决之路，确保安全生产全面受控。

2021年，准东油田将建设厂级生产指挥中心，按照统一要求与统一规范，利用物联网技术，建立覆盖准东油田井-间-站生产各环节的生产监控系统，实现生产数据自动采集、远程集中监控、数据管理等功能，后期还将根据实际需求升级为全厂的生产指挥中心。同时为确保远程操作安全，新建的生产指挥中心还新配置了数据采集与存储服务器、生产监控服务器、DMS 服务器，采油厂直接从各作业区现场设备采集数据，支持油气生产过程管理，促进生产方式转变，提升油气生产管理水平和综合效益。

4.3 网络保障和数据传输

准东地区光传输网建于2002年，历经2.5G SDH系统、20G CWDM 粗波分系统，2018年升级为40波（40＊10G）的 OTN 系统，各作业区具备 10GE 和 GE 通道扩容能力。网络传输发展至今，准东地区已建成骨干传输光缆2000余公里，形成"千兆到厂、百兆到作业区、十兆到井站"

的网络架构，为站场无人值守提供了数据传输保障。

2021年在逻辑网改造项目的基础上，通过部署工业防火墙、审计、入侵检测及诱捕等工控网安全设备，构建从前端中控室到后台厂级指挥中心的综合防护系统，实现工控网在接入层、汇聚层、核心层的逻辑隔离和物理隔离，为准东油田无人值守站场的建设提供安全的工控环境，确保工控网绝对安全，这对无人值守站场的建设奠定了良好的网络基础。

5 无人值守站场建设的实践

近年来，准东采油厂加快智能油田关键技术研究，加速智能油田建设步伐，促进信息自动化与现场生产服务无缝衔接，为智能油田建设储备关键技术，通过将新技术应用到生产现场，准东油田走出了一条无人值守站场的建设实践之路。

5.1 计量站无人值守

准东油田辖区大，油藏多，集输采用二级布站模式，共有计量站百余座，除彩南作业区已建自动化外，其余作业区多年来的油井计量方式采用多通阀人工干预排序+分离器计量，未实现自动倒井计量，含水测量仍然为人工取样化验，现行的生产管理模式对员工的责任心和熟练程度依赖性高，员工工作量多、劳动强度大、生产效率较低，并且存在一定安全风险。通过对计量员工作情况的分析，准东油田自主研究了单井在线计量技术，并研发形成了液量含水自动计量橇（图2）。

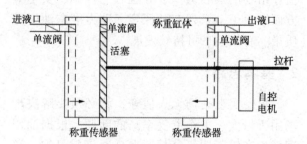

图2 活塞式单井在线称重计量装置

活塞式单井在线计量采用称重法计量技术，通过称量一段时间进入腔体的液量计算得出。同时，计量橇体积小，安装方便简单，可以进行24h连续自动计量。实现单井在线计量及数据自动远传后，可以根本解决计量站无人值守问题，同时降低了生产运行成本。以准东采油厂北10区块无杆泵采油示范区为例，传统方式需要建设5座计量站才能满足集输计量需求。使用计量站无人值守后,将节约地面建设费用28.4万元,节约运行成本168万元/年,大幅度降低油田生产运行成本。

实现单井在线计量,并结合无线数据传输、视频实时监控,形成了油田远程监控管理模式,建立了无人巡井的示范点,将二级布站模式优化为一级布站,简化集输流程,降低巡井、取样、化验人员数量。

5.2 单井无人值守

准东油田共有油水井2000余口,单井生产管理以人工巡检为主。采油工在现场检查单井有无异常情况,井口压力、注水量等数据人工现场抄写,下班后送回作业区队部录入日生产系统,这种方式极大的浪费了人力物力。准东地区新发现吉7片区,地理位置处于吉木萨尔县农田中,征地费用高昂。为了解决这一问题,公司于2016年初提出了"多井丛——大平台——井站一体式采油平台"的建设思路,并在准东采油厂率先实施。

大平台建设采用了现场总线技术,采用数字通信方式,取代设备级的信号,使用一根电缆连接所有现场设备,智能控制撬控制器之间采用RS485-MODBUS/RTU协议,它是一种改变常规控制的革新式技术,它把控制的核心通过总线技术下放到各个站点,不再是数据采集和控制执行的终端,而是具有控制逻辑的大脑(图3)。

图3 井站一体式采油平台

此项创新技术,使得一个平台可以直接控制二三十口油水井,因此根据平台内生产设施管理和控制要求,将功能相同、相近或有直接关联的设备设施集中在一个撬装设备内进行集中统一管理。平台井目前已全部安装智能控制撬,油井控制率达到100%,并实现了全部要求的控制功能,如:柔性控制功能,包括电机的启动、换向、停止的柔性控制,改善泵的震动;防碰撞控制功能、敷缆管加热系统等。

大平台的成功建设,标志着准东油田无人值守站场的建设迈出了关键一步,解决了劳动用工矛盾逐年凸显问题,促进数字化深度应用,使基层员工和管理者结合生产实际自发总结经验,积极开展各类数字化创新实践,也成功将采油生产"作业区—集输站点—井场"的劳动组织模式调整优化为"采油作业区—中心站—无人值守站/井场"模式。

5.3 偏远单罐井无人值守

准东地区地域辽阔,部分边远井未建设原油集输管道,采用抽油机井旁大罐储油,定期派专人专车进行液位测量,并使用拉油车拉油方式进行运输。原油运输过程中采用一次性签封并手工填写拉油票,信息化程度不高。边远井现场生产数据录取根据生产需要由员工到井场录取,返回驻地手工录入系统。纯人工操作,工作量大,自动化程度不高。为了减人增效,准东油田研发了油罐车智能安防调度系统,有效的解决原油在运输过程中的困难,实现拉运全过程监控,消除边远油井"信息孤岛"困扰,有效的提高原油运输效率,降低安全隐患,节约人力成本(图4)。

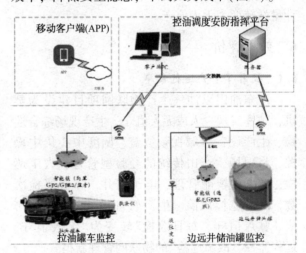

图4 油罐车智能安防调度系统架构

油罐车智能监控系统由边远井储油罐区智能监控系统、拉油罐车智能监控系统、拉油调度指挥系统及智能终端四部分组成,四部分相互配合,涵盖了拉油罐车工作的所有内容,使关键环节实时受控,实现整个拉油过程全程监控和记录。

整个系统包括精细化拉油流程管理、油罐液位监控管理及拉油过程实时监控。使用油罐车智能安防调度系统后,大幅缩减单井巡检次数,缩减人力薪金费用。以一口井为例，建成无人巡检、无人值守的油田生产模式，单井生产运行成本可约 30.49 万元/年，按照北 10 片区 10 口偏远单井计算，每年可节省运行费 304.9 万元。

5.4 无人值守站场建设的其它探索

准东采油厂大力推进采油 4.0 智能系统应用，研究建设地面无传动设备，采油现场智能化管理，统一集中监控，减少员工现场工作量，打造"采油 4.0 模式开发示范区"，运用全新的理念、全新的技术、全新的模式实现场站的无人值守。

自主研制了作业现场移动视频监控系统，该系统充分应用了目前监控、传输、集中管理、存储等方面的成熟技术，并在此基础上根据使用需求自行研发了可移动监控支架，是一次多技术综合应用的成功实践，实现了准东采油厂施工全过程实时监控，大幅度提升安全监督效率，缓解安全监督人员不足的矛盾。

功图诊断和量液系统的使用，实现了油井产量的连续自动计量，能够更加及时、精准的反应油井工况的细微变化和一段时间内的变化趋势，使问题井及时得到发现，在火烧山作业区安装的功图仪，减少了 40 名操作工，大量有人值守的计量站转变为无人值守。

6 效果评价

6.1 提升了生产运行效率

准东油田以油气生产物联网项目建设为契机，站库实现少人或无人值守、生产现场综合巡检、生产设备区域视频覆盖、调度中心集中操控，将现场生产由传统的经验型管理、人工巡检，转变为智能管理、电子巡井，降低巡检次数，降低巡检风险。生产管理模式由"劳动密集、驻点值守、每日巡检"转变为"无人值守、远程监控、故障巡检"的物联网管理新模式。

6.2 降低了劳动强度

在无人值守站建设过程中，规模配套自动化设备，生产现场的物联网技术将使人员劳动强度明显改善。通过平台之间的关联，让数据多跑路，让人员少跑路，不仅提高了工作效率，而且改善了人员劳动强度，实现"增井、增站、少增人"。

6.3 安全规范得到保证

无人值守站场的建设，能够将频繁的人工操作改为自动检测及控制，减少了因人员造成的安全隐患。通过实时监测、及时发现、处理异常，减少产量损失，安全规范得到保障，精细化管理能减少疏忽造成的安全隐患，提高生产安全性。

6.4 效益有效提升

通过积极建设无人值守站场，将减少大量重复性工作人员，可缩减单井巡检次数，缩减人力薪金费用；减少产量损失、节约清蜡和修井费用、节约电耗费用等，经济社会效益有效提升。

7 结论

油气田无人值守站场的建设，对企业的发展是利大于弊的。近几年来，准东油田在数字油田建设上不断探索创新，向着"中小型站场无人值守，大型站场少人值守"的目标不断迈进。未来，以 5G、云计算、大数据、人工智能等先进技术引领的新一轮科技革命，正在以前所未有的广度和深度引发经济社会多方位、全领域的深刻变革。准东油田基于物联网的数字化油田建设，在数据的自动采集、远程监控、生产设备远程控制等方面对于新科技的运用有很广阔的应用前景。相信随着油气生产物联网系统的正式上线，准东油田的站场无人值守建设也会随着技术的进步不断向高水平迈进。

参 考 文 献

[1] 赵利君，黄显纲，俱小华．油田站库无人值守的应用与探索[J]．中国管理信息化，2020.04：99-100.

燃气压缩机自控系统升级改造关键技术研究与应用

蒲 良　周立斌　牛利强

（中国石油新疆油田公司）

摘 要 在油田伴生气处理过程中各类压缩机需要连续不间断的高强度工作，是处理工艺核心动力设备。开发时间较早的油气田由于电力设施配套建设不足和综合成本影响，生产现场燃气压缩机较为普遍。燃气压缩机由以天然气为燃料的内燃机和压缩机两部分组成，零部件多、连锁控制复杂。早期配套建设的燃气压缩机自动化水平较低，日常运行过程中对操作员的专业素质要求高，启、停、运行操作复杂需要操作员根据工艺需求并结合压缩机工况合理调整压缩机参数。

随着电子信息化的快速发展，生产全面感知、设备自动管控、决策智能优化的管理需求迫切。需要对早期配套建设的燃气压缩机进行物联网改造以满足管理需求。

关键词 燃气压缩机，自控系统，控制逻辑，电子点火，一键启停

石西天然气处理装置以油田伴生气和原稳气为原料，经过预分离、压缩、脱水、低温冷凝于和精馏等工艺过程，生产出干气、液化石油气和稳定轻烃等过程产品。装置于 1998 年 10 月建成投产，由两套 $50 \times 10^4 m^3/d$ 天然气处理装置和一个轻烃储备站构成，装置全套引进加拿大马龙尼公司先进的天然气处理工艺，弹性处理能力为 $(60 \sim 120) \times 10^4 m^3/d$。

石西天然气处理站拥有原料气压缩机六台、回流气压缩机 2 台、丙烷压缩机四台均为燃气压缩机，由于《天燃气处理站升级改造工程》的实施原料气压缩机逐步被电驱压缩机替代，这次研究的主要对象为天然气处理站制冷关键设备回流气压缩机和丙烷压缩机。

1 燃气压缩机自控系统现状

由于油田伴生气压力较低约 200KPA，干气外输环网压力约 3200KPA，整个处理过程需要压缩机增压后才能完成。筹建之初综合考虑地理位置和经济性，该套处理装置内大型增压设备全部为燃气压缩机。

燃气压缩机自控系统逻辑简单，远端控制柜仅能实现故障连锁停机功能。与压缩机相关的其它重要功能如：启动前预润滑、PID 调速、压缩机加减载、空冷器启停控制等，全部需要人工手动操作或者通过 DCS 组态实现。

整套设备运行参数（如：温度、压力、流量、振动、转速、启停状态等）全部通过带逻辑运算的数显表中转后传至 DCS。数显表能满足现场观察需要同时带逻辑输出，实时将运行参数与报警值对比，输出故障停机信号。DCS 系统接收到数显表中转信号后，通过逻辑组态，实现压缩机运行参数预警以及压缩机附属机泵、空冷器、加减载阀门连锁控制。控制原理及启停逻辑如图 1~图 3 所示。

伴随着 20 余年的生产运行，燃气压缩机仪表自动化系统老化严重，误报率高，已经成为影响开机时率的主要因素。设备的机修件存量周期远远大于附属的仪表自动化维修件存量周期，由于年代旧远很多仪表产品更新换代或者退市，造成压缩机自控系统无备品备件，发生故障后维修难度大，维修成本高。

同时随着电子信息化的快速发展，生产全面感知、设备自动管控、决策智能优化的管理需求迫切。急需对早期配套建设的燃气压缩机进行物联网改造以满足管理需求。

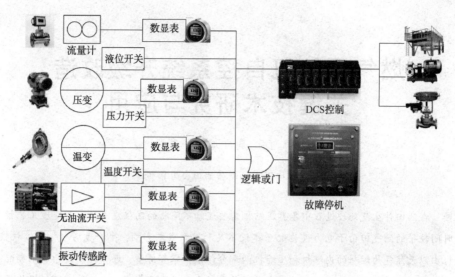

图 1　燃气压缩机控制原理图

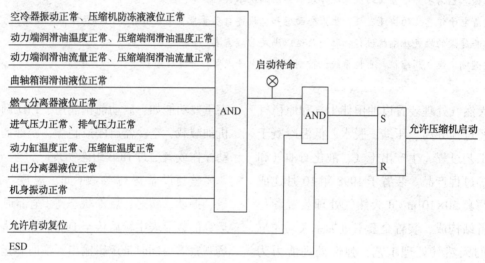

图 2　燃气压缩机启动逻辑关系图

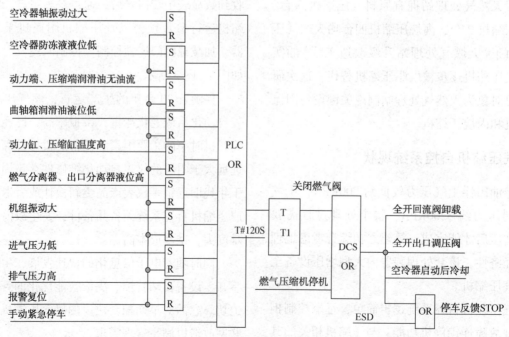

图 3　燃气压缩机停机逻辑关系图

2 燃气压缩机自控系统建设思路

本着"生产全面感知、设备自动管控、决策智能优化"的物联网建设理念，实现油气处理站库"集中监控、无人值守、故障巡检"模式，通过物联网技术优化站场的生产管理流程，降低安全和环保风险，减少劳动强度和用工需求。

（1）完善数据采集——生产全面感知。

新增压缩机运行参数监控点，将结果量传感器更替为过程量传感器。

（2）完善控制设施——设备自动管控。

控制柜防爆；逻辑运算强，扩展性强 PLC 控制器；优化点火控制设备；优化转速控制设备；新增执行机构实现压缩机一键启停——启停操作全自动。

（3）完善控制逻辑——决策智能优化。

设计友好人机界面；设计转速控制逻辑；设计启机逻辑；设计停机逻辑；设计 ESD 急停逻辑（表1）。

表1　现状与目标效果对比

功能	序号	现状	建设目标
采集	1	参数采集不全，如主轴瓦温度未采集	加装相应的传感器，全参数采集
	2	采集传感器老旧，采集结果为开关值，无连续量化值，无法定量分析	更新相应的传感器，让数据采集全面量化
	3	采集值仅供就地 PLC 逻辑运算，无法引用深化应用	具有数据能采集和数据分享功能，每个采集数据均能读取，数据资源开放
传输	1	模拟量数据就地显示无远传	同时具备就地显示与远传
	2	开关量信号直接引用至逻辑运算硬件，就地无显示、无远传信号	同时具备就地显示与远传
控制	1	手动操作频繁如：手动预润滑、盘车启动	一键启动，自动控制代替手动操作，逻辑运算代替人工判断
	2	压缩机控制程序固化无法拓展	可编程拓展性强
	3	逻辑保护稳定性差，如：气路链路参与逻辑保护	稳定可靠的保护连锁，将稳定性较差的气路链路更换为电路逻辑语言
	4	人机界面不友好，如：报警和状态代码显示	友好人机界面，方便操作员和巡检人员观察和理解，报警和状态代码+注解显示

3 燃气压缩机自控系统差距分析

根据燃气压缩机物联网建设思路并结合燃气压缩机操作规程和日常运行经验，分解操作步骤、归纳总结需求，将采集、传输、控制、人机界面需求与现状一一比对，找出差距，提出解决方案（表2）。

表2　燃气压缩机自控系统差距分析

序号	现状	需求	差距
1	压缩机预润滑需要手摇泵往机组内泵油 2min	起机前自动泵油预润滑 2min	润滑油泵、时间控制
2	手动盘车、启动	自动盘车、启动	盘车、启动自动阀门
3	防冻液液位、润滑油油位、燃气分离器液位、出口分离器液位、开关信号连锁停机	防冻液液位、润滑油油位、燃气分离器液位、出口分离器液位、开关信号连锁停机并远传 DCS	PLC 将现场开关信号采集并远传
4	空冷器振动、压缩机振动、开关信号连锁停机	空冷器振动、压缩机振动、模拟信号连锁停机并远传 DCS 动态显示振动值	振动传感器采集振动值 PLC 逻辑组态连锁停机并将振动值远传 DCS

序号	现状	需求	差距
5	注油点无油流开关	注油点油流情况动态显示	油流信号
6	根据压缩机负荷手动调整转速	压缩机负荷变化后自动调整转速	PLC实现转速定值控制,负荷变化后自动调整
7	主轴瓦温度无监测	监测主轴瓦温度	轴瓦温度探头
8	磁电机机械点火	电子点火	电子点火装置
9	动力缸单缸双火花塞串联	动力缸单缸双火花塞并联	电路稳定
10	人机界面不友好,如:报警和状态代码显示	友好人机界面,方便操作员和巡检人员观察和理解	全中文大屏显示
11	隔爆机柜	防爆失效保护	压力连锁保护正压防爆机柜

4 燃气压缩机自控系统建设设计

4.1 主控硬件设计

依据需求差距分析,结合燃气压缩机主流控制单元,将燃气压缩机控制部分细分为三个主控单元:点火控制单元、转速控制单元、参数监测及报警控制单元。

4.1.1 点火控制单元

采用CPU-95EVS增强型电子式点火系统;实现预测诊断监控点火情况;燃料阀实现自动控制;更便捷的点火提前角设定。

CPU-95EVS增强型VariSpark®工业发动机电子式点火系统采用Altronic专利的VariSpark火花电流控制技术,具有先进的,用户友好型显示模块,可以调整所有关键的操作参数,并访问所有系统和火花的诊断。该系统保障了机组燃料气在严苛的环境下(空气和燃料未充分混合、较轻负载、低热值燃料)燃烧(图4)。

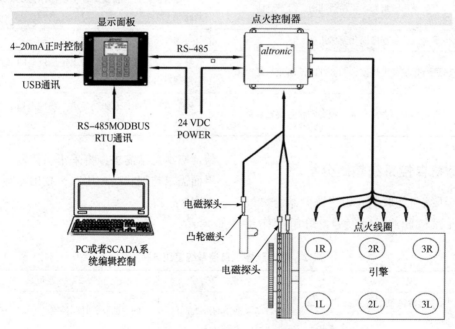

图4 燃气压缩机电子点火 CPU-95 结构图

4.1.2 转速控制单元

转速控制采用电子调速器,电子调速器主要由转速传感器、执行机构、转速调整电位器、控制器及连接电缆组成。调速器的额定电源为24V直流电,最大功率32W。

转速传感器产生与压缩机转速同步的正弦波,经整形电路转换为矩形波后,送入数字控制器进行处理。用户给定的压缩机转速通过转速调整电位器进行设定,控制器将两个输入信号比较后,确定转速偏离方向及大小,此偏差由PID调节器算出控制量,并输出指令,从而控制执行机构——步进电机转动,步进电机与燃气气门同轴安装，这样就可以控制气门的开度，从而使压缩机在给定转速下稳定工作，(图5)。

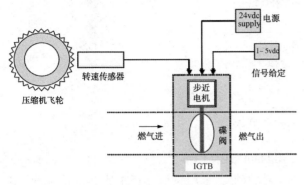

图5 燃气压缩机电子式调速器结构图

4.1.3 参数监测及报警控制单元

采用正压通风防爆柜；内设PLC控制；配套10英寸触摸屏显示数据，中文界面；实现压缩机全自动启动(图6)。

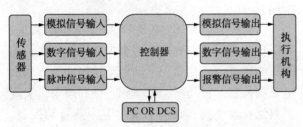

图6 燃气压缩机采集与控制结构图

4.2 软件控制逻辑设计

燃气压缩机逻辑控制分为：启机逻辑、转速控制逻辑、停机逻辑、ESD逻辑。每项逻辑参照压缩机操作手册并结合实际经验，以设备保护、应急操作、减少操作劳动强度、智能控制代替人工判断等因素综合考虑。达到安全、便捷、智能、可控的目的。

转速控制逻辑：控制器将传感器测出的实际转速与设定转速进行比较，并驱动执行器控制燃气量(图7)。

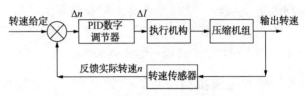

图7 燃气压缩机转速控制图

启机逻辑见图8。

转速控制逻辑：控制器将传感器测出的实际转速与设定转速进行比较，并驱动执行器控制燃气量(图9)。

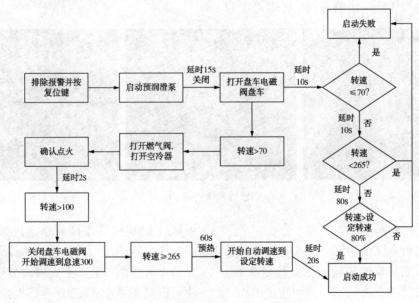

图8 DPC-2803燃气压缩机启机逻辑

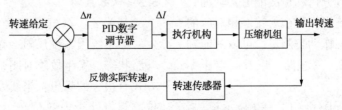

图9 燃气压缩机采集与控制结构图

停机逻辑见图10。

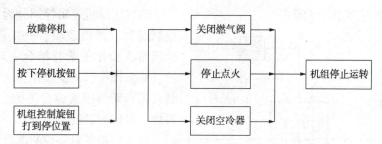

图 10 燃气压缩机停机控制逻辑

ESD 逻辑：ESD 停机分为现场物理按钮和 DCS 急停信号，紧急停机时，所有的开关量处于失电状态，盘车阀、燃气切断阀、预润滑油泵、点火模块、空冷器一起失电关断。

5 燃气压缩机自控系统实施成果

建设成果主要为将控制系统、点火系统、仪表检测系统三大块内容，全部实现智能化。采用大量的执行机构代替人工操作，使得整套控制系统更加便捷；智能点火系统的运用使得燃气压缩机运行更加稳定且节能高效；数字化仪表量化压缩机各项运行参数，依靠数据可以做预警分析，让压缩机运行更加安全可靠。

5.1 控制系统

控制柜：采用正压通风防爆柜，防爆等级为 ExdibmbPxIICT4 Gb。

控制器：采用进口、技术成熟、稳定的 AB 公司 COMPACTLOGIX PLC 完成压缩机的控制和数据上传；重新编制 PLC 控制程序，程序应符合现有压缩机控制逻辑，能实现压缩机自动启停、增加/减小负载、故障报警等功能，具备连锁停机保护功能。并对程序加密，提供程序密码；

人机界面：配套 10 英寸触摸屏显示数据，并实现日常操作。触摸屏为全中文操作界面；实现压缩机全自动启动，手动启动转换功能，增加电磁阀控制燃料气阀、盘车阀、预润滑泵；实现燃料气、盘车阀、预润滑泵、空冷器自动控制，实现压缩机全自动启动（图11）。

图 11 执行机构

5.2 点火系统

使用电子点火系统代替传统的磁电机点火系统；使得燃气压缩机动力缸运行更加稳定高效。电子系统显示发动机点火数据，例如转速 RMP、正时角、VariSpark ®点火配置文件、诊断信息。

电子点火系统具有分析和检测能力，辅助日常点火故障判断。系统提供每个火花塞相对应的电压显示，对火花塞工作动态测量。可以智能判断火花塞短路和导线断---短路，以及高电压不打火的火花塞。

使用标准的终端程序和 CPU-95 显示模块，可通过 USB 接口连接到系统以编程。显示模块的操作也能够使用户从连接的点火模块上下载并保留点火操作参数。点火模块需要更换，显示模块可以简单地上传正确的点火操作参数到新的装置。

5.3 仪表监测

开关量：将报警触发方式改为故障开路触发，原系统因系统局限，在无故障情况下触点为开路状态，发生故障时闭合触发报警。这种触发方式有很大的隐患：当线缆故障断开，机组的液位监测将处于失效状态，不能起到保护机组作用。新系统采用的故障开路触发，当线缆断开时，机组的液位保护等同于报警触发状态，能更好地保护机组的安全运行。

数字化：原振动监测系统采用的振动开关，机组振动的实时值无法监测，只能在机组出现大故障的情况下才会触发。振动监测改为振动探头后，振动值实现了数字化，在机组出现异常后，在出现大故障之前即能发现并解决问题，实现了故障的提前预防(图12)。

图12　震动传感器

原无油流系统由无油流开关控制，这种控制无法监测实时的注油量，发动缸、压缩缸的润滑效果无法得到保障。新无油流系统实现了脉冲间隔计数，可精确掌握实时的注油量，根据发动缸、压缩缸的润滑要求，实现精确定量润滑，保障了发动缸、压缩缸在良好的润滑条件下运行(图13)。

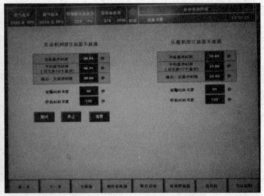

图13　无油流传感器

6　经济社会效益

6.1　社会效益

（1）通过完善燃气压缩机数据采集，实现压缩机运行参数全数据采集，同时将采集参数上传上位机深化应用。通过智能预警将设备维修从事后维修转为防预性维修，辅助设备管理。

（2）结合操作规程、维保手册、专家经验、管理制度、安全环保等目标和需求，重新修订并编译的压缩机控制逻辑更加符合现场生产、更加安全可靠。有别于传统，让设备按照预先设定自动运行，适应制度和管理。

（3）将复杂的操作程序化，流程化，通过项目实施，培养了既懂自控又懂业务的复合型人才，为专家经验有效沉淀、数据资产有效积累打下了基础。

（4）改变了传统设备运维模式，岗位人员现场值守，定时巡检转变为集中监控，故障巡检。

6.2　经济效益

（1）故障判断快速准确。

以点火系统为例：先进的点火系统能快速准确的判断点火故障，有别于传统的以新配件逐步更换代替旧配件找出故障点的维修模式。节约故障处理时间的同时节省维修材料消耗，将点火故障处理由2h缩短为0.5h，点火系统耗材节省1/3；按照改造前单台维修8次/年统计分析，四台燃气机组每年节省材料费用2.24万元；减少由于压缩机时率影响的混烃产量64吨，约16万元；节支增效合计 18.24 万元。

（2）投资汇报周期短。

早期燃气压缩机自控元器件均为进口件，运行 20 余年后到达故障高发期且很多产品换代和退市，造成压缩机自控系统维修成本高。统计 2015—2018 年材料计划，压缩机自控系统材料消耗约 6.3 万元/台。按照改造材料费用 18 万/台，3 年回收成本。

（3）降低仪表故障对开机时率影响。

仪表故障处理平均耗时为 3h/次，影响混烃产量约 4t/次；统计近三年仪表故障，实施后全年故障数降低了 1.6 次/台，影响混烃产量 25.6t；减少经济损失约 6.4 万元/年。

参 考 文 献

[1] 付石，100×10⁴m³/d 新型天然气处理装置工艺技术与应用[J].《石油与天然气化工》，2006.
[2] 金文俊. 曼胡默尔推出压缩机物联网解决方案[J]. 工程机械，2017.
[3] 申亮，陈磊. 石西油田伴生气深冷处理装置的设备优化分析[J]. 装备制造技术，2010.
[4] 王毅彪. 丙烷气压缩机预知维修专家系统的设计与应用[J]. 炼油技术与工程，2011.

无人值守条件下的"大工种、复合型"人才培养机制

王 雪 杜荆江 邵妍婷

(中国石油新疆油田公司采油二厂)

摘 要 近年来，我国原油进口依存度不断提高，国内原油生产企业保障国家油气安全压力不断加大，催使国内原油生产企业不断加快高质量发展速度，油田生产规模迅速扩大，原油产量不断提升，这对油田企业的生产人员提出了更高要求，且就目前新疆油田常规油气藏占比越来越少，非常规油气藏占比不断增加，员工老龄化程度较高的情况而言，用工缺口将不断增大、劳动强度将不断增加、作业风险将不断增多。为缓解人员短缺、降低作业强度、消减作业风险带来的高质量发展压力，油田企业对无人值守下"大工种、复合型"人才的需求变得极为迫切，但"大工种、复合型"、无人值守概念提出相对较晚，人才培养又需大量时间累积，所以目前各油田拥有"大工种、复合型"人才少之又少，而对于高质量、大规模的油田企业而言，人才需求就是企业发展的原动力，由企业内部构建出一支专业高效的人才团队，是保障油田企业未来发展质量的关键因素，所以构建出与油田高质量发展相适应的、与油气藏开发相适应的、无人值守条件下的"大工种、复合型"人才培养机制迫在眉睫。

关键词 无人值守，大工种人才，复合型人才，油田，培养机制

2020年初，随着国家自然资源部宣布全面放开油气资源勘查开采准入，油气勘查开采领域将不再由国有石油公司专营，民营及外资企业将大量涌入国内油气勘查开采领域，油气勘查开采的技术竞争将不断加大，应用无人值守站将成为优化油田作业形式、决定油田企业发展质量的"刚需"，无人值守条件下"大工种、复合型"的人才保有量也将成为各油田企业"软实力"的比拼，但现阶段人才引进渠道不通畅、人才流失严重、人才队伍结构不合理等问题，都将影响油田高质量发展进度，如何就目前形势下加强油田企业"大工种、复合型"人才的培养，还应对无人值守站应用、现阶段油田企业对人才的需求、人才培养机制三方面进行研究。

1 油田无人值守站发展现状

1.1 油田无人值守站是企业发展需要

随着信息自动化、人工智能等技术的高速发展，远程电子监控、自控等系统已逐渐成熟，很多需大量劳动力的传统作业种类逐渐被现代技术、设备所代替，无人值守模式就是在此背景下产生的，近几年中"无人值守模式"的探索应用已在各油田企业间悄然竞争，这为油田生产企业在新时代下的高质量发展带来了新的生命力。无人值守模式之所以能在短时间内被各大油田企业重视并投入应用，就是因为其是企业在新时代下高质量发展的需求。近年来，各油田企业油气当量逐渐攀升、生产规模翻倍，人工成本却未增加，无人值守站的助力功不可没，使油田生产企业的生产模式有了革命性转变，尤其在新疆油田油气当量达千万吨规模后，其巨大的人工成本成为了制约新疆油田高质量发展的因素之一，加之低渗透及稠油油藏储量、产量比重增大，开发成本、运行成本随之大幅度增加，在该背景下无人值守站的需求是极大的，新疆油田在页岩油开发中便大规模投用无人值守站，创新性的破解了该油田高速发展下所需劳动力不足的困扰，提高了生产效率，降低了生产风险。所以，从人才队伍建设、成本投入、安全生产等方面来看，无人值守的投入应用是油田生产企业发展的助力因素及迫切需求。

1.2 油田无人值守站应用方向

油田生产企业的无人值守站落地生根，改变了油田原有的工作方式、管理模式，其应用的方向众多，如井场管护、生产数据自动采集、生产流程远程控制、安全风险智能预警等。使得油田生产企业作业人员需求大量缩减，换来复合型人才的迫切需求，为油田生产企业带来了人员方面的变革需求。以新疆油田为例，随着新疆油田的开发强度加大，人才总量不足，人才结构分布不合理，缺少领军复合型人才，特别是对掌握油气勘探、电子信息技术的人才十分匮乏，影响了新

疆油田的发展。通过无人值守站的应用，不仅能够改变劳动组织架构，革新作业区生产方式，在行政管理方面简化了流程，完善了生产管理体系，提升了作业效率，节约了人力成本。例如长庆油田在投入无人值守站应用SCADA生产系统后，通过对各基层站点的自动化管理，能够实现井场生产数据、生产流程、安全风险的无人管护，做到员工足不出户就对现场生产信息有足够的掌握，建立了更加有效的生产模式。

1.3 油田无人值守未来发展趋势

在未来，油田生产企业的无人值守站的应用，虽然能够更加成熟，但还需要从领导层面和政府管理层面做意识上的转变。无人值守应该更朝向"依靠作业区、信任作业区、支持作业区、规范作业区"四方面发展，利用无人值守站来主动服务各个站点，解决基层人员的困难。而从油田企业内部来讲，无人值守站的应用对企业劳动组织架构的转变会更大，普通出卖劳动力的工人的需求将大幅度降低，"一岗多能"的复合型人才和"大工种"的专业性人才需求将增大。既懂管理，懂信息化、自动化的技术性人才和又要懂原油生产管理的大工种人才的缺少，将在一定程度上制约油田生产企业的内部改革。所以，油田无人值守在未来的发展趋势是对人才的一种迫切需求。

2 油田无人值守条件下对人才的需求转变

2.1 减少危险作业工种人员

原油生产会涉及多个风险系数较大的工种，这对作业人员的人身安全是较大的挑战，虽在生产过程中会有一定的防护手段，但是只要有人员涉及，就难以避免存在作业安全风险。通常油田地面环境较为复杂，周边的沙漠、河沟等地面环境十分敏感，也有部分长停井会处于偏远无人区或村庄，该类井停井时间长，处置方式简陋，存在诸多风险。例如新疆油田采油二厂应用无人值守站后，在2020年全年节约成本达400余万元，其最大的节约方向是人员节约。另外，井喷、硫化氢中毒都是油田生产企业中的危险因素，这无疑为员工的人身安全带来了诸多隐患，无人值守站的投入，将会很大程度上提高生产运行效率，逐渐转变危险工种人员作业方式，通过数字化升级，实现远程监控，自动化作业，对作业进行定期巡检、应急联动，能够减轻危险工种人员作业

程度，同时能降低人员劳动强度，有效降低了员工的作业风险。

2.2 缩减现场作业工人，培养自动化人才

通过无人值守站的应用，现场作业人员将逐渐减少，将通过中心站的协调，直达各个数字化作业基站，减少中间环节，优化资源配置，生产效率不断提高，作业人员只需操无人值守工作台即可，替代了手工资料填报、现场巡检日志记录等耗时费力的工作流程，缩减了现场作业人员需求。另外，由于无人值守站的投入是自动化、网络化、数据化的新型模式，对于人才的需求也提出了转变，用人单位也更倾向于吸纳与培养自动化人才，各油田企业缩减出的人员也将进行自主培养，学习无人值守操控、革新工作模式，大力构建出一支专业的自动化人才队伍，以缓解油田生产企业的劳动用工紧缺局面。

3 油田无人值守条件下"大工种、复合型"人才的需求

3.1 深度挖掘劳动者潜力

油田无人值守条件下，对劳动者提出了新的要求。以往对劳动者需求更重要的是现场操作能力、管理能力以及专业技术能力，而在无人值守站条件下，减少作业耗时，将会有助于深度挖掘劳动者的潜力，通过轮岗制度和专业培养制度，使不同类型的人才各司其职，专职专用，发挥员工更大的潜能。随着新疆油田的开发建设，已经建立起了专业配套、装备先进、分工协调、运作高效的无人值守站和人才队伍。结合新疆油田自身对人才的渴求，将石油工程专业人才和计算机专业人才集合起来，建立独立培训班次，培养无人值守条件下的大工种技术人才，使其既能拥有石油工程专业能力，又结合计算机应用能力，会凸显人才更大价值，无人值守站也会为此类人员提供平台，使其不断发挥自身潜力，为企业提供新的生命力。

3.2 人才求知欲望被激发

以往石油企业人才更注重生产与经济，但通过无人值守站的应用，人才的求知欲望就会被激发，并且会有足够的时间来学习，有广阔的平台供其发挥。减少人才前线作业耗时，由无人值守站提供全自动化的远程控制、前端采集，完成站内各类数据的科学采集，并能通过电动三通阀、疏水阀、燃烧器、污油回收等装置内容，实现生产过程与采集过程的全自动化，被减少作业压力

的人才会通过生产运行状态的实时监控、运行管线的远程控制、智能化预警报警功能激发求知欲，主动学习和掌握无人值守站的工作方式，这将是无人值守条件下对油田企业人才转变的最大效能。

3.3 促进扁平化管理模式

无人值守站的投入不仅应用于现场作业，更重要的是在管理模式上做出了变化。扁平化管理既能发挥管理效用，还能缩减管理层级，让管理指标快速下达、方便沟通、便于落地执行，所以大部分企业都将更偏向于扁平化管理模式，同时也符合新疆油田在"油公司"改革下的要求和需求。技术监测能力、创新决策能力、资金投入能力、研发能力、组织协调能力、知识管理能力等也将有更大程度的提高，这源于在无人值守条件下促进了扁平化管理方式。通过 SCADA 系统监控和管理平台，拥有作业流程界面、报表界面、预警报警以及视频监控等界面，可以实现一键式管理，将无人值守站获取到的信息进行整合，集中在中心站的进行传达、执行反馈与监控，另外，无人值守站也拥有操作权限设置，中心站岗位职责对系统中的应用权限不同，更便于领导层数据收集与管理，员工可在系统中进行数据收集与分析反馈，减少层级管理，让管理更加直观化、系统化和规范化。

4 油田无人值守条件下"大工种、复合型"人才的培养机制

4.1 加强以"大工种、复合型"人才标准做专业提升

油田企业在无人值守条件下为"大工种、复合型"人才培养提供了便利条件，而无论从企业领导还是人才自身都应该有对人才队伍建设的高标准、严要求概念，以人才标准做专业提升，通过技术部门人员的分享与讲解，让现场作业人员了解系统操控情况，从前端数据采集，到中期数据分析，再到后期数据应用，都应该形成"一人行"标准，形成一种"大工种"作业模式，最终以一个人负责一个基站为培养标准。复合型人才可以采取多渠道、多方式的方式引进，要着眼于油田的长远发展，积极引进石油类院校的毕业生，也可以采取柔性政策，引进高层次领军人才，通过聘请院士、知名专家、海外高层次人才等担任特聘专家，技术顾问等，为本企业的人才进行团队构建，广泛吸收各界学术精英，要本着"不求所

有，但求所用"的原则，让各行各业的高层次人才能够发挥石油企业与无人值守条件下的培养标准，在短时间内形成大工种作业模式。

4.2 优化人才培养专业性、创新性和求知性

优化人才培养的方式，从专业性、创新性和求知性三方面入手培养。通过实施分层次、梯次化的培养方式，让培养模式清晰、结构合理。第一，培养人才的专业技术，使其专业过硬，引领带动力强，坚持高起点培养，依托于油田企业高层次研发平台、油田重点实验室等，结合无人值守数字化、科技化发展的进程，建设高层次人才培养基地。第二，培养人才的创新性。大力培养潜心科研、发展潜力大的后备人才，让人才更加具有创新精神，企业可根据自身研发部门开设"精品培训课程"和"专业培训班"，全面系统的让后备人才拥有更多理论基础知识，并通过地址建模、基础绘图等技能学习，培养其创新性，搭建实践锻炼的平台，利用无人值守条件实施远程作业操作。保证人才培养过程中，让人才有更多的发挥空间与创新空间，通过增强自身基本技能的方式，提高创新水平。第三，重视人才求知性。利用新技术、新方法培训，开展跨区域培训班，分享前沿的石油科技讲座内容。保证人才拥有足够的学习方向，通过座谈会、青年科研班等团体组织，让人才队伍更加具有求知性。主动交流学术成果，大力推进技术创新及应用能力。打造出一支攻坚能力强的人才队伍。以各层次专家为核心，可以让企业人才师徒制或为专家配备助手等形式，带领人才主动接触高层次专业人才，依托于无人值守条件，以固定或集中办公的形式建立起"多兵种合成"的人才队伍模式，无论是理论还是实践都十分强劲的人才团队。

4.3 推行"大工种、复合型"人才管理制度

"大工种、复合型"人才对管理模式的需求也不同，要优化人才管理制度，多措并举建立完善的激励机制，利用物质激励和精神激励相结合的方式，实施多元化鼓励，发挥人才自身潜力。企业要坚持在薪酬方面更倾向于建立大工种、复合型人才的岗位津贴制度，逐步形成业绩与收入挂钩的分配制度。安排人才参加国际国内高层次学术研讨会或技术交流会议等，也可推荐优秀人才到学校参加讲座，或任学术技术团体任职，进一步激发人才的活力。另外，要有授权激励制度，让人才有管理权、话语权、优先权，给人才足够的责任感，这样才能激发他们的事业心。尊

重大工种、复合型人才的工作需求，了解其工作困难，并及时给予精神上和物质上的鼓励和支持。当领导对于某专业方面技术不了解时，要尽量理解和尊重人才所提出的观点，少一些批评教育。让每一位人才都能够将重心放在工作上，通过事业激励、情感激励、职位激励、目标激励、荣誉激励等对优秀人才给予足够的地位尊重，同时可以结合新媒体，对优秀人才进行宣传，以提高其归属感和成就感，其最终都是为构建一支企业自身的大工种、复合型人才做努力。

结论：综上所述，油田生产企业在无人值守条件下的生产效能会得到更大的发挥，而同时，油田企业所需人才也将发生转变。对以往单一油田工程人才的需求已经无法满足无人值守条件下的油田生产作业，对"大工种、复合型"人才的需要更加迫切。所以，无论从油田企业未来发展还是从科技发展方向都对人才提出了更高要求，同时油田企业也借助无人值守站的应用，为"大

工种、复合型"人才提供了平台和培养空间，形成双向成就现象。可见油田无人值守条件下的"大工种、复合型"人才是未来油田企业的真正需求。

参 考 文 献

[1] 王保磊，徐奇帅，李正华，等．基于井下变电所的无人值守系统方案分析[J]．技术与市场，2021，(01)：55-57.

[2] 付锁堂，石玉江，丑世龙，等．长庆油田数字化转型智能化发展成效与认识[J]．石油科技论坛，2020，(05)：9-15.

[3] 张莹，姚毅立，孙文剑．油田配注系统监控技术研究及效果[J]．油气田地面工程，2020，(10)：80-86.

[4] 周鑫．远程监控系统在无人值守变电站中的应用[J]．化学工程与装备，2020，(10)：226-230.

[5] 徐凯．远程智能I/O模块在井下无人值守变电所的应用[J]．陕西煤炭，2020，(05)：128-131.

无人值守站场基础设施建设与维护管理探讨

刘　忠　王婉月

（中国石油新疆油田分公司数据公司）

摘　要　近年来，石油行业安全生产相关的各项信息技术快速发展，伴随着站场的基础设施、设备等智能化、技术性水平的提高，国内无人值守站场已逐步发展起来。通过利用智能化信息技术手段，增强站场的自动控制能力和逻辑分析能力，实现设备智能化操作逐步代替现场人员的手动操作，不仅可以提高各站场的工作效率，同时也提高了油气田调度指挥中心对各站场的控制和调度执行力。本文作者基于自身多年维护通讯无人站的实际工作经验，现对无人值守站场基础设施建设与维护管理做一些探讨与建议，并针对无人值守站场的日常维护管理提出几项需要注意的问题，望对未来站场点新建、改造与维护等起到参考作用。

关键词　无人值守，基础设施，建设，设备选型，维护

随着近年来各油气田安全生产、长输管道输送业务的不断发展，以及信息化技术的快速更迭，油气田、管道输送无人值守站场点的建设也全面展开，数字化油田加速迈向自动化、智能化发展阶段。目前，国内的无人值守站场点的基础设施建设正处在逐步完善的过程中，为了保证无人值守站场各项业务工作的顺利开展，加强站场的基础设施建设显得至关重要，做好日常的维护管理工作也是实现站场无人值守常态化的重要环节。结合目前无人值守站场点基础设施建设与发展的具体现状，从站场点的基础建设与维护管理两方面进行分析，探寻可进一步实现升级改造之处。

1　无人值守站场点基础设施建设

目前，油气田无人值守站场点的基础设施建设借助先进、成熟的信息化技术手段，在原有的简单模式基础上进行了利好的改造，除了土建外，重点涉及信息传输系统、网管监控系统、供电系统及站场点外围环境等方面，下面分别从这四个方面浅谈几点建议。

1.1　提高信息传输系统可靠性

针对无人值守站场点基础设施中的信息传输系统，建议从系统设计和设备选型两方面着手，提高油气田调度中心与站场间、各站场之间及站场内信息传输的可靠性。

（1）系统设计时，要考虑信息传输设备保护倒换需要。当一套系统出现故障时，保证备用系统正常运行，并充分利用好自建光缆链路及运营

商无线链路，保障信息传输始终不中断。

（2）信息传输设备选型时，要考虑无人值守站场点一般条件恶劣、无人看护的特殊情况。如果设备选型工作没有做好，后患无穷。选型当中需要特别关注的几个方面如下。

① 用电设备功耗小。在停市电情况下，设备功耗大势必会造成蓄电池可放电时间缩短或蓄电池的容量要相应增大，否则会因电池过放电造成系统中断，这不仅使电源系统的投入更多，而且还增加了维护工作量。

② 设备抗恶劣自然条件性能要好。无人值守站场点很多没有空调或通风换气设备，或者供电系统不稳定造成制冷换气设备无法正常工作，设备在温湿度变化剧烈的环境下仍能正常工作，元器件的容忍性要好，否则会出现设备指标偏移，运行不稳定，设备易损坏，给维护工作带来诸多困难，并尽量不在室外安装有源设备。

③ 容易遭雷击的设备要有防雷保护设施，以免造成整个信息传输系统的损坏。

④ 安装在露天的设备要有必要的防盗措施，外壳应坚固耐用。

⑤ 信息传输设备要有完善的网管功能，通过网管监控系统对设备的运行情况进行实时监控，出现问题可以及时进行纠正。

1.2　部署监控系统实现无人值守

网管监控系统是实现无人值守的基本条件，也是提高劳动生产率，提高维护水平的必备措施。随着计算机技术、网络通讯技术及图像压缩处理技术的快速发展，通过光缆、网络线路等传

输数码图像，达到远程图像监控的目的，在数据监控的辅助下，再结合监控系统现有的各种报警功能，是实现油气田站场点无人值守高效且可行的技术手段。但从技术层面出发，目前的监控系统对站场点日常工作运行、突发情况及时处理、智能分析等管理方面的需求仍无法全部满足，其中在关键参数的快速采集，常用设备、阀门的远程控制以及联锁保护等方面还有局限性，因此，建议全面做好需求分析，可借助大数据、物联网、云平台等先进技术在油气田联合应用的发展优势，基于站场无人值守的管理模式，逐步完善站场监控系统的设计方案，进一步准确规划其部署方案。

1.3 加强电力系统设施建设

电力供应一般来说是无人值守站场点建设中的难点与重点，因为存在市电供应不正常和断电等许多不确定和不可控因素。提出四点建议，一是那些电压不稳的站场点交流电源设备正常工作的电压范围要的宽，也可以考虑安装交流稳压设备；二是对外来市电不稳或者经常断电的站场点，可以考虑架设电力专线，或者安装质量性能比较可靠的自启动油机辅助供电；三是适当加大蓄电池容量，两组并联放电应达 24h 或 48h 以上，保证设备在停电期间能正常运行及长途到现场人员的充电时间；四是安装太阳能供电系统及风力发电系统，解决偏远站场点小功耗设备供电。

1.4 完善站场点外围环境建设

无人值守站场点外围环境包括机房、道路以及其它附属设施。外围环境建设的目的是为了保证无人值守站场点的安全，具体是指包括防火、防水、防雷、防盗、防鼠以及道路的安全畅通，完善措施建议如下。

（1）机房：在条件允许的情况下，尤其是干燥的戈壁荒漠建设半地下机房有一定的优势，如冬暖夏凉室温相对恒定减少空调用电损耗、密封性能好，但要有换气伐孔。

（2）道路：保证道路安全畅通是基本，根据现场环境选择柏油、水泥或砂石路面。

（3）防火：要注意机房内设备尤其是电源设备的火情隐患，消防设施要配备足够。由交流电源引起的火灾最容易发生，也最具有危害性，因此对交流电源的各连接处以及空气开关、交流接触器、保险是否接触良好、是否有打火或温度升高现象、容量是否合适等要勤于检查、做到心中

有数、发现问题及时处理。还要注意站场点之外火源的引入，对建立在林区的站场点要建立专门的防火道，在市电线路和变压器周围要及时进行砍青。

（4）防水：机房进水一般是由于屋顶进水、墙壁渗漏和雨水沿走线架、电缆或馈线渗入。这就要求屋顶进行良好的屋面防水处理、下水管道要畅通、以防雨水积在屋面。安装走线架要注意屋外部分要稍向下倾斜、电缆及馈线进入室内之前要做一个流水的弯头、以防雨水渗入到室内。进线口尽可能安排在淋不着雨的地方、并要做好进线孔洞的封堵。不要将进线孔洞设计在屋顶、因为孔洞在屋顶进行防渗漏处理非常困难、而且一旦雨水沿线路渗入时更容易直接接触到设备非常危险。

（5）防雷：机房接地电阻一定要符合相关维护规程关于各类机房接地电阻的规定、达不到规定的要进行降阻处理。对于外市电引入的雷电可以采用多级避雷的方式进行消除，可以在低压输电电缆的变压器低压输出侧和进机房入口处加装避雷器，高压线路终端杆加装高压避雷器。

（6）防盗：要对机房的门窗进行密封加固处理，安防体系及时联动震慑，雇佣当地人员定期对站场点外围进行巡视，并做好周边群众的法制宣传工作。

（7）防鼠：老鼠能咬断电线电缆或在设备内便溺造成机盘故障，严重的可能造成各类事故，所以要对防鼠有足够的认识。要对机房的门窗以及进线孔洞进行密封处理，以防老鼠进入机房。

2 无人值守站场点维护管理

2.1 无人值守站场的日常维护管理

（1）严格执行有关维护规程，并制定一系列行之有效的维护管理制度，包括定期巡检制度、质量分析制度、维护作业计划和故障抢修方案等，并认真加以执行。

（2）维护人员在维护工作中要细致，并以高度的责任心认真进行工作，不放过任何异常情况，有问题苗头出现就要及时检查分析处理，把事故的隐患消灭在萌芽阶段。加强维护人员培训，定期进行考核，使其维护水平不断提高。

（3）重视对电源和站场点外围环境的维护管理工作。因为无人值守站场点的各类设备一般都有完善的保护倒换功能和完善的监控系统，出现问题可以及时加以解决，而且室内设备出现异常

往往是局部性的，危害也往往是局部性的。而站场点外围环境出现问题比如出现火灾、供电设施异常、渗水、盗窃等，不仅险情的出现十分突然、不易预防、而且其危害极大和损失极大、恢复困难。所以一定要非常重视站场点外围环境的巡视工作，利用好视频安防系统，及时发现险情果断进行处置，要将其列为无人值守站场点维护管理工作的重中之重。

2.2 无人值守站场的维护人员配属

随着油气田生产、油气储运、管道输送技术数字化、自动化、智能化的不断完善，无人值守站场将会是普遍的工作形式，因此维护人员的配置也会发生变化，配置如下。

（1）总控制中心（7d×24h 集中监控有人值班）。其中分"值班组"（复合型技术人员），"专家会诊组"（采油、油田地面工程、油气储运、管道输送、信息工程、电力工程、安全监理等专家人员）；

（2）分控制中心（7d×24h 有人值守）。其中分"接收复查组"（复合型技术人员），"抢修组"（采油、油田地面工程、油气储运、管道输送、信息工程、电力工程、安全监理等技术人员）；

（3）无人值守站场巡检中心（5d×8h 工作）。其中分"专业组"（采油、油田地面工程、油气储运、管道输送专业技术人员），"基础设施组"（信息、电力、安防技术人员）。

3 结束语

综上所述，无人值守站场基础设施建设与维护管理工作任重而道远。一方面，在无人值守站场点的基础设施建设中要严把设备选型关，进行科学合理的系统设计和优质的安装，并通过加强监控系统、电力系统的部署，以及完善站场点外围环境建设等手段，真正实现无人值守站场点的自动化、智能化；另一方面，针对无人值守站场点的维护管理，要从思想上、制度上和实际工作中认真加以落实，严格执行相关操作规程和管理方法，各人员责任到岗，要以高度的责任心耐心细致地去从事维护管理工作，从而确保基础设施系统运行正常。

参 考 文 献

[1] 李健, 任晓峰, 冯博研. 油田数字化无人值守站建设的探索及实践[J]. 自动化应用, 2018(05): 157-158.

[2] 崔勖杰. 天然气无人值守站场建设模式探索[J]. 辽宁化工, 2020, 49(06).

[3] 高皋, 唐晓雪. 天然气无人值守站场管理方式研究[J]. 化工管理, 2017(07).

[4] 于丽丽, 周博, 解宏伟. 天然气输气站场管理现状及存在问题分析[J]. 辽宁化工, 2019, 48(09).

[5] 刘成龙, 黄华艳. 薛岔作业区无人值守站的建设与探索[J]. 化工管理, 2017(32).

[6] 全江, 邸俊峰, 向华州, 田灏. 新形势下的油田数字化管理建设探索[J]. 数字通信世界, 2018(11).

[7] 赵利君, 黄显纲, 俱小华. 油田站库无人值守的应用与探索[J]. 中国管理信息化, 2020, 23(08).

[8] 姚彬. 塔河油田无人值守 SCADA 系统[J]. 通用机械, 2020(Z1).

[9] 张玉恒, 范振业, 林长波. 油气田站场无人值守探索及展望[J]. 仪器仪表用户, 2020, 27(02).

[10] 巩延, 刘延辉. 基于数字化视角的无人值守站的推广与应用[J]. 化工管理, 2019(12).

物联网无人值守机房管理系统在新疆油田的应用

宋凤勇 冯志钢 邹 婕 韩 光 殷 洁 敖开栓

(中国石油新疆油田公司数据公司)

摘 要 随着新疆油田信息化进程的逐步加快,油田作业区大量的工控数据、办公网数据、工业视频监控数据、安防视频数据等数据类型不断涌现,使得通信机房规模越来越庞大,设备越来越复杂,传输节点站越来越多。但是目前的人员紧缺问题日益严重,不得不要求机房逐渐实现无人值守化来解放大量劳动力,提高运维管理效率。无人值守机房的电源、设备、局站环境等监控问题就成为重中之重。智能化、物联网化的无人值守机房的应用与研究,有助于提升无人值守机房的管理水平,具有重大的实际工程应用价值。

关键词 物联网,无人值守,智能化,管理,监控

1 情况背景

油气生产物联网系统是中国石油天然气集团公司"十二五"重点建设项目,其中数据传输系统是整个油气物联网系统的重要组成部分,由于数据传输系统距离长,传输节点多,如何高效的运维、管理这些关键传输节点设备是油气物联网传输部分面临的问题。面对集团公司提出的减员增效的目标,如何低成本化的运维传输系统同样是需要解决的问题,基于智能化、系统化的物联网无人值守机房有效解决了这些问题,最终达到"节人、节能、节约运行成本"的目标。

2 物联网无人值守机房管理系统介绍

目前新疆油田的油气物联网建设项目正在稳步推进中,物联网化的无人值守机房监控系统可以对机房的供电状态、系统状态、设备状态、湿度、火灾、入侵防盗等进行实时监测,一旦发生异常状况则立即通知监控中心,并进行视频联动报警;同时可通过云服务进行移动应用,管理人员可通过智能终端实时查看设备机房的工作状态,对机房的整体工作状态以及养护状态进行实时监测以及长期跟踪。通过该系统的建设,可实现设备机房的智能化管理,降低机房的运维成本,保障油区生产监控系统的稳定运行。目前,物联网化的无人值守机房监控系统已在新疆油田环准葛尔光传输环网及油气生产物联网建设项目中得到应用,获得了良好的应用效果。

无人值守的物联网系统机房采用的基本原则是可靠性、实时性、实用性、可扩展性及操作简便性。无人值守机房以基于物联网的软硬件平台为基础,其核心是自动化机房的中央控制系统,实现整个巡检作业自动化运行。物联网平台以机房中央控制系统作为核心,全面感知、采集和获取机房生产运行信息.

3 系统的架构

无人值守机房物联网系统架构主要包括感知层、平台层、网络层和应用层,如图1所示。

其中采集层以机房设备的传感器作为载体,对机房设备的信息进行周期性的采集和检测,最后将所采集到的信息数据传送到应用层;网络层是以光传输网络系统为主要传输通道,其他传输方式为辅助通道,油田业务数据类型分为生产网和办公网,各采油厂根据现场的场景和需求来选取合适的通信方式接入物联网传输的数据;平台层主要是存储和管理无人值守机房智能巡检业务的海量数据,实现多源数据信息的互通和共享,平台层不仅收集网络层所传输的多源数据而且为智能巡检业务的应用提供数据共享服务;应用层是基于海量的智能巡检运行数据,结合无人值守机房设备的巡检周期要求和运行特点,生成设备巡检策略并发送到采集层,同时应用层结合机房设备的运行数据,采用智能算法建立机房设备状态评估、故障诊断模型。

4 系统的功能实现

物联网无人值守机房管理系统按照功能模块可以分为:动环系统、传输监控系统、云服务系统、烟感系统、温控系统,门禁系统、视频监控系统等,无人值守机房的系统功能如图2所示。

图1　无人值守机房的物联网系统架构图

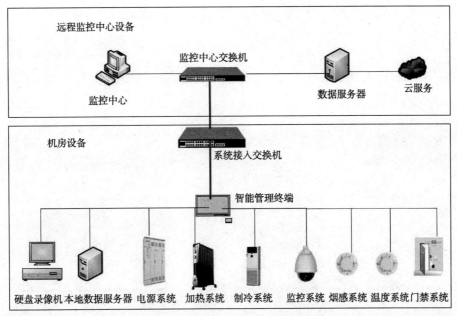

图2　无人值守机房系统结构图

（1）在无人值守机房内安装"智能管理终端"，接入各种数据设备，完成智能化巡检管理任务。

（2）在无人值守机房房门内侧安装具备报警功能的电磁锁，监测到非法闯入后，系统立即进行报警，并将报警信号上传到监控中心。

（3）在无人值守机房内安装温、湿度传感器，把温湿度数据上传到监控中心。系统监测到温、湿度超限后，立即将报警信号上传到监控中心，并开启温度控制系统，调节温度。

（4）在无人值守机房外以及设备机房内安装高清视频监控设备，视频数据通过专网将视频上传到监控中心，进入硬盘录像机系统并展示在大屏监控中。

（5）在无人值守机房内UPS市电输入一侧安装动环设备，当系统监测到市电断电、电压和电流异常后，立即将报警信号上传到监控中心。

（6）在无人值守机房内安装烟感火灾传感器，一旦发生火灾报警立即上传到监控中心。

（7）在监控中心部署智能机房监测软件，联动视频监控子系统，接入火灾报警系统，动环监控系统等报警信号，形成综合报警系统。

（8）租用公有云服务建立云端移动应用服务，可实现管理人员随时随地对无人值守机房进行监控，并实现远程管理作业。

4　结束语

智能化、物联网化的无人值守机房给油区传输机房的建设带来的新的思路，未来更加智能化的无人值守机房将会在油区有更多的应用，随着信息化技术的发展，在传输机房设备不断增加的情况下，相信未来相关维护的人员会越来越少，物联网系统化的机房将最大限度地减少机房运维监控工作人员的负担，提高人员利用率，更好地做好油区的数据通信保障工作，为油田信息化建设奠定坚实有力的基础。

参 考 文 献

［1］徐龙怀．无人值守机房远程监控和安防系统的建设［J］．数字化用户，2017(24)：97.

［2］姜大从．无人值守机房远程监控系统的设计［J］．网络安全技术与应用，2014(10)：73-73.

［3］孙晓星．煤矿无人值守机房远程智能监控系统研究［J］．机械管理开发，2018(12)：245-247.

油气处理站库集散式控制系统安全管理策略

门 虎 刘国栋 范金超

(中国石油新疆油田公司)

摘 要 油气处理站库集散式控制系统(DCS)是对油、气、水处理全过程、多环节、多领域,以生产过程数据实时采集及处理、智能分析、控制的工业控制系统。集散式控制系统实现智能化和管控一体化,仅依靠传统防火墙和IT信息安全技术体系已无法有效应对,亟需在攻防地位严重不对称、存在大量被漏洞被后门的现实环境中,建立全生命周期管控的深度防护整体解决方案,整个系统架构已经过现场应用的实践验证。架构在安全设计方面采用信息安全防护措施,确保整个工业系统能够运行在安全环境之中。

关键词 集散式控制系统,主机安全,网络安全,系统智能监控

油气处理站库集散式控制系统(DCS)是对油、气、水处理全过程、多环节、多领域,以生产过程数据实时采集及处理、智能分析、控制的工业控制系统,实现生产各节点、外围泵站生产参数集中监测分析、精确调节控制、多参数分级报警,保障油、水处理和外输系统平稳、可靠运行。对现有智能仪表和多种设备进行集成、融合、统一,同时实现现场自动化设备、仪表,控制系统、管理系统之间无缝信息流传送,实现集中监控,分散控制、统一管理的目标,减少现场工作量和优化管理模式。

1 系统安全现状

集散式控制系统实现智能化和管控一体化,要求系统基于以太网和Profibus-DP现场总线架构,集成多种控制系统驱动接口,方便接入多种工业以太网和现场总线,来实现智能仪表、控制系统、企业资源管理系统之间信息流无缝传送。这对系统网络、系统的隔离和适应工业环境等诸多方面对DCS的安全性和可靠性等提出更高的要求,而工控领域用于企业控制网和办公网的物理隔离和边界防护应用较多的为网闸和工业安全隔离网关。信息技术、现场总线技术、OPC等技术的应用使工业设备接口越来越开放,而网络、移动U盘、维修人员笔记本电脑接入以及其他因素导致的网络安全问题正逐渐在控制系统扩散,直接影响了工业稳定生产及人身安全,对基础设备造成破坏。

集散式控制系统具有运行连续性、操作周期性、功能实时确定性和现场环境易燃、易爆、高温、高压、强电磁干扰的工程特征。而前期油气处理站DCS系统均采用相对独立的网络环境,只考虑了功能性和稳定性,对网络安全没有考虑。经过测试,很多支持以太网的控制器都存在比较严重的漏洞和安全隐患。仅依靠传统防火墙和IT信息安全技术体系已无法有效应对,亟需在攻防地位严重不对称、存在大量被漏洞被后门的现实环境中,建立全生命周期管控的深度防护整体解决方案。

2 系统安全管理策略

按照工信部《工业控制系统信息安全防护指南》以及关键信息基础设施审查要求,结合油气处理站库的管理流程和实际需求,建立集散控制系统安全管理制度,审查系统物理安全和安全分区措施,并检查弱口令、无口令、多人公用账号等身份认证和访问控制薄弱点,系统性整体提高工业控制系统的安全性。

安全管理策略结合集散式控制系统总体框架,分析油气处理站库控制信息安全脆弱性和风险,根据工控安全策略和安全需求,推出了基于"内建安全、纵深防御、全生命周期管理"的自动化控制安全管理策略,以满足油气处理持续不间断、安全生产的需求(图1)。

集输站库集散式控制系统安全管理策略由三个主要部分组成,分别为控制系统主机安全、系统网络安全、系统智能监控。

2.1 控制系统主机安全

在DCS系统、SIS安全仪表系统采用内置安全盾,实现通信与控制隔离,确保在遭受到网络攻击的情况下,不影响控制回路的正常运行。控制网络通信采用加密和完整性保护,保证通信数

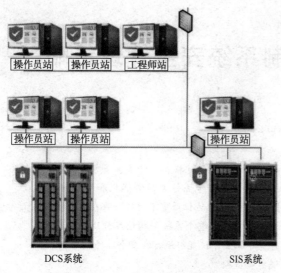

图 1 工控管理策略拓扑图

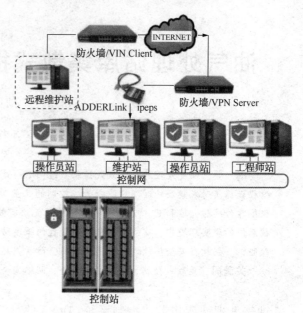

图 2 系统网络安全拓扑图

据的完整性和机密性。系统控制站不使用 Linux 等开源操作系统和开源协议栈,并对组态和用户数据等关键数据进行完整性和正确性检测功能,故障时进行报警和记录。

工程师站、操作员站主机应用安全卫士,支持光驱、USB 移动存储防护和主机安全基线检查。通过白名单技术手段控制系统和应用程序代码,确保只运行许可的代码,防止应用程序的漏洞遭到攻击。

2.2 系统网络安全

系统网络安全采用工控防火墙,对 Modbus TCP 工业协议深度防护,实时获取 Modbus 流量,进行 Modbus 深度包解析,根据 Modbus 访问控制列表,进行 Modbus 指令的访问控制。实时获取 OPC 流量,进行 OPC 深度包解析,动态端口识别与跟踪,OPC 指令白名单的访问控制,解决传统防火墙在 OPC 通讯安全防护方面的不足(图2)。

系统网络采用工控防火墙技术,用于控制系统与生产管理系统之间的网络边界隔离,以及控制系统各装置之间的网段隔离,保障控制系统的网络边界安全,阻止来自外部的安全威胁,保护控制系统内的网络安全。

同时对设备管理和网络状态实时监测,利用网络安全监测平台,实现冗余工控网络控制系统节点和网络设备的自动发现、映射、状态一体化监视及网络故障排除;实时监控网络流量和网络设备的工作状态和网络拓扑展;智能监控、分析控制网络行为,及时检测工业网络中出现的工业攻击、非法入侵、设备异常等情况。

2.3 系统智能监控

集散式控制系统中,日志和报警信息比较分散,包括过程报警(工艺报警)、系统报警、详细诊断、网络诊断、设备管理与智能诊断、操作记录与安全事件记录等等,缺乏统一的管理和分析,发生事故后,无法判断是否是误操作还是攻击行为。

在控制系统中配置工控安全管理平台,实现操作系统、主机和网络设备的集中日志管理,并配合控制系统操作日志、报警记录、详细诊断记录专项检查表,实现对工业集输站库控制系统全方位的资产、配置、日志管理。

使用磁盘映像技术获取操作系统、应用程序、配置以及您所有的文件和数据,支持重复数据删除和压缩,快速恢复或迁移整个系统(包括所有应用程序、数据和设置)到不同的硬件,确保关键数据可以得到安全效率的备份,即使在故障发生时,也可以保证快速的恢复,使集输站库生产和控制系统保持连续性。

2.4 系统安全应用机制

集散式控制系统采用基于数据的安全机制和设计完整的数据安全访问机制和网络系统安全机制。各节点之间的网络通讯必须足够可靠,并且进行优化以获得最高的性能。因此系统使用队列和压缩这些技术对网络通讯进行了优化。系统利用安全传输协议,保证数据安全传输。若网络连接出现故障,系统能进行快速切换,使用其他备用的网络路由。

3 结论

安全管理策略参照 ISA/IEC 62443-3-2(安全风险评估和系统设计)标准和 GB/T 32919—2016《信息安全技术工业控制系统安全控制应用指南》,在系统架构的每一层都加强了信息安全保障,从过程控制层、操作监测层到生产运行管理层,都采用了工业信息安全手段,如区域划分、网络隔离、流量监控、工业通信协议过滤和工控系统特征过滤等,从威胁、漏洞和后果三个源头入手堵住网络风险。并采用了全生命周期的安全服务策略,整个系统架构已经过现场应用的实践验证。架构在安全设计方面采用信息安全防护措施,确保整个工业系统能够运行在安全环境之中。

参 考 文 献

[1] 王孝良,崔保红,李思其. 关于工控系统信息安全的思考与建议. 信息网络安全[J]. 2012.8.
[2] 刘威,李冬,孙波. 工业控制系统安全分析. 信息网络安全[J]. 2012.8.
[3] 余勇,林为民. 工业控制 SCADA 系统的信息安全防护体系研究. 信息网络安全[J]. 2012.5.
[4] GB/T 32919—2016《信息安全技术工业控制系统安全控制应用指南》.

油区无人值守安防监控管理平台建设及应用

吴 军 杨 磊 文建国

(中国石油新疆油田公司采油二厂)

摘 要 采油二厂油区经过多年的视频建设，已建摄像头700多路，设备厂家多、协议标准不统一，统一管理难度大。通过解决以上问题，将视频监控系统充分运用于无人值守站场安保工作问题，对此，采油二厂运用视频、GIS、智能分析、系统集成、等先进信息化技术，以"统一规划、统一标准、技术先进、突出应用、稳定可靠、资源共享、信息安全"为原则，建立安防监控综合管理平台，实现无人值守安保监控系统互联互通、多元化应用。以"安防监控是手段、业务应用是关键、数据集中是趋势、智能技术是方向"为理念，提升无人值守工作管理水平，实现安防工作向信息化、智能化迈进。

关键词 视频监控，报警分析，集中管理，系统集成，无人值守

随着安防建设的深入推进，视频监控系统的规模和范围不断扩大，各类应用也随之日益广泛和深入，视频监控系统已经进入了联网监控和业务融合的时代。与此同时，大规模视频资源的实时监控、海量视频信息的高质量可靠存储、系统的管理和运维、监控图像的共享与综合利用等挑战也出现在了我们面前。

油田行业维稳安保的重要性不言而喻，重中之重。现场条件具备的视频全部的接入到油田专网内，但五花八门的设备厂家、协议多样性，不易于统一化管理。在无人值守情况下，如果视频没有人实时监控，那视频系统就变成了单一的现场记录设备，无法起到防患于未然的最终目标。无人值守理念主要集中监控管理，将成百上千个视频在一个监控中心集中管理，因此统一的视频管理平台的建设，是最大化的和现场管理人员之间建立了互通的桥梁，双保险的为油田无人值守安保提供最大的保证。

1 系统概要

1.1 设计思想

系统建设以"统一规划、统一标准、技术先进、突出应用、稳定可靠、资源共享、信息安全"为原则，确保系统的设计和建设满足管理的全局需求，体现管理的数字化、自动化和智能化的领先水平。

（1）统一标准：在符合国家和行业相关标准及地方标准的建设要求基础上，采用先进的技术手段和系统架构，整合资源，统一部署。

（2）统一规划：按照统一要求和部署，采用

高科技、新方法对管理进行综合分析和管理监控，提高整体管理水平和运行效率。

（3）技术先进：采用主流的、先进的技术构建系统平台，满足可视化管理需要，为数字化管理、应急联动指挥等提供业务支撑，实现"指挥点对点可视化、系统运行数字化、应对决策扁平化"。

（4）突出应用：在建设中以实际需求为导向，以有效应用为核心，以技术建设与工作机制的同步协调为保障，确保系统能有效服务工作的需要。

（5）稳定可靠：系统建设不是各种视频资源的简单组合，而是统一标准构架下的有机组成，质量达标，性能稳定，持续有效运行，满足管理7×24小时不间断持续运行的需要。

（6）资源共享：系统建设满足监控图像共享的需求，为监控资源数字化整合共享提供接口支持。

（7）信息安全：系统构建视频传输专网，保证专网专用，安全畅通。

1.2 建设内容

建立安防系统综合管理平台，运用视频技术、GIS技术、智能分析技术、业务系统集成技术、自动识别等先进安防技术，建立安防综合管理平台，实现全厂安防系统设备接入、互联互通、多元化应用(图1)。

建立安防监控建设标准，形成六个标准"解码格式、联网协议、控制协议、编号规则、图像标注、位置标识"，为今后系统建设标准化奠定基础(图2)。

通过自主研发无人值守安防综合管理平台，实现安防系统资源整合、集中监控、车辆通行远

程管控，数据集中管理，应急指挥可视化。建立安保视频监控指挥中心，实现集中监控、统一管理、远程指挥调度的安防指挥模式，安防工作信息化新模式(图3)。

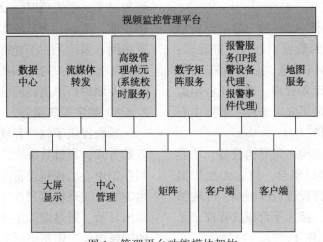

图1 管理平台功能模块架构

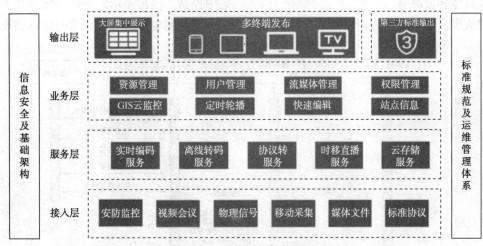

图2 系统层级架构图

图3 安防监控指挥中心

2 系统设计

2.1 系统架构设计

　　软件平台采用面向服务的体系结构，是将各种不同异构平台上的业务子系统的不同功能部件(称为服务)通过标准的接口和规范整合在一起。平台包含了数据中心、客户端和矩阵服务器。数据中心服务器上开启数据库服务，通过中心管理工具配置服务器进行集中管理，配置电视墙、配置矩阵服务器与解码器的关联。客户端直连访问数据中心服务器，获取组织结构信息。

2.2 系统功能设计

2.2.1 数据中心

采用大型数据库技术，将各种分散的设备信息融于一体，形成庞大的数据中心管理资源库；同时，数据中心支持多级级联、分散管理和配置，为实现用户大容量设备管理、多元化应用需求及快速查找和定位创造了先决条件；数据中心是平台应用中的核心部件。

采用面向服务接口结构，将异构设备、功能部件(服务)通过标准接口整合，建立大型数据库。实现对各类安防硬件设备资源归纳，屏蔽掉不同类产品的控制差别，接入平台集成管理，无需关注设备位置和参数(图4)。

23.2.2 流媒体转发服务

在构建大型、多级、远程联网集中监控管理平台时，由于硬件资源和网络资源的限制，每个视频设备可接受的连接请求数是有限的，当连接数超过某一个数值时，设备就会工作不稳定或连接中断；因此，为适应多种带宽和大量用户的并发访问，系统采用了先进的流媒体转发技术，以解决远程多用户对相同数据同时访问时的网络瓶颈，及硬件资源消耗问题(图5)。

2.2.3 数字矩阵服务

系统提供了软件和硬件两种解码数字矩阵服务器方式，通过数字矩阵服务器，用户可对连接到数据中心的视频设备图像，编制不同的视频输出方案，实现模拟到数字、数字到数字的电视墙输出显示。通过虚拟矩阵架构技术，对接入平台的视频图像，定制不同的输出方案，实现电视墙集中控制、输出显示。平台可定制几十种展示界面方案，实现不同监控需求的任意切换(图6)。

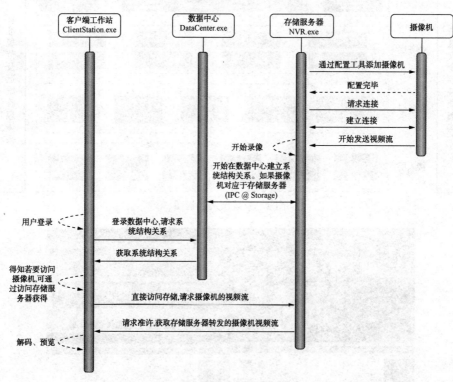

图 4　系统流程设计

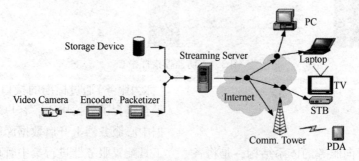

图 5　流媒体服务业务

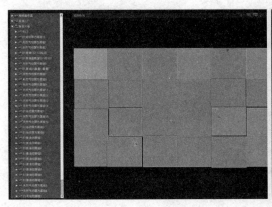

图6 数字矩阵效果图

2.2.4 监控功能服务

视频预览界面集成各类视频浏览管理操作，可根据点位信息查看视频图像，并进行电子放大、音频条调节、全屏显示、PTZ控制、矩阵变换等操作(图7)。

图7 实时监控信息界面

在平台进行正常视频预览时，可针对实时视频进行即时回放，方便操作人员查询更多细节。在平台中可对任意视频点位进行录像查看，可针对任意视频点位按照存储位置、存储时间、录像类型等条件进行精确检索。在回放过程中可根据实际进行快进、慢放等操作。

2.2.5 报警分析服务

对于接入到数据中心的视频设备，当有报警信号发生时，通过报警服务器，按事先的预警处理方式，做出相应的响应。

目前具有的报警响应策略有：触发报警输出、连接报警关联图像/上墙等方式。在视频监控综合管理系统上进行开发，基于智能视频分析技术，采用视频区域入侵与运动目标分类检测算法，可以根据现场环境适时调节侦测区域参数及灵敏度，如遇到特殊场景，及时更新和部署更有效的智能算法也成为可能。

利用视频监控系统的已有架构，可以方便实现周界防控部署的远程化、中心化。除了能实现传统周界防范系统声光响应的功能外，它的另一优势是可以实时查看监控画面，对入侵事件能够及时遏制，从而最大限度的将损失降低到最小(图8)。

报警信息可由前端摄像头、视频分析服务器产生，或由平台系统报警模块功能产生。报警输出联动方式包括电视墙图像自动输出、客户端联动、电子地图与报警源位置联动，实现报警动作串联、信息实时定位、三级联动。

2.2.6 电子地图服务

系统支持多级电子地图，通过对GIS电子地图、矢量图和位图的嵌入，可以将区域的平面电子地图以可视化方式呈现每一个监控点的安装位置、报警点位置、设备状态等，实现电子地图与摄像机图像、位置、报警设备的关联和联动，有利于操作员方便快捷地调用视频图像(图9)。

图8 多模式报警信息

图9 电子地图报警信息定位

2.2.7 设备管理服务

平台接口和数据接入协议采用标准化设计，参数配置统一化，易于新增设备和数据接入。通过设备管理功能模块，实时监控平台中设备的运行状态，便于系统管理人员及时发现问题，保证系统的可靠长久运行(图10)。

图10 设备运行管理功能模块

3 应用情况及效益

采油二厂安防综合管理平台建设，实现安防系统资源整合、集中监控、车辆通行远程管控，数据集中管理，应急指挥可视化。平台自2017年投产运行4年来，7×24小时不间断运行，解决了油区无人值守安防系统资源分散不统一、兼容性差、管理难度大，应急指挥可视化程度低的问题，成为目前安防工作正常开展不可或缺的一部分。在自治区、市政府、油田公司等上级部门多次检查指导工作中受到好评。通过安防系统管理平台、油区无人值守系统、安防监控中心建立，改变了安保工作模式，大幅降低劳动强度，缓解生产用工压力。

4 结论

以充分利用并整合现有资源为基础，注重原有投资的有效性、新旧技术的兼容性，以大集成、大联动系统建设所必要的参数要求和技术标准体系为支撑，以应用为主、兼顾共享为原则，最大限度的利用科技信息技术手段。通过运用高清监控技术、GPS/GIS技术、智能分析技术、业务系统集成技术、物联网技术等先进技术，与业务相结合，密切联系实际的应用需求，统一规划、整合各类不同来源、不同格式资源，一点布控全网响应、应用管理全网运行，构建数字化、网络化、智能化的油区无人值守安保综合防范体系，提升安保工作管理水平，推进安保工作信息化建设。

远程机房监控技术研究与应用

王 祥 叶 飞 程新忠 许湘燚 余智勇 殷国华

（中国石油新疆油田公司准东采油厂）

摘 要 本文通过对远程监控系统特性分析，研究现有的远程机房监控技术接入可行性，实现远程无人值守站机房动力系统、环境系统、消防系统、安保视频系统等各个子系统监控，通过对现有的准东采油厂信息通信无人值守站机房远程监控技术实际应用，分析了针对不同远程机房监控系统，有不同的监控技术要求和方式，实现不同的远程机房监控目的。从而，进一步认识实现远程机房监控发展前景，以及存在瓶颈问题。

关键词 远程监控，动力系统，环境系统，消防系统，安保视频系统

准东采油厂信息通信机房分布于准东油田各作业区，范围广，站点多，距离远。远端机房都是无人值守站，日常管理和维护采取集中主站监控，定期巡检制。所以能够远程查看机房状况及安全防卫监视，各设备运行详细参数，及时排除故障，需要远程机房监控系统显得尤为重要和迫切。

1 远程机房监控系统特性

远程机房监控系统能够实现多点信息采集和处理的实时化，报警信息处理自动化。对机房内所有的电力设备及环境进行集中监控和管理，通过各个子系统：动力系统、环境系统、消防系统、安保视频系统等实现机房全面监控。远程监控系统具备有以下功能：①采集与处理功能；②监督功能；③管理功能；④控制功能。

远程机房监控系统目的：①为了提高机房设备管理和机房安全防卫监视；②为机房内各系统及设备运行提供高度稳定可靠的监控信息资源；③对机房发生的故障产生故障告警，通过多种方式通知相关管理人员，及时处理，及时解决。对即将发生的故障进行预警；④促进机房的自动化、智能化，明晰管理人员的权利和责任，提高机房的管理水平和维护管理质量，降低系统维护成本，最终提高整体工作效率。

2 远程机房监控技术研究

2.1 远程机房监控接入可行性

许多独立机房为了保证计算机系统和通讯设备的安全、稳定、可靠运行，都有一套切实可行的监控系统，使得机房管理人员能够实时了解到机房全面的情况，进行有效控制和管理。随着网络通讯科技的不断发展，计算机系统及通信设备数量迅猛增加，特别是远端无人值守站机房，通过配置不同网络设备，实现了无人值守站机房的远程监控管理。针对远程机房各设备进行联网监控，科学有效管理，提高了机房设备运行的安全性和稳定性。通过机房各设备集中管理，进而达到管理联网化和智能化更高要求，最大程度地保障机房的安全运行，降低机房的维护成本。

具备远程机房监控接入的条件：①有完备的独立传输网络通道。目前，准东油田以基地为中心，下设分布有4个作业区机房站点通信传输网络已完善。以OTN构架为主干传输网，搭载有PTN传输设备，具体传输网示意图见图1。②有灵活多种类型的通道接口。OTN传输设备配置有多个GE接口通道，PTN传输设备配置有以太网百兆接口通道、PDH传统2M接口通道，能够满足远程机房监控接入各种带宽要求。③各作业区机房站点能够有效接收到各运营商（移动、联通和电信）移动基站信号，可以作为远程机房监控备用通道。

2.2 远程机房监控技术接入要求

准东油田基地监控中心要求实现远程监控各机房电力系统、环境系统、消防系统、安保视频系统4个子系统模块，各子模块系统都有自己独立完善的功能和传输网络接入要求。

（1）远程机房动力监控系统。

实现远程实时监测（无人值守）机房电力系统相关开关电源设备的运行参数、电池组充放电参数和环境参数，遇到机房停电、设备故障、环境等紧急情况，能够自动记录和快速报警，相关

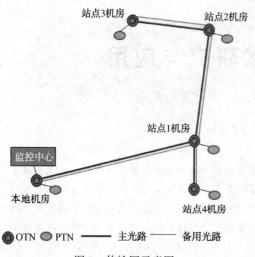

图 1　传输网示意图

数据能够远程进行查询功能。监控中心站远程机房电力监控系统采用 SWICHTEC 公司提供的 Swichtec Power Manger Ⅱ 软件，由操作终端 232 串口连接远程 485 网络。监测各参数采用轮询方式读取，数据带宽要求不大，传输通道由 PTN 传输设备提供百兆以太网接口。

（2）远程机房环境监控系统。

实现远程实时监测（无人值守）机房环境相关参数，包括：机房温度、湿度、水浸、烟雾、红外微波双鉴探测、门禁以及电池组工作状态参数，能够自动记录和快速报警，并能远程进行查询功能。监控中心站远程机房环境监控系统由铁塔公司云平台提供监控数据服务，传输数据量较低，采用无线移动 GPRS 专用 APN 传输通道。

（3）远程机房消防监控系统。

实现远程实时监测（无人值守）各机房，实时多部位定点监测烟感、温感状态，同时监测传输网络通信状态，能够自动记录和快速报警，并能远程进行查询机房报警部位，能够远程操控启动或关闭空调及大功率用电设备电源功能。监控中心采用由上海复旦网络信息工程有限公司开发的 FAS 火灾自动报警信息系统软件实现消防远程监控，由 NIC-200B 传输设备将云安 JB-QB-YA506 火灾报警控制器数据接入到监控中心 FAS 火灾自动报警信息服务器。传输数据量较小，传输通道由 PTN 传输设备提供 PDH 传统 2M 接口。

（4）远程机房安保视频监控系统。

实现远程实时监视（无人值守）各机房及周边重点部位视频图像，并能够远程操控转换视频云台摄像头方向，变换摄像头镜头焦距以及门禁系统。传输要求高带宽、低时延，传输通道由 OTN 传输设备直接提供 GE 接口通道。

3　远程机房监控技术实际应用

3.1　远程机房动力监控技术实际应用

按照远程机房动力监控系统技术接入要求，由 SWICHTEC 公司提供的各站点机房监控模块 EA200 或 SM60，分别将 485 信号由 485 转 IP 协议转换器接入各站点 PTN 设备百兆以太网接口。具体示意图如图 2 所示。

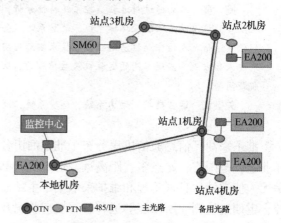

图 2　电力监控系统示意图

监控中心操作终端 232 端口接 232 转 IP 协议转换器，将各站点机房的监控信号网络连接沟通，通过 Swichtec Power Manger Ⅱ 软件实现远程监控操作。操作界面如图 3 所示。

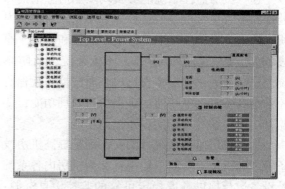

图 3　操作界面

3.2　远程机房环境监控技术实际应用

按照远程机房环境监控系统技术接入要求，各站点机房环境监控系统前端监控点由大唐移动 ZNV EISUA 智能型采集单元，将采集到的电池组、门禁、水浸、温湿度、红外探测及烟雾感应等模拟量、数字量由该智能设备通过无线移动 GPRS 专用 APN 传输通道，接入到铁塔公司云平台，再分别传送到我们监控中心。具体示意图如图 4 所示。

3.3　远程机房消防监控技术实际应用

按照远程机房消防监控系统技术接入要求，

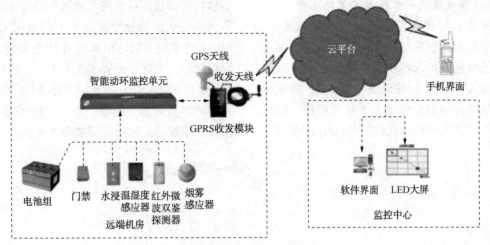

图 4 远程机房环境监控技术示意图

各站点机房消防监控系统前端监控点由云安 JB-QB-YA506 火灾报警控制器采集感应器数据,经NIC-200B 传输设备接到 IP 转 2M 协议转换器接入 2M 接口,传输到监控中心 FAS 火灾自动报警信息服务器。具体如图 5 所示。

监控中心操作终端连接 FAS 火灾自动报警信息服务器,通过 FAS 火灾自动报警信息系统软件远程监控各站点机房消防感应器工作状态。若有异常,及时在监控中心操作终端大屏告警显示具体机房详细位置,同时通过音箱发出声音报警。操作终端显示界面如图 6 所示。

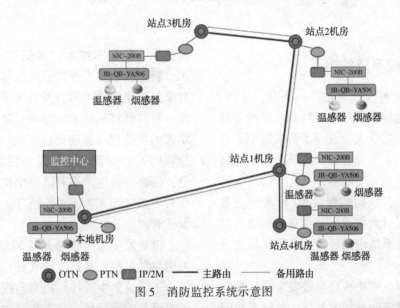

图 5 消防监控系统示意图

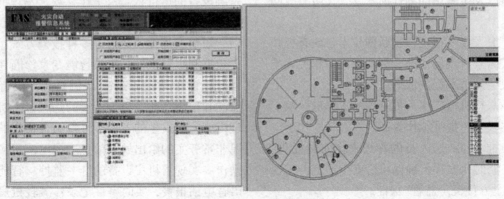

图 6 操作终端显示界面

3.4 远程机房安保视频监控技术实际应用

按照远程机房视频监控系统技术接入要求，各站点机房及周边视频监控传输数据量大，要求高带宽、低时延。各远程机房视频监控系统网络就地直接接入到 OTN 传输设备 GE 接口，将机房视频监控信号传输到监控中心本地交换机，监控中心操作终端通过 WEB 页面或宇视提供的监控终端软件实现监控各机房及周边各摄像头视频监控。各远端站点机房分别配置了 1 台 H3C-3600 交换机，1 台宇视 NVR-B100NVR 硬盘录像机及多块存储硬盘。本地端配置了 1 台 H3C-3600 交换机，1 台宇视 NVR-S200-R16-64 路 NVR 硬盘录像机及多块存储硬盘。同时，各站点机房还配置了门禁控制系统。具体示意图如图 7 所示。

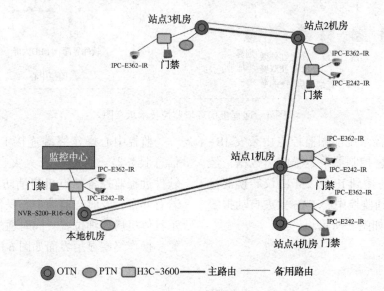

图 7 视频监控系统示意图

4 远程机房监控系统的前景

机房监控系统通过智能监控、抓取、分析、控制，并以多样化的报警处理机制和友好的展现方式，使数据中心运维人员及时了解数据中心资产设备运行状况，大大降低管理人员负担，提高运维效率。能够做到以下几点。

(1) 对机房人员实时监督管理(可实时查看人员区域位置、人员数量、人员信息、人员动态变化、人员遇突发事情求助、进入危险区域告警信息等)。

(2) 主动预警，解决机房事故发生滞后性问题，将事故发生隐患问题提前暴露，预防事故问题发生。

(3) 突发场景再现，物联网技术与现有视频联动可实时查看现场情况，为调配机房相关人员及时解决突发情况提供依据。

(4) 减轻机房工作人员管理的工作量，减少人力成本投入，提高工作效率。

(5) 推动对机房人员的管理工作向制度化、规范化、实时化发展，确保机房安全稳定，实现"智能化全方位机房监管"保证。

机房监控管理系统是一个综合利用计算机网络技术、数据库技术、通信技术、自动控制技术、新型传感技术等构成的计算机网络，其监控对象是机房内动力设备及机房环境。监控系统提供一种以计算机技术为基础、基于集中管理监控模式的自动化、智能化和高效率的技术手段，充分利用人力资源，保障设备稳定运行和机房安全，提高劳动生产率和网络维护水平，实现机房从有人值守到无人或少人值守，积极促进现代化维护管理。

机房监控系统也是基于网络综合布线系统，采用集散监控，运行监控软件，以统一的界面对各个子系统集中监控。机房监控系统实时监视各系统设备的运行状态及工作参数，发现部件故障或参数异常，即时采取多媒体声光、语音、电话、短信、邮件、微信等多种报警方式，记录历史数据和报警事件，提供智能专家诊断建议和远程监控管理功能以及 WEB 浏览等。具有完善的监测和控制功能，更为重要的是融合了机房的管理措施，对发生的各种事件都结合机房的具体情况非常务实的给出处理信息，提示值班人员进行操作。实现了机房设备的统一监控，智能化实时语音电话报警，实时事件记录；减轻机房维护人员负担，有效提高系统的可靠性，清楚处理各种事件关系，实现机房可靠的科学管理。机房监控系统能自动实时收集企业机房内的电子设备及环境数据，并对所有相关数据进行整理和分析，最终将数据分析进行可视化展示，从此告别人工巡查、人工记录、人工管理的"人工时代"，一举迈入信息化的时代。

5　结束语

随着科学技术的迅速发展，人们的生产行为、生活方式都发生了重大的变化，作为生产、生活中非常重要的一项技术即监控技术的重要性正在逐渐被人们所认识和重视。监控系统的演变，是一个从集中监控向网络监控发展的历史。应用的领域越来越广，融合于物联网。

在现代企业中，大量的物理量、环境参数、工艺数据、特性参数需要实时监测、监督管理和自动控制，测控领域所使用通信技术都自成体系，许多通信协议不开放，大多数系统只面向单一类型设备。网络通信中有多种结构并存问题，目前的远程监控系统结构大多比较复杂，而且还存在着不同局域网，不同平台，甚至在同一局域网中的操作平台以及编程语言也可能有不同的问题，这就要求集成网络中的不同平台，实现相互之间的通信。

参 考 文 献

[1] 张红杨. 远程监控系统的数据传输方式[J]. 科技信息. 2008(29)：76-86.

[2] 蔡军恒. 机房管理中远程监控技术的运用浅谈[J]. 信息通信. 2016(5)：191-192.

[3] 赵建军，刘华. 远程监控技术在机房管理中的应用[J]. 石家庄学院学报. 2007(9-3)：89-97.

站场管网智能化应用研究

罗李黎　木塔里甫·木拉提　程新忠　张建河　赵　昱　王　祥　彭荣峰

(中国石油新疆油田公司准东采油厂)

摘　要　随着油田智能化建设不断加快，加强站场管网系统建设是基础，对于油田站库管网数量多、种类杂、传输数据量大以及实时性强等特点，通过北斗定位导航技术和地理信息技术结合完成三维建模，通过管线电子标识系统完成对管线的精确定位、通过管线巡检维护系统的建立，实现智能化巡检。依托现有自动化系统实现对管网运行状态实时监测和故障及异常预警，保证管线的运维安全，促进油田发展。

关键词　管网智能化，电子标识，预警，三维建模，全生命周期

站库完整性管理是油田公司为提高站场安全性、稳定性和寿命的主要手段，随着油田生产管理的精细、智能、高效的发展趋势，站库完整性在管道和站场管理工作中的重要性逐渐凸显，如何加强对联合站管道的安全管理，提高预警和事后处置工作效率，如何正确处理安全与生产的关系，如何准确、实时、快速履行输油管道监测职能，如何有效进行管网信息管理，保证输油管道安全高效运作显得尤为重要和紧迫。随着管道完整性工作的推进以及油田自动信息化水平的不断提高，准东李晓华站在站场管道完整性建设过程中，引入管网智能化管理理念，结合管道完整性建设，拓展管道电子标识、管线智慧巡检、管线安全监管预警和管线综合信息系统，在已建自动化系统的基础上，探索并构建基于风险控制和管道全生命周期的站场管网完整性管理模式。

准东李晓华站管网智能化实际建设中，以"管线安全、生产安全"为核心，通过电子标识、腐蚀和泄漏在线监测、三维 GIS、移动通讯等技术，立足于现有自动化系统基础，结合管道完整性建设，拓展管道电子标识、腐蚀和泄漏监测等功能系统，实现对管网的精细化定位、智能化巡检和信息化监管与预警，形成全面化、综合性的管线三维全生命周期管理系统。

1　李晓华站现状

准东李晓华站于 1988 年底建成投产。担负着火烧山油田各区块油气集输任务，是一座集原油处理、油田污水处理、天然气处理、油田注水、系统保温为一体的综合性站库，属新疆油田公司一级要害单位。目前，李晓华站管线服役时间长，管线腐蚀、破损情况严重；污水系统部分管线在地下运行，受地层潮湿环境影响，腐蚀、破损情况也较严重，站内各系统经多次改造后，部分埋地管线的实际走向不清楚，增大了事件处置工作量和施工难度、延长了应急处置时间。对于李晓华站各类地上及地下管线的管理迫在眉睫。

2　李晓华站管网面临的主要问题

（1）管网家底不清、信息不全。李晓华站经过 30 年的运行，开展过部分管道的检测工作，但未对管道开展针对性的检测和系统风险评价，管网运行状态不明，基本处于应急抢险状态，对管网的控制管理能力有限。管线埋于地下，经过多次复杂的工艺改造，管线信息资料不全、不准现象存在，造成管网的被动管理局面，安全事故几率明显增加。

（2）管线超期服役、隐患突出。李晓华站管线服役时间长，管线腐蚀、破损情况严重，维护更新的压力巨大，不能及时发现和正确处置这些问题，形成隐患。此外，地下管线埋于地下，看不见、摸不着，隐蔽特点突出，管线错综复杂，种类不断增多，密集程度不断增加。一旦发生事故，后果严重。因此，如何提高地下管线安全隐患管理水平，成为保障安全的重点工作。

（3）应急能力脆弱、预警不足。站场自动化系统与完整性管理系统各成一体。对于管线运行状态的掌握，更多的还是依靠人为巡检和事件发现后应急处置等被动模式。站场管道完整性管理信息系统没有与站场自动化数据共享的途径，一旦发生管线漏失等突发事件，极难实现与各系统已建设备、设施的联动，没有与各级部门的数据交换和协调合作的途径。

3 管网智能化构建原理

建设过程中考虑充分利用了现有资源，兼容不同技术架构的数据接口，确保实现系统与李晓华站内现有自动化系统进行数据交换，确保后期能够对已有液位、压力、温度、流量监测及视频监控摄像头的数据交换和展示，提高系统智能化、科学化的生产运行管理模式。

管网智能化以数据采集为基础，通过北斗定位导航技术和地理信息技术结合完成三维建模，在此基础上通过管线电子标识系统完成对管线的精确定位、通过管线巡检维护系统的建立，实现智慧化巡检。依托已建的自动化系统，通过建立管线腐蚀和泄漏监测系统，利用管线腐蚀与漏损分析模型，完成管线安全监管预警系统的建立，实现对管网运行状态实时监测和故障及异常预警。

管网智能化所有功能建立在三维建模和数据采集的基础上。建立站内三维模型才能做到精确定位，实现可视化。因此需要进行基础数据建设工作，具体包括：管线检测、管线测绘、数据整理。

（1）管线检测。主要包括原油管线、供水管线、消防管线、天然气管线、热力管线和强弱电管线等。通过对管线防腐层、保温层的检查，以及对管线周围环境的调研和分析，结合管线实际运行工况，综合分析出当前各类管线的健康状态，为系统建设奠定一定的数据基础。管线的检测将由专业的检测队伍在现场对管网进行全面的检查和隐患排查，防止在后期设备安装过程中出现意外事故。

（2）管线测绘。包括原油管线、给水、污水、天然气、暖气、消防水、强弱电缆等。根据不同管线敷设特点，地下金属管线主要用地下管线探测仪探明，非金属管线（PE 等）主要用探地雷达辅助以调查进行，局部疑难地区辅以开挖验证、利用原有资料等方法进行。

地下管网测量可以为地下管网信息系统的建立提供数据，而这种数据主要包括两类，一类是图形数据，指描述管线各种特征点的数据，比如管线埋深、管径、水平位置以及三通、弯头、变径、窨井、阀门等数据，另外就一类就是属性数据，比如描述管道的类型、制作材料、权属、敷设时间等数据，这些数据是成熟的地下管网信息系统所必备的，必须要准确地测量出来。

（3）数据整理。主要包括基础管线数据处理

入库以及地上建筑物、设备的三维建模。管线的入库需要采用空间矢量 Shape 数据，且数据格式需要严格满足求。在 shape 数据检查无误后，根据不同类型 shape 文件，进行数据自动入库工作，在数据入库后还要对入库后的管线进行检查，主要是对模型的有无与入库后的三维管线数据进行目视化检查工作。针对除管线及管线附属物以外的其他要素，如地面建筑、场站大型工艺设备、道路环境等，需要通过人工三维建模的方式进行数据加工和入库操作。通过三维制作软件虚拟三维空间构建出具有三维数据的模型，实现对站内的三维可视化。

4 系统功能

李晓华站管网智能化由管道电子标识系统、管线巡检维护系统、管线安全监管预警系统、管线综合信息系统构成。建设过程中考虑充分利用了现有资源，兼容不同技术架构的数据接口，确保实现系统与李晓华站内现有系统进行数据交换，完成对已有液位、压力、温度、流量监测设备及视频摄像头的数据交换和展示，提高系统智能化、科学化的生产运行管理模式。

（1）管道电子标识系统。

该系统是在管线测绘信息和北斗定位导航技术的基础上，通过对站场各类地下管线埋设电子标识器，实现站内所有地下管线位置的精确定位和属性信息的全面掌控。系统功能由管道电子标识器和探测仪共同完成。

其中管道电子标识器以射频技术为基础，采用非接触式自动识别，埋设在地下管线和重要设施附近。内部为无源电路，外部采用密封防水的特殊材料，通过射频信号识别目标对象并获取信息。管线电子标识器探测仪则通过发射射频信号来激活电子标识器，标识器返回相同频率的无线信号给探测仪，探测仪通过读取信息完成对管线的定位和信息获取。

标识器可储存管线位置、埋深、管径、管材、用途、输送介质、压力、流向、敷设日期、使用日期和施工单位等信息。标识器均携带唯一的 ID 码，帮助查找和识别管线，指导现场开挖和日常维护管理。安装方式采用打孔，深度一般为 55cm。标识器布设原则为合理谋划，高危管线全掌握，关键管线全覆盖。管道上弯头、接头、T 接、深度变化、非直线路径、设施交越点等关键节点优先考虑(图 1)。

（2）管线巡检维护系统。

系统通过北斗定位导航技术和地理信息技术结合，管线巡检人员配备手持智能终端，确保巡检人员按任务计划到达现场，对管线及附属设备进行巡检，掌控运行状态和关键参数，发现问题及时上报，确保巡检计划完整执行，消除脱岗漏检等情况。同时可根据巡检任务形成相应的统计数据，为人员考核、设施管理、维修维护提供重要的数据支持，实现巡检的智慧化，提升运维管理效率（图2）。

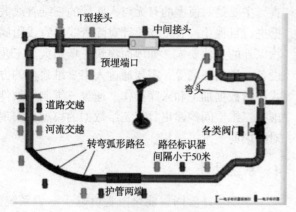

图1　管道电子标识系统

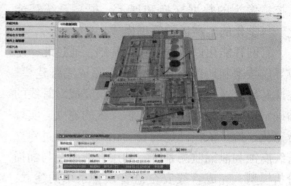

图2　管线巡检维护系统

（3）管线安全监管预警系统。

系统以管线腐蚀与漏损分析模型为基础，通过噪声记录仪、内和外腐蚀速率监测仪等前端设备的安装和实时监测数据，以及管网拓扑分布、材质、实际地理高程分布数据为框架，进行模型计算。对管线腐蚀和泄漏状况进行评估，对其发展趋势进行预测预警。在故障发生后能快速定位，结合已有的自动化设施，自动启动系统联锁控制程序，快速控制危险源，将危害降低至最低（图3）。

（4）管线综合信息系统。

通过整合管线电子标识、巡检维护、安全监管预警、完整性管理等资源信息形成地下管线"一张图"，在线显示李晓华站管线状态的全局视图、事故风险系数、风险控制能力等综合指标，形成管线三维全生命周期综合的管理系统，实现对管线运维、空间分析和数据的精细化管理，为管理部门提供各类辅助决策分析（图4）。

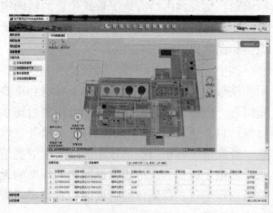

图3　管线安全监管预警系统

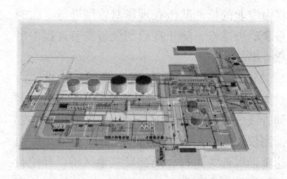

图4　联合站完整三维模型

5　结论

（1）站场管网智能化建设在新疆油田公司属于首家探索并构建基于风险控制和管道全生命周期的管网智能化管理模式，将站场管网管理的被动维护变为主动预防，提高应急处置能力，给油田生产提供可靠保障。

（2）数据可视化。站内生产数据的收集整理，将地下管网信息、设备运行信息、安全生产信息等各类信息数据汇总，利用三维成像、信息可视等先进技术，让站内数据以可视图形、空间成像等方式，让站内生产情况看得见、摸得着，实现站内生产数据的可视化。

（3）监测长效化。站内地下管线复杂，建设年代不一，通过现有系统，利用材料监测、信号传输等技术手段，对站内所有生产管线进行在线的实时检测，时刻了解管道的运行情况，确保站内安全生产。大大降低突发事件发生，提高事故处置能力。

（4）管理智能化。通过对站内数据的分析、运用，升级维护数据分析平台，集中管理，整合地上、地下管线信息资源，实现生产信息的精细化、智能化管理的要求。提升准东采油厂的管网管理水平，节省人力和提高管理的便捷度；促进管线信息完整、准确、互通、共享、集中管理。

参 考 文 献

[1] 董绍华．管道完整性管理技术与实践．中国石化出版社，2015年9月第一版，（1）：50-61.

[2] 黄维和，郑洪龙，吴忠良．管道完整性管理在中国应用10年回顾与展望．天然气工业，2013，33（12）：1-5.

[3] 程万洲，张华兵，王新．油气站场工艺管道完整性管理．化工设备与管道，2015（3）：76-79.

[4] 郑丰收，李进强，陶为翔，等．燃气智能巡检系统设计研究．北京测绘，2015，5（4）：72-75.

[5] 董绍华，韩忠晨，费凡，等．输油气站场完整性管理与关键技术应用研究[J]．天然气工业，2013，33（7），117-123.

[6] 董绍华，王联伟，费凡，等．油气管道完整性管理体系[J]．油气储运，2010，29（8），641-647.

[7] 李学军．智慧管网及其构建途径研究[J]．办公自动化，2014，10.

转油站无人值守技术研究与应用

谢祖君 樊 荣 乙加牛 欧阳雪峰

(中国石油新疆油田公司百口泉采油厂)

摘 要 新疆油田公司百口泉采油厂已建转油站均采用"有人值守，定期巡检"的生产管理模式。通过重点工艺设备及参数监控全覆盖、重点工艺设备视频监控全覆盖等技术，替代员工日常巡检、生产操作。通过事故流程可靠性升级、ups 状态远程监控、生产过程控制系统网络冗余技术可降低在转油站"无人值守"模式下的安全运行风险。通过本次技术研究，实现了百口泉采油厂玛2、艾湖2转油站"无人值守"生产管理模式，为新疆油田公司"无人值守"转油站的建设提供样板工程。

关键词 转油站，无人值守，远程监控，联锁控制，集中监控

新疆油田公司百口泉采油厂玛湖油田地处戈壁腹地，横跨面积广、自然环境恶劣。玛湖油田原有转油站 2 座，即玛 18 转油站、玛 131 转油站，均采用"多岗位有人值守，定期巡检"的传统生产模式运行。随着玛湖油区规模开发、百口泉油区持续稳产，员工人数逐年递减，以传统管理模式运行将无法满足油田发展需求。

通过对转油站参数、工艺流程与劳动写实进行分析，将仪表自动化技术和生产运行管理相结合，提出转油站按"无人值守、远程监控"建设的新思路。经过现场调研了解现场自动化建设现状及需求，对转油站泵、分离器、缓冲罐、加热炉、大罐、卸油的温度、液位、压力等重点工艺设备的参数及视频监控全覆盖，实时掌握设备运行参数及视频画面观察设备的运行状态，实现生产操作自动化、运行可视化。其次对转油站冗余网络、事故流程、UPS 进行了可靠性验证，确

保了远程监控系统的稳定性和可靠性。最终将玛2 转油站、艾湖2 转油站生产监控系统集中部署在玛 18 转油站，实现玛湖集输系统的集中监控、集中管理，打造高效的集输管理系统。

1 生产过程分析

转油站的主要功能是对井区来液进行初步油气分离和转输，主要工艺流程为：井区来液进入转油站三相分离器橇进行油、气、水分离，分离后的低含水原油通过新建相变加热炉加热，加热后的含水原油进入分离缓冲橇进行分离缓冲后，分离出的低含水原油通过新建转输泵增压转输至原油处理站进行处理。主要工艺如图 1 所示。

目前转油站的卸油、加药等操作均为人工手动操作完成，重点工艺设备采用人工巡检。并存在应急事故流程断电时需人工切换、网络故障不能及时恢复等问题，具体内容见表 1。

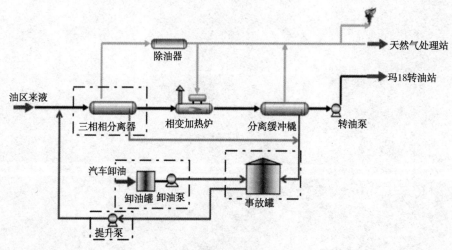

图 1 转油站工艺流程示意图

表 1　转油站生产过程分析统计表

已建转油站

	现　状	存　在　问　题
三相分离器	人工开关阀门调节分离器压力	需人工频繁操作，工作量大，效率低
转输泵/卸油泵/提升泵	采用人工定期巡检的方式检查泵的运行状态	巡检工作量大，不能实时监控泵的运行状态
卸油罐	卸油罐就地显示，采用人工就地启停泵进行卸油	卸油需人工操作，工作量大，效率低
加药橇	药罐液位就地显示，采用人工就地启停泵进行加药	加药需人工操作，不能根据来液量进行精准加药
UPS	UPS 状态就地监控	不能实时监控 UPS 状态，无法保证断电时 UPS 能够有效供电
视频监控	泵房、卸油台等重点工艺设备均采用人工定期巡检	无法实时监控重点工艺设备的运行状态，存在油气泄漏等风险
事故流程	事故流程电动阀在停电状态下需人工开关阀门进行事故流程切换	断电时，无法自动进行事故流程切换，存在超压、泄漏等事故的风险
系统网络	当网络出现故障时，生产控制系统处于离线状态	网络出现故障时，不能及时恢复，无法进行监控，存在安全风险

2　关键技术

将自动化技术与转油站生产工艺现状相结合，利用以下技术实现生产参数远程监控、自动控制。

(1) 重点工艺设备及参数监控全覆盖。

(2) 重点工艺设备视频监控全覆盖。

(3) 事故流程可靠性升级。

(4) ups 状态远程监控。

(5) 生产过程控制系统网络冗余。

2.1　重点工艺设备及参数监控全覆盖

(1) 增加三相分离器出气管线压力监测点，增加出气管线压力调节阀，根据该压力值设置报警并调节出气管线压力调节阀。

(2) 增加转输泵轴承温度、泵体温度、电机轴承温度、电机三相绕组温度、泵轴承振动检测、电机轴承振动检测、过滤器前后差压监测点，根据新增监测点设置报警并联锁停转输泵。

(3) 增加转输泵智能电度表运行数据，实时掌握转输泵用电及能耗情况。

(4) 增加卸油泵/提升泵定子温度检测，根据该温度值设置报警并联锁停卸油泵/提升泵，事故罐进出口增设电动开关阀，实现阀门的远程开关，并与缓冲罐液位联锁，和事故切换阀同时开启。

(5) 增加卸油罐液位监测，根据该液位值设置报警并联锁停卸油泵。

(6) 增设加药罐、储药罐的液位检测点，根据该液位值设置报警并联锁停计量泵；加药泵增设变频，实现加药量与油区来液量联锁。

2.2　重点工艺设备视频监控全覆盖

(1) 装置区增加 2 台摄像机。

(2) 综合泵房增加 1 台摄像机。

(3) 卸油台增加 1 台摄像机。

2.3　事故流程可靠性升级

事故流程电动阀增加 ups 供电，防止停电或其他异常断电对事故流程电动阀的影响，保证事故状态自动切换流程的可靠性

2.4　ups 状态远程监控

UPS 加装 485 通讯模块，将 UPS 运行参数接入生产过程控制系统，实时掌握 ups 供电状态，对 UPS 蓄电池异常或其他故障能及时发现及时处理。确保停电或其他异常断时，UPS 对生产监控系统供电时长达到要求。

2.5　生产过程控制系统网络冗余

利用已建光缆设计冗余网络，对生产监控系统进行冗余网络软、硬件的配置及调试网络，组建玛 2 转油站、艾 2 转油站至玛 18 转油站的冗余网络，从而达到实现系统的冗余特性，使系统长期实现当在用网络链路发生故障时，冗余配置的网络链路自动启动运行，由此减少控制系统的故障时间，保证玛 2 转油站、艾 2 转油站监控数据传输至玛 18 转油站的稳定性、可靠性。

3　"无人值守"运行与验证

因本次"无人值守"运行模式是首次在新疆油田公司应用，所以先按照"有人值守、现场监控"运行模式运行。经过 6 个月试运行，玛 2 转油站逐步向"无人值守、故障处理、远程监控"的管理模式过渡。

3.1　事故流程验证

对事故流程进行测试 6 个月，每周 1 次：修

改事故流程液位设定值，触发事故流程启动条件，观察事故流程切换是否正常。确认切换正常后，将事故流程复位，断开市电输入，重新触发事故流程启动条件，观察当 UPS 供电时事故流程切换是否正常，测试结果全部正常

3.2　UPS 切换验证

对 UPS 进行切换测试 6 个月，每周 2 次：断开 UPS 市电输入开关，使用 UPS 蓄电池供电，观察 UPS 能否正常输出电压。确认输出正常后，合上市电输入开关，看 UPS 是否正常跳转至市电供电状态，测试结果全部正常。

3.3　冗余网络切换验证

对玛 2 转油站、艾 2 转油站至玛 18 转油站的冗余网络进行切换测试 6 个月，每周 2 次：将在用网络链路断开，观察冗余网络链路是否自动启动运行，测试结果全部正常。

4　应用

4.1　实现转油站生产过程自动化管控

完善生产工艺全过程数据采集和监控，重点工艺设备及参数监控全覆盖，视频监控无死角，应急事故处置流程安全可靠，数据传输链路稳定和可靠，实现转油站生产数据数字化、生产过程自动化、生产指挥可视化。

4.2　转油站逐步向"无人值守"新模式转变

2019 年 12 月，玛 2 转油站投产运行。因本次"无人值守"运行模式是首次在新疆油田公司应用，所以先按照"有人值守、现场监控"运行模式运行。经过 6 个月试运行，玛 2 转油站逐步向"无人值守、故障处理、远程监控"的管理模式过渡。实现生产参数实时监控、及时预警、自动加药、远程监控过磅等功能，具备突发事故应急处置功能。2020 年 8 月，艾湖 2 转油站也按照该种模式建成投产，成功运行至今。

4.3　实现减员增效、提高生产效率

传统模式下，玛 2、艾湖 2 转油站、玛 18 转油站日常运行需要 56 人，按无人值守模式运行后，现只需共 12 人值守，人员定额具体情况见表 2。

表 2

	人员定额	
	传统模式	"无人值守"模式
玛 2 转油站、艾湖 2 转油站、玛 18 转油站	管理/技术人员 3 人，资料员 1 人 4 班 2 倒制 玛 18 转油站班组： 班长 1 人，监屏岗 2 人，卸油台 2 人 玛 2 转油站班组： 班长 1 人，监屏岗 2 人，卸油台 2 人 艾湖 2 转油站班组： 班长 1 人，监屏岗 2 人 总人数：56 人	理/技术人员 3 人，资料员 1 人 4 班 2 倒制，在玛 18 转油站集中监控 每个班组： 监屏岗 1 人，巡检岗 1 人(1 周巡检 1 次) 总人数：12 人

4.4　实现集输系统管理运行新模式

由于百口泉采油厂已建转油站距离远、分布广，具有生产管理难度大、用工数量多等问题，但集输系统又是相互关联，因次提出对转油站集中管控，将玛 2 转油站、艾湖 2 转油站生产监控系统集中部署在玛 18 转油站，实现玛湖集输系统的集中监控、集中管理，打造高效的集输管理系统。

5　结束语

玛 2、艾湖 2 无人值守转油站的成功运行，实现了转油站内生产工艺全面感知、自动操控，对生产参数进行趋势预测与提前预警，提高生产效率，降低安全风险，解决了我厂用工紧张的问题，为新疆油田公司转油站无人值守建设提供了百口泉样板，为打造现代化大油气田奠定了基础，加快了智能油田的建设步伐。

参 考 文 献

[1] 彭晔. 网络视频监控技术在油田生产中的运用[J]. 信息系统工程, 2019, (08).
[2] 丁鑫. 基于网络冗余技术的应用[J]. 工业控制计算机, 2014-05-25.

智能巡检系统在无人值守站场中的应用

王雨新

（中国石油化工股份有限公司大连石油化工研究院）

摘　要　随着管道设备不断完善，油气生产系统规模日益庞大，站场设备设施结构错综复杂，分布疏散，输送多为易燃易爆物质，存在较多安全隐患。随着日后能源需求量的增加，人员配置不足、安全规范不到位等问题日益突显，对现场设备，全流程的精细化管理越来越深入，唯有加快建设数字化站场，提升管理运行模式，才能满足未来油田的发展需求。随着新型信息技术的蓬勃发展与广泛应用，传统站场巡检模式的弊端可采用现代化智能巡检监控系统、智能巡检机器人技术等方式得到改善，为实现站场无人值守提供一定技术保障。

关键词　无人值守，站场，智能巡检监控系统，智能巡检机器人，技术保障

随着互联网+、大数据、云计算等新型信息技术的蓬勃发展与广泛应用，传统的信息化发展正在面临全新的变革与突破，向更高阶的智能化发展已然成为大势所趋。传统的输油站场地理位置较为分散且位置偏僻，这些弊端均对站场的实时监控造成很大困难，为油气管道的安全管理和防范带来诸多不便。因此，采用先进的技术和研究成果对其所在区域监控环境进行改进，逐步实现少人，甚至是无人值守，符合智能管线建设的"数字化、标准化、可视化、自动化、智能化"目标要求，通过对信息的分析，为今后通过工业大数据分析、提高管道智能化和运行安全奠定基础。

1　传统站场巡检模式

1.1　设定巡检路线和巡检时间

在巡检管理过程中，巡检员根据站场大小，设备重要性及所需时间间隔设定巡检方案进行巡检。

1.2　巡检中的工作内容

在巡检过程中，巡检员通过观察电脑监控系统对现场情况进行勘察，并采用书面记录的方式对压力、温度、液位等仪表数据逐一记录观测，以备出现问题时通过数据观测数据状态，以便查明故障原因。

1.3　采用个人经验筛除故障隐患

（1）通过巡检中观测仪表数据、外观，当数据外观出现异常时，尽早做出判断并及时上报。

（2）在设备正常工作的情况下，设备产生的噪音是稳定具有一定规律的，若发生不规则嘈杂声音，可及时排除。

（3）巡检过程中可采用体感温度感知的方式，推断出设备运行状况。

（4）巡检过程中当出现刺激性气味时，可及时发现并处理。

2　传统输油站场存在的问题

2.1　书面记录与数据采集不具有时效性

巡检员每天巡检时间、路线、区域较为固定，传统的书面记录方式仅能对重要设备及关键节点进行勘察，无法实现站场全覆盖。随着能源需求日益扩大，管道输油频次、长度，输量不断增加，在如今的数据时代，采用人工计数采集数据的方式劣势突显。

2.2　易出现消极怠工现象

由于输油站场地理位置较为分散且位置偏僻，巡检员常会出现漏巡、少巡、不按时巡检、巡检任务不到位等麻痹大意问题，这种消极态度极易出现发现问题不及时的现象，而输油管线问题发生却不及时采取措施的行为，长此以往，将会引发较大的安全事故与经济损失。

2.3　巡检人员知识经验参差不齐

由于巡检人员的知识积累和经验程度参差不齐，巡检问题的描述和记录的准确性存在差异，对日后异常信息上报、处理的收集和整理带来困难。

3　现代化智能巡检监控系统

针对传统巡检中出现的各种问题，可采用智能化输油站场巡检系统加以解决，该方式对提高站间运行的安全性、可靠性，提高运行和管理的

科学性，促进管理工作的现代化有着重要的现实意义。目前，视频监控系统在无人值班的场合中非常的常见，在调度中心就能同时对其下属的多个转油站同时进行监控，能够反映出被监控对象目前的实际运行情况。视频监控系统已经成为现代监控系统中一种比较有效的监控方式。智能巡检监控系统架构图如图1所示。

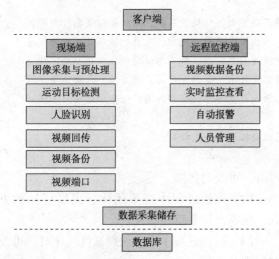

图1　智能巡检监控系统架构图

3.1　现场端功能介绍

3.1.1　图像采集与预处理

采用摄像终端采集出所需检测地的数据，并对所拍视频进行图像灰度化、图像平滑的处理，使得视频文件可以直接用于系统计算。

3.1.2　运动目标检测与人脸识别

现场端系统客户端在服务器中读取已经经过处理的监视视频，判断是否出现运动目标出现在视频监视区域及高危区域，通过此方式判断出是否发出广播警告的依据。

3.1.3　视频备份与回传

现场端将每天拍摄监控视频过程进行储存，设置一个固定时段为一个保存周期并于每天中午12点开始与监控中心进行数据同步备份，并且只对于监测记录为有移动目标的视频数据文件进行备份。

3.1.4　视频端口设置

由于每一个站场装有多个视频获取设备，对于不同视频获取设备所设置的视频区域采用不同安全级别进行详细划分。各个视频端口均需要视频监视，从而管理员通过视频端口设置来进行视频管理的端口和高危区域的设置。

3.2　远程监控端功能介绍

3.2.1　视频数据备份管理

自动接收来自各站场发送的备份数据，并对所获数据进行查看、分析、计算，也可对历史视频信息进行管理，方便日后进行查看。

3.2.2　实时视频监控查看

远程控制终端可以实现对各个站场拍摄数据实时读取查看，也可以实现通过站场扬声器的方式与站内人员进行沟通，做到发现问题及时处理。

3.2.3　自动报警系统

对于各个变电站发回的状态数据及时汇总判断，出现问题时，系统将自动触发报警声音及文字警示，并自动弹出画面，提醒监控人员及时处理。

3.2.4　人员信息管理

远程系统内部存有站内信息和监控人员的信息，可以实现站内信息，调度信息，及监控人员信息管控，并设置管理人员权限。

4　智能巡检机器人

4.1　智能巡检机器人的功能及构架

管道机器人的主要作用是取代人工来提升管道维护工作的效率。因其具备图像识别、红外热成像、声音识别、气体状态检测等功能，能够在工业环境下完成生产运行的监控、报表录取、工况风险识别等工作。同时，自身运行具备制图定位、导航和避障功能，可完成日常自动巡检、数据读取、安防等工作。

智能巡检机器人的基本组成及功能如图2所示。

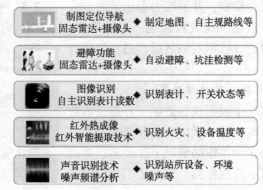

图2　智能巡检机器人

通过远程的平台支持，在转油站可实现日常巡检、值守，生产数据数字化，安防管理，工艺泄漏监测以及设备监护等功能，进而降低转油站运行的安全风险，实现无人值守。

4.2 智能巡检机器人在无人值守转油站的应用

4.2.1 生产数据数字化

智能巡检机器人采用图像识别技术，智能检测读取所需记录的仪表数值并同时成数据的分类记录、存储工作，并将其合成为完善的数据库，方便随时调取使用，有效弥补生产参数检测不足的弊端。

4.2.2 安防系统管理

智能巡检机器人采用图像识别、人脸识别技术[7-8]，对油田生产人员、外来人员及其他物体进行智能识别，并将获得数据上传安防系统，对各类人员的出入情况及运动轨迹记录成清晰地图像和详实的文字材料，显示异常的情况将会触发报警装置，有效提升站场安全防护能力。

4.2.3 工艺泄漏监测

智能巡检机器人采用泄漏状态检测技术，对站场内各种介质泄漏进行监测，通过系统自动形成生产监测日志，做到风险等级技术预判，及时报警，有效弥补油气生产数字化建设对生产泄漏工况检测的不足，降低生产运行安全风险及实施无人值守的难度[9-10]。

4.2.4 工艺设备监护

智能巡检机器人采用红外热成像、声音识别等技术，对各工艺设备的运行温度、震动情况进行监测，完成设备运行数据的分类记录、存储，形成生产检测日志，实现了对机泵运行有效监测，进一步实现故障的预判，及时发出预警，有效避免设备损坏及生产事故。

在无人值守转油站中运用智能巡检机器人进行安防、设备监护及巡检值守可以降低转油站无人值守模式下的安全运行风险，为转油站无人值守提供了技术保障。

5 总结与展望

随着智能巡检监控系统，智能巡检机器人等技术的投入使用，弥补了传统巡检模式的缺陷，站间管道、全流程设备安全性均得到较大提升，完善的数据库建立更能全面掌握设备实时运行状态，做到发现问题，及时处理，提高运行水平和风险防范能力，降低人工成本，规范日常管理，为今后通过工业大数据分析，实现站场无人值守提供坚实的理论基础，为实现智能化站场提供有力保障。但由于站内外输、掺水、热洗等工艺流程控制基本需要人工操作，在紧急情况下进行紧急处理时，无法实现远程技术控制，需要进一步优化，且目前针对油田数字化生产主要还是依据《油气田地面工程数据采集与监控系统设计规范》等标准，未在实现转油站无人值守方面均未做相关规定，进一步完善工作亟需开展。

参 考 文 献

[1] 于溪. 大庆油田 JBY 转油站施工项目管理问题研究 [D]. 东北石油大学, 2015.

[2] 张静辉. 浅谈智能巡检系统在石化企业中的应用 [J]. 通讯世界, 2018, No. 338(07)：253-254.

[3] 王浩. 智能巡检系统在管道输油中的应用研究[J]. 中国管理信息化, 2019, v.22；No. 406（16）：75-76.

[4] 王旭. 无人值守变电站智能视频监测系统的设计与实现[D]. 华北电力大学, 2014.

[5] 董喜贵, 林墨苑, 周跃斌. 应用智能机器人保障转油站无人值守的探索[J]. 油气田地面工程, 2020, v.39；No. 350(09)：64-67.

[6] 田蕴, 李帅, 王真. 智能巡检机器人的发展与设计趋势探析[J]. 工业设计, 2019(11)：143-144.

[7] 赵运基, 任钰航, 刘晓光, 等. 人工智能与嵌入式系统教学人脸识别实验平台搭建[J]. 广东职业技术教育与研究, 2019(6)：80-82.

[8] 陈宁, 陈本均, 白冰. 基于红外视频的加油枪油气泄漏检测方法[J]. 激光与红外, 2019, 49（10）：1217-1222.

[9] 刘东庭, 蒋彦君, 毛源, 等. 智能巡检机器人在配电室的应用研究[J]. 自动化与仪器仪表, 2020(5)：178-180, 184.

[10] 包震洲, 钱泱, 周卫杰, 等. 基于 GIS 的智能机器人动路径跟踪控制系统设计[J]. 科技通报, 2019, 35(12)：75-81.

高寒地区输气管道智能化建设中的"五化"应用

杨 瀛

（中国石化东北油气分公司石油工程环保技术研究院）

摘 要 中国石化已建立起较为完善的智能化管线管理系统，东北油气分公司积极推进智能化管线管理系统的建设工作，并按照中国石化确定的建设目标、建设原则和建设范围，结合生产实际，形成适应东北高寒地区工况有条件的"标准化、数字化、可视化、自动化、智能化"的智能化管线管理系统标准，实现了实现了智能化管道建设的"五大转变"，达到实时掌握系统运行状态，及时发现安全隐患，提高突发事故反应速度和处置能力，提高天然气管线的安全管理水平全面支撑管网"安全、绿色、低碳、科学"运营的目的。本文通过分析长吉管道智能化系统，总结高寒地区输气管道智能化建设中"五化"应用成果，为类似地区管道智能化系统建设提供参考。

关键词 管道，智能化，安全管理，五化

长吉管道位于吉林省境内，1999 年 8 月由地方企业建成送气，是为吉林省长春市、吉林市供气的重要管道，全长 210km，设计输送能力 $30×10^4 m^3/d$，采用 $Φ325×6$ 直缝钢管，L360 级钢材，设计压力 2.5MPa，该管道自长春市公主岭市八屋镇，途经四平、长春、吉林三个地区中的六个市县二十二个乡镇，沿途穿越等级公路 18 条、高速公路 2 条、铁路 2 条、河流 9 条。管道配套建设有 1 座增压集气站、1 个清管站、1 个分输门站，由于管道建设时期较早，输气管道未敷设同步光缆，输气管道建有 SCADA 监测控制系统，9 座阀室内各建有 RTU 控制系统 1 套，可将阀室内电动阀阀位状态，运行压力及温度等生产数据通过 GSM 网络传至新吉美公司服务器，并通过上位机进行实时查看。

2019 年中国石化整体收购长吉管道，经过现场踏勘，长吉输气管道整体数字化、信息化程度较低，无法满足中国石化智能化管网的建设要求，也无法契合长输管道完整性管理的管理理念，因此，按照"标准化、数字化、可视化、自动化、智能化"五化标准，对长吉输气管道进行整体的智能化提升，与其他长输管道建立起统一的长输管网生产运行监控平台，降低生产成本，提高天然气集输生产自动化水平，提高油气生产运行管理水平，提高油气生产经济效益。

1 高寒地区智能化系统内容及功能

基于中国石化智能管网定义的数据标准规范和技术标准，东北油气分公司结合实际情况，形成了适用于东北高寒地区的智能化管道建设标准及要求，主要包括完成管线的运行参数监控、视频监控、紧急关断、油气管线动态巡检、监控中心以及配套的网络通信等方面。

运行参数监控：在冬季极寒环境温度条件下完成管线生产数据的实时采集和监控，通过现场仪表检测和处理温度、压力、流量以及紧急关断阀门阀位等运行状态相关数据，实现管道运行状态参数采集监控和超限报警；同时通过通信网络向监控中心传送必要的数据和接受监控中心的指令。

视频监控：完成管线重要敏感点和高后果区的视频监控，在管线穿跨越河流和主要道路、人口密集区、泄漏高发区、环境敏感点等可能出现安全、环保、综治重大问题的部位或关键区域建设视频监控。

紧急关断系统：一旦出现突发故障，管线出现紧急情况，可通过自动检测线路中的压力变化及压降速率实现阀门的自行切断，同时能够实现控制室远程关闭进站阀门、出站阀门、截断阀室阀门，保证站场及管线安全。

油气管线动态巡检系统：通过巡检人员配置的手持终端，实时采集巡检管线信息。通过基于 GIS 系统的智能化管理平台，显示巡检人员位置信息和管线泄漏监测参数信息，提高管线巡检信息化水平，实时发现管线泄漏隐患点，及时采取应急处置措施。

监控中心建设：通过监控中心软硬件建设，实现天然气输气管线首末站、管线运行参数的实

时监测和视频监控，全面掌握管线整体运行状态，遇到突发事件进行应急指挥调度。

长吉管道智能化系统按照建设标准统一、关系清晰、数据一致、互联互通的智能化管道管理系统，进行管道工程数据、管网完整性数据、地理信息数据、管网生产运行数据的标准化整理、标准化加工、坐标转换、数据入库、三维管线及站库模型建设等工作，实现资源优化、运行管理、风险管控、应急救援、信息共享目标，建立起数据完整、真实可视、安全运行的管道管理系统，满足总部、事业部、专业公司、企业等对管道管理的应用需求，实现管道管理的标准化、数字化、可视化，逐步实现全部地下管道三维展示、运行动态及时把握、应急指挥快速响应。

2 长吉管道智能化系统"五化"建设

近年来，随着物联网、大数据、云计算人工智能等先进技术的飞速发展，对管道建设提出了更高要求，对管道运行可靠性提出了更迫切需求. 根据智能化管网建设要求，结合长吉输气管道现有信息化程度，因地制宜，按照东北高寒地区的智能化管道建设标准及要求，从管道数字化、完整性、信息化、可视化、智能化实施四个方面对长吉输气管道进行智能化建设。

2.1 智能化系统标准化建设

依据管道完整性管理体系及标准规范，建设管道业务活动管理、高后果区管理、风险管理、完整性评估、维修与维护、效能评估六大模块，实现对完整性管理业务和数据的统一标准化管理，并进行智能化分析决策。

2.1.1 管道业务活动管理

对与完整性管理相关的日常业务活动进行统一管理，包括事件管理、管道检测、维修维护实现业务活动的动态监管、统计分析，并对完整性分析决策提供业务数据支持。

事件管理包括：占压、第三方施工、打孔盗油/气地质灾害、设施损坏泄漏；管道检测包括：内检测、防腐层检测、阴极保护检测、磁层析检测、超声检测；维修维护包括：维修、大修、抢修、改线。

2.1.2 管道高后果区管理

针对管道泄漏等事故对公众安全、财产、环境等造成破坏的区域进行识别、评估，依据后果严重程度对高后果区实施分级监管，随着管道周边环境变化，定期进行高后果区更新与动态监管。

按照 A、B、C 三类进行分级，确定数据采集范围如表 1 所示，并进行相关数据调绘，根据调绘对象的不同，调绘数据包括地理位置，负责人姓名，联系电话，人数，面积，经纬度等，并按时进行调绘回访进行数据更新。

表 1 管道周边信息资料收集分类表

范 围	调绘对象
A 类(沿线两侧各 200m)	单户居民
B 类(沿线两侧各 2000m)	政府(市、县、乡镇)、村庄(村委会、街道办事处、社区)
	敏感目标(学校、医院、电影院、大型商场人口稠密区等)
	植被密集区(农场、森林)
	文物及自然保护区、环境监测点
	重大危险源
C 类(沿线两侧各 50km)	应急救援力量
	通往以上各救援力量的主要道路信息和道路特征点

2.2 管道数字化提升

基于智能化管网建设的标准要求，考虑到管道完整性管理的重要意义，长吉输气管道管道数字化建设分为基础数据维护、管道文档资料管理、三维模型管理、二维地理信息管理四部分。基础数据维护为二、三维应用提供数据；文档资料管理对管道的各类设计和施工资料进行管理；三维模型管理按照模型类型和企业性质分类管理；二维地理信息管理对二维矢量图层、影像、二维数据的描述信息、二维数据编码信息进行管理，最后统一发布二维地理信息服务。

2.2.1 管道基础资料维护

按照智能化管道数据采集标准，进行管道本体和管道附属设施数据的收集整理、处理。需要收集的数据包括如表 2 所示。

表 2 管道基础资料收集统计表

序号	工作内容	检测范围
1	管道基础数据	埋深、管径、壁厚、走向坐标、介质、投产日期、周边环境等
2	管道检测数据	管道级别、安全等级、壁厚、检测结果、检测结论等
3	管道占压数据	占压类别、输送介质、占压时间、占压性质、占压长度、占压照片等

序号	工作内容	检 测 范 围
4	实景照片	管道复杂区域照片、管道穿跨越照片、管道占压照片等
5	管道维修维护数据	维护时间、地点、内容、换管数据、沉管数据、改线数据等
6	侵害类数据	损伤、露管、打孔盗油、腐蚀穿孔等

根据以上内容，对长吉输气管道数据进行补充，对没有的管道数据进行收集，对缺失的管道属性数据、地理数据和周边环境信息进行管道检测工作（如管材、管径、长度、壁厚，位置、走向、高程、占压、穿越及周边环境、站场测绘、带状地图测绘、管道附属设施影响采集）对运行维护数据和文档资料及管理制度联系现场管理人员进行收集（如维修维护数据、文档管理数据、侵害数据、生产数据、监控数据、设备参数、管理规定及安全规范等）。

2.2.2 管道文档资料收集

按照管道文档资料（涉及管道的编码规定、数据规定、文件清单三类电子信息和图纸信息），管理好管道文档资料，可以为管道施工和应用提供有力的规范和基础依据。如图 1 所示。

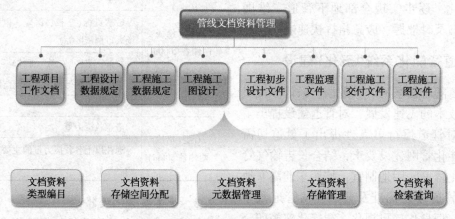

图 1　管道文档资料管理分类图

2.3 可视化建设

针对长吉管道重要隐患点管理，在高后果区部位采用视频监控装置进行实时监控，独立该监控装置集合了高清视频录像及语音喊话预警功能，采用太阳能电源独立供电，并依托于封闭公网进行实时数据传输。管道管理机构可实时监控天然气长输管道各隐患点的现场情况，在管道隐患点遭遇人为蓄意破坏、管道周边第三方施工、重大安全事故、恶劣环境天气时进行实时预警反馈，如图 2 所示。

2.4 自动化提升

管道配套信息化提升主要包括运行参数实时采集及报警、管道泄漏检测、管道紧急关断、视频监控和相关的电力、通信等配套工程等内容。长吉管道自动化、信息化提升工程主要包括以下几点。

2.4.1 阀室及站场信息化提升

将 9 座阀室、1 座清管站各新建门禁及视频监控系统 1 套，视频监控采用 2 座防爆一体化红外枪机，监控信号通过新建 RTU 远传至公司机关中心内新建的视频监控系统，并配套硬盘录

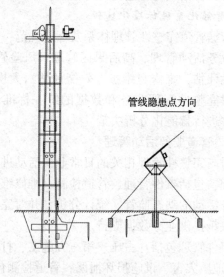

管线隐患点方向

图 2　隐患点独立监控装置示意图

像机。

因长吉管道长度较长，敷设所经地区社会环境复杂，考虑到整体施工难度、预算及工期要求，对于输气管道通信系统有如下方案进行比选（表 3）。

经过比选，采用新建防火墙+租赁当地网络供应商公网专线（用于数据传输及气液联动阀门

控制)的方式以满足通信需要。

表 3　通信方案比选表

通信方案	优　点	缺　点
方案一：光缆传输	传输稳定速度快，通信系统完全密闭，数据安全性高	施工难度较大，施工预算较高
方案二：4G 传输	价格合适，通信系统整体安装简便	网络安全性较差，不符合相关工控网安全管理规定
方案三：租赁公网	网络安全性好，通信系统整体依托当地公共网络，施工简单	相比 4G 传输，费用较高

阀室、清管站各新建 1 套太阳能供电系统，以满足各阀室和清管站内的用电负荷。阀室、清管站各新建 1 套 RTU 系统。

2.4.2　末站信息化改造

在新吉美输气管道末站新建 SCADA 系统 1 套，实现对改造后新吉美天然气管道、站场、阀室等采集数据的管理、操作及监控。末站进气管道的切断阀和紧急放空阀改为电动球阀。调压间新建可燃气体探测器。站内新建视频监控系统 8 处，采用防爆一体化红外枪机。

2.5　智能化建设

目前已建的管网信息系统平台进行源头数据校准与系统功能更新的基础上重点建设管道数字化管理的 4 个子模块、管道完整性管理的 3 个子模块、管道运行管理 2 个子模块、应急响应管理 2 个子模块和综合管理 7 个子模块共 18 个模块的应用功能、1 套标准规范和安全可靠的支持环境。

充分发挥已建系统的作用，新建模块与已建系统进行集成，实现数据共享，避免重复建设。底层数据借助现有系统、系统通过预留数据接口，具备和其他后续建设系统的链接功能。

3　取得的主要成果

智能化管线管理系统建设，全面补充完善管线基础数据，形成集管线和站场信息的采集、传输、存储、处理、分析、发布、管理、应用和应急响应于一体的综合管理应用平台，管理人员能够全面、及时、准确地获得管线的基础与动态运行数据，提高管线工程规划设计的准确性和科学性，主要成果及效益如下。

（1）通过智能化管线管理系统建设，实现天然气管线的全面监控，提高安全隐患识别能力，

及时发现和应急处置，预防对管线设施的破坏。加强对重要跨越路口、河流、人口聚集区等敏感点的监控，一旦发生紧急情况，启动应急反应机制，远程指挥调度，采用紧急切断等手段，减少人员伤亡、财产损失和环境污染，提升安全生产管控能力，保证天然气管线的平稳运行；

（2）实现生产参数、安全隐患点全面监控，预警分析，对管道安全实现全方位管理。可及时发现安全隐患，采取措施进行处理，有效降低事故率，减少管线泄漏损失，对保障生命财产安全，预防环境污染具有重要意义。遇到突发事故，启动应急响应机制，远程指挥调度，快速反应处置，有效预防重大安全生产事故；

（3）使管线基础资料更加完善，标准化管理，统一入库存储，实现管线基础资料的全局共享，提高资料的标准化管理水平，为技术部门和管理部门提供准确全面的数据资料，避免重复测绘，为管网规划、建设、管理提供有力支持，在降低规划建设成本、辅助管线完整性管理等方面带来效益；

（4）智能化管线管理系统，以三维可视化为手段，精确地反映管线的分布情况和属性信息及日常运行情况，直观地展示在管理部门及用户面前，通过多种方式对管线数据进行查询、更改、统计和管理，提升天然气管线信息化管理水平；

（5）实现重要安全隐患点和盗窃高发区的全面监控，按每年减少 1 起盗气活动计算，每年可节省事故处置直接及间接费用 100 万元以上。

4　今后工作建议

输油气管道的运行线路的智能化管理，可以有效的确保油气管道输送油气方面的可靠性以及安全性。推进管道智能化将有助于管道企业把握'保安全'和'求效益'的平衡点。根据中国石化智能化管道的总体要求，东北油气分公司在长距离输气管线智能化系统建设方面还需要在以下几方面进行加强完善。

（1）完善管线施工基础资料数据，满足智能化管线建设的数据需求。

为满足智能化管线建设信息规划要求，需要对现有资料进行整理完善，同时按照新的标准格式进行转化，对数据精度达不到要求的基础地理信息重新购置，以满足对涵盖管网全生命周期各个环节的数据需求。

（2）补充完善视频监控点，实现生产现场和

重点安全隐患点的视频监控。

加大输气管线和站场视频监控点设置，实现生产区域全覆盖，在管线沿途重点安全隐患点设置视频监控，及时发现管道安全隐患，满足突发事故的快速反应和处置的需要。

（3）对自控系统完善和改造，实现管线的远程应急关断功能。

目前各输气站均设置了远程关断装置，但是一直没有实现远程关断功能，需通过自控系统功能完善，实现智能化管道要求的远程关断功能，并对各阀室进行改造，配套电力供应和参数采集及远程功能，实现远程监控和自动关断。

参 考 文 献

[1] 陶晓明. 输油气管道运行路线的智能化管理策略分析. 化工管理, 2015；(20)：37-37.

[2] 谢军. "互联网+"时代智慧油气田建设的思考与实践[J]. 天然气工业, 2016, 36(1)：137-145.

[3] 李柏松, 王学力, 徐波, 等. 国内外油气管道运行管理现状与智能化趋势[J]. 油气储运, 2019, 38(3)：241-250.

[4] 黄维和, 郑洪龙, 李明菲. 中国油气储运行业发展历程及展望[J]. 油气储运, 2019, 38(1)：1-11.

[5] 龚金海, 刘德绪. 普光气田集输系统综合防腐技术[J]. 油气田地面工程, 2014, 33(3)：62-63.

[6] 王华. 论我国三大石油公司信息化进展[J]. 石油规划设计, 2013, 24(06)：5-9.

[7] 李海润. 智慧管道技术现状及发展趋势[J]. 天然气与石油, 2018, 36(2)：129-132.

[8] 王立辉, 王志付, 沈峥. 基于全生命周期的管道工程数据管理平台的设计[J]. 油气储运. 2016, 35(12)：1296-1299.

松南气田信息一体化提升与应用

徐 磊

(中国石化东北油气分公司石油工程环保技术研究院)

摘 要 随着社会经济的发展，数字化、信息化进程不断加快，油气行业利用信息化不断提升油气生产能力，强化本质安全、降低运营成本。松南气田于 2009 年建成投产，目前已经进入中后期，存在设备使用年限延长，安全风险高，生产运行管理效率低，工作强度大，通信传输不稳定等问题。针对这些问题，松南气田建设信息一体化管理平台，实现采气生产实时监控、工况动态集中展示与跟踪、预警报警、智能调控、动态分析智能辅助等功能提高气田的安全管理水平，降低劳动强度，实现气田提质增效。

关键词 一体化，安全管理，提质增效

我国工业与信息化部于 2015 年 3 月发布的《2015 年智能制造试点示范专项行动实施方案》报告以及国务院于同年 5 月印发的全面推进实施制造强国战略文件《中国制造 2025》等均要求加快智能化建设，实现信息化和工业化的深度融合。中国石化块坚定不移推进上游板的信息化创新，加快"两化"融合，实现以信息化推动工业化。东北油气分公司地处高寒地区，外部作业环境艰苦，劳动强度大，利用信息化可提升本质安全、降低运营成本、提升劳动效率。

1 松南气田

1.1 气田概况

松南气田于 2009 年建成投产，至今已安全平稳运行近 11 年，共 35 口单井，采用一、二级布站模式，部分单井来气进集气站，部分进集输处理站。单井来气经集气站计量分离后输送至集输处理站，与直接进集输处理站的来气经处理后经外输。天然气净化厂设计处理规模 390×10^4 m^3/d，商品气外输管道设计输气量 $300 \times 10^4 m^3/d$，商品气产量占东北油气分公司的 60% 以上，是东北油气分公司的主力气田。

1.2 信息化能力现状

松南气田集气处理站由 DCS 集散控制系统、井场及外输管道 SCADA 系统(监控和数据采集)和电视监视系统组成，其中 DCS 集散控制系统对集气处理站的装置设备、公用工程及辅助系统进行集中监测与控制，SCADA 系统监测采气井场、集气站和外输管道各站场的生产状态，电视监视系统实现对站内安全状况的监控。集气处理站集散型控制系统(DCS)通过工业以太网与中央

控制室上位计算机管理控制系统连接。采气井场设置远程终端 RTU，通过无线数传电台与集气站或集气处理站数据交换，实现数据采集和 ESD 控制。

随着气田进入中后期，工况变较大，设备使用年限延长，安全风险逐渐提高；生产运行管理多以来人工，信息流转效率低，工作强度大；采气厂通信采用无线网桥传输，虽然地处平原地区，但周边树带林立，环境复杂，信号传输不稳定；随着产量、压力递减，依靠人工进行生产动态数据管理、分析的劣势逐渐明显。松南气田亟需通过信息化提升提高气田运行管理水平。

2 信息一体化提升思路

2.1 建设目标

通过气田信息化提升的建设，以"精细管理"为导向，以"提质增效"为目标，实现采气生产的实时监控与动态集中展示与跟踪、预警报警、智能调控等功能，逐步构建"分级监控、事前预警、应急处置、闭环运行、智能调控、统筹管理"的一体化智能生产调控体系，形成气田"建设四化一体"的新模式，为气田开发增值。具体目标可包括预警智能化、监控可视化、运行闭环化、决策精准化、一体化协作。

2.2 设计原则

气田一体化信息管理平台建设的设计原则包括七个方面。

(1) 先进性设计。采用成熟广泛应用的技术为主，新的平台向云平台靠拢，并对移动应用提供支持，保持项目成果的先进性和充分的发展空间。

（2）可扩展性设计。通过标准化组件及模块接口，实现平台的可扩展性的技术基础。通过模块的良好封装性，实现模块之前的低耦合，实现应用的可扩展性。

（3）系统可靠性设计。在软件设计中，使程序设计在兼顾用户的各种需求时，在避错、查错、改错、容错等方面全面满足软件的可靠性要求。

（4）可配置化设计。通过遵循平台的研发规范，可标准化相关接口。

（5）模块化设计。将产品的某些要素组合在一起，构成一个具有特定功能的子系统，将这个子系统作为通用性的模块与其他产品要素进行多种组合，构成新的系统，产生多种不同功能或相同功能、不同性能的系列产品。

（6）兼容性设计。平台应当兼容各类应用，包括 BS、CS 及各种不同的开发语言。平台还应该兼容各类微软的操作系统及 32 或 64 位系统。

（7）个性化。平台应该支持个性化处理，每个用户都可以根据自己的业务、自身的习惯对平台进行功能定制，以符合自身需求。

3 松南气田信息一体化提升建设

松南气田信息一体化提升项目于 2018 年年底完成详细设计评审会议，并开工建设；2019 年 6 月，开始信息化项目的试运行，在试运行阶段对 8 大模块，180 功能进行应用。2019 年 8 月，采气厂组织进行系统全面上线试运行；同年底完成验收。

3.1 系统需求

松南气田亟需通过信息化提升解决气田生产中面临的问题。主要有四个方面的需求。

（1）采气厂生产自动化设备完善需求。采气厂井场、处理站等生产节点的自控设备，受时间、环境、型号、兼容性等问题影响，部分自控设备已经无法实现远程自动化控制。

（2）采气厂生产信息化管理的需要。针对采气厂管理模式改革、用工人数减少的目标，需要建成生产数据全面智能感知、生产过程自动控制、作业环节实时监控，生产异常智能诊断、异常智能处理、辅助科学决策于一体的智能化气田。

（3）采气厂生产安全管理的需要。重点对采气厂生产安全监控，集成视频监控、作业监控，建立应急指挥平台，实现一体化联动机制，提高生产安全水平，提高设备设施运行安全水平，保

障高危作业安全。

（4）提高作业现场监督的需求。对作业现场监管靠人工现场监督，缺少有效支撑手段，安全人员少，影响施工及时开展，需要全面、实时监督的有效支撑。

3.2 系统架构与组成

（1）系统架构。系统总体架构分为数据存储层、平台框架层、应用呈现层三部分。数据存储层基于数据存储介质实现 EPBP 基础数据、实时数据、项目数据的存储。平台框架层包括平台运维管理、平台服务、数据服务、基础组件以及软件部署等。应用呈现层实现应用功能的呈现，支持 PC 端、移动端等多种终端环境，详见图 1。

（2）系统组成。松南气田一体化信息管理平台建设搭建综合管理调度指挥平台，平台主要功能功能模块：三维 GIS、智能监控、生产管理、HSSE 管理、设备管理、应急管理、开发优化、生产报表等功能。各功能模块还包括若干子模块，详见图 2。

3.3 技术指标

（1）网络技术指标。终端到服务器的 PING 包时延：平均时延 37.37ms，PING 成功率 99.52%。单用户平均吞吐量：上行峰值 26.84Mbps，下行峰值 45.78Mbps；上行平均 16.44Mbps，下行平均 28.58Mbps。

（2）GIS 地理信息系统建设必须实现基本功能交互、三维操作、数据加载、系统管理等功能。

（3）智能预告警：建立全部生产节点分类分级的异常预警机制，集成实时数据及报警信息进行综合诊断，发现安全生产隐患及时推送处置，实施"一点一策"的精细化安全管理，确保安全平稳生产。

（4）开发生产智能优化：以 EPBP 数据为基础，对历史数据进行拟合分析，共建立多种算法，实现可视化预测工具，进行产气量、油压、液气比预测，适时对气井未来的生产状况进行合理预测。建立重点指标的预警机制，包括产气量、产液量、油压等，利用趋势算法，异常数据推送，减少了异常气井的响应时间，优化提升了业务流程。

（5）移动终端：建立移动端生产动态查看，主要包括生产简报、生产总览、采气动态、外输动态、开关井动态、单井生产、石油工程、能耗动态、集输处理、生产曲线等。

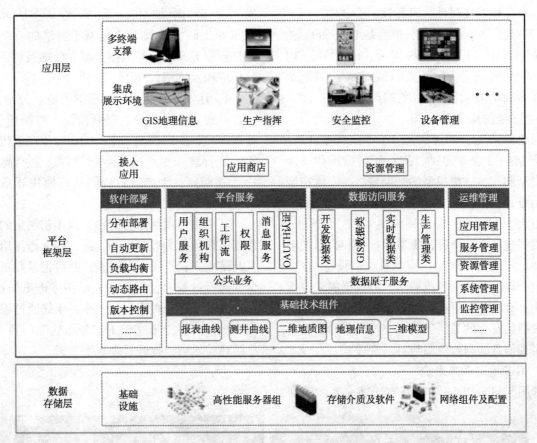

图1　系统架构示意图

图2　综合管理调度指挥平台功能模块示意图

（6）集中呈现要求。在系统运行过程中，为保证数据安全以及意外情况下，系统的稳定运行，必须实现数据和应用程序的备份。通过实现服务端数据同步、客户端智能切换，保证在运行服务器出现意外情况时，保证平台的稳定运行。

3.4　项目建设内容

3.4.1　建设生产区4G网络

（1）完成4G通信网络搭建，覆盖整个松南气田工区（28口井），承载实时井场视频、手持机通信数据，并配合手持机实现集群通话功能，确保业务传输的实时性、可靠性、安全性。

（2）建设2个通信基站，覆盖集气站、处理站、松南采气管理区、厂部，达到24km²；承载井场实时数据、高清视频等业务数据。上行为25m/s，下行为45m/s；共部署12台防爆手持终端；

3.4.2 三维仿真模拟

对松原采气厂20个井场、1个集气处理站、1个集气站、1个变电站，进行倾斜摄影和三维实景模型制作，三维模型的平面精度、高度精度均达到Ⅲ级，平面中误差不大于0.8m，高度中误差不大于1m，见图3。

模拟现场工艺流程，集数据挂接和数据展示于一体，实现安全风险、应急逃生、设备信息、气井生产动态等数据集成展示，将数据成果进行数字化、直观化、可视化表达，为生产监控和管理决策提供有力的分析工具和直观形象的信息支持，实现信息的高效应用与科学管理。

3.4.3 GIS地理信息系统

选用SkylineGlobe实现基本功能交互、三维操作、数据加载、系统管理等功能。SkylineGlobe是全球领先的基于网络的三维地理信息云服务平台，集数据处理、数据展示、数据分析应用及网络发布于一体。

3.4.4 建设生产运行协同指挥模块

共建立实时监控、视频监控、智能预告警、远程巡检、生产调度、生产动态、生产值班、车辆运行管理、重点项目运行管理、生产周报等13个功能点，生产运行协同指挥模块体系详见图4。

其中重点项目运行管理，以年初制定的年度重点工作运行大表为中心，统一线上指派给牵头人及落实人，进度随时更新，并可记录每项工作全部运行过程，督促责任人尽快推进工作进度，把控关键节点，提高运行效率；年终通过综合数据分析，可对比未完成工作分布的部门及类型，总结经验教训，提升管理水平。

图3 集气站、井场三维仿真模拟图

图4 生产运行协同指挥模块体系图

3.4.5 建设安全生产监控模块

建立重点工作管理、HSSE检查、隐患治理、风险管控、直接作业管理、人员证件管理、在线考试等17个功能点，安全生产监控体系详见图5。

其中直接作业管理实现电子化，直接作业票据签发由线下转移到线上，因签署逻辑的关系保证了票据签署环节的零失误。在风险管控子模块建立月度风险识别任务，内置中国石化安全风险矩阵，录入风险后果等级、发生频率，自动计算

风险评价结果，辅助风险等级判断等上报，依据

审核流程，实现风险的审核入库。

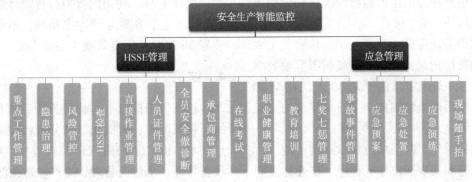

图 5　安全生产监控体系图

3.4.6　建设设备全生命周期管控模块

实现设备管理的全生命周期管理，包括前期管理、资产管理、维护管理等 8 个功能。通过设备全生命周期信息化管理，提升设备综合效能，保障设备安全，减少设备隐患，逐步改变维修模式，提高预知维修水平。

3.4.7　建设开发生产优化模块

以 EPBP 数据为基础，对历史数据进行拟合分析，共建立 11 种算法，提供可视化预测工具，进行产气量、油压、液气比预测，适时对气井未来的生产状况进行合理预测。

建立重点指标的预警机制，包括产气量、产液量、油压等，利用趋势算法（四日内连续三日数据变化量之和超过该比例的气井），直接推送异常数据，减少了异常气井的响应时间，优化提升了业务流程，推动气井精细管理上台阶。

3.4.8　建设移动监控与指挥模块

实现移动巡检、设备保养、直接作业、设备启停、设备检测和日常生产任务。

（1）建立移动端生产动态查看，主要包括生产简报、生产总览、采气动态、外输动态、开关井动态、单井生产、石油工程、能耗动态、集输处理、生产曲线。移动端生产动态使用效果详见图 6。

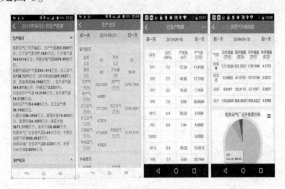

图 6　移动端生产动态查看示意图

（2）借助 4G 专网，实现点对点语音视频通话、群组对讲通话。移动终端直接调取实时视频监控，配合语音喊话、视频报警推送等功能，实现移动应用监控。移动应用监控示意详见图 7。

图 7　移动应用监控示意图

（3）基于手持终端的电子巡检，集成了巡检路线定制、数据电子化记录、工作状态监督、数据汇总等功能，有效的降低人为因素带来的不检、漏检和错检等问题。实现巡检工作的无纸化数据采集，同时运行部门能够有效的监督巡检人员的工作情况，为巡检管理工作提供一种科学有效的手段，真正实现巡检工作电子化、信息化、智能化。

（4）其他方面。基于 PC 端任务，实现移动端任务的执行与处置，基于防爆手持机的便携性，在直接作业现场、安全检查、现场参观等环节，开展照片、视频等拍照与上传功能，配合PC 实时展示。

3.5　建设效果

松南气田通过信息一体化提升建设，取得了预期效果。一年多来，信息一体化平台运行稳定，收益显著。

（1）数据采集、传输稳定。4G 专网保证了生产一线数据的采集和传输。远传实时视频监控

图像清晰流畅，可有效监控气井井场、集气站、处理站的各生产单元的生产运行情况，确保隐患早发现、早解决。

（2）减少劳动定员。智能电子巡检取代了大部分井场的数据记录，提高了采气班组劳动效率90%以上，巡井班组定员由原来30人优化至20人，采气班组由两个缩编成一个，每年节约人工成本120万元左右。

（3）强化采气厂基层单位规章制度落地。由于信息化提升和实现岗位作业程序、作业标准和操作规程，督促员工时刻严格要求自己，实现岗位操作标准化，进而推动企业管理的标准化、规范化和科学化，任务执行率保持在98%以上。

（4）实现对承包商的强势管理。通过HSSE重点管理，建立了统一、标准、可量化、可追溯的台账、安全作业标准体系，进而实现对承包商的强势管理，提高了由公司模式下对承包商的管理能力。

（5）调高设备运行可靠性提高。智能化设备管理系统，有效避免以往偶发的设备保养不及时、不到位情况，通过分析统计等手段，实时掌握设备运行状态、提高设备利用率和完好率，实现主要设备一、二级保养执行率100%。

（6）动态分析智能辅助。气藏开发模块依托生产曲线定制，利用内置拟合智能算法，结合人工剔除噪点，实现生产动态预测，不仅单次操作节省3h工时，还有效减少主管误差。

4 结论

松南气田信息一体化提升项目应用了4G网络、视频监控、智能化数据分析和智能预警等信息技术，提升了松南气田综合监控、电子巡检、设备管理、承包商管理、生产动态预测的能力和水平。松南气田信息一体化提升建设将传统油气田安全管理方式和信息化技术有机融合，开拓了管理思维，为东北油气分公司推动信息化提升打造了样板工程。

参 考 文 献

[1] 赵洪涛. 现代油气田中的信息化建设探讨[J]. 中国管理信息，2016，22(9)：90.

[2] 刘银春，李卫. 气田信息化站场可行性研究[J]. 山东化工，2016，45(17)：143.

[3] 戴少军. 4G通信技术在油气田中的应用研究[J]. 中国科技信息，2013，12(3)：45.

[4] 宋汉华，茹志娟，李彦彬，等. 气田单井无线监控技术的优化[J]. 石油化工自动化，2014(04)：73.

智能化管理系统在伏龙泉气田生产中的应用

刘 欢

(中国石化东北油气分公司石油工程环保技术研究院)

摘 要 常规气田向智能化气田升级，是实现智慧气田发展的必然趋势。中国石化伏龙泉气田集气站通过三维虚拟现实技术，真实呈现站内设备设施的建设情况、工艺流程运行情况、隐蔽工程情况等，实现场站的精细化信息管理，为场站的工艺操作培训、生产运行、检测维修、设计改造提供真实详尽的数据支持和智能便捷的管理工具，提高伏龙泉气田智能化生产管理水平，同时，为进一步打造智慧油气田奠定基础及提供可靠的参考与借鉴。

关键词 三维，智能化，数字化，天然气场站，精细管理

随着现代化企业管理制度的建立，油气田相应的管理工作正在逐步向精细化、扁平化方向发展，但由于油气田生产经营区域、企业资源和工程建设设施所处的地域均处在野外，且分布地域范围广，各种环境比较复杂，不在工区的决策和管理层难以长期保持深入了解现场工程建设、生产运行的详细现状，导致在进行投资项目管理的规划决策、生产运行优化及改造决策等工作中存在较大困难，因此需要利用最新的信息化、数字化技术开发建设一套与之相适应的三维场站智能化管理系统，给气田装上"智能大脑"，给决策和管理者提供重要的智能化工作抓手。

为进一步提高地面工程数据库在日常生产管理中的应用效果、实现地面工程精细化管理，中国石化东北油气分公司以伏龙泉集气站为试点，建立伏龙泉集气站的实体三维模型以及智能化管理系统，真实再现场站内的设备设施、隐蔽工程等的建设位置、管网连接、工艺流程等，实现基于三维立体场站的资料查询和设备设施管理工作，提高东北油气田地面工程场站的精细化管理水平，同时，为进一步打造智慧油气田奠定基础及提供可靠的参考与借鉴。

1 智能化管理系统简介

智能化管理系统是在地面工程地理信息系统的基础上形成的具有高度数据集成能力的综合信息平台，能够浏览实现场站基础信息、实现生产信息的在线分析与数据挖掘、支持用户通过设定的查询条件生成相应的统计图及业务报表、为企业场站精细化管理提供全面、直观的图形导航、业务分析等功能。系统由数据存储层、数据访问层、服务层和应用层组成四层架构。数据存储层存储了基础地理信息数据、三维模型数据和设备设施属性数据，为整个系统运行提供数据基础。数据访问层是系统服务层和数据存储层关联的纽带，系统服务层利用其从数据存储层获取数据或写入数据结果，针对不同的数据存储方式数据访问层采用不同技术实现数据的读写。服务层是为整个系统提供相关服务的，包含了系统所有的功能模块。应用层是将服务层相应的服务进行集成，组成应用子系统。系统整体架构如图 1 所示。

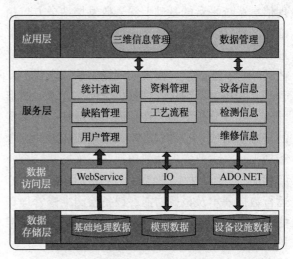

图 1 系统整体架构图

智能化管理系统主要包含场站数据建设、场站三维模型建设和场站管理功能开发三部分。

（1）场站数据。

场站数据主要包括：场站设计、施工、竣工资料，包括资料；管道及相关设施位置信息、属性信息；设备产品说明、安装信息、位置信息；

隐蔽工程的位置信息、属性信息、与地上设施的连接关系等情况；工艺流程及每个环节的条件要求、工艺流程分析、生产数据模拟等，按场站建设资料、管道数据、设备数据、隐蔽工程进行大的分类整理，再各自按照各自的流程进行数据处理、入库。

（2）场站三维模型。

场站三维模型主要包括：管道及其附属设施三维建模；设备数据三维建模、工艺流程动态模型建设、三维场景建模、隐蔽工程建模、场站模型组合搭建等，借助于三维虚拟场站，可以实现场站更加精细化的管理，通过三维场站模型与设备设施业务数据库的连接，可以实现站内管网及设备设施位置数据、连接情况、基本参数的综合再现，提供多角度、全方位的数据展示，为场站设施的缺陷管理、场站应急抢险、场站培训、场站(扩建)规划设计等方面起到了积极的作用，实现直观、高效管理和运用数据的目标。场站建模需要完成包括设施设备在内的所有对象的建模，并将场站模性导入三维影像地景模型中，与相应设施设备属性数据关联起来。

（3）三维场站管理功能。

实现各种场站基础信息、生产信息的在线分析与数据挖掘功能，支持用户通过设定的查询条件生成相应的统计图及业务报表。在地面工程地理信息系统平台的基础上深入研发场站全方位精细化管理功能，充分展现场站信息化、精细化管理理念，实现静态与动态数据的结合、平面与立体的结合、通过接口研发实现场站的综合化生产管理，为场站精细化管理提供全面、直观的图形导航、业务分析手段，在地面工程地理信息系统的基础上形成一个具有高度数据集成能力的综合管理平台。主要实现功能包括：三维场站综合介绍功能、三维场站工艺流程学习培训功能、生产运行数据展示及报警功能、设备检测维修管理功能、设备设施综合查询统计功能和系统数据维护、用户权限管理功能。

2 伏龙泉气田智能化管理系统

通过东北油气分公司两期的系统建设工作，已建成支持场站管理的高度可视、动态模拟、实时监控、先进实用的工业化与信息化融合、安全可靠的一体化平台，充分展现场站信息化、精细化管理理念，实现静态与动态数据的结合、平面与立体的结合、通过接口研发实现场站的综合化

生产管理，实现气田地面工程与地理位置、周边环境、基础资料、生产信息的有机结合，为实现地面工程基础数据的实时查询、统计、分析，以及规划设计工作，提供了有序化管理的平台，提高了管理和决策能力。

2.1 系统整体情况

伏龙泉气田智能化管理系统涵盖二维、三维的地面工程地理信息系统，形成基于高清影像的地面工程管理、井位部署及辅助规划系统。同时，制定了相应的地面工程数据展示标准，建立了地面工程管理影像数据库和业务数据库，建设了地面工程地理信息系统，建成一个集地面工程建设现状展示、信息管理、查询、统计、分析等功能于一体的可视化电脑应用软件平台。

在该系统中可以方便地浏览气田的具体位置、在储运管网中的位置与作用，了解气田的特征及场站的工艺流程、站内布局、主要设备情况，以及气田的集输概况，并以文字与影像相结合的视频播报方式，自动播放场站周边及站内设备设施，既可以了解场站的整体布局，又可以细看每个设备设施的具体参数。三维场站综合介绍示意图如图2所示。

图2　三维场站综合介绍示意图

2.2 主要功能

（1）三维场站工艺流程学习培训功能应用。

实现场站工艺流程的动态展示，示意图如图3所示，辅助新员工学习了解场站的工艺流程、特点及设备操作情况，并可分析缺陷设备设施对整个工艺的影响，必要时采取的应急措施。

（2）生产运行数据展示及报警功能应用。

实现站内设备设施的动态数据展示，随时掌握场站的工作状态、设施设备的运行情况。当检测值低于或超过报警值域时，在系统中出现报警

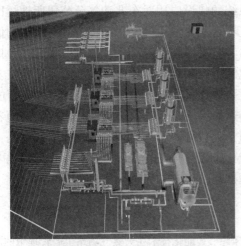

图3 三维场站工艺流程示意图

提示，并可对报警的设备设施进行定位及信息查看。

（3）设备检测维修管理功能应用。

实现设备检测信息入库，供维修人员查看待维修设备的位置信息、故障情况，及时进行设备维修管理。同时实现检测工作与已维修工作的转换，方便管理设备检测工作和设备维修工作，并可统计查询设备的历史维修情况。

（4）设备设施综合查询统计功能应用。

系统能够实现三维场站相关设施设备静态数据的分类查询、统计功能；实现三维场站相关设施设备动态数据的查询统计功能，可以按设施设备运行压力、流量等信息进行查询统计；实现设备设施检测、维修数据的查询统计功能；实现三维场站改扩建/资料管理数据的查询功能。

（5）系统数据维护、用户权限管理。

为保证系统数据的完整性和现势性，保证系统实用性，研发系统数据维护功能。系统数据维护包括设计、实施、竣工、生产设计的所有资料的上传、下载、删除功能，设备设施的属性信息更新、修改，实时数据的报警阈值修改，以及矢量数据(井、管线)的加载、删除等数据维护功能。用户权限管理实现系统用户的创建、删除，以及权限分配功能。

2.3 系统建设的意义

（1）通过该系统的建设与应用，提高管理决策能力。

建立三维场站，并在现有的地面工程地理信息系统上增加了三维场站相关管理分析功能，实现场站内部的精细化管理，并与管网、井位信息相结合，将分公司所属的各种油气资源、工程建设和生产运行的动静态数据叠加到以高清晰度影像数据和高分辨率地理数据为基础的电子地图上，将这些复杂、枯燥的数据通过"身临其境"的可视化技术整体客观地展示给相关人员，便于管理者和决策者全面、及时掌握情况，使该系统成为加强规划决策、计划运行和生产管理的重要手段之一。

（2）该系统是提高经济效益和工作效益的重要手段。

通过该系统的应用，决策和管理者可以方便地通过地面工程地理信息系统实现场站管道、设备、流程、隐蔽工程、动态数据等的精细掌控，实现在室内就能掌握现场的所有情况，节约部署方案、开发建设方案、生产运行方案规划时资料收集、野外调研等大量工作，并通过精细数据支持有效地降低投资风险和投资成本，提高经济效益和工作效率。

（3）智能化场站建设是信息化发展的必然趋势。

气田勘探区域几万平方公里，甚至十几万平方公里，且所处地理位置都比较偏远，同时所辖企业管理着上千口生产开发井、上千条各种管线、上百个场站，以及其他多种生产配套设施的数据。对于如此庞大的信息体，一般的查询、集合手段调用这些数据就显得非常笨拙和单调。而该系统应用的三维虚拟现实展示技术是以沉浸性、交互性和构想性为基本特征的计算机高级人机界面。智能化管理系统是地面工程管理信息化发展要求。该系统的建设和应用既符合石油石化行业生产分布的特点，也是当今信息系统建设的潮流所趋，是技术发展的必然要求。

（4）是实现气田精细管理、降本增效的有效途径。

通过伏龙泉三维场站管理系统的建设，建立了伏龙泉三维场站，研发了三维场站相关管理分析功能，实现场站内部的精细化管理，并与储运管网、集输管网、井位信息相结合，将伏龙泉气田地面工程建设和生产运行的动静态数据叠加到以高清晰度影像数据和高分辨率地理数据为基础的电子地图上，将这些复杂、枯燥的数据通过"身临其境"的可视化技术整体客观地展示给相关人员，便于全面、及时掌握情况，节约部署方案、开发建设方案、生产运行方案规划时资料收集、野外调研等大量工作，并通过精细数据支持有效地降低投资风险和投资成本，提高经济效益和工作效率。

3 先进性及效益分析

伏龙泉三维场站管理系统的实施，极大地促进东北油气分公司的技术进步，提升企业管理的水平，增强企业竞争力，产生巨大的社会效益和经济效益。

（1）可以使各级领导非常直观的地了解到场站的建设和运行情况，从而及时了解场站管理存在的问题及场站规划的可行性，使相关单位在投资项目的规划、建设、投资等环节的决策和管理工作更为科学和合理，从而有效地避免了因信息匮乏可能造成的决策失误。

（2）补充和完善了场站管理的数据体系，全面、客观地展现了场站运行的现实情况，使场站隐蔽工程管理更加有效直观，设备设施缺陷管理更加快速准确，提高场站管理效率。

（3）提供了一个现代化的信息管理和应用平台，条件成熟时，可以将生产动态数据、视频监控信息，在该平台上进行集成，形成一个多层次、全方位、静态基础数据和动态生产数据相结合的大型信息系统，从而为企业的开发建设和领导决策提供了多方位的信息服务和决策支持，为建设网上气田、数字化气田奠定坚实的基础。

4 结论

数字化、智能化技术的应用是提升气田运行管理效率、促进降本增效、提升气田开发生产安全环保可靠性的有效手段。通过伏龙泉智能化管理系统的建设应用对东北油气分公司所辖气田地面工程智能化建设的完善和提升具有重要的借鉴和参考意义。在此基础上，可进一步开展井口智能化综合管理控制系统研发、智能化巡检技术研究、一体化集成装置智能化升级以及站场智能机器人巡检等多项智能气田关键技术攻关，随着物联网、大数据、移动应用等信息技术的发展，将智能化应用在气田生产建设和运行管理过程中不断的扩展、丰富和完善。

参 考 文 献

[1] 宋超. 智能化技术在天然气场站生产管理中的应用 [J]. 当代化工研究. 2019, 000 (006)：14-15.

[2] 王淦. 智能化建设为经营管理"护航"[J]. 互联信息. 2016：59-61.

[3] 张亚斌, 张建平, 朱磊, 等. 气田智能化建设应用体系研究 [J]. 信息技术与标准化. 2016, 000 (001)：65-68.

[4] 王洪峰, 王胜军, 朱松柏, 等. "互联网+"时代智慧油气田建设的构想与探索 [J]. 油气田地面工程. 2018 (08)：734-741.

[5] 常艳兵, 杨帆, 胡连锋. 智慧油气田建设在油气开发中的思考与探索 [J]. 辽宁化工. 2020, 49 (1)：100-101.

[6] 刘琳. 智能化技术在气田生产管理中的应用 [J]. 中国石油和化工标准与质量, 2019 (13). 86-87.

[7] 薛岗, 王立宁, 陈晓刚, 等. 长庆气田地面工程智能化建设探索 [J]. 内蒙古石油化工. 2020, 46 (09)：52-56.

智能化加热节流化撬、分离计量撬研究与应用

吕鹏飞

(中国石化东北油气分公司石油工程环保技术研究院)

摘　要　随着天然气工业的快速发展，采用常规的方法建设气田已不适应，新形势气田建设中采用智能化撬装设备不仅可以提高设计效率、缩短气田建设周期、降低气田建设成本，还可提高自动化程度，实现无人值守。智能化撬是指在一个结构框架内具有自动化功能的设备组合。依据气田类型及生产工况需求等情况，将不同的设备以及工艺阀门、自控系统、电力系统预制成撬，然后撬体运输到气井井场，现场完成撬体接口连接。智能化撬是标准化设计、模块化建设、智能化提升的统一和升华。

关键词　天然气，自动化，无人值守，智能化撬

1　井口撬装化设备应用情况

油气田常用井口设备主要有加热节流撬、分离计量撬。加热节流撬对需加热的井流物进行加热后节流至所需压力，加热的目的是防止原料天然气节流降温、输送过程形成水合物，避免产生冻堵。分离计量撬对节流后的井流物进行气液分离，并对分离后的天然气进行计量。整个加热节流撬、分离计量撬与外部的主要工艺接口应除了原料天然气的进出口管道外，仅有燃料气管道和放空管道接口，撬块在运抵施工现场后，撬接口采用法兰与外部管道连接即可，施工简单，操作方便。

在油气田地面建设中，部分加热节流撬、分离计量撬已按"模块化、小型化、方便运输、快速安装、灵活搬迁"的原则进行设计采购，但由于设计时期不同，各个设计单位的设计理念差异，部分井场撬块的工艺流程存在差异，并且设备品种众多，不利于设备统一管理，且无法集中采购，同时区间设备调用性差，设备备件可调配性差，给物资采购进度及后续的施工进度带来一定的影响，进而拉长项目工期。

2　主要存在的问题

目前已有加热节流撬内并未设置油嘴节流流程，气藏工程无法对配产气量进行较产，同时撬块未设置操作间，操作工在严寒的冬季或雨天时需在室外操作。还有部分加热节流撬自带控制盘未预留采气树油压、套压、井口温度信号模拟量输入点，在投产后期对加热节流撬自带控制盘进行改造。

根据现场调研情况，分公司已有的单井分离计量撬主要用于八屋气田，其形式、功能、性能与智能化撬块存在较大差异：①还有少部分单井因生产要求，导致建设周期短，在其他区块站场调用三相分离器用于井场气液两相分离，造成设备浪费。②已有的分离撬均为手动控制液位，在井口携液量较大时不能及时调整排液阀门开度，造成单井外输气中含水较多；③撬块未设置井场自用气调压流程，八屋气田一般井口外输压力为1.6~2.0MPa，而加热炉所需燃料气最大供气压力需低于0.4MPa，在建设井场时还得单独采购燃气量调压系统阀门。④现有分离计量撬中的分离器形式不统一，既有立式分离器，又有卧式分离器，造成撬内配管差异较大。

3　智能化撬选型分析

3.1　加热节流撬块选型分析

3.1.1　处理量的确定

加热节流撬主要用于龙凤山气田、八屋气田。根据目前已建单井撬块功率及待建单井拟建设备功率得知目前分龙凤山气田加热节流撬按功率划分常用主要为50kW、80kW共计2种规格，八屋气田加热节流撬功率仅有50kW。根据气田待建单井井流物油气比或水气比（龙凤山为2.25m³/10⁴m³，八屋气田水气比为1.1m³/10⁴m³）、井流物温度（龙凤山气田24~26℃，八屋气田15~20℃）、初始流压（龙凤山气田17.5~20MPa，八屋气田12~16MPa）反算最大处理量，具体计算公式如下：

$$Q = q_{气} \times C_{p气} \times (t_2 - t_1) + q_{水} \times C_{p水} \times (t_2 - t_1) + q_{凝} \times C_{p凝} \times (t_2 - t_1) \tag{1}$$

式中　Q 为被加热介质的热负荷，kW；q 为被加热介质的质量流量，kg/s；C_p 为被加热介质的定压比热，kJ/kg·℃；t_1 为被加热介质的入口温度，℃；t_2 为被加热介质的出口温度，℃。

结果见表1。

加热节流撬计算处理量见表2。

表1　50kW、80kW 加热节流撬最大处理量计算结果表

气田名称	气量/(m³/d)	凝液/(m³/d)	水/(m³/d)	一级加热进口温度/℃	一级加热出口温度/℃	一级盘管有效功率/kW	二级加热进口温度/℃	二级加热出口温度/℃	二级盘管有效功率/kW	加热炉有效功率/kW
龙凤山	2	4.5	0.5	24	50	25	24	40	20	50
	3	6.8	0.5	24	50	40	24	40	30	80
八屋	2	0	2.2	15	50	30	17	40	15	50

表2　加热节流撬处理量表

序号	气田名称	加热节流撬功率	处理量		
			气量/(m³/d)	凝析油/(m³/d)	水/(m³/d)
1	八屋气田	50kW	≥2×10⁴	0	≥2.2
2	龙凤山气田	50kW	≥2×10⁴	≥4.53	≥0.5
3		80kW	≥3×10⁴	≥6.8	≥0.5

3.1.2　主要技术参数及功能要求

（1）技术参数。

① 设计总负荷：50kW/80kW；

② 设计压力：一级加热盘管设计压力：24MPa；二级加热盘管设计压力：24MPa；节流前管线设计/操作压力：24MPa/龙凤山：20MPa，八屋：16MPa；节流后管线设计/操作压力：11MPa/龙凤山：8.2MPa，八屋：2MPa。

③ 工艺管线设计温度：-39~70℃；一级加热进口温度：≤15℃/24℃，出口：≥50℃；二级加热进口温度：≤17℃，出口：≥40℃。

④ 撬块外围尺寸：不应大于 10000mm×2100mm（长×宽，包含操作间）。

（2）功能要求。

根据龙凤山气田、八屋气田现有的加热节流设备分析，并结合目前的井口生产工艺及操作需求，标准化撬块除满足"模块化、小型化、方便运输、快速安装、灵活搬迁"的原则外，加热节流撬还具备如下功能以满足生产操作需求：撬内采用"加热→节流→加热"流程，节流采用双流程，其中1路采用法兰角式节流阀，1路采用焊接油嘴，其调节精度满足天然气加热节流撬正常工作的要求；所有与撬外设备和管道相连的配管均引至撬座边沿，其连接方式为法兰连接；高压井流物管道在节流前的弯头采用6D的长半径弯头；加热炉的控制柜具有一套完全独立的自动控制系统和一套完全独立的手动控制系统，便于在投产初期可进行手动控制[2]；撬块自带配电箱，放置于撬座上，配电箱内设置电机的保护开关以及主开关；撬内动力电缆和控制电缆直接接至用电设备，禁止采用中间接线盒。配电箱上设启停显示按钮及状态指示灯，实现现场及控制室对加热炉燃烧器的启停；撬块除放空管线外其余所有管线均需设置电伴热，管线电伴热采用自限式电加热带，采用 40W/m 电加热带1根，电压220V，平行敷设；撬块配备操作间，其尺寸空间应满足正常操作需求，操作间内设照明、通风、及可燃气体检测；撬内所有远传仪表设备及接线箱均需防爆，防爆区域为2区，防爆等级不低于 Exd Ⅱ BT4，仪表防护等级为 IP65。

（3）自控要求。

加热节流撬满足无人值守、远程控制管理的要求：撬块内信号及控制均接入就地控制盘，包括撬块内检测参数信号（4~20mA）、运行状态和故障报警信号（无源开关触点信号）及远程停加热节流装置信号（无源开关触点信号），并能实现设备运行状态上传等功能，控制系统要求预留 RS485 通讯接口，遵循 Modbus-RTU 协议，便于后期数据上传；加热炉的负荷调节通过温度调节器及执行器件与燃烧器配合，实现装置负荷自动调节，通过温度调节器自动调节燃料量，保持被加热介质出口温度为设定值，同时达到优化燃烧的目的；撬块自带的自控系统至少预留3个模拟量输入点（4~20mA·D，无源），用于采气树油压、套压、井口温度的数据采气，预留1个无源触点信号（220V，5A 干触点），用于加热炉进口管线压力超限时联锁采气树安全切断阀关断；加热炉控制系统应能实现参数超限报警、故障停炉和紧急停炉并锁定与站控系统通讯等功能，保证加热炉安全平稳运行；加热炉应具有故障联锁报警(切断燃烧器)功能。加热炉应设置如下报警点并且在报警时关断燃烧器：水浴液位低低报警；水浴温度高报警；燃料压力低/高报警；火焰故障报警、复位。

加热炉控制系统负责监控加热炉的所有运行参数：加热炉可把重要的状态、参数上传给控制中心，加热炉 PLC 可通过工业以太网通讯口

(RJ45)与中心控制室进行通讯，所有信号采用MODBUS-RTU 通讯协议，至少应把如下信号上传站中心控制室：采气树油压、采气树套压、采气树井口温度、天然气一级加热进口压力、天然气一级加热进口温度、天然气二级加热进口(节流后)温度、天然气二级加热出口压力、天然气二级加热出口温度、加热炉水浴液位、加热炉水浴低低液位开关、加热炉水浴温度、加热炉燃烧器运行状态、火焰故障报警等信号上传。

智能化加热节流撬块工艺流程见图1。

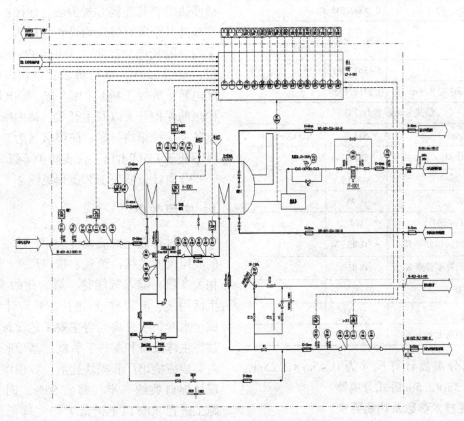

图1　智能化加热节流撬块工艺流程图

3.2 分离计量撬块选型分析

3.2.1 处理量的确定

分离计量撬块主要用于八屋气田，根据调研情况单井外输压力范围为 1~2MPa，其主要作用对加热节流撬节流后的井流物进行分离，根据已确定的加热节流撬设计处理量对分离器尺寸进行计算，具体计算公式如下：

$$D = 0.350 \times 10^{-3} \sqrt{\frac{K_2 q_v TZ}{K_2 K_4 P W_o}} \qquad (2)$$

式中　K_2 为气体空间占有的空间面积分率；K_3 为气体空间占有的高度分率；K_4 为长径比。

并通过除雾器最大允许气速公式(3)核算除雾器是否符合应用要求。

$$V_{max} = K_{SB} \sqrt{\frac{\rho_t - \rho_G}{\rho_G}} \qquad (3)$$

式中　V_{max} 为气体通过丝网最大允许速度，m/s；K_{SB} 为桑得斯-布朗系数，可取 0.107，m/s。

液滴在分离器中的沉降速度按下式计算：

$$W_o = \sqrt{\frac{4 g d_L (\rho_L - \rho_G)}{3 \rho_G f}} \qquad (4)$$

$$f \cdot (Re^2) = \frac{4 g d_L^3 (\rho_L - \rho_G) \rho_G}{3 \mu_G^2} \qquad (5)$$

式中　W_o 为液滴在分离器中的沉降速度，m/s；g 为重力加速度，$g = 9.81 m/s^2$；d_L 为液滴直径，取 $60 \times 10^{-6} \sim 100 \times 10^{-6} m$；$\rho_L$ 为液体的密度，kg/m³；

ρ_G 为液体的密度，kg/m^3；f 为阻力系数，按式（5）计算 $f\cdot(Re^2)$，查规范附录 B 得出 f 值；μ_G 为气体在操作条件下的黏度，$Pa\cdot s$。

使用数学模型进行计算，卧式分离器的核算结果见表 3。

表 3 卧式分离器处理能力核算表

设计参数		
颗粒（液滴）直径 $d_m/\mu m$	100	
液滴的密度 $\rho_L/(kg/m^3)$	1001	
气相的密度 $\rho_G/(kg/m^3)$	13	
气体黏度 $\mu/(Pa\cdot s)$	0.00001545	
$f\cdot(Re^2)$	808.239902	查 GB 50349—2015 附录 B
水力阻力系数 f	2.436177907	
颗粒（液滴）沉降速度 $W/(m/s)$	0.271221359	
卧式分离器能力计算		
气体流量/(m^3/h)	833.3	$20000m^3/d$
卧式分离器直径 $D_{\underline{\vee}}/m$	0.45	
操作温度 T/K	313.15	
气体压缩系数 Z	0.96	
操作压力 P/MPa（绝）	1.1	
气体空间占有的面积分率 K_2	0.43	
气体空间占有的高度分率 K_3	0.45	
长径比 K_4，L/D	5	
L/m	2.25	
气体空间占有的高度 h/m	0.2	

经计算分离器计算尺寸为 0.45m×2.25m，本次选用 0.5m×2.5m 卧式分离器。

3.2.2 主要技术参数及功能要求

（1）技术参数。

① 设计规模：天然气 $\geqslant 2.0\times10^4 Nm^3/d$，水 $\geqslant 2.2m^3/d$。

② 设计压力：2.3MPa。

③ 进气温度：0~50℃。

④ 进气压力：1~2.0MPa。

⑤ 燃料气出气压力：$\geqslant 0.4MPa$。

⑥ 撬块外围尺寸：不应大于 4000mm×2000mm×2400mm（长×宽×高）。

（2）自控及功能要求。

根据八屋气田现有的分离计量设备分析，并结合目前的井口生产工艺及操作需求，标准化撬块除满足"模块化、小型化、方便运输、快速安装、灵活搬迁"的原则外，还具备如下功能以满足生产操作需求：分离计量撬满足无人值守、远程控制管理的要求；撬块分离后的单井外输管线设有流量、压力检测，同时设有井场燃料气调压流程，调压后的燃料气供井场用气设备使用；排污管线设置电动调节阀，与分离器液位连锁实现分离器自动排污；撬块设置超压安全放空系统[3]；撬块要求配带控制系统，控制系统采用 RTU 或 PLC 系统，撬内信号及控制均由自带控制系统负责完成，控制系统要求预留 RS485 通讯接口，遵循 Modbus-RTU 协议，便于后期数据上传；所有与撬外设备和管道相连的配管均引至撬座边沿，其连接方式为法兰连接；撬块除放空管线外其余所有管线均设置电伴热，管线电伴热采用自限式电加热带，采用 40W/m 电加热带 1 根，电压 220V，平行敷设；撬块内电伴热自带配电箱，放置于撬块（座）上，配电箱内设置电伴热的保护开关以及主开关；撬内所有远传仪表设备及接线箱均防爆，防爆区域为 2 区，防爆等级不低于 ExdⅡBT4，仪表防护等级为 IP65。

分离计量撬块工艺流程见图 2。

4 应用效果

通过智能化撬的设计应用，统一了撬装设备的底座尺寸、接口位置、接口尺寸、设备配置等相关参数。随着智能化、撬装化的实现，生产/生活用气、流程放空/排污、外输计量等功能集成至水套炉、分离器等主要工艺设备撬块中。通过将主体设备和配件、管线、基础底座等在工厂内集成成撬出厂和模块化后，较模块化之前减少现场焊口数约一半、缩短 50%工时，有效提高施工进程 50%以上，最大限度降低巡井及劳动用工 70%，且撬装移动方便、可重复利用。新井测试结束后，连接井口至工艺流程管线即可具备投产条件，设计应用的加热节流撬和分离计量撬有效保证了气田开发新井的按期投产和生产要求。

5 结论及建议

通过分公司气井井口常用设备智能化撬的研究，一是可以大大优化设计，缩减设计工作量，保证了设计质量，又加快了设计进度，为现场模块化施工创造条件；二是集输流程及主要设备完成模块化、撬装化后，可实现工厂提前预制、提前采购，节约了现场安装时间及施工费用。拆除搬运灵活，适宜气田滚动开发；三是通过对标准

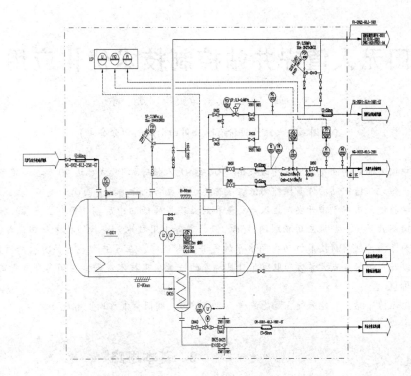

图 2　智能化分离计量撬块工艺流程图

化撬定型从而实现标准化采购，与备选配套厂家签订技术协议，可有效减少常用物资种类，增加同种类规格物资的采购规模、降低采购价格、降低备品备件的库存，加强物资通用性和互换性。四是设备按无人值守设计，自动化程度较高，大幅降低劳动用工总量，实现降本增效。智能化撬在气田建设中的应用推广为分公司进一步实现"五化"建设、满足气田经济高效开发提供有力的技术支撑作用。

参 考 文 献

［1］喻建川. 撬装技术在涪陵页岩气田集输站的运用［J］. 江汉石油科技，2016，26（2）：86-87.

［2］吴伟，罗献尧. 撬装化设备在普光气田集输工程中的应用［J］. 化工时刊，2012，26（8）：41-42.

［3］张春燕，郭益，刘承昭. 井站集输设备的撬装化设计及应用［J］. 广州化工，2011，39（19）：93-94.

川东气田无人值守井站控制技术优化应用与探索

刘海峰　廖　欣　冯庆华　廖　敬

（中国石油天然气股份有限公司西南油气田分公司）

摘　要　中国石油西南油气田川东气田采用"中心站+无人值守站"模式已近20年，一定程度上优化了人力资源配置，但无人值守站场许多操作仍依靠人工巡检时现场执行，随着西南油气田"油公司"模式改革及数字化转型的推进，川东气田开发却迈入产气量和效益逐步降低的中后期，原有生产管理模式不适应于新形势下老气田高效开发。积极应用物联网、5G、云计算等ICT技术，查找困扰老气田高效开发的症结，以需求和问题为导向，利用新技术推动更高水平的气井无人值守，在气井智能开关井、分离器智能排污、阀门智能诊断以及火炬智能点火等方面取得了独具特色的一批应用技术成果，在同类型老气田无人值守站具有较高推广值。

关键词　无人值守站，智能采气，智能泡排，智能排污，阀门智能诊断，智能点火

1　背景

川东气田位于四川盆地东部，主要为丘陵地貌，开发始于1937年巴1井开钻，1980年相国寺气田投入正规开发，2000年前五百梯、沙坪场、天池铺、龙门等石炭系气藏相继投入开发，经过多年开发生产，现各主力气田已基本迈入开发中后期，具有站场建成早、气井数量多、地域分布广、单井产量低、排水采气井和间歇生产井多等特点。川东气田采用"中心站+无人值守站"管理模式已近20年，信息化基础设施相对完善，其中生产站场实现了生产数据远程监视与控制、视频监控、周界闯入报警，光纤和电力线路基本覆盖所有站场；中心站有人值守，负责对管辖范围内所有井站生产数据、视频实现全天候不间断监控，巡检维护人员负责维护无人值守站日常操作、巡护与应急处置，目前气田95%以上气井已实现无人值守，该生产组织模式一定程度上优化了气田人力资源配置。

但是，随着川东气田产量的逐步降低，人均生产总值逐步下降，单位天然气生产成本逐渐升高，气田开发效益下降明显，且"十四五"期间将有超过30%的一线操作人员退休，气田生产维护面临缺人窘境。结合当前油气田高质量发展需求，有必要进一步推动无人值守站向纵深发展，从无人值守逐步向无人操作、智能操作转型升级，进一步减轻对人工的依赖，实现更高水平的无人值守，提升老气田开发效益。

2　基本思路

（1）坚持以需求和问题为导向。近年5G、工业机器人、物联网、人工智能、大数据等前沿技术取得了迅猛发展，新ICT技术层出不穷，给气田生产运行信息化管控带来众多可选的新技术。同时，油气田开发的本质并未改变，考虑老气田高效开发和生产运行安全管控的需要，选择相适应的技术用于解决实际问题，而非将新技术生搬硬套到生产现场。总之，无人值守站的转型升级必须坚持需求导向、问题导向，从气田开发的迫切需要和长远需求出发，真正解决实际气田生产问题。

（2）坚持稳定、可靠、经济原则。天然气具有易燃易爆特性，且川东气田原料气大多含有硫化氢，危险性大、腐蚀性强，选择的应用技术必须优先考虑安全性，设备应运行稳定、使用可靠。同时，开展生产运行控制等技术优化应用，主要目的是提升气田开发效益，选择相关技术时还要着重考虑经济效益，应充分利用已建装置与系统，立足适应性局部改造，算好投入与产出的经济账。

3　现状分析

结合川东气田无人值守站工艺现状开展研究分析，实现更高水平的无人值守主要面临四个方面普遍性问题。

（1）气井开井和泡排剂加注等操作需要有经验的人员现场执行。

无人值守气井众多而分散，气井开井和药剂加注等生产环节需要中心站维护人员驾车至各井站进行操作，人工依赖程度较高。而随着"油公司"模式的推进，在工作量保持不变甚至增多的情况下，井站员工数量将大幅减少，现场精细化管理面临挑战。同时，泡排剂加注量目前主要依靠人工分析执行，受人员业务能力不同影响，加注及时性、准确性与合理性无法保证。

（2）气田水排污系统运行的可靠性及智能化程度需进一步提升。

井口采出天然气的气液分离是重要生产环节，要保障气井产量发挥与无人值守井站的安全生产常采用自动排污，但冻堵、泡沫、杂质等恶劣工况会导致液位监测偏差，出现自动排污的准确性不足，导致带液至原料气输气管线或高压气窜至低压气田水储罐，从而导致输压上升影响气井产量发挥或低压气田水储罐超压运行的安全风险，严重时可能产生泄漏造成人畜中毒或火灾爆炸。另外，气井产水量多数采用排污计次和气田水池空高测量等方法间接获取，导致产水量计量数据偏差较大，影响气井后续的动态分析。

（3）站场紧急截断阀可靠性缺乏保障。

进出站紧急截断阀的可靠性依靠人工现场操作巡检，现有人力资源条件下，需要通过在线检测及预防性维护，确保紧急截断阀在紧急情况下可正常动作，关键控制阀的远程操作依赖人工判断，高风险区域应急处置操作未实现 ESD 紧急停车功能。

（4）放空点火系统智能化程度低。

按现行环保及节能标准规范的要求，井站放空火炬需精确控制点灭火时机、减少含硫气的燃烧量，同时放空系统的工作具偶发性，而火炬点火装置与各放空阀阀位联动不足，无法自动准确预判和实现全过程监控，可能导致点火不及时，出现"长明火"的粗放性管理；并且放空火炬长期位于高空，受放空、燃烧、雨水等腐蚀影响，需要定期维护，工作量大、作业风险高。

4 应用与探索

针对川东气田无人值守站工艺方面存在的四大普遍性问题，气田管理单位积极开展生产运行控制技术优化应用与探索，并取得了初步成效。

4.1 智能采气

4.1.1 实现方式

在采气树生产闸阀与针阀上安装自动控制执行机构，实现气井远程控制；通过自动程序控制，实现定油压、定时间等不同模式的自动气井开关控制；通过油套压、瞬产、临界携液流量等实时数据与自动控制装置进行联动，实现智能开关井。

4.1.2 原理

阀门远程自动控制装置主要由智能控制器、角度传感器、直流无刷电机、压力变送器、位置编码器、电源线、上位控制系统及下位控制元件组成，产品设计满足防爆需求，阀门智能电动控制装置结构见图1。

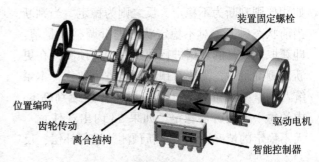

图 1 阀门远程自动控制装置结构示意图

运行时，智能控制器采集压力变送器和位置编码器的数据，根据控制器内部已经预设的工作模式或远程发送的控制指令来驱动直流无刷电机，最后直流无刷电机通过减速机和齿轮传动放大输出扭矩进而驱动阀门进行相关的开度控制。结合实时采集的油压、瞬产和计算出的临界携液流量，嵌入智能算法，实现气井智能开关与产量智能调节。

4.1.3 特点

现场主要利用已有井口装置针阀和生产闸阀同步安装，通过上位系统下发控制指令，控制逻辑和人工操作模式保持一致。该方案主要优势是改造工作量不大、安装便捷、经济适用，不涉及动火、设备打开等高风险作业，作业风险小，不需要停气；新设备不与含硫天然气接触，安全可靠。

4.1.4 效果

该装置的投用，成功改变了原有人工现场开关井的现状，节约人力资源，气井生产制度执行更精准；实现了人工开关井向智能开关井转型升级，气井生产制度实时调整更加合理，延长气井采气时率，更有利于气井产能发挥。

4.2 智能泡排

4.2.1 实现方式

利用泡排自动加注装置，通过历史生产数

据、泡排制度拟合形成一套泡沫排水采气智能化加注工艺，实现气井泡排科学、及时的加注，最大限度的发挥气井产能和节约工艺成本。

4.2.2 原理

泡排智能加注系统整体分为 7 个模块，数据获取模块、回归预测模块、剂量逼近模块、剂量补偿模块、天整体判断模块、天单一判断模块和数据记录模块。

系统整体的执行逻辑为：首先获取 15d 的历史数据用于判断当前生产状态是否稳定，判断与历史修改剂量前的 15d 的报表数据的相似程度，如相似则判断为不稳定，反之则为稳定。当判断当前状态后，①对不稳定状态进行调整剂量值：即获取 2 个月的数据进行回归模型的预测，在更新预测剂量后，需要对预测剂量进行评价，本系统对剂量的评价分为 2 个阶段，即连续判断 5d 内的每一天是否都稳定，如果 5d 内出现任意一天不稳定的情况则返回重新预测并进行补偿，反

之如 5d 内均稳定，则进入 5d 整体判断模块，当且仅当连续 5d 每天均稳定并且 5d 整体稳定的情况下，此新剂量才会被评价为能保证稳定生产的剂量值。在完成了新剂量的预测后，系统尝试对这个剂量进行优化，再得到优化剂量后，重复上述 5d 连续判断和 5d 整体判断，如均吻合条件，则继续优化，反之则返回上一个优化值并等待下一次不稳定生产状况；②对稳定状态进行剂量优化调整：首先，系统会优先判断当前是否是第一次使用系统，此判断的目的是因为系统优化剂量的终止条件是获得不稳定的剂量，同时返回上一个稳定的剂量，假设系统已完成整体优化一次，即获取到了稳定的剂量值（例如 24），且此剂量值的下一个逼近值（例如 22）会使气井进入不稳定状态，在此种情况下，当前为 24 且稳定生产，如若继续优化，会得到一个逼近值 22 且不稳定生产，系统会返回 24 并等待下一次优化。系统流程图参见图 2。

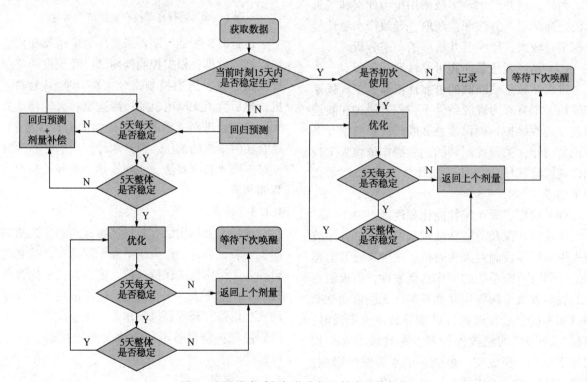

图 2　泡沫排水采气智能化加注技术功能架构

4.2.3 特点

系统实现智能化，无需人为干预。系统构建了一套智能的优化程序，在完成初始设置后，系统将自动执行判断、预测、优化等一系列操作，最终在屏幕上返回剂量值。

操作简单，代码易更新，系统易拓展。系统操作只需打开配置文件进行初始化，点击 BAT

文件即可执行。项目并未打包成黑盒，可以通过更新 py 文件进而更新系统。系统可移植性较高，只需更新 IP 获取新的井的数据即可保存新数据，经历一段时间后进行模型更新。

4.2.4 效果

实时获取数据并进行判断，泡排生产实现智能化，一方面泡排科学加注，提高气井产能，另

一方面还实现泡排精准加注，提高药剂使用效率。

4.3 智能排污

4.3.1 实现方式

现有自动排污主要以液位作为阀门开关的依据，液位到达设定的高限，自动排污阀打开排污，液位降至低限，自动排污阀关闭，属于单参数间歇式式控制模型。但由于泡沫、冻堵等原因，可能导致液位失真，进而导致自动排污动作不准确。因此，引入多参数控制模型，对分离器积液与排污情况进行智能判断，从而实现智能排污。另外，在排污阀下游安装气田水计量装置，一方面与自动排污实现联动，另一方面也有利于气田水产量的准确计量。

4.3.2 原理

通过程序优化，对液位数据进行实时采集与分析，根据液位变化趋势，判断液位是否真实，液位为真实时自动排污阀按照设置的高低限进行动作，否则关闭或保持关闭并向值班室发出设备故障信息；设置排污最长时限，当排污阀打开后，排污阀打开时间超过设定值，且液位未见明显变化，排污阀自动关闭；当安装有气田水计量装置时，计量装置与排污阀进行联锁，当通过计量装置的流体以气体为主时，排污阀自动关闭。

4.3.3 特点

不额外增加设备，依靠逻辑算法即可进行功能升级，部署快速、成本低廉；安装气田水计量装置，安装便捷，可与自动排污形成联动。

4.3.4 效果

智能排污的投用，可以提高无人值守站的安全性，避免天然气通过排污管路进入低压系统造成人员中毒、火灾爆炸的意外事故；可加强分离器积液的及时排除，避免过多气田水进入下游输气管道，有效防止因积液导致的输压升高，有利于气井产能发挥和降低清管作业频率；安装气田水计量装置，可提高气田水数据准确性，为气井生产动态分析提供更为精准的数据，为生产制度调整优化提供数据支持。

4.4 阀门智能诊断

4.4.1 实现方式

对自控阀门关键参数进行实时监控，并嵌入诊断程序，实时判断设备功能完整性。编辑写入程序，实现阀门自动周期性开关活动，验证设备完好性。

4.4.2 原理

制定一套信息化可监测的阀门检测指标(包含力矩、振动、温度、通讯、供电、气源压力等)，对指标参数进行实施监测并上传至中心站控制室，阀门状态信息由物联网管理系统进行统一监控和显示。对原有执行机构控制面板进行改造，增加模拟量模块，使阀门具备开度调节功能，再结合专用程序，阀门每半个月自动开关10%开度，进行阀门自诊断检测，测试阀门运行情况，若阀门出现疑似故障，如扭矩过大等，则在上位系统中弹出预警信息，进行维修提示。

4.4.3 特点

阀门控制模块改造成本低、工作量小，可在原有执行机构的基础上进行升级改造，每个阀门投入在五千元以内；具备较强的推广性，适合各类自控阀门使用。

4.4.4 效果

实现自控阀门实时诊断，随时掌握自控阀门基本情况，出现故障时可提前介入维修，提高关键时刻设备的完好性与可用性。

4.5 智能点火

4.5.1 实现方式

设计发明了一种升降式点火装置，实现放空智能点火，并降低了放空点火系统腐蚀损坏后的更换维修作业风险，尽可能的降低维护费用，及检修的风险，解决引火燃烧器出现的配气堵塞等问题。

4.5.2 原理

升降点火装置包括可控电机、减速机、盘绳轮、直线升降机构、滑轮导向机构、高压点火枪、放空感应原件、高压电缆及金属软管等组成；可控电机、直线升降机构、滑轮导向机构设置在升降系统中，可控电机通过直线升降机构连接滑轮导向机构进行工作，可控电机接受电气控制箱的命令进行工作，金属软管盘置在随动滑轮机构上，随移动滑轮机构的伸缩而滑动盘绕，电缆导向机构夹持金属软管贴合移动滑轮机构工作，金属软管一端连接电气控制箱，金属软管另一端通过高压点火电缆连接高压点火枪进行点火。

自动点火系统由流量开关、压力开关、引火燃烧器、高空点火装置、点火嘴、点火高压线、火焰检测器和自动点火PLC控制系统等组成，如图3所示。

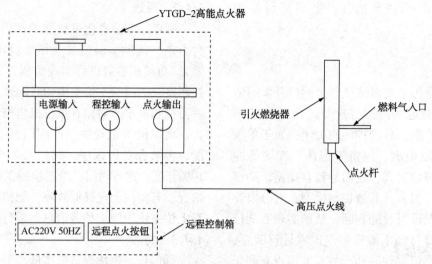

图 3　自动点火流程示意图

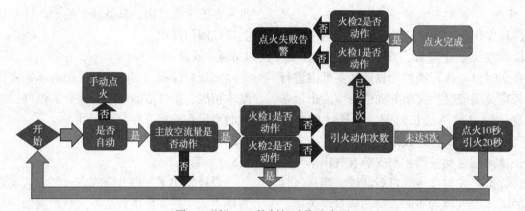

图 4　现场 PLC 控制柜动作示意图

4.5.3　特点

相比于常见点火装置，升降式点火装置以电动升降式点火枪进行自动点火，在点火成功以后自动回缩到指定安全位置，从而提高了使用寿命，并且使其安装维护方便；防堵塞式引火燃烧器能有效避免堵塞问题；具有安全性高、监控可靠、体积小、操作简单、点火效率高、寿命长、实用性好等特点。

4.5.4　效果

经现场试验 140 余次，结果表明，升降式放空火炬即使在大雨、大风等恶劣环境下点火稳定性仍然较好，点火可靠，感应灵敏。

5　结论

老气田无人值守站技术优化应用与探索应坚持需求导向和问题导向，优选稳定、可靠、经济、便捷的技术方案，以便快速部署形成规模效应。

（1）智能采气与智能泡排技术的运用，气井生产由人工控制向智能化迈进，提高了生产效率，更好的发挥了气井产能。

（2）智能排污技术的运用，自动排污由单参数控制判断转为多参数控制判断，实现无人值守站自动排污更加安全可靠。

（3）阀门智能诊断技术的运用，中心站控制室可实时掌控阀门状态，强化了阀门的完好性，为无人值守站安全应急提供了保障。

（4）智能点火技术的运用，实现了放空智能点火功能，并且提高了点火装置可靠性，为无人值守站放空应急处置提供了技术支撑。

吉林油田中型站场无人值守探索及研究方向

孙博尧　侯　旭

(中国石油吉林油田公司勘察设计院)

摘　要　在油气行业加快无人值守站场应用的大环境下，吉林油田着力探索适合自身条件的无人值守站场建设模式。本论文主要针对吉林油田标准密闭接转站的工艺流程和运行现状，以物联网建设为基础，提出中型站场无人值守设计思路，通过运行事故识别及分层保护分析，设置科学、安全的站场工艺自控流程，完善站场控制系统，升级视频安防监控系统，目标完成中型站场数字化无人值守，减少中型站场用工，推动组织机构创新，并对站场无人值守研究方向进行了展望，助力智能化油田的建设。

关键词　站场无人值守，设计思路，工艺自控流程，物联网，智能化

1　研究背景

随着中石油集团提出数字化转型、智能化发展的信息化建设部署，明确"十四五"初步建成智能油气田的信息化建设目标，以实现生产现场全面实现智能监控、智能诊断、自动预警与自动控制，简单的、重复性的人工劳动被机器智能所取代，实现井、站、厂、设备生产全过程智能联动与实时优化。为此吉林油田基于物联网建设成果，积极推动站场无人值守建设，大力开展相关方向探索与技术研究。

吉林油田 2017 年在取得大老爷府油田物联网建设成功经验的基础上，坚持"简单、实用、低成本"原则，自主研发、自主设计、自主建设、自主运维，2018—2019 年完成所有油井和计量间的物联网建设工作，实现井、计量间物联网 100% 全覆盖。

由于目前吉林油田没有全面进行油气站场的物联网建设，已建中大型站场数字化建设不完善，未达到井、间、站一体化的集成应用，影响了物联网效能的发挥；同时中型站场有人值守，大型站场分岗值守，大部分生产运行数据人工采集，生产趋势与运行状况人工分析判断，用工量大，安全环保保障水平相对较低。通过开展站场无人值守建设，可以发挥物联网效能，减少用工，提高员工的安全，实现管理水平提升、降本增效。

2　中型站场无人值守建设模式探索

2.1　站场无人值守建设原则

油气田站场无人值守建设是一个多部门、多专业融合的系统工程。根据吉林油田生产管理现状，站场自控程度低，物联网建设不完善，本着"依法合规、安全第一"为首要原则，按照试点先行、先易后难、渐进明细的改造思路，整体规划、分步实施，通过吉林油田井间物联网建设的成功经验，提出"先进、实用、经济"的站场无人值守建设原则。

通过对国内油气田的调研，总结经验，结合吉林油田实际，先进行中型站场"应急处置自动控制"试点改造，再逐步探索中型站场无人值守建设模式，同时密切与地面工艺优化、物联网建设、站场管道完整性管理相结合。基于站场物联网建设，进行中型站场工艺自控流程改造，提高站场自动化、智能化、数字化水平，逐步实现站场远程监控、应急处置自动控制、无人(少人)值守，提高生产效率，降低运行成本。

2.2　站场无人值守建设思路

在工艺流程标准化的基础上，进一步工艺流程优化，确定 PID 流程图，事故流程应依据站场流程 PID 图及因果图分析予以确定，并经现场反复检验进行迭代改进，予以完善，达到站场安全稳定运行的目标。

站内终端控制系统按照各单元出现情况"ESD 紧急停车"的安全控制思路，对站内局部关键工艺流程实施联锁保护改造，实现站内各单元出现事故情况下，可自动(手动)切换至事故(放空)流程，保证站内主要工艺流程可控，重要设备安全完好，避免安全环保事故发生。

3　中型站场无人值守设计

3.1　设计范围

首先充分结合"十四五"规划，对地面站场

进行合理布局，选择未来三年内无调改规划的区块。同时以风险管控为主线，完善保护措施，充分考虑故障巡检、应急保障，以快速到达现场为前提，选择试点站场。设计范围为应急处置力量在车速 30km/h，30min 车程内能够到达的接转站进行无人值守改造。

3.2 技术路线

根据站场无人值守建设思路，通过工艺流程优化，梳理最终工艺流程，对各功能单元、工艺节点进行事故识别及分层保护分析，并确定自动控制逻辑关系(表1)。

表 1 工艺流程事故识别及分层保护分析表

序号	功能单元	工艺节点	生产运行参数监测	事故后果	控制流程	处置办法	处置时间
1	外输单元	外输泵	泵运行状态报警	外输停，三合一超液位冒油	自保停外输泵、分离器出口去事故罐流程打开，外输事故电动阀关闭	应急力量赶到现场启动备用外输泵	30min
2		外输管线	外输压力、温度、流量综合超限	外输管线漏失，影响周边环境	远程停外输泵、分离器出口去事故罐流程打开，外输事故电动阀关闭	应急力量巡查管线漏点，恢复外输	120min
3	加热炉单元	燃烧器	加热炉自带控制系统报警	停炉后外输温度下降，管线易凝堵。加热炉天然气聚集，会发生火灾、爆炸事故	远程停炉，监测外输温度，站外来气电动阀门关闭，站内伴生气去加热炉电动阀门关闭	应急力量赶到现场启动备用加热炉，自立式调压阀放空	30min
4	储罐区	事故罐	液位超限(高液位，高高液位)	事故罐冒罐，影响周边环境	高液位报警	事故罐入口电动阀门控制开关，与外输泵连锁控制罐内液位	立即
5	天然气单元	天然气进站阀组	外来气流量、压力、温度监测，可燃气体监测报警	天然气超压，发生天然气泄漏、火灾、爆炸事故	远程停炉，监测外输温度，站外来气电动阀门关闭，站内伴生气去加热炉电动阀门关闭	应急力量赶到现场启动备用加热炉，自立式调压阀放空	30min
		站内伴生气	伴生气流量、压力监测，可燃气体监测报警	天然气超压，发生天然气泄漏、火灾、爆炸事故			
6	采暖单元	采暖泵	泵运行状态报警	停泵影响站内采暖温度	远程停采暖泵	应急力量赶到现场启动备用采暖泵	30min

经工艺流程事故识别及分层保护分析后，按照分析结果对应保障措施(表2)。

表 2 应急自动控制逻辑关系表

控制节点异常情况		应急联动接转站						站外	上下游站场	
		事故罐电动控制阀	站外来气电动控制阀	加热炉燃料气电动控制阀	燃烧器控制	外输泵控制	外输管线电动控制阀	站外停井	上站来液阀门	下游进站阀门
外输单元	外输泵故障	立即切换事故罐流程	—	—	—	自保停泵	远程关闭	—	—	—
	外输管线泄漏	立即切换事故罐流程	—	—	—	远程停泵	远程关闭	—	—	手动关闭

控制节点	异常情况	应急联动接转站						站外	上下游站场	
		事故罐电动控制阀	站外来气电动控制阀	加热炉燃料气电动控制阀	燃烧器控制	外输泵控制	外输管线电动控制阀	站外停井	上站来液阀门	下游进站阀门
加热单元	燃烧器故障	立即切换事故罐流程	立即远程关闭	立即远程关闭	自保停炉	远程停泵	远程关闭	——	手动关闭	手动关闭
储罐单元	事故罐高液位报警	—	—	—	—	—	—	远程全部停井	手动关闭	手动关闭
	事故罐高高液位报警	关闭事故罐流程	立即远程关闭	立即远程关闭	远程停炉	远程停泵	远程关闭	远程批量停井	手动关闭	手动关闭
天然气单元	天然气阀组泄漏	立即切换事故罐流程	立即远程关闭	立即远程关闭	远程停炉	远程停泵	远程关闭		手动关闭	手动关闭
供配电单元	供电故障停电	立即切换事故罐流程	UPS供电远程关闭	UPS供电远程切换	停电停炉	停电停泵	UPS供电远程关闭	——	手动关闭	手动关闭

通过现场调研，结合实际运行中出现的问题，对密闭接转站工艺流程进行优化，结合物联网改造实现各单元节点参数采集及联锁控制功能，并根据无人值守建设要求增加控制节点，主要技术路线如表3、表4。

表3　油田密闭接转站改造技术路线汇总

项目	主要实现功能
工艺流程	实现跨越缓冲罐流程，恢复天然气放空流程
	增加站外来液进事故罐及抽空流程
	增加除油器气出口自力式调压阀，调节站内伴生气系统压力
自动控制	增加进站、出站、放空电动阀，实现事故状态下切换流程，一键关停
	完善三合一液位和机泵联锁控制
安全监控	完善缓冲罐压力、气液分离器压力等数据采集
	增加外输泵泵体温度、事故罐液位检测
	增加站内中控室火气系统
	增加场场周界报警和监控系统
管理模式	按照无人值守站运行方式，合理安排巡检、应急处理操作规程

3.3 工艺流程优化

吉林油田接转站基本采用"三合一"装置为主要设备的密闭集输工艺流程(图1)。站外来液由"三合一"密闭脱水除气，经外输泵加压，加热炉加热，输送至下一级站场，脱出的游离水经污水缓冲罐，通过掺输泵加压，加热炉加热，输至站外单井掺输，脱出的伴生气经过空冷净化器计量调压后供站内加热炉使用。

目前密闭接转站流程基本完善，通过物联网建设完善数据采集点，在原流程基础上进行优化，并根据对标准化工艺流程、隐患及分层保护动作的分析，对接转站按照控制节点进行工艺改造设计。采用污水缓冲罐液位与污水缓冲罐入口电动调节阀联锁运行，代替原浮球阀调节污水缓冲罐液位；增设三合一水出口至掺输泵入口交通，由电动调节阀控制，试验"三合一"水出口跨越污水缓冲罐进行掺输，增加三合一补清水流程；增设事故罐流程及事故罐排空流程(图2)。

3.4 仪表自动控制

3.4.1 液位控制

设置三合一液位和外输泵变频的联锁控制，实现三合一装置的液位平稳控制，避免出现油田产量波动时，液位超高冒罐事件发生；设置缓冲罐液位和入口管线电动调节阀的联锁控制，实现缓冲罐液位的平稳控制，避免出现产量波动时，造成污水罐液位超高冒罐事件。

3.4.2 设备控制

设置机泵的远程停泵，设置机泵前后端压力超限、机泵电力参数明显故障的情况自动停泵，配套实时视频监控的监视，保障机泵设备的平稳运行；设置加热炉系统的自保，设置锅壳压力联锁保护、锅壳温度联锁保护、低液位报警、联锁、远程应急起炉和停炉控制、阀组检漏故障报警等。同时与ESD系统整体联动。

3.4.3 安全控制

站内设置可燃气体探测器，室内报警与风机联锁，室外联锁ESD系统。

3.5 ESD系统控制

通过站内控制系统，按照站内各单元出现情

况"ESD 紧急停车"的安全控制思路,通过对站内局部关键工艺流程实施联锁保护改造,实现站内各单元出现事故情况下,可自动(手动)切换至事故(放空)流程,保证站内主要工艺流程可控,重要设备安全完好,避免安全环保事故发生。

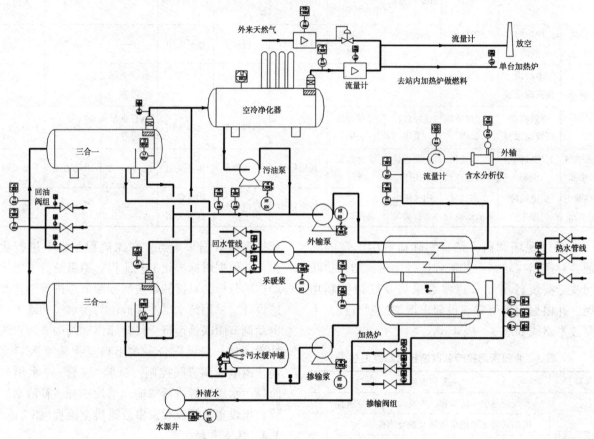

图 1   吉林油田密闭接转站工艺流程示意图

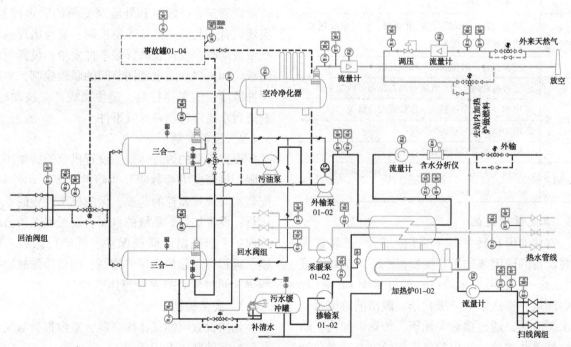

图 2   吉林油田密闭接转站无人值守升级改造工艺流程示意图

3.6 视频监控

视频安防监控系统主要是在机泵房、加热炉区及烧火间、罐区及放空区、站场门口及重要路口等处设置摄像机，既考虑到公共区域的安全，又兼顾到重要位置的运行状态监控，摄像机布置依据参照监控系统设计相关规范要求，结合员工日常巡检的实际需要，对接转站进行全面实时监控。

为了保证全天候监控的效果，摄像机选用红外高清夜视摄像机。室内场所选用 AI 人形识别全彩摄像机；场区主路口、主入口、围墙周界选用 AI 人形识别、自动跟踪、动作报警等功能的全彩球型摄像机。摄像机报警输出端子连接声光报警器和 IP 报警模块，当摄像机在识别区域发现报警目标后，现场警灯闪烁报警，同时在值班室电脑上视频画面弹出，通过外接音箱发出报警声音。同时联锁站场内部照明系统，打开厂区内部照明，进行警示。

4 站场无人值守研究方向

4.1 强化顶层设计和整体架构建立

吉林油田有自身特点，典型多井低产，站场无人值守建设需要继续坚持"先进、实用、经济"的原则，要从公司层面对站场无人值守建设有整体考虑和顶层设计规划，分步实施建设，在智能油田规划指导下，油气田智能化建设建议分3步实施：初期达到无人值守、定时巡检的控制水平；中期实现无人值守、智能巡检；最终目标是实现无人值守、智能巡检、智能优化和智能管理；同时要形成标准化设计、标准化施工，加强各专业有机结合按照整体规划推进实施；建立智能油田生态圈，包含油公司、供应商、采购商、技术支持（合作方）及运营机构等。

4.2 完善管控平台及数据应用

加强所采集数据的合理利用，如自动生成报表、引入趋势变化分析功能、多项参数联合检测及风险识别机制等，充分利用大数据、云计算、物联网、人工智能、移动互联、区块链、多相流动态流程模拟软件等日益先进成熟的信息化、自动化技术支撑智能化油田建设与深入应用，搭建无人值守站场"数字孪生"，预先判断事故发生点，加强巡检，降低无人值守站场运行存在的安全风险；拓展移动终端应用开发，实现快捷管理，提高效率。

4.3 发展设备运维及技术保障力量

需要加强技术合作，引进有成熟经验公司参与建设和运维，保证低成本运行费用。保障前端数据采集的可靠性和准确性，前端控制系统运行稳定，满足 CPU、电源、网络通信等关键部分留有备用冗余，以保证无人值守站场运行的可行性；无人值守工艺自控流程应依据站场流程 PID 图及因果图分析予以确定，并经现场反复检验进行迭代改进，予以完善，达到站场安全稳定运行的目标。

5 结束语

通过对吉林油田中型站场无人值守建设模式的初步探索，总结经验和教训，在物联网建设的成功应用基础上，更加坚定走好站场无人值守建设的信心和决心，特别是在吉林油田全力以赴打赢扭亏脱困翻身仗的形势下，需求尤显迫切。在建设过程中需要解放思想、转变观念、创新引领。同时需要认识到，无人值守不能只依靠信息化等技术手段，也要完成劳动组织结构改革、无人值守操作规程、应急预案等配套管理制度的制定，以上因素共同发挥作用才是实现吉林油田站场无人值守乃至智能化油气田的关键。

参 考 文 献

[1] 李健, 任晓峰, 冯博研. 油田数字化无人值守站建设的探索及实践[J]. 自动化应用, 2018（5）: 157-158.

[2] 张玉恒. 油气田站场无人值守探索及展望[J]. 仪器仪表用户, 2020, 2（2）: 105-109.

无人值守场站通信工程标准化建设研究与应用

谢 荣 陈琪淳 杨江林

（中国石油天然气股份有限公司西南油气田分公司）

摘 要 随着数字化和工业化的深度融合，"无人值守场站"逐渐发展为油气田的主流生产模式，而实现无人值守生产的关键是保障场站的通信可达，各大系统正常运行，并能在紧急情况下完成远程控制，因此场站前期的通信基建项目尤为重要，针对通信工程的标准化建设规范显得极为迫切。本文通过对西南油气田已有的通信基建项目经验总结，形成了一套场站通信基建标准化建设规范，并用于现有的通信基建项目中，有效的提高了通信工程建设的规范性、通用性、安全性，提高建设质量和使用率。

关键词 标准化建设，通信工程，无人值守场站

随着科技的进步，我国已逐步进入智能化时代，各行各业都积极寻求转型之路，近年来，油气田企业大力推进自动化系统、物联网系统的建设，无人值守场站已成为未来发展主流趋势，而为了保证无人值守场站的安全性、可靠性，场站必须有一套稳定可靠的通信系统，本文归纳总结了西南油气田磨溪区块龙王庙组气藏 40/60×10⁸m³/年开发地面工程、安岳气田高石梯~磨溪区块灯四气藏一/二期开发地面工程的通信基建项目经验，详细阐述了各个部分的施工工艺及安装规范，以达到标准化建设的目的。该规范已运用于西南油气田秋林区块沙溪庙组致密气试采地面集输工程，并取得了良好的效果，有效的提高了无人值守场站智能化、标准化建设水平。

1 现状分析

通信基建项目复杂程度较高，参与专业多，对环境的依赖和影响都比较大，在进行磨溪区块龙王庙组气藏 40/60×10⁸m³/年开发地面工程、安岳气田高石梯~磨溪区块灯四气藏一/二期开发地面工程的建设过程中，发现由于现目前针对油气田行业内的通信基建工程未形成统一的施工标准，导致部分场站建设存在工期推进慢、施工质量不佳、后期维护困难等问题。为保证通信基建项目工艺的稳定性，提高建设效率，缩短项目工期，制定通信基建工程标准化建设规范迫在眉睫。

2 标准化建设规范的应用

根据已有的建设经验，通信基建项目施工主要可以分为土建、杆上设备安装、机柜内设备安装、综合布线等 4 个部分，本文将分别从这六个

方面对施工工艺、安装规范进行阐述。

2.1 土建部分

场站土建的主要工作量为：仪控房-门禁-视频监控 1、仪控房-视频监控 2 的 2 条通信通道，3 个手孔井、2 个电杆洞，通信通道有桥架的利用桥架，无桥架的开挖。场站通信布局示意图见图 1。

2.1.1 通信通道

通信通道开挖做到横平竖直、断面整齐，宽度宜 0.5m（按照每根 DN40 钢管约 0.25m 估算）深度宜 0.8m。若为钻前一体化混凝土地面，应先使用切割机切割后再使用风镐、电锤破碎，切割深度不小于混泥土厚度；恢复时标号与原混凝土地面保持一致、恢复界面平直整齐。开挖、恢复施工图样见图 2、图 3。

2.1.2 通信手孔

通信手孔井，分别位于门禁主机、视频（2套）线缆引上处，内空尺寸为 0.8m 长×0.6m 宽×0.8m 深，采用一顺一丁式二四墙砌筑法砌筑，手孔井壁采用 MU10 标砖、M5 水泥砂浆砌筑，内壁采用 1：2 水泥砂浆抹面 2cm 厚，集水罐位于手孔井底部正中，底部向中心应有一定坡度以便排水。井内钢管与井壁齐平，子管超出井壁2cm、网线、电源线、光缆、控制线等线缆强弱电分开布放、固定走线，分别悬于井壁的三个方向并单独捆扎，捆扎直径应不小于线缆直径的20 倍。施工图样见图 4~图 6。

2.1.3 线缆敷设

通信线缆敷设，一般采用 DN40 镀锌钢管 + Φ32 子管保护的方式敷设，承重处采用 DN100 镀锌钢管+DN40 镀锌钢管+Φ32 子管保护的方式

敷设，强弱电分开布放敷设。通信线缆敷设施工　图样见图7。

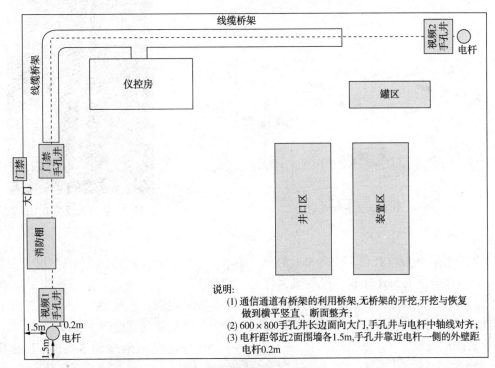

图1　场站通信布局示意图

说明：
(1) 通信通道有桥架的利用桥架，无桥架的开挖，开挖与恢复做到横平竖直、断面整齐；
(2) 600×800手孔井长边面向大门，手孔井与电杆中轴线对齐；
(3) 电杆距邻近2面围墙各1.5m，手孔井靠近电杆一侧的外壁距电杆0.2m

图2　开挖施工图样

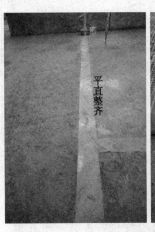

图3　地面恢复施工图样

图4　手孔井—顺—丁砌筑施工

图5　手孔井成品图样

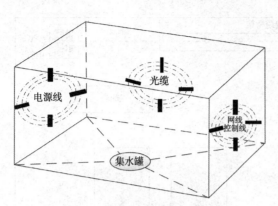

图6 手孔井内布线示意图

图7 线缆敷设施工图样

2.1.4 杆洞开挖

通信杆洞开挖，一般电杆位于距离邻近的围墙各1.5m处，杆洞深1.5m(杆洞深度一般为杆高的1/6)。手孔井靠近电杆一侧的外壁距电杆0.2m，且电杆与手孔井在同一水平中轴线上。电杆位置示意图见图8。

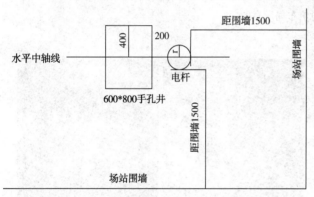

图8 电杆位置示意图

2.2 杆上设备安装

场站电杆上设备安装主要工作量有：摄像机2套、接线箱2套、双向语音对讲1套、声光报警器1个、接线盒2个及金具、接地线等。

2.2.1 杆上设备安装施工工艺及要求

各设备安装位置如下。

①号抱箍：距地面1.2m，固定水泥电杆底部引上的布线钢管。

②号抱箍：距地面2m，固定防水/防爆接线箱。

③号抱箍：位置由接线箱高度决定，和②号抱箍一同固定接线箱。

④号抱箍：距地面2.7m，固定水泥电杆上布线钢管。

⑤号抱箍：距地面3.5m，用于安装音响。

⑥号抱箍：位置由音响高度决定，和⑤号抱箍一同固定音响。

⑦号抱箍：距地面4.2m，用于安装声光报警器。

⑧号抱箍：距地面4.5m，用于固定水泥电杆上布线钢管及其他附件。

⑨号抱箍：距地面5m，用于安装摄像机底座。

⑩号抱箍：位置由摄像机底座决定，和⑨号抱箍一同固定摄像机底座。

⑪号抱箍：安装在电杆顶部，用于固定避雷针。

拾音器安装位置距地面1.5m。

装置区的防爆云台摄像机，无音响和拾音器，故不安装⑤号和⑥号抱箍，其余相同。杆上设备安装位置示意图见图9。

2.2.2 各设备安装要求

所有设备，安装在同一平面上(该平面与电杆处手孔井长边平行)，中线对齐，摄像机、声光报警器、音箱、接线箱安装在电杆操作面正面，布线钢管安装在电杆右侧面，抱箍开口方向尽量统一。

抱箍左右两边超出螺帽的螺杆长度一致，裸露部分螺纹打上黄油保护。

杆上线缆(接地线 BVR-1×16mm^2)需要用扎带固定的，均使用不锈钢扎带固定。布线钢管均使用304不锈钢钢管(尺寸)

接线箱内，安装电源空开、电源浪涌、网络浪涌、电源适配器、拾音器适配器(防爆摄像机无)，安装做到布局合理、便于操作维护，布线横平竖直、走线整齐。施工图样见图10。

2.2.3 接地安装

断接卡上3个不锈钢螺栓尺寸为 Φ12mm×

40mm（居中等距分布，螺心距两侧外沿各30mm），不锈钢螺栓下依次加弹簧垫、平垫，螺杆朝上，接地扁铁长度为200mm。接地线安装示意图见图11。

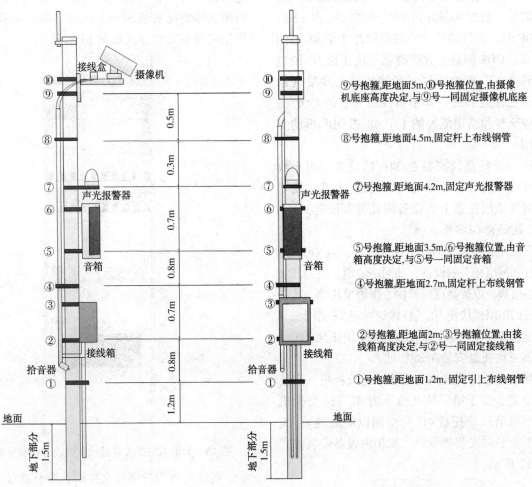

⑨号抱箍，距地面5m，⑩号抱箍位置，由摄像机底座高度决定，与⑨号一同固定摄像机底座

⑧号抱箍，距地面4.5m，固定杆上布线钢管

⑦号抱箍，距地面4.2m，固定声光报警器

⑤号抱箍，距地面3.5m，⑥号抱箍位置，由音箱高度决定，与⑤号一同固定音箱

④号抱箍，距地面2.7m，固定杆上布线钢管

②号抱箍，距地面2m；③号抱箍位置，由接线箱高度决定，与②号一同固定接线箱

①号抱箍，距地面1.2m，固定引上布线钢管

图9　杆上设备安装位置示意图

图10　杆上设备施工图样

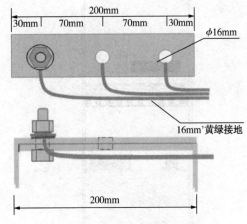

图11　接地线安装示意图

2.3　机柜内设备安装

机柜统一配备2000m高×600m宽×600m深型，内部支架高度为42段，每段3U共计126U，宜配托盘3盘。

机柜最上方安装电源子架，机柜最下方安装ODF框，接地铜条安装在机柜背面最下方3-4U处。

物联网设备等安装在机柜背后和ODF框等高的位置（ODF框深度仅有机柜的2/3，背面仍有足够的空间）

33U 以下的位置安装 ODF 框，不成环且孤悬线路末端的单井站常常使用 24 芯至 48 芯（占 5U）ODF 框，普通场站根据是否使用天地双网和实际需要一般配 48 芯（占 8U）至 72 芯（占 12U）的 ODF 框，集气站及中心站通常配 2 个 48 芯的 ODF 框，ODF 框最上方距离第一块托盘 2U 的空间，其余框与框之间尽量紧凑安装，除集气站 ODF 框已接近满配，其余单井站安装的 ODF 框下方应至少预留出能容纳 1 个 48 芯 ODF 框的空间备用。

第一个托盘位安装在 34U 的位置，用于放置光纤收发器等和传输相关的设备（光纤收发器等放置在该层托盘上的设备用扎带等固定），下方 3U 处安装 ODF 框

第二个托盘位于第一个托盘上方，第 55U，用于放置和网络相关的设备，如网络浪涌、电力载波的后端模块，或智能视频模块、报警模块等，放置在该层的网络模块使用滑轨+螺丝固定在托盘上。

交换机安装在第二块托盘和第三块托盘之间。

第三块托盘安装在 88U 处。

场站配备的交换机为瑞士康达交换机，安装在 79U 处，位于第三块托盘下方 4U 处（交换机上部距离第三块托盘 4U 的空间以便散热），交换机下方必须安装理线架。机柜内设备安装方式如图 12 所示。

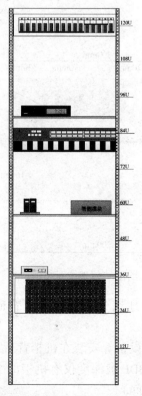

图 12　瑞士康达交换机配置井站机柜内设备安装示意图

天地双网配置的井站，第三块托盘上方安装 SDH，下方无论是安装赫斯曼交换机或者瑞士康达交换机都不影响第三块托盘上方空间的使用，根据实际情况安装 SDH，同样必须配备理线架。机柜内设备安装方式如图 13 所示。

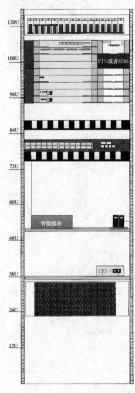

图 13　天地双网配置井站机柜内设备安装示意图

场站配备为赫斯曼交换机，则赫斯曼交换机背板最下端，安装在第 60U（第二块托盘上方 4U），第二层托盘背后安装理线架（理线架内只能穿放网线，不得穿放电源线和光纤），赫斯曼交换机的网线靠后引入理线架内。机柜内设备安装方式如图 14 所示。

2.4　综合布线及标识标牌

2.4.1　综合布线施工规范及要求

电缆（线）敷设前，做外观及导通检查，并用直流 500V 兆欧表测量绝缘电阻，其电阻不小于 5MΩ；当有特殊规定时，应符合其规定。

线路按最短途径集中敷设，横平竖直、整齐美观、不宜交叉。

线路不应敷设在易受机械损伤、有腐蚀性介质排放、潮湿以及有强磁场和强静电场干扰的区域；必要时采取相应保护或屏蔽措施。

信号电缆（线）与电力电缆交叉时，宜成直角；当平行敷设时，其相互间的距离应符合设计规定。

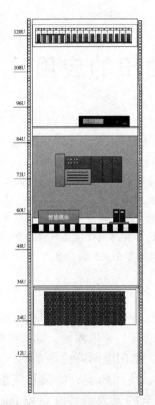

图 14　赫斯曼交换机配置井站机柜内设备安装示意图

2.4.2　标识标牌规则

尾纤为白色标签纸，字体为黑色；标签上半部分标明本端位置、对端位置、去向及设备名称，下半部分标明光缆链接去向和芯数。

网线为白色标签纸，字体为黑色；标签纸上半部分标明所连接至的地点、网络类型或服务器类型、对端设备的 IP 地址，下半部分标明对端设备所在机柜位置、网络类型、对端设备名称、端口类型。

电源线为红色标签纸，字体为黑色；交流电源标签标明设备名称、电源编号；直流电源标签上半部分标明本端设备所处位置、设备名称、线缆类型、电压类型、功能，下半部分标明对端电源所处位置、设备名称、线缆类型、电压类型、功能。

设备标签为黄色标签纸，字体为黑色，标明设备名称、设备型号、功能。

3　结论

只有遵照国家和行业规定，严格执行工程项目标准化管理过程控制，才是有效保证项目顺利完工的前提，更是提高企业社会经济效益的可行办法，从而提升施工企业的整体管理水平。该标准化建设规范实施以来，有效的提高了通信基建类项目的施工效率，节约了沟通成本，保证了场站的施工质量，场站内各大系统平稳运行，为实现无人值守场站打下良好的基础。

无人机巡线技术在西北油田的应用

周　全　聂　玲　李　俊　贾尚瑞

（中国石油化工股份有限公司西北油田分公司采油三厂）

摘　要　油气输送管道在油田生产中扮演着重要角色，由于管道分布路线广，环境复杂且随投运年限的不断增长，管道运行风险日趋突显，集中体现在管道的腐蚀刺漏以及刺漏后造成的环境污染。在管道防腐问题尚未有效解决、管道运行监控技术尚未成熟的情况下，如何及时有效发现管道刺漏，已成为油田安全生产亟待解决的问题。西北油田采油三厂创新引进无人机技术，并成功应用到管道巡线作业中，不仅大幅降低作业成本提高效率，同时将刺漏发生后的损失降至最低，有效保障了企业的安全生产。

关键词　无人机，油气管道，飞控平台，智能识别，快速充电

油气管道运输是油气资源配送的主要方式，地处新疆南部的西北油田生产地域广阔，截至2021年，油气管道总长度已达到 1.8×10^4 km，油气输送管线分布路线广，环境复杂大多贯穿棉田、水域、胡杨林，油井多为高含硫化氢井，安全风险高。习近平总书记多次就安全生产、生态环境保护工作作出重要指示，用最严格制度最严密法治保护生态环境，切实做好生态环境保护工作，管道运行风险是油田安全环保管理的重中之重。随着油田进一步勘探开发，油气管线服役时间在逐年增加，管线腐蚀刺漏也呈现爆发式增长，管线刺漏不仅带来严重的经济损失，同时对环境造成严重的破坏，为保证管线输送的安全，必须对油气管线进行定期巡检。传统的管道巡线方式主要为人工巡线，成本高，效率低，因环境的复杂性巡线人员无法对涉水和穿越胡杨林等管线进行全面监测覆盖率不足，造成管线刺漏不能及时发现从而造成更大的污染事件，存在巡检风险和安全隐患。在这种特定的生产环境条件下，为无人机的应用提供了广阔的平台，无人机具有灵活高效且不受地域环境、时间疲劳等因素限制的优势，因此引入无人机技术取代油气管线人工巡检具有现实意义。

1　无人机管道巡线发展现状

在全世界范围内，关于无人机的研究最早始于20世纪早期，自1917年英国研制出世界上第一架无人驾驶飞机，自此开启了对无人机的探索。从20世纪末开始，无人机技术进入了一个迅猛发展的新时代，截至到2021年1月，可检索到与无人机相关的专利高达63764个，无人机已广泛应用到各行业中，目前油田主要应用场景在施工现场勘查与土地测量、输油管线巡线、油田单井巡检、油田电网巡检等方面。

2010年，英国陆上石油天然气组织研发了首例功能齐全的无人机检查系统 flarestacks（火炬），依靠这一技术，运营商能够在设备运行的条件下，进行零风险的巡检作业，这个系统使得工程师可以持续监测关键部件结构，如烟囱管道管架和通风口，为维护管理减少周转时间和预算，有力地保障设备有秩序运行。

2012年英国石油公司（BP）组建了一个研究小组来开发适用于美国阿拉斯加普拉石油管道的无人机巡检系统，并于2014年，开始应用无人机来检查阿拉斯加的油田管线，无人机改善阿拉斯加地区基础设施与维护项目的安全性、效率以及可靠性。

21世纪开始，国内无人机广泛的应用在各油田企业管道巡线中，2011年无人机遥感技术在中石油兰成渝成品油管道首次应用，补充了传统人工巡线方式，成为无人机巡检技术成功运用的开端。2013年，中石油西部管道公司利用无人机系统对库都线原油管道进行了巡检监测作业。华北油田公司2012年启动无人机项目，于2014年首次应用于华北油田采油工区。2017年中国石化销售华南分公司于开展无人机定高定位定向飞行试验取得成功，2018年开始常态化飞行。2017年，长庆油田采油八厂采用无人机进行管线巡护，管线巡护频次由原来的一周一次变为一天三次。2018年，长庆油田采气六厂首次启用了无人机进行井位踏勘，仅用4h就完成了2个乡镇8座井场的踏勘工作。2019年，长庆油

田采气三厂开展无人机巡线应用试验。2019年2月，吐哈油田采用无人机高压输电线路智能巡检效率比传统巡检提高了10倍。

2 无人机巡线技术在西北油田的应用

为了提升巡检效率并避免人员安全隐患，在新疆塔河片区，2015年采油三厂引入第一台无人机进行原油输送管线巡检测试，成为最早在西北油田使用无人机的油田单位，利用无人机高清晰视频和不受地域限制的优点，对管道进行全覆盖、全方位体检，显著减少管线刺漏后大面积污染事件的发生，提高管线巡检质量。

2.1 无人机系统

无人机系统主要由无人机平台系统、飞控系统、信息采集系统等部分组成。飞控系统又称为飞行管理与控制系统，是无人机系统的核心，对无人机的稳定性、数据传输的可靠性、精确度、实时性等都有重要影响，对其飞行性能起决定性

的作用；无人机平台系统是执行任务的载体，它携带相机、传感器等各类遥感遥测设备，接收飞控系统指令到达目标区域完成要求的任务(图1)。

2.2 无人机在巡线中实际应用

西北油田采油三厂2015年2月提出无人机管道巡检项目，11月引入1台固定翼无人机进行试飞，试飞效果良好(图2)，此时的固定翼无人机体型较大，需要两个人操作才能起飞，由于体积大，操作飞行时具有一定危险性。

2016年，采油三厂与大疆无人机厂家合作，引进大疆小型无人机精灵4，精灵4体型较小，操作方面，一人可完成操作，具备智能计算机视觉和机器学习技术，使它能避开障碍物并智能的跟随拍摄而不局限于跟踪GPS信号，利用DJI GSPRO软件实现GPS自动飞行(盲飞)，解决了飞机偏离管线巡检航线的问题，同时实现无人机室内监控，开始无人机全覆盖管线巡检，图3是正在现场操控无人机。

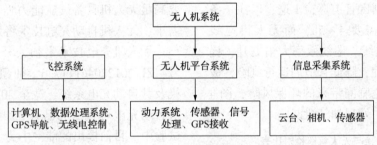

图1 无人机系统组成

图2 引入首台固定翼无人机

图3 现场操控无人机

由于夜间光线不足，只能靠人工巡检和检测管道压力等方式来弥补，2017年引进无人机夜视技术，实现了无人机夜间精准巡线，解决了管道夜间巡检效率低、隐患高、环保风险大等难题，为夜间应急处置提供了强大的技术支撑和决策依据。

为进一步提高油气田管线泄漏巡检智能化水

平，在实现无人机巡线后，进行了图像智能识别、飞控平台方面的探索。

图像智能识别方面的探索，应用人工智能技术，搜集关键图像数据，标记图片集合，通过建立图像识别模型，训练高效卷积神经网络，将视频数据进行实时分析处理，发现泄漏区域，并将

异常数据进行客户端推送，推送安全警报，模型训练误报率5%，错报率23%，为智能巡线探索奠定了基础。

飞控平台方面的探索，2017年引入大疆开发的无人飞行器管控平台(内测版)进行测试，可以实现对无人机的实时监控和专业管理，实时监控包括画面同传、飞行器实时高度、速度、经度、纬度、方向及飞行器性能等相关信息，同时该平台还记录每台飞行器的历史飞行信息(飞行时间、次数)，对前期飞行视频信息可进行在线观看或下载，实现故障巡检，提升运行管理时效，但由于WIFI网络接入问题无法实现室内正常无人机操作，后转为与地球物理公司合作进行自主研发攻关飞控平台。

2.3 应用效果

无人机巡线方式对比人工巡线方式，无论在时效上还是在经济效益上均成效突出，见表1。以某辖区38口井管道为例，以往人工巡线一个周期至少需要5d，而目前巡线由2台无人机协同完成，可每天对辖区管道巡检1遍；以往一条5km管道人工巡线需要4～5h，而无人机巡线20min内就可完成巡线。巡线效率大幅提升，提升异常发现的及时性，降低管道的运行风险，极大程度地降低了管道刺漏带来的环保风险，图4为无人机巡线过程中发现油气泄漏。

表1　人工巡检与无人机巡检对比表

	人工巡检	无人机巡检
巡检线路	3～5条/d	10～12条/d
巡检长度	10～15km/d	40～50km/d
发现管线刺漏时间	4h	5min
环境因素	无法穿越水域、胡杨林、棉田	不受环境影响
有毒气体风险	有硫化氢暴露风险	不受有毒气体影响
管线覆盖程度	复杂地形无法全覆盖	管线全覆盖
成本	一条线路两人一车，成本高	无人机采购成本

图4　无人机巡线发现泄漏

3　无人机管道巡线未来展望

随着科学技术的发展，无人机特别是四旋翼无人机技术现在越来越成熟，对无人机的控制也越来越稳定，然而长输油气管道距离长且分布广泛，需要历经不同的气候条件，且无人机飞行和巡检视频发现泄漏异常严重依赖人员，人员利用率较低，这对无人机性能提出了更高的要求，具体来说包括：无人机续航能力、图像智能识别、精准定位、系统集成等等。

3.1 快速充电系统

长输油气管道对无人机续航能力要求高，目前无人机基本都是依靠电池供电，所携带电量有限无法满足需求，管道巡检范围只能控制在8km范围内。此外，如在隐患高峰期或遇到突发事件时，需要无人机定时或连续工作，有人监管保证其在工作过程中正常回收充电，影响工作效率。无人机主要采用更换电池的方法来增强续航能力，高频率的拆卸容易损坏机架及其电子元件。要满足无人机具备续航能力强、24h全天候服务需求，无人机自动充电技术将是新的发展趋势。

无人机充电技术最初公开的有2013年专利号：ZL 201220461117.6，抽象描述了一种无人机及其自动充电系统，截至2020年12月，无人机自动充电可查专利已有35项，在不断的探索试验中。目前提出的能空中为无人机加油的新技术——"短距离激光充能技术"激光充能技术是指利用激光束和光电池实现远距离、无线充电的技术，可应用于无人机续航和便携式电器充电等，让低成本的大负荷、高速度、和超长续航的无人机成为了可能。激光充能系统不仅可以在昼夜条件下无人机无线传输能量，还不会受到强风和高温的影响。除此之外，由于这款远程激光充能系统的光束定位接收器的精度达到了厘米级，也就意味着无人机不仅能够在平飞中充电，还可以在高机动飞行中稳定接收激光束的能量，期待这项技术的突破将会解决无人机的续航能力低问题。

3.2 智能识别

目前无人机巡检视频依靠人工通过实时或视频回放发现异常情况，在无人机巡线获取实时监控视频数据的同时，应用颜色空间特征方法和深度卷积神经网络方法，来自动识别判断是否存在管线油气刺漏造成的油污区域为主要的研究方向。

智能识别技术通过收集环境和泄漏视频数据，分析并提取漏油区域特征，关注全局特征，并利用图像识别领域非常重要的局部特征，将局部特征抽取的算法融入到了神经网络，提炼图像本身的局部数据存在关联性进行图像识别，通过不断迭代训练出高效卷积神经网络，从而达到对视频数据的收集、实时分析处理，并将异常数据进行客户端推送。

颜色空间特征方法基于人眼的工作原理。人眼的视网膜上有两类感光器：锥状体和杆状体。锥体主要位于视网膜中部，称为中央凹，对颜色高度敏感。它被称为白天视力或明亮视力；杆体分布面积大，用于在视觉领域提供一般图像。它没有颜色感，对低照度敏感。它被称为低光视觉或暗视觉。由于锥状体对红、绿、蓝三种颜色的光很敏感，因此一般用于人眼观看的颜色模型是RGB模型。

根据三基色原理，用基色光单位来表示光的量，则在RGB颜色空间，任意色光F都可以用R、G、B三色不同分量的相加混合而成：

$$F=r[R]+g[G]+b[B] \qquad (1)$$

油气泄漏具有特殊的颜色分布规律。在RGB颜色空间中，每个通道的分量之间有一种特定的关系，即R、G和B通道的分量大小依次减小。在大多数情况下，油气泄漏区域与正常区域的颜色通道相比，显示出特定的亮度和高饱和度。该规则可用于建立油气泄漏颜色模型的基础。

卷积神经网络是一种基于对数据进行表征学习的算法。卷积神经网络与普通神经网络的区别在于，卷积神经网络包含了一个由卷积层和子采样层构成的特征抽取器。根据无人机采集的实时巡线视频，首先进行快速简单的颜色空间算法将单帧视频数据进行快速识别，将高概率的非刺漏视频剔除，并将无法确定判断的视频帧输入深度学习模型。在对视频帧进行归一化处理后，利用卷积神经网络将视频帧分为油气泄漏和非油气泄漏(图5)。

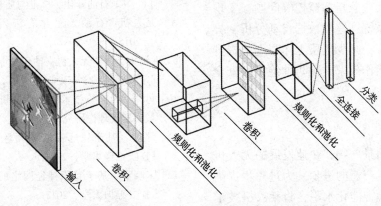

图5 卷积神经网络结构示意图

如果结果是非油气泄漏，视频采集步骤将继续；如果结果是油气泄漏，则油气泄漏的坐标和状态将进行报警。在事故发生的第一时间，能够快速提供事故现场地图，快速获取事故影响范围、周边交通状况等现场宏观信息，协助制定应急疏散预案、应急物资进出预案，以及抢险力量紧急部署方案。

3.3 精准定位

在过去几十年里，无人机视觉自主精准降落中常用的检测方法有图像匹配法、轮廓检测法、滤波算法等。李会敏等采用双目视觉探测无人机特征点进行特征立体匹配计算无人机位置，实时性好，但该方法仅在仿真环境下验证，实用时需要考虑复杂环境下无人机降落的匹配效果。高嘉瑜等采用AprilTag二维码引导无人机着陆搭建虚拟场景仿真，参数误差低，但容易受到环境变化影响。洪亮等采用模糊预测同步视觉预测数据，提高卡尔曼滤波对无人机位姿估计的实时性，速度快但精度较低。

在油田巡检中进一步提高无人机速度，解决环境干扰，避免无人机着陆和定位过程中视觉信息丢失导致无人机无法正常着陆也将是无人机研究的主要方向。无人机二维码识别与定位系统，无人机在识别到地面二维码后，通过数据获取、二维码识别和定位处理，进行算法计算，得到位置信息，然后进行坐标变换，最后稳稳地降落在指定位置，解决了无人机整个着陆和定位过程的视觉信息丢失问题，搭载二维码识别与定位系统的无人机安全性好，可以在非人工操控的情况下实现精准降落也可以自主返航。

3.4 飞控平台联动

将无人机的飞行控制系统与人机交互集成的平台称为飞控平台，具备数据采集、图像采集、实时监测、精准定位、指令发送等功能，无人机飞行控制系统是指能够稳定无人机飞行姿态，并能控制无人机自主或半自主飞行的控制系统，是无人机的大脑，也是区别于航模的最主要标志，四旋翼无人机飞控系统主要功能实现无人机智能飞行、自主避障、可旋转机臂等。未使用飞控平台的无人机飞行操控严重依赖人员，人员利用效率较低，系统集成度低，巡检数据未得到充分利用，现有图像采集、数据传输、后期数据处理子系统各自独立，未打通巡检数据与业务融合的数据闭环应用，集成度高的飞控平台也将是发展的新趋势。

随着这些新技术的不断取得突破，无人机将变得更加安全可靠。通过无人机与大数据、人工智能与物联网技术相结合，探索研究满足油田企业需求的无人机应用一体化解决方案，解决油田企业巡检安全防范及应急指挥监控等问题，实现一体化无人机巡查系统，巡检数据自动分析，异常情况快速处理响应，减少巡检工作强度，提升油田企业巡井巡线工作效率，预防杜绝重大安全生产事故。

4 结论

无人机的发展前景广阔，快速发展的无人机技术推动整个无人机产业的进步。为进一步提高油气田管线泄漏巡检智能化水平，将无人机技术应用在油田管道巡线，充分发挥了无人机高效巡线优势，做到了管道风险"早发现、早应急、早处置、早恢复"，提高管线刺漏处置效率，降低管道刺漏污染面积，降低管道运行风险。由于长输油气管道巡检与单井巡检的差异性及无人机巡检过程中对人员的依赖对无人机新技术提出高需求，探讨无人机未来新技术快速充电系统、智能识别、精准定位、飞控平台联动在管线巡检方面的技术应用效果，在新技术的加持下，将有效提升油田企业管道巡检智能化管理水平。

参 考 文 献

[1] 薄文娟. 国内外无人机系统的研究现状[J]. 2016.

[2] 郭宝录，李朝荣，乐洪宇. 国外无人机技术的发展动向与分析[J]. 舰船电子工程，2008.

[3] 李亮. 多旋翼无人机在油田生产管理中的应用探索[J]. 化学工程与装备. 2020.

[4] 喻言家，雍歧卫. 无人机油气管道巡线系统发展现状及建议[J]. 天然气与石油，2017.

[5] 康煜姝，武斌. 无人机在油气长输管道中的应用[J]. 当代化工，2015.

[6] 段云跃，谢德俊. 无人机巡检技术在长输管道高后果区管理中的探索与应用[J]. 石油库与加油站. 2020.

[7] 武海彬. 无人机系统在油气管道巡检中的应用研究[J]. 中国石油和化工标准与质量. 2014.

[8] 无人机：石油人巡井的新利器[J]. 煤气与热力. 2015.

[9] 龙清玉. 浅谈无人机在油田行业的应用[J]. 第十六届宁夏青年科学家论坛论文集. 2020.

[10] 付尧. 无人机技术在测绘测量中的应用探讨[J]. 城市建设理论研究(电子版)，2013.

[11] 邹煜. 基于轮廓提取和颜色直方图的图像检索[D]. 西南大学，2011.

[12] 朱晓宁. 基于卷积神经网络的图像超分辨率研究[D]. 燕山大学，2017.

[13] 宋光慧. 基于迁移学习与深度卷积特征的图像标注方法研究[D] 浙江大学. 2017.

[14] 饶颖露等. 基于视觉的无人机板载自主实时精确着陆系统[J]. 计算机工程. 2020.

基于无人机的陕北油区空地物联网技术研究

毋梦勋

[陕西延长石油(集团)有限责任公司物资集团]

摘 要 在分析国内外无人机巡检系统的基础上,紧密结合延长石油集团管道巡检的现状和具体需求,介绍了延长石油输油管线及油区治安空中巡检保障系统的目标与基本功能。在此基础上,提出了基于无人机平台的陕北油区物联网体系结构、数据采集网络模型的空地物联网系统架构,详细设计了空地物联网中的机载 ZigBee 接入点、地面传感与数据传输终端的技术指标。最后采用实际样品,通过静态、动态两组实验,实例验证了基于无人机平台的陕北油区空地物联网组网的可行性。

关键词 无人机,油区巡检,物联网,数据采集,Zigbee

石油管道是输送能源的动脉血管,如何保证输油管线的安全是能源行业一项重要的工作和责任。由于石油管线所处的地理环境往往十分复杂,漫长的输油管道要面对高风险、高频次的自然灾害威胁、人为偷盗油以及市政施工和地表新建房屋占压破坏等诸多问题。

而延长石油集团所辖输油管线物理距离长、分布范围较广、沿途多为陕北黄土丘壑地貌,其中相当比例的管道埋设于险要地形,周围环境沟深林密,人工徒步巡线很难到达,严重制约了巡线工作的有效开展,实际中时常发生管损事件无法及时发现,造成泄漏污染的不良事件。所以,为了弥补当前管线巡检工作的短板,提升巡视效率和效果,迫切需要采用新的技术和管理手段来补充管道日常巡检。

当前,无人机遥感技术在国外能源企业的管道管理应用领域已非常普遍,常用于山地地形管道、近海水域管道的监视和巡检、以及盗、漏油点定位和地质灾害现场评估等方面。

无人机遥感是利用先进的无人驾驶飞行器技术、GPS 差分定位技术、遥感载荷技术和遥测遥控通信技术等采集遥感数据的。和传统巡检方式相比,有着显著的优势:①摆脱地理环境的局限,无论何种复杂地形情况,皆能正常开展巡检。②无人操作,规避巡线人员伤亡事故,安全系数高。③巡检速度快、效率高。④一次可同时获取多种遥感目标数据,信息量大。

鉴于此,为了进一步降低石油管输安全隐患,提升管道巡检效率与效果,延长石油集团开展了"输油管线及油区治安空中巡检保障系统"的研究。该系统紧密结合延长石油集团管道巡检的现状和具体需求,采用无人机技术对输油管道进行巡检,对被观测目标成像分辨率高、设备机动性好、部署地点灵活,具备随时出动作业等优点[6],日常可以辅助人工巡线,对特定管线进行常态巡检,在有突发事件后也能应急出动,开展现场情况监测收集,特别适用于缺乏基础通信设施的陕北分散油区开采和线状输油管线巡检的需求。

本文涉及的"基于无人机平台的空地物联网关键技术研究"是"输油管线及油区治安空中巡检保障系统"中的重要研究内容之一。该研究具体包括无人机与指挥中心的控制数据链技术研究、无人机与地面传感器的无线通信技术研究、无人机与地面传感器的组网和数据采集技术研究、面向油区数据收集任务的无人机路径规划技术研究四大方面。主要目标是基于物联网的有源射频识别(RFID),同时结合 Zigbee 无线通信技术和采油工程技术等高新科技技术,通过实例验证基于无人机平台的陕北油区空地物联网的组网效果,为后期依托无人机平台获取分散油区开采中的生产数据以及线状输油管线巡检中的管理数据奠定基础。

1 国内外研究现状分析

1.1 国外无人机巡检系统现状

当前,无人机巡线领域的前沿技术主要由西方发达国家引领。国内相关科研院所和企业目前主要还集中于无人机硬件开发和机身载体整合的阶段,而西方发达国家依托自身先进的无人机技术,已开始进入深度开发无人机采集图像、数据的分析处理平台研究阶段,并且处于领先地位。

英国 EA 电力公司联合威尔士大学最早创造性的应用无人直升机进行巡线实验。随后英国科学家还研发了一款针对高压输电线巡检的专用无人机，其气动外形创造性的采用类似风扇管道结构，不但显著降低了飞行噪音，还极大提高了机体在强气流环境下的抗风作业能力。另外澳大利亚的通信技术科研人员还研发了超时长续航能力的专业巡线垂直起降无人机。

邻国日本国家电力公司与日本科研机构联合开发了一套架空高压输电线无人旋翼机巡检平台，该平台包括机体和附挂的光学红外设备，以及故障检测子系统和 3D 立体图像观测子系统，能够快速准确巡查识别雷击爆闪故障点、杆塔歪斜、塔身结构锈腐、水泥塔杆裂缝、导地连线断裂等问题缺陷。据日本方面统算：在电力线路巡线费效比方面，无人直升机比有人驾驶飞机节省近 55%。

西班牙科研机构也进行了基于三维视效识别技术的无人机自主导航系统的研究。该系统依托 GPS 信号，并使用图形处理算法和环境感知追踪技术实现；同时在此导航系统平台上，还开发了无人机自主智能引导着陆的数学计算模型，当出现电池或机体燃油耗尽或与控制站通讯失联时，无人机可利用此功能自动测算和感知定位与周围物体的相对空间位置，计算出最优降落路径，实现自主安全落地。

1.2 国内无人机巡检系统现状

国内无人机巡检系统的研究与应用主要集中在森林防火、电力巡线、汛情灾情检测、环境监测等领域。

从 2010 年起，国家电网已开展了多批次的无人机的巡线科研工作，使用无人机挂载高清相机和红外热成像仪对输电线路进行了巡检，在获取的可见光高清图像上，塔杆和电缆上的物理损伤都能被有效识别，取得良好的实际应用效果。另外国家电网山东分公司于 2012 年冬季在青海省海拔近 5000m 的高原低温环境下，一次试飞了三架不同型号的巡线专用无人机，持续时间超过 45min，创造了国内专业无人机高海拔、低气温的飞行测试研究记录和先河。目前，国内电力系统应用无人机进行复杂地形的线路巡检的频率越来越高，基层使用单位也高度认可，扩展应用途径不断扩大，无人机已在国家电网巡线部门中扮演着越来越重要的角色和地位。

2011 年初春，国家水利部门下属科研机构也应用无人机挂载光学成像设备，在黄河内蒙古河段进行了凌汛情报遥感监控。在凌情严重河段无人机定点悬停，光学设备将现场视频影像实时拍摄回传至北京防汛指挥部，为凌汛的指挥处置提供了第一手的现场信息，极大提高了应对效率和准确性。

综上，国内外无人机巡检系统研究通常采用无人直升机平台，依据其升降简便、可悬停、易于部署、航程适中、有效载荷大等诸多优点，开展长距离、多任务的各类巡检任务。常见的遥感任务载荷为可见光和红外光电吊舱，研究内容主要涉及无人机智能控制导航以及路径规划等方面，围绕基于无人机平台的空地物联网技术的相关研究与应用相对较少。

2 基于无人机平台的陕北油区空地物联网系统架构

2.1 输油管线及油区治安空中巡检保障系统目标与功能

延长石油集团"输油管线及油区治安空中巡检保障系统"总体目标是基于空中飞行器技术和飞行控制技术，结合延长石油输油管线的地域、地形特点和管线特征，完成石油管道快速巡线、环境监测、险情报警等任务；基于空中飞行器技术、目标检测和图像识别技术，实现对油区井位巡线、区域智能监控、重要区域监视和目标检测等功能。

输油管线及油区治安空中巡检保障系统主要由无人机飞行平台、任务观测载荷、通讯数据链和地面飞控站四部分组成。

无人机飞行平台：挂载任务观测载荷和测控通讯数据链等机载设备，依托此空对地观测平台开展遥感观测作业。

任务观测载荷：采集作业对象的高清图片和动态影像，供遥感观测系统使用。

通讯数据链：用于巡检保障系统的空中与地面部分之间信息联络和传递，将机体观测载荷获取的数据和无人机的下行遥测信息实时回传给地面飞控站，同时无人机和观测载荷接收站内上传的上行遥控信息。

地面飞控站：是整个巡检保障系统的指挥中枢。通过软硬件的集成和控制，实现无人机的飞行任务规划、飞机安全起降、全系统工作状态的实时监控、系统操控命令的准确发送，并全程跟踪记录和安全存储飞行过程数据。

2.2 基于无人机平台的陕北油田物联网体系结构

如图1所示，物联网体系结构包含三个部分，分别是应用网络、传输网络以及传感网络三部分。

陕北油区无人机通信数据链系统方案及无人机平台与传感器节点和地面控制中心的数据交互关系，如图2所示。

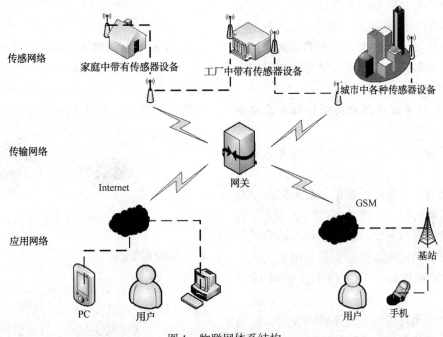

图1　物联网体系结构

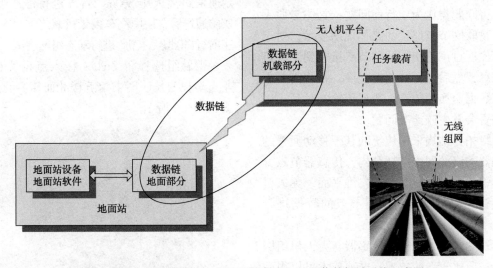

图2　无人机与传感器节点和地面控制中心的通信数据链系统示意图

基于以上物联网体系结构，不仅可以采集管路巡线管理数据，如巡检工打卡数据等，而且可以实现利用无人机完成对油区油井生产设备状况、原油管道输送等数据进行采集的功能，如温度、压力、流量、功图等关键工况数据。

（1）管路巡线管理数据采集

在每一个需要巡检的区域设立 RFID 打卡和数据传输设备，巡检工人每次巡检至此地点由设备自动记录相关数据，记录数据包括打卡时间、打卡人员等。无人机在空中巡线过程中接近每一个 RFID 打卡和数据传输设备时，通过建立 Zigbee 动态无线网络将巡查考核数据由地面设备传递至无人机存储设备进行保存。此类数据在无人机返航后通过数据下载传递至控制中心，从而能够有效监控人工巡线情况，及时发现人工巡查漏洞。

（2）关键工况数据采集

当无人机要对某一传感器节点进行数据收集时，它将通过建立 Zigbee 动态无线网络，利用无线电波唤醒该传感器节点并完成数据的收集，其中包括下行链路(无人机对传感器节点通过无线通信传输指令)和上行链路(传感器节点对无人机通过无线通信传输工况数据)。在完成数据收集后,无人机将所得数据通过数据链实时回传给地面控制中心进行观测和统计分析,从而实时确定石油采集与运输情况。同时,也将数据保存在机上存储设备,以便无人机返回基地后拷贝数据,可以作为备份,并与实时回传数据进行比对,进行差错检验。

2.3 基于无人机平台的陕北油区数据采集网络模型

为实现石油采集与运输的传感器与无人机进行组网,首先需要对石油信息的进行采集,其次就是将传感器节点收集的数据汇总起来传送给总部。此组网机制类似于无线传感器网络,无人机可类比于移动元素。因此可以通过在石油管道各处布置传感器节点以收集数据,再利用无人机飞过各节点对所采集的信息进行汇总再传输给基站。

主要难点是无人机的飞行路线的规划,以及无人机与传感器节点的信息传输方式。对于前者我们可以将问题类比为旅行商问题,具体参照无人机油区物联网节点巡检的路径规划技术。对于后者可以先通过广播使传感器节点接收到无人机经过的信息,然后进行数据的交换。在此需要进一步研究数据交换的协议,数据传输的时延,以及信息是否会发生碰撞等问题。

本网络拓扑结构采用传统的基于移动元素的无线传感器网络的网络拓扑结构,传感器节点分布在石油管道上可类比于一个二维平面。无人机从低空飞过,对暂存于传感器节点的数据进行收集。

面向石油开采与运输的传感器与无人机组网技术还是一项比较新的技术,这项技术可以很好的使石油管道的检测更准确并且更加省时省力,在做到实时连续检测的同时又不浪费人力。

3 空地物联网系统详细设计

3.1 机载 ZigBee 接入点整体架构及主要参数

图3所示为无人机机载 ZigBee 通信系统结构。其中 ZigBee 采用 2.4GHz 频段并配备双向信号放大模组,用以提供远距离的通信。无线信号放大器为双向信号放大模组,主要应用于各类对 ZigBee 信号传输距离和连接稳定性有特殊要求的场合。

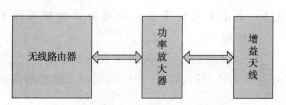

图3 无人机机载 ZigBee 通信系统结构图

3.2 空地物联网地面传感与数据传输终端设计

为确保传感与数据传输终端能与无人机进行远距离通信,传感与数据传输终端需要配备带有高增益天线的远距离 ZigBee 无线网卡(图4)。

图4 地面传感与数据传输终端

4 实验验证

为了模拟机载 Zigbee 接入点的情况,我们将 Zigbee 接入点设置在高楼上。模拟实验分为静态和动态测试。考虑到实际无人机巡检场景,本实验设定通信距离大于 500m。首先进行静态组网测试,实验通过后,使用汽车携带机载终端以 80KM/h 时速前行(模拟无人机)进行动态组网测试。

课题组选择将 Zigbee 接入点设置在西北工业大学长安校区图书馆五楼北面靠窗的位置。如图5、图6所示。

图5 室外远距离 ZigBee 组网与数据传输测试

从图5、图6可以看到,图书馆北侧直面长安大道没有其他建筑遮挡,这与机载 Zigbee 接入点在空中时的情况相似。将两个地面站设置在距图书馆 726m 处的长安大道上,位置如上图6中 726m 红色箭头所指之处。

图 6　模拟机载与地面传感器的传输测试

经测试在距 Zigbee 接入点 726m 处的两个无线终端成功组网运行，顺利通过静态和动态组网测试，验证了基于无人机平台的陕北油区空地物联网组网的可行性。

5　结论

综上，采用无人驾驶平台进行巡检，克服了陕北油区沟壑交错等地理条件的限制，可满足复杂的地形情况下能够快速进行巡检工作的基本需要。延长石油通过开展输油管线及油区治安空中巡检保障系统的建设，可以依托无人机系统评估监测油区环境，完成石油管道快速巡线、险情报警等基本任务。

同时，基于无人机平台的陕北油区物联网模式进一步丰富了无人机平台的信息获取手段。基于以上设计，无人机可随无人机指挥车辆随时调动奔赴需监控现场，可在实时获取现场影像的同时，获取更加具体的地面终端数据，为后期依托无人机平台获取分散油区开采中的生产数据以及线状输油管线巡检中的管理数据奠定了坚实的基础。

参 考 文 献

[1] 孙泽民，王建宏. 长输管道管理现状分析及其对策 [J]. 安全、健康和环境，2007，7(9)：37-38.

[2] 王翔宇，王跃，鲍蕊等. 基于巡检方案事件检出概率的长距管线无人机总体设计 [J]. 航空学报，2016，37(1)：193-194.

[3] 常文见，孟凡辉，王仓等. 无人机遥感技术在长输管道中的应用探讨 [J]. 价值工程，2013，3(32)：197-198.

[4] 李器宇，张拯宁，柳建斌等. 无人机遥感在油气管道巡检中的应用 [J]. 红外，2014，35(3)：37-42.

[5] 钱尊岩. 低空无人机遥感在油田测量中的关键技术应用研究 [D]. 中国石油大学 (华东)，2012：3-6.

[6] 杨伟，杨帆. 无人机在长输管道常规巡检中的应用 [J]. 能源与节能，2015，122(11)：132-133.

[7] D. I. Jones and G. K. Earp. Camera sightline pointing requirements for aerial inspection of over head power lines [J]. Electric Power Systems Research, 2001, (57): 73-82, Elsevier, 2001.

[8] D. I. Jones. An experimental power pick-up mechanism for an electrically driven UAV. Industrial Electronics. ISIE 2007. IEEE Internation Symposium. 2007: 2033-2038.

[9] Jaka Katrasnik, BosOan Likar. A Survey of Mobile Robots for Distribution Power Line Inspection [J]. IEEE Transactions on power delivery. 2010, 2 (1): 485-491.

[10] Julien Beaudry, Kristopher Toussaint, Nicolas Pouliot. On the Application of VTOL UAVs to the Inspection of Power Utility Assets. International Conference on Applied Robotics for the Power Industry, 2010.

[11] Luis Mejias, Pascual Campoy. A vision-Guided UAV for Surveillance and Visual Inspection [J]. Roma: IEEE International Conference on Robotics and Automation, 2007.

[12] 厉秉强，王骞，王滨海等. 利用无人直升机巡检输电线路 [J]. 山东电力技术. 2010, 1(20): 1-4.

油气田输配管网无人机智能
巡检综合管理平台技术研究

唐慧锦　王　库　李石权　董奎峰

（中国石化中原油田分公司）

摘　要　油气田输配管网包括联合站、计量站、集输干支线等，覆盖范围广，部分管线处于地貌复杂、环境恶劣区域，输送介质危险性大、腐蚀性强，加之油气集输管线频繁穿孔，打孔盗油、违章占压等情况时有发生，人工巡检极其困难，本文针对如何创新巡检模式开展技术研究，从面临的困境入手，通过集成无人机自动巡航检测技术、北斗导航定位、5G 网络基站传输，融合大数据挖掘技术创建三维动态油气集输系统智能巡检综合管理平台，替代传统巡检模式，能够准确及时地发现和检测到泄漏事故的发生并精准定位，事后连锁响应、自动分析，提高巡检效率，最大程度降低安全危害，构建立体化、标准化、智能化检测体系，实现油田集输系统安全预警、实时监控、智能决策、应急处理的管理目的，加速了企业由数字化向智能化转变的步伐。

关键词　无人机，自动巡航，智能巡检，红外检测

近年来，由于产量递减，后备储量严重不足以及国内外石油市场竞争日益激烈，油田企业面临着生存和发展的巨大压力和挑战。中原油田是中部地区重要的石油天然气生产基地，是一个具有油气勘探开发、工程技术服务、石油天然气化工等综合优势的国有特大型企业，主要勘探开发区域包括东濮凹陷、普光气田和内蒙古探区。随着信息技术的迅猛发展，信息化与经济全球化相互交织，中原油田以两化融合管理体系支撑绿色低碳和差异化发展战略，通过先进信息管理技术与工业自动化集成结合应用，配合企业流程再造、组织机构调整，逐步实现生产智能化、"无人化"，努力建设成国内一流智能油田。

1　油气田输配管网智能巡检管理平台建设背景

油气田区域有庞大的地面和地下工程，经过几十年的开发和建设后，分布着数以万计的油水井和各种管线。其中，联合站、中转站、计量间等多级站点是油气田地面管网工程的核心，而连接它们的就是纵横交错的集输管网，除部分跨越河流、道路地段采用架空铺设外，其余均为埋地管段。油气输配管线长期埋设在地下，由于产出物矿化度高、腐蚀性强，同时受到管线自身长期或超期服役而导致本体强度等力学性能下降、管道自身的内外壁腐蚀、自然和地质灾害损毁、打孔盗油、第三方人为破坏等各种不确定性因素的

影响，易引发穿孔破裂、爆炸、起火等事故，这类事故往往造成巨大的经济损失、人员伤害和环境破坏，对油气集输安全运行带来潜在的巨大危害。同时各种集输设备容器，诸如加热炉、分离器、输油泵等等都在逐年老化，损伤维修率高。以某个采油厂为例，现有联合站 2 座、计量站 140 座、注水站 60 座，集输干支线 155 条，长度 170.587km。经统计 2016—2020 年，全厂共计发生集油管线泄漏 3336 次，其中单井集油管线 2663 次，集油干支线 673 次，泄漏原油 533m³，发生维护维修费用 350.77 万元，工农赔偿费用 802.44 万元。

针对油田生产现场周边村庄、农田、河流密集，跨越区域较多、环境险要复杂等特征，管道沿线设施经常遭到人为破坏，盗油现象时有发生，这些外在因素和人为因素极大增加了巡检难度，传统的人工巡线和防腐层检测相结合的方式繁重耗时，已经无法满足要求，由此导致的巡检疏漏，将造成难以估量的后果。当前数字油田体系建设已经日趋完善，而油田的安全信息化平台大部分还处于独立报警阶段，平台智能化手段运用不充分，信息传递有业务壁垒，没有统一的安全预警报警机制已成为油田集输系统现代化生产管理模式迫切需要解决的问题。因此，通过工业化与信息化的深度融合，我们以油田集输数据的深入挖掘和综合应用为研究重点，开展无人机遥

感监测、北斗导航定位、5G快速传输、云平台、大数据等信息新技术的集成应用研究，解放劳动力，实现无人值守，规避安全风险，创新性地建立全方位的油气田输配管网智能巡检综合管理平台。该平台技术适用于油田所有生产设备设施的检测和管理，包括抽油机、计量站、输油、注水管线等，也适用于同类管道行业，本次研究侧重于油气田输配管网。

2 行业规模分析

2.1 发展历史及现状

作为五大运输方式之一的管道运输，在世界已有100多年的历史，至今发达国家的原油管输量占其总输量的80%，天然气管输量达95%。截至目前，全球在役油气管道数量约3800条，总里程约1961300km，其中天然气管道约1273600km，占管道总里程的64.9%；原油管道、成品油管道、液化石油气管道分别约363300km、248600km、75800km，其中北美、俄罗斯及中亚、欧洲、亚太地区分别占全球管道总里程的43%、15%、14%、14%。

1958年中国建设了克拉玛依到独山子炼油厂的第一条长距离原油输油管道，开启了国内油气管道行业的发展。截至2017年底，中国油气长输管道总里程已达13.14×10⁴km，其中天然气管道约7.26×10⁴km，原油管道约3.09×10⁴km，成品油管道约2.79×10⁴km，占比分别为54.9%、23.6%、20.5%，长输油气管道总里程位居世界第三，主要运营商包括中石油、中石化、中海油以及省级管网公司。中国能源行业"十三五"规划发布后，为适应需求，我国油气管网规模不断扩大，管道的建设施工及管理水平得到大幅度的提升。总体来说，我国已基本形成连通海外、覆盖全国、横跨东西、纵贯南北、区域管网紧密跟进的油气骨干管网布局。

2.2 政策支持及发展前景

2017年7月，国家发展改革委、国家能源局印发《中长期油气管网规划》，旨在统筹规划、加快构建油气管网体系，对石油天然气基础设施网络进行统筹规划，搭建中长期油气管网布局蓝图。油气田输配管网是油田地面管网工程的核心，这一系统由矿井、计量间、中转站、联合站等多级站点结构组成。油气田输配管网整体投资一般占整个油田地面工程的60%~70%，占整个油田工程的40%左右。耗费除了各级站点及相连接的管道建设费用外还涉及各级站址及管网的生产、运行、安全、管理投资，同时油气集输管网水力、热力耗散巨大，在油田生产能耗中占主导地位。通常因管材质地不同而价格不等，有些管材费用平均每公里十几万元。即使是一个计量间的建设投资也达到数百万元。为了保障能源开采和传输的安全，由巡检人员进行人工巡线和巡井，需要花费大量的人力和时间，增加安全风险，在信息时代急需智能化的巡检作业和管理方式。

油气管道泄漏检测技术是保障管道安全生产的重要手段。管道的腐蚀、突发性的自然灾害以及人为破坏等都会造成管道破裂乃至泄漏，威胁到油气集输管道的安全运行，甚至造成巨大的经济损失和环境污染。国家出台政策法规，推进管网区域化管理机制；鼓励天然气行业的发展，扩大天然气管网辐射范围；打破垄断，引入第三方资本，主动迎接市场化改革，促进能源输送服务水平的提升。面对庞大的油气集输管理市场，运用新一代信息技术解决油气田输配管网智能巡检的研究正在逐步开展，杜绝盗油犯罪的猖獗进行，防止经济损失，维护油气集输正常运行，这些都给油气田输配管网检测技术与保护管理提出了巨大的挑战，应用前景广阔，不断向管道运行管理的国际先进水平迈进，市场发展潜力巨大。

3 智能巡检平台关键技术研究

油气田输配管网系统包括油气处理联合站、计量站、集输干支线等，覆盖范围广、跨度大，部分管线处于地形地貌复杂、自然环境恶劣、环境敏感区域，输送介质危险性大、腐蚀性强，油气集输管线频繁穿孔，加之打孔盗油、违章占压等情况，人工巡检极其困难，对此提出创新想法并开展技术研究，通过无人机自动巡航检测技术、北斗导航定位、5G网络基站传输，融合大数据挖掘技术创建三维动态油气田输配管网智能巡检综合管理平台，实现油田集输系统安全预警、实时监控、智能决策、应急处理的管理目的，能够准确及时地发现和检测到泄漏事故的发生并精准定位，事后连锁响应、智能分析，排除集输系统安全隐患，提高巡检效率，提升自动化、精细化管理水平，优化劳动资源配置，大大降低人工和维护成本。为国内应用新一代信息技术解决类似行业问题提供了实用、开阔的技术思路，能够推动智能油气田的快速发展，减轻劳动强度，保护人员和环境安全，具有良好的经济效益和社会效益。

3.1 创建油气田输配管网智能巡检综合管理平台

该平台对集输系统管网本身及沿线的计量站、联合站等重要场所，进行现场数据、图像采集，并通过移动互联网技术，实现输油/输气管道的全面实时三维立体监控，针对管线穿孔、非法采挖、大型工程车占压管道等行为进行动态预警，及时发现潜在风险或定位破坏位置，为集输系统的日常运行管理和巡线抢修提供全面可视化的技术保障。无人机采集的数据可通过5G网络快速传输到系统中，在大数据背景下，建立"数据融合应用平台"，巡检数据及影像实时回传后，可通过遥感数据快速处理平台，进行影像快速拼接和数据融合，三维立体建模，也可以将监控数据和历史数据比对，对两者差异做出分析以及后期数据深度挖掘，建立集输系统地理方位数据库、检测指标数据库，完成无人机自动巡航模块、数据分析模块、实时监控模块等六大模块开发。通过无人机拍摄的高清图像和红外影像，对发生破坏管段的位置、破坏程度进行评估，制定维抢修方案，将灾害的影响降到最低。平台通过自主试验形成的最佳预警报警数据模型、智能比对分析生成隐患报告，为下步决策提供数据支持，极大提升线路隐患和故障预警效率，降低运行维护成本（图1）。

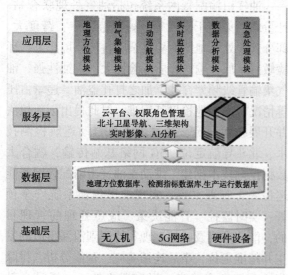

图 1 平台架构示意图

3.2 无人机搭载可见光和红外检测技术

无人机技术是一项融合无人驾驶飞机、控制系统、控制链路及其他相关支持设备等多个专业的高新技术。现代无人机具备高空、远距离、快速、自行作业的能力，可穿越高山、河流、农田等复杂地貌，将无人机遥感技术应用于管道巡线，可快速获取地面空间信息，为管道隐患排查、管道周边环境调查、应急抢险等提供重要依据。无人机搭载可见光高清摄像仪，可巡检拍摄集输设备各个连接部件和仪表，如是否有螺母脱出，开口销损坏，近地飞行查看计量站内压力或温度是否超限等故障，及时反馈数据到平台进行分析处理。

红外遥感影像是基于遥感目标热辐射信息成像的。无人机可搭载可见光和红外双光吊舱，通过红外管道检测技术，利用热成像系统，红外影像可有效显示管道沿线的地表热量分布与差异信息情况，尤其在冬季低温环境下，管道及管道内输送介质（包括油、气、水等）作为明显热量源，与周围土壤以及人工建筑等相比温差大，在地表热红外成像中呈现出明显的亮度差异，在红外伪彩色图像中呈现出明显的颜色差异，可快速准确定位泄漏点，及时启动应急响应，把危害降到最低。此外，红外影像不受复杂的光学纹理特征的干扰，能够直观、快速提取不同热量的目标轮廓，尤其是管道、河流、建筑等规则性状目标。研究成果表明，通过无人机挂载红外热像仪在冬季对地下石油管道进行遥感监测能够有效识别出管道，并可实现对管道内介质泄漏与管道裸露、浅埋等重大安全隐患的精细化排查与定位，不需要再去挖开好几公里长的管道去检查到底是哪儿发现了泄漏，具有昼夜监控能力，可对目标区域进行长航时的实时监控，并可在指定目标上空做定点盘旋监测，能够大幅减轻地面人工监测的工作强度，具备业务化应用能力（图2）。

图 2 红外热成像仪拍摄的管线照片

无人机巡检飞行可不受光线、环境、天气等因素影响，能够代替人类探索一些危险性较高或人无法到达的场所，还可巡检拍摄地面的集输管网以及无人值守站内管线阀组的运行情况，对探测目标进行温度异常判断、目标搜索、危险识别等工作，实时将图像传输给工作人员，实现了电子化、信息化、智能化巡检，可以提高巡检的工作效率和应急抢险水平。

3.3 基于北斗导航定位的行业级专用无人机技术

3.1.1 自动巡航及避障技术

自动巡航以及避障一直是多旋翼无人机的技术瓶颈，同时也是让一架无人机实现安全化、智能化的核心。由于油区空中环境复杂，高压线、光缆等线路交织繁复，人工操控无人机时需时刻关注并及时躲避，同时驾驶无人机也需要相应的技术水平，基于我国新启用的北斗卫星导航系统（BDS）提供的空间信息，在原有的地理信息系统（GIS）之上通过红外热成像技术绘制油田油气田输配管网方位图，对无人机编程算法结构进行优化，提高运算速度，调参测试后使得飞机具有能够导航自动巡航的能力，再加装超声波测距模块以及光流传感器模块后使飞机具有定高能力以及预判障碍物的能力。按照油区集输系统方位地图自动对监控区域进行巡航，并通过机载的电子影像系统，提供清晰平稳的机载图像。应用此技术后，不仅可以减少维护人员操控无人机的工作量、降低运行人员在外部复杂地形巡视的人身风险，更有利于及时发现事故隐患。对比研究多种无人机性能，确定最优参数，搭载可见光和红外双光吊舱，定制"智能化飞行机器人"。行业级专用无人机可按需搭载30倍光学变焦云台相机、双光吊舱等，具有长航时、长航程、轻巧便携、稳定性高、定位精度高、防雨性能好等特点。专用无人机还可全自动、超视距飞行，由系统自动规划航线，一键自动飞行，拍摄油气管线设施重要部位（图3）。

3.1.2 建设天、地、空5G实时回传网络

5G网络有着全新的网络架构，能够实现超高带宽、毫秒级时延、超高密度链接，在时延性、抗干扰性、下行容量等方面的特点可以缓解无人机在4G网络时代面临的难题，利用5G网络建设无人机基站有望成为一种灵活的、续航可靠的通信基站，可以使无人机构成一个7×24的全时无人机网络，进而构成一个天、地、空实时联动的世界。依托5G网络无线回传承载高清视频传输，利用北斗导航定位搭建管道地理信息数据库，采用多重验证和加密算法保障国有资源涉

密信息安全。可进行云端部署，具备视频实时监控功能，建立油气田输配管网检测基站资源，创新集成无人机自动巡航、避障等技术，与视频图像处理、三维建模等技术相结合，实现对重点管段、重要设备的动态监管、实时分析，突破行驶里程限制，打造油区集输系统立体化、智能化、远程化管控体系（图4）。

性能参数			
类别	参数	类别	参数
机身材质	复合型碳纤维	动力形式	锂电池
电机	防水无刷电机	额定功率	420W(空载)
桨叶	碳纤维桨	导航方式	北斗导航+GPS
轴距	1000mm	测控半径	≥20km
标准起飞重量	6kg	抗风能力	≥6级
最大搭载重量	10kg以上	起降方式	垂直起降
最大续航时间	90分钟	工作温度	-40℃~60℃
巡航速度	10m/s	任务响应时间	≤30s(展开)
最大航程	≥40km	防雨能力	大雨
主要功能	一键起降	航线规划	自动返航
	视频回传	数据实时监测	全自主飞行

扩展功能:室内定位、避障、目标追踪、高精度定位、图像识别落等功能。

图3　行业级专用无人机性能参数示例

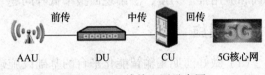

图4　5G无线接入网示意图

4　平台运行效果

通过建设油气田输配管网无人机智能巡检管理平台，用无人机巡航替代部分人工巡检和管线检测，线路和设备巡检的精度能够有所提高，工作效率得到大幅提升，有些人工不易到达的区域，比如麦田、河流等都可通过无人机进行检测，通过5G进行无线回传，速度快、准确度高，并结合检定结果到现场进行比对分析，避免了漏检情况的发生。并且根据采集的数据可以制定一套集输系统的无人机行业巡检标准，用来指导无人值守条件下的生产运行工作。

首次采用了无人机自动巡航、北斗卫星导航定位、5G基站传输、云平台综合一体化集成应用，配套建设基于大数据的智能分析平台，连锁响应、安全预警，油田集输巡检全智能化管理，

极大的降低了运行维护中的安全风险。自主研发巡航最优算法、最佳预警报警数据模型、智能对比分析专家库均填补了国内空白。相比其他管道泄漏检测技术，如利用次声波信号传感器、负压波法等技术具有明显的优势，检测结果更加准确，可查看实时影像，第一时间精准定位泄漏点，大幅节省了人员和设备安装费用。同时建立完善的激励机制，能够有效促进科技人员持续创新，按照相关绩效考核文件要求，对在技术研发和成果转化中做出主要贡献的人员进行奖励，并重点培养专业技术人才和多学科综合管理人才。

5 风险分析

5.1 技术风险

随着能源产业的发展，油气田输配管网的安全维护和日常巡检工作压力越来越大。无人机巡航替代人工巡检之后，在使用过程中对电磁环境要求很高，如遇到电子干扰可能会发生程序失灵、5G 信号传输中断等问题，对通信系统和导航系统依赖性强，可以在技术研究中加强抗干扰性的研究。

5.2 经营风险

由于需要购置大量专业机器，如无人机、5G 基站等，前期投资较大，如后期不加大人员培训和应用推广力度，恐出现回报率低等问题。

6 控制措施

（1）做好前期集输智能化平台的基础设施建设，新技术设备的保护，转变工作方式，优化业务流程，做好宣传推广，从各方面给予制度支持和组织保障。

（2）加强集输系统检测的全生命周期管理，一站一推行，动态完善平台功能，从试点井站开始逐步推广到整个油田，加大培训应用，逐步构建天地空立体化、系统化、智能化的集输检测体系。

（3）创新经营方式，采取风险共担、利益共享的管理模式，降低经济风险。

油气田输配管网无人机智能巡检综合管理平台采用当今新一代信息技术，开创了运用无人机、北斗导航定位、5G 传输多种技术综合联动的智能集输系统检测的先河，为国内、国外类似应用需求提供了一个完整、实用、先进的技术开发思路，极大的推动了信息化与工业化的深度融合应用，加速了企业由数字化向智能化转变的步伐，具有良好的经济效益和广泛的社会意义，同时，可扩展到研究油田所有生产设备设施以及同类相关行业的应用(如水利工程、环保监测、电力行业等)，为油田企业加快创新驱动、提质增效升级提供强有力的技术支持。

参 考 文 献

[1] 范承啸，韩俊，熊志军，等．无人机遥感技术现状与应用[J]．测绘科学．2009．

[2] 亢庆，王兴玲．水面油污染的遥感探测研究进展[J]．油气田地面工程，2011．

[3] 谢小玲．5G 与智慧油田的应用[J]．石油研究，2019．

天然气输气站场智能分输控制过程分析

梁晓龙　　牛生辉

(陕西省天然气股份有限公司)

摘　要　为适应燃气行业的发展需要，目前国内长输管道企业都在没有相关标准化规范的情况下探索无人值守站场模式，而下游用户气量的智能分输是实施无人值守站场必须解决的核心问题。本文在充分研究国内外无人值守天然气站场的基础上，结合本公司无人值守试点站场运行过程中的相关问题，通过研究供气支路自动分输，智能调峰算法，并进行逻辑控制，解决了输气站场分输供气需要频繁人工操作的问题，在实际应用中发现自动分输，智能调峰系统稳定、可靠，为以后全面实施无人值守站场提供了经验和参考。

关键词　输气站场，无人值守，自动分输，智能调峰

针对目前公司天然气分输站场工人操作频繁，尤其夜间容易造成误操作等不安全因素，通过分析供气支路工艺流程及下游用户用气结构，研究智能分输的算法特点，利用站控系统自动控制用户气量，达到降本增效、安全高效运行、提高能源利用率的目的。

本文通过试点站场的自动化分输功能，为今后公司推行无人值守站场奠定技术和管理经验。

1　输气站场站控系统及支路现状

1.1　站控系统

SCADA 系统的控制模式分为三级：即中心控制，该级具有对全线及各站场进行监控、调度管理和优化运行等功能；站场控制，设置在站场自动化监控系统，可实现对站内工艺变量及设备运行状态的数据采集、监视控制及联锁保护，并与调控中心进行实时数据交换；就地控制。在站场控制设备由于系统、通信、电力故障等意外情况下，不能完成对现场设备执行远程控制而由人工在就地进行的操作控制方式。

具体功能主要有以下几个方面。

控制功能：阀门状态控制、开度控制；火气系统报警联锁；紧急切断及安全联锁保护等。

站场数据监控及显示功能：温度、压力、差压、流量监测；关键设备、阀门状态及相关参数监测；火气系统(可燃气体泄漏监测和报警、火焰探测器、火灾监测与报警)监测；其他配套设备设施参数监测。

通讯功能：光纤及数字链路主备通讯网络。

其他功能：数据管理；通信管理；系统冗余功能；主备传输网络自动切换；时钟同步；经通讯接口与第三方系统或智能设备交换信息。

1.2　计量调压支路

如图 1 所示为站场计量调压支路工艺流程图，计量支路及调压控流支路前后均有电动控制阀门，KFCV1001、KFCV1002 为电动流量调节阀，通过远程控制开度，达到控制下游流量的目的。

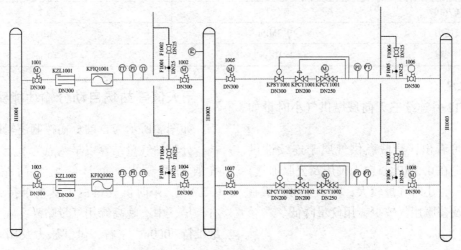

图 1　计量调压支路工艺流程图

2 下游用户

2.1 用户用气结构

根据下游用户用气特点和供气规律，可将用户分为以下6种类型。

（1）居民用气。用气波峰波谷较为明显，用气随季节和每天时间波动较大，通常夜间为用气低谷，需要保证最低供气压力。

（2）一般工业用户。持续性用气，气量均衡平稳，峰谷差不明显。

（3）综合性用户。包括居民和工业用户，有一定的基础用气量，在此基础上有明显峰谷差。

（4）不可中断工业用户。对供气压力要求较高，要求供气量及压力稳定，例如兴化，某些用户还对气质要求较高，兴平台玻。

（5）CNG加气站等间歇性用户。不定时用气，没有可利用的管存，用气期间要求压力稳定。

（6）有其他气源点补充的用户。以间断方式进行供气。

以上6种用户类型中居民用户、一般工业用户及综合性用户有一定的用气规律，用户用气随时间变化；不可中断工业用户要求供气压力稳定；CNG等间歇性用户及有其他气源点补充的用户无用气随机性较大。

针对不同的用户供气需求，可采用到量停输法、不均匀系数法、剩余平均流量法、恒压控制法4种不同的自动分输控制算法，并结合相应的辅助控制逻辑，将其整合为一套自动分输控制程序以适应各种不同用户自动化控制的需求，实现日指定的自动精准控制。不同用户供气需求可采用不同的自动分输方式（表1）。

2.2 试点站场下游用户用气分析

城燃用气结构属于民用户与公服商业用气混合，工业用户用气量占比40%左右，供气压力0.30MPa，冬季日用气量$3×10^4 m^3$；某城市天然气公司用气结构属于民用户与公服商业用气混合、工业用户，供气压力，冬季日用气量$17×10^4 m^3$（表2）。

表1 用户及自动分输方式对应表

序号	用户类型	供气要求	自动分输方式
1	民用用户	可中断	到量停输法
2	综合性用户	不可中断，无压力限制	恒压控制法或剩余平均流量控制法
3	一般工业用户	不可中断，有压力需求	不均匀系数法
4	不可中断工业用户	不可中断，稳定供气	恒压控制法或剩余平均流量控制法
5	加气站用户	可中断	到量停输法
6	间歇性供气用户	不可中断	恒压控制法

表2 试点站场下游用户用气结构

用 户	城燃天然气有限公司	某天然气股份有限公司
	工业用户	工业用户-
供气结构	公服、商业用气	公服、商业用气
	居民用气	居民用气
供气方式	连续性	连续性
供气压力	0.3MPa	0.3MPa
日供气量	$3×10^4 m^3$	$17×10^4 m^3$

2.3 供气状况

分输站12月连续三天向城燃供气小时量如表3所示。

由表3可看出，给城燃供气属于连续性供气，配压稳定在0.3MPa，白天民用及公服加气、工业全部用气，小时气量较大，晚上主要为工业用气，民用及公服用气较少，用气量降低。

3 无人值守站场自动分输功能实现

如图2所示为自动分输控制逻辑图。

分输站气量结算以早八点为节点，由小时供气数据可看出，每日给城燃门站供气配压0.3MPa，瞬时供气量白天基本维持10000m^3左右，早、中、晚高峰用气量略高，晚上维持供气量维持7000m^3左右，供气压力及用气量持续稳定，波动较小，可采用不均匀系数法供气。

表3 瞬时供气量数据参数表

时间		进站压力/MPa	配气压力/MPa	流量/m³	结算量/m³
第1天	8：00	2.4	0.3	6212	
	10：00	2.3	0.3	10773	
	12：00	2.1	0.3	10266	
	14：00	2.2	0.3	9607	
	16：00	2.2	0.3	9822	
	18：00	2.2	0.3	11519	
	20：00	2	0.3	10741	
	22：00	2	0.3	9978	
	0：00	2	0.31	8091	
	2：00	2.1	0.31	7478	
	4：00	2.2	0.33	7696	
	6：00	2.3	0.3	9002	
第2天	8：00	2.3	0.3	8961	230899
	10：00	2.3	0.3	10611	
	12：00	2.3	0.3	11236	
	14：00	2.3	0.3	10913	
	16：00	2.3	0.3	10497	
	18：00	2.3	0.3	11518	
	20：00	2	0.3	11018	
	22：00	2	0.3	9772	
	0：00	2	0.3	7650	
	2：00	2.1	0.31	7630	
	4：00	2.2	0.33	7239	
	6：00	2.3	0.33	9609	
第3天	8：00	2.3	0.28	10111	230574
	10：00	2	0.28	10733	
	12：00	2	0.28	11389	
	14：00	2	0.28	10106	
	16：00	2	0.29	9492	
	18：00	2	0.29	11587	
	20：00	2	0.29	10538	
	22：00	2	0.29	9928	
	0：00	2	0.29	8417	
	2：00	2	0.29	7711	
	4：00	2	0.29	7637	
	6：00	2	0.29	9168	
第4天	8：00	2	0.29	10324	234949
	10：00	2.3	0.29	10524	
	12：00	2.3	0.28	11391	
	14：00	2.3	0.29	8860	
	16：00	2.1	0.29	9696	

不均匀系数法控制逻辑，在连续供气用户使

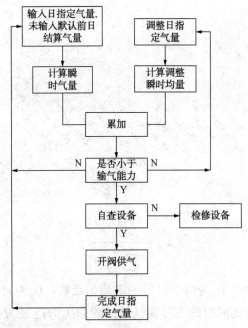

图2 自动分输逻辑图

用，将用户24h用气分为XX个时段，每天早8：00点程序根据过去X天各时段累计流量与日累计流量，通过加权平均计算出当日权重系数，每个时段按日指定气量与相应的权重系数乘积进行气量控制，从而反向拟合用户用气规律，最终达到在一定压力范围内日指定气量控制的目的。

每个时段分输完毕后，预计时段分输量与实际时段分输量进行比较得到 ΔQ。ΔQ 补偿在下一时段中，则下一时段接受流量补偿后根据时段权重值重新调整该阶段的流量设定值。以纠正调压设备执行误差或日指定变更误差，最终达到日指定气量控制的目的。

为保证供气的平稳性，每小时分输量应确定一个波动范围。分输权重系数控制逻辑广泛适用于各类用户。用户小时不均衡系数宜不高于0.5。

不均匀系数控制模式首先将每天划分成若干个时段，根据过去X天用气规律，计算当天各时段所占的不均匀系数。在每个时段输气开始前，根据当日日指定量和该时段的不均匀系数计算当前时段输气量分配值并进行流量调节（图3）。完成当日分输后，系统保持当前输气状况不变，等待下发新的日指定量，然后重新计算预估偏差率、不均匀系数等参数，第二天开始自动分输。每个时段的不均匀系数计算公式如式（1）所示。若输气过程中需要更改当日指定气量，则根据更改后的瞬时均量与之前的瞬时气量累加，即为调整后的瞬时供气量（图3）。

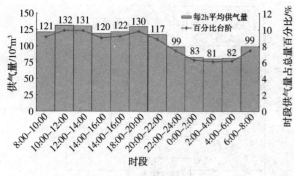

图3 不均匀系数法

$$X_{\mathrm{wt}} = \frac{\sum\limits_{i=1}^{m} Q_{\mathrm{h}}[i]}{\sum\limits_{i=1}^{m} Q_{\mathrm{d}}[i]} \qquad (1)$$

式中 X_{wt} 为每个时段的不均匀系数；Q_{h} 为过去 M 天此时段的实际输气量，m^3；Q_{d} 为过去 M 天每天的总输气量，m^3。

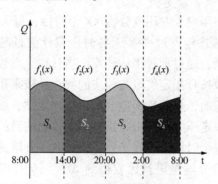

图4 瞬时气量与时间关系图

如图4所示为随着时间变化下游用户瞬时气量变化曲线，根据实际情况可将曲线划分为4段，则日累积气量 Q 为：

$$Q = S_1 + S_2 + S_3 + S_4 \qquad (2)$$

函数连续可导的，则日累积气量 Q 为：

$$Q = \sum_{n=1}^{4} \int_0^6 f(t)\,\mathrm{d}t \qquad (3)$$

式(3)求导可得任意时刻的瞬时气量 q：

$$q_{\mathrm{t}} = \left[\int_0^6 f(t)\,\mathrm{d}t\right]' = f(t) \qquad (4)$$

假设某一天供气量如表4所示。

表4 小时供气量及不均匀系数表

时段	瞬时气量/m^3	本时段累积量/m^3	总累计气量/m^3	不均匀系数
8：00~10：00	13000	26000	26000	0.055986219
10：00~12：00	11000	22000	48000	0.047372954
12：00~14：00	12000	24000	72000	0.051679587
14：00~16：00	10500	21000	93000	0.045219638

续表

时段	瞬时气量/m^3	本时段累积量/m^3	总累计气量/m^3	不均匀系数
16：00~18：00	9800	19600	112600	0.042204996
18：00~20：00	11000	22000	134600	0.047372954
20：00~22：00	9500	19000	153600	0.040913006
22：00~24：00	9000	18000	171600	0.03875969
0：00~2：00	8000	16000	187600	0.034453058
2：00~4：00	7000	14000	201600	0.030146425
4：00~6：00	6800	13600	215200	0.029285099
6：00~8：00	8500	17000	232200	0.036606374

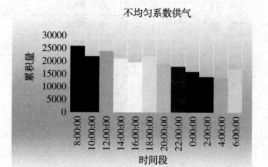

图5 不均匀系数供气累计量柱状图

如图5所示为表4对应的瞬时流量柱状图，由图4可看出所有瞬时量调整周期为2h，12个柱状图所示气量总和为一天结算气量。如果本时段调整有误差，则本时段实际不均匀系数与理论计算的不均匀系数有差值，则将此差值累积到下时段调整中，确保及时纠正瞬时气量，或者日指定气量有调整，则实际不均匀系数有变化，同样将差值累计到下时段及时调整，达到按日指定气量供气的目的。

4 结束语

试点站场实施无人值守模式后，根据自动分输逻辑，对下游用户进行智能调峰，避免了人工频繁操作，降低安全事故发生频率，提升了站场自动化水平，优化劳动用工(分输站人数由8人减少到3人)，降低了人工成本，提高了公司的管理水平和生产效率。

但是无人值守站场对通信、自控系统运行稳定要求更高，对设备的配置及优化尤为重要，因此今后站场工作重点将转变为设备维护及检修。在实施过程中发现电动球阀偶尔有卡死现象，分析原因为电动球阀关阀后，前后压差过大导致无法打开，公司下一步计划准备对试点站场工艺支路关键远控阀门进行改造，增加旁通阀及差压监测，在差压过大时优先自动开启旁通阀进行平压。

参 考 文 献

[1] 屈彦. 川东地区天然气生产SCADA系统的优化改造[J]. 天然气工业. 2011，11：88-92.

[2] 田璐. 无人值守天然气站场工艺技术研究[D]. 黑龙江：东北石油大学，2015：3-10.

[3] 吴斌. 天然气输气站场SCADA系统的设计与实现[D]. 山东：山东大学，2010：16-21.

[4] 王大伟. 油气田井站无人值守建设与管理[R]. 西安：长庆油田分公司，2020.

[5] 李国海，董秀娟. 浅谈天然气长输管道无人值守站建设[R]. 北京：长输管道中外技术标准差异分析研讨会，2016.

[6] 赵廉斌，田家兴，王海峰. 输气站场自控系统夜间无人值守功能的实现[J]. 油气储运，2012，4：314-317.

[7] 曹永乐，王浩，王海龙. 西气东输天然气用户分输自动控制技术研究与分析[J]. 化工自动化及仪表，2020，3：231-236.

[8] 梁浩，郝一搏，李海川. 天然气分输管理与控制技术研究[J]. 天然气技术及经济，2015，9（6）：49-50.

[9] 古有聪，胡佑东，等. 天然气无人值守站供气流程安全自控方案探讨[J]. 中国化工贸易，2020，12（17）：9-10.

[10] 吴飞，邱蒙琪. 输气站场自控系统的夜间无人值守功能实现研究[J]. 石化技术，2016，1：236-236.

[11] 刘恒宇. 天然气管道分输用户远控自动分输技术探析[J]. 天然气技术与经济，20188，2：59-61.

[12] 梁恽，彭太翀，李明耀. 输气站场无人化自动分输技术在西气东输工程的实现[J]. 天然气工业，2019.11.112-116.

输气管道站场智能低压监控系统研究

李向光　付薇

(中国石油天然气管道工程有限公司沈阳分公司)

摘　要　阐述了智能低压监控系统对无人站的重要性。提出了针对输气站场智能低压监控系统的分类方法。通过分析整个系统的基本组成及功能，讨论了新建及改造项目智能低压监控系统的实施方案。

关键词　智能化，低压监控系统，智能断路器，无人站，监控模块

随着数字化和工业化深度融合，油气行业纷纷加快自动化、智能化等技术研发和应用。无人化、智能化输气站场可以强化本质安全、提高系统效率、降低运营成本、实现高质量发展。电力系统的智能化是实现整个站场智能化的关键部分，高压部分可以通过综保装置等实现系统的智能控制，而针对低压配电系统智能化的配置要求及实现手段亟需明确化、标准化。

1　智能低压监控系统分类及功能

智能化低压配电系统可分为全智能化系统与半智能化系统。

全智能化系统采用智能万能式断路器、智能塑壳断路器、智能双电源控制器、智能电动机保护器和起动器等智能元件，实现整个系统的全智能化配置。其优点是设备少，集成化水平高，缺点是投资成本高，由于需要全部采用智能设备，因此不适合对已建站进行改造。

半智能化系统以现有的断路器、接触器、继电器等为控制基础，结合新型的智能电力仪表、监控模块、现场监视器件，可以实现输气站场所需全智能化系统的所有功能。优点是投资成本低，适用于对已建站进行改造，缺点是设备多，检修维护较麻烦。

通过采用智能低压监控系统，可以实现对各配电回路的电压、电流、有功功率、无功功率、功率因数、频率、耗电量等电参数的实时监测以及对开关设备的分合进行控制和监视；配合通信网络和各种完善的远程监控软件，从而实现对低压配电系统的远程监控和测量；提高系统的可靠性及可维护性；实现变配电系统的无人值守，降低人力资源成本，为建设无人值守输气站场奠定基础；实现在线故障诊断、报警及记录等功能。

2　智能低压监控系统基本组成

智能化低压配电系统是用通信网络把众多的带有通信接口的低压配电和控制设备与监控主机等连接起来，由计算机进行智能化管理，来实现集中数据处理、集中监控、集中分析及集中调度，实现变配电的无人化、智能化。

智能化低压配电监控系统较常见的为三级结构(图1)。

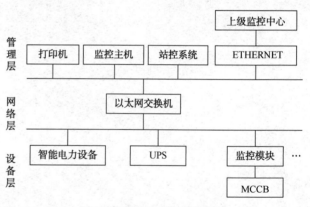

图1　智能配电系统典型结构

设备层，是指直接采集现场设备数据并具备上传功能的现场监控、开关设备，包括低压各回路智能断路器、智能电力仪表、电动机智能保护单元、无功补偿装置智能控制器、开关量采集单元、控制输出单元等。这些监控、开关设备可独立完成测量、控制、报警、通讯等功能。当一个设备出现问题时，不影响其他设备的正常运行。

网络层，就是所谓的把强电控制与网络通讯技术相结合，通过整合、变换通讯规约，提高管理层对设备层的访问速度及实时监控的能力。

管理层，集中管理低压各设备，可以是设置在低压配电室的一套智能人机界面单元、站控系统、上级电力监控中心。

3 智能低压监控设备

3.1 智能断路器

智能型断路器就是将智能型监控模块的功能与断路器集成在一起。脱扣器是智能型的，主要功能有：长延时、短延时、瞬时过流保护，接地、欠压保护等。在断路器上可以显示电压、电流、有功功率、无功功率、功率因数等参数及运行状态、故障信息等。具有通信接口，管理层计算机可与其进行数据交换、进行遥控分合操作、对断路器的设备参数和保护值进行遥调。

智能型断路器可以实现彼此间互相通信，通过逻辑判断确定故障点，准确、快速的切断故障，可以更好地实现断路器上下级配合的选择性。

3.2 智能监控模块

智能监控模块是一种由计算机控制，具有通信接口，可对配电回路的状态及参量进行监视，并能控制配电回路断路器通断的一种智能型器件。这种智能监控器主要用于采用普通断路器（非智能型）的配电柜中，使得配电柜中的各配电回路具有智能功能，并能使各配电回路连接到智能监控网络中。

目前市场上这类的智能配电柜比较多，特别是国内开发的产品基本上属于这类产品。这种智能监控器特别适用于对原先已有的配电柜和采用普通断路器的配电柜进行智能化的改造。需指明的是，由于这类产品的主断路器不是智能型的，若要实现远控，就必须配分励脱扣器或配电动操作机构，分励脱扣器主要用于远距离使断路器分闸，以控制断开回路，若与智能监控模块配合使用，则能实现断路器遥跳功能；电动操作机构是一种用于远距离对断路器进行自动分闸和合闸的装置，与智能监控模块配合使用能实现对断路器的遥跳、遥合。如果断路器没有分励脱扣器或电动操作机构，就只能实现对断路器状态的监视作用。

3.3 智能多功能电力仪表

智能多功能电力仪表集数据采集和控制功能于一身，又可实现电力参数测量及电能计量，可提供通讯接口与计算机监控系统连接，支持RS485接口MODBUS通讯协议或多种协议。大尺寸专用液晶模块可以实时显示多项信息，配合明亮的背光，使操作者在光线差的情况下也能准确阅读数据。操作方式人性化，操作者能在短时间内掌握，阅读数据和参数设置等操作将变得简单易行。

智能多功能电力仪表可作为仪表单独使用，取代大量传统的模拟仪表，亦可作为电力监控系统的前端设备，实现远程数据采集与控制。这种智能多功能电力仪表可与普通断路器配合使用，通过智能多功能电力仪表采集断路器的接点信号，上传至后台监控系统，实现对断路器状态的监控功能。

3.4 智能电动机保护器

智能电动机保护器主要功能包括：显示回路的相电压、线电压、线电流、功率因数、有功功率、无功功率、频率及各种保护的设置值，运行状态和报警、故障信息等；能存储近期的运行状态、故障、报警信息及各参数值；具有接地、漏电、断相、过载、过流、堵转、过压、三相不平衡等保护；可连接到通信网络上，把运行状态、参数、保护及故障状况上传，并可接受起动、停车以及设定值、保护值的重新设定等操作。

4 通信网络

在智能型低压监控系统中，关键部分就是通信网络，它就像整个监控系统的神经网一样，把各现场的配电和控制设备与计算机连接起来。为了利于把配电系统与站控系统连接起来，站场低压配电监控系统网络应与站控系统网络保持一致。

在通信介质方面，目前应用较多的有光纤、同轴电缆及屏蔽双绞线。目前在智能型低压监控系统中采用屏蔽双绞线，硬件接口为RS-485。

在通信协议方面，目前国际上应用较多的总线协议有Profibus总线、MODBUS总线和CAN-bus总线等。目前站场多采用MODBUS现场总线。

5 监控中心

站场内智能低压配电后台监控系统的方案设计可有如下三种：

若站场设有变电所综合自动化系统，可依托该系统，将低压系统信号上传至该综自系统，实现对低压配电系统的监视和控制功能；依托站场仪表过程控制系统，将低压系统信号上传至站控系统，实现对低压配电系统的监视和控制功能；单独设置后台低压监控系统，在低压配电室独立设置一面配电屏，安装一套智能人机界面单元、通信管理单元。

6 智能低压监控系统实施方案

6.1 新建站场

为了提高无人站运行的可靠性，建议新建站场采用全智能型系统。系统设备层采用智能型断路器等智能设备，在低压配电室独立设置一面配电屏，安装一套智能人机界面单元、通信管理单元。现场柜上各智能电力设备、10kV 环网柜、10/0.4kV 变压器、UPS 等设备通过 RS485 总线方式引至人机界面，以单线图和数据表的方式简单明了的显示各低压回路运行参数，并可实现与上级监控中心进行通信。

6.2 已建站场的改造

随着清洁能源战略的大力发展，已建成投运的输气站场越来越多，对于数量庞大的改造项目，建议采用半智能化系统，断路器设常开、常闭接点各一对，并设事故跳闸报警输出接点，设置智能监控模块，断路器接点信号由智能监控模块统一采集，最终通过通信模块上传至新增的独立监控屏或已建的站控系统、综自系统，从而实现对低压配电系统的监视。若要实现远程控制，断路器就必须装配电动操作机构，电动操作机构是一种用于远距离对断路器进行自动分、合闸的装置，可根据项目具体情况进行分析配置。

6.3 区域监控中心的设置

各输气站建立智能低压监控系统后，可以建立区域监控中心，将多个站的低压系统全部、实时数据进行整合分析，实现对整条线路乃至整个输气网的无人化、智能化管理。通过加强用电负荷控制和电能成本统计分析、汇总，可以实现单位能耗对比、重要负荷对比、同类负荷用电能耗对比，以图表、棒图、曲线图进行分析，从而优化设计，更好地进行站场标准化、节能化设计。

7 总结

随着低压开关设备智能化技术的不断发展以及无人站设计中对低压配电系统的要求越来越高，智能化低压配电监控系统的应用会越来越多。通过分析低压智能监控系统在新建和改造项目中的不同配置，形成适用于同类工程项目的低压智能化系统的典型模式，对提高输气站设计质量、加快设计进度、提高无人值守站场的供电可靠性有较大意义。

参 考 文 献

[1] 张培铭. 智能低压电器技术研究[J]. 上海：电器与能效管理技术，2019(15).

[2] 张伟. 基于 Modbus 现场总线技术的智能配电系统设计与实现[D]. 南京：南宁邮电大学，2012.

[3] 袁学兵. 最新低压电器研究进展与分析[J]. 上海：电器与能效管理技术，2017(23)：23-26.

[4] 张培铭. 基于系统选择性保护的智能低压配电控制与保护技术[J]. 上海：电器与能效管理技术，2016(4)：1-4.

[5] 杨皓东. 基于 Modbus 的用电信息采集子系统设计与实现[D]. 成都：电子科技大学，2019.

单井拉油点无人值守技术研究与应用

陈聪颖　李　兴　康成瑞　张晓峰

（中国石化江苏油田分公司）

摘　要　针对江苏油田单井拉油点地理位置偏远、人员驻井成本高、安防管理难度大，监控网络不完善易形成"信息孤岛"的现状，开展对单井拉油点远程控制、自动装油、视频巡线等技术的研究，形成一套集数据采集、语音对讲、远程控制、信息联网、电子巡线技术为一体，适用于具有江苏油田特色拉油点的无人值守技术，提高拉油点安防水平并优化用工模式。通过现场调研及可行性分析，单井拉油点远程控制技术及视频接力巡线技术的研究与应用，实现管理区中控室对拉油点的远程控制，管网实行视频自动巡线，取消单井点人员驻守，对于优化用工，提升拉油点安防水平具有积极的意义。

关键词　PLC，远程控制，视频接力巡线

江苏油田多数单井拉油点地处偏远地区，综合管理难度大。管线检查主要依靠人工巡线，劳动强度大、效率低，且无法实时监测。单井拉油点的日常生产及车拉油则依赖人工完成。近年来，采油一厂信息自动化建设取得了长足发展，单井拉油点陆续安装硬盘式监控摄像机，并实现功图自动量油，但通讯网络建设滞后且拉油点尚未纳入信息化建设规划，导致单井拉油点与班组及管理单位"信息孤岛"格局仍未彻底打破。造成了以下问题。①安防问题隐患大，地处偏远，倒班轮换周期较长，综合治理难度大。②生产运行效率低，巡井与装油时间矛盾突出，驻井人员需完全留守。③人工驻井成本高，全厂驻井人员数量达到 59 名，加剧油田用工成本紧张。

综上所述，开展单井拉油点无人值守技术的研究工作十分必要也势在必行。

1　技术思路

从单井拉油点远程控制；车拉油信息共享；管网沿线视频接力巡线等三个方面，开展拉油点无人值守技术研究，形成一套基于远程控制、信息共享、视频接力巡线的适用于油田单井拉油点的可控无人值守技术，实现提高管道巡线、单井拉油点生产管理效率，优化油田人力资源分配，改善拉油点安防水平的目的。

2　单井拉油点远程控制技术研究

通过优选控制系统配置，优化储罐液位自动控制逻辑，形成拉油点远程控制系统，当拉油点正常生产运行时，由控制器控制储罐进、出口阀门，实现生产流程自动切换，中控室远程自动放油。实现拉油点无人值守状态下，完成单井车拉油操作。

2.1　系统控制逻辑

拉油准备，系统可根据设定的油温值远程启停电加热装置，预热罐内原油准备车拉油。车拉油过程：拉油车进场——远程核实车辆信息、接地装置、防火罩——司机与中控室远程视频通话，中控室人员在电脑设定放油量——发出放油指令，外输油罐出口、输油泵出口电动阀打开，输油泵启动，开始放油——当放油量达到设定值时，输油泵出口电动阀自动关闭，停输油泵——生成报表，完成输油任务（图1）。

2.2　系统配置结构

拉油点流程自动切换模块，主要由液位检测单元、控制器单元、执行机构单元组成，以实现单井拉油点生产流程自动切换，中控室远程自动放油功能。控制器根据参数设置，判断储罐油位高低。当进油罐液位到达高位，控制器发出指令，关闭储罐进油阀门，并打开另一储罐的进油阀门，实现进油流程自动切换（图2）。

如图 3PLC 控制系统结构图所示，当拉油点正常生产运行时，PLC 控制器根据液位检测单元信号输入（AI）判断储罐油液位高低，向储罐进口或出口电动阀（DO）发出开、闭指令，实现储罐流程自动切换（图4）。

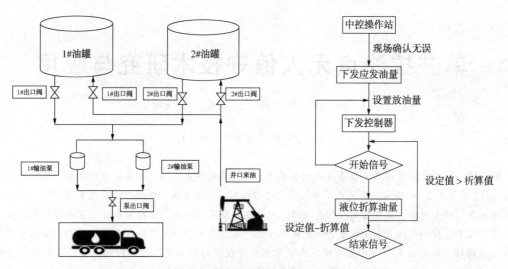

图1 拉油点流程图

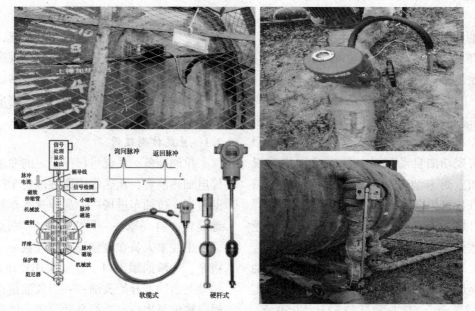

图2 液位检测、控制及执行单元

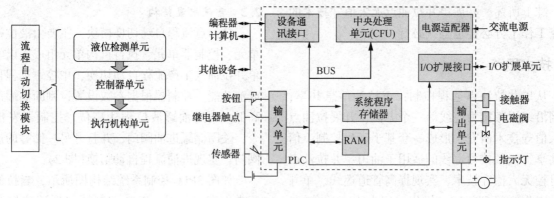

图3 控制系统结构图

2.3 拉油点安防技术研究

仪控安防技术要点包括以下几点。

（1）油罐保温：根据罐温，可远程（自动/手动）/就地启停电加热，油罐低液位时，自动切断电加热电源。

（2）突发事件时，可随时进行人工干预，远程/就地开闭阀门及启停泵，并设置现场紧急停输按钮。

（3）具备油罐液位、温度超限报警、历史数据查询等功能。

（4）电气安全：电气设备及元件严格按照相关接地、防雷及防爆标准执行。

（5）防雷设计：安全栅、避雷针、浪涌保护器、接地。

依托当前的油田信息化建设网络布局，通过光纤通讯，可将偏远拉油点视频及数据可靠、实时传输至中控室，与拉油点实现视频语音对讲，系统拓扑图如图5所示。视频功能：安装球形摄像机及配套设施；记录拉油车信息；远程云台控制；夜视功能；录像截图功能；入侵报警。语音功能：拉油点及中控室安装语音对讲系统；拉油点与控制室工作对话；发现入侵时喊话驱离。

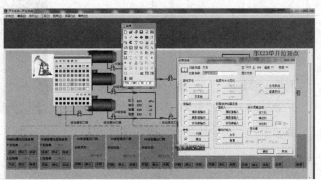

图4　人机界面组态王流程绘制界面

图5　远程监控及安防系统拓扑图

3　车拉油信息共享技术研究

通过建立车拉油系统，实现四联单的电子化，技术上采用对拉油车辆进行刷卡识别、数据采集，各点之间信息联网，实现车拉油信息共享，完成数据采集与统计（图6）。

图6　管理系统界面

运行流程：派发拉油任务——车队派车——司机执卡出发（车辆上次车拉油任务完成后的铅封完好）——到达单井拉油点，刷卡，装油——到达称重台，刷卡，称重（重车称重）——到达卸油台，刷卡、卸油（核铅封，上新铅封）——返回称重台，刷卡，称重（空车称重，计算拉油量）——生成四联单，打印（图7）。

4　管网沿线视频接力巡线技术研究

通过视频监控设备遴选，优化监控节点布置，视频整合优化处理等技术途径，开展管网沿线视频接力巡线技术研究，实现多台摄像机的联动，模拟人工对管线连续自动巡检，消除巡线盲区，替代当前的人工巡线和单台摄像机监控的技术目的。

4.1 视频监控设备遴选

野外模拟人工巡线，需24h不间断巡视，要求摄像机必须具备夜视、像素高、焦距大、且底层软件开放的特点，最终选用高清激光夜视仪。

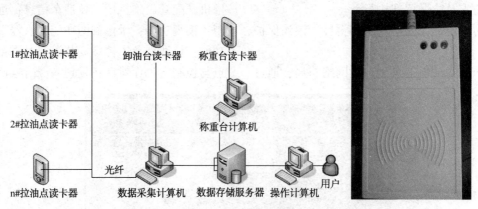

图7 刷卡系统结构

监视距离	夜视	400米
	昼视	600米
	总像素	210万
	镜头焦距	f=4.7～94mm,20倍光学变焦
	视频分辨率	1920×1080
	视频帧率	1～30帧/秒
照明器	照明器件	红外激光器
	照明角度	2°～50°同步随动连续调节
	照明器控制	自动/手动控制
云台功能	水平速度	0°~80°/s
	垂直速度	0°~60°/s
	预置位	最多256个

图8 高清激光夜视仪及参数

4.2 优化监控节点布置

摄像机的自动巡线是通过对所有预置点按顺序巡检实现的。由于管线距离的远近不等，当预置点的数量及巡航速度如果不合理，诸如预置点少，巡航速度过快的情况，均会影响视频效果。而视频巡线路径的不同，亦会导致相同的结果。

以S14区块为例，油区23口油井，分布在S14接转站周围，原油管线累计约8km。整个油区设计安装14台高清激光夜视仪，并分成三组同时巡检，路径如图9所示，达到夜视仪的数量最少、调用不冲突、油区巡检无死角的技术目的。

同时，在对管线分布地理位置进行大量分析测试后，14台夜视仪共设计了281个预置点，实现了画面流畅、平稳、清晰。当自动巡线启动时，调用程序按巡检线路依次从数据库调用相应夜视仪，链接播放软件，实现接力巡线(图10)。

4.3 视频整合优化处理：

当自动巡线运行时，中控室电脑界面实时多线程视频播放，人员对于部分埋地管线或被遮挡管线识别困难，需进行图像处理。利用海康威视的监控软件平台软件对巡线视频进行切割，每秒24帧贴图叠加，形成画面背景图。软件中预先根据管线走向设定管线坐标点位，形成管线示意线路，叠加至背景图，最终完成动态画面显示，解决人员识别隐蔽管线的问题(图11)。

5 应用效果

根据前期调研的油区拉油点工艺流程、安全要求等实际，进行了充分研究设计及配套装置的研制开发，在SX23、CHAO62单井拉油点进行应用实施，并在沙埝油区SHA54等十余个单井拉油点进行推广应用，取得了一定经验和效果(图12~图14)。

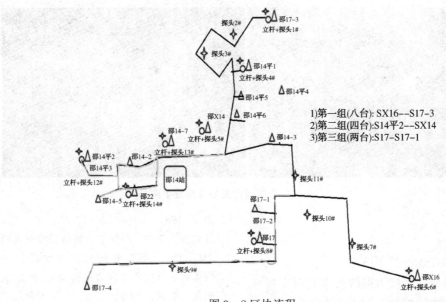

1)第一组(八台): SX16--S17-3
2)第二组(四台):S14平2--SX14
3)第三组(两台):S17-S17-1

图9 S区块流程

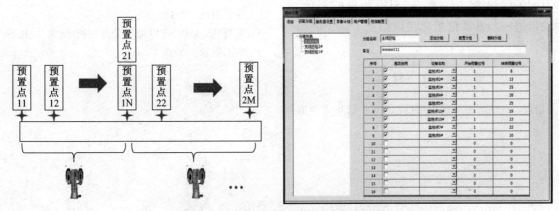

图10 视频联动接力及监控点设置界面

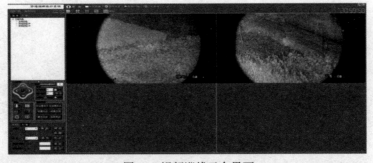

图11 视频巡线云台界面

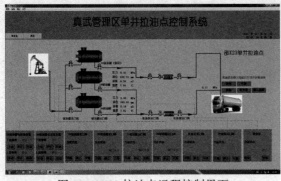

图12 SX23拉油点远程控制界面

图13 地磅房刷卡程序界面

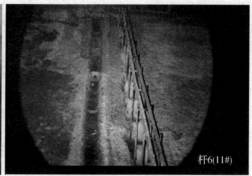

杆2(3#)　　　　　　　　　杆6(11#)

图 14　视频接力巡线白天\夜晚效果图

6　结论

通过单井拉油点远程控制技术、车拉油信息共享技术、管网沿线视频接力巡线技术的研究和应用，探索了一套油田单井拉油点无人值守的技术，对于消除油区"信息孤岛"具有积极的意义，也为油田进一步开展信息化建设拓宽了新领域和新思路。

参 考 文 献

[1] 周培森. 自动检测与仪表[M]. 北京：清华大学出版社. 1987.

[2] 江秀汉，李萍，薄保中. 可编程控制器原理及应用[M]. 西安：西安电子科技大学出版社，1994.

[3] 周志成. 石油化工仪表及自动化[M]. 北京：中国石化出版社，2006.

[4] 廖常初. PLC 编程与应用第 4 版[M]. 北京：机械工业出版社，2017.

[5] 王有礼. ASP. NET2. 0 完全开发指南[M]. 北京：科学出版社，2008.

无人机系统在油气田开发生产中的应用

唐志刚 张春生 程美林 张炳南 岳良武 杨洋 薛剑 解鲁平

(中国石油塔里木油田公司)

摘 要 无人机技术正在高速发展，目前在多个领域得到了广泛的应用，市场和技术相互促进，技术不断成熟，成本不断降低。应用无人机的航拍、遥感、遥测可快速有效的获取地理信息、生产环境信息，结合各专业软件的智能分析，可有效助力油田的地面建设、生产管理、安全管理、自然灾害预防。本文分析了无人机系统应用架构，重点介绍了油田部分业务的无人机应用场景。

关键词 无人机系统，基础平台，智能应用，查勘，巡检，监测

塔里木油田主要在新疆塔里木盆地开展油气勘探开发工作，盆地处于天山、昆仑山、阿尔金山之间，中部是 $33 \times 10^4 km^2$ 的塔克拉玛干沙漠，沙漠边缘与山地连接的是砾石戈壁，油田作业区域广泛分布于沙漠腹地、戈壁荒漠以及山地等无人区，自然环境非常恶劣，基本没有可依托的社会资源。油田先后开发了 30 多个大型油气田，建成了 200 多座油气场站和近 $2 \times 10^4 km$ 的管道，实现了 $3000 \times 10^4 t$ 的油气产量。

油田的作业生产条件异常艰苦，依靠传统的生产运行模式无法实现高质量、高效益发展，从勘探开发初期，油田大量油气设施的管理和运行维护就借助信息化、自动化的技术手段，实现少人高效安全管理。近年来，随着无人机技术的逐渐成熟，在油气田巡检、地质勘察、电力巡线、环境监测、应急指挥、农业植保等多个领域得到了广泛的应用。塔里木油田根据生产运行现状，逐步开展无人机系统应用，主要涉及地面建设的查勘测绘、管道及道路施工路由勘察、作业现场安全管理、井站管道日常巡检、矿权巡检、洪涝灾害及地形地貌巡检、综治维稳巡检、管道完整性管理应用、应急指挥等方面。

1 无人机系统应用架构

无人机系统应用架构从逻辑上可分为两个层面，一是无人机系统的基础软硬件平台，二是根据需求配套的功能性软硬件应用系统。

1.1 无人机系统基础软硬件平台

无人机系统基础软硬件平台是一个机械化+智能化的综合性系统，机械部分主要包括飞行器机体、起飞着陆系统、动力系统，智能化部分主要包括传感数据采集系统、飞行控制与管理系统、数据传输系统，综合使用传感器技术、航空材料技术、航空动力推进技术、通信技术、导航定位技术、信息处理技术、智能控制技术等形成了空中智能平台。

飞行器机体可分为固定翼、旋翼、复合翼几种类别，是实现不同空中姿态的硬件基础，也是集成其他子系统的硬件平台；飞行控制与管理系统是无人机系统的控制核心，通过实时采集传感数据以及导航定位数据，并接收地面人机交互通过数据传输系统传送来的控制命令和数据，经过运算和判断下达控制指令到机体的执行机构，实现飞行姿态的控制和稳定，同时将无人机的状态数据以及各子系统的运行数据通过数据传输系统发送回地面进行实时监测，飞控系统对无人机的飞行性能起着决定性作用；数据传输系统用于空中与地面实时、稳定的双向信息传输，确保信息传送的可靠性、精确性、有效性。

1.2 功能性软硬件应用系统

无人机系统基础软硬件平台可类比为计算机的硬件+操作系统，实现了对无人机自身的管理和控制以及无人机与外界人与环境的信息交互，但就像一台未安装各类应用软件的计算机系统一样，还不能够实现诸如航拍、遥感、遥测以及对采集的业务数据进行智能分析、综合利用的功能。

因此无人机系统应用架构的另一个层面是基于基础平台，根据业务需求，搭载不同的功能应用系统。应用系统包括用于业务数据采集的航拍相机和各类探测仪器即任务负载，以及对所采集数据进行分析利用的各种软件，基础平台对应用系统提供机械连接、数据接口、数据传输等的支撑。功能应用需根据数据采集的内容和需求，选

择不同的无人机平台，配置不同的任务负载，实 现无人机系统的业务应用(图1)。

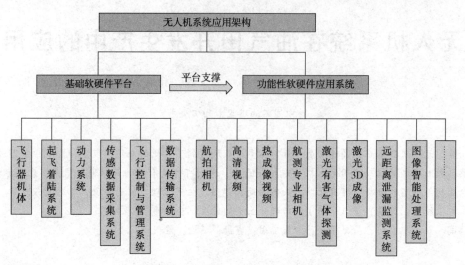

图1 无人机系统应用架构

2 油田无人机系统应用

塔里木油田作业区域分布面积很广，应用无人机技术有效助力踏勘、测绘、巡护、作业安全监测、矿权保护、泄漏监测、环保监测、自然灾害监测、应急指挥等，为管理和技术人员提供快速、有效的数据支持，并且通过智能应用，自动识别问题，给出预警。

2.1 单井钻前查勘测绘

在无人机基础平台上搭载航拍相机、高清航测专用相机、激光3D成像雷达等任务设备，对待钻井位周边进行无人机现场查勘，采集查勘区域内地理信息数据、高程数据、地形地貌等基础数据。结合GIS地理信息技术、空间三维定向与

自动化建模技术、三维可视化技术等，制作查勘区域的三维场景数据模型，形成三维可视化数据展示与应用。

在制作的三维场景数据模型中，设定需建设井场模型大小，然后以井口坐标位置为中心，将井场模型嵌入GIS三维场景模型中进行水平位置、高度、角度调整，从而选择最优的井场建设区域。

选定井场位置后，可在三维场景模型上叠加数据，测量选定放喷管线、道路等配套设施的距离、面积、位置等，依据地表高程变化、测量的地表距离数据、道路建设规格等，可计算道路路基开挖回填工作量，从而优选道路铺设方案(图2)。

图2 三维实景井场设计

2.2 新建产能道路规划

在无人机基础平台上搭载高清相机、倾斜相机、高清智能视频吊舱等任务设备，对新建产能区块进行无人机现场查勘，采集查勘区域内GIS地理信息、高程、地形地貌等基础数据，结合GIS地理信息技术，制作带GIS地理信息的DOM数字正摄影像图、带地表高程信息的DEM数字高程模型、带地表以及地表建筑植被等高程信息的DSM数字地表模型，实现二维可视化数据展

示与应用。

将带有GIS地理信息DOM数字正摄影像图导入专业软件，可直接测量获取道路修建的里程数，根据修建里程与规划的道路指标，可计算道路修建的工作量。

2.3 工程施工进度及作业现场安全监管

通过搭载航拍相机、高清智能吊舱等任务设备，定期采录作业现场全局高清影像图，经后期图像智能处理系统比对，可直观了解整体工程进

展；同时对作业监管人员无法到达的区域进行安全作业巡检，对罐内高处作业、高空作业过程进行安全监管，通过后台视频智能分析系统，实现

安全帽识别、人员跌倒、烟火识别、攀爬识别、安全带识别等，及时发现违章情况并自动报警（图3）。

图3　工程进展及作业安全监管

2.4　场站、井场、管道日常巡检

根据巡检需要检测、监测内容的不同，在无人机基础平台上分别搭载高清航测专用相机、激光3D成像雷达、高清智能云台、红外测温热成像、远距离激光气体检测仪等任务设备，对油气管线、井场、处理站重要设施开展日常巡检工作，及时发现管道破坏、油气泄漏、管道变形、管道周边环境变化、地面沉降变形、非法占压、跑冒滴漏等异常情况进行实时数据分析比对，实现智能识别自动报警。

利用高清航测相机进行高清航拍，并进行全局拼图，自动对比前后两次的高清拼图，智能识别两次拼接图像中的不同，标注异常点，有效发现管道裸露、渗漏、非法开挖、异常施工等情况；高清视频前端内置有就地压力表视频识别算法，进行高空视频抄表；针对废弃井矿，很多井场车辆、人员已无法进入，借助无人机提前进行航线规划，实现全覆盖巡检；通过搭载远距离激光气体检测仪，实时检测可燃气体、有毒有害气体浓度，实现数据实时传送并自动预警（图4）。

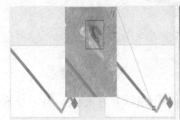

图4　管道渗漏、裸露及气体检测

2.5　矿权巡护

搭载高清相机或高清智能云台，根据矿权区域坐标设定航线，对矿权边界或矿权内人员车辆无法到达的偏远地区开展定期巡检，甚至对整个

矿权区域进行全覆盖巡检，采集高清航拍图片和视频文件，通过比对航拍拼图和视频智能识别，排查矿权范围内有无正在实施的勘探、修建道路、钻井、采油等事件，维护油田矿权（图5）。

图5　矿权巡检

2.6　洪涝灾害及地形地貌预警

搭载航拍相机、高清智能云台等任务设备，对洪涝区、重点水文区域、重点区块地形地貌开展定期巡查，通过对图像和视频的分析对比完成

水域覆盖面积调查、水域警戒线分析、防洪设施、地形地貌变化分析等，同时快速准确的对受灾地区进行航拍，实时传送画面，为指挥人员提供现场信息（图6）。

图6　泛洪区域及面积

2.7　管道完整性管理应用

充分利用现有管道基础数据，通过无人机采集管道 GIS 地理信息数据、三维空间位置数据，将管道基础数据、无人机采集数据、管道动态数据进行整合，实现基于空间位置的管道各要素统一管理，实现管道信息可视化集中统一管理，动静态数据与三维模型的叠加，提供直观的管道管理场景，为后期管道规划、检维修、管线走向设计提供精准地形地貌数据支撑。将探测到的管道高程数据，结合管道基础属性，制作管道三维模型并叠加到管道沿线地表部分实景建模三维图，形成地表地形、建筑设施、地下管网的全局三维可视化模型图(图7)。

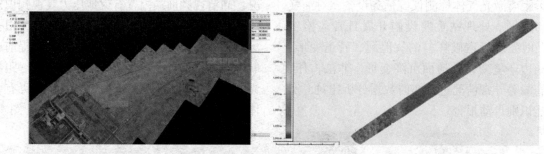

图7　管道场景统一管理及管道高程

3　结束语

无人机系统通过空中视角，不受地形、路况的限制，搭载不同的任务负载，数据的获取更为方便快捷，同时配套不同的专业分析软件，实现多场景的深化应用。油田在部分业务领域开展的无人机试点应用，可有效提升工作效率、降低劳动强度、提高工作质量。

参 考 文 献

[1] 贾恒旦,郭彪.无人机技术概论[M].机械工业出版社.

[2] 刘子安.无人机飞行控制技术研究[J].山东工业技术.

[3] 张守魁.无人机航空摄影测量技术在矿区地形测量中的应用与探讨[J].资源信息与工程.

基于 Smart3D 的无人机倾斜拍摄及油田三维实景建模方法优化

张建河 程新忠 赵 昱 陈亚颐 赵 黎 王 祥 吴 东

(中国石油新疆油田公司准东采油厂)

摘 要 介绍了无人机倾斜摄影技术,分析了无人机倾斜摄影在油田的应用情况及其在三维实景建模过程和成果中的优劣势,探索总结了一套无人机倾斜摄影在油田三维建模的改进方法,将倾斜摄影和 Smart3DCapture 等技术有效结合进行油田无人值守站场三维建模,该方法可以指导和推进基于无人机倾斜摄影油田中小站场三维模型的质量改善。

关键词 无人机倾斜摄影,油田三维实景建模,模型质量优化

随着"新疆油田公司数字化油田建设五步曲"的逐步实施,油田三维实景建模运用描述油田地面工程三维模型来表达数字油田的空间信息,是实现数字油田的重要载体,对油田地面工程规划、建设、管理和培训地面工程人员有重要意义。

传统的油田三维地理信息模型是结合遥感卫星影像、航拍以及地面勘测来获得精确、逼真的油田井场站库模型,这种方法适合普通的油田三维地理信息系统建立,但是对于高精度、高仿真、大区域的建模,传统方法势必需要投入更多的资金和作业人员,其建模周期长,效率和时效难以满足数字油田迫切发展的应用需求。

油田三维地理信息系统建模是利用架设地面 GPS 基站来获得井站的精确的坐标信息,精度可以达到厘米级。但是该方法不能解决纹理数据获取和处理问题,纹理贴图依然要依靠大量的人机交互来完成,无法提高数字油田三维建模效率和模型的逼真度。

1 无人机倾斜拍摄测量技术

1.1 无人机技术

无人机技术,是指无人机系统、无人机工程及无人机相关的技术。它主要是利用无线电遥控和自动程序控制的无人机或飞行器,包括固定翼、多旋翼、飞艇和直升机等多个机种。

无人机具有机动、快速、经济的优势,其结构简单,机体重量轻、使用成本低、数字化和智能化程度高,应用范围和领域更为广泛。随着我国无人机技术的普及,利用无人机完成一些人类难以完成的高难险和有毒有害工作成为可能,通过无人机可以进行植保、测绘、摄影、高压线缆和巡检,无人机在物流等领域也拥有广阔的应用空间。

1.2 倾斜摄影技术

随着航拍技术的创新和发展,倾斜摄影测量技术扩大了遥感影像的应用范围,其运用多角度相机同步获取地面物体各个角度高分辨率的航拍影像,运用倾斜摄影测量技术得到的生产现场三维模型真实反映了符合人眼视觉的生产实景影像,它结合 GNSS 技术,可以将三维地理信息系统纳入到整个数字油田信息系统框架,展现出更加全面丰富的地理信息,在提升用户体验的同时大大降低了三维地理信息系统建模的成本。

无人机倾斜摄影测量技术特点如下。

(1)无人机飞行高度低,多角度相机组能够多方位、高覆盖获取地面物体顶面和侧面影像数据。

(2)相邻影像间航向重叠度和旁向重叠度高,影像表达内容更丰富。

(3)少量的人工干预。自动化的影像匹配、建模,主要过程由计算机完成。

(4)实体侧面纹理可见。相比传统的数字正摄影像图主要获得实体顶部纹理,而倾斜摄影技术能够兼顾顶部纹理同时映射侧面纹理。

(5)综合成本低。相比传统的地面工程地理信息系统 GPS 地面基站勘测技术,无人机倾斜摄影测量技术在数据采集和地面三维地理信息建模方面有更高的效率,可以减少时间和人力成本。

1.3 国内无人机外发展情况

无人机出现于1917年，早期无人机主要应用于军事领域，用于作战、侦察和民用遥感。我国研究起步较晚，20世纪80年代以来，随着计算机技术，通信技术的发展及各类硬件传感器的面世，无人机性能得到不断提高。2017—2022年中国多轴无人机行业发展前景分析及发展策略研究报告表明，研制投入使用的无人机型多达百余种，小型无人机技术已逐步完善。

国外方面，早在2007年，美国国家航空航天局(NASA)新成立了一个无人机应用中心，专门开展无人机的各种民用研究，2007年森林大火肆虐时，美国宇航局使用"伊哈纳(Ikhana)"的无人机来评估大火的严重程度以及灾害的损失估算工作，这种无人机比全球鹰稍小一些，其翼展为20m，巡航高度可达 1.2×10^4m。"伊哈纳"无人机是军用无人机"捕食者"的一种改型，用于民用和环境监测用途。

目前民用无人机的发展方向有警用、巡线、农林植保、航拍、快递和科研。受到消费市场的带动，预计今后几年我国的无人机市场将会迎来快速增长期。预计未来，民用无人机会朝着智能化、安全化、多功能化的方向发展。

1.4 Smart3D 软件技术

Smart 3D Capture 是 Acute3D 公司的主打的具有突破传统摄影测量的软件产品。能够处理手机、单反相机、激光雷达等多种数据源的数据。是目前名列前茅的三维图形建模软件。现在 Acute3D 公司已经被 Bentley 公司收购，从而实现了摄影测量、3D 扫描、CAD 建模技术的融合使用。

该软件的特点是能够基于数字影像照片全自动生成高分辨率真三维模型。照片可以来自于数码相机，手机，无人机载相机，或航空倾斜摄影仪等各种设备。适应的建模对象尺寸从近景对象到中小型场所到街道到整个城市。基于该软件生成的模型用户可以分析/掌握现有条件，进行风险管理，安防管理，监督建筑/施工项目，以及通过模拟培训地面工作人员等，从而可以优化决策，降低风险，减少成本，其构建模型可达到毫米级精度。这款软件的建模优势有以下四点。

（1）快速，简单，全自动。前期输入需要处理的照片，设置好参数后便可完成空三加密，三维建模重建，DOM，DSM 生成等工作。

（2）三维模型效果逼真。通过无人机拍摄照

片导入可以获得逼真的实景三维效果。

（3）支持多种三维数据格式。OSGB（Open Scene Graph Binary），Smart3D 生成的三维模型格式，是由二进制存储的带有嵌入式链接纹理的数据（.jpg）；OBJ，国际通用的标准 3D 模型格式，大部分三维软件都支持这种格式的三维数据，最初是由 Alias | Wavefront 公司开发。

（4）支持多种数据源，包括固定翼无人机、载人飞机、旋翼无人机甚至手机数据都可以进行建模运算。

2 基于无人机倾斜摄影数字油田站场三维建模方法分析

相比传统的油田地面工程三维地理信息建模，无人机倾斜摄影测量技术有以下优势。

（1）无人机机动性强，成本低，能够满足多种尺度的摄影测量数据采集。

（2）能够快速处理大范围场景的倾斜影像，建立具有高精度的三维实景模型。

（3）高分辨率影像自动贴图，能够提高三维模型的生产效率。

（4）是可测量、可定位的三维模型，模型数据可以直接网络发布和共享应用。

无人机倾斜摄影测量技术利用航空影像快速数据获取方法，通过多幅影像数据的导入，建立区域初始实景三维模型，该技术能够节约大量人工建模时间成本，提高三维建模的效率。

倾斜摄影技术通过计算机设备软件建模方法流程如图1所示。

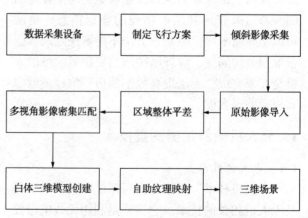

图1 无人机倾斜摄影测量技术三维建模流程

在实际生产处理过程中，该技术除了受无人机设备，拍摄环境气候因素及软件算法因素影响以外，实际模型会有一定的畸变和错误，引起视觉误差和应用障碍。主要模型畸变及原因如下。

（1）无人机姿态变化和颠簸影响影像重叠

度、几何畸变等，造成模型鼓包、影像缺失等。

（2）受大气环境影响。

（3）不同时段光照拍摄也会影响模型纹理不均匀、影响残缺等。

（4）拍摄影像分辨率不足和影像模糊也会引起地面模型边缘平滑。

（5）受拍摄器材和运算处理计算机机能限制也会造成地面模型模糊和细节部分缺失。

由以上可知，引起模型质量缺陷的原因是多样的、复杂的。在具体实施时可以根据以上原因具体问题具体分析，得出解决方案，提高建模质量。

3　基于无人机倾斜摄影油田三维实景建模优化

如前文所述，基于无人机倾斜摄影测量技术产生的初始三维模型通常有若干种畸变类型，某些畸变是由工程实施过程中难以避免的客观因素造成的。在这种情况下，初始产生的实景三维模型难以满足油田生产应用需求。

通过以上分析，可以有针对性的提升油田三维实景建模质量改进方案，提出改进建议如下。

（1）针对无人机姿态变化和颠簸影响影像重叠度、几何畸变等，smart3D对飞行的线路做了如下要求。

① 每条行带至少从3个不同的视角进行拍摄。

② 相邻相片之司的重叠度通常要求大于三分之二。

③ 不同拍慑视角之间夹角应该少于15°。

④ 通常航向重叠要求80%重叠度，旁向重叠要求50%。

⑤ 为达到最佳效果，使用垂直和倾斜照片。

（2）针对天气影响和不同时间段光照影响图片质量，要求尽量选择晴朗天气，时间段选择上午9：00~10：00，或者下午4：00~5：00，这个时候阳光刚刚好，而且不影响视线。

（3）对于图像分辨率和格式的影响。smart3D对文件格式做如下要求。

① JPEG/TIFF格式，如果只有可交互图片文件格式的元数据存在，也支持常见的RAW格式。

② 原始数据不要做如下操作：更改尺寸、裁剪、旋转、去噪、锐化或者调整亮度对比度饱和度色相等。

（4）对于拍摄器材的选择方面，smart3D对相机和焦距做了如下要求。

① 相机：广角镜头（优选移动的、便携的、单反、摄影测量、多相机、高帧率）；镜头扫幅（优选全画幅，单位：mm）。

② 焦距：推荐整个采集过程焦距固定不变；如果用变焦镜头，在一组采集过程中，保持焦距固定；不要使用数码变焦、广角和鱼眼镜头。

（5）基于建模计算机性能方面，smart3D给出了极具性价比的集群解决方案。

采用高性能工作站，可以大大提升建模速度和效率，极大缩短大面积油田项目建模工期。Smart3D通过集群设置，可以大幅提升油田三维实景建模的工作效率。Smart3D集群可以通过如下方式搭建。

① 集群操作时，所有的电脑必须在同一局域网下。

② 将数据存放在一个盘里，比如说G盘，在此盘下新建一个名为jobs的文件夹。

③ 在主机上，打开Smart3D Capture Settings工具Configuration中的Job queue

④ directory路径改到G盘下的jobs。

⑤ 在其他电脑上，找到主机电脑下的共享盘，并把此盘映射到网络位置，即在此电脑上显示此网络盘，盘符名称也必须时G盘。

⑥ 建一个Smart3D工程，此工程也必须是G盘。

⑦ 在建模时，打开主机和集群机上的引擎，这样便实现了集群操作。

4　结束语

由于油田地面工程项目具有点多面广的基本特征，特别是新疆油田更是地处偏远，油田气候和地理环境恶劣，随着油田物联网建设全面覆盖，油田生产现场三维实景建设难度非常大。而油田三维实景建模作为数字油田的重要载体，对于油田地面工程规划、建设、管理和培训地面工程人员有重要指导意义。快速的倾斜影像采集和自动化空间及建模在效率上显现出强大的优势。但是受不可抗拒因素的影响，无人机倾斜摄影测量技术自动化生产三维模型有一定的限制，模型局部和细节缺陷使得倾斜摄影测量三维模型难以满足油田生产应用要求，需要研究基于无人机倾斜摄影测量技术的油田三维模型质量提升方案。本文主要分析了影响建模质量缺陷的主要原因入手，结合 Smart3D 技术，有针对性的提出质量改进和优化建议，大大提升数字油田三维实景模型质量和效率。

参 考 文 献

［1］黄健，王继．多视角影像自动化实景三维建模的生产与应用［J］．测绘通报，2016（4）：75-78．

［2］ http：//www.zy－aoto.com/bentley/ContextCapture/ ContextCapture.asp ContextCapture 北京中油奥特科技有限公司实景建模软件简介．

［3］ ContextCapture User Guide，ContextCapture 用户手册．

［4］ https：//zhuanlan.zhihu.com/p/83282610，很全面的倾斜摄影 CC（Smart3D）综合总结．

［5］ http：//blog.wish3d.com/ContextCapture/Smart3D 集群处理步骤详解．

无人机在油气田的智能化应用研究

余智勇　尹　权　谢亚莉　赵向红　叶　飞　艾合买提·卡斯木

(中国石油新疆油田分公司准东采油厂)

摘　要　近年来，随着无人机自动驾驶技术的不断成熟，利用无人机航拍影像对森林、农田、矿山、油田等大面积无人值守区域进行自动巡检将成为未来主流先进技术。同时，融合无人机技术、无线传输技术、智能识别技术等先进技术，无人机自动巡检与后台分布式自动化管控技术相结合，可以解决人员无法深入，安全无力保障，常规测量作业无法开展的种种问题，提高安全管控能力。

关键词　无人机，数字化，标准化，识别

由于新疆油田环境复杂、生产条件艰苦，各采油厂生产设施多具备众多油水井、储油罐、计量间、工艺管线、转油站、联合站、原油外输系统以及其他附属设施组成，其生产作业场所具有高温、高压、产品易燃、易爆、野外作业、点多、面广、自然环境恶劣等特点，易受自然灾害、生产事故和社会等因素影响。

在这种形势下，应用无人机进行定位自主巡航，实时传送拍摄影像，监控人员可同步收看与操控，利用无人机具有灵活高效、安全可控的诸多优势，在设备巡检、巡查、应急管理等方面与油田的巡检管理业务相结合，借助优秀的智能识别技术，判断设备运行工况，满足油气田开发建设、安全生产管理、应急处理及环境监察工作，亦可有效防止盗窃油田物资事件的发生，实现人力资源优化，促进企业效益与员工利益最大化、降低岗位用工。

通过无人机的技术应用与研究为智能化油田建设提供技术支持，从根本上促进油田企业的快速发展。

1　无人机在油田巡检中优势

（1）无人机具备营运商网络实时远程视频传输功能，可实现无人机视频影像实时传输至手机终端或指挥中心。

（2）石油管路巡检、石油作业设备及油库安全空中监测、地貌勘探侦查等任务，可有效防止石油现场的设备、原油等被盗现象。无人机机身轻巧可靠，结构紧凑、性能卓越，使用不受地理条件、环境条件限制，特别适合在复杂环境执行任务。

（3）利用无人机对油田集输管道定期巡检、应急巡查。

（4）可及时发现安全隐患，降低重大事故发生几率。

（5）可及时定位、定性突发事件，缩短事故处理时间，减少能源浪费、环境污染甚至可避免灾害的发生(图1)。

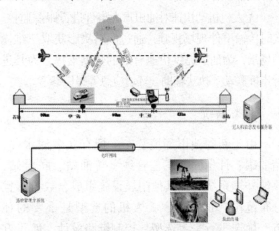

图1　无人机单井巡检示意图

2　无人机智能巡检应用范围

2.1　安全监管

无人机智能巡检能够将高分辨率影像数据的特点应用到油气田的生产管理中，有效的弥补常规巡检的不足，为监控等提供技术保障。

管道巡线：无人机遥感服务与长输管道监测要求相契合，获取管道管线的空间信息，保证数据采集的实时性和准确性，在沙漠、戈壁、山区管道巡检中发挥不可替代的作用。

污染防控：无人机航拍可对重大危害源进行航拍取证，提高巡检人员对特定区域环境变化情况的直观分析判断能力，有效延伸环境监管的深度和广度(图2)。

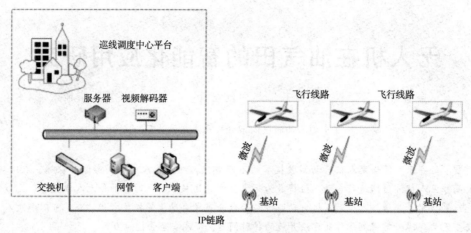

图2 无人机安全监管示意图

2.2 油田规划

无人机能够在低空遥感服务快速、优质、便捷的获取油田作业区影像，结合倾斜摄影构建三维场景和正射影像图，直观的反应油田作业区面貌。目前，无人机已广泛应用于油田规划、工程建设、井场管理、环境规划、智慧油田等方面。

2.3 油田安防运用

无人机机动快速对油田重大事件进行跟踪监控、实时传输事件现场视频，通过倾斜摄影获取三维模型场景，为油田提供快速有效的数据支撑，为其进行指挥联动、执法辅助、环境应急等提供参考。

3 航飞系统

由于新疆油田环境复杂，拥有众多油水井、储油罐、计量间、工艺管线、转油站、联合站、原油外输系统以及其他附属设施组成，数量多且分布范围广的特性，无人机的选型是重要的环节，优选飞行平台选型、控制链路设计、航飞方式、数据传输路径这几个方面的问题是保证油田巡检工作的基础。

3.1 飞行平台选型

结合现场实际情况，通过对多个常规飞行平台多种机体的航向对比，各机型都有着独特的优势，也有着突出的问题，最终选定了四旋翼油电混动无人机作为飞行平台执行巡检任务。

3.2 控制链路设计

在控制链路设计上，充分考虑作业效率和作业安全的问题，制定航线组合的飞控方式，多条航线可单独执行，也可以多种方式组合，优化了控制方式，每架次单机都独立执行飞行任务，也可组合编队，依次开展飞行计划。

3.3 航飞方式的确定

无人机飞行的方式和航线设定，是决定后期

智能识别的关键因素，在航飞方式上选择拍摄与飞行路径分开规划的复合飞行路线，在油井拍摄上，制定双三角函数的拍摄方式。

3.3.1 航路规划

航路就是将单个油井巡检路线贯穿起来的链接方式，是完成无人机流畅作业的主要衔接途径。在航路的规划和实际上，要从以下几个方面考虑。

全程的自主化：无人机在飞行控制上，在航路的选择上，要消除人为参与的程度，让机体能够按照航路预设的方式进行飞行巡检，实现无人驾驶，航路的自主化运行，降低人工成本。

编制的自由化：在根据生产的需求及时进行一定的调整，在规划和编制上，有着较强的自由程度，贴近生产的需求。

多样的安全保护措施：无人机在油田上空飞行，安全是必要的必要的保障条件，除了环境、区域、管理等安全措施之外，机体在飞行过程中，应该具有安全保护机制，触发机制后，机体能够处于安全航路上（图3）。

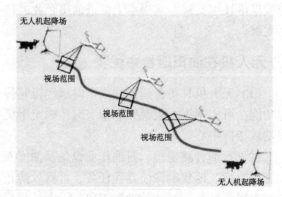

图3 航路规划

3.3.2 无人机巡检控拍方式

油井是无人机主要拍摄的目标，其中抽油机是个有多面促成的复杂机械，应对这种拍摄物体，要求独特的适应环境的控制拍摄方式，控制拍摄方式具备以下特性。

自主性：实现工业化的无人机巡检，那么机体执行拍摄任务就需要一定的自适应性，即机体可以自行处理大量的拍摄目标，从而减少人工参与。

适应性：每口油井所处的地理位置和环境因素都不相同，对于这种场景，机体的控拍方式要有宽泛的适应性，能够满足不同型号抽油机的拍摄需求。

灵活性：工业化任务在要求流水线作业的前提下，对巡检设备本身有着容错率的变化性的要求，在执行巡检模式化巡检任务的同时，机体在面对非常规情况下，要能灵活及时的转变航线或方式，达到流畅作业的根本要求。

在作业的飞行拍摄模式上，通过将单井构建成金字塔状的数学模型，按照模型推演分析无人机的飞行模式，按照飞行模式的要求，不断提升优化机体性能（图4）。

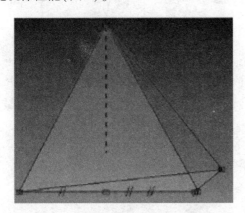

图4　单井模型

在单井飞行上，主要分为环井式飞行和井间式飞行，环井式飞行是指，机体靠近单井悬停，选择三处位置，执行悬停拍摄指令；环井式飞行是指，机体根据现场地势起伏情况，选择上升到安全航高，从一个单井飞行到另一个单井（图5、图6）。

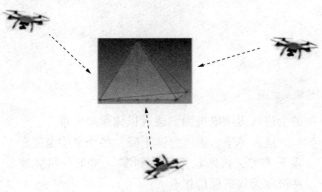

图5　环井式飞行

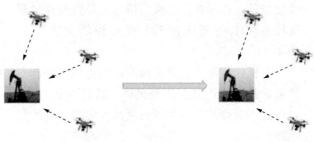

图6　井间式飞行

油井基本都可划分到三棱体模型中，虽然在大小上有着一定的差异，但在结构上，相对比较完整，油井结构情况如图7所示。

图7　单井结构图

对单井进行函数坐标的计算，并将单井进行数位化分析，将拍摄的目标几何化、结构化，从而实现定点智能控拍的目标，进行油井三面环绕拍摄，获取油井的真实图像（图8）。

3.3.3　无人机巡检方式

无人机飞行的方式和航路设定，充分考虑的作业效率和作业安全的问题，制定了航路组合的飞控方式，多条航路可单独执行，也可以多种方式组合，优化了控制方式，每架次单机都独立执行飞行任务，也可组合编队，依次开展飞行计划（图9）。

3.4　数据传输路径

无人机作为一种自动控制设备，其数据的传

输反馈是主要的控制方式，机体的航路航路依靠数传系统上传至飞控，实现远程的无人驾驶功能。

在机体控制上，数传线路不断将机体控制参数和航路编程信息上传至机体，通过相关参数，自动的不断修改路径和飞行模式，实现安全的超视距自动驾驶。

在图传方面，建立图像的图传网络，将无人机拍摄的影响画面进行回传，从而判断机体巡检的位置，和巡检路线上安全状况。

无人机的定位导航功能是无人机完成智能巡检的主要依靠，导航系统是无人机的重要组成部分。通过卫星定位数据，制定航路航路，让机体能够依靠自主导航功能自动识别航路，完成航路的自动飞行。确保无人机相对于所选定的参考坐标系的位置、速度、飞行姿态，引导无人机沿规定的航路按时、准确地从一点飞到另一点（图10）。

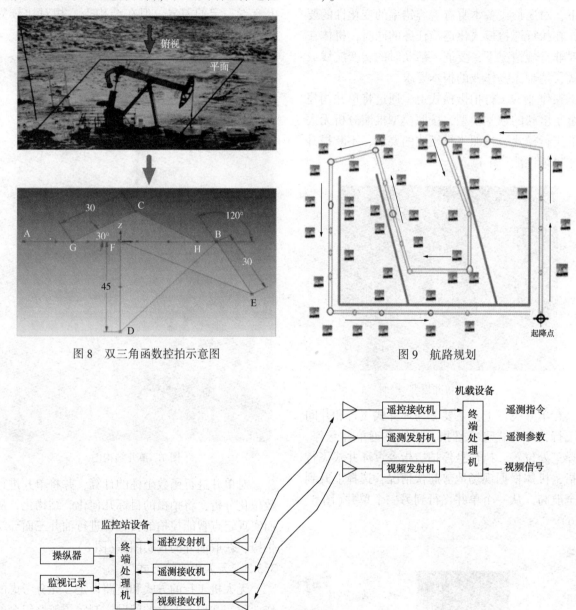

图 8　双三角函数控拍示意图

图 9　航路规划

图 10　数据传输示意图

3.5　环境抗性

新疆地区风砂大，油田区域是多丘陵地带，该地区风多，级数普遍在 4~6 级，机体需能在 6 级风保持作业。地面的沙土、细小戈壁石，在起降中，会被卷起，造成机体、桨叶的损伤，严重的会进入无刷电机内，造成机体起降困难。

进入冬季，温度急速下降，冬季平均温度在零下 25℃，极寒状态可达到零下 32℃，机体要在极寒天气下保持作业。

4 智能识别技术

油田油井故障的智能识别是一个复杂系统，需要完成的是精细化识别操作，针对这种复杂应用，单一技术路径，不能解决整个系统存在的问题，需要在效率、准确度、运算量等方面综合考虑。在兼顾技术路径的同时，也要考虑工业化应用场景，系统要便携，计算的冗余就不能过高，针对各种类型的油井要有广泛的适用性。在智能分析模组系统构建的同时，也要对相应配套设施进行整体考虑，既保证系统长时间运行，也需具有较高稳定性。

针对油田特殊的应用环境，油井故障智能识别从以下几方面考虑：

（1）图像的获取：从系统构建上出发，基础的算法构建要能满足多种图像的获取形式，图像要能满足算法的计算需求。

（2）建立数据库：数据库的建立，一方面要满足相关油田规范的要求，另一方面，数据库也要能够高效储存、分拣相关的图像信息。

（3）正负片库的建立：正负片库是标定图像识别系统的基准线，正片的选择，范围要广，基准线要设置的符合大多数油井的工况。负片库要选择有代表性图像，基准线要贴近生产实际。

（4）故障智能识别：故障智能识别系统的识别关键技术要结合当前可行技术，尽量选择较成熟的技术，减小开发和维护成本（图11）。

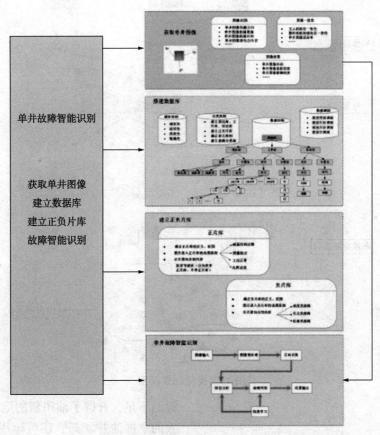

图 11　油井故障智能识别设计思路

油井的故障智能识别采用无人机对油井进行环井拍照，以获取高清晰度的油井图像为输入图像，同时对图像进行预处理，去除图像中的干扰因素。然后利用显著性理论从原始图像中提取油井潜在位置，进一步运用 K-means 聚类、多尺度图像分割在所提取出的油井位置图像中，初步定位故障区域，再结合网格划分和故障区域先验特征，精准确定故障所在位置，最后利用所建立的识别模型对故障的类别进行诊断。

在确立故障目标元信息之后，在多点分割的基础上，一般故障可根据图片的显性算法计算，求出故障位置。针对标准量较多的特征故障点，使用故障特别识别算法，求出故障不同的特征点，找出故障所在位置。

系统建立好识别基准逻辑框架后，利用卷积神经网络技术，在人工的辅助判读下，持续的训练AI，让它在复杂的特征图库状态下，找到各故障识别的最优，从而持续提高系统的效率（图12）。

图12 油井图源

对一般故障识别和特征故障识别的特征信息，进行智能深度学习，获得更加精细化的理论模型，用于后续的细粒度目标识别和特征故障的目标识别（图13）。

细粒度目标识别基于智能深度学习的基础之上，对油井各类故障特征信息进行识别，进一步将油井故障判别类别精细化，更准确地将油井出现的故障诊断进行识别。

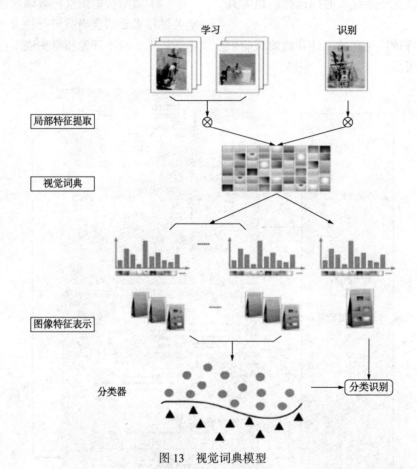
图13 视觉词典模型

5 结束语

油井的运行安全是油田生产的重要保障，在当下油田生产任务和人员数量的矛盾日益明显，利用先进的信息化技术，将人员从以往繁重劳动中解脱出来，发挥人员的更大价值，是行之有效的解决办法。

（1）在油井巡检上，利用无人机进行巡检，不仅工作效率可以大幅提高，也能大大减少野外工作，降低巡检成本，使用智能识别系统达到人员不需要前往现场，即可对故障进行判断。

（2）无人机巡井技术弥补了油田传统人工巡检的不足，开辟了油田新的巡井方式，能及时高效的掌握油井状态，还可运用于单井故障巡检、管道安保巡检、安防巡查巡逻等方面，实现对油井及作业区状态的全面监控。

（3）随无人机和识别技术的不断发展，在油田的应用有更广泛的使用空间。

加快推进企业数字化转型，实现工况实时诊断、降低维护成本、提升管控能力、实现本质安全、联通信息孤岛，提升管理效率的目标。

东莞新奥无人值守站探索与实践

郎满囷

（东莞新奥燃气有限公司）

摘 要 本文针对燃气高中压调压站无人值守模式进行探索实践，通过可行性研究、配置标准制定、保障措施制定、技措技改等步骤，实现高中压调压站物联互通、系统感知、工艺远程控制、安全防护、完成输配调度系统升级、维保体系及应急体系完善，落地燃气高中压调压站无人值守。论证在技防、物防、人防投入科学有效情况下，实现人机的合理匹配，有效降低人力成本。

关键词 高中压，调压站，无人值守，建设应用

《能源发展"十三五"》规划指出，2030 年天然气消费量占比预计由原来的 10% 提高至 15%，据此测算天然气消费量可能达到 $5000 \times 10^8 m^3$，同时，各地政府部门陆续出台"煤改气"、"蓝天保卫战"等环保政策要求，国内天然气能源市场发展迅速。

东莞市域天然气管网已初步建成"一张网"布局，2020 年销售天然气 $16 \times 10^8 m^3$，未来三年年销售气量迅速增长，预计 2023 年达到 $60 \times 10^8 m^3$。海气、陆气等天然气气源通过 4 座天然气接收站（东城、高埗、谢岗、樟木头）进入东莞，经由 11 个高中压调压站和 2900 多公里的高中压管网稳定输配至各镇街。

随着东莞市域燃气管网覆盖面积、长度增加，天然气场站越来越多且分散，地处偏远地带，管控难度及设备数量也将不断增大。当前，国内天然气行业高中压调压站主要采取人工驻地运营模式，存在智能化程度低、人工成本高等运行弊端。针对安全化、专业化、智慧化、高效化的运营的需求，燃气场站无人值守模式的探索和应用，将是下一阶段燃气场站运营的必然趋势。

1 无人值守站前期规划

无人值守站实施需要进行场站整体功能设计规划，通过高中压调压站典型工艺分析，制定物联拓扑图，针对物联拓扑的需求，完善工艺区域数据的感知，集成生产调度系统的监控、示险、远程操作等功能。在"平台+机制"的管理下，合理匹配人机关系，实现无人值守运行的模式。

1.1 典型高中压调压站工艺评估

以东莞市典型燃气高中压调压站为例，工艺流程一般执行"进站+过滤+计量+调压（电伴热）+（多个分区计量）+出站"模式，其中主要的燃气设备包括过滤器、流量计、调压器、电动阀、可燃气体报警器、电伴热等。

1.2 场站工艺物联拓扑

场站工艺物联是实现无人值守模型运行的硬件基础条件，场站燃气设备信号由变送器传输至PLC 控制中心，通过生产调度系统完成数据交互，形成互联。在场站物联拓扑完善下，在生产调度系统中实现场站工艺状态可视化（图1）。

1.3 智能感知系统设计

场站生产调度系统集成 SCADA 模块及安防监控模块，依托数据物联基础和感知通路，实现对站内数据远程监控及调度，具体感知逻辑如图2 所示。

（1）进出站压力变送器：感知压力状态，比对高压或中压值，判断压力超限状态，输出声光报警及联锁进出站阀门。

（2）过滤器：感知前后压差状态，比对50kPa 压差范围，判断过滤器工况，输出声光报警信号。

（3）流量计：感知气量数据，比对最高及最低量程限值，判断流量计工况，输出声光报警。

（4）调压器：感知前后压差，压力，切断阀状态，比对设定压力范围，判断调压器工况，输出声光报警信号。

（5）电伴热：感知温度参数，比对 5℃限值，判断调压后工况，输出声光报警。

（6）可燃气体报警：感知环境可燃气体浓度，判断泄漏风险，输出声光报警。

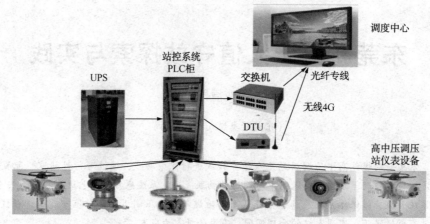

图 1　物联拓扑图

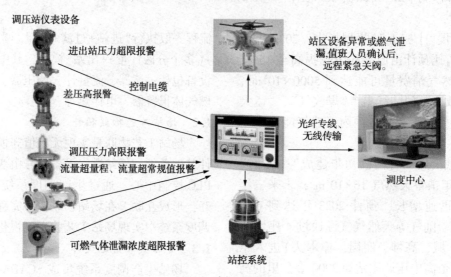

图 2　感知逻辑图

2　无人值守站建设探索及应用

整体应用思路，一是针对前期规划、建设、投产试运行、运营过程，建立无人值守站建设技术标准，明确前端监控硬件、安全配置及运行标准要求；二是根据建设技术标准，开展在役高中压调压站改造及新建场站建设工作；三是建立无人值守站运行体系，规范设备巡检及应急维护作业流程。

2.1　前端监控、控制功能配置

无人值守站建设必须配置物联系统和工艺感知系统，监控工艺设备工况，使其满足输配工艺要求。其中检测的主要工艺参数包括：燃气设备压力、压差、流量、温度、阀门开度、浓度等数据，并保证关键工艺设备具备远程控制能力。无人值守站通过感知系统将监控参数传输到SCADA站控系统，同步上传调度指挥中心监控，实现工艺参数的远程监控、故障预警及远程控制，保障无人值守站的安全平稳运行(图3)。

在役有人值守场站改造应重点实施电动球阀远程控制改造、UPS蓄电时间延长、光纤传输改造及市电监控模块配置等，满足无人值守站监控及控制要求。

无人值守站前端监控、控制功能配置核查内容包括：

① 现场电动球阀远程控制：调度中心及中心站监控点远程控制测试正常，可监控阀门状态信息；

② 调压器开度、切断阀状态：切断阀现场开关状态与监控界面显示一致，监控界面内调压器开度比例与现场开度传感器开度比例误差值在允许误差范围内；

③ 可燃气体监测数据上传准确性：系统内显示浓度比例或报警提示与报警主机数据或状态一致；

④ 现场监测数据与调度运营中心、所属中心站对比一致性：压力、温度、流量等运行参数与现场比对数据在允许误差值范围内；

⑤ PLC 柜运行状况：状态指示正常。

过滤器工况：过滤器差压数据示值

2.2 安防及视频功能配置

无人值守站应配置高清视频监控系统，具备有视屏监控、入侵报警、远程喊话、警务信息联动等功能，应对外部入侵、场站分区监控、应急抢修不同场景业务需求。同时为保障远程传输要求，应保障网络通路带宽充足稳定，规避监控漏洞风险。

此外，场站内安防设施必须设置到位，大门及四周围墙配置防盗门，并超过 3m 高度；消防设施配置齐全、有效；配置空调和温湿度计，室内温度 18~26℃，湿度 40%~70%（图4）。

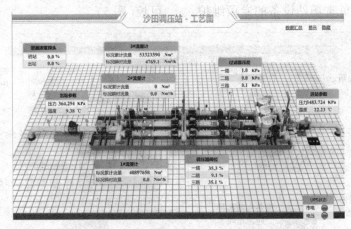

图 3 前端数据感知示意图

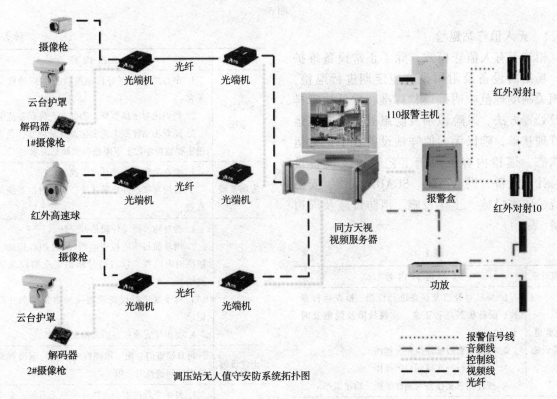

图 4 安防系统应用框架图

高清视频监控系统配置核查内容包括：

① 现场配备高清摄像机：现场配置高清摄像机，可正常监控，图像清晰，监控录像文件可储存 90 天以上。

② 四周围墙设置红外报警探测器配置：沿围墙全覆盖布防，测试可正常报警且与监控视频联动。

③ 站内配置广播对讲设备：站内配置广播对讲设备，调度中心可与现场正常喊话。

④ 站内周界报警与当地公安局 110 报警中心联网：报警信号联动测试正常。

⑤ 系统各设备运行状况：外观、供电、指

示等正常。

⑥ 网络带宽状况：带宽高于 30MB，速度可满足各项系统数据及图像传输要求。

2.3 无人值守站运行体系

无人值守站的正常运行，必须建立在高效的人机匹配运行体系下，以东莞市为例，前台作业：由中心站负责日常场站设备及设施巡检、设备运行；抢维修中心负责场站设备的专项维护、应急抢修；后台赋能：由调度中心负责状态监控、应急示险、运行调度、远程操作；系统组负责专业的系统维护及技术支持。

无人值守站的运行体系下，场站的运行转变为"前台作业，后台赋能"模式，由人的管理转变为"平台+机制"的管理，通过人机结合及高效专业系统的应用，实现无人值守站运维状态可视可控(图5)。

图 5

2.3.1 无人值守站巡检

相较于有人值守模式，除了正常设备维护外，场站内设备及附属设施应定期进行巡检，在相关制度规范中明确巡检标准、常见故障排查及处置方法、风险识别及隐患处置，夯实运营管理基础，确保无人值守站设备处于正常运行状态。巡检内容不限于工艺管道及设备设施、计量设备、供电系统、SCADA系统、安防系统、防雷措施、土建设施、消防设施及周边环境(表1)。

表1

管理对象	巡 检 内 容
工艺管道、设备设施	1. 每日对管道及设备进行检漏，检查运行参数、设备状态是否正常，发现故障及隐患及时上报 2. 每周检查过滤器压差、排污 3. 每月进行一次球阀启闭操作 4. 按计划落实设备周期性维护、检定工作
计量设备	1. 每日巡查流量计流量数据是否正常 2. 按计划进行流量计的周期检定
供电系统	1. 每日巡查供电设备、供电线路是否完好 UPS 电源处于预备状态 2. 每半月发电机启停测试，试运行无异常 3. 负责供电系统的检测故障维修

续表

管理对象	巡 检 内 容
SCADA 系统	1. 中心站监控点每日巡航检查数据传输是否正常 2. 每周比对现场数据，确保在允许误差范围内 3. 随着场站输配工艺变化及气量调整，负责上报主要监控参数上下限报警值调整需求
安防系统	1. 中心站监控点每日巡航视频监控 2. 每周测试红外报警系统、语音对讲系统是否有效
防雷系统	1. 检查防雷设施外观是否完好 2. 雨季前每季度检查电器仪表(PLC 柜箱、安防机柜内电源、仪表信号防雷安全栅模块防雷模块 3. 每季度进行设备设施接地电阻检测并形成记录 4. 每半年完成场站防雷检测
土建设施	每日巡查门、窗、罩棚有无坏损、围墙有无裂缝发现问题及时上报
消防设施	1. 每半个月检查灭火器外观有无损坏，充装压力是否正常，是否在检定有效期内 2. 负责灭火器更换及过期灭火器处置
周边环境	每日对周边环境、地形地貌、站外线路等进行检查，发现隐患及时上报并组织处理

2.3.2 应急处置

无人值守站在实现远程监控及操作的基础上，针对可能存在的险情风险，应明确风险防控措施，确定防控风险控制点，从物、人、环境、管理因素进行风险识别，拟定内部整体应急预案及专项应急预案。定期结合 SCADA 及安防系统，开展应急演练，为场站正常运行保驾护航。

无人值守场所出现异常状况时，运行调度立即启动应急预案，日间出警人员应在 30min 内抵达现场进行处置，偏远地 60min 内赶到现场进行处置；夜间值班人员 30min 内抵达现场实施初步控制，偏远地区 60min 内赶到现场实施初步控制。其他出警人员应在 90min 内抵达现场进行处置。

3　无人值守模式效果评价

一是，推动高中压调压站无人值守模式落地运行(以东莞为例，完成 10 座高中压调压站无人值守改造运行)，建立一套无人值守模式的建设运行标准，覆盖规划、建设、试运行、运维及应急业务全流程，并具有较高的复制推广性。

二是，人机合理匹配，提升场站运行效率，通过 SCADA 及安防系统工具的应用，实现工艺参数监控、运行状态预警、远程操作等智慧化功能，转变了原有的生产运营方式，优化资源配置，降低了巡检人员日常维护、资料填报频率，提升场站运营生产效率。

三是降低场站人力配置，无人值守站运行，释放 7 人/站的高中压调压站人员配置力量，优化人员职能结构，降低人力成本。

4　后期设想

城镇天然气门站，是承接上下游天然气资源的枢纽，相较于天然气高中压调压站，具有用气量大、工艺复杂等特点，无人值守模式的推广在安全性、专业化程度上具有更高的要求，下一步将积极探索燃气门站无人值守模式应用，逐步实现天然气场站无人值守模式的全覆盖。

参 考 文 献

[1] 田璐. 无人值守天然气站场工艺技术研究[D]. 沈阳：东北石油大学，2015.
[2] 李国海，董秀娟. 天然气管道无人值守站建设和站场安全运行[J]. 管道保护，2018(5).
[3] 高皋，唐晓雪. 天然气无人值守站场管理方式研究[J]. 万方数据，2017(2).

成品油长输管道的无人机综合应用

李 伟 谢宜峰 李 天

(国家管网华南分公司 深圳市大疆创新科技有限公司 无人机联合开发应用实验室)

摘 要 随着科学技术的发展，无人机技术取得了巨大的发展。无人机已经可以进行远距离智能化快速作业，在石油和天然气领域发挥着重要的作用，通过在油气管道应用无人化巡检工作，不仅提高了巡线的效率，还大大降低了工作人员的工作量，提升油气管道的安全运行水平。但由于无人机技术、制造成本、软件易用性、数据处理效率等原因，无人机暂时难以在管道智能保卫领域实现大规模、常态化应用。本文研究了国内外无人机在油气管道巡线领域的发展现状，结合无人机相关前沿技术与油气管道运行维护工作特点，以及无人机当前在能源领域的应用现状，提出并实践新方案，以期促进我国无人机油气管道运行维护应用的发展。

关键词 无人机，油气管道智能巡线，发展现状，建议

1 无人机应用现状及必要性

石油天然气是全球能源支柱，在我国经济发展中处于重要地位，油气管道总里程超过 60 万公里。长输管道分布广泛，途经地形复杂多样，常敷设在沙漠、田野、山地、沼泽等崎岖地形之中，管道的运营面临巨大挑战。特别是面对日益增多的第三方施工和偷油盗油份子，管道的巡护工作难度也逐渐变大。管道巡护工作要求做到及时有效，将油气管道的安全隐患降到最低，一般采用人工进行管道徒步巡检，但巡检工作面临着工作量大、巡检难度大、盲区死角多、出现泄漏等情况巡检时效受限等困难，巡检人员的人身安全也会经常受到威胁，特别是在冰雪天气等恶劣天气下。为了弥补人工巡线的短处，提高巡检效率，采用无人机获取地面影像巡检，能成倍提升巡检效率，降低巡检难度。日常巡检时，可使用无人机做安全预警检查，甄别包含影响管道安全的施工行为，如机械施工、定向钻施工等；也可发现管道周边地形地貌变化，如出现坑洞、沿线坡体移动等。应急抢险时，可使用无人机获取抢险现场的空中俯视全貌以及事故发生前后的对比图片，为抢险决策提供支持。

2 成品油管道无人机综合应用内容

无人机巡检管道主要分为日常巡检、专项巡检及应急抢维修应用三类。一是日常巡检，主要按照埋地管道线路和外供电线路走向进行正上方通道巡检，获取地表影像资料，快速进行数据研判分析，发现对管道产生直接威胁的行为或施工；二是专项巡检，主要是针对跨越管道、高后果区、重点部位等特殊管道及附属设施等巡检，同时包含管道夜间巡检；三是应急抢维修，针对管道潜在发生应急事件的区域或者高风险区域进行深入信息采集，实现区域性电子沙盘，在发生突发应急事件下进行快速信息采集，以整体现场实景二三维数据辅助现场决策。

3 日常巡检-管道二维信息化巡检

针对国内长输管道多为埋地管道的情况，开展管道及周边区域二维正射影像采集并进行分析，是应用无人机进行管道巡检的有效手段。根据管道路由、重点部位、飞行障碍位置等定位信息，进行航线规划。无人机搭载可见光云台相机，根据航线任务自动飞行并采集管道及周边数据，通过二、三维模型重建算法，季度性生成高清管道数字底图。日常巡检仅需通过人工或在线机载端智能识别设备对管道施工占压等情况进行标注，并叠加于标注好管道桩号坐标的地理信息系统中。一般作业流程见图1。

联合开发应用实验室针对当前应用结合无人机相关最新技术，实现了日常巡检应用以下几个方面的突破。

3.1 简化航线规划仿地飞行及多无人机群任务云端同步分发

针对长输管道距离长、地势高低起伏复杂、多机型航线导入困难、设备难以一体化管理等问题，实验室将管道坐标融合 DSM 数据，实现仿地飞行航线生成，并可根据机型续航能力，对总管段进行航线任务自动切割，生成各管理处、各

站场运维区域航线，最终通过私有化云端平台进行统一分发，解决了长距离管段航线任务切割难、统一任务分发管理的问题，并实现云端数字化管理(图2~图5)。

3.2 二维信息化采集及模型重建效率提升

当前难以普及无人机二维信息化巡检的一大原因是完成二维信息化采集重建的效率过低。按照以往的采集要求，需进行多次往返飞行采集，满足二维重建软件算法对旁向重叠率的要求，才能保证模型坐标系与地理坐标系对齐。使用可记录及计算飞机和云台相机姿态的M300RTK无人机，应用重建软件的全新算法引擎，并采用单航带的方式，即可减少60%飞行作业时间。同时由于算法针对机载端全画幅P1相机进行优化，对比业内重建软件，效率提升10倍。极大地降低了管道二维信息化巡检的应用门槛(图6~图9)。

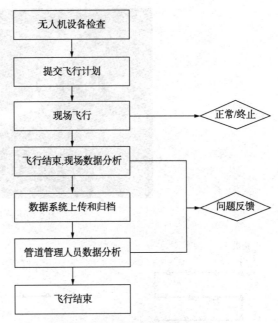

图1 作业流程

图2 云端平台航线管理系统

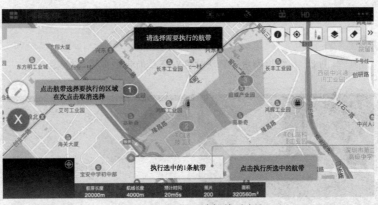

图3 飞行地面端航线选择

图4 云端平台航线编辑

图 5　飞行地面端航线执行

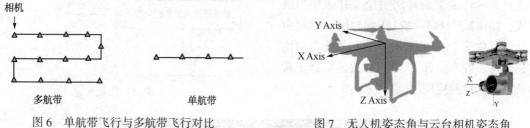

相机

多航带　　　　　　　单航带

图 6　单航带飞行与多航带飞行对比

Y Axis
X Axis
Z Axis

图 7　无人机姿态角与云台相机姿态角

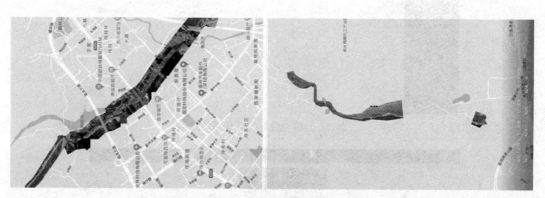

图 8　传统模型重建算法软件对于单航带数据重建效果

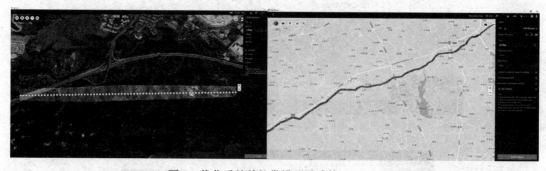

图 9　优化后的单航带模型重建算法 Terra

3.3　作业模式升级单架次覆盖距离提升

应用多旋翼无人机进行管道巡检,传统无人机常以模拟图传方式进行,只能查看 OSD 状态信息,无法查看实时飞行影像以及航线进度情况。应用一体化机身设计的飞行平台,无需用于航线上传的电脑连接线,无需安装、调试图传基站,简化安装云台相机。极大地降低了一线班组人员地学习成本及作业难度。

目前的工业级无人机前沿技术,已经融合多模卫星、多传感器冗余、全向避障、具备任务规划上传执行一体化的地面站、失控继续执行航线、多负载快速切换等能力(图10)。

无人机管线巡检随着无人机技术的发展而逐步转变升级,从传统的单点起飞到目前的异地起降交

· 448 ·

替作业，极大地提升了飞行作业效率。异地起降解决了班组交替飞行中因管道走向与人员行车路线不一致、堵车等因素导致无法及时由同一组人起降飞机的问题，保证了飞行作业安全(图11)。

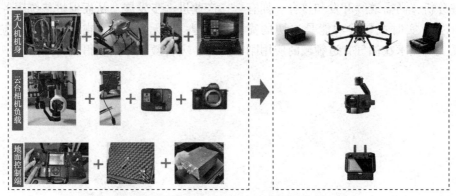

图10　传统无人机系统与高度集成无人机系统

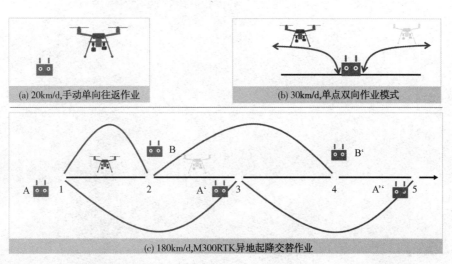

(a) 20km/d,手动单向往返作业
(b) 30km/d,单点双向作业模式
(c) 180km/d,M300RTK异地起降交替作业

图11　多种作业模式对比

联合实验室率先引入机载端全画幅一体化云台相机，像素高达4500万。在日常巡检航高150米的情况下，地面分辨率GSD可达1.8cm/pixel。也可更换镜头，覆盖管道两侧各100-200米范围。拍照间隔提升至0.7s/张，在保证航向重叠率的情况下，提高飞行速度至最大航程经济航速，实现单架次20公里管道覆盖。当前无人机搭配可见光云台相机负载多为1/2.3画幅，采集影像素质及二维信息化采集效率有较大提升空间(图12、图13)。

图13　一体化全画幅云台相机

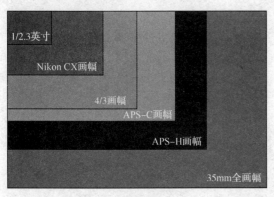

图12　各画幅大小对比

4　结论与未来展望

应用证明，在丛林茂密的山区等人员难以巡检区域，无人机的巡线优势非常明显。无人机的二维信息化巡检手段，适合应用于高风险区域油气长输管道，随着无人机续航能力等技术的提升，未来对全管道实现覆盖是一大趋势。

在管道事故抢险抢修——特别是地质灾害

中，无人机能及时获取现场信息，为抢险决策提供有力支持。但无人机日常巡线的技术目前还处于人工后处理分析，尚需继续开发和整合。拥有前端口自动识别、实时报警等功能是迫切的需求。目前，无人机技术在油气管道领域的应用刚刚起步，未来随着智能无人机飞行平台及5G蜂窝网络能力有效引入，将促进传统巡线、安防等产业进一步发展，从而促进传统服务方式的智慧转型，使无人机科技在管道巡护、应急预警、安防、灾害救援方面获得更为广泛的应用。

互联网+无人机热成像
在八面河油田管线巡护中的应用实践

彭 辉

（中国石化江汉油田分公司）

摘 要 人工管线巡检管线存在视野狭窄、人员活动范围受限、到位率低、效率低、成本高、环境污染风险高等缺点，互联网+、无人机、热成像及图像智能对比分析平台相结合用于油田管线巡检，具有人工管线巡检无法比拟的优势：平台化管理，流水化作业；操作简便、可靠性高；克服了人工巡检视野狭窄、人员活动范围受限的短板；降低了劳动强度和环境污染风险；视频资料实时在线，支持PC端、手机等移动终端；支持远程客户端实时观看、储存、回放及缩放等功能；历史记录有据可查；软件平台具有图像智能对比分析的功能。随着油田生产信息化的推进，固定摄像头可以解决井场的巡检问题，而不能解决管线的巡检问题，互联网+无人机热成像技术正好弥补了这一短板，将在油田管线的巡检工作中得到越来越多的应用。

关键词 互联网+，无人机，热成像，图像智能分析，平台化管理，流水化作业

1 概况

1.1 地理情况

八面河油田所辖油区地跨山东省寿光市和东营市，形状为长40km宽10km的长条状廊带，下设两个管理区和4个服务区，油井1000余口，管线总长度超过200km；管道沿小清河敷设，途经羊口镇，工区水系丰富，大小河流众多。平均海拔高度为4m，属于平原和洼地，地势平缓，管线周围主要是城镇、村庄以及农田、芦苇、盐田等地形地貌；气候条件工区位于欧亚大陆东部，属暖温带半湿润季风性气候。四季分明，春季多风，夏季较炎热，雨水集中，冬季寒冷，干燥少雪，年平均气温约为18℃，7月最热，月平均温度28℃；1月最冷，月平均温度-2℃。

1.2 传统巡检模式的缺陷

1.2.1 安全、环境污染风险高

由于管道及其附属设备处于野外，周围盐田、芦苇密布，地方动土施工、烧荒时有发生，管线极易遭到自然或人为因素的破坏，更恶劣的是，一些不法分子长期从事管道偷油破坏活动，极易造成环境污染；由于受管道敷设条件限制，地形地貌复杂，芦苇、沟壑众多，人工巡线活动范围、视野极大受限，往往难于及时发现，使污染扩大化。

1.2.2 效率低，成本高

采用人工巡检：消防护卫大驻点专职护油人员15人，值班车4台，服务区巡井巡线夜班人数72人，服务区巡井巡线小班人数155人，巡护油井1200口，巡护管线约200公里，巡护效率低，运行成本高。

1.2.3 采用人工巡检效果难于保证

采用人工巡检到位率低；受天气、地形地貌、植被等影响，视野狭窄，人员活动范围受限，大多数管线无法巡查到位，尤其夜间，车只能在主要道路上行驶，距离管线相差甚远，管线穿孔、盗油难于发现。

2 技术方案

2.1 技术手段

2.1.1 可见光视频巡检

利用无人机搭载高清摄像机，沿管线方向对管道上方及周边进行高清视频拍摄，并通过图传系统将视频实时回传地面站操控端，地面端再通过视频编码等设备利用互联网将视频远程回传指挥调度中心PC端，调度中心指挥及巡检人员通过现场实时巡检影像对管线周边及上方进行巡检巡查甄别隐患。同时，针对巡线人员无法进入区域、危险区域等局部点进行聚焦监控、侦察；及时发现问题。

2.1.2 热红外夜间巡检

红外热成像是一种被动式、非接触式的红外技术。自然界中一切温度高于绝对零度(-273℃)

的物体,每时每刻都会辐射出红外线,同时红外辐射都载有目标物体的特征信息,通过光电红外探测器将物体表面温度的空间分布,经系统处理形成热图像并转换成视频图像,形成与物体表面热分布相对应的热图像,既红外热成像。

红外辐射是自然界中存在最广泛的辐射,而大气、烟云等可吸收可见光和近红外线,对 $3\sim5\mu m$ 和 $8\sim14\mu m$ 的红外线是透明的,这两个波段被称为红外线的"大气窗口",可在完全无光的黑夜环境,能够在可见光摄像机不能使用的情况下替代使用,可灵敏的侦测到管线周边人员、动物、车辆等活动情况。摄取表面温度超过周围环境温度的异常温升点的红外光谱图像,从图像上可以判断输油管道周边是否异常。

2.2 无人机巡检系统平台建设

2.2.1 系统组成

无人机智能巡检私有云平台的核心包含两个方面构成:监控系统和直播系统。

利用无人机与地面监控站之间的电台链路、地面站与监控中心之间的网络链路,以及地面设备安全身份认证等技术,实现"监""管"结合、双向链路、全状态实时呈现、身份认证和飞行申请结合等无人机智能监管平台(图1)。

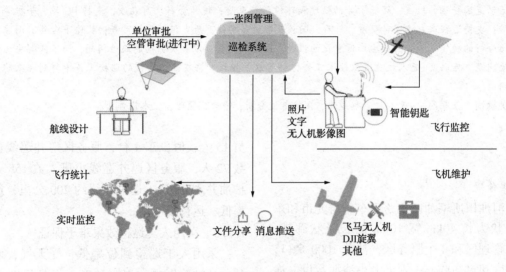

图1 管线巡检系统示意图

2.2.2 远程监管

任务机的视频信号与飞行数据分开传输,高清摄像机拍摄到的视频信号经过压缩和调制等处理后,直接传输到场站上的图传遥控接收装备上,接收装备通过光纤与调控中心连接,最终实现视频实时传回指挥中心。

自动视频巡线,是监控系统最为核心的业务。目前作业流程如下。

(1)室内作业管理人员分派作业给作业人员。

(2)作业人员到指定现场作业地点,使用iPad连接无人机设备,通过iPad连接到基站的内网WiFi。

(3)确定符合作业条件,点击执行作业。飞机启动飞行,并自动巡航。

(4)室内作业管理人员,可以在监控界面看到当前巡航的飞机的作业实时图传画面、飞机在地图所在位置及状态参数。并根据回传数据,判断油管情况,并可以远程控制飞机部分操作。

(5)现场操控人员,也可通过 iPad 版本实时观察巡线视频,并在 iPad 上进行异常标注;

(6)作业完毕之后,作业管理人员,仍然可以根据相关条件,查询到该作业的情况,并回放作业情况(图2)。

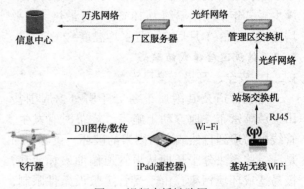

图2 视频直播链路图

2.2.3 实时图传

无人机起飞后,通过搭载的可见光摄像机机红外成像仪设备对巡检区域进行巡视巡检,巡检视频通过电台回传至地面站,现场航飞人员可实时监控巡检内容，甄别可疑人员活动。

（1）远程直播。

远程客户端可对巡检现场进行实时观看、储存、回放及缩放等功能。相关人员根据实际需要，预先安装好专业图传直播软件，在无人机起飞后，通过 4G 网络或场站 WIFI 无线网，将实时巡检影像接入互联网进行实施直播，随时随地通过直播软件对现场巡检情况进行观览查看，并可进行远程指挥(图3)。

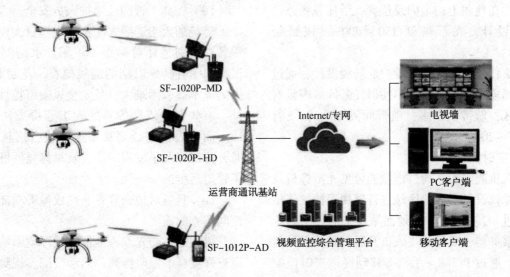

SF-1020P-MD

SF-1020P-HD

运营商通讯基站

Internet/专网

电视墙

PC客户端

视频监控综合管理平台

SF-1012P-AD

移动客户端

图3　远程互联网实时直播

图传直播软件支持 PC 端和移动客户端。

（2）遥控指挥。

如发现可疑人员，可在第一时间电话联系现场航飞人员对可疑人员活动进行锁定跟踪，并标注位置信息，指导地面人员前往事发地点进行查验。

3　巡检方案

3.1　巡检范围

由于八面河油田重要集疏干线、注水干线、污水干线等大多集中在几条主要管带上，根据目前清河油区各场站及管线隐患防护等级，将M120 站至集输大队、M138 站至集输大队以及南块站至集输大队共三条管带列为重点巡护管带，三条管带长度分别为 13km、6km、8km，总计 27km。

三段管线以集输大队联合站为中心，分别向三个方向延伸，呈 T 字型分布。

3.2　巡线方式

3.2.1　日常巡检

根据管线分布特点，无人机巡检采取以联合站为巡飞驻地和每日巡检的起始点，进行无人机的起降，向三个方向分三个架次进行单航线视频巡检，到达终点后将无人机以直线形式返回联合站起始点，完成每段管线巡检任务。

根据巡检内容，可采用日间可见光视频巡检和夜间热红外巡检相结合的巡检方式进行作业，巡检频次和作业时间见表1。

序号	巡检类型	频次	作业时间
1	视频	每日一巡	8：00~18：00
2	热红外	每日一巡	22：00~4：00

3.2.2　不定期巡检

针对整个油区范围所辖管线、井场及其他设备设施，因汛期、雨季、大风、设备老化或其他原因出现隐患发生灾情，如需无人机进场进行应急巡查监控、抢险救援，可随时进行协调调度。

3.3　作业流程

3.3.1　任务制定

巡检任务由各服务区巡检人员负责，在专业 GIS 地理信息软件上进行规划，通过鼠标点选本辖区相应管线或依据地形地貌、管线、道路等坐标信息，用鼠标划定巡线范围，系统自动生成带巡检坐标的巡检文档。服务区巡检人员在命名巡线文档的时候注明单位、巡检日期、时间点。例："服务一区#07.26#2 点"，表示服务一区 7 月 26 日凌晨 2 点开始无人机巡检。

3.3.2　任务下达

无人机巡线管理组接到各单位提交的巡检任务文件后，根据实际情况对各任务需求进行审核批复，审核通过后，将任务下达给飞行组。

3.3.3 任务实施

飞行组接到任务后，进行航线设计和航飞准备工作，根据任务类型的不同进行不同形式的航线设计。

管廊任务，采用单航带自由航线模式，根据任务文件在地图上的走向及位置，沿任务线路进行精准设计，飞行高度 150～200m，视野带宽 300m。

区块任务，采用多航带扫面航线设计，通过多条带涵盖整个任务区域，使得任务区域内没有监管盲区，航带数量多，航带间隔 200m，飞行高度 150～200m。

3.3.4 实时图传

无人机起飞后，通过搭载的可见光摄像机及红外成像仪设备对巡检区域进行巡视巡检，巡检视频通过 4G 实施回传至地面站及采油厂信息管理中心服务器，现场航飞人员及所有相关人员监护人员，通过 PC 端、手机等移动终端实时监控巡检内容，甄别可疑人员活动。发现可疑人员活动，无人机锁定跟踪目标，配合巡检的护油队员，带车跟踪在附近，通过移动终端实时掌握现场动态，及时跟进。

远程客户端可对巡检现场进行实时观看、储存、回放及缩放等功能

3.3.5 数据管理

巡检数据实时录制并存储到指挥中心服务器上，通过系统平台智能图像对比分析，根据有无发现盗油可疑人员及其他关注内容，将数据分为普通数据和重点数据，重点数据进行长期保存留档，普通数据进行周期迭代保存，时间不低于 6 个月。

4 结论

人工巡检管线存在视野狭窄、人员活动范围受限、到位率低、效率低、成本高、环境污染风险高等缺点，互联网、无人机、热成像及图像智能对比分析平台相结合用于油田管线巡检，具有人工巡检无法比拟的优势。

4.1 八面河油田无人机巡检具有人工巡检无法比拟的优点

（1）飞行计划的制定方便、高效。

由于系统地图上已有油田管线、道路等坐标信息，管理区在制定飞行计划的时候只需要点选管线或者直接用鼠标沿管线在地图上划线或划圈，系统自动生成带巡线坐标的文档，管理区只需要将文档传飞行管理组即可。

（2）巡线快捷高效，可减少职工劳动强度。

无人机可在 20min 左右巡完近 10km 管线，所观察视野也比人工大得多，效率更高，也可减少职工巡线劳动强度。且飞行过程由具备飞行资质的专业人员操作，依法合规，安全上更有保障。

（3）提高了管网及巡护人员安全。

传统的人工巡线方法不仅工作量大而且条件艰苦，特别是针对沟渠、芦苇、水网等特殊地段，雨季等特殊时期的巡线检查，花费时间长、人力成本高、困难大，且安全风险可控性差。此外，有些管线依靠单一的人工巡检方法难以完成。而无人机巡线则具备速度快、信息反馈及时，可确保及早发现问题、及早修复问题，提高了管道运维的安全性。

（4）具备对地面静音、热成像等功能，适合夜间巡查的需要。

夜间巡查受光线，地形地貌环境影响，人工巡查强度高、危险性高；活动范围、视野极大受限；车辆出动动静大，容易被不法分子掌握规律。由于无人机在空中飞行对地面静音，夜间不可见，隐蔽性好，飞行位置不易被发现；同时采用临时制定飞行计划，按坐标巡航，飞行规律不容易被外人掌握；具备热成像功能，夜间巡线更精确，利用无人机的热成像功能，在夜间光线不足的情况下也可以捕捉较清晰的画面，更容易发现一些人工不易发现的隐患；发现不发分子盗油还可以锁定跟踪。

（5）飞行图像实时在线，图传直播软件支持 PC 端和移动客户端；远程客户端可对巡检现场进行实时观看、储存、回放及缩放等功能，历史记录有据可查。

（6）软件平台具有图像智能对比分析的功能。

智能图像对比分析是油气管道航空遥感监测的核心功能，主要是通过数据处理系统生产的多时相数据产品，对感兴趣区域进行地物、地貌特征的监测，来提取目标的变化信息，实现对石油管道周边动土回填现象、房屋建设行为，施工用地情况和自然灾害地形变化的动态监测，分析石油管线可能存在的偷盗油行为和漏油现象，以及疑似危害行为。

随着油田生产信息化的推进，固定摄像头可以解决井场的巡检问题，而不能解决管线的巡检问题，互联网+无人机热成像技术正好弥补了这一短板，将在油田管线的巡检工作中得到越来越多的应用。

一种管道巡检航拍图像第三方施工目标检测方法

易　欣　钱济人　陈　钻　刘　翔　张国民

（浙江浙能天然气运行有限公司）

摘　要：针对传统目标检测算法应用在无人机航拍图像第三方施工目标检测上存在的数据集少、检测率低等问题，本文提出基于YOLOv3和迁移学习的航拍图像目标检测算法。该算法利用结合数据增强的迁移学习策略训练网络，以扩大数据集规模和多样性，并利用K均值聚类分析得到符合本文数据集特点的锚点框数量和尺寸；其次，通过自适应对比度增强的预处理方法对图像进行预处理；最后，利用YOLOv3的特征融合以及多尺度预测方式对小目标进行检测。通过不同的算法和训练策略在无人机航拍图像上进行对比实验，结果表明，YOLOv3算法结合多种训练策略后，其准确率、召回率分别能达到91%、88%，每张图像检测时间为29ms。由实验结果可知，该算法适用于无人机航拍图像第三方施工目标的智能检测。

关键词　管道巡检，航拍图像，小目标检测，数据增强，迁移学习

随着经济水平的提升，能源需求也随之增加，我国油气管道建设事业也进入快速发展时期，新管道的修建和后期的日常监控也成为石油化工行业关注的焦点，油气管道在使用过程中会受到外界环境、内部运输物质等因素的影响，存在很高的风险，一旦发生危险，将产生巨大的危害。而外界环境风险事故中，第三方损害占比是最高的，第三方损害中包括直接的威胁管道安全的挖掘机、打桩机以及定向钻等工程机械。浙江省级长输天然气管道沿线地势蜿蜒起伏，沿途穿越很多河流、沟壑、水塘、铁路、公路，经过农田、矿区、城镇、乡村，地形复杂，管道存在着诸多不安全因素。人为因素方面，浙江省经济发达，地面建设活动频繁，层出不穷的第三方施工严重威胁管道的安全，如在管道附近建房、修筑公路、开挖或拓宽河道、建码头、铺设其他管道和电缆、堆放易燃易爆物品、采石放炮等。因此，第三方施工监测对确保运输管道的安全运行非常重要，现阶段的主要监管方式是通过人工徒步巡线的方式对管道附近情况进行了解，但是人工巡线的存在成本过高、劳动强度大以及巡线效果不可控等问题。随着无人机技术的快速发展，在电力行业中无人机已经得到了较好地实际应用。在油气管道巡检应用中，对无人机采集的图像信息的处理方式是人工判别或者应用于其他场景，存在着劳动强度大、时间成本高和结果不稳定等问题。为解决该问题，本文将深度学习目标检测算法引入到天然气管道无人机巡线监测系统中，通过全球定位系统（Global Positioning System，GPS）信息以及目标的位置信息判断目标距离管道的信息，所以整个图像智能检测系统关键是获取目标类别及准确的位置信息。

传统的目标检测方法采用手工设计特征，然后针对特征设计相应的检测模型，其应用范围、检测精度和速度都有很大的局限性。近年来，基于深度学习的目标检测算法获得了很大的进展，根据检测方式可以分为两大类。一类是基于区域推荐的两阶段算法，首先通过滑动窗口获得候选目标，再使用卷积神经网络（Convolution Neural Network，CNN）进行类别和位置的预测；其特点是精度较高但实时性较差，代表性算法有RCNN（Regions with CNN）、Fast RCNN、Faster RCNN等，尽管该类算法的检测精度较高，但是出于对第三方施工目标监测的要求，需要算法拥有较高的检测速度。另一类是基于回归方法的端到端算法，其将目标检测看作回归问题，直接通过网络预测出目标的类别及位置信息；其特点是速度快但精度相对而言要低一些，代表性算法有YOLO（You Only Look Once，YOLO）、YOLOv2、YOLOv3、单阶段多边框目标检测算法（Single Shot MultiBox Detector，SSD）和针对SSD存在的小目标检测能力弱而改进的反卷积单阶段多边框目标检测算法（Deconvolution Single Shot MultiBox Detector，DSSD）等。其中，YOLOv2和YOLOv3都是在YOLO算法的基础在特征提取和目标预测方面逐步进行改进、演变而来，相较YOLOv1和YOLOv2，YOLOv3拥有更强的检测能力。SSD采用VGG16网络结构进行特征提取，在多个尺

度下通过锚点机制对目标进行检测，提高了检测效果，但是同时检测速度也有所降低。DDSD 除了用 Res-101 替换 VGG16 外，还引进反卷积模块和残差连接方式，提高 SSD 对小目标的检测能力。目前前沿的目标检测算法虽然在常规数据集上能取得较好效果，但是应用在无人机管道巡检航拍图像上效果并不好，主要面临图像目标小、数据集较少以及图像质量等多方面问题。

由于第三方施工目标尤其是挖掘机对管道具有直接破坏的能力，出于管道安全保护考虑，对检测速度有较高的要求。因此需要综合考虑检测速度和检测精度两个指标，本文提出基于YOLOv3 算法并结合迁移学习的航拍图像小目标检测算法。本文主要工作与贡献如下：

（1）提出利用 YOLOv3 算法实现对大量航拍图像的智能检测，能够有效提高对。

（2）通过数据增强的方法扩大数据集规模并结合迁移学习的方法训练网络。

（3）使用 K-means 算法聚类分析出适合本文数据集特点的锚点框尺寸以及数量。

（4）使用自适应对比度增强算法对航拍图像进行处理。

1 相关知识

YOLOv3 延续了 YOLOv1、YOLOv2 的核心思想，将目标检测问题看作为回归问题，用一个卷积神经网络完成对目标的定位以及识别，同时也针对前系算法的特征提取和回归预测部分做了改进。

YOLOv3 目标检测的算法流程如图 1 所示，由图 1 可知，YOLOv2 网络结构主要由 2 部分组成：①特征提取：YOLOv3 借鉴了残差网络结构和 network in network 中 1×1 卷积的思想，使用 5 组不同数量的残差单元和 DBL 来提取图像特征。残差单元如图 2(a) 所示残差计算可以缓解由网络过深而引起的梯度消失问题；DBL 卷积组由两个步长为 1 的 1×1DBL 和 3×3DBL 相连接而成，两种 DBL 分别如图 2(c)(d) 所示。②回归预测：YOLOv3 对输入图像进行了 5 次 2 倍降采样，并对最后 3 次的降采样特征进行检测。降采样特征图可以检测 3 个不同尺度大小的目标，并且降采样特征图还融合了底层的特征图，降采样特征图包含了高级语义信息，底层特征图包含了目标的低层位置信息，融合后的特征图增强了目标的类别和位置检测能力。最后获得每个锚点最大的预测概率对应的类别，然后将该类别概率与置信度相乘获得该锚点的分数，然后删除每个网格中的锚点分数低于 0.6 的锚点，然后在进行非极大值抑制（Non-Maximum Suppression，NMS）操作，去除重复率过大的预测框。

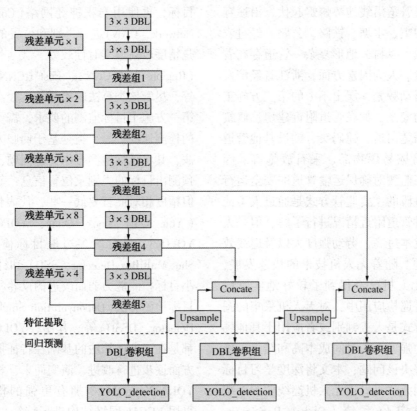

图 1　YOLOv3 目标检测算法流程

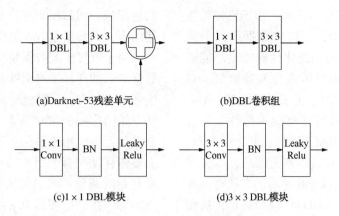

(a)Darknet–53残差单元　　　　　　　(b)DBL卷积组

(c)1 × 1 DBL模块　　　　　　　　(d)3 × 3 DBL模块

图 2　YOLOv2 特征提取模块及组成
(a) YOLOv2 特征提取模块；(b) 卷积块 A；(c) 卷积块 B

2　基于 YOLOv3 的航拍图像目标检测算法

YOLOv3 目标检测算法不能直接应用在无人机航拍图像目标的检测，主要存在以下几个问题：

（1）在深度学习中，模型质量与所使用的数据集的数量有直接关系。在传统的深度学习训练方法下直接使用已有标签的数据训练的模型检测性能较差，需要根据航拍图像的特点使用针对少量样本训练模型的方法。

（2）YOLOv3 使用 9 个锚点框作为先验知识进行目标检测，但是这些锚点框并不适合本文数据集的数据特点。

（3）受天气、背景和拍摄高度等影响，使用时部分输入图像的边缘纹理模糊、对比度低，会降低算法检测效果。

为了解决上述问题，本文提出基于 YOLOv3 的航拍图像的检测算法，算法总体框架如图 3 所示。算法主要包括 4 个部分：YOLOv3 算法、基于互联网数据集的迁移学习、基于聚类分析的锚点框选择以及自适应对比度增强（Adaptive Contrast Enhancement，ACE）预处理。在训练阶段使用互联网数据集在拥有同样特征提取部分的网络上进行训练，然后将其迁移到 YOLOv3 算法权重的对应部分。随后对采集的关于第三方施工相关车辆的航拍图像数据集使用数据增强方法后，在对经过迁移学习的 YOLOv3 网络进行训练，并使用聚类分析出适合该数据集特点的锚点框。在实际使用过程中，使用 ACE 图像预处理对图像进行处理，然后将其送入训练好的 YOLOv3 网络进行检测，将检测出的正样本添加至航拍图像数据集中，扩大数据集规模。

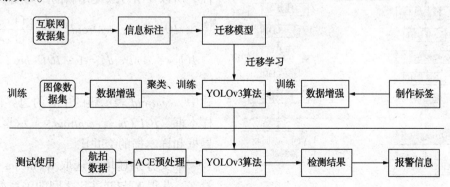

图 3　低空航拍图像检测算法总体框架

2.1　YOLOv3 迁移学习

为了训练 YOLOv3 算法权重参数，使用大疆精灵 4Pro 无人机在 100～130m 飞行高度、10～12m/s 的飞行速度条件下，通过正射角度拍摄的不同天气、不同时段下的共 2100 余张关于第三方施工相关车辆的可见光无人机航拍图像，拍摄的地面背景环境包括农村、城镇、河流以及山地，包括挖掘机、推土机共 2 类目标，分别有2557、1639 个目标，并将图像按照 8∶2 原则分为训练集和测试集。

深度学习模型的检测效果与训练样本数量有极大的关联性，在拥有大量训练样本的基础上，才能得到高质量的深度学习模型。由于已知标签的航拍图像数据集较少，直接将数据用以训练YOLOv3模型，得到的模型泛化性能较差不能够对多样、复杂背景下的目标进行准确检测。对此，本文采用迁移学习的方式来训练模型，Yosinski表明迁移学习中特征迁移的可行性。将包含4806张多角度拍摄的航拍图像，共2个类别、14539个目标的互联网数据集作为源域，本文的数据集作为目标域，通过迁移学习的方法将从源域学习到的模型参数与YOLOv3模型共享，从而解决模型训练时数据量匮乏的问题。

根据所拥有数据的情况，本文将迁移学习分为两部分：①利用互联网数据集的训练集共3845张训练特征提取模块，根据模型在包含961张图像的测试集上的召回率和准确率之和来评价模型训练效果；②迁移特征提取模块参数到YOLOv3模型对应部分，在此基础上再训练回归预测模块。对于特征提取模块的训练，根据YOLOv3模型中特征提取模块来构建检测模型。如图4所示，该检测模型以YOLOv3模型的特征提取模块为基础，经过两层卷积层运算，最后通过YOLOv3检测层获取检测结果。

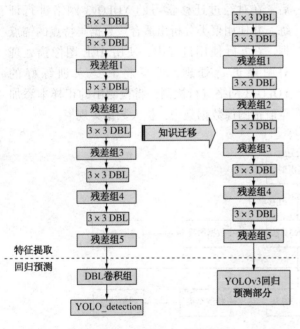

图4　迁移学习过程

建立检测模型后，利用互联网数据集进行训练。检测模型训练完毕后，将其特征提取模块的参数迁移到YOLOv3的特征提取部分，迁移过程如图4所示。

将迁移学习的特征提取模块的参数进行冻结，即这部分的学习率为0，锁定特征提取模块

的卷积核。回归预测部分参数使用随机值，然后使用本文的数据集对YOLOv3进行训练。

为了直接扩大数据集的规模，本文采用结合数据增强的迁移学习训练方法。本文采用的数据增强的方法有：①随机旋转、翻转图像：随机旋转原始图像-30°~30°，左右随机翻转原始图像。②平移：将原始图像在上下左右某一个随机方向上整体移动图像尺寸的1/10。③曝光度、饱和度和亮度调整：将图像从RGB空间转换到HSV空间后，在原始图像0.8~1.2倍范围内调整曝光度和饱和度，在原始图像0.7~1.3倍范围内调整亮度。④ACE图像预处理：在某个范围内随机调整核心尺寸阈值和系数参数值，获得不同的对比度增强的图像，提升模型泛化能力。按照每种方法扩增一倍的策略，数据集扩增到共8400张图像。

2.2　基于无人机航拍数据集的锚点框选择

YOLOv3在回归预测部分使用锚点预测，符合数据集特点的锚点框数量和尺寸可以加强模型检测能力和减少训练时间。本文通过K-means聚类方法确定合适的锚点框数量以及尺寸。K-means算法通常使用的距离度量函数为欧氏距离、曼哈顿距离等，但是在聚类锚点框的时候，希望能使候选锚点框和边界框之间有尽可能高的交并比（Intersection Over Union，IOU），所以如果采用常规的距离度量函数会导致同样的交并比误差，而大尺寸的边界框比小尺寸的边界框会在度量函数上产生更多偏差，而影响聚类结果准确性。所以YOLOv3使用新的距离度量公式

$$IOU(box, centroid) = \frac{box \cap centroid}{box \cup centroid} \quad (1)$$

$$d(box, centroid) = 1 - IOU(box, centroid) \quad (2)$$

式中，centroid表示簇的中心的边界框，box表示样本框，IOU(box, centroid)表示聚类中心的边界框和样本框的交并比。

本文分别递增地选取K-means的锚点框数量K，获得K与交并比之间的关系如图5所示。

锚点框数量K与交并比的关系由图5中的折线图可知，在K=9时曲线增长明显放缓，所以选择锚点框的数量为6，对应的边界框的大小设置为9个锚点框中心的大小，按照（锚点框长，锚点框宽）的形式表示，其值分别为(7.6, 4.1)、(29.5, 35.5)、(22.0, 29.8)、(4.6, 9.5)、(8.7, 12.4)、(34.1, 22.6)、(10.6,

12.5），（25.7，32.4），（54.1，62.3）。

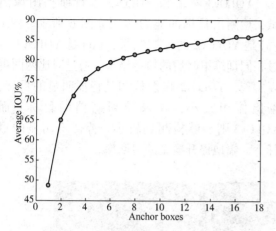

图5　锚点框数量 K 与交并比的关系

2.3　基于 ACE 的航拍图像增强预处理

由于航拍图像是在一定高度下拍摄的，并且受天气和周围环境的影响目标的部分重要特征会出现纹理模糊、图像噪声大的情况，所以本文采用自适应局部对比度增强算法（ACE）进行图像预处理。

ACE 算法流程如下，首先将图像分为两部分，一部分主要包含低频信息的反锐化掩膜，主要通过图像的低通滤波（平滑、模糊技术）获得。另一部分是高频成分，通过原图像减去反锐化掩膜获得，随后对高频部分进行放大（方法系数为对比度增益 CG），最后将其加入到反锐化掩膜中，得到 ACE 增强后的图像。

ACE 算法的核心是计算增益系数 CG，通过计算以该像素为中心的像素平均值和方差获得 CG 系数。局部区域的中心点的像素平均值和方差按照下式计算：

$$m_x(i, j) = \frac{1}{(2n+1)^2} \sum_{k=i-n}^{i+n} \sum_{l=j-n}^{j+n} x(k, l) \quad (3)$$

$$\sigma_x^2(i, j) = \frac{1}{(2n+1)^2} \sum_{k=i-n}^{i+n} \sum_{l=j-n}^{j+n} [x(k, l) - m_x(i, j)]^2 \quad (4)$$

式中，n 为以像素点 (i, j) 为中心点、大小为 $(2n+1) \times (2n+1)$ 的局部区域的尺寸，$x(k, l)$ 为该局部区域内的像素点 (k, l) 的像素值，$m_x(i, j)$ 为该局部区域的像素平均值，$\sigma_x(i, j)$ 为该局部区域的标准差（Local Standard Deviation，LSD）。ACE 算法可如下表示：

$$f(i, j) = m_x(i, j) + G(i, j)[x(i, j) - m_x(i, j)]^2 \quad (5)$$

式中，$f(i, j)$ 表示像素点 (i, j) 对应的对比度增强后的像素值，$G(i, j)$ 为对比度增益（即前文所

提 CG），一般其为一个常数，但是为了预防出现过分增强的情况，针对不同的像素点采用不同的增益，采用如下的解决方法：

$$f(i, j) = m_x(i, j) + D \times$$
$$\frac{m_x(i, j)}{\sigma_x(i, j)}[x(i, j) - m_x(i, j)] \quad (6)$$

式中，D 是个取值范围为 0~1 的常数，$m_x(i, j)/\sigma_x(i, j)$ 的值为对比度增益（即 CG）是空间自适应的，并且和局部均方差成反比，在图像的边缘或者其他变化剧烈的图像部分，CG 值就较小，不会产生振铃效应。

3　实验结果及分析

为了验证 YOLOv3 算法的有效性，将 YOLOv3 应用于无人机航拍图像目标检测。实验过程中所采用的数据集为人工标注的航拍图像。实验设备配置如下：英伟达 GTX1080 显卡、英特尔 XREON 处理器。

实验主要分为 2 部分：1）比较 YOLOv1、YOLOv2、SSD 网络与 YOLOv3 算法的性能，验证 YOLOv3 网络的有效性。2）使用经过数据增强和自适应对比度增强处理的数据集，作为迁移学习的目标域数据集来训练网络，验证本文所使用训练策略的有效性。

3.1　YOLOv3 算法验证结果

为了验证 YOLOv3 算法的有效性，分别对 SSD、DSSD、YOLOv1、YOLOv2 等算法进行训练，训练过程中设置相同的超参数。将测试集图像作为模型输入，直接通过网络回归预测出目标类别和位置信息。通过预测目标的边框与标签的边界框之间的平均交并比（mean Intersection Over Union，mIOU）来衡量预测的位置信息的准确性，另外选取预测框得分阈值为 0.5，出于安全角度考虑，实际情况相对于准确度而言对漏检的容忍度更低，尤其是对挖掘机这种直接威胁管道安全的目标的漏检，大于阈值表示检测成功。最终，使用准确率（Precision）、召回率（Recall）、平均交并比（mIOU）以及每秒检测帧数（Frames per Second，FPS）作为模型的评价指标。

以上几种目标检测算法在航拍图像目标检测的实验结果如表 1 所示。由表 1 数据可知，YOLOv3 算法在准确率、召回率上都高于 YOLOv2 和 SSD，而仅仅牺牲了一点检测速度。而 YOLOv3 虽然使用了更深的网络结构，并使用了多种改进策略，所以对于包含信息就较少的小

目标而言，其检测能力具有明显提升，证明本文所提算法在航拍图像小目标检测方面的有效性。

表1　航拍图像目标检测实验结果

检测算法	准确率	召回率	平均交并比	检测速度
SSD	78	72	0.65	26
DSSD	81	78	0.68	12
YOLOv1	69	64	0.51	95
YOLOv2	72	65	0.54	75
YOLOv3	85	81	0.68	34

YOLOv3网络和YOLOv2进行航拍图像测试，检测出目标的能力对比如图6所示。图6（a）是YOLOv2的检测结果，（b）是YOLOv3经过相同训练策略后的检测结果。通过对比两图可以发现，YOLOv2仅能检测到特征明显的目标，漏检体积较小、并未受到遮挡的目标。而YOLOv3则能够检测到较小、特征不明显的目标，大幅地提升模型的召回率。

(a)YOLOv2　　　　　　　　　　　　　(b)YOLOv3

图6　YOLOv2和YOLOv3目标检测结果

实验结果表明，对于航拍图像目标检测而言，YOLOv3网络能够在YOLOv2基础之上以较少地增加运算量为代价，通过改进网络特征提取和回归预测模块，使得网络在准确率、召回率以及平均交并比等目标检测主要指标上有大幅提升。

3.2　训练策略的影响

为了验证不同训练策略对网络目标检测性能的影响。在相同原始数据集的情况下，在训练阶段对YOLOv3分别采用不同的训练策略，在相同的测试集上便可获得不同训练策略对网络目标检测性能的影响，结果如下表2所示。表2中，策略1表示结合数据增强的迁移学习，策略2表示通过K-means方法聚类出数据集合适的锚点数量及尺寸，策略3表示基于ACE的图像预处理。

表2　YOLOv3在不同训练策略下的检测性能

训练策略	准确率/%	召回率/%	平均交并比
策略1	86	84	0.64
策略2	87	83	0.72
策略3	86	85	0.69
策略1+2	89	85	0.73
策略1+2+3	91	88	0.74

由表2可知，直接使用原始数据集进行训练，模型效果泛化性能较差，在测试集上表现为

准确率和召回率都较低。策略1在大量数据的训练下，网络中的参数得到充分训练，测试结果表明综合指标大幅提升。策略2能为神经网络提供准确的先验知识，预测框更接近真实的锚点框，平均交并比指标明显提高。策略3通过图像预处理，解决图像目标特征纹理模糊问题，加强模型对目标的检测能力，召回率得到较大提升。策略1+2通过对训练集更好地利用以及使用更合适的训练方法，准确率和目标位置准确度均获得提高。综合使用策略1+2+3，模型准确率为91%，召回率为88%，平均交并比为0.74。相较于直接训练YOLOv3网络，准确率、召回率和平均交并比分别提高6%、7%、0.06。

由实验结果可知，由于使用多种训练策略，模型的召回率指标提高最多。召回率越高表明漏检率越低，对于第三方施工中可能对管道造成直接威胁的挖掘机、打桩机等，漏检率指标对管道安全至关重要。如果直接使用常规训练方法进行训练，YOLOv3网络召回率仅有81%，这表明可能会有部分目标未被检测到，而使用本文的多种训练策略之后，召回率提高至88%，对保障管道安全至关重要。

图7为传统训练方法训练YOLOv3和本文训练策略的检测结果的典型对比。图7（a）为传统训练方法后的检测结果，（b）为使用策略1+2+3

的检测结果。由对比检测结果图可知，两者都对小目标有较好的检测能力，因为YOLOv3网络结构采用合适的锚点框与特征融合的多尺度检测方式的结果。但(a)中仍然会有部分漏检目标，图中使用黑色圆圈标注，使用本文的训练方法使网络对特征的学习和分类能力更强，能对同一目标不同状态进行更好检测，正如表2所示，由于更少的漏检而较大地提高了召回率。

(a)传统训练策略

(b)策略1+2+3

图7　不同训练方法典型结果对比

综上所述，结合数据增强的迁移学习可以综合提升模型指标，基于K-means的锚点框先验选择可以提升目标检测的平均交并比，基于ACE的图像预处理可以提升目标检测召回率，综合使用多种训练方法可提高模型整体性能。

4　结语

本文利用深度学习技术实现管道巡检中对无人机航拍图像的第三方施工的目标检测，利用基于YOLOv3算法并结合数据增强的迁移学习的目标检测算法。为解决数据集的问题，利用数据增强扩大数据集规模并通过K-means算法聚类分析出适合本数据集特点的锚点框，然后在结合迁移学习的方法训练改进后网络，最后在通过自适应对比度增强的方法提升图像质量。实验结果表明，本文所提改进算法最终准确率、召回率分别可以达到91%、88%，每张图像检测时间耗时29ms，可以满足无人机管道智能巡检中目标检测的需要。同时，本文的数据增强方法会造成部分数据的冗余，在数据处理方法方面仍然需要更进一步的研究。

参 考 文 献

[1] 张存维. 天然气长输管道运行安全风险及措施探讨[J]. 化工管理，2019，(3)：65-66.

[2] 高鹏，高振宇，杜东，等. 2017年中国油气管道行业发展及展望[J]. 国际石油经济，2018，26(3)：21-27.

[3] 周新强，欧阳小业，龚志伟. 油气管道保护和安全管理问题及措施[J]. 化工设计通讯，2018，44(11)：40.

[4] 季寿宏，宋祎昕. 长输天然气管道巡线管理探讨[J]. 企业管理，2016(S1)：190-191.

[5] 黄谨益. 电力输电线路巡检中无人机的应用[J]. 电子技术与软件工程，2019，(01)：233.

[6] 王锐. 无人机在油田配电线路巡检中的应用[J]. 油气田地面工程，2018，37(12)：73-75.

[7] 赵业隆，吉长东，杜全叶. 电力线巡检的无人机数字正射影像制作[J]. 测绘科学，2018，43(9)：146-152.

[8] 刘蕾，赵清，洪建伟，侯政. 浅析无人机航拍技术在四川盆地天然气管道巡护中应用前景[J]. 天然气勘探与开发，2018，41(1)：85-89.

[9] 李器宇，张拯宁，柳建斌等. 无人机遥感在油气管道巡检中的应用[J]. 红外，2014，35(03)：37-42.

[10] WANG, XIAOLONG; SHRIVASTAVA, ABHINAV; GUPTA, ABHINAV. A-Fast-RCNN：Hard Positive Generation via Adversary for Object Detection [J]. 30TH IEEE CONFERENCE ON COMPUTER VISION AND PATTERN RECOGNITION (CVPR 2017)，2017,：3039-3048.

[11] QUAN L, PEI D, Wang BB, RUAN WB. Research on Human Target Recognition Algorithm of Home Service Robot Based on Fast-RCNN[J]. 2017 10TH INTERNATIONAL CONFERENCE ON INTELLIGENT COMPUTATION TECHNOLOGY AND AUTOMATION (ICICTA 2017)，2017,：369-373.

[12] REN S, HE K, GIRSHICK R, SUN J. Faster R-CNN：Towards Real-Time Object Detection with Region Proposal Networks. [J]. IEEE Transactions On Pattern Analysis And Machine Intelligence，2017，39(6)：1137-1149.

[13] REDMON J, DIVVALA S, GIRSHICK R, FARHADI A. You Only Look Once：Unified, Real-

Time Object Detection[A]. Computer Vision and Pattern Recognition (CVPR), 2016 IEEE Conference on [C], 2016.

[14] REDMON J, FARHADI A. YOLO9000: Better, Faster, Stronger[A]. Computer Vision and Pattern Recognition (CVPR), 2017 IEEE Conference on [C], 2017.

[15] REDMON J, FARHADI A. YOLOv3: an incremental improvement[J]. arXiv preprint arXiv: 1804. 02767, [2018-04-08]. https://arxiv. org/pdf/1804. 02767. pdf.

[16] LIU W, ANGUELOV D, ERHAN D, SZEGEDY C, REED S, FU CY, BERG AC. SSD: Single Shot MultiBox Detector [J]. COMPUTER VISION - ECCV 2016, PT I, 2016, 9905: 21-37.

[17] FU C Y, LIU W, RANGA A, et al. DSSD: Deconvolutional single shot detector [J]. arXiv preprint arXiv: 1701. 06659, [2017-01-17]. https://arxiv. org/pdf/1701. 06659. pdf.

[18] WU S T, ZHONG S H, LIU Y. Deep residual learning for image steganalysis [J]. Multimedia tools and applications, 2018, 77(9): 10437-10453.

[19] YOSINSKI J, CLUNE J, BENGIO Y, et al. How Transferable Are Features in Deep Neural Networks? [C]// Proc of 27th Internatio-nal Conference on Neural Information Processing Systems. Cam-bridge, USA: The MIT Press, 2014: 3320-3328.

空地一体管道智慧巡检

李　想　毕瑞聪

（国家管网集团西气东输公司合肥输气分公司）

摘　要　随着我国能源结构的转型，天然气产业在未来将会蓬勃发展，将天然气行业与日新月异的信息化技术相结合无疑是一种可预见的趋势。为贯彻落实公司关于管理创新、科技增效、全面提升管道巡护质量的要求，西气东输合肥输气分公司定远站结合计算机网络技术、无人机技术、实时视频技术及数据智能分析技术，协同地面人工开发了"空地一体"智能巡检新模式。该模式可以帮助场站和巡线工更高效率的发现第三方施工、地质灾害、违章占压和偷油盗气等管道常见安全威胁。

关键词　管道巡护，空地一体，无人机，智能化系统，神经网络

1　研究背景及研究意义

1.1　国外概况

2010 年，英国开发了第一个能够正常协同工作的无人机侦查系统，此技术上可以让操作员在设备运行条件下进行零风险检查，连续监控烟囱、管道、管架和通风口等关键部件。该技术减少了维护和管理的周转时间和预算能有效保证设备的有序运行。

这些结果这项工作激发了世界各地许多运营商使用高效率、低成本的无人驾驶飞机机器技术取代了传统技术。例如，2012 年英国石油公司（BP）成立了一个研究小组为阿拉斯加开发一种普拉输油管道无人机检测系统。

1.2　国内概况

20 世纪末，中国测绘科学研究院完成了无人机遥感管技术研究，用来协助测绘。喻言家[4]从成本、无人机续航、导航飞行控制系统、传感器和管理决策系统五个角度，给无人机管道巡线的发展提出了建议。张贵赞在技术、政策、实际规范应用等层面对无人机油气管道的应用进行了可行性分析。的西安石油大学王全德等，倡导利用无人机搭载雷达并利用红外热成像技术，不仅可以在一定程度上观察管道周边地理特征，也可以检测一些对管道的有危害的人类活动。

2　需求分析

现阶段主流管道巡护方法是人工巡检，人工沿管线徒步巡检面对管网周边错综复杂的人文、地理环境，存在死角。由于受管道敷设条件限制，如：河流穿越、跨越、陡坡等，人工巡线会面临巨大将困难，往往巡查一条跨越管道就要绕道 1~2km，甚至无法到达。在识别地质灾害时，通常人工巡查范围只有管道中心线 10m 左右，地质灾害的诱发点往往超过此范围，因而人工巡检在识别地质灾害方面也面临着巨大的短板。人工巡检方法安防护效果差，工作效率低，同时对巡线工的人身安全有较高风险。

以西一线为代表的老管线，随着时代变迁和经济发展，管线周边人口稠密区、经济开发园区面积和数量日益增加，逐渐形成众多高后果区，各类施工活动愈加频繁，对管道安全形成了较大隐患。随着城镇化工作推进，农村青壮年人口流失严重，以往依托农村劳务人员开展巡线工作的模式遭遇挑战，面临人力资源困境。

此时管道巡护亟需一种高效，准确，对人工低需求的工作模式，西气东输合肥输气分公司定远压气站将以无人机技术为代表的前沿科技成果整合应用于管道保护工作中，能够有效提升工作效率，推动管道管理由数字化向智能化发展，同时空地一体协同的管道立体安防逐渐成为行业趋势。

3　巡检解决方案

本方案以定远—合肥复线管线为主要对象，起点为西气东输一线的滁州定远压气站，终点为合肥长丰罗集末站，途经滁州市定远县，合肥市肥东县、长丰县。定远—合肥复线 2019 年 6 月投产，目前处于运行状态。合肥输气分公司为确保新建管道运行初期周边环境条件正常，落实全生命周期管道完整性管理工作，拟采用地面巡检和空中巡检相结合的空地一体巡检手段，在实践

中探索在建管道安全管理的新方法。

3.1 线路及沿线情况

定合复线线路长度67.5km，共设置工艺场站2座，分别为定远分输站、罗集末站。共设置3座阀室，其中监控阀室1座，分输监控阀室2座。管径711mm，材质L450M，设计压力10MPa，设计输量为34.89×108m³/a。沿线高速公路穿越工程2处，河流定向钻中型穿越5处。定远-合肥复线线路走向示意图见图1。

图1 定合复线线路走向示意图

本工程线路起于滁州市定远县西气东输一线定远压气站，出站后自北向南敷设，0.8km后穿越S101省道后向东南敷设，1.6km后折向西南，在岳家村转向西敷设。在陈塘村，管道折向西南，6km处穿越滁淮高速。穿越高速后，管道在高家村折向南敷设，穿越043乡道后，在下何村附近，管道转向西南敷设。先后穿越X051县道、X050县道、G3京台高速后，管道继续向西南敷设，穿越X006县道后，在造甲乡姜塘头村进入长丰县。管道穿越X015县道，在孙巷村附近折向南敷设，沿合水路伴行0.7km后向西穿越合水路后折向南到达罗集末站。

3.2 工作职责

巡检工作职责主要有以下几点：①检查管线地貌情况及高后果区鸟瞰情况；②检查统计作业带内占压情况，及时统计协调处理；③检查发现第三方施工情况及时协调处理，无法协调的上报合肥管理处管道科；④检查线路三桩、测试安装情况，发现破损及时修补；⑤及时发现管道周边自然灾害发生的前兆，第一时间采取预防措施。

3.3 总体方案

空地一体管道智能巡检系统分为三个部分，这三部分在垂直方向上是相互独立，各司其职，但在纵向延伸上是相辅相成互相，互为臂膀。

3.3.1 事故预防服务

通过上传无人机在现场拍的照片和实时视频，在管道多数据融合展示及实时预警系统和事故智能分析预警系统中进行分析。

3.3.2 险情发现服务

由长距离无人机巡线系统、地面电子烟定点监视系统、车辆/人员机动巡查紫铜和人工智能监控管理中心组成。

3.3.3 现场处置服务

现场处置团队需要一定的准军事化纪律和素养，一旦发现安全隐患，现场处置团队需要进行一时间的排查隐患来源，然后逐级向上汇报，并根据现场情况拟定初步的隐患解决方案，再根据上级指示进一步修改方案，实行方案，最终使问题得以解决。当现场发生险情时，第一时间报告定远站，然后组织疏散周边群众，启动相关的应急响应预案。

3.4 空中巡检方案

3.4.1 空中巡检要求

无人机在在建管道上方进行飞行巡检，识别管道上方及周边200米范围内管道建设情况及各种威胁管道安全的行为，主要包括：管道开挖-下沟-回填情况、地貌恢复情况、水工保护砌筑情况、地质灾害重点部位、管道占压、第三方施工、社会活动等。

3.4.2 空中巡检机型及设备

本方案为空中巡检挑选的无人机主要有以下两种，其主要参数如下。

（1）固定翼飞机。

第一种为长航程固定翼机型挂载高清航测相机在管道上方压线飞行，进行航拍巡检，这种机型优点是续航里程长，可达210km，单次巡视覆盖范围广，采集的图像分辨率高达3600万像素，地面目标细节丰富，便于分析决策。但时效性有一点滞后，从起飞到所有照片检索识别完成平均时间约为2h，图2为长航程固定翼无人机，无人机相关参数见表1。

图2 长航程固定翼无人机

表 1 机型相关参数

系统参数	技术规格
机型	长航程固定翼
翼展/mm	3500
有效载荷/kg	2.5
最大航程（电动）/km	210
最大巡航速度/(km/h)	110
最大抗风能力/级	6
最大海拔升限/m	4200
航时/h	2.5

第二种为中长航程的垂直起降固定翼飞机，挂载 10 倍变焦摄像云台，针对管道沿线第二方及第三方施工作业点进行不定期飞检，并实现全程实时图传，飞巡作业实效性更高，单次起降航程一般为 90km。图 3 为长航程垂直起降无人机，无人机相关参数见表 2。

图 3 中长航程垂直起降固定翼无人机

表 2 机型相关参数

系统参数	技术规格
机型	中长航程的垂直起降固定翼
翼展/mm	3300
有效载荷/kg	3
最大航程（电动）/km	90
平均巡航速度/(km/h)	90
最大抗风能力/级	6
最大海拔升限/m	4200
航时/h	1.5

（2）巡线专用小型四旋翼飞机。

巡线专用小型四旋翼无人机，以远程操控、异地自主起降，全程 4G 实时图传为特点，分段同步蛙跳式低空智能巡检。该机型具有较高的自主飞行能力，对无人机操作人员技术水平依赖性较低，单机可在 40min 内巡视完 20km 管道，并可实现多机同时起飞分段巡线，如配置 5 架飞机即可在 40min 内巡视完上百公里管线。图 4 为巡线专用小型四旋翼飞机，无人机相关参数见表 3。

图 4 巡线专用小型四旋翼飞机

表 3 机型相关参数

项目	参数	项目	参数
机型	长航程固定翼	最大抗风能力/级	6
飞行半径/km	7	最大起飞重量/kg	6.1
最大续航时间/min	38	最大载荷重量/kg	2

该机型采用高安全设计，具备低电报警自动返航、自动迫降、航线规划、机头朝向锁定功能、支持伞降、实时回传飞行器的姿态、坐标、速度、角度信息、电量等信息。

小型四旋翼无人机同时搭载着激光甲烷遥测仪可对 70m 范围内目标点之间的激光路径上的甲烷气体浓度进行实时检测计算，远距离遥测能排除无人机气流对测量结果的干扰，获得精准数据。激光甲烷遥测仪见图 5。

图 5 激光甲烷遥测仪

同时巡检挂载设备采用全画幅定焦单反，可以用于实景建模。其详细参数见表 4，图 6 为定合复线严桥乡高后果区实景建模

表 4 挂载相机关键参数

项目	参数
传感器类型	Exmor APS HD CMOS
画幅	APS 画幅

项目	参数
有效像素	2430 万
快门速度	30-1/4000 秒，B 门
图像分辨率	3608×2000
图像比例	3:2

3.4.3 实景建模

图6　定合复线严桥乡高后果区实景建模

3.4.4 巡检视频计算机智能识别

利用卷积神经网络识别算法结合高性能 GPU 计算机，对无人机巡检视频进行实时处理，发现工程机械自动截图并报警。目前已实现对人体的识别，正在采集工程机械视频样本，以监督学习方式训练模型。

3.5 空中巡检计划

空中巡检每周开展 1 次，以定远站为起降

点，采用往返航线飞行，在管线上方 200m 高度航向间隔 50m 等距拍照。航线如图7 所示。

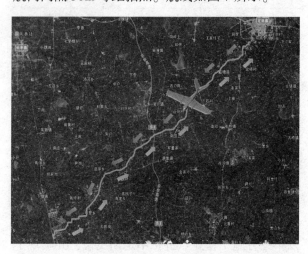

图7　空中巡检航线图

巡检分队在定远起降点放飞无人机进行定合复线航线飞行，航程 136km，平均航时约 2h；

无人机降落在定远起降点后，数据处理员卸载数据记录卡进行风险识别，对发现的威胁管道的不安全行为进行识别。

发现风险后与地面巡护人员沟通确认，及时上报管理处。并在"管道安全监测可视化信息管理平台"（PSV）上以热点标注形式发布风险识别报告，并填写巡检日志发布在项目微信群。

空中巡检的业务流程如图8 所示。

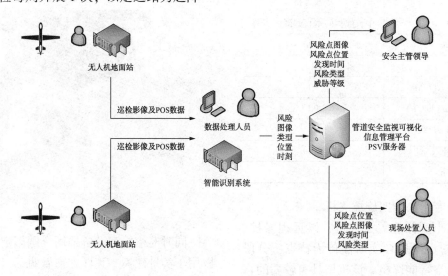

图8　空中巡检业务流程图

3.6 管道安全监测可视化信息管理平台

管道安全监测可视化信息管理平台（PSV）软件平台发展方向是管道基本数据库和可视化地理信息系统紧密结合，具有合肥管理处特色的数据库为主、GIS 为辅的管道信息系统。系统中数据库是基础和框架，GIS 是用于提升和呈现。重点解决当前管道数据类型各异（如：EXCLE 表格、竣工图纸、文本台账等），数据查询和统计繁琐，数据一致性难以保证等问题。软件力争能够整合这些资源，以简便快捷的方式快速找到和应

用这些数据。比如检索某段管道的弯头总数量、电位异常的阴极保护桩、跨度大于 XX 米的穿越等，相关结果能够在高清地图上"一键突显"。考虑到了多端协同性，本系统支持手机等移动端到 PC 端的数据共享，例如：现场风险照片和位置实时共享。

系统上的基础数据为 1：500 正射航测图，为了保证基础数据与管道建设动态相匹配，飞巡航空每季度对在建管道区域进行 1 次正射影像航测，并将处理成果在 PSV 平台上更新呈现，历史数据和更新数据均在平台上存档，用户可采用双屏比对或者卷帘比对等方式观察管道建设前后地貌的变化情况。

3.7 地面巡检方案

地面巡检以定远站线路巡检员为主体，巡检按 3 日一次全程徒步踏线巡查，巡查结果填写巡检日志，每周配合无人机空中巡检一次，对空中巡检发现的风险报告进行现场确认和处置。

巡检员每天积极了解高果区附近管道情况，及时掌握管道占压及第三方施工情况，协调解决，超出协调范围上报项目部，项目部统一协调，遇无法协调问题上报合肥管理处管道科。

3.8 合肥输气分公司管道科职责

（1）管道科与定合复线项目部贯彻落实国家、行业及公司有关管道巡线管理的方针、政策、法律法规、行业标准和管理规定。负责编写适用于合肥管理处所辖管道的管理细则等制度文件。

（2）负责日常巡线业务考核，每月一次月底考核。

（3）负责组织对水工设施、管道标识、光缆设施等线路附属设施进行及时维护、维修。

（4）负责组织管道线路风险识别，落实管道完整性管理的具体实施方案（含预控、监测等措施）。

（5）负责组织和落实管道保护宣传的各项工作。

（6）负责管道保护的各类信息、技术档案的归档。

（7）负责组织落实管道巡护管理的其他各项工作。

（8）负责定合复线防恐防暴工作的开展及落实情况。

4　可行性分析

在日常的巡检中，最常遇到的是恶劣天气的影响，本部分针对小中雨、小雪和低能见度情况下的无人机拍摄相片的辨识情况进行简要分析。

4.1　小中雨条件下空中巡检

实际中小中雨对无人机的影响较为明显，针对小中雨气象，对无人机进行了进行了优化，具体措施如下。

（1）增加防水密封措施。将飞控装入密封防雨壳，选用防水无刷电机，对动力电调加以密封硅胶，对机仓开口接缝处以布基防水胶带密封。

（2）优化速度控制模式。由于空速管在雨雪天气下容易结冰或者堵塞，造成空速感知错误。我们选用失速值较低的机型，根据飞行包线调整了飞机的速度控制算法，以地速作为控制变量，取消了空速管避免了隐患。拍摄样片见图 9。

图 9　小中雨条件下拍摄成图

4.2　小雪条件下空中巡检

从拍摄情况来对比，小雪情况下对无人机照片成像没有太大影响，小雪情况对比见图 10。

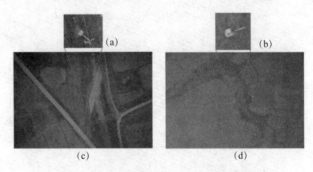

图 10　a 是晴天局部放大，b 是晴天条件下，c 是小雪局部放大，d 是小雪条件下

4.3　低能见度条件下空中巡检

根据多次试验结果发现：能见度低于 200m 时，利用可见光的巡检效果差，但可以利用第三方施工机械产生的热量，考虑无人机搭载红外热成像吊舱进行施工机械探测，其具有透雾功能。红外线拍摄样片见图 11。

图 11　红外线拍摄样片

5　结语

　　本论文以国内外无人机发展情况及新兴的天然气行业无人值守技术为背景，针对当下天然气管道人工巡检的弊病，创新性的将计算机网络技术、无人机技术、实时视频技术及数据智能分析技术应用于天然气管道巡护工作上，有效的解决了人工巡检成本高效率低、难以抵达复杂地形区域、员工安全隐患较大和巡检活动缺少有力的图像记录等难题，为天然气管道巡护领域打开了一个新的窗口。

　　在后期改进方面，可以逐步应用 5G 技术，依托 5G 技术高信息传输速率和低延迟特性，达到实时监控巡检图片数据上传云端，依托云计算的强大算力支撑大量的实时计算机智能检测，给天然气行业智能化建设带来前所未有的发展。

参 考 文 献

［1］ Connolly M. Buchan P. The Use of Multi Rotor Remotely Operated Aerial Vehicles（ROAVs）as a Method of Close Visual Inspection（CVI）of Live and Diffcult to Access Assets on Ofishore Plaforms［C］I I Abu Dhabi International Petroleum Exhibition and Conference. January. 2014.

［2］ Kang Yushu，Wu Bin. Application of Unmanned Aerial Vehice in Oil and Gas Pipeline［J］. Contemporary Chemical Industry. 2015. 44（8）：2045-2047.

［3］ 喻言家，雍歧卫. 无人机油气管道巡线系统发展现状及建议［J］. 天然气与石油，2017，35（02）：22-25.

［4］ 孙杰，林宗坚，崔红霞. 无人机低空遥感监测系统［J］. 遥感信息，2003（01）：49-50+27.

［5］ 张贵赞，史宁岗，袁勋，等. 无人机油气管道巡线应用可行性研究［J］. 化工管理，2017（06）：185-186.

［6］ 王全德，王莉华，王盼锋，等. 关于无人机搭载设备对集输管线交替巡检的探讨［J］. 内蒙古石油化工，2018，44（12）：78-80.

［7］ 王笑鸣. 5G 技术在智慧油田建设中的研究与应用［J］. 中国石油和化工标准与质量，2020，40（05）：255-256.

浅谈自研无人机在吉林油田的探索应用

石　磊　李默然　陈玮松　宋旭东　盛吉堂　郭佳琪　周炳昱

（中国石油吉林油田公司）

摘　要　随着吉林油田的发展和全面深化改革推进，一些新的经营理念，管理模式不断得以尝试，取得了令人振奋的成果。近些年部署了大量现代化、高科技物联网产品，降本增效各项成果显著。在油田生产范围内，初步开展无人机各类场景试验，在满足安全的前提下，实现井场巡检、应急响应、电力巡查等多方面的探索，最终实现无人机技术与油田生产作业的有利契合，有效降低一线员工的劳动强度和作业风险，提高作业效率，最终打造扁平化管理、立体化运行的信息化管理新模式。

关键词　无人机，自主研发，吉林油田，多旋翼，吉林油田场景

1　吉林油田无人机应用情况

通过分析吉林油田安全生产的现状和特点，结合无人机的优势和在其他领域的应用实践，探索推进无人机在油气田企业安全监管、隐患排查、应急演练、事故处理等安全管理工作中的应用前景，逐步建立以无人机为载体，融合无线通信、物联网、移动应用等多项技术，合法合规、低本高效、安全智能、可持续发展的天地一体化组织运维模式，使无人机技术更好地服务于油田。

在吉林油田深化改革的背景下，利用无人机技术结合物联网视频监控等高科技信息化技术的深入发掘应用，建立全方位、无死角、立体化得运行管理新模式。在满足公司当前及今后生产、经营和管理需要的前提下，进一步提升公司企业形象；在有力推动公司产业规划实施的同时，进一步加强管理，为加快实施优势资源转换战略，推进数字吉林油田进程起到显著的推动作用。

2　无人机技术研究

2.1　技术研究方向

（1）实时图像回传。

无人机执行任务时，需满足现场画面的实时回传，以便工作人员可以观察现场情况，在确保安全的情况下进行各类操作。

（2）高空俯视航拍。

可以实现 50~200m 高度范围的高空俯视航拍，航拍图像可存储于无人机内置存储设备中，无人机返航后下载航拍图像用于分析。

（3）航线设定与自主飞行。

可以实现按需的无人机飞行航线设定，无人机可按照设定航线执行自主的起飞、飞行、返航、降落。

（4）近距离观察。

可以实现重点部位的近距离悬停观察，能够清晰观测到配电箱、电机皮带、盘根等设备状态及工作情况。

（5）安全防护。

无人机系统具有完善的安全防护措施，能够在脱离控制信号后自主返航，具备失控保护功能。

2.2　硬件方案

利用采购的无人机组件分别组装六轴、八轴多旋翼无人机，并采用大疆、零度多种飞控进行稳定性、操控性、安全性、搭载任务平台种类等各项指标进行逐步测试，待无人机组装测试完成后对其扩展组件安装测试；主要内容包含：

①机载电台\地面站电台；②OSD 模块；③相机云台\红外云台\热感云台\声音外放设备等；④图传模块(图1)。

2.3　技术原理与关键技术

无人机系统主要包括飞机机体、飞控系统、数据链系统、发射回收系统、电源系统等。飞控系统又称为飞行管理与控制系统，相当于无人机系统的"心脏"部分，对无人机的稳定性、数据传输的可靠性、精确度、实时性等都有重要影响，对其飞行性能起决定性的作用；数据链系统可以保证对遥控指令的准确传输，以及无人机接收、发送信息的实时性和可靠性，以保证信息反

馈的及时有效性和顺利、准确的完成任务。发射回收系统保证无人机顺利升空以达到安全的高度

和速度飞行，并在执行完任务后从天空安全回落到地面。

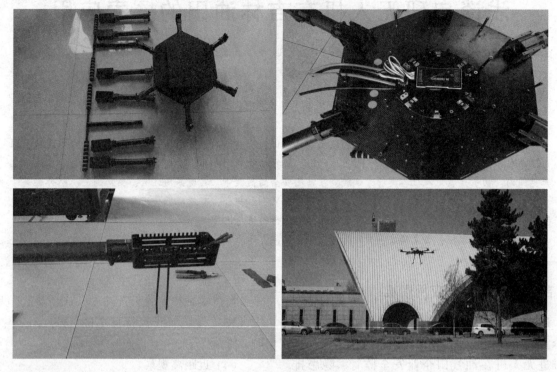

图1　无人机组装现场图

2.4　技术应用创新

目前民用企业级无人机飞行平台主要有：多旋翼无人机、固定翼无人机两种平台。结合油田各类应用场景与需求等综合因素考虑，目前主要针对电动多旋翼无人机进行深入研究和应用探索。

项目组通过对无人机主要部件（飞控、电机、电调、螺旋桨、图传、数传）功能模块的深入研究，进行油田专用无人机的研发组装，在吉林油田公司机关园区成功组装一架六轴多旋翼无人机，并首飞成功。通过多次试飞，对比分析和飞行数据动态采集，对无人机飞控系统、电调输出动力、平衡等多项参数进行全面优化调节，全面降低无人机自身风险。目前无人机研发团队正在进行八轴多旋翼无人机的组装研究工作。

2.5　国内外技术水平对比

目前无人机已成为各国争先发展的热门技术，近年来与无人机相关的专利申请呈现出爆炸式增长，各国都想占了无人机领域的技术制高点。目前，国内外在无人机领域的技术发展主要集中在以下几个方面。

（1）多功能、模块化。高新技术使无人机平台模块化、通用化、系列化成为可能，无人机将朝着一机多能的方向发展。

（2）智能化。未来通过大量采用人工智能和群体智能理论技术，不仅确保无人机按命令或预编程完成预定任务，还能对随机出现的目标作出反应。

（3）具有环境感知和防撞能力。对于行业级无人机，要在山区和城市使用，避免撞山、高层建筑和其他飞行物，须具备灵敏的感知能力和机动规避能力。民用无人机将通过加装光线、距离、高度等多种环境感知传感器及陀螺仪，结合内置视觉和超声波传感器，通过感知地面纹理或相对高度来定位飞行，保障无人机在复杂环境中执行任务。

（4）信号传输能力强。随着民用无人机增多，普通无线电射频链路已受到频率拥塞限制。民用无人机通常飞行高度低，在山谷或城市中使用，对电波反射物多，多径效应严重，需特别解决通信链路中断问题。测控和信息传输技术可全面提升无人机的信号传输能力，使其更好地执行遥感、测绘、监测等民用任务。

（5）机载设备小型化。机载设备小型化是无人机系统始终追求的目标。随着测控系统性能提高，设备小型化的要求越来越高。同时，由于云台对重量和重心的敏感度较高，机载设备小型化有助于提高云台稳定性。

其组装架构如图 2 所示。

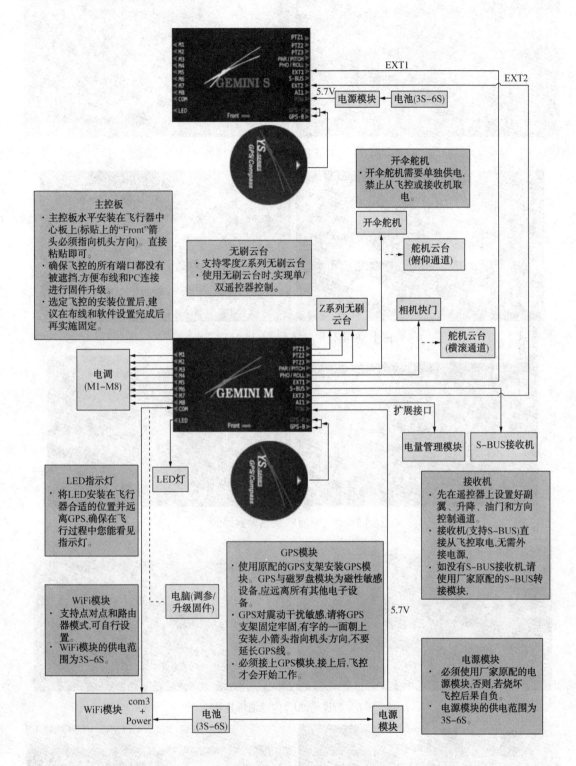

图 2　无人机原理架构图

3　开展无人机在吉林油田的探索应用

在 2018—2020 年期间通过对无人机使用技术的全面研究探索，已经在各采油厂及重点监测单位的各类生产作业现场完成了有针对性的实验与应用，取得了良好的效果。勘察监测过程中，得到了机关处（部）室、二级单位各级领导及相关人员的积极配合，巡井及航拍成果也得到了公司领导的高度认可（图 3~图 7）。

图 3 大老爷府油田 修井作业现场

图 4 供电公司 木八线 54#塔 绝缘子串

图 5 乾安采油厂 灾情勘察评估

图 6 新民采油厂 应急演练现场

图 7 大型活动宣传现场

4 取得成果及效益分析

2019年，通过在各家生产单位的实地飞行实践，取得了非常宝贵的经验。通过对无人机主要部件(飞控、电机、电调、螺旋桨、图传、数传)等功能模块的深入研究，进行油田专用无人机的研发组装，在机关园区成功组装一台六轴多旋翼无人机，并首飞成功。通过多次试飞对比分析和动态飞行数据的采集，结合手机地面站对无人机飞控系统的参数和电调输出动力平衡进行全面优化调节，全面降低油田专用无人机自身安全风险。目前无人机研发团队正在进行八轴多旋翼无人机的组装研究工作。

在2018年至2020年期间，利用该项目成果在在大老爷府油田单井作业巡查、供电公司输电线路铁塔巡检、新民采油厂应急演练指挥、英台采油厂泄洪区灾情评估、乾安采油厂水淹井观测、新闻中心企业文化宣传等多种生产、生活场景均展开了推广应用。

吉林油田无人机的应用具有良好的推广前景和经济效益，把无人机作为物联网的辅助手段，不但可满足公司当前及今后生产、经营和管理需要，进一步提升公司企业形象，在有力推动公司产业规划实施的同时，能够进一步加强管理，为加快实施优势资源转换战略，推进数字吉林油田进程起到显著的推动作用。

5 下一步需求及研究方向

5.1 无人机电子围栏技术研究

为了保证空域的安全，国家对无人机的飞行进行了严格的管制，下步将对无人机电子围栏技术进行探索研究，定制油气生产单位专属无人机，实现无人机的区域限制飞行。在无人机应用场景大力拓展的同时，提升智能化、精细化管理手段。

在无人机飞行控制系统中植入电子围栏后，无人机会通过GPS系统等自动识别地理位置，在设有电子围栏的区域会自动返航(图8)。

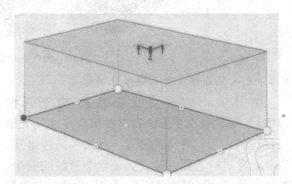

图8 无人机电子围栏架构图

5.2 双光(可见光+红外)吊舱技术研究，实现高效电力巡查

针对输电线路铁塔及配电所等线路场所，可利用无人机红外线热成像吊舱，对线路导线接头压接管、路杆塔上的引流线夹、跳线夹、螺丝松动等过热故障进行全面诊断，排除故障隐患，全面智能化提升风险防控能力(图9)。

5.3 喊话器、照明、查打模块技术研究，威慑打击盗油

主要应用在改善油田生产治安环境、遏制打孔盗油等方面。利用无人机携带红外镜头、查打模块，针对油田重点输油管线进行夜间排查，对疑似偷盗油行为进行空中悬停跟踪，拍摄犯罪证据，对偷盗行为产生强烈震慑作用(图10)。

图9 供电公司 配电所及输电铁塔

图10　无人机喊话器　夜间红外热成像

5.4　无人机在输油管线巡查中的探索

吉林油田输油管线 290km，输气管线 450km，集输管线更多，吉林油田众多油气管道已经运营多年，易出现腐蚀、泄漏等问题出现，需要经常进行管线巡检，保证整个管线的安全、畅通，所以油气管道的安全问题日益凸显。但是吉林油田由于地处东北，为了防冻输油管线在 1.5m 左右，常规设备很难探测，下步结合行业内专业设备，与无人机进行联合开发，实现地下油气管线巡查，在解决人工巡查诸多弊端的同时，还能查找输油管道的泄漏点，及时定位、定性管道突发事件，缩短事故处理时间，减少能源浪费、环境污染，甚至可避免灾害的发生。

参　考　文　献

[1] 陈大鹏．无人机应用技术专业创新团队建设方案探究．文化科学，2019-10.

[2] 黄国静．浅谈小型无人机飞行控制系统设计．建筑设计及理论，2019-10.

[3] 冯超．浅析如何加强无人机飞行管理．建筑设计及理论，2018-12.

山区管道无人机应用实践

汪 洋 于 林 曾云帆 高 玥 周琼瑜

(中国石油西南油气田公司四川东北气矿)

摘 要 西南山区地质条件复杂，地理环境特殊，自然灾害频发，天然气集输管道经过区域较多位于山区和丘陵地带，管道的安全运行面临着严峻的挑战；无人机在山区等复杂场景作用突出，具有体积小、成本低、机动灵活、监测范围广、安全性能好等优点。本文介绍了川东北气矿在无人机管道智能巡检、气体检测与热成像救援等功能的应用情况，总结了应用效果与不足之处。其次介绍了川东北气矿无人机远程控制平台的搭建与远程控制实验效果，并提出了无人机远程控制的发展方向。

关键词 山区管道，无人机巡检，无人机激光气体检测，无人机热成像搜救，无人机远程控制技术

1 应用背景

川东北气矿地处四川盆地边缘，山地起伏较大，高差大，天然气集输管线经过区域较多位于山区和丘陵地带，冲沟、陡崖、高陡边坡多，水系发达，威胁管道安全的不良地质灾害主要有：洪水冲刷、侵蚀与岸坡坍塌、滑坡、崩塌、危石、陡崖和高陡边坡等因素。近年来，国内油气泄漏突发灾难性事件频繁发生，严重威胁人民的生命和财产安全，同时也对社会稳定造成了较大影响。因此，加强对管道突发事件的应急管理，是关系到国家经济和社会发展以及人民群众生命财产安全的大事。除了在应急管理机制、体制和法制方面需要加大力度进行完善之外，在管道应急管理体系中引进和装备一批先进的技术和设备，对提高单位的应急管理能力有较大的帮助。

无人机是一项融合多个专业的高新技术产品，具有体积小、机动灵活、低成本等特点，可快速获取地貌的空间遥感信号，非常适用于山区管道巡检、地貌勘察、优化选线、管道泄漏点定位、灾害监测、应急救援等工作。随着科技不断发展，无人机应用近年已得到快速的普及推广，在各行业中得到成功应用。川东北气矿近几年也逐步采用了无人机系统参与巡检管线与应急管理，取得了良好的应用效果。

2 无人机在山区管道中的应用

2.1 无人机巡检应用

自 2016 年起，川东北气矿运用无人机巡检技术，对黄金线、龙会集气干线、蒲达线等管线共计开展无人机视频巡检和正射巡检共计 346 个架次，巡检长度共计 3600km 以上。巡检发现隐患与疑似隐患 80 余处(包含道路施工、房屋修建、滑坡及预测、开挖、焚烧)，气矿及时进行了隐患与疑似隐患的排查及处理，保护了管道安全，为管道安全、生产管理提供了较大的帮助。

在无人机巡检应用过程中，可替代人工对部分山区巡检困难管段开展巡检工作，具备对管道周边环境、第三方施工、地质灾害进行快速辨识的能力。但无人机在管道实际巡检过程中仍存在部分不足，如：当无人机对树木丛林茂密区域的管段巡检时，几乎看不到管线上任何地面设施与地表覆土情况，无人机对此类管段巡检时适用于汛期、地灾发生等特殊情况的巡检；无人机巡检作业对自然环境条件有一定要求，在黑夜、雨天、雾天环境下基本无法从事巡检工作，因此应尽量避开在此环境条件下的无人机巡检作业；无人机巡检时在管道上下坡与拐点等位置存在视觉死角，导致不能全方位了解管道周边情况，应根据地形地貌变化等情况随时变换摄像头角度来扩大视觉范围。但无人机巡检过程中反应的是管道现场实时状况，无法开展对管道周边人员安全宣传和信息的收集工作(图1、图2)。

图 1 第三方施工识别

图 2　地质灾害识别

2.2　无人机激光气体检测应用

通过无人机搭载激光甲烷检测仪进行管道巡检任务，可对巡检范围内管道进行快速的可燃气体检测，一旦发现管道疑似存在泄漏，可以快速检测、报警，并判断泄漏点位置，为下步应急工作提供支撑。

无人机所使用的开放式激光仪在燃气遥测仪中装有芯片，并应用了可调谐二极管激光吸收光谱技术，激光束由燃气遥测仪中的发射器发出后，穿过燃气泄漏气团射到另一端的目标上（如墙面、管道等），燃气泄漏气团中的甲烷会吸收激光，被吸收后的部分激光通过另一端目标的漫反射被激光接收器接收，经过一系列的复杂计算，就会得到一个相应的数据。检测仪可以远距离直接获得气体的浓度数据，但是受限于检测距离，目前应用中最远激光检测距离能达到 120m，距离越远，数据准确性越低。

气矿针对无人机气体检测应用开展了模拟管线泄漏检测试验，主要对风速、风向、地形等因素对无人机检测的影响进行研究。通过研究数据表明通过无人机搭载激光甲烷检测仪开展管道泄漏检测应用是可行的，平均检测成功率可高达80%左右，基本满足管道泄漏检测需要；但在不同的环境下，检测成功率有所不同，丛林地形树植茂盛、遮挡物较多，激光无法穿透遮挡物检测到泄漏气体，导致管道周边树植茂盛区域的检测成功率降低；通过开展不同风速、风向条件下的无人机气体泄漏测试发现，当外部环境在有风的状态时，气体会随着风向方向移动，若无人机沿管道正上方飞行，检测成功率较低，应根据现场风速、风向及时对航线进行变更，提高检测成功率；同时可通过无人机 S 型飞行模式测算出气体泄漏范围，为管线泄漏应急疏散、警戒及抢险工作的开展奠定基础(图3)。

2.3　无人机热成像搜救应用

在应急救援过程中借助无人机搭载红外热成

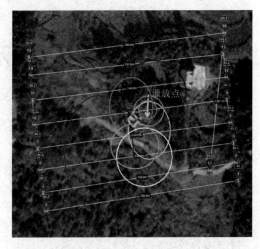

图 3　气体泄漏范围图

像仪，可让应急队伍突破肉眼的局限，即使在完全无光的黑夜、或者烟雾遮挡的区域，也能让目标清晰显示，开展有效的人员搜救。

红外热成像仪是通过光学成像物镜、红外探测仪与光机扫描系统接收被测目标的红外辐射能量分布图形反映到红外探测器的光敏云上，在光学系统和红外探测器之间，有一个光机扫描型热摄像机或者热释电电视摄像机对被测物体的红外热成像进行扫描，并聚焦在单元或分光探测器上，由探测器将红外辐射能转换成电信号，经放大处理、转换或标准视频信号通过电视屏或监测器显示红外热成像图形。

气矿针对无人机搭载热成像仪开展模拟搜救试验工作，通过对不同地形环境以及人体不同姿态等因素来验证无人机热成像应用的可靠性。通过研究数据表明：以无人机为依托开展搜救工作是可行的，特别是在夜晚环境下，热成像仪对生物体识别敏感，能够快速发现生物体的存在，并且在热成像仪输出的图像中人体各种姿势动作都可识别，其实中毒倒地呈躺姿状态更能直观识别，如图 4 所示。但天然气管道埋设于野外，丛林密集区域较多，热成像仪较难穿透丛林遮挡来进行识别，这对真实情况下热成像搜救会产生一定的局限性，导致救援队伍较难对丛林密集区域中毒人员开展救援工作。

2.4　无人机远程控制技术展望

气矿在成功使用无人机进行管道巡检的基础上，开发组建无人机远程控制系统，通过解决无人机控制距离短的问题，实现无人机远程起降、控制功能。可不再需要人员携带设备前往生产现场进行操作，大幅缩短准备时间，提高巡检效率。

现气矿无人机远程控制网络组建覆盖一条管线的小微波信号，并以 802.11ac 协议与无人机保持控制回传通讯信号；通过自主开发的《川东北气矿无人机应用远程控制管理平台》对无人机实施远程一键操作，直接在后端基地实现对现场无人机的操控，减少人工现场控制，充分发挥了无人机的效率优势(图5)。

图4　不同姿势识别图像：站姿(左上图)、蹲姿(右上图)、躺姿(下图)

图5　川东北气矿无人机应用远程控制平台界面

无人机远程控制现场实验已成功实现了无人机的远程起降、远程操控、自主执行任务等功能，视频实时回传清晰度可达 1080P，并验证了无人机远程控制技术的可行性与发展前景，下一步气矿将深化应急远程控制平台，通过研究与突破将进一步实现无人机巡检的简易化操作，逐步将无人机激光气体检测、点火、喊话、投放以及热成像搜救等功能纳入远程控制平台，形成管道巡检与应急抢险一体化操作体系，满足快速执行、快速响应的需求，为管道巡检与应急处置提供强有力的支撑(图6)。

图6　无人机远控平台实时回传画面

3　结束语

通过开展山区无人机多项实践明确了气矿管道无人机应用发展的方向，完善了气矿天然气管道巡检技术手段，提升了管道巡检效率，实现了对管道周边地质灾害、第三方施工等风险进行快速侦查和定位的功能，降低了人工巡检成本；从无人机搭载不同应急模块的现场实践中进一步提升了气矿的天然气泄漏应急处置水平，并通过远程控制技术的创新应用充分发挥了无人机的效率优势，为天然气集输管线的安全运行提供了有力保障。

参 考 文 献

[1] 莫熊，连涛，蔡定邦，等. 基于热成像的 FPV 无人机搜救系统设计[J]. 电脑知识与技术，1009-3044 (2019)35-0192-02.

[2] 王庆国，王兴宇. 无人机载管道巡检系统在输气管道的应用[J]. 煤气与热力，2018，38(12)：96-99.

[3] 周兴霞. 应急测绘固定翼无人机倾斜航摄系统集成研究[D]. 成都：西南交通大学，2016.

[4] 青海国隆智能科技有限责任公司. 一种基于无人机和网络通信技术数据采集的输油输气管道巡检修管理平台：CN201710748305.4[P]. 2018-07-20.

[5] 刘辉，王川洪，廖敬，等. 运用无人机进行管线巡检探讨[J]. 化工管理，2020(3)：202-203.

无人机技术在油气田油气管道巡检中的应用探索

牛旻 黄骞 江晖

（中国石油西南油气田通信与信息技术中心）

摘 要 油气运输是当今石油经济中的一个重要环节，特别是管道安全运输则是这一环节中的重点，传统的人工巡线方法不仅工作量大而且条件艰苦，特别是对山区、河流、沼泽以及无人区等地的油气管道的巡检；或是在冰灾、水灾、地震、滑坡、夜晚期间巡线检查，所花时间长、人力成本高、困难大。此外，有一些巡检项目靠常规方法还难以完成。无人机具有成本低廉、方便运输、操作简便以及维护简单等特点，这些特点使得无人机很适合对油气管道的监测和维护。管道巡线无人机系统的投入使用，不仅可以省去耗时耗力的人工监测，而且巡线速度快，信息反馈及时，保证了及早发现问题及早修复，这样可以将损失减到最低。本文按照油气田"平战结合"原则，分析对比了工业级无人机的优势，结合日常巡检和应急保障的工作，对平时使用无人机用于管道日常巡检提高管道巡检的工作效率与安全保障，采集数据进行后期分析、运用和在管线作业区发生突发事件后用无人机辅助应急处置方面进行试点分析并给出了探索建议。

关键词 工业级无人机，巡检技术，飞行控制系统，自动驾驶，飞行器指挥调度中心

油气运输是当今石油经济中的一个重要环节，管道安全运输则是这一环节中的重点，如何保证整个管道的畅通、安全显得尤为重要。传统的人工巡线方法不仅工作量大而且条件艰苦，特别是对山区、河流、沼泽以及无人区等地的油气管道的巡检；或是在冰灾、水灾、地震、滑坡、夜晚期间巡线检查，所花时间长、人力成本高、困难大。此外，有一些巡检项目靠常规方法还难以完成。无人机具有成本低廉、方便运输、操作简便以及维护简单等特点，这些特点使得无人机很适合对油气管道的监测和维护。管道巡线无人机系统的投入使用，不仅可以省去耗时耗力的人工监测，而且巡线速度快，信息反馈及时，保证了及早发现问题及早修复，这样可以将损失减到最低。

按照"平战结合"原则，平时使用无人机用于管道日常巡检提高管道巡检的工作效率与安全保障，并对采集数据进行后期分析、运用；在管线作业区发生突发事件后，用无人机辅助应急处置，以便迅速处理应急任务，降低突发事件造成的经济损失。西南油气田充分发挥技术、管理优势，开展一系列的无人机日常及应急试点探索工作。

1 油气管道危害分析

危害油气管道安全的外部因素主要包括：机械损伤和自然与地质灾害两大类。利用无人机技术对这两类因素进行日常巡逻监测，内容如下。

1.1 油气管道裸露或机械损伤监控

（1）油气管道裸露、树木或建筑倒塌等引起的受损害情况。

（2）油气管道两侧的建筑、树木等遮挡现象。

（3）油气管道附件的施工、取土、挖塘、修渠、修筑建筑物、堆放大宗物资、采石等施工作业情况。

（4）对穿越河流的线路，在线路附件的修建码头、淘沙、挖泥、筑坝、炸鱼、水下爆破等危及线路安全的水上作业。

（5）油气管道穿越公路、铁路、电力线、通信线、河流渠道等交叉部位的安全保护措施是否完好；新建及改扩建的公路、铁路、电力线、通信线、河流渠道疏浚等穿越线路情况。

（6）油气管道沿线的可疑人员与车辆。

（7）油气管道附件的其他可能带来损伤的现象。

1.2 自然与地质灾害监控

油气管道所经区域内地形、地貌明显变化，滑坡、泥石流等地质灾害，做到提前预控，防止灾害进一步扩大。雨后水工保护是否有损毁，如发生护坡、垾坎、过水面等水工保护设施有无塌陷、损毁。

2 无人机巡检的优势

2.1 无人机巡检的优势与特点

（1）无人机线路巡检可以减少人的风险。传统的巡检是依托人力来进行巡检，这在一

些特别的地方，工作人员需要战胜一些地理环境的约束，有时候需求跋山涉水，有的时候需求爬上爬下，这都对工作人员的人身安全产生影响，可能会使他们发作一些意外，这是所有人都不情愿看到的。而无人机巡检就可以防止这种状况，减少了人员以身涉险的状况。

（2）无人机巡检可以提高工作效率。

巡检无人机的开展与运用使得巡检行业发作了革命性的革新，无人机不仅可以快速检测油气管道本体缺陷、通道隐患，还能在恶劣环境、天气下，准确、高效地获取现场信息，可代替人和载人飞机去完成一些危险的任务。巡检无人机具有速度快、应急瞬速的特点并及时发现缺陷，及时提供信息；提高了油气管道维护和检修的速度和效率，使许多工作能迅速完成，比人工巡检效率高。

（3）无人机可以完成人工无法或很难完成的作业。

无人机飞行精度高，可长时间悬停、前飞、后飞、侧飞、盘旋等，能在平原、湖泊、高山等地形地貌下飞行巡检，全方位、高精度检查线路运行情况，因而能很好地弥补人工巡检的不足。

（4）覆盖范围大，减少巡检的人力资源。

无人机速度块，可控范围大，智能化程度高，可实现自主飞行及自动返航等多种先进功能。而且操作也十分简便有效，有效降低了运营成本，大大减少巡检人员，有效降低了人力成本。

（5）夜间工作优势明显。

夜间无人机搭载的热成像设备，可通过温度异常变化对比值，发现隐蔽性较强的故障点，比如导线、线夹、引流线有无发热点，绝缘子、杆塔有无击穿发热等。结合传统可见光巡线，热成像巡线能顺利完成夜间设备故障巡检，大大提高故障点检测的准确性，为故障抢修赢得宝贵的时间。

2.2 无人机巡检与人工巡检的成本对比

巡检无人机降低了整体巡检成本。随着线路长度的增加，其规模效应越来越明显，利用无人机进行巡检可以使油气管道巡检平均成本会越来越低。无人机每次飞行时间可达 0.5h，每小时巡线 30km。每飞 4 个架次相当于出动 30 名巡线员一整天的工作量，且不受地理环境的限制（图1、图2）。

2.3 无人机的作业目标及要求

利用无人机在油气管道上方巡逻，识别油气管道自身情况（是否有裸露、破损等）以及线路周边机械损伤（违章建筑等情况）和自然与地质灾害（滑坡、山体垮塌等）风险，及时制止威胁油气管道安全的施工行为，及时发现地形地貌变化，以便能够采取措施防止光缆损坏。完成对油气管道的定期检查。一般需要进行无人机巡检的线路均为交通不便、环境复杂、人力不易到达的地方，多为山区、河流、沟壑等难度高的地貌。对无人机技术有以下几点目标及要求。

（1）无人机控制要求：无人机可实现超视距巡航及操作，能够在人或车不便到达的线路完成巡检任务。无人机能够进行自动巡航及人工操作两种控制方式，并且两种方式可随时切换。

（2）飞行控制系统要求：能够实行巡检人员对单个无人机进行控制；也可以通过指挥调度中心（飞行平台）实现对多架无人机的统一控制，并且能够在大屏幕上显示区域内的所有无人机的飞行状况，实现对所有无人机作业的实时监控。

（3）采集数据要求：无人机能够自动采集数据，可以实时传输采集的数据给地面的操作人员或后台控制中心；也可以通过自带的存储卡，存储当天的采集数据。可对接人工智能数据分析平台。

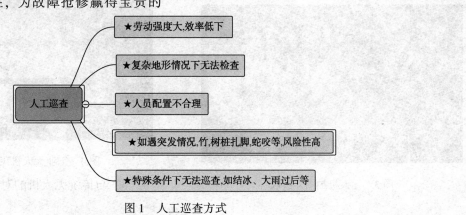

图1　人工巡查方式

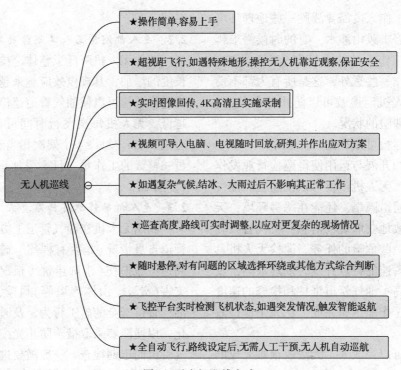

★操作简单,容易上手

★超视距飞行,如遇特殊地形,操控无人机靠近观察,保证安全

★实时图像回传,4K高清且实施录制

★视频可导入电脑、电视随时回放,研判,并作出应对方案

无人机巡线

★如遇复杂气候,结冰、大雨过后不影响其正常工作

★巡查高度,路线可实时调整,以应对更复杂的现场情况

★随时悬停,对有问题的区域选择环绕或其他方式综合判断

★飞控平台实时检测飞机状态,如遇突发情况,触发智能返航

★全自动飞行,路线设定后,无需人工干预,无人机自动巡航

图 2　无人机巡线方式

3　试点应用探索

3.1　应用模式

模式一：无人机自动驾驶仪控制无人机在待巡查的油气管道上空沿线飞行。飞机上搭载的摄像云台在自动驾驶仪的控制下,使 CCD 摄像头始终指向待巡查的油气管道,将管道情况采集并通过飞机上安装的无线图像传输设备实时传回地面控制站。图像信息还可以通过专用网络传输到油气调控中心。

模式二：无人机搭载高清照相机,沿待巡检的石油管线飞行。将管线情况拍摄成高清数码相片。飞机降落后,将照片导入专用的测绘软件对航拍照片进行校正、拼接等处理。绘制出管线完整的航测图,配合专用的配套软件可以对管线进行更细致的检查(图 3)。

图 3　无人机拍图片截取

3.2　工业级无人机的应用

(1) 通过飞行控制系统平台对无人机实现超远距操控和数据传输,利用 4G/5G 信号可以对无人机实现超视距、超远距离的飞行控制。

(2) 采用基于 IOS、安卓以及 Windows 环境进行开发的移动终端的智能调度指挥系统便于操作,控制简便。

(3) 针对飞行的任务布置,返航逻辑等飞行控制逻辑可根据业务需要进行调整。

(4) 结合 SDK 开发包,可以进行多种负载传感器和执行器的图形化控制;同时针对原有平台系统使用需求,可进行大平台无缝对接调用或直接使用原有平台进行控制调度(图 4)。

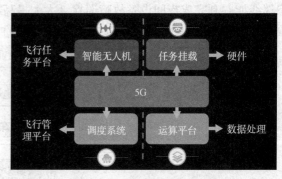

图 4　工业无人机飞控系统拓扑

(5) 与传统无人机的对比(表 1)。

表1　工业无人机和传统无人机功能对比表

类别	工业级无人机	传统无人机
数据传输	2.4GHz 通信系统+, 4G/5G 通信系统	2.4GHz 通信系统
操控模式	智能软件操作/ 地面调度系统操控	地面站
操作方式	平板或电脑	遥控器
操作人员要求	无需飞手	需要经过专业 培训的飞手
一键起飞	√	√
一键返航	√	√
一键降落	√	√
航线规划	√	√
低电量保护 (返航、降落)	√	√
自动巡航	√	√
超视距巡航	√	√
超视距控制	√	×
失联返航保护	√	×

4　油气管道无人机应用思考

4.1　自动驾驶飞行器指挥调度中心的搭建

自动驾驶飞行器指挥调度中心又叫无人机指挥平台，是对多架无人机进行飞行和巡检控制的核心，是直观智能化的飞行指挥调度系统。该平台具有监测、调度、控制、预警和集群管理五大核心功能。通过自建光通信网络指挥调度中心可远程实现与各类自动驾驶飞行器的实时数据传输与交互，航线规划与调度。指挥调度中心可用于现场实时监测、应急救援、重要设施巡检、精确测量绘制等。

自动驾驶飞行器调度配套的软件系统通过高速无线网络通讯对辖区内所有自动驾驶飞行器作业活动进行远程调度管理。大屏幕系统实时融合展示多路实时视频信息，搭配 GIS 地图系统及统计图表辅助管理决策，指挥调度中心调度人员利用无人机远程操控作业提升生产运维管理执行效率(图5)。

4.2　自动驾驶飞行器指挥调度中心的优势

油气指挥调度中心可以控制所有管辖内的无人机，并读取飞机状态及接受视频回传，同时可以对属地单位进行授权管理控制无人机的权限。属地单位工作人员可以对已经授权的无人机加以控制并接受飞行状态及视频回传，也可以观看所

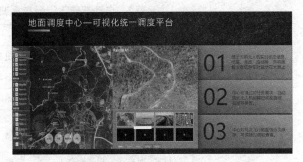

图5　自动驾驶飞行器指挥调度中心图

属辖区的无人机回传视频。建设自动驾驶飞行器指挥调度平台的优势。

（1）分布式部署。

可根据工作任务的地理分布情况，将飞行器部署在不同的工作地理任务区域内，分别执行工作任务。

（2）多机协同工作。

具备同时获知多个飞行器的运行情况的能力，根据任务需要可以在同一个指挥调度系统上协调控制完成一个需要多机配合协同完成的复杂任务。

（3）集中式管理。

具备良好的开放接口和数据接口能力，完备的多级授权机制，可对不同单位不同机型进行统一监看和调度指挥。

（4）超视距控制。

借助 4/5G 通信技术，以及国家 5G 低空覆盖技术规范的颁布，打通指挥调度系统与飞机间的数据通信距离限制，具备了全球部署和调度控制的能力。

（5）极简人员配置。

借助系统的智能化运算能力和自动化辅助控制的支撑，达到单人既可监管控多机的能力，极大降低所需人机的配比。

（6）实时数据交互。

强化整合飞行器本身数字化通信能力，所携负载设备的功能控制和交互数据可借助自动驾驶飞行器自身 4/5G 通信模块超远距实时获取。

（7）实时数据共享，跨部门协同作业，及时分配工作。

指挥调度系统具备的统一数据接口开放标准，保障所有飞行器回传信息能及时分发至所需的各个部门共享，为工作协同提供有力数据支撑基础。

（8）自动驾驶飞行器指挥调度中心与分散式管理的对比(表2)。

表2 自动驾驶飞行器指挥调度中心与分散式管理的对比表

	分散式单机平台	指挥调度中心(集中式多机平台)
管理方式	单机管理	多机集中管理
控制飞机数量	1	无限制(理论)
飞手(带证操作手)	需要	不需要
控制方式	单独遥控器、手机、平板或手提电脑控制(现场控制)	通过平台,软件控制(后端远程控制)
作业	单机实现自动、超视距作业	监控、指挥、调度多机进行自动、超视距作业
飞行任务	单独指定任务	统一指定任务,分线路、分区域指定路线,提供无人机的使用效率
安全	独立监管	前端及后台双重监管,防止无人机的非正当使用
地图显示	显示单价无人机的轨迹	显示所有在平台上注册的各类飞行器,显示飞行轨迹、飞行参数、飞行状态等
管理	独立管理	统一管理,统一分配任务,避免不必要的资源浪费,提高飞行器使用效率
调度	单机操作调度	统一调度,在处理应急事件时,可随时调度临近的无人机做应急任务
联动	无法联动	指令多机同时执行同一任务,增强数据的准确性。
数据保存	单独保存	集中保存,专业管理,提供数据的使用效率
数据共享	不可共享	统一管理,共享数据
数据处理	单独处理	集中处理,提高数据处理的专业程度及效率
数据处理的后期扩展	需通过人工导入后端处理	可接入 AI 智能分析平台,实时处理数据信息,统一对各种数据进行处理

5 结论

无人机作为全新巡检技术可以挂载可见光及红外热像仪等巡检设备对油气管道进行巡视检查,已成为现代巡检的主流手段。传统的人工巡查正在逐渐被代替,利用无人机对通讯光缆定期巡检、应急巡查,可及时发现隐患,降低重大事故发生几率。同时搭建自动驾驶飞行器指挥调度中心平台,对无人机进行管控、空域申请、飞行控制和基于"云边协同"模式的数据采集分析。

浅析无人机在长输油气管道日常巡检中的应用

赵 明[1] 贾 建[2] 康鹏程[1]

（1. 中国石油西南油气田分公司集输工程技术研究所；2. 中国石油西南油气田分公司重庆气矿）

摘 要 长输油气管道具有距离长、范围广、途径地形地貌复杂的特点，许多地段受环境恶劣、交通不便、人文复杂等不利因素制约，导致人工巡检的方式工作量大、耗时时间长、巡检效率低，存在巡检盲区，并有一定危险性。无人机具备机动灵活、巡检效率高、环境适应能力强、覆盖范围广、收集资料精确、隐患识别智能可靠等优势，可以弥补人工巡检方式的不足，降低人工巡检频次，提高巡检效率，但在制度环境、应用选型与经济性层面上仍制约着无人机技术在长输油气管道日常巡检的广泛应用。为了更好的推广无人机技术在长输油气管道日常巡检中的应用，本文通过对无人机飞行管理的制度环境、无人机的应用选型与无人机巡检的经济性分析，提出应用建议：长输油气管道适合采用轻型电动力垂直起降固定翼无人机无人机开展日常巡检，同时根据不同的应用场景选取搭载不同的航摄相机，油田企业及管道公司适合采用购买无人机及配套系统设施，自行培养无人机飞手开展无人机日常巡检。

关键词 油气管道，日常巡检，制度环境，无人机选型，经济性比对

长输油气管道具有距离长、范围广、途径地形地貌复杂的特点，许多地段受环境恶劣、交通不便、人文复杂等不利因素制约，一定程度阻碍了人工巡检的进行，人工巡检的方式工作量大、耗时时间长、巡检效率低，存在巡检盲区，并有一定危险性。无人机具备机动灵活、巡检效率高、环境适应能力强、覆盖范围广、收集资料精确、隐患识别智能可靠等优势，同样，无人机在植被茂密地区仍存在视野盲区无法监控的问题，无人机不能完全替代人工巡检，但可以弥补人工巡检方式的不足，降低人工巡检频次，提高巡检效率。无人机巡检已较为成熟的运用在输电线路日常巡检、铁路日常巡检等领域，在长输油气管道日常巡检中，仍较多采用传统的人工巡线方式。

随着无人机技术、遥感监测技术、地理信息系统（GIS）技术、5G 技术、互联网技术、大数据云平台技术及图像智能识别比对技术的迅猛发展，无人机在技术层面上已经能够满足长输油气管道日常巡检需求，但在无人机飞行管理的制度环境、无人机的应用选型与无人机巡检的经济性层面上仍制约着无人机技术在长输油气管道日常巡检的广泛应用。

1 无人机在油气行业的应用现状

目前，已有很多国家和地区使用无人机开展常规化油气管道巡护业务。在英国，CyberHawk 公司提供小型多旋翼无人机石油设施巡检服务，已实现多年的业务化运营，在欧洲、北美、亚洲地区均有业务案例，其客户包括壳牌石油等国际石油公司；在阿塞拜疆，Aerostar 公司利用无人机对巴库油田石油管道周边环境进行日常巡查，主要目的是防止第三方破坏、地质活动等影响管道安全；在加拿大，MDA 公司采用固定翼无人机，为管道基础设施提供日常监测服务；在法国，Air Marine 公司对法国南部 80km 天然气管道使用无人机巡护；在美国，英国石油公司 BP 在阿拉斯加普拉德霍湾开展油气管道无人机巡护业务。

近年来，国内油田企业及管道公司均在探索无人机技术在管道巡检的应用，在长输油气管道、油田集输管道上均有尝试，相关案例及数据持续增加，经验日渐丰富。2017 年，中石油西南油气田公司完成了四川盆地西部地区 100km 输气管道无人机巡检；2018 年，中石油西南管道局云南段 500km 输气管道完成了无人机巡检；2019 年，上海天然气主干网实现 160km 无人机巡检；2019 年，中石化销售华南分公司已逐步实现无人机巡检常态化，累计飞行里程超 3×10^4 km。

2 无人机飞行管理的制度环境

随着社会经济的持续增长和无人机技术的迅猛发展，各行业对无人机技术应用的需求日益增

大，无人机飞行管理的制度环境正在不断完善，低空空域也在逐步开放。2018 年 1 月 16 日，国家空中交通管制委员会办公室组织起草了《无人驾驶航空器飞行管理暂行条例（征求意见稿）》，2020 年 7 月 8 日，国务院办公厅正式印发《国务院 2020 年立法工作计划》（国办发〔2020〕18 号），明确将《无人驾驶航空器飞行管理暂行条例》的制定纳入国务院 2020 年立法工作计划。同时，无人机在油气行业应用相关制度规范也在逐步完善，2017 年，中国石油天然气集团公司发布了《油气管道工程无人机航空摄影测量规范》，中国石油管道公司目前正在起草《油气管道无人机巡护技术规范》。

合法的飞行分为两种：一是取得民航局批准认可的云系统无人机驾驶证+获得飞行空域的审批+飞行计划的审批；二是未取得民航局批准认可的云系统无人机驾驶证，但驾驶小型化无人机在可视范围内飞行+获得飞行空域的审批+飞行计划的审批。长输油气管道日常巡检适合采用超视距飞行的无人机，应选择第一种飞行管理审批程序。依据《中华人民共和国飞行基本规则》规定，空军负责全国的飞行管制。在此原则下，各地的飞行审批权落在相应的飞行实施地所在的部队身上。依据《无人驾驶航空器飞行管理暂行条例（征求意见稿）》规定，民用无人机按运行风险大小分为微型、轻型、小型、中型、大型，民用无人机分类及飞行管理要求如表 1 所示。

表 1 民用无人机分类及飞行管理要求

类型	质量/kg		飞行速度/ km·h⁻¹	飞行真高/ m	操作资质	飞行空域	飞行计划
	空载	满载					
微型	$0<m<0.25$	$0<m<0.25$	$v\leq40$	$h\leq50$	掌握运行守法要求	公布的微型无人机适飞空域	无需申请
轻型	$0.25\leq m\leq4$	$0.25\leq m\leq7$	$v\leq100$	$h\leq120$	取得安全操作培训合格证	公布的轻型无人机适飞空域	向当地公安机关报备
小型	$4<m\leq15$	$7<m\leq25$			取得安全操作执照	公布的轻型无人机适飞空域或申请隔离空域	申请飞行计划
中型	$m>15$	$25<m\leq150$			取得安全操作执照	申请隔离空域	申请飞行计划
大型	$m>150$	$m>150$			取得安全操作执照	申请隔离空域	申请飞行计划

微型和轻型无人机的飞行管理程序是相对简易的，轻型无人机的最大允许载荷、最大允许飞行速度、最大允许飞行真高、适飞空域及监测范围都要优于微型无人机。根据目前飞行管理的制度环境结合长输油气管道对日常巡检无人机的功能需求，长输油气管道适合采用轻型无人机开展日常巡检。

3 巡检无人机的应用选型

3.1 巡检无人机机型选型

无人机按动力源分类主要有电动力、油动力及油电混合动力 3 种，油动力及油电动力无人机需要加载油箱，增大了机身重量，安全性较电动力无人机偏低。起降方式有垂直起降、滑行起降、轨道弹射起飞伞降、车载起飞伞降等，垂直起降方式可应对不同起降场景，操作简单，无明显缺点。无人机从外观设计上分为固定翼、多旋翼及直升机等类型，其特点对比如表 2 所示。

表 2 无人机机型特点对比

类型	优点	缺点
固定翼	飞行速度快、续航时间长、可加载重量高	无法空中悬停、空载及满载重量普遍超过轻型无人机范围
多旋翼	空载重量低、空中悬停	飞行速度慢、电池续航时间短、可加载重量低
无人直升机	空中悬停、可加载重量高	电池续航时间短、空载重量高

综合管道巡检线路较长，需要无人机长时间飞行的特征，结合操作难易度及安全性，电动力垂直起降固定翼无人机更适合应用于管道日常巡检，但目前大部分固定翼无人机按质量划分属于小型无人机范畴，选型时还应结合飞行管理的制度环境选取管理程序简易、操作简单、安全性能高的机型。

3.2 巡检无人机航摄相机选择

无人机巡检是利用无人机系统携带航摄相机

等设备，快速获取地表信息，获得高分辨率数字影像及高精度定位数据，再将数据传输至地面控制站进行图像处理[8]。无人机巡检过程中可根据不同的应用场景选取搭载不同的航摄相机，油气管道无人机巡检应用场景[9]与搭载设备选择如表3所示。

表3 油气管道无人机巡检应用场景与搭载设备选择

应用场景	飞行任务	搭载设备
航测	测绘、管道规划选址、三维建模	五拼倾斜相机
管道泄漏监测	原油/成品油泄漏、天然气泄漏监测	激光成像相机
	管道温度过高检测	红外热成像相机
第三方施工监测	管道上方人工、机械作业检测	可见光正射相机+红外热成像相机
地质灾害监测	滑坡、沉降、冲刷、水毁等地灾监测、、受灾区域建模	五拼倾斜相机
附属设施监测	三桩、堡坎等附属设施监测，管道周边占压情况监测	可见光正射相机
打孔盗油监测	打孔盗油监测	可见光正射相机+红外热成像相机

4 无人机巡检的经济性分析

目前，各油田企业及管道公司与无人机企业开展合作的模式分为两种：一是直接将飞行任务外委给无人机企业；二是购买无人机及配套系统设施，自行培养无人机飞手开展飞行任务，无人机企业只提供技术指导、售后维保，不同巡检服务模式费用比较如表4所示。

表4 不同巡检服务模式费用比较

模式	巡检成本/（元/km）	备注
人工巡检	41	按照20km管道1天1巡，年人员成本30万元计算
飞行任务外委	400-4000	不同拍摄精度及数据处理需求，费用不同
购买无人机及配套系统设施	14-22	无人机主要部件使用寿命不少于7200h，按20km管道1次巡护2h，1天2次巡检计算，可安全使用5年，无人机及配套系统设施采购费用、5年维保合同、人员培训、第三者保险共计成本50~80万元

从经济角度出发，油田企业及管道公司购买无人机及配套系统设施，自行培养无人机飞手开展无人机日常巡检成本远远低于人工巡检和外委飞行任务成本。油田企业及管道公司应与无人机企业探索多种合作模式，初期，可采取飞行任务外委方式开展无人机巡检，与无人机企业联合组建专门的无人机巡检队，培训并挑选成熟的飞手进行应用试验，为无人机巡检的应用积累经验[9]，成熟后再购买无人机及配套系统设施，自行开展无人机日常巡检。

5 应用建议

（1）从飞行管理的制度环境角度出发，长输油气管道适合采用轻型无人机开展日常巡检。

（2）从应用选型角度出发，长输油气管道适合采用电动力垂直起降固定翼无人机开展日常巡检，同时根据不同的应用场景选取搭载不同的航摄相机。

（3）从经济性角度出发，油田企业及管道公司适合采用购买无人机及配套系统设施，自行培养无人机飞手开展无人机日常巡检。

6 结束语

无人机在油气管道日常巡检领域的应用，需要国家大力度开放无人机低空空域以及对无人机飞行管理制度环境的持续完善，也需要油田企业及管道公司与无人机企业共同探索，寻求多种合作模式，促进无人机应用技术和管理制度不断成熟，降低巡检成本，提高巡检效率和巡检质量，促进油气管道智能化管控水平的进一步提升。

参 考 文 献

[1] 李器宇，张拯宁，柳建斌，等. 无人机遥感在油气管道巡检中的应用[J]. 红外，2014，03：37-42.

[2] 吴立远，毕建刚，常文治，等. 配网架空输电线路无人机综合巡检技术[J]. 中国电力，2018，51(1)：97-101，138.

[3] 宋晨晖. 民用无人机应用进展[J]. 机电工程技术，2018，47(11)：149-152.

[4] 刘双奇. 试析我国无人机的发展现状及展望[J]. 科技风，2019，380(12)：210.

[5] 郝晓平，黄晓雯，高志刚，等．无人机技术在油气管道巡护中的应用[J].油气储运，2019，38（8）：955-960.

[6] 王士奇．中国无人机动力装置现状浅析[J].航空动力：2019，7（02）：13-16.

[7] 武海斌．无人机系统在油气管道巡检中的应用研究[J].中国石油和化工标准与质量，2014，09：105-106.

[8] 杨伟，杨帆．无人机在长输管道常规巡检中的应用[J].能源与节能，2015，11：132-133.

[9] 罗志强，彭波，夏敏．无人机在天然气长输管道地质灾害预警的应用[J].石化技术，2020，27（2）：173-174.

气田生产场站智能电子巡检应用与展望

张运生　冯庆华　彭　聪　焦小朋

（中国石油天然气股份有限公司西南油气田分公司）

摘　要　在气田生产过程中对场站的定时巡检一直是气田生产和运维非常重要的一部分，即便是在 SCADA 系统和视频系统已经普及的今天仍然是运维工作中的重点。随着气田生产提质增效要去不断加强，需要生产场站实现巡检工作的电子化、智能化，满足下步气田开发、生产的数字化转型要求。本文首先讨论了智能电子巡检需要解决的问题，然后就目前试点应用的机器人巡检方式和摄像机巡检方式进行了比较研究，结合已经实现的现场情况总结提出了一种全新的智能电子巡检模式。

关键词　智能电子巡检，智能识别，多系统联动

1　地面场站巡检的现状

目前西南油气田公司各生产场站已经全面普及了 SCADA 系统、视频监控系统、门禁系统，实现地面生产关键数据的信息采集、场站及管线高后果区视频实时监视、生产场站进出人员的数字化管控，同时在实际生产过程中还需人员进行现场巡检，主要是对现场数据进行核对、设备状态进行目视检查。目前人工巡检单个无人场站需要 2~3h，需要配置人员 2~3 人和车辆 1 辆，其中 50% 以上的时间是花费路上。按照目前一个中心站平均管理 15 个单井场站计算，每个单井场站巡检频次是 1 次/周。人工巡检花费的时间长、占用的人力、物力资源较多，巡检效率较低，不能满足现有安全生产管控的需要。为了实现"减员增效"的目标，亟需一种高效、智能、全自动的巡检方式来替代目前的人工巡检，实现生产管控、运维的全面提升。

2　智能电子巡检的意义

智能电子巡检作为一个全新的生产运维手段能够全面提升运维的效率、提高生产现场的安全性、大大的节省人力、物力资源。智能电子巡检如果要实现以上的目标首先需要解决以下几个方面的问题。

2.1　覆盖率

智能电子巡检系统需要覆盖人工巡检的全部方面，甚至一些人工巡检不方便的地方也应该尽量考虑。例如：放空火炬、出站阀阀室、罐体顶部的液位计等位置。

2.2　便捷性

智能电子巡检系统需要能够方便实施，便捷的增减巡检点。巡检工作并非是一成不变的，巡检点应该能够随着生产的需要能够随时进行调整，调整的范围应该包括巡检点的增减、巡检点的时间间隔、不同的巡检点可以设置不同的时间间隔。例如：对于生产相关的数据点可以设置为 4h 一次；对于场站大门、照明情况等可以设置为 24h 一次；对于设备基础、场站标志等可以设置为一周一次。

2.3　实施简单，费用较低

因为需要覆盖所有的无人场站，因此需要一个性价比较高的方案，这样才有推广的价值。要实现此目标需要尽量利用现有的设施，最大限度的整合现有系统。在实际工作中同样技术指标的防爆设备与非防爆设备价格差异巨大，因此在满足安全性的前提下尽量采用非防爆设备。

2.4　自动化运行

智能电子巡检系统自动运行不需要人为干预，按照设定好的巡检策略自动进行。同时也保留人工手动巡检的触发功能。在气田生产的实际工作中我们经常遇到这样的情况，有某个单井站的数据发生异常，但是因为通信状况不好，看不到现场的视频或者看到的视频清晰度不够，控制摄像头的移动延迟很大造成调节极不方便。传统生产模式中都是安排人员尽快去现场然后汇报现场情况，这个过程往往需要几个小时的延迟。在智能电子巡检系统中操作人员只需要一键执行手动巡检功能，物联网网关在就地完成摄像机的控制、抓拍、照片标注、与生产数据的整合、生成巡检报告，然后通过自动断点续传保证在通信条

件不太好的情况下尽快将整个巡检报告完成上传。

2.5　本地化闭环系统

气田生产场站大多处于偏远山区，采用自建光缆或 4G 无线通信，但是仍然会出现通信不稳定现象，本地化的智能电子巡检系统能够保证在通信中断的情况下仍然能够按照巡检策略自动进行巡检，产生巡检报告。

本地化闭环的巡检系统能够将巡检执行、巡检记录生成环节与智能识环节解耦。目前的智能识别技术发展极快各种算法迭代进化日新月异，智能识别完全可能在最近几年不断迭代升级，解耦后的系统可以轻松的实现只对智能识别环节的升级，既能最大限度的保护已有的投资，又能够享受技术升级带来的效益，还能够保证系统运行的稳定性。

2.6　智能化识别

智能电子巡检系统必然产生大量的巡检记录，例如：某典型中心站有巡检点 80 个，下辖 15 个单井站，每个单井站平均 40 个巡检点，巡检时间间隔为 4h。24h 产生 4080 条巡检记录，每条巡检记录平均有 2 张现场高清照片和 3 个数据构成，需要判读的照片为 8160 张，数据 12240 条。这么大量的数据如果都通过人工来进行判读不仅需要占用大量的时间而且还容易让判读人员产生疲劳感，反而可能遗漏有问题的记录。根据我们的实际经验，巡检中有超过 90% 以上的巡检记录都是正常的，真正需要人工仔细判读的一般不超过 10%。因此需要引入智能化识别，通过自动数据比对（物联网数据、SCADA 数据和图像识别数据）、计算机视觉（Computer Vision）（阀位、放空火炬等自动识别）、机器学习（Machine Learning）（数据是否产生偏离）等手段自动标记巡检记录（智能标记的结果分为：正常、异常和不能识别三类），优先要求人工审核异常或者不能识别的巡检记录，同时保留人工对所有巡检记录审核的权限。这样既能够大大的降低人员的劳动强度，还保留人工对所有巡检记录

的最终审核权限。

2.7　多系统整合联动

通过整合其他系统数据，综合统计可以在巡检报告中给出人工巡检不能完成的功能。例如：通过整合智能电表，结合计量数据可以给出单井站的生产的单位能耗数据；通过整合激光云台数据，结合现场空间坐标转行可以给出每日场站上的硫化氢分布情况。

2.8　融合 SCADA

通过将智能电子巡检的功能延伸并与 SCADA 系统的融合，实现对 SCADA 系统的辅助功能，提升 SCADA 系统数据和现场情况的联动。例如：SCADA 流程图与现场设备视频联动，操作员选择 SCADA 流程图感兴趣的设备执行视屏联动功能，可以立刻获得该设备在现场的多角度实际视频情况；SCADA 发生报警记录的时候智能电子巡检系统会对报警设备进行多角度的现场照片抓拍记录。操作员在查询报警记录时候可以立刻看到现场的报警情况，做到报警记录的"图文并茂"。

3　智能电子巡检的方案

3.1　摄像机视频巡检方案

通过合理的布置在现场的视频摄像机，由现场的物联网网关作为控制中枢，结合物联网数据和 SCADA 数据实现高效的智能电子巡检系统。它具有以下的特点。

3.1.1　速度快

本系统对于一个典型复杂场站（中心站、门站）现场布置高清摄像头 8~10 个，巡检点 80 个（包括放空火炬），平均每个巡检点需要拍摄 2~3 张照片，每次巡检时间可以控制在 5min 之内完成。

3.1.2　覆盖率高

本系统通过对现场摄像机的合理布置和调节，理论上可以实现对现场设备的全面覆盖。无论是放空火炬还是罐体顶部的液位计等以前人工巡检难以到达的点，都可以实现覆盖（图1）。

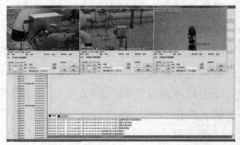

图 1　放空火炬效果

3.1.3 稳定性高

本系统采用本地安装的物联网网关作为核心控制，同时负责物联网数据采集、SCADA 数据采集、摄像头控制、照片抓拍和标注、存储、生成巡检记录、上传（支持断点续传）。物联网网关采用 LINUX 嵌入式平台，稳定性高（连续运行 90d 无需重启）、功耗小（3~15W）。即使在通信中断的情况下也可以维持正常运行。系统运行基本不受天气、温度等外界条件的影响，具有很高的稳定性。

3.1.4 照片和数据一致性好

本系统采用 NTP 作为时钟源进行时钟同步，优化执行逻辑，保证抓拍的照片和标注的数据时间差不超过 1s。良好的数据一致性有助于后期的进一步大数据智能分析。

3.1.5 维护简单

本系统日常维护工作量很少，基本上只需要做摄像头的清洁工作。如果选择带雨刮的摄像头清洁工作也可以省去，做到免维护。实际工作中我们试点的 3 个中心站，在 6 个月的时间中除了调试安装外，系统运行良好，无维护工作量。

3.1.6 独立的智能识别分析系统

本系统在架构初期就将智能识别部分独立出来与巡检执行部分解耦，形成相对独立的系统。使得智能识别部分可以使用不同的技术路线、不同厂家的不同系统。对于目前不断进步的计算机视觉和机器学习技术可以做到灵活的升级，即能够尽快享受技术升级带来的好处，又能够最大限度的保护投资。

3.1.7 多系统整合和与 SCADA 系统的融合

本系统整合了激光甲烷检测系统，在巡检报告中自动加入当日场站的甲烷泄漏分布图。

本系统也实现了 SCADA 系统的融合，提供直接在 SCADA 流程图中选择设备即时显示现场视频情况的功能。同时自动根据 SCADA 报警记录做现场的照片记录，做到每条报警记录都有现场的照片作为参考。

3.2 智能电子巡检使用效果分析

通过对比研究，采用摄像机视频巡检方案具有性价比高、适应性好、可全面推广等优势，重庆气矿在 3 个中心站及部分无人值守场站试点应用了智能电子巡检系统，通过近半年的试点应用，对本系统性能分析如下。

3.2.1 优点

自动生成巡检记录，根据设置好的巡检策略自动生成巡检记录，完全无人值守运行，值班人员只需要在空闲时候对巡检结果进行确认，大大增加了巡检工作的灵活性，减少了巡检工作的强度，提升了巡检的质量和效果。

以其中一个中心站为例，中心站及其辖下的 8 个单井站，一共有 400 个巡检点，每个巡检点平均需要采集 3 张高清巡检照片和 5 个巡检数据。巡检间隔设置为 4h 一次，值班人员每次巡检结果进行审核需要对 1200 张照片和 2000 个数据进行审核。

我们已经实现的初步智能判读功能会对巡检记录自动进行数据审核，平均有 80% 以上的数据能够直接判定为正常，因此值班人员需要审核的照片不超过 240 张，数据不超过 400 个。

在审核界面我们将数据和照片直接关联为一个设备整体页面推送给值班人员，所以值班人员只需要对大约 80 个巡检点进行审核，平均花费的审核时间在 10min 以内。也是中心站值班人员每个班次只需要花费 30min 左右的时间就能够完成中心站及其辖下的 8 个单井站的巡检工作（图 2）。

图 2　人工审核界面

（1）巡检速度快，整个巡检工作在 5 分钟内完成，并立即生成巡检记录。

目前实施的电子巡检处于试点阶段，主要覆盖生产数据有关和动设备的巡检点，目前已经实现了对生产数据和动设备的 100% 覆盖。下一步我们将实现对所有人工巡检点的全覆盖。

（2）投入费用低，单井站投入费用不超过 5 万元，中心站投入费用不超过 20 万元。

（3）稳定性好，最近 6 个月在没有额外维护工作的情况下一直正常运行。

有效的降低了员工的劳动强度，以前每个中心站除安排的值班人员外还需要额外安排巡检人员进行现场巡检。试点应用本系统后，中心站的值班人员就能够有效的完成所有的巡检工作，仅需在巡检过程中发现异常后通知巡检人员到现场进行确认整改即可，完全可以做到按需巡检。

（4）增加员工的安全性，减少了现场巡检存在的中毒、着火、爆炸等安全风险。

（5）减低了人工巡检的频次，人工巡检由 1 周 1 次增加到增加 2 周 1 次，提质增效明显。

（6）提升了巡检记录的规范、完整性，数据与照片一致性非常好，有利于后期大数据智能分析。

（7）融合 SCADA 系统，为 SCADA 系统提供了现场实时视频，操作员对于有疑问的数据可以立刻调用现场视频进行核对。特别对于动设备的操作，操作人员可以调用现场视频观察设备的运行是否正确（图 3）。

（8）实现 SCADA 系统报警联动，为报警记录提供了对应的现场照片记录，用于后期事件分析，提升了故障判断、分析的准确性（图 4）。

（9）实现了与激光甲烷系统的联动，在操作员能够很容易的查询场站每天的甲烷分布情况，从而判断甲烷是否有泄漏的趋势（图 5）。

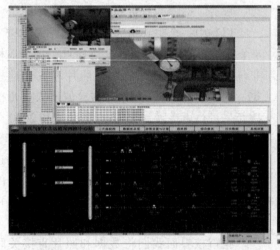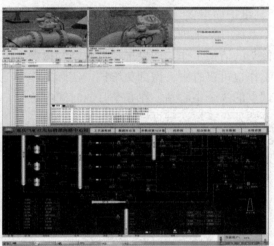

图 3　SCADA 视频联动效果

图 4　报警记录与现场照片联动效果

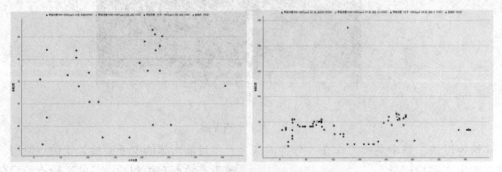

图 5　最近 2 天的场站甲烷浓度分布图

3.2.2 缺点

目前本系统的智能识别方面做的还不够完成，下一步希望在智能识别方面进行更多的尝试，最大可能减少人工审核工作量。目前本系统的覆盖面还不够，对于像大门、现场环境、标志标牌等还没纳入巡检范围(表1)。

表1 人工巡检与智能电子巡检对比

站场类型	项目	人工巡检	智能电子巡检
单井	巡检时间	2~3h	2min
	巡检周期	每周1次	4h1次
	人员	2~3人+司机	1人
	劳动强度	高	低
	安全性	有一定危险	非常安全
	覆盖面	全面	较全面
	问题识别	好	较好
	巡检报告	PDA，办公网	自动生成，生产网
	巡检记录	手动输入	自动记录数据和照片
	查询	办公网查询	生产网查询
中心站	巡检时间	20min	5min
	巡检周期	12h1次	4h1次
	人员	1人	1人
	劳动强度	高	低
	安全性	有一定危险	非常安全
	巡检报告	PDA，办公网	自动生成
	覆盖面	全面	较全面
	巡检记录	手动输入	自动记录数据和照片
	查询	办公网查询	生产网查询

通过与传统人工巡检对比，智能电子巡检在覆盖面上和问题识别上存在不足，在巡检时间、巡检效率上有较大优势，提供了设备运行状态、系统故障早期判断等辅助功能，对一线场站安全生产管控提升较大。

4 智能电子巡检的展望

针对目前智能电子巡检系统在应用中存在的不足，下一步将重点研究应用新技术来弥补目前的缺点，做到既能够代替人工巡检还能够尽量减少人工审核的工作量，实现"智能电子巡检，智能判读"。一是提高覆盖率，以人工巡检为蓝本正确实现对人工巡检工作量的完全替代；二是智能识别，进一步应用图像识别的经典算法结合机器学习算法实现对指针表、阀位开关、火炬的自动判读；三是系统融合，进一步整合其他系统数据，实现生产单位能耗自动计算、进出站人员自动管理、SCADA系统远程运维等功能。

5 结论

随着西南油气田分公司智能气田建设逐步完善，加快生产作业管理方式、运维模式的数字化转型势在必行，通过智能电子巡检系统的应用，探索出符合气田开发生产管理、运维管理的新模式，应用大数据分析、视频智能识别等新技术提升系统运行的稳定性、可靠性，逐步替代人工巡检成为可能。下步应充分利用现有系统优势，融合创新，切实解决生产管理中的难点、痛点，为西南油气田分公司数字化转型的深入推进作了有益的探索。

参 考 文 献

[1] 张旭，金伟其，李力，等．天然气泄漏被动式红外成像检测技术及系统性能评价研究进展[J]．红外与激光工程．2019(S2)．

[2] 潘卫东，张佳薇，戴景民，等．利用可调谐半导体激光吸收光谱法在1.626μm处实现乙烯和甲烷的同步检测(英文)[J]．红外与毫米波学报．2013(06)．

[3] 张立芳．激光吸收光谱技术测量低浓度多组分气体和二维温度浓度分布的研究[D]．浙江大学 2017．

[4] 王锴磊，吴跃，沙春哲，等．基于单目视觉原理的空间位置测量技术研究[J]．宇航计测技术．2019(04)．

[5] 李冬月，杨刚，千博．物联网架构研究综述[J]．计算机科学．2018(S2)．

[6] 朱玉杰，刘建新，鞠海荣．手动阀室可燃气体远程监测报警系统设计研究[J]．化工自动化及仪表．2018(11)．

浅谈无人机在输油管道巡护中的应用

杨新镇　王兆钧　赵　鹏　马恒波　高　强

(中国石化胜利油田分公司油气集输总厂)

摘　要　管道输送是原油企业应用最为广泛的输送方式，长输管道输送距离长，沿途环境复杂，影响管道安全的因素多，管理难度大。长输管道的巡查是管道运营中非常重要的环节，及时排查管道存在的各种隐患和影响管道安全运行的因素，及时采取必要措施加以消除，对管道长周期安全运行具有重要意义。日常巡线中单纯的依托人工巡检，效率低，受各种条件的制约不能及时有效的发现问题隐患。无人机技术高度发展的时代，利用无人机高清摄像、红外摄像、远距离高空侦察等优势，完全可以用来对管道进行巡查，填补人员巡查留下的空白，因此采用无人机增加输油管道巡检频次，是行之有效的管道巡护方式。

关键词　无人机，管道巡护，高后果区，违章占压

1　人工巡线的制约因素

1.1　环境因素

长输管道输送距离远，沿途经过的地理环境复杂，常常穿越大量的沟渠、大型河流、面状水域、农田、林地等，甚至还有村落、建筑物占压等情况存在，人员巡查无法到达；对于被占压的管道、经过农田的管道还会受到当地居民的阻挠，有时还会遭到不法分子攻击，使得人工巡查工作难以完成。

1.2　天气因素

天气变化对人工管道巡查影响较大，雨雪天气，管道巡查路径上地面湿滑，车辆行驶困难，人员徒步艰难，管道巡查难度增大；夏天天气炎热，蚊虫叮咬等因素同时存在，对管道巡查人员造成极大不便；冬季天气寒冷，地面结冰，行走困难。严重制约了管道巡查工作的顺利进行。

1.3　管道巡查人员自身因素

人工进行管道巡查对从事管道巡查的人员来说就是对他们意志和体能的考验。管道人工巡查每组人员分管的管段长，一般不少于8km，受管道经过的环境、天气等因素的影响，体能消耗大，尤其是夜间，视线受限，经常会导致管道巡查人员受伤。

综上所述，受各种不利因素影响，管道巡查工作难度和工作考核难度都很大，也使得管道巡查的到位率难以达到百分之百，会留下空白点，因此，采用无人机作为管道巡查的补充，能大幅提高管道巡查的质量，消除管道巡查的空白点。

2　无人机服务方式的选择

鉴于无人机应用操作技术难度较大，法规风险大，资质要求高，飞行管理严，需要专业化操作。建议以购买服务的方式对输油管道进行飞行巡检。

由专业的无人机公司进行所有日常业务运行与报备，并承担所有飞行风险。

3　无人机机型的选择

(1) 固定翼无人机：垂直起降固定翼无人机，飞行高度150~200m，飞行速度约15~18m/s，可绕点盘旋，图像传输信号半径50km。

优点：固定翼飞机巡航能力强(3h)，可一次性巡查很大范围，适合大面积巡查。

缺点：固定翼飞机巡航飞行高度高，速度快，受天气能见度影响较大，图像不是很清晰，遇到管线拐点等部位很快飞过，不能第一时间发现细小的问题，不太适合短距离巡查。

(2) 多旋翼无人机：多旋翼无人机飞行高度可视障碍物高度而定，图像传输信号1.2km，可以随时随地悬停升高或者降低。飞行速度约在4~8m/s，可悬停。

优点：多旋翼飞行高度低，图像清晰，遇到情况可以随时随地悬停升高或者降低。能更加清晰的判断问题。加装探照灯后甚至可以看清人脸的样子，可以很好的打击震慑罪犯和留取证据。

缺点：多旋翼无人机图像传输信号1.2km，传输信号距离短，需车辆跟随飞行器。

固定翼与多旋翼区别：固定翼能够完全达到

以上所有要求；多旋翼由于机型小，无法挂载热成像设备，只能白天可见光应用。

4 日常巡检

利用无人机以天空视角实现高后果区日常巡护任务，对管道侵占、周围施工、阀组间内设备运转状况进行巡检。检测阀组间内设备运转完好性、地面平整性、有无油液渗漏等情况。可以操控无人机针对特定目标实现旋绕360°巡检。检测管道周边非法侵占、施工作业情况，并能锁定人员、车辆进行跟踪观察。对增压站之间输油管线沿线两侧50m地貌情况进行观测，是否存在渗透或管线破坏情况。搭载高清相机对管道进行巡检，遇非法施工可通过携带高音喇叭进行空中警告，制止非法施工，并进行取证。可对重点区域(油区内养殖场、窝棚、可疑厂区、频发打卡盗油点、储油窝点以及输油管道途径的树林、村庄、庄稼地等)进行巡护；当发现可疑目标时，无人机以直线距离第一时间飞至可疑区域上空盘旋飞行进行目标辨识和外观监测，可在安全距离外操控无人机进行确认侦查。必要时可多次旋绕飞行，查看可疑地点周边100~500m范围内是否存在隐患问题。

目前，我厂在管道巡护中主要是白天对管道周边进行疑点、院落排查，夜间对管道附近长时间驻留的人员、车辆进行巡查。固定翼飞机进行长时间巡查，多旋翼进行多架次排查。

5 夜间巡检

搭载热成像系统，挂载红外吊舱实现地下管道热成像巡检。也可对集输管线可疑区段出现的异常情况进行空中侦查。对管道及周边进行巡检，当发现管道上方有可疑人员活动或发现破坏管道的行为时，可以使用喇叭进行喊话，制止打孔盗油行为，对犯罪分子进行驱离、震慑和跟踪，同时可录像收集证据。

6 泄漏隐患排查

结合输油管道负压波泄漏报警系统，对输油管道出现的泄漏点进行定位，确定出管道泄漏点位置后，通过无人机快速机动的特性，对泄漏点区域进行快速排查，以便及时发现泄漏点，采取有效措施应对。

7 高后果区应急抢险

7.1 为现场指挥提供技术支持

利用无人机快速对事故现场周边环境进行勘察，掌握现场资料。将事故现场的影像资料及时发送到抢险指挥部，为指挥部提供现场实时高清资料，便于指挥决策。

7.2 协助人员疏散

通过无人机搭载的高音喇叭空中喊话，指导现场人员疏散，减少以及避免人员伤亡。

8 结论

无人机在管道的日常巡检、应急抢险、管道隐患排查等方面有着快速、高效、精准的特点，具有侦察范围大，图像清晰，资料便于存储，受地理环境、天气变化等因素影响较小等优点，因此加强无人机对管道进行巡检技术应用，是保障输油管道安全运行的重要方式之一。

智能巡检集成技术在气田无人值守站场的应用探索

夏太武[1,2]　陈墨[1,2]

(1. 中国石油西南油气田分公司集输工程技术研究所；2. 四川利能燃气工程设计有限公司)

摘　要　气田生产站场作为天然气开发生产过程中的重要管理对象，在传统的生产管理模式下，需要耗费大量的人力资源开展现场巡检工作。文章在深入分析站场巡检业务基础上，开展无人机、物联网、5G、人工智能技术在智能巡检中的集成应用研究，形成一套机载智能巡检终端，实现与 SCADA 系统、物联网系统、视频监控系统信息共享，采用远程集中巡检替代人工现场巡检，为站场实现无人值守创造条件。

关键词　智能巡检，无人值守，无人机，物联网

随着数字化转型智能化发展的步伐不断加快，气田生产站场已经具备了生产数据自动采集、关键节点远程集中控制、生产区域远程可视化监视、人员闯入报警等基本功能，现场智能仪表和重要工艺设备的动、静态数据实现了基本采集与初步应用，这为开展智能巡检技术研究提供了基础条件。

1　站场无人值守模式

站场无人值守的定义可以从两个方面来理解，一是有人值守，无人操作，一般在自动化、数字化建设后期，部分站场可探索采用这种模式；二是无人值守，无人操作，数字化全面建成、智能化基本覆盖的条件下，部分站场可探索采用这种模式。

站场无人值守的生产管理模式主要有如下几种。

（1）中心站管理模式。依托中心站形成区域监控点，覆盖周围无人值守站场，达到站场无人值守+中心站集中驻守巡检、应急抢险人员的管理效果。

（2）集中管理模式。采用集中监控，集中或分区域管理的模式，实现部分站场无人值守。

（3）高水平无人值守模式。采用远程集中调控+站场无人值守、无人巡检的模式，实现部分站场无人值守。

本文主要针对第二种模式向第三种模式转变阶段开展相关研究。

2　站场巡检任务分析

气田生产站场巡检任务主要是识别设备运行是否存在故障，是否存在不安全的人、物对正常生产造成安全隐患。在数字化条件下，巡检任务主要包括以下几点。

（1）观察现场仪表实时数据，如有自动采集的生产数据，通过手持终端与 SCADA、物联网等系统平台获取对应的系统自动采集数据，核实数据一致性，若无自动采集的生产数据，需要通过手持终端人工录入数据。

（2）检查生产区域是否存在可燃气体泄漏。

（3）检查工艺装置是否存在"跑冒滴漏"。

（4）检查自控系统运行是否正常。

（5）检查闯入报警系统运行是否正常。

（6）检查是否有非作业人员进入生产区。

（7）检查现场消防设施是否配置到位。

当然，根据不同站场实际生产情况的不同，现场巡检工作会存在一定的差异。本文主要针对站场常规巡检任务进行分析。

3　智能巡检技术集成应用探索

3.1　无人机技术在巡检中的应用探索

无人驾驶飞机是利用无线电遥控设备和自备的程序控制装置操控的不载人飞机，简称无人机，无人机具有方便携带、体积小、低成本、质量轻、操作灵活等优点。近年来，无人机技术已愈发成熟，已广泛应用石油、天然气、电力等行业的巡检中，本文主要借用无人机搭载智能巡检终端设备，对其程序控制进行二次开发，采用远程控制的方式实现无人机启停和充电控制，弥补机器人巡检不能上平台、因仪表角度不合适而无法巡检的不足，实现无死角巡检，大幅降低现场人工操控场景。

3.2　红外成像技术在巡检中的应用探索

（1）红外成像技术原理。

利用某种特殊的电子装置将物体表面的温度分布转换成人眼可见的图像，并以不同颜色显示物体表面温度分布的技术称之为红外热成像技术，值得注意的是这种热像图与物体表面的热分布场必须是相对应的。

红外成像技术用于气体泄漏检测主要分为被动成像和主动成像两种技术，前者按照工作波段分为热成像技术和光谱成像技术。

（2）国内外红外成像技术应用与研究情况。

近年来，红外成像技术已广泛应用于欧美发达国家的石油、天然气、化工、煤炭、冶金、电力等行业[5]，该技术在石油石化行业的应用集中于中红外波段，目前在行业内已有应用，但尚未普及[6]。利用红外成像技术，可以增强现场智能感知程度，弥补固定式可燃气体探测器存在漏点检测不直观、报警浓度滞后、探测器安装位置难以选优、检测结果受环境影响大[5]的不足。文献[7][8][9]对红外成像在气体泄漏检测中的应用作了详细的论述，虽然国内针对天然气泄漏的红外成像设备还在实验阶段，但无疑它将会面世，为本文的红外成像检测气体泄漏技术集成应用提供了基础条件。

3.3　图像识别与处理技术在巡检中的应用探索

计算机图像识别原理与人对图像识别的原理类似，包括信息获取、预处理、特征抽取与选择、分类器设计与分类决策几个步骤。目前，图像识别与处理技术已在安防、交通系统、农业等领域得到了广泛应用[10]，而近些年的智慧燃气建设中，已采用现场图像采集、图像远传、图像后台智能分析、图像数据提取的方式实现了普通皮膜表的数据原传改造。在站场巡检中，主要沿用了燃气行业信息化建设的应用成果，通过巡检采集现场仪表图片信息，远传至后台进行分析，并抓取仪表数据后与 SCADA 系统或物联网系统对应的数据比对分析，完成生产数据初步审核工作。

此外，图像识别和分析功能的应用，还可以实现对部分设备"跑冒滴漏"的检测和分析。

3.4　5G 网络技术

5G 作为第五代蜂窝移动通信技术，可以提供超常规无线通信技术的传输质量，并重新定义了传输带宽、瞬时时延、数据并发量等指标的上限。

5G 技术的性能目标是数据传输速率高、延迟时间短、低功耗、低成本。按照国际标准化组织 3GPP 的定义，5G 分为的三大场景。

（1）eMBB：指 3D/超高清视频等大流量移动宽带业务。

（2）mMTC：指大规模物联网业务。

（3）URLLC：指如无人驾驶、工业自动化等需要低时延、高可靠连接的业务。

自 2019 年工业和信息化部发放 5G 拍照以来，5G 网络部署进入了高速发展期，其应用已涉及政务与公用事业、工业、农业、文体娱乐、医疗、交通运输、金融、旅游、教育、电力等行业与领域，预计到 2025 年国内 5G 连接数将达 4.28 亿个。

文献[12]对 5G 在无人机行业的重要作用和应用作了深入的分析，而 5G 技术应用与站场巡检中，既可以弥补 4G 网络带宽不足、时延长、视频传输卡顿等缺点，也可以大大缩减自建光缆建设付出的工程投资成本，实现巡检终端与后台系统之间流畅的视频图像传输。

3.5　智能巡检技术集成系统探索

智能巡检集成系统需要涵盖仪表数据抽取、可燃气体泄漏检测、生产区域视频监视、设备运行参数检查等功能。

（1）系统架构。

综合现有信息管理子系统，加载智能巡检管理子系统后，总的系统架构分为三个层级，即现场层、基础数据层、应用层。如图 1 所示，现场主要负责基础信息采集和初步整理，同时接收应用层的调度控制指令，数据层负责基础数据统一存储、清理、初步分析和集成，为应用提供专业化基础数据支撑，应用层除 SCADA 系统保持独立外，整合各业务子系统，形成综合管理系统，为基层生产管理单位提供集中的生产管理应用平台。

本文主要开展智能巡检子系统的应用探索，在基础数据层中，智能巡检子系统通过图像识别和处理等技术，提取出现场仪表基础数据，同时结合 SCADA 系统的实时/历史数据、物理网系统的动/静态数据进行对比分析，形成份分析结果存入巡检数据基础应用数据库，支撑应用层的智能巡检管理子系统，并为其他业务子系统提供基础信息。

应用层	SCADA系统	综合管理系统				
		设备物联信息管理子系统	完整性管理子系统	视频监控管理子系统	综合生产调度管理子系统	智能巡检管理子系统
基础数据层		综合数据库				
		实时/历史数据库	设备设施动/静态数据库	视频/语音媒体数据库	巡检数据库/巡检数据基础应用数据库	
现场层		PLC/RTU	物联网关		视频服务器/硬盘录像机	智能巡检终端
		可燃气体泄露检测(热成像)	可燃气体泄露检测(固定式探测器)	智能仪表(动静态数据)	现场仪表(指示或显式)	闯入报警(运行状态)	自控系统(运行状态)	生产区视频监视	重点设备(运行状态)	重点区域(跑冒滴漏)

图1 系统总体架构图

（2）智能巡检终端。

智能巡检终端主要完成可燃气体泄漏基础图片的抓取、生产区域视频图像采集、现场仪表设备图片采集、PLC/RTU 触摸屏和机柜运行指示区域视频图片采集、重点设备/重点区域视频图像采集，并将相关信息初步整理后上传至智能巡检数据库，同时接收智能巡检子系统的远程操控执行，执行巡检相关的工作任务。

如图2所示，智能巡检终端主要以无人机为载体，集成高清摄像机、红外热成像仪、夜间补光灯、主控制器、5G 通信模块，主控制器实现对无人机轨迹、巡航、巡检点和摄像机、红外热成像仪的管理控制，同时通过 5G 模块实现相关信息的上传，此外主控制器还接收并执行远程调控指令。

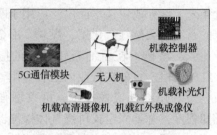

图2 智能巡检终端集成示意图

（3）网络结构。

如图3所示，现场智能巡检终端通过租用运营商 5G 网络，并经运营商内部网络集成后，通过专线接入到气田通信机房，在通信机房经过过滤、隔离、防护处理后，接入服务器。在机房内，巡检数据服务器和实时历史数据服务器、设备设施动/静态数据服务器、视频/语音媒体数据服务器通过局域网实现网络连接，搭建起数据库之间的网络通信桥梁。

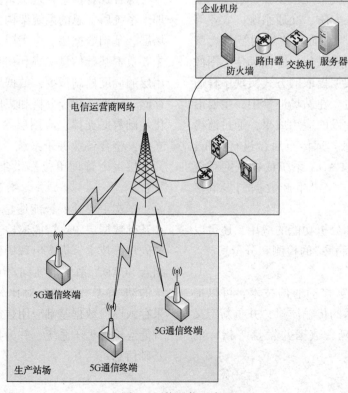

图3 网络通信示意图

（4）系统融合。

基础数据层会涉及数据库与数据库之间的数据交互和共享，而应用层会涉及子系统与子系统之间的业务流转和信息交互。智能巡检作为相对独立的子系统，会调入其他子系统的基础信息，其巡检分析结果也将共享到其他子系统，为开展系统集成应用，搭建统一的综合管理平台创造条件。

4 结束语

（1）5G 技术的应用，可以为机载巡检终端与系统平台之间的视频传输提供网络保障。

（2）无人机巡检终端的应用将可以弥补机器人巡检存在的不足，从技术层面进一步促进站场向无人值守、无人巡检模式转变。

（3）红外技术在气体泄漏检测中的实际应用还需要进一步验证，采用人工智能代替部分需要通过人工"闻"来识别的故障也要做进一步研究和探索，故最终形成本文研究预期目标，在技术层面上还需要一个发展过程。

参 考 文 献

[1] 崔勋杰；天然气无人值守站场建设模式探索［J］. 辽宁化工，2020，49(10)：732-733.
[2] 张玉恒，范振业，林长波；油气田站场无人值守探索及展望［J］. 仪器仪表用户，2020，27（2）：105-106.
[3] 陈海秀，陈河源，曹惠茹，等；无人机目标跟踪系统的设计与实现［J］. 机电工程技术，2020，49（11）：165-167.
[4] 孙亚灿；易燃易爆气体泄漏红外视频图像检测方法研究［J］. 数字通信世界，2018，（10）.
[5] 张靖宇，孙秉才，冯兴，等；石油化工企业泄漏检测技术现状及前景［J］. 油气田环境保护，2020，30（4）：37-40.
[6] 唐璟，罗秀丽，刘绍华，等；石油和天然气红外成像检漏［J］. 激光与红外，2016，46(1)：62-66.
[7] 金月丽，王涛，覃鹤宏，等；容器及泄漏点温度变化对红外气体泄漏检测的影响的研究［J］. 液压气动与密封，2012，（8）：50-52.
[8] 朱亮，邹并，高少华，等；红外成像光谱在泄漏气体处置中的应用研究［J］. 激光与激光电子学进展，2015，52(8)：0807011-5.
[9] 徐铭，万松，朱风弟，等；红外成像技术在 GIS 设备检漏中的应用［J］. 水电与新能源，2015，132（6）：39-42.
[10] 周志勇；关于图像处理与图形识别技术的发展及应用实践［J］. 网络安全技术与应用，2020，（6）：144-145.
[11] 王恩广，杨锋；基于 5G 技术的小铁山智能化关键系统建设构想［J］. 甘肃冶金，2020，42（6）：73-75.
[12] 王永泰；浅议 5G 时代无人机与反无人机技术如何相辅相成［J］. 中国安防，2020，（8）：78-81.

塔河油田输气管道泄漏无人机检测技术研究与应用

孙海礁[1,2]　刘青山[1,2]　高秋英[1,2]　刘　强[1,2]　马　骏[1,2]　张　浩[1,2]

(1. 中国石油化工股份有限公司西北油田分公司;
2. 中国石油化工集团公司碳酸盐岩缝洞型油藏提高采收率重点实验室)

摘　要　管道泄漏带来的安全风险、环境污染和经济损失巨大。塔河油田地表环境恶劣,人工巡检难度大、效率低,输气管道 H_2S 含量高,存在较大的安全风险。采用可视化无人机巡检技术,实现了管道无人巡检,但该技术无法快速有效的识别甲烷气体泄漏。本文中利用多旋翼无人机平台搭载轻量化激光甲烷遥测仪,开展无人机载激光甲烷检测技术的研究与应用试验,实现油田输气管道轻量化巡检及远距离甲烷气体泄漏检测。

关键词　输气管道,泄漏检测,无人机巡检,激光甲烷遥测仪,轻量化

油气通过管道输送已成为主要的运输方式之一,管道输送具有运送量大、连续性好、成本小等优点。但在管道输送的过程中存在管道泄漏的问题,不仅会造成经济损失,同时也会对环境带来污染。

塔河油田输气管道数量多,地表环境恶劣,人工巡检难度大,效率低。高含硫化氢气体、输送量大,一旦发生 H_2S 气体泄漏、逸散,将存在巨大的安全风险。对于高含硫化氢的输气管道泄漏尚未形成有效的监检测技术手段,需要一种可自动化检测、泄漏报警、漏点定位的无人巡护检测技术。

塔河油田已应用无人机替代人工定期巡检、应急巡检,有效提高了巡护效率,提升了巡护效果,实现了巡护自动化,保障了巡护人员的安全。但无人机可视化监控,还需要通过肉眼观察和辨别,适用于白天、油气大面积泄漏时检测与识别,而夜间及可燃气体的泄漏难以辨别和发现;借鉴电力、通信行业的应用经验,工程技术人员考虑搭载频射、红外线检测仪器等方案,实现夜间条件下、气体泄漏检测,但通过技术攻关发现,频谱设备仪器大,无法小型化,不适用于无人机的搭载,而红外线检测仪,无法识别气体泄漏和环境的温差,气体泄漏无法有效识别。目前塔河油田无人机巡检技术现状:①只能实现集油、输水管线泄漏识别,输气管线泄漏检测、识别难度大;②可视化无人机适用于白天、地表较大泄漏时巡检,夜间尚不能巡检;③无人机巡检速度低,飞行速度 12.5m/s,折算小时速度 45km/h;④滞空时间短,一次滞空时间 20min,最大巡检距离 15km;⑤在有风天气(小于 3 级),巡检能力受到影响。

1　无人机和激光探头选型

1.1　适配多旋翼无人机

选配大疆 M300 多旋翼无人机,大疆在民用无人机领域具有领导地位,其行业应用产品 M300 成为无人机的首选方案。M300 是大疆首款具备工业防护等级专为农业植保、电力、管线巡检等领域而开发的飞行平台,具有良好的二次开发条件。M300 有一个立体视觉系统,配备红外感知系统,可在任何飞行模式下实现前方、下方和上方避障。

1.2　激光甲烷遥测仪

激光遥测方法探测甲烷气体采用先进的可调谐二极管激光吸收光谱技术(TDLAS),将激光频率固定在甲烷吸收峰波长 1651nm 附近,对激光频率进行调制发出激光作为探测光,探测光穿过被探测区域后反射回来,反射光被接收装置接收并分别进行一次谐波和二次谐波的检测,计算后获得光路径上甲烷气体的积分浓度(图1)。

针对无人机搭载的方案,研发出一款小型化、轻量化机载激光甲烷遥测仪模块,将无人机图像巡检技术和激光甲烷遥测技术结合,专门搭载于无人机上进行远距离甲烷气体泄漏检测。激光甲烷遥测仪通过扫描控制器发射红外激光,并接收反射光,对光路中的甲烷气体进行测量,并将数据、图像、视频信息无线传输至地面终端,实现信息反馈、浓度预警和数据存储等功能。这种方式不受非被测气体和环境干扰,并且具备分

子级别的灵敏度检测，对微小泄漏十分敏感，检测结果极为准确（表1）。

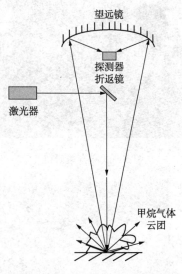

图1 激光甲烷遥测仪工作原理

2 信息平台搭建

2.1 检测系统集成

检测系统集成大疆飞行控制和激光甲烷巡检功能，由无人机、激光甲烷遥测仪模块、高清相机或红外相机以及地面信息终端等四部分组成。可实现沿管道上方预设巡检路径自主飞行或人工遥控飞行，在巡检进程中，实时显示巡检图像、浓度数据、记录巡检轨迹，自动化程度高。在检测到甲烷泄漏时，能够自动拍照并标记泄漏位置，记载泄漏点浓度和经纬度坐标，并实时传输至地面信息终端，巡检完成后可自动生成巡检报告。

2.2 通讯链路开发

（1）激光甲烷遥测仪与无人机的通讯链路：将甲烷浓度数据提交给无人机远传系统。

（2）无人机与地面站系统的通讯链路：无人机将位置坐标、图像和甲烷浓度等数据回传给地面通讯系统，地面站系统可以手动控制无人机作业，并可以设定甲烷浓度报警阈值，坐标、甲烷浓度和摄像图像需有一一对应关系。

（3）PC端软件具有从航线自动规划、实时飞行监控、飞行数据质检、预处理、数据共享和维修保养功能的一站式智能软件系统（图2）。

表1 机载激光甲烷遥测仪基础参数

可探测气体类型	甲烷及含甲烷成分的气体	供电电压	DC7~12V
测量原理	可调谐二极管激光吸收光谱（TDLAS）	额定电流	<1A 典型值8V 供电情况下电流0.3A
灵敏度	5（实测）ppm·m	输出数据	甲烷浓度，光强，环境温度等
测量范围（甲烷）	0~99999ppm·m	激光安全等级	红外检测激光：Class I 级人眼安全 波长：165 1nm，<10mW
测量精度	±10%（100~50000ppm·m）		
响应速度	0.1s		绿色指示激光：Class3R，避免激光直射眼睛 波长：520nm，<5mW
遥测距离	100m（实测距离受反射面类型及环境影响）	工作温度	−20~+50℃
仪器重量	<420g	工作湿度	<80%RH，无冷凝
尺寸	70mm×87mm×120mm	光斑大小	发散角：2mrad（20m 处 4cm）

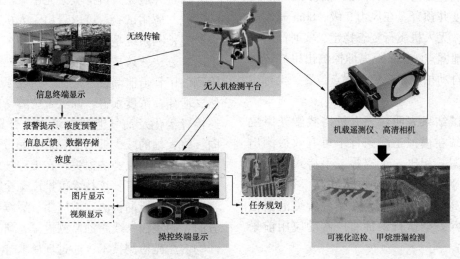

图2 无人机搭载激光甲烷遥测系统工作示意图

3 现场试验情况

检测平台集成和飞行测试系统搭建完毕后，为验证激光甲烷遥测系统对泄漏检测的精度和飞行系统稳定性，通过选定现场某管线，人工设置一处模拟泄漏点，确认气候条件、飞行高度和检测精度的关系。

3.1 管线选定

基于无人机检测平台，我们选取了塔河油田12区伴生气主干线作为巡检管线，管线为区块内主要的集输干线，输送介质为伴生气，管线长度23km。该管线途径流沙、荒地、植被，地表环境恶劣，地势起伏大，无伴行的道路，人工巡检难度大。为保证试验效果，选取了其中5公里管段作为试验管线，在沿线途中释放微量燃气，人工模拟泄漏点。无人机设定飞行高度为80m，飞行速度为6m/s，激光扫描宽度为10m，保证覆盖埋地管线。无人机按照设定航线起飞、巡线至降落，为一个起落过程。一个起落中沿5km管线来回执行两次巡检。

3.2 泄漏点设置

在距起点10km设置1处人工模拟泄漏点，在地面放置甲烷气袋，气袋内充入甲烷与空气的混合气体，气袋大小规格（长×宽×高）为80cm×60cm×10cm。利用手持式激光甲烷遥测仪测定甲烷气体浓度阈值并固定好气袋。根据现场条件，试验在风力3级、飞行高度80m、飞行速度6m/s的情况下，检测系统对甲烷气体的响应时间。

3.3 现场试验结果

将管道航线坐标发送给无人机，采用全自动飞行模式，无人机按照设定航线自主起飞、巡检至降落，飞行过程中自动探测、捕捉泄漏点位置、泄漏浓度并预警。在风力3级、80m高度的飞行环境中，无人机飞行姿态稳定、实时高清画面清晰，距泄漏点100m距离即探测出甲烷气体泄漏点，并自动拍照、锁定泄漏点位置、坐标生成巡检报告。

飞行测试结果表明：无人机搭载激光甲烷泄漏检测系统在模拟工况条件下可有效检测出甲烷气体泄漏，相比人工巡检、手持式检测仪系统具有检测效率高、检测精度高，智能化、自动化程度高等突出特点，在输气管道泄漏检测、集输管网安全运行中拥有广阔的应用前景（图3~图5）。

图3　试飞方案研讨

图4　试飞前准备

图5　无人机巡检画面

4 结束语

通过开展无人机搭载激光甲烷泄漏检测系统的研究与应用试验，可以看出无人机搭载激光甲烷泄漏检测系统是输气管道泄漏检测的有效技术手段和方法，该技术也填补了塔河油田无人机监检测油田管道泄漏技术空白，实现了快速检测天然气泄漏、浓度预警、漏点定位等功能，在油田巡检轻量化及油气泄漏检测方面开辟了新的方向，将大幅的减少天然气管道泄漏带来的安全隐患、环境污染和经济损失。在工程技术人员不断的研究与攻关下，该技术可推广至全国油气输送管道和站场泄漏检测领域应用。后续将延展攻关方向，向集输管线腐蚀监测进军，研发流体腐蚀产物的激光检测技术，通过现场取样做腐蚀产物含量分析，得到腐蚀类型、腐蚀程度的实时监测。

参 考 文 献

[1] 杨孟乔，白莉．天然气泄漏检测技术的研究现状[J]．煤气与热力，2017，34(10)：B11-B13.

[2] 窦贺鑫，汪曦．基于 TDLAS 技术的在线气体检测系统评价[J]．现代仪器，2007.

[3] 天津滨海东新燃气有限公司，天津中科飞航技术有限公司．无人机载激光甲烷检测系统在燃气管线巡检中的应用探索[J]．2019 年燃气安全交流研讨会论文集.

国内外无人机(机器人)产品现状及技术发展趋势

戴建炜 李鸿鹏 石 鹏

(国家管网集团西气东输公司厦门输气分公司)

摘 要 随着工业化进程的推进和信息时代的到来,无人机(机器人)在智慧城市、智能交通、物联网服务和智能服务中发挥着越来越重要的作用。数据表明越来越多的机器人被应用在第一、第二、第三产业。结合国内外智能机器人的发展规划,从工业机器人,救援机器人,采矿机器人,自动驾驶技术、智能物流等应用机器人,预测其在中国的发展趋势并提出对未来发展的思考和建议,供您参考评估。

关键词 智能机器人,人工智能,工业机器人,工业4.0

随着现代人工智能科学与技术的不断进步与发展以及社会要求的转型与变革,人工智能机器人时代也正在悄然来临。特别是中国的机器人市场已经进入了一个快速增长期。自2012年以来,中国已快速发展初步成为了目前全球最大的高端工业服务机器人研发生产和出口销售市场,尤其重要的一点是对高端服务工业机器人的巨额巨大市场需求。在这个科技快速发展的时代,人工智能机器人也迅速进入我们的生活,人工智能技术继续向前探索,都促进机器人产业的发展。

1 国内外智能机器人现状

机器人技术是集机械电子、自动化控制、传感器技术、计算机技术、新材料、仿生技术和人工智能等领域为一体的复杂高科技技术。它被认为是对未来新兴产业发展具有重要意义的高新技术之一,不仅是先进装备制造业快速发展的基础和关键支持,也是改善现代人们日常生活方式的重要切入点。作为衡量一个国家的科技创新水平与中低层次制造业发展水平的重要标准,智能化工业和机器人行业的未来发展也愈益受到了世界社会各国的重视。世界主要的经济体为了抓住这一领域的发展契机,获得竞争优势领域的机器人打破所代表的高科技智能机器人技术,获得竞争优势领域的机器人打破所代表的高科技智能机器人技术,机器人产业的发展上升为国家战略,尤其以美国、欧洲、日本和中国为代表。

2019年全球机器人市场规模预计将达到294.1亿美元,2014—2019年的平均增长率约为12.3%,其中工业机器人159.2亿美元,服务机器人94.6亿美元,特种机器人40.3亿美元(图1)。

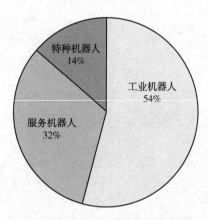

图1 2019年全球机器人市场规模

1.1 美国的机器人发展计划

这种通用机器人的最初设计诞生地点就是位于美国,1962年前该美国公司开始自行研制并自主设计生产出了目前世界上第一台部门专用于机械工业的通用机器人,经过多年的研究探索和不断发展,美国现已逐步发展早熟成为了目前世界上的工业机器人研发制造生产大国之一,基础雄厚,技术先进。

2011年,奥巴马政府在先进的机械制造解决方案基础上,启动了基于美国的"全民机器人计划"(National Robotics Initiative,NRI)。这一计划旨在解决从基础研究和开发到工业制造和部署的整个生命周期,并对机器人在人类活动的各个领域带来的长期经济和社会影响进行分析。总体来看,在机器人软件技术、商业服务等领域已经处于世界前列的情况下,随着其推动"重振制造业"的发展,美国凭借强大的实力和基础,将会在未来一段时期进一步推动在工业机器人制造和使用方面的发展,实现在工业机器人领域内尽可能地超越日本和德国。

1.2 欧洲的机器人发展计划

为了确保欧洲经济的进一步发展，欧盟委员会同欧洲机器人协会合作开展"SPARC"计划。该计划2013年12月17日签署，欧盟委员会是在"地平线2020计划"下资助"SPARC"计划，协议中欧盟委员会将出资7亿欧元，欧洲机器人协会出资21亿欧元，似的该计划成为世界上最大的民间资助机器人创新计划。可见欧洲各国的智能机器人发展的决心。欧盟委员会认为，以加强机器人为核心研究和创新投资能力为主要目标，加强对于建设一个机器人群体团体和创新型市场的支撑是至关重要的，机器人行业市场多元化，需要一种分析机器人市场发展空间的新手段，SRA的功能和作用就是将终端用户的产品服务和商业模式与其创新的机器人市场模式所需要的基础性底层技术相互紧密联系的能力，这对于研究机器人资源对于分配以及对市场投资影响最大化至关重要。

1.3 日本的机器人发展计划

日本作为机器人第一大国，始终保持对于机器人产业的高度重视，在2004年5月正式发布的《日本新兴产业发展规划》中所明确提出7个新兴产业龙头领域的机器人产业也被认为是其中之一，同时在进一步落实新兴产业发展规划战略的《机器人经济增长规划》战略报告中，也把我国机器人作为日本建设成为世界科学研究创新中心的基础性支撑地位上，近两年来我们已经开始了重新考虑。农村机器人行业政策。日本对于机器人行业一直都抱有较大的好奇心和希望，期待着这种机器人在日常生活和各种公共场合中能够更好地被贴近我们人类，能够更好地应对当前日本的低龄化和少子化社会环境，进一步缓解日本劳动力的下降，创造幸福的社会。

1.4 中国的机器人发展计划

2016年，我国正式批准发布了关于推动机器人制造行业未来五年的国家战略性健康发展行动计划，该年的战略发展计划详细地明确制定了关于2017年我国推动机器人制造行业未来五年健康发展的战略目标与发展任务。实现特色产业发展规模的力度持续稳步扩大。培育3家以上的行业具有具备国际领先市场核心竞争力的制造龙头企业，打造5个以上的工业机器人配套服务行业产品集群。我们的核心技术研发能力已经得到了明显的稳步提高。工业服务机器人的平均运行旋转速度、载荷、精度、自重比等主要专业技术指标已经基本达到了业内国外同类机器产品的先进水平，平均无故障寿命持续时间（MTBF）平均可以最高达到$8×10^4$h；涉及医疗卫生、家居清洁服务、反恐防暴、抢险应急救援、科研技术教育等各个方面的工业服务型机器人专业技术水平，已经基本接近于业内国际先进水平。机器人行业使用的精密工业减速器、伺服专用电机及其动力驱动器、控制器等的传动性能、精度、可靠性已经初步达到了国外的国内同类型工业产品先进水平，在六台四轴及以上的精密工业应用机器人中已经成功实现了比较小规模的广泛应用，市场占有率已经初步达到50%以上。面向《中国制造2025》十大重点国家和地区重点技术领域及其他十家国民经济社会发展战略重点技术产业的发展要求，聚焦现代工业智能制造、智能现代物流，攻克了现代工业机器人的多项关键技术，提升了技术可操作性和可维护性，重点研究开发出了弧焊加工机器人、真空（洁净）弧焊机器人、全自主和可编程单臂智能协作工业制造机器人、人机互动合一单臂协作工业机器人、双臂协作机器人、重载机器AGV等六个系列具有中国标志性的现代工业制造机器人新型技术产品，引导了近年我国现代工业制造机器人朝着中端和高端方向快速发展（图2）。

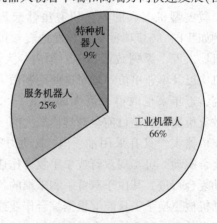

图2　2019年我国机器人市场结构

2 国内外智能机器人的技术研究现状

近年来，国内外智能机器人热门产品不断涌现。在救援机器人、采矿机器人、无人驾驶技术、智能物流机器人等方面，国内外相关的研究机构或机器人公司取得了重要突破。

2.1 智能工业机器人

当前，工业机器人的应用场景日益丰富，苛刻的技术条件和环境已经对工业机器人的体积、重量、灵活度等方面提出了较高的技术要求。传统的机器人因为易用性、稳定性和智能技术水平的局限，在我们进行加工任务的过程中，往往都是需要完全远离自己的人类，在防止围栏或者其他的屏障后进行操作，以避免自己和人类身体受到损坏，这极大地限制了我们在工业机器人中的实际应用。而目前，更轻、更柔软、对外部驱动力的依赖程度较低的协同机器人技术迅速发展，使得人机相互协作的质量和效率进一步提升，能够更好地适应我们实现柔性化制造的要求。目前，因为协作式机器人具有部署成本低、灵活性好、安全性优良等特点，可以充分满足各种新兴产品的应用需求，人机互联网在装备制造中的重要性也正在不断地进一步提升。

2.2 灾后救援机器人

近年来世界上多发的天气、自然灾害、恐怖主义活动、武力冲突等都给人们的身体和财产安全造成了巨大的威胁。在各类灾难中发生的次数越来越多，与此相关的事件发生的严重性、多变化程度和事故的复杂性也越来越大。灾难事件发生后的72h为黄金抢救时间，但是由于遭受灾难现场非结构化环境变化的影响，救援者难以快速、高效、安全准确地在现场进行救援工作，且救护任务逐步超出救援者的能量限制，因此，救援机器人已成为一个重要的领域和发展趋势。在国内，救灾型机器人的科学研究虽然起步相当晚。例如我国"863"项目支持开发地震救援专用辅助机器人等一系列政策措施；国内各大高校、科研机构以及事业单位等均对这些问题做了积极的研究，近年来也取得了巨大的进展。"龙虾"应急救灾机器人就是目前全球规模最大的一种抢险救灾机器人。具有采用油、电"双动力"方式交替复合驱动，可实现双臂或单手复合作业，轮履移动复合行进，其位于双臂手和末端的各种液压传动机械更换手工具能够根据综合作业或紧急救援现场的实际需要快速自动更换不同综合作业需要功能的各种液压机械属具，实现快速工具装卸、拆解、抢险紧急救援等复杂作业。

2.3 采矿机器人

随着工业现代化和人类日常生活资源需求的

不断变化提高密度上升和超强度的海底开采，全球各种大型陆地海底矿产资源大量逐渐减少和快速消耗，海底勘探矿藏也已经成为了新的国家发展战略目标，联合国国际海底管理局(ISA)已经正式宣布批准20余份国际海底矿产勘探和深海采矿工作合同，覆盖数十万平方英里的深底海域，深海海底采矿挖掘机器人也已经成为了全球海底矿产勘探与深海矿藏资源挖掘的重要领导者和发展主力。例如，鹦鹉螺深海矿业公司去年受邀英国委托并为英国知名企业 soil 挖矿机器人和动力公司设计制造了目前世界上第一批大型深海自动挖矿专业机器人，这些挖矿机器人不仅可以在一个接近摄氏零度和150个摄氏大气压的温度情况下自动进行挖矿操作，最小挖矿机器人们的身高高度可以做到达200吨，配备一个摄像头以及3d级的声纳温度传感器。机器人三组，协同工作。由两台分别命名"辅助切割机"和"主切割机"的大型机器人自动快速打开了输油通路，并由两台分别命名"收集机"的小型机器人从内部的输油管道抽出来水并吸取大量海水、泥浆，递送给搭载航行卫星到太空和地球海面的其他大型船只中。

2.4 无人驾驶技术

在研发无人驾驶汽车方面，科技领域龙头企业也需要充分着眼于无人驾驶汽车。随着未来深度机器学习等新算法的不断出现与逐渐兴起，人工智能相关技术也已经取得了明显的技术进步，目前已经在智能无人车等新一代技术应用领域已经获得了广泛的研究应用，以美国谷歌、英特尔等公司为主要企业代表的一批来自全球新型信息科技公司龙头企业纷纷在其中迅速展开了战略布局。例如，美国政府谷歌旗下的自动无人驾驶汽车子公司 Waymo 正在准备计划通过其早期设想在位于美国密歇根州成功投资建立的一家世界上第一家可以专业化生产l4级自动无人驾驶智能小型汽车的大型自动化工厂，将由其继续发展生产可以实时进行完全自我驾驶监测和自动控制的l4级自动无人驾驶智能小型汽车(图3)。

图3　谷歌、百度等科技公司布局无人驾驶

2.5 智能物流机器人

目前，全球世界范围内的许多发达国家都在积极地投入致力于物流机器人技术研发，新型物流机器人也在不断地创新涌现，并且已经逐渐开始在冰冻冷链、医疗、制药等工业物流和食品仓储等物流作业中已经得到广泛的技术应用。德国kuka公司专门为中国冷冻冷链食品物流领域的高端物流服务企业设计开发了一款同时可以自动使其在零下30℃的低温环境下正常储存工作的智能冷冻食品机器人，开创了德国冷冻食品机器人先进技术在中国冷链食品物流中实际综合应用的行业全球化技术先河。另外，在现代医药药品物流仓储服务系统方面，由一家德国srowa公司进行自主设计研发的"机械手式自动化药房"也可能就是其中最具国际代表性的，这种基于机械手式的全自动化成品药房主要功能是由一个小型机械手负责同时进行一个成品药盒的同时搬运，实现了多个药品的同步入库与同时出货，并且我们可以轻松地同时实现对多个药盒的密集式化仓储和对药盒数量的有效管理。相信随着互联网和机器人技术的发展与进步，新型物流用的机器人不断涌现，未来这种机器人将会能够更好地取代人类，为我国互联网和物流的快速发展作出贡献。

3 智能机器人未来发展与思考

3.1 动作越来越灵活

现代智能型的机器人虽也可以是能够模仿一个人的某些部分行为，不过它们相对有点死板感觉，或许他们的行为是比较缓慢的。未来的机器人将以更灵敏的相似于人类的身体关节和模拟人工的肌肉，使其动作变得更加模拟于人类，仿照了人的所有动作。

3.2 人形机器人

科学家们正努力研制越来越高级的智能型人体机器人，是主要以人类本身的面部形体来作为主要技术参照研究对象，因此是否拥有一个很好的形体仿真器和人型外表是它的首要条件。关于未来的人类机器人，仿真的复杂程度你也可能不会把它简单地解释当成一个新的人类，很难准确地让你分辨我们得出什么可能是哪一个新的机器人。

3.3 自我修复能力

未来的智能机器人将会具有越来越强壮的自我修复才能，关于本身内部零部件等运转情况，机器人将会随时自行检查全部的情况，并且会做到及时进行修正，这也是机器人智能意识的一个重要体现。

3.4 功能多样化

由于人类制作这种机器人的目标和意图都是为了让人类解放劳动力，因此我们会尽量将其转变成更加适用于生活，例如在一个家庭中，能够让其成为一名机器人的保姆，会扫地、吸尘、还会做您的聊天好朋友，还会为你照顾小孩子。当你走出外面的时候，机器人可以能够帮助你移动搬一些重物，或者给你提一些食品，乃至也可以作为你的私家警卫。

3.5 学习能力越来越强

智能机器人AlphaGo就是通过不断的训练、学习、校对、调整、形成策略网络，其主要工作原理就是深度学习，通过选择不同的目标和策略，赢得围棋比赛，人工智能的深度学习正不断展现出了潜力。

4 结论

中国机器人产业化必须依靠市场驱动。机器人作为一项重要高新技术，其的发展与社会生产、经济形势有着密切的联系。机器人研发工作应基于科学技术的实现和可能性较高的原理，并以机器人在优先应用领域作为研究突破口，并逐步渗透、推广到其他领域。机遇和挑战都可能是同时也会有所并存，展望未来，人工智能的普及和发展必然会助力整个人类在生活中实现许许多多目前认为"不太可能"的东西，比如在医学领域，人工智能将极大地提升对于分析各种人类遗传学基因组和针对各种疾病的患者群体开发各种个性化的治疗手段和方法的能力，甚至会大大地加快其治愈各种癌症和其他疾病的步伐。在环境保护领域，人工智能技术已经能够准确地分析各种气候特点并大幅度地降低能源消耗，帮助现代人类更好地监测和应对气候变化问题。科学技术是推动人类社会发展和进步的重要催化剂，知识的进步和增加也伴随着未知科学技术领域人才数量的增长，人工智能技术是一把大的双刃剑，使用得好会为我们生活带来方便，使用得不好我们未来将会有一些部分被替换，这也许就是很多年轻人非常担心的一个问题。科技进步是好事，那么如何把握好这个度就是重中之重。终有一天机器人会成为我们生活的一部分，为我们的生活增添色彩。

参 考 文 献

[1] 中国电子学会. 中国机器人产业发展报告 2019.
[2] 2019 年版中国人工智能行业市场调研分析报告.

无人机在油气管道巡检及应急处置中的应用

李 强

（中国石油中原油田信息通信技术有限公司）

摘 要 本文对油田管道的巡检现状及需求进行分析，介绍了无人机管道巡检的内容、巡检方式，分析了无人机管道巡检的技术优势，阐述了无人机管道巡检的技术方案。

关键词 油气田，油气管道，油气田场站，无人机，巡检技术

油气管道是油气资源配送的主要方式，目前我国长输管道分布于全国各地，因此管道的运行安全不仅关系中国各地经济的发展，同时直接关系沿线群众的生命财产安全。近年来随着我国经济的快速发展，油气管道建成后，管道沿线占压、安全间距不足以及其他危及管道的行为日益突出，给集输管道的运行带来了极大的安全隐患。

无人机管道巡线作为一项日趋成熟的新理念、新技术，主要是采用先进的无人驾驶飞行器、遥感传感器、遥测遥控、无线通讯和遥感应用等技术，对管线、站库等进行监控巡查，一方面定期提供管道沿线的情况的图像影视资料，为管道巡检管理的技术管理人员提供第一手资料；另一方面，一旦发生安全事故，无人机可紧急升空，为应急指挥第一时间提供现场情况，可以直观的处理各种问题，提高决策的准确性，在管线智能化建设方面具有极大的优势。同时无人机技术可以提供空中俯视的视角，辅助人工巡线打造出全方位的陆-空立体监督管理网络，使得输气管道监控多维可视化，实现对所管辖管道巡检、应急现场情况的快速掌握，便于判断和决策。

1 油气管道巡检现状及需求分析

1.1 现状分析

1.1.1 人工巡检难度大

（1）在偏远地区，传统的人工巡检非常困难，部分管道无巡检便道，人员无法近距离巡检。

（2）部分管道所在地区全年降雨量较大，一旦发生中雨以上降雨，人员将无法行走和巡检。

（3）部分管道沿线植被茂密，巡检人员受视野限制无法管道控制区域进行全方位巡检。

（4）偏远地区网络覆盖条件差，工作人员在巡检过程中经常难以与外界保持联系；由于沿途环境的复杂性，安全事件和事故容易发生，人员巡检往往会直接面临危险。

1.1.2 巡检线路长

长距离输油输气管道，动辄上百公里，沿途情况难以快速掌握，在伴有公路的情况下可以使用汽车搭载工作人员进行巡检，比较顺利也需要几天才能完成一个巡检周期，巡检时间长、效率低。

1.1.3 自然灾害的影响

如果遇上冰雪水灾、地震、滑坡等自然灾害，巡检人员或设备无法到达，无法开展巡检。

1.2 需求分析

1.2.1 点多线长面广的油气管线巡检需求

无人机系统巡检能克服地形、天气等困难，有效提升巡检能力，可以实现管道例行巡检，还可以对安全隐患重点巡检、重要监控点重点巡检。

1.2.2 突发事件应急处置的需要

突发事故重点监护，包括管道泄漏点、应急演练点、事故施工作业点进行重点监护，日常应急演练等，都需要无人机参与现场的应急处置，包括：①突发事件、应急演练按照要求进行现场长监控；②无人机挂载气体监测装置，进行气体泄漏巡检。③重点施工环节按照要求进行长时间重点监护。

2 无人机管道巡检技术介绍

2.1 无人机管道巡检处置内容

评估地质灾害对管道的破坏情况；

监督非法三方对管道施工；

监视巡察不法分子对管道实施偷油；

发现线路异常出现的漏油和漏气。

2.2 无人机管道巡检方式

2.2.1 拍照建模对比

（1）正射影像建模对比。

无人机搭载高像素相机，对管线进行正射影像的拍摄，后期对拍摄的影像进行测绘成图。定期巡检获取管线的正射测绘图进行对比，从而发现管线的异常情况。

正射建模的巡护方式适用于平原或起伏较小的丘陵，如果遇到高山及植被较多地区，正射建模并不能有效反应出管线的情况。

（2）三维建模对比。

无人机搭载多维倾斜相机，对管线进行倾斜摄影，获取多角度影像资料，后期进行三维模型的重建。定期巡检后期管线的三维模型，当发生地灾后对比模型从而发现管线异常。倾斜三维建模的巡检方式适用复杂地形，或发生泥石流、塌方等地灾的情况，可以从三维模型上直观观察出管线情况。

目前三维模型自动化对比技术还在发展中，技术还不够成熟，后期可以利用人工智能技术进行三维模型自动识别对比的研发。

2.2.2 视频监控实时传输

无人机搭载视频吊舱，对管线进行视频（可见光和红外切换）拍摄，并通过机载图传设备实时回传无人机吊舱拍摄的视频至地面监控中心，同时在地面站显示，图像识别软件自动识别可疑目标后报警，飞机即刻锁定目标并切换到盘旋模式处置。巡检完成后，吊舱拍摄的视频拷贝存入巡检数据库进行统计分析。

基于深度学习的图像识别技术，可以对人员及车辆进行实时识别。利用区域检测算法，可以对人员进入特定区域、在区域内停留，完成智能识别，并给出异常报警信息。同时针对车辆，利用阈值检测算法，检测在特定区域车辆停留的状态，超过设定的阈值后即可判别并给出异常报警信息。

3 无人机管道巡检技术优势

3.1 巡检效率高

巡检无人机沿巡检线路工作，高清视频采集现场情况，实时高清图传至地面监控系统，当发现情况（如缺陷和故障）即可定位报警，可以锁定和跟踪地面目标探查细节，配合远程喊话器，及时发现、威慑、制止破坏管线和违规行为，并做现场取证。

"时间就是金钱，时间就是生命"，在很多灾害事故面前，越能节约一点时间，就越能挽回更多的损失。对于系统设备的快速响应要求越来越高。

对于动辄上百公里的长距离输油输气管道，使用巡检无人机的用时远优于车辆巡检的用时，在管道沿线伴有公路的情况下，检无人机巡检用时也只需要汽车巡检用时的一半；如果是恶劣环境，用时比还能达到 1：10 以上。

对于特定任务，可以即时安排即时巡检，通过无人机站点设计与巡检线路设计，可以使得巡检无人机在最迟半小时内到达辖区任何一处。

3.2 解决通信盲区

长距离输油输气管道巡检应用，其中一个难点就是沿线有高山，有高压输电线，人迹罕至，通讯环境恶劣。虽然无人机发展已经有一段时间了，遥感遥控技术已经普遍成熟，但在这里还不能直接套用。

针对通信难点，我们可以选择合适的阀室或站点作为地面站，使用覆盖范围不少于 50 公里（仅作举例，可以是其他规格）的地面站电台，进行管线沿线全覆盖，使管线巡检沿线通讯无盲区。

3.3 降低人员劳动强度

高效地完成大范围巡检，具有昼夜监控能力，可进行全天候、全天时的监控；据统计，比传统人工巡线工作效率高出 40 倍。

3.4 人机分离作业

无需操作人员进入高危险工作环境中涉险，尤其是桁架、悬索跨等巡护危险性较高的巡护段，无人机巡检的优势非常明显，极大提高了巡线作业人员的安全性。

4 无人机管道巡检方案

4.1 整体结构

4.1.1 无人机管道巡检系统典型结构

选用可以垂直起降的固定翼无人飞行器，搭载双光摄像机和电台系统，实时将飞机巡检视频回传到地面站，完成远程遥控巡检（图1）。

4.1.2 无人机空中中继典型结构

在复杂山地或一些特殊环境，可能遇到以下情况：①管道沿线数十至数百公里没有阀室，或阀室没有光纤；②巡检任务沿线山峰遮挡，信号难以直接传播

我们可以采用空中中继无人机的方式，巡检

任务机将高清视频与数据传输至中继无人机，中　　继无人机将高清视频传回至指挥中心(图2)。

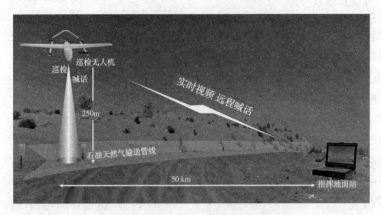

图1　无人机管道巡检系统典型结构图

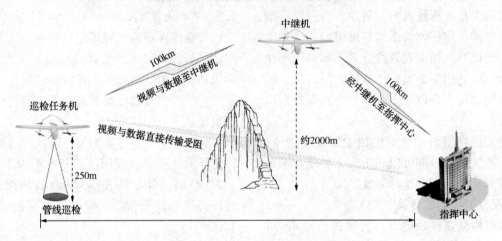

图2　无人机空中中继典型结构图

4.1.3　无人机巡检方式

根据巡检路线设计，巡检无人机从起飞点升空，直飞到巡检起点开始巡检，实时将视频数据传到指挥地面站或指挥中心。

在巡检距离较远的时候，例如超过50km时(根据设备选型不同而不同)，巡检无人机自动切换至最近的地面站继续通讯。

4.1.4　无人机连续巡检方式

当管道总长达到上百公里时，建议分多段巡检，每段巡检均包含一次起飞与降落，根据巡检规划，巡检无人机可以进行连续巡检。

巡检无人机每段巡检结束后，在降落点为无人机充能(补充燃油或充电)后可以继续执行飞行任务。建议使用多架无人机，分别负责多段连续巡检或多段同时巡检。

4.2　工作方式

4.2.1　前期准备

本文方案中所选择无人机支持垂直起降，只需要有很小的平台即可起降，可以选择在分输站的内院，内部马路，甚至楼顶进行起降。

每个地面站需要配备电池组与充电模块，如果使用油动动力无人机则还需要配置加油装置和油料，无人机巡检过程一般需要2个工作人员，分别负责飞行控制和观察环境。

4.2.2　行程规划

无人机的飞行主要由飞行自动驾驶模块负责，工作人员无需精通无人机驾驶，只需要给系统提前配置行程规划即可。

由于飞机跟汽车行驶方式不一样，飞机可以行程规划中设定巡航起始点，巡航路径，途径点位，巡航结束点等一系列参数直线到达目的点进行任务，可以一次设计反复使用，后期升级维护也非常方便。

行程规划可以根据需要，进行多组设计，对于特殊需要还可以设计一天一飞、一天多飞、随令随飞。

4.2.3　巡检任务

巡检任务是整套方案里最核心的内容。无人机从起飞站点升空，根据行程规划，先是直飞到巡航起始点，然后开始沿设计路径、点位逐一巡检，然后直飞到降落站点降落回收，或者补充燃油、更换电池进行连续巡检。

4.2.4 事件响应

巡检任务最重要的就是对事件的及时发现,及时响应。在石油天然气输送管道上违规违建、非法施工、危险作业的现象偶有发生,一旦发现不及时,后果将不堪设想,如果能即时发现即时响应,更能把损失降到最低,把危险扼杀在萌芽中。

正常巡检过程中,工作人员通过现场实时高清视频对管道沿线进行观察,发现情况即可定位报警,可以锁定和跟踪地面目标探查细节,配合远程喊话器,及时发现、威慑、制止破坏管线和违规行为,并做现场取证。

5 结论

无人机在油气管道巡检及应急处置中的应用,实现了人工巡检视野及人员无法到达地段、恶劣气候条件下及应急处置情况下的巡检,从高空视野对管道及沿线周边情况进行监控,从而减轻了巡检人员的工作强度,减少了交通费用,保证了巡检人员的生命安全。

油气田及管道一旦发生突发事件,无人机可紧急升空,为应急指挥第一时间提供现场情况,可以直观的处理各种问题,提高决策的准确性,在管线智能化建设方面具有极大的优势。同时无人机技术可以提供空中俯视的视角,辅助人工巡线打造出全方位的陆-空立体监督管理网络,使得输气管道监控多维可视化,实现对所管辖管道巡检、应急现场情况的快速掌握,便于判断和决策。

无人机在油气管道管理中的应用及风险

王 浩 徐梦潇

(中国石油辽河油田公司)

摘 要 油气管道分布广，沿线地形和天气条件复杂，若能将无人机应用于油气管道管理，则能够分担工作人员的工作量，提升工作效率。本文介绍了无人机的系统组成、特点、常用类型、优缺点和适用场合、作业流程等内容，分析了国内法律法规对无人机应用的监管，论述了无人机在管道管理过程中存在的风险。

关键词 无人机，油气管道，应用，风险

随着国民经济的快速发展，对能源的需求越来越大，石油、天然气长输管道长度也日益增加。截至 2015 年，我国在役油气管道道总长度约 12×10^4 km，到"十三五"末，国内油气管道总长度预计将进一步增加，形成横跨东西、纵横南北、覆盖全国的油气管网格局。由于输送介质的易燃、易爆特性，油气管道一旦失效，可能引发人员伤亡和环境污染等灾难性事故，油气管道的安全性显得尤为重要。

油气管道距离长、范围广，经常穿越沼泽、沙漠、山岭、森林等人员难以进入的复杂区域，油气管道的安全保障问题一直困扰着管道管理人员，若能将无人机应用于油气管道巡检、应急抢险过程中，则能够有效减少工作人员的工作量，提升工作效率。

1 无人机系统概述

1.1 无人机系统总体概述

无人机作为一项融合多个专业的高新技术，经过了几十年的发展历程，从技术角度看日趋成熟，具有体积小、机动灵活、易操纵、维护简单等特点，能够携带一些重要的设备从空中完成特殊任务，解决管道的日常巡护受河流、湿地、苇田、稻田等区域制约的问题。可应用于管道巡检、地貌勘察、优化选线、应急抢险、灾害监测等方面，为油气管道的安全保驾护航。

无人机在军工、电力、公安、消防、石油等行业得到广泛应用。可重复按航线飞行，搭载集成高性能图像采集系统(微型单反相机等)、信息采集系统(红外影像仪、微光夜视等)以及激光遥测气体检测仪等，利用高效无线数传和图传电台向地面站系统传输相关数据，与生产指挥系统进行对接，既能降低人力劳动强度，也能够积累一手的现场数据资料供管理层进行数据对比分析、现场处置决策，同时也可支持特殊地段抢险、搭载探照灯、喊话喇叭、抛投机构等工具应用于应急突发事件的处置。

1.2 无人机系统组成

无人机系统一般由飞机平台系统、地面控制系统和信息采集系统构成。其中，飞机平台系统包括动力系统、机身状态传感器、信号处理、GPS 接收、控制系统；地面控制系统包括计算机、数据处理系统、GPS 导航、无线电控制；信息采集系统包括云台、相机、传感器、无线电控制。目前油气管线用无人机主要有固定翼无人机、无人直升机和多旋翼无人机，不同的无人机适合于不同的场合，可根据巡检管道的具体情况选择合适的无人机类型。

2 无人机在油气管道领域的应用

无人机技术可以应用在管道建设及运行的各个阶段，具有广阔的应用前景。

2.1 无人机在油气管道建设期的应用

2.1.1 勘察设计阶段

在勘察设计阶初期，无人机可以协助完成管道选线、评估应用、BIM 基础数据采集等工作，结合三维建模技术可以快速全面地了解地区的地形地貌、植被、水文等信息，从而为管道选线提供依据。

2.1.2 施工阶段

在施工阶段，利用无人机了解施工现场的地形、道路、周围环境等情况，便于施工人员及设备进入现场，尽快开展施工；在施工进行阶段，可以利用无人机拍摄现场施工进度、物料使用情

况、机具布置情况、管道走向、安全管理措施等，及时调整人员和设备，按设计要求进行施工。

2.2 无人机在油气管道运行期的应用

2.2.1 管道运行监护

在管道运行阶段，无人机可搭载微型单反、微光夜视、红外等设备，按照规定航线实现管道线路的日常巡检、巡护，解决苇塘、沼泽、稻田等复杂地段巡护难题，也可实现可疑目标的航拍跟踪；同时也可以搭载激光气体检测仪，用于输气管道泄漏检测、泄漏点定位，及时组织抢险。

2.2.2 管道应急抢修

在管道应急维抢修作业中，通过无人机拍摄的遥感影像，对发生破坏管段的位置、破坏程度进行评估，对现场进行实时监护，并通过无线传输设备与生产指挥系统进行对接，为管理层制定抢修方案提供决策依据；可搭载探照灯、喊话喇叭用于抢修现场补光、指挥，也可搭载抛投装置、救生衣、绳索等工具辅助管道河流区域泄漏的快速抢修。

3 法律规范对无人机应用的监管

就空管方面而言，2013 年 5 月颁发的《民用无人机空中交通管理办法》规定："组织实施民用无人机活动的单位和个人应当按照《通用航空飞行管制条例》等规定申请划设和使用空域，接受飞行活动管理和空中交通服务，保证飞行安全"。"为了避免对运输航空飞行安全的影响，未经地区管理局批准，禁止在民用运输机场飞行空域内从事无人机飞行活动。申请划设民航无人机临时飞行空域时，应当避免与其他载人民用航空器在同一空域内飞行"，同时还规定："不得在一个划定为无人机活动的空域内同时为民用无人机和载人航空器提供空中交通服务""未经批准，不得在民用无人机上发射语音广播通信信号"。这些规定内容只是笼统地对民用无人机的空域使用做了说明，对无人机到底如何运行、如何申请空域和管理，办法却没有作进一步说明。

2013 年 11 月，国家民航局发布了一份咨询通告，即《民用无人驾驶航空器系统驾驶员管理暂时规定》。在这份咨询通告里，国家民航局将无人机驾驶员的管理分为三个部分。

一是无需证照的管理：质量小于等于 7kg 的微型无人机，飞行范围在视距内半径 500m、相对高度低于 120m 范围内的，无须证照管理。

二是由行业协会实施管理：在视距内运行的空机重量大于 7kg 的无人机、在隔离空域内超视距运行的所有无人机，以及在融合空域内运行的重量小于等于 116kg 的无人机都须纳入行业管理。

三是由局方实施管理：在融合空域运行的大于 116kg 的无人机则必须全部纳入民航局管理。

2016 年 9 月，国家民航局空发布《民用无人驾驶航空器系统空中交通管理办法》，主要针对依法在航路航线、进近（终端）和机场管制地带等民用航空使用空域范围内或者对以上空域内运行存在影响的民用无人驾驶航空器系统活动的空中交通管理工作，规定了无人机飞行安全责任主体、在特定范围内飞行必须满足的条件以及地区管理局评审的相关内容等。

4 无人机应用存在的风险

4.1 操作失误

无人机在天上飞行，需要靠地面操作人员来指挥与操控，无人机的自动驾驶航迹都完全遵循地面控制人员的指令。然而无人机驾驶员的培训绝大多数依靠的是生产制造企业，缺乏规范的程序和教学体系，培训效率和质量难以保证。为避免错误操作而引起的事故，一方面需要飞控操作系统更加智能，有对误操作的报警功能。另一方面，提高操作人员的水平也是必由之路。

4.2 机械故障

无人机的飞行是在与重力做抗争，飞行的每一分钟都是在风中行走，机械故障非常致命，所以无人机对机体可靠性的要求非常高。操作者需要认真保养与检查无人机，"不带问题上天"同时是有人机与无人机地勤人员的信条；

4.3 链路干扰

无人机在起飞降落段一般采用 2.4G 遥控器控制，而更远距离则使用频率几百兆的微波电台下达飞行指令。电台的安全性还是很有保障的，其使用的是调频电台，机载的电台与地面电台同时不停的改变频道，一对一，不担心被破译，也不担心失锁。但是在远距离飞行的时候还是要防备通讯联络被干扰或者遮蔽。

4.4 自然环境

无人机在低空飞行时不可预知因素太多，危险性很大，会受许多外部环境的影响，例如突然出现的风雨雷电等，同时低空地形复杂，导致气流紊乱，产生风切变，也可能出现难以察觉的障碍物或其他飞行物，加大了操控难度。

随着我国管道行业的发展，油气管道总里程不断增加，管道的安全问题越来越受到重视，虽然无人机应用还存在着一定的技术问题和运行风险，但是由于机动灵活、环境适应能力强，非常适合油气管道巡检监测，降低了企业成本，提高了油气管道的安全性，因此在油气管道管理领域其未来的发展前景是非常乐观的。

参 考 文 献

[1] 康煜姝，武斌. 无人机在油气长输管道中的应用 [J]. 当代化工，2015，44(8)：2045-2047.

[2] 武海彬. 无人机系统在油气管道巡检中的应用研究 [J]. 中国石油和化工标准与质量，2014，(9)：105-106.

[3] 杨伟，杨帆. 无人机在长输管道常规巡检中的应用 [J]. 能源与节能，2015(11)：132-133.

[4] 欧新伟，周利剑，冯庆善，等. 无人机遥感技术在长输油气管道管理中的应用[J]. 科技创新导报，2011(15)：77-78.

[5] 高姣姣. 高精度无人机遥感地质灾害调查应用研究 [D]. 北京交通大学，2010.

[6] 武海彬. 无人机系统在油气管道巡检中的应用研究 [J]. 中国石油和化工标准与质量，2014(09)：105-106.

基于航线控制技术的无人机
石油管道巡视控制制导方案

董晨曦　司小明　马天奇　杨添麒　王丹丹　张淑侠　南蓓蓓

[陕西延长石油(集团)有限责任公司研究院]

摘　要　石油天然气管道是我国路上油气资源的主要运输途径，目前我国石油燃气管道具有分布广、距离长、环境复杂等特点。近年来针对采用无人机进行石油天然气管网巡检受到诸多研究机构的关注。本文针对陕西北部地区的复杂山地、沙地等环境情况的任务场景，设计了基于单旋翼无人直升机的石油天然气管道巡检制导策略。利用飞行管理计算机，综合自动起降、自动悬停、航迹纠偏、圆心航路点、突风扰动抑制、自动返航等飞行功能，确保了该类无人机巡检过程安全可控，巡检任务简单自主，巡检结构精确有效。

关键词　单旋翼无人直升机，巡检制导策略，航迹纠偏，圆心航路点，自动返航

石油天然气管道是我国路上油气资源的主要运输途径，目前我国石油燃气管道具有分布广、距离长、环境复杂等特点。截至 2019 年年底，我国油气管道总里程达到 133362km，其中，原油管道 29516km，天然气管道 74314km，成品油管道 29532km。大量的石油天然气管网需要通过定期巡检及时掌握管网运行状况及周边环境变化，及时发现管道缺陷及安全隐患，保证石油天然气管道安全运行。

目前定期巡检多采用人工巡检的方式，该方式存在巡检效率低，特殊段巡检难以覆盖，安全隐患排查有遗漏，排查标准不统一等诸多问题，长期以来难以解决。无人机控制技术、远程遥感技术的兴起和发展，能够获取更高精度影像数据，使得无人机空中巡检石油燃气管道成为了可能，该方法具有可缩短石油天然气管网的巡检周期，适应各类复杂环境，节省人工成本等优点。

针对石油天然气管道空中巡检，国内外诸多研究机构与工业部门均做了诸多积极的工作，欧美国家作为无人机技术应用的先驱，开发了多款面向石油天然气管网巡检的无人机及相应的遥控遥测软件。法国的 Delta Drone 公司开发出的 Delta X 型电动四旋翼无人机搭载了嵌入式软件和飞行计划软件等相关产品，最大速度可达 65 km/h，最大续航时间达到 20min 左右，能够辅助完成地面测绘，监控等服务。该公司还设计了一类固定翼无人机 Delta Y 无人机，能够在 150m 的高度飞行约 45min，并可以与 Delta X 电动四旋翼无人机公用地面基站，实现一站多机控制模式。意大利的 Sab 航空公司针对地面检测和巡逻设计了三种轻型固定翼无人机，其中最大的 Mouette 无人机翼展可达 4.5 m，最大巡航速度可达 208 km/h，最大续航时间可达 240 min，能够完成方圆 100km 范围内的石油天然气管道巡检工作。英国 Steel Rock UAV solutions 公司开发的 AD1 型无人机采用了折叠式旋翼布局，最大续航时间可达 40min，利用卫星导航数据能够完成自主巡航，手动控制等飞行模式。

由于我国的石油天然气管网主要分布于中西部偏远地区，交通极为不便利，因此石油天然气无人机管网巡视的意义显得更为必要。中国石化华南分公司与大疆创新公司成立了无人机联合开发应用实验室，针对悬索跨管道巡视任务利用无人机设计了自动航线任务设计，通过较为简便的操作，即可完成复杂环境的精细巡检。广州某质检事业单位利用大疆 M210 无人机搭载可飞科技公司的"灵嗅"气体移动监测系统，通过设定高于管道 3m 的航线，于工业现场完成了厂房管道甲烷气体泄漏点巡查，并能够实时上传巡检情况，根据探测结果完成气体泄漏威胁评估等功能。

目前国内外均在探索使用无人机对石油天然气管道进行空中定期巡检，大部分工业科研机构均采用电动多旋翼无人机完成上述工作，其具备操作简便，成本低廉，飞行准备时间段等许多优点，然而由于该类无人机多采用锂电池作为供电

电源，滞空时间一般很难大于 60min，同时由于升降功率有限，无人机很难携带大载荷检测设备，因此对于大范围长距离石油天然气管网的定期巡检难以实现全覆盖。意大利无人机公司开发的固定翼无人机虽然滞空时间长，但由于固定翼飞行器特性，其在空中难以悬停，在石油天然气管道巡检过程很难实现精确巡检。

基于此，本文采用油动单旋翼带尾桨无人直升机可以完成垂直起降、定点悬停，快速机动飞行等诸多任务科目，同时，滞空时间一般可达 100~180min，续航里程达到 100km 左右，可满足石油天然气管道空中巡检任务需求。本文主要介绍了面向石油燃气管道巡线任务的无人直升机飞行管理制导策略，并结合陕西北部地区的复杂的山地、沙地等环境情况对其实际应用进行了分析。

1 无人直升机飞行管理系统

针对石油天然气管道巡检任务的无人直升机飞行管理系统，具有飞行管理计算机，无人直升机机载传感器系统、无人直升机伺服控制系统、地面控制基站、管道巡检传感器系统等，其示意图如图 1 所示。

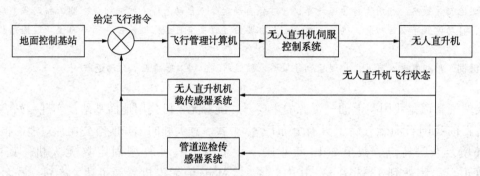

图 1 石油天然气管道巡检任务的无人直升机飞行管理系统架构

石油天然气管道巡检过程一般为利用地面控制基站将管网线路写入无人直升机中，其即为无人直升机的飞行航线，该航线一般为二维航线以经纬度形式，为了更加准备反应飞行状态，需将经纬度点与飞行无线电高度，及该点的前飞速度组合后作为航路点信息存储于飞行管理计算机中，多组航路点信息即组合成为航线信息。飞行过程中，无人直升机根据机载传感器系统所测量的经纬度作为反馈信号将其送入飞行管理计算机中，飞行管理计算机将反馈信号与飞行航线的直线距离及航向偏差组合后，调用纠偏控制律，驱动无人直升机伺服控制系统调整无人直升机的飞行姿态，从而调整无人直升机的飞行轨迹，使无人直升机沿待巡检的石油天然气管道飞行。

2 无人直升机巡检制导策略

为更好的完成石油天然气空中巡检任务，需要对无人直升机设计较为自主的巡检功能模态，要求无人直升机具备自动起降，航线飞行，自动悬停，圆心航路点飞行等功能，其自主巡检功能结构如图 2 所示。

自主巡检功能可叙述如下，无人直升机在接到地面基站发出的自主巡检指令后，根据其飞行

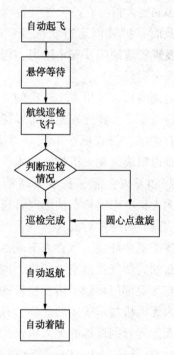

图 2 石油天然气管道巡检任务功能流程

状态，按照 45° 近进航线纠偏策略完成飞行至石油天然气管道上空，其纠偏策略如图 3 所示，通过无人直升机距离石油天然气管网的距离及无人直升机航向偏差组合成为纠偏信号，通过该纠偏信号，调整无人直升机航向通道控制指令，实现

对于无人直升机的航线纠偏功能。

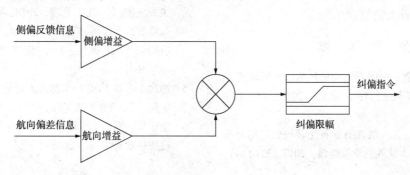

图3 石油天然气管道巡检任务纠偏控制结构框图

完成该纠偏后，无人直升机在石油天然气管网上空，按照给定高度及速度飞行巡检，此时管道巡检传感器系统开始工作，实时监控石油天然气管网的运转情况。该飞行过程中，为了更加精准的石油天然气管网的运转情况，需要无人直升机飞行高度距离石油天然气管网较低，因此采用在垂直方向上采用超声波传感器及无线电高度表组合的形式，当某一传感器探测的高度低于2.0m时，无人直升机高度指令在原有高度基础上，增加5.0m基准，确保无人直升机的飞行安全。

在飞行过程中，当管道巡检传感器系统探测到管网出现安全隐患后，飞行管理计算机中断航线飞行任务，飞行管理计算机在出现安全隐患点增加一圆心航路点，并将无人直升机的下一航路点置为该圆心航路点，此航路点飞行半径约为15.0m，巡航圈数为3圈。此时无人直升机在该点处盘旋探测，将石油天然气管网的安全隐患进一步确认。

诸如延长油田，地处陕西北部沙地，山谷地形，其环境较为复杂，风沙较大，因此巡检无人直升机需要具备较好的飞行鲁棒性，对于外界扰动能够快速恢复。在无人直升机控制系统中设计有扰动抑制功能，当探测至外界风速较大时，飞行管理计算机能够自适应调整飞行控制增益，确保无人直升机的姿态控制平稳。

在完成巡检过程、出现油量不足或其他紧急情况后，无人直升机具备自主返航功能，在无人直升机飞行前一般要求设定返航点。返航策略如下。

第一步，无人直升机按照相对于返航点的距离进行减速或加速，达到要求给定的速度值后，进入第二步。

第二步，无人直升机根据当前飞行位置，进行航向调整，确保航向对准返航点，并进入第三步。

第三步，为保证无人直升机飞行安全，确保其无法撞击石油天然气管网，此时调整无人直升机的高度至50.0m，当判断无人直升机距离返航点小于100m后，进入第四步。

第四步，此时无人直升机减速至5m/s，并将高度调整至20m，当判断无人直升机距离返航点小于15m后，进入第五步。

第五步，此时无人直升机减速至2m/s，判断无人直升机达到返航点后，减速至0m/s，调整至给定航向，无人直升机进入自动着陆模态。

3 结论与展望

针对石油天然气管网巡视，本文提出了一类采用采用无人直升机完成管网巡视的策略，该策略通过综合无人直升机飞行管理控制系统与管道巡检传感器系统，将无人直升机自动起降功能，航迹纠偏功能，鲁棒抗风功能，低高度保安功能，自动返航功能等组合为无人直升机管网巡检功能，解决了石油天然人工巡检成本高、耗时长、标准不统一等问题，为实现石油管网智能综合无人化管理、高质量数字化建设，可持续智能化发展提供了可行的技术途径。同时该策略仍存在诸多问题亟待解决。

（1）目前，无人直升机管网巡检仍然依赖于机体的卫星传感系统定位，在面对洞穴管道，地下管道，定位精度很难保证，因此后续可进一步融合视觉传感器、超声传感器等各类传感器系统，进一步扩展其应用场景。

（2）本文巡检策略其航线的设定仍然依赖地面基站在巡检前掌握石油管网的位置信息，后续工作中可结合人工智能态势感知与自主决策算法，进一步提升管网巡检的自主能力等级。

（3）关于单架无人直升机多基站控制权限交接、单基站控制多架无人直升机巡检等各类任务模式仍需进一步研究,使巡检模式更加灵活多样,并进一步节省人力资源。

参 考 文 献

[1] 程佳佳,王成金.中国石油管道网络的发展演变及空间格局特征[J].综合运输,2019,41,17-23,34.

[2] 雷珂,陈义保.无人机在石油石化领域的应用分析[J].中国石油大学胜利学院学报,2017,31(114):29-32.

[3] 李晶晶.无人机遥感技术在长输油气管道管理中的主要应用[J].化工管理,2018,489:13.

[4] 张贵赞,史宁岗,袁勋,等.无人机油气管道巡线应用可行性研究[J].化工管理,2017,440:190-191.

[5] 钟武军.基于3S技术的无人机油气管道巡检研究与应用[J].信息系统工程,2020,324:39-40.

[6] 董正勇,乔昌军.浅谈无人机在长输管道项目实施过程中的运用[C].2015.

人工智能识别技术在长输管线无人机巡检中的应用研究

李迎伟

（中国石化中原石油工程设计有限公司）

摘 要 无人机管道巡线是长输管道巡检的新方法。随着国内大力推进建设"智能管道、智慧管网"，长输管线的日常巡检工作将被智能巡检无人机逐步替代。无人机巡检过程中用到的主要技术之一是人工智能识别技术，将其应用于无人机航拍影像的处理可以大大减轻作业人员负担，提高长输管线巡线准确率和实时率。本文重点讨论人工智能识别技术在长输管线无人机巡检中的应用。

关键词 油气管道，巡线，人工智能，目标检测

1 背景

油气长输管道分布广泛，输送距离可达数百、数千公里，管道线路要经过河流、峡谷、沙漠、戈壁等各种自然场景。管道沿线的地质灾害、人为破坏等安全问题一直困扰着管理人员。目前管道巡检工作通常以人工巡检作为主要手段，即由巡检工沿管道巡视，检查管道本体及其地表环境。但人工巡检效率较低，难以对穿越高山、沙漠和沼泽等恶劣地形的管道进行巡查，特别是在冬季冰雪天气等恶劣条件下具有较大的作业难度。为了弥补人工巡检的不足，提升巡检效率，迫切需要引入新的技术手段来加强管道巡检。

2 智能识别技术在无人机巡检中的主要应用

无人机具有体积小、机动灵活、低成本、维护简单等特点，可快速获取地貌的空间遥感信息，可应用于管道巡检、地貌勘察、优化选址、管道泄漏点定位、灾害监测等方面，为油气管道的安全保驾护航。

常规的无人机巡检系统仅拍摄现场巡检视频图像，然后将数据传回后台，由后台工作人员人工筛查异常事件。该方式效率较低，受人员工作技能、态度、身体状况等因素影响，容易发生错判漏判等情况，可靠性不高。近年来随着人工智能技术的发展，智能图像识别技术、大数据分析技术已在视频监控领域得到了广泛应用，其可靠性已得到充分验证。因此将人工智能技术应用于无人机巡检系统，可大幅提高其巡检效率和可靠性。

3 航拍图像智能识别关键技术

3.1 图像预处理

图像的预先处理是在拍摄图像之前进行提前设计、处理。由于无人机体积小、重量轻，容易受风和气流影响，姿态不稳定，导致航拍视频倾角大、分辨率低、畸变大等问题，从而给数据处理带来挑战，因此有必要实现对图像进行预处理。

在图像预先处理的过程中主要会使用三个方法：第一，直接转到 HSV 颜色空间调整。所谓 HSV 是根据颜色的直观特性在 1978 年创建的一种颜色空间，这个模型中颜色的参数分别是：色调（H），饱和度（S），明度（V）。采用这种方法主要是依赖于这一模型的方便性。通过直接调整其中的亮度就可以实现。但也存在低效的缺陷；第二，线性调整。通俗来讲，线性调整主要是为了区分颜色，便于观察，所以不断拉伸相关的线条，也就是三个不同的通道，以达到亮度的要求。在使用这一方法的过程中一定要注意对公式的选择，套用公式要合理、仔细；第三，曲线调整。曲线调整也是为了图像的亮度更加清晰，是从图像的整体亮度所出发的。之所以采用曲线调整主要是由于构成图像的三原色所决定的。通过调整这三个颜色来实现图像整体的亮度。

除此之外，图像的预先处理还包括对图像的背景处理，这里的背景主要指雨天、雾天、阴霾天的背景。输气线路的巡检是直接暴露自然外界中的，因此雨天、雾天、阴霾天都会影响图像的

清晰度。通过相关技术去除这些背景干扰，使得图像更加清晰，从而提升系统的性能，这些统称为图像的去噪。主要方法有背景分离的图像处理模型，即通过检测前景图像大小和亮度测量雨线，从而达到去除雾雨背景的效果。

3.2 图像目标的智能检测

目标检测的过程分为"检测"和"识别"两部分，检测部分通常是提取多个目标候选框（OBJECT PROPOSAL），而识别部分则是跟据候选框的模式空间将候选框中的物体类别便是出来。

传统目标检测通常分为以下几个步骤：①图像预处理；②生成候选框；③对候选框的模式进行特征提取；④对特征进行特征空间内的分类；⑤框回归与合并。

由于神经网络的兴起，从2012年以来，目标检测的理论以及实现方法和步骤发生了巨大的变化。神经网络逐渐合并了上述传统目标检测过程的2～4步，形成了端到端的目标检测模型，并具有准确率高和泛化能力强等特点。深度学习在传统的神经网络基础上发展演化，在图像检测、分类、分割等方面优势明显。时至今日，已经产生出大量准确率达到90%以上的优秀模型。

近几年，各行各业将这些模型不断应用到实际中。结合长输管线巡线工作，将优秀的图像检测模型应用到无人机巡线中已是未来发展趋势。

现有的算法，一般为自然场景下的目标识别。但无人机巡线图像有所不同，主要体现在以下两个方面：①拍摄视角。不同于自然场景图像的侧视拍摄，航拍图像的视角一般为俯视图。②分辨率。航拍图像因为要保证辨识率的同时提供宽阔的视域，目标相对比例较小，导致目标分辨率较一般图像小。

4 智能识别技术在无人机巡检应用中存在的问题

智能识别技术在无人机巡检中应用仍存在诸多问题，例如，光源、运动模糊、噪声、复杂地形等。这些因素都或多或少会对无人机巡检造成一定的影响，因此在这样几个方面要重点关注。

4.1 光源的影响

光源对智能识别技术的影响主要是无人机的图像拍摄上。光源太强和光源过弱都会影响图像的清晰度，而这一因素也是主要因素，必须重点关注。

4.2 运动模糊

所谓运动模糊是指无人机在移动、运动过程中带来的机身不稳或者机械振动等问题从而影响了无人机的拍摄。这一情况是不可避免的，因为无人机始终都是处在运动过程中的，所以只能提高相应地提高稳定性，从而提高照片的清晰度。

4.3 噪声

噪声存在于外界环境的方方面面、角角落落，在拍摄过程中难免会将一些噪音收纳进去，从而影响人们的判断，也会影响长输管线巡检的效果。其次，噪音还包括图像传输过程中的噪音。受到线路因素的影响，在传输过程中高斯噪音或者椒盐噪音都会影响无人机对长输管线巡检的效果。

4.4 复杂地形

复杂地形直接影响长输管线巡检的情况。在平地上与在高原、山地上的长输管线巡检难度都是不同的。而这些地形会对无人机的巡检提出不同的挑战，所以在设计的过程中还应该加强对这一方面的设计，注意稳定性设计。其实更多的设计是无人机的适应性设计，要保证无人机巡检能够适应各种地形、地理环境，从而提高长输管线巡检的效率。

5 智能识别技术展望

近年来人工智能在国内外掀起了一波浪潮，从国家层面到各个公司、高校，人工智能的概念被广泛提及。智能目标检测算法与管道巡线的结合成果不只是管道巡线的新方式，更是智能技术向着产品转化的里程碑。

5.1 大数据处理与分析技术在智能识别中的应用

未来无人机采集的数据将向大数据靠拢。在大数据背景下，建立"巡检数据融合应用平台"，为管线巡检搭建统一的调度指挥平台。将无人机巡检过程中捕捉到的各类管线信息融入数据融合应用平台。利用无人机将巡检数据实时回传后，可通过遥感数据快速处理平台，进行影像快速拼接和数据融合，也可以将监控数据和历史数据比对，对两者差异作出分析以及后期数据深度挖掘。同时，平台可依据预警模型生成隐患报告，为用户的决策提供支持，大幅提升线路隐患和故障预警效率。

5.2 深度学习技术在智能识别中的应用

长输管线智能图像处理中常涉及的事件及场

景有入侵检测、停留检测、徘徊检测、自动跟踪，物体识别、火焰识别、工衣工帽识别等。

要实现以上功能，需通过持续采集视频图像，然后进行特征标记、提取、分析，利用机器学习技术，自动完成识别模型的建立、纠错和优化，最终形成完善的特征识别数据库。

5.3 嵌入式智能图像识别系统

图像特定目标的识别与跟踪的实现要依靠一定的硬件和软件实现，通常对于绝大部分普通图像的处理可以通过软件来完成，但是在无人机航拍过程中一般处在高速运行、实时高分辨率拍摄的状况下，仅仅依靠软件对图像处理已无法满足实际需求，因此有必要结合 ARM 处理器的调度功能和 FPGA、嵌入式 GPU 的硬件加速功能对获取的实时图像进行分析，实现对特定目标的识别和实时跟踪等功能。随着高性能嵌入式系统应用的推广普及，其硬件趋向于小型化，功耗不断降低，软件开发更加便捷，生态系统日趋完善，其成本不断下降，未来在无人机端搭载智能图像分析模块成为可能，这将更大程度上增加管道巡线的非人工干预性能。

6 结语

本文讨论了人工智能识别技术在无人机巡检系统中的应用。针对现有无人机巡检系统存在的诸多问题，提出新的解决方案，设计将图像检测等智能识别手段应用到无人机巡检中，提高巡检效率，提升可靠性，辅助做好油气管道防卫工作。

参 考 文 献

[1] 张天航，白金平. 旋翼式无人机的发展和趋势[J].
人工智能与机器人研究，2013(2)：16-23.

[2] 刘洋，韩泉泉，赵娜. 无人机地面综合监控系统设计与实现[J]. 电子设计工程，2016，24(14)：110-112.

[3] 王发斌. 人工智能在无人机上的运用研究. 数码世界，2019，000(005)：14.

[4] 尹飚，闫磊. 基于深度卷积神经网络的图像目标检测[J]. 工业控制计算机，2017(4)：46-48.

[5] 刘文华. 智能识别算法在无人机巡线中的应用研究《中国管理信息化》，2018，V.21；NO.377(11)：130-135.

[6] SU H, DENG J, FEI-FEI L. CROWDSOURCING ANNOTATIONS FOR VISUAL OBJECT DETECTION [C]// 2012.

[7] REN S, HE K, GIRSHICK R, ET AL. FASTER R-CNN：TOWARDS REAL-TIME OBJECT DETECTION WITH REGION PROPOSAL NETWORKS [C]// INTERNATIONAL CONFERENCE ON NEURAL INFORMATION PROCESSING SYSTEMS. MIT PRESS, 2015：91-99.

[8] BELL S, ZITNICK C L, BALA K, ET AL. INSIDE-OUTSIDE NET：DETECTING OBJECTS IN CONTEXT WITH SKIP POOLING AND RECURRENT NEURAL NETWORKS[J]. 2015：2874-2883.

[9] LIN T Y, DOLLAR P, GIRSHICK R, ET AL. FEATURE PYRAMID NETWORKS FOR OBJECT DETECTION[C]// IEEE CONFERENCE ON COMPUTER VISION AND PATTERN RECOGNITION. IEEE COMPUTER SOCIETY, 2017：936-944.

[10] LI J, LIANG X, WEI Y, ET AL. PERCEPTUAL GENERATIVE ADVERSARIAL NETWORKS FOR SMALL OBJECT DETECTION[C]// IEEE CONFERENCE ON COMPUTER VISION AND PATTERN RECOGNITION. IEEE COMPUTER SOCIETY, 2017：1951-1959.

长庆油田黄土塬区块无人机管线巡护实践研究

李秋实　李　峰　黄凤麒　乔向龙　魏子杰

（中国石油长庆油田分公司第八采油厂）

摘　要　针对黄土塬区块外部环境恶劣，油气输送管线长，数量多，分布相对分散，常规管线巡护困难、效率低等问题，通过开展无人机管线巡护实验及无人机远程控制、自动绕障、航线规划自控飞行等技术的研究及应用，可以将巡线效率提高10倍，劳动强度大大减少，人员安全得到保障，实现了百万吨采油厂盘活管线巡护人员78人以上，达到降本增效的目标。

关键词　长庆油田，黄土塬区块，无人机，管线巡护

无人驾驶航空器（以下简称无人机）是利用无线电遥控设备和自备的程序控制装置的不载人飞机。按照不同平台可分为多旋翼无人机、固定翼无人机和无人直升机三类。

随着无线通讯、电子飞行控制等技术迅猛发展，无人机应用已由军用向民用领域拓展。作为一种兴起的空中飞行设备，因其在空中拍摄方面具有机动灵活，巡检快捷，运行高效等优点，在工业及民用领域备受青睐。

石油工业中的管线巡护工作就是无人机应用的重要领域之一。长庆油田于2015年8月在第二采气厂开始利用固定翼无人机在子米区块西南干线开展试验，从距地面500米、700米及1000米不同高度，取得了无人机应用最初的影像资料。2016年5月长庆油田成立了无人机联合试验科研项目组开展无人机巡线试验。但是，受目前技术限制，无人机拍摄还面临着长距离实时影像传输距离有限、高频次飞行可靠性有待试验、恶劣天气飞行受限、自动绕障功能有待提高等问题，在工业应用中受到一定限制。

随着长庆油田黄土塬区块"两化融合"的不断深入应用，部分井站已实现了"远程控制、无人值守"的新型管理模式，为了弥补常规巡线的不足，解决此类工作的低效率、高难度及高强度，提高数字化、信息化的覆盖面，引进无人机巡线技术，达到提高巡线效率，减低巡线风险的目的，对低渗透油田降本增效、保障本质安全也具有重大意义。

1　常规管线巡护

长庆油田油气输送管线数量多，距离长，分布在梁峁沟壑纵横的山区，日常管线巡护主要依靠人工徒步和人车搭配的常规巡护方式，这种巡护方式的缺点主要表现在"四高一低"。

1.1　高频次

长庆油田以采油作业区为单位，每周进行不少于2次管线普通巡护工作。按照管线的重要程度，部分转油站以上（含转油站）级别的管线需要每天进行特殊巡护（图1）。

(a)普通巡护　　　　　　　　　　(b)特殊巡护

图1　常规管线巡护

1.2 高成本

以长庆油田百万吨采油厂为例，每周管线巡护大约需要 80 人，配备车辆 27 台，巡护成本高。

1.3 高强度

长庆油田油气输送管线近 80000km，而且这一数字每年都在不断刷新，巡护强度逐年增加。

1.4 高风险

受黄土塬地形地貌的影响，输油气管线跨越多、落差大，极易发生塌陷、滑坡等地质灾害，管线巡护是一项高危工作。

1.5 低效率

常规巡护需要人员上山下沟，时间长、速度慢、覆盖面小，费时费力。

2 无人机管线巡护

2.1 设备选型

目前，无人机生产厂家及品牌型号众多，功能各异，但设备选型应结合黄土塬地理特征及管线分布情况，主要考虑以下几方面。

2.1.1 低成本

综合考虑黄土塬区块低成本开发战略，在满足巡线需求的前提下，建议配置 5 万元以下的无人机，降低前期投资成本。

2.1.2 便携性、易起降

由于巡线人员日常巡线时需要将无人机携带到野外，所以一定要轻便、易携带并且对起降场地要求不高。多旋翼无人机相比固定翼无人机具有体积小、机翼可拆卸、垂直起降等优势。

2.1.3 较强的抗风防雨能力

受黄土塬地貌特征影响，飞行区域时常有山谷风及强气流，无人机需具备 5 级以上抗风能力，紧急情况下可能需要在雨中飞行，因此必须具备较强的抗风雨能力。

2.1.4 绕障功能

由于地形起伏不定，加之山上植被、村庄及线缆线杆较多，无人机需具备四周及上下避障功能，减少无人机撞机掉落的可能。

2.1.5 航线规划、自控飞行

无人机必须具备沿管线路由按 GPS 路线规划飞行的能力，由于管线分布随山梁起伏，为了改善图像（视频）的拍摄效果，无人机还必须具有地形匹配飞行的能力。

2.2 巡护技术应用

2.2.1 远程控制技术

无人机视距内飞行时，可控性强，飞行姿态平稳，可以贴近管线 2~3m 处飞行，取得管线局部细节。但由于飞行区域为山区，受山坡、地形等阻碍较为严重，大多数时间为超视距飞行，只有通过遥控器进行远程控制飞行。目前遥控器大多使用 2.4G 频段与无人机通信，在通视条件下，其传输距离大约为 5km，超出其远程控制范围，无人机将失去控制。

2.2.2 自动绕障技术

通过超声波、前向双目识别和红外传感器等多种技术相结合，实现无人机自动绕障技术，减少无人机撞机的概率，为无人自动飞行提供安全保障。

2.2.3 自控巡航技术

利用地面站软件，可以实现航线规划和自动飞行功能，可按照管道的走向飞行并在指定点拍照记录或者全程录像，并可通过不同的数据链路将照片、视频等信息实时接入数据监控中心，从而实现无人机高效巡检。自控巡航技术为无人机的高级应用，需要综合考虑远程控制、自动绕障、续航能力等多种因素。

2.3 应用效果评价

无人机能够灵活起降，巡线速度快、效果好、不受跨越陡坡限制、经济性高等优势，同时具有地面工程信息采集，有效的辅助生产等作用。

2.3.1 效率高

以长庆油田某区块 10 条管线为例（表 1），管线总长度 87.8km，人工巡线需要 72.6h，巡线效率平均 1.21Km/h；无人机巡线需要 7.9h，巡线效率平均 12.19km/h。

表 1 无人机管线巡护与常规管线巡护对比表

序号	管线名称	管线长度/km	穿跨越数量/条	无人机管线巡护	常规管线巡护			
				无人机巡护时长/h	车辆行驶里程/km	车辆行驶时间/h	徒步巡护时间/h	合计巡护时间/h
1	吴×增至吴×增	13	2	0.3	9.5	2	4	6
2	吴×增至吴×转	6.8	3	0.9	18	3.5	6	9.5
3	吴×增至吴×转	10.8	3	1	36	4.5	8	12.5

序号	管线名称	管线长度/km	穿跨越数量/条	无人机管线巡护		常规管线巡护			
				无人机巡护时长/h		车辆行驶里程/km	车辆行驶时间/h	徒步巡护时间/h	合计巡护时间/h
4	吴×增至吴×转	1.3	0	0.3		0	0	3.5	3.5
5	吴×转至铁×联	18.9	6	1.5		45	10	7.5	17.5
6	学×转至学×联	13	2	1		18	2.8	4.5	7.3
7	学×转至学×联	12	1	1.2		16	2.5	4	6.5
8	学×增至学×转	4	2	0.3		5	1.5	2	3.5
9	学×增至学×转	6	1	0.5		8	1.3	2.5	3.8
10	学×增至学×转	2	1	0.2		0	1	1.5	2.5
	合计	87.8		7.2					72.6

通过对比可以看出，无人机可提高巡线效率约10倍，无人机巡线熟练掌握后，还可以进一步提高巡线效率。

2.3.2 效果好

无人机可搭载高分辨率变焦镜头，能够实时记录巡线数据（图2），巡线资料连续、可追溯。无人机图传信号采用5.8GHZ频段，数据采集易受地形、高压线和塔架及移动信号塔电磁干扰，造成飞机失控及采集数据丢失等情况。飞行时尽量避开上述因素即可取得优质影像数据。

(a)跨越巡检　　　　　　　　(b)陡坡巡检

图2　无人机管线巡护与常规管线巡护对比图

2.3.3 劳动强度小、安全性高

部分管线跨越深沟或经过落差较大的山坡时，人工徒步完成困难，安全风险较大，无人机不受该条件制约，可近距离飞行采集数据，在地质灾害发生时作用尤其明显，劳动强度大大降低，人员安全得到保障。

2.3.4 经济性高

以长庆油田百万吨采油厂为例，常规管线巡护每周2次，每次巡护需80人，完成相同的工作量，无人机管线巡护只需8人，可盘活管线巡护人员72人。

2.3.5 地面工程信息采集

利用无人机可以从空中视角对区块地面工程信息进行有效采集，比如：场站位置、道路交通、光缆走向等，有效的辅助生产。

3 结论及建议

（1）无人机管线巡护相对常规管线巡护对低渗低效油田日常生产管理优势明显，具有十分重要的推广价值。

（2）探寻低成本、高质量、高效率的无人机仍然需要进一步开展研究工作。

（3）建立一套基于无人机的巡线管理平台，完善相应资料录取标准及管理体系势在必行。

参 考 文 献

[1] 刘宗涛. 无人机在管道巡护过程中的应用实践[J]. 石化技术, 2017.

[2] 徐友鹏. 关于利用无人机开展管道巡护的探讨[J]. 科研, 2016.

[3] 武海彬. 无人机系统在油气管道巡检中的应用研究[J]. 中国石油和化工标准与质量, 2014.

管道无人机巡护技术探索与应用

豆龙龙　贺炳成　邓　康　韩彦忠　余　超

（中国石油长庆油田分公司第十采油厂）

摘　要　油田管道分布广，沿线地形和天气条件复杂，管道安全的保障问题一直困扰着管道管理人员。随着管道的不断建设，若将无人机广泛的应用于油气管道中，则能够有效分担工作人员的工作量，提升工作效率。本文介绍了无人机的系统组成、特点、常用类型、各类型的优缺点和适用场合、作业流程等方面，论述了无人机在管道巡护中应用，提出了无人机应用存在的技术问题，展望了无人机的发展前景。

关键词　无人机，管道，航拍

1　无人机系统概述

1.1　无人机系统组成

无人机系统由飞机平台系统、地面控制系统和信息采集系统三部分组成，如图 1 所示。其中，飞机平台系统包括动力系统、遥感传感器、信号处理、GPS 接收、控制系统；地面控制系统包括计算机、数据处理系统、GPS 导航、无线电控制；信息采集系统包括云台、相机、传感器、无线电控制。

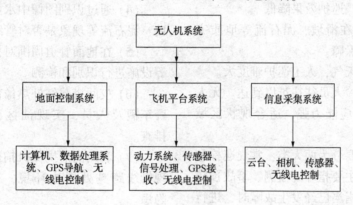

图 1　无人机系统组成

1.2　无人机类型及使用场合

目前管道线路所使用的无人机主要有定翼无人机、无人直升机和多旋翼无人机，各自的优缺点及适用场合如表 1 所示，可以根据管道作业的需要选择合适的无人机类型。

表 1　各类型无人机的优缺点及适用场合

项目	固定翼	多旋翼
结构原理	翅膀形状固定，靠流过机翼的风提供升力	4 个或多个旋翼
优点	速度快、续航长、巡航半径大	可悬停、机动灵活
缺点	无法悬停、起降条件高	续航时间短、稳定性差
应用场合	适用于油气管网的整体普查	适用于小范围详查

1.3　无人机系统管道作业流程

无人机应用于管道作业方面具有速度快、效率高、信息反馈及时等特点，一般工作流程如下。

（1）适航查勘。首先确定飞行范围，并对现场进行勘察，获取飞行航点 GPS、海拔，寻找合适的起降场地。判断作业当天的天气条件，包括光照、能见度、风速。

（2）飞行路线设计。可以采用专业的航线设计软件为飞机规划航线和作业高度，并预存在飞行控制系统中，设计时应仔细查阅地形图。

（3）起飞准备，起飞前对各设备作基本程序检查，确保设备各项参数正常无误。

（4）正式飞行作业。无人机通过滑跑或弹射方式起飞，飞行过程中执行自动航拍任务，地面控制系统实时掌握飞机的姿态、方位、空速、位置等重要状态参数，保证飞机平稳沿预定航线飞行，地面控制站接受并实时显示遥感图像。

（5）无人机降落回收。完成预定飞行任务后，地面控制人员对无人机进行回收，可通过伞降或拦阻网降落。

（6）图像处理。采用无人机影像快速处理软件 PhotoScan 或 pix4D 对图像进行处理，处理程序为：自动创建航带、空三转点、空三解算、生成 DEM、生成正射影像。

2 无人机在管道巡护中的应用

油田管道距离长、范围广、宽度窄，同时这些区域往往处于复杂的地理环境，如经过大面积的水库、崇山峻岭等，交通和通讯极不发达，沿线可能存在滑坡，泥石流等地质灾害。人工巡检主要存在以下难点。

（1）距离长、范围广、宽度窄，人工巡护效率低。

（2）地理环境复杂，沟壑较多，车辆通过性差。

（3）沿线通讯信号差，信息反馈滞后。

（4）夜间视线差，巡护效果降低。

（5）沿线可能存在滑坡、泥石流等地质灾害，巡护人员安全无保障。

（6）雷雨、冰雪天气，人工巡护难度大。

这些区域常规巡检人员往往难以到达。无人机机动灵活、环境适应能力强，适合现状区域巡检。

根据巡线领域主要分为两大类：常规巡检和应急监测。常规巡检主要指环境监测、事故预防等。应急监测主要是指当已经发生故障时，进行突发详细检测（表2）。

表2　巡检内容

巡检类别	巡检类容	所需搭载载荷
常规巡检	管道是否有打孔偷盗	可见光，红外
	周围是否有违章占压	可见光
	管道辅助设施变化	可见光
	护坡、拦油坝有无坍塌	可见光
	管道环境灾害	可见光
	管道地质灾害	可见光
应急巡检	管道泄漏定位	可见光，红外
	故障点重点巡检	可见光

目前，华庆油田配备了8台无人机，固定翼1台，多旋翼7台。输油管道采用"固定翼多旋翼＋地面基站"的方式进行巡护，集输管道采用多旋翼无人机对小口径短距离管线巡护。

2.1 固定翼无人机常规巡线

固定翼无人机具有飞行速度快，滞空时间

长，检测范围广，抗风能力强的特点，可在大范围进行监测，通过数据链将图像传递至地面站，适用对长距离、大面积的管道通道进行航拍测绘。无人机搭载30倍高清可见光相机，沿航线自动飞行拍照。作业完成后进行后期数据处理，然后生成管道通道区域的全拼图，分辨率达到0.2m。在全拼图基础上，针对以下内容进行分析并生成专题图。

（1）将管线拍摄成高清照片，导入专用软件后，可进行照片的拼接、处理，绘制完整的管线航测图及周边环境图。

（2）通过对比巡检得到的拼接图和底图对管道上违章占压，管道保护设施，违章施工等进行变化测绘。

（3）将全拼图与历史图像进行对比，分析线路上方及安全区域的违章占压、第三方施工及自然地质的变化情况和发展态势。

（4）通过识别图像中水面区域，自动确定滑坡、泥石流等现象是否对管线存在安全威胁。

（5）在地面管道周围对护坡、护岸、拦油坝等设施进行识别和检测。

（6）夜间搭载红外热像仪巡线，有效发现可疑车辆及人员，实现油区夜间综合治理快速排查。

（7）利用高清摄像机拍摄管线走向，及时发现管线跨越处周边环境，有效发现管线潜在隐患。

（8）利用红外热成像技术，监测管道壁温度，绘制变化曲线，从而探知管线腐蚀及磨损情况，进行及时预警。

管道线路巡检是对管道尤其是山沟和山顶等人员难以进入区域的管道进行巡检。飞行作业时，沿管道走向精确规划飞行航线。无人机搭载高清可见光摄像机，沿航线自动飞行并拍摄巡线视频。通过数据链将视频回传到地面站，使其工作人员能够实时观看巡线视频并监视线路的安全情况。地面站通过视频软件生成管道拼接图，并在图中标注出管道位置和安全区域，以辅助工作人员的监视工作。

2.2 多旋翼无人机特殊巡检

当管道发生故障或出现油气泄漏、偷盗油等紧急情况时，使用无人机搭载高清可见光摄像机对事件发生现场进行近距离拍摄，然后通过数据链将视频回传到地面站，使其工作人员能够监视现场。另外，无人机也可搭载红外成像仪来执行夜间监测飞行作业。由于直接监测目标的热信号，红外热像仪能够避免因夜间光照不足造成的影响，从而有效发现夜间作案的非法盗油人员和可疑车辆。

3 应用效果

（1）管线巡护自动化。通过采集输油管线GPS坐标绘制航线，利用高清相机、红外探测器，进行高清拍照和数据采集，实现无人机对输油管道全程自动化巡线。

（2）油区地形三维化。绘制一套作业区完整的地理区域三维模型，准确描述各种复杂地形地貌，为产建地形分析，生产指挥决策提供准确可靠依据。

（3）综合排查夜视化。通过 GPS 坐标绘制航线，利用红外高清拍摄技术，实现夜间综合治理快速巡查。

（4）管线巡护安全化。无人机可到达一些沟壑纵横的危险区域，还可在应急抢险、防洪防爆方面提供技术支撑，降低人员安全风险。

4 无人机应用存在的问题

（1）续航时间短，数据传输距离短。电池充满电后最多飞行时间不超过 35min，无线信号传播弊端较大，遥控器与无人机之间控制依靠无线信号传播，要保证遥控器灵敏控制无人机，需保证两者之间无任何遮挡物，如果在遥控器和无人机之间有遮挡物，会造成无法操作或操作不灵敏。

（2）为保证航拍影像的质量需要使用高精度的传感器，而高精度传感器往往体积和重量大，无人机无法承受这么大的载荷，因此需要开发适合无人机搭载的小、轻型且精度高的传感器。

（3）加快遥感影像数据处理软件的开发。目前，由于遥感图像的数据量大，使得图像后期处理所用时间长。因此，应加大力度研发用于大数据量、高分辨率影像快速拼接的专业软件。

5 无人机的发展方向和前景

随着数字化管道的建设和无人机技术的不断发展，无人机巡护技术适用于长距离油气管线巡护，主要有以下几点认识。

（1）搭载变焦、红外热成像的高清相机比较适合油气生产区域巡护。

（2）固定翼多旋翼无人机+地面基站的巡线技术比较适合于长距离、大面积管线巡护。

（3）通过设定航线，实现管线的自动巡航，适合于长输管线巡护。

无人机系统在长距离油气管道巡检中的应用正在快速推进，在未来还将朝着以下几个方面发展。

（1）多种无人机系统配合使用：各型无人机通过基于中通通信、地面站中继通信等多种通信方式应用于长距离管道巡检。

（2）与现有巡检手段协调配合使用：与现有的人工巡护手段配合使用，开展不同巡护手段之间的协同配合，相互补充，形成立体化、多样化的巡检系统。

（3）智能化数据处理，充分利用巡检数据，实现多源数据管理和灵活快速检测，提高巡检能力、解放人力、降低巡检成本。

无人机在苏里格气田集输干线巡护中的应用

马 瑾 李永阳 齐宝军 陈宗宇 韩鹏飞

(长庆油田分公司第三采气厂)

摘 要 油气管道作为国家的能源动脉，能否安全运行至关重要。苏里格气田集输干线线长面广，一直面临巡护管理难题。本文主要介绍了无人机在苏里格气田集输干线应用情况，并对应用过程中存在的问题提出了相应的解决措施，提出了今后无人机应用的相关建议。

关键词 集输干线，无人机，干线巡护，存在问题，应用

里格气田骨架管网主要位于内蒙古鄂尔多斯市乌审旗、鄂托克旗、鄂托克前旗、陕西省榆林市榆阳区、靖边县、定边县境内，线长面广，周边环境及人员活动复杂。

传统的干线巡护均采用人工方式，在巡护过程中往往面临一下困难：①传统的人工巡护费时费力、巡护成本高；②干线线长面广，突发紧急事件，不能准确定位，不能第一时间提供一手资料，且由于周边环境及人员活动复杂，现场管理难度增大。

无人机作为一项高新技术，可快速获取地貌的空间遥感信息，结合长输管线的特点，可应用于输气干线的定期巡检、应急抢险。

1 无人机的选用

1.1 无人机简介

无人驾驶飞机简称"无人机"，英文缩写为"UAV"，是利用无线电遥控设备和自备的程序控制装置操纵的不载人飞机，或者由车载计算机完全地或间歇地自主地操作。与有人驾驶飞机相比，无人机更适合"劳动强度大、作业风险高"的任务。无人机按应用领域，可分为军用与民用。军用方面，无人机主要承担侦察和靶机两大任务。民用方面，无人机+行业应用，目前在航拍、农业喷洒播种、测绘、新闻报道、电力巡检、应急抢险、救援等领域的都有广泛的应用。

1.2 无人机选型

选用 Y-300 中型固定翼无人机(图1)，该机型采用电动复合翼(起降螺旋翼，飞行固定翼)，带光电吊舱，带三维度飞控系统，最大平飞速度大于等于 100km/h。续航时长 120～150min，作业半径 30km。

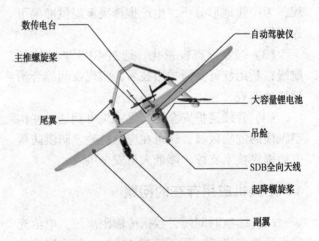

图1 中聚 Y-300 中型固定翼无人机

1.3 无人机巡护主要内容

利用电动复合翼无人机对干线管道周边环境及人员活动进行巡查，拍摄高清视频；管线周围施工、管线裸露、水毁、沙堵路面等局部点进行聚焦监控、侦察；统计管线及伴行道路水毁、沙堵工作量；管线埋深测量；汛期和紧急事故的应急侦察；高后果区监视，合成高清测绘图标记管线走向、高后果区范围，测量危险源距离等。

2 无人机在苏里格气田集输干线的应用情况

2.1 应用情况

2019 至 2020 年度无人机对苏里格气田骨架管网共计 1688.07 公里天然气集输管道进行巡护，每周巡护 1 批次，共巡护 82 周。

巡护内容：通过高清摄像机对现场设备设施、管道占压、管线裸露、防洪防汛等情况进行巡查，监控画面实时回传车载监控终端，发现异常情况及时上报、处理，也可通过 4G 信号对巡护画面进行远程实时监控。建立无人机巡线监控

平台,可以查阅无人机飞行数据、监控视频。

自巡护工作开展以来,长庆油田第三采气厂结合实际编制了《无人机巡护管理办法》《无人机巡护突发事件应急预案》等管理规定,对无人机承包商从工器具、各类资质、人员能力等方面进行准入核查,日常巡护作业过程中安排专人进行监管,确保作业安全受控,定期开展无人机巡护突发事件应急演练,不断提升处置无人机突发事件的能力。

两年以来第三采气厂共开展无人机飞行巡护121轮次,飞行距离总计 5.14×10^4 km。去重共发现挖掘作业23处、修建铁路3处、管线穿越3处,管线作业带上方农耕39处。无人机巡线发现问题与人工巡检结果一致,能够基本满足现场设备设施巡查、管道占压、管线裸露、防洪防汛等巡护工作。

2.2 无人机巡护发现问题典型照片

(1)集输管道裸露(图2)。

图2 集输管道裸露监控画面

(2)集输管道附近水毁(图3)。

图3 集输管道水毁监控画面

(3)集输管道附近施工(图4)。

图4 集输管道附近施工监控画面

(4)集输管道附近农耕(图5)。

图5 集输管道附近农耕监控画面

2.3 应用中出现的问题及分析

(1)无人机现场监控画面有花屏、卡屏现象,在特定位置机载图传设备回传的画面不能持续保持清晰、稳定,图传距离不能稳定达到25km以上。经过电磁干扰设备实地测试电磁干扰环境,发现部分地域电磁干扰问题较为严重导致了图传信号的中断或卡屏。通过详细分析管线分布区域的地形图,发现部分无人机起降地点(基站所处位置)地势较低,不利于信号的传输,影响了图传有效距离。通过加强图传设备的传输功率和抗干扰能力解决了电磁干扰问题,通过调整起降点位置加以解决起降点信号接受较弱的问题。

(2)在一些需详细放大观察的位置,不能做到及时控制吊舱摄像头变焦放大观测。通过分析主要是变焦参数设定和控制问题,提高基础变焦倍数(由5倍变焦增加到7倍),提高人员对管线分布的熟悉程度,清楚知道哪些位置需要放大观察,作业时提前做好准备。

(3)在一固定翼无人机悬停时间较短,不便于发现异常点时进行连续观察。通过对旋翼电池时间测试及打样选型及电量分配的智能切换,悬停时间由 3~5min 提升至 8~10min，基本可以满足异常时间的确认，此基础上进一步优化巡护方案，采用用固定翼盘旋来替代悬停的连续观察功能，增加了飞行平台的安全性而且可以满足巡护要求。

（4）无人机无喊话警告功能，无法保证在飞行中发现对管道有危害的情况能及时警告和劝阻。通过开发新型语音模块，增加电池功率，对新增喊话器上线测试，新增播放人工录音功能，测试结果是 300m 高度可以听见声音，100 米高度非常清晰，满足现作业巡护要求。

（5）目标跟踪无法锁定，实现锁定异常点进行连续拍摄，画面质量较差。通过分析画面质量与跟踪锁定都属于升级吊舱摄像设备的范畴，通过对吊舱摄像设备进行升级，增加了跟踪锁定功能，变焦倍数有之前的 10 倍提升为 30 倍，画面清晰度进一步提升。

2.4 结论

经过近两年的应用，无人机能满足日常巡检及应急抢险的需求，相对人工巡检，巡检时间短，节省人工成本，可避免人工巡检无法到达造成的数据遗漏，能提供了录像监控画面，能够为后期管线周围变化提供历史信息依据。

在管道抢险中，能实施回传视频图像，紧急对风险点进行巡护排查，第一时间掌握潜在危险

点，防止险情进一步扩散。

但无人机在管线泄漏检测、管道埋深检测、夜间巡护、雨雪大风等恶劣天气巡护等方面还有短板，在现有技术条件下还是无法完全替代人工巡护。

3 在苏里格气田应用前景展望

根据前期无人机在苏里格气田外输干线的应用情况可将无人机在以下方面推广应用。

（1）开展无人机边远探井巡护。边远探井巡护周期较长，通过无人机缩短巡护周期，无人机挂载高倍率吊舱查看气井及周边设施有无缺失损坏，周围是否存在偷气或偷盗井站设施的违法行为。

（2）开展无人机边远矿权巡护。利用无人机航测的办法，以 1∶500 比例尺的正射影像图识别地面地物（如打井架及作业井），并利用测绘成图高精度的特点结合长庆油田采气三厂矿权范围地理坐标，精确界定外方是否侵权。

随着苏里格气田的发展，管理输气管线里程越来越长，气井越来越多，如何更有效的保障管线的运行安全成为企业管理的重中之重，通过对目前的无人机巡线系统的逐一完善，无人机将会在气田天然气集输管道管理中发挥越来越重要的作用。

陆上天然气集气站无人值守技术与应用研究

呼军[1] 顾翔[1] 温馨[1] 赵明[1]

（中国石油长庆油田分公司第五采气厂）

摘 要 集气站通常是陆上天然气开采生产中地面集输的第一环节，根据采气层位、系统压力、分离温度的不同，可分为不同的工艺模式，常见的有含硫高压、不含硫高压、含硫中压和不含硫中压集气等，实现集气站无人值守，应根据集气站类型采用不同的技术系列对策，不能一概而论。含硫中压集气作为一种常见的气田开采生产工艺模式，通过总结分析夏季、冬季生产运行中的各类操作特点，应用自动化技术变人工作业为自动控制，实现无人值守，将员工撤离高风险作业环境，从传统重复工作中解放出来，提高人员工作的价值和效率，改变了劳动组织模式。目前，无人值守技术已成为解决生产规模不断扩大和用工数量矛盾的主要途径，并进行了大量的推广应用。

关键词 无人值守，自动化，集气站，劳动组织

含硫中压集气站及天然气井的开发生产，采用"井间串接、井口注醇、带液计量、中压集气、常温分离、三甘醇撬装脱水"的集气工艺，在地面系统建设过程中，大幅度降低了开发建设成本，成为一种效益开发的技术路线。目前，其设计建设和生产运行都已成熟完善。

继不含硫中压集气站已实现无人值守后，生产运行管理提出了含硫中压集气站同样实现无人值守的需求。通过不断研究，在前端天然气井和集气站配套 19 项关键技术，在中端调控中心建成生产数据监控、智能安防管理两大核心系统，在后端形成厂、作业区两级生产监控分级运行机制，在运维保障方面建成了厂部管理、技术员、运行队的三级梯队。

在无人值守实现的过程中，要充分考虑前端气井和集气站的自动化程度，合理配套紧急截断功能，确保生产运行的安全平稳。经过对生产运行的总结分类，无人值守需要在远程状态下，完成日常生产过程的数据实时监控、工艺阀门控制、站内场景管理、临时作业管控，以及实现紧急状态下的天然气井口采气关断、集气站进出站关断、全站关键设备停车、站内留存气体放空等 8 个方面的核心功能，这些功能的实现，通过融合网络通信、自动化控制、视频识别、身份认证、语音对讲等信息技术，并结合边缘计算、柔性自动化的系统方式，并进行二次开发。

2019 年完成了首批含硫中压集气站的升级改造，人员撤离后开始试运行，经过夏季天然气生产和两个冬季的高峰供气，集气站始终保持安全平稳运行的运行状态，目前已经形成的无人值守技术系列及配套自动化功能，满足无人值守生产运行管理的要求。

1 天然气气井技术部分

在气井配套了 8 项关键技术，分别是"RTU 数据实时采集、MESH 网桥数据传输、实时视频录像调取、油套仪表压力远传、流量仪表智能计算、井口注醇远程调节、调参措施远程控制、采气管输紧急截断"。

RTU 数据实时采集，选取可以进行本地和远程二次编程开发的系统，根据井场模拟和数字点位设置端子数量，结合井场到集气站的传输链路，确定是否采用支持热启的技术，根据数据监控系统的部署，决定是否启用 MQTT 协议。

MESH 网桥数据传输，组网建立起井场到集气站的实时通信链路，解决了电台数据传输轮询、锁定通信的瓶颈问题，根据井、站的管理关系部署主、从站，调整无线速率，根据动态分析工作要求，按照一定的数据颗粒度存储数据。

实时视频录像调取，采用数字摄像和 IP 上传的技术，根据生产、安全管理要求调整图像码率，优先实现视频的就地存储，也可进行远程调取的回传保存。

油套仪表压力远传，根据井场供电的情况，可采用 RS485 或者 4~20mA 的方式与 RTU 进行连接，为了提高取压管段的运行安全，可采用阀组连接的方式，针对长期处于野外运行的情况，在显示面板宜采用耐光照的液晶，主板只支持一

种传输协议即可。

流量仪表智能计算，采用压力、压差、温度一体化装置，本体实现瞬时、累计流量的计算，RTU 采集结果数据即可，实现以边缘计算的方式，降低 RTU 的处理负担。

井口注醇远程调节，以柔性自动化的方式，在井口根据采气压力的变化，通过远程控制阀门开度，调节注醇量的多少，降低无效注醇，降低生产物资的消耗量。

调参措施远程控制，针对井口间歇制度运行的要求，配套具备远程及本地自动开关功能的阀门，根据动力源的类型采用相应的电驱或者气驱控制，间歇制度的执行方式主要依靠装置自带的控制器，从刚性自动化向柔性自动化进行过渡。

采气管输紧急截断，根据面管线设计运行压力等级，在地面管线前端配套高低压紧急截断装置，由 RTU 采集截断阀的开关状态。

2 集气站站内技术部分

在集气站配套了 11 项关键技术，分别是"生产动态实时检测、进站区放空远程控制、加热炉与脱水撬火焰监测、自用燃气管线远程截断、关键阀门远程控制、紧急状态远程放空、放空火炬火焰状态监测、注醇泵流量监测与变频控制、关键设备自启停[2]、视频识别准入许可控制、语音通话扩音告警"。

生产动态实时检测，在集气站配套 PLC 控制器系统，根据远程生产管理的需求，采集压力、温度、液位、气体浓度等仪表的数值，以及关键设备的运行数据，能够满足 4～20mA、RS485 和数字量的传输协议，以及 2 线制、3 线制的端子接线。

进站区放空远程控制，根据地面管线得设计运行压力，以及生产方式的要求，采用能够远程人工调节开度的控制方式，模拟人工渐进开阀作业，避免气流冲击放空管线。

加热炉与脱水撬火焰监测，除燃烧器自带的自动化运行装置外，可增加烟道温度的检测仪表，作为燃烧状态的辅助判识，并与自用气电磁阀进行联锁，提高无人值守条件下的设备运行安全。

自用燃气管线远程截断，可以多种远程控制方式进行关断，设置与站内放空、设备燃烧部分等联动控制。

关键阀门远程控制，主要针对分离排液、远程放空、管路切断等阀门的远程控制，可以在上位系统中设置远程自动和远程手动切换，并于相应的限制进行自动联动，消除超限运行的安全风险。

紧急状态远程放空，将站内放空管线的阀门控制与紧急状态联动，确保不再有天然气进出集气站，并自动触发火炬点火，放空气体能够在火炬进行燃烧。

放空火炬火焰状态监测，主要对母火火焰燃烧状态进行检测，防止大风天气火炬母火熄灭，造成天然气及其他有毒有害气体直接释放到空气中，发生安全环保危害，因火炬燃烧头位置的特殊性，一般不采用视频监控，在燃烧头设置耦合装置。

注醇泵流量监测与变频控制，在注醇泵入口低压管线上配置流量仪表，对电机运行进行变频控制，可以实现甲醇的用量管控，将注醇泵的开关接入配电的二次回路，可以实现电机的远程开关。

关键设备自启停，将电源控制接入集气站控制系统，并对启停逻辑进行组态编程，可以实现发电机、压缩机等关键设备的自动启停，在配电屏中增加负载顺序加载的功能，确保用电安全控制。

视频识别准入许可控制，通过远程数字门禁系统，实现对进站人员的识别和登记，同时也能够识别发现未经许可进入集气站的人员。

语音通话扩音告警，利用扩音系统，提前录制进站安全须知，远程向进站人员播放告知，替代人工叙述，还可以对视频点检的现场作业情况和闯入人员，远程进行扩音告警，起到震慑警告作用。

3 无人值守应用效果

减少员工定员数量，工作角色发生变化。集气站实现无人值守后，驻站员工撤离后，压缩用工数量，重新设置岗位工作职责，用少量的人员承担井、站在运行过程中的维护保养，其中，技术人员可以在地质、工艺、设备管理工作中，投入更多的精力，提升工作效率和效益。

撤离高危风险场所，提升生命健康管理。长期在天然气及所含的有毒有害气体集输场所，以及机泵设备产生的噪音环境，都会给员工健康产生影响，集气站无人值守后，大幅度减少了在站内的时间，也能避免异常情况给员工带来的生命危害。

调整劳动组织方式，管理进一步扁平化。通过设置中心站，或与上一级的运行管理单位合并，在有效的距离半径内，覆盖一定数量的无人值守集气站。监控员工使用生产数据监控、智能安防管理两个系统，实现远程生产监管，完成上一级调度中心生产指令，变三级管理为二级，劳动组织架构进一步扁平化。

减少站内配套设施，开发运行成本下降。在建设过程中，取消生活配套设施，压缩 20%建站面积，投资费用降控明显；在运行过程中，生活用水、电、气、暖费用不再发生，节能降耗工作提升，生产运行降本增效。

4 结束语

随着天然气开发建设新基建规模的不断扩大，集气站无人值守技术在机器视觉、边缘计算、柔性自动化、IT 与 OT 融合技术推动下，迭代更新的速度会越来越快，实现方式越来越简化，集输系统中越来越多的处理环节都可以逐渐实现无人值守，自动化管理和智能管理的覆盖程度进一步提高。

参 考 文 献

[1] 高玉龙，朱迅，等．苏里格气田数字化管理建设探索与实践[C]．中国石油和化工自动化年会．中国石油和化工自动化协会；中国化工装备协会，2013.
[2] 刘祎，周玉英，常志波，等．苏里格气田数字化集气站建设管理模式[J]．天然气工业 31.002（2011）：9-11.

无人机在西南山区管道管理中的应用与思考

毛　颖　骆成松　张　跃　石海龙　夏大林

(中国石油天然气股份有限公司浙江油田分公司)

摘　要　无人机技术的飞速发展改变了油气行业中部分传统的工作模式。文中详细论述了无人机在西南山区管道管理应用中对巡检模式的改变和建设期管道数据采集、运行期管道高后果区识别、管道应急抢险方面的技术优势，提出了无人机系统的技术优化方向。

关键词　无人机，山地条件，管道管理，无人机系统技术

四川盆地是目前国内最大的页岩气主力产区，浙江油田公司作为国内最早在滇黔北山地条件下开采非常规天然气的单位之一，在昭通国家级页岩气示范区内，目前已投产天然气管道超过300km，气田水转输管道超过130km，管道具有地区跨度大(管道分布横跨川、滇两省三市六县)、地形地貌复杂(典型的喀斯特地貌)、海拔梯度差异明显(管道高程在400～1300m)等特点，传统人工巡检耗时长、效率低、人员安全风险高。在充分调研无人机市场和分析相关行业应用无人机的案例后，浙江油田公司2019年开始引入无人机应用于西南山区管道巡检，经过两年多的实践，对于无人机在山区条件下管道管理中的适应性和优化方向有了更深的认识。

1　无人机简介

1.1　机型选择

无人机(unmanned aerial vehicle，UAV)是一种有无线电遥控设备或自身程序控制装置操纵的无人驾驶飞行器。目前油气行业巡检广泛使用的机型为固定翼和多旋翼两种，固定翼无人机飞行速度快，巡检距离远，一般用于地势平坦地区的长输管道巡检，多旋翼无人机飞行控制简单可靠，对起飞和降落场地要求不高，适用于山区地形巡检。根据西南山区管道敷设特点，选择了一型六旋翼无人机作为巡检平台，飞机最大起飞重量15kg，悬停时间60min，最大飞行速度15m/s，相对飞行高度1000m，最大工作海拔5000m，地面站控制距离为10km，巡检设备搭载1080p高清可变焦摄像机。

1.2　系统组成

无人机系统由无人机及机载巡检设备、地面控制站、专用通信天线、辅助控制遥控器五部分组成。无人机作为搭载平台由地面控制站预先设定航线通过专用频率(频率1)的微波信号通信链路控制飞行，遥控器起手动辅助控制作用，机载巡检设备采集数据后通过与地面控制站的专用频率(频率2)实时传输。以遥感、航拍、图像视频和GPS数据采集与远距离无线传输技术代替管道人工巡检作业。

1.3　巡检作业流程

无人机巡检作业流程分为巡检计划制定与下发、航线规划和起飞点选择、飞行作业实施、无人机与设备回收、数据处理和巡检成果提交五个步骤(图1)。

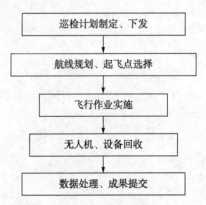

图1　无人机巡检作业流程图

2　无人机在西南山区管道巡检中的应用

2.1　技术优势

2.1.1　管道巡检模式的改变

经过长期实践，将无人机巡检与传统人工巡检方式对比，在西南山区管道巡检中应用无人机可有效降低运营成本和人员工作强度，提升工作效率和人员安全系数(表1)。无人机改变了人工到现场的传统巡检模式，使巡检变得高效、安全，巡检成果的可视化又进一步提高了巡检

质量。

表 1　管道人工与无人机巡检方式对比表

巡检方式	巡检里程/km	巡检耗时/d	车辆/辆	人员/人	费用/万元·年
无人机	160	9	1	22	54
人工	160	15	3	8	120

2.1.2　应用场景广泛

建设期管道数据采集。管道施工阶段的数据采集是开展完整性管理的重要步骤，能够为管道后期运营提供大量的信息，同时也是数字化管道建设的一个重要分支。利用无人机自身携带的卫星定位模块和搭载航测相机对回填前后的管道分别进行正射影像建模，对无人机拍摄的正射影像数据用 Smart3D 软件进行数据处理，生成的管道正射影像图，是重要的管道地理信息成果和竣工资料。

管道高后果区识别与管理。管道高后果区识别周期一般不超过 18 个月，每次识别需采集大量的管道沿线住户和建筑物数据，耗时较长。利用无人机进行高后果区识别，以无人机正射影像幅宽 400m 为基准，设置飞行高度和速度，沿管道中心线飞行，能快速采集到管道沿线住户和建筑物数据，有效地缩短了管道高后果区识别户外作业时间。同时，为便于管道高后果区管理，对识别出的高后果区制作正射影像图，根据管道与高后果区相对位置关系，以及高后果区位置、规模等信息，划分高后果区风险等级、制定应急抢险方案。

管道应急抢险。西南山区管道大部分地处荒无人烟的林地，管道泄漏后排查困难，靠人工巡检的方式查找管道泄漏点既费时也存在一定的安全风险。以无人机为平台，通过搭载激光甲烷泄漏检测仪的方式进行管道巡检排查管道泄漏点作为管道应急抢险的技术手段在现场应用取得了较好的效果。此外，利用无人机在空中悬停无死角拍摄的优点，在应急抢险现场对周围环境进行安全评估和抢险施工进行安全监督也是无人机在管道应急抢险中的重要应用场景。

2.2　优化方向

2.2.1　无人机飞控技术与传感技术

滇黔北山区属亚热带湿润季风气候，气候温暖、降水充沛，春冬季阴雨天气较多，高海拔地区常年多雾，能见度不高。复杂多变的区域山地气候对无人机飞行作业效率和飞行安全影响较大，春冬季无人机放飞的窗口期较少，根据近几年飞行数据统计，每年春冬季巡检计划完成率较夏秋季下降约 48.6%。同时，阴雨大雾天气无人机信号易丢失，数据传输不稳定，2019 年 2 月昭通页岩气示范区内因天气原因发生一起无人机坠机事故。因此，相比于其他地区，在山区复杂多变的气候条件下对无人机的飞控技术和传感技术有更高的要求，我国山区面积占国土总面积的三分之二，未来无人机技术的发展应充分考虑山区各种环境因素。

2.2.2　无人机系统通信技术

无人机通信频谱资源的匮乏一直是通信技术发展急需突破的一项难题，根据工信部最新起草的《民用无人机无线电管理暂行办法（征求意见稿）》显示，民用无人机可以申请使用 840.5～845MHz、1430～1444MHz、2400～2476MHz（以下简称 2.4GHz）、5725～5829MHz（以下简称 5.8GHz）频段频率用于遥控、遥测、信息传输链路，840.5～845MHz 频段用于民用无人机的上行遥控链路，其中 841～845MHz 频段可采用时分方式用于民用无人机的上行遥控和下行遥测链路。1430～1444MHz 频段用于民用无人机下行遥测与信息传输链路，其中 1430～1438MHz 频段用于警用无人机和直升机视频传输，其他民用无人机使用 1438～1444MHz 频段。民用无人机使用 2.4GHz、5.8GHz 频段频率不得提出无线电干扰保护要求。目前在昭通页岩气示范区内使用的无人机上行遥控链路频率在 841～845MHz，由于微波视距传输本身易造成干扰，在山区环境下，由于地形地物反射因素和雨滴、云雾等对微波散射作用的存在，造成传输信号干扰增强，无人机系统地面站控制距离实际不超过 3km，进一步降低了无人机的作业效率。提高无人机系统通信抗干扰能力，降低山区环境对无人机飞行距离的影响应是未来无人机通信技术的优化方向。

3　结束语

无人机系统以其高机动性、高性价比等特点目前正广泛应用于油气行业的勘查设计、管道电力系统巡检、应急抢险、反恐维稳等各个领域，同时，无人机作为一种的搭载平台，搭配大数据、云计算、互联网等人工智能、虚拟现实技术，是智慧油田建设的重要技术途径。受制于地形地貌、气候等环境因素和技术水平，在西南山区无人机技术目前还无法完全取代人工，作为辅助工具发挥的作用有限。可以预见，在未来无人机系统的飞控传感和通信等技术取得进步后，无人机将在油气行业各个领域发挥更重要的作用。

参 考 文 献

[1] 胡安富，张万全，李顺成．无人机在铁路工程建设中的应用与思考[J]．通信电源技术，2016，33（4）：246-249.

[2] 彭晖，吴亚超．无人机通信技术研究[J]．警察技术，2019，（1）：34-37.

挥和监控，通过卫星将大杭线带压开孔作业视频传输接入综合调度平台，首次实现了对高风险作业现场的远程实时监控，有效发挥了信息技术在提升本质安全中的重要作用，为日后公司对高风险作业远程监控和应急抢险远程指挥积累了经验（图1）。

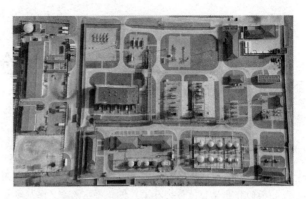

图2 东胜气田天然气处理厂正射图

图1 远程指挥

3.5 井站绘图

无人机可在各场站拍摄多张二维正射影像图，利用处理软件将这些影像图拼接测绘形成一幅像素、精确度较高的图片，形成场站平面正摄图，为现场施工与救援提供图像资料，也为华北分公司更新场站工艺流程图(图2)。

4 无人机应用展望

东胜气田厂直管班组改革重新定义了传统的采气生产组织模式，生产信息化发挥着愈加重要的作用，不满足于信息化仅限于支撑作用，采油气服务中心及采气二厂积极探索无人机在巡站、巡井的工作模式，例如搭载激光仪器实现对丙烷泄漏的监测、搭载热成像仪实现对管线及设备的测温等，通过无人机前端的搭配不同的传感器，配合后端的陆续建设的综合分析平台，实现对地面动、静设备的状态监测和预报警，确保无固定人员值守站场的本质安全。

无人机在线路巡检与应急救援的应用

李 辰 王 飞 李 征

（中国石化华北油气分公司）

摘 要 借助油气田生产信息化建设，广泛利用无人机替代人工在集输管线、电力线路和应急救援方面的作业优势，替代人工，提升作业效率，降低安全风险，取得良好的应用效果。

关键词 无人机，线路巡检，应急救援

1 应用背景

华北油气分公司油气田开发过程中，油气集输管线与电力通讯系统分别承担着管输及数据传输的重要功能，是气田运营的关键基础设施，发挥着重要作用。输气管道由于自身内外壁腐蚀、自然和地质灾害损毁、打孔盗油、第三方人为破坏等各种不确定性因素影响，油气系统安全运行存在很大风险；输电线路分布点多面广，电力线及杆塔附件长期暴露在野外，受到持续的机械张力、闪电雷击、材料老化、人为等影响，定期对集输管线、电力通讯线路进行巡查，是发现和消除风险的最有效手段。以往的人工巡护受地形、恶劣天气、突发情况等因素影响，存在先天的局限性和不足。

2 应用目标

用无人机替代人工进行管道、线路巡检，最大限度减少人工劳动强度，保证巡护人员安全，提高巡检效率，降低巡查成本和风险。

3 技术特点

3.1 设备巡检

无人机可根据 GPS 坐标规划航线，替代人工巡护对石油管线进行远程巡检，高效完成大范围的常规巡检，并可在指定地区上空悬停详查，还可配合声光吊舱进行远程喊话，及时发现、威慑、制止破坏管线等违法行为，充分减少人工强度，保证巡护人员安全，降低巡查成本和风险。还可通过遥控图像系统对输电导线、绝缘子及铁塔情况进行监测，对输电线路进行快速、大范围巡检筛查，此外无人机还可以测量地形图，航拍地理环境，对规划的区域进行详细的信息采集和测绘工作，优化输电线路路径，合理规划电路线路走向，无人机可以高效地完成大范围的常规巡检。

搭载可见光和红外双光吊舱，具有昼夜监控能力，可进行全天候、全天时的监控，并可在指定目标上空悬停详查，利用任务吊舱获取管道与电力线路周围土壤环境、天气、管路温度等信息，可以锁定和跟踪地面目标探查细节，配合远程喊话器，及时发现、威慑、制止破坏线路和盗油行为，并做现场取证。对于油气气田管网、电力线路存在线路长、巡检点多、巡检难度大等诸多难点，尤其是危险性较高的巡护段，无人机巡检的优势非常明显。利用无人机对线路进行巡查，不仅可以通过规划航线自动巡查，也可以切换到手动操控进行特殊情况的巡查，提高了巡护作业的自动化程度，不仅效率高效果好，而且保证了巡护人员的人生安全，降低巡查成本和风险。

3.2 勘察选线

传统的管道与电力线路选择采取人工实地勘察测算、手工地图标绘的方式，这种方式不仅人力物力成本高，且数据单一、时效性差、处理工作量大，不能适应当前建设的需要。利用无人机全面、快速地了解目标地形地貌、水文气象等信息，可以为管道、电力选线提供依据。搭载高分辨率航拍相机对任务区域进行测绘拍摄，并进行数据处理及时提供区域的地理、空间数据信息，为油气管道与电力线路可行性研究阶段的线路选择提供指导。

3.3 应急救援

在遭遇管道泄漏、火灾爆炸等突发事故中，无人机可以全天候全天时拍摄遥感影像，通过挂载红外热成像、声光吊舱、30 倍镜头等载荷，进入人员无法到达区域，可配合声光吊舱进行空中喊话，能够疏散、引导现场人员有序逃离事故现场，同时与通讯指挥车配合，勘查周边灾害情况，挂载相应设备进行航拍，将现场画面回传局、分公司应急指挥中心，利用数据链将信息传

回通讯指挥车和局、分公司生产指挥中心，为制定维护抢修方案提供情报支撑，同时定位引导后续救援维护，最大程度降低灾害。

3.4 航拍摄影

无人机可在各场站拍摄多张二维正射影像图，利用处理软件将这些影像图拼接测绘形成一幅像素、精确度较高的图片，形成场站平面正摄图，为现场施工与救援提供图像资料，也为分公司更新场站工艺流程图。

4 技术指标

4.1 技术水平

无人机系统主要由无人机作业系统和智能分析系统构成，利用无人机作业系统完成空中的图像采集，GIS地理数据信息采集，然后利用油气管道智能巡检平台分析处理多旋翼无人机作业系统采集的数据，并输出视频、将视频回传至调度中心进行统一检查。

其中无人机作业系统由无人机平台、数据链路、集成地面站任务设备组成。根据地貌拍摄、沿线跟踪监控、天然气泄漏检测和GIS地理信息实时采集的作业要求，无人机平台搭载任务对应的设备，通过集成地面站设定的航线执行巡检任务，做到对油气管道实时巡检，在任务过程中，无人机与集成地面站的通信通过数据链路完成，可实时传输飞行状态等信息，同时还可以将无人机接收的图像、摄像信息、天然气浓度探测信息传输到调度中心处理分析，达到识别管道周围危险源和验证风险是否存在的目的。

4.2 技术指标

（1）拍摄时保持线路距离≥20m，飞行速度≤6m/s。

（2）巡查输气管线飞行高度≥60m，飞行速度≤10m/s。

（3）起飞前指南针与地面站航向角偏差≤±5°。

（4）锂电池保存温度10~25℃。

（5）起飞锂电池电量≥25V，遥控器电量≥7.5V。

（6）电池一级报警LED红灯快闪（21.6V），二级报警LED红灯常亮（21V）。

（7）挂载镜头发射频率为575MHz-615MHz，带宽8MHz，调试模式QPSK。

（8）挂载摄像机500万像素高清镜头，具备30倍光学变焦、快速自动对焦、高清HDMI信号输出，输出分辨率最高为1920×1080P/60。

5 推广应用情况

5.1 输气管线巡检

按照管线巡检要求，结合现场实际，利用无人机替代人工定期对管辖队输气管道进行巡检，全天候、高质量完成管线常规巡检，解决冬季极端天气，人员不适合长时间野外作业；夏季农作物生产，人员无法穿行等复杂环境作业难题，大大提升巡检效率，减少人工作业强度。管道巡检时间由原来25天缩短到一周左右，减少了用工时间，提高用工效率。

5.2 电力线路巡检

利用无人机对电力线路进行巡视和故障定位，提前将电线塔杆坐标输入系统，制定飞行路线，可做到自动飞行巡检，将现场实况传输至遥控平台，包括线路损坏、线路温度异常等内容，方面巡检人员制定针对性解决措施。

大大提高电力维护和检修的速度与效率，在地势复杂的环境中及时发现隐患与缺陷，避免线路事故停电，降低停电造成的生产损失。

5.3 应急抢险救援

在以往应急抢险救援中，通讯指挥车固定云台的使用受地形、风向、和警戒位置的影响，不能够全面、清晰的拍摄事故现场情况，在突发情况下，无人机可灵活到达事故现场，有效规避人员在勘察过程中的安全风险，无人机通过搭载不同的设备媒介，可将实时画面远传至指挥平台，实时掌握现场真实情况，保持信息同步，现场情况了解更详细，指挥更准确，为指挥人员提供可视、动态的现场实况，为做有效决策提供有力依据。

5.4 航拍绘图

无人机航拍影像具有高清晰、大比例尺、小面积的优点，可作为油气田生产场站、管线测绘和道路地图绘制的辅助手段。通过后期软件处理，形成平面图。另外在特殊道路管控条件下，可以用无人机勘察道路情况，在气田地图中准确标注，为生产调度提供重要依据。

参 考 文 献

[1] 李晶，毛华．无人机在油气管道安全领域中的应用探讨[J]．石化技术．

[2] 邱元强．浅谈无人机在油气田应急救援中的应用[J]．石化技术．

[3] 汤明文，等．无人机在电力线路巡视中的应用[J]．中国电力．

无人机助力油气管道科学管理

王赤宇　顾　泓　曾冠鑫

（中国石油塔里木油田公司）

摘　要　本文通过对无人机产品的的各方面描述，阐述无人机在油气田管道运行管理上的运用潜力。论述其他业务在无人机帮助下科学管理方式的可行性。描述了管道无人机巡线适应范围，并详细描述了管道完整性管理飞行试验、无人机搭载光学相机试验、无人机搭载红外热成像相机试验、影像自动识别试验等工作的具体做法。总结了无人机运行模式的六种方案，并做了经济比较。

关键词　无人机，管道，巡线，可行性研究，经济对比

1　国内外无人机及应用现状

2009 年以来，美国持续促进无人机创新发展并实现首次大规模商用，特别是在以下领域具有广泛的应用。

（1）农业领域：农场主可运用无人机实时监控种植物的健康状况，无人机将降低农用飞机事故死亡率，高质量数据的收集也将会带来更好的收成。

（2）基础设施监控领域：用无人机监控手机信号塔、大桥、管道、电气线路和石油钻塔，免去了人工监控的潜在生命危险，工人可更安全地监控信号塔等基础设施。

（3）科学研究领域：科学家与工程师能运用无人机进行更有效的环境监测，对美国的自然资源、荒地和航道进行监管。据业内估计，未来 10 年内，商用无人机将为美国带来 820 亿元收入并创造 10 万个工作机会。

我国无人机近些年来发展较快，军用无人机在中国 2015 年 9 月 3 日大阅兵上展现出其风采，而民用无人机发展形势也是一片大好，2015 年我国无人机销售 3 万余架，其中民用无人机就占了 97%，其应用行业也越来越广，比如有些测绘人员不方便到达的地方，无人机可以飞临其中进行遥感测绘。护林人不必每天用脚巡山，只需在房子里操控无人机便能查遍森林的每一个角落。2015 年 8 月 12 日晚 23：30 分左右，天津塘沽发生大爆炸，由于浓烟和二次爆炸的危险，救援指挥部迅速派出两架无人机对爆炸地点和周边进行 360 度的全景图绘制和寻找生还者，为现场指挥部决策提供有力依据。由此可见无人机在民用各领域的运用极为广阔，具有良好的发展前景。

国外无人机遥感技术在管道行业应用非常广泛，涉及到山区管道巡检、近海油气管道监视、灾后次生灾害评价，漏油和盗油点现场定位等。

国内，已有无人机应用于管道建设中的案例，如庆铁线扩能改造管道建设中，曾使用无人机系统辅助施工单位优化选线、放线，帮助选择施工进场道路等；在地质灾害调查中，也有成功案例，无人机遥感在西气东输管道地质灾害调查中得到了应用；在输油管道管理中，2011 年无人机遥感技术在兰成渝管道管理中得到应用，是我国首次应用于长输油气管道的管理。

2　无人机巡线优势

载人直升机管道巡护，虽然提高了管道巡护应变能力，但载人直升机巡护费用高，受天气、空管等方面的影响大。无人机低空航摄测量相对于载人机成本较为廉价，实施便利，运输维护、作业成本低，操作简单、安全可靠，可全天候飞行，对起降场地要求小，可在日常巡检中提高巡检效率，也可在恶劣环境下跨越地形障碍进行应急巡检。无人机用于油气管道巡检具备以下优势。

（1）集中管控，降低管道安全防护对现场人员和配套资源的雪球，以高分辨率图像和高精准度定位数据为基础，通过成熟的数据处理技术，实现管道安全防护工作的数字化，可视化和智能化。

（2）监测能力强，能够快速、灵活的对管道进行日常巡查，并对突发状况进行紧急巡查，实时回传影像或视频数据。

（3）安全性好，代替人工，可执行山区、沙漠等危险区域作业；环境适应性强，可在沙漠、

冰雪等极寒极热天气下执行巡检任务；地形限制小，可跨越高山飞行。

（4）运行费用低，可重复使用。

3 无人机管道巡线的一般性做法和要求

3.1 管道巡线

（1）根据管道沿线地形地貌、风速风向、周围建筑物、站间距离、空域管理等因素明确可实现无人机助力巡线的管道或范围。

（2）根据确定的飞行范围，明确给出适用机型、飞行条件及相关资质的申请。

（3）对比购机、租机、自建机3种模式和代飞、自飞2种服务共6种组合方式的优缺点，给出推荐的服务模式，并与人工巡线做经济性和安全性对比。

（4）结合管道完整性管理项目情况，开展管道巡线试飞以及重点区域测绘，试飞结果必须达到技术服务的要求。

3.2 工作拓展

开展其他业务在无人机帮助下科学管理方式的可行性探索。如：开展应急抢险的前期调查航拍，开展管道沿线地形地貌变化趋势、事故事件现场处理、许可作业特殊情况执行情况的航拍，为高层决策提供依据。

3.3 技术服务达到的技术要求

（1）无人机航空摄影：航空摄影影像分辨率优于0.05m；对重点区域的航摄影像分辨率优于0.05m。

（2）管道两侧巡护宽度：管道两侧巡护宽度为两边各100m；重点区域管道两侧巡护宽度为两边各200m。

3.4 工作内容

（1）通过对油气管道进行实地踏勘、资料收集和多方了解，根据管道沿线地形地貌、风速风向、周围建筑物、站间距离、空域管理等因素，分析油气管道的实际情况，对油气管道适合无人机巡线区域和飞行难度进行划分，确定出油气管道适合无人机巡线的范围。

就新疆地区情况而言，新疆油气管道70%左右的管道是适合无人机巡检的，总体上较为适合无人机巡检。

（2）根据划分的适应无人机巡线范围及各区域的地形地貌、站间距离等条件，利用多种无人机相结合的方式来进行管道巡检。对于100km内短距离的管道巡检，使用航时在2h左右的轻型电动无人机进行巡检；对于100km以上的长距离管道巡检，使用航时在6~8h的垂直起降油动无人机进行巡检；对于应急巡查和夜间巡检，采用搭载红外相机的无人机进行巡检。

根据民航局的有关规定，"低小慢"无人机在不影像民航安全、军事安全、国家安全等的情况下，可不进行空域审批，对于常规任务，进行备案即可。

（3）对购机代飞、购机自飞、租机代飞、租机自飞、自建机代飞、自建机自飞6种模式进行对比。

（4）利用无人机搭载光学相机航拍，模拟管道漏油、非法占压、可疑车辆、可疑人员、管道上方取土等破坏管道安全的行为；利用无人机搭载红外热成像仪进行航拍，并模拟管道漏油、天然气泄漏、可疑车辆及人员、取土挖掘等破坏管道活动等行为

（5）采用基于变化信息提取和基于专家知识库信息提取的方式对无人机航拍的数据进行目标识别。

（6）结合管道管理相关需求，探索无人机在管道管理中的其他应用．总结目前的实际运用经验可知，无人机可在管道勘察设计、施工建设、应急灾害抢险救援、灾害评估及管道完整性管理方面均可应用。

3.5 已形成的关键技术及创新点

（1）热红外成像技术用于管道巡检。

红外线热成像技术是一种通过使用红外成像测量仪"查看"或"测量"物体辐射热能的技术。红外热成像仪生成不可见红外或"热"辐射图像，可实现非接触式的精准测温。

为了解决夜间破坏管道活动不易发现的问题，采用热红外技术进行夜间巡查，可发现管道及管道周边的异常；由于天然气泄漏不易发现，利用天然气泄漏时，泄漏点附近空气气温的变化，利用热成像技术，可及时发现天然气泄漏。

采用热红外成像技术用于管道安全巡检，可在夜间或人眼不易察觉的情况下，发现管道遭到破坏的情况。

（2）基于影像的变化信息提取技术应用。

影像变化信息提取是指利用不同时期获取的覆盖同一地区的影像及其他辅助数据来确定和分析地表变化，影像变化信息提取分为三个层次：像元级变化检测、特征级变化检测和目标级变化检测。

（3）像元级变化检测是直接在采集的原始图像上直接对像素进行的变化检测。

（4）特征级变化检测是采用一定的算法，先从原始影像中提取特征信息，如边缘、形状、轮廓、纹理等，然后对这些特征信息进行综合分析与变化检测。

（5）目标级变化检测主要是检测某些特定对象（比如道路、车辆等具有明确含义的目标），是在图像理解和图像识别的基础上进行的变化检测，他是一种基于目标模型的高层分析方法。

（6）基于专家解译知识库的面向对象信息提取技术应用。

首先利用影像特征（如车辆、人员活动、违章搭建、模拟漏油等）建立专家解译知识库，运用遥感影像解译专家的经验和方法，模拟遥感影像目视解译的具体思维过程，进行遥感影像计算机解译；同时在影像解译信息提取的过程中，采用面向对象的方式进行疑似破坏管道安全行为的信息提取和目标识别，提高了目标识别效率和准确性，取得比较好的目标识别效果。

4 无人机助力油气管道科学管理可行性研究

为了验证无人机在管道巡线中应用的可行性，首先应对油气管道进行外业实地踏勘、资料收集及地形、气候环境分析，确定可用于无人机巡检的范围；其次验证无人机在不同地形环境上进行无人机巡线的可行性，此外，利用无人机分别搭载光学相机和红外相机来对实验路线进行航拍，并对获取的影像进行对比分析处理，验证无人机巡线数据快速信息提取及夜间巡检的技术可行性。

4.1 管道无人机巡线适应范围

无人机号称空中机器人，但也会受到极端天气（如大风）、地形条件（高差起伏等）影响其飞行能力，同时，由于我国国防安全、民航安全等方面的原因，有些区域上空是严禁飞行的，因此，需要对油气管道所处的气候、地形和其他情况进行调查分析，划分出适合无人机巡检和不适合无人机巡检的区域，用以确定下一阶段巡检工作方案。

4.2 管道完整性管理飞行试验

经过对航拍成果进行数据处理，判断是否可以清晰看到管道及管道周边情况，是否存在非法压占，可疑人员、车辆活动，管道上方及周边有无破坏的痕迹，成果可作为管道巡检的手段。

4.3 无人机搭载光学相机试验

利用无人机搭载光学相机对管线进行航拍，并模拟管道漏油、非法占压、可疑车辆、可疑人员、管道上方取土等破坏管道安全的行为，验证利用无人机可发现破坏管道安全的痕迹的可行性。

4.4 无人机搭载红外热成像相机试验

利用无人机搭载红外相机进行航拍试验，并模拟管道漏油、可疑车辆及人员、破坏管道活动等行为，用以验证红外影像可用于夜间巡检和应急巡检的可行性。

4.5 影像自动识别试验

影像信息自动识别主要分为两种方式，一种是前后不同时间的数据进行对比，提取变化部分，再对变化部分进行目视判读，是否为我们需要的变化信息结果；另一种方式是通过建立专家解译知识库，基于专家解译知识库进行信息提取，在信息提取结果上再进行目视判读，获得最终成果。

5 多方式及经济性对比

根据现阶段无人机助力油气管道巡检特点及无人机航空摄影的优势，总结以下共六种工作模式的优缺点。

5.1 模式一：购机自飞

购机自飞前期成本投入较大，组建自己的飞行团队一般成熟周期为三个月，但购机自飞也有优势，购机自飞时效性较强，例如：紧急管道巡检，管道周边发生泄漏、发生地质灾害或自然灾害时，人员无法第一时间到达，那么购机自飞将大大提高了抢救管道救援时间，为领导决策提供第一时间情报；其次灵活度高，这里指出的灵活度是指自己拥有无人机及自己的飞行团队。

5.2 模式二：购机代飞

购机代飞前期投入资金较大，由第三方人员帮忙飞行，对管道周边及工作内容不清楚，其适应磨合周期也较长，但其成长性较大，前期可以雇佣专业的飞手来飞，后期可以逐步培养公司内部人员学习，逐渐形成自己的飞行巡检队伍。其优点是，数据质量、巡检时间可以自由变换，灵活度较高。缺点是，由于无人机不属于飞行人员及其单位，对无人机的维修维护均不会太上心，容易造成由于人员责任心不够导致的飞行事故或飞机损坏。

5.3 模式三：租机自飞

租机自飞，单架次成本低，但长久的管道巡检费用开支较大，而且在租机之前就必须有相应成熟的飞行团队，这对航飞的技术要求较高，且灵活度低，不能随时做到及时准确的巡检工作。但租机自飞的模式，可减少对飞机的维护成本，降低部分成本和风险。

5.4 模式四：租机代飞

租机代飞，不管从少量次数的管道巡检还是长久的管道巡检来说，对于我们自身的成本代价来讲，成本及其昂贵。管道巡检不是一定时期的，而是长久的每天必做的，这样才能有效保护我们的输油输气管线的安全。所以从长远考虑，租机费用将会是一个天文数字，而寻找专业的飞行团队代飞又将是一部分昂贵的费用。一个比较成熟的飞手，在北上广地区，如果按月薪，大概在两万至五万不等。如果按架次来算，也将达到千元及别。但相对来讲，租机代飞对我们的工作压力较小，所有的服务风险都会有服务团队来承担，包括数据质量，巡检周期都将会有一定保证。但对我们自身长远发展来说，这种模式将大大制约了我们的发展。

5.5 模式五：自建机自飞

自建机自飞，这种模式是对我们自身的考验，也是向新的领域探索，对于发展来讲是良性的。但同时自建机来说，对于前期研发技术的积累以及中间的研发团队到后期的产品定型、生产，其道路是漫长久远的，而且对于前期研发费用的投入也将会是一大笔资金。但自建机自飞来讲，核心技术的掌握，飞行团队的搭建，直至成熟，这种模式从长久考虑。不失一种好的发展。这种模式对提高油气储运公司科学化管理，创新型公司来讲都将是跨越式的发展。

5.6 模式六：自建机代飞

自建机代飞，这种模式同自建机自飞相似，对我们自身的核心技术把控将达到新高度，交于第三方来代飞的投入不如组建自己的飞行巡检队伍。此模式不如模式五自建机自飞要好。

针对以上 6 种模式进行优缺点的对比(表 1)。

表 1 6 种无人机巡检模式优缺点对比

巡检模式	优点	缺点
购机自飞	利于长期发展；时效性强，灵活度高；应用拓展面更广	前期资金投入大；承担风险大；形成有效无人机巡检队伍时间长
购机代飞	利于长期发展；灵活度高；节约成本	前期资金投入大；时效性较差；无人机维护不便

续表

巡检模式	优点	缺点
租机自飞	设备安全有保障；前期资金投入较小	人员技术要求高；长期投入高；需培养自有的飞行团队
租机代飞	前期资金投入小	长期投入高；时效性较差
自建机自飞	具有核心技术；灵活度高；可形成良心发展	研发周期长；资金投入大，回报周期长；研发有风险
自建机代飞	具有核心技术；无需培养航飞人员	研发周期长；资金投入大，回报周期长；研发有风险；设备需维护

6 结论

（1）油气管道大部分区域除了军事管理区、飞机场及航线附近无法进行无人机巡检外，大部分区域都是适合无人机巡检工作的。

（2）利用无人机代替人工巡检，可清晰分辨管道漏油、可疑车辆、人员活动、非法占压、管道上方挖掘取土、管道上方种植深根植物等破坏管道及周边环境的情况；通过对可见光相机影像、红外相机影像的数据处理，信息提取及目标识别，可清晰判别管道漏油、天然气泄漏、可疑车辆、人员活动、非法占压、管道上方挖掘取土的情况，具有代替人工管道巡检的能力，并可进行夜间巡检和应急巡检。

（3）通过无人机巡线和人工巡线费用的对比，可以得出，利用无人机巡检比人工巡检更为节约成本，人身安全更有保障。

因此，利用无人机巡检从条件上、技术上、经济上都是可行的，也将是今后油气管道安全管理的主要方向。

7 无人机在管道管理中的其他应用

无人机技术可以应用在管道生产及运行的各个阶段，具有广阔的应用前景。

7.1 勘察设计阶段

在勘察设计阶段，可以用无人机进行管道选线、评估应用、BIM 基础数据采集等。传统的管道线路选择采取手工在纸质地图作业并结合现场踏勘的方式，这种方式不仅浪费人力物力，且数据来源单一、时效性差、数据处理工作量大，已不能适应当前快速建设管道的需要。在选线过程中使用无人机，可以全面快速地了解地区的地形地貌、植被、水文等信息，从而为管道选线提供依据。无人机可以搭载高分辨率航拍相机，对任务区域进行测绘级拍摄，在飞机降落后进行快速或精细拼图，及时提供区域的地面、空间数据和基础地理信息，为油气管道可行性研究阶段的线路选择提供指导。

7.2 管道施工建设阶段

在施工前期阶段，利用无人机了解施工现场的地形、道路、周围环境等情况，便于施工人员及设备进入现场，尽快开展施工；在施工进行阶段，可以利用无人机拍摄现场施工进度、物料使用情况、机具布置情况、管道走向等，及时调整人员和设备，按设计要求进行施工。

7.3 无人机油气管道应急抢险救援

油气管道涉及地域跨幅较大，管道所经地段环境地质情况复杂，周边人烟稀少，若发生自然灾害等事故，特别是在冬季下雪后因交通不便，道路湿滑，人员车辆不能第一时间到达事故地点，无法实施紧急救援工作。为了提高救援效率和质量，降低损失程度，必须实施统一、高效、快速的应急救援。无人机应急救援具有实时性强、机动快速、影像分辨率高、经济便捷的特点，且能够在高危地区作业，例如管道发生爆炸、有害物体泄漏等人员无法到达时。

7.4 洪涝灾害监测评估

目前，洪涝灾害监测方法主要是通过地面上的水文实测站点获取的水文数据分析整个流域的汛情，这些点上的分布特征，难以形成完整的面上信息。利用无人机应急救援系统拍摄的灾情信息比其他常规手段更加加速、客观和全面，其中主要应用包括以下两点。

（1）利用航拍结果，进行对比分析，详细分析汛情的发展，研究汛情的变化情况，把握汛情现状和发展趋势，为沉底管道安全保驾护航。

（2）在航片上提取洪水范围，评估灾害对输油管道造成的损失情况。

7.5 地质灾害应急救援

对于发生地质灾害影响输油管道安全的地域及时的、科学的进行地质灾害管理和灾情评估至关重要，利用无人机应急救援系统，可以在人员车辆无法第一时间到达的情况下，利用无人机，对该区域实施空中侦察，从空间分布上，帮助高层领导决策提供依据，统筹协调安排下步抢险工作提供重要科学依据，快速准确获取地质灾害环境背景要素信息，并且能够监测实时动态变化，为准确的预报提供基础数据。

7.6 天然气泄漏应急救援

当发生天然气泄漏等事故时，无人机红外热成像系统第一时间响应到达天然气疑似泄漏点。利用红外成像设备精准确定天然气泄漏点。为下步抢修提供重要依据。

7.7 管道完整性管理的测绘和航拍

在油气管道巡检的过程中，利用航拍影像，可制作标准化的，符合规范的 1：500/1：1000/1：2000 比例尺的数字正射影像图、数字线画图和数字高程模型，这些数字产品可以应用于管道周边地质灾害监测等高精度位置应用。

随着我国长输管道建设与城市扩张速度的迅速增加，越来越多的长输管道经过人口稠密、建筑物集中的区域，一旦管道在这些区域发生事故将造成严重的后果，这些管道经过的区域是高危险地段。无人机遥感技术在高后果区识别、灾害识别和次生灾害评估中也发挥着显著的作用。

随着无人机技术的改进与发展，无人机管道管理系统将在管道管理中发挥越来越重要的作用。此项目实施过程中也结合了部分705至706段四处高后果区的识别及灾害评估，探索适合我国国情的长输管道高后果区识别的依据，研究高后果区域的风险评估，也为我国长输管道高后果区的安全提供了行之有效的技术手段。

无人机在管道作业中效率高，机动灵活，使用方便，可以承担高风险的飞行任务，为管道管理提供了一种新的选择。无人机遥感技术在管道巡线中，可获得管道沿线险要地段的数据，避免由于人工巡线无法到达造成数据遗漏，可补充传统人工巡线方式的不足；在管道保卫中，利用无人机实时传回的视频图像，能清晰地辨识现场情况，并能做到定点跟踪，第一时间掌握潜在危险地点，为防止险情发生节约时间。在下图中，无人机不仅仅做到了站点区域的安全防护任务，从宏观角度一览无余整个作业区的实时情况，及站点周边环境，为管道安全保卫工作提供了新的监控手段。也明确了生产安全的早发现早预防的要求。

无人机在新疆油田长输管道巡线试点应用

摘　要　无人机作为载体携带技术成熟的信息采集设备在全国各行各业的应用逐渐成熟，油气管道行业勘察设计、施工建设和管道运维行业应用逐步成熟。无人机对于目标特征明显的物体航拍效果清晰，但对于目标特征不明显的物体，航拍数据人眼观察效果不佳，需要尽快发展智能分析对比技术准确判断管道隐患，同时，快速发展数据传输和大数据应用等配套技术，实行低空空域开放政策，无人机巡线可以达到及时、准确、灵活的需求。随着无人机及配套技术快速发展，无人机巡线必将成为发展趋势。

关键词　无人机管道行业，空域 数据智能分析技术，及时，准确，灵活

"无人机不怕疲劳、不怕危险，在执行枯燥的、长时间的任务时，会有比较明显的优势，…"。无人机是一种整合多种专业的高新技术，由无人机、采集设备和地面控制三大部分组成，具有快速、灵活、安全的特点。无人机作为载体携带技术成熟的信息采集设备在应急救援、电力巡线、影视航拍、农业植保、环境保护、城市规划与管理、交通监管、地图测绘、物流快递等各行各业广泛应用。在能源领域中，无人机技术推动着石油石化生产及油气输送等领域持续发展。

1 新疆油田长输管道无人机巡线试点应用

无人机技术在油气管道行业应用多集中在管道勘察设计和施工建设阶段，在管道运维阶段应用主要集中在人力不可达区域内管道巡检，如山区、沟壑梁峁、沼泽等特殊区域。新疆油田长输管道途经的地貌多为戈壁沙漠、叠加雾雪风热等相对恶劣的气候特征，这些地貌和气候特征对无人机巡线技术是一种考验。

1.1 新疆油田长输管道巡查现状

1958年，新疆油田公司建成并投运了新中国第一条长输管道，至今60余载。新疆油田长输管道途经北疆地区多个市（县）、团场、乡镇、连队和村庄，是环准噶尔盆地的原油、天然气骨干输送管道。管道沿途多为戈壁沙漠，少部分农田，日常巡线主要以人巡和车巡为主，物防和技防措施辅助。管道失效特征主要表现为管道本体腐蚀和第三方破坏，需要探索新技术提高管道保护效率。

1.2 新疆油田长输管道无人机试点应用

无人机作为一种新技术在油气管道行业应用逐渐成熟，为了验证新疆油田长输管道无人机巡线可行性，探索有效的管理和组织模式，选择先试点后推广的原则逐步实施。

以空域合规合法和人口稀少的沙漠戈壁为原则选择了两段管线进行无人机试点巡线，由两家服务方以同样的模式进行无人机巡线可行性验证。主要分两个阶段，第一阶段对定点目标实施航拍（照片），第二阶段无人机参与实际巡线（视频）。

（1）第一阶段，定点目标航拍测试，以拍报高清照片为主。

主要测试无人机搭载光学相机对管道巡检中关注问题航拍的清晰度，如管道泄漏、打孔盗油盗气、管道上方违章占压、可疑人员驻留、模拟管道上方挖掘取土等（图1~图3）。

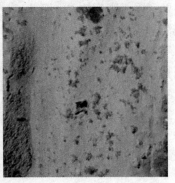

图1　模拟原油泄漏的航拍效果测试

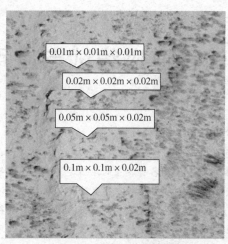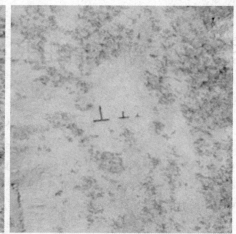

0.01m × 0.01m × 0.01m

0.02m × 0.02m × 0.02m

0.05m × 0.05m × 0.02m

0.1m × 0.1m × 0.02m

图 2　模拟原油开挖和最小分辨率的航拍效果测试

天然气泄漏

管道漏油引流(数据以处理)

图 3　模拟夜间巡查时原油和天然气泄漏的航拍效果测试

无人机搭载可见光学设备在航高 290m 时的拍摄效果,拍摄矢量照片可放大观察目标。上图可见,对地面 0.2 m² 以上的原油泄漏清晰可辨,对地面 0.1m² 以上的物体清晰可辨,对地面 0.01 m² 以上的的坑洞容易辨识。无人机搭载红外成像设备可清晰发现原油和天然气泄漏,对其他如车辆、人员、挖掘取土等一样清晰可见,红外热成像作为夜间管道巡检方法是可行的。

(2)第二阶段,无人机参与实际巡线,以拍摄高清视频为主。

两家服务方分别测试不同管线,消除偶然因素带来的测试误差。主要观察航空 300~400m 时拍摄高清视频时的效果,同时观察空域、天气、设备等因素对无人机巡线的影响程度。

从测试结果来看,两家无人机都选用适合长距离巡查的垂直起降固定翼无人机,每百公里往返巡线时长 3h 左右(包括准备时间),受风向影响耗时会有所偏差。这一点大大缩短了巡线用时,增加了巡线效率。

图 4 是无人机巡线时的拍摄的中间泵站的视频截图。

图 4　高清视频航拍中间泵站的效果测试

从图 4 可以清晰看到中间泵站的轮廓、房间、车辆以及周边的阀池、井场、抽油机等物体,给观者一种开阔的视觉感受。另外,观察幅度很大,可以预测周边施工的行进方向,预判其对管道的影响。但是,人眼观察较小物体时比较困难,尤其是目标特征不明显时很难得出有用的信息。

表 1 为两家服务方在最冷月(气温达到 -30℃ 左右)给出的测试结果,表现出空域、设备、天气等不确定因素对无人机巡线的影响程度。

表1 新疆油田无人机试点巡线结果对比表

项目	服务商一			服务商二		
	白天	夜间	总数/占比	白天	夜间	总数/占比
一、要求	31	12	43/100%	31	8	39/100%
二、全程/准时	8	1	9/21%	6	2	8/21%
三、半程/延迟	11	4	15/35%	17	0	17/44%
设备/空域原因	4			10		
天气原因	4			6		
乙方原因	3			1		
四、停飞	12	7	19/44%	8	6	14/35%
设备/空域原因	3			4		
天气原因	5			3		
乙方原因	4			1		

从表1可知,第一,受空域、天气、设备影响,无人机巡线试点达到要求的比例仅为21%,这次测试效果不佳。主要原因①设备原因多数是因天气影响间接造成的;②空军活动影响很大,制约了巡线的灵活性;③这次试点无人机准备仓促,没有考虑恶劣原因对无人机的影响程度,也侧面反映出无人机巡线需要根据当地环境和服务要求进行定制研发。

为了验证无人机参与实际巡线时的及时性、准确性,在试点期间,采取在管线上人工开挖、模拟原油泄漏、特意安排人员及车辆在管线上方活动等方式进行了测试,从视频上可以看出,但因目标特征不明显,很难人眼观察分辨得出,这是此次试验的不足之处。

2 无人机巡线的优点与改进方向

2.1 无人机巡线的优点

(1)无人机本身技术已经成熟。现有的无人机最大飞行高度为5000m,最高飞行速度可达到140km/h,飞行时长在2~4h,适用环境-20~50℃,承受风力5级,分辨率在0.05m。同时,国内多家研发团队具备定制开发能力,满足多方需要。

(2)快速、灵活的日常巡查或紧急巡查。试点期间,包括准备阶段在内,完成100km往返巡航约3h,大大提高巡线效率。

(3)利用无人机高空俯视优势,大视角观察巡查对象,预测施工方向。与现有的人工巡护手段配合使用,优势互补,形成立体化、多样化巡检系统。

(4)无人机搭载红外相机有效应对夜巡难题。无人机搭载红外相机可以有效发现管道漏点、可疑车辆停靠管道周边、管道周边人员活动驻留、管道上方挖掘取土等情况,尤其是解决人工在夜间巡检因视线不好而带来的巡检盲区。

(5)远距离清晰观察目标物征。无人机搭载30倍光学变焦镜头,可以清晰观察450m远的车牌标识。

2.2 无人机巡线需要改进方向

无人机管道巡线的开展对管道保护超到了积极有效的推动作用,但还存在需要解决的技术难题。

(1)智能对比分析技术亟需完善。

无人机飞高在300~400m,视频和图片宽度在200~300m,显示的物体非常小,显示器显示时间仅为8s,依靠人眼识别存在效率低、人为误判等缺点,无法满足巡线准确性的要求。视频图像的智能对比技术是有效的解决措施,但是目前的智能对比技术,如像元提取或特征对比等技术都处于发展阶段,尚未成熟,对比结果漏报误报率较高(图5)。

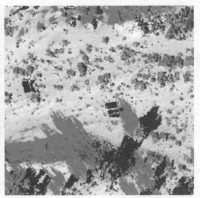

图5 基于变化特征提取技术的对比结果

（2）无人机巡线必须使用的多项配套技术需要提前实施。

无人机只是一种载体携带光学设备飞到空中拍照（简称数据），数据需要及时传送到后端调度指挥点，进行智能对比分析处理，准确判断管道的异常状态，而现有民用无人机数据的远距离传输和大数据储存及分析应用技术无法满足此项需求，无法保证巡线所需的及时性。

（3）无人机巡线受空域管制和天气影响较大，不能全天候飞行。

为了保证管道巡线的效果，要根据施工特点或关键时期安排加密巡线时间，但在关键敏感时段对空域管制非常严格，空域使用必须经西部战区和新疆空军批准方可飞行，加上受雨、雪、风及大雾等天气影响，无法保证无人机巡线全天候巡线，关键时间无法保证巡线的灵活性。需要加快低空空域的开放政策，避免空域影响无人机的正常使用。

（4）无人机巡线无法完成隐式巡线要求。

人工巡线需要测试管道保护电位、阀池内管道附件和运行参数、穿越段涵洞的安全都需要专业人员认真目测或通过专业探测设备来测试，无人机巡线只能达到目视的要求，利用无人机探测管道隐式风险是无效的措施。

3 结论与前景

无人机巡查目标特征明显的物体时，航拍效果清晰明了，这一点上可以代替人工安全、快速、准确地完成目标物体的巡查。但对于目标特殊不明显的物体，需要借助智能识别分析技术进行准确识别。目前，无人机巡线主要受空域使用权、天气、数据传输技术、数据智能分析对比技术、大数据存储等因素制约，无人机巡线还有很大的提升空间。

随着智能识别、数据传输、数据储存等无人机配套技术的快速发展，低空空域开放运行等政策的实施，制约无人机巡线瓶颈得出消除，无人机巡线的运行管理机制和相关制度流程得以形成，无人机巡线必将成为趋势，无人机所具有的安全、快速、灵活的特点能够大幅促进管道行业的安全发展。随着无人机及其配套技术的快速发展，无人机巡查管道的发展方向应该是低成本下的空、天、地、应急结合的服务模式，利用低轨卫星+无人机+地面人车巡+应急队伍这样一种全套服务，能够更好的实现管道保护。

参 考 文 献

[1] 余志光. 遥感与 GIS 在油气管道线路选择中的应用研究[D]. 北京：清华大学. 2011.
[2] 武海彬. 无人机系统在油气管道巡检中的应用研究[J]. 中国石油和化工标准与质量，2014（09）：105-106.
[3] 康煜姝. 无人机在油气长输管道中的应用[J]. 当代化工，2015（08）：2045-2047.
[4] 高姣姣. 高精度无人机遥感地质灾害调查应用研究[D]. 北京交通大学，2010.
[5] 张侃. 多旋翼无人机在输电线路巡检中的运用及发展[J]. 现代工业经济和信息化，2013（16）：72-73.
[6] 孙泽民，王建宏. 长输管道管理现状分析及其对策[J]. 储运安全，2007：37-38.
[7] 杨伟，杨帆. 无人机在长输管道常规巡检中的应用[J]. 能源与节能，2015：132-133.
[8] 王柯，彭向阳，陈锐民，等. 无人机电力线路巡视平台选型[J]. 电力科学与工程，2014（6）：46-53.
[9] 欧新伟，周利剑，冯庆善，等. 无人机遥感技术在长输油气管道管理中的应用[J]. 科技创新导报，2011（15）：77-78.

油气管道无人机巡护技术的应用与挑战

王 唯

(中国石油化工股份有限公司大连石油化工研究院)

摘 要 油气资源的管道输送凭借其较高的资源供给连续性、良好的复杂地形跨越能力、较好的经济性和输配的灵活性而被广泛使用,然而油气管线分布广、跨越长、铺设地理环境复杂等特点为管线巡护工作带来了极大的挑战。传统人工巡护作业效率低、人员成本高,且受到环境因素的制约,难以为油气管道的安全运行提供全面的风险识别,而无人机巡护技术的出现为这一问题带来了解决方案,也契合了当前油气企业智能化发展的需求。无人机巡护灵活性高、环境适应能力强、获取数据快,在油气管道巡护作业中具有广阔的应有前景,目前已在国外管线巡护作业中呈现常态化发展趋势,而在国内油气企业中的应用仍处于尝试与摸索阶段。本文研究了无人机技术的发展现状,重点总结了无人机技术在油气管道巡护方面的应用情况,分析了该技术在国内油气企业规模化应用中所面临的挑战,提出了建议,为油气管道无人机巡护技术的高质量、智能化发展提供参考。

关键词 油气管道,无人机,巡护,风险识别,智能化

在世界范围内的石油与天然气工业中,管道输送被广泛认为是最高效的油气资源输配方式,其较高的资源供给连续性、良好的复杂地形跨越能力、较好的经济性和输配的灵活性使其在国家发展与国民经济中扮演着重要的角色。截至2017年年底,我国在役油气管道(包含长输管道和油气田集输管道)总里程已达到 53.31×10^4 km,七成的石油资源以及近全部的天然气资源通过管道输送完成了资源的调配和供给。美国作为世界上油气管道系统最完善的国家,截至2018年年底,其油气管道总里程为 446.94×10^4 km,其中配气管道约占据总里程的 80.61%。管道系统的高速发展,直接地推动了国家经济的发展以及人们生活水平的提高,然而随着管道服役时间的不断增长,管道材料老化及腐蚀、自然环境变化所带来的机械损伤、人为破坏等管道失效因素的出现使管道的安全、高效运行面临严峻的挑战。为保障油气管道系统的完整性和运行可靠性,目前主要采用人工巡护的方式对管道的失效风险进行及时的发现与处理。这种巡护方式需要巡护人员沿着管道步行进行观察和记录,一方面巡护的准确性受到人为主观判断的影响,另一方面,由于油气管道分布广、跨越长、铺设地理环境复杂等因素,人工巡护具有极高的人力成本以及较低的巡护效率。

随着智能技术的高速发展以及数字化与工业化的深度融合,油气企业逐渐瞄准了管理与监检测的信息化发展方向,积极探索"无人化"建设与运营模式,力求通过现代化技术手段显著提高系统运行效率、降低运营成本,因此油气管道无人机巡护技术应运而生并迅速成为了研究热点。油气管道无人机巡护技术具有良好的应用前景,其配合高清摄影、红外、紫外成像仪等设备以及卫星遥感(RS)、全球定位系统(GPS)、地理信息系统(GIS),将大幅度提高对管道失效风险因素的识别能力以及巡护效率。基于此,本文研究了无人机技术的发展现状,重点总结了无人机技术在油气管道巡护方面的应用情况,分析了该技术规模化应用所面临的挑战,提出了建议,为油气管道无人机巡护技术的高质量发展提供参考。

1 无人机技术现状

1.1 无人机分类

无人机全称"无人驾驶飞行器"(Unmanned Aerial Vehicle,简称 UAV),是利用无线电遥控设备和自备的程序控制装置操纵的不载人飞机。无人机的运行涉及了一系列高技术含量的技术,例如通信技术、智能控制技术、传感器技术以及信息处理技术等。无人机通过搭载设备并结合信息记录与传输方法,在空中搭建技术平台,从而替代人类完成空中作业。目前,根据不同视距、活动半径、控制方式以及飞行平台,无人机可按图1进行分类。

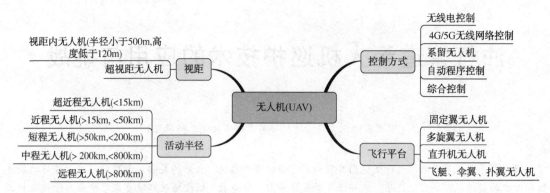

図 1 无人机分类方式

1.2 不同飞行平台无人机特点

不同飞行平台的无人机具备截然不同的应用特点，其对比可见表 1。多旋翼无人机具备结构简单、操作灵活、起降限制小等优势，但需要体积小、重量轻的自动控制器和导航系统辅助控制飞行姿态。20 世纪 90 年代，重量仅为几克的导航系统依托 MEMS 技术而被研发出来，进而使多旋翼无人机逐渐成为研究和应用热点。

表 1 不同飞行平台的无人机特点

飞行平台		结构原理	优势	劣势
	多旋翼无人机 Multi rotor	• 4 个或更多旋翼 • 可垂直起降	• 起降限制少 • 操作灵活 • 价格低廉	• 载重小 • 续航时间短 • 航速慢
	固定翼无人机 Fixedwing	• 机翼固定，通过流过机翼的风提供升力	• 载重大 • 续航时间长 • 航速快	• 起降限制多 • 无法悬停 • 对控制系统要求高
	直升机无人机 Helicopter	• 靠 1~2 个主旋翼提供升力 • 通过控制旋翼桨面变化调整升力方向	• 起降限制少 • 载重较大	• 结构脆弱 • 故障率高 • 操控复杂

无人机可搭载多种机载设备用于执行不同的飞行任务。搭载高清相机、摄像机时，可通过进行等距或定时拍照，获得大量的实效性高、层次感强的影像信息用于后续的分析与处理。搭载红外热像仪时，可在夜间执行飞行和数据采集任务。借助无人机所搭载的设备以及其灵活、机动的特点，其在城市救灾应急指挥、地震灾害监测与预警、地震灾害应急救援等任务中均可发挥重要的作用。

2 无人机在石油工业中的应用与挑战

2.1 油气管道无人机巡护技术的应用情况

目前，无人机在国内外的石油工业中均得到了应用。法国燃气网络管理企业 GRTgaz 公司为针对法国南部约 80km 的天然气管线进行无人机巡护，已与航空数据收集和处理公司 Air Marine 进行了合作，实现针对密林等难以实现人工巡护管线的常态化无人机巡护。苏格兰 CyberHawk 公司已为海上石油、天然气以及风电设施提供无人机安全检测服务，并在数据采集后通过 iHawk 软件进行数据的分析与处理，有效节省了人员和时间成本。该公司已为 Shell 公司、BP 公司、Chevron 公司、Exxon Mobil 公司提供了 200 多次无人机检测服务。Aeronautics 公司通过其无人机为巴库油田石油管道提供了涉及地质活动的管道安全检测服务。Sky-Future 是一家天然气无人机监测服务的供应商公司，其将自身较为成熟的无人机检测服务拓展到了石油领域，为 BP 公司、

Shell 公司、Apache 公司以及挪威国家石油公司均提供了无人机检测服务。

在国内方面，中海油位于广东珠三角地区的管网因地形复杂、人员有限等原因无法实现全天候、全覆盖的管道安全检测，为此采用了无人机巡护作业，有效提高了巡护效率和准确性。中国石化西北油田采油三厂具有一条长约 2500km 的输油管线，该管线穿越了 4 个乡镇和 13 个村庄，为有效地对管线进行安全监测并及时发现安全隐患，采油三厂针对该管线采用了无人机巡护作业，目前已实现在夜间对渗漏位置进行精准识别

与实施跟踪。香港电机工程署采用了香港中华煤气有限公司开发的配备摄像头与气体探测器的无人机进行管道检测，建立了一套专用数据库辅助跟踪任务进展。中国石化大连石油化工研究院针对油气管道无人机巡护技术开展了深入的研究和大量的探索，研制基于 TDLAS 的泄漏激光机载检测设备、基于激光 lidar 的地表微量变形机载检测设备等，完成了 12000 余架次的巡检任务，并生成正射影像、地表模型等分析依据。无人机巡护过程中对山体滑坡的识别可见图 2。

图 2　无人机巡护过程中对山体滑坡的识别

2.2　油气管道无人机巡护技术规模化应用所面临的挑战

油气管道无人机巡护技术具有高效、降低人力成本、环境适应能力强等诸多优势，但该技术的规模化应用仍面临着一定的挑战，以下将从三个方面进行分析。

2.2.1　续航能力仍较低

由于多旋翼无人机的结构特性(通过桨叶的拉力以及转动惯量的变化实现飞行姿态的控制)，在操控多旋翼无人机进行转向时，需要依赖螺旋桨的转速发生显著变化才能完成飞行姿态的改变，而每一次的转向动作都将消耗大量的储存电能。如果通过增大桨距提供更高的拉力效率，则会导致飞行稳定性的下降，进而使检测设备的运行和数据的获取受到影响。目前电池技术仍未突破，使无人机续航能力的提升受到严重制约。由于以上原因，导致多旋翼无人机的飞行时间普遍未超过 30min。较低的续航时间所导致的问题是较小的巡护任务半径以及有限的数据收集量，进而影响无人机巡护作业的效率、限制技术的规模化应用。为解决该问题，一方面可以考虑放弃锂电池而使用氢燃料电池，另一方面可尝试通过优化多旋翼无人机结构、搭载设备重量、数

据采集频率等多参数来间接提高无人机的综合续航能力。对于飞行区域较小但要求长时间对某一位置进行实时监控的巡护任务，可考虑使用系留无人机执行任务，通过地面与无人机之间连接的光电综合缆绳给无人机提供源源不断的动力来源并进行数据传输，减小了无人机电池载荷的同时也可以使数据传输过程中的抗干扰能力显著增强。

2.2.2　避障能力有待提高

由于无人机上所搭载导航的三维地理信息系统(GIS)定位精度有限，尤其在复杂地形里执行飞行任务时出现的高度定位的偏差尤为明显，使无人机面临着撞击障碍物的风险。目前无人机上主要采用的避障技术包括超声波避障技术、毫米波雷达避障技术和基于三维地图导航巡检避障技术等。对于超声波避障技术，其原理较为简单，但仅可以提供一维的距离信息，且遇到吸收声波的物体和大风干扰时无法正常使用。对于毫米雷达波避障技术，其劣势在于飞行过程中的毫米雷达波反射的信号较多，导致系统无法有效地对实际的障碍物反射波与干扰反射波进行区分，进而影响避障的准确性和有效性。总体上，现有的避障技术仍存在一定的局限性。对于油气管道的无

人机巡护而言，其本质意义之一就在于替代人完成复杂地形的管线监测工作，且无人机上搭载的一些泄漏气体检测设备的检测范围有限，这就对无人机提出了要满足在复杂地形中与管线近距离飞行的要求，因此避障技术的发展也将影响无人机技术在实际油气管道场景下的应用。同时，避障技术也应向着更加智能化的方向发展，无人机需对飞行区域建立地图模型随后迅速完成合理路线的规划，做到"主动寻路、智能飞行"。

2.2.3　综合油气管线巡护系统有待建立

尽管油气管线无人机巡护技术可以很大程度上弥补人工巡护作业的不足，然而无人机巡护技术仍在某些方面无法完全取代人工巡护，例如在人工巡护作业中经验丰富的巡线人员可以通过宏观表现推测得到一些隐藏信息，而无人机巡护作业暂时不具备这种能力。鉴于目前国内油气管道无人机巡护技术仍处于摸索和发展的阶段，因此油气企业可综合考虑无人机巡检和人工巡检的优略势并将两种方式进行高效结合，建立适应于目前实际技术水平的综合巡护方式。由于无人机巡护作业可采集大量的图像数据，因此图像数据的高效视觉处理对于无人机巡护的准确性和效率具有重要的意义。为提高无人机视觉检测方法的准确性，可依托深度学习技术的快速发展，研发对油气管道更具针对性的人工智能算法，并扩大巡护负样本数量，实现设备故障识别率的提升。为有效挖掘采集数据的应用价值，可考虑建立无人机采集数据与管道实时在线运行数据的融合，形成统一的分析系统，进一步提高故障分析准确率。

3　结束语

目前正处于石油工业智能化发展的关键时期，"无人化"的运营模式将会成为油气企业的长期发展目标，而油气管道无人机巡护技术的出现正迎合了此时期的发展需求，该技术的技术优势也被逐渐关注和重视。国内的油气管线无人机巡护技术仍处于探索阶段，而国外在该技术上已经相对成熟，因此油气企业应充分参考国外应用实例的经验，同时借鉴无人机技术在电力系统巡护中的应用，推动技术的快速发展。针对无人机巡护技术规模化应用过程中所遇到的挑战，应投入更多的科研攻关力量，探索新的管理模式，协同提高油气管线安全运行能力。

参 考 文 献

[1] 高鹏，高振宇，杜东，等. 2017 年中国油气管道行业发展及展望[J]. 国际石油经济，2018，26（3）：21-27.
[2] 陈磊，王宁，庞帅，等. 破乳剂对化学驱采出液的作用规律[J]. 油气田环境保护，2015，25（4）：34-35，38，80.
[3] 单克，帅健，杨光，等. 基于事故统计的油气管道基本失效概率[J]. 油气储运：1-8.
[4] 侯磊. 油气管道无人机巡护技术应用[J]. 中国石油和化工标准与质量，2019，39（10）：251-252.
[5] 眭峰，黄瑞锋，孙春良，等. 油气管道无人机巡护技术应用[J]. 石油规划设计，2017，28（3）：48-51.
[6] 李少华. 应急指挥系统最新技术浅析[J]. 中国安防，2017，142（8）：85-89.
[7] 游积平，张毅，李贤浩，等. 无人机气象灾害应急平台的设计[J]. 广东气象，2017，39（4）：60-64.
[8] 李晓俊，朱钱洪，胡勇，等. 多旋翼无人机山区城市地质灾害应急响应能力评估[J]. 地理空间信息，2019，17（3）：9，12-15.
[9] 张剑，王世勇，陈玺，等. 基于柱状空间和支持向量机的无人机巡线避障方法[Z]，2015.
[10] Cetin O，Yilmaz G. Real-time Autonomous Uav Formation Flight with Collision and Obstacle Avoidance in Unknown Environment [J]. Journal of Intelligent & Robotic Systems，2016，84（1）：415-433.
[11] T. t. mac，C. copot，A. hernandez，et al. Improved Potential Field Method for Unknown Obstacle Avoidance Using Uav in Indoor Environment [C]// 2016 Ieee 14th International Symposium on Applied Machine Intelligence and Informatics（sami），21：345-350.

基于工业大数据的智能管道数字孪生体平台构建

贾争波　张玉龙　苏永刚

（中国石油长庆油田分公司第二输油处）

摘　要　本文阐述了一种基于工业大数据的油田智能管道数字孪生体平台。该平台以"端+云+大数据"为体系架构，集成了管道全生命周期的运行数据，为管道安全高效运行提供数据采集、分析和决策支撑。平台通过打通 SCADA、SPS、设备管理等多应用系统的数据通道，完成了管道运行过程中自控数据、设备属性和预警信息的自动采集、综合分析、智能决策，实现了管道网络化、可视化、智能化的管理，形成了油田输油管道场站运行的无人值守、全面感知、自动预判和智能优化能力，为管道动态适应油田供需调整、经济运行、经营管理的变化提供了支撑，为油田输油管网和工业物联网的全智能化运营提供了平台保障。

关键词　大数据，数字孪生，智能化，无人值守，工业物联网

1　背景

随着油气管道智能化技术的突飞猛进，国内外管道的智能化发展也在日新月异，不断革新[1]。坚持低成本、节用工、重安全、重效益已然成为了未来管道发展的方向。为了确保油气管道本质化安全和效益输送，引入新型信息化技术改造和优化油气输送模式已经成为油气管道实现高质量发展的关键战略举措。因而无论是针对在役管道还是新建管道，建设一套集成管道全生命周期数据、提供智能分析和决策的工业大数据智能管道数字孪生体平台是迫在眉睫的。本文即介绍一种以"厚平台、薄应用、模块化、迭代式"的信息化建设模式推进智能管道建设，实现油气管道安全、平稳、受控、高效运行的实现方法。

2　系统概况

系统以数字化恢复、数据整合，系统提升以及智能管道数字孪生体平台建设为导向，从生产运行、安全环保、管道巡护、完整性管理、应急维抢和工程施工六项业务出发，应用"端+云+大数据"技术架构，搭建了一体化的原始数据仓库；实现了 SCADA、泄漏监测、视频监控、光纤监测、在线计量、设备状态监测等系统数据的整合应用，发挥数据的价值，实现输油生产管理的智能化。

3　系统设计

3.1　数据仓库设计

数据仓库是一个存储着企业各种各样原始数据的大型仓库，其中可实现数据的存取、处理、分析及传输[2]。本项目建设的数据仓库是根据多个数据源（各大采集服务器、数据库）获取原始数据，并且考虑上级部门远期规划建设，采取建设统一数据标准，统一数据模型，并且能具备有效的可推广，可复制性。并且针对不同的目的，同一份原始数据还可能有多种满足特定内部模型格式的数据副本。因此，数据子仓库中被处理的数据可能是任意类型的信息，从结构化数据到完全非结构化数据。数据仓库通过对各业务系统的数据清洗、打通系统壁垒，分析、存储、完善整个数据的生命周期。

3.1.1　数据建设

数据仓库建设将完成静态期数据汇总，开放式移交。从四大设计平台中，抽取二三维设计成果，通过标准的数据组织与编码，形成符合行业标准的数据层资产，以开放的文件（库）格式向业主做静态期数据移交[3]。动态数据的对接与映射、数据分析、数据存储与移交。数据源依赖数字化设计成果，通过汇总各类静动态数据，实现数据的整合开放，一体化展示分析与应用。类型主要包括静态数据源和动态数据源两种，所有动态数据与静态数据存储分离，通过编码和坐标进行关联，存储格式和所移交。

3.1.2　数据仓库的信息架构

如图 3-1，数据仓库数据流向图所示，数据仓库将静态数据（图纸、航拍等）和动态数据（SCADA、视频等）按照一定的算法模型及数据缓冲库存储进数据湖中，并通过对外的数据接口

展示移交，从而实现数据仓库的价值最大化。

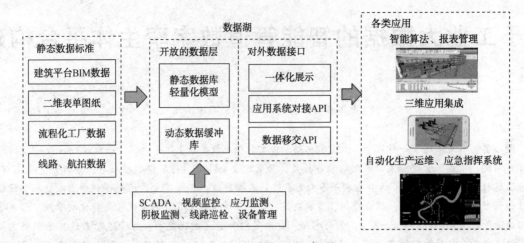

图 3-1　数据仓库数据流向图

3.2　智能管道数字孪生体平台设计

3.2.1　核心布局设计

以中央三维展示为主，进行系统自动巡检，并配合各自定义的功能窗口进行展示、分析和管理。

3.2.1.1　全球视图设计

如图 3-2 所示，涵盖了全线站场、管道标段、大型穿跨越、管理处的概要信息及树状目录，生产图表，设备状态监测，应急路线规划，人员车辆管理，泄漏监测和生产日报等相关功能。

图 3-2　智能管道数字孪生体平台

3.2.1.2　站场视图设计

三维展示窗口进入某站场/管道标段/穿跨越点时，界面的功能窗口会根据实际情况进行调整，同时支持自定义的窗口部署。

3.2.2　运行优化设计

通过三维机理仿真和相关的策略优化来助力生产。显示三维机理仿真操作相关的过程方法。基于 SPS 的智能分析结果展示，会协同三维界面进行三维和二维的方式进行展示。通过仿真数值以及预定策略按钮（比如全线输油泵或压缩机调优），来对生产进行调整，并将实时结果也会同步显示在这里的数值展示界面。利用实际生产操作的安全性。同时涵盖原系统的操作票生成的相关功能。流程机理采用 SPS 演算，更加高效准确。

3.2.3　安全仿真设计

采用 FLACS 安全仿真结果，配合相关的应急计划、演练、报警、物资人员管理等，共同搭建站场的应急体系。主要功能包含应急路线规划、应急计划、应急演练、应急物资表、机构人员信息、人员车辆信息、报警管理。

3.2.4　查询及报图表设计

通过查询得到图表，并可将图表结果拖到周边固化。用户可根据图表信息自定义生成新的报表，依据报表的项目内容、表格大小、输出方式等具体要求（具体实施确定）对调度、基层等约 100 张报表按照 A5、A4、A3 大小进行输出，具有可自主定制开发专题报表或者报告功能，根据设定条件自动生成需求类数据报表。支持根据设定的一键生成报表功能；支持各个岗位根据自身数据需求报表定制和相应的数据权限。

各系统数据集成数据仓库按系统报表需求进行输出，如：设备运转记录表，通过检测参数自动填一些表项；计量报表，通过视温、视密等采集数据，计算生成毛油量、纯油量、含水率等报表输出数据；站生产运行日报，会根据站 SCADA 系统采集的数据进行数据输出，同时生成相关输油量、含水率、库存油量等数据的报表。

3.2.5　用户功能模块自定义设计

管理员可以对平台的功能模块进行区分管理，为不同的部门、人员配置不同的功能模块权限，使平台功能的管理变得灵活多变。如，当出现部门人员调动时，其工作模式不变，为不同的部门提供相同的业务贡献，同样可以使用以前的功能模块，不会因为部门变动而产生影响，从另一方面提升了管理者在日常管理时的便捷性。

4 系统实现效果分析

4.1 节约管道运行成本

通过建立管道工况仿真和能耗分析模型、优化输油工艺，定期清管、热洗管道，预计电力费用下降15%、燃油消耗费用下降30%、化学药剂(减阻剂)费用下降20%。

4.2 促进了管道的高效运行

一是实现输油生产及其辅助系统全面自动化。运行控制与保护逻辑化、程序化、标准化，厂处和区域中心集中控制能力持续增强，站队工作逐步向巡检维护职能聚焦；二是逐步实现输油管网智能优化运行。在线计量、自动盘库、单体设备能耗评测、输油系统能耗优化，供需计划性平衡能力进一步增强，管道运行自控、能耗指标达到国内一流管道公司水平；三是实现输油生产组织架构的扁平优化。场站全面实现远程控制、无人操作、按需巡检，维护力量就位时间控制在2小时以内，员工素质、组织架构、制度流程与智能化需求全面匹配，逐步探索"区域集中运维、站库应急值守"的区域管理模式。

5 总结

该平台的投用能够有效解决管道运行过程中所产生的工业数据分散、不集中、难处理的问题，通过对工业数据从采集、存储、分析、统计方面的优化加工，形成一套独特的工业大数据智能管道孪生体，提升数据的实用价值。同时通过数据的计算、衍生，能够快速为管理者在生产和经营方面提供精准、有效的数据"导向"，为输油生产的智能决策提供支撑，进而促进场站全自动化运行水平的提升，强化长输管道运行的全面感知、自动预判、智能优化和自我调整的能力，最终实现油田集输管网的全智能化运营。

参 考 文 献

[1] 李海润.智慧管道技术现状及发展趋势[J].天然气与石油.2018,(2).129-132.

[2] 高永红.厂区智能化管线在江汉油区的应用研究[J].江汉石油职工大学学报.2018,(6).48-51.

[3] 高鹏,王培鸿,王海英,等.2014年中国油气管道建设新进展[J].国际石油经济,2015,(3).68-74.

音叉密度计在原油管道在线
无人计量中的应用研究

刘付刚　张玉龙　田　源　赵百龙　马永明　徐其瑞

(中国石油长庆油田分公司第二输油处)

摘　要　为了精准计量在管道中输送的原油，需要对原油体积、温度、压力、密度、含水等参数进行测定。基于目前的自动化技术，原油体积流量计变送器、温度变送器、压力变送器、含水分析仪都实现了在线计量和数据自动采集。原油密度是表征原油品质指标的重要参数之一，也是在净化原油自动计量中，难以通过自动化仪器准确在线测定的参数，而准确测量原油密度，直接关系到交接双方的利益。同时在原油储输环节，由于油田产区增加导致油品交接口数量增多，计量工作不仅需要配置大量的计量化验人员，而且测量误差容易受到环境、工人操作习惯等因素的影响，难以满足"无人值守站"新型生产管理模式的运行管理需要，因此相关机构和学者持续开展自动测密技术研究。本文以某西北某油田输油处研究设计的音叉密度计应用为基础，介绍了音叉密度计的原理和性能参数，阐述了音叉密度计在净化原油管道中的应用情况，对实际检测结果进行了总结分析，验证了所设计的音叉密度计在净化原油管道在线计量中的应用可行性。在文章最后对音叉密度计在储输中的优化和推广应用前景进行了说明。

关键词　密度测定，音叉密度计，在线测量，无人计量，原油密度，输油管道

0　引言

为了精准计量在管道中输送的原油，需要对原油体积、温度、密度、含水等参数进行测定，基于目前的自动化技术，原油体积流量计变送器、温度变送器、压力变送器、含水分析仪都实现了在线计量和数据自动采集。原油密度是表征原油品质指标的重要参数之一，是原油动态计量、静态计量的重要参数，也是在净化原油自动计量中，难以通过自动化仪器准确在线测定的参数，而准确测量原油密度，直接关系到贸易双方的利益。因此，即使是在原油生产单位内部，原油密度的测量也受到高度重视。近几年，国内油田发展迅速，原油新探明储量区块不断开发利用，相关井场、联合站、输油站、储存库不断地建设投用，各个系统之间需要进行精准的计量，既是衡量企业生产效益的需要，更是安全管控的需要(从液量分析管输的运行安全)。在计量交接工作中，测密是一项重要的工作，并且有严格的测量管理规定。随着原油产量、交接口数据量增大，按传统的用工分配模式越来越凸显出问题与不足：一是工作量增加，用工指标依然保持不变，工作的质量和效率降低；二是人工操作存在不确定误差，测量误差容易受到环境和心情、疲劳程度的影响；三是油气企业大力推进"无人值守站"建设，控制用工，重复性的工作亟需以自动化替代。为了推进密度测量自动化进程，西北某油田输油处持续开展管线在线密度技术研究，试验了射线法测定密度、超声波法测定密度等技术在输油生产中的应用，上述技术由于设备体积、改造环节、测量程序、测量精度等方面与实际工作存在偏差，推广应用的可行性偏低，因此密度自动测量工作始终是一个需要克服的瓶颈问题。

鉴于此，笔者联合研究攻关，以音叉测密技术为原理研制高精度的密度自动测量装置，结合实际的运行条件进行了模拟验证试验，继续在实际输油生产场景中安装并采集检测数据，通过大量的数据对比工作，验证该技术在原油管道在线密度测定方面的可行性，对具体试验条件下的精度和结果适用性进行分析[1]。结果表明该音叉密度计能够用于实时密度监视测量工作，现场原油密度测值准确、稳定，本研究也对下一步的优化改进方向以及推广应用的注意事项进行了研究。

1　原油密度测量技术现状

我国石油业中现行原油管道密度测量方式多采用取样蒸馏化验法测量原油密度，此类方法为离线测量，属于国内油田普遍采用的传统计量方

法，但是测量技术取样繁琐、安全风险大，而且离线测量也不能实时反映流动的油品密度，已逐步被各种在线测量方法所替代。现有的主要在线测量方法有振动管式密度法、电导法、微波法、射线法、同轴线相位法、电容法等。

随着科技的不断进步，国内外都在线密度测量技术方面进行研发，大量的在线原油密度测量仪应用到生产现场，比如国内生产的：SH-JK-1型短波射频井口远传密度计量系统，为采用短波法的在线原油密度测量仪；YSH-ZB型原油密度测量仪属于高频电磁波的在线原油密度测量仪，测量范围较广且精度较高；JDY系列原油密度测量仪基于γ射线法测量原油密度。国外在线原油密度仪中，YS系列在线原油密度仪采用短波为工作频率，可以在0-100%量程内测量管输流体的密度。

日本生产的SK-100型原油密度测定仪，采用高频电磁波感应式测量技术，仪器检测范围大，分辨率高，精度大于0.01%；美国DE公司CM-3型智能密度测试仪，采用射频导纳专利技术研发设计，优点是不受温度压力和流体的矿化度影响；挪威Roxar公司、美国的Phasase Dy-namic公司的原油密度测量系统基于微波法；美国PI公司的红眼密度测量仪，基于大量红外线照射过油水混合物时光学性质会发生改变的基本原理研制而成的，采用独有的光学传感技术，通过分析处理近红外线透过流体后的反射光，透射光和折射光的特性，利用光谱分析技术进行测量[2]。

2 音叉密度计基本原理

音叉密度计是根据共振原理而设计，此振动元件类似于两齿的音叉，叉体因位于齿根的一个压电晶体而产生振动，振动的频率通过另一个压电晶体检测出来，通过移相和放大电路，叉体被稳定在自然谐振频率上。当液体流经叉体时，振动发生改变，引起谐振频率变化，从而通过电子处理单元计算出准确的密度值。

在密度测量过程中，音叉液体在线式密度变送器在内部温度传感器，可自校正温度对被测介质密度的影响，现场压力变化对实测密度值没有明显影响。音叉密度计的安装方式主要有直插入安装(低流速)、斜插入安装(高流速)、固定安装套件安装(定制安装套件)。

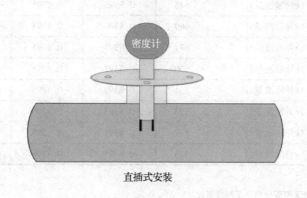

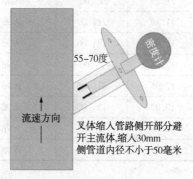

图1 音叉密度计安装方式

3 音叉密度计在输油管道密度测量中应用

目前，笔者对原油在线密度测量技术难题进行了攻关，以"管输净化原油密度在线测定技术深化研究"项目为依托，试验精度准确度可以达到万分之五，与人工手工测密精度一致，具备在生产应用中的技术条件；安全性能方面，按照油田生产现场防暴标准进行了设计了，符合生产现场的应用安全条件。

• 音叉密度计测量范围：0~3g/cm³，采用24V直流供电，输出4~20mA电流，分辨率0.0001g/cm³，IP65防护等级。

图2 音叉密度计实物图

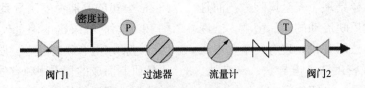

图3 管道现场工艺简图

图4 生产现场安装的音叉密度计

4 音叉密度计检测结果分析

在某输油站输油管道现场安装了2台音叉密度计，数据同步传输到 SCADA 系统，实时记录密度数据，并自动生成密度检测数据曲线，人工开展音叉密度计数据与人工测量数据的对比分析工作。具体试验结果如表1所示。

表1为选取摘部分音叉密度计与人工测密的对比，图5为对2020年某两个月的所有数据进行了分析汇总，由表1和图5可得：

表1 试验结果汇总

序号	日期	时间	地点	排量	手工测样值	密度计显示值	差值
1	11.29	9：00	A站1#外输流量计	645	0.8396	0.8395	-0.0001
2	11.30	21：00	A站1#外输流量计	669	0.8396	0.8395	-0.0001
3	12.02	13：00	A站1#外输流量计	671	0.8395	0.8395	0
4	12.04	5：00	A站1#外输流量计	660	0.8397	0.8395	-0.0002
5	12.05	21：00	A站1#外输流量计	531	0.8392	0.8395	0.0003
6	12.07	13：00	A站1#外输流量计	323	0.8395	0.8396	0.0001
7	12.09	5：00	A站1#外输流量计	527	0.8395	0.8395	0
8	12.21	13：00	A站1#外输流量计	545	0.8395	0.8396	0.0001

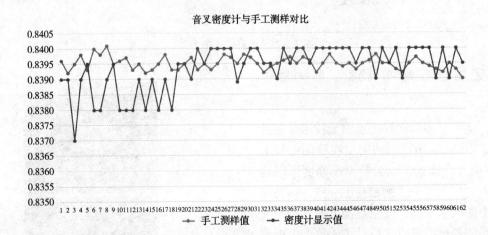

图5 数据的对比分析

（1）音叉密度计安装初期由于常量参数设置不准确，自动测密与人工测密数据有偏差，经过校准后数据偏差降低，自动测密与人工测密数据基本一致；

（2）音叉密度计检测有效值可精确到万分之一，密度检测具备一定的精准度；

（3）音叉密度计可以实时采集密度参数，不受时间和空间的影响，其检测数值可通过 RS485 或 HART 接口直接通讯，在专业用户软件环境下，用户可直接对其进行在线故障诊断、节点配置和数据存储；

（4）音叉密度检测数据不会因人员、环境变化而变化，测量结果稳定；

（5）音叉密度计应用后，可使传统测密工作实现自动化，也使管输原油计量化验相的原油液量、含水、温度、压力、密度等参数全部实现了自动化测定，为实现计量工作的无人化提供了基础技术支撑。

5 结论

在智能油田的建设中，原油密度在线测量具有重要的意义。因此，本文引入音叉密度计对动态原油输送管道进行密度在线测定的应用研究，对生产现场进行配套改造，使音叉密度计顺利在实际生产中进行试验应用。该音叉密度计能对管道中的介质密度进行连续实时的测量，测量精度与人工测量一致，达到万分之一；同时测量点的选取更灵活，安装方便、占地面积小，在现有流程上改造安装工艺要求简便，施工难度小。与其他密度测量装置相比，无节流元件、结构简单，几乎无压力损失，免除了放射性物质对操作人员健康的威胁，并且对腐蚀性强的材质或介质选择更为广泛、经济。

本文所设计的管输净化原油密度在线测定技术测量精度较高，适用性良好，下一步需要重点解决安装布线问题和不同流量条件下的测量准确度问题，在全面完善后可以考虑制定相关技术的在线测定技术标准。该音叉式密度计对于实时监测计量输油管道内的原油密度具有重要意义。

参 考 文 献

[1] 姚亚彬，李震，苏波，等. 音叉密度计在克拉 2 气田的应用 [J]. 石油管材与仪器，2014，28（2）：31-33.

[2] 刘爽. 基于音叉技术的原油密度计研究 [D].

[3] 杨春成，刘世景. 原油密度的在线测量方法 [J]. 油气田地面工程，2002（04）：138.

[4] 唐桃波，余厚全，陈强，等. 音叉式液体密度计测量仪的设计 [J]. 长江大学学报自然科学版：理工（上旬），2016，013（022）：14-18.

[5] 张咪，陈德华，王秀明. 利用压电音叉研究流体粘度和密度的关系 [C]// 2018 年全国声学大会.

设备状态监测技术在输油泵机组 故障诊断和预防性维修中的应用

于宏盛　张玉龙　王超斌　李文婷

(中国石油长庆油田分公司第二输油处)

摘　要　为降低设备故障停机概率、控制维抢修成本,对运行可靠性要求高、维修周期长、事后维修费用高的设备开展基于状态监测技术的在线监测、故障智能诊断、易损件寿命预测及预防性维修具有十分重要的意义。本文主要分析探讨设备状态监测系统与预测故障诊断技术在输油泵机组中的应用,重点介绍瑞典 SPM 公司基于旋转机械研发的多项技术产品在长输管道离心式输油泵机组的技术应用情况。该类技术广泛适用于各类旋转机械,可及时对输油泵机组在运行过程中产生的轴承损伤、松动、动平衡故障等隐患进行早期预警与处理,减少因输油设备机组的故障停机给企业造成的安全和经济损失。

关键词　输油泵机组,设备状态监测,设备在线监测,故障诊断,预防性维修

1　引言

随着社会经济高速发展,现代石化企业应市场需求所用的设备以大型化、高速化、精密化、系统化及自动化的特点呈现。由于设备规模越来越大,为了提高生产效率,设备每个部分联系十分密切,设备一旦出现故障导致无法正常作业,传统的设备动态管理方面往往只运用一看、二听、三检查和简单的数据监控系统判断设备的完好情况。目前,油田大多输油泵机组尚未开展设备状态监测工作,导致输油设备机组早期故障难以及时地发现,造成功能性停机故障或事故,维修周期长、费用高,严重影响油品输送的可靠性和安全性。因此,提高状态监测系统与预测故障诊断技术的推广应用,可有效提升输油泵组的完好率和整体运行效率,对加快提升石化企业的生产建设速度和安全质量、经济效益有重要的意义。

本文以输油泵组为对象,利用振动频谱分析、冲击脉冲智能诊断等技术手段,使用设备状态监测系统开展的预防性维修进行应用剖析。

2　设备状态监测系统概述及预测故障的现状

2.1　设备状态监测系统概述

设备发生故障的机理:一是内在因素,如磨损、腐蚀、疲劳、老化等;二是外在因素,它包含了载荷因素、人为因素,如环境、磨料、气候、载荷的大小、运转的速度、使用维护及管理水平等。了解故障产生机理是做好对设备状态监测及预测故障诊断的前提。

冲击脉冲监测检测技术诞生于 1969 年,2010 年瑞典 SPM 公司发布 SPM © HD 技术。我国西北某油田输油处 2012 年引进瑞典 SPM 公司冲击脉冲监测检测技术,在油田单位率先试点应用,并在外输任务量较大的输油站 12 台大型输油泵上安装了该公司的在线监测系统。

冲击脉冲技术是一种不同于振动监测的分析技术,冲击脉冲(SPM)通过特有的高频(32KHz)传感器,同时收集轴承的损伤信号(HDm)和润滑信号(HDc),冲击脉冲技术能够过滤低频振动信号干扰,实现对轴承冲击信号的提取,对轴承进行定性、定量的故障监测。

2.2　预测故障技术

故障预测的关键要点是相关技术及其操作人员对设备运行和操作使用、性能、功能掌握度、熟知度,构造分析能力。设备的故障主导因素就是时间和使用的过程。设备会随着使用时间的增加而出现性能下降、健康衰减、零件磨损等问题,在运行该过程中一些没有完全暴露,仍在运行的"带病状态"最终使问题积累到一定程度后导致设备故障的发生,甚至永久无法使用。

在利用设备系统监测的同时,有些工作只能靠有丰富的知识和经验,具备一定技能的技术员或专业工程师去甄别、筛选、辨别开展设备故障的预测。[1]通过相关数据比对和分析,比如设备属性、运行环境、故障记录、维修记录、运行状

态、异常信息预测和识别故障问题，最终达到状态监测明了、问题预测准确、维修节约高效、安

全生产运行的效果。

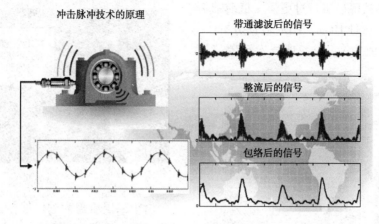

图 2-1　冲击脉冲原理

3　设备状态监测系统和预测故障维修技术的应用实践

　　本文所列举的设备为 DHRL-Z10LB-02A 型电机，它是某输油站 3#外输泵（SMI375/02×5 型鲁尔泵）的伺服电机，该输油泵额定排量＊＊＊m³/h，目前为西北某油田外输排量最大的输油泵，由于工艺原因，该泵自投产以来仅使用6758 小时，仅在为特定下游炼厂提供不可替代输油方案时运行。某次岗位员工日常巡检发现该设备电机自由端润滑脂无法加注，通过 SPM 系统监测，现场检查后，查阅设备记录和相关数据并制订维修方案。开展了预测、预防性维修，避免了故障进一步劣化，消除了故障隐患。

　　输油设备机组状态监测系统能够将其在震动时产生的滚动轴承包络谱、频谱以及时域波形等内容实时的显示出来，并为在线实时的诊断分析提供有效的分析工具。[2]同时可以充分运用远端的中心服务器传输现场数据，促进资源信实现共享。此外，在远程监测终端，在线监测和分析可以实时进行，还可以运用状态监测系统中包络解调分析法、带通滤波分析法、整流曲线分析法来诊断输油设备机组中出现的故障，从而能够更加有效、准确的确定输油设备机组的故障位置，为进一步解决输油设备机组的故障做好铺垫。

3.1　状态监测三部分析法

　　包络解调分析法：设备机组如果产生了故障，就容易产生具有周期性的冲撞震动，冲撞力、物理减震以及质量对于震动的时间有着决定性作用。包络解调分析法能够将冲击振动的震源有效识别和定位，诊断出设备机组故障问题。

　　带通滤波分析法：初步判定设备机组故障时会用到时域分析法。通过运用波形指标、裕度指标、偏斜度、方差、均值、峭度、分布密度、脉冲指标以及峰值等时域参数来定量分析输油设备机组的震动级别，能够起到直观、简便判定输油泵机组故障的作用。

　　整流曲线分析法：在进行状态监测与故障诊断时，整流分析法处理信号的方法较为灵活，能够有效分析非正常平稳信号和突变信号，为诊断设备机组故障问题提供了良好的保障。

3.2　在线监测数据分析

　　通过状态监测系统 HDm，HDc 数据分析，从图 2 由此可以看出 HDm30，HDc23，当 HDm 值大于 20 为黄色预警，说明轴承出现劣化，当 HDm 值大于 35 为红色预警，说明轴承劣化加剧需进行更换。当 HDc 值大于 15 说明轴承存在缺润滑情况。同时对轴承外环、内环、滚动体等特诊故障曲线对比分析，未发现明确故障指征。初步判断为该轴承出现缺润滑现象，需尽快补充润滑脂。

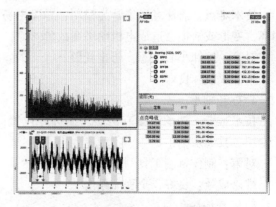

图 3-1　输油泵电机自由端频谱图

以上判断结果同2#输油泵电机自由端在线监测数据相互印证，该设备于2017年在线监测预警中发现轴承内圈故障后进行过更换，目前轴承状态为良好状态，通过HDm，HDc数据分析，HDm值为13，HDc值为8，与该项技术预警值设定吻合。

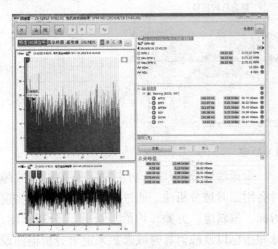

图3-2　2#输油泵电机自由端频谱图

3.3　输油设备机组后期问题诊断维修

1)间开联轴器拆卸

技术难点：按当时的运行工况3#泵不具备启泵条件，试运行需拆除联轴器。第一步就出现了困难，传统联轴器连接仅需要销子及锁紧螺母，进口电机联轴器销子增加了销子套，是带锥度的，无专用工具无法拆卸。

对策：自制拆卸工具"销子拉筒"。

维修成效：轻松拆除，可自主拆卸，定期对电机进行空载试机。

2)拆卸风机护罩

技术难点：电机过高，倒链架无法使用。

对策：特制加高倒链架。

维修成效：良好。

3)拆卸风扇叶

技术难点：需注意风扇叶为铝制，忌敲击易损坏，变形或缺损会造成电机动平衡故障。

对策：拆卸小心注意，防止变形。

维修成效：良好

4)拆卸轴承压盖

技术难点：轴承压盖有两层，无拆卸位置，无专用工具无从下手。

对策：制作特制工具"拉拔卡盘"

维修成效：良好，全程无敲击。

5)检查加注孔

拆机至此发现润滑脂无法加注进轴承腔体的

原因为第二层轴承压盖与端盖加注孔错位10mm，为机械加工错位导致。

图3-3

由于二层压盖为进口件，冒然加工则会发生风险问题，后期采购则周期较长（六个月）。笔者现场决定暂不更换，更新轴承润滑脂后继续使用，根据厂家技术参数，更新润滑脂后第二次补充润滑脂间隔时间为运行1000小时后。

6)检查轴承润滑脂

图3-4

7)拆卸清洗轴承，加注轴承腔体体积约2/3的润滑脂

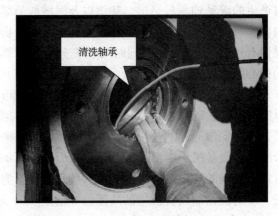

图3-5

8)倒序安装

3.4　维修后设备检测试运行

电机空载试运行，设备状态监测系统HDm值为0，HDc值为-10，测量数据符合空载运行

图 3-6

特性，显示轴承润滑情况良好，无损伤。

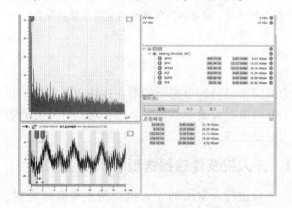

图 3-7　输油泵电机组自由端频谱图

4　设备状态检测系统和预测故障维修技术的重要作用

某输油处岗位员工开展"岗位巡检"时发现外输泵电机后端润滑脂无法加注，现场运用传统方案初步判断为润滑油路堵塞，运用状态监测系统检查，通过在线监测技术发现该设备电机自由端存在轴承故障预警。

利用状态监测能够及时对输油设备机组产生很多问题预知的积极作用，以当前设备状况为依据，结合状态监测系统开展预测性维修，在机器运行时，对它的主要或需要部位及备用件部位进行定期或连续的状态监测和故障诊断，通过这类问题对状态监测系统与预测故障诊断技术的主要作用进行分析。

目前部分大型输油站配备的是进口泵机组设备，其在检修中存在着备件订货周期长、价格昂贵、检修成本高等缺陷，作为输油单位，设备运行就是运输的心脏，所以安装设备状态监测系统能使设备问题提前预知，大幅节省财力、物力、和人力，使得输油设备的维修性能得到很大改善。通过有效运用状态监测与预测故障问题诊断，使得输油设备的维修时间缩短，维修过程简化，同时还使输油设备机组零部件的使用寿命得以延长，又能够对输油设备故障类型、故障发生的方位以及故障的性质进行准确的诊断，有利于设备维修人员掌握技术标准和要领。

5　结论

综上所述，设备状态监测系统结合预测故障维修技术，能在输油设备机组安全可靠运行中发挥巨大的作用，本应用实践也证实了状态监测系统和故障预测维修的科学性、有效性、可靠性。通过设备状态监测技术能够使设备内部隐藏问题充分暴露，系统监测数据第一时间反映，技术人员及时预测设备运转状况和趋势，发现故障，及时处理，避免设备故障进一步恶化引起更大的设备单体事故发生，甚至避免灾难性事故的发生，提高设备及系统的可靠性。系统监测、数据指导、故障预测三者相结合大大的减少了输油设备机组故障维修的时间和工作量，节约了人力、物力和财力，可有效提高石油企业的油品输送效率，降低输油设备机组的故障发生概率，为安全平稳高效输油提供了可靠的基础技术保障。

参 考 文 献

[1] 王建文. 机械设备状态监测与故障诊断技术综合研究. 技术与市场. 2014, 21(12).

[2] 唐伟, 潘从锦. 状态监测与故障诊断技术在石化企业的应用. 设备管理与维修 2015, (07).

无人机智能巡护系统在智慧管道管理中的应用

闫　锋　郝婉霞　王立峰

(国家管网集团北方管道有限责任公司)

摘　要　无人机管道巡护具有机动、灵活、迅捷、不受地理条件限制、视角独特等优点，利用无人机技术进行油气长输管道飞行巡护，是目前管道巡护工作中的热点研究话题。本文从油气管道巡护的重要性和传统巡护模式入手，分析了传统人工巡护方式存在的问题和不足，从而引出基于无人机智能化巡护油气长输管道在智慧管道数字化建设中的应用课题。介绍了无人机在智慧管道建设中智能巡护油气管道应用及其关键技术，并将传统人工巡护和无人机智能巡护成本进行比对。结论表明：无人机智能化巡护技术能够有效地弥补人工巡护的不足，同时降低巡护成本，提高巡护工作效率，促进油气管道企业管道管理数字化水平的提升。

关键词　油气长输管道，智能巡护，无人机，数字化管理

油气长输管道是国家能源大动脉，为实现打造智慧互联大管网、构建公平开放大平台、培育创新成长新生态"两大一新"战略目标，建成中国特色世界一流能源基础设施运营商，确保油气管道安全平稳运行已成为相关企业当下一项重要的责任。本文以长庆输油气分公司为例阐述了无人机智能巡护在智慧管道管理中的应用。

长庆输油气分公司所辖管道沿线分布在沙漠、戈壁、黄土塬等地区具有自然环境恶劣、地形地貌复杂多样、黄河灌区土地流转频繁、外来流动人口成分复杂等特点，采用传统的人工巡护方式存在一定困难，在管道管理工作中，面临很大难题：(1)受限于管道沿线恶劣的地质、气候条件人工巡护效率低，部分地段人员进入难度大，易形成巡护"盲区"；(2)毗邻油区管道沿线周边社情复杂，历史上属于打孔盗油高发区；(3)西部大开发以来风力、光伏发电项目建设迅猛，管道周边第三方施工频发，重型机械应用较多，黄河灌区沟渠周期性开渠清淤较多；(4)特殊复杂的地理地貌，遇到险情时，巡护、抢修队伍难以迅速进入现场了解情况，不利于及时开展应急抢险工作，存在险情因延误时机造成扩大化的隐患，严重制约管道管理水平。

随着无人机技术、地理信息技术、智能识别技术、物联网技术等人工智能技术的发展，结合长庆输油气分公司管道沿线环境特点和巡护现状，采用无人机智能巡护技术作为补充巡护，实现"人巡为主，机巡为辅"的空地立体化巡护模式，用更宽的视野，智能化的提升风险预警能力，震慑威胁管道安全的潜在违法犯罪行为，并为有效应对管道应急突发事件，辅助应急决策能力提供支持。

1　无人机及传感器选型

管道行业常用的无人机类型主要有固定翼、多旋翼、固定翼—倾转旋翼(复合翼)。针对不同的巡护需求，严选优质机型，合理优化配置，如下表1所示：

表1　不同巡护对象无人机选型

巡检对象	特点	机型
油气长输管道	巡护对象线状分散分布，需要长航时持续巡护	固定翼、复合翼
山区、灌区	姿态灵活，可悬停，起降自由	复合翼、多旋翼
沙漠、戈壁	抗风能力强、适应沙尘，需要长航时持续飞行巡护	复合翼、多旋翼
应急抢险	巡护对象集中，应急情况下对重点关注区域需要悬停监控	复合翼、多旋翼

针对不同的应用场景选择不同的传感器类型，如下表2所示：

表2　不同应用场景传感器选型

应用场景	可见光	热红外	多光谱	斜摄影	InSAR	激光仪
日常巡护	√	√				
泄漏检测	√	√	√			
气体监测		√	√			√
灾害分析	√	√		√	√	
应急救援	√	√		√	√	
异常识别	√	√		√		

2 管道巡护内容

梳理出 5 大类和 17 个小类的管道巡护目标。

目标名称	特征描述	识别需求		技术手段
泄漏	原油/成品油泄漏	管道周围地面油渍、水面油花、管道上方火灾、枯萎的植物、油气聚集(浓度超标)	即时	可见光/红外视频巡检
	天然气泄漏	周围植物枯萎、管道上方水面气泡	即时	激光甲烷气体探测
打孔盗油	打孔盗油正在实施	夜间、管道周边人员、车辆活动	即时	红外视频实时监测
	打孔盗油迹象	夜间:人工开挖、回填迹象;白天:管道上方地貌有变化、土壤变化、植被破坏、遗留工器具、可疑交通工具等	即时	红外视频实时监测
第三方施工、承包商施工	公路、铁路的新建、改建和扩建	该施工一般会提前接触,防止在未监护的情况下施工	即时	可见光/红外视频巡检、
	河道、沟渠的清淤、挖沙取土	发生在管道穿越河道、沟渠等位置人工或机械开挖、采沙等活动	即时	可见光/红外视频巡检
	机械挖掘活动	管道两侧挖沙、取土、种树、挖树根、开沟、旋耕、平整土地等钻探活动	即时	可见光/红外视频巡检
	爆破活动	水下爆破、采石爆破等	即时	可见光/红外视频巡检
	定向钻、顶管	电力、光缆及其它管线定向钻、顶管施工	即时	可见光/红外视频巡检
	人工作业	人工使用铁锹、镐在管道正上方开挖	即时	可见光/红外视频巡检
地质 灾害	露管、悬空	管道浅埋,管道或光缆外露,穿越沟渠处管道悬空	可延迟	高分辨率照片检测
	水工保护设施损坏	护坡、挡土墙、挡水墙等水工设施损坏	可延迟	高分辨率照片检测
	山体滑坡	管道途径的坡体发生位移	可延迟	高分辨率照片检测
	地面沉降	管道途径地面发生沉降	可延迟	高分辨率照片检测
	河道冲刷下切	管道上方或者管道上下游覆土层下切,导致管道埋深不足	可延迟	高分辨率照片检测
地面标识和占压	三桩完好检查	检查三桩损坏等情况	可延迟	高分辨率照片检测
	占压、侵占	两侧各 5 米地域范围内的禁止事项	可延迟	高分辨率照片检测

3 无人机管道巡护作业流程

无人机管道智能巡护方式为自动巡检,规划航线后无人机在机场或站场自动起飞,空中采集影像数据通过数据链路即时回传至巡检管理平台,后台数据管理中心自动处理完预警等级信息后,发送到监控调度中心并推送管道导航坐标到地面人员移动终端,地面机动人员进行异常排查处置后反馈监控调度中心。无人机管道巡检流程如图3所示:

移动巡检终端作为前端巡护人员和巡检平台的交互设备,接收异常目标告警消息,根据导航定位及时到达现场,进行现场处置和信息上报。现场处置时可通过移动巡检终端查看管线信息,高效准确现场办公。移动巡检终端如图4所示:

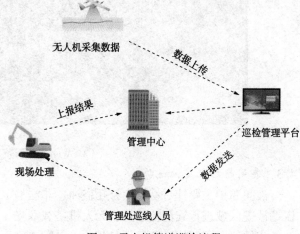

图 1 无人机管道巡检流程

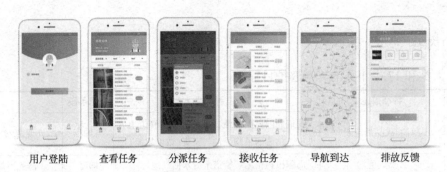

| 用户登陆 | 查看任务 | 分派任务 | 接收任务 | 导航到达 | 排故反馈 |

图2 移动巡检终端

4 无人机巡护模式

无人机智能巡检系统以三维可视化 Web GIS 数字化管理平台为中心，可对接高后果区固定视频监控系统、光纤预警系统、地质灾害监测系统、巡护车辆 GPS 管理系统等，综合管理多源数据，作为可视化展示、数据存储、大数据分析及数据闭环反馈的应用中心，进行信息共享、数据互通，实现"人防+物防+技防"手段高效结合，构建空地一体化综合巡检防护体系。

无人机智能巡护应用主要体现在三个方面：管道日常巡护、夜间防打孔盗油巡护和应急状态下的抢险服务。

4.1 管道日常巡护

对重点区域利用电动多旋翼无人机搭载 30 倍双光变焦吊舱对管线路中心线两侧各 200 米范围内进行大范围巡检，并实时推视频流到地面调度监控中心，通过后台强大的运算能力同时智能识别、分析、筛选管道周边隐患信息，以绿、黄、红三级预警信息语音播报的方式，提醒监控室工作人员调度地面机动人员现场解决威胁管道

安全的行为，整个信息分析过程用时约 3-5 秒。集中监控室工作的调度人员可以在监控屏上实时查看无人机空中巡护的工作状态，紧急情况下可利用无人机搭载的高频喊话系统第一时间警告、制止潜在的威胁目标，同时后台智慧化系统可精准定位隐患位置信息，并发送短信到相关负责人员移动终端，形成一整套闭环化管道风险隐患的处置流程，及时解决、有效弥补人工巡护的时效性、局限性问题。

4.2 三维建模的电子沙盘

对全线 500km 管道线路（禁飞区除外），利用长航时垂直起降固定翼无人机搭载 4200 万像素的高分辨率相机每 10 天进行 1 次数据采集，并利用图像智能处理技术进行智能检测，检测管线周边有固定构筑物、临时占压物、管道附属设施丢缺失，通过三维建模的电子沙盘和快拼比对技术对山区的高风险区域进行地质地貌变化比对，并将结果上传到 Web GIS 数字化管理平台，供管道管理人员参考。巡检成果可在平台上可视化展示，如图 5 所示：

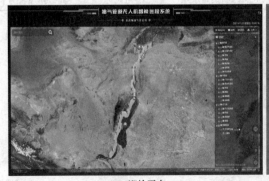
Web GIS巡检平台

结果可视化展示

图3 Web GIS 智慧管道数字化管理平台

4.3 夜间防打孔盗油巡护

夜间巡护主要针对易发生打孔盗油、非法偷盗挖沙等区域进行震慑性巡护，无人机搭载双光红外成像仪、探照灯、警灯等载荷，采集管道红外视频信息，及时发现威胁管道安全的危险因

素，比如管道周边发现异常人员、异常车辆、大型机械等现象可能对管道安全造成威胁时，可通过探照灯、警灯、喊话器等设备对异常目标予以警示和驱离。无人机夜间巡检效果如图 6 所示：

山区油气管道在汛期可能发生因水毁造成管道悬空、裸露、漂管等自然灾害威胁，由于部分管道区段路由特殊，发生地质灾害时车辆和人员无法及时进入，现场情况不明，无人机可挂载双光吊舱和摄影摄像器材，第一时间获得管道沿线的险情影像资料，通过视频流及时推送至抢险应急指挥中心，供决策层及时了解管道现状、新增隐患及管道沿线地貌变化、抢险路由、车辆通行能力等情况，解决汛期抢险困难，实现信息一手资料，为决策有效的抢险抢修方案提供便利。

图4　红外夜视成像仪成像效果

图5　视频流实时回传抢修现场

5　无人机管道巡护成果

利用无人机智能巡护+人工巡检方式和多种管控措施，长庆输油气分公司在2020年实现了1183公里原油、成品油管道"无打孔盗油、无第三方施工损伤管道、无违章占压管道、无光缆损伤"的四个"0"考核目标。智慧管道数字化管理平台积累了大量的数据资料，为今后的管道管理进入智慧管网奠定了强有力的基础数据，提高了工作效率，解放了劳动力，促进了油气管道企业现代化管理水平的提升。无人机在巡护过程中发现的异常目标如图8所示：

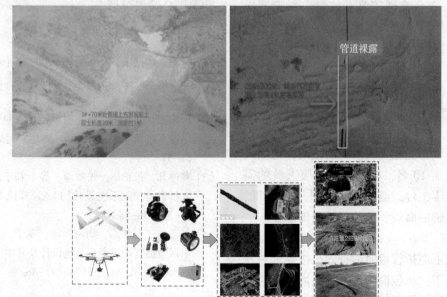

图6　巡护异常目标类型

2020 年巡护成果如下表：

隐患类型	数量
偷盗挖沙威胁管道	2
风沙侵蚀管道裸露	53
临时建筑影响管道	3
重型机械威胁管道	2
三桩一牌管理	1
落水坑洞影响管道	17
夜间可疑人员、车辆	6
管道周边第三方施工	177
管道周边机械、车辆	1141
总计	1384

6 人工智能巡护相比传统巡护优势

目前长庆输油气分公司采用"人巡为主，技防为辅"的立体化巡护模式进行管道巡护工作，随着无人机智能巡护、光纤预警、固定视频监控等人工智能技术的不断成熟，未来可向"技防为主，人工配合"的复合巡护模式转变，用多种巡护技术消除一种管道风险，新模式不仅可以降低人工成本，而且能在管道巡护效率和时效性上会取得很大的提升。以 500km 输油管线巡护任务作为 1 个单元进行分析，具体效益可以根据实际情况按比例计算（该计算方法仅作为参考，以实际作业标准为准）。

6.1 巡护成本

传统人工巡护管道每 5 公里需要 1 名属地化巡护工，共需要约 100 名巡护人员及 3-5 名管理人员并配置 2-3 台交通工具，按要求每天两次开展辖区徒步管道巡护，属地化用工按当地最低工资标准（含保险）每人约需月 2000 元人工成本，交通工具每台每年约需成本费用 10 万元，每年仅人工、交通工具投入费用约 300 万元，而采用现有的"机巡＋人巡"模式，人员仅投入 60 名，劳动力优化率 60%，用工成本有了一定程度的降低。后续智能化无人机场的投用，地面机动巡护人员仅需 10 名，机场地勤技服人员约需 3 名，交通工具 5 台，巡护成本将进一步降低，无人机智能巡护的高效、节约优势更加明显。

6.2 数据管理

传统模式下巡护管道时巡护人员按要求对发生的第三方施工、承包商施工、管道周边构筑物等异常事件要进行取证拍照，留存相关数据进行

统计分析，相关资料再通过手机传输，管理人员录入信息等步骤，工作流程十分繁琐，可能出现漏报丢失，统计不全的问题，数据整理缺乏有效的管理手段，加之数据量庞大，历史数据保存不便，难以形成科学的统计与对照分析。

无人机智能化巡护技术的出现，强大的后台运算处理能力可以实现机巡和人巡数据的统一管理，后台会自动存储计算分门别类的开展统计，并对异常事件的照片及视频巡检数据进行分类存储，便于管理人员形成分析报告。针对性的调整巡护方案与关注重点，同时可以随时查看历史数据，实现对异常事件的取证和追溯。

6.3 巡护效果

传统人工巡护效果主要依赖于巡护人员的责任心，缺乏对巡护效果的有效监管。同时巡护人员视野有限，主要是沿管道线路进行巡护，不易发现视线遮挡或者视野之外即将发生的安全隐患，预测性保护欠缺，从而容易出现导致威胁管道安全的事件发生。

6.4 地理信息数据更新

无人机搭载高清航测相机对整个管道周边信息进行影像数据采集，生成管道三维全景拼图，构建集管道标识、施工管理、高后果区、地形地貌及管道走向于一体的管道可视化完整性管理平台，便于管理人员及时掌握最新的管道周边情况，为后续的管道运维提供数据支撑。

科技赋能，未来管道巡护必将通过技术替代传统，只有与时俱进才能实现管道管理数字化，实现智慧互联大管网、建成中国特色世界一流能源基础设施运营商。

参 考 文 献

[1] 高鹏，高振宇，杜东，等.2007 年中国油气管道行业发展及展望[J].国际石油经济，2018，26（3）：21-27.

[2] 彭向阳，刘正军，麦晓明等.无人机电力线路安全巡检系统及关键技术[J].遥感信息，2015，（1）：51-57.

[3] 曹逸凡，张正华，张帅帅，等.基于多传感器的无人机自动控制系统设计[J].计算机与网络，2019，45（3）：56-58.

[4] 张亚迪，王红杰，周泓，等.基于三维 GIS 平台的电网数据资产可视化系统设计及其应用研究[J].电测与仪表，2018，55（7）：41-46.

无人机机库在输油管道线路的智能化应用研究

王辛楼　费雪松　孙万磊　何　飞　杨启明

（国家管网集团北方管道有限责任公司）

摘　要　本文从输油管道线路安全的重要性入手，分析传统人工巡检方式存在的问题和不足，通过引入基于无人机机库的输油管道智能巡检技术，提高巡检的时效性，智能化。无人机机库输油管线自动巡检技术包括有无人机自主起降技术，云平台控制技术，数据时时回传技术，故障智能诊断定位技术等，通过上述技术的使用实现保障输油管道的安全生产作业的目标。

关键词　无人化巡检，全智能，自动识别，无人机场

1　引言

2016 年 1 月 19 日，国家发改委印发《石油发展"十三五"规划》显示，在"十三五"期间，成品油管道里程将从 2.1 万公里提高到 3.3 万公里，增长 57%；《天然气发展"十三五"规划》显示，天然气管道里程将从 6.4 万公里提高到 10.4 万公里。截至 2015 年底，除台湾省外，全国已建成的油气管道总里程已达到 12 万公里，是 1978 年的 14.5 倍。多位业内专家预计，到"十三五"末，仅中国长输油气管道总里程将超过 16 万公里。

面对能源的需求持续增长，石油天然气管道大幅扩建，油气管道线路的选择不可避免经过山区林区等人力不易到达地区。一方面，传统的人工巡检工作量大，对巡线人员的经验水平要求高，特别是对于山区、林地、荒漠等坎坷地形线路区段的巡视存很大困难，个别无人区、少人区的巡视对巡检人员的人身安全有着很大的威胁。另一方面，由于线路设备大多在较为恶劣的野外环境运行，气象条件复杂、现场环境多变，油气管道及电力线路在长时间运行后，由于各种环境因素的长期作用，可能发生故障。因此，如何运用先进手段在保证巡检人员安全的前提下，高效、精准的完成巡检任务是一个摆在运检部门面前一个亟待解决的问题。随着技术的发展，无人机已经广泛应用于工业生产中的各个领域，与常规巡检方法相比，技术更为先进、安全、有效，可以成为保障安全运行的一种新的手段。

随着无人机技术、地理信息技术、智能识别技术、物联网技术等的发展，结合油气管道沿线环境特点和巡护现状，采用远程布置无人机机库巡检替代传统人工操作无人机巡检，实现"无人机全自动智能巡检+自动识别+人工处置"的巡检模式转变，全面提升管道周边灾害监测状态的感知能力、主动预测预警能力、辅助应急决策能力。

2　无人机机库巡检技术

无人机机库输油管线巡检是将无人机自主起降平台技术、无人机远程控制技术、人工智能技术、无线通信技术等先进技术整合应用于管道巡护工作中，通过远程布置无人机机库系统和相关巡检数据处理软件代替"人工"对输油管线做频次更高、效率更高、更全面和成本更低的自动化巡检。无人机机库实现收纳无人机，自动更换无人机电池，远程控制无人机，无人机飞行平台搭载相机或吊舱，采集管线周边影像数据，通过人工智能数据处理软件对图像中威胁管线安全的因素或目标完成自动识别和定位，自动输出巡检报告供工作人员精准排故。该巡检方式可极大提高巡检效率，整体提升巡检行业信息化、智能化水平。

无人机机库输油管线巡检关键技术如下：

（1）高精度无人机自主起降的无人机机库技术

无人机以及机载各自装有高精度 GPS 核心板卡，通过实时动态差分技术，可以使得旋翼飞行器自身定位达到厘米级精度，并且测向精度达到 0.2 度。利用这种实时动态差分技术，可实现无人机的高精度从无人机机库实现自主起飞降落。

（2）高可靠智能无人机数据平台技术；

图1　无人机机库

改造，提升平台的可靠性和环境适应能力。以"军工六性"为基本设计原则，提高平台三防、高低温和抗风等特性。同时开展无人机智能在线处理系统开发，不断提高无人机系统的智能水平。

（3）远距离巡检数据链完整覆盖数据中继及低延迟技术；

为了保证较小延迟情况下的数据近实时获取和远程控制无人机的实时性，根据巡检范围内数据链覆盖能力要求，构建小型的图像传输链路结合4G/5G技术，实现数据的远程传输以及无人机的远程控制。

根据满足要求的无人机平台进行环境适应性

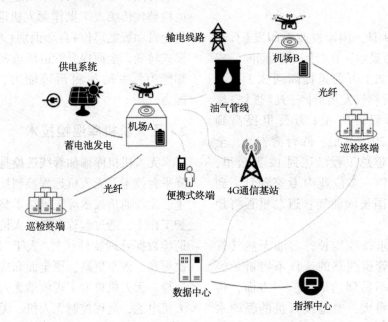

图2　数据链路

（4）基于深度学习网络的矿山环境异常目标的实时识别技术；

针对违章作业，非法入侵，井塔工况，边坡检测，应急救援，矿区火灾，山体滑坡，水坑等敏感事件，通过深度神经网络的视觉特征提取、分类及在线学习方法，网络结构及参数调整方法，提高网络抗噪性能和运算速度，实现对异常情况的高可靠实时智能识别。

（5）基于空基图像的异常目标快速定位与拼接技术；

通过高效的图像校正技术，基于多源多模态数据融合的视觉目标定位技术，实现故障点三维

地理坐标精确测量；基于地理注册的视觉三维重建与投影技术，实现大场景的全局基准图像，并给出相应的地理坐标。

（6）基于WEBGIS（地理信息系统）云服务器的故障点闭环管理技术。

根据所要管理的影像数据和其他数据特点，设计完成基于BS架构的数据实时管理处理平台，在平台上实现数据的后处理和在线事件分析等功能；同时支持航拍影像数据的快速检索、定位和目标提取。平台还需要支持云端数据，可兼容多种终端平台使用。

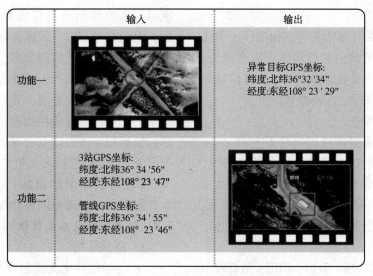

图 3 异常目标定位

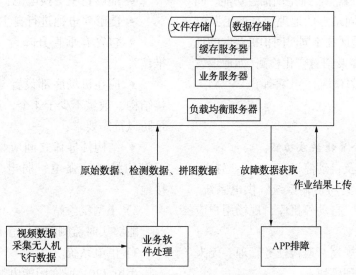

图 4 云服务器业务流程图

3 无人机机库在输油管线巡检优势

（1）可不间断，24小时进行日常巡检作业；

（2）基于云服务，实现数据远程时时回传，不受工作地点限制；

（3）出现异常时，可控制就近机库进行作业，无人机第一时间到达异常现场；

（4）降低了人员的劳动强度，人工日常仅需远程控制无人机，改善工作坏境；

（5）人员无法到达的地方，布置机库，减少巡视人员的安全风险；

（6）全地形巡视且视野范围大，精准定位（厘米级）；

（7）异常目标智能识别检测；

（8）构建管线GIS地图，实现数字化管理；

4 无人机机库在输油管线巡检应用

（1）日常巡检

识别发现管道中心线两侧各200米地形地貌变化，识别滑坡、泥石流、露管、漂管等灾害迹象以及管道周边第三方施工风险，通过机载设备自动辨识威胁，并将目标图像、目标周边测试桩序号及行政位置（坐标）自动推送至巡线人员手持终端APP。

（2）应急、特殊时期巡检

应急抢险时无人机实时传回现场画面，掌握现场情况，必要时可搭载高音喇叭，进行高空预警，为应急抢险提供支持，同时无人机具备悬停功能，能够从不同角度通过调焦看清现场情况，以便后方指挥人员更好的指导抢险工作。

对于重大节日、重要反恐时期和易发生打孔盗油地段，可使用无人机搭载高空喊话喇叭的进行巡线宣传，同时无人机也可以搭载高强度射灯或者红外相机进行不定期夜间飞行巡护，有力地震慑了打孔盗油不法分子，保证了管道的安全运行。

（3）泄漏检测

无人机搭载甲烷气体激光遥感探测仪，全线普查，对识别的泄漏点信息自动生成检测报告，列出泄漏点数目、位置及泄漏点经纬度等信息并实时回传至地面接收端，实时报告。

（4）周边环境调查

无人机搭载高清摄像机拍摄管道左右200m范围内的地形地貌、建构筑物，社会环境情况，形成影像资料，影像资料中标注出管道准确位置，分析报告管道周边环境变化情况。

（5）完成油田管理区域三维建模与数据化建设

三维GIS系统可生成、管理、调用、测算整个站区的电子地理信息，具备三维空间信息功能。同时支持不同地区的不同站点的地理信息的汇总管理，对同一站点同一地区在不同时间拍摄获取的地理信息，可以进行覆盖及信息变化检测（如地形发生变化、人工建设或破坏、自然灾害等）。

5 设备选型

5.1 该系统主要包含的模块及功能：

（1）无人机系统及自动停机库，包括巡检无人机及其自动信息采集与传输系统、供电系统、气象系统、定位系统、自动停机库，现场用户应用与管理平台；

（2）无人机航线规划、巡检任务管理、无人机本地与远程控制管理模块；

（3）无人机巡检信息储存与分析、数据管理与服务模块；

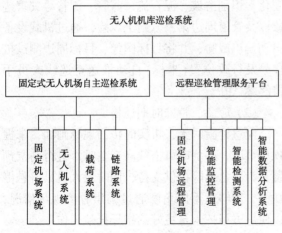

图5 系统组成

5.2 系统主要功能

（1）可通过后端客户端发布任务策略到任务区域单个或多个机场，实现单机作业或多机协同作业，完成对任务区域的数据采集，作业任务完

成后无人机降落至指定机场，进行电池自动更换、电池自主充电、数据远程传输等。

（2）前端作业实时数据、机载存储影像等数据可通过网络传输到云端并存储，客户端软件可对数据进行读取、分析，并进行可视化展示。

（3）系统具有监控能力，可采集前端气象信息；监视机场周边以及内部设备；监测前端设备及服务器设备（包括无人机、机场、服务器设备等）等运行状态及健康状态，并对异常进行提示，同时可远程进行固件升级等。

5.3 机库功能及参数指标

1）机械结构：

- 能够引导无人机起飞及降落；
- 能够自主更换电池；
- 能够对电池进行自主充放电；
- 包含有垂直升降台、水平开关仓、飞机推位杆；
- 应在机场底部设置与混凝土预埋件的连接结构，数量不少于4个，连接结构强度应能满足防风抗震要求；
- 结构件导体之间应相互连接，并设置有可靠的接地；强电、弱电应进行绝缘和可靠接地。

2）小型气象站

能够实时监测温度、湿度、风速、雨雪。

3）供电系统

市电220V或太阳能电池供电

4）UPS电源稳压系统

电源稳压系统满足机场系统断电时，能够完成一次完整的无人机降落流程，能够持续供电不少于4min

5）防雷系统

防雷系统的设计标准参照GB 50057-2017建筑物防雷设计规范中第三类防雷建筑物；

6）无线数据链

应包含有数传、图传、WIFI，可扩展4G功能；

7）定位系统

能够基于RTK引导实现无人机精准降落；

8）通讯系统

机场内部各模块通过RS485或CAN总线进行通讯；

9）温控系统

温控系统应能保证机场内部温度范围10℃至40℃；

10）远端后台

能够将业务数据、机场数据、无人机遥感数据等传输至云管理系统；能够接收云管理系统指令并与无人机进行通信；

线，提交巡检任务，机库控制无人机自动起飞，无自主作业，完成任务后降落至机场，机场收纳无人机并完成电池更换，等待下一次巡检任务或按照任务计划继续执行巡检作业。

6 系统作业流程

巡检方式为自动巡检模式，云端远程规划航

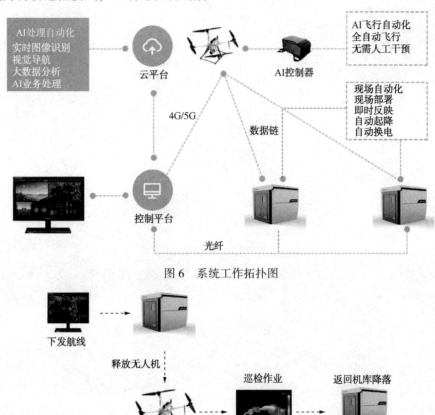

图 6 系统工作拓扑图

图 7 巡检流程图

1）前期准备工作，进行无人机机库部署，完成前期准备工作，包括通信设备架设、无人机机库作业前的调试检验工作。

2）在云端地面站软件规划无人机飞行线路及作业过程中的飞行策略。

3）飞行指令下发后，无人机库放飞无人机，无人机按照提前规划好的线路自动执行巡检任务，巡检作业结束后自动降落到指定机库。

4）巡检过程中将无人机拍摄到的图像或视频时时传输到云端，利用智能检测软件对图像或视频进行自动识别分析，发现管线周边的异常目标，并自动输出检测报告便于了解统计管道周边情况。

5）异常目标处理，智能检测软件将巡检到的异常目标数据推送至巡检 App，巡检管理员首先接收到异常任务信息，并对异常目标处置进行任务分派，巡护人员移动平台接收到异常目标任

务信息，巡护人员通过巡检 App 导航到异常目标现场，巡护人员进行异常处置，并上传现场处理结果管理中心，完成管线巡检闭环管理。

7 结论

无人机在输油管线日常巡护、高后果区巡查、应急抢险等方面有很高的应用价值，具有经济、高效、准确和可视化等优势。通过结合无人机机库技术，可进一步提高输油管线巡检的自动化、智能化、实时性及安全性，为建立智慧管道提供技术保障。无人机在输油管线巡检领域的应用的深化和拓展，还需要进一步在以下几方面提升和加强：提高无人机续航能力，有效载荷多样化、小型化，提升数据传输的实时性和有效距离，提升数据处理智能化自动化水平，输油管线风险及安全性评估标准化等。